电子信息前沿技术丛书

数字图像处理

禹　晶　肖创柏　廖庆敏　编著

清華大學出版社
北　京

内容简介

本书详细介绍了数字图像处理的基本理论和主要技术，内容包括数字处理基础、空域图像增强、频域变换、频域图像增强、图像复原、彩色图像处理、数学形态学图像处理、图像分割、小波变换与多分辨率分析、图像压缩编码、特征提取等。本书对图像复原、数学形态学图像处理、小波变换与多分辨率分析等难点内容进行了精心梳理，融入了作者多年研究与教学成果，使得初学者更加容易入门。

本书理论和实践相结合，理论分析深入浅出，方法介绍详细具体，实例演示清晰明了，同时提供实例的MATLAB实现程序和教辅资源，可作为高等院校计算机类、自动化类、电子信息类等专业高年级本科生和研究生的教材，也可供相关技术人员参考。

图书在版编目(CIP)数据

数字图像处理/禹晶，肖创柏，廖庆敏编著. —北京：清华大学出版社，2022.10
(电子信息前沿技术丛书)
ISBN 978-7-302-60771-7

Ⅰ. ①数… Ⅱ. ①禹… ②肖… ③廖… Ⅲ. ①数字图像处理－教材 Ⅳ. ①TN911.73

中国版本图书馆 CIP 数据核字(2022)第 076072 号

责任编辑：文 怡
封面设计：王昭红
责任校对：韩天竹
责任印制：丛怀宇

出版发行：清华大学出版社
网 址：http://www.tup.com.cn，http://www.wqbook.com
地 址：北京清华大学学研大厦 A 座　　**邮 编**：100084
社 总 机：010-83470000　　**邮 购**：010-62786544
投稿与读者服务：010-62776969，c-service@tup.tsinghua.edu.cn
质量反馈：010-62772015，zhiliang@tup.tsinghua.edu.cn
课件下载：http://www.tup.com.cn，010-83470236
印 装 者：三河市铭诚印务有限公司
经 销：全国新华书店
开 本：185mm×260mm　　**印 张**：38.25　　**字 数**：934 千字
版 次：2022 年 10 月第 1 版　　**印 次**：2022 年 10 月第 1 次印刷
印 数：1～1500
定 价：139.00 元

产品编号：092229-01

前言

FOREWORD

数字图像处理是利用数字计算机通过算法处理数字图像。数字图像处理的产生和发展主要受三个因素的影响：第一，电子计算机的发展；第二，基础学科的发展；第三，应用需求的广泛增长。

1951年，离散变量自动电子计算机(EDVAC)开始运行，采用存储程序的体系结构，以数据的方式存储程序，计算机自动依次执行指令。存储程序奠定了现代数字计算机的体系结构，自此现代数字计算机开始了它的发展历程，如今已经发展到第五代，仍然采用存储程序的体系结构。由于电子计算机的进展，数字图像处理技术开始迅速发展起来。

数学和物理等基础学科是数字图像处理发展的前提，包括高等代数、数学最优化、概率论与数理统计、数学分析、数值分析、矩阵论、信息论、随机过程、集合论、几何光学、数字信号处理等。例如，图像获取中透镜成像原理涉及几何光学，图像表示涉及概率论和随机过程，概率论是直方图及其处理、统计矩描述的数学基础，直方图处理的推导中还用到微积分的知识，数字信号处理为理解图像频域以及频域滤波奠定理论基础，图像复原问题中求解图像降质逆过程的数学工具涉及概率论、矩阵论、数学最优化、数值分析和高等代数，信息论是图像压缩编码的理论保证，集合论是形态学图像处理的数学基础。

数字图像处理技术最早应用于太空项目和医学成像上。第一个成功的图像处理应用是美国喷气推进实验室对航天探测器"徘徊者7号"传输回来的月球照片进行几何和误差的校正。由于电磁波传播过程中，受到大气折射、地形起伏等影响，传感器所接收的信号与地表实际发射或反射的信号存在一定偏差，因此需要对传感器获取的影像进行一系列预处理。1895年伦琴发现的X射线用于医学成像诊断，1972年计算机断层扫描正式发表，借助计算机，将不同角度的X射线影像生成扫描区域的横截面(断层)图像，无须切割即可看到物体内部。随着多学科的交叉融合，数字图像处理学科逐步向其他学科领域渗透。如今数字图像处理已成为一门重要的计算学科，广泛应用于工程学、计算机科学、信息科学、统计学、物理学、化学、生物学、医学等各个学科领域，以及环境、农业、军事、工业和医疗等行业领域。视频和图像是人类获取信息的重要来源及利用信息的重要手段，人工智能和大数据的兴起与广泛应用推动了数字图像处理技术应用需求的与日俱增。

本书的主要目的是介绍数字图像处理的基本概念和方法，为读者在数字图像处理领域进一步学习和研究奠定基础。本书主要参考 Rafael C. Gonzalez 和 Richard E. Woods 所著《数字图像处理》的体系和内容，在此基础上融合作者的理解，对部分章节的结构性和逻辑性重新梳理，特别是空域滤波、频域变换、图像复原、小波变换、图像分割、图像压缩编码等章节。其中，傅里叶变换的相关内容参考 John G. Proakis 和 Dimitris G. Manolakis 所著的《数字信号处理：原理、算法与应用》。本书增加了大量的插图和实例，有助于对理论知识的理解以及对实际应用的认识。

为了帮助读者厘清本书的结构安排，在此简短地说明本书的章节安排。本书共 12 章，第 1 章介绍数字图像处理的概况与发展，第 2 章介绍数字图像相关的基础知识，第 3～6 章讨论灰度图像的质量改善方法，属于狭义图像处理的范畴，图像增强是主观过程，而图像复原是客观过程。第 7 章的研究对象是彩色图像，介绍伪彩色映射以及专为向量空间设计的基本彩色图像处理和分析方法。第 8 章是将数学形态学应用到图像处理领域形成的独特分支，二值图像形态学处理通常用于图像分割的后处理，属于图像分析的范畴，而灰度图像形态学常用于图像的预处理，属于狭义图像处理的范畴。第 9 章的作用是将目标区域从背景中分离出来，输出是目标区域的二值图像，是特征提取的必要前提和基础，属于图像分析的范畴。第 10 章为数字图像处理和分析提供了一种局部时频分析的数学工具。第 11 章讨论图像数据量压缩的典型编码方法，是图像存储和传输的关键。第 12 章是将图像分割的区域边界或区域本身转换为机器可识别的特征向量，用于目标的分类和识别，属于图像分析的范畴。

各章都涉及专业深度的理论及内容，每一章都能够自成一书。数字图像处理理论与技术所包含的内容非常广泛，本书仅能概括地描述了数字图像处理的理论与技术所涉及的各个分支，提纲挈领地介绍图像处理的基本理论和方法，使读者对数字图像处理的理论与技术有较全面的了解，为进一步学习和科研奠定扎实的基础。

本书在编写的过程中得到国家自然科学基金(61501008)、北京市自然科学基金资助项目(4172002、4212014)和北京市教育委员会科技发展计划(KM201910005029)的资助，感谢机械工业出版社吴怡编辑对书稿初版的校对工作，感谢清华大学出版社文怡编辑对书稿出版的支持，同时，感谢司薇、肖霞、郗慧琴、唐智飞、汪彪、周飞、高林、郭乐宁、冯文静等同学提供的帮助。此外，还要感谢本书中所引用文献的作者。

本书从 2008 年规划撰写，根据作者多年教学与科研的实践经历，并参考大量相关文献，历经 14 年撰成本书。由于书中插图的收集历时很长，个别图片的出处已经不可考，如有侵权请联系删除。由于作者水平有限，敬请各位读者参与勘误，若发现书中的疏漏与不足，请发邮件至 tupwenyi@163.com，感谢各位读者的建议与指正。

作　者

2022 年夏于清华园

课件＋实验＋源代码

习题

目录

CONTENTS

第1章

绪　论

现代数字计算机的问世推动了数字图像处理技术的迅速发展。由于数字成像仪器几乎可以覆盖从伽马射线到无线电波的整个电磁波谱，因此，数字图像处理具有广泛的应用领域。数字图像处理技术发展至今，其理论体系基本完善，已经形成一门具备完整体系的学科，涉及线性代数、数学最优化、概率论与数理统计、数学分析、数字信号处理、信息论等多门基础学科。

1.1　数字图像处理的概念

数字图像处理(digital image processing)是指将图像信号转换成数字信号并利用计算机对其进行处理的技术和方法。20世纪50年代，现代数字计算机发展起来，采用存储程序和程序控制的结构，以数据的方式存储程序，使得编程更加容易，人们开始利用计算机来处理图形和图像数据。数字图像处理作为一门学科大致形成于20世纪60年代初期。早期的数字图像处理是以人的视觉效果为目的改善图像质量。

数字图像处理分为广义图像处理和狭义图像处理，实际应用中提到的图像处理概念通常指的是广义图像处理。根据语义从低级到高级，如图1-1所示，广义图像处理分为3个阶段：图像处理、图像分析和图像理解。

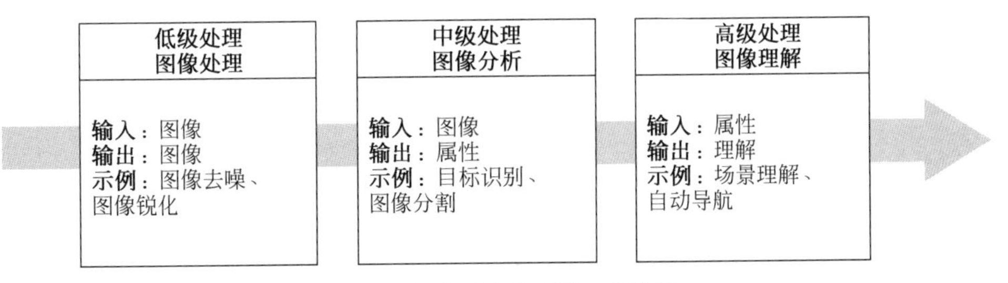

图1-1　数字图像处理的3个阶段

图像处理是图像的低级处理阶段，也就是通常指的狭义图像处理。一方面，图像处理着重强调改善图像的质量。图像处理通常有两个不同的目的，一是人类的视觉解释，二是机器的识别理解。将图像应用于不同目的时，图像质量的含义不同。当人眼观看图像时可能更注重图像的视觉效果，而当机器观看图像（机器视觉）时可能更注重物体的可辨识性。另一方面，图像压缩编码的任务是通过减少图像表示的数据量来降低所占用的存储空间和传输带宽，满足存储和传输信道的要求。

图像分析是图像的中级处理阶段，主要任务是对图像中目标区域进行检测、表示和描述。图像处理是一个从图像到图像的过程，而图像分析是一个从图像到数据的过程。图像分析的处理对象是目标区域，通过目标分割、目标表示和特征提取等方式将以像素表示的图像变成用符号、数据对目标区域的描述。

图像理解是在图像分析的基础上更高一级的处理阶段，进一步研究图像中目标的分类、姿态识别、行为分析以及目标相互之间的联系，从而得出对图像语义的解释。图像理解的处理对象是从描述中抽象出来的符号，其处理方式类似于人类的思维方式。图像理解领域处于图像处理、模式识别与计算机视觉之间。

与数字图像处理相关的学科包括数字信号处理（digital signal processing）、人工智能（artificial intelligence）、深度学习（deep learning）、机器学习（machine learning）、模式识别（pattern recognition）、计算机视觉（computer vision）、多媒体技术（multimedia）、自然语言处理（natural language processing）和计算机图形学（computer graphics）等。这些相关学科间的关系如图 1-2 所示。从图中可以看出，数字图像处理在相关课程中起到交通枢纽的作用。数字信号处理是研究用数字方法对信号进行分析、变换、滤波、检测、调制、解调以及快速算法的一门学科。数字信号处理的研究对象是一维数字信号，而数字图像可以看成二维数字信号，可见，数字信号处理是数字图像处理的基础。多媒体技术是指通过计算机对文本、图形、图像、动画、声音等多种媒体信息进行综合处理和管理，使用户可以通过多种感官与计算机进行实时信息交互的技术，数字图像处理仅专注于研究图像这种媒体的处理、分析和理解方法。计算机图形学研究将参数形式的数据描述转换为（逼真的）图形或图像，数字图像处理着重强调在图像之间进行变换，旨在对图像进行各种加工以改善图像的某些属性，以便能够对图像做进一步处理。

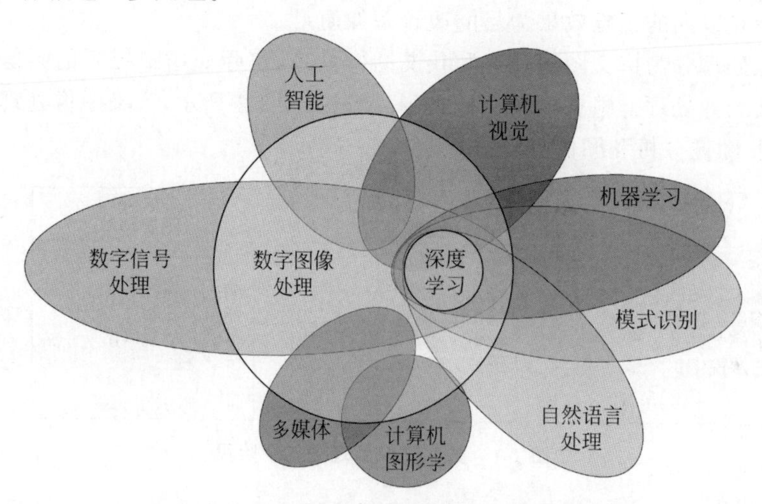

图 1-2　数字图像处理与相关学科之间的关系

人工智能是研究如何应用计算机来模拟人类某些智能行为的基本理论、方法和技术，这是一门关于知识的学科，研究如何表示知识以及如何获取知识并使用知识的科学。当下人工智能时代广泛提及的人工智能与其说是一门学科，不如说是一个领域，该领域的研究包括计算机视觉、机器学习、语音识别、图像分类与识别、自然语言处理和专家系统等众多学科方向。图像分类与识别利用模式识别方法分析图像数据，并转换为一组有意义的特征，根据这些特征进行目标的判断和识别。机器学习是指从训练样本中自动学习其中隐含的规律，并用于对未知数据的预测或者分类。深度学习是一种人工神经网络方法，属于机器学习范畴。深度学习自适应地从训练样本中学习可辨识的特征，具体来说，通过组合具体的低阶特征形成抽象的高阶语义特征进行图像表示。近年，深度学习迅速发展并广泛应用于图像分类与识别中。计算机视觉使用机器模拟人类视觉对所看到的目标进行分析和理解，属于图像理解的范畴。自然语言处理研究人与计算机之间用自然语言进行有效通信的各种理论和方法，与数字图像处理的共同之处在于所用的工具有重合，不同之处是自然语言处理的研究对象是语言，而数字图像处理的研究对象是图像。综上所述，数字图像处理与模式识别、计算机图形学、计算机视觉以及人工智能等相关学科有着密不可分的关系，相互促进彼此的发展。

1.2 数字图像处理发展简史

数字图像最早的应用之一是报纸业中数字化新闻照片的有线传输。Bartlane 电缆图像传输系统(Bartlane cable picture transmission system)是一项通过伦敦和纽约之间的海底电缆有线传输数字新闻照片的技术。Bartlane 系统于 1921 年第一次横跨大西洋传送了一张新闻照片，它将图像减少到 5 个灰度级，使用打孔带记录，传输电脉冲，在另一端重新打印。正是由于早期的数字化形式，报纸照片可以通过 Bartlane 系统在三小时内传送到大西洋对岸，而不必直接运送胶卷。早期的 Bartlane 电缆图像传输系统对图像通过 5 级亮度曝光进行编码，到 1929 年增加至 15 个灰度级。

这些例子与数字图像有关，但由于还未涉及计算机，因此并不被认为是数字图像处理技术。数字图像处理的历史与数字计算机的发展密切相关。1951 年，离散变量自动电子计算机(electronic discrete variable automatic computer, EDVAC)开始运行，采用存储程序的体系结构，对程序以数据的方式进行存储，计算机自动依次执行指令。随着 20 世纪 50 年代现代数字计算机的进展，数字图像处理领域不断发展起来。1957 年，美国国家标准与技术研究院(National Institute of Standards and Technology, NIST)的标准东方自动计算机(standards eastern automatic computer, SEAC)上显示了第一张以数字像素进行扫描和存储的图片。

20 世纪 60 年代，数字图像处理技术开始应用于卫星图像、医学成像、有线传真标准转换、照片增强、可视电话和字符识别。早期数字图像处理的主要目的是提高图像质量，为人类改善视觉效果。数字图像处理要求大规模的存储能力和高效的计算能力，因此数字图像处理技术的发展必须依靠数学计算、数据存储、图像显示和打印传输等相关支撑技术的发展。由于 20 世纪 60 年代或更早的计算机处理系统和显示系统的成本相当高，数字图像处理技术最早实际应用在太空项目上。1964 年，美国 NASA 喷气推进实验室(Jet Propulsion Laboratory, JPL)在考虑太阳位置和月球环境的情况下，对航天探测器“徘徊者 7 号”

(Ranger 7)传输回来的月球照片采用几何校正、灰度变换、去噪等图像处理技术,以校正机载电视摄像机固有的图像失真。数字图像处理技术在医学成像中的应用开始于20世纪60年代末到70年代初。20世纪70年代,计算机断层成像(computed tomography,CT)技术是数字图像处理在医学诊断领域最重要的应用之一。X射线计算机断层成像(X-ray computed tomography,X-CT)的工作过程是X射线源和检测器位于同一圆环上,并关于轴心对称,X射线源和检测器绕轴心旋转,X射线源发射的X射线透过轴心处的人体由对面的检测器接收,由于不同组织对X射线的吸收系数不同,因此通过轴心带动X射线源和检测器旋转,生成多个轴向的投影数据,对投影数据进行处理计算出人体切片图像,称为断层图像,进一步由这些断层图像能够重建出人体内部的三维图像。威廉·康拉德·伦琴(Wilhelm Conrad Röntgen)因发现X射线而获得1901年度诺贝尔物理学奖,高弗雷·豪斯费尔德(Godfrey Newbold Hounsfield)和阿兰·麦克莱德·科马克(Allan MacLeod Cormack)因发明计算机断层技术而共同获得1979年度诺贝尔医学奖,这与X射线的发现相距近100年。

20世纪60年代金属氧化物半导体(metal oxide semiconductor, MOS)集成电路和70年代初期微处理器推动了数字半导体图像传感器的发展。1971年,第一个半导体图像传感器——电荷耦合器件(charge-coupled device, CCD)诞生。与此同时,计算机处理能力、内存存储、显示技术和数据压缩算法也取得了进展。

数字图像处理技术的快速发展始于20世纪70年代后期,数字图像处理技术开始应用于遥感监测、气象观测和天文数字分析,各种专用和特殊用途的硬件和设备发展起来。20世纪70年代后期至今,数字图像处理的理论和方法进一步完善,形成了完整的学科体系。随着时间的推移,20世纪80年代图形工作站出现,且通用计算机的处理器速度提升(PC-386),具有更强的计算能力,同时集成显卡的问世,解决了图像显示的问题。数字图像处理技术逐渐向更高、更深层次发展,人们探索计算机系统模拟人类视觉系统解译图像,称为图像理解、计算机视觉。依据人类解译图像内容的视觉特性,以计算机处理的形式从图像中提取信息。

如今,数字图像处理已成为一门重要的计算学科,广泛应用于各种学科领域。在医学和生物科学等领域中,数字图像的对比度增强和伪彩色映射技术用于X射线、超声波以及其他图像判读。在地理学领域中,利用图像分析技术从航空和卫星图像中研究污染模式。在考古学领域中,利用数字图像增强和复原方法修复不可复制的艺术作品、稀有珍贵物品的唯一现存记录等。在物理学及相关领域中,数字图像技术用于增强高能等离子、电子显微镜等获取的实验图像。典型的机器感知应用有工业产品装配线检测、军事识别、生物特征识别、医疗血样分类处理、气象和资源环境卫星的天气预报和环境评估等。随着计算机处理器和存储技术、数学、科学计算、可视化和网络通信带宽的迅速发展,数字图像处理技术将会广泛地应用于更多的科研和工程领域。

1.3 数字图像处理研究内容

数字图像处理已经形成完整的学科体系,本书中将数字图像处理方法主要归纳为四方面的研究内容:

(1) 以人类观察为目的、从视觉上改善图像的质量,包括图像增强和图像复原等研究内容,例如图像去噪、图像去模糊、对比度增强等。图像增强是主观过程,以提高人类视觉效果为目的;而图像复原是客观过程,以图像降质模型为基础。

(2) 以机器模拟人类视觉为目的、对图像进行分析和理解,包括图像分割、特征提取以及图像分类(识别)等研究内容。图像分割和特征提取是从输入图像中分割出图像中有意义的目标,并提取目标特征向量的过程,属于图像分析的范畴。图像分类与识别是对目标特征进行判决分类,属于图像理解的范畴。

(3) 对图像数据进行表示、存储和传输,包括图像变换和图像压缩编码。图像变换是将图像从空域转换到变换域,例如离散余弦变换、傅里叶变换、小波变换等。在变换域处理能够减少图像表示的数据量,而且对于特定的应用更有效。离散余弦变换常用于图像压缩编码中,利用能量集中的少数变换系数表示图像,减少占用的存储量,节省传输的带宽,以便图像的存储和传输。傅里叶变换是频域滤波的基础,通过在频域中对不同频率成分进行滤波处理,实现特定频率的增强或减弱。小波变换在时域和频域中具有良好的局部特性,是多分辨率下描述图像的基础,也应用于图像压缩编码中。

(4) 对物体进行成像、对数字图像进行输出,包括图像获取、图像显示或绘制。图像获取是传感器接收电磁波或其他信号,转换为电信号,并通过模/数转换生成数字图像的过程,例如,计算机断层成像将 X 射线转换为电信号,并通过一维的轴向投影数据重建出二维的切片图像。图像显示或绘制关注于数字图像的输出,图像显示是在屏幕上输出图像,典型的图像显示技术如伽马校正;而图像绘制通常指由打印机或绘图仪将图像印刷在纸上,也称为硬拷贝,典型的图像绘制技术如半色调(halftone)技术。

若以人类视觉观察为目的,则仅涉及第一个研究内容。若以机器模拟人类视觉为目的,一个基本的图像识别系统通常由第一和第二个研究内容共同组成,图像经过预处理,并进行图像分割和特征提取,然后利用模式识别方法进行判决分类。如图 1-3 所示,图像识别系统的基本流程包括图像获取、图像增强或复原(预处理)、图像分割、形态学处理(后处理)、特征提取和图像识别等步骤。以光学字符识别(optical character recognition,OCR)为例,首先获取字符图像,通过预处理抑制图像失真并增强特定的图像特征,提高成功识别字符的可能;然后从背景中分割出字符,转换为字符的二值图像,通过形态学处理去除噪声,对字符进行切分,提取各个字符目标的特征向量,选择分类器对字符目标进行分类与识别。

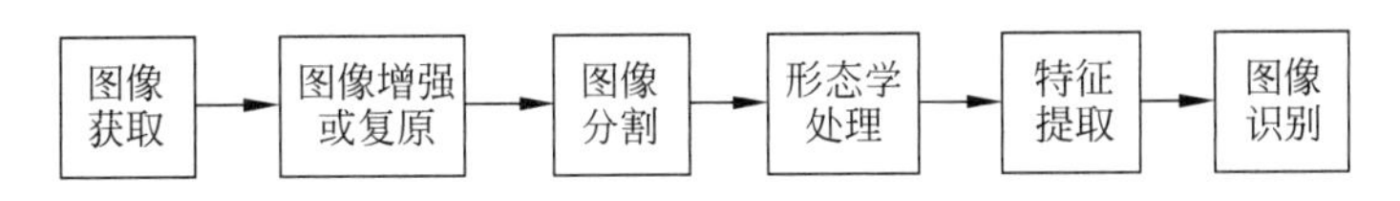

图 1-3 图像识别系统的基本流程

本书后续的研究内容共 11 章。为了帮助读者厘清本书的结构安排,对本书中各章进行提纲挈领的说明。

第 2 章介绍与数字图像相关的基本概念和基础知识,包括图像获取、图像采样、图像类型以及图像质量评价准则等。第 3～6 章讨论灰度图像的图像质量改善方法,属于狭义图像处理范畴。图像增强是主观过程,根据视觉解释有选择地突出图像中感兴趣的特征或者抑制图像中某些不需要的特征。空域图像增强和频域图像增强的结合是图像增强技术的完整内容,频域变换是在频域中描述图像特征,是频域图像增强的基础。图像复原是客观过程,考虑图像降质的原因,根据降质过程建立降质模型,通过求解逆过程估计原图像。

第7章处理的对象是彩色图像,介绍了各种颜色表示方法、伪彩色映射方法以及在向量空间设计的彩色图像处理和分析方法。随着彩色传感器和彩色图像处理硬件成本的下降,彩色图像处理的应用日益增长。其他章节的图像处理方法均为灰度图像设计,本章介绍简单常用的彩色图像增强、彩色图像分割等方法,由于涉及图像处理和图像分析不同阶段的内容,因此将彩色图像处理作为独立的一章。

第8章是数学形态学应用到图像处理领域形成的一个独特的分支,本章是从图像处理到图像分析的过渡。二值图像形态学处理通常用于图像分割的后处理,归于图像分析范畴,而灰度图像形态学通常用于图像的预处理,归于狭义图像处理范畴。第9章是将图像中有意义的目标从背景中分离出来,输入为图像,输出为目标区域或其边界,是特征提取的必要前提和基础,属于图像分析的范畴。

第10章为数字图像处理和分析提供了一种局部时频分析的数学工具,是多分辨率下描述图像的数学工具。第11章讨论视频和图像数据量压缩的典型编码方法,是图像存储和传输的关键。图像压缩编码在图像处理技术中是发展最早且比较成熟的技术。

第12章依据同一类内的目标特征具有相似性,不同类间的目标特征具有相异性的准则,将图像分割的区域边界或区域本身转换为机器可识别的特征向量,属于图像分析的范畴,这是进一步图像分类与识别的必要前提。图像分类与识别是根据目标特征进行判决分类,属于图像理解的范畴。本书中的研究内容止于图像分析,不涉及图像理解的相关内容。

1.4 数字图像处理的应用领域

随着各种通用和专用成像设备的迅速发展和数字图像的广泛普及,数字图像处理的应用领域深入人类生活和工作的各个方面。从卫星遥感在全球环境气候监测的应用,到指纹识别技术在安全领域的应用,再到图像视频检索、Adobe Photoshop照片编辑、光学字符识别等日常生活领域的应用,数字图像处理技术已经融入科研和工程的各个领域。

1. 遥感中的应用

遥感的一般任务是从人造卫星或飞机对地面观测,通过电磁波的传播与接收,感知目标的某些特征并进行分析。实际应用中,遥感技术广泛应用于资源调查、地表环境监测、人类活动监测、军事目标识别、农作物估产等多方面。根据遥感平台分类,遥感可分为机载(airborne)遥感和星载(satellite-borne)遥感,其中机载遥感是飞机搭载成像传感器对地面的观测,星载遥感是指传感器安装在大气层外的卫星上。

1956年,世界上第一颗人造卫星升空,为遥感技术提供了新的平台,使得遥感技术可以周期性、大范围监测地表动态变化过程。同时,多光谱扫描仪、热红外传感器、雷达成像仪等传感器的出现也使得遥感技术可以从多角度探测地物。1972年,美国发射第一颗地球资源卫星,后改成陆地卫星(LandSat)。1982年,LandSat-4将光谱波段提升到7个波段,空间分辨率提升到30m。1986年,法国SPOT卫星升空,其搭载的成像传感器空间分辨率提升为10m。现今,卫星传感器探测能力达到米级以至亚米级,例如Quick Bird卫星的空间探测能力达到0.61m。卫星遥感通过卫星对地球上感兴趣的地区进行空中拍摄,在太空中将所拍摄的图像通过数字化和编码处理转换成数字信号存入磁带中,在卫星运行至地面站上空时将信号高速传输到地面站，然后由地面站对采集的图像进行处理和分析。在遥感图像的成像、存储、传输、显示和分析过程中，都需要利用数字图像处理技术。遥感成像技术对环境变化监测、军事目标识别、农作物估产等应用具有广阔的发展前景。图 1-4 为 250m 分辨率的 Terra MODIS 卫星监测洞里萨湖随季节的水位变化图。柬埔寨境内北部的洞里萨湖，在枯水季时，湖水经洞里萨河向东南注入湄公河，洞里萨湖水域面积减小，在 6～11 月的季风期间，湄公河水倒流注入洞里萨河中，使洞里萨河的流域面积从约 2700km^2 增加到约 10360km^2，深度也由 0.9～3m 增为 9～14m。洞里萨河一年内流向定期发生变化，且水域面积与深度随季节变化显著，卫星监测为相关部门及时了解洞里萨湖的水域情况提供了帮助。

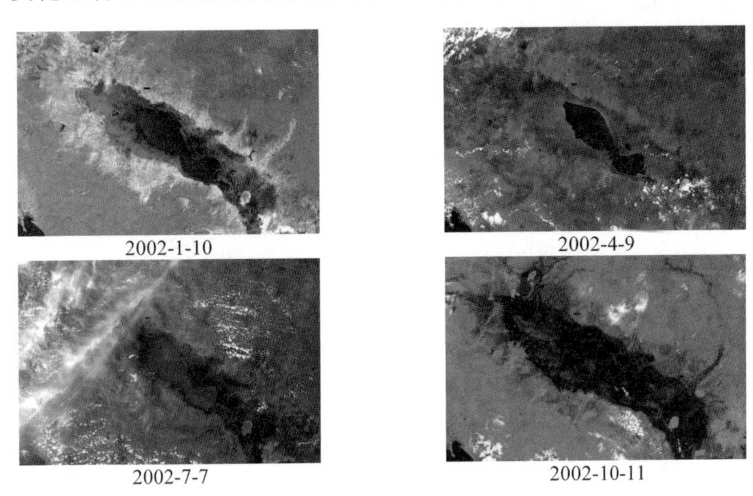

图 1-4　250m 分辨率的 Terra MODIS 监测洞里萨湖的季节变化

20 世纪 80 年代兴起的高光谱成像技术是遥感成像领域的重大突破，是对地表进行观测的有力工具。高光谱成像数据在提供有关地表地物空间信息的同时，又提供了更加丰富的光谱信息，将卫星遥感数据高精度处理和深度处理需求提升到一个更高层次。早期的多光谱遥感成像技术仅能在少数几个离散的波段上获取光谱数据，而高光谱成像技术能够获取大量窄波段的连续光谱数据。图 1-5 显示了高光谱成像立方体数据的可视化表示，每一个像元具有一条连续的光谱曲线。高光谱成像数据可以用来生成复杂模型，提高了从对地观测图像中判别、分析地物状况的能力。

2. 天文学中的应用

天文学是一门研究天体和天文现象的自然科学，观测地球大气层之外的事物。伽利略首次利用望远镜观察天体，牛顿发明了反射望远镜。观测天文学可以依据电磁波谱的不同区域分类，由于地球的大气层对许多波段天文观测的影响，天文观测包括地面观测和空间观测，如图 1-6(a)所示。伽马射线、X 射线、紫外线会被地球大气上层吸收，可见光在大气层中容易发生失真，红外线会被大气中的气体吸收，所以观测需要在太空中进行。无线电波可以从地面观测，射电天文学观测的是天空中波长超过 1mm 的无线电波。图 1-6(b)为电磁波谱不同波段下拍摄的猎户座年轻恒星，通过使用不同观测波段观察恒星形成初期阶段包围的密集气体和尘埃环，了解恒星演化进程。

3. 生物医学中的应用

在生物医学领域中，数字图像处理技术的主要应用包括：计算机 X 射线成像

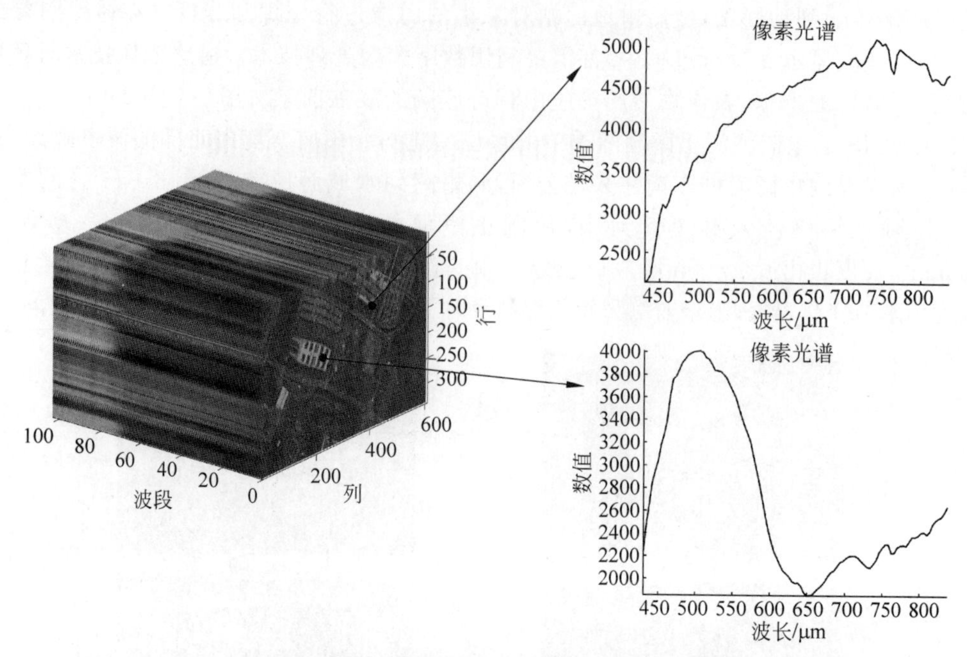

图 1-5 高光谱成像数据立方体

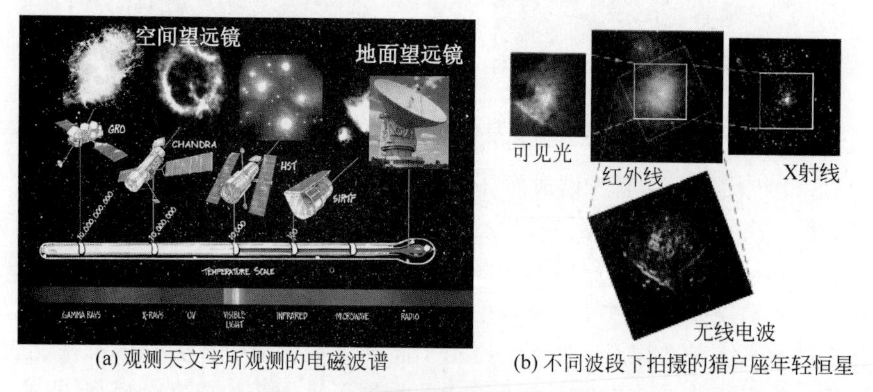

(a) 观测天文学所观测的电磁波谱　(b) 不同波段下拍摄的猎户座年轻恒星

图 1-6 观测天文学中的应用示例

(computed radiography,CR)[图 1-7(a)]、磁共振成像(magnetic resonance imaging,MRI)[图 1-7(b)]、计算机断层扫描[图 1-7(c)]、超声波成像[图 1-7(d)]和光学相干断层扫描(optical coherence tomography,OCT)[图 1-7(e)]等医学影像成像技术；X 射线肺部图像增晰、血管造影、肿瘤分割、细胞分类、染色体分析、癌细胞识别等医学图像处理和分析。

4. 网络通信中的应用

数字图像和视频在无线通信、互联网等网络通信中占据越来越大的比重。数字图像和视频的数据量非常庞大，一幅 1024×768 分辨率、24 位真彩色图像的数据量约为 2.26MB；1 分钟 320×240 分辨率、24 位真彩色、25 帧/s 的 PAL 制式彩色电视信号的数据量约为 329.6MB；监测卫星采用 4 波段，按每天 30 幅的频率传输 2340×3240 分辨率图像的数据量约为 2.5GB。为了以高速率实时传输如此庞大的数据量，采用数据压缩编码技术减少图像和视频中的数据冗余，实现数据量的压缩。国际标准化组织和国际电信联盟针对视频会

(a) CR (b) MRI (c) CT

(d) Ultrasound (e) OCT

图 1-7 医学影像成像技术

议、可视电话、互联网视频和无线移动视频等应用制定了一系列视频和图像压缩编码的国际标准,视频和图像压缩编码广泛应用于网络通信中。图 1-8 给出了一个数据压缩的示例,图像的尺寸为 1590×998 像素,图 1-8(a)为 BMP 格式图像,大小为 4 763 694 字节,而图 1-8(b)为 JPEG 压缩格式图像,大小为 46 298 字节。这两幅图像几乎没有可察觉的视觉差异,但是前者的数据量是后者的 100 余倍。

(a) BMP格式图像 (b) JPEG压缩格式图像

图 1-8 数据压缩示例

5. 军事公安中的应用

在军事方面,数字图像处理技术主要应用于导弹的精确制导、各种侦察照片的判读分析、军事自动化指挥以及飞机、坦克和军舰模拟训练等。在公共安全方面,数字图像处理技术主要用于生物特征识别和视频智能分析等。生物特征识别是指利用个体独特的生理特征(如指纹[图 1-9(a)]、脸部[图 1-9(b)]、虹膜[图 1-9(c)]、视网膜[图 1-9(d)]、掌纹、DNA 等)和行为特征(如步态[图 1-9(e)]、笔迹[图 1-9(f)]、手势、声音等)来进行个体身份的认证。视频智能分析是指对摄像头中获取的视频内容进行理解与分析,包括对图像中的目标进行检测、定位、识别和跟踪,以及对目标行为进行分析、预测、判断,例如,车辆违章的行为分析、个体或群体的异常动作分析,车牌照的自动识别,以及人脸身份识别等。视频智能监控技术可以应用于公共安全监控、工业现场监控、居民小区监控、交通状态监控等各种监控场景中,实现对异常行为的实时自动预警和报警,从而有效协助安全人员处理危机,显著提高监控效率，降低监控成本。

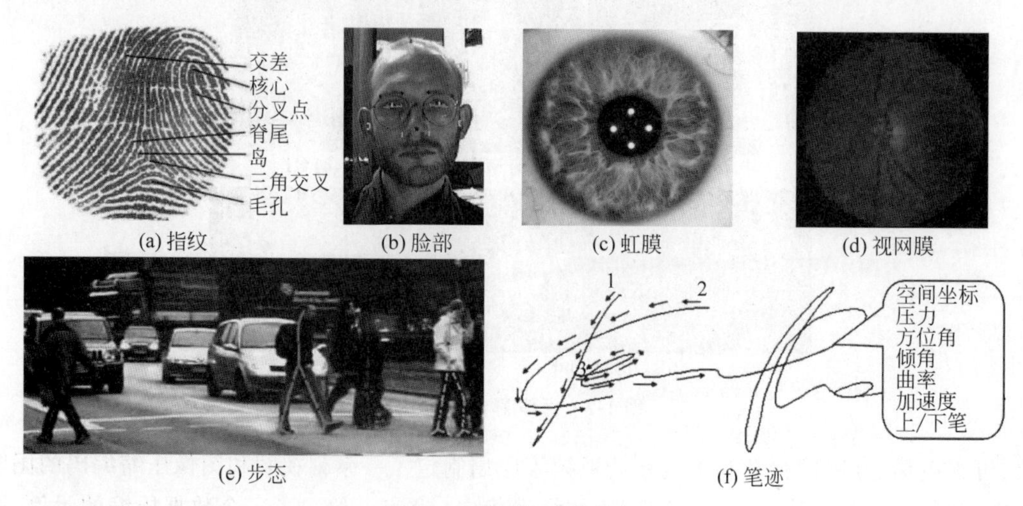

(a) 指纹　(b) 脸部　(c) 虹膜　(d) 视网膜

(e) 步态　(f) 笔迹

图 1-9　常用的生物特征

6．公路交通中的应用

在公共道路环境下实现智能驾驶已成为当前研究的热点。智能驾驶具有降低交通事故、提高交通运输能力的意义及广阔的市场前景，能够引领汽车工业未来的发展。自从Google公司于2012年第一次对外界公布研发自动驾驶车辆起，国内外开展了智能驾驶的广泛研究。自动驾驶车辆通过激光雷达、全球定位系统（GPS）及图像分析与理解等技术感知周围环境，图像分析与理解技术为智能驾驶提供道路行驶环境，并对环境进行语义理解，为智能车辆提供有效的道路环境的数据基础。

在图像分析与理解层面上，自动驾驶车辆的任务包括感知周围的环境、处理环境中的信息、预测环境中其他人的行为，以及根据信息做出驾驶决策。在图1-10(a)中，车辆在任何位置行驶之前，构建周围环境的3D地图，显示道路轮廓、路边和人行道、车道标记、人行横道、交通灯、停车标志和其他道路特征等信息，以及将其预先构建的地图与实时传感器数据进行交叉参考，以确定车辆在道路上的位置。在图1-10(b)中，对车辆周围的车辆、行人、自行车、道路施工、障碍物等目标进行检测，以及持续识别信号灯、交通标识等交通管制信号。在图1-10(c)中，对于道路上的各个动态目标，根据当前速度和轨迹预测未来可能的运动路径，以及道路条件的变化（如车道前面阻塞）可能会影响周围的其他道路使用者的行为。在图1-10(d)中，车辆选择合适的路径以及沿着这条路径安全前进所需的准确轨迹、速度、车道和转向操作。在行驶过程中，车辆持续监测环境，并预测其他道路使用者未来的行为，快速安全地响应道路上的任何变化。

7．文化艺术中的应用

数字图像处理技术在文化艺术中的应用主要包括视频画面的数字编辑、动画制作、电子视频游戏、纺织工艺品设计、服装设计与制作、发型设计、绘画和照片修复、全景图像拼接等。由于文艺复兴时期油画、书籍等作品损坏、侵蚀的现象普遍存在，数字图像修复技术最初起源于艺术作品的修复，通过扫描仪等设备将艺术作品数字化，利用图像修复算法恢复作品的原貌，将其作为参照再进行实体修复，避免直接手工修复造成珍贵艺术品毁损。图1-11给出了一幅绘画作品的修复实例。全景图像拼接技术是指将多幅具有重叠区域的不同视角的

(a) 车载地图视图

(b) 车辆（绿色）、行人（黄色）和自行车（红色）检测

(c) 车辆、行人、自行车的轨迹预测

(d) 车辆前进的轨迹决策（绿色路径）（绿色围栏表明自动驾驶车辆可以继续行驶，并且车辆识别出前方车辆并必须保持一定的前进速度）

图 1-10 智能驾驶中的图像分析和理解(图片源自 Waymo 安全报告)

(a) 绘画作品

(b) 修复图像

图 1-11 绘画作品的修复

图 1-12 全景图像拼接

图像无缝拼合成一幅大型的高分辨率图像。图 1-12 为一幅普通数字照相机拍摄的多幅多视角图像拼接成的全景图像。

8. 信息安全中的应用

数字水印技术广泛应用于信息安全领域中，包括版权保护、信息隐藏、数字签名、信息加密等应用。数字水印是指在数字图像、音频和视频等数字化的数据内容（载体）中嵌入隐藏信号来证实图像版权归属和保证数据的完整性。所嵌入的数字水印通常具有不可见性和不可察觉性，只能通过一定的算法检测、提取嵌入的数字水印。数字水印紧密结合并隐藏于载体数据中，不影响载体数据的使用。版权保护借助数字水印防止数字媒体未经授权的复制。数字水印嵌入分布在数字图像的像素中，从数字媒体的复制版本中检索水印来追踪来源，主要应用于检测非法复制电影的来源。信息隐藏是利用隐藏的嵌入式信号作为双方之间的秘密通信手段，一方将秘密信息嵌入数字媒体中与另一方通信。

9．工业与工程中的应用

在工业和工程领域，数字图像处理技术的应用主要包括弹性力学图像的应力分析、流体力学图像的阻力和升力分析、邮政信件的自动分拣、放射性环境中的工件形状和排列状态识别、工业视觉检测中的包装完整性检测、外观缺陷检测、标签检测、附件缺失检测、自动装配线中零件质量检测、零件分类、印制电路板的缺陷检查等。工业视觉检测是利用工业照相机取代人眼完成识别、测量、定位等功能，提高生产流水线的检测速度和准确度，提高产量和质量，剔除不符合质量标准的物体，降低人工成本，同时防止人眼疲劳而产生的误判。图 1-13 给出了工业生产与制造中瑕疵、电路板芯片缺失、灌装不合格和气泡等几种常见的视觉检测示例。

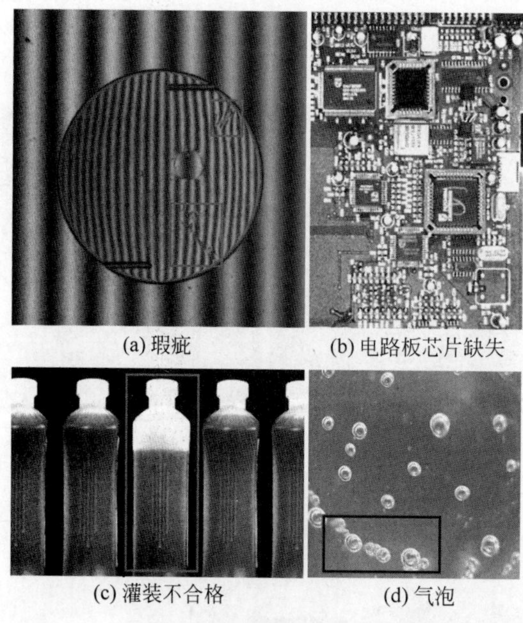

(a) 瑕疵 (b) 电路板芯片缺失

(c) 灌装不合格 (d) 气泡

图 1-13 工业视觉检测示例

10．摄影与印刷中的应用

在摄影与印刷领域，数字图像处理技术的主要应用包括原稿的数字化采集、设计与排版、印刷质量的检测与控制、色彩管理等。本书虽未专门安排图像显示的相关内容，但是图像显示很重要，色调映射(tone mapping)、抖动、半色调、伽马校正是常用的图像显示技术。当场景的动态范围过大时，图像传感器的动态范围不足以捕获场景中的所有细节。如图 1-14(a)所示，从教堂内部拍摄的图像，天空亮度过高，导致窗户曝光过度，而其他地方曝光不足。如图 1-14(b)所示，**色调映射**技术是指将图像颜色从真实场景的高动态范围(high dynamic range，HDR)映射到照片所能表现的低动态范围(low dynamic range，LDR)的过程，既保证细节不丢失，又不使图像失真。**半色调**是一种印刷技术，它使用大小、形状或间距不同的二值像素来模拟连续灰度级的图像，由仅有黑白两色的打印设备输出灰度图像。如图 1-15 所示，半色调技术输出的图像在细尺度看仍是二值图像，但是由于人眼的空间平均效应，在粗尺度上感知的则是灰度图像。

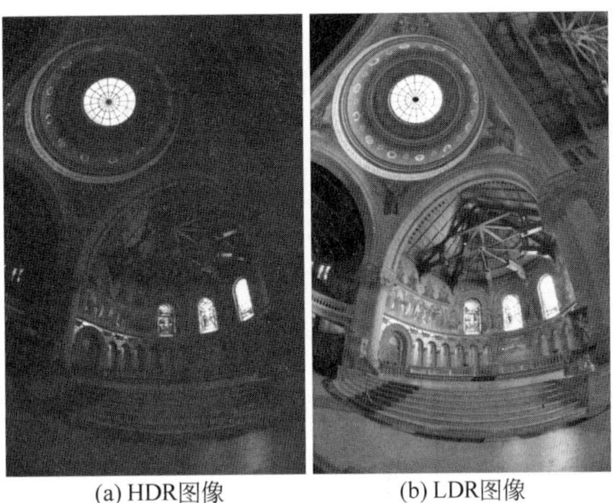

(a) HDR图像　(b) LDR图像

图 1-14 色调映射示例

(a) 灰度图像　(b) 半色调图像

图 1-15 半色调示例

1.5 小结

数字图像处理是用计算机对图像信号进行处理的技术和方法。随着数字成像仪器及其相关学科的发展，各种各样的应用领域中广泛涉及数字图像技术。本章简要介绍了数字图像处理的基本概况，包括数字图像处理的概念、发展历程、研究内容，并简要列出了数字图像处理在各个领域的主要应用实例。

第2章

数字图像基础

视觉是人类最高级的感知，图像是信息传达的主要途径，图像的表现力胜过文字和语言，承载着更加丰富、直观的信息。人类的视觉感知仅限于电磁波谱的可见光波段，成像仪器则几乎可以覆盖从伽马射线到无线电波的整个电磁波谱。电子成像是指各种电或非电的物理量经过一定转换和处理生成数字图像的过程。感光器件是数字照相机中最核心、最关键的技术，其发展推动了数字照相机的发展。伴随着电子成像感光器件在各个学科中的普及以及快速发展，数字图像广泛地延伸到各种各样的应用领域。本章介绍数字图像的一些基本概念和基本概况，为本书后续各章中数字图像处理方法的学习奠定基础。

2.1 数字图像的概况

数字图像是以像素为单位表示的二维图像，通常用数组或矩阵表示，其光照位置和强度都是有限、离散的数值。数字图像由模拟图像数字化形成，可以用数字计算机或数字电路存储和处理。

2.1.1 数字图像的基本概念

一幅单色图像可以定义为二维的亮度函数 $f(x,y)$，其中，x 和 y 表示空间坐标，而 $f(x,y)$是关于坐标(x,y)的函数值，与成像于该点的光强成正比。对于一幅彩色图像，$\boldsymbol{f}(x,y)=[f_R(x,y),f_G(x,y),f_B(x,y)]^{\mathrm{T}}$ 表示一个向量，$f_R(x,y)$、$f_G(x,y)$和 $f_B(x,y)$分别表示彩色图像的红色、绿色和蓝色分量，每一个颜色分量表示在点(x,y)处相应颜色通道中的亮度值，与相应单色波段内成像于该点的光强成正比。当空间坐标(x,y)和亮度函数 $f(x,y)$的值都是有限的、离散的数值时，称这幅图像为**数字图像**。数字化的空间位置称为**像素**(pixel)，数字化的亮度值称为**灰度值**。数字图像是像素的二维排列，可以用一个或一系列二维的整数数组来表示，每一个二维数组表示一个颜色分量。

数字图像的存储方式一般是以像素为单位的，传感器阵列上的每一个感光元对应数字图像中的一个像素，每一个像素值反映了自然场景中相应成像点的亮度。如图 2-1 所示，当数字照相机采集自然图像时，左侧表示一幅自然场景，取景范围由取景器的视野决定；右侧表示正方形采样网格，成像传感器的感光元阵列决定了图像的空间分辨率。这幅图直观地说明对自然场景成像形成数字图像的过程，以及如何用数字阵列来表示自然场景。对于彩色场景成像，普通数字照相机使用 Bayer 模式的彩色滤波阵列(color filter array，CFA)采样，利用彩色插值算法将 Bayer 模式图像转换成全彩色图像。

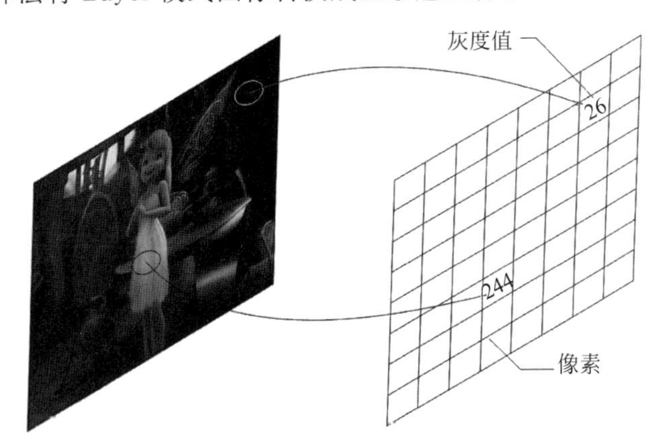

图 2-1 自然场景及其对应的数字图像

数字图像的空间分辨率是决定图像质量的重要因素。从硬件角度，提高分辨率需要增加传感芯片的像素数，直观上有两种方法：减小感光元尺寸和增大传感芯片尺寸。第一种方法是减小各个感光元的尺寸，但是，光圈决定了有限的光量进入传感器，感光元面积的减小使得可接收的光子数减少，感光度的降低势必导致成像的信噪比下降，以及各像素间抗干扰性变差，因此，单位面积的感光元数量不能无限地增加。第二种方法是增大传感芯片的总尺寸，但是，这将导致电容增加，从而使电荷传输速率下降。目前，更大尺寸传感芯片的制造工艺较困难，制造成本也较高。

图像传感器通常由百万像素的感光元组成，当自然场景的光线到达传感器时，感光元感应光线，并将光信号转变成电信号，通过模/数转换器(analog to digital converter)将模拟信号转换成数字信号，所有感光元产生的信号共同构成了一幅完整的画面。在过去的 10 年中，数字照相机经历了快速发展，成像传感器的像素数逐年增加。一幅图像的像素数与空间分辨率有直接的关系，一幅空间分辨率为 640×480 的数字图像，它的像素数就达到了 307200 像素，也就是常说的 30 万像素，而一幅空间分辨率为 1600×1200 的数字图像，它的像素就是 200 万。这种实际参与感光成像的像素称为有效像素(effective pixels)。值得注意的是，很多数字照相机的制造商为了夸大技术参数，只标榜数字照相机的最大像素数(maximum pixels)。所谓的最大像素数并非从硬件上增加感光元的数量，而是经过软件插值获得的，通过数字照相机内部的数字信号处理器(digital signal processor，DSP)芯片上的图像插值算法放大图像。图像插值算法仅能增加数字图像的像素数，而不能提高其空间分辨率。空间分辨率是对图像中可见细节的衡量，不仅指图像的像素数，而且与辨别图像中细节的能力有关，换句话说就是分辨力。因此，图像插值获取的图像质量不能与真正感光器件所生成图像的质量相比，有效像素数才是决定图像质量的关键。

2.1.2 数字图像的多样性

数字图像处理成为当今研究的热点，主要原因在于数字图像在多个方面具有多样性，本节介绍数字图像的成像多样性和尺度多样性。

2.1.2.1 成像多样性

数字图像的一个重要方面是成像多样化，电子成像的种类很多，如合成孔径雷达(synthetic aperture radar，SAR)、红外热感成像、数字照相机、摄像机、紫外线成像、计算机断层成像。成像的多样性使数字图像处理技术广泛地应用在各个领域中。

电子成像可以通过几乎任何一种电磁波辐射转换成电信号形成数字图像。电磁波是以波动形式传播的电磁场，是由相同方向且相互垂直的电场和磁场在空间中传播形成的振荡粒子波。电磁波的传播不依赖于介质，在真空中传播的速率为光速。电磁波具有波粒二象性，粒子以波的形式传播，以光的速度运动。将电磁波按照各个波段波长或频率的递增或递减顺序依次排列形成电磁波谱，如图 2-2 所示。按照波段的波长递减或频率递增的顺序依次是无线电波、微波、红外线、可见光、紫外线、X 射线和伽马射线(γ 射线)，波长的单位是nm(纳米)。电磁波谱的各个波段之间并没有明确的界线，而是由一个波段平滑地过渡到另一个波段。几乎每一门学科都有数字图像处理的分支，诸多学科使用专用成像设备或传感器采集图像数据，成像仪器几乎可以覆盖从 γ 射线到无线电波的整个电磁波谱。

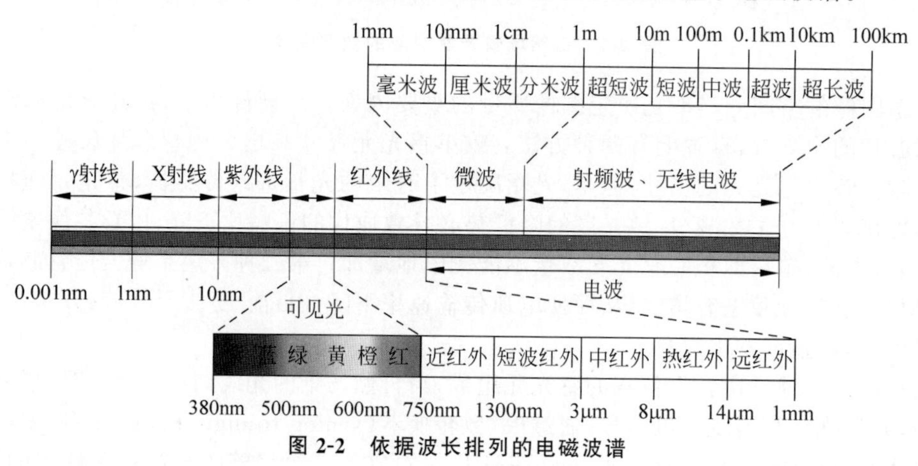

图 2-2 依据波长排列的电磁波谱

按照各种电磁波产生的方式，可将电磁波谱划分成三个区域：

1. 中间区(中能辐射区)

这部分电磁波称为光辐射，包括红外线、可见光和紫外线。光是一种电磁波，可见光是电磁波谱中人类视觉可感知的波段，波长为 380～750nm，仅占整个电磁波谱中很窄的波段范围。在可见光光谱中，红色光的波长最长，紫色光的波长最短。在可见光光谱的波段之外，比红色光波长更长的电磁波称为红外线，比紫色光波长更短的电磁波称为紫外线。紫外线和红外线中的“外”，是可见光之“外”的意思，特殊的胶卷或光敏器件可以感知红外线和紫外线。多光谱遥感成像在可见光、红外线等多个离散的波段上获取多维光谱数据，利用多个波段从不同角度更好地反映地物的光学特性。

2. 长波区(低能辐射区)

长波区的电磁波称为电波，包括微波和无线电波[①]，它们与物质间的相互作用更多表现

---

① 微波的波长为 1mm～1m，无线电波的波长为 1m 及以上。有些出版物简单地将微波当作无线电波的一种，根据这样的定义无线电波的波长为 1mm 及以上。

为波动性。自然界中的无线电波主要是由闪电或者宇宙天体形成的。导体中电流强弱的改变会产生无线电波,电波引起的电磁场变化又会在导体中产生电流。微波和无线电波都常用于无线通信。微波通常直向传播,微波通信的发射者和接收者需在视线之内,适合于点对点通信,由于微波能够穿过电离层,可用于卫星通信。无线电波能够衍射绕过建筑物和山丘,并能够由电离层反射,将信号远距离发送至接收者,适合于电台和电视广播。

3. 高频区(高能辐射区)

高频区的电磁波为各种射线,由带电粒子轰击某些物质产生,包括 X 射线和 γ 射线。它们的量子能量高,当与物质相互作用时,波动性弱而粒子性强。X 射线是由原子核外电子的跃迁或受激等作用产生的,来源于原子核外。γ 射线是原子核的衰变或裂变等产生的,来源于原子核内。两者均具有穿透力,γ 射线的穿透能力比 X 射线强。X 射线和 γ 射线成像主要应用于工业检验、天文观测和医学检查中。在医学成像中,X 射线常用于人体透射成像,γ 射线成像技术常用于核医学中。电磁波谱中的 X 射线和 γ 射线几乎可以电离任何原子或分子,称为电离辐射。电磁波的频率越高,能量越强,电离能力越强。在医学成像中,X 射线为外照射,即辐射源在人体外的电离辐射对人体产生作用;而核医学中的 γ 射线为内照射,即放射性元素进入人体,直接对人体内部产生作用。

除了各种波段的电磁波谱成像之外,声波成像(acoustic imaging)也是图像处理技术中常用的成像模式。声波是机械波,不是电磁波,由声源振动产生,通过介质传播。当声波从一种介质入射到不同声学特性的另一种介质时,在两种介质的分界面处一部分入射声波发生反射。利用不同物质的声学特性不同,通过声波反射可重建不透光物体内部的结构。

根据成像方式的不同,可将图像主要分为三类:反射图像、发光图像(emission image)和吸收图像,如图 2-3 所示。这样的分类方式没有明显的界限,一幅图像可能包含一种或多种成像方式的物体。**反射成像**是由物体表面反射的电磁波到达成像传感器而成像。日常生活中最常见的是人类视觉对物体表面反射光的光学成像,属于可见光成像。非可见光成像的例子有雷达成像、声波成像、激光成像和其他电子显微镜图像。从反射图像中可以提取的信息主要是物体的表面属性,即形状、纹理、颜色和反射特性等。**发光成像**是对光源等自身发光或辐射的物体而言的,物体本身辐射的电磁波到达成像传感器而成像。发光成像的例子有热感成像和近红外成像、可见光发光成像和 MRI 成像等。热感成像和近红外成像是对

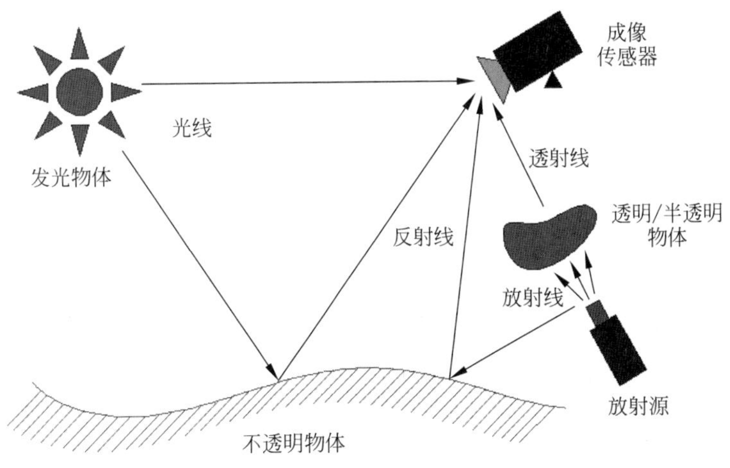

图 2-3　三种成像方式示意图

人体、星体和军用目标等热辐射的传感成像，通常应用于医学、天文和军事领域；可见光发光成像是对灯光、恒星等发出的可见光的传感成像；MRI成像是原子核受激发出的电磁波的传感成像。从发光图像中可以获知的信息主要是物体的固有属性，是对物体内部结构的成像。但也可能是对外部结构的成像，例如，在低照明的场景中使用红外热传感器对人体等热源所成的图像。**吸收成像**是由于辐射波通过物体，一部分电磁波被物质吸收或者截断，另一部分透射的电磁波到达成像传感器而成像。吸收的程度决定了所成图像中辐射波的感光程度。从吸收图像中可以获知的主要信息是物体内部结构和物质的吸收属性。例如，X射线成像是典型的吸收图像的例子。

成像多样性是由成像波段的多样性与成像方式的多样性共同构成的，成像波段与成像方式交叉出现在电子成像中。图2-4给出了电磁波谱中间区成像的示例。图2-4(a)为可见光波段内普通图像传感器所采集的图像，左图为反射成像方式，右图主要的成像方式是发光成像。图2-4(b)为全球夜间灯光亮度近红外成像，用于全球人居环境监测。图2-4(c)为热红外成像，通过热红外敏感传感器对物体进行成像，能够反映出物体表面的温度场。红外成像均属于发光成像方式。图2-4(d)是用紫外线诱导可见荧光的方式拍摄的植物和矿物。紫外线本身人眼不可见，但是紫外线照射激发物体内部发出各种可见波长的荧光。这种成像方式属于发光成像。

(a) 可见光成像，左图为反射成像，右图中发光成像是主要的成像方式

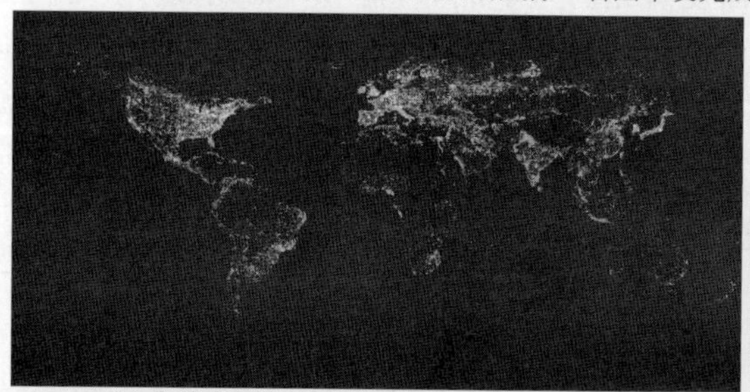

(b) 全球夜间灯光亮度近红外成像，发光成像

(c) 热红外成像，发光成像

(d) 紫外线照射下物质的荧光，发光成像

图2-4 电磁波谱中间区成像的示例

图 2-5 给出了电磁波谱长波区成像的示例。射电天文学学科通过射电天文望远镜接收的宇宙天体发射的无线电波信号来研究天体的性质。图 2-5(a)为星系 M87 黑洞的图像，由毫米波天文望远镜对黑洞观测的天文影像，中心暗弱部分为黑洞阴影，而周围的环状不对称结构是由于强引力透镜效应和相对论放射效应造成的。这是 2019 年发布的人类史上首张直接对黑洞观测的天文影像。图 2-5(b)为飓风"埃里卡"在墨西哥东北部登陆的 NEXRAD 雷达图像。雷达(Radar)为 radio detection and ranging 的缩写，意思为无线电探测和测距。雷达通过测量反射无线电波的延迟来计算目标的距离，并通过反射波的偏振和频率感应目标的表面类型。雷达工作在超短波及微波波段，其波长为 1mm～10m，频率为 0～300GHz。图 2-5(b)为医学影像中磁共振成像(magnetic resonance imaging，MRI)的头部图像，与 X 射线相比，MRI 对人体没有电离辐射伤害。磁共振成像设备是将人体置于磁场中，通过无线射频脉冲激发人体内的氢原子核，氢原子核在旋进中，吸收与氢原子核旋进频率相同的射频脉冲，原子核发生共振。依据在物质内部不同结构中氢原子核释放的能量衰减的不同，可重建物体内部结构的图像。

(a) 星系M87黑洞图像，发光成像

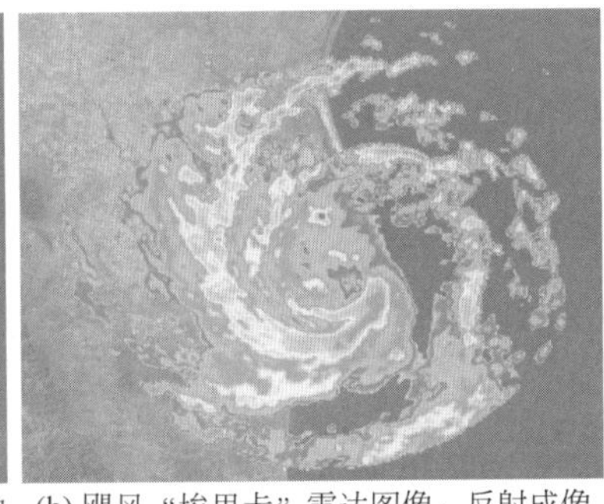

(b) 飓风"埃里卡"雷达图像，反射成像

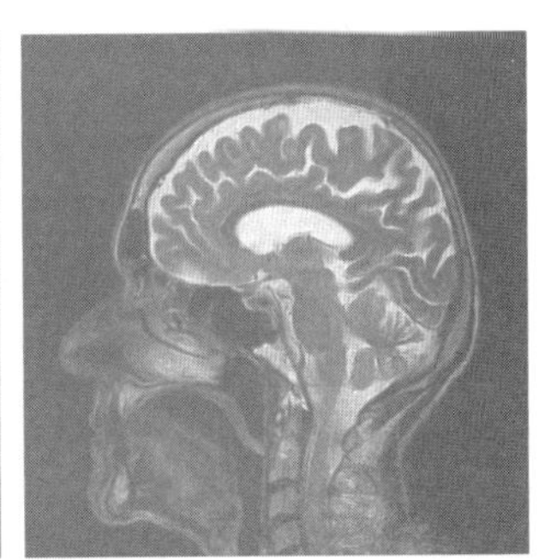

(c) MRI头部成像，发光成像

图 2-5　电磁波谱长波区成像的示例

图 2-6 给出了电磁波谱高频区成像的示例。图 2-6(a)为计算机 X 放射成像(computerized radiography，CR)的颈椎图像。各种物质以不同程度吸收 X 射线，骨骼比软组织吸收更多的 X 射线。X 射线的用途是探测骨骼和软组织的病变。在核医学中，将放射性同位素注射到病人体内，这种物质衰变时放射出 γ 射线，传感器接收 γ 射线而成像。图 2-6(b)为核医学全身骨骼扫描，通常用于判别各种与骨骼有关的病理，例如骨骼疼痛、应力性骨折、非恶性骨病变、骨骼感染或癌症扩散到骨骼。

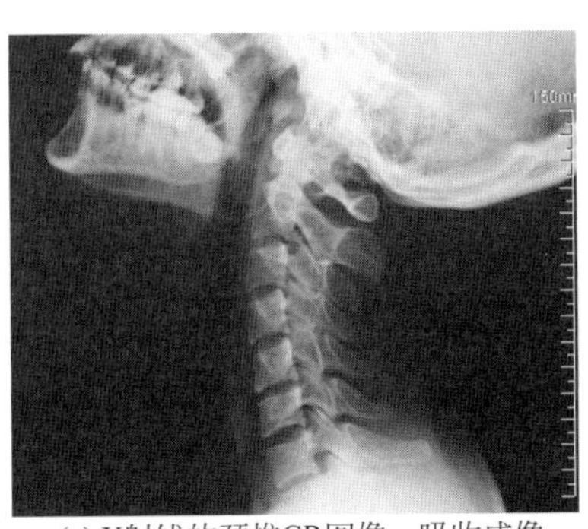

(a) X射线的颈椎CR图像，吸收成像

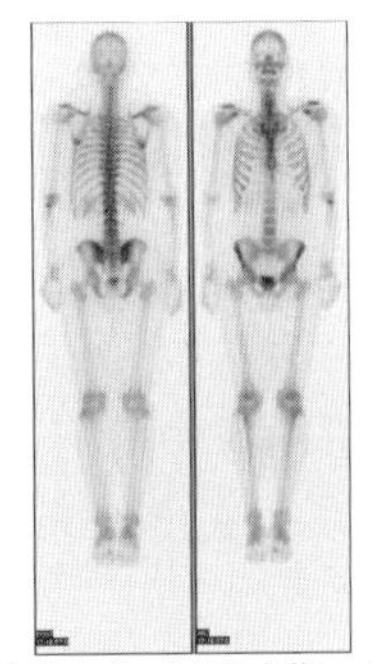

(b) 核医学中的γ射线成像，发光成像

图 2-6　电磁波谱高频区成像的示例(图片源自维基百科)

图 2-7 给出了声波成像的示例，声波成像属于反射成像方式。图 2-7(a)为医学影像中的 B 型超声波图像，简称 B 超图像。超声波成像是医学影像中常用的成像模式，超声波可以穿透肌肉及软组织，没有 X 射线导致的电离辐射伤害，常用来扫描多种器官。但是超声波不能穿透骨骼，因而不能取代 X 射线。图 2-7(b)为墨西哥湾“双子座”勘探区的地震反射剖面图，黑白区域对应于海底地下的不同分层，最明亮的区域来自盐的反射。地震反射法是地下勘探的主要工具，通过测量不同地质结构边界和分层的反射波到达的时间，重建地下结构的图像。

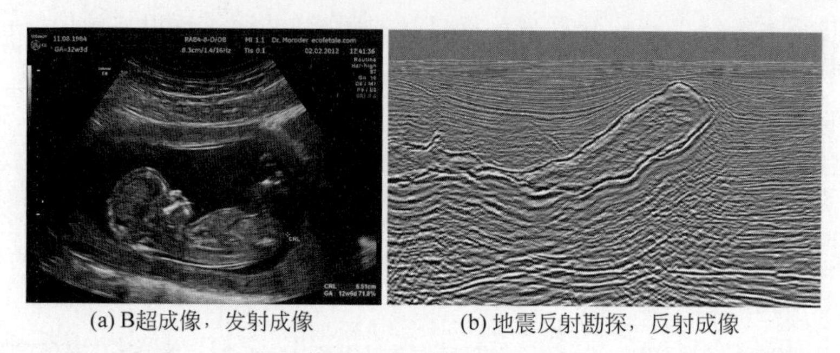

(a) B超成像，发射成像　　(b) 地震反射勘探，反射成像

图 2-7　声波成像的示例

2.1.2.2　尺度多样性

图像的尺度多样性表现在，从图像反映的实体尺寸看，可以小到电子显微镜图像，大到航空、航天遥感图像，甚至天文望远镜图像。在日常生活中，通常观察物体或场景都在 $10^3 \sim 10^4$ m。但是，天文望远镜和电子显微镜等设备可以扩展视野，天文望远镜可以将视野延伸达 10^{30} m 之远的宇宙；电子显微镜可以观察微观世界，在近至 10^{-10} m 之内获取物体的图像。因此，从最大尺度到最小尺度实体成像的距离范围高达 10^{40} m。

尺度多样性是数字图像技术广泛应用于各个领域的另一个主要原因。图 2-8 给出了不同尺度成像的一些典型示例，从图中观察各种尺度实体成像的距离范围。图 2-8(a)为日常生活中使用普通数字照相机拍摄的景物，图 2-8(b)为航天遥感传感器远距离拍摄的地球和天文望远镜下的星系，图 2-8(c)为电子显微镜下拍摄的冠状病毒和植物细胞。

2.1.3　数字图像的类型

根据图像的数据量，可将数字图像主要分为四类：二值图像、灰度图像、索引图像和真彩色图像。

2.1.3.1　二值图像

二值图像是一种简单的图像格式，其像素值只有黑和白两个灰度级。二值图像中每个像素仅占用 1 位，灰度值为 0 或 1，其中，0 表示黑色，1 表示白色。图 2-9 直观地阐释了二值图像的数据表示，左侧为一幅二值图像，右侧显示出白色方框标识的 10×10 区域内的像素值。由图中可见，二值图像中只有 0 和 1 两种像素值，像素值为 1 对应白色像素，像素值为 0 对应黑色像素。在 8 位灰度级表示下，二值图像仅使用 0 和 255 两个灰度值，其中，0 表示黑色，255 表示白色。

二值图像在数字图像处理中起着重要的作用，在计算机视觉系统中，通常需要将灰度图像进行二值化处理，利用模式识别方法对转换成的二值图像进行后续的图像分析和理解工

(a) 普通数字照相机拍摄的自然场景图像　(b) 远距离拍摄的地球和星系图像　(c) 显微镜下拍摄的冠状病毒和植物细胞图像

图 2-8　不同尺度实体的图像［图(b)和图(c)源自维基百科］

作。二值图像形态学处理是从数学形态学中的集合论方法发展起来的，尽管二值图像形态学的基本运算简单、直接，却可以组合出复杂的实用处理算法。第 8 章将对二值图像形态学展开讨论。

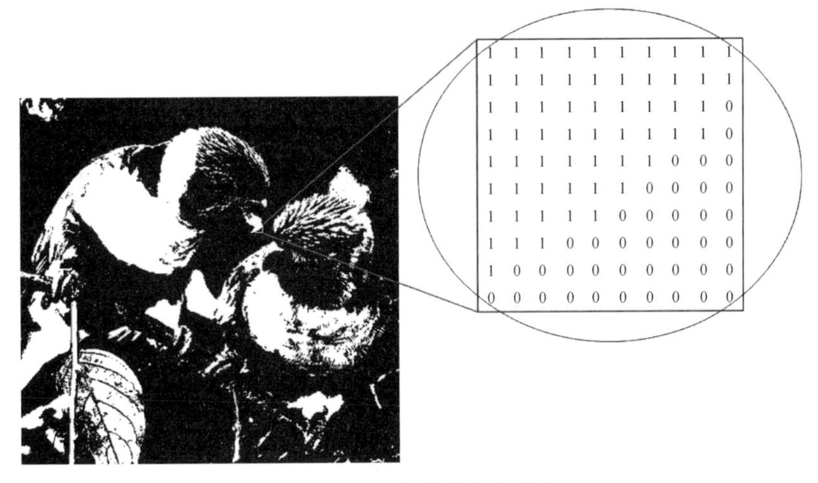

图 2-9　二值图像的数据表示

2.1.3.2　灰度图像

灰度图像在黑与白之间有多阶的灰色深度。在常用的成像和显示设备中，灰度图像中每一个像素的灰度值通常采用 8 位表示，具有 $2^8=256$ 个灰度级，每一个灰度像素占用 1 字节。这样的灰度级数正好能够避免可见的条带失真,并且与计算机中的字节形式一致,易于编程处理。图 2-10 直观地阐释了灰度图像的数据表示,左侧为一幅灰度图像,右侧显示出白色方框标识的 10×10 区域内的像素值,对于图中 256 级灰度图像的像素,灰度值为 0 表示黑色,灰度值为 255 表示白色,其他中间灰度值在 0～255 范围之间。灰度图像通常是在一定波段范围(如可见光波段)内成像所形成的亮度。在一些关于数字图像的文献中单色图像[①]等同于灰度图像。在医学成像和遥感成像的应用中经常采用更多的灰度级数,每一个采样的传感器精度可以达到 10 位或 12 位,甚至 16 位精度,也就是 65 536 个灰度级。

181	184	174	168	160	151	148	137	135	130
176	182	171	165	160	152	150	135	140	137
176	179	166	160	157	153	153	142	139	125
190	185	168	158	155	151	150	153	135	105
192	181	163	157	163	163	155	127	100	78
186	169	165	174	175	150	120	87	75	68
178	174	171	161	133	95	66	73	70	73
182	159	133	104	81	75	80	83	80	79
134	104	87	79	75	78	86	80	76	74
77	71	78	84	81	73	68	75	74	74

图 2-10　灰度图像的数据表示

2.1.3.3　索引图像

索引图像通过查找映射的方法表示彩色图像的颜色。索引图像的每个像素值实际上是整数索引值,索引值直接映射到颜色查找表(color look-up table),根据索引值在颜色查找表中查找每个彩色像素对应的颜色。像素值为 0 指向颜色查找表中的第 1 行,像素值为 1 指向颜色查找表中的第 2 行,以此类推。颜色查找表通常用维数为 $n\times 3$ 的数组来表示,n 为索引图像的像素值总数,每一行的 3 维向量为 R、G、B 颜色分量。图 2-11 直观地阐释了索引图像的数据表示,左侧为一幅索引图像,右侧显示出白色方框标识的 10×10 区域内的像素值,以及一段颜色查找表。由图中可见,索引图像的像素值实际上是索引值,指向颜色查找表中的 R、G、B 颜色分量。若每个像素占用 1 字节,也就是 8 位,则索引图像最多只能显示 256 种颜色。

伪彩色图像的存储和显示一般用索引图像。在视频图形阵列(video graphics array,VGA)彩色显示系统中,所谓调色板实际上就是颜色查找表。标准调色板均匀选取色调,在实际应用中,某些图像的颜色可能会偏向于某一种或几种色调,此时若采用标准调色板,则发生较为严重的色彩失真。对于同一幅索引图像,采用不同的调色板显示会产生不同的彩色效果。伪彩色表示一般用于小于 65 536 色(16 位)的彩色显示系统中。

---

① 单色图像是在窄波段(单一波段)内成像所形成的亮度。

图 2-11 索引图像的数据表示

2.1.3.4 真彩色图像

真彩色图像中每个彩色像素用一个 3 维向量来表示，由 R、G、B 颜色分量组成。每个彩色像素占用 3 字节，也就是 24 位，R、G、B 颜色分量各占用 8 位表示相应颜色分量的亮度，每一个颜色分量各有 256 个灰度级，这 3 字节组合可以产生 $2^{24}\approx 1677$ 万种不同的颜色。尽管自然界拥有的丰富色彩是不能用任何数字归纳的，然而，对于人眼的识别能力来说，1677 万种颜色基本反映了自然图像的真实色彩，因此称为真彩色图像。图 2-12 直观地

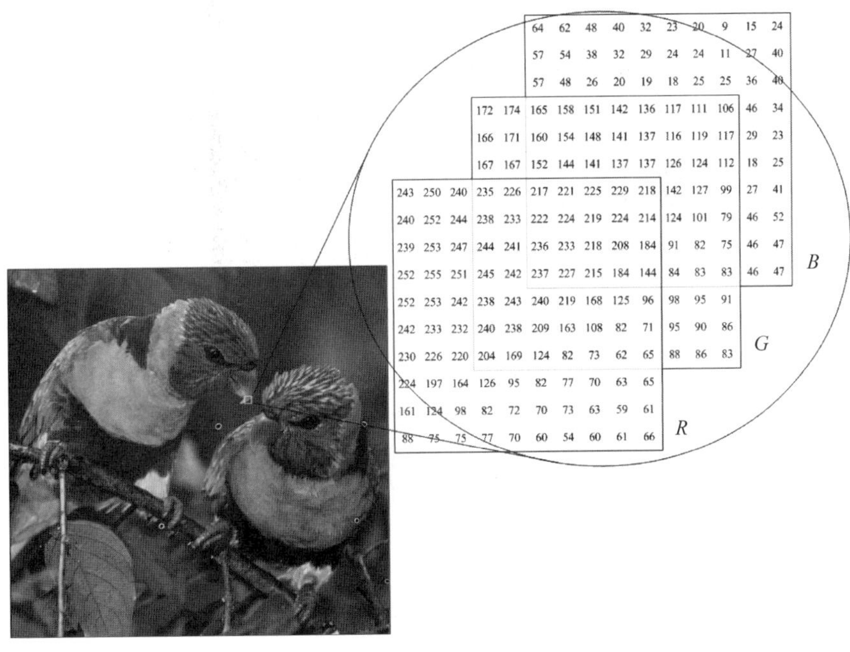

图 2-12 真彩色图像的数据表示

阐释了真彩色图像的数据表示，左侧为一幅真彩色图像，右侧显示出白色方框标识的 10×10 区域内彩色像素的 R、G、B 颜色分量的亮度。由此可见，一幅真彩色图像包括 R、G、B 三个颜色通道，每一个像素值由相应的 R、G、B 颜色分量合并而成。

彩色图像也可以用亮度分量和色度分量来表示，亮度是颜色明亮程度的度量，色度表示颜色的类别和纯度，亮度和色度相互独立。一方面，彩色图像的色度相比亮度变化较慢，表现更少的图像细节；另一方面，人类视觉对亮度的感知相比对色度的感知拥有更宽的频率带宽，换句话说，人眼对亮度分量相对色度分量更为敏感。因此，在图像压缩编码中采用更少的位数表示色度分量。

2.1.4 数字图像的矩阵表示

本书中，统一规定用二维函数 $f(x,y)$ 表示一幅数字图像，(x,y) 表示像素的空间坐标，在空间坐标 (x,y) 处的函数值 $f(x,y)$ 表示该像素的灰度值。设数字图像的空间分辨率为 $M\times N$，M 和 N 分别表示图像的高和宽，用矩阵表示为

$$
\boldsymbol{f}(x,y)=\begin{bmatrix} f(0,0) & \cdots & f(0,y) & \cdots & f(0,N-1) \\ \vdots & & \vdots & & \vdots \\ f(x,0) & \cdots & f(x,y) & \cdots & f(x,N-1) \\ \vdots & & \vdots & & \vdots \\ f(M-1,0) & \cdots & f(M-1,y) & \cdots & f(M-1,N-1) \end{bmatrix}_{M\times N} \tag{2-1}
$$

式中，$x=0,1,\cdots,M-1$；$y=0,1,\cdots,N-1$。矩阵包含 M 行和 N 列元素，矩阵中的元素表示图像中像素的灰度值。在一幅数字图像中，空间坐标 (x,y) 和灰度值 $f(x,y)$ 都是有限的、离散的数值。图 2-13 显示了本书中表示数字图像的坐标约定，记原点的坐标为 $(0,0)$。图像坐标的空间通常称为空域。

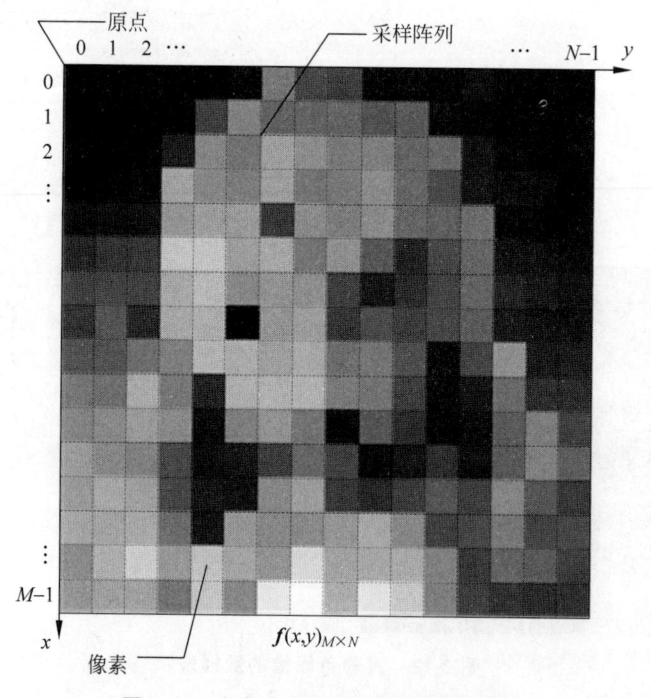

图 2-13 本书表示数字图像的坐标约定

2.2　图像生成

物体发出、反射或透射的光线，沿直线传播，在成像平面上形成图像。早期的针孔照相机利用针孔成像原理。针孔照相机是照相机的原型，基本部分是一个暗箱，后方为接收屏，前方为针孔。光线沿直线传播，通过针孔在成像平面形成倒立的实像。一般而言，针孔越小，影像越清晰，但针孔太小，会导致衍射，反而使影像模糊。针孔照相机没有镜头，不受景深限制，不论景物远近都有相同的清晰度。但是，由于进光量少，需要长时间曝光。现代照相机利用凸透镜成像原理，通过会聚光线增加进光量，但是需要对焦。人眼和照相机的成像原理都是光线经过凸透镜投影到成像平面上。

2.2.1　凸透镜成像原理

凸透镜是一种常见的透镜，中间厚、两端薄，至少有一个表面制成球面，或两个表面都制成球面，能够会聚光线。平行于主光轴的光线入射到凸透镜时，凸透镜将所有的光线聚集于轴上的一点，再以锥状形式扩散开来，所有光线的会聚点称为**焦点**，与透镜的距离称为**焦距**。由物理学可知，凸透镜运用光的折射原理和光的直线传播原理成像。在光学中，由实际光线会聚成的像称为实像，能够用光屏接收；反之，则称为虚像，只能由眼睛看到。物体放在焦点之外，在凸透镜另一侧成倒立的实像，实像有缩小、等大、放大三种。人眼所成的像是实像还是虚像？人眼的结构相当于一个凸透镜，那么外界物体在视网膜上所成的像一定是实像。根据凸透镜的成像原理，视网膜上的物像应该是倒立的。但是，由于大脑皮层的调整作用以及生活经验的影响，所看到的物体实际上是正立的。

凸透镜成像原理如图 2-14 所示，物体的位置不同，凸透镜会成不同的像。当物体与凸透镜的距离大于凸透镜的焦距时，物体成倒立的像，这个像是光线经过凸透镜会聚而成的，是实际光线的会聚点，能用光屏接收，是实像。物体与凸透镜的距离大于凸透镜的 2 倍焦距

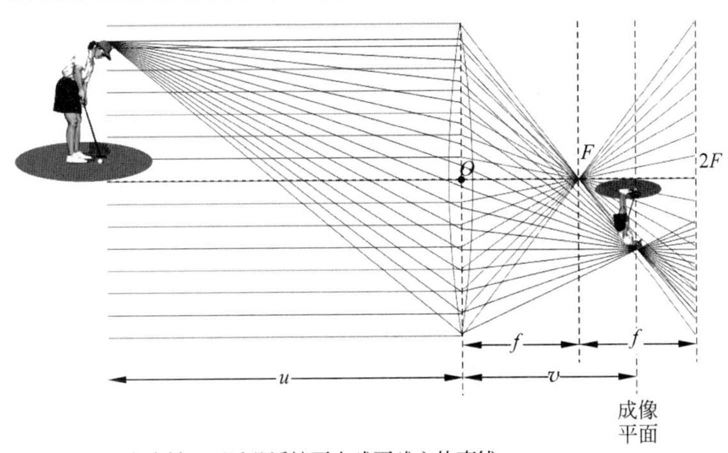

主光轴：通过凸透镜两个球面球心的直线。
光心O：凸透镜的中心。
焦点F：平行于主光轴的光线经凸透镜会聚于主光轴上的点。
焦距f：焦点到凸透镜光心的距离。
物距u：物体到凸透镜光心的距离
像距v：物体经凸透镜所成的像到凸透镜光心的距离

图 2-14　凸透镜成像原理示意图

时，物体成倒立、缩小的实像。当物体从较远处向凸透镜靠近时，物像逐渐变大，物像到凸透镜的距离也逐渐变大。当物体与凸透镜的距离在焦距与2倍焦距之间时，物体成倒立、放大的实像。当物体与凸透镜的距离小于焦距时，物体成放大的像，这个像不是实际折射光线的会聚点，而是它们反向延长线的交点，用光屏接收不到，是虚像。

如图2-15所示，在成像平面上，若点源的光线经过凸透镜后会聚于一点，则所成的像是清晰的，这种现象称为**聚焦**。若点源的光线经过凸透镜后不能会聚一点，而是形成一个扩大的圆，这个圆称为弥散圆(circle of confusion)，则所成的像是模糊的，这种现象称为**散焦**。图2-15说明了凸透镜成像只能对一定景深的场景成像。

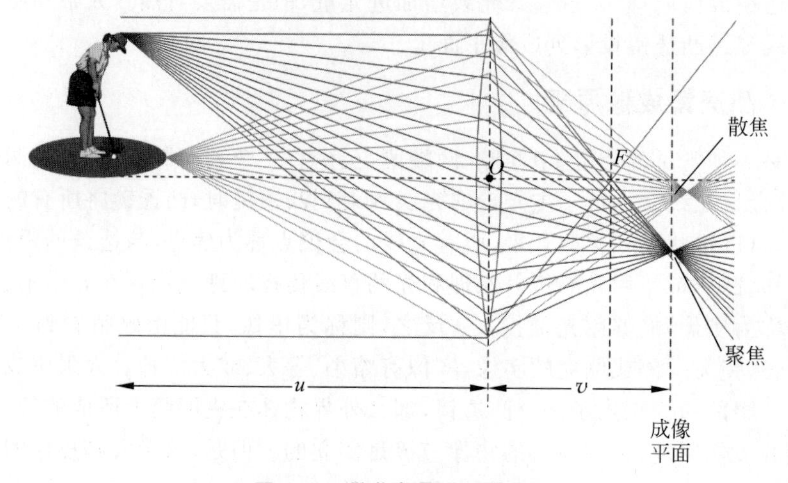

图2-15 散焦与聚焦示意图

如图2-16所示，当弥散圆的直径恰好小于人眼的鉴别能力时，在一定范围内实际影像产生的模糊是不能辨认的，这个不能辨认的弥散圆称为允许弥散圆。在焦点的前、后各有一个允许弥散圆，这个前后距离的总和称为**景深**。景深实际上是指沿着主光轴所测定的能够清晰成像的场景距离范围。从焦点到近处允许弥散圆的距离称为前景深，从焦点到远处允许弥散圆的距离称为后景深。前景深小于后景深，也就是说，精确对焦之后，在对焦点前面景物所能清晰成像的距离范围小于对焦点后面景物所能清晰成像的距离范围。

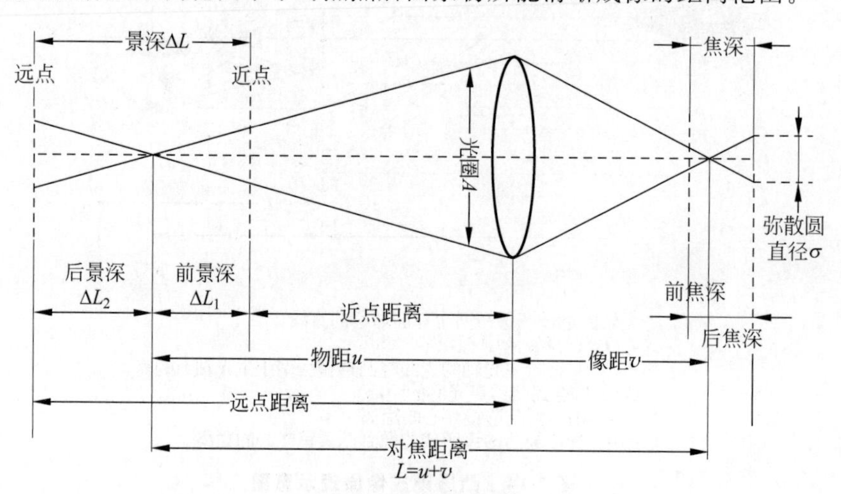

图2-16 景深示意图

前景深、后景深和景深的计算公式分别如式(2-2)、式(2-3)和式(2-4)所示：

$$\Delta L_1 = \frac{A\sigma L^2}{f^2 + F\sigma L} \tag{2-2}$$

$$\Delta L_2 = \frac{A\sigma L^2}{f^2 - F\sigma L} \tag{2-3}$$

$$\Delta L = \Delta L_1 + \Delta L_2 = \frac{2f^2 A\sigma L^2}{f^4 - A^2\sigma^2 L^2} \tag{2-4}$$

式中，σ 为弥散圆直径，f 为镜头焦距，A 为光圈(aperture)，$L=u+v$ 为对焦距离，ΔL_1 和 ΔL_2 分别为前景深和后景深，前景深 ΔL_1 和后景深 ΔL_2 的总和 ΔL 为景深。

由景深的计算公式可以看出，景深与光圈、镜头焦距和对焦距离有关。光圈越大，景深越小；光圈越小，景深越大。镜头焦距越长，景深越小；焦距越短，景深越大。对焦距离越远，景深越大；对焦距离越近，景深越小。

2.2.2　数字照相机的结构和特性

数字照相机是一种利用电子感光器件将光学影像转换成电子数据的照相机，不同于传统照相机通过光线引起底片上的化学变化来记录图像。

2.2.2.1　数字照相机的结构

13 世纪，欧洲出现了利用针孔成像原理制成的映像暗箱。16 世纪 50 年代，针孔成像发展为凸透镜成像。1550 年，意大利的卡尔达诺将双凸透镜置于原来的针孔位置上，映像的效果比暗箱更为明亮清晰。1558 年，意大利的巴尔巴罗在卡尔达诺的装置上加上光圈，极大地提高了成像清晰度。1665 年，德国神父约翰章设计制作了一种小型的可携带单镜头反光映像暗箱，当时还没有感光材料。1827 年，法国的约瑟夫·尼塞福尔·涅普斯在感光材料上制造出了世界上第一张照片。1839 年，法国画家路易·达盖尔发明了世界上第一台真正的照相机——可携式木箱照相机。1861 年，物理学家詹姆斯·麦克斯韦发明了世界上第一张彩色照片。1866 年，德国化学家奥托·肖特和光学家卡尔·蔡司在蔡司公司发明了正光摄影镜头[①]。1888 年，美国柯达公司生产出了新型感光材料胶卷。同年，柯达公司生产出了世界上第一台安装胶卷的可携式照相机。1975 年，美国柯达公司开发出了第一台数字照相机，以磁带作为存储介质，拥有 1 万像素。

图 2-17 显示了一台数字单镜头反光照相机[②]的结构图[图 2-17(a)]以及 CCD 传感器[图 2-17(b)]，数字照相机主要包括三部分：**光圈、镜头和成像传感器**。光圈控制进光量，光圈越大，进光量越多。镜头相当于一个凸透镜，其作用是会聚光线，是由一系列透镜组成的，通过移动镜片来实现光学变焦。成像传感器实现光电转换，记录每一个像素值。

大部分单反照相机通过目镜观察五棱镜反射而来的图像。如图 2-18(a)所示，使用数字照相机的光学取景器拍摄时，从镜头的入射光经由主反射镜反射进入五棱镜。拍摄者通过观察光学取景器进行拍摄，从镜头的入射光直接引向拍摄者的眼睛，具有延时小的优点。如图 2-18(b)所示，主反光镜抬起的状态下，从镜头的入射光引向成像传感器。成像传感器捕

---

① 对球差、彗差、像散、畸变、场曲、色差这六种像差都进行校正的摄影镜头称为正光摄影镜头。

② 数字单镜头反光照相机(digital single lens reflex camera)简称为数字单反照相机。

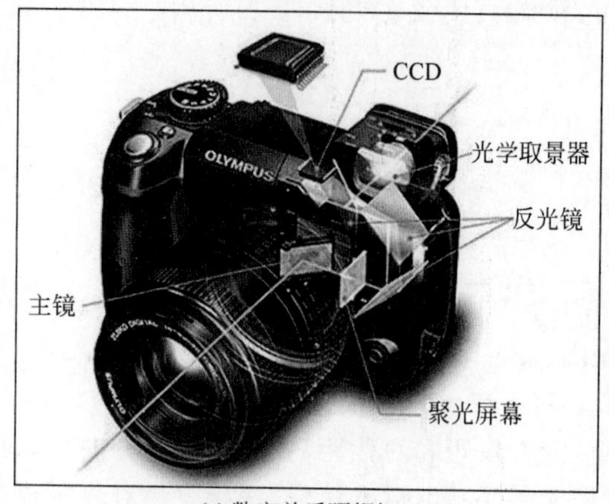

(a) 数字单反照相机

(b) CCD传感器

图 2-17 数字单反照相机结构图及 CCD 传感器

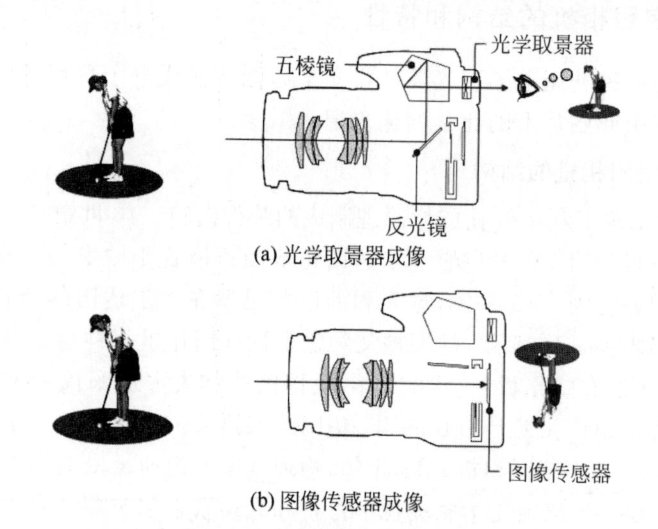

(a) 光学取景器成像

(b) 图像传感器成像

图 2-18 数字照相机成像原理

获的光线产生图像数据传送至液晶显示器。

2.2.2.2 成像传感器及其特性

传统的光学照相机使用 35mm 胶片作为记录信息的载体，而数字照相机中的成像设备是电子感光器件。光学照相机与数字照相机的最大区别在于，在光学照相机系统中，光线通过光学镜头投射到感光胶片上，成像是化学过程，然后对感光胶片在暗室内进行显影、定影才能获得照片；在数字照相机系统中，光线通过光学镜头投射到行列点阵结构的光电成像传感器上，光信号转换成电信号，再将电信号通过模/数转换和处理等技术存储在存储器中，也可以直接显示在液晶屏上。

与人眼中视网膜的作用类似，数字照相机中传感器的作用是将光信号转换成电信号，记录在成像传感器上，形成一幅数字图像。目前有两种广泛使用的感光器件，一种是电荷耦合器件（charge-coupled device，CCD）图像传感器，另一种是互补金属氧化物半导体（complementary metal-oxide semiconductor，CMOS）图像传感器。两者均是高感光度的半导体器件，由排列整齐的电容感光元构成，每个感光元对应一个像素。CCD 和 CMOS 图像传感器的不同之处在于，CCD 图像传感器的成像质量更好，而 CMOS 图像传感器的成像速度更快。1993 年，数字照相机 CCD 或 CMOS 传感器的像素数仅 30 万，目前，最新的专业照相机的像素数已达 3900 万。

数字照相机的成像传感器本身是一个单色电子器件，只能感受光强度，不能感受颜色信息，将 R、G、B 滤光片排列在传感芯片前形成彩色滤波阵列，使对应颜色的光线透过，而滤除其他颜色的光线。CCD 和 CMOS 传感芯片采用类似的彩色还原原理。如图 2-19(a)所示，单 CCD 照相机是指照相机中只有一片传感芯片，在 CCD 传感器表面覆盖彩色滤波阵列，每一个感光元仅允许 R、G、B 三原色之一通过。Bayer 模式的彩色滤波阵列是一种广泛使用的排列方式，如图 2-19(b)所示，它交替排列一组红色和绿色滤光片以及一组绿色和蓝色滤光片，其中，绿色像素数占像素总数的 1/2，红色和蓝色像素数各占像素总数的 1/4。通过彩色插值方法将 Bayer 模式的图像转换为全彩色图像。三 CCD 照相机是指照相机中使用了三片 CCD。光线通过分光棱镜分解为 R、G、B 三原色光，使用三片 CCD 分别接收这三种原色光并转换为电信号。与单 CCD 照相机相比，由于三 CCD 照相机使用三片 CCD 接收并转换 R、G、B 信号，不会发生因彩色插值造成的颜色失真，因而，使拍摄的图像色彩还原更加逼真。但是，与单 CCD 照相机相比，三 CCD 照相机的成本更高。

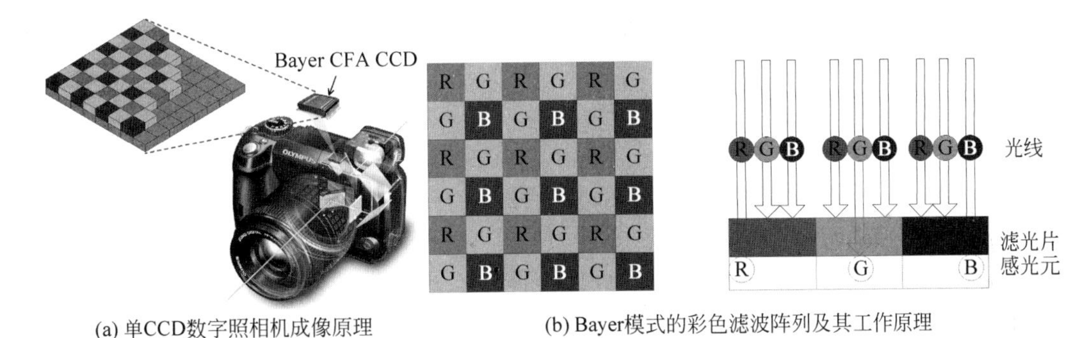

(a) 单CCD数字照相机成像原理 (b) Bayer模式的彩色滤波阵列及其工作原理

图 2-19 单 CCD 数字照相机的 Bayer 模式成像传感器

数字照相机中传感芯片的成像与人类视觉感知具有显著不同的特性：①成像传感器是逐像素记录场景，因此，数字照相机不能理解场景内容；②同时观察的动态范围很小，当真实场景的动态范围很高时，会造成图像细节层次的损失；③数字照相机记录真实内容，不会发生视觉错觉。

2.2.3 人眼视觉模型

人眼通过对光线的作用作出反应而产生视觉。人眼是一种具有复杂结构的器官，但是本质上人眼对景物的成像符合凸透镜成像原理。

2.2.3.1 人眼成像结构

人眼的成像原理与数字照相机的成像原理基本一致。图 2-20 给出了简化的人眼结构剖面图，人眼由**瞳孔、晶状体和视网膜**三个主要部分构成。瞳孔的大小由虹膜控制，瞳孔的作用类似于数字照相机的光圈。来自外界物体的光线通过晶状体聚焦，晶状体的作用类似于数字照相机的镜头。会聚的光线在视网膜的感光细胞(视锥细胞和视杆细胞)上成像，视网膜的作用类似于数字照相机的成像传感器。

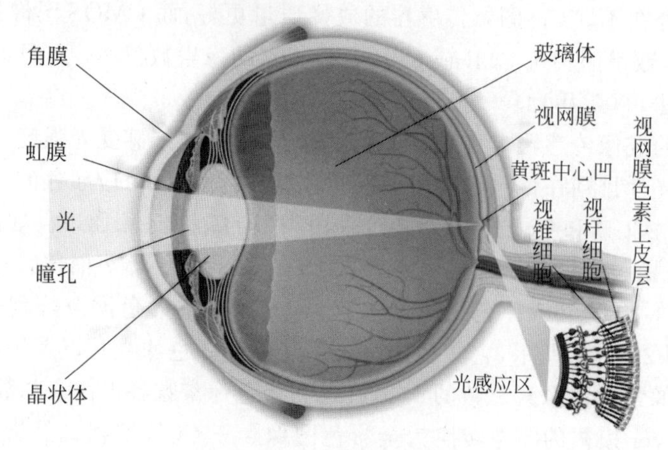

图 2-20 人眼结构剖面图

视网膜上分布的感光细胞分为视锥细胞和视杆细胞两类。**视锥细胞**是负责彩色视觉的明视觉感光细胞,其作用使人眼能够充分分辨图像细节,且对颜色敏感。视锥细胞位于视网膜上称为**中央凹**的中间部分。人眼观察物体时,眼球不断转动,并调节瞳孔的大小,使感兴趣的物体成像在中央凹处。人眼视网膜上分布着 600 万~700 万视锥细胞,可分为红、绿和蓝三个主要的感知类别。图 2-21 显示了人类视觉三类视锥细胞的长波(L)、中波(M)和短波(S)的光谱敏感函数,这是以 Stiles 和 Burch10°观察视角的 RGB 颜色匹配函数(1959)为基础定义的,敏感度峰值分别在 569nm、541nm、448nm 处,横轴表示波长,以 nm 为单位。红、绿、蓝称为三原色,三原色的各种组合可以描述人眼感知的任何颜色。大约 65%的视锥细胞对红色光敏感,33%对绿色光敏感,仅有 2%对蓝色光敏感。在照度充分高的条件下,视锥细胞才会对光线的刺激作出响应,这样人类视觉才能分辨颜色,这个现象称为**明视觉**。**视杆细胞**为单色视觉的暗视觉感光细胞,其分布面积较大,给出视野内一般的总体图像,没有色彩感知,且几个视杆细胞连接到一个神经末梢,不能很好地感知细节。视杆细胞的光谱敏感度峰值在 490~495nm 波长范围内,在低照度下对图像较敏感。例如,在白天呈现鲜明

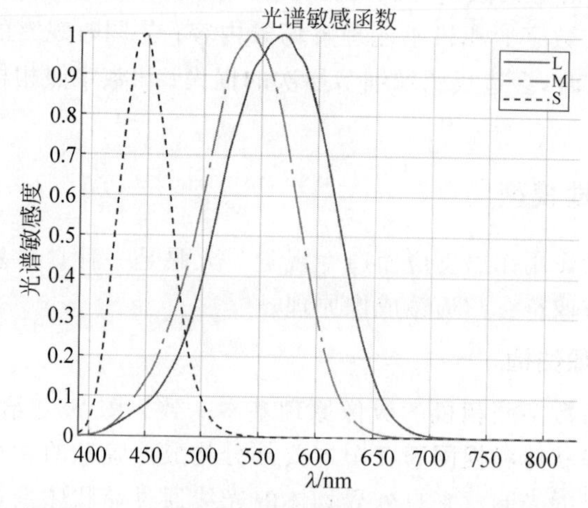

图 2-21 红、绿和蓝三类视锥细胞的光谱敏感曲线

色彩的物体，在月光下都没有颜色，这种情况下只有视杆细胞对光线的刺激作出响应，这个现象称为暗视觉。

光度函数(发光效率函数)描述人眼对不同波长光的平均视觉敏感度，它能很好地表示人眼的视觉敏感度。国际照明委员会(International Commission on Illumination，CIE)[①]制定了标准光度函数。图 2-22 中，实线为 CIE 1924 明视觉标准光度函数曲线，虚线表示 CIE 1951 暗视觉标准光度函数曲线，横轴表示波长，以 nm 为单位。明视觉和暗视觉光度函数描述了人眼视网膜上视锥细胞和视杆细胞的感知特性。对于中高亮度级，人眼的视觉响应取决于视锥细胞，明视觉函数近似人眼视觉感知，峰值在 555nm 波长处，而对于低亮度级，人眼的视觉响应取决于视杆细胞，暗视觉函数描述人眼视觉感知，整体向紫光偏移，峰值在 507nm 波长处。

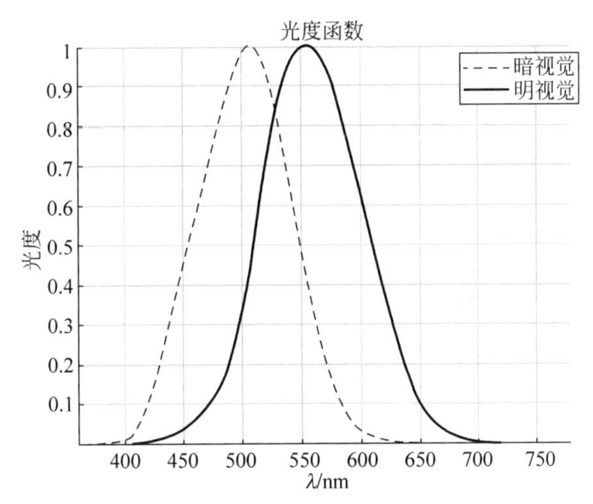

图 2-22 明视觉和暗视觉的光度函数

2.2.3.2 人类视觉特性

通过观察人类视觉现象并结合视觉生理学、心理学的实验，研究发现了人类视觉系统(human visual system，HVS)的许多特性。

1. 明暗视觉与视觉范围

人眼具有高动态范围和明暗亮度适应的特性。人类视觉系统能够适应的光强度级范围高达 13 个对数单位，视觉范围为 $10^{-6} \sim 10^{6}\mathrm{cd/m^2}$，但是，并不是同时在这个范围内工作。人眼同时观察的动态范围是 $10^{3}\mathrm{cd/m^2}$。坎德拉(Candela)是光强度的单位，符号为 cd。

人眼从较亮的环境转到较暗的环境时，眼前一片漆黑，不能立刻看清物体；同样，从较暗的环境转到较亮的环境，眼前一片光亮，也不能立刻看清物体。但是，人眼能够根据场景照度的变化，自动调节对亮度的适应过程。人眼适应明暗条件变化的过程称为明暗亮度适应。从亮到暗的过程称为暗适应，从暗到亮的过程称为亮适应。

2. 分辨力

人眼中央凹处的分辨力最高，因此，人眼在观察物体时，为了看得清楚，眼球会不断转

---

① CIE 是法语 Commission Internationale de l'Éclairage 的缩写词。

动,并调节瞳孔的大小,自动地促使物体成像落在中央凹处。人类视觉对细节的分辨力与物体所处的背景亮度和对比度、物体的运动速度和颜色都有关。当背景偏亮或偏暗时,人类视觉敏感度较低,当与背景的对比度偏低时,人类视觉的分辨力较弱。当物体的运动速度增大时,人眼分辨力下降。人眼对颜色的分辨力比对灰度的分辨力差。因此,在 YUV 颜色表示的数字视频中,对色度分量空间分辨率的采样率比对亮度分量的采样率低。

3. 余像

余像是指光对视网膜所产生的刺激在光的作用终止后,视觉仍能保留短暂时间的现象,分为正余像(positive afterimage)和补色余像(negative afterimage)两类,正余像与图像的颜色相同,补色余像会反转图像的颜色。视觉暂留现象是正余像,这是由视神经的反应速度造成的,视神经的反应时间大约为 1/25s。电影的拍摄和放映是视觉暂留的具体应用,在一帧图像消失后,其余像会在视觉中保留一段时间,在视觉暂留的时间内,下一帧图像又出现了,就会在视觉中形成连续的画面。例如,扇子的一面是小鸟而另一面是笼子,将扇子快速转动仿佛看到小鸟在笼子里,这也是视觉暂留现象。若人眼持续一段时间注视某种颜色,则视网膜上感知该颜色的视锥细胞会受到过度刺激而产生视觉疲劳,当眼睛接收白光时,由于感知该颜色的视锥细胞失去敏感性,其他视锥细胞活跃,就会看到该颜色的互补色,同理视杆细胞的视觉疲劳会导致出现黑白相反的余像,这种现象称为补色余像。

4. 对比敏感度

对比度是一种亮度相对变化的量度。**对比敏感度**是指人类视觉分辨亮度差异的能力。人眼感受的亮度不是简单地取决于光强度函数,而是受到很多因素的影响,如周围环境的亮度、邻近区域亮度的变化等。图 2-23 给出了典型的同时对比度的例子,图中三个中心灰色方块具有完全相同的明暗程度,但是,由于中心灰色方块邻近区域的亮度不同,人眼感受的中心方块的亮度并不相同,更暗的区域包围的中心方块显得更亮,而更亮的区域包围的中心方块显得更暗。因此,人眼感觉左图中心的灰色方块更亮,而右图中心的灰色方块更暗。

图 2-23 同时对比度

对比敏感度的特性使人眼在观看图像时产生一种边缘增强的感觉。如图 2-24(a)所示,当亮度发生阶跃时,视觉上会感觉明暗区域分界处,亮侧亮度上冲,暗侧亮度下冲的现象,称为**马赫带现象**。图 2-24(b)绘出了图 2-24(a)所示图像的水平方向灰度级剖面图,图中实线表示实际亮度,虚线表示感知亮度,这是 1868 年奥地利物理学家厄恩斯特 · 马赫发现的一种亮度对比现象。当观察两个亮度不同的区域时,分界处亮度对比加强,人眼对轮廓感知表现得特别明显。这种在明暗区域分界处发生的主观亮度对比加强的现象,称为**边缘对比效应**。马赫带现象是一种主观的边缘对比效应。马赫带现象也可以用侧抑制效应解释。侧抑制是指视网膜上相邻感光细胞对光线反应相互抑制的现象,即某个感光细胞受到光线刺激时，若它的相邻感光细胞再受到刺激，则它的反应会减弱，也就是周围的感光细胞抑制了它的反应。由于相邻感光细胞间存在侧抑制效应，在明暗区域分界处，受到亮区域刺激的感光细胞对受到暗区域刺激的感光细胞抑制大，因而使暗区域的边界显得更暗；而受到暗区域刺激的感光细胞对受到亮区域刺激的感光细胞抑制小，因而使亮区域的边界显得更亮。

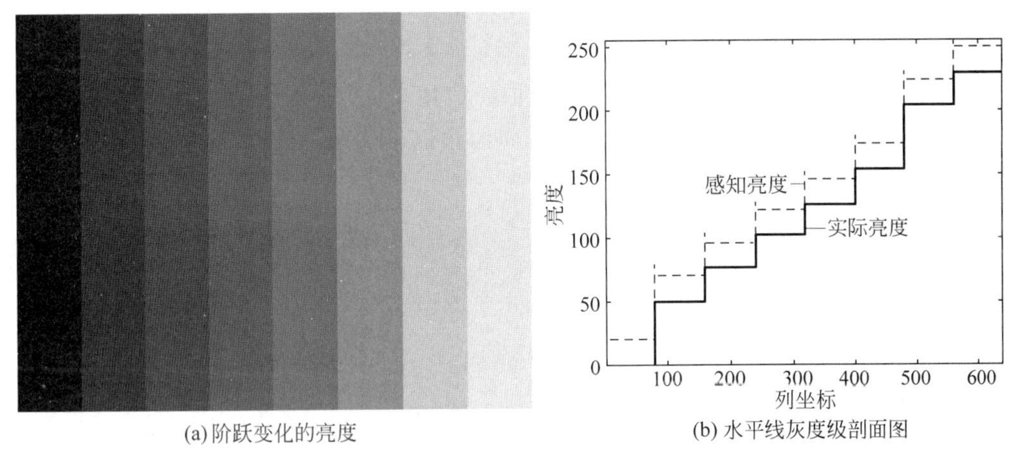

(a) 阶跃变化的亮度　　(b) 水平线灰度级剖面图

图 2-24　马赫带现象

5. 主观轮廓

主观轮廓通常是指实际上并不存在，只是视觉上认为存在的轮廓线。人类视觉具有连接性，人眼可以填充不存在的信息。如图 2-25(a)所示，人眼能够清楚地看出正方形的轮廓。从图 2-25(b)～图 2-25(d)中也可以看到相同的效果，人眼能够观察出图中隐含的圆形、曲线和矩形轮廓。这种主观轮廓是从整体上描述的概念，而不是从局部邻域内提取的边界。因此，边缘检测方法不能检测出这样的主观轮廓。基于人类视觉的目标检测也吸引了研究者的广泛兴趣。

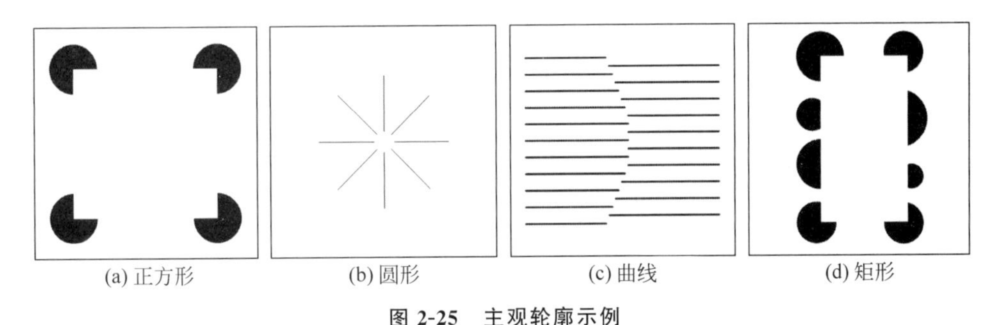

(a) 正方形　　(b) 圆形　　(c) 曲线　　(d) 矩形

图 2-25　主观轮廓示例

6. 视觉错觉

视觉错觉指人类在视觉上错误地感知了物体的几何、颜色、动态特征等，而造成视觉感知与事实不相符合的现象。图 2-26 给出了五类视觉错觉的例子。图 2-26(a)是关于长度和面积的视觉错觉，上图中的竖线看似比横线长，实际上它们的长度是相等的；下图中箭头间的两条水平线段的长度相等，但是，从视觉感受上，下面的线段比上面的长[①]。图 2-26(b)是

① 图 2-26(b)称为 Müller-Lyer 错觉。

由于对比、反衬造成的视觉错觉，上图中三个人的高度是相等的，在透视投影线的反衬下，人眼就产生了错觉，右上方的人似乎比左下方大；下图中周围12个同心圆中的圆环似乎比正中心的圆环更大、更厚，然而，它们在尺寸上是相同的[①]。

倾斜错觉是一种关于形状和方向的错觉。如图2-26(c)所示，从视觉感受上，线或边缘沿顺时针或逆时针出现倾斜[②]。反常运动错觉指在静止画面上的运动幻觉。在图2-26(d)所示的静止图像中，圆或圆环纹理区域看似在移动或旋转[③]。颜色错觉是指人类视觉对颜色的错误感知，图2-26(e)形象地称为"月球和地球"错觉，上图所示圆盘看似是黄色，而下图所示圆盘看似是蓝色，然而，实际上它们是相同的颜色和纹理。目前，视觉错觉的机制尚未完全弄清。

(a) 长度和面积的视觉错觉　(b) 对比、反衬造成的视觉错觉　(c) 倾斜错觉　(d) 反常运动错觉　(e) "月球和地球"错觉

图2-26　视觉错觉示例

7. 掩盖效应

掩盖效应是指一个激励的出现会影响另一个激励的可见性。人类视觉的掩盖效应主要有三种：①**对比度掩盖**——在图像中很亮或很暗的区域，人眼对失真的敏感度减弱；②**纹理掩盖**——与平坦区域中的噪声相比，人眼对边缘或纹理区域中的噪声有更弱的敏感度；③**运动掩盖和切换掩盖**——当视频中场景高速运动或发生镜头切换时，人眼对失真的敏感度减弱。

2.3 图像数字化

2.1节简要介绍了光电成像传感器获取图像的方式以及与感光器件相关的质量参数。自然界中场景的空间位置和辐射度都是连续量，有必要对连续数据进行空间和幅值的数字化[④]处理，将模拟数据转换为计算机可处理的数字形式。

2.3.1 采样与量化

为了将模拟图像转换为数字图像，需要进行模/数(analog/digital，A/D)转换。图像数

① 图2-26(d)称为Delboeuf错觉。
② 图2-26(e)和图2-26(f)分别称为Zöllner错觉和咖啡墙(cafe wall)错觉。
③ 图2-26(g)和图2-26(h)分别称为Ouchi错觉和Fraser-Wilcox错觉。
④ 也称为光栅化、离散化。

字化的过程包括采样和量化两个步骤，对空间坐标(x,y)离散化称为**采样**，对亮度值$f(x,y)$离散化称为**量化**。

采样是图像在空间上的离散化，在实际应用中有两种常用的采样网格，即正方形点阵结构[图2-27(a)]和正六边形点阵结构[图2-27(b)]。正方形点阵结构是最常用的采样网格，具有行、列可分离的优点，可以将一维信号处理技术直接推广到二维图像信号处理中。另一种采样网格是正六边形点阵结构，在正六边形点阵结构中，像素的空间排列方式呈正六边形，每一个像素都有6个与之距离相等的相邻像素。从多个方面来看，正六边形点阵结构是最优的采样网格。研究表明，人眼视网膜上分布的视神经细胞的排列方式为正六边形结构，且这些细胞在水平方向和垂直方向上相比在对角方向上对高频信号有更高的光敏感度。因此，正六边形采样网格更符合人眼的视觉特性。另外，一幅图像的能量主要集中在频谱中央的圆形区域中，正方形点阵结构限制了有效面积内提升分辨率的能力。对于图像的完全重建，正六边形点阵结构比正方形点阵结构的单位面积采样率更高。

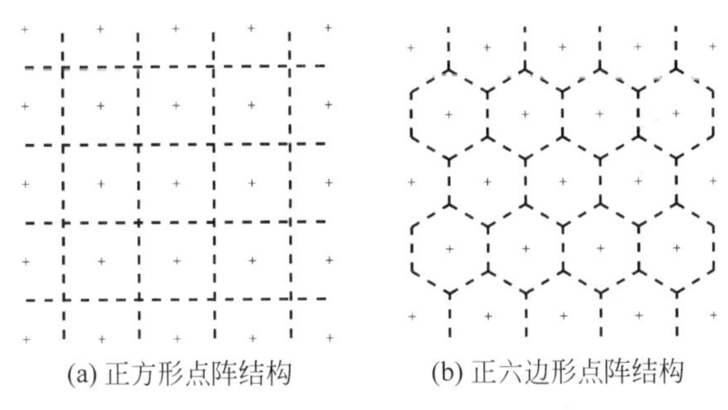

(a) 正方形点阵结构　　(b) 正六边形点阵结构

图2-27　两种常用的采样网格

图像数字化包括采样和量化两个步骤。**采样**是对水平方向和垂直方向的空间位置进行光栅化。图2-28(a)直观地阐释了正方形点阵结构的采样过程。每一个采样单元对应一个像素。每一个采样单元在传感器阵列中行和列的两个整数坐标决定了图像中相应像素的空间坐标。在光电传感器的成像过程中，每一个采样单元的亮度是感光元接收光线的平均光强，**量化**是对亮度进行离散化。以图2-28(b)所示的8阶灰色深度的量化为例，均匀亮度量化过程是将感光元捕获的连续亮度等间隔划分为多级明暗程度的灰阶，在像素所在空间坐标处的整数亮度确定了该像素的灰度值。常用的数字成像系统采用256级灰阶的量化，使用8位无符号整数表示像素的灰度值，也就是0～255范围的整数。经过上述图像数字化的二维矩阵就可以作为计算机处理的对象。

为了直观地说明采样和量化的概念，对图2-29(a)所示图像进行低采样率重采样和低灰阶重量化。图2-29(a)是由计算机生成的图形(向量图)，在计算机的光栅显示后，这实际上是一幅空间分辨率为256×256、灰度级分辨率为8位深度的数字图像。图2-29(b)为低采样率重采样的图像，采样网格中行和列的采样间隔均为4个像素，每一个采样单元的灰度值是它所包含的4×4像素的平均灰度。图2-29(c)为低灰阶重量化的图像，每一个通道量化后的灰阶为$2^4=16$级，由于量化的灰阶数过少，灰度条带之间存在不连续性，发生明显的阶跃现象，低阶量化的图像中表现出明显的伪轮廓(false contouring)现象。对图2-29(a)所示图像依次实现低采样率重采样和低灰阶重量化的过程，采样间隔为4个像素，量化灰阶为16级，重新光栅化的图像如图2-29(d)所示。

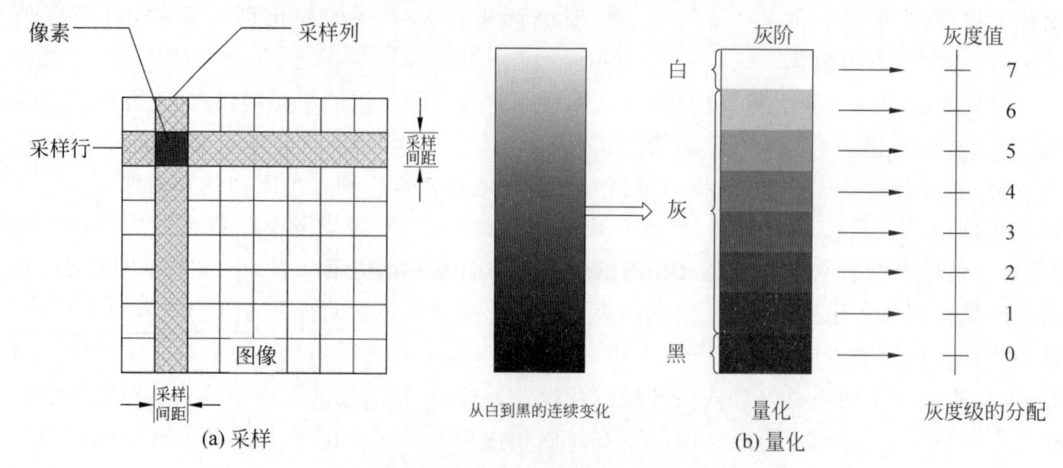

图 2-28 采样与量化过程示意图

图 2-29 采样与量化的图释

2.3.2 空间分辨率和灰度级分辨率

一幅数字图像的空间分辨率[①]由采样决定。空间分辨率反映了图像数字化的像素密度,反映了图像的有效像素。对于相同尺寸的实际物体,成像传感器的采样间隔越小,空间分辨率越高,物体的细节能够更好地在数字化的图像中表现出来,反映该物体的图像质量也越高。

空间分辨率是图像中可辨别的最小细节,而不是图像的像素数。广泛使用的空间分辨率定义是每单位距离可分辨的最大线对数(单位:线对数/mm)。图 2-30 说明了线对的概

① 在后面的章节中,若不做特殊说明,分辨率指空间分辨率。

念，一组宽度为 W 的水平线，水平线的间隔宽度也为 W，线对是由一条水平线与其紧邻的空间间隔组成的，线对的宽度为 $2W$。图 2-31 所示为国际标准的 ISO 12233 解析度分辨率卡，采取统一拍摄角度和拍摄环境，分为垂直分辨率和水平分辨率两部分。

图 2-30 空间分辨率线对概念

图 2-31 ISO 12233 标准分辨率测试卡

量化决定了一幅图像的灰度级分辨率，灰度级分辨率是指可分辨的最小灰阶变化。测量可分辨的灰度级变化是一个高度主观的过程。韦伯定理表明，人眼只有 50 级的灰度分辨能力。由于硬件方面的考虑，灰度级数一般是 2 的整数次幂，通常使用 8 位表示成像和显示设备，医学 DICOM 格式的图像是 16 位精度，某些特殊的灰度增强应用也会用 10 位或 12 位精度的灰度级表示。

例 2-1 空间分辨率对数字图像质量的影响

图 2-32(a)显示了一幅空间分辨率为 256×256、灰度级分辨率为 8 位深度的图像。为了直观地展现采样对图像质量的影响，在保持图像灰度级分辨率不变的条件下，对图像逐级下采样。下采样过程是对图像每隔一行和一列删去一行和一列像素而实现的。为了避免产生混叠效应，在下采样之前使用低通滤波器来降低混叠。图 2-32(b)～(d)的空间分辨率分别为 128×128、64×64 和 32×32，空间分辨率越低，可辨细节越差。图 2-32(c)和图 2-32(d)中的混叠效应更加明显，注意观察边缘处的锯齿现象。在图 2-32(d)中，只能看出大致轮廓，

脸部的细节已不清楚了。

(a) 256×256

(b) 128×128

(c) 64×64

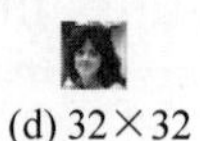
(d) 32×32

图 2-32 空间分辨率为 256×256、128×128、64×64、32×32 的图像

图 2-33(a)～(d)对应为图 2-32(a)～(d)的双线性插值图像，通过图像插值使不同空间分辨率的图像具有相同的尺寸，尺寸均为 256×256。由于欠采样过程中的细节损失，低分辨率的插值图像趋于边缘模糊。可见，图像插值方法仅能简单放大图像，并不能提高图像的空间分辨率。

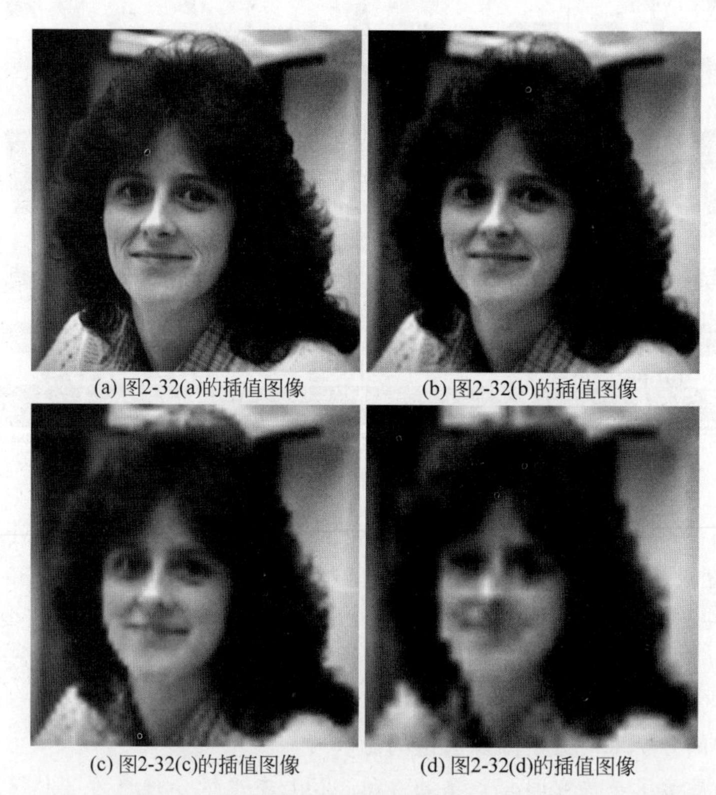
(a) 图2-32(a)的插值图像　(b) 图2-32(b)的插值图像

(c) 图2-32(c)的插值图像　(d) 图2-32(d)的插值图像

图 2-33 图 2-32(a)～(d)的双线性插值图像，尺寸均为 256×256

例 2-2 灰度级分辨率对数字图像质量的影响

图 2-34(a)显示了一幅空间分辨率为 480×480、灰度级分辨率为 8 位深度(256 个灰度级)的图像。为了直观地展现量化对图像质量的影响，在保持图像空间分辨率不变的条件下，将灰度级分辨率的位数逐次折半，图 2-34(b)～(d)分别为 4 位(16 个灰度级)、2 位(4 个

灰度级)、1 位(2 个灰度级)深度灰度级分辨率的图像。在图 2-34(b)中的图像平坦区域已经看到明显的伪轮廓效应。图 2-34(d)中只有黑和白两个灰度级,此时也称为二值图像。

(a) 8位（256个灰度级）

(b) 4位（16个灰度级）

(c) 2位（4个灰度级）

(d) 1位（2个灰度级）

图 2-34　灰度级分辨率为 8、4、2、1 位深度的图像

图 2-35 给出了一个彩色图像的例子,图 2-35(a)和图 2-35(b)分别显示了颜色深度为 24 位(1677 万色)和 8 位(256 色)的彩色图像,彩色图像的颜色深度反映图像的颜色总数。显然,图 2-35(a)为 24 位表示的真彩色图像,充分展现了自然图像的真实色彩;而图 2-35(b)所示图像的颜色深度过少,使得颜色过渡不平滑、不自然,表现出明显的伪轮廓效应。

(a) 24位、1670万色

(b) 8位、256色

图 2-35　颜色深度为 24 位和 8 位的彩色图像

例 2-1 和例 2-2 分别说明了空间分辨率和灰度级分辨率的改变对图像质量产生的影响。当不需要对像素的物理分辨率进行实际度量以及对真实场景中细节等级进行实际划分时,通常就称一幅数字图像的分辨率为 $M \times N$ 像素、L 个灰度级。下面将讨论空间分辨率与灰度级分辨率之间可能存在的关系。显然,对于细节相对丰富的图像来说,空间分辨率对图像质量影响较大,而灰度级分辨率对图像质量影响较小;而对于灰度相对平坦的图像,灰度级分辨率对图像质量影响较大,而空间分辨率对图像质量影响较小。

图 2-36(a)为一幅人群的图像,具有较为丰富的细节,对图 2-36(a)所示图像进行因子 2 的下采样,并通过双线性插值放大到原来的尺寸,如图 2-36(b)所示,图 2-36(c)为对图 2-36(a)所示图像量化为 4 位深度(16 个灰度级)的图像。图 2-37(a)为一幅人脸脸庞的近景图像,灰度较为平坦,如同图 2-36(b)和图 2-36(c)的生成方式,图 2-37(b)和图 2-37(c)分别为图 2-37(a)所示图像的下采样和重量化图像。从图 2-36 和图 2-37 中可以看出,对于细节相对丰富的图像而言,256 级灰阶下降到 16 级灰阶并没有明显地影响图像质量,而空间分辨率的因子 2 下采样严重影响了图像细节的可分辨性;而对于灰度相对比较平坦的图像而言,灰度级分辨率的降低导致图像出现伪轮廓效应,而尽管空间分辨率的降低造成一定程度的模糊,然而并不明显影响图像的视觉效果。

(a) 8位灰度图像　　(b) 因子2的下采样图像　　(c) 重量化的4位深度图像

图 2-36　细节相对丰富的图像

(a) 8位灰度图像　　(b) 因子2的下采样图像　　(c) 重量化的4位深度图像

图 2-37　灰度相对平坦的图像

2.4　像素的空间关系

在数字图像中像素之间的空间关系是基本且重要的概念。为了表达的方便，本节在讨论像素之间关系时约定，用小写字母 p、q、r 表示像素。

2.4.1　相邻像素

与一个像素关系最密切的是它的相邻像素，它们组成该像素的邻域。对于位于坐标(x,y)处的像素 p，根据它不同的相邻像素，定义三种像素的邻域。

1. 4 邻域$\mathcal{N}_4(p)$

像素 p 的 4 邻域由其水平和垂直方向的 4 个相邻像素构成，坐标为(x,y)的 4 邻域像素分别为其正上方$(x-1,y)$、正下方$(x+1,y)$、正左方$(x,y-1)$和正右方$(x,y+1)$像素，用$\mathcal{N}_4(p)$表示为

$$\mathcal{N}_4(p)=\{(x+1,y),(x-1,y),(x,y+1),(x,y-1)\}$$

2. 对角邻域$\mathcal{N}_D(p)$

像素 p 的对角邻域由其对角方向的 4 个相邻像素构成，坐标为(x,y)的对角邻域像素分别为其左上角$(x-1,y-1)$、左下角$(x+1,y-1)$、右上角$(x-1,y+1)$和右下角$(x+1,y+1)$像素，用$\mathcal{N}_D(p)$表示为

$$\mathcal{N}_D(p)=\{(x+1,y+1),(x+1,y-1),(x-1,y+1),(x-1,y-1)\}$$

3. 8 邻域$\mathcal{N}_8(p)$

像素 p 的 8 邻域由其 4 邻域和对角邻域的像素构成，用$\mathcal{N}_8(p)$表示为

$$\mathcal{N}_8(p)=\{(x-1,y-1),(x-1,y),(x-1,y+1)\\ (x,y-1),(x,y+1),(x+1,y-1),\\ (x+1,y),(x+1,y+1)\}$$

图 2-38 给出了坐标为(x,y)的相邻像素的坐标表示。

(x−1,y−1)	(x−1,y)	(x−1,y+1)
(x,y−1)	(x,y)	(x,y+1)
(x+1,y−1)	(x+1,y)	(x+1,y+1)

图 2-38　相邻像素坐标表示

2.4.2　邻接性、连通性、区域和边界

为了便于问题的阐述，考虑几个描述像素间关系的重要术语，在后续章节中经常会使用这些术语。

1. 邻接性

两个像素具有邻接性，必须满足两个条件：①它们在空间上相邻；②它们的灰度值满足特定的相似性准则。设$\mathcal{V}$表示符合相似性准则度量的灰度值集合。在二值图像中，通常考虑灰度值为 1 的像素的邻接性，在这种情况下，$\mathcal{V}=\{1\}$。在灰度图像中，集合$\mathcal{V}$可以是范围[0,255]内任意灰度值组合的子集，例如，考虑与像素 p 的灰度值差小于 10 的像素邻接时，$\mathcal{V}=\{f_q\}$，$|f_p-f_q|<10$，f_p 和 f_q 分别为像素 p 和 q 的灰度值。三种像素邻接性的定义为

(1) 4 邻接——两个像素 p 和 q 的灰度值在集合$\mathcal{V}$中，且 q 在 p 的 4 邻域$\mathcal{N}_4(p)$内，则它们为 4 邻接。

(2) 8 邻接——两个像素 p 和 q 的灰度值在集合$\mathcal{V}$中，且 q 在 p 的 8 邻域$\mathcal{N}_8(p)$内，则它们为 8 邻接。

(3) m 邻接(混合邻接)——两个像素 p 和 q 的灰度值在集合$\mathcal{V}$中，且①q 在 p 的 4 邻域$\mathcal{N}_4(p)$内，或者②q 在 p 的对角邻域$\mathcal{N}_D(p)$内且$\mathcal{N}_4(p)\cap\mathcal{N}_4(q)$内像素的灰度值不属于集合$\mathcal{V}$，则它们为 m 邻接。

m 邻接是指当像素之间同时存在 4 邻接和 8 邻接时，优先采用 4 邻接。m 邻接的引入是为了消除 8 邻接产生的歧义性。如图 2-39 所示，图 2-39(a)显示了一个 3×3 的小邻域，图中只有 0 和 1 两种像素值。当$\mathcal{V}=\{1\}$时，中心像素与其 8 邻域像素之间的邻接性由图 2-39(b)中的连线所示。中心像素与其右上角像素之间存在两条连线，m 邻接可以消除这样的歧义性。如图 2-39(c)所示，中心像素与其右上角像素之间的对角连线不满足 m 邻接中的条件②，这两个像素不是 m 邻接，而中心像素与其右下角像素之间的对角连线满足 m 邻接中的条件，这两个像素是 m 邻接。

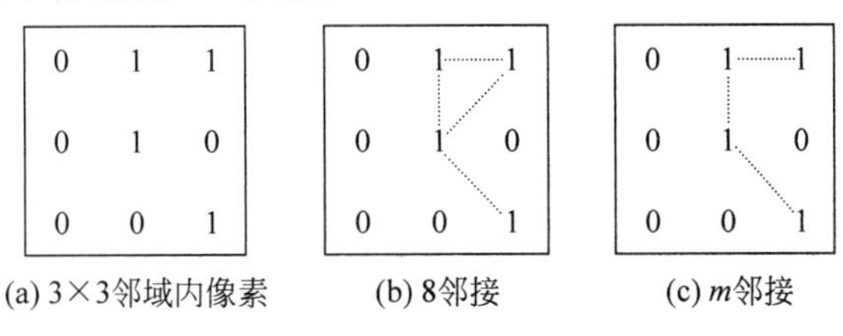

(a) 3×3邻域内像素　(b) 8邻接　(c) m邻接

图 2-39　m 邻接消除歧义性

2. 连通性

在像素邻接性的基础上，进一步定义像素的连通性。像素间的连通性是一个基本概念，它简化了数字图像中许多术语的定义，如区域和边界。首先定义两个像素之间的通路，如图 2-40 所示，若从坐标为(x_p, y_p)的像素 p 到坐标为(x_q, y_q)的像素 q 历经坐标为(x_0, y_0)，(x_1, y_1)，…，(x_n, y_n)的一序列像素，这些像素的灰度值均满足上述特定的相似性准则，且像素(x_k, y_k)和(x_{k-1}, y_{k-1})是邻接的，$1 \leqslant k \leqslant n$，则称这一序列像素组成一条从像素 p 到像素 q 的通路，通路的长度为 n。其中，$(x_p, y_p) \equiv (x_0, y_0)$，$(x_q, y_q) \equiv (x_n, y_n)$。

将一幅图像看成由像素构成的集合，设 p 和 q 是某一图像子集$\mathcal{S}$中的两个像素，若存在一条完全由$\mathcal{S}$中的像素组成的从 p 到 q 的通路，则称像素 p 和 q 是连通的。根据所采用的邻接性定义不同，可定义不同的连通性。在 4 邻接下定义的通路是 4 连通的[图 2-40(a)]，在 8 邻接下定义的通路是 8 连通的[图 2-40(b)]。在 m 邻接下定义的通路是 m 连通的，图 2-39(c)中右上角像素和右下角像素之间的虚线为 m 通路。对于$\mathcal{S}$中任意像素 p，$\mathcal{S}$中与该像素相连通的全部像素组成的集合称为$\mathcal{S}$的连通分量。若$\mathcal{S}$中仅有一个连通分量，则称集合$\mathcal{S}$为连通集。

若一个像素集合从 4 连通的意义上来度量其连通性，则互补像素集合必须从 8 连通的意义上来度量其连通性，否则将产生矛盾。在图 2-41 中，若从 4 连通的意义上讲，则白色像素构成 4 条互不连通的线段，而黑色像素构成的互补集合在 8 连通意义上全部连通。反之，若白色像素按 8 连通定义，则构成一个全部连通的闭环，而黑色像素构成的互补集合从 4 连通意义上闭环内与闭环外是不连通的。这是区域与边界应采用不同的连通性定义的原因，进一步的内容将在第 9 章中讨论。

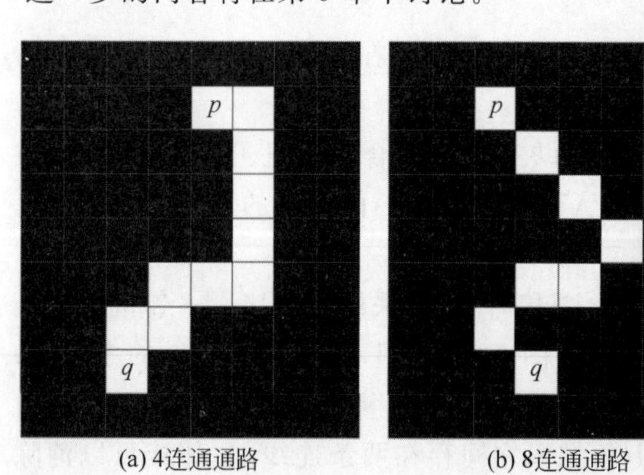

(a) 4连通通路　(b) 8连通通路

图 2-40　通路示意图

图 2-41　像素集合与互补像素集合的连通性解释

3. 区域与边界

设 p 为某一图像子集$\mathcal{S}$中的像素，若像素 p 的某一邻域包含于$\mathcal{S}$中，则称像素 p 为$\mathcal{S}$的内点，若$\mathcal{S}$中的像素都是内点，则$\mathcal{S}$称为开集，连通的开集称为开区域，简称为区域。若像素 p 的任意邻域内有属于$\mathcal{S}$的像素也有不属于$\mathcal{S}$的像素，则像素 p 称为$\mathcal{S}$的边界像素。$\mathcal{S}$的边界像素的全体称为$\mathcal{S}$的边界。换句话说，图像中每一个连通集构成一个区域，图像可认为是由多个区域组成的。区域的边界也称为区域的轮廓，它将区域与其他区域分开。开区域连同它的边界合称为闭区域。

边缘和边界是两个不同的概念。有限区域的边界形成闭合通路，它是从整体上描述的概念，边界跟踪的目的是提取区域闭合且连通的边界。而边缘是由邻域内灰度值差分大于某一阈值的像素组成的，它是灰度不连续性的局部概念，边缘检测算子的目的是检测邻域内灰度突变的像素。

由于具有局部特性的边缘检测算子会检测出噪声，且丢失弱边缘，因此需要使用边缘连接方法填补边缘像素的间断而连接成闭合的连通边界。局部边缘连接方法分析每一个边缘像素与邻域内边缘像素的关系，将边缘点连接成边缘线段；而全局边缘连接方法同时对图像中所有的边缘像素进行分析，根据某种相似性约束，例如，同一边缘的像素满足同一边缘方程，搜索边缘像素集合。Hough 变换是一种典型的全局边缘连接方法，将在第 9 章中进一步讨论。

2.4.3　距离度量

像素在空间上的近邻程度可以用像素之间的距离来度量。设像素 p、q、r 的坐标分别为(x_p,y_p)、(x_q,y_q)、(x_r,y_r)，若满足以下 3 个条件，则 $d(\cdot,\cdot)$称为距离函数：

(1) $d(p,q)\geqslant 0$；当且仅当 $p=q$，$d(p,q)=0$；(正定性)

(2) $d(p,q)=d(q,p)$；(对称性)

(3) $d(p,r)\leqslant d(p,q)+d(q,r)$。(三角不等式)

条件(1)表明，两个不同像素之间的距离总是正值；条件(2)表明，两个像素之间的距离与始终点的选择无关；条件(3)表明，两个像素之间直线距离最短。

向量范数是从向量空间到数域的函数，是具有长度概念的函数，为向量空间中的非零向量赋予正长度。

若向量空间$\mathbb{R}^n$ 上的函数 $\|\cdot\|:\mathbb{R}^n\mapsto\mathbb{R}$ 具备以下 3 个性质，则称为向量范数。

(1) $\|\boldsymbol{x}\|\geqslant 0,\forall\boldsymbol{x}\in\mathbb{R}^n$。当且仅当 $\boldsymbol{x}=0$ 时，$\|\boldsymbol{x}\|=0$；(非负性)

(2) $\|\lambda\boldsymbol{x}\|=|\lambda|\,\|\boldsymbol{x}\|,\forall\boldsymbol{x}\in\mathbb{R}^n$ 和 $\lambda\in\mathbb{R}$；(正齐次性)

(3) $\|\boldsymbol{x}+\boldsymbol{y}\|\leqslant\|\boldsymbol{x}\|+\|\boldsymbol{y}\|,\forall\boldsymbol{x},\boldsymbol{y}\in\mathbb{R}^n$。(三角不等式)

ℓ_p 范数是一类有用的向量范数，向量 $\boldsymbol{x}\in\mathbb{R}^n$ 的 ℓ_p 范数($p\geqslant 1$)定义为

$$\|\boldsymbol{x}\|_p=\left(\sum_{i=1}^{n}|x_i|^p\right)^{\frac{1}{p}}$$

当 $0<p<1$ 时，函数 $\|\cdot\|_p$ 实际上不是范数，因此约束 $p\geqslant 1$ 是必要的。其中，ℓ_1 范数、ℓ_2 范数和 ℓ_∞ 范数是三种常用的向量范数。ℓ_1 范数定义为

$$\|\boldsymbol{x}\|_1=\sum_{i=1}^{n}|x_i|=|x_1|+|x_2|+\cdots+|x_n|$$

ℓ_1 范数也称为和范数。ℓ_2 范数定义为

$$\|\boldsymbol{x}\|_2=\left(\sum_{i=1}^{n}x_i^2\right)^{\frac{1}{2}}=(x_1^2+x_2^2+\cdots+x_n^2)^{\frac{1}{2}}$$

ℓ_2 范数也称为欧几里得(Euclidean)范数。默认情况下，$\mathbb{R}^n$ 上的范数为 $\|\cdot\|_2$，这里的下标 2 常省略。

ℓ_∞ 范数是 ℓ_p 范数的极限形式，则有

$$\|\boldsymbol{x}\|_{\infty}=\lim_{p\to\infty}\|\boldsymbol{x}\|_{p}=\max_{i=1,2,\cdots,n}|x_i|=\max(|x_1|,|x_2|,\cdots,|x_n|)$$

ℓ_{∞} 范数也称为无穷范数或极大范数。

图 2-42 给出二维空间中这三种范数的等距离轨迹，即 $\|\boldsymbol{x}\|_1=d$、$\|\boldsymbol{x}\|_2=d$ 和 $\|\boldsymbol{x}\|_{\infty}=d$ 时 $\boldsymbol{x}$ 的解，其中，$\boldsymbol{x}=[x,y]^{\mathrm{T}}$ 表示二维空间中的坐标。

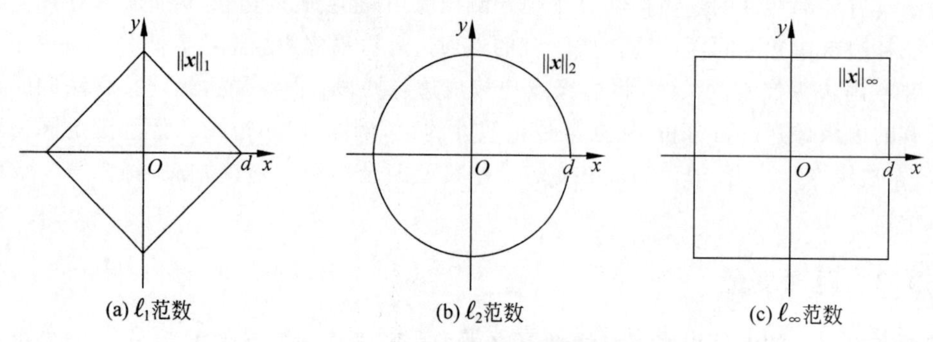

(a) ℓ_1 范数　(b) ℓ_2 范数　(c) ℓ_{∞} 范数

图 2-42　不同范数下的等距离轨迹

图像中的像素坐标可以表示为二维空间中的向量，两个向量之差的范数满足距离函数要求的 3 个条件（向量范数的 3 个性质与距离函数的 3 个条件本质上一致），因此，可以利用向量范数度量两个像素之间的距离。根据不同范数的定义，像素之间的距离有不同的度量方法。像素 p 和 q 之间的欧氏距离 $d_{\mathrm{E}}(p,q)$ 用 ℓ_2 范数定义为

$$d_{\mathrm{E}}(p,q)=\|\boldsymbol{x}_p-\boldsymbol{x}_q\|_2=[(x_p-x_q)^2+(y_p-y_q)^2]^{\frac{1}{2}} \tag{2-5}$$

对于欧氏距离，到像素 $p(x_p,y_p)$ 的等距离轨迹是以坐标 (x_p,y_p) 为中心的一组圆。

像素 p 和 q 之间的 D_4 距离 $d_4(p,q)$，也称为街区距离，用 ℓ_1 范数定义为

$$d_4(p,q)=\|\boldsymbol{x}_p-\boldsymbol{x}_q\|_1=|x_p-x_q|+|y_p-y_q| \tag{2-6}$$

对于 D_4 距离，到像素 $p(x_p,y_p)$ 的等距离轨迹是以坐标 (x_p,y_p) 为中心的一组菱形。如图 2-43 所示，数字 0、1、2 表示到中心像素的 D_4 距离，等距离的像素组成同心的菱形，其中，数字为 1 的 4 个像素是中心像素的 4 邻域像素，因此称为 D_4 距离。

像素 p 和 q 之间的 D_8 距离 $d_8(p,q)$，也称为棋盘距离，用 ℓ_{∞} 范数定义为

$$d_8(p,q)=\|\boldsymbol{x}_p-\boldsymbol{x}_q\|_{\infty}=\max(|x_p-x_q|,|y_p-y_q|) \tag{2-7}$$

对于 D_8 距离，到像素 $p(x_p,y_p)$ 的等距离轨迹是以坐标 (x_p,y_p) 为中心的一组正方形。如图 2-44 所示，数字 0、1、2 表示到中心像素的 D_8 距离，等距离的像素组成同心的正方形，其中，数字为 1 的 8 个像素是中心像素的 8 邻域像素，因此称为 D_8 距离。

```
    2
  2 1 2
2 1 0 1 2
  2 1 2
    2
```

图 2-43　数字表示到中心像素的 D_4 距离

```
2 2 2 2 2
2 1 1 1 2
2 1 0 1 2
2 1 1 1 2
2 2 2 2 2
```

图 2-44　数字表示到中心像素的 D_8 距离

注意，像素 p 和 q 之间的欧氏距离、D_4 距离和 D_8 距离与通路无关，仅与像素的空间坐标有关。D_m 距离是一种在 m 邻接定义下的与通路相关的距离测度。两个像素之间的 D_m

距离定义为它们之间的最短 m 通路。在这种情况下，两个像素之间的 D_m 距离取决于沿 m 通路上的像素及其邻域像素。例如，对于如图 2-45(a)所示的像素排列，其中，p_1、p_2 和 p_4 的像素值为 1。若 p_3 的像素值为 0，如图 2-45(b)所示，则 p_1 和 p_4 之间的 D_m 距离为 2，最短 m 通路历经像素 $p_1p_2p_4$；若 p_3 的像素值为 1，如图 2-45(c)所示，则 p_1 和 p_4 之间的 D_m 距离为 3，最短 m 通路历经像素 $p_1p_2p_3p_4$。在图 2-45(c)中 m 邻接的具体解释参见图 2-39 的相关说明。

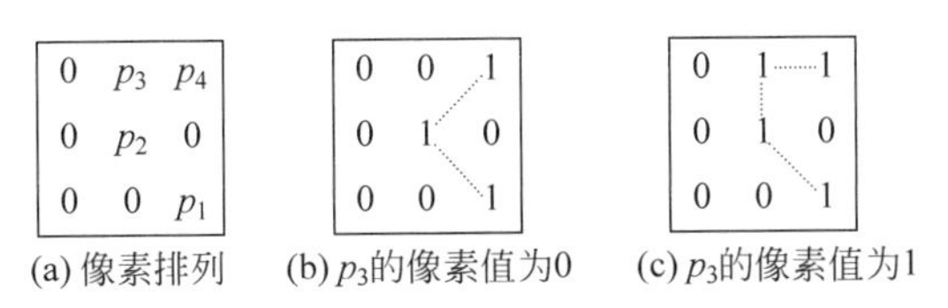

图 2-45 m 通路和 D_m 距离示意图

2.5 保真度准则

图像**失真**是指图像由于信息损失，而产生的图像质量下降现象。数字图像在获取、传输、存储或处理过程中不可避免地产生图像失真。保真度是指图像系统的输出信号再现输入信号的相似程度。保真度准则是对损失信息进行可重复定量评价的方法。主观保真度准则和客观保真度准则是两类基本的保真度准则，前者取决于人类的视觉感受，采用由人来评价的主观方法；后者以输入图像和输出图像的误差来度量的，采用由算法评价的客观方法。保真度准则可以作为各种图像处理算法性能比较的基准。

2.5.1 主观保真度准则

主观保真度准则是从人类视觉系统的角度对图像质量进行判断。图像质量既与图像本身的客观质量有关，又与人类视觉系统的特性有关。主观评价在一定测试条件下由多个观察者对待测图像的质量进行评分，对大量的评分数据进行统计处理。通常使用绝对等级量表来评价图像质量的等级。客观保真度完全相同的两幅图像也可能会有完全不同的视觉质量。在大多数情况下，人是图像和视频的最终观察者，从这一点上讲，主观评价是最直接、最可靠的方法。

然而，主观评价方法的问题是需多次重复实验，耗时费力，且易受观察者个人因素的影响，很难应用于实际。更重要的是，主观评价方法无法嵌入应用系统中。因此，需要能够自动、高效分析图像质量的客观算法，并且算法的评价结果应尽量符合人的主观感受。

2.5.2 客观保真度准则

客观保真度准则是将信息损失的程度表示为输入图像与输出图像的函数，提供了一种评价信息损失的数学计算公式，使算法评价自动、公开。当图像压缩系统采用有损压缩编码时，输入图像 $f(x,y)$ 为源图像，输出图像 $\hat{f}(x,y)$ 为重构图像，源图像 $f(x,y)$ 输入至编码器生成压缩码流经过传输再送入解码器解压缩，重构图像 $\hat{f}(x,y)$ 会发生一定程度的失真。当评价图像重建/复原算法的性能时，输入图像 $f(x,y)$ 为真值图像，输出图像 $\hat{f}(x,y)$ 为重建/复原图像。

输入图像 $f(x,y)$ 与输出图像 $\hat{f}(x,y)$ 之间的误差 $e(x,y)$ 可表示为

$$e(x,y)=\hat{f}(x,y)-f(x,y) \tag{2-8}$$

均方误差(mean squared error,MSE)和峰值信噪比(peak signal to noise ratio,PSNR)是两种常用的传统客观保真度准则。

设输入图像 $f(x,y)$ 和输出图像 $\hat{f}(x,y)$ 的尺寸为 $M\times N$,$f(x,y)$ 与 $\hat{f}(x,y)$ 之间的均方误差 MSE 定义为图像总体平方误差的平均值,可表示为

$$\mathrm{MSE}=\frac{1}{MN}\sum_{x=0}^{M-1}\sum_{y=0}^{N-1}e^2(x,y)=\frac{1}{MN}\sum_{x=0}^{M-1}\sum_{y=0}^{N-1}[\hat{f}(x,y)-f(x,y)]^2 \tag{2-9}$$

输入图像 $f(x,y)$ 与输出图像 $\hat{f}(x,y)$ 之间均方误差的平方根称为均方根误差(root mean square error,RMSE)。

若将输入图像与输出图像之间的误差看作噪声,则输出图像 $\hat{f}(x,y)$ 可表示为

$$\hat{f}(x,y)=f(x,y)+e(x,y) \tag{2-10}$$

在这种意义下,$f(x,y)$ 与 $\hat{f}(x,y)$ 之间的信噪比 SNR 定义为图像信号功率 P_{signal} 与噪声功率 P_{noise} 之比,可表示为

$$\mathrm{SNR}=\frac{P_{\mathrm{signal}}}{P_{\mathrm{noise}}}=\frac{\sum\limits_{x=0}^{M-1}\sum\limits_{y=0}^{N-1}\hat{f}^2(x,y)}{\sum\limits_{x=0}^{M-1}\sum\limits_{y=0}^{N-1}e^2(x,y)}=\frac{\sum\limits_{x=0}^{M-1}\sum\limits_{y=0}^{N-1}\hat{f}^2(x,y)}{\sum\limits_{x=0}^{M-1}\sum\limits_{y=0}^{N-1}[\hat{f}(x,y)-f(x,y)]^2} \tag{2-11}$$

由于大多数信号具有很宽的动态范围,通常以对数尺度来表示信噪比,单位为分贝(dB)。在这种情况下,信噪比 $\mathrm{SNR_{dB}}$ 的定义为

$$\mathrm{SNR_{dB}}=10\lg\left(\frac{P_{\mathrm{signal}}}{P_{\mathrm{noise}}}\right) \tag{2-12}$$

输入图像 $f(x,y)$ 与输出图像 $\hat{f}(x,y)$ 之间信噪比的平方根称为均方根(root mean square,RMS)信噪比。

在信噪比的基础上,常用的峰值信噪比 PSNR 定义为

$$\mathrm{PSNR_{dB}}=10\lg\frac{f_{\max}^2}{\mathrm{MSE}}=20\lg\frac{f_{\max}}{\sqrt{\mathrm{MSE}}} \tag{2-13}$$

其中,$f_{\max}$ 表示图像中的最大像素值,对于 8 位灰度级表示,$f_{\max}$ 为 255。

传统的客观评价方法虽然具有计算简单、物理意义明确、数学上便于超参数的设置或系统最优参数的求解等优势,但仅是对像素间误差的纯数学统计,将所有像素同等对待,没有考虑到像素间的相关性和人类视觉系统的感知特性,在很多情况下不符合人的主观感受。图 2-46 给出了一个 MSE 失效的示例。图 2-46(a)是一幅分辨率为 512×512 的 Lena 图像,图 2-46(b)为对比度拉伸图像,图 2-46(c)~(f)为不同类型的失真图像,分别为高斯噪声图像、椒盐噪声图像、模糊图像和 JPEG 压缩图像,各幅图像与原图像具有相等的 MSE。显然不同的失真图像具有不同的视觉质量,图 2-46(b)和图 2-46(c)的视觉质量优于图 2-46(d)、图 2-46(e)和图 2-46(f)。特别是图 2-46(b)的视觉质量反而有明显的提高。

图 2-46　MSE 失效示例，原图像与失真图像的 MSE 均为 225

在不同区域发生同样的失真会有显著不同的视觉敏感度，例如，人眼对图像中平坦区域的失真比对边缘、纹理区域的失真更敏感；对前景区域的失真比对背景区域的失真更敏感。图 2-47 给出了一个 PSNR 失效的示例。对图 2-47(a)所示图像的平坦区域和细节区域加入等概率的噪声，图 2-47(b)中在较为平坦的天空区域加入噪声，而图 2-47(c)中在细节较为丰富的海岸区域加入噪声。尽管这两幅图像与原图像的 PSNR 相等，然而后者显然比前者有更好的视觉效果，平坦区域中的噪声难以接受，而边缘、纹理区域中的噪声却不易察觉。这是因为人眼看到的图像并非是孤立的像素，而是许多局部像素共同作用形成的边缘、纹理等成分。

图 2-47　PSNR 失效示例，原图像与失真图像的 PSNR 均为 32dB

为了使评价结果更符合人的视觉感知，客观评价方法开始从不同的角度模拟人类视觉系统，或是引入人类视觉系统的特性。目前模拟视觉感知的客观评价方法主要有基于 HVS 特性的方法、基于结构相似性的方法和基于信息论的方法。

在过去的几十年中，研究者都是沿着模拟 HVS 对视觉信号的处理过程这一思路进行的，主要根据生理心理学实验获取的 HVS 前端特征构建视觉模型。这类方法研究 HVS 各个组成部分的功能，使用算法模拟各个部分及其心理学特性，最后组合到一起。HVS 的内在复杂性使得其很多机制难以精确测量和模拟，导致这类方法的复杂性。此外，由于 HVS 的很多特性目前尚不清楚，限制了这类方法的发展。

基于结构相似性的方法是从高层次上模拟 HVS 的功能，而不是模拟 HVS 处理视觉信号的低阶过程。这类方法认为人眼的主要功能是从视野中提取结构信息，认为对结构信息的度量是对图像感知失真的很好近似。结构相似度(structural similarity，SSIM)从图像组成的角度描述结构信息来度量感知失真，结构信息反映场景结构的属性，独立于亮度和对比度，重构图像的质量由亮度、对比度和结构三个不同因素的组合来评价。输入图像 $f(x,y)$ 与输出图像 $\hat{f}(x,y)$之间的亮度相似性度量 $l(f,\hat{f})$定义为

$$l(f,\hat{f})=\frac{2\mu_f\mu_{\hat{f}}+C_1}{\mu_f^2+\mu_{\hat{f}}^2+C_1} \tag{2-14}$$

其中，μ_f 为 $f(x,y)$的均值，定义为

$$\mu_f=\frac{1}{MN}\sum_{x=0}^{M-1}\sum_{y=0}^{N-1}f(x,y) \tag{2-15}$$

$f(x,y)$与 $\hat{f}(x,y)$之间的对比度相似性度量 $c(f,\hat{f})$定义为

$$c(f,\hat{f})=\frac{2\sigma_f\sigma_{\hat{f}}+C_2}{\sigma_f^2+\sigma_{\hat{f}}^2+C_2} \tag{2-16}$$

其中，σ_f 为 $f(x,y)$的标准差，定义为

$$\sigma_f\triangleq\sqrt{\mathrm{Var}(f)}=\left[\frac{1}{MN}\sum_{x=0}^{M-1}\sum_{y=0}^{N-1}(f(x,y)-\mu_f)^2\right]^{\frac{1}{2}} \tag{2-17}$$

$f(x,y)$与 $\hat{f}(x,y)$之间的相关系数作为图像结构相似性度量，定义为

$$s(f,\hat{f})=\frac{\sigma_{f\hat{f}}^2+C_3}{\sigma_f\sigma_{\hat{f}}+C_3} \tag{2-18}$$

其中，$\sigma_{f\hat{f}}^2$ 为 $f(x,y)$与 $\hat{f}(x,y)$之间的协方差，定义为

$$\sigma_{f\hat{f}}^2\triangleq\mathrm{Cov}(f,\hat{f})=\frac{1}{MN}\sum_{x=0}^{M-1}\sum_{y=0}^{N-1}[f(x,y)-\mu_f][\hat{f}(x,y)-\mu_{\hat{f}}] \tag{2-19}$$

式(2-14)、式(2-16)和式(2-18)中 C_1、C_2 和 C_3 为接近零的正常数，避免除数为零的异常情况。SSIM 评价准则由亮度、对比度和结构相似性度量的组合定义为

$$\mathrm{SSIM}=l^{\alpha}(f,\hat{f})\cdot c^{\beta}(f,\hat{f})\cdot s^{\gamma}(f,\hat{f}) \tag{2-20}$$

式中，α、β 和 γ 为控制参数，用于调整亮度、对比度、结构这三个分量的重要程度。在实际计算中，通常设置 $\alpha=\beta=\gamma=1$、$C_3=C_2/2$，SSIM 的计算式可简化为

$$\mathrm{SSIM}=\frac{(2\mu_f\mu_{\hat{f}}+C_1)(2\sigma_{f\hat{f}}^2+C_2)}{(\mu_f^2+\mu_{\hat{f}}^2+C_1)(\sigma_f^2+\sigma_{\hat{f}}^2+C_2)} \tag{2-21}$$

SSIM 的取值范围为 0～1,SSIM 越大,表明重构图像越接近源图像。均方误差和峰值信噪比只关注图像之间像素级的差异,SSIM 度量图像结构的相似度,能够从人类视觉感知的角度对图像质量进行评价。开源 H.264 编码器 x264 在近期版本中引入了 SSIM 的计算,作为编码质量的评价指标。

基于信息论的方法从另一个角度模拟 HVS 的功能,将失真过程建模为有损信道,认为参考图像通过这个信道而产生待测图像,从而将视觉质量失真与两者之间的互信息联系起来。这类方法准确度高,但模型参数估计过程复杂,较难推广到实际的应用。

2.6　小结

本章为后续各章中数字图像处理方法的学习奠定了基础。本章首先介绍了数字图像的相关概况,包括基本概念、成像多样性和尺度多样性、图像类型以及矩阵表示。凸透镜成像和图像数字化是有关数字图像获取的内容。最后介绍了像素的空间关系以及主要的图像质量评价指标。图像数字化和像素的空间关系是本章的重点内容。

第3章

空域图像增强

图像增强的目的是根据主观视觉感受或者满足某些特定分析的需要来改善图像的质量,有选择地强调图像中感兴趣的整体或局部特征或者抑制图像中不需要的特征,使图像更适合特定的应用。当以人类视觉解释为目的时,依据观察者的主观判断作为图像质量评价标准;当以机器识别为目的时,依据机器识别的准确率作为图像质量评价标准。图像增强是一个主观过程,不存在通用的数学模型。图像增强方法主要分为两类:空域方法和频域方法。空域指图像空间本身,这类方法是对图像的像素直接进行处理。频域指图像的傅里叶变换域,这类方法通过离散傅里叶变换将图像从空域转换到频域,利用频域滤波器对图像的不同频率成分进行处理。本章讨论空域图像增强方法,第 4 章和第 5 章将分别讨论频域变换和频域增强方法。

3.1 背景知识

空域图像增强是指直接对图像的像素本身进行操作,大致可分为两类:点处理和邻域处理。对于点处理,在像素(x,y)处$g(x,y)$的值仅取决于$f(x,y)$的值,可表示为

$$g(x,y)=\mathcal{E}[f(x,y)] \tag{3-1}$$

式中,$\mathcal{E}[\cdot]$表示增强操作,$f(x,y)$为输入图像,$g(x,y)$为增强图像。设r表示输入图像的灰度级,s表示增强图像的灰度级,点处理操作即为灰度级映射,可表示为

$$s=T(r) \tag{3-2}$$

式中,$T(r)$为变换函数。

式(3-2)表明,对图像中任意像素的增强仅依赖于该像素的灰度级,因此这类方法称为**点处理**。点处理又包括灰度级变换和直方图处理。

对于邻域处理,像素(x,y)的邻域定义为中心位于像素(x,y)处的局部区域,例如,图 3-1 显示了中心在坐标(x,y)处的 3×3 正方形邻域,$g(x,y)$的值不仅取决于$f(x,y)$的值,而且取决于其邻域像素的值。对于图像中的每一个像素(x,y),增强操作是以像素(x,y)为中心的邻域内所有像素值的函数:

$$g(x,y)=\mathcal{E}\{f(s,t)\},\quad (s,t)\in\mathcal{S}_{xy} \tag{3-3}$$

式中，S_{xy} 表示以像素(x,y)为中心的邻域像素集合。

式(3-3)表明，对图像中任意像素的增强，作用于该像素邻域内的所有像素，因此这类方法称为**邻域处理**。空域滤波方法属于邻域处理，包括空域图像平滑和空域图像锐化等。

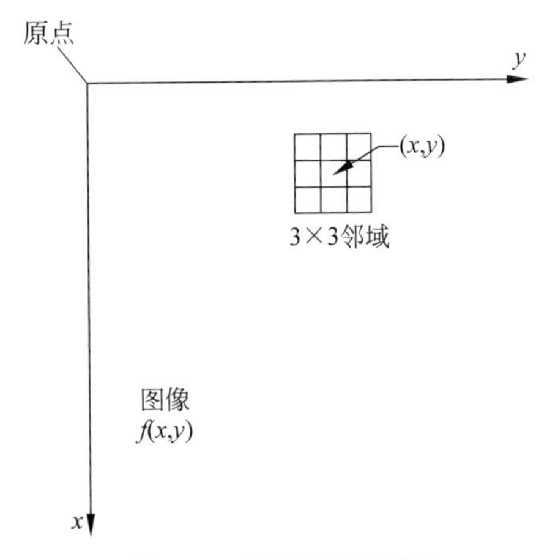

图 3-1 邻域处理示意图

3.2 直方图概念

直方图是数字图像处理中一个重要的基础工具。在讨论各种空域处理技术之前，首先需要清楚直方图的概念和表示意义。直方图提供了图像的统计信息，为理解多种空域增强技术的内涵提供了铺垫。直方图操作能够直接用于图像增强，见 3.4 节的直方图图像增强技术。

3.2.1 直方图

直方图是数字图像的统计表征量。对于一幅灰度图像，灰度直方图反映了图像中不同灰度像素出现的统计情况，描述了像素灰度分布情况。数字图像的灰度直方图是一维离散函数，定义为

$$h(r_k)=n_k,\quad k=0,1,\cdots,L-1 \tag{3-4}$$

式中，r_k 表示第 k 个灰度级，n_k 表示灰度值为 r_k 的像素在图像中出现的频数，L 表示灰度级数。

在一幅图像中，灰度值为 r_k 的像素出现的频数与像素总数的比值，称为**概率直方图**，可表示为

$$p(r_k)=\frac{n_k}{n},\quad k=0,1,\cdots,L-1 \tag{3-5}$$

式中，n 为图像中的像素总数。$p(r_k)$实际上表示灰度级 r_k，$k=0,1,\cdots,L-1$ 的分布律。在概率直方图中，所有灰度级的概率之和等于 1。

目前大多数数字照相机都有显示所拍摄照片直方图的功能，直方图可以显示出整张照片的灰度分布情况，根据直方图所示的灰度分布可以判断曝光是否恰当，有助于拍摄前的各种参数设置，如感光度、光圈、快门速度和曝光时间等。图 3-2 给出了数字单反照相机液晶

显示器(liquid crystal display,LCD)上的直方图示例,其中横轴表示灰度级(对于彩色图像,实际上是亮度级),纵轴表示像素数。

图 3-2　数字单反照相机 LCD 屏上的直方图

图像的直方图具有如下三个主要性质。

(1) 直方图是总体灰度的概念,反映了整幅图像的灰度分布情况。亮图像的直方图倾向于灰度级高的一侧,暗图像的直方图倾向于灰度级低的一侧;低对比度图像的直方图集中于灰度级中很窄的范围,高对比度图像的直方图覆盖的灰度级很宽而且像素的分布比较均匀。

(2) 直方图表示一幅数字图像中不同灰度像素出现的统计信息,它只能反映该图像中不同灰度值出现的频数(概率),不能表示出像素的位置等其他信息。图像与直方图之间是多对一的映射关系,具体地说,任意一幅图像,都能唯一地确定与之对应的直方图,但是,不同的图像可能具有相同的直方图。如图 3-3 所示,对图 3-3(a)作行列置换,随机交换图像中的两行和两列不会改变图像的直方图,图 3-3(b)和图 3-3(c)分别为 50 次和 200 次行列置换的结果,三幅图像的直方图如图 3-3(d)所示。

(a) 原图像　　(b) 50次

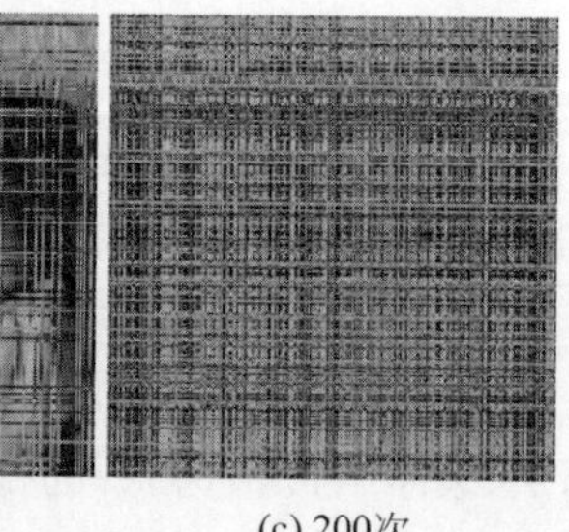

(c) 200次

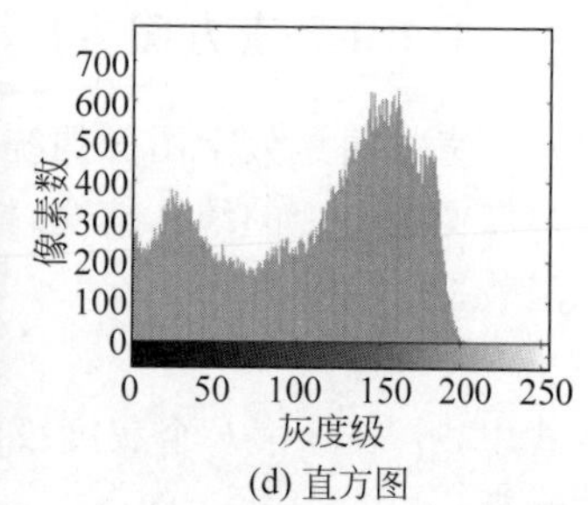

(d) 直方图

图 3-3　行列置换的图像具有相同的直方图

(3) 直方图具有可叠加性,将图像划分为区域,各个区域可分别统计直方图,整幅图像的总直方图为各个区域直方图之和。如图 3-4 所示,将图 3-3(a)所示图像划分为四个区域,四个区域的直方图相加等于整幅图像的直方图。

在图像处理中图像的直方图主要有如下四方面的应用。

(1) 直方图可以用于判断一幅图像是否合理地利用了全部可能的灰度级。直观上来说,若一幅图像的像素值充分占有整个灰度级范围并且分布比较均匀,则这样的图像具有高对比度和多灰阶。通过查看直方图,可以确定设备参数调整方向,或者灰度级变换规则,如伽马校正。

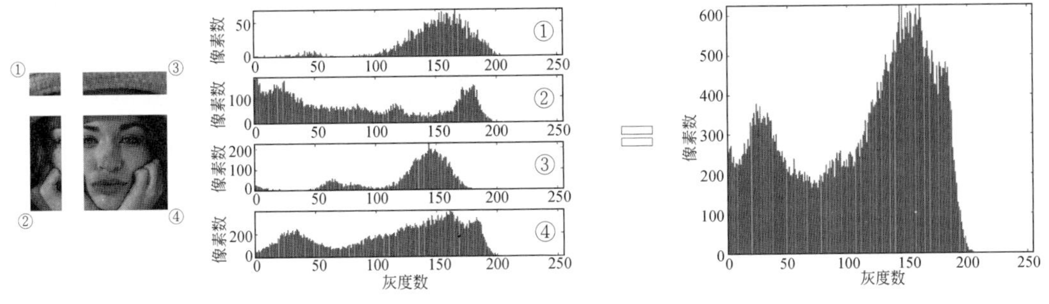

图 3-4　直方图的可叠加性

(2) 图像的视觉效果与其直方图之间存在对应关系,改变直方图的形状对图像产生对应的影响。因此,处理直方图可以起到图像增强的作用,例如,直方图均衡化、直方图规定化、直方图拉伸处理等。

(3) 通过观察直方图,可在图像分割中确定合适的阈值,尤其适用于双峰模式直方图的全局阈值分割问题,并能够根据直方图对区域进行像素数统计。

(4) 将直方图作为特征,通过度量直方图之间的距离,可用于模板匹配、目标识别等任务。

例 3-1　不同灰度范围图像的直方图

一幅图像的直方图可以提供图像的如下信息:①各个灰度级像素出现的概率;②图像灰度级的动态范围;③整幅图像的大致平均亮度;④图像的整体对比度情况。图 3-5 给出了直方图的四种基本类型。从这四幅图中可以直观地看出不同直方图类型对应的图像特征。图 3-5(a)所示的图像整体亮度偏暗,在对应的直方图中像素值集中分布在灰度级的暗端;相反,图 3-5(b)所示的图像整体亮度偏亮,在对应的直方图中像素值集中分布在灰度级的亮端。图 3-5(c)所示的图像灰度层次少,对比度低,看起来比较暗淡,在对应的直方图中,像素值集中分布在灰度级中部较窄的动态范围。图 3-5(d)所示的图像看起来对比度高,且有层次感、细节丰富,在对应的直方图中像素值覆盖了较宽的灰度动态范围。从直方图也可以看到,该图像的像素值主要集中分布在低灰度级和高灰度级,中间灰度级的像素较少。

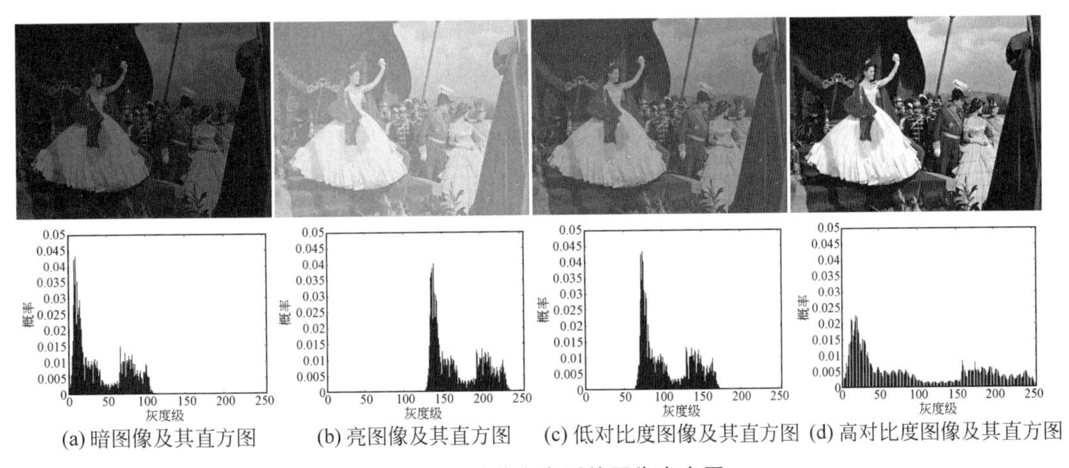

(a) 暗图像及其直方图　(b) 亮图像及其直方图　(c) 低对比度图像及其直方图　(d) 高对比度图像及其直方图

图 3-5　四种基本类型的图像直方图

3.2.2 累积直方图

累积直方图(cumulative histogram)实际上是概率直方图 $p(r_k)$关于灰度级 $r_k, k=0, 1,\cdots,L-1$ 的累积概率,定义为

$$c(r_k)=\sum_{j=0}^{k} p(r_j)=\sum_{j=0}^{k} \frac{n_j}{n}, \quad 0 \leqslant r_j \leqslant 1; k=0,1,\cdots,L-1 \tag{3-6}$$

式中,r_k 表示第 k 个灰度级,n_k 表示灰度值为 r_k 的像素在图像中出现的频数,n 为图像中的像素总数,$c(r_k)$表示灰度值落在区间$[0,r_k]$内的像素在图像中出现的总概率,L 表示灰度级数。累积直方图一定是单调递增的(不一定严格单调递增),且第 L 个灰度级的累积概率值 $c(r_k=L-1)=1$。

例 3-2 不同灰度范围图像的累积直方图

图 3-6 为图 3-5 所示的四种直方图类型图像的累积直方图。由于图 3-5(a)~(c)的直方图集中在狭窄的灰度级范围内,因此累积直方图的递增曲线呈现陡坡的上升趋势,如图 3-6(a)~(c)所示。而图 3-5(d)的直方图占用整个灰度级范围,其累积直方图的递增曲线平缓地上升,特别是在像素数少的灰度级区间,如图 3-6(d)所示。

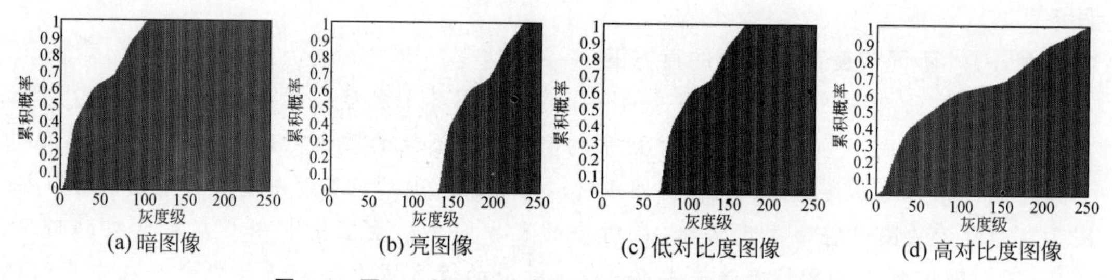

图 3-6 图 3-5 所示四种直方图类型图像的累积直方图

3.3 灰度级变换

灰度级变换是一类最简单的图像增强技术,设 r 和 s 分别表示输入图像和输出图像的灰度级,如前所述,$s=T(r)$表示将灰度级 r 映射为灰度级 s 的变换。线性函数/反转函数、对数函数/指数函数和幂次函数是图像增强中三类常用的基本灰度级变换曲线。图 3-7 显示了这三类函数的典型例子,①和②分别为线性函数和反转函数,③和④是互为反函数的对数函数和指数函数,⑤和⑥是互为反函数的幂次函数。其中,输入灰度级 r 的范围归一化到区间[0,1]内。

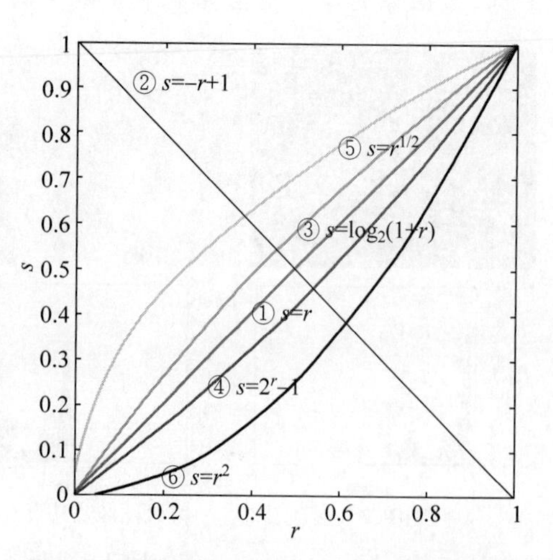

图 3-7 图像增强中的基本灰度级变换曲线

3.3.1 对数变换

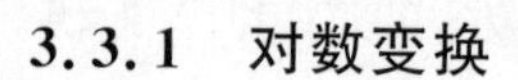

对数变换的一般表达式为

$$s = c\log_a(1+r) \tag{3-7}$$

式中，c 为常数，a 为对数的底数。对数变换的作用是压缩图像的动态范围。图 3-8 显示了不同底数的对数变换曲线，图中 $c=1$，底数越大，压缩程度越大。

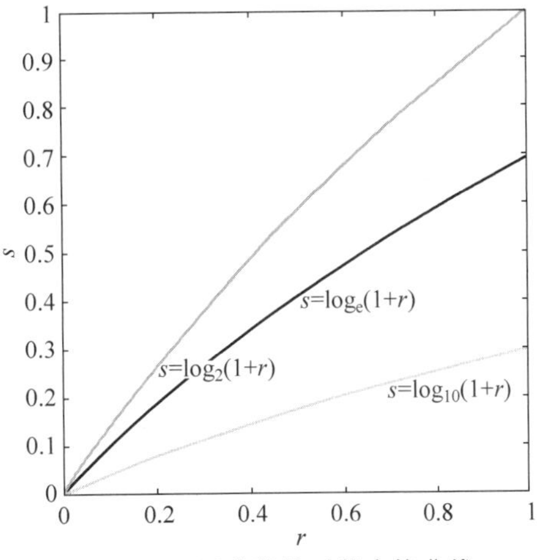

图 3-8　不同底数的对数变换曲线

对数变换的一个典型应用是傅里叶谱[①]的显示。傅里叶谱的值为 $0\sim10^6$ 数量级甚至更高，具有很大的动态范围，一般的成像和显示系统都采用均匀量化，因此，在 8 位灰度级系统中无法显示傅里叶谱的细节。对数变换可以起到压缩图像动态范围的作用，减小了最大值与最小值之间的反差值。

例 3-3　对数变换在傅里叶谱显示中的应用

以图像方式显示傅里叶谱是对傅里叶变换可视化的一种手段，在显示之前通过计算傅里叶谱的对数变换来压缩傅里叶谱图像显示的动态范围，增强灰度细节。为了直观地说明对数变换在傅里叶谱图像显示中的作用，对图 3-9(a)所示的灰度图像显示其傅里叶谱以及对数变换的傅里叶谱，分别如图 3-9(b)和图 3-9(c)所示，其中左图为图像显示，右图为对角方向的径向剖面图。傅里叶谱的值域范围为[9.144，7.227×10^6]，当这样的值在 8 位灰度级系统中均匀量化而显示时，如图 3-9(b)所示，傅里叶谱中的最大幅度淹没了很大范围内

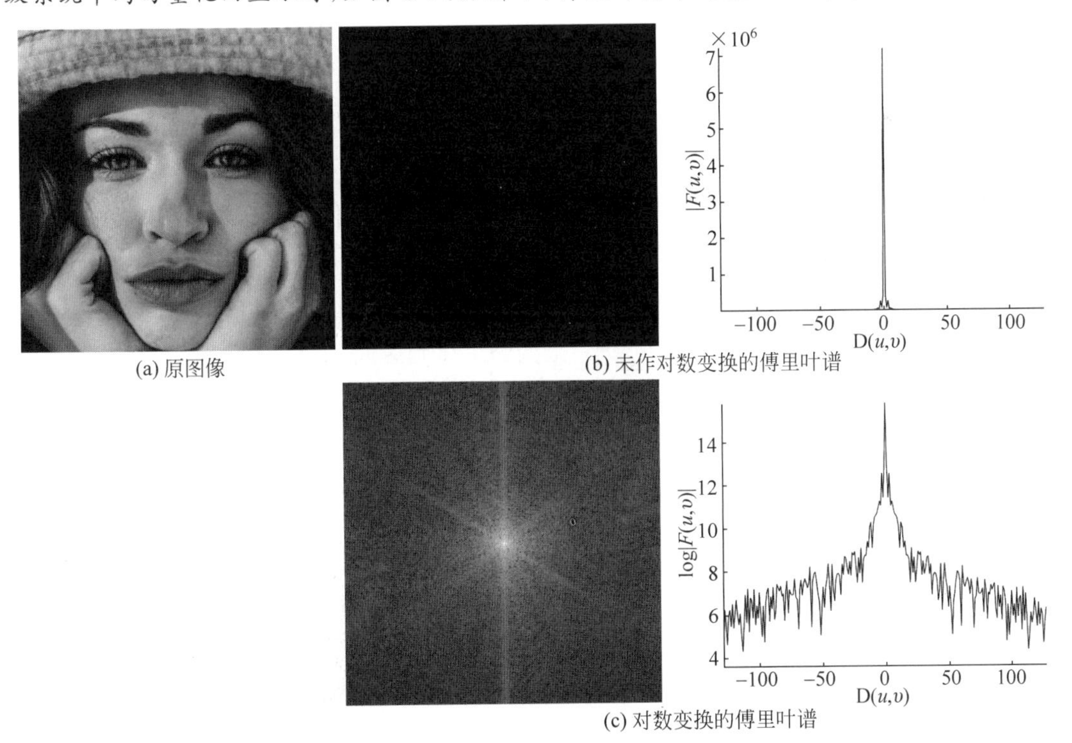

(a) 原图像　(b) 未作对数变换的傅里叶谱　(c) 对数变换的傅里叶谱

图 3-9　对数变换应用于傅里叶谱的显示

① 第 4 章将详细讨论傅里叶变换及其傅里叶谱。

相对低的幅度，对应的高频区域的细节信息几乎完全丢失了，在图像中显示为黑色，只能观察到相当高的幅度表现出的亮点。根据式(3-7)的对数变换对傅里叶谱进行动态范围压缩，则值域范围缩至[2.317,15.793]，再用8位灰度级来显示对数傅里叶谱，如图3-9(c)所示，也就是将对数傅里叶谱的范围线性拉伸到8位灰度级的量化范围[0,255]。与图3-9(b)所示的直接显示相比，傅里叶谱的细节可见度是显而易见的。在本书中显示的傅里叶谱都使用对数变换和重标度进行了处理。

3.3.2 指数变换

指数变换为对数变换的反函数，一般表达式为

$$s = c(a^r - 1) \tag{3-8}$$

式中，c 为常数，a 为指数的底数。指数变换的作用是拉伸图像的动态范围。图3-10显示了不同底数的指数变换曲线，图中 $c=1$，底数越大，拉伸程度越大。

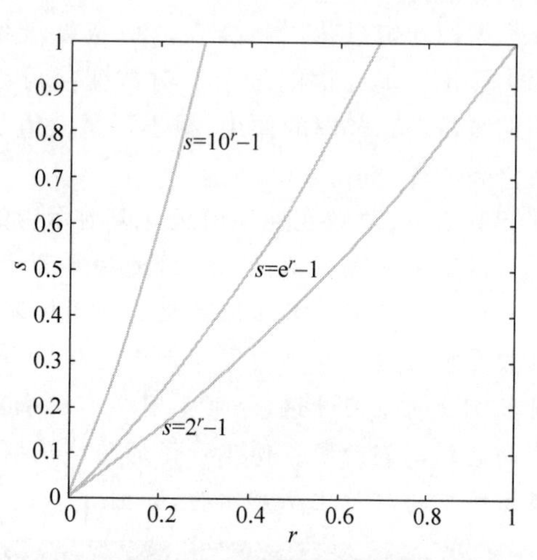

图 3-10 不同底数的指数变换曲线

指数变换的一个典型应用是对数变换的对消，在利用照度-反射模型[①]的图像增强方法中，通常首先对图像进行对数变换，在对数域中将乘法运算转换为加法运算，这样能够利用线性滤波进行图像处理，最后再使用指数变换对图像进行反变换。

3.3.3 幂次变换

幂次变换的一般表达式为

$$s = cr^{\alpha} \tag{3-9}$$

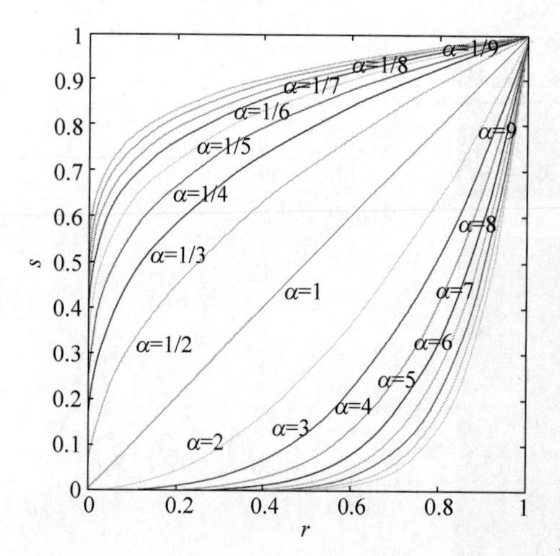

图 3-11 不同 α 值的幂函数曲线，常数 $c=1$

式中，c 为常数，α 为指数的幂。当常数 $c=1$ 时，α 和 $1/\alpha$ 的幂函数互为反函数。图3-11显示了不同 α 值的幂函数曲线，其中，输入灰度级 r 的范围归一化到区间[0,1]。$\alpha>1$ 和 $\alpha<1$ 的幂函数具有相反的作用，当 $\alpha<1$ 时，拉伸直方图灰度级暗端的动态范围，而压缩灰度级亮端的动态范围；当 $\alpha>1$ 时，拉伸直方图灰度级亮端的动态范围，而压缩灰度级暗端的动态范围。

在图像增强中，$\alpha<1$ 的幂函数的作用是提高图像中暗区域的对比度，而降低亮区域的对比度，因此，对于灰度级整体偏暗的图像，使用 $\alpha<1$ 的幂函数可以增大灰度动态范围；$\alpha>1$ 的幂函

① Land提出的Retinex算法和5.7节中的同态滤波都是以照度-反射模型为基础的典型方法，这类方法的目的是从图像中去除场景照度分量的影响，估计实际反射分量。

数的作用是提高图像中亮区域的对比度，而降低暗区域的对比度，对于灰度级整体偏亮的图像，使用 $\alpha>1$ 的幂函数可以增大灰度动态范围。

例 3-4　幂次变换在图像增强中的应用

通过图 3-12 和图 3-13 来观察 $\alpha<1$ 和 $\alpha>1$ 幂次变换在图像增强中的作用。图 3-12(a)为一幅曝光不足的图像，右图为对应的直方图，直方图偏向灰度级的暗端。对于这种整体偏暗的情况，$\alpha<1$ 的幂函数能够拉伸灰度直方图的占用范围。图 3-12(b)为 $\alpha=0.5$ 的幂次变换的结果及其直方图，由图中可以看到，这种灰度级变换增强了图像的对比度，并提高了脸部等暗区域的亮度。图 3-13(a)为一幅曝光过度的图像，右图为对应的直方图，直方图偏向灰度级的亮端。对于这种整体偏亮的情况，$\alpha>1$ 的幂函数能够拉伸灰度直方图的占用范围。图 3-13(b)为 $\alpha=2$ 的幂次变换的结果及其直方图，从直方图来看，这种灰度级变换使像素值整体移向直方图灰度级的暗端，并拉伸了图像的对比度。

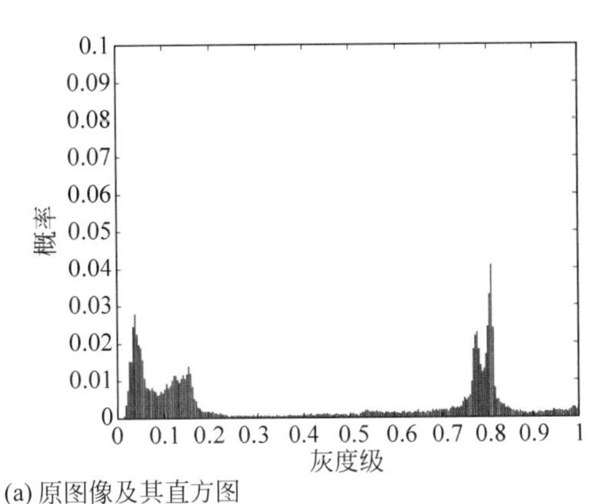

(a) 原图像及其直方图

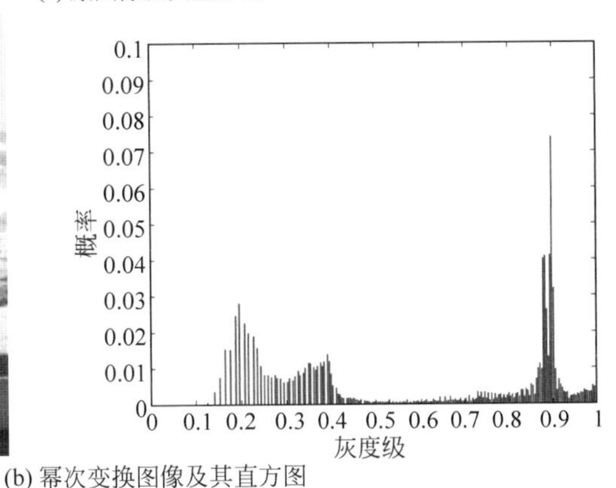

(b) 幂次变换图像及其直方图

图 3-12　$\alpha=0.5$ 的幂次变换图像增强示例

3.3.4　灰度反转

灰度反转是对图像求反，灰度反转变换的一般表达式为

$$s=1-r \tag{3-10}$$

式中，输入图像和输出图像的灰度级范围为[0,1]。这样的明暗反转的作用是突出在大片黑色区域中的白色或灰色细节。

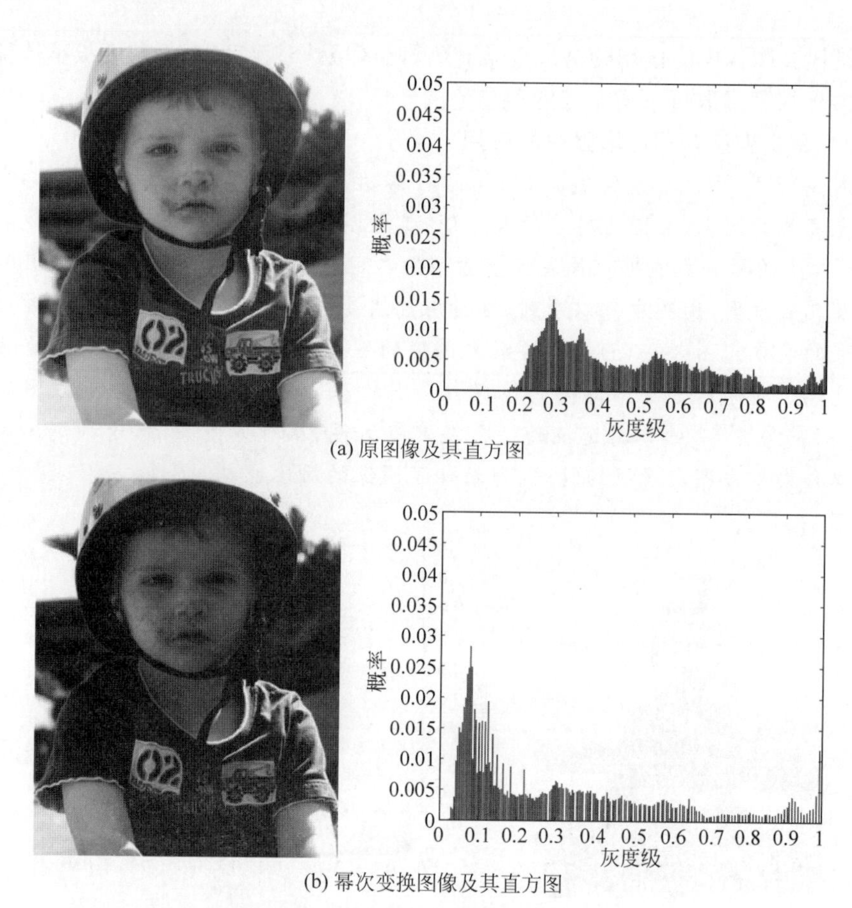

(a) 原图像及其直方图

(b) 幂次变换图像及其直方图

图 3-13 $\alpha=2$ 的幂次变换图像增强示例

例 3-5 灰度反转在图像增强中的应用

图 3-14 给出了一个灰度反转的图例。图 3-14(a)为一幅极短快门时间拍摄的一滴牛奶溅起水花的高速图像，图 3-14(b)为图 3-14(a)的灰度反转图像，在白色或明亮背景中能够更明显地突出黑色或灰暗的水花。普通黑白胶卷照片的负片与景物的明暗就是灰度反转关系。

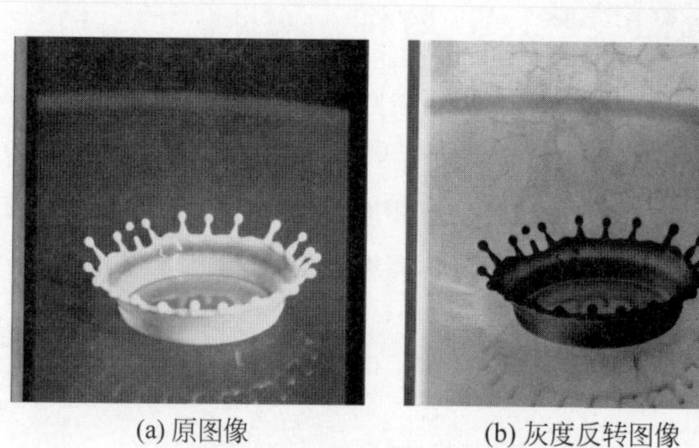

(a) 原图像　　(b) 灰度反转图像

图 3-14 灰度反转图像增强示例

3.3.5 分段线性变换

分段线性变换的一般表达式为

$$s=\begin{cases}\dfrac{s_1}{r_1}r, & 0\leqslant r<r_1\\ \dfrac{s_2-s_1}{r_2-r_1}(r-r_1)+s_1, & r_1\leqslant r\leqslant r_2\\ \dfrac{s_2-1}{r_2-1}(r-1)+1, & r_2<r\leqslant 1\end{cases} \tag{3-11}$$

图 3-15(a)显示了分段线性函数，点(r_1,s_1)和(r_2,s_2)的位置控制了变换函数的形状，其中$r_1\leqslant r_2,s_1\leqslant s_2$。曝光不足、曝光过度和传感器动态范围过窄等都会造成图像表现出低对比度。分段线性变换的作用是提高图像灰度级的动态范围，是一种重要的灰度级变换。

当$s_1=0$且$s_2=1$时，式(3-11)的分段线性变换可简化为

$$s=\frac{r-r_1}{r_2-r_1},\quad r_1\leqslant r\leqslant r_2 \tag{3-12}$$

如图 3-15(b)所示，将灰度级范围从$[r_1,r_2]$线性拉伸到$[0,1]$，其中，r_1和r_2分别为线性拉伸的下限和上限。通过截断一定比例的最亮像素和最暗像素，并使中间亮度像素占有整个灰度级，因而能够提高图像的全局对比度，如图 3-15(c)所示，图中P_{low}和P_{high}分别表示截断的最暗和最亮像素的比例，r_{low}和r_{high}分别表示图像所占灰度级范围的最小值和最大值。在这种情况下，通常称为**对比度拉伸**或**直方图剪裁**，广泛应用于图像预处理中。

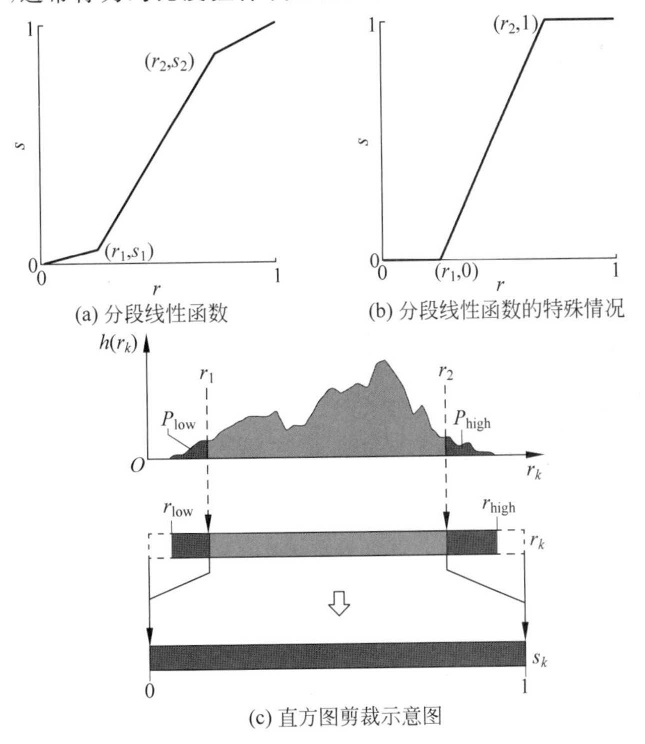

图 3-15　分段线性函数及其一种特殊情况

当 $r_1=s_1$ 且 $r_2=s_2$ 时,式(3-11)的分段线性函数退化为线性函数。当 $r_1=r_2$,$s_1=0$ 且 $s_2=1$ 时,式(3-11)的分段线性函数退化为阈值函数。

例 3-6 对比度拉伸在图像增强中的应用

图 3-16 给出了一个对比度拉伸应用于图像对比度增强的图例。如图 3-16(a)所示,水下图像对比度低,由直方图可见,图像的像素值集中分布在较窄的灰度级范围内。MATLAB 图像处理工具箱中的 stretchlim 函数根据截断像素的比例计算对比度拉伸的上下限,imadjust 函数根据上下限进行对比度拉伸处理。截断 1%的最暗像素和最亮像素,确定对比度拉伸的下限 $r_1=0.4392$ 和上限 $r_2=0.7412$,在直方图中用符号"×"标记。将输入图像的灰度级范围从$[r_1,r_2]$线性拉伸到$[0,1]$。图 3-16(b)为对比度拉伸的结果,由图中可见,图像的对比度明显增强。注意,对比度增强包括全局对比度增强和局部对比度增强。对比度拉伸是一种全局对比度增强方法,这类方法能够增强图像中某些局部区域的对比度,同时也会降低其他局部区域的对比度;而局部对比度增强利用图像的局部特性,同时增强图像的全局和局部对比度。

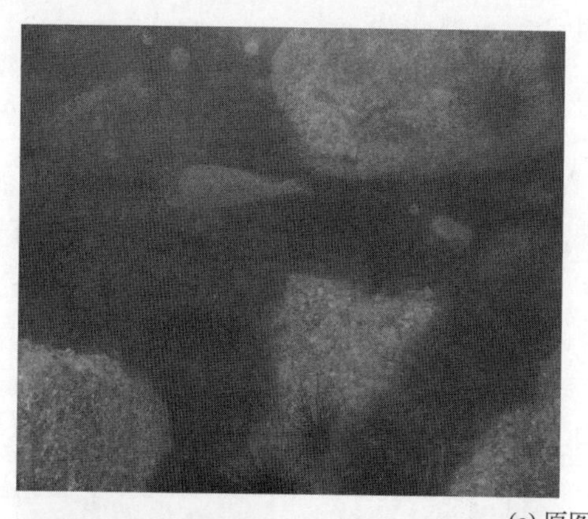

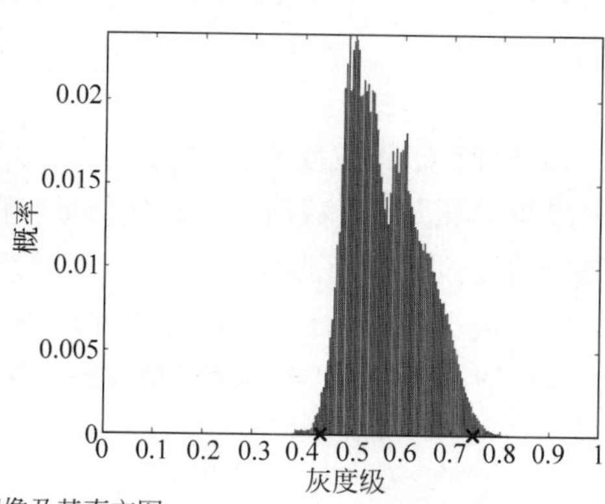

(a) 原图像及其直方图

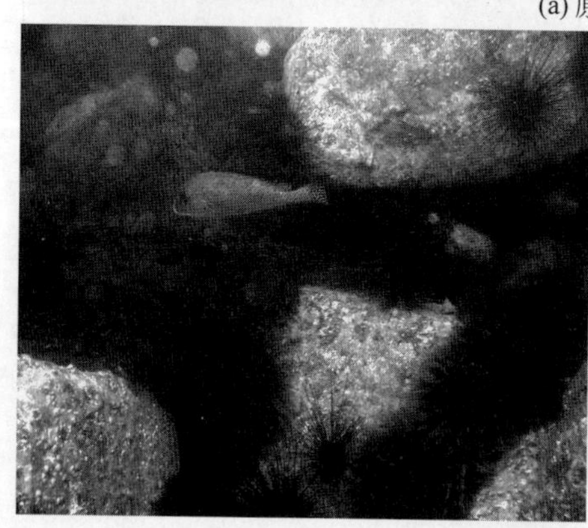

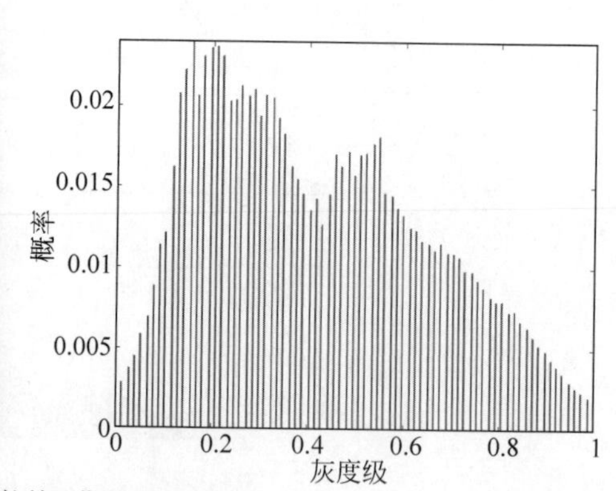

(b) 对比度拉伸图像及其直方图

图 3-16 对比度拉伸图像增强示例

3.3.6 灰度切片

灰度切片的作用是在整个灰度级范围内将灰度窗口内的灰度值与其他灰度值分开,突出图像中灰度窗口的区域,灰度窗口是指给定的灰度级范围。灰度切片有两种类型:清除背景和保持背景。前者将灰度窗口内的像素保持不变[图 3-17(a)左图]或赋值为较亮的值

[图 3-17(a)右图]，而其他部分赋值为相同的较暗值。显然，图 3-17(a)右图所示的变换函数处理后产生的是一幅二值图像，细节完全丢失。后者将灰度窗口内赋值为相同的较亮值，而其他部分的灰度值保持不变，如图 3-17(b)所示。

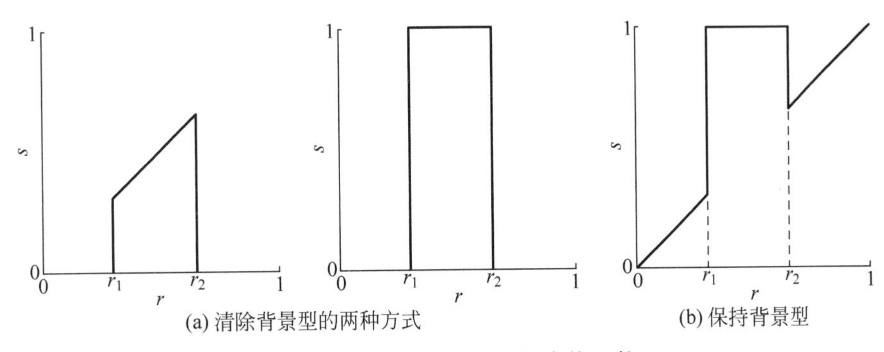

(a) 清除背景型的两种方式　　(b) 保持背景型

图 3-17　灰度切片的灰度级变换函数

例 3-7　灰度切片在图像增强中的应用

图 3-18 给出了两种类型灰度切片的图例。对于图 3-18(a)所示的图像，从图 3-18(b)所示的直方图可见，该图像灰度级大致可分为三段：暗部、中部和亮部。设定灰度窗口为中部灰度区间[0.3137，0.6667]，图中符号“×”标识灰度窗口的上限和下限。图 3-18(c)为清除背景型两种方式的灰度切片结果，左图中灰度窗口内的像素值保持不变，而灰度窗口之外暗部和亮部的全部像素置为最小值 0；右图中将灰度窗口内的像素赋值为最大值 1，灰度窗口之外的像素赋值为最小值 0，显然，形成一幅二值图像，图中只有 0 和 1 两种灰度值。

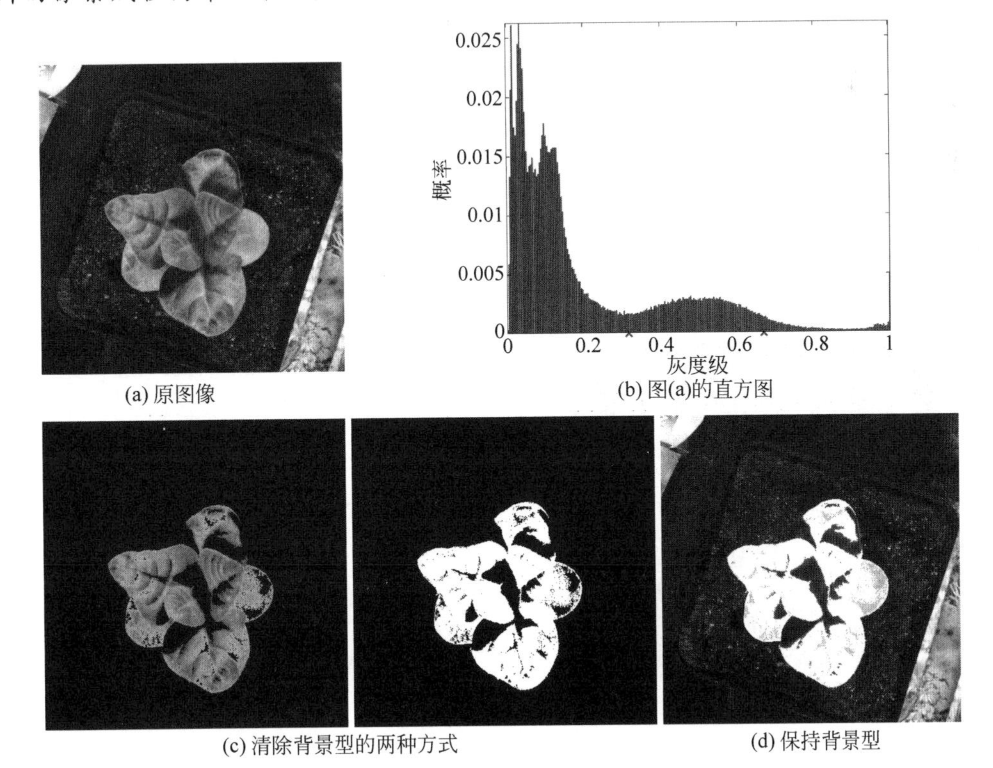

(a) 原图像　　(b) 图(a)的直方图

(c) 清除背景型的两种方式　　(d) 保持背景型

图 3-18　两种灰度切片图像增强示例

图 3-18(d)为保持背景型的灰度切片结果，将灰度窗口内的全部像素赋值为 1，而暗部和亮部的灰度区间维持原状。

3.3.7 阈值增强

阈值增强的作用是生成一幅高对比度的图像，阈值增强变换的一般表达式为

$$s=\frac{1}{1+(r_0/r)^\gamma} \tag{3-13}$$

式中，γ 控制函数的斜率，r_0 表示明暗跃变点。当 $r=r_0$ 时，$s=1/2$。图 3-19 显示了阈值增强函数曲线(折线)，其中符号“×”标识明暗跃变点 r_0。如图 3-19(a)所示，软阈值增强函数将输入灰度级小于 r_0 的输出值压缩到狭窄的暗灰度级范围内，将输入灰度级大于 r_0 的输出值压缩到狭窄的亮灰度级范围内。当 $\gamma\to\infty$时，图 3-19(a)所示的软阈值增强函数将逼近图 3-19(b)所示的硬阈值增强函数。若输入灰度级小于 r_0，则输出值为 0，否则输出值为 1，硬阈值增强函数的输出是一幅二值图像。

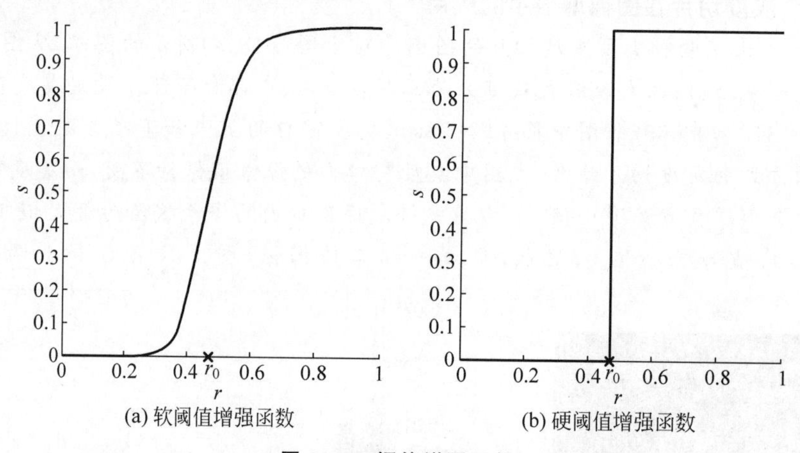

(a) 软阈值增强函数　(b) 硬阈值增强函数

图 3-19　阈值增强函数

例 3-8　阈值增强在图像增强中的应用

图 3-20(a)为日全食钻石环的拍摄图像，利用式(3-13)中阈值增强函数来增强钻石环与

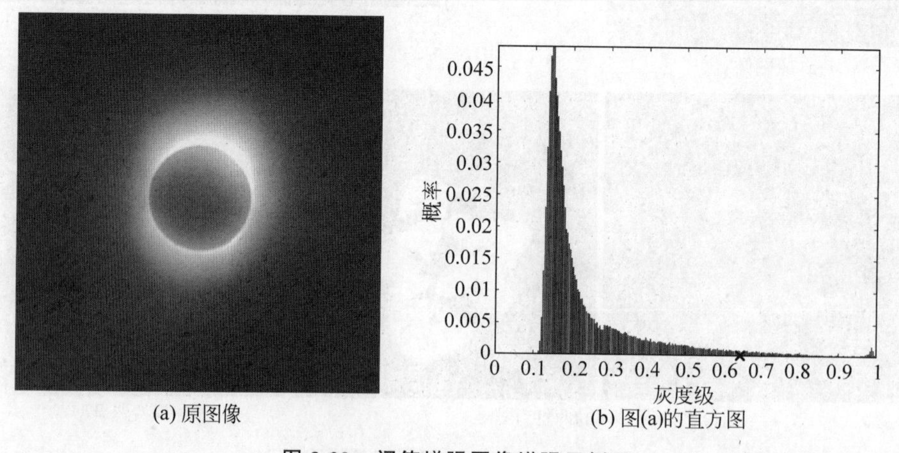

(a) 原图像　(b) 图(a)的直方图

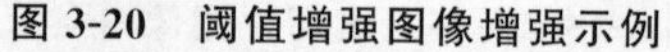

图 3-20　阈值增强图像增强示例

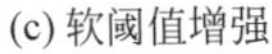
(c) 软阈值增强

(d) 硬阈值增强

图 3-20　（续）

背景的对比度，这里的 r_0 取值为 0.65。图 3-20(b)为该图像的直方图，图中符号"×"标识明暗跃变点 r_0。图 3-20(c)使用的是图 3-19(a)所示的软阈值增强函数，γ 取值为 10，明暗过渡区域的像素为[0,1]之间的值，使过渡区域边缘柔化；而图 3-20(d)使用的是图 3-19(b)所示的硬阈值增强函数，前景区域赋值为 1，而背景区域赋值为 0，没有过渡区域，产生一幅阈值化的二值图像。

3.4　直方图处理

直方图处理也是一种点处理方法，它通过对灰度直方图进行变换，从而扩展灰度级的动态范围、提高图像的对比度、增强局部细节等。直方图处理使直方图变换为均匀分布函数或者其他特定的函数形式，主要有直方图均衡化和直方图规定化两种方法。直方图均衡化是通过灰度级变换将输入图像转换为具有均匀分布直方图的图像。更一般的情况，直方图规定化是指通过灰度级变换将输入图像转换为具有特定分布直方图的图像。

设 r 表示输入图像的灰度级，s 表示增强图像的灰度级，其中，$0\leqslant r,s\leqslant 1$，直方图处理本质上是选取灰度级变换函数 $s=T(r)$，$T(r)$的选取应满足如下两个条件：

(1) $T(r)$在区间 $0\leqslant r\leqslant 1$ 内为严格单调递增函数；

(2) 对于 $0\leqslant r\leqslant 1$，有 $0\leqslant T(r)\leqslant 1$。

第一个条件保证了灰度级从暗到亮的次序不变，并且保证了反函数的存在；第二个条件保证了输出灰度级与输入灰度级具有相同的灰度级范围。满足上述条件的反函数表示为

$$r=T^{-1}(s) \tag{3-14}$$

反函数同样满足上述两个条件。

3.4.1　直方图均衡化

当直方图中的像素值集中在狭窄的灰度级范围内或分布极不均匀时，图像呈现较差的对比度，而当一幅图像的直方图具有较宽的灰度级范围，且分布较为平坦时，这样的图像具有高对比度。**直方图均衡化**的目的是将直方图的灰度级概率分布变换为均匀分布。为了便于描述，通过连续型随机变量的概率密度函数来说明直方图均衡化的机理。以随机变量

$R=R(r)$表示输入图像的灰度级 r，$p_r(r)$表示 R 的概率密度函数，随机变量 $S=S(s)$表示输出图像的灰度级 s，$p_s(s)$表示 S 的概率密度函数。图 3-21 直观地说明了直方图均衡化的目的。

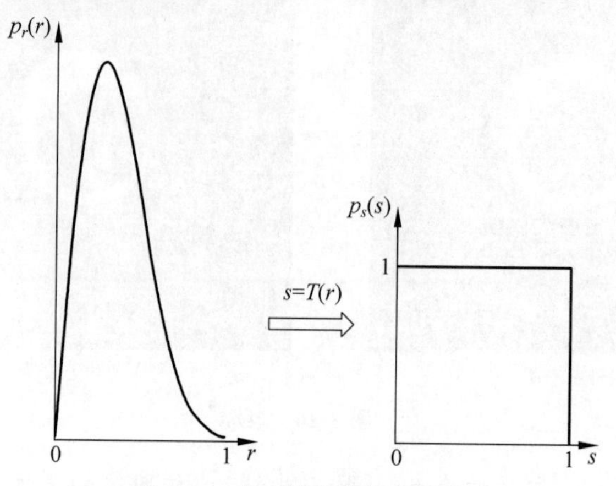

图 3-21 直方图均衡化的目的

根据概率论的知识，已知 S 为均匀分布，且 S 是关于 R 的函数 $s=T(r)$，推导 S 与 R 的映射关系。当概率密度函数存在时，累积分布函数（也称为分布函数）是概率密度函数的积分，描述了连续型随机变量的概率分布。概率密度函数则是分布函数的导函数。设 $F_s(s)$表示随机变量 S 的分布函数，$F_r(r)$表示随机变量 R 的分布函数，根据分布函数的定义，则有

$$\begin{aligned}F_s(s) &\xlongequal{①} P\{S<s\} \xlongequal{②} P\{T(R)<s\} \\ &\xlongequal{③} P\{R<T^{-1}(s)\} \xlongequal{④} P\{R<r\} \xlongequal{⑤} F_r(r)\end{aligned} \tag{3-15}$$

式中，$P(\cdot)$表示随机事件发生的概率；$T(r)$为严格单调递增函数，即 $r=T^{-1}(s)$存在。①、⑤应用了分布函数的定义；②应用了随机变量 S 是 R 的函数 $s=T(r)$；③应用了 $T(r)$为严格单调递增函数；④应用了 $r=T^{-1}(s)$。式(3-15)建立了输出灰度级 s 与输入灰度级 r 之间的映射关系。

随机变量 S 为均匀分布，其概率密度函数为

$$p_s(s)=1 \tag{3-16}$$

随机变量 S 的分布函数可写为概率密度函数 $p_s(s)$的变上限积分形式，且根据式(3-16)可知

$$F_s(s)=\int_0^s p_s(x)\mathrm{d}x=s \tag{3-17}$$

结合式(3-15)和式(3-17)可得

$$s=F_s(s)=F_r(r)=\int_0^r p_r(x)\mathrm{d}x, \quad 0\leqslant r\leqslant 1 \tag{3-18}$$

式中，$p_s(s)$为 $F_s(s)$的导函数，$p_r(r)$为 $F_r(r)$的导函数。式(3-18)右边表示连续型随机变量 R 的分布函数 $F_r(r)$。由上述推导过程可得出结论：当输出图像的灰度级 s 是输入灰度级 r 的累积分布函数 $s=F_r(r)$时，变换后的概率密度函数 $p_s(s)$为均匀分布。

图 3-22 直观地描述了直方图均衡化的机理。连续型随机变量的取值落在某个区间之内的概率是由概率密度函数在这个区间上的积分给出。由于随机变量 S 是随机变量 R 的函数 $s=T(r)$，随机变量 R 的取值落在区间$[r,r+\Delta r]$内的概率等同于随机变量 S 的取值落在区

间$[s,s+\Delta s]$内的概率，即 $p_s(s)ds=p_r(r)\mathrm{d}r$。当函数的定义域和值域都在实数域中时，函数导数的几何意义是曲线上的切线斜率。若当 $\Delta r\to 0$ 时 Δs 与 Δr 之比的极限存在，则曲线 $s=F_r(r)$ 在点 $P(r,s)$ 处的切线斜率是函数 $s=F_r(r)$ 在点 r 处的导数，即

$$p_r(r)=F'_r(r)=\lim_{\Delta r\to 0}\frac{\Delta s}{\Delta r}$$

即 $\mathrm{d}s=p_r(r)\mathrm{d}r$。这从几何意义上说明，直方图均衡化的变换函数 $s=F_r(r)$ 为灰度级 r 的累积分布函数时，输出灰度级 s 服从均匀分布，即 $p_s(s)=1$。

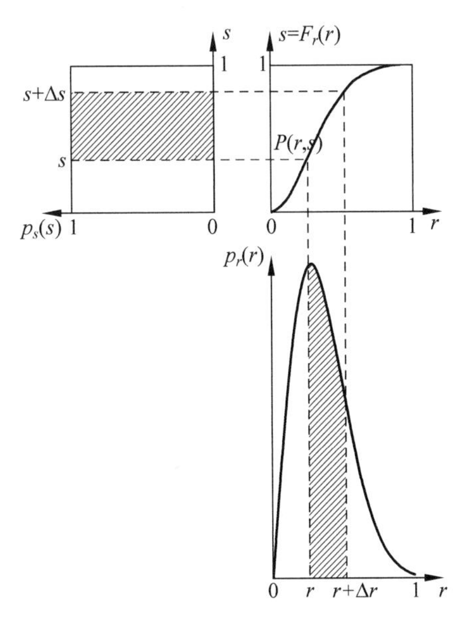

图 3-22 直方图均衡化的机理

在灰度级为离散形式下，对于 L 个灰度级的数字图像，第 k 个灰度级为 r_k，具有灰度值 r_k 的像素数为 n_k，像素总数为 n，设均匀直方图组(bin)数为 M，且 $L\geqslant M$，变换函数 $s_l=F_r(r_k)$ 是概率直方图 $p(r_k)$ 的概率累加，$k=0,1,\cdots,L-1$；$l=0,1,\cdots,M-1$。直方图均衡化的具体可执行步骤如下：

(1) 计算输入图像灰度级 r_k 的分布律 $p_r(r_k)$，统计各灰度级 r_k 的像素出现的概率为

$$p_r(r_k)=\frac{n_k}{n},\quad k=0,1,\cdots,L-1 \tag{3-19}$$

(2) 计算输入图像灰度级 r_k 的累积概率 $F_r(r_k)$：

$$c_k=F_r(r_k)=\sum_{j=0}^{k}p_r(r_j)=\sum_{j=0}^{k}\frac{n_j}{n},\quad k=0,1,\cdots,L-1 \tag{3-20}$$

(3) 根据灰度映射规则 $c_k\to s_l$，确定输入灰度级与输出灰度级之间的映射关系 $r_k\to s_l$，将输入图像中灰度级为 r_k 的像素映射到输出图像中灰度级为 s_l 的对应像素。

(4) 统计输出图像各灰度级 s_l 的像素数，并计算输出图像灰度级 s_l 的分布律 $p_s(s_l)$。

灰度映射规则 $c_k\to s_l$ 对于各个 k 寻找 l 满足：

$$\min_l|c_k-s_l|=\left|c_k-\frac{l+1}{M}\right|,\quad k=0,1,\cdots,L-1 \tag{3-21}$$

式中，$s_l=\dfrac{l+1}{M}$为均匀直方图的累积直方图，M 为直方图的组数。由式(3-21)可推导出

$$l=\max[\text{round }(Mc_k)-1,0] \tag{3-22}$$

其中，round[·]表示四舍五入操作。显然，在映射过程中可能会造成将多个不同的 r_k 值映射到相同的灰度级 s_l，不同输入灰度级的像素在灰度级映射后归并到同一输出灰度级 s_l 的像素中。表 3-1 给出了一个直方图均衡化的具体计算过程，输入图像的灰度级范围为$[0,L-1]$，均匀直方图组数为 M。图 3-23 比较了表 3-1 中具体示例在直方图均衡化处理前后的概率直方图，图 3-23(a)为输入直方图，图 3-23(b)为输出直方图。由图中可见，直方图中同一灰度级的像素不能拆分，不同灰度级的像素通常会合并。因此，所使用的灰度级数会减少，从而造成细节信息的丢失。对于离散变量而言，直方图均衡化无法实现完全均匀分布的直方图，输出直方图的概率近似为均匀分布。

表 3-1　直方图均衡化的计算步骤,像素总数 n 为 4096,灰度级数 L 为 8,均匀直方图组数 M 为 8

步骤序号	r_k	0	1	2	3	4	5	6	7
	n_k	508	821	898	892	552	181	159	85
1	$p_r(r_k)=n_k/n$	0.124	0.2	0.219	0.218	0.135	0.0442	0.0388	0.0208
2a	$s_k=F_r(r_k)$	0.124	0.324	0.543	0.761	0.896	0.940	0.979	1
2b	$L=\max[\mathrm{round}(Mc_k)-1,0]$	0	2	3	5	6	7	7	7
3	$r_k \to s_l$	0→0	1→2	2→3	3→5	4→6	5,6,7→7		
4	$p_s(s_l)$	0.124	0	0.2	0.219	0	0.218	0.135	0.104

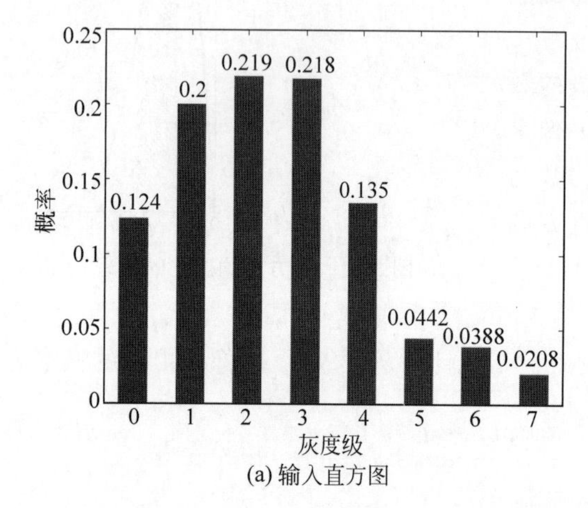

(a) 输入直方图

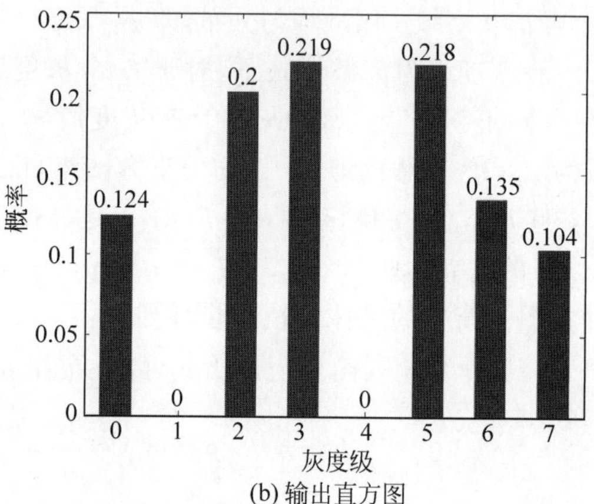

(b) 输出直方图

图 3-23　直方图均衡化前后直方图比较

例 3-9　直方图均衡化在图像增强中的应用

图 3-24(a)为一幅低对比度图像及其直方图。从直方图中可以看出,该图像所使用灰度级的动态范围较窄。使用 MATLAB 图像处理工具箱的直方图均衡化 histeq 函数进行对比度增强处理。图 3-24(b)为直方图均衡化图像及其直方图,均匀直方图具有 64 个组,即 $M=64$。当 M 远小于灰度图像中的灰度级数 L 时,输出图像的直方图更加平坦。从直方图中可以看出,图像的动态范围扩展到整个灰度级上,并且大致平坦,在图像中表现为对比度明显增强。图 3-24(c)为输出图像与输入图像之间的灰度级变换函数,直方图均衡化的变换函数是输入图像的累积概率直方图,从图中可以看出,输入图像具有较窄的灰度级范围,而变换后图像的动态范围扩展到整个灰度级范围。

需要说明的是,直方图均衡化使一幅图像的像素值占有全部可能的灰度级且分布尽可能均匀,尽管能够从视觉效果上提高图像的对比度,但是,由于直方图中概率较小的灰度级合并为更少的几个或一个灰度级内,从而降低了图像的灰度级分辨率,且某些细节信息处于概率较小的灰度级中,这样的灰度级归并到其他灰度级中,从而造成图像细节信息的丢失。从图 3-24(b)可以看出,由于前景与背景过渡区域的灰度值略不同于区域内部像素的灰度值,且这部分像素值的概率较小,因此,在直方图均衡化过程中,合并到概率较大的灰度级中,从而造成前景轮廓部分发生失真,且灰度层次减少。从图 3-24(c)所示的灰度级变换函数也可以分析出这样的失真出现的原因,由于该变换函数并非严格单调递增,因此,它的反函数是奇异的,输入的多个灰度级会映射到输出更少的灰度级上。

已有的研究表明，一种好的图像增强(或复原)算法应使处理后图像的直方图与原图像的直方图在总体形状上保持一致。因此，直方图均衡化的主要问题是造成直方图的形状发生失真，从而使处理后的图像看起来缺乏真实性和自然性。

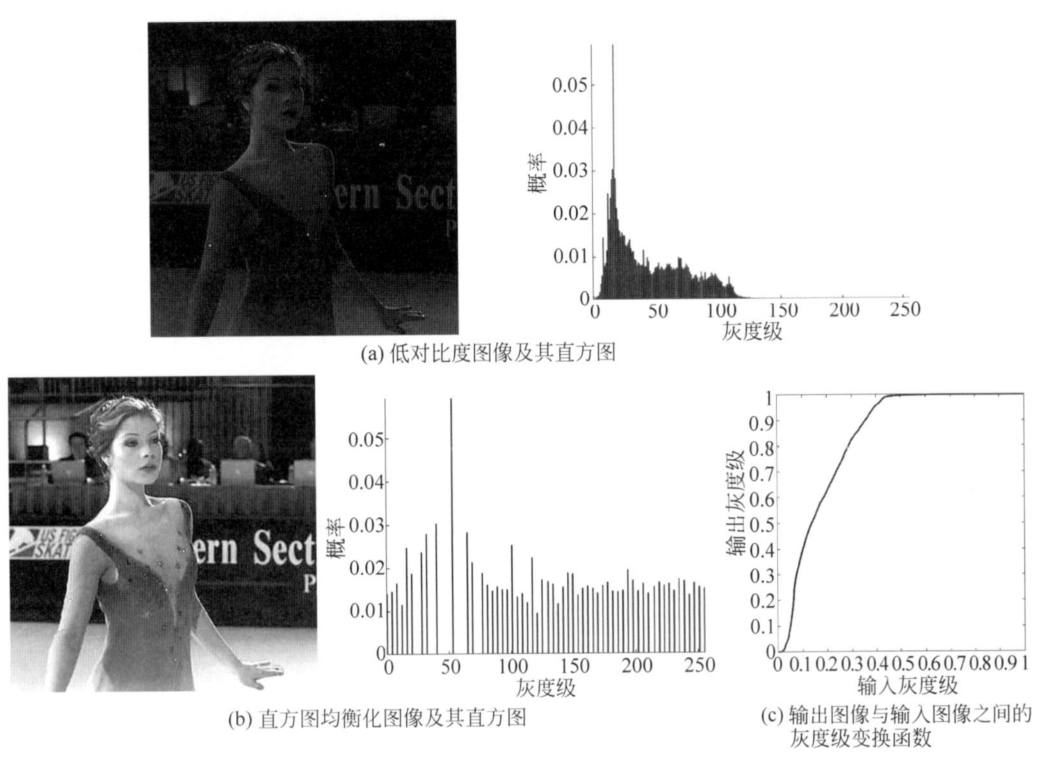

(a) 低对比度图像及其直方图

(b) 直方图均衡化图像及其直方图

(c) 输出图像与输入图像之间的灰度级变换函数

图 3-24 直方图均衡化图像增强示例

3.4.2 直方图规定化

直方图均衡化尽管能够增强图像的对比度，然而它无法控制具体的增强效果。更一般的情况，要求图像具有特定形状的直方图，以便于有选择地对图像中某个特定的灰度级范围进行增强，或使其满足后续处理的特定需求。**直方图规定化**的目的是将具有已知直方图的图像变换为具有某种特定形状直方图或者用户交互指定形状直方图的图像，也称为**直方图匹配**。直方图均衡化是直方图规定化的特例，它将输入图像的直方图变换为均匀分布的直方图。

为了表述简便，仍从连续型随机变量的概率密度函数入手对直方图规定化进行讨论。设 $p_r(r)$表示输入图像灰度级 r 的概率密度函数，$p_v(v)$表示规定直方图组 v 的概率密度函数，通过建立输入直方图 $p_r(r)$和规定直方图 $p_v(v)$之间的关系，求映射函数 $v=T(r)$。

对于连续变量的输入直方图和规定直方图，利用累积直方图均衡化作为中间桥梁，累积直方图分别写为

$$s=F_r(r)=\int_0^r p_r(x)\mathrm{d}x \tag{3-23}$$

$$\nu=F_v(v)=\int_0^v p_v(x)\mathrm{d}x \tag{3-24}$$

由于累积直方图的输出服从均匀分布(直方图均衡化的过程)，因此，s 和 ν 的概率密度函数

关系可表示为

$$p_s(s)=p_\nu(\nu)=1,\quad 0\leqslant s,\nu\leqslant 1 \tag{3-25}$$

从统计意义上讲，s 和 ν 是相同的，这样，可推导出 v 关于 r 的映射函数 $v=T(r)$ 为

$$v=F_v^{-1}(\nu)=F_v^{-1}(s)=F_v^{-1}(F_r(r)) \tag{3-26}$$

从而实现将已知灰度图像转换成规定直方图的图像。图 3-25 直观地说明了直方图规定化的实现过程，图中，方框中间的符号"＝"表示依概率相等。

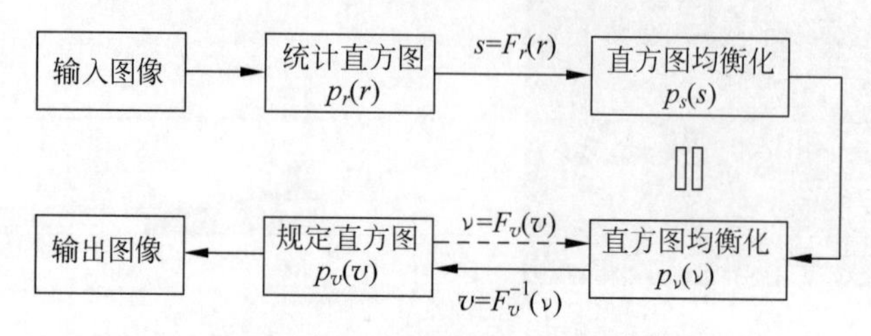

图 3-25　直方图规定化的过程

设数字图像具有 L 个灰度级，输入图像的灰度级为 r_k，具有灰度值 r_k 的像素数为 n_k，规定直方图组数为 M，且 $L\geqslant M$，直方图规定化的具体可执行步骤如下：

(1) 对输入图像的概率直方图 $p_r(r_k)$ 计算其累积直方图：

$$s_k=F_r(r_k)=\sum_{i=0}^{k}p_r(r_i),\quad k=0,1,\cdots,L-1 \tag{3-27}$$

(2) 对规定直方图 $p_v(v_j)$ 计算其累积直方图：

$$\nu_l=F_v(v_l)=\sum_{j=0}^{l}p_v(v_j),\quad l=0,1,\cdots,M-1 \tag{3-28}$$

(3) 根据灰度映射规则，将输入灰度级映射到输出灰度级；

(4) 确定输入灰度级与输出灰度级之间的映射关系 $r_k\rightarrow v_l$，将输入图像中灰度级为 r_k 的像素映射到输出图像中灰度级为 v_l 的对应像素；

(5) 统计输出图像各灰度级 v_l 的像素数，并计算输出图像的概率直方图 $\hat{p}_v(v_l)$。

对于离散的数字图像，存在取整误差的影响，灰度映射规则是直方图规定化的关键。不同的映射关系，会产生不同的规定化结果。常用的灰度映射规则包括单映射规则(single mapping law，SML)和组映射规则(group mapping law，GML)。

单映射规则 $s_k\rightarrow\nu_l$ 对于各个 k 寻找 l 满足：

$$\min_l|s_k-\nu_l|=\left|\sum_{i=0}^{k}p_r(r_i)-\sum_{j=0}^{l}p_v(v_j)\right|,\quad k=0,1,\cdots,L-1 \tag{3-29}$$

式中，L 为输入图像的灰度级数，M 为规定直方图的组数，且 $L\geqslant M$。

组映射规则 $\nu_l\rightarrow s_k$ 确定满足下式的最小整数函数 $k(l)$：

$$\min_{k(l)}|s_{k(l)}-\nu_l|=\left|\sum_{i=0}^{k(l)}p_r(r_i)-\sum_{j=0}^{l}p_v(v_j)\right|,\quad l=0,1,\cdots,M-1 \tag{3-30}$$

其中，$k(l)$，$l=0,1,\cdots,M-1$ 为整数函数，满足

$$0\leqslant k(0)\leqslant\cdots\leqslant k(l)\leqslant\cdots\leqslant k(M-1)\leqslant L-1$$

若 $l=0$，则将 $i=0$ 到 $i=k(0)$ 的 $p_r(r_i)$ 映射到 $p_v(v_0)$；若 $l\geqslant1$，则将 $i=k(l-1)+1$ 到

$i=k(l)$的 $p_r(r_i)$映射到 $p_v(v_l)$。

设输入图像的灰度级范围为[0,$L-1$],表 3-2 给出了一个直方图规定化的具体计算步骤。直方图规定化的列表计算方式不直观,一种简单且直观的方式是绘图计算方式。绘图计算方式用灰度条表示累积直方图,每一段对应直方图中的一个灰度级。图 3-26 直观地说明了直方图规定化绘图计算方式的过程,单映射规则对输入累积直方图中各个灰度级的概率累积值依次向规定累积直方图映射[图 3-26(a)],组映射规则对规定化累积直方图中各个灰度级的概率累积值依次向输入累积直方图映射[图 3-26(b)],选择最接近的数值,即最短的连线。图中实线和虚线描述了 s_k 和 ν_l 之间可能的近邻关系,实线比虚线更短,数值更接近,因此实线确定了输入累积直方图到规定化累积直方图的映射。

表 3-2　直方图规定化的计算步骤,像素总数 n 为 4096,灰度级数 L 为 8,规定直方图组数 M 为 8

步骤序号										
步骤序号		r_k	0	1	2	3	4	5	6	7
		n_k	508	898	892	821	552	181	159	85
1a		$p_r(r_k)=n_k/n$	0.124	0.219	0.218	0.2	0.135	0.0442	0.0388	0.0208
1b		$s_k=F_r(r_k)$	0.124	0.343	0.561	0.761	0.896	0.94	0.979	1
2a		$p_v(v_l)$	0	0	0.1	0.15	0.2	0.25	0.2	0.1
2b		$\nu_l=F_v(v_l)$	0	0	0.1	0.25	0.45	0.7	0.9	1
单映射 $s_k\to\nu_l$	3	v_l	2	3	4	5	6	6	7	7
	4	$r_k\to v_l$	0→2	1→3	2→4	3→5	4,5→6		6,7→7	
	5	$\hat{p}_v(v_l)$	0	0	0.124	0.219	0.218	0.2	0.179	0.06
组映射 $\nu_l\to s_k$	3	v_l	2	3	4	5	6	7	7	7
	4	$r_k\to v_l$	0→2	1→3	2→4	3→5	4→6	5,6,7→7		
	5	$\hat{p}_v(v_l)$	0	0	0.124	0.219	0.218	0.2	0.135	0.104

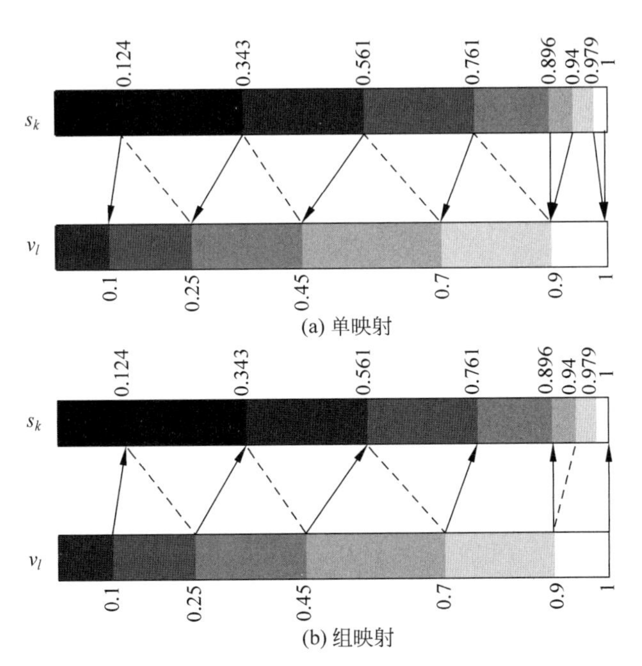

图 3-26　直方图规定化的绘图计算过程

图 3-27 比较了表 3-2 中具体示例在直方图规定化处理前后的概率直方图，图 3-27(a)和图 3-27(b)分别为输入直方图和规定直方图，图 3-27(c)和图 3-27(d)分别为单映射和组映射计算的输出直方图。由于直方图是离散化的，不同灰度级的像素可以合并，同一灰度级的像素不能拆分。对于离散变量而言，无法做到与规定直方图完全相同，输出直方图与规定直方图近似保持一致。

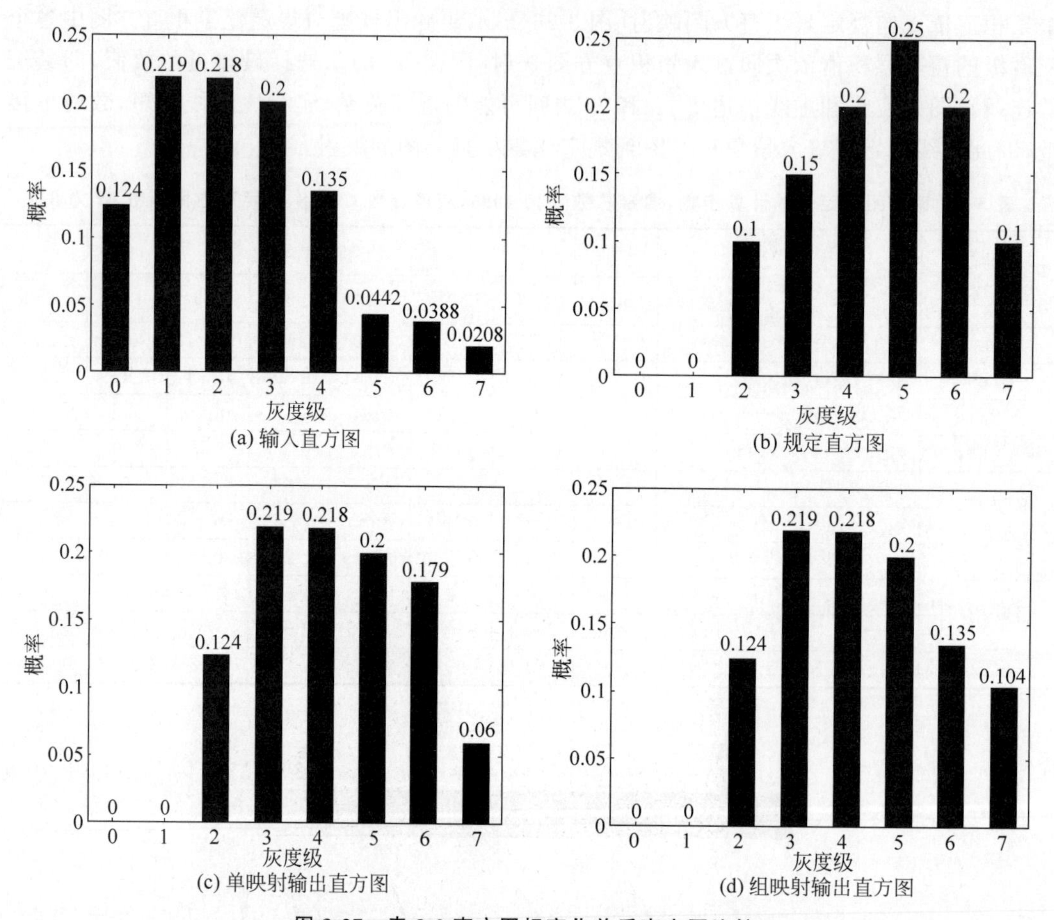

图 3-27　表 3-2 直方图规定化前后直方图比较

例 3-10　直方图规定化在图像增强中的应用

从图 3-24(b)所示的直方图均衡化结果可以看到，直方图均衡化引起明显的图像失真。对于图 3-24(a)所示的低对比度图像，图 3-28 给出了直方图规定化的结果。如前所述，图像增强应保持原图像直方图的大致形状。为了保持了原直方图的大体形状，选择暗部主体的瑞利分布函数构造规定直方图，如图 3-28(a)所示，规定的直方图利用了整个灰度级的动态范围，其组数为 64。直方图规定化也使用 MATLAB 图像处理工具箱的 histeq 函数，需要指定规定直方图。图 3-28(b)为直方图规定化图像及其直方图，当规定直方图的组数远小于灰度图像中的灰度级数时，输出图像的直方图更好地匹配规定直方图。相比图 3-24(b)所示的直方图均衡化图像，直方图规定化的图像看起来真实、自然。

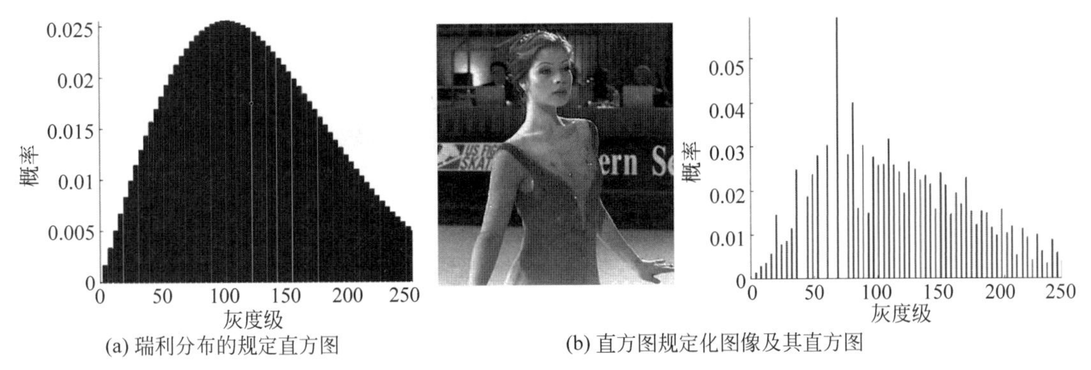

(a) 瑞利分布的规定直方图　　(b) 直方图规定化图像及其直方图

图 3-28　直方图规定化示例

3.5　算术运算

图像中的**算术运算**是在逐像素基础上对两幅或多幅相同尺寸的输入图像之间进行加、减、乘、除运算，从而达到某种增强的目的。在上述四种算术运算中，减法运算和加法运算在图像增强处理中最为有用。本节将讨论减法运算和加法运算在图像增强中的应用。基于像素的算术运算每次处理一个像素，并与其他像素的处理无关，因而适合于并行操作且容易在硬件上实现。

3.5.1　图像相减

设 $f(x,y)$ 和 $g(x,y)$ 表示两幅相同尺寸的数字图像，两幅图像的减法运算是计算这两幅图像对应像素的灰度差值 $d(x,y)$，可表示为

$$d(x,y)=f(x,y)-g(x,y) \tag{3-31}$$

在图像处理中，图像相减主要有三方面的应用：①显示两幅图像的差异；②检测同一场景两帧图像之间的变化，例如，视频中镜头边界的检测；③消除图像中不需要的加性分量，例如，缓慢变化的背景、阴影、周期性噪声等。

在运动目标检测与跟踪的应用中，背景减除法和帧间差分法是两种常用的运动目标检测方法，可用于视频流中的运动目标检测。背景减除法是比较视频流中当前帧图像与事先存储的或实时获取的背景图像中对应像素的差异，分割出前景运动目标。帧间差分法是通过视频帧中的同一场景相邻帧之间的变化检测出前景运动目标。

减法运算可能产生负值，而显示系统要求像素值为无符号整型，因此，在显示之前需要将差值进行重标度(尺度化)。一种最常用的**重标度**方法是将差值线性映射到显示允许的灰度级范围内，如图 3-29 所示。重标度的差值图像 $d_{\text{scale}}(x,y)$ 可表示为

$$d_{\text{scale}}(x,y)=\text{round}\left[\frac{d(x,y)-d_{\min}}{d_{\max}-d_{\min}}\cdot f_{\max}\right] \tag{3-32}$$

式中，round[・]表示四舍五入符号，$d_{\min}$ 和 $d_{\max}$ 为差值 $d(x,y)$ 的最小值和最大值，$f_{\max}$ 为显示允许的最大灰度值。通用的显示设备使用 8 位无符号整型 256 个灰度级显示图像，在这种情况下，$f_{\max}$ 为 255。式(3-32)的数学表达式可分解为如下具体的步骤：①查找差值中的最小值 $d_{\min}$ 和最大值 $d_{\max}$，对每一个像素值减去 $d_{\min}$，将差值的范围从$[d_{\min},d_{\max}]$

线性平移到范围[0,$d_{max}-d_{min}$]；②乘以尺度因子 $1/(d_{max}-d_{min})$ 进行比例缩放到归一化范围[0,1]；③乘以显示允许的最大灰度值 f_{max} 进行比例缩放到显示范围[0,f_{max}]；④四舍五入为正整数。

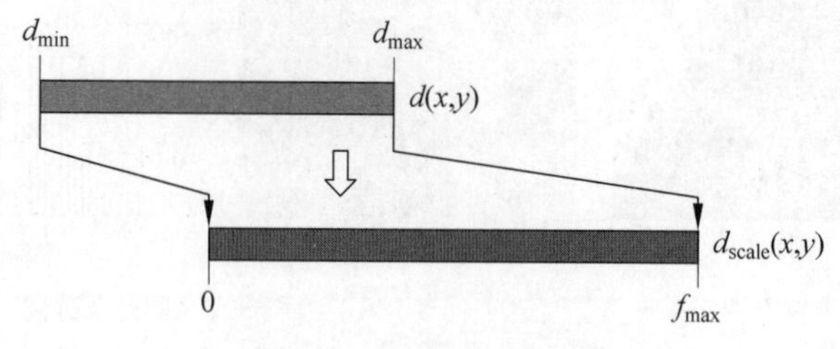

图 3-29 重标度示意图

例 3-11 减法运算在运动目标检测中的应用

结合图 3-30 中背景建模和图 3-31 中背景减除的示例说明减法运算在固定摄像头运动目标检测中的应用。如图 3-30 所示，对连续 n 帧图像中每一个像素的 R、G、B 颜色分量排序，求取中间值作为背景的像素值，生成背景图像，这是一种简单且常用的固定摄像头背景建模方法。然后，通过计算当前帧图像与背景图像的差值，来检测前景运动目标。如图 3-31 所示，图 3-31(a)和图 3-31(b)分别为当前帧图像和背景图像，对它们的差值图像进行阈值化，从而将前景运动目标从背景中分割出来。在图 3-31(c)所示的二值图像中，白色区域为检测出的运动目标。噪声的影响会使一些背景区域被误检测成前景运动区域，也可能使运动目标内的部分区域漏检。另外，由于背景的扰动(如树枝的轻微摇动)，这部分背景区域也会误判为运动目标。在第 8 章中将使用数学形态学算法或连通分量分析进行图像后处理。

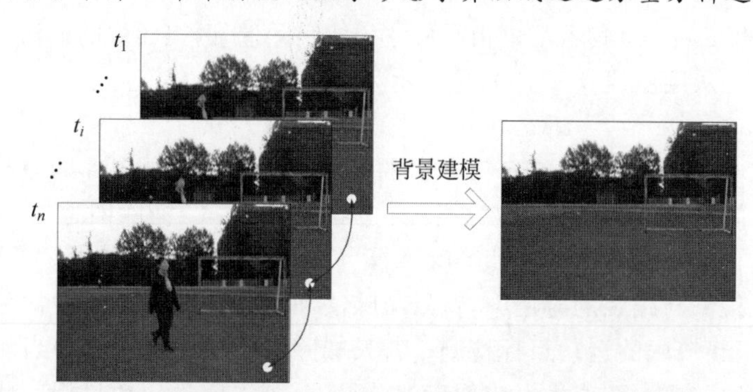

图 3-30 背景图像的生成示意图

(a) 当前帧图像 (b) 背景图像 (c) 运动目标的二值图像

图 3-31 背景减除法用于运动目标检测

例 3-12 减法运算在帧间变化检测中的应用

图 3-32 展示了一个帧差法用于变化检测的示例。图 3-32(a)和图 3-32(b)是 QCIF 格式[①]视频中的连续两帧。两帧之间的残差如图 3-32(c)所示，残差有正值也有负值。在帧差图像中，灰色表示差值为 0，更亮和更暗的像素分别对应正值和负值。帧间的变化可能是目标运动引起的，包括刚性目标运动(如运动的轿车)，非刚性目标运动(如运动的手臂)；可能是照相机运动引起，如平移、倾斜、缩放、旋转；可能由区域遮挡引起，如运动目标从部分场景中移开；也可能由光照变化引起。除了区域遮挡和光照变化以外，其他的变化都对应帧间的像素运动。因此，估计视频中连续两帧之间像素的运动轨迹是可能的，产生的像素轨迹称为**光流场**。图 3-33 显示了连续两帧之间的光流场，完整的光流场中每一个像素对应一个运动向量，但是为了清楚地显示，将两帧图像划分为 8×8 的块，每一个块对应一个运动向量。从光流场中可以估计从帧 1 到帧 2 的目标运动方向和强度。

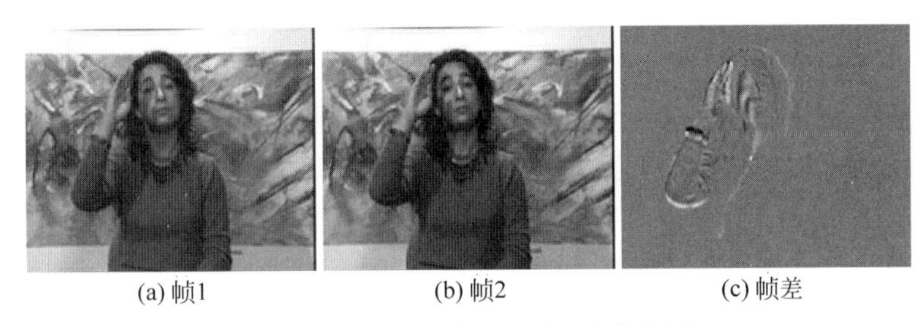

图 3-32 减法运算用于帧间变化检测

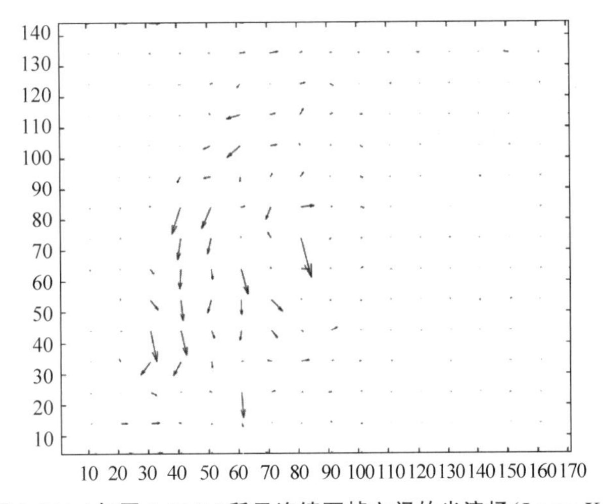

图 3-33 图 3-32(a)与图 3-32(b)所示连续两帧之间的光流场(Lucas Kanade 算法)

例 3-13 数字减影血管造影

在医学图像处理中，数字减影技术实际上是减法运算。**数字减影血管造影**(digital subtraction angiography，DSA)是通过对注入造影剂之后与注入造影剂之前的血管造影影像进行减法操作，消除不需要的组织影像，仅保留血管影像。图 3-34(a)和图 3-34(b)分别

① CIF(common intermediate format)格式视频的分辨率为 352×288 像素，QCIF(quarter common intermediate format)格式视频的分辨率为 176×144 像素，D1 格式视频的分辨率为 704×576 像素。

为注入造影剂之前和注入造影剂之后的血管造影影像，图 3-34(c)为图 3-34(b)与图 3-34(a)相减的结果，并将灰度级范围重标度以 8 位灰度级图像显示。由图中可见，数字减影的特点是目标清晰，对血管病变的观察、血管狭窄的定位测量、诊断及介入治疗提供了必备条件。

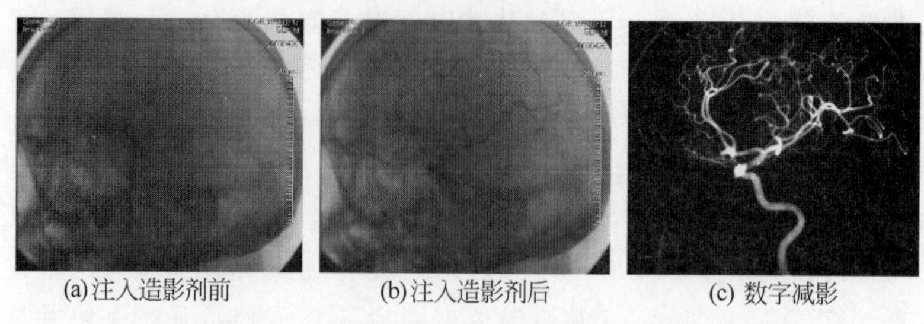

(a)注入造影剂前　(b)注入造影剂后　(c) 数字减影

图 3-34　减法运算用于数字减影血管造影

3.5.2 图像相加

设 $f(x,y)$和 $g(x,y)$表示两幅相同尺寸的数字图像，两幅图像的加法运算是计算这两幅图像对应像素的灰度值之和 $s(x,y)$，可表示为

$$s(x,y)=f(x,y)+g(x,y) \tag{3-33}$$

在图像处理中，图像相加主要有两个方面的应用：①对同一场景的多幅序列图像求取平均值，从而降低加性随机噪声的影响；②将一幅图像叠加到另一幅图像上，以达到二次曝光的效果。其中，第一个应用更为广泛，下面将具体解释多幅图像相加实现降噪的机理。

若成像系统受加性噪声干扰，则所成图像可用如下的降质模型表示为：

$$g(x,y)=f(x,y)+\eta(x,y) \tag{3-34}$$

式中，$g(x,y)$为有噪图像，$f(x,y)$为原图像，$\eta(x,y)$为加性噪声。假设每一个像素(x,y)处的噪声 $\eta(x,y)$是独立同分布、且均值为零的随机变量。根据概率论的知识，将有噪图像 $g(x,y)$看作随机变量，其期望和方差为

$$E[g(x,y)]=f(x,y)+E[\eta(x,y)]=f(x,y) \tag{3-35}$$

$$\begin{aligned}\mathrm{Var}[g(x,y)]&=E\{[g(x,y)-E(g(x,y))]^2\}=E\{[g(x,y)-f(x,y)]^2\}\\&=E\{[\eta(x,y)]^2\}=\mathrm{Var}[\eta(x,y)]\end{aligned} \tag{3-36}$$

式中，$E(\cdot)$表示期望，$\mathrm{Var}(\cdot)$表示方差。式(3-35)和式(3-36)中最后的等号成立均是由于每一个像素(x,y)处噪声 $\eta(x,y)$的期望为零。

假设对同一场景 $f(x,y)$连续 K 次成像，K 幅不同的有噪图像$\{g_i(x,y)\}_{i=1,2,\cdots,K}$ 的样本均值 $\bar{g}(x,y)$为

$$\bar{g}(x,y)=\frac{1}{K}\sum_{i=1}^{K}g_i(x,y)=\frac{1}{K}\sum_{i=1}^{K}[f(x,y)+\eta_i(x,y)] \tag{3-37}$$

式中，$g_i(x,y)$为第 i 次采集的有噪图像，$\eta_i(x,y)$为第 i 次成像中的加性噪声。根据期望和方差的性质，均值图像 $\bar{g}(x,y)$的期望和方差分别为

$$E[\bar{g}(x,y)]=f(x,y) \tag{3-38}$$

$$\mathrm{Var}[\bar{g}(x,y)]=\frac{1}{K}\mathrm{Var}[\eta(x,y)] \tag{3-39}$$

式(3-38)表明，$f(x,y)$是 $\bar{g}(x,y)$的无偏估计；式(3-39)表明，当帧数 K 增加时，在每一个

像素(x,y)处$\bar{g}(x,y)$偏离$f(x,y)$的方差减小，噪声的包络收窄。由这两式联立可知，随着所采集图像数目的增加，多幅图像相加使$\bar{g}(x,y)$更好地逼近$f(x,y)$，从而达到降低随机噪声的目的。在实际应用中，由于无法保证成像场景完全相同，因此需要事先对多幅图像$g_i(x,y)$进行图像配准。

例 3-14　视频中字幕文本的分割

文本分割是将文本从具有复杂背景的图像或视频中分割出来，转换为二值图像，提供给光学字符识别引擎进行识别。复杂背景下的文本分割问题是视频中文本识别的一个关键环节。文本分割包括场景文本分割和字幕文本分割。对于场景文本，通常为了可读性，将场景文本叠加在纯色的背景上，且非常醒目。因此，场景文本分割较为容易。字幕文本通常直接叠加在视频上，而视频的复杂性增加了字幕文本分割的难度。由于视频中连续多帧中的字幕文本是静止的，而背景是显著变化的，因此，一种有效的方法是通过序列帧相加来削弱背景的影响。本例从某一视频中截取同一字幕的 326 帧文本图像，图 3-35(a)显示了其中部分帧的文本图像，对这些序列帧逐帧累加求和，然后计算平均值，如图 3-35(b)所示。对图 3-35(b)进行简单的阈值化操作，阈值取值为 0.56，图 3-35(c)为最终分割的二值图像。由图中可见，通过对多个不同背景的同一字幕视频帧进行相加，可以显著削弱背景的影响。

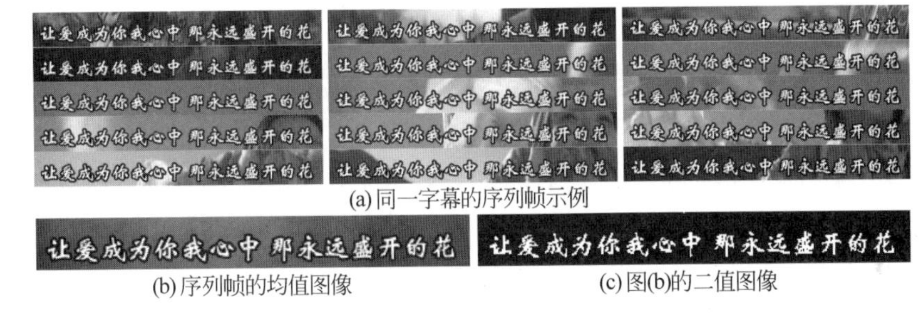

图 3-35　序列帧文本图像相加以及阈值分割示例

3.6　空域滤波基础

空域滤波是一种邻域处理方法，直接在图像空间中对邻域内像素进行处理，达到图像平滑或锐化的作用。空域滤波是图像处理领域中广泛使用的主要工具。“滤波”这一术语来自频域，频域滤波是指允许或者限制一定的频率成分通过，而空域滤波直接在图像空间中增强图像的某些特征或者削弱图像的某些特征。空域滤波的作用域是像素及其邻域，通常使用空域模板对邻域内像素进行处理而产生该像素的输出值。按照数学形态分类，空域滤波可分为线性滤波和非线性滤波。根据信号处理理论可知，线性滤波可写成卷积运算的形式，卷积的概念是线性滤波的基础，第 4 章介绍的卷积定理是线性系统分析中最有力的工具之一。按照处理效果分类，空域滤波可分为平滑滤波和锐化滤波。3.7 节和 3.8 节分别从平滑滤波和锐化滤波的角度讨论空域滤波方法。

3.6.1　卷积与相关

卷积，也称为线性卷积，是对两个函数$f(t)$和$h(t)$生成第三个函数的数学运算，其表

征 $f(t)$和经过反转、移位的 $h(t)$的乘积函数所围成的曲边梯形的面积。连续形式的卷积定义为

$$f(t)*h(t)=(f*h)(t)=\int_{-\infty}^{+\infty}f(\tau)h(t-\tau)\mathrm{d}\tau \tag{3-40}$$

式中,积分变量 τ 是一个虚变量,只对计算积分有用,没有具体含义。$h(t-\tau)$表示在 τ 的坐标系中 $h(\tau)$需要进行反转和移位,然后将 $f(\tau)$与 $h(t-\tau)$的重叠部分相乘作积分。在离散时间系统中,卷积用离散形式表示为

$$f(n)*h(n)=(f*h)(n)=\sum_{k=-\infty}^{+\infty}f(k)h(n-k) \tag{3-41}$$

通常 $f(n)$表示离散信号,$h(n)$表示系统的单位冲激响应,由于单位冲激响应的长度远小于信号的长度,一般对 $h(n)$进行反转和移位操作。式(3-41)中求和变量为 k,激励信号 $f(k)$和系统的单位冲激响应 $h(n-k)$都是 k 的函数。本节从两种不同的角度解释卷积运算的公式,分别描述对应的两种卷积运算的过程。

第一种方法是固定时间 n,变换自变量,将 n 改写为 k,对 $h(k)$先反转再移位,将信号 $f(k)$看成整体,一次计算某一时间 n 的响应值,卷积在某一时间 n 的响应值的计算过程包括如下四个步骤:

(1) **反转** 将 $h(k)$关于 $k=0$(时间原点)反转产生 $h(-k)$。

(2) **移位** 在时间上对反转序列进行移位,如果 n 是正数(负数),那么将 $h(-k)$右(左)移 n 个单位产生 $h(n-k)$。

(3) **相乘** 将 $f(k)$和 $h(n-k)$相乘构成乘积序列 $v_n(k)\equiv f(k)h(n-k)$。

(4) **求和** 将乘积序列 $v_n(k)$的所有值相加构成在时间 n 的输出值。

上述步骤只是计算出在某一时间 n 的系统响应。为了获取系统响应在所有时间的值,$-\infty<n<+\infty$,在求和时,对所有可能的时间移位 $-\infty<n<+\infty$,都需要重复步骤(2)~(4)。

例 3-15 离散序列的卷积(1)

为了更好地理解卷积运算的步骤,用图形方法描述计算过程。图形有助于解释计算卷积的四个步骤。图 3-36(a)和图 3-36(b)分别为 9 点的输入信号序列 $f(k)$和 7 点的冲激响应序列 $h(k)$,k 为时间变量。计算卷积的第一步是反转 $h(k)$,反转序列 $h(-k)$如图 3-36(c)所示,反转操作仅执行一次。根据式(3-41),当位移 $n=0$ 时,直接利用 $h(-k)$而无须移位。将图 3-36(a)和图 3-36(c)的序列中对应位置的元素相乘产生乘积序列,最后,将乘积序列的所有项相加产生 $n=0$ 时的输出,在位移 $n=0$ 时,$f(k)$和 $h(-k)$仅在时间 $k=0$ 处相交,很容易得出 $n=0$ 时的输出值为 1(见图 3-36(r)中 $n=0$ 时的输出值)。继续计算系统在 $n=1$ 至 $n=14$ 时的响应,序列 $h(n-k)$是反转序列 $h(-k)$在时间上右移 n 个单位,如图 3-36(d)~(q)所示,图中红色标出与图 3-36(a)中输入信号序列重合的部分。将图 3-36(a)分别与这些移位的序列对应元素相乘,再将所有的乘积相加产生在时间 n 处的响应。对于 $n<0$ 或者 $n>14$,由于这两个序列没有重合部分,乘积序列全为零。图 3-36(r)为这两个序列卷积的计算结果,线性卷积结果的序列长度为 15。

第二种方法是固定移位 k,一次计算某一移位 k 上对采样信号 $f(k)$在所有时间的响应值,再将所有位置上的响应值对位相加。利用如下三个步骤可直接实现卷积的计算过程:

(1) **移位** 在时间上对序列 $h(n)$进行移位,如果 k 是正数(负数),那么将 $h(n)$右(左)

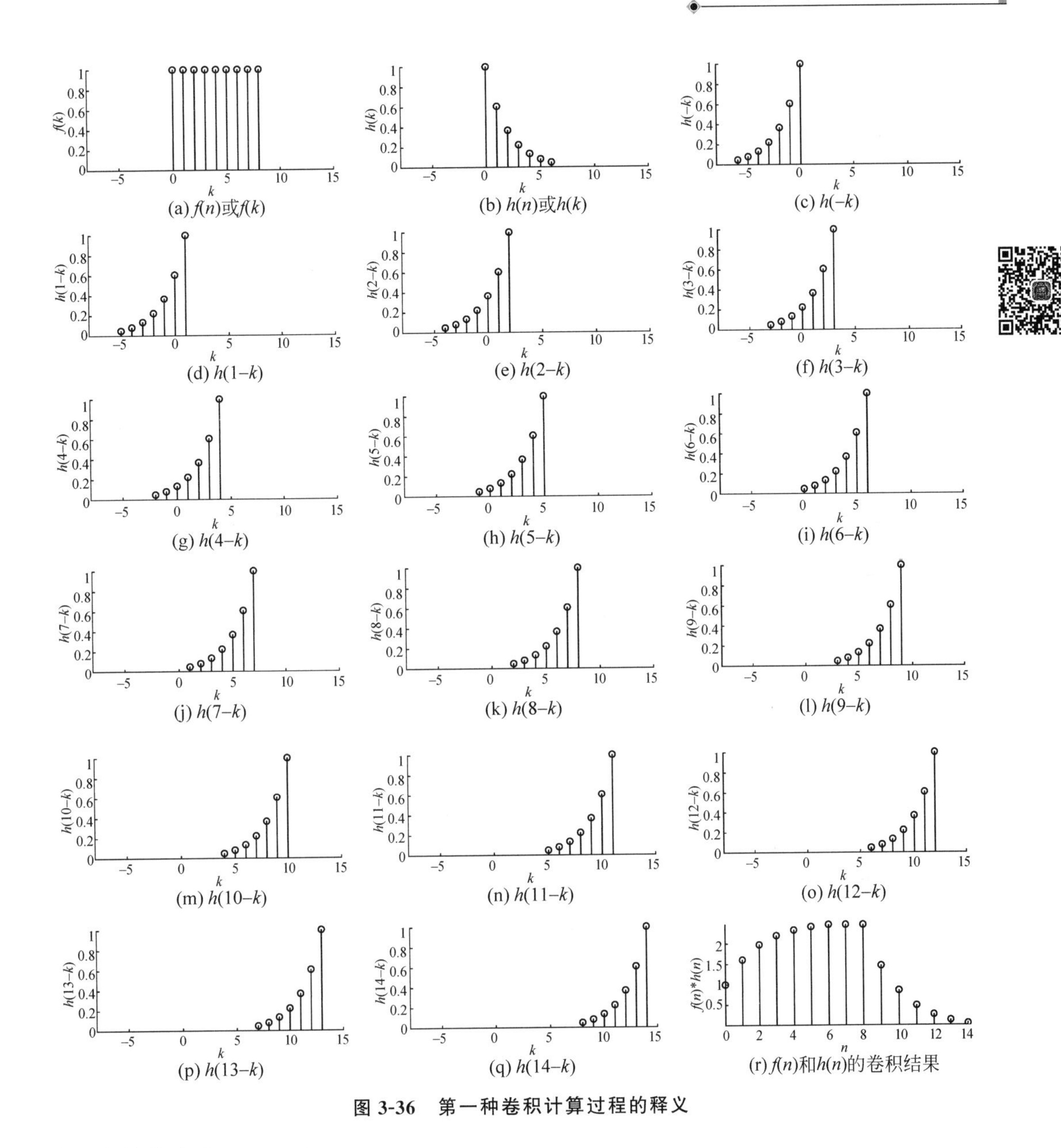

(a) $f(n)$或$f(k)$ (b) $h(n)$或$h(k)$ (c) $h(-k)$ (d) $h(1-k)$ (e) $h(2-k)$ (f) $h(3-k)$ (g) $h(4-k)$ (h) $h(5-k)$ (i) $h(6-k)$ (j) $h(7-k)$ (k) $h(8-k)$ (l) $h(9-k)$ (m) $h(10-k)$ (n) $h(11-k)$ (o) $h(12-k)$ (p) $h(13-k)$ (q) $h(14-k)$ (r) $f(n)$和$h(n)$的卷积结果

图 3-36 第一种卷积计算过程的释义

移 k 个单位产生 $h(n-k)$。

(2) **相乘** 将 $f(k)$和 $h(n-k)$相乘构成乘积序列 $v(n-k)\equiv f(k)h(n-k)$。

(3) **求和** 将所有乘积序列 $v(n-k)$对位相加一次计算出所有时间 n 的响应值。

乘积序列 $v(n-k)$表示对 $h(n)$延迟 k 的序列 $h(n-k)$赋予对应位置处的信号采样值 $f(k)$的权重。第二种计算卷积的方法是从卷积的物理意义出发。卷积为单位冲激函数诞生,用于描述系统对输入信号的响应。卷积的原理是将信号分解为冲激信号之和,借助系统的冲激响应,从而求解系统对任意激励信号的响应。因此,卷积公式可以理解为冲激响应函数在所有延迟 k[即 $h(n-k)$]的加权和,权系数是信号在时间 k 处的强度 $f(k)$。卷积表征了系统响应与激励信号和单位冲激响应之间的关系[①]。

例 3-16 离散序列的卷积(2)

根据卷积公式的第二种理解,利用对位相乘求和的方法可以更快地求出卷积结果。对于例 3-15 中的两个信号 $f(n)$和 $h(n)$,如图 3-37(a)所示,这里将它们写成序列:

$$f(n)=\{\underline{1}\quad 1\quad 1\quad 1\quad 1\quad 1\quad 1\quad 1\quad 1\}$$

$$h(n)=\{\underline{1}\quad 0.6065\quad 0.3679\quad 0.2231\quad 0.1353\quad 0.0821\quad 0.0498\}$$

$f(n)$是由单位冲激信号组成的序列,序列 $h(n)$与单位冲激信号卷积,相当于在单位冲激信号的位置处复制该序列,如图 3-37(b)所示,图中不同颜色的实心圆圈表示不同位置处序列 $h(n)$的复制,空心圆圈为卷积结果。这可以写成如下对位排列的方式,将两个序列以各自 n 的原点对齐,逐个将 $f(n)$的值与整个序列 $h(n)$对应相乘,最后将同一列上的乘积按对位求和。最后一行是卷积的结果,下画线标出原点的位置。

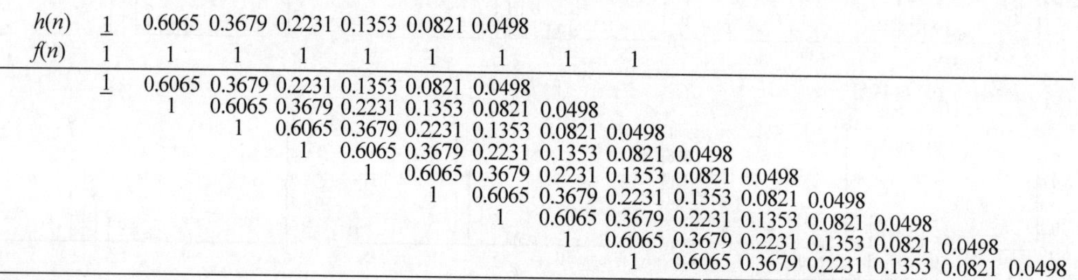

h(n)	<u>1</u>	0.6065	0.3679	0.2231	0.1353	0.0821	0.0498								
f(n)	1	1	1	1	1	1	1	1	1						
	<u>1</u>	0.6065	0.3679	0.2231	0.1353	0.0821	0.0498								
		1	0.6065	0.3679	0.2231	0.1353	0.0821	0.0498							
			1	0.6065	0.3679	0.2231	0.1353	0.0821	0.0498						
				1	0.6065	0.3679	0.2231	0.1353	0.0821	0.0498					
					1	0.6065	0.3679	0.2231	0.1353	0.0821	0.0498				
						1	0.6065	0.3679	0.2231	0.1353	0.0821	0.0498			
							1	0.6065	0.3679	0.2231	0.1353	0.0821	0.0498		
								1	0.6065	0.3679	0.2231	0.1353	0.0821	0.0498	
									1	0.6065	0.3679	0.2231	0.1353	0.0821	0.0498
f(n)*h(n)	<u>1</u>	1.6065	1.9744	2.1975	2.3329	2.4150	2.4647	2.4647	2.4647	1.4647	0.8582	0.4903	0.2672	0.1319	0.0498

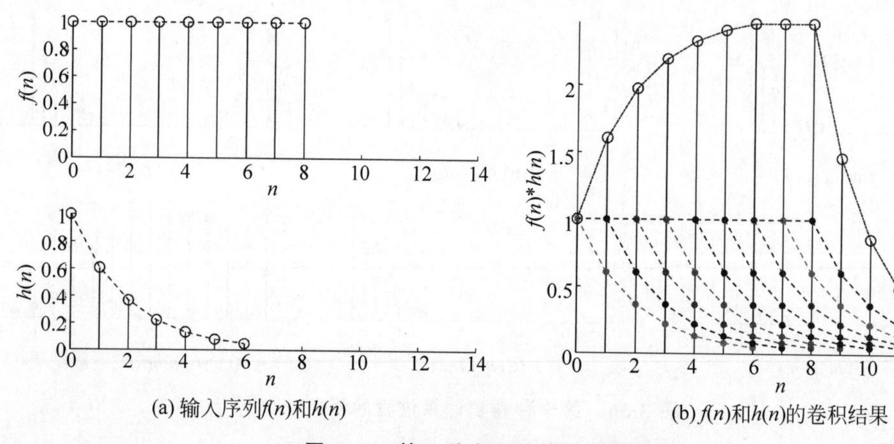

(a) 输入序列f(n)和h(n)　　(b) f(n)和h(n)的卷积结果

图 3-37 第二种卷积计算过程的释义

卷积运算是可交换的,也就是说卷积结果与两个序列中任一个序列进行反转和移位是无关的。通过变量置换 $m=n-k$,将求和变量从 k 变成 m,则式(3-41)变为

$$(f*h)(n)=\sum_{m=-\infty}^{+\infty} f(n-m)h(m) \tag{3-42}$$

式(3-42)中系统的单位冲激响应不改变,对激励信号的序列进行反转和移位。

互相关,也可简称为相关,是两个信号的相似性度量,其定义与卷积相近,由下式给出:

① 线性移不变系统的输出可以表示为输入信号与系统冲激响应的卷积,这部分内容将在第 6 章讨论。

$$f(t)\circ h(t)=(f\circ h)(t)=\int_{-\infty}^{+\infty}f(\tau+t)h(\tau)\mathrm{d}\tau=\int_{-\infty}^{+\infty}f(\tau)h(\tau-t)\mathrm{d}\tau \tag{3-43}$$

其离散形式可以写为

$$f(n)\circ h(n)=(f\circ g)(n)=\sum_{k=-\infty}^{+\infty}f(k+n)g(k)=\sum_{k=-\infty}^{+\infty}f(k)g(k-n) \tag{3-44}$$

相关运算不满足交换律,即 $f(n)\circ h(n)\neq h(n)\circ f(n)$。借助变量置换容易得出卷积与相关的关系:

$$f(n)\circ h(n)=f(n)*h(-n) \tag{3-45}$$

可见,将 $h(n)$反转(变量取负号)后与 $f(n)$卷积即得 $f(n)$与 $h(n)$的相关函数。卷积和相关运算都包含移位、相乘和求和三个步骤,其差别在于卷积运算开始时需要对 $h(n)$进行反转,而相关运算不需要反转。

3.6.2 线性滤波原理

在图像处理中,线性滤波处理利用空域滤波器与图像的空域卷积来实现,在线性滤波中通常使用空域模板来表示滤波器,也称为**滤波模板**、**卷积模板或卷积核**。将式(3-41)中的一维离散卷积推广到二维表示,二维离散卷积的定义为

$$g(x,y)=h(x,y)*f(x,y)=\sum_{m=-\infty}^{+\infty}\sum_{n=-\infty}^{+\infty}f(m,n)h(x-m,y-n) \tag{3-46}$$

式中,$g(x,y)$为输出图像,$f(x,y)$为输入图像,$h(x,y)$为卷积模板。通常卷积模板的尺寸远小于图像的尺寸,因此对卷积模板进行反转和移位操作。卷积具有交换律,为了简化符号表示,将输入图像 $f(x,y)$与卷积模板 $h(x,y)$的卷积写为如下的形式:

$$g(x,y)=\sum_{m=-\infty}^{+\infty}\sum_{n=-\infty}^{+\infty}h(m,n)f(x-m,y-n) \tag{3-47}$$

通常要求卷积模板的尺寸为奇数,其中心为坐标原点,假设卷积模板的尺寸为$(2k+1)\times(2l+1)$,根据卷积模板的尺寸,限定式(3-47)中的求和界限,则有

$$g(x,y)=\sum_{m=-k}^{k}\sum_{n=-l}^{l}h(m,n)f(x-m,y-n) \tag{3-48}$$

式中坐标 m 和 n 是整数。一般情况下,线性滤波选取尺寸为奇数的正方形模板。根据一维卷积的计算过程,实现式(3-48)的模板卷积的主要步骤包括如下四个步骤:①将卷积模板反转,也就是将模板绕中心旋转 180°;②将模板在图像中遍历,将模板中心与各个像素位置重合;③将模板的各个系数与模板对应像素值相乘;④将所有乘积相加,并将求和结果赋值于模板中心对应的像素。

将反转的卷积模板定义为新的变量,即 $w(m,n)=h(-m,-n)$,式(3-48)可改写为

$$\begin{aligned}g(x,y)&=\sum_{m=-k}^{k}\sum_{n=-l}^{l}w(-m,-n)f(x-m,y-n)\\&\xlongequal{s=-m,t=-n}\sum_{s=-k}^{k}\sum_{t=-l}^{l}w(s,t)f(x+s,y+t)\end{aligned} \tag{3-49}$$

式(3-49)表明,线性空域滤波本质上像素的输出值是计算该像素邻域内像素值的线性组合,将系数矩阵称为**模板**。当模板中心位于图像中像素坐标(x,y)处时,$w(s,t)$和 $f(x+s,$

$y+t$)分别为模板系数和模板对应图像中的像素值。根据相关的定义,式(3-49)实际上是计算图像 $f(x,y)$和系数矩阵 $w(x,y)$的相关 $f(x,y)\circ w(x,y)$。图 3-38 以尺寸为 3×3 的模板为例说明线性滤波的基本原理,线性滤波在图像中像素坐标(x,y)处的输出响应 $g(x,y)$为

$$g(x,y)=w(-1,-1)f(x-1,y-1)+w(-1,0)f(x-1,y)+\cdots+ w(0,0)f(x,y)+\cdots+w(1,0)f(x+1,y)+w(1,1)f(x+1,y+1) \tag{3-50}$$

这里 $s=-1,0,1$; $t=-1,0,1$。当计算乘积与求和时,模板系数 $w(0,0)$与像素值 $f(x,y)$相对应。线性滤波的输出响应为模板系数与模板对应像素的乘积之和,最后将求和结果赋值于模板中心对应像素。在图像处理的出版物中,空域滤波通常未必使用真正的卷积,相关与卷积的区别仅在于模板的反转。根据实际应用的需求设计系数模板,因此直接使用相关运算来实现空域滤波并没有本质上的区别。

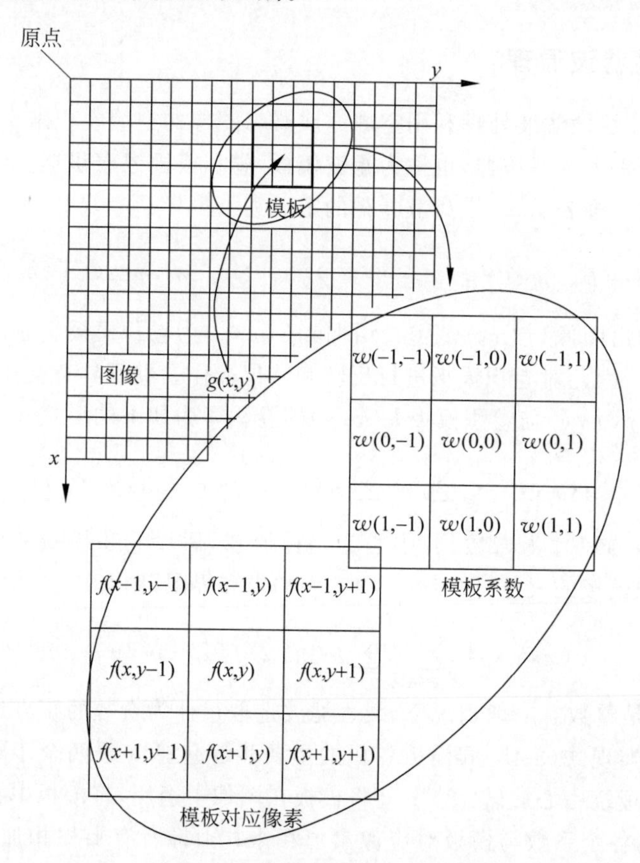

图 3-38 线性滤波的基本原理

为了便于描述,线性滤波在图像中像素坐标(x,y)处的输出响应 R 的另一种简化表达式为

$$R=\sum_{i=1}^{n} w_i z_i \tag{3-51}$$

式中,w_i 表示模板系数,z_i 表示模板系数对应的像素值,$i=1,2,\cdots,n$,$n=(2k+1)\times(2l+1)$为模板对应的像素总数。以尺寸为 3×3 的模板为例,图 3-39(a)为 3×3 模板的系数表示,图 3-39(b)为模板在图像中对应的 3×3 邻域的像素值。式(3-51)表明,线性滤波的输出像素值为模板对应邻域内像素值的加权和,权值为模板系数。

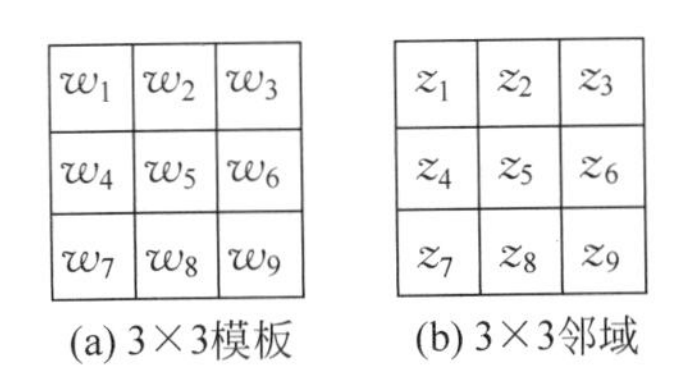

图 3-39 3×3 模板和 3×3 邻域的一种表示方式

例 3-17 卷积神经网络

卷积神经网络(convolutional neural network,CNN)中的卷积层由一组卷积模板(也称为卷积核、滤波器)组成,是图像特征提取的关键。卷积神经网络与本节中图像增强中所用的空域卷积本质上是相同的,其不同之处在于,在图像增强中,根据应用需求设计模板系数,模板系数是给定的或预设的;而在卷积神经网络中滤波器的系数是通过标注样本对网络进行训练产生的,在训练过程中使这些滤波器组对特定的模式有较大的输出响应,以达到CNN的分类/检测等目的。若识别图像中某种特定模式,则滤波器组对该模式有较大的输出响应,称为神经元的激活。

卷积具有局部性,即它只关注局部特征,局部作用域取决于滤波器的尺寸。例如,Sobel算子边缘检测本质是检测图像 3×3 邻域像素中的灰度变化或灰度突变。与全连接神经网络相比,卷积神经网络具有局部连接和权值共享的特殊结构,降低了网络的参数量,加快了学习速率,同时也在一定程度上减少了过拟合的可能。局部连接是指卷积层的节点仅与其前一层的部分节点相连接,仅能够学习局部特征。权值共享是指由于卷积的空间移不变性,滤波器和图像的卷积与位置无关,不会随着位置的改变而发生变化,这里权值是指滤波器系数。如图 3-40 所示,卷积操作就是滤波器系数与其对应像素的乘积之和,对于图中的情况,若仅考虑局部连接,共需要 9×16=144 个权值参数,而加上权值共享后,仅需 9 个权值参数,进一步减少了参数数量。图中,相同的滤波器系数用相同的颜色标识。

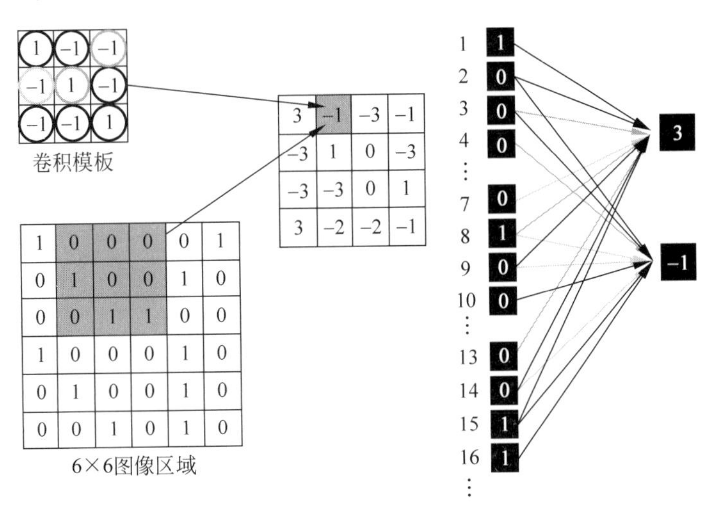

图 3-40 局部连接和权值共享

卷积神经网络包含多个卷积层,通过将低阶特征进行线性组合(激活函数引入非线性变换)形成高阶特征。如图 3-41 所示,卷积神经网络的第一个卷积层的滤波器组检测低阶特征,如边缘、角点、曲线等,第一层的输出是第二个卷积层的输入,这一层的滤波器组检测低价特征的组合等情况(半圆、四边形等)。随着卷积层的增加,滤波器组检测越来越复杂的特征。构建卷积神经网络的任务在于构建这些滤波器,通过标注样本训练使滤波器系数能够识别特定的模式。

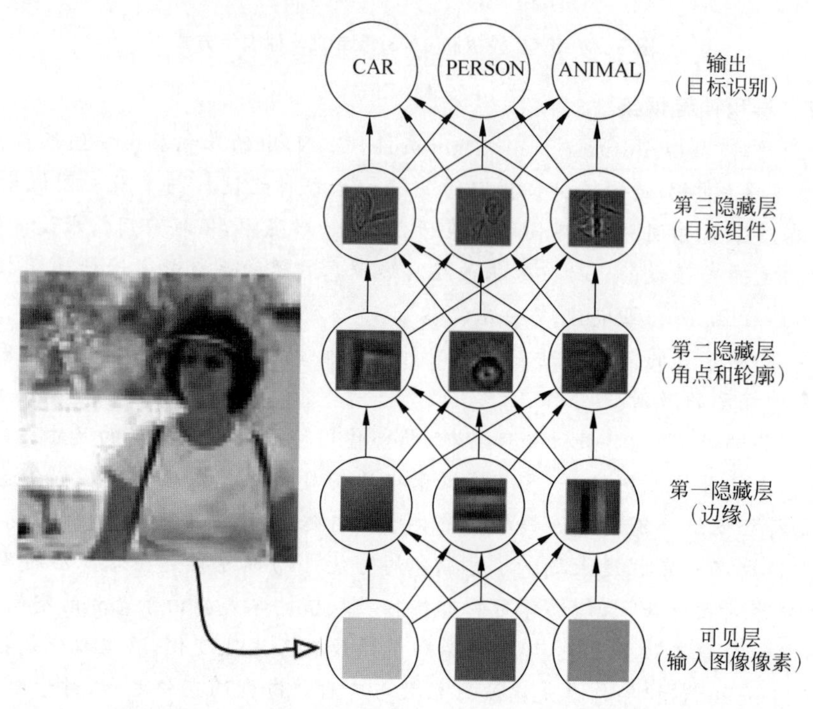

图 3-41 卷积神经网络特征提取示意图(图片源自 Ian Goodfellow 等《深度学习》)

3.6.3 可分离卷积

可分离性是多维卷积以交换律为基础的一个数学性质。利用式(3-47)中二维卷积的定义来解释可分离卷积。若 $h(x,y)$是可分离的卷积核,即可分离为两个一维卷积核相乘的形式:

$$h(x,y)=h_1(x)h_2(y) \tag{3-52}$$

则将式(3-52)中的卷积核代入式(3-47)的卷积定义中,得出:

$$\begin{aligned} g(x,y)=h(x,y)*f(x,y)&=\sum_{m=-\infty}^{+\infty}\sum_{n=-\infty}^{+\infty}h(m,n)f(x-m,y-n) \\ &=\sum_{m=-\infty}^{+\infty}\sum_{n=-\infty}^{+\infty}h_1(m)h_2(n)f(x-m,y-n) \\ &=\sum_{n=-\infty}^{+\infty}h_2(n)\left[\sum_{m=-\infty}^{+\infty}h_1(m)f(x-m,y-n)\right] \\ &=\sum_{n=-\infty}^{+\infty}h_2(n)(h_1*f)(x,y-n) \end{aligned} \tag{3-53}$$

式(3-53)中括号内的项为 x 方向上一维卷积的定义,由下式给出:

$$(h_1 * f)(x, y-n) = \sum_{m=-\infty}^{+\infty} h_1(m) f(x-m, y-n) \tag{3-54}$$

由式(3-53)可以证明，对于可分离的卷积核，二维卷积可以通过下式分解为两步一维卷积完成：

$$g(x,y) = h_2(y) * [h_1(x) * f(x,y)] \tag{3-55}$$

图 3-42 展示了如何分离卷积核，乘号表示矩阵乘法。卷积核分离用矩阵形式表示为 $\boldsymbol{h} = \boldsymbol{h}_1 \boldsymbol{h}_2^{\mathrm{T}}$，其中 $\boldsymbol{h}_1$ 和 $\boldsymbol{h}_2$ 为列向量。假设图像的尺寸为 $M \times N$，图像块的尺寸为 $m \times n$，对于二维卷积，直接卷积的复杂性为 $O(MNmn)$，而可分离卷积的复杂性为 $O(MN(m+n))$。

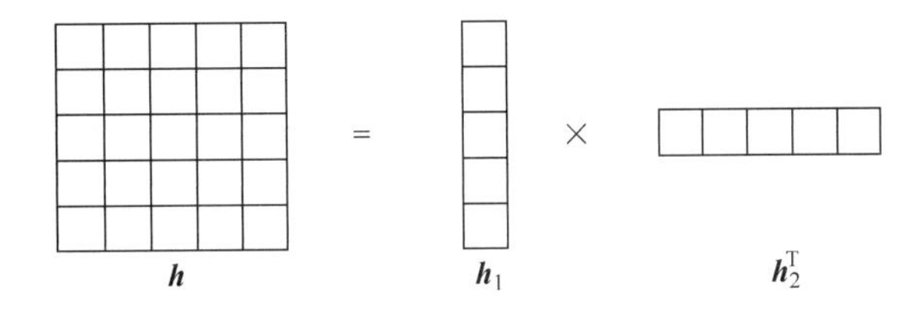

图 3-42 二维卷积核分离为两个一维卷积核相乘的形式

根据矩阵的秩确定卷积核是否可分离，若卷积核是秩 1 矩阵，则具有可分离性。矩阵的秩等于 1 也就是核的奇异值分解中有唯一的奇异值。3.6.2.1.1 节将介绍的均值和高斯卷积核以及第 9 章中的一阶差分卷积核均可以分离为两个一维卷积核。例如，Sobel 一阶差分模板可以分离为一维高斯平滑卷积核和一维一阶差分卷积核相乘的形式：

$$\begin{bmatrix} 1 & 0 & -1 \\ 2 & 0 & -2 \\ 1 & 0 & -1 \end{bmatrix} = \begin{bmatrix} 1 \\ 2 \\ 1 \end{bmatrix} \begin{bmatrix} 1 & 0 & -1 \end{bmatrix}$$

3.6.4 其他问题

线性空域滤波与频域滤波存在一一对应的关系。空域滤波可以用于非线性滤波，而频域滤波不能用于非线性滤波。非线性空域滤波也是基于邻域的处理，取决于模板对应的邻域内像素，且模板滑过一幅图像的机理与线性空域滤波一致。然而，不能直接利用式(3-49)计算乘积与求和，因此，非线性滤波不能通过模板卷积实现。

MATLAB 中二维离散卷积 conv2 函数有 full、same 和 valid 三种卷积运算的输出模式，这三种模式是对滤波模板移动范围的不同限制。图 3-43 以图像平滑为例直观地描述了这三种卷积运算的输出模式，图中正方块表示平滑滤波模板。如图 3-43(a)所示，full 是指滤波模板与图像相交开始就进行卷积运算，返回完整的二维卷积。这与 3.6.1.1 节中介绍的离散卷积运算完全一致。若输入的两个一维离散序列的长度分别为 A 和 B，则线性卷积的离散序列长度等于 $A+B-1$。对于二维离散卷积，输入矩阵的尺寸为 $A \times B$ 和 $C \times D$，输出矩阵的尺寸为$(A+C-1)\times(B+D-1)$。如图 3-43(b)所示，same 是指当滤波模板的中心位于图像外边界时开始进行卷积运算，对应于线性卷积结果中与输入图像位置相同的中间部分。由于滤波模板的尺寸通常远小于图像的尺寸，这是空域滤波中最常用的模式，这种模式的输出与输入图像的尺寸一致。这种模式的卷积运算涉及图像外边界(border)像素的邻域处理问题。如图 3-43(c)所示，valid 是指当滤波模板完全位于图像内部时进行卷积运算，仅输出完全包含滤波模板的图像部分的卷积结果，不考虑模板超出图像外边界的卷积运算。

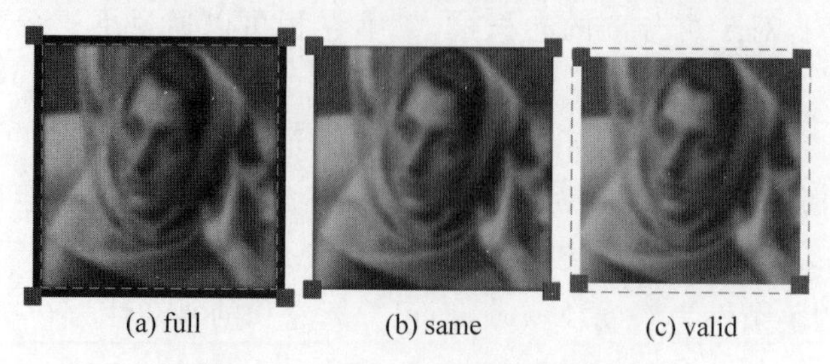

图 3-43　二维卷积的三种输出模式

实现空域滤波的最后一个问题是对于图像外边界像素邻域的处理。对于尺寸为 $n\times n$ 的空域模板，当模板中心距图像外边界为 $(n-1)/2$ 像素时，该模板正好在图像内部。若模板的中心继续向图像外边界靠近，则模板的行或列将超出图像之外。当模板中心距图像外边界小于 $(n-1)/2$ 像素时，模板的行或列超出图像之外。图 3-44 显示了模板在图像中遍历出现的四种不同的位置，模板中填充的部分超出了图像之外，图中模板的尺寸为 5×5。

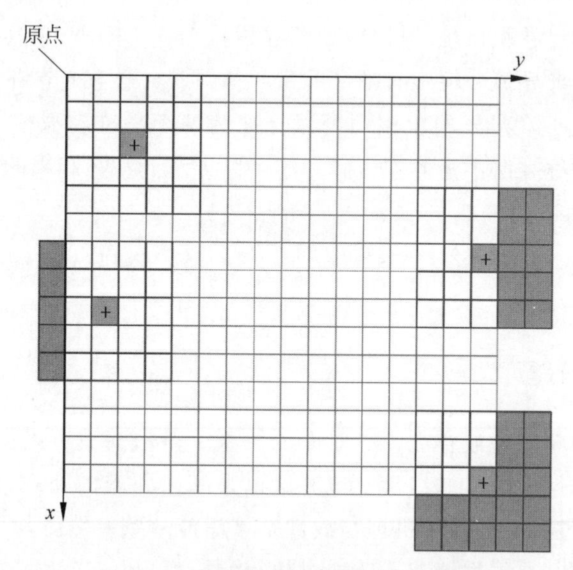

图 3-44　空域滤波的边界问题示意图

MATLAB 有四种延拓(padding)方式解决外边界问题，分别为补零、重复(replicate)、对称(symmetric)和循环(circular)方式。**补零**方式顾名思义，是指通过补零来扩展图像[图 3-45(a)]。**重复**方式是指通过复制外边界的值来扩展图像[图 3-45(b)]。**对称**方式是指通过镜像反射外边界的值来扩展图像[图 3-45(c)]。**循环**方式是指将图像看成二维周期函数的一个周期来扩展[图 3-45(d)]。为了便于观察，图中的白色线框标出了原图像的部分。在空域滤波完成后，从处理后的图像中裁剪出与原图像对应的部分，使处理后的图像与原图像尺寸相等。

(a) 补零方式

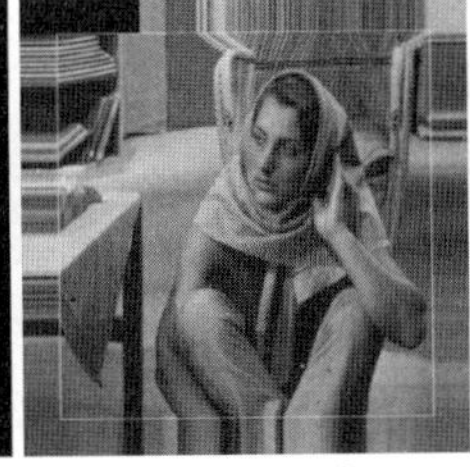
(b) 重复方式

(c) 对称方式

(d) 循环方式

图 3-45 四种边界延拓方式

3.7 空域平滑滤波

图像平滑的作用包括模糊和降噪。图像模糊处理经常用于预处理阶段,例如,为了提取较大的目标,平滑不必要的细节和纹理、桥接直线或曲线的断裂等。图像降噪处理是为了去除或降低图像中的噪声,通常图像具有很强的空域相关性,相邻像素一般具有相同或相近的灰度值,而噪声的特性造成图像灰度的突变,图像平滑处理利用邻域像素的相似性起到降低噪声的作用。空域平滑滤波方法从去除噪声类型的角度可分为加权均值滤波和中值滤波这两类方法,加权均值滤波适用于降低高斯噪声等非脉冲噪声,而中值滤波对滤除脉冲噪声非常有效,本节从这种分类角度讨论这两类方法。空域平滑滤波又可分为线性平滑滤波和非线性平滑滤波,线性平滑滤波能够通过模板卷积实现,除线性平滑滤波以外均属于非线性平滑滤波,非线性平滑滤波由于不能通过模板卷积实现,因此时间开销比线性滤波大。

3.7.1 加权均值滤波

本节讨论线性加权均值滤波、边缘保持平滑滤波和非局部均值(non-local means)滤波方法。由于邻域像素之间具有高度的相关性,线性加权均值滤波通过对邻域像素进行(加权)平均来平滑图像,边缘保持平滑滤波通过对邻域颜色相似的像素进行加权平均来平滑图像,非局部均值滤波通过对邻域具有相似纹理的像素进行加权平均来平滑图像。

3.7.1.1 线性加权均值滤波

如前所述,线性滤波的实现是将空域模板对应邻域内像素值的加权和作为邻域内中心像素的输出响应。线性空域平滑滤波通过(加权)平均模板实现图像滤波。线性平滑模板的权系数全为正值且系数之和等于 1,因而不会增加总体灰度程度。在灰度值一致的区域,线性平滑滤波的输出响应不变。线性平滑滤波等效于低通滤波,将在第 5 章讨论。

最简单的线性平滑滤波所使用的是均值平滑模板,图 3-46(a)所示均值平滑模板的尺寸为 3×3,权系数全为 1。为了使权系数之和为 1,模板系数再乘以归一化因子 1/9。通过频率特性分析(见 5.7 节)可知,均值平滑模板具有旁瓣泄漏效应[①],反映在图像中是振铃效应,且模板尺寸越大,振铃效应越明显。

---

① 旁瓣泄漏是指在频域中频谱主瓣内的能量泄漏到旁瓣内。这样,弱信号的主瓣很容易被强信号的旁瓣淹没,造成频谱的模糊和失真。频谱泄漏与旁瓣有关,如果两侧旁瓣的高度趋于零,而使能量相对集中在主瓣,那么可以较为接近真实的频谱。

另一种更重要的平滑模板是加权平均模板，指模板不同位置对应的像素具有不同的权系数。高斯平滑模板是最常用的加权平均模板。对于模板中心对应像素的输出响应，显然中心像素的灰度值比周围像素的灰度值更重要，因而给模板中心对应的像素赋予最大的权系数，随着模板对应的像素到中心位置的距离增大而减小权系数。图 3-46(b)为近似高斯分布的一个简单的 3×3 高斯平滑模板，中心像素的权系数为 4，由于 4 邻域的像素到中心位置的距离为 1，而对角邻域的像素到中心位置的距离为$\sqrt{2}$，对角邻域的像素比 4 邻域的像素到中心位置的距离更远，为此，4 邻域像素的权系数为 2，而对角邻域像素的权系数为 1。如图 3-46(b)所示，加权平滑模板中权系数再乘以归一化因子 1/16 使模板权系数之和等于 1。

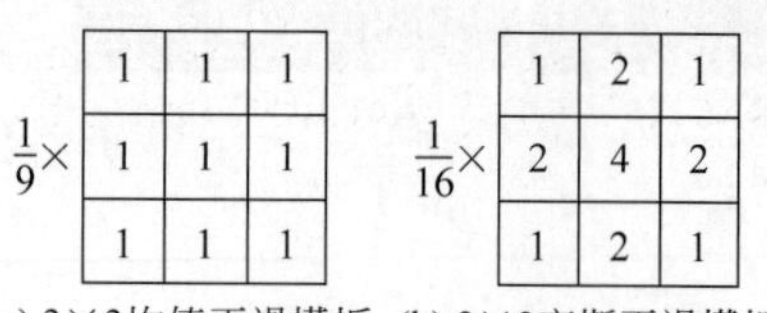

(a) 3×3均值平滑模板 (b) 3×3高斯平滑模板

图 3-46 图像平滑模板

更灵活的方式是直接对二维高斯函数关于中心采样来获取任意尺寸的高斯平滑模板。二维高斯函数的表达式为

$$G_\sigma(x,y)=\frac{1}{2\pi\sigma^2}\mathrm{e}^{-\frac{x^2+y^2}{2\sigma^2}} \tag{3-56}$$

式中，σ 为标准差，决定了图像的平滑程度。二维高斯函数具有钟型形状，图 3-47(a)为 $\sigma=1.5$ 的二维高斯函数的图形显示。根据与中心像素的距离，通过二维高斯函数来计算该点的权系数，并对所有的权系数进行归一化处理。

二维高斯可以表示为两个一维高斯函数的乘积，即一个关于 x 的函数和另一个关于 y 的函数，即

$$G_\sigma(x,y)=\frac{1}{\sqrt{2\pi}\sigma}\mathrm{e}^{-\frac{x^2}{2\sigma^2}}\frac{1}{\sqrt{2\pi}\sigma}\mathrm{e}^{-\frac{y^2}{2\sigma^2}} \tag{3-57}$$

可知高斯平滑滤波具有可分离性，二维卷积过程可以分离为两步一维卷积过程。高斯函数的 σ 越大，函数越宽，模板尺寸越大，平滑能力越强，如图 3-47(b)所示。

标准差 σ 是高斯函数的唯一参数，根据选择的高斯函数的标准差 σ 确定高斯平滑滤波的模板尺寸。如图 3-47(c)所示，服从高斯分布随机变量的取值落在区间$(\mu-\sigma,\mu+\sigma)$内的概率为 68.27%，在区间$(\mu-2\sigma,\mu+2\sigma)$内的概率为 95.45%，在区间$(\mu-3\sigma,\mu+3\sigma)$内的概率为 99.73%。高斯分布取值落在$(\mu-3\sigma,\mu+3\sigma)$以外的概率小于 0.3%，在实际问题中常认为相应的事件是不会发生的，基本上可以将区间$(\mu-3\sigma,\mu+3\sigma)$看作高斯分布随机变量实际可能的取值区间，称为高斯分布的 3σ 原则。因此一般选择使用$\pm 3\sigma$ 作为模糊核宽度的参考。MATLAB 图像处理工具箱的 edge 函数中高斯平滑滤波模板的尺寸默认取值为 $2\lceil 3\sigma\rceil+1$，二维高斯滤波 imgaussfilt 函数默认滤波模板尺寸为 $2\lceil 2\sigma\rceil+1$，这里$\lceil\cdot\rceil$表示向上取整。

例 3-18 均值平滑和高斯平滑滤波

图 3-48(a)为一幅尺寸为 256×256 的灰度图像，分别使用均值平滑模板和高斯平滑模板对该图像进行平滑滤波，通过对高斯函数采样并归一化生成高斯平滑模板，模板尺寸与标准差 σ 之间的关系设置为 $2\lceil 2\sigma\rceil+1$，图 3-48(b)和图 3-48(c)分别给出了 3×3 和 5×5 的高斯模板系数。图 3-48(d)从左到右依次为尺寸为 3、5、9 和 15 的均值平滑模板的滤波结果，

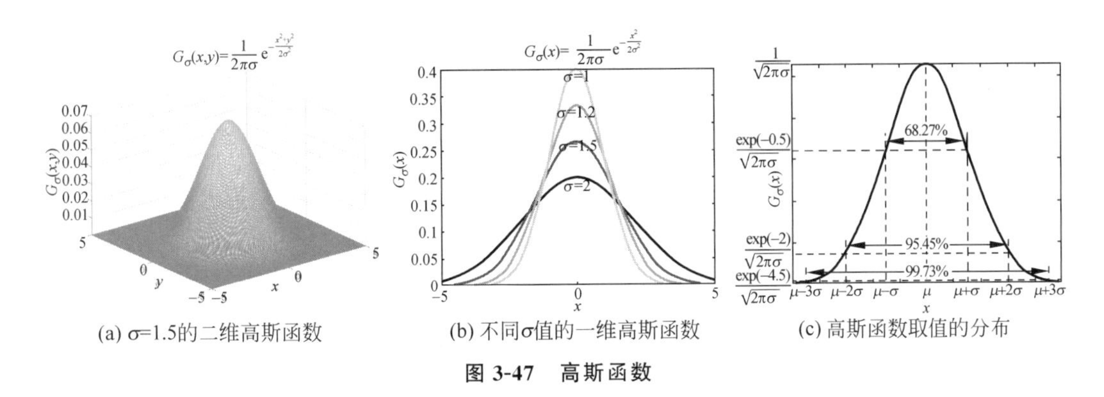

(a) σ=1.5的二维高斯函数　(b) 不同σ值的一维高斯函数　(c) 高斯函数取值的分布

图 3-47　高斯函数

而图 3-48(e)从左到右依次为尺寸为 3、5、9 和 15 的高斯平滑模板的滤波结果，从图中可以看到，平滑模板的尺寸越大，造成边缘越模糊。从图 3-48(d)与图 3-48(e)的比较可以看出，对于小尺寸的模板，均值平滑和高斯平滑的滤波结果没有明显的区别，但是，模板尺寸越大，均值模板的振铃效应越明显。第 5 章将从频率特性分析振铃效应发生的原因。

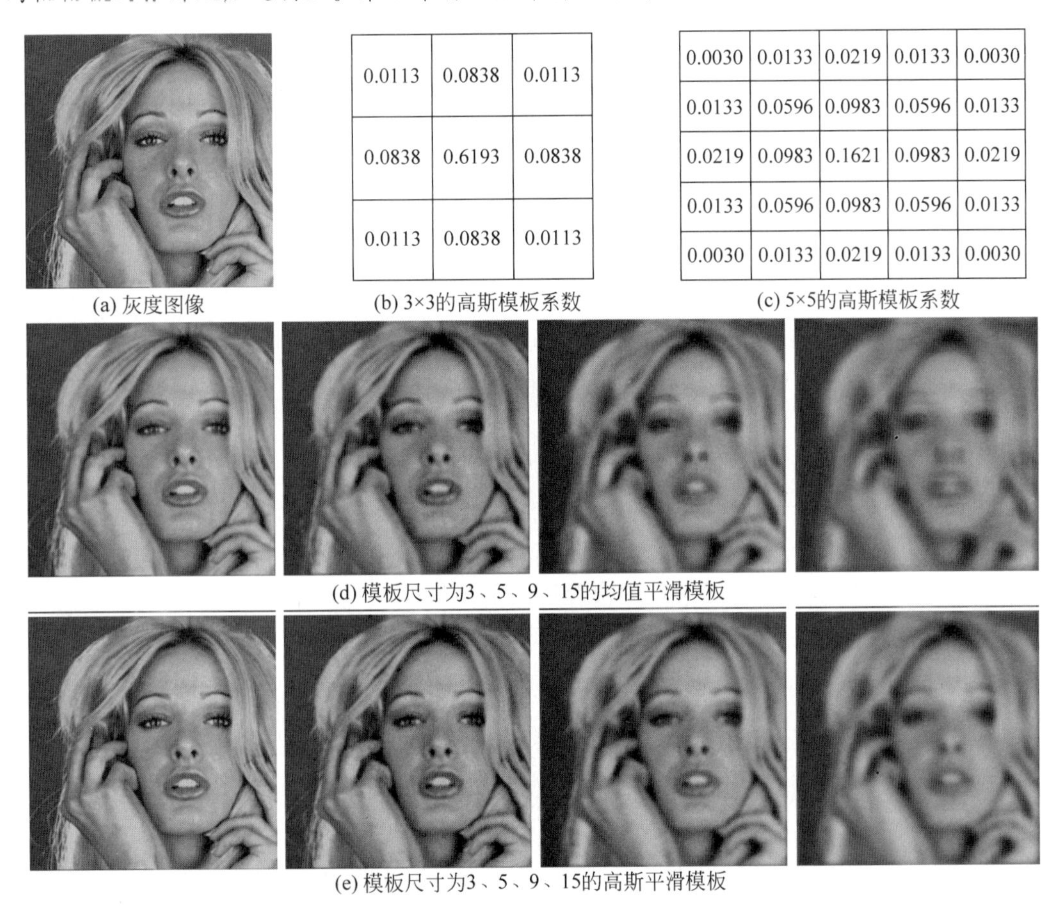

(a) 灰度图像

0.0113	0.0838	0.0113
0.0838	0.6193	0.0838
0.0113	0.0838	0.0113

(b) 3×3的高斯模板系数

0.0030	0.0133	0.0219	0.0133	0.0030
0.0133	0.0596	0.0983	0.0596	0.0133
0.0219	0.0983	0.1621	0.0983	0.0219
0.0133	0.0596	0.0983	0.0596	0.0133
0.0030	0.0133	0.0219	0.0133	0.0030

(c) 5×5的高斯模板系数

(d) 模板尺寸为3、5、9、15的均值平滑模板

(e) 模板尺寸为3、5、9、15的高斯平滑模板

图 3-48　不同尺寸平滑模板处理示例

3.7.1.2　边缘保持平滑滤波

线性均值滤波使用空域卷积对图像进行平滑处理，卷积具有移不变性，因此线性均值滤

波在图像降噪同时，图像中边缘和细节的锐度也会受到不同程度的损失。**边缘保持平滑滤波**考虑不同像素邻域的特性，在梯度较大的边缘处使用各向异性的模糊核，沿着边缘进行平滑，保持图像中的显著边缘，而对图像中纹理、细节以及平坦区域使用各向同性的模糊核，属于非线性滤波。目前具有边缘保持特性的平滑滤波方法有双边滤波(bilateral filtering)、引导滤波(guided filtering)、局部极值(local extrema)平滑、加权最小二乘(weighted least squares)平滑、三边滤波(trilateral filtering)等。

由于双边滤波理论简单且有快速算法，成为目前最为广泛使用的边缘保持滤波方法。Tomasi 和 Manduchi 于 1998 年提出了双边滤波的理论。**双边滤波**是一种保持边缘的非迭代平滑滤波方法，它的权系数由空域(spatial domain)$\mathcal{S}$和值域(range domain)$\mathcal{R}$平滑函数的乘积给出。高斯核双边滤波是一种常用的双边滤波方法，即空域和值域平滑函数均是高斯函数。高斯核双边滤波定义为

$$g_b(x_p,y_p)=\frac{1}{W_p}\sum_{(x_q,y_q)\in\mathcal{S}_p}G_{\sigma_s}(\|\boldsymbol{p}-\boldsymbol{q}\|)G_{\sigma_r}(|f(x_p,y_p)-f(x_q,y_q)|)f(x_q,y_q) \tag{3-58}$$

其中，$g_b(x_p,y_p)$为像素(x_p,y_p)处的输出值；$f(x_q,y_q)$为像素(x_q,y_q)处的输入值，$\mathcal{S}_p$表示以像素(x_p,y_p)为中心的邻域像素集合；$G_{\sigma_s}(\cdot)$为空域平滑的高斯函数，σ_s为空域高斯函数的标准差；$\|\boldsymbol{p}-\boldsymbol{q}\|$表示向量$\boldsymbol{p}=[x_p,y_p]^{\mathrm{T}}$与$\boldsymbol{q}=[x_q,y_q]^{\mathrm{T}}$之差的范数，即向量表示的像素坐标之间的距离；$G_{\sigma_r}(\cdot)$为值域平滑的高斯函数，$\sigma_r$为值域高斯函数的标准差；$W_p$为归一化系数：

$$W_p=\sum_{(x_q,y_q)\in\mathcal{S}_p}G_{\sigma_s}(\|\boldsymbol{p}-\boldsymbol{q}\|)G_{\sigma_r}(|f(x_p,y_p)-f(x_q,y_q)|) \tag{3-59}$$

式(3-58)表明随着与中心像素的距离和灰度差值的增大，邻域像素的权系数逐渐减小。如图 3-49 所示，图 3-49(a)显示了一个存在灰度阶跃的图像块，图 3-49(b)为图 3-49(a)的三维网格图，从图中可以明显看出灰度值的跃变。图 3-49(c)和图 3-49(d)分别为中心像素的高斯滤波函数$G_{\sigma_s}(\cdot)$的权系数和双边滤波函数$G_{\sigma_s}(\cdot)G_{\sigma_r}(\cdot)$的权系数。对于与中心像素距离相近，且灰度值相差较小的像素，双边滤波赋予较大的权重；而对于距离相近，但灰度值相差较大的像素，赋予较小的权重。因此，双边滤波可以很好地保持图像的边缘。由于双边滤波是一种非线性滤波，空域卷积的快速算法不再适用。

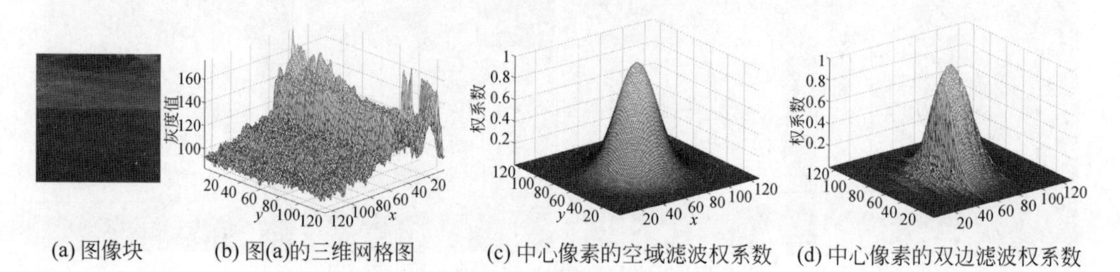

(a) 图像块 (b) 图(a)的三维网格图 (c) 中心像素的空域滤波权系数 (d) 中心像素的双边滤波权系数

图 3-49 双边滤波示意图

双边滤波的作用是平滑灰度值变化较小的细节特征，而保持高对比度变化的边缘以及高灰度差的突变。高斯核双边滤波有两个标准差参数：空域标准差σ_s和值域标准差σ_r。较小的空域标准差σ_s能够滤除小尺度噪声，而保持大尺度特征边缘的锐化程度。当空域标

准差 σ_s 增大时，增加更远的邻域像素的贡献，滤除大尺度噪声。当 $\sigma_s \to \infty$ 时，双边滤波退化为值域滤波。较小的值域标准差 σ_r 只能平滑方差较小的邻域（如均匀区域），但不会平滑方差较大的邻域（如强边缘）。当值域标准差 σ_r 增大时，能够平滑方差较大的邻域，同时会减弱双边滤波的边缘保持能力。当 $\sigma_r \to \infty$ 时，双边滤波则退化为空域高斯滤波。总而言之，双边滤波需要权衡边缘保持和平滑能力之间的关系。

例 3-19 高斯核双边滤波的平滑处理

对于图 3-48(a)所示的图像，使用 MATLAB 图像处理工具箱的高斯核双边滤波 imbilatfilt 函数进行边缘保持的平滑处理，空域模板的尺寸与空域高斯函数标准差 σ_s 的关系为 $2\lceil 2\sigma_s \rceil+1$。图 3-50 给出了不同参数的双边滤波结果，图 3-50(a)和图 3-50(b)中空域高斯函数的标准差均为 $\sigma_s=1$，值域高斯函数的标准差分别为 $\sigma_r=0.01$ 和 $\sigma_r=0.001$。通过比较可以看出，值域标准差越小，则边缘保持越好，但是，对于具有高对比度、小尺度特征的细节，不能起到模糊的作用。图 3-50(b)和图 3-50(c)中，值域高斯函数的标准差均为 $\sigma_r=0.001$，空域高斯函数的标准差分别为 $\sigma_s=1$ 和 $\sigma_s=3$。通过比较可以看出，增大空域高斯函数的标准差，将增大高斯平滑模板的尺寸，使得图像越平滑。

(a) $\sigma_s=1,\sigma_r=0.01$

(b) $\sigma_s=1,\sigma_r=0.001$

(c) $\sigma_s=3,\sigma_r=0.001$

图 3-50 双边滤波平滑处理示例

由于噪声的特性也是图像灰度的突变，因此，双边滤波能够有效地应用于图像去噪。对图 3-48(a)所示图像加入均值为 0、方差为 0.001 的加性高斯噪声，生成一幅有噪图像，如图 3-51(a)所示。图 3-51(b)为高斯模板的平滑滤波图像，高斯函数的标准差为 $\sigma_s=1$，模板尺寸为 5×5。图 3-51(c)为双边滤波去噪结果，空域高斯函数的标准差为 $\sigma_s=1.5$，模板尺寸为 7×7，值域高斯函数的标准差为 $\sigma_r=0.01$。通过比较可以看出，尽管双边滤波中高斯平滑模板的尺寸大于高斯滤波的模板尺寸，然而双边滤波在平滑噪声的同时，能够很好地保持图像的边缘。

3.7.1.3 非局部均值滤波

前面讨论的线性平滑滤波和边缘保持平滑滤波利用局部相关性，即邻域内像素的灰度值具有相似性和连续性，通过图像邻域像素的加权平均实现图像降噪，称为局部滤波方法。2005 年，Buades 等提出了非局部均值滤波方法，该方法利用非局部相似性进行降噪滤波处理。

非局部均值滤波方法对搜索窗口中的所有像素计算加权平均，权系数为像素之间的相似度。非局部均值滤波可写为加权和的形式：

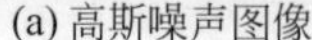

(a) 高斯噪声图像　(b) 5×5的高斯平滑滤波图像　(c) σ_s=1.5,σ_r=0.01的双边滤波图像

图 3-51　双边滤波去噪处理示例

$$g_n(x_p,y_p)=\sum_{(x_q,y_q)\in\Omega_p} w(p,q)f(x_q,y_q) \tag{3-60}$$

式中,$g_n(x_p,y_p)$为像素(x_p,y_p)处的输出值；$f(x_q,y_q)$为像素(x_q,y_q)处的输入值；Ω_p表示像素(x_p,y_p)的搜索窗口[①]；$w(p,q)$表示像素(x_p,y_p)与(x_q,y_q)之间的权系数,权系数之和为1,即

$$\sum_{(x_q,y_q)\in\Omega_p} w(p,q)=1 \tag{3-61}$$

权系数$w(p,q)$描述图像中像素(x_p,y_p)与(x_q,y_q)之间的相似度。由于噪声的存在,使用孤立的像素度量相似性并不可靠,而图像块能够描述复杂的图像结构。式(3-60)中像素(x_p,y_p)与(x_q,y_q)之间的权系数$w(p,q)$以图像块(像素以及邻域)为单位来度量其相似性,并使用高斯函数作为权系数,则有

$$w(p,q)=\frac{1}{W_p}G_{h/\sqrt{2}}(\|\boldsymbol{V}_p-\boldsymbol{V}_q\|_{2,\sigma})=\frac{1}{W_p}\mathrm{e}^{-\frac{\|\boldsymbol{V}_p-\boldsymbol{V}_q\|_{2,\sigma}^2}{h^2}} \tag{3-62}$$

式中,$\boldsymbol{V}_p$和$\boldsymbol{V}_q$表示以像素(x_p,y_p)和(x_q,y_q)为中心的图像块,并按列表示为向量形式；$\|\boldsymbol{V}_p-\boldsymbol{V}_q\|_{2,\sigma}$表示这两个图像块之间的高斯加权欧氏距离；$\sigma$为加权高斯函数的标准差；$h$称为为衰减因子；$W_p$为归一化因子,可表示为

$$W_p=\sum_{(x_q,y_q)\in\Omega_p}\mathrm{e}^{-\frac{\|\boldsymbol{V}_p-\boldsymbol{V}_q\|_{2,\sigma}^2}{h^2}} \tag{3-63}$$

式(3-62)表明,权系数$w(p,q)$度量以像素(x_p,y_p)和(x_q,y_q)为中心的图像块之间的相似性。在非局部均值滤波中,对于图像中的各像素(x_p,y_p),使用归一化相似度作为权系数,计算其搜索窗口中所有像素(x_q,y_q)的加权平均值,是像素(x_p,y_p)的滤波结果。

高斯加权欧氏距离$\|\cdot\|_{2,\sigma}$通过高斯函数对欧氏距离进行加权,赋予不同位置处的像素不同的权重,权重服从高斯分布,与图像块中心越近的像素赋予更大的权重,与图像块中心越远的像素赋予越小的权重。衰减因子h与高斯噪声的标准差σ_η正相关,即$h=\kappa\sigma_\eta$,其中κ为h与σ_η的正比例系数。当图像中噪声较大时,增大衰减因子h,相似像素对当前像素的权系数更大,图像更加平滑,细节丢失也更严重；当图像中噪声较小时,减小衰减因子h,相似像素对当前像素滤波的贡献越小,边缘保持更好,但是保留更多的噪声。

---

① 在非局部均值滤波的文献中,这个搜索窗口是整幅图像。

图 3-52 非局部均值滤波的解释

非局部均值滤波方法本质上利用图像块的相似性，将相似图像块的加权平均值作为当前图像块的估计，权系数由两个图像块之间的相似度决定。如图 3-52 所示，对于以像素 p 为中心的图像块，在搜索窗口或整幅图像中寻找其相似图像块，对像素 p 的加权平均贡献实际上主要源于这些相似图像块的中心像素 q，图中标出前 6 个最相似的图像块，分别用 $q_1, q_2, \cdots, q_6$ 表示，而非相似图像块的权系数很小，对像素 p 滤波的贡献则很小。非局部处理利用图像块的相似结构不仅能够有效去除图像中的噪声，而且能够有效保持图像的空间细节。

若图像的尺寸为 $M\times N$，图像块的尺寸为 $m\times n$，搜索窗口的尺寸为 $S\times S$，则非局部均值滤波算法复杂度为 $O(MNmnS^2)$。当高斯噪声水平级较大时，增大搜索窗口的尺寸。搜索窗口越大，相似图像块越多，去噪的性能就会越好，同时计算量也呈指数增长。实际中需要根据噪声来选取合适的参数。

例 3-20 非局部均值滤波去除高斯噪声

对于图 3-51(a)所示的方差为 0.001 的加性高斯噪声干扰的图像，使用 MATLAB 图像处理工具箱的非局部均值滤波 imnlmfilt 函数去除图像中的高斯噪声。在 Buades 等的实现中，利用欧氏距离和尺寸为 $m\times n$ 的高斯核的卷积实现高斯加权欧氏距离，imnlmfilt 函数省略了这一步以提高计算效率。考虑算法复杂度，图像块的尺寸设置为 5×5。图 3-53(a)～(c)给出了不同搜索窗口尺寸 $S\times S$ 和衰减因子 h 的非局部均值滤波结果。从图 3-53(a)和图 3-53(b)的比较可见，固定衰减因子，将搜索窗口的尺寸从 21×21 增大到 51×51，由于参与加权的像素更多，图像更加平滑，降噪效果更好。从图 3-53(b)和图 3-53(c)的比较可见，固定搜索窗口的尺寸，增大衰减因子 h，参与加权的像素权系数更大，图像更加平滑，降噪效果更好。由图中可见，非局部均值滤波有效适用于高斯去噪，且去噪效果优于图 3-51(c)所示的双边滤波的结果。

(a) $\kappa=1, S=21$

(b) $\kappa=1, S=51$

(c) $\kappa=1.5, S=51$

图 3-53 高斯噪声图像的非局部均值滤波去噪示例

3.7.2 中值滤波相关

均值滤波对于高斯噪声有效，但是对于椒盐噪声的效果一般，本节介绍与中值滤波相关的图像平滑滤波方法，这类方法均属于非线性平滑滤波，主要用于图像降噪处理。统计排序滤波和自适应中值滤波可以有效地去除椒盐噪声，α 剪裁均值滤波可用于高斯噪声和椒盐噪声混合的情况。

3.7.2.1 统计排序滤波

统计排序滤波是一种简单的非线性滤波方法，对滤除脉冲噪声非常有效。统计排序滤波是将模板对应的邻域内像素的灰度值进行排序，然后将统计排序结果作为模板中心对应像素的输出值。

统计排序滤波中最常用的是中值滤波，**中值滤波**查找模板对应的邻域内像素值排序的中间值，作为中心像素的输出值。设$\mathcal{S}_{xy}$表示以像素(x,y)为中心的邻域像素集合，中值滤波在像素(x,y)处的输出$g(x,y)$为

$$g(x,y)=\text{median}\{f(s,t)\},\quad (s,t)\in\mathcal{S}_{xy} \tag{3-64}$$

式中，median[·]表示中间值查找操作。对一幅图像进行中值滤波的具体过程为：将模板在图像中遍历，将模板对应的邻域内像素的灰度值排序，查找中间值，将其赋予与模板中心位置对应的图像像素。例如，对于3×3的邻域，其中间值是灰度值排序后的第5个值；在5×5的邻域中，中间值是第13个值；在9×9的邻域中，中间值是第41个值。当邻域内具有多个相同灰度值的像素时，可以选取其中任何一个作为中间值。由于中值滤波需要对像素值进行排序，因此它的计算时间一般比线性滤波长，特别是对于较大尺寸的模板。

线性平滑滤波具有低通滤波特性，在降噪的同时也会模糊图像的边缘细节。中值滤波是一种去除噪声的非线性处理方法。一般情况下，中值滤波的结果优于线性滤波。中值滤波具有如下三个特性：①中值滤波的冲激响应是零，这一性质使其在滤除脉冲噪声方面非常有效，也就是说，当噪声特性未知时，中值滤波对野点具有鲁棒性；②中值滤波不会改变信号中的阶跃变化，平滑信号中的噪声，又不会模糊信号的边缘，这一性质使其能够很好地适用于图像空域滤波的相关应用；③中值滤波不会引入新的像素值，因而不会引起灰度上的失真。图3-54通过一维信号直观描述中值滤波的特性，图3-54(a)中一维信号在$x=5$处出现野点，从$x=8$到$x=9$时有一个下降沿，图3-54(b)和图3-54(c)分别为高斯平滑滤波和中值滤波的结果，由图中可见，对于线性平滑滤波，野点拉高了邻域内的采样值，同时平滑了下降沿，而中值滤波在滤除野点的同时，很好地保持了阶跃信号。

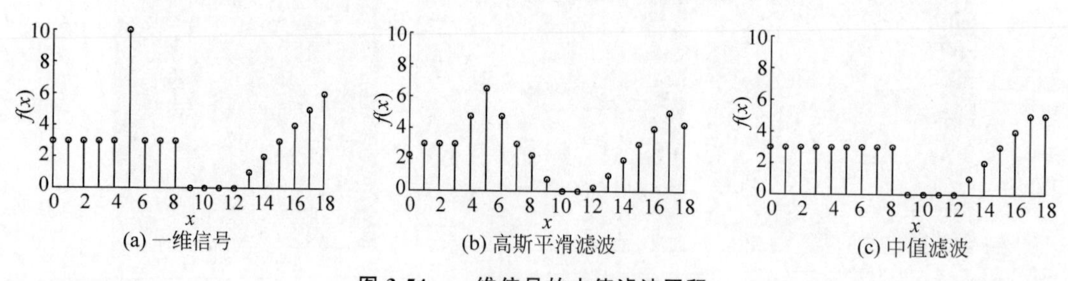

图3-54 一维信号的中值滤波图释

由于脉冲噪声的形式是以孤立的黑白像素叠加在图像上，在图像处理中常称为**椒盐噪声**。椒盐噪声中，值为0的“黑”像素称为**椒噪声**，值为255的“白”像素称为**盐噪声**。中值滤波的直观解释是使模板中心位置对应像素的灰度值更接近它周围像素的灰度值，以此消除孤立的亮点或暗点。为了完全去除椒盐噪声，$m\times n$模板的中值滤波处理要求邻域内孤立亮点或暗点的像素数小于$mn/2$，也就是要求小于邻域内像素数的一半。

例 3-21　中值滤波的去噪处理

图 3-55(a)为一幅由概率为 0.1 的椒盐噪声污染的电路板图像，椒噪声和盐噪声的概率分别为 0.05。使用 MATLAB 图像处理工具箱的中值滤波 medfilt2 函数去除图像中的椒盐噪声。图 3-55(b)为 3×3 均值平滑模板处理的结果，图 3-55(c)为 3×3 模板的中值滤波处理结果。由于均值平滑模板的响应值是邻域内像素的平均灰度值，具有最大值和最小值的椒盐噪声使像素均值偏向"黑"像素或"白"像素。因此，由图中可见，对于椒盐噪声的情况，中值滤波的处理效果远优于均值平滑滤波。

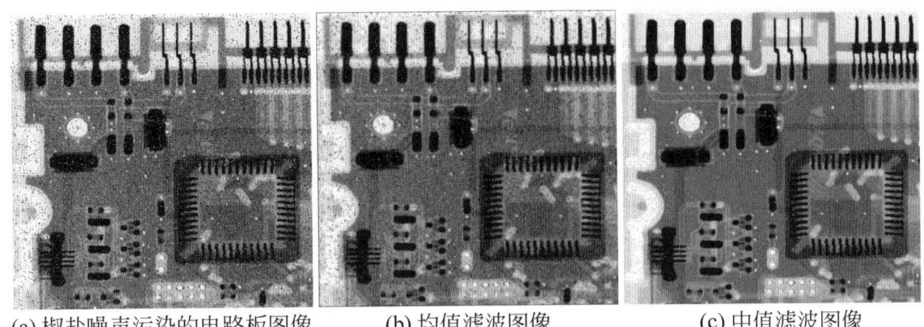
(a) 椒盐噪声污染的电路板图像　(b) 均值滤波图像　(c) 中值滤波图像

图 3-55　中值滤波和均值滤波对椒盐噪声的平滑滤波比较

中值滤波是统计排序滤波的特例，所谓中值就是邻域内像素值排序中的第$\lceil mn/2 \rceil$个值。统计排序滤波也可以选取排序中其他位置的像素。将模板对应的邻域内像素值按照递增顺序排列，选取第 mn 个值是**最大值滤波**。设$\mathcal{S}_{xy}$表示以像素(x,y)为中心的邻域像素集合，最大值滤波在像素(x,y)处的输出$g(x,y)$为

$$g(x,y)=\max\{f(s,t)\},\quad (s,t)\in\mathcal{S}_{xy} \tag{3-65}$$

最大值滤波的输出值是邻域内像素的最亮点，因此，最大值滤波能够有效地滤除椒噪声。相反，选取处于第 1 个值是**最小值滤波**，最小值滤波在像素(x,y)处的输出$g(x,y)$为

$$g(x,y)=\min\{f(s,t)\},\quad (s,t)\in\mathcal{S}_{xy} \tag{3-66}$$

最小值滤波的输出值是邻域内像素的最暗点，因此，最小值滤波能够有效地滤除盐噪声。

例 3-22　最大值滤波和最小值滤波的去噪处理

图 3-56(a)为一幅椒噪声污染的电路板图像，椒噪声的概率为 0.1，使用最大值滤波去除椒噪声，图 3-57(b)为最大值滤波处理的结果。最大值滤波适用于图像中椒噪声的滤除，但由图像中的黑色金属片可以看出，它同时从暗物体的边缘滤除了一些黑色像素，使得暗物体收缩，而亮物体膨胀。类似地，图 3-57(b)为盐噪声污染的电路板图像，盐噪声的概率为 0.1，使用最小值滤波去除盐噪声，图 3-57(d)为最小值滤波处理的结果。最小值滤波适用于图像中盐噪声的滤除，但它同时从亮物体的边缘滤除了一些白色像素，而使亮物体收缩，暗物体膨胀了。第 8 章数学形态学图像处理中的灰度图像腐蚀和膨胀操作，实际上等效于最小值滤波和最大值滤波。

3.7.2.2　自适应中值滤波

中值滤波使用固定尺寸模板对应的邻域内像素的中间灰度值作为模板中心对应像素的输出值，可能引起边缘细节丢失的问题。**自适应中值滤波**在中值滤波的过程中根据噪声水平自适应地调整模板的尺寸以及输出值，使其能够去除较大概率的脉冲噪声并能够保持图

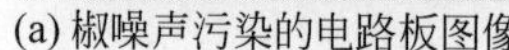
(a) 椒噪声污染的电路板图像

(b) 最大值滤波图像

图 3-56　最大值滤波去除椒噪声示例

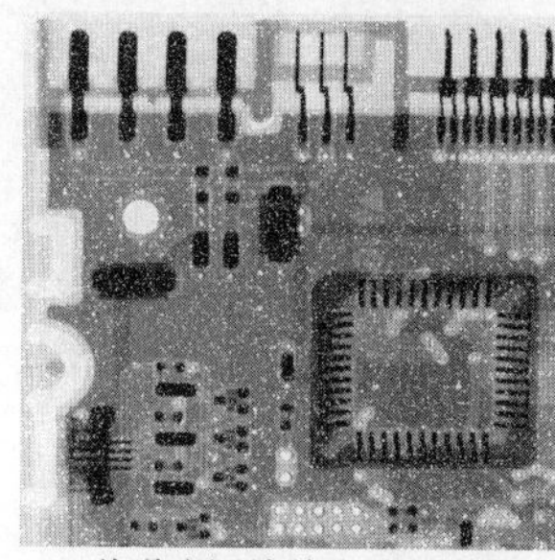
(a) 盐噪声污染的电路板图像

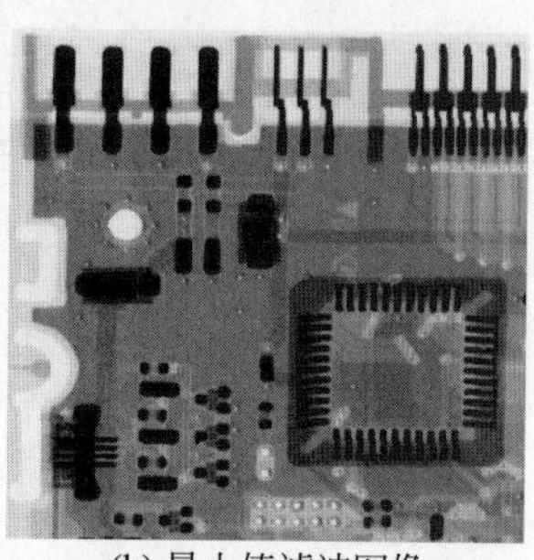
(b) 最小值滤波图像

图 3-57　最小值滤波去除盐噪声示例

像中的边缘和细节。

设 $f(x,y)$表示输入图像在像素(x,y)处的灰度值,$g(x,y)$表示输出图像在像素(x,y)处的灰度值,$\mathcal{S}_{xy}$表示中心在像素(x,y)处的邻域像素集合,$z_{\min}$、$z_{\max}$ 和 z_{med} 分别表示邻域像素集合$\mathcal{S}_{xy}$中的灰度最小值、最大值和中间值,$S_{\max}$ 表示允许的最大模板尺寸。

自适应中值滤波包括两个阶段：阶段 A 和阶段 B,具体的执行过程如下：

阶段 A　若 $z_{\min}<f(x,y)<z_{\max}$,则输出 $g(x,y)=f(x,y)$,
　　否则,转到阶段 B。

阶段 B　若 $z_{\min}<z_{\text{med}}<z_{\max}$,则输出 $g(x,y)=z_{\text{med}}$,
　　否则,增大模板的尺寸;
　　若模板的尺寸$\leqslant S_{\max}$,则重复执行阶段 B,
　　否则,输出 $g(x,y)=z_{\text{med}}$。

阶段 A 判断待处理像素的灰度值 $f(x,y)$是否为脉冲噪声。若 $z_{\min}<f(x,y)<z_{\max}$,则 $f(x,y)$不是脉冲噪声。在这种条件下,输出的灰度值保持不变,即 $g(x,y)=f(x,y)$。通过不改变这些非脉冲噪声的像素来降低边缘和细节的丢失。若 $f(x,y)=z_{\min}$ 或 $f(x,y)=z_{\max}$,则 $f(x,y)$为脉冲噪声,在这种条件下,转到阶段 B。

阶段 B 计算中值滤波的输出 z_{med} 并判断其是否为脉冲噪声。若 $z_{\min}<z_{\text{med}}<z_{\max}$,则 z_{med} 不是脉冲噪声。在这种条件下,输出为阶段 B 中计算的中间值 z_{med},即 $g(x,y)=z_{\text{med}}$,也就是中值滤波的输出,通过赋予邻域内像素的中间值来消除脉冲噪声。若阶段 B 中条件 $z_{\min}<z_{\text{med}}<z_{\max}$ 不成立,则中值滤波的输出 z_{med} 为脉冲噪声,在这种条件下,增大模板的尺寸并重复执行阶段 B,继续阶段 B 的循环直到邻域内像素的中间值 z_{med} 并非脉冲噪

声，或者达到允许的最大模板尺寸 $S_{\max}$。若达到了最大模板尺寸 $S_{\max}$，则将 z_{med} 作为像素 (x,y) 处的输出 $g(x,y)$。在这种情况下，不能保证该输出值为非脉冲噪声。显然，随着噪声概率的增大，应增大允许的最大模板尺寸 $S_{\max}$。图像受干扰的噪声概率越小，或者允许的最大模板尺寸越大，自适应中值滤波过程发生提前终止的可能性越大。

例 3-23 自适应中值滤波的去噪处理

自适应中值滤波建立在中值滤波的基础上，适用于噪声水平较大的椒盐噪声情况。图 3-58(a)为一幅由概率为 0.7 的椒盐噪声污染的电路板图像，椒噪声和盐噪声的概率分别为 0.35，其噪声的概率为图 3-55(a)所示图像中噪声概率的 7 倍。从图中可以看出，这幅图像具有很高的噪声级。如图 3-58(b)所示，使用尺寸为 5×5 的模板进行中值滤波，由图中可见，几乎消除了所有的椒盐噪声，仅有少数椒盐噪声仍然残存。增大模板的尺寸，使用尺寸为 7×7 的模板进行中值滤波，处理结果如图 3-58(c)所示，尽管完全去除了椒盐噪声，然而这样较大尺寸的中值滤波更加明显地造成了图像细节的丢失。注意观察图 3-58(b)和图 3-58(c)中电路板上圆形插孔的边缘失真、黑色连接片的断裂以及说明文字的模糊。

图 3-58(d)为最大模板尺寸 $S_{\max}=7$ 的自适应中值滤波结果，不仅完全消除了椒盐噪声，而且能够更好地保持图像的锐度和细节，例如，图 3-58(d)中没有发生如上所述的失真、断裂和模糊。可见对于图 3-58(a)这样的高噪声级，自适应中值滤波也能有良好的去噪性能，这证实了自适应中值滤波具有去除较大概率椒盐噪声的优势。另外，由于自适应中值滤波具有提前终止策略，因而它对 $S_{\max}$ 的取值并不敏感。

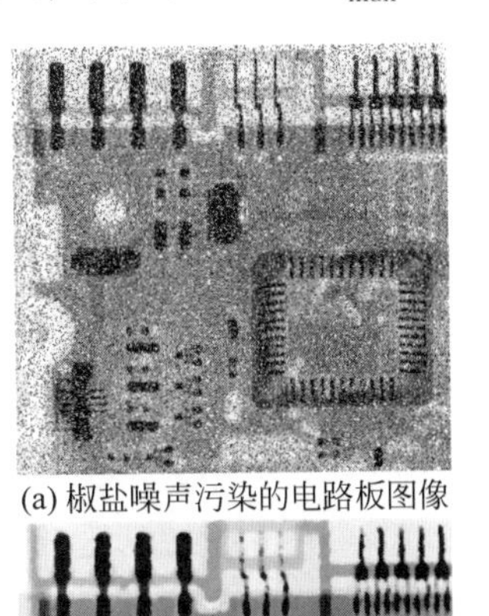

(a) 椒盐噪声污染的电路板图像

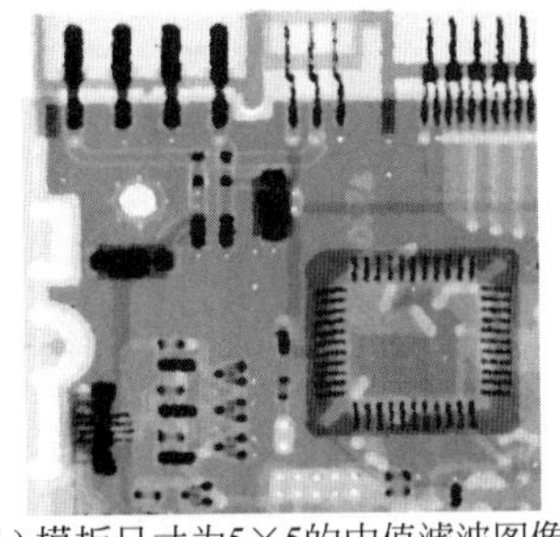

(b) 模板尺寸为5×5的中值滤波图像

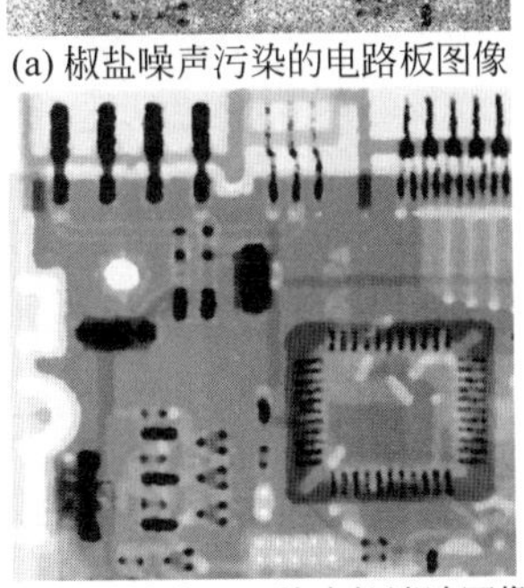

(c) 模板尺寸为7×7的中值滤波图像

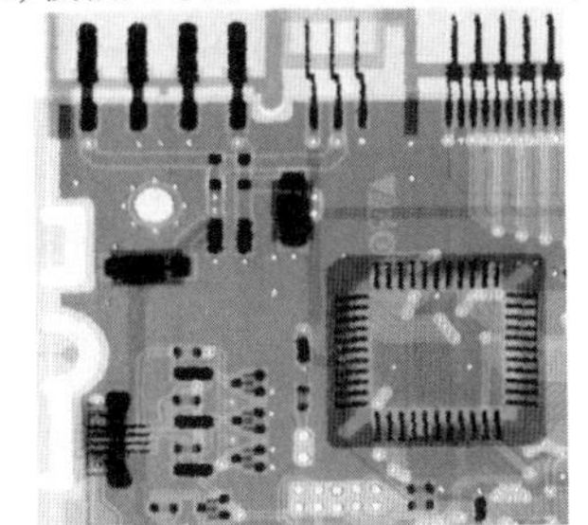

(d) 最大模板尺寸为7×7的自适应中值滤波图像

图 3-58 中值滤波和自适应中值滤波的去噪结果比较

3.7.2.3 α 剪裁均值滤波

α 剪裁均值滤波是一种结合中值滤波和均值平滑滤波的非线性滤波方法，该方法将模板对应的邻域内像素的灰度值进行排序，排除一定数量的处于排序中首尾位置的灰度值，然后计算其余像素的平均灰度值。

设模板尺寸为 $m\times n$，$\mathcal{S}_{xy}$ 表示中心在像素(x,y)处的邻域像素集合，$p_i^{\max}$ 和 $p_i^{\min}$ 表示 $\mathcal{S}_{xy}$ 中第 i 个最大灰度值和第 i 个最小灰度值对应的像素，$i=1,2,\cdots,d/2$，d 为$[0,mn-1]$上的偶数，α 剪裁均值滤波在像素(x,y)处的输出 $g(x,y)$为

$$g(x,y)=\frac{1}{mn-d}\sum_{(s,t)\in\mathcal{S}_{xy}\setminus\{p_i^{\max},p_i^{\min}\}_{i=1,2,\cdots,d/2}} f(s,t) \tag{3-67}$$

排除邻域像素集合 $\mathcal{S}_{xy}$ 中 $d/2$ 个最大灰度值和 $d/2$ 个最小灰度值剩余 $mn-d$ 个像素，因此归一化因子为 $1/(mn-d)$。当 $d=0$ 时，α 剪裁均值滤波退化为均值滤波；当 $d=mn-1$ 时，α 剪裁均值滤波退化为中值滤波。当 d 取其他值时，α 剪裁均值滤波在包括多种噪声的情况下有效，特别是高斯噪声和椒盐噪声混合的情况。

例 3-24　α 剪裁均值滤波的降噪处理

α 剪裁均值滤波建立在均值平滑滤波和中值滤波的基础上，适用于高斯噪声和椒盐噪声混合的情况。图 3-59(a)为一幅由概率为 0.2 的椒盐噪声和均值为 0、方差为 0.01 的高斯噪声叠加污染的电路板图像。图 3-59(b)、(c)和(d)分别为 5×5 模板的均值滤波图像、5×5 模板的中值滤波和 α 剪裁均值滤波的处理图像。考虑到椒噪声和盐噪声的概率分别为 0.1，25 个像素中椒盐噪声的平均数目各为 5 个，为了充分去除椒盐噪声，设置 $d=10$。从图 3-59(b)可以看到，由于椒盐噪声的存在，均值滤波不能起到平滑椒盐噪声的作用。从图 3-59(c)可以看出，当邻域内像素的中间值是高斯噪声时，中值滤波显然不能去除高斯噪声。从图 3-59(d)可以看出，对于较大的 d 值，α 剪裁均值滤波接近于中值滤波的性能，但是仍然保留了一定的平滑能力。与中值滤波相比，α 剪裁均值滤波在降噪方面取得了更好的效果。注意比较在图 3-59(c)和图 3-59(d)所示图像中左上角四个连接片的轮廓，α 剪裁均值滤波在排除椒盐噪声之外，能够较好地平滑高斯噪声，使连接片轮廓变得光滑。

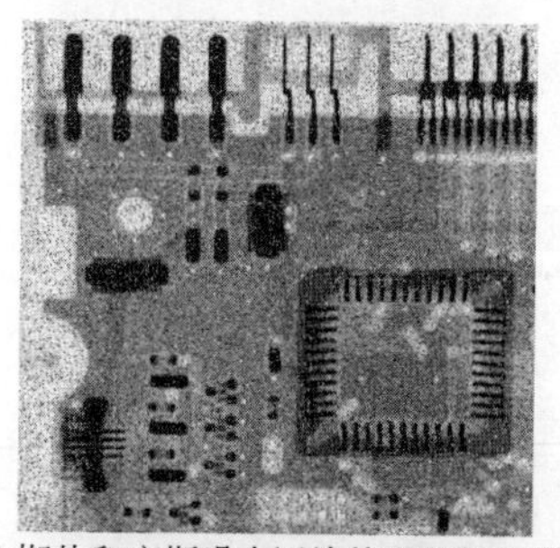
(a) 椒盐和高斯噪声污染的电路板图像

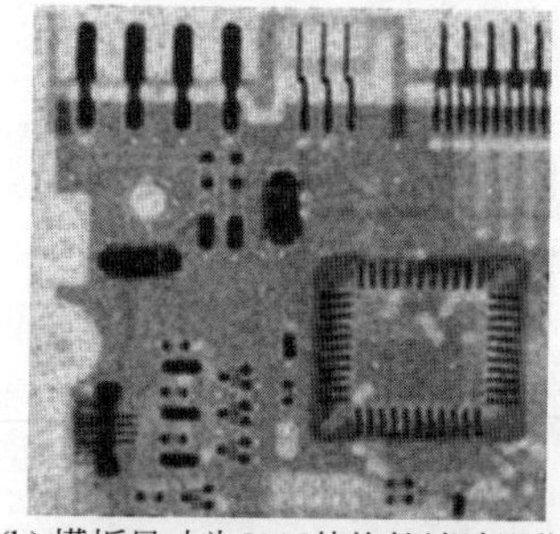
(b) 模板尺寸为5×5的均值滤波图像

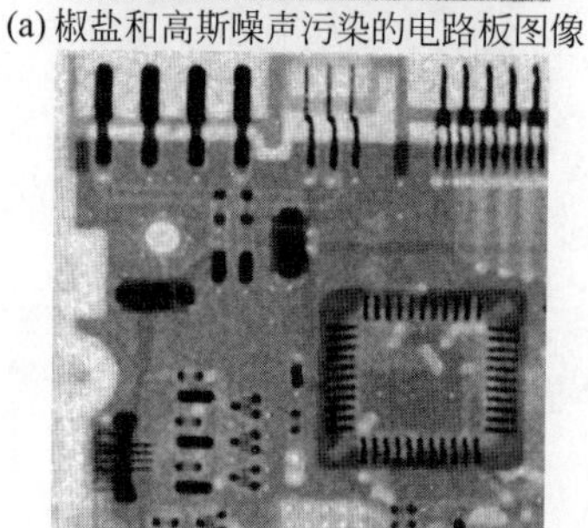
(c) 模板尺寸为5×5的中值滤波图像

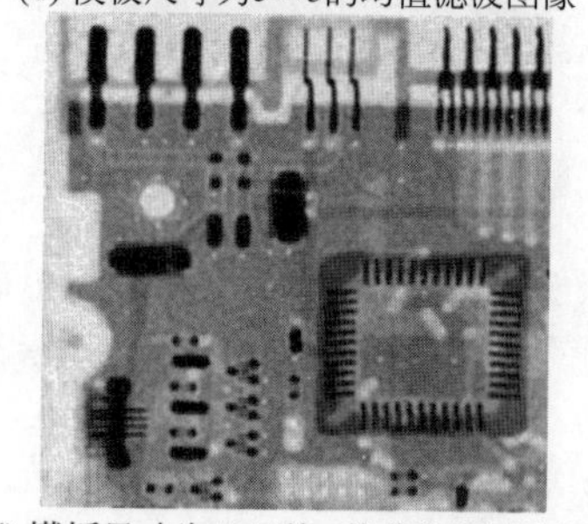
(d) 模板尺寸为5×5的α剪裁均值滤波图像

图 3-59　均值滤波、中值滤波和 α 剪裁均值滤波的降噪效果比较

3.8 空域锐化滤波

在医学成像、遥感成像、手机摄像和视频捕获等成像设备获取图像的过程中，成像机理、成像环境或成像设备可能限制所成图像的清晰度。**图像锐化**的作用是增强图像中的边缘和细节。然而，图像锐化在增强图像灰度变化的同时，也会放大噪声。线性空域锐化滤波通过差分模板实现图像滤波，二阶差分滤波适用于图像锐化处理。差分算子的响应程度与图像在该点灰度值的突变程度有关，因此，图像锐化使用差分算子。本节将讨论各种锐化模板及其实现算子。

3.8.1 微分与差分

函数在某一点的导数是指这个函数在这一点附近的变化率。数学函数导数主要有两点性质：①在函数值为常数的区域，导数为0；②函数值变化越快，导数越大。图像可以看成二维函数，在 x 或 y 方向的导数即为偏导数。数字图像处理是对离散变量的操作，灰度级的变化发生在两个相邻像素之间。因此，在数字图像处理中，常用有限差分近似偏导数。对于一维离散函数 $f(x)$，一阶导数用一阶差分近似为

$$\Delta f(x)=f(x+1)-f(x) \tag{3-68}$$

二阶导数用二阶差分近似为

$$\Delta^2 f(x)=f(x+1)+f(x-1)-2f(x) \tag{3-69}$$

对于二维离散函数 $f(x,y)$，将沿两个坐标轴方向计算一阶差分和二阶差分，分别用于近似一阶偏导数和二阶偏导数。

图3-60(a)为近似阶跃边缘的灰度级剖面曲线，横坐标表示图像中像素的坐标，纵坐标表示像素的归一化灰度值。根据式(3-68)和式(3-69)的定义计算水平方向灰度值的一阶差分和二阶差分，如图3-60(b)所示。在边缘处，一阶差分有一个强的响应，形成一个峰，在二阶差分中边缘的表现是过零点，在过零点[①]两侧，分别形成一个峰和一个谷，这是二阶差分算子的双响应。在计算差分时会出现负值，通常要归零处理。若对二阶差分响应值取绝对值，则造成双边缘，可以使用二阶差分过零点来定位图像中的边缘。然而，二阶差分一般不直接用于边缘检测。

通过图3-61来分析一阶差分和二阶差分的性质。图3-61(a)为一幅实际图像的某水平方向灰度级剖面曲线，从①到④依次为实际情况下的斜坡边缘、脉冲边缘、矩形边缘以及阶跃边缘，实际图像的边缘并非理想的情况，由于冲激响应函数的作用，边缘处总存在模糊，且包含噪声，图3-61(b)为图3-61(a)的一阶差分和二阶差分曲线。斜坡边缘和阶跃边缘处于图像中不同灰度值的相邻区域之间。对于斜坡边缘，一阶差分实际上是直线的斜率，这条直线为负斜率，一阶差分为负值(约为−2)，而常数的斜率为零，由于受噪声干扰，二阶差分在零附近振荡。对于阶跃边缘，一阶差分产生较宽的边缘，而二阶差分更细一些。此外，二阶差分有从正值回到负值的过渡，在边缘图像中表现为双边缘。脉冲边缘主要对应细条状的灰度值突变区域，例如，噪声点、细线，而矩形边缘主要对应较宽的灰度值突变区域。对于矩

① 也可称为零交叉点。

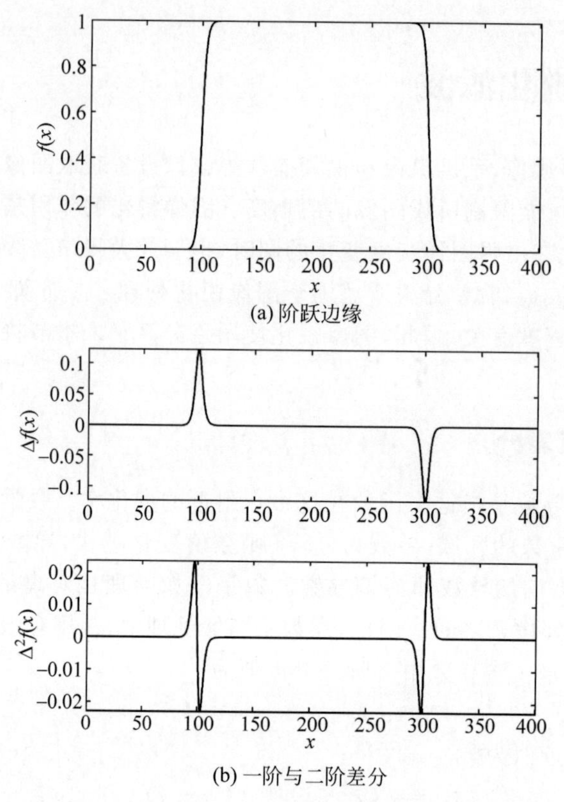

(a) 阶跃边缘

(b) 一阶与二阶差分

图 3-60　阶跃边缘及其一阶差分和二阶差分示意图

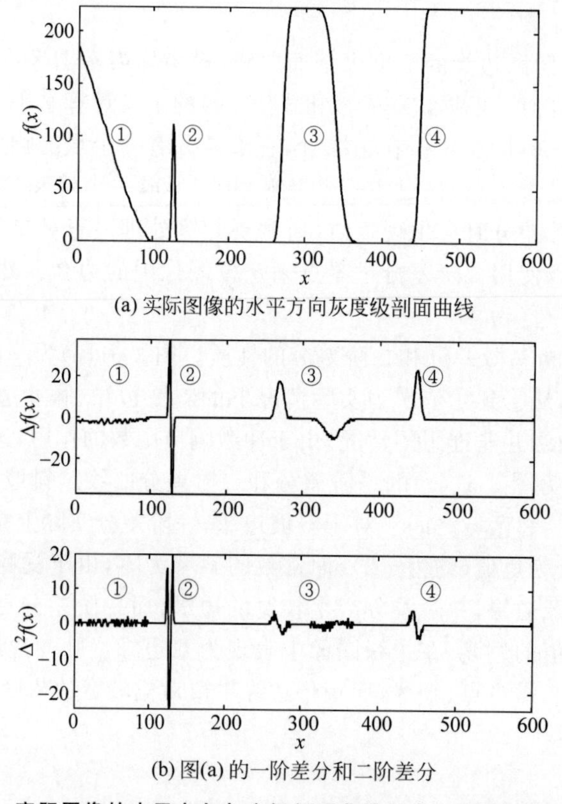

(a) 实际图像的水平方向灰度级剖面曲线

(b) 图(a) 的一阶差分和二阶差分

图 3-61　实际图像的水平方向灰度级剖面曲线及其一阶差分和二阶差分

形边缘,上升沿和下降沿分别可以看成阶跃信号。对于脉冲边缘,二阶差分比一阶差分的响应强,在图像锐化处理中,二阶差分比一阶差分能够更好地增强图像细节。值得注意的是,二阶差分对脉冲边缘的响应强于阶跃边缘。

通过比较一阶差分算子和二阶差分算子的响应,可得出如下结论:①一阶差分算子对灰度阶跃的响应会产生较宽的边缘,二阶差分算子对灰度阶跃产生双响应,在边缘图像中表现为双线,称为双边效应;②一阶差分算子一般对灰度阶跃的响应更强,二阶差分算子对孤立点和细线有更强的响应,其中对孤立点比对细线的响应更强。通常情况下,一阶差分算子利用图像梯度突出边缘和细节,主要用于图像的边缘检测;二阶差分算子是线性算子,通过线性算子提取的边缘和细节叠加在原图像上,主要用于图像的边缘增强。由于本节的内容是图像锐化滤波,后续的内容仅描述二阶差分的拉普拉斯算子,而基于一阶差分的边缘检测内容将在第 9 章中具体介绍。

3.8.2　拉普拉斯算子

拉普拉斯算子是最简单的各向同性二阶差分算子。各向同性滤波器是旋转不变的,即将图像旋转后进行滤波处理的结果与对图像先滤波再旋转的结果相同。二维函数 $f(x,y)$ 的拉普拉斯变换定义为

$$\nabla^2 f(x,y)=\frac{\partial^2 f(x,y)}{\partial x^2}+\frac{\partial^2 f(x,y)}{\partial y^2} \tag{3-70}$$

对于二维离散函数,常用二阶差分近似二阶偏导数。因此,数字图像 $f(x,y)$ 的拉普拉斯变换表示为

$$\nabla^2 f(x,y)=\Delta_x^2 f(x,y)+\Delta_y^2 f(x,y) \tag{3-71}$$

式中,$\Delta_x^2 f(x,y)$ 表示 x(垂直)方向上的二阶差分,$\Delta_y^2 f(x,y)$ 表示 y(水平)方向上的二阶差分。将式(3-69)中一维离散函数 $f(x)$ 的二阶差分定义扩展到二维离散函数 $f(x,y)$,沿 x(垂直)方向和 y(水平)方向上二阶差分 $\Delta_x^2 f(x,y)$ 和 $\Delta_y^2 f(x,y)$ 的定义为

$$\Delta_x^2 f(x,y)=f(x+1,y)+f(x-1,y)-2f(x,y) \tag{3-72}$$

$$\Delta_y^2 f(x,y)=f(x,y+1)+f(x,y-1)-2f(x,y) \tag{3-73}$$

将式(3-72)和式(3-73)代入式(3-71),数字图像 $f(x,y)$ 的拉普拉斯变换可由下式实现:

$$\nabla^2 f(x,y)=[f(x+1,y)+f(x-1,y)+f(x,y+1)+f(x,y-1)]-4f(x,y) \tag{3-74}$$

显然式(3-74)可以用图 3-62(a)所示的 4 邻域拉普拉斯模板与图像的空域卷积来实现。若考虑 8 邻域拉普拉斯变换,只需添加两个对角方向的二阶差分:

$$\Delta_{xy}^2 f(x,y)=f(x+1,y+1)+f(x-1,y-1)-2f(x,y) \tag{3-75}$$

$$\Delta_{-xy}^2 f(x,y)=f(x-1,y+1)+f(x+1,y-1)-2f(x,y) \tag{3-76}$$

新加项的形式与式(3-72)和式(3-73)相似,只是其坐标轴的方向沿着对角方向和反对角方向。将两个对角方向加入式(3-71)拉普拉斯变换的定义中,可得

$$\begin{aligned}\nabla^2 f(x,y) &= \Delta_x^2 f(x,y)+\Delta_y^2 f(x,y)+\Delta_{xy}^2 f(x,y)+\Delta_{-xy}^2 f(x,y)\\ &=[f(x+1,y)+f(x-1,y)+f(x,y+1)+f(x,y-1)]+\\ &\quad [f(x+1,y+1)+f(x-1,y-1)+f(x-1,y+1)+f(x+1,y-1)]-\\ &\quad 8f(x,y)\end{aligned} \tag{3-77}$$

0	1	0
1	–4	1
0	1	0

(a) 4邻域

1	1	1
1	–8	1
1	1	1

(b) 8邻域

图 3-62　4 邻域和 8 邻域拉普拉斯模板

这种情况下的拉普拉斯变换用图 3-62(b)所示的 8 邻域拉普拉斯模板与图像的空域卷积来实现。由于拉普拉斯模板的所有系数之和等于 0,在图像中灰度值为常数或者灰度变化平坦的区域,拉普拉斯模板与图像邻域的卷积是 0 或者几乎为 0。因此,拉普拉斯滤波将输出图像的平均灰度值变为 0,也就是消除图像频谱中的零频率成分。

由于拉普拉斯算子是差分算子,它将突出图像中灰度的跃变,而清除灰度变化缓慢的区域。拉普拉斯算子是线性算子,将拉普拉斯图像叠加在原图像上,能够同时保持拉普拉斯图像的边缘信息和原图像的灰度信息,它在图像处理中最主要的应用是边缘增强。使用拉普拉斯变换对图像进行锐化滤波可表示为

$$g(x,y)=f(x,y)-\nabla^2 f(x,y) \tag{3-78}$$

式中,$\nabla^2 f(x,y)$为拉普拉斯图像,$g(x,y)$为拉普拉斯锐化图像。图 3-63 通过一维形式解释拉普拉斯变换用于边缘增强的原理,对于图 3-63(a)所示的图像边缘的水平灰度值剖面图,图 3-63(b)为拉普拉斯变换的结果,也就是二阶差分的结果,对拉普拉斯变换结果的符号取反,如图 3-63(c)所示,将图 3-63(c)加在图 3-63(a)上,即从视觉上增强了边缘的对比度,如图 3-63(d)所示。因此,将原图像减去拉普拉斯图像,可产生锐化滤波图像。

(a) 边缘　(b) 拉普拉斯变换结果

(c) 拉普拉斯变换取反　(d) 边缘+拉普拉斯变换取后的结果

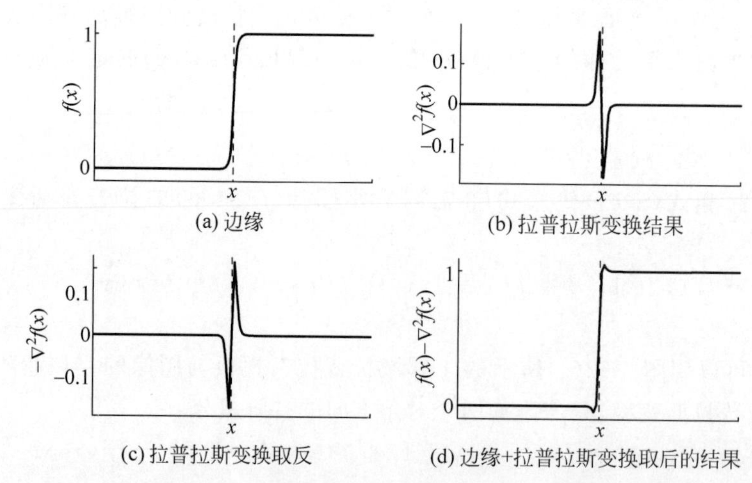

图 3-63　拉普拉斯算子边缘增强的一维解释

将式(3-74)中的$\nabla^2 f(x,y)$代入式(3-78),4 邻域拉普拉斯锐化滤波可表示为

$$g(x,y)=5f(x,y)-[f(x+1,y)+f(x-1,y)+f(x,y+1)+f(x,y-1)] \tag{3-79}$$

显然式(3-79)可以使用图 3-64(a)所示的 4 邻域拉普拉斯锐化模板与图像的空域卷积来实

现。若考虑对角方向的二阶差分，将式(3-77)中的$\nabla^2 f(x,y)$代入式(3-78)，8邻域拉普拉斯锐化滤波可由下式实现：

$$g(x,y)=9f(x,y)-[f(x+1,y)+f(x-1,y)+f(x,y+1)+f(x,y-1)]-[f(x+1,y+1)+f(x-1,y-1)+f(x-1,y+1)+f(x+1,y-1)] \tag{3-80}$$

式(3-80)可以使用图3-64(b)所示的8邻域拉普拉斯锐化模板与图像的空域卷积来实现。

从另一角度解释图3-64中的模板。由于拉普拉斯算子是线性算子，可以将$f(x,y)$看成中心系数为1，其他系数都为0的模板和其自身卷积的结果，而拉普拉斯图像$\nabla^2 f(x,y)$是图3-62中拉普拉斯模板与原图像的卷积结果。根据卷积运算具有的线性性质，将这两个模板相加就形成了图3-64所示的拉普拉斯锐化模板。

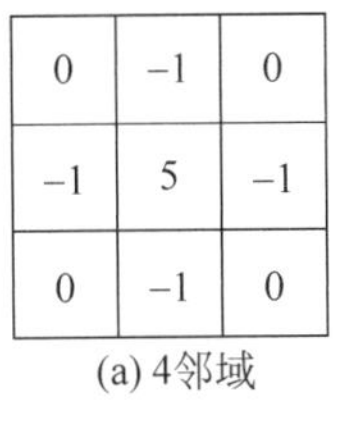

0	−1	0
−1	5	−1
0	−1	0

(a) 4邻域

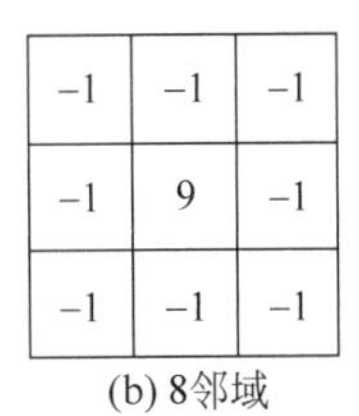

−1	−1	−1
−1	9	−1
−1	−1	−1

(b) 8邻域

图3-64　拉普拉斯锐化模板

例3-25　拉普拉斯图像锐化处理

对于图3-65(a)所示的灰度图像，使用拉普拉斯模板对图像进行锐化处理，增强图像的边缘和细节。差分结果中有正值也有负值，通常有三种图像显示差分结果的方式。图3-65(b)～(d)为这三种方式显示的4邻域拉普拉斯变换的结果。第一种，将差分的数值直接线性映射到8位灰度级显示范围[0,255]，如图3-65(b)所示，图中大面积平坦的黑色背景区域呈现灰色。第二种，将差分中小于零的数值归零，然后线性映射到[0,255]，如图3-65(c)所示，仅显示差分为正值的边缘。第三种，对差分的数值作绝对值运算，再线性映射到[0,255]，如图3-65(d)所示，由于拉普拉斯算子是二阶差分算子，因此图中表现出双边缘。二阶差分算子是线性算子，很容易应用于边缘增强中。图3-65(e)和图3-65(f)分别为4邻域和8邻域

(a) 灰度图像　(b) 4邻域拉普拉斯线性映射显示　(c) 4邻域拉普拉斯归零显示

(d) 4邻域拉普拉斯绝对值显示　(e) 4邻域拉普拉斯锐化图像　(f) 8邻域拉普拉斯锐化图像

图3-65　4邻域和8邻域拉普拉斯模板图像锐化示例

拉普拉斯锐化图像。由于 8 邻域拉普拉斯算子比 4 邻域拉普拉斯算子具有更强的边缘响应，因此图 3-65(f)比图 3-65(e)的边缘更清晰、锐化。

3.9 小结

本章从点处理和邻域处理的分类角度，介绍了对图像像素直接处理的空域图像增强方法。在点处理图像增强方面，介绍了灰度级变换、直方图处理以及图像算术运算，其中幂次变换、直方图均衡化和图像相减是主要的图像增强方法。在邻域处理图像增强方面，本章讨论了空域滤波中主要的图像平滑和图像锐化滤波方法，其中线性平滑滤波、中值滤波以及拉普拉斯滤波是重点内容。

第4章

频域变换

数字图像可以看作二维离散信号。在数字信号和图像处理领域，通常在时域（一维信号）、空域（二维信号）、变换域等不同域中研究数字信号。一般情况下，利用正交变换将图像从像素表示的空域转换到正交基张成的特征空间，正交变换本质上是信号在正交空间上的投影。通过研究不同的变换域能够更好地表示信号的特征。傅里叶变换是一种常用的正交变换，其数学理论基础是傅里叶级数，由于傅里叶变换分析信号与频率之间的关系，它的变换域称为频域，与时域、空域相对。离散傅里叶变换是数字信号频域分析的基础，本章主要讨论二维离散傅里叶变换的基本概念和直观意义，以及二维离散傅里叶变换的性质。第5章将讨论二维离散傅里叶变换在频域图像增强中的应用。本章的频域变换为第5章频域图像增强方法的学习奠定理论基础。

4.1 背景

众所周知，透明棱镜可以将白色光分解为不同的光谱成分。1672年，艾萨克·牛顿（Isaac Newton）使用术语频谱来描述由透明棱镜产生的连续波段的单色光。由于折射率与光的频率有关，不同频率的光线在折射时偏折不同的角度，产生光的色散现象。如图4-1所示，一束白色光入射到三棱镜，分解为可见光光谱组成的不同颜色单色光，这也是彩虹的颜色，依次为红色、橙色、黄色、绿色、蓝色、紫色。从物理学可知，每一种单色光的颜色由其频率决定。因此，光的分解实际上是一种频率分析。

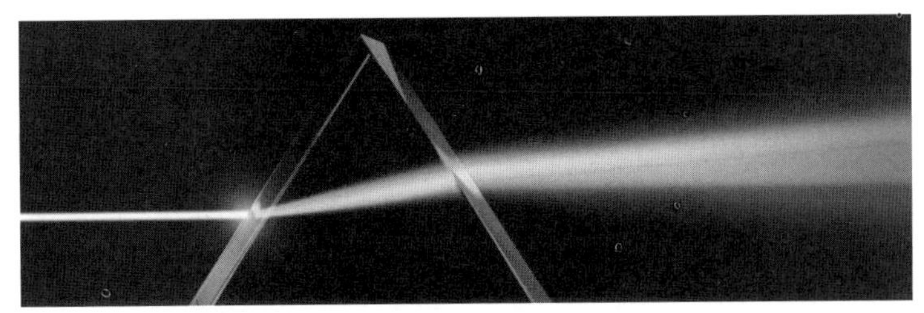

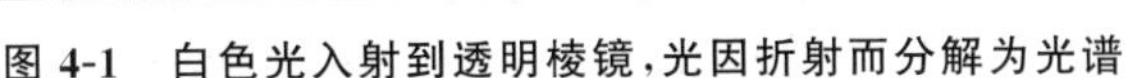

图4-1　白色光入射到透明棱镜，光因折射而分解为光谱

傅里叶级数是指出周期函数可以由有限或无限个正弦与余弦函数（或复指数函数）的加权和表示，即三角级数展开，权值即为傅里叶系数，由幅度和相位构成。傅里叶一词得名于法国数学家约瑟夫·傅里叶（Joseph Fourier），他提出了傅里叶级数，并将其应用于热传导理论与振动理论。**傅里叶变换**是对傅里叶级数的扩展，由它表示的函数的周期趋近无穷，也就是非周期信号。傅里叶级数是将时域中连续的周期信号变换为频域中离散的非周期频谱，而傅里叶变换则是将时域中连续的非周期信号变换为频域中连续的非周期频谱。通过傅里叶变换将信号从时域、空域转换到频域，而傅里叶逆变换将频谱再转换回时域、空域的信号。频谱是信号在频域中的表示，包括不同频率成分对应的幅度和相位。在频域信号分析中，通过频谱分析可知信号中存在的频率成分，以及各个频率成分的幅度和相位信息。

透明棱镜是将白色光分解成不同颜色成分的物理仪器，每一个成分的颜色由其频率决定。因而，可以通过光谱和频率谱线来分析一种光。类似地，傅里叶变换可以看成“数学的棱镜”，将函数分解成不同的频率成分。因而，可以通过频率成分来分析函数，对特定的频率成分进行处理，这是线性滤波的重要概念。20 世纪 50 年代至 60 年代初期，术语“频域”和“时域”的使用出现在通信工程领域。频域一词首次出现在 1953 年。

尽管一幅数字图像总是离散函数，然而，考虑两点原因：①为了分析傅里叶变换性质的方便；②为了从连续函数傅里叶变换到离散傅里叶变换的过渡，本章从连续函数展开讨论。首先讨论一维和二维连续傅里叶变换，然后讨论一维和二维离散函数的傅里叶变换，最后探讨数字信号和图像分析中使用的一维和二维离散傅里叶变换。

4.2 傅里叶级数与连续傅里叶变换

连续形式的傅里叶变换实际上是傅里叶级数的推广，因为积分其实是一种极限形式的求和。傅里叶分析最初研究周期信号，即傅里叶级数，通过傅里叶变换将其推广到非周期信号。本节从傅里叶级数引出信号频谱以及傅里叶变换的概念，以及通过连续傅里叶变换解释傅里叶变换的意义。

4.2.1 傅里叶级数

周期为 T 的周期信号可以表示为复指数信号的线性组合，形式为

$$f(t)=\sum_{k=-\infty}^{+\infty} c_k \mathrm{e}^{\mathrm{j}2\pi k u_s t} \tag{4-1}$$

式中，$u_s=1/T$ 为基波频率。式(4-1)的表示形式称为 $f(t)$ 的**傅里叶级数**展开，复值常数 c_k 称为傅里叶级数系数，其表达式为

$$c_k=\frac{1}{T}\int_{t_0}^{t_0+T} f(t)\mathrm{e}^{-\mathrm{j}2\pi k u_s t}\mathrm{d}t \tag{4-2}$$

式(4-2)中的 t_0 是任意值，这个积分可以在任何长度为 T 的区间上求取，即在任一个间隔等于信号 $f(t)$ 周期的区间上求取。傅里叶级数表示周期信号 $f(t)$ 的一个重要问题是，对于各个 t 值，级数是否收敛于 $f(t)$，也就是说，对于各个 t 值，信号 $f(t)$ 和它的傅里叶级数表

示是否相等。狄利克利条件[①]是傅里叶级数收敛的保证，当信号 $f(t)$满足狄利克利条件时，除了 $f(t)$不连续的 t 值外，式(4-1)的级数等于 $f(t)$。

一般来说，傅里叶系数 c_k 是复数值。容易证明，如果周期信号 $f(t)$是实数，那么 c_k 和 c_{-k} 是一对共轭复数。记

$$c_k = |c_k| e^{-j\theta_k}$$

$$c_{-k} = |c_k| e^{j\theta_k}$$

式(4-1)中的傅里叶级数可以写为三角函数形式：

$$\begin{aligned} f(t) &= c_0 + \sum_{k=1}^{+\infty}(c_k e^{j2\pi k u_s t} + c_{-k} e^{-j2\pi k u_s t}) \\ &= c_0 + \sum_{k=1}^{+\infty}(|c_k| e^{j(2\pi k u_s t - \theta_k)} + |c_k| e^{-j(2\pi k u_s t - \theta_k)}) \\ &= c_0 + 2\sum_{k-1}^{+\infty} |c_k| \cos(2\pi k u_s t - \theta_k) \end{aligned} \tag{4-3}$$

当 $f(t)$是实数时，c_0 是实数值。式(4-2)和式(4-3)中这两种级数表示方式本质上是一致的，不同之处在于三角函数形式的级数中每一个傅里叶系数(当 $k=0$ 时，为 c_0；当 $k=1,2,\cdots$时，为 $2|c_k|$)代表一个分量的幅度，而复指数形式的级数中每一个分量的幅度一分为二，在正、负频率相对应的位置上各为一半，所以只有将正、负频率上对应的这两个傅里叶系数相加才表示一个分量的幅度。需要指出的是，在复数频谱中出现的负频率是由于将 $\sin(2\pi k u_s t)$和 $\cos(2\pi k u_s t)$根据欧拉公式写成复指数形式时，从数学的观点自然分成 $e^{j2\pi k u_s t}$ 以及 $e^{-j2\pi k u_s t}$ 两项，因而引入 $-j2\pi k u_s t$ 项。所以，负频率的出现完全是数学运算的结果，并没有任何物理意义，只有把负频率项与相应的正频率项成对合并，才是实际的频谱。

将式(4-3)中的余弦函数根据和差化积的公式展开为

$$\cos(2\pi k u_s t - \theta_k) = \cos(2\pi k u_s t)\cos\theta_k + \sin(2\pi k u_s t)\sin\theta_k \tag{4-4}$$

将式(4-3)重新写为如下形式：

$$f(t) = a_0 + \sum_{k=1}^{+\infty}[a_k \cos(2\pi k u_s t) + b_k \sin(2\pi k u_s t)] \tag{4-5}$$

其中，

$$a_0 = c_0 = \frac{1}{T}\int_{t_0}^{t_0+T} f(t)\mathrm{d}t \tag{4-6}$$

$$\begin{aligned} a_k &= 2|c_k|\cos\theta_k = |c_k|(e^{j\theta_k} + e^{-j\theta_k}) = c_{-k} + c_k \\ &= \frac{1}{T}\left(\int_{t_0}^{t_0+T} f(t)e^{j2\pi k u_s t}\mathrm{d}t + \int_{t_0}^{t_0+T} f(t)e^{-j2\pi k u_s t}\mathrm{d}t\right) \\ &= \frac{2}{T}\int_{t_0}^{t_0+T} f(t)\cos(2\pi k u_s t)\mathrm{d}t \end{aligned} \tag{4-7}$$

---

① 狄利克利条件参见《数字信号处理(第4版)》，[美]普罗奇斯等著，方艳梅等译。

$$\begin{aligned}b_k &= 2\mid c_k\mid \sin\theta_k = \frac{1}{\mathrm{j}}\mid c_k\mid(\mathrm{e}^{\mathrm{j}\theta_k}-\mathrm{e}^{-\mathrm{j}\theta_k}) = \frac{1}{\mathrm{j}}(c_{-k}-c_k)\\ &= \frac{1}{\mathrm{j}T}\left(\int_{t_0}^{t_0+T} f(t)\mathrm{e}^{\mathrm{j}2\pi k u_s t}\mathrm{d}t - \int_{t_0}^{t_0+T} f(t)\mathrm{e}^{-\mathrm{j}2\pi k u_s t}\mathrm{d}t\right)\\ &= \frac{2}{T}\int_{t_0}^{t_0+T} f(t)\sin(2\pi k u_s t)\mathrm{d}t\end{aligned} \tag{4-8}$$

式(4-5)～式(4-8)组成了最初的实周期信号三角函数形式的傅里叶级数展开式。

例 4-1 周期矩形脉冲信号三角函数形式的傅里叶级数

若一周期矩形脉冲信号(方波信号)在一个周期内的表达式为

$$f(t)=\begin{cases}1, & 0\leqslant t< T/2\\ 0, & T/2< t\leqslant T\end{cases} \tag{4-9}$$

其中 T 为周期,将该周期矩形脉冲信号展开为三角函数形式的傅里叶级数。式(4-9)中在 $t=T/2$ 处没有定义,有些文献在 $t=T/2$ 时,定义 $f(t)=1/2$。根据微积分理论,有限个不连续点的改变不影响函数的定积分。设周期为 $T=1$,根据式(4-6)、式(4-7)和式(4-8),计算傅里叶级数的系数,则有

$$a_0=\frac{1}{T}\int_0^T f(t)\mathrm{d}t=\frac{1}{2}$$

$$\begin{aligned}a_k &= \frac{2}{T}\int_0^T f(t)\cos(2\pi k u_s t)\mathrm{d}t = 2\int_0^{\frac{1}{2}}\cos(2\pi k t)\mathrm{d}t\\ &= \frac{1}{\pi k}\sin(2\pi k t)\Big|_0^{\frac{1}{2}} = \frac{1}{\pi k}(\sin\pi k - 0) = 0\end{aligned}$$

$$\begin{aligned}b_k &= \frac{2}{T}\int_0^T f(t)\sin(2\pi k u_s t)\mathrm{d}t = 2\int_0^{\frac{1}{2}}\sin(2\pi k t)\mathrm{d}t\\ &= -\frac{1}{\pi k}\cos(2\pi k t)\Big|_0^{\frac{1}{2}} = -\frac{1}{\pi k}(\cos\pi k - \cos 0)\\ &= \begin{cases}0, & k\text{ 为偶数}\\ \dfrac{2}{\pi k}, & k\text{ 为奇数}\end{cases}\end{aligned}$$

根据式(4-5)将该信号展开为如下的三角函数形式的傅里叶级数:

$$\begin{aligned}f(t) &= \frac{1}{2}+\frac{2}{\pi}\sum_{k=1}^{+\infty}\frac{\sin 2\pi(2k-1)t}{(2k-1)}\\ &= \frac{1}{2}+\frac{2}{\pi}\left(\sin 2\pi t+\frac{1}{3}\sin 6\pi t+\frac{1}{5}\sin(10\pi t)+\cdots\right)\end{aligned} \tag{4-10}$$

奇函数的傅里叶级数只包含正弦项,虽然奇函数加上直流成分不再是奇函数,但其级数中仍然不会含有余弦项。周期矩形脉冲信号的傅里叶级数有无限个项,在该信号的傅里叶级数中,仅存在基波和奇次谐波,偶次谐波为零。

图 4-2(a)给出了该信号分解为 12 个正弦波以及 12 项有限级数对原函数逼近的示意图。从时域和频域两个方向观察傅里叶级数的意义,时域(时间域)的自变量是时间,描述信号在不同时刻取值的函数,时域图中横轴为时间,纵轴为信号的变化(振幅); 频域(频率域)的自变量是频率,描述傅里叶系数 b_k 关于频率 k 的关系,频域图中横轴为频率,纵轴为信号

频率的幅度(振幅)。图 4-2(b)是从频域观察的侧视图,从图中可直观地看出各频率分量的相对大小。这样的图称为信号的幅度频谱或简称为幅度谱。周期信号的频谱只会出现在 $0, u_s, 2u_s, \cdots$ 离散频率上,这种频谱称为离散谱,每条谱线表示某一频率分量的幅度。图 4-2(c)为基波与 12 次谐波线性组合的波形,傅里叶级数所取项数越多,相加后的波形越逼近原信号,当项数取无穷大时,级数求和等于原信号。

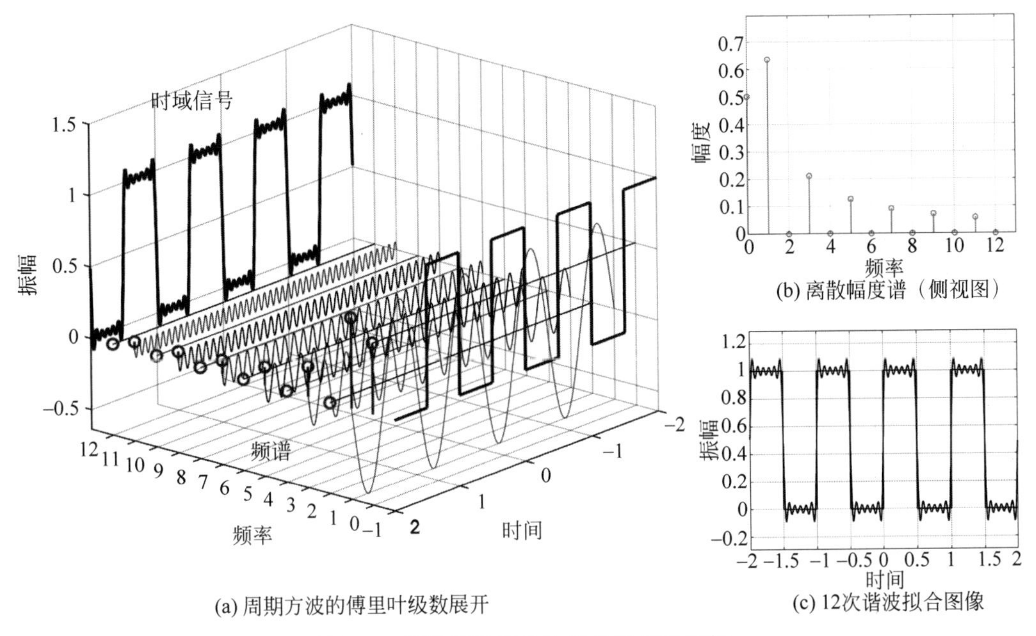

(a) 周期方波的傅里叶级数展开　　(c) 12次谐波拟合图像

图 4-2　周期矩形脉冲信号的傅里叶级数

例 4-2　周期矩形脉冲信号复指数形式的傅里叶级数

设周期矩形脉冲信号 $f(t)$ 的脉冲宽度为 τ,周期为 T,脉冲幅度为 A,如图 4-3 所示。根据式(4-2)计算该信号的傅里叶系数:

$$\begin{aligned} c_k &= \frac{A}{T}\int_{-\tau/2}^{\tau/2} \mathrm{e}^{-\mathrm{j}2\pi k u_s t}\,\mathrm{d}t = \frac{A}{T}\,\frac{1}{-\mathrm{j}2\pi k u_s}\mathrm{e}^{-\mathrm{j}2\pi k u_s t}\Big|_{-\tau/2}^{\tau/2} \\ &= \frac{A}{T}\,\frac{1}{-\mathrm{j}2\pi k u_s}(\mathrm{e}^{-\mathrm{j}\pi k u_s \tau} - \mathrm{e}^{\mathrm{j}\pi k u_s \tau}) = \frac{A}{T}\,\frac{\sin(\pi k u_s \tau)}{\pi k u_s} = \frac{A\tau}{T}\,\frac{\sin(\pi k u_s \tau)}{\pi k u_s \tau}, \quad k = \pm 1, \pm 2, \cdots \end{aligned} \tag{4-11}$$

式中,$u_s = 1/T$ 为基波频率。因为该信号是偶函数,所以傅里叶系数 c_k 是实数。

式(4-11)最后的等号右端具有 sinc 函数的形式,即 $\mathrm{sinc}(\varphi) = \dfrac{\sin(\pi\varphi)}{\pi\varphi}, \varphi \neq 0$,其中 $\varphi = k u_s \tau$。在 $\varphi = 0$ 处,$\mathrm{sinc}(0) \triangleq \lim\limits_{x\to 0}\dfrac{\sin(ax)}{ax} = 1$,$a \neq 0$。当 $\varphi \neq 0$,且 $\varphi = m, m \in \mathbb{Z}$ 时,$\sin(\pi m) = 0$(π 的整数倍),$\mathrm{sinc}(m) = 0$。当 $\varphi = 0$ 时,sinc 函数具

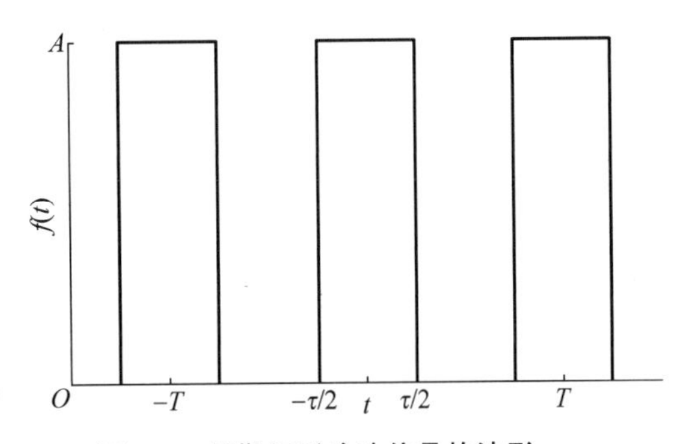

图 4-3　周期矩形脉冲信号的波形

有最大值1；当 $\varphi \to \pm\infty$ 时，sinc 函数衰减为零。式(4-11)给出的傅里叶级数系数是函数 $\text{sinc}(\varphi)$ 在 $\varphi = ku_s\tau$ 处的采样值，而且幅度乘上了比例因子 $A\tau/T$。u_s 和 τ 都是固定的，而 k 是变化的，因此这种情况下 φ 取离散值。频率为 $ku_s = m/\tau, m = \pm1, \pm2, \cdots, ku_s$ 的谐波具有零功率。例如，若 $u_s = 4\text{Hz}$ 且 $T = 5\tau$，则可得出 $ku_s = \pm20\text{Hz}, \pm40\text{Hz}, \cdots$ 的谐波具有零功率，与在 $k = \pm5\text{Hz}, \pm10\text{Hz}, \cdots$ 处的傅里叶系数 c_k 对应，这些频率处的傅里叶系数为零值。

通过固定 τ 值而改变 T 值减小占空比 τ/T，来观察傅里叶系数的变化。固定 $\tau = 2$，图 4-4(a)～(d)给出了当 $T = 2\tau$、$T = 4\tau$、$T = 8\tau$ 和 $T = 20\tau$ 时该信号的波形及其傅里叶级数的谱线，相邻两个谱线间的间隔是 $u_s = 1/T$，可见，谱线的间隔随着周期 T 的增加而减小。当周期 $T \to \infty$ 时，功率信号变成为能量信号，也就是说周期信号变成为非周期信号。同时，$\tau/T \to 0$，傅里叶系数逼近零。

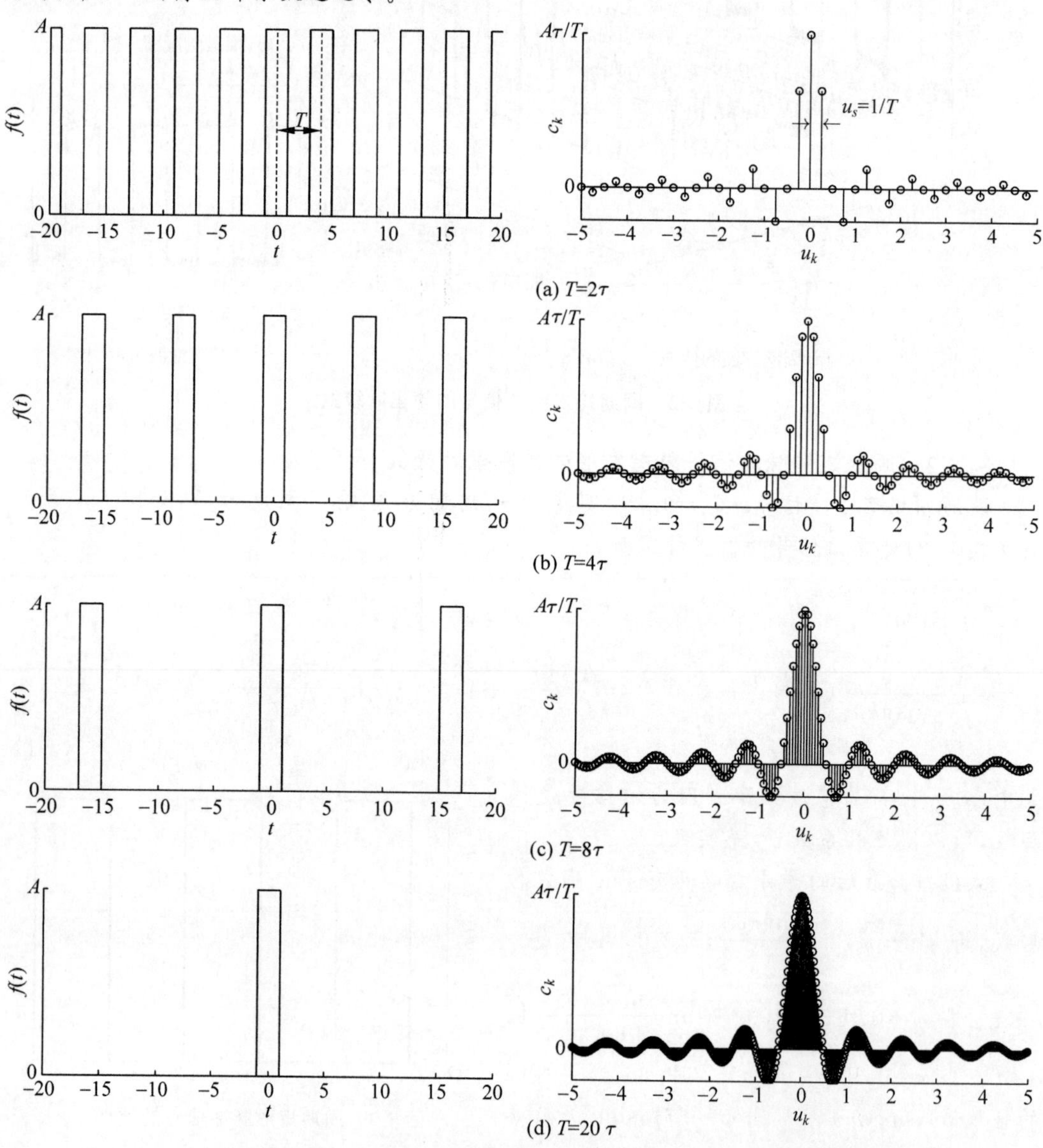

(a) $T=2\tau$

(b) $T=4\tau$

(c) $T=8\tau$

(d) $T=20\tau$

图 4-4　当脉冲宽度 τ 固定而周期 T 变化时周期矩形脉冲信号的傅里叶系数

4.2.2 连续傅里叶变换及其逆变换

傅里叶级数研究周期信号的频率分析，傅里叶变换将傅里叶分析方法推广到非周期信号。以方波信号为例，由图4-4可见，当周期 T 无限增大时，则周期信号转变为非周期性的单脉冲信号。非周期信号可以看成周期 T 趋于无限大的周期信号。当周期信号的周期 T 增大时，谱线的间隔 $u_s=1/T$ 减小，周期 T 趋于无限大，则谱线的间隔趋于无限小，这样，离散频谱变成连续频谱。同时，由于周期 T 趋于无限大，谱线的长度趋于零。但是，从物理概念上考虑，信号分解不会改变信号的能量，无论周期增大到什么程度，频谱的分布依然存在，或者从数学角度看，在极限情况下，无限多的无穷小量之和，仍可等于有限值，该有限值的大小取决于信号的能量。

周期信号的傅里叶级数通过极限的方法可推导出非周期信号频谱的表示，称为**傅里叶变换**。在信号处理中，一维连续时间信号 $f(t)$ 的傅里叶变换 $F(u)$ 定义为

$$F(u)=\int_{-\infty}^{+\infty} f(t)\mathrm{e}^{-\mathrm{j}2\pi ut}\,\mathrm{d}t \tag{4-12}$$

式中，u 为连续频率变量。$F(u)$ 是复值、连续函数。傅里叶级数和傅里叶变换的不同在于，傅里叶级数对周期信号展开为可列个正弦波或复指数函数的叠加，而傅里叶变换对非周期信号展开为不可列的正弦波或复指数函数的叠加。

对应地，一维连续傅里叶逆变换定义为

$$f(t)=\int_{-\infty}^{+\infty} F(u)\mathrm{e}^{\mathrm{j}2\pi ut}\,\mathrm{d}u \tag{4-13}$$

式(4-12)和式(4-13)构成了一维连续傅里叶变换对。可见，傅里叶变换是可逆的，即从 $F(u)$ 可以唯一重建 $f(t)$。

傅里叶变换 $F(u)$ 是 $f(t)$ 的频谱函数，它一般是复函数，在极坐标下 $F(u)$ 可表示为

$$F(u)=|F(u)|\,\mathrm{e}^{\mathrm{j}\angle F(u)} \tag{4-14}$$

其中，$|F(u)|$ 是 $F(u)$ 的模值，表示信号中各频率分量的相对大小；$\angle F(u)$ 是 $F(u)$ 的相位函数，表示信号中各频率分量之间的相位关系。非周期信号和周期信号一样，也可以分解成不同频率的正(余)弦分量叠加的形式。所不同的是，由于非周期信号的周期趋于无限大，基波趋于无限小，于是它包含了从零到无限大的所有频率分量。同时，由于周期趋于无限大，因此，对于任一能量信号，在各频率处的分量幅度趋于无限小，因此频谱不能再用离散的幅度表示，而是用连续的频谱函数来表示。

利用周期信号取极限变成非周期信号的方法，由周期信号的傅里叶级数推导出傅里叶变换，从离散谱演变为连续谱。从理论上讲，傅里叶变换也应该满足一定的条件才能存在。从信号处理的知识可知，保证连续函数傅里叶变换存在的充分条件也是狄利克利条件，与傅里叶级数不同之处在于，傅里叶变换的时间范围由一个周期变成无限的区间。傅里叶变换存在的弱条件是信号能量有限，即

$$\int_{-\infty}^{+\infty} |f(t)|^2\,\mathrm{d}t<+\infty \tag{4-15}$$

在任何情况下，几乎所有的能量信号[①]都存在傅里叶变换，在实际中病态信号是罕见的。

对于二维的情形，二维连续函数 $f(x,y)$ 的傅里叶变换 $F(u,v)$ 定义为

---

① 信号 $f(t)$ 若满足 $\int_{-\infty}^{+\infty}|f(t)|^2\mathrm{d}t<+\infty$，则 $f(t)$ 称为能量信号。

$$F(u,v)=\int_{-\infty}^{+\infty}\int_{-\infty}^{+\infty}f(x,y)\mathrm{e}^{-\mathrm{j}2\pi(ux+vy)}\mathrm{d}x\mathrm{d}y \tag{4-16}$$

对应地，二维连续傅里叶逆变换定义为

$$f(x,y)=\int_{-\infty}^{+\infty}\int_{-\infty}^{+\infty}F(u,v)\mathrm{e}^{\mathrm{j}2\pi(ux+vy)}\mathrm{d}u\mathrm{d}v \tag{4-17}$$

式(4-16)和式(4-17)构成了二维连续傅里叶变换对。

4.2.3 傅里叶变换的解释

式(4-16)的傅里叶变换可以表示为二维函数 $f(x,y)$ 与指数函数 $\mathrm{e}^{\mathrm{j}2\pi(ux+vy)}$ 的内积，即 $F(u,v)=\langle f(x,y),\mathrm{e}^{\mathrm{j}2\pi(ux+vy)}\rangle$。因此频域中频率系数实际上是计算空域图像和不同频率的正弦分量的相关。通常图像本身称为空域，图像信号的频率为其组成函数中各个正弦分量的频率。由频率系数的幅度可以看出图像中相应频率成分的能量，幅度越大，表明图像中相应频率成分的灰度变化越多。频率系数的相位反映不同频率正弦分量的相移。

图 4-5 直观地解释频域和频率的意义，对于具有纯频率的正弦函数：

$$f(x,y)=\sin[2\pi(u_0x+v_0y)] \tag{4-18}$$

其傅里叶变换是共轭脉冲对：

$$\mathscr{F}[f(x,y)]=\frac{\mathrm{j}}{2}[\delta(u+u_0,v+v_0)-\delta(u-u_0,v-v_0)] \tag{4-19}$$

式中，$\mathscr{F}(\cdot)$表示傅里叶变换。由式(4-19)可知，该正弦函数的频率只在(u_0,v_0)和对称位置$(-u_0,-v_0)$存在非零值。即在频域中仅在频率坐标(u_0,v_0)和$(-u_0,-v_0)$处有两个脉冲。空域中 x 和 y 方向分别对应在频域中用频率 u 和 v 表示。上图为正弦函数的空域图像，下图为相应频域函数的图像。在正弦函数的空域图像表示中，灰度的深浅表明函数值的大小。如图 4-5(a)所示，若灰度值沿 x 轴变化，则对应 u 轴上的频率$(u_0,0)$和$(-u_0,0)$处产生冲激响应；如图 4-5(b)所示，若灰度值沿 y 轴变化，则对应 v 轴上的频率$(0,v_0)$和$(0,-v_0)$处产生冲激响应。在图 4-5(c)～(e)中，灰度值沿 x、y 轴方向均发生变化，则对应 u、v 轴上的频率(u_0,v_0)和$(-u_0,-v_0)$处产生冲激响应，且正弦波形状浓淡变化越快，说明频率(u_0,v_0)越大。为了便于观察，对频谱图像进行了 4 倍最近邻插值并仅显示了其中央部分。

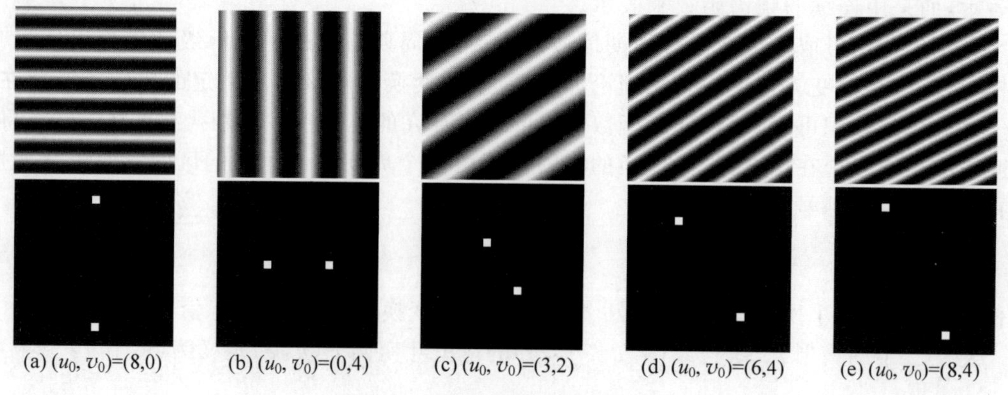

(a) $(u_0,v_0)=(8,0)$　(b) $(u_0,v_0)=(0,4)$　(c) $(u_0,v_0)=(3,2)$　(d) $(u_0,v_0)=(6,4)$　(e) $(u_0,v_0)=(8,4)$

图 4-5 空间频率的直观解释

例 4-3　二维矩形函数的傅里叶变换

计算下式定义的二维矩形函数 rect$(x,y;a,b)$的傅里叶变换：

$$\text{rect}(x,y;a,b)=\begin{cases}A, & -\frac{a}{2}\leqslant x\leqslant\frac{a}{2},-\frac{b}{2}\leqslant y\leqslant\frac{b}{2}\\0, & \text{其他}\end{cases} \tag{4-20}$$

式中，a 和 b 分别为矩形的长和宽，A 为矩形的高。该二维函数为偶函数，如图 4-6(a)所示。根据二维连续傅里叶变换的定义，可得

$$\begin{aligned}F(u,v)&=\int_{-\infty}^{+\infty}\int_{-\infty}^{+\infty}f(x,y)\mathrm{e}^{-\mathrm{j}2\pi(ux+vy)}\mathrm{d}x\mathrm{d}y\\&=A\int_{-\frac{a}{2}}^{\frac{a}{2}}\mathrm{e}^{-\mathrm{j}2\pi ux}\mathrm{d}x\int_{-\frac{b}{2}}^{\frac{b}{2}}\mathrm{e}^{-\mathrm{j}2\pi vy}\mathrm{d}y\\&=A\frac{(\mathrm{e}^{\mathrm{j}\pi ua}-\mathrm{e}^{-\mathrm{j}\pi ua})}{\mathrm{j}2\pi u}\frac{(\mathrm{e}^{\mathrm{j}\pi vb}-\mathrm{e}^{-\mathrm{j}\pi vb})}{\mathrm{j}2\pi v}\\&=Aab\left[\frac{\sin(\pi ua)}{\pi ua}\right]\left[\frac{\sin(\pi vb)}{\pi vb}\right]\end{aligned}$$

实偶函数的傅里叶变换仍是实偶函数。其傅里叶系数的幅度为

$$|F(u,v)|=Aab\left|\frac{\sin(\pi ua)}{\pi ua}\right|\left|\frac{\sin(\pi vb)}{\pi vb}\right| \tag{4-21}$$

傅里叶系数及其幅度分别如图 4-6(b)和图 4-6(c)所示，峰值 $F(0,0)$为 Aab。

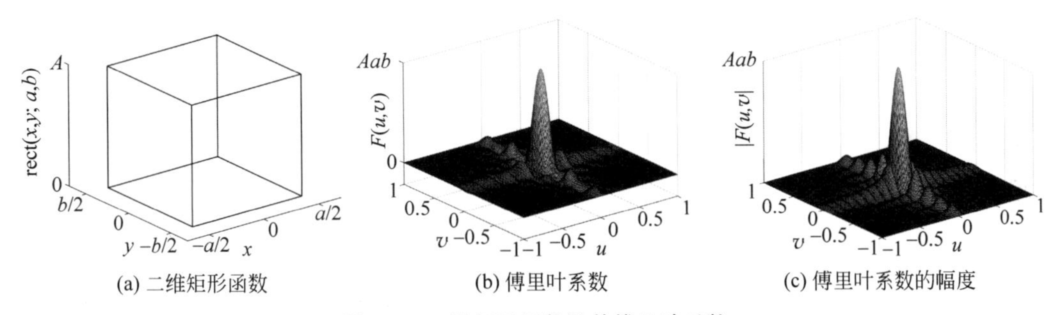

(a) 二维矩形函数　(b) 傅里叶系数　(c) 傅里叶系数的幅度

图 4-6　二维矩形函数及其傅里叶系数

4.3 离散时间傅里叶变换

离散时间傅里叶变换在时域、空域中是离散、非周期的，而在频域中则是连续、周期的。本节介绍离散时间傅里叶变换及其逆变换，在离散时间傅里叶变换基础上证明卷积定理和相关定理，并解释对于离散时间傅里叶变换其频谱固有周期性的原因。

4.3.1 离散时间傅里叶变换及其逆变换

一维离散时间信号 $f(n)$的傅里叶变换 $F(u)$定义为

$$F(u)=\sum_{n=-\infty}^{+\infty}f(n)\mathrm{e}^{-\mathrm{j}2\pi un} \tag{4-22}$$

式中，u 为连续频率变量。离散时间傅里叶变换和连续傅里叶变换有两点基本的不同。

第一，对于连续时间信号，傅里叶变换和信号频谱的频率范围均为$(-\infty,+\infty)$；而对于离散时间信号，频谱的频率范围只在频率区间$[-1/2,1/2)$或等价的$[0,1)$内，在这个区间之外的任何频率与这个区间之内频率的傅里叶变换是相同的。$F(u)$是周期为1的复值、连续周期函数，即$F(u+k)=F(u),k\in\mathbb{Z}$。这一特性很容易从离散时间傅里叶变换的定义得出：

$$
\begin{aligned}
F(u+k) &= \sum_{n=-\infty}^{+\infty} f(n)\mathrm{e}^{-\mathrm{j}2\pi n(u+k)} = \sum_{n=-\infty}^{+\infty} f(n)\mathrm{e}^{-\mathrm{j}2\pi nu}\mathrm{e}^{-\mathrm{j}2\pi nk} \\
&= \sum_{n=-\infty}^{+\infty} f(n)\mathrm{e}^{-\mathrm{j}2\pi un} = F(u)
\end{aligned}
$$

在证明过程中使用了复指数公式$\mathrm{e}^{\mathrm{j}2\pi nk}=1,k\in\mathbb{Z}$。

第二，离散时间信号在时间上是离散的，所以信号的傅里叶变换将涉及复指数项的求和，而不是在时间连续信号情况下的积分。

对应地，一维离散时间傅里叶逆变换定义为

$$
f(n)=\int_{-1/2}^{1/2} F(u)\mathrm{e}^{\mathrm{j}2\pi un}\,\mathrm{d}u \tag{4-23}
$$

同连续函数一样，需要讨论傅里叶变换的收敛性。离散函数$f(n)$是绝对可和的，即

$$
\sum_{n=-\infty}^{+\infty} |f(n)| < +\infty \tag{4-24}
$$

是离散时间傅里叶变换存在的充分条件。这是连续函数傅里叶变换的狄利克利条件中第3个在离散函数下的表示。由于$f(n)$是离散函数，前两个条件均不适用。

一维离散函数的傅里叶变换可直接推广到二维情形，二维离散时间傅里叶变换对如下：

$$
F(u,v)=\sum_{x=-\infty}^{+\infty}\sum_{y=-\infty}^{+\infty} f(x,y)\mathrm{e}^{-\mathrm{j}2\pi(ux+vy)} \tag{4-25}
$$

$$
f(x,y)=\int_{-1/2}^{1/2}\int_{-1/2}^{1/2} F(u,v)\mathrm{e}^{\mathrm{j}2\pi(ux+vy)}\,\mathrm{d}u\,\mathrm{d}v \tag{4-26}
$$

由于离散时间傅里叶变换的频谱仍是连续的，二维离散函数的傅里叶变换对不能直接应用到数字图像处理中。但是，通常利用二维离散时间傅里叶变换的定义来分析频率特性以及推导相关定理。

4.3.2 离散时间傅里叶变换的卷积定理和相关定理

离散时间傅里叶变换的卷积定理和相关定理是空域滤波和频域滤波之间的纽带，是图像频域增强的基本依据。尽管离散傅里叶变换能够使用计算机计算傅里叶变换，然而并不能直接应用于线性滤波，在4.4.5.1节将讨论如何在线性滤波中使用离散傅里叶变换。本节利用二维离散时间傅里叶变换的定义来证明卷积定理和相关定理。

离散函数$f(x,y)$与$h(x,y)$的卷积$f(x,y)*h(x,y)$定义为

$$
f(x,y)*h(x,y)=\sum_{m=-\infty}^{+\infty}\sum_{n=-\infty}^{+\infty} f(m,n)h(x-m,y-n) \tag{4-27}
$$

离散时间傅里叶变换的卷积定理表明，空域中两个函数的卷积等效于这两个函数在频域中的乘积，可表示为

$$f(x,y)*h(x,y)\overset{\mathscr{F}}{\Leftrightarrow}F(u,v)H(u,v) \tag{4-28}$$

式中，$F(u,v)$和$H(u,v)$分别表示$f(x,y)$和$h(x,y)$的傅里叶变换，$\overset{\mathscr{F}}{\Leftrightarrow}$表示互为傅里叶变换对。

根据二维离散函数的傅里叶变换及其卷积的定义证明式(4-28)，推导过程如下：

$$\begin{aligned}
\mathscr{F}(f(x,y)*h(x,y)) &\overset{①}{=\!=} \sum_x\sum_y[f(x,y)*h(x,y)]\mathrm{e}^{-\mathrm{j}2\pi(ux+vy)}\\
&\overset{②}{=\!=} \sum_x\sum_y\left[\sum_m\sum_n f(m,n)h(x-m,y-n)\right]\mathrm{e}^{-\mathrm{j}2\pi(ux+vy)}\\
&\overset{③}{=\!=} \sum_m\sum_n f(m,n)\left[\sum_x\sum_y h(x-m,y-n)\mathrm{e}^{-\mathrm{j}2\pi(u(x-m)+v(y-n))}\right]\\
&\quad\ \mathrm{e}^{-\mathrm{j}2\pi(um+vn)}\\
&\overset{④}{=\!=} F(u,v)H(u,v)
\end{aligned}$$

式中，$\mathscr{F}(\cdot)$表示傅里叶变换。①、④应用了二维离散时间傅里叶变换的定义；②应用了二维离散函数卷积运算的定义；③交换求和的顺序。与卷积有关的另一个定理是乘积性质(窗口定理)，可表示为

$$f(x,y)h(x,y)\overset{\mathscr{F}}{\Leftrightarrow}F(u,v)*H(u,v) \tag{4-29}$$

乘积性质表明，空域中两个函数的乘积等效于频域中这两个函数傅里叶变换的卷积。同理，根据傅里叶变换的定义可推导出式(4-29)。

离散函数$f(x,y)$与$h(x,y)$的相关$f(x,y)\circ h(x,y)$定义为

$$f(x,y)\circ h(x,y)=\sum_{m=-\infty}^{+\infty}\sum_{n=-\infty}^{+\infty}f(m,n)h(m-x,n-y) \tag{4-30}$$

通过比较式(4-27)和式(4-30)可见，两个函数的相关运算与卷积运算具有相似性

$$\begin{aligned}
f(x,y)\circ h(-x,-y)&=\sum_{m=-\infty}^{+\infty}\sum_{n=-\infty}^{+\infty}f(m,n)h(-(m-x),-(n-y))\\
&=f(x,y)*h(x,y)
\end{aligned} \tag{4-31}$$

在卷积的计算过程中，其中一个函数经过反转，再平移，然后和另一个函数的对应值相乘，最后将乘积值相加。而相关的计算过程除没有反转操作之外，其他操作与卷积相同，包括平移、相乘和相加。因此，只要将函数$f(x,y)$和反转函数$h(-x,-y)$作为输入，就可以直接使用计算卷积的程序来执行相关运算。

空域中两个函数的相关$f(x,y)\circ h(x,y)$与频域乘积$F(u,v)H^*(u,v)$互为傅里叶变换对，相关定理的表述如下：

$$f(x,y)\circ h(x,y)\overset{\mathscr{F}}{\Leftrightarrow}F(u,v)H^*(u,v) \tag{4-32}$$

式中，$F(u,v)$和$H(u,v)$分别表示$f(x,y)$和$h(x,y)$的傅里叶变换，$H^*(u,v)$表示$H(u,v)$的复共轭，$\overset{\mathscr{F}}{\Leftrightarrow}$表示互为傅里叶变换对。

同理，根据二维离散时间傅里叶变换及其相关的定义证明相关定理，推导过程如下：

$$\begin{aligned}\mathscr{F}(f(x,y)\circ h(x,y)) &\overset{①}{=\!=}\sum_x\sum_y[f(x,y)\circ h(x,y)]\mathrm{e}^{-\mathrm{j}2\pi(ux+vy)}\\ &\overset{②}{=\!=}\sum_x\sum_y\left[\sum_m\sum_n f(m,n)h(m-x,n-y)\right]\mathrm{e}^{-\mathrm{j}2\pi(ux+vy)}\\ &\overset{③}{=\!=}\sum_m\sum_n f(m,n)\left[\sum_x\sum_y h(m-x,n-y)\mathrm{e}^{-\mathrm{j}2\pi(u(m-x)+v(n-y))}\right]^*\\ &\qquad\mathrm{e}^{-\mathrm{j}2\pi(um+vn)}\\ &\overset{④}{=\!=}F(u,v)H^*(u,v)\end{aligned}$$

同样,①、④应用了二维离散时间傅里叶变换的定义;②应用了二维离散函数相关运算的定义;③交换求和的顺序。

4.3.3 信号采样与采样定理

在计算机处理之前,需要通过采样和量化的过程将连续函数转换为离散序列。本节讨论信号的采样过程、离散信号与连续信号频谱之间的关系以及著名的采样定理。

4.3.3.1 信号采样与傅里叶变换

对连续信号 $f(t)$ 每隔 T 秒均匀采样产生离散时间信号 $f(n)$,可表示为

$$f(n)\triangleq f(nT),\quad -\infty<n<+\infty \tag{4-33}$$

如图 4-7 所示,在两个连续采样值之间的时间间隔 T 称为采样周期或采样间隔,其倒数 $1/T=u_s$ 称为采样率(采样数/秒)或采样频率(Hz)。

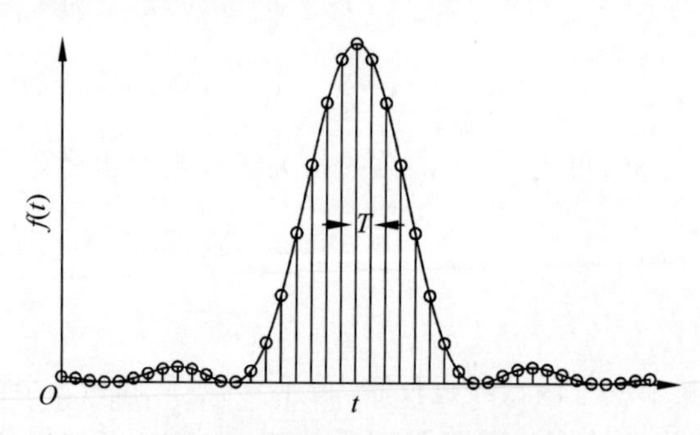

图 4-7 连续信号的均匀采样

一般情况下,时域采样过程是利用抽样脉冲序列从连续信号中抽取离散的采样值。狄拉克梳状函数(Dirac comb)定义为由 t 轴上分布的时间间隔 T 的无限个单位脉冲组成的周期单位脉冲序列,可以表示为

$$\delta_T(t)=\sum_{n=-\infty}^{+\infty}\delta(t-nT),\quad n\in\mathbb{Z} \tag{4-34}$$

式中,$\delta(t)$ 为单位脉冲函数或 δ 函数:

$$\delta(t)=\begin{cases}1, & t=0\\ 0, & 其他\end{cases} \tag{4-35}$$

δ 函数具有抽样(或筛选)性质,即 $\sum_{t=-\infty}^{+\infty}f(t)\delta(t-nT)=f(nT)$。连续时间信号 $f(t)$ 与单

位脉冲信号 $\delta(t-nT)$ 相乘并在 $-\infty$ 到 $+\infty$ 时间范围内求和，可以筛选出 $f(t)$ 在 $t=nT$ 时刻的函数值 $f(nT)$。$\delta_T(t)$ 函数的时域波形是周期为 T 的单位脉冲序列，如图 4-8(a) 所示。

下面推导狄拉克梳状函数 $\delta_T(t)$ 的傅里叶变换。由于狄拉克梳状函数 $\delta_T(t)$ 是周期 T 的周期函数，可以将 $\delta_T(t)$ 用傅里叶级数展开为

$$\delta_T(t)=\sum_{k=-\infty}^{+\infty} c_k \mathrm{e}^{\mathrm{j}2\pi k u_s t} \tag{4-36}$$

式中，$u_s=1/T$ 为基波频率(采样率)；c_k 为 $\delta_T(t)$ 的傅里叶级数展开系数，即

$$c_k=\frac{1}{T}\int_{-\frac{T}{2}}^{\frac{T}{2}}\delta_T(t)\mathrm{e}^{-\mathrm{j}2\pi k u_s t}\mathrm{d}t=\frac{1}{T}\int_{-\frac{T}{2}}^{\frac{T}{2}}\delta(t)\mathrm{e}^{-\mathrm{j}2\pi k u_s t}\mathrm{d}t=\frac{1}{T}\mathrm{e}^0=\frac{1}{T}=u_s,\quad k\in\mathbb{Z} \tag{4-37}$$

第二个等号是由于在一个周期区间 $[-T/2,T/2)$ 的积分仅包含单位冲激函数 $\delta(t)$，第三个等号使用了单位冲激函数的抽样性质。利用单脉冲的傅里叶变换可以容易地求出周期性脉冲序列的傅里叶系数。结合式(4-36)和式(4-37)，$\delta_T(t)$ 的傅里叶级数可展开为

$$\delta_T(t)=u_s\sum_{k=-\infty}^{+\infty}\mathrm{e}^{\mathrm{j}2\pi k u_s t} \tag{4-38}$$

可见，在周期 T 的单位脉冲序列 $\delta_T(t)$ 的傅里叶级数中只包含位于 $u_k=ku_s,k\in\mathbb{Z}$ 的频率成分，每一个频率成分的幅度相等，均等于 $u_s=1/T$。

对式(4-38)的狄拉克梳状函数 $\delta_T(t)$ 进行傅里叶变换，根据傅里叶变换线性性和频移性①，其傅里叶变换可写为

$$S(u)=\mathscr{F}(\delta_T(t))=u_s\sum_{k=-\infty}^{+\infty}\mathscr{F}(\mathrm{e}^{\mathrm{j}2\pi k u_s t})=u_s\sum_{k=-\infty}^{+\infty}\delta(u-ku_s) \tag{4-39}$$

式中，u 为频率变量，u_s 为采样率，$\mathscr{F}(\cdot)$ 表示傅里叶变换。第二个等号使用了傅里叶变换的线性性质，第三个等号使用了傅里叶变换的频移性质。式(4-39)表明，在周期为 T 的单位脉冲序列 $\delta_T(x)$ 的傅里叶变换中，同样也只包含位于频率 $u_k=ku_s,k\in\mathbb{Z}$ 处的单位脉冲函数，其强度相等，均等于 u_s。单脉冲的频谱是连续函数，而周期脉冲信号的频谱是离散函数。

图 4-8 直观地说明了时域狄拉克梳状函数 $\delta_T(t)$ 与其频域变换 $S(u)$ 之间的关系。如图 4-8(a) 所示，时域中的狄拉克梳状函数是由时间间隔 T 的单位脉冲组成的周期性脉冲序列，其傅里叶变换仍然是周期性脉冲序列，频率间隔为 $u_s=1/T$，幅度为 u_s，如图 4-8(b) 所示。$S(u)$ 与 $\delta_T(t)$ 之间的周期成反比关系，采样周期 T 越大，$\delta_T(t)$ 的脉冲间隔越大，则采样频率 u_s 越小，在频域中 $S(u)$ 的脉冲间隔越小。

利用狄拉克梳状函数 $\delta_T(t)$ 对连续信号 $f(t)$ 采样，称为冲激采样或理想采样，可以表示为狄拉克梳状函数 $\delta_T(t)$ 与连续信号 $f(t)$ 的乘积，采样信号用 $f_s(t)$ 表示为

$$f_s(t)=f(t)\delta_T(t)=f(t)\sum_{n=-\infty}^{+\infty}\delta(t-nT)=\sum_{n=-\infty}^{+\infty}f(nT)\delta(t-nT),\quad n\in\mathbb{Z} \tag{4-40}$$

最后的等号使用了 δ 函数的抽样性质。式(4-40)表示采样信号 $f_s(t)$ 是由强度为 $f(nT)$ 的脉冲序列组成的，各个脉冲的间隔为 T。通过时域采样，将连续时间信号 $f(t)$ 变为离散时

---

① 傅里叶变换的频移性：已知 $f(x)\overset{\mathscr{F}}{\Leftrightarrow}F(u)$，则 $f(x)\mathrm{e}^{\mathrm{j}2\pi u_0 x}\overset{\mathscr{F}}{\Leftrightarrow}F(u-u_0)$。

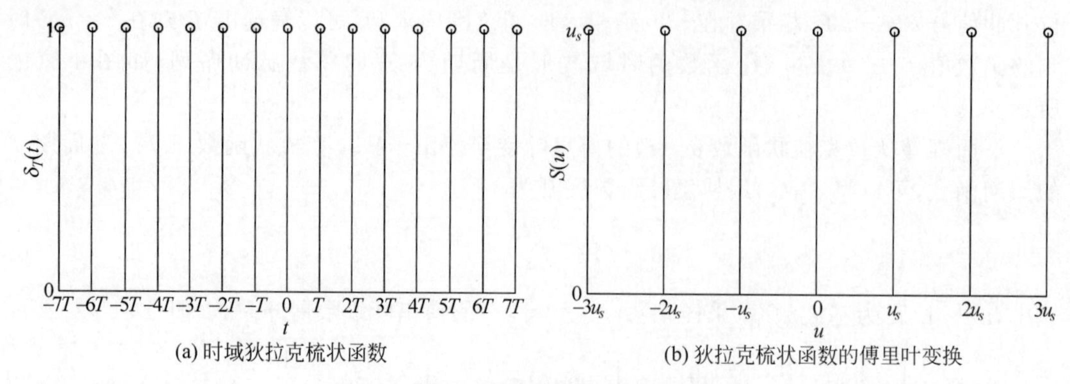

(a) 时域狄拉克梳状函数　　(b) 狄拉克梳状函数的傅里叶变换

图 4-8　狄拉克梳状函数及其傅里叶变换

间序列 $f(n)\triangleq f(nT)$，实现对连续函数的等间距采样。根据傅里叶变换的卷积定理，空域中两个信号乘积的傅里叶变换等效于这两个信号在频域中傅里叶变换的卷积，则有

$$f_s(t)=f(t)\delta_T(t)\overset{\mathscr{F}}{\Leftrightarrow}F_s(u)=F(u)*S(u) \tag{4-41}$$

根据式(4-39)、式(4-41)和 δ 函数的卷积性质①，则采样信号 $f_s(t)$ 的傅里叶变换 $F_s(u)$ 可写为

$$\begin{aligned}F_s(u)&=\mathscr{F}(f_s(t))=F(u)*S(u)\\&=u_sF(u)*\sum_{n=-\infty}^{+\infty}\delta(u-nu_s)=u_s\sum_{n=-\infty}^{+\infty}F(u-nu_s)\end{aligned} \tag{4-42}$$

式(4-42)表明，对连续信号的采样在频域中表现为连续信号的频谱 $F(u)$ 在频率 $u_n=nu_s$，$n\in\mathbb{Z}$ 处的周期性复制，且幅度变为原来的 u_s 倍。简言之，对连续函数的采样在频域中表现为频谱的周期性延拓。由于 $F_s(u)$ 是由 $F(u)$ 的周期重复组成的，因此 $F_s(u)$ 仍是连续函数。

以 $\mathrm{sinc}^2(t)$ 为例来描述时域中信号采样与频域中频谱之间的关系，$\mathrm{sinc}^2(t)$ 的傅里叶变换是三角函数 $\mathrm{tri}(u)$，即 $\mathrm{sinc}^2(t)\overset{\mathscr{F}}{\Leftrightarrow}\mathrm{tri}(u)$。根据傅里叶变换的尺度变换性②，可得如下傅里叶变换对：

$$f(t)=\mathrm{sinc}^2(at)\overset{\mathscr{F}}{\Leftrightarrow}F(u)=\frac{1}{|a|}\cdot\mathrm{tri}\left(\frac{u}{a}\right) \tag{4-43}$$

式中，a 为尺度因子，决定了信号的频域带宽(bandwidth)。带宽是指信号所占据的频带宽度。图 4-9、图 4-10、图 4-11 分别给出了给定采样率 u_s、不同尺度因子 a 条件下的时域采样与频域频谱之间的关系，图(a)为时域中连续信号及其时间间隔 T 的均匀采样，图(b)为连续信号的频谱及其在离散采样条件下频谱的周期性延拓。当采样率 $u_s>2a$ 时，采样间隔足以保证 $F(u)$ 完整的周期性复制，这种情况称为过采样，如图 4-9 所示。图 4-10 描述了临界采样的情况，这是保证 $F(u)$ 完整周期性复制的最小采样率要求。在图 4-11 中，当采样率低于临界采样时，即 $u_s<2a$，这种欠采样的情况无法保证 $F(u)$ 的完整性。由图中可以看出，对于连续带限信号，只要采样间距 T 充分小，也就是采样率充分大，离散采样信号在频

① 函数 $f(t)$ 与单位冲激函数 $\delta(t)$ 卷积的结果仍然是函数 $f(t)$ 本身，即 $f(t)*\delta(t)=f(t)$。与 $\delta(t-T)$ 卷积的结果相当于将函数本身延迟 T，即 $f(t)*\delta(t-T)=f(t-T)$。

② 傅里叶变换的尺度变换性：已知 $f(x)\overset{\mathscr{F}}{\Leftrightarrow}F(u)$，则 $f(ax)\overset{\mathscr{F}}{\Leftrightarrow}\frac{1}{|a|}F\left(\frac{u}{a}\right)$。

域中周期性延拓的频谱之间的间距 u_s 就会充分大，从而保证相邻的频谱互不重叠。

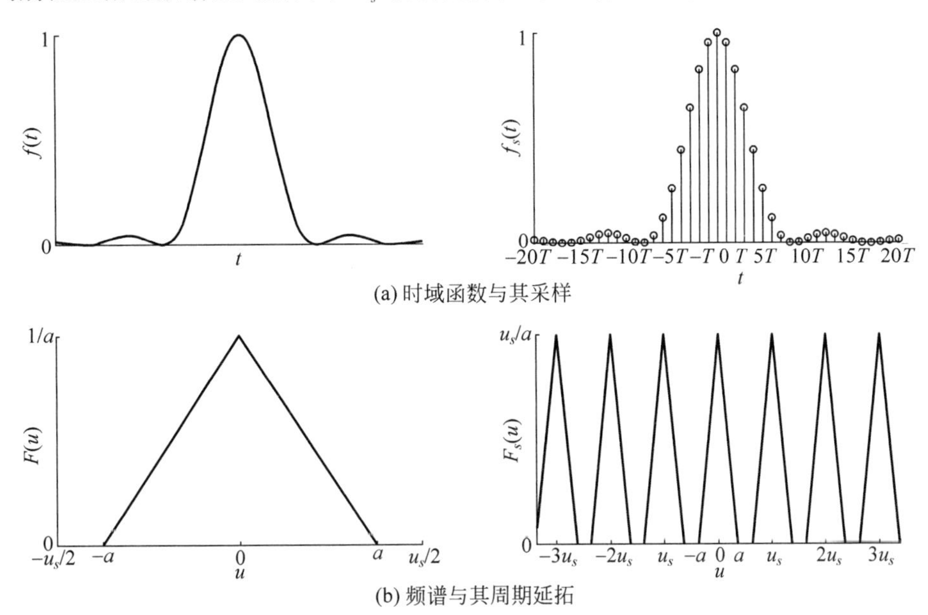

(a) 时域函数与其采样

(b) 频谱与其周期延拓

图 4-9 过采样条件下带限信号采样的傅里叶变换($u_s>2a$)

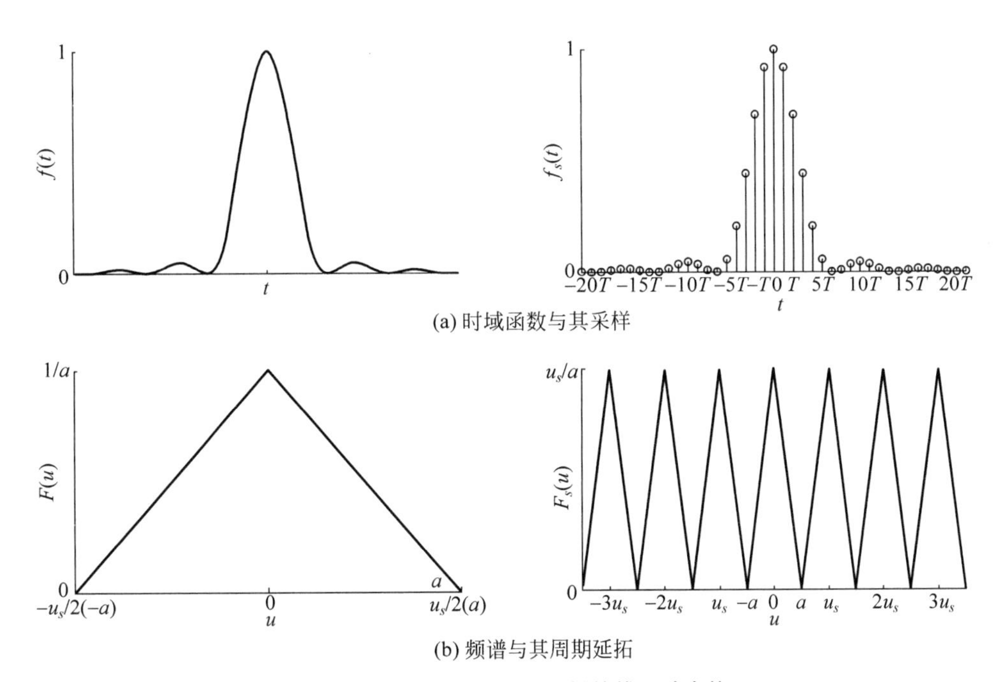

(a) 时域函数与其采样

(b) 频谱与其周期延拓

图 4-10 临界采样条件下带限信号采样的傅里叶变换($u_s=2a$)

将一维函数的情况扩展到二维函数。二维狄拉克梳状函数 $\delta_\Gamma(x,y)$是分布在(x,y)平面上，沿 x 方向和 y 方向采样间距分别为 Δx 和 Δy 的二维周期单位脉冲阵列，可表示为

$$\delta_\Gamma(x,y)=\sum_{m=-\infty}^{+\infty}\sum_{n=-\infty}^{+\infty}\delta(x-m\Delta x,y-n\Delta y) \tag{4-44}$$

二维狄拉克梳状函数 $\delta_\Gamma(x,y)$实际上由采样网格 Γ 的所有采样点处的单位脉冲函数组成。

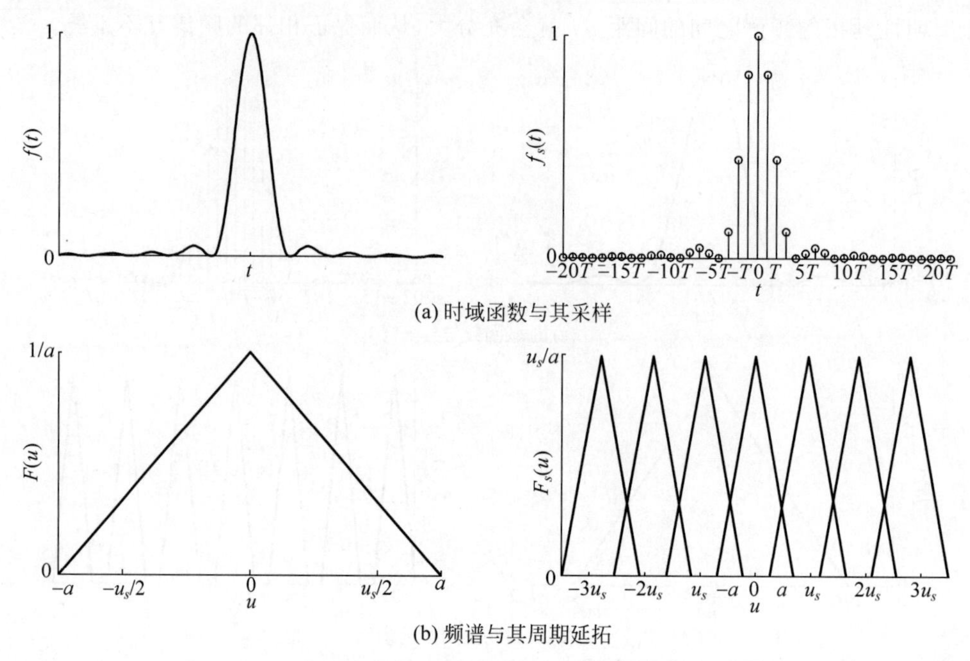

(a) 时域函数与其采样

(b) 频谱与其周期延拓

图 4-11　欠采样条件下带限信号采样的傅里叶变换($u_s<2a$)

在采样网格 Γ 上对二维连续函数 $f(x,y)$ 的采样可以表示为单位脉冲阵列 $\delta_\Gamma(x,y)$ 与连续函数 $f(x,y)$ 的乘积,有

$$
\begin{aligned}
f_s(x,y) &= \delta_\Gamma(x,y)f(x,y) \\
&= \sum_{m=-\infty}^{+\infty}\sum_{n=-\infty}^{+\infty} f(m\Delta x, n\Delta y)\delta(x-m\Delta x, y-n\Delta y),\quad m,n\in\mathbb{Z}
\end{aligned}
\tag{4-45}
$$

狄拉克梳状函数的抽样性质表明连续函数 $f(x,y)$ 与狄拉克梳状函数 $\delta_\Gamma(x,y)$ 相乘,产生强度为 $f(m,n)$ 的脉冲阵列。图 4-12 描述了二维狄拉克梳状函数 $\delta_\Gamma(x,y)$ 对二维连续函数 $f(x,y)$ 采样产生脉冲阵列 $f(m,n)$ 的过程。光学上常用狄拉克梳状函数 $\delta_\Gamma(x,y)$ 表示点光源阵列。

由于狄拉克梳状函数的傅里叶变换仍然是频域的狄拉克梳状函数,将一维推导的结论直接推广到二维,则有

$$
\begin{aligned}
\mathscr{F}(\delta_\Gamma(x,y)) &= \mathscr{F}\Big(\sum_{m=-\infty}^{+\infty}\sum_{n=-\infty}^{+\infty}\delta(x-m\Delta x, y-n\Delta y)\Big) \\
&= u_s v_s \sum_{m=-\infty}^{+\infty}\sum_{n=-\infty}^{+\infty}\delta(u-mu_s, v-nv_s),\quad m,n\in\mathbb{Z}
\end{aligned}
\tag{4-46}
$$

式中,u 和 v 为频率变量,$u_s=1/\Delta x$ 和 $v_s=1/\Delta y$ 分别为 x 方向和 y 方向上的采样频率,$\mathscr{F}(\cdot)$表示傅里叶变换。频域狄拉克梳状函数为频域中沿 u 方向和 v 方向间距分别为 u_s 和 v_s 的等间距单位脉冲阵列,用 $\delta_{\Gamma^*}(u,v)$表示,定义为

$$
\delta_{\Gamma^*}(u,v) = \sum_{m=-\infty}^{+\infty}\sum_{n=-\infty}^{+\infty}\delta(u-mu_s, v-nv_s) \tag{4-47}
$$

于是,式(4-46)中空域狄拉克梳状函数 $\delta_\Gamma(x,y)$ 与频域狄拉克梳状函数 $\delta_{\Gamma^*}(u,v)$ 的关系

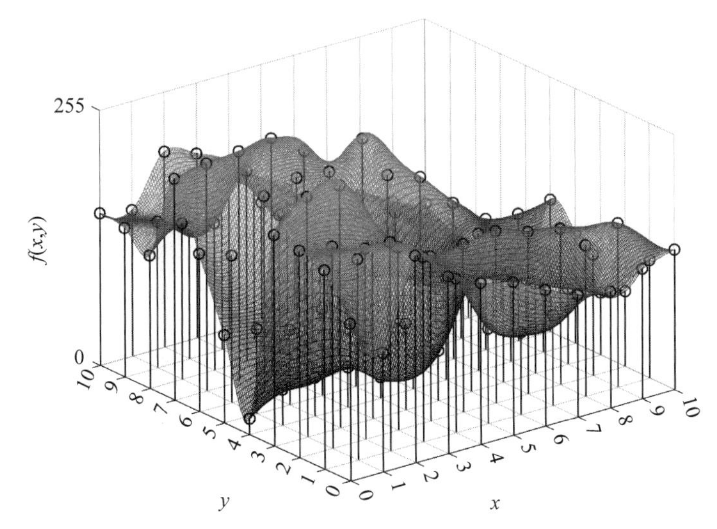

图 4-12　二维狄拉克梳状函数对二维连续函数的采样过程

可写为

$$\mathscr{F}(\delta_{\Gamma}(x,y)) = u_s v_s \delta_{\Gamma^*}(u,v), \quad m,n \in \mathbb{Z} \tag{4-48}$$

由此，离散分布函数 $f_s(x,y)$ 的傅里叶变换 $F_s(u,v)$ 可推导为

$$\begin{aligned} F_s(u,v) &= \mathscr{F}(f_s(x,y)) \xlongequal{①} \mathscr{F}(\delta_{\Gamma}(x,y)f(x,y)) \xlongequal{②} \mathscr{F}(\delta_{\Gamma}(x,y)) * F(u,v) \\ &\xlongequal{③} u_s v_s \delta_{\Gamma^*}(u,v) * F(u,v) \xlongequal{④} u_s v_s \sum_{m=-\infty}^{+\infty} \sum_{n=-\infty}^{+\infty} F(u - mu_s, v - nv_s) \end{aligned} \tag{4-49}$$

式中，$f(x,y) \overset{\mathscr{F}}{\Leftrightarrow} F(u,v)$。①应用了抽样性质；②应用了傅里叶变换的乘积性质；③应用了空域狄拉克梳状函数与频域狄拉克梳状函数的关系[式(4-48)]；④应用了卷积性质和狄拉克梳状函数的定义。式(4-49)表明，空域中对连续函数 $f(x,y)$ 以间距 Δx 和 Δy 进行采样，其离散分布函数 $f_s(x,y)$ 的频谱 $F_s(u,v)$ 是将 $f(x,y)$ 的频谱 $F(u,v)$ 在平面(u,v)上以采样频率 u_s 和 v_s 为间距周期地复制而成，且幅度变为原来的 $u_s v_s$ 倍。

4.3.3.2　采样定理

对于连续信号而言，信号的最高频率与最低频率之差称为信号带宽。信号带宽是信号随着时间波动速度的度量，带宽越大，信号的变化越快。在以原点为中心的有限带宽$[-B, B]$之外的频率处，连续信号 $f(t)$ 的傅里叶变换为零，则 $f(t)$ 称为带限信号。显然式(4-43)中的信号 $f(t)=\mathrm{sinc}^2(at)$ 是带宽 $2a$ 的带限信号。

$F_s(u)$ 函数是以 $F(u)$ 作为单个周期，以间隔 u_s 复制的连续周期函数。根据图 4-9、图 4-10、图 4-11，若信号是带限的，当采样率 u_s 大于信号最高频率 $u_{\max}=B$ 的两倍，即 $u_s > 2B$，则可以从 $F_s(u)$ 函数中完整地分离出单个频谱周期 $F(u)$，通过计算 $F(u)$ 的傅里叶逆变换，能够无失真地从采样信号中完全重建原始连续信号 $f(t)$。信号最大频率的两倍称为**奈奎斯特频率**(Nyquist rate)。使用采样率大于奈奎斯特频率的采样来表示连续带限信号不会有信息损失。反过来，当以采样率 u_s 对信号采样时，要求信号的最高频率 $u_{\max} < u_s/2$，才能保证信号的完全重建。

当频谱延拓的单个周期包含完整的信号频谱时，使用低通滤波器抽取零频率处的频谱周期，即可分离出完整的连续函数的频谱。用 $H_r(u)$ 表示低通滤波器，频域滤波通过 $H_r(u)$ 和 $F_s(u)$ 相乘实现[①]，即

$$F_r(u)=H_r(u)F_s(u) \tag{4-50}$$

式中，$F_r(u)$ 表示 $F(u)$ 的重建。对 $F_r(u)$ 进行傅里叶逆变换来重建连续信号 $f(t)$，重建信号用 $f_r(t)$ 表示。根据卷积定理，空域中两个信号卷积的傅里叶变换等于这两个信号在频域中傅里叶变换的乘积，则有

$$f_r(t)=h_r(t)*f_s(t) \tag{4-51}$$

根据式(4-40)和卷积性质，可将式(4-51)表示为

$$f_r(t)=h_r(t)*f(t)=h_r(t)*\sum_{n=-\infty}^{+\infty}f(nT)\delta(t-nT)=\sum_{n=-\infty}^{+\infty}f(nT)h_r(t-nT) \tag{4-52}$$

理想信号重建使用理想低通滤波器抽取单个频谱周期，理想低通滤波器可以表示为矩形或盒状函数的形式为

$$H_r(u)=T\cdot\mathrm{rect}(\pm B)=\begin{cases}T, & |u|\leqslant B\\ 0, & |u|>B\end{cases} \tag{4-53}$$

图 4-13(a)显示了理想低通滤波器矩形函数的图形，当使用图 4-13(a)乘以图 4-9(b)右图所示的周期序列时，则可以抽取零频率处的单个频谱周期，这里系数 T 的作用是抵消狄拉克梳状函数 $\delta_T(t)$ 傅里叶变换 $S(u)$ 中的系数 u_s。图 4-14 说明了当采样率高于奈奎斯特频率时，使用理想低通滤波器抽取 $F(u)$ 的过程，图中虚线表示 $H_r(u)$ 乘以 $F_s(u)$ 滤除的频谱周期。$H_r(u)$ 的傅里叶逆变换 $h_r(t)$ 可推导为

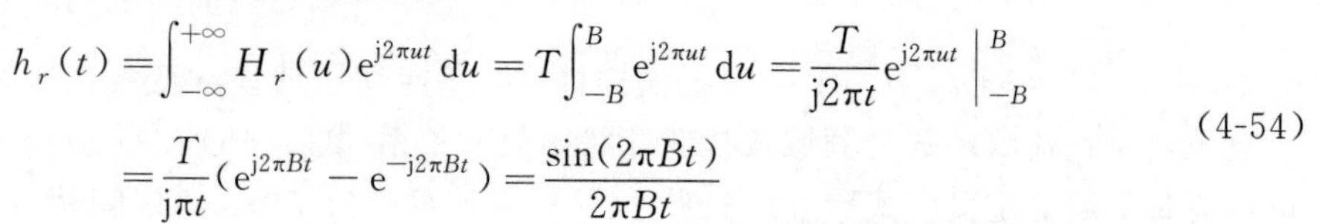

$$\begin{aligned}h_r(t)&=\int_{-\infty}^{+\infty}H_r(u)\mathrm{e}^{\mathrm{j}2\pi ut}\,\mathrm{d}u=T\int_{-B}^{B}\mathrm{e}^{\mathrm{j}2\pi ut}\,\mathrm{d}u=\frac{T}{\mathrm{j}2\pi t}\mathrm{e}^{\mathrm{j}2\pi ut}\Big|_{-B}^{B}\\&=\frac{T}{\mathrm{j}\pi t}(\mathrm{e}^{\mathrm{j}2\pi Bt}-\mathrm{e}^{-\mathrm{j}2\pi Bt})=\frac{\sin(2\pi Bt)}{2\pi Bt}\end{aligned} \tag{4-54}$$

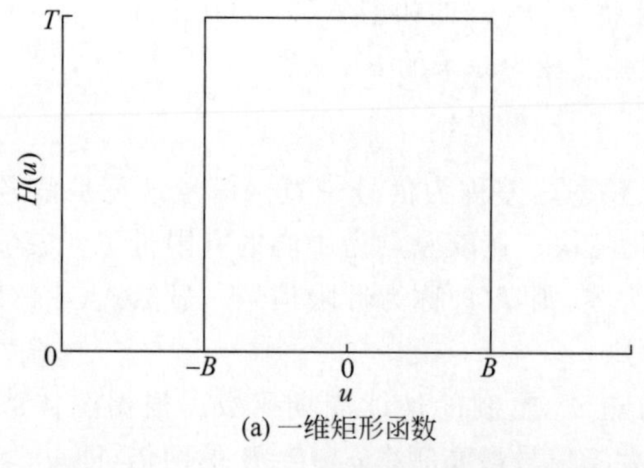

(a) 一维矩形函数

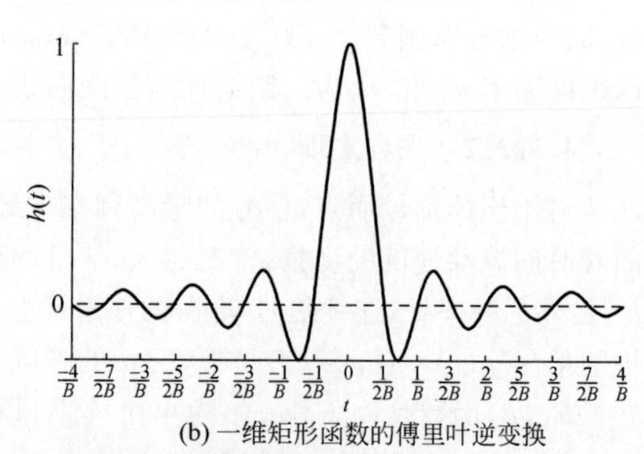

(b) 一维矩形函数的傅里叶逆变换

图 4-13 理想低通滤波器及其傅里叶逆变换的图形曲线

在推导过程中使用了欧拉公式 $\sin\theta=-\frac{\mathrm{j}}{2}(\mathrm{e}^{\mathrm{j}\theta}-\mathrm{e}^{-\mathrm{j}\theta})$。实偶函数的傅里叶变换仍是实偶函

---

① 第 5 章将叙述有关滤波器以及频域滤波的内容。

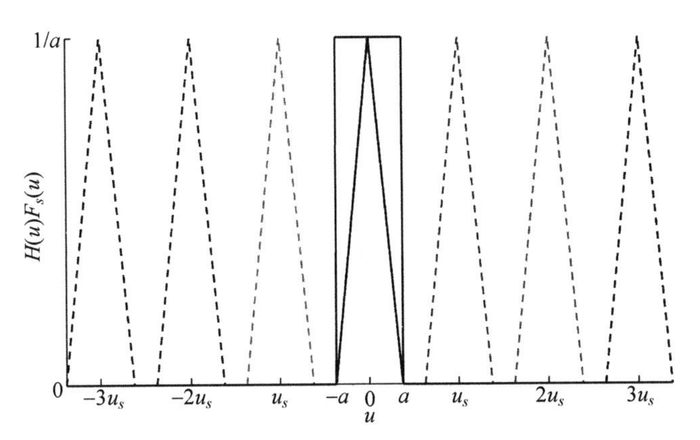

图 4-14　使用理想低通滤波器抽取带限信号采样周期延拓频谱中零频率处的单个频谱周期

数，式(4-53)中矩形函数的傅里叶逆变换是 sinc 函数，即

$$\mathrm{sinc}(2Bt)=\frac{\sin(2\pi Bt)}{2\pi Bt} \tag{4-55}$$

由于对于 sinc 函数，$\mathrm{sinc}(0)=1$，并且对于任何非零整数 m，$\mathrm{sinc}(m)=0$，因此，当 $t=\frac{m}{2B}$，$m\neq 0$；$m\in\mathbb{Z}$ 时，$\mathrm{sinc}(2Bt)=0$。图 4-13(b)显示了函数 $\mathrm{sinc}(2Bt)$关于变量 t 的图形曲线，$h_r(t)$的零值位置与矩形函数的宽度 $2B$ 成反比，并且函数在时间轴上无限扩展，波瓣的高度随函数距原点的距离降低。

将(4-54)代入式(4-52)中，可得理想带限插值公式：

$$f_r(t)=\sum_{n=-\infty}^{+\infty} f(nT)\frac{\sin(2\pi B(t-nT))}{2\pi B(t-nT)} \tag{4-56}$$

因为滤波器 $H_r(u)$用于从函数离散的采样值重建原始连续函数，将此目的的滤波器称为重建滤波器。

采样定理　如果连续带限信号 $f(t)$的最大频率是 $u_{\max}=B$，以采样率 $u_s>2u_{\max}\equiv 2B$ 对信号采样，那么 $f(t)$可以从采样值准确重建，其表达式为

$$f_r(t)=\sum_{n=-\infty}^{+\infty} f(nT)p(t-nT) \tag{4-57}$$

插值核函数 $p(t)$为

$$p(t)=\mathrm{sinc}(2Bt)=\frac{\sin(2\pi Bt)}{2\pi Bt} \tag{4-58}$$

其中，$f(nT)\equiv f(n)$是 $f(t)$的采样值。式(4-57)表明，从离散的采样值重建的连续函数 $f_r(t)$是 sinc 插值核函数及其时移的加权和，采样值为加权系数，加权项为无限项。也就是说，利用 sinc 插值核函数对整数周期采样值的插值实现连续信号的理想重建。图 4-15 描述了使用式(4-57)插值核重建的过程。由于 $\mathrm{sinc}(0)=1$，并且对于任何非零整数 $m\neq 0, m\in\mathbb{Z}$，$\mathrm{sinc}(m)=0$，因此，对于任何 $t=nT, n\in\mathbb{Z}$，$f_r(t)$等于连续信号的第 n 个采样值 $f(nT)$。简言之，在采样周期 T 的整数倍 $t=nT, n\in\mathbb{Z}$ 处重建的 $f_r(t)$函数值恒等于该时刻信号的采样值(插值的定义)。采样定理指出，对于连续带限信号，且当采样率高于奈奎斯特频率时，能够对连续信号进行完全重建，式(4-57)给出了完全重建的公式。

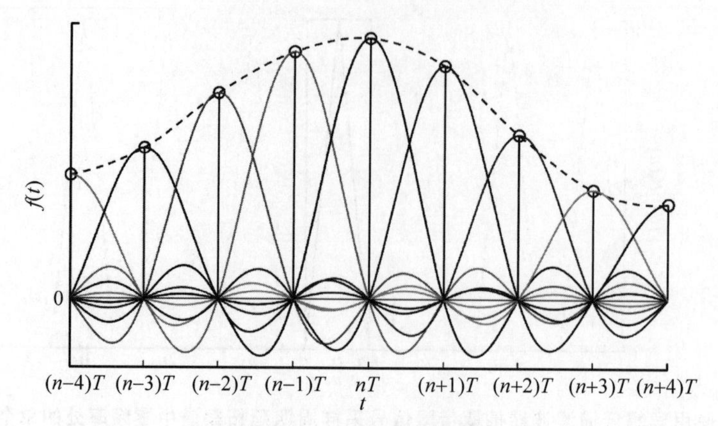

图 4-15 理想插值重建

式(4-57)中的插值公式要求采样值有无限项,这是理论上的公式,实际上需要对插值核函数进行有限近似。Lanczos 函数是用尺度化(拉伸)的 sinc 函数的中心主瓣对 sinc 函数进行加窗,可表示为

$$L(x)=\begin{cases}\operatorname{sinc}(x)\operatorname{sinc}(x/a), & -a<x<a\\ 0, & \text{其他}\end{cases} \tag{4-59}$$

sinc 函数具有理论保证,但由于 sinc 函数是无界的,并且与 sinc 函数作卷积,实际上存在振铃效应。Lanczos 函数使用 $\operatorname{sinc}(x/a)$的中心主瓣作为窗函数对 $\operatorname{sinc}(x)$进行截断,被认为是最优折中的插值核函数。图 4-16 比较了 sinc 函数、$a=2,3$ 的 Lanczos 函数和三次函数的曲线。Lanczos 函数和三次函数是图像处理中常用的插值核函数。

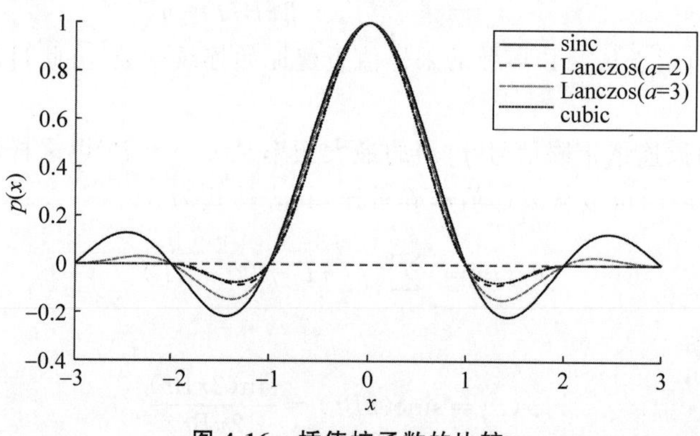

图 4-16 插值核函数的比较

4.3.3.3 混叠效应

对连续信号的采样在频域中表现为频谱的周期性延拓。当采样率小于奈奎斯特频率时(采样间隔过大),这样的欠采样会产生什么问题?如图 4-17 所示,以低于奈奎斯特频率的采样率对信号采样将导致频谱周期的重叠,无论使用何种滤波器,都不可能分离出单个频谱周期。使用图 4-13(a)中的理想低通滤波器,将产生如图 4-13(b)所示的结果,由于邻近频谱周期的干扰,连续信号的频谱发生失真,因此无法通过傅里叶逆变换重建原始的连续信号。由欠采样导致的这种频率重叠的效应,称为**混叠**。当频谱混叠发生时,连续信号在采样后频谱的高频成分发生相互交叠。信号的持续时间称为信号的时宽。该带限信号 $f(t)$的

时宽上从$-\infty$扩展到$+\infty$。反过来，有限时宽信号并非带限的。由于不可能对信号无限采样，因此，使用有限长度的采样值表示信号不可避免地发生混叠。

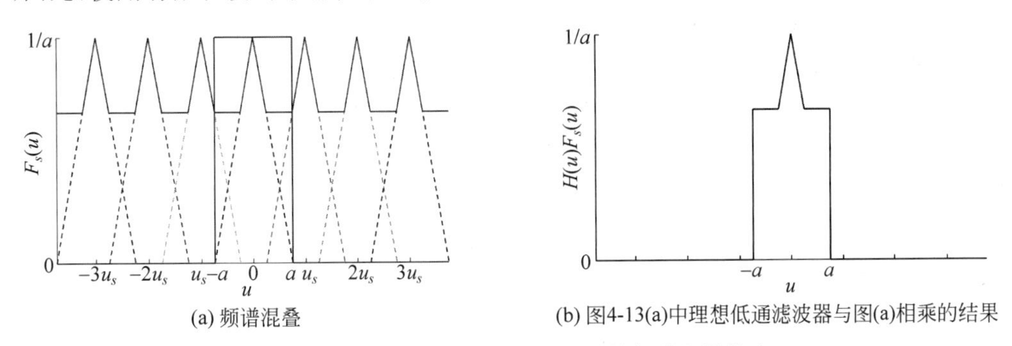

(a) 频谱混叠　　(b) 图4-13(a)中理想低通滤波器与图(a)相乘的结果

图 4-17　欠采样带限信号周期延拓的频谱混叠效应

例 4-4　正弦函数的混叠

图 4-18 描述了对正(余)弦函数欠采样、临界采样和过采样情况下的信号重建，图中虚线为原信号，实线为重建信号。周期扩展的正(余)弦波具有单一频率，图中正(余)弦波的频率 u 是 1Hz，即 1 个周期/秒，横轴表示时间，纵轴表示振幅。根据采样定理，如果采样率 u_s 超过信号频率的两倍，由一组采样值可以完全重建原信号。这意味着采样率 u_s 大于 2 个采样值/秒时，才能完全重建该信号。第一行是以 1.5 个采样值/秒的采样率对信号均匀采样，采样率低于 2 个采样值/秒，属于欠采样的情况，由于高频信息损失，重建的正(余)弦波的频率低于原信号的频率，这就是混叠效应。第二行是以 2 个采样值/秒的采样率对信号均匀采

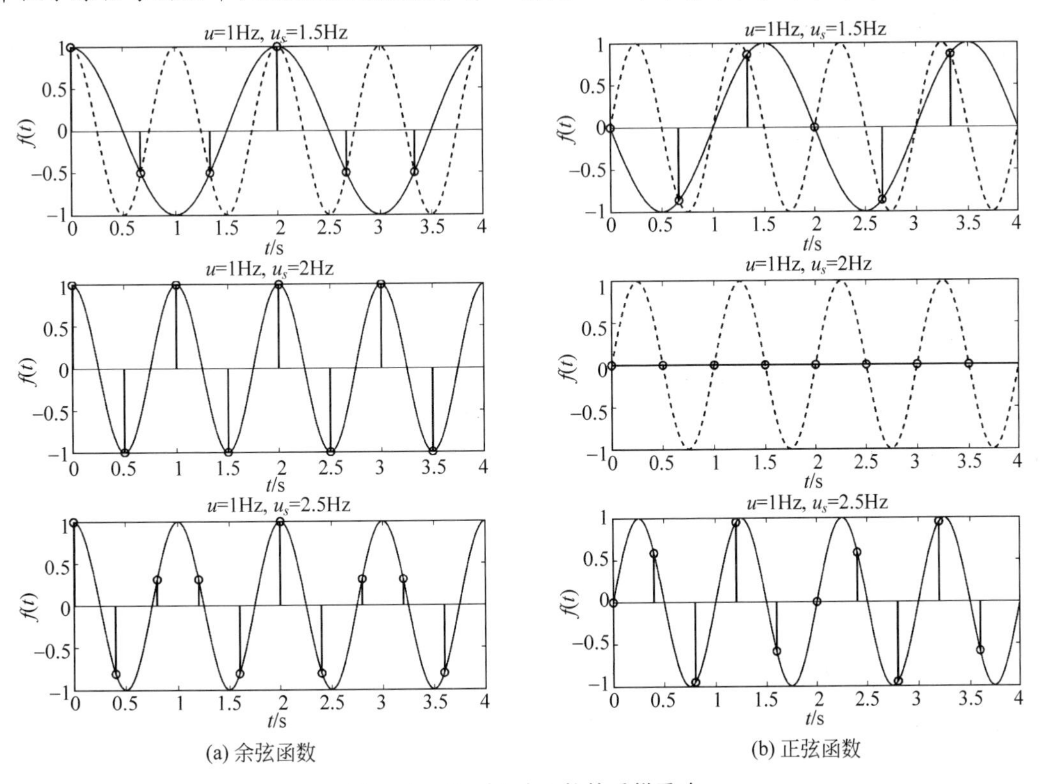

(a) 余弦函数　　(b) 正弦函数

图 4-18　正(余)弦函数的采样重建

样,这是临界采样的情况。对于余弦函数,当采样率等于信号频率两倍时,能够完全重建原信号,而对于正弦函数,显然,以两倍频率(2 个采样值/秒)的采样率对信号的采样值都是零,这说明了采样定理要求采样率超过信号频率的两倍。第三行是以 2.5 个采样值/秒的采样率对信号均匀采样,这是过采样的情况,正(余)弦函数单个周期有两个以上的采样值,能够完全重建原始信号。根据傅里叶定理,任何连续信号都可以表示为不同频率正弦和余弦波的相加。当信号不仅包含单一频率,而且包含多个频率时,避免混叠所需的最小采样率是最高频率的两倍(奈奎斯特频率)。

采样定理表明若 $f(x,y)$ 是带限函数,并且在 u 和 v 方向最高频率分别为 $u_{\max}$ 和 $v_{\max}$,则当采样频率 u_s 和 v_s 满足

$$u_s > 2u_{\max}, \quad v_s > 2v_{\max} \tag{4-60}$$

这里 $2u_{\max}$ 和 $2v_{\max}$ 是奈奎斯特频率,从离散采样 $f_s(x,y)$ 的频谱 $F_s(x,y)$ 能够完整地抽取连续函数 $f(x,y)$ 的频谱,从而完全重建连续函数而不损失高频细节。反之,若空间采样造成频率小于奈奎斯特频率,则周期性延拓的频谱会相互重叠,造成频谱混叠。正如在一维情况下的说明,当二维连续函数 $f(x,y)$ 在两个坐标方向上无限扩展时,才可能是带限函数。在空间上对函数的有限加窗将引起频域中频谱无限延伸。

在图像获取过程中,由于图像信号经过光学系统,光学系统的截止频率决定了进入成像系统的信号是有限带宽的,也就是说,数字图像是有限带宽的二维离散信号。带限信号的频谱受到信号最高频率的限制,因而离散的采样信号表现信号细节的能力是有限的。图像采集系统的传递函数 $H(u,v)$ 包括光学系统传递函数 $H_{\text{opt}}(u,v)$ 和感光元传递函数 $H_{\text{sen}}(u,v)$ 的过程。光学系统和感光元的传递函数描述了图像采集系统的硬件特性,实际中这些硬件对信号的响应都存在频率界限,仅允许各自频率界限内的频谱通过,该频率界限称为截止频率。

光学系统位于图像获取的前端,一般是由多个折射的透镜组成的,入射光穿过凸透镜组在焦平面上形成观测目标的光学影像。光学系统本身不是理想的,实质上相当于一个低通滤波器,光学系统传递函数 $H_{\text{opt}}(u,v)$ 的表达式一般可以表示为

$$H_{\text{opt}}(u,v) = \mathrm{e}^{-2\pi\alpha c\sqrt{u^2+v^2}} \tag{4-61}$$

式中,α 表示光学系统性能的参数,α 越大,$H_{\text{opt}}(u,v)$ 衰减越快,光学系统越不理想。

成像传感器是离散像素的光电成像器件,感光元接收光信号转换为电信号。感光元传递函数 $H_{\text{sen}}(u,v)$ 的形成是由于传感器并不是记录自然图像 $f(x,y)$ 在一点处的光强度,而是累积所有到达传感器感光元的光子。感光元通常是正方形的,如图 4-19 所示,图中 c 为感光元的尺寸。传感器获取的自然图像 $f(x,y)$ 在原点处的亮度值,是对图 4-19 所示的正方形区域内 $f(x,y)$ 的积分,则有

$$\begin{aligned} H_{\text{sen}}(u,v) &= \mathscr{F}\left(\frac{1}{c^2}\mathbf{1}_{|x|<c/2} \times \mathbf{1}_{|y|<c/2}\right)\mathrm{e}^{-2\pi c(\beta_1|u|+\beta_2|v|)} \\ &= \operatorname{sinc}(\pi uc)\operatorname{sinc}(\pi vc)\mathrm{e}^{-2\pi c(\beta_1|u|+\beta_2|v|)} \end{aligned} \tag{4-62}$$

式中,$\mathscr{F}(\cdot)$ 表示傅里叶变换; u 和 v 表示频率变量; 指数项考虑了相邻传感器之间的导电性,指数项中的两个参数 β_1 和 β_2 分别表示两个方向上相邻感光元件的导电性。

光学系统的截止频率决定了带限信号的频率,记频率范围为$[-u_{\max},u_{\max}]\times[-v_{\max},v_{\max}]$,成像传感器中感光元的物理尺寸和间距决定了成像系统的空间采样频率。当感光元阵列的

空间采样频率小于光学系统的截止频率时，由于欠采样，采样图像的频谱不能包含于单个频谱周期内，这样导致频谱中高频成分发生混叠效应。如图 4-20 所示，方框区域为单个周期的频谱，两圆相交区域表示图像频谱中发生混叠的高频成分。当利用低通滤波器 $H(u,v)$ 抽取单个周期内的频谱进行图像重建时，由于单个周期内的频谱混入相邻周期频谱的高频成分，因此，重建图像就会出现混叠效应。

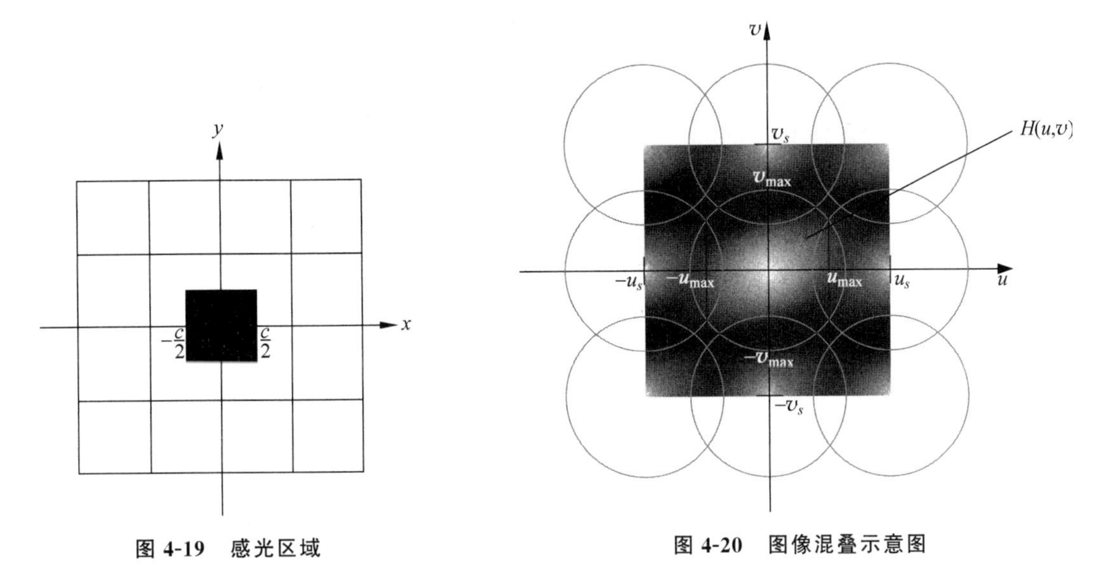

图 4-19　感光区域

图 4-20　图像混叠示意图

对密布纹理(例如，网格状的百叶窗、栅栏、编织物)的成像容易造成图像高频成分的混叠。图 4-21 直观地展现了图像的混叠效应。图 4-21(a)显示了明暗相间的同心圆，由内向外明暗变化的频率逐渐增大，由图 4-21(b)所示的频谱可见，该图像包含很高的频率成分。对图 4-21(a)进行隔行隔列(2 倍)下采样，如图 4-21(c)所示，欠采样导致的混叠效应在图像中的表现为纹理细节区域出现明显的波纹状条纹图案。由图 4-21(d)所示的频谱中可以看到，频谱中的高频成分发生相互交叠，这是图像发生混叠效应的原因。

当镜头的截止频率小于感光元阵列的空间采样频率时能够消除混叠效应。为此，光学反混叠方法通常是在图像传感器和镜头的光路之间增加低通滤波器，滤除图像中的高频成分，以损失图像分辨率(细节和锐度)为代价来抑制混叠效应。由于混叠是空间采样引入的问题，低通滤波需要在图像采样之前完成。MATLAB 图像处理工具包中的 imresize 函数对图像上采样和下采样的实现均包括卷积滤波和重采样两个步骤。图像下采样可能由于过低的采样率导致图像的混叠效应。对于下采样情况，通过拉伸图像滤波的插值核函数，增大像素平滑处理的邻域，降低图像的高频成分，使图像以低采样率表示时能够抑制混叠效应。在下采样过程中将下采样因子作为插值核函数拉伸的尺度因子，下采样因子越大，采样率越低，越无法表示高频成分，插值核函数的尺度因子应该越大，增大尺度因子，插值核函数展宽，图像越平滑。图 4-21(e)和图 4-21(f)给出了 $a=3$ 的 Lanczos 插值核函数对图像平滑处理(即低通滤波)的下采样图像及其频谱，由图中可见，由于靠近中心的圆环具有较低的空间频率，使用一半的采样率就可以表示了，离中心较远的高频圆环通过低通滤波平滑了，避免了混叠效应的发生。

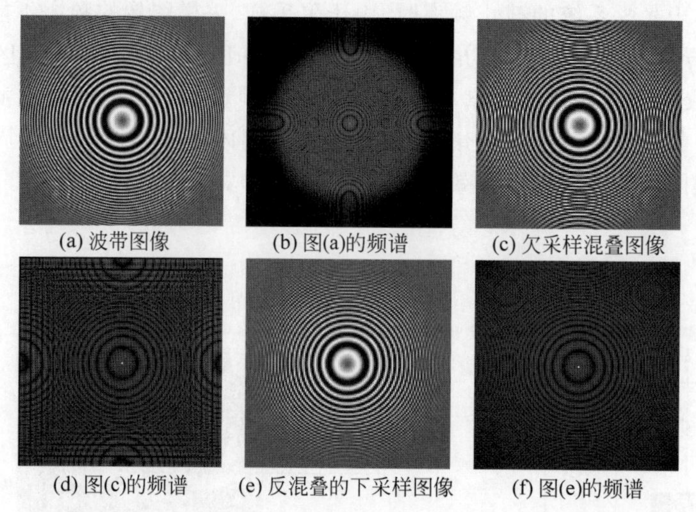

(a) 波带图像　(b) 图(a)的频谱　(c) 欠采样混叠图像

(d) 图(c)的频谱　(e) 反混叠的下采样图像　(f) 图(e)的频谱

图 4-21　混叠与反混叠示例

4.4 离散傅里叶变换

本节探讨在数字图像处理中实现傅里叶变换的问题，离散傅里叶变换是一种离散信号频率分析的有力数学工具。本节介绍离散傅里叶变换(discrete Fourier transform，DFT)及其频谱特性、相关定理以及性质。

4.4.1 一维离散傅里叶变换及其逆变换

离散时间傅里叶变换具有连续谱，考虑两点原因：①计算机只能处理离散数据；②傅里叶变换的计算是作用于全局的，具有很大的计算量，而离散谱便于推导快速算法[①]。因此，需要对离散时间傅里叶变换的连续谱采样而获得离散谱。如图 4-22 所示，$F(u)$是周期为 1 的周期函数，在基本频率区间$[0,1)$内抽取 N 个等间距采样点，采样间隔为 $\Delta u=1/N$，N 为频率采样个数。

计算式(4-22)在 $u=k/N$ 处的值，$k=0,1,\cdots,N-1$，得出

$$F\left(\frac{k}{N}\right)=\sum_{n=-\infty}^{+\infty} f(n)\mathrm{e}^{-\mathrm{j}2\pi kn/N}, \quad k=0,1,\cdots,N-1 \tag{4-63}$$

式(4-63)中的求和可以分成无限个求和的连加，其中每一个求和包括 N 项。因此，

$$\begin{aligned}F\left(\frac{k}{N}\right)&=\cdots+\sum_{n=-N}^{-1} f(n)\mathrm{e}^{-\mathrm{j}2\pi kn/N}+\sum_{n=0}^{N-1} f(n)\mathrm{e}^{-\mathrm{j}2\pi kn/N}+\sum_{n=N}^{2N-1}(n)\mathrm{e}^{-\mathrm{j}2\pi kn/N}+\cdots\\&=\sum_{l=-\infty}^{+\infty}\sum_{n=lN}^{lN+N-1} f(n)\mathrm{e}^{-\mathrm{j}2\pi kn/N}\end{aligned}$$

将上式中的求和变量 n 替换为 $n-lN$，并交换内、外求和的次序，则可得

① 详见 4.5 节。

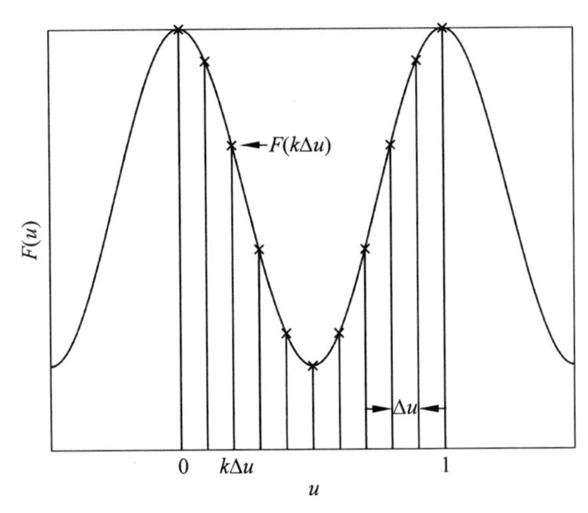

图 4-22　傅里叶变换的频域采样

$$F\left(\frac{k}{N}\right)=\sum_{n=0}^{N-1}\left[\sum_{l=-\infty}^{+\infty}f(n-lN)\right]\mathrm{e}^{-\mathrm{j}2\pi kn/N} \tag{4-64}$$

其中 $k=0,1,\cdots,N-1$。

式(4-64)中括号内的求和项实际上是 $f(n)$ 每隔 N 个采样值的周期性复制，用 $f_p(n)$ 表示为

$$f_p(n)=\sum_{l=-\infty}^{+\infty}f(n-lN) \tag{4-65}$$

显然信号 $f_p(n)$ 是周期性的，其基本周期为 N。因此，$f_p(n)$ 可以展开成傅里叶级数的形式

$$f_p(n)=\sum_{k=0}^{N-1}c_k\mathrm{e}^{\mathrm{j}2\pi kn/N},\quad n=0,1,\cdots,N-1 \tag{4-66}$$

其中，傅里叶系数

$$c_k=\frac{1}{N}\sum_{n=0}^{N-1}f_p(n)\mathrm{e}^{-\mathrm{j}2\pi kn/N},\quad k=0,1,\cdots,N-1 \tag{4-67}$$

比较式(4-64)和式(4-67)，可得

$$c_k=\frac{1}{N}F\left(\frac{k}{N}\right),\quad k=0,1,\cdots,N-1 \tag{4-68}$$

将式(4-68)代入式(4-66)，可得

$$f_p(n)=\frac{1}{N}\sum_{k=0}^{N-1}F\left(\frac{k}{N}\right)\mathrm{e}^{\mathrm{j}2\pi kn/N},\quad n=0,1,\cdots,N-1 \tag{4-69}$$

式(4-69)给出了从频谱 $F(u)$ 在频率 $u=k/N$ 处的采样值重建周期信号 $f_p(n)$ 的数学表达式。频率采样 $F(k/N)$，$k=0,1,\cdots,N-1$ 实际上对应于周期 N 的周期序列 $f_p(n)$，$f_p(n)$ 是由 $f(n)$ 按照式(4-65)进行周期性延拓的形式。对于非周期能量有限序列 $f(n)$ 的频域采样，通常当 $f(n)$ 无限长时，等间隔频率采样值 $F(k/N)$，$k=0,1,\cdots,N-1$ 不能唯一表示原始序列 $f(n)$。

对于长为 L 的有限长非周期离散时间信号，若时域上没有混叠，也就是说，若 $f(n)$ 是时间有限并且短于 $f_p(n)$ 的周期，则可以从 $f_p(n)$ 恢复出 $f(n)$。当 $L\leqslant N$ 时，有

$$f(n)=f_p(n),\quad 0\leqslant n\leqslant N-1$$

这样频率采样 $F(k/N),k=0,1,\cdots,N-1$ 唯一表示了有限长序列 $f(n)$。利用式(4-69)可以从 $f_p(n)$ 的频谱在频率 $u=k/N$ 处的采样值 $\{F(k/N)\}$ 中恢复出有限长序列 $f(n)$。若 $L>N$，则由于时域混叠，不能从 $f(n)$ 的周期延拓中恢复出来。

当 $f(n)$ 是长为 $L\leqslant N$ 的有限长序列时，$f_p(n)$ 仅是 $f(n)$ 的周期重复，$f_p(n)$ 的单个周期的值为

$$f_p(n)=\begin{cases}f(n), & 0\leqslant n\leqslant L-1\\ 0, & L\leqslant n\leqslant N-1\end{cases}\tag{4-70}$$

在单个周期内，对 $f(n)$ 补 $N-L$ 个零，则有 $f(n)\equiv f_p(n)$。当以等间隔频率 $u=k/N,k=0,1,\cdots,N-1$ 对 $F(u)$ 进行采样时，离散的采样值为

$$F(k)\equiv F\left(\frac{k}{N}\right)=\sum_{n=0}^{N-1}f(n)\mathrm{e}^{-\mathrm{j}2\pi kn/N}\tag{4-71}$$

$f(n)$ 序列的长度为 L，式(4-71)中求和的上限应为 $L-1$，由于当 $n\geqslant L$ 时，$f(n)=0$，为了表述的方便，将求和的上限写为 $N-1$。

离散傅里叶变换的频域采样间隔 Δu 与时域采样间隔 T 之间的关系为

$$\Delta u=\frac{u_s}{N}=\frac{1}{NT}\tag{4-72}$$

式中，$u_s=1/T$ 为离散时间信号的频谱复制周期，N 为单个频谱周期内的采样点数。

依据上述的推导过程，一维离散序列 $f(n),n=0,1,\cdots,N-1$ 的离散傅里叶变换定义为

$$F(k)=\sum_{n=0}^{N-1}f(n)\mathrm{e}^{-\mathrm{j}2\pi kn/N},\quad k=0,1,\cdots,N-1\tag{4-73}$$

式中，k 为离散频率变量。对应地，一维离散傅里叶逆变换定义为

$$f(n)=\frac{1}{N}\sum_{k=0}^{N-1}F(k)\mathrm{e}^{\mathrm{j}2\pi kn/N},\quad n=0,1,\cdots,N-1\tag{4-74}$$

离散傅里叶变换的一个重要性质是，对于数字信号 $f(n)$ 总是有限值，因此，离散傅里叶变换及其逆变换总是存在的。在式(4-73)和式(4-74)中，$\mathrm{e}^{-\mathrm{j}2\pi kn/N}$ 和 $\frac{1}{N}\mathrm{e}^{\mathrm{j}2\pi kn/N}$ 分别为一维离散傅里叶正变换和逆变换的基函数。式(4-74)的离散傅里叶逆变换实际上是 N 个复指数基函数 $\{\mathrm{e}^{\mathrm{j}m\cdot\frac{2\pi}{N}}\}_{m=0,1,\cdots,N-1}$ 的线性展开。

为了计算离散傅里叶变换 $F(k)$，首先将 $k=0$ 代入指数项，再将所有的 n 值相加。下一步，将 $k=1$ 代入指数项，重复上一步过程将所有的 n 值相加。以此类推，直至对 N 个 k 值重复这一过程，从而完成整个离散傅里叶变换。通过观察发现，对于每一个 k 值，计算 $F(k)$ 需要 N 次复数乘数和 $N-1$ 次复数加法(等效于 $4N$ 次实数乘法和 $4N-2$ 次实数加法)。从而，计算长度为 N 的离散傅里叶变换需要 N^2 次复数乘数和 N^2-N 次复数加法。

傅里叶变换 $F(k)$ 是复数，在复数的分析中，通常在极坐标下表示 $F(k)$ 为

$$F(k)=|F(k)|\mathrm{e}^{\mathrm{j}\angle F(k)}\tag{4-75}$$

其中，复数的模值关于频率的函数称为傅里叶变换的**幅度谱**，简称为**傅里叶谱**(Fourier spectrum)：

$$|F(k)|=[R^2(k)+I^2(k)]^{1/2}\tag{4-76}$$

复数的相角关于频率的函数称为傅里叶变换的**相位谱**：

$$\measuredangle F(k)=\arctan\frac{I(k)}{R(k)} \tag{4-77}$$

式中，$R(k)$和$I(k)$分别为$F(k)$的实部和虚部，即$R(k)=\mathrm{Re}[F(k)]$，$I(k)=\mathrm{Im}[F(k)]$。在研究数字图像的频域增强方法中，主要关心的是频谱的幅频特性。傅里叶变换的能量谱定义为傅里叶谱的平方：

$$P(k)=|F(k)|^2=R^2(k)+I^2(k) \tag{4-78}$$

能量谱$P(k)$反映了频域中信号能量的分布情况。

例 4-5　有限序列的零延拓

对有限长序列的零延拓不会增加序列频谱的额外信息，通过一个简单例子来证明这一点。设L点有限长的序列为

$$f(n)=1,\quad 0\leqslant n\leqslant L-1 \tag{4-79}$$

该离散序列的傅里叶变换为

$$F(u)=\sum_{n=0}^{L-1}f(n)\mathrm{e}^{-\mathrm{j}2\pi un}=\sum_{n=0}^{L-1}\mathrm{e}^{-\mathrm{j}2\pi un}=\frac{\sin(\pi uL)}{\sin(\pi u)}\mathrm{e}^{-\mathrm{j}\pi u(L-1)} \tag{4-80}$$

对于长度为$L=10$的离散序列$f(n)$，其傅里叶变换$F(u)$的幅度谱和相位谱如图4-23所示。

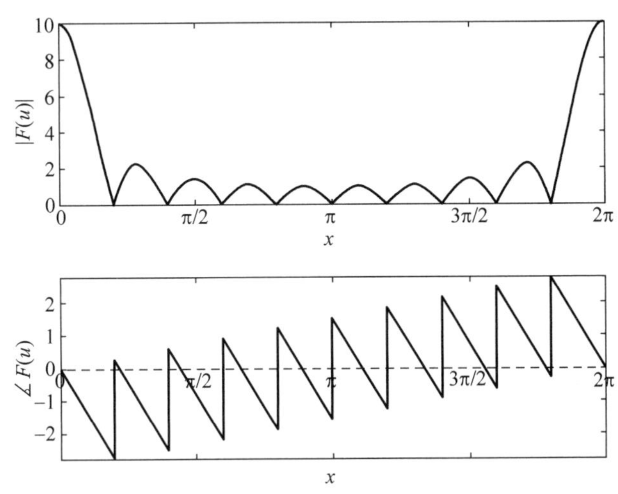

图 4-23　离散序列傅里叶变换的幅度谱和相位谱

如图4-24(a)所示，若直接对式(4-79)中的L点序列进行离散傅里叶变换，则是在一组等间隔频率$u_k=k/L$处对$F(u)$进行采样，当$k\neq 0$时，$F(u_k)=0$，在离散频谱$\{F(u_k)\}$中只有一个非零值，$k=0,1,\cdots,L-1$。对序列$f(x)$尾部补$N-L$个零，使序列的长度从L点扩展到N点。N点序列$f(x)$的离散傅里叶变换是在$F(u)$的一组等间隔频率$u_k=k/N$处的采样值，$k=0,1,\cdots,N-1$。图4-24(b)和图4-24(c)分别给出了$N=50$点和$N=100$点序列离散傅里叶变换的幅度谱和相位谱。从图中可以看出，零延拓不会影响离散傅里叶变换的形状，仅增加了采样点。

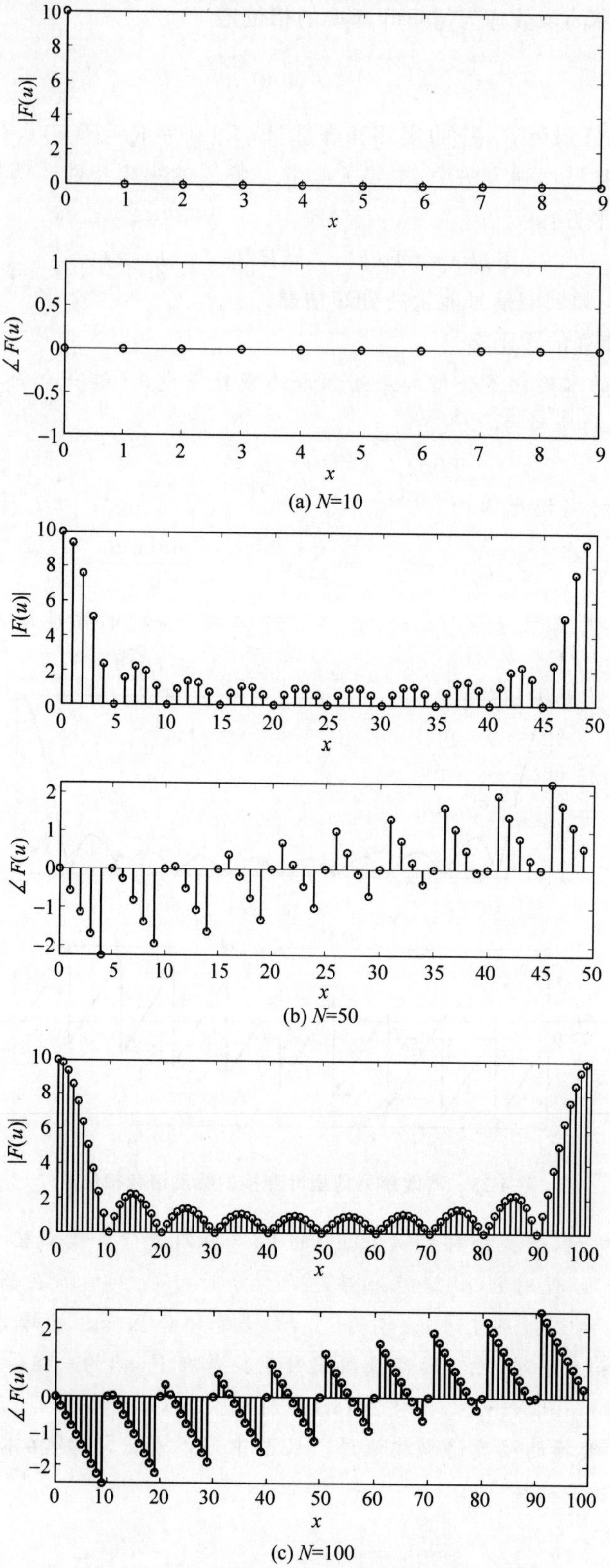

(a) N=10

(b) N=50

(c) N=100

图 4-24　N 点序列离散傅里叶变换的幅度谱和相位谱

4.4.2 二维离散傅里叶变换及其逆变换

一维离散傅里叶变换直接推广到二维离散傅里叶变换，设一幅数字图像 $f(x,y)$ 的尺寸为 $M\times N$，$f(x,y)$ 的二维离散傅里叶变换 $F(u,v)$ 定义为

$$F(u,v)=\sum_{x=0}^{M-1}\sum_{y=0}^{N-1}f(x,y)\mathrm{e}^{-\mathrm{j}2\pi(ux/M+vy/N)} \tag{4-81}$$

式中，$u=0,1,\cdots,M-1$；$v=0,1,\cdots,N-1$。与一维情形相同，必须对每一个 u 值和 v 值将所有 x 值和 y 值相加来计算 $F(u,v)$。对应地，二维离散傅里叶逆变换定义为

$$f(x,y)=\frac{1}{MN}\sum_{u=0}^{M-1}\sum_{v=0}^{N-1}F(u,v)\mathrm{e}^{\mathrm{j}2\pi(ux/M+vy/N)} \tag{4-82}$$

式中，$x=0,1,\cdots,M-1$；$y=0,1,\cdots,N-1$。式(4-81)和式(4-82)构成了二维离散傅里叶变换对。离散变量 u、v 是频率变量，x、y 是空间变量。同样地，对于一幅数字图像，$f(x,y)$ 为有限值，因此离散傅里叶变换及其逆变换总是存在的。在式(4-81)和式(4-82)中，$\mathrm{e}^{-\mathrm{j}2\pi(ux/M+vy/N)}$ 和 $\frac{1}{MN}\mathrm{e}^{\mathrm{j}2\pi(ux/M+vy/N)}$ 分别为二维离散傅里叶正变换和逆变换的基函数。

正如一维的情形，二维离散傅里叶变换中空域和频域采样间隔之间的关系如下：

$$\Delta u=\frac{1}{M\Delta x},\quad \Delta v=\frac{1}{N\Delta y} \tag{4-83}$$

式中，Δx 和 Δy 为空域中垂直方向和水平方向上的采样间隔，Δu 和 Δv 为频域中垂直方向和水平方向上的采样间隔。

类似地，傅里叶变换 $F(u,v)$ 是复数，在极坐标下可表示为

$$F(u,v)=|F(u,v)|\mathrm{e}^{\mathrm{j}\angle F(u,v)} \tag{4-84}$$

二维离散傅里叶变换的傅里叶谱 $|F(u,v)|$、相位谱 $\angle F(u,v)$ 和能量谱 $P(u,v)$ 分别定义为

$$|F(u,v)|=[R^2(u,v)+I^2(u,v)]^{1/2} \tag{4-85}$$

$$\angle F(u,v)=\arctan\frac{I(u,v)}{R(u,v)} \tag{4-86}$$

$$P(u,v)=|F(u,v)|^2=R^2(u,v)+I^2(u,v) \tag{4-87}$$

式中，$R(u,v)$ 和 $I(u,v)$ 分别为 $F(u,v)$ 的实部和虚部。

例 4-6 空域脉冲与频域频率的关系

图 4-25(a)是一幅尺寸为 128×128 的二维矩形图像，中央白色矩形的尺寸是 30×10。对图像进行傅里叶变换之前乘以 $(-1)^{x+y}$，从而使傅里叶谱关于中心对称[①]，如图 4-25(b)所示。图 4-25(a)中白色矩形沿水平方向(y 方向)的灰度级剖面是窄脉冲，沿垂直方向(x 方向)的灰度级剖面是宽脉冲，窄脉冲比宽脉冲具有更多的高频成分。在图 4-25(b)中，水平方向(v 方向)谱的零点间隔距离是垂直方向(u 方向)零点间隔距离的 3 倍，与图像中的矩形尺寸比例恰好相反。

① 详细内容参见 4.4.4 节。

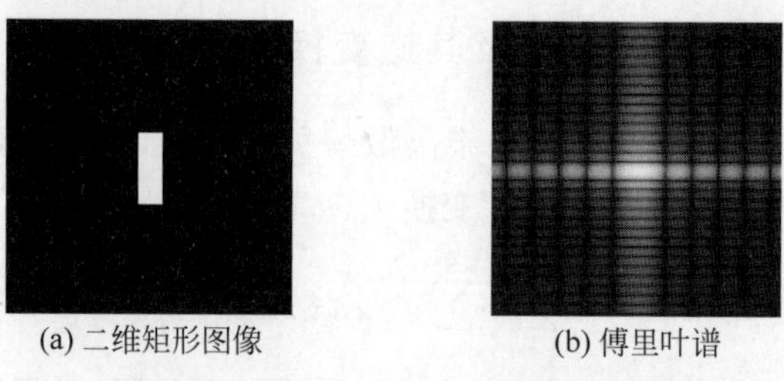

(a) 二维矩形图像　　(b) 傅里叶谱

图 4-25　二维矩形图像的傅里叶变换

4.4.3　离散傅里叶变换的矩阵形式

式(4-73)和式(4-74)中一维离散傅里叶变换和离散傅里叶逆变换的公式可以表示为

$$F(k)=\sum_{n=0}^{N-1} f(n) W_N^{kn}, \quad k=0,1,\cdots,N-1 \tag{4-88}$$

$$f(n)=\frac{1}{N}\sum_{k=0}^{N-1} F(k) W_N^{-kn}, \quad n=0,1,\cdots,N-1 \tag{4-89}$$

其中,W_N 称为相位因子:

$$W_N=\mathrm{e}^{-\mathrm{j}2\pi/N}=\cos\frac{2\pi}{N}-\mathrm{j}\sin\frac{2\pi}{N} \tag{4-90}$$

它是单位 1 的 N 次根。

$W_N=\mathrm{e}^{-\mathrm{j}2\pi/N}$ 的复共轭是 $\omega_N=\mathrm{e}^{\mathrm{j}2\pi/N}$,即 $\omega_N=\overline{W}_N=\cos\frac{2\pi}{N}+\mathrm{j}\sin\frac{2\pi}{N}$,复数序列$\{1,\omega_N,\omega_N^2,\cdots,\omega_N^{N-1}\}$是 N 个单位根,即为 $x^N=1$ 的全部解,其中,N 为正整数。N 个单位根在单位圆上沿逆时针方向均匀分布,图 4-26 直观地说明了当 $N=5,6,7,8$ 时 N 个单位根在单位圆上的分布情况。单位根是周期的,当 $k\geqslant N$ 时,$\omega_N^k=\omega_N^{k(\mathrm{mod}\ N)}$,这里 $k(\mathrm{mod}\ N)$表示 k 除以 N 的余数。也就是说,单位根是以 N 为周期的,即 $\omega_N^k=\omega_N^{k+N}$。例如,当 $N=6$ 时,$\omega_6^6=1,\omega_6^7=\omega_6,\omega_6^8=\omega_6^2,\omega_6^9=\omega_6^3,\cdots$。

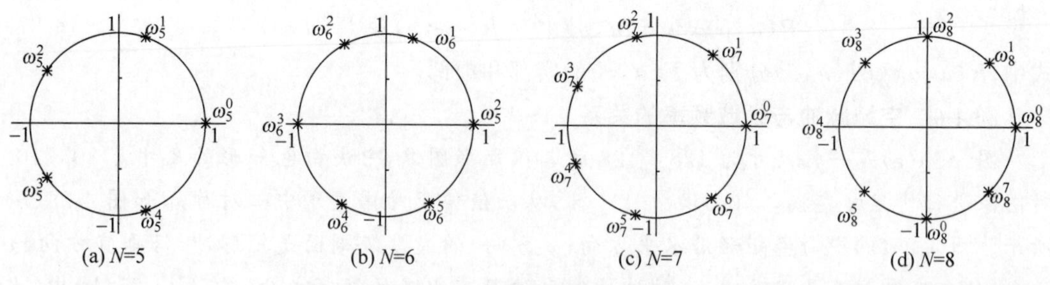

(a) N=5　　(b) N=6　　(c) N=7　　(d) N=8

图 4-26　单位圆的 N 个根

复数序列$\{1,W_N,W_N^2,\cdots,W_N^{N-1}\}$也是 N 个单位根,它们沿顺时针方向分布在单位圆上。根据单位根的周期性,下式成立:

$$W_N^k(1+W_N^k+W_N^{2k}+\cdots+W_N^{(N-2)k}+W_N^{(N-1)k})=W_N^k+W_N^{2k}+\cdots+W_N^{(N-1)k}+1 \tag{4-91}$$

其中，$W_N^k W_N^{(N-1)k}=W_N^{Nk}=1$。式(4-91)可写为

$$(1+W_N^k+W_N^{2k}+\cdots+W_N^{(N-1)k})(1-W_N^k)=0 \tag{4-92}$$

由上式可知，当 $W_N^k\neq 1$ 时，

$$1+W_N^k+W_N^{2k}+\cdots+W_N^{(N-1)k}=0 \tag{4-93}$$

式(4-93)中的等式将用于下面推导离散傅里叶逆变换矩阵与正变换矩阵之间的关系。

离散傅里叶变换是一种线性变换，根据式(4-88)中一维离散傅里叶变换的定义，一维离散傅里叶变换可用矩阵向量形式表示为

$$\boldsymbol{F}=\boldsymbol{W}_N\boldsymbol{f} \tag{4-94}$$

其中，$\boldsymbol{f}\in\mathbb{R}^N$ 为离散时间序列的列向量表示，$\boldsymbol{F}\in\mathbb{R}^N$ 为离散傅里叶变换系数的列向量表示，$\boldsymbol{W}_N\in\mathbb{R}^{N\times N}$ 称为离散傅里叶变换矩阵，可表示为

$$\boldsymbol{W}_N=\begin{bmatrix}1 & 1 & 1 & \cdots & 1\\ 1 & W_N & W_N^2 & \cdots & W_N^{N-1}\\ 1 & W_N^2 & W_N^4 & \cdots & W_N^{2(N-1)}\\ \vdots & \vdots & \vdots & \ddots & \vdots\\ 1 & W_N^{N-1} & W_N^{2(N-1)} & \cdots & W_N^{(N-1)(N-1)}\end{bmatrix} \tag{4-95}$$

其中，$W_N=\mathrm{e}^{-\mathrm{j}2\pi/N}$。由于 $W_N^{k+N}=W_N^k$，式(4-95)可简化为

$$\boldsymbol{W}_N=\begin{bmatrix}1 & 1 & 1 & \cdots & 1\\ 1 & W_N & W_N^2 & \cdots & W_N^{N-1}\\ 1 & W_N^2 & W_N^4 & \cdots & W_N^{N-2}\\ \vdots & \vdots & \vdots & \ddots & \vdots\\ 1 & W_N^{N-1} & W_N^{N-2} & \cdots & W_N\end{bmatrix} \tag{4-96}$$

由式(4-96)可见，$\boldsymbol{W}_N$ 是对称矩阵，即 $\boldsymbol{W}_N^{\mathrm{T}}=\boldsymbol{W}_N$。根据式(4-93)可知，$\boldsymbol{W}_N$ 中的任意两列 $0\leqslant r,s\leqslant N-1$ 的内积：

$$\bar{\boldsymbol{W}}_{*r}\boldsymbol{W}_{*s}=\sum_{j=0}^{N-1}\bar{W}_N^{jr}W_N^{js}=\sum_{j=0}^{N-1}W_N^{-jr}W_N^{js}=\sum_{j=0}^{N-1}W_N^{j(s-r)}=0 \tag{4-97}$$

式中，$\boldsymbol{W}_{*r}$ 和 $\boldsymbol{W}_{*s}$ 分别表示 $\boldsymbol{W}_N$ 中的 r 列和 s 列，$\bar{\boldsymbol{W}}_{*r}$ 表示 $\boldsymbol{W}_{*r}$ 的复共轭。式(4-97)表明 $\boldsymbol{W}_N$ 中任意两列的内积为 0，由此可知，$\boldsymbol{W}_N$ 中任意两列是相互正交的。又因为

$$\|\boldsymbol{W}_{*k}\|_2^2=\sum_{j=0}^{N-1}|W_N^{jk}|^2=\sum_{j=0}^{N-1}W_N^{jk}\bar{W}_N^{jk}=\sum_{j=0}^{N-1}W_N^{jk}W_N^{-jk}=\sum_{j=0}^{N-1}1=N \tag{4-98}$$

式(4-98)表明 $\boldsymbol{W}_N$ 中任意一列的范数为 $\sqrt{N}$，可以通过乘以尺度因子 $\sqrt{N}$ 对 $\boldsymbol{W}_N$ 中的每一列进行归一化。根据式(4-97)和式(4-98)可知，$\frac{1}{\sqrt{N}}\boldsymbol{W}_N$ 是标准正交矩阵，又因为 $\boldsymbol{W}_N^{\mathrm{T}}=\boldsymbol{W}_N$，可得

$$\left(\frac{1}{\sqrt{N}}\boldsymbol{W}_N\right)^{-1}=\left(\frac{1}{\sqrt{N}}\boldsymbol{W}_N\right)^{\mathrm{H}}=\frac{1}{\sqrt{N}}\bar{\boldsymbol{W}}_N \tag{4-99}$$

式中，上标 H 表示转置共轭。因此，$\boldsymbol{W}_N$ 的逆变换 $\boldsymbol{W}_N^{-1}$ 可表示为

$$W_N^{-1} = \frac{1}{N}\overline{W}_N = \frac{1}{N}\begin{bmatrix} 1 & 1 & 1 & \cdots & 1 \\ 1 & \omega_N & \omega_N^2 & \cdots & \omega_N^{N-1} \\ 1 & \omega_N^2 & \omega_N^4 & \cdots & \omega_N^{N-2} \\ \vdots & \vdots & \vdots & \ddots & \vdots \\ 1 & \omega_N^{N-1} & \omega_N^{N-2} & \cdots & \omega_N \end{bmatrix} \tag{4-100}$$

因此,一维离散傅里叶变换逆变换的矩阵向量形式可写为

$$\boldsymbol{f} = \boldsymbol{W}_N^{-1}\boldsymbol{F} = \frac{1}{N}\overline{\boldsymbol{W}}_N\boldsymbol{F} \tag{4-101}$$

二维离散傅里叶变换具有行列可分离性,可以先沿输入图像的列计算一维离散傅里叶变换,再计算所有行的一维离散傅里叶变换①,二维矩阵 $\boldsymbol{f} \in \mathbb{R}^{M\times N}$ 的离散傅里叶变换及其逆变换的矩阵向量形式可写为

$$\boldsymbol{F} = \boldsymbol{W}_M\boldsymbol{f}\boldsymbol{W}_N^{\mathrm{T}} = \boldsymbol{W}_M\boldsymbol{f}\boldsymbol{W}_N \tag{4-102}$$

$$\boldsymbol{f} = \boldsymbol{W}_M^{-1}\boldsymbol{F}(\boldsymbol{W}_N^{-1})^{\mathrm{T}} = \frac{1}{MN}\overline{\boldsymbol{W}}_M\boldsymbol{F}\overline{\boldsymbol{W}}_N \tag{4-103}$$

式中,$\boldsymbol{W}_M$ 和 $\boldsymbol{W}_N$ 分别为 $M\times M$ 维和 $N\times N$ 维的离散傅里叶变换矩阵。

4.4.4 频谱分布与统计特性

本节讨论离散傅里叶变换的频谱分布以及图像内容与频率成分之间的对应关系。频谱是一种在频域中描述图像特征的方法,它反映了图像中正弦分量的幅度和相位随频率的分布情况。图像中灰度均匀或灰度变化缓慢的区域,对应频谱的低频成分,换句话说,频谱的低频成分取决于图像中灰度的总体分布;而图像中灰度突变或灰度变化快速的区域,对应频谱的高频成分,也就是说,频谱的高频成分取决于图像中的边缘和细节。相邻像素一般具有相同或相近的灰度值,因而图像具有很强的空域相关性,反映在频域中就是图像的能量主要集中于低频成分。对于二维图像信号的傅里叶变换,一方面研究图像中存在的频率成分,另一方面研究在空域中进行的各种处理。

1. 频谱分布

从式(4-81)中二维离散傅里叶变换的定义可知,傅里叶变换 $F(u,v)$在(0,0)处的值为

$$F(0,0) = \sum_{x=0}^{M-1}\sum_{y=0}^{N-1} f(x,y) \tag{4-104}$$

这表明傅里叶变换的零频率成分 $F(0,0)$等于一幅图像 $f(x,y)$的像素灰度值之和,也称为直流成分。

若 $f(x,y)$是实函数,则它的傅里叶变换具有共轭对称性,可表示为

$$F(u,v) = F^*(-u,-v) \tag{4-105}$$

式中,* 表示复数的共轭。从上式中可得出,傅里叶谱是关于原点对称的,即

$$|F(u,v)| = |F^*(-u,-v)| = |F(-u,-v)| \tag{4-106}$$

由于一幅数字图像必然是实函数,因而,它的傅里叶变换具有共轭对称性,其傅里叶谱是关

① 参见 4.4.5.3 节二维离散傅里叶变换的可分离性。

于原点对称的。

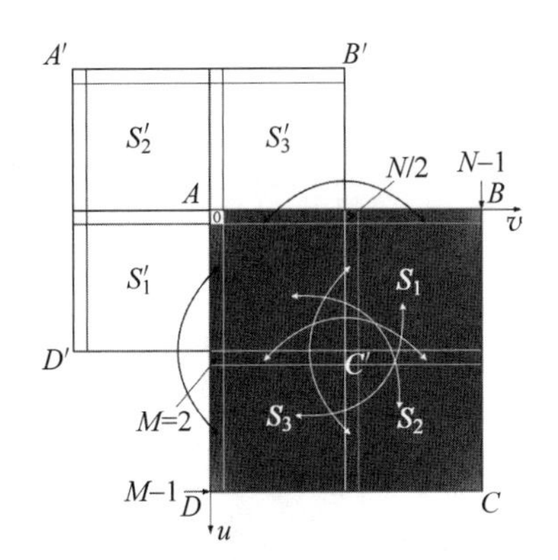

图 4-27 二维离散傅里叶变换的共轭对称性和周期性示意图

图 4-27 直观地说明了二维离散傅里叶变换的共轭对称性和周期性。四个正方形小区域表示所在位置的傅里叶系数 $F(0,0)$、$F(M/2,0)$、$F(0,N/2)$和 $F(M/2,N/2)$为实数，其中，$(0,0)$对应位置为图像中像素灰度值之和，也就是直流成分。由周期性可知，S_1 和 S_1'、S_2 和 S_2'、S_3 和 S_3'区域的傅里叶系数相同；由共轭对称性可知，双箭头指向的区域是共轭对称的。

一幅图像的傅里叶谱关于原点对称，低频成分反映在傅里叶谱的四个角部分，且由于图像的能量主要集中于低频成分，因此，四个角部分的幅度较大。设傅里叶变换的定义域为 $u=0,1,\cdots,M-1$；$v=0,1,\cdots,N-1$，**中心移位变换**是将频谱的中心从原点移动到二维离散傅里叶变换的频谱中心$(M/2,N/2)$，这里的频谱尺寸为 $M\times N$。为了便于观察频谱分布以及进行频域滤波等频域处理与分析，需要对频谱进行中心移位变换，将直流成分移动到频谱中心。图 4-28 显示了二维离散傅里叶谱的频率成分分布图，左上角为直流成分，四个角部分对应低频成分，中央部分对应高频成分。对频谱进行中心移位变换后，频谱图的中央部分是低频成分，而向外是高频成分。这样，中央部分的幅度大，而向四个角方向幅度衰减。

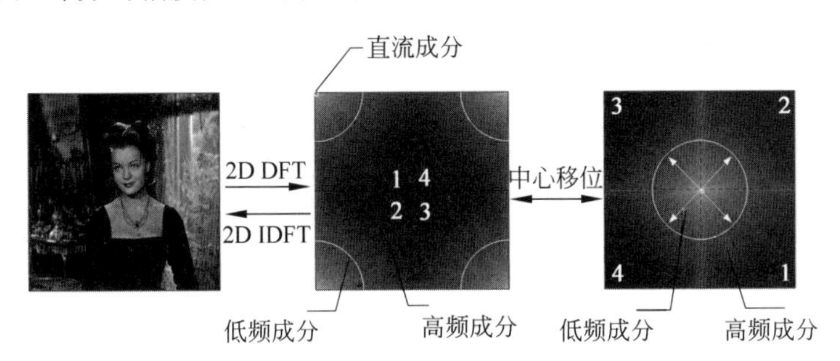

图 4-28 二维离散傅里叶谱的频率成分分布图

在傅里叶变换前将输入图像乘以$(-1)^{x+y}$，根据傅里叶变换的周期性和平移性[①]，以及指数函数的性质，可得

$$\mathscr{F}[f(x,y)(-1)^{x+y}]=F(u-M/2,v-N/2) \tag{4-107}$$

式中，$\mathscr{F}(\cdot)$表示傅里叶变换。式(4-107)表明，将 $f(x,y)$乘以$(-1)^{x+y}$ 可将傅里叶变换 $F(u,v)$的原点从频率坐标$(0,0)$移动到$(M/2,N/2)$。对图像进行中心移位变换后，它的傅里叶谱关于$(M/2,N/2)$对称。为了保证位移坐标是整数，要求 M 和 N 是偶数。MATLAB 的下标从 1 开始，傅里叶变换的实际中心在 $u=M/2+1$ 和 $v=N/2+1$。MATLAB 图像处理工具箱的 fftshift 函数通过互换第一象限和第三象限、第二象限和第四象限将直流成分移动到频谱中心。

图 4-29(a)为一幅灰度较为平坦的图像，计算傅里叶变换直接显示的傅里叶谱如

① 详细内容参见 4.4.5.3 节。

图 4-29(b)所示，能量集中的低频成分分散在傅里叶谱的四个角。图 4-29(c)为中心移位变换的傅里叶谱，能量集中的低频成分分布在中央部分，而高频成分分布在傅里叶谱的四个角。值得注意的是，傅里叶逆变换必须对消中心移位变换的作用。输入图像 $f(x,y)$ 与 $(-1)^{x+y}$ 乘积的相反操作是对傅里叶逆变换的结果乘以 $(-1)^{x+y}$ 以抵消对输入图像的中心移位变换，或者直接对傅里叶逆变换的结果取绝对值以使全部像素值为正值。MATLAB 图像处理工具箱中 ifftshift 函数用在傅里叶逆变换前，对频谱进行逆向中心移位变换，也就是互换回第一象限和第三象限、第二象限和第四象限。

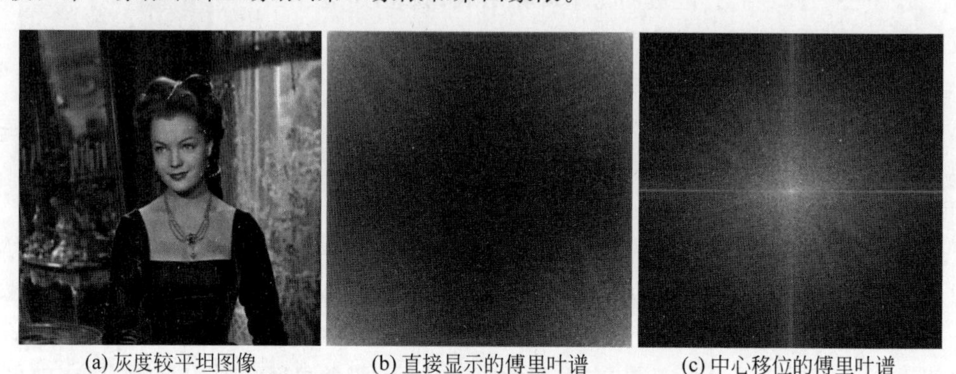

(a) 灰度较平坦图像　(b) 直接显示的傅里叶谱　(c) 中心移位的傅里叶谱

图 4-29　二维离散傅里叶变换的傅里叶谱

2. 幅频特性和相频特性

离散傅里叶变换是频域滤波的基础。允许低频成分通过而限制高频成分通过的滤波器称为低通滤波器，具有相反特性的滤波器称为高通滤波器。低通滤波器的作用是滤除图像中的边缘和细节，平滑和模糊图像；而高通滤波器滤除整体灰度水平，突出灰度的变化。第 5 章将详细讨论频域滤波器在图像增强中的应用。

傅里叶变换是作用于整幅图像的全局变换，每一个 $F(u,v)$ 包含了所有 $f(x,y)$ 值。因此，除了特殊情况，一般不能建立图像特定像素或区域与其傅里叶变换之间的直接联系。从直观上理解，傅里叶变换的频率成分与图像中的灰度变化率直接相关。低频成分与灰度平坦或灰度变化缓慢的区域相关联，而高频成分则与灰度突变或灰度变化快速的区域相关联，图像边缘、细节和纹理具有高频成分特征。

例 4-7　不同细节程度图像的傅里叶谱比较

通过观察图 4-30 比较不同细节程度图像的傅里叶谱，图 4-30(a)为一幅灰度较平坦的图像及其傅里叶谱，图 4-30(b)为一幅细节较丰富的图像及其傅里叶谱。从这两幅图可以看到，灰度较平坦图像的能量主要集中在低频成分，然而细节较丰富图像的能量分布范围较大，从中央部分向外遍及到高频成分，这说明细节丰富图像的高频成分较多。

例 4-8　突出频率特征的傅里叶谱

图 4-31 直观地解释了频域中频率成分与空域中灰度变化之间的联系，灰度值的突变会导致高频成分的出现。图 4-31(a)和图 4-31(b)为两幅具有明显灰度变化的图像，以及它们的傅里叶谱。在第一幅图像的傅里叶谱中呈现五条明显的亮纹，这是由于该图像中建筑物的五条边表现出的灰度值跃变而引起的高频成分；而在第二幅图像的傅里叶谱中存在三条强亮纹，强亮纹产生的原因是沿着垂直于三脚架的三个支架存在亮度突变，高频成分存在于与三个支架垂直的方向。

(a) 灰度较平坦图像及其傅里叶谱

(b) 细节较丰富图像及其傅里叶谱

图 4-30　不同细节程度图像的傅里叶谱比较

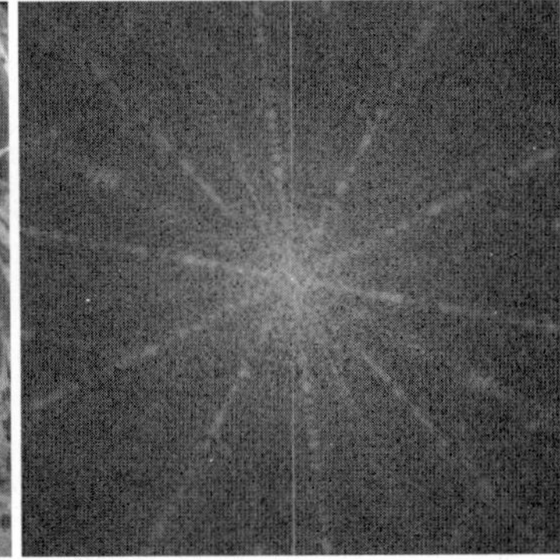

(a) pentagon图像及其傅里叶谱

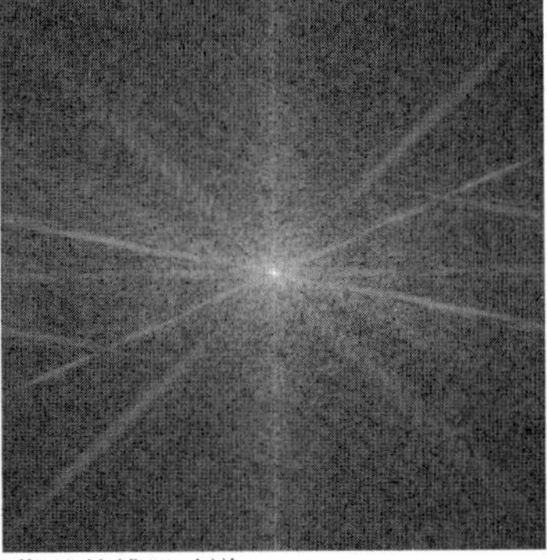

(b) cameraman图像及其傅里叶谱

图 4-31　突出频率特征的傅里叶谱

傅里叶变换的频谱是由幅度谱和相位谱构成的，幅度谱能够直观表现地出高低频率成分的能量分布，而相位谱看似是完全随机的，没有表现出任何信息。实际上，幅度谱表明了图像中各个正弦分量的相对强度，而相位谱表明了在图像中各个正弦分量之间的位置关系。图 4-32 直观地说明了相位谱的重要性。对图 4-32(a)所示图像进行傅里叶变换，由图 4-32(b)中可见，相位谱看似杂乱无章，忽略幅度信息；仅对相位谱进行傅里叶逆变换，图 4-32(c)为相位谱的重构图像，从重构图像中可依稀辨别出肖像的轮廓。正是这个原因，后面讨论的零相移滤波器仅作用于频谱的幅度分量，而不改变相位信息。

(a) 原图像　　(b) 相位谱　　(c) 由相位谱重构的图像

图 4-32　由相位谱重构的图像

4.4.5　二维离散傅里叶变换的性质

本节讨论了离散时间傅里叶变换的卷积定理和相关定理是否适用于离散傅里叶变换，以及如何在线性滤波中使用离散傅里叶变换。此外，还讨论了作为图像重建基础的投影定理，以及线性性、平移性、尺度变换性、旋转性、周期性、对称性、可分离性等其他性质。

4.4.5.1　线性滤波中使用离散傅里叶变换

由离散时间傅里叶变换的卷积定理可知，两个信号在时域中的卷积等效于这两个信号在频域中的乘积。现推导出两个信号离散傅里叶变换乘积对应在时域中与这两个信号之间的关系。

长度为 $L \leqslant N$ 的有限长序列 $f(n)$的 N 点离散傅里叶变换等于周期为 N 的周期序列 $f_p(n)$的 N 点离散傅里叶变换，其中 $f_p(n)$是 $f(n)$的周期延拓[式(4-65)]。将周期序列 $f_p(n)$向右移位 k 个单位，产生另一个周期序列：

$$\tilde{f}_p(n) = f_p(n-k) = \sum_{l=-\infty}^{+\infty} f(n-k-lN) \tag{4-108}$$

有限长序列

$$\tilde{f}(n) = \begin{cases} \tilde{f}_p(n), & 0 \leqslant n \leqslant N-1 \\ 0, & \text{其他} \end{cases} \tag{4-109}$$

是原始序列 $f(n)$在圆周上的移位，称为循环移位。这个关系如图 4-33 所示，其中 $N=7$，$k=3$。

序列的循环移位可以表示为序列对 N 的求余，因此可以写为

$$\tilde{f}(n) = f((m-n)\bmod N) = f((m-n)_N) \tag{4-110}$$

N 点序列的循环移位等价于它的周期延拓的线性移位，反之亦然。

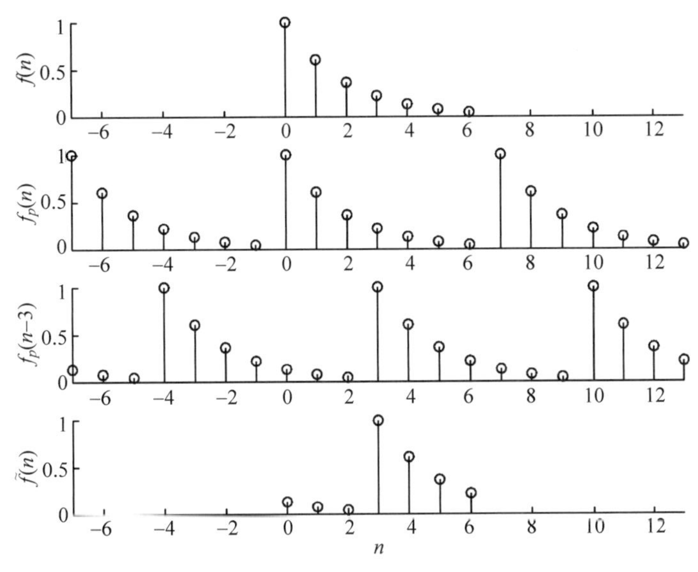

图 4-33　序列的循环移位

对于两个长为 N 的有限长序列 $f(n)$ 和 $h(n)$，已知傅里叶变换对 $f(n)\overset{\mathscr{F}}{\Leftrightarrow}F(k)$ 和 $h(n)\overset{\mathscr{F}}{\Leftrightarrow}H(k)$，将两个序列离散傅里叶变换相乘，则有

$$G(k)=F(k)H(k),\quad k=0,1,\cdots,N-1 \tag{4-111}$$

$G(k),k=0,1,\cdots,N-1$ 的离散傅里叶逆变换为

$$g(m)=\frac{1}{N}\sum_{k=0}^{N-1}G(k)\mathrm{e}^{\mathrm{j}2\pi km/N}=\frac{1}{N}\sum_{k=0}^{N-1}F(k)H(k)\mathrm{e}^{\mathrm{j}2\pi km/N} \tag{4-112}$$

根据 $F(k)$ 和 $H(k)$ 的离散傅里叶变换定义，得出

$$\begin{aligned}g(m)&=\frac{1}{N}\sum_{k=0}^{N-1}\left[\sum_{n=0}^{N-1}f(n)\mathrm{e}^{-\mathrm{j}2\pi kn/N}\right]\left[\sum_{l=0}^{N-1}h(l)\mathrm{e}^{-\mathrm{j}2\pi kl/N}\right]\mathrm{e}^{\mathrm{j}2\pi km/N}\\&=\frac{1}{N}\sum_{n=0}^{N-1}f(n)\sum_{l=0}^{N-1}h(l)\left[\sum_{k=0}^{N-1}\mathrm{e}^{\mathrm{j}2\pi k(m-n-l)/N}\right]\end{aligned} \tag{4-113}$$

式(4-113)中方括号内的求和的形式为

$$\sum_{k=0}^{N-1}a^k=\begin{cases}N, & a=1\\ \dfrac{1-a^N}{1-a}, & a\neq 1\end{cases} \tag{4-114}$$

其中，a 定义为

$$a=\mathrm{e}^{\mathrm{j}2\pi(m-n-l)/N}$$

当 $m-n-l$ 是 N 的倍数时，$a=1$。任何 $a\neq 0$ 的值，$a^N=1$。因此，式(4-114)简化为

$$\sum_{k=0}^{N-1}a^k=\begin{cases}N, & l=m-n+pN=(m-n)\bmod N,p\in\mathbb{Z}\\ 0, & \text{其他}\end{cases} \tag{4-115}$$

将式(4-115)代入式(4-113)，得出 $g(m)$ 的表达式为

$$g(m)=\sum_{n=0}^{N-1}f(n)h((m-n)_N),\quad m=0,1,\cdots,N-1 \tag{4-116}$$

而式(4-116)中的卷积中包含了序号$(m-n)_N$,称为循环卷积①,记为$f(n)\circledast h(n)$。因此得出结论,两个序列离散傅里叶变换的乘积等效于这两个序列在时域中的循环卷积。循环卷积和线性卷积主要的不同在于,循环卷积在反转和移位操作时,是循环进行的,这需要将序号对N求余,而线性卷积中没有对N进行求余运算。

根据线性卷积的定义,若两个一维离散序列$f(n)$和$h(n)$的长度分别为A和B,则线性卷积的序列长度等于$A+B-1$。以图4-34为例,图4-34(a)和图4-34(b)分别为32点和24点的离散序列,图4-34(c)为这两个离散序列的线性卷积结果,线性卷积结果的序列长度为55;而图4-34(d)为这两个离散序列的循环卷积结果,循环卷积要求两个序列的长度相等,为了计算循环卷积,将24点的$h(n)$序列补零至32点,图中的虚线为线性卷积结果中序号0~31的序列,在循环卷积中,线性卷积结果的首尾部分非零值发生重叠,即$f(n)$和$h(n)$的线性卷积结果中序号32~54的序列叠加到序号0~22的序列上(见图中实线),从而造成头部数据错误,尾部数据丢失,这就是混叠现象。

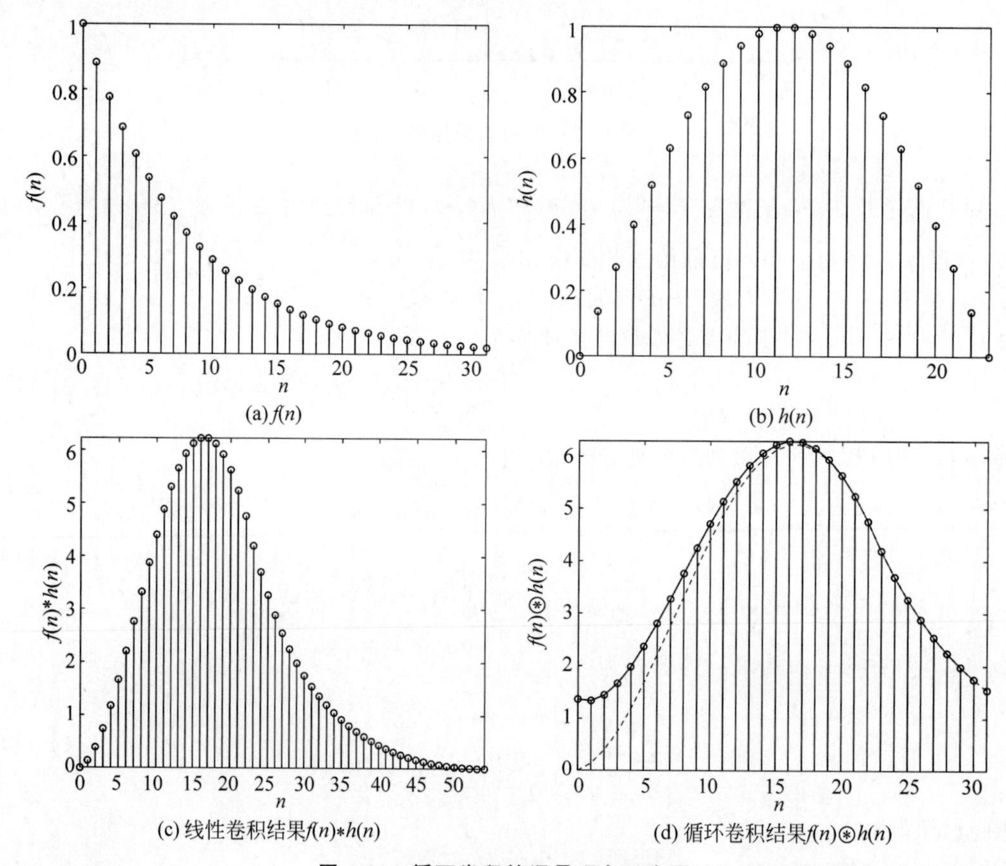

(a) $f(n)$　(b) $h(n)$

(c) 线性卷积结果$f(n)*h(n)$　(d) 循环卷积结果$f(n)\circledast h(n)$

图4-34　循环卷积的混叠现象示意图

由于线性滤波对输入图像的响应是计算线性卷积的结果,使用离散傅里叶变换无法直接在频域中进行线性滤波处理。换句话说,在线性滤波中无法直接使用循环卷积。那么离散傅里叶变换能否应用于线性滤波中?答案是肯定的。通过对信号进行零延拓使循环卷积

---

① 也称为圆周卷积。

等效于线性卷积。在零延拓的基础上，离散时间傅里叶变换的性质可以适用于离散傅里叶变换。

设 $f(n)$ 为 A 点采样的离散序列，$h(n)$ 为 B 点采样的冲激响应序列，对两个序列补零延拓至 N 点长度，满足 $N \geqslant A+B-1$，对 $f(n)$ 和 $h(n)$ 零延拓的扩展表示如下：

$$f_e(n)=\begin{cases} f(n), & 0 \leqslant n \leqslant A-1 \\ 0, & A \leqslant n \leqslant N-1 \end{cases} \tag{4-117}$$

$$h_e(n)=\begin{cases} h(n), & 0 \leqslant n \leqslant B-1 \\ 0, & B \leqslant n \leqslant N-1 \end{cases} \tag{4-118}$$

式中，扩展函数 $f_e(n)$ 和 $h_e(n)$ 均为 N 点序列。输入函数的输出响应用离散卷积形式表示为

$$g_e(n)=f_e(n) * h_e(n)=\sum_{k=0}^{N-1} f_e(k) h_e(n-k) \tag{4-119}$$

式中，$n=0,1,\cdots,N-1$。此时，循环卷积的结果等于线性卷积的结果。

通过对离散信号零延拓，可以在线性滤波中直接使用离散傅里叶变换。如图 4-35(a)和图 4-35(b)所示，将两个离散信号 $f(n)$ 和 $h(n)$ 补零到 55 点序列。图 4-35(c)为循环卷积的结果，从图中可以看出，循环卷积的序列与图 4-34(c)所示的线性卷积的序列相同。由此可知，零延拓的好处是可以在离散傅里叶变换的频域中计算线性卷积，实现步骤为：①通过零延拓将两个序列扩展到适当长度；②计算这两个序列的离散傅里叶变换；③将离散傅里叶变换的复数逐元素相乘；④计算乘积的傅里叶逆变换。理论上，傅里叶逆变换后虚部应为零，但是在傅里叶变换、频域滤波和傅里叶逆变换的计算过程中，由于机器精度的舍入误差问题而使傅里叶逆变换后产生非零(几乎为零)的虚部，直接舍去这样的虚部，只需截取实部即可。

将上述一维序列的零延拓推广到二维矩阵的情形，设 $f(x,y)$ 表示尺寸为 $A \times B$ 的输入图像，$h(x,y)$ 表示尺寸为 $C \times D$ 的点扩散函数，也就是系统冲激响应函数。将 $f(x,y)$ 和 $h(x,y)$ 补零扩展为尺寸均为 $M \times N$ 的函数 $f_e(x,y)$ 和 $h_e(x,y)$。为了避免混叠现象，M 和 N 必须满足 $M \geqslant A+C-1$，$N \geqslant B+D-1$，对 $f(x,y)$ 和 $h(x,y)$ 零延拓的扩展表示如下：

$$f_e(x,y)=\begin{cases} f(x,y), & 0 \leqslant x \leqslant A-1, 0 \leqslant y \leqslant B-1 \\ 0, & \text{其他} \end{cases} \tag{4-120}$$

$$h_e(x,y)=\begin{cases} h(x,y), & 0 \leqslant x \leqslant C-1, 0 \leqslant y \leqslant D-1 \\ 0, & \text{其他} \end{cases} \tag{4-121}$$

输出图像 $g_e(x,y)$ 可用离散卷积形式表示为

$$g_e(x,y)=\sum_{m=0}^{M-1} \sum_{n=0}^{N-1} f_e(m,n) h_e(x-m, y-n) \tag{4-122}$$

式中，$x=0,1,\cdots,M-1$；$y=0,1,\cdots,N-1$。在函数零延拓的基础上循环卷积与线性卷积产生相同的结果，离散傅里叶变换可以应用于线性滤波。这为离散傅里叶变换的卷积定理和相关定理作出必要铺垫。

两个支撑域尺寸为 $M \times N$ 的离散函数 $f(x,y)$ 与 $h(x,y)$ 的卷积 $f(x,y) * h(x,y)$，定义为

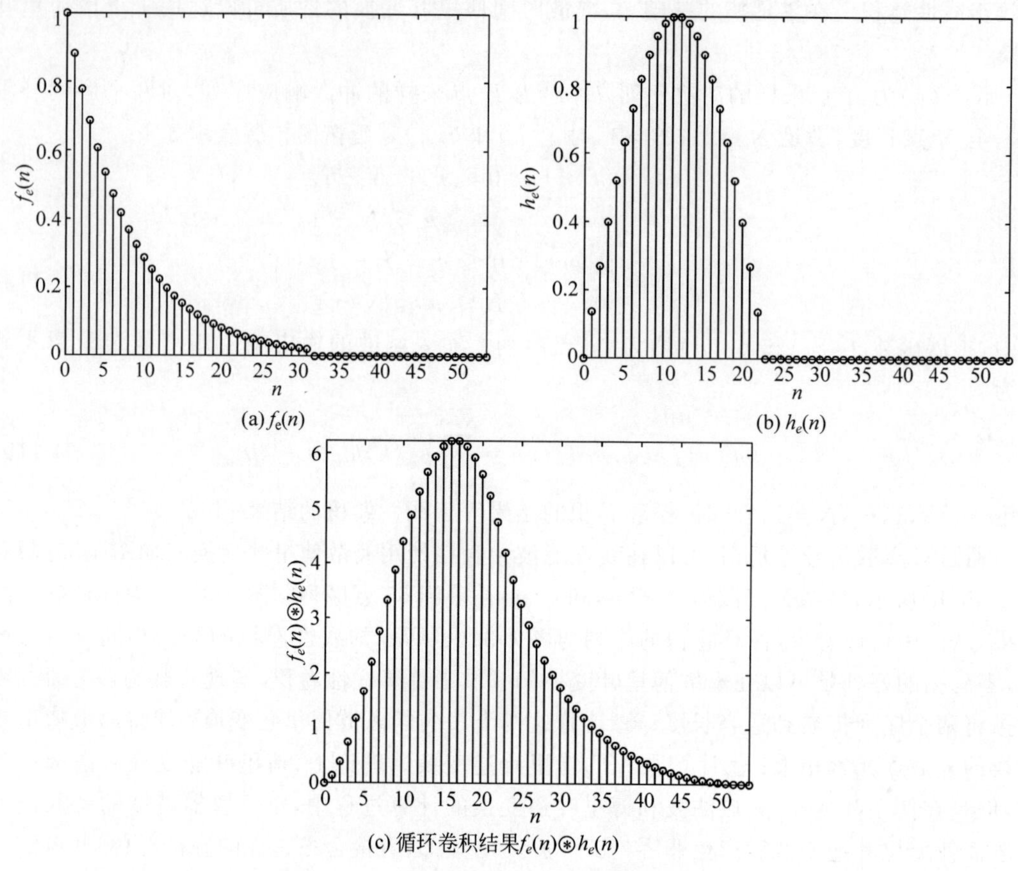

图 4-35　扩展函数执行循环卷积的结果

$$f(x,y)*h(x,y)=\sum_{m=0}^{M-1}\sum_{n=0}^{N-1}f(m,n)h(x-m,y-n) \tag{4-123}$$

在函数扩展的基础上，式(4-28)的卷积定理成立。在图像处理中，空域卷积的主要作用是空域滤波。

零延拓是在频域中实现空域滤波的前提，若没有执行正确的扩展，则滤波结果是错误的。如图 4-36 所示，若输入图像 $f(x,y)$未经适当的扩展，直接进行傅里叶变换，并与卷积函数 $h(x,y)$的频率响应函数相乘，则傅里叶逆变换后的滤波图像就会发生混叠失真。如图 4-36(a)所示，未经适当扩展的滤波图像与输入图像的尺寸相同，从图中可以看到，图像前面部分因混叠引入错误数据，后面部分则将丢失数据。如图 4-36(b)所示，对输入图像和卷积函数进行适当的扩展，扩展图像在 x 方向和 y 方向上的尺寸分别是 P 和 Q。如图 4-36(c)所示，经过适当扩展的正确滤波图像的尺寸也为 $P\times Q$。最后，从扩展的正确滤波图像中裁剪出有效的图像区域，最终的滤波图像与输入图像具有相同的尺寸。本章后续小节中的二维离散傅里叶变换的卷积定理和相关定理，以及一些其他性质都建立在式(4-120)和式(4-121)中零延拓的基础之上。

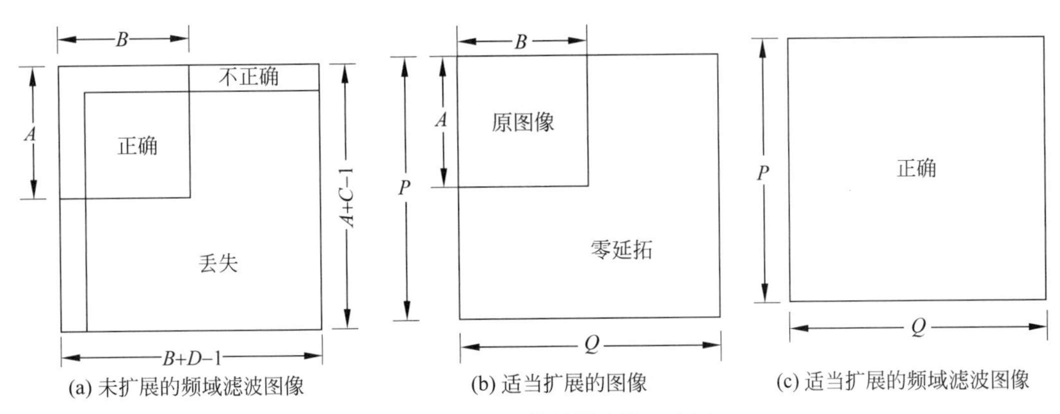

(a) 未扩展的频域滤波图像　(b) 适当扩展的图像　(c) 适当扩展的频域滤波图像

图 4-36　二维函数扩展滤波示意图

例 4-9　离散傅里叶变换在线性滤波中的应用

通过图 4-37 直观地说明离散傅里叶变换的零延拓在线性滤波中的意义。从第 3 章可知，图像高斯平滑滤波是用高斯平滑模板与输入图像作卷积。由卷积定理可知，在空域中输入图像与空域模板的线性卷积等效于在频域中图像频谱与卷积模板频率响应函数的乘积。本例中高斯平滑模板的尺寸为 29×29，输入图像的尺寸为 512×512。为了避免混叠，需要将图像行和列的长度补零，通过零延拓将输入图像和高斯平滑模板的尺寸扩展到 540×540，在频域中通过频域乘积实现图像的高斯平滑滤波。计算扩展的输入图像与高斯平滑模板傅里叶变换的乘积，然后通过傅里叶逆变换可得频域滤波图像，由图 4-37(a)可见，滤波图像的尺寸也为 540×540。从这幅扩展图像中裁剪掉无意义的零值区域，截取有效的数据区域，其中偏移量为空域模板尺寸的一半，$\lfloor C/2 \rfloor=14$，$\lfloor D/2 \rfloor=14$，$\lfloor \cdot \rfloor$表示向下取整，如图 4-37(b)所示。图 4-37(c)显示了未经扩展的频域滤波图像，正如在图 4-36(a)中所分析的，左上部分数据错误，右下部分数据丢失。MATLAB 图像处理工具包中的 psf2otf 函数先将卷积核的行和列向左上方向循环平移$\lfloor C/2 \rfloor$和$\lfloor D/2 \rfloor$，再计算离散傅里叶变换，根据循环卷积与离散傅里叶变换的对应关系可知，频域滤波结果[图 4-37(c)]也向左上方向循环平移相同的像素，这种方式无须延拓，也可以产生正确的滤波结果。

(a) 适当扩展的频域滤波图像

(b) 裁剪出的有效图像区域

(c) 未扩展的频域滤波图像

图 4-37　离散傅里叶变换的零延拓在线性滤波中的应用

两个支撑域尺寸为 $M\times N$ 的离散函数 $f(x,y)$与 $h(x,y)$的相关 $f(x,y)\circ h(x,y)$，定义为

$$f(x,y)\circ h(x,y)=\sum_{m=0}^{M-1}\sum_{n=0}^{N-1}f(m,n)h(m-x,n-y) \tag{4-124}$$

同理，在函数扩展的基础上，式(4-32)的相关定理成立。

在图像处理中，空域相关的主要作用是图像匹配。利用 $h(x,y)$ 表示待检测目标或感兴趣区域，通常称为模板，因而图像匹配也称为模板匹配。通过图像匹配在一幅图像 $f(x,y)$ 中定位待检测目标或感兴趣区域。若输入图像 $f(x,y)$ 中包含匹配的模板，则在 $f(x,y)$ 和 $h(x,y)$ 完全匹配的位置上这两个函数的相关系数达到最大值。由于模板 $h(x,y)$ 和输入图像 $f(x,y)$ 中的目标尺寸未必相同，通常利用高斯金字塔方法对模板进行逐级下采样，分别使用不同分辨率的模板与输入图像进行模板匹配。

例 4-10　空域相关在图像匹配中的应用

图 4-38 给出了一个简单的图像匹配的例子，定位图 4-38(a)中的字母 e。从图 4-16(a)中提取字母 e 来创建模板图像，如图 4-38(b)所示。由于模板经过反转与图像的卷积运算等效于模板与图像的相关运算，因此，图像和模板的空域相关可以通过图像和反转模板的空域卷积实现，在频域中等效于计算图像和反转模板傅里叶变换的乘积，反转模板的傅里叶变换即原傅里叶变换的共轭。具体的执行过程是，将字母 e 的模板旋转 180°，并计算它的离散傅里叶变换，然后与输入图像的离散傅里叶变换逐元素相乘，最后计算乘积的离散傅里叶逆变换。字符图像与字符模板相关运算的结果如图 4-38(c)所示，峰值出现在字母 e 出现的位置。通过阈值化处理，图 4-38(d)中的白点标记了图像和模板的最优匹配点，即为字母 e 在图像中的位置。需要补充的是，若图像中存在其他不同方向和不同尺寸的字符，则需要利用相同方向和相同尺寸的字母模板与图像作匹配。

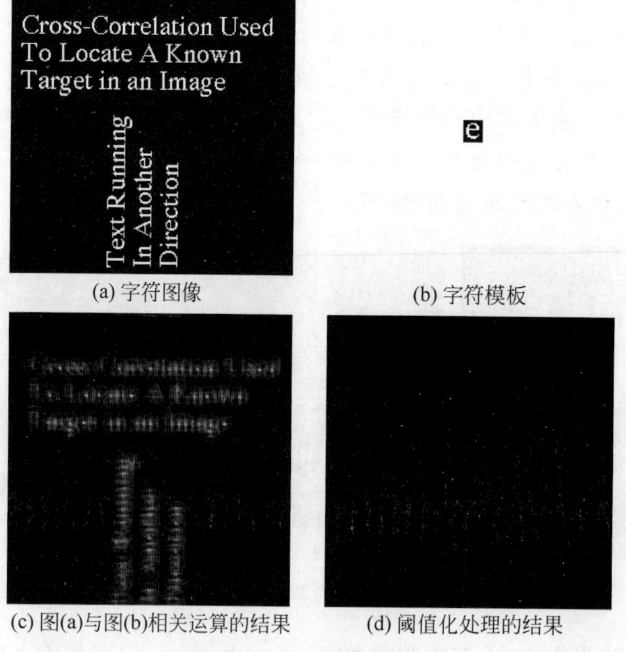

(a) 字符图像　(b) 字符模板

(c) 图(a)与图(b)相关运算的结果　(d) 阈值化处理的结果

图 4-38　模板匹配示例

4.4.5.2　投影定理

图像重建是指利用物体在多个轴向上的一维投影数据来恢复物体的二维数据，例如，医学影像中常用的 CT 成像和 MRI 成像。投影定理是图像重建的数学基础。为了便于描述，这里利用连续傅里叶变换证明投影定理，离散傅里叶变换可得出相同的结论。

二维函数 $f(x,y)$在 x 轴和 y 轴上的一维投影函数 $p(x)$和 $p(y)$分别定义为

$$p(x)=\int_{-\infty}^{+\infty} f(x,y)\mathrm{d}y \tag{4-125}$$

$$p(y)=\int_{-\infty}^{+\infty} f(x,y)\mathrm{d}x \tag{4-126}$$

式(4-125)和式(4-126)表明，二维函数 $f(x,y)$关于 x 轴和 y 轴的投影是 $f(x,y)$沿 y 轴和 x 轴的积分。

如图 4-39 所示，当 $f(x,y)$沿任意方向 s 投影到与其垂直的 t 轴时，则在 t 轴上的一维投影函数可表示为

$$p_\alpha(t)=\int_{-\infty}^{+\infty} f(t,s)\mathrm{d}s \tag{4-127}$$

式中，α 表示 t 轴与 x 轴的夹角。如图 4-40 所示，t、s 轴与 x、y 轴之间的关系为

$$t=y\sin\alpha+x\cos\alpha \tag{4-128}$$

$$s=y\cos\alpha-x\sin\alpha \tag{4-129}$$

当夹角 α 一定时，$f(x,y)$在 t 轴上的投影函数 $p_\alpha(t)$仅是关于 t 的函数。

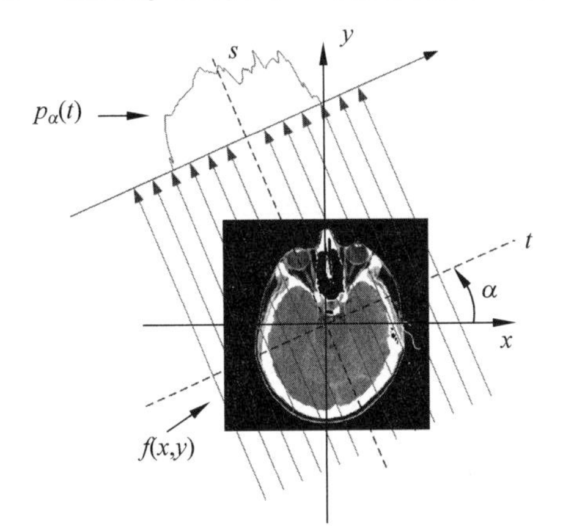

图 4-39　$f(x,y)$沿方向 s 投影到与其垂直的 t 轴示意图

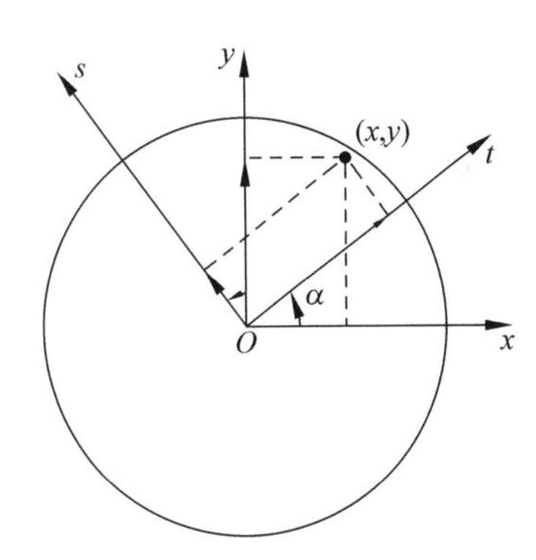

图 4-40　x、y 轴到 t、s 轴的坐标变换关系示意图

已知 $p_\alpha(t)$表示 $f(x,y)$在与 x 轴成 α 角的 t 轴上的投影函数，根据一维连续傅里叶变换的定义，可得 $p_\alpha(t)$的傅里叶变换 $P_\alpha(f)$为

$$\begin{aligned}
P_\alpha(f)&=\mathscr{F}[p_\alpha(t)]=\int_{-\infty}^{+\infty} p_\alpha(t)\mathrm{e}^{-\mathrm{j}2\pi f t}\mathrm{d}t\\
&\xlongequal{①}\int_{-\infty}^{+\infty}\left[\int_{-\infty}^{+\infty} f(t,s)\mathrm{d}s\right]\mathrm{e}^{-\mathrm{j}2\pi f t}\mathrm{d}t\\
&\xlongequal{②}\int_{-\infty}^{+\infty}\int_{-\infty}^{+\infty} f(x,y)\mathrm{e}^{-\mathrm{j}2\pi f(y\sin\alpha+x\cos\alpha)}\,|\boldsymbol{J}|\,\mathrm{d}x\mathrm{d}y\\
&\xlongequal{③}\int_{-\infty}^{+\infty}\int_{-\infty}^{+\infty} f(x,y)\mathrm{e}^{-\mathrm{j}2\pi[(f\cos\alpha)x+(f\sin\alpha)y]}\mathrm{d}x\mathrm{d}y=F(f\cos\alpha,f\sin\alpha)
\end{aligned} \tag{4-130}$$

式中，$F(f\cos\alpha, f\sin\alpha)$表示二维傅里叶变换$F(u,v)$沿与$u$轴成$\alpha$角度方向上的取值，$F(u,v)$表示二维函数$f(x,y)$的傅里叶变换。①应用了式(4-127)中$p_\alpha(t)$的表达式，②应用了多重积分的变量替换，③应用了原变量关于新变量的偏微分的雅可比行列式，$\mathrm{d}t\,\mathrm{d}s = |\boldsymbol{J}|\mathrm{d}x\,\mathrm{d}y$，$\boldsymbol{J}=\left[\frac{\partial(t,s)}{\partial(x,y)}\right]=\begin{bmatrix}\frac{\partial t}{\partial x} & \frac{\partial t}{\partial y}\\ \frac{\partial s}{\partial x} & \frac{\partial s}{\partial y}\end{bmatrix}$为雅可比矩阵，根据式(4-128)和式(4-129)可知，雅可比行列式$|\boldsymbol{J}|=\begin{vmatrix}\cos\alpha & \sin\alpha\\ -\sin\alpha & \cos\alpha\end{vmatrix}=1$。投影定理表明，$f(x,y)$在与$x$轴成$\alpha$角的$t$轴上投影的傅里叶变换，等效于$f(x,y)$的二维傅里叶变换$F(u,v)$沿与$u$轴成$\alpha$角度方向上的取值，也就是二维傅里叶变换的一个径向剖面。图4-41给出了投影定理的直观解释。记$F(f\cos\alpha, f\sin\alpha)$为$F(f,\alpha)$，$F(f,\alpha)$为极坐标表示下的二维频谱。当夹角$\alpha$一定时，$F(f,\alpha)$仅是关于$f$的函数。因此，可记作$p_\alpha(f)=F(f,\alpha)$。

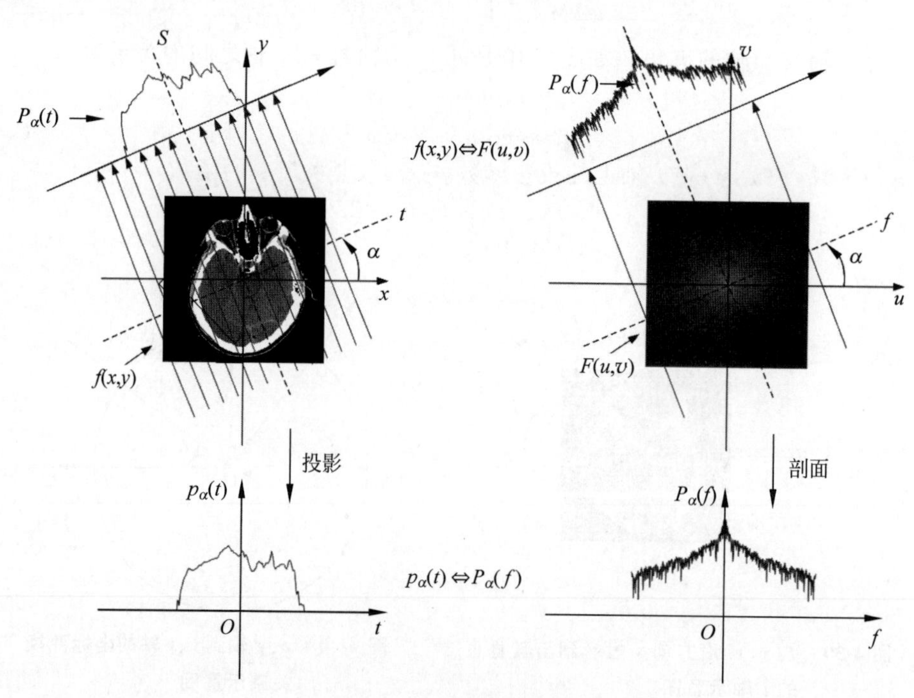

图 4-41　投影定理示意图

4.4.5.3　二维离散傅里叶变换的其他性质

1. 线性性

设$\mathscr{F}(\cdot)$表示傅里叶变换，从傅里叶变换的定义，可知傅里叶变换具有线性性，即

$$\mathscr{F}[k_1f_1(x,y)+k_2f_2(x,y)]=k_1\mathscr{F}[f_1(x,y)]+k_2\mathscr{F}[f_2(x,y)] \tag{4-131}$$

换言之，傅里叶变换满足加法和数乘运算。傅里叶变换的线性性表明，两个或者多个函数线性组合的傅里叶变换等于各个函数傅里叶变换的线性组合。利用式(4-81)中离散傅里叶变换的定义很容易证明这个性质。

2. 平移性*①

设 $f(x,y)$ 和 $F(u,v)$ 互为傅里叶变换对，记作 $f(x,y) \overset{\mathscr{F}}{\Leftrightarrow} F(u,v)$，傅里叶变换具有如下的平移性：

$$\text{空移性}\quad f(x-x_0,y-y_0) \overset{\mathscr{F}}{\Leftrightarrow} F(u,v)\mathrm{e}^{-\mathrm{j}2\pi(ux_0/M+vy_0/N)} \tag{4-132}$$

$$\text{频移性}\quad f(x,y)\mathrm{e}^{\mathrm{j}2\pi(u_0x/M+v_0y/N)} \overset{\mathscr{F}}{\Leftrightarrow} F(u-u_0,v-v_0) \tag{4-133}$$

傅里叶变换的空移性表明，图像 $f(x,y)$ 在空域中平移 (x_0,y_0) 等效于在频域中频谱乘以因子 $\mathrm{e}^{-\mathrm{j}2\pi(ux_0/M+vy_0/N)}$，也就是说图像平移后，其幅度谱保持不变，而相位谱产生附加变化 $-2\pi(ux_0/M+vy_0/N)$。傅里叶变换的频移性表明，图像 $f(x,y)$ 乘以因子 $\mathrm{e}^{\mathrm{j}2\pi(u_0x/M+v_0y/N)}$ 等效于在频域中频谱平移 (u_0,v_0)，或者说在频域中将频谱平移 (u_0,v_0) 等效于在空域中图像乘以因子 $\mathrm{e}^{\mathrm{j}2\pi(u_0x/M+v_0y/N)}$。

当 $x_0=M/2$ 和 $y_0=N/2$ 时，有

$$\mathrm{e}^{-\mathrm{j}2\pi(ux_0/M+vy_0/N)}=\mathrm{e}^{-\mathrm{j}\pi(u+v)}=(-1)^{u+v}$$

在这种情形下，式(4-132)可简化为

$$f(x-M/2,y-N/2) \overset{\mathscr{F}}{\Leftrightarrow} F(u,v)(-1)^{u+v} \tag{4-134}$$

类似地，当 $u_0=M/2$ 和 $v_0=N/2$ 时，有

$$\mathrm{e}^{\mathrm{j}2\pi(u_0x/M+v_0y/N)}=\mathrm{e}^{\mathrm{j}\pi(x+y)}=(-1)^{x+y}$$

在这种情形下，式(4-133)可简化为

$$f(x,y)(-1)^{x+y} \overset{\mathscr{F}}{\Leftrightarrow} F(u-M/2,v-N/2) \tag{4-135}$$

式(4-135)即为对频谱进行中心移位变换所使用的性质。

3. 尺度变换性

设 $f(x,y)$ 和 $F(u,v)$ 互为傅里叶变换对，记作 $f(x,y) \overset{\mathscr{F}}{\Leftrightarrow} F(u,v)$，傅里叶变换的尺度(放缩)变换性质表示如下：

$$f(ax,by) \overset{\mathscr{F}}{\Leftrightarrow} \frac{1}{|ab|}F\left(\frac{u}{a},\frac{v}{b}\right) \tag{4-136}$$

傅里叶变换的尺度变换性表明，在空域中图像 $f(x,y)$ 沿空间坐标轴的压缩 $(a>1,b>1)$ 等效于在频域中沿频率轴的拉伸，同时 $F(u,v)$ 幅度的压缩。图 4-25 和图 4-42 联立说明了二维离散傅里叶变换具有的尺度变换性质。图 4-42(a)中二维矩形的长为 10(垂直方向)、宽为 5(水平方向)，分别是图 4-25(a)中二维矩形长和宽的 1/3 和 1/2，而图 4-42(b)所示傅里叶谱的零点间隔距离在垂直方向和水平方向上分别是图 4-25(b)的 3 倍和 2 倍。

(a) 二维矩形图像

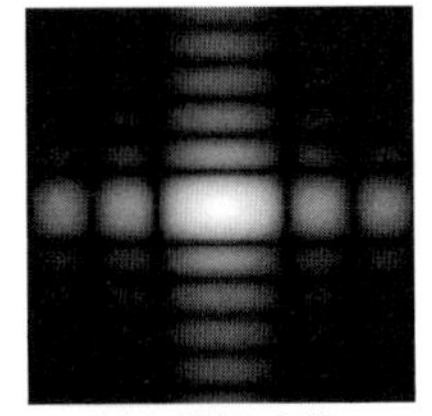

(b) 傅里叶谱

图 4-42　傅里叶变换尺度变换性示意图

---

① *表示该性质在零延拓基础上成立。

4. 旋转性

设 $f(x,y)$ 和 $F(u,v)$ 互为傅里叶变换对，记作 $f(x,y)\overset{\mathscr{F}}{\Leftrightarrow}F(u,v)$。若引入极坐标变换：

$$x=r\cos\phi,\quad y=r\sin\phi$$
$$u=\rho\cos\varphi,\quad v=\rho\sin\varphi$$

则 $f(x,y)$ 和 $F(u,v)$ 分别可表示为 $f(r,\phi)$ 和 $F(\rho,\varphi)$，根据傅里叶变换的性质，可知

$$f(r,\phi+\phi_0)\overset{\mathscr{F}}{\Leftrightarrow}F(\rho,\varphi+\phi_0) \tag{4-137}$$

傅里叶变换的旋转性表明，当图像 $f(x,y)$ 在空域中旋转角度 ϕ_0 时，在频域中频谱 $F(u,v)$ 将旋转相同的角度 ϕ_0。图 4-43 直观地说明了二维离散傅里叶变换具有的旋转性质。将图 4-25(a)所示的二维矩形图像顺时针旋转 45°，如图 4-43(a)所示，它的傅里叶谱相对于图 4-25(b)所示的傅里叶谱也顺时针旋转 45°，如图 4-43(b)所示。离散图像插值对边缘的影响，导致傅里叶谱外边界附近的区域发生形变。

(a) 二维矩形图像

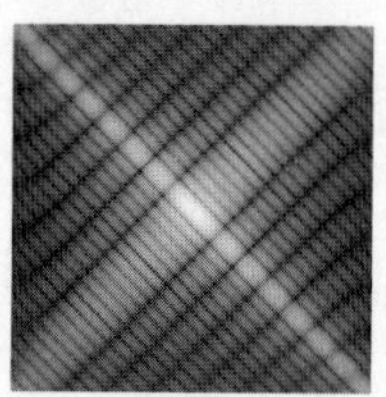
(b) 傅里叶谱

图 4-43 傅里叶变换旋转性示意图

5. 周期性

设离散傅里叶变换的频谱尺寸为 $M\times N$，离散傅里叶变换具有如下周期性：

$$F(u,v)=F(u+kM,v)=F(u,v+kN)=F(u+kM,v+kN) \tag{4-138}$$

傅里叶逆变换也具有相同周期的周期性，即

$$f(x,y)=f(x+kM,y)=f(x,y+kN)=f(x+kM,y+kN) \tag{4-139}$$

式中，常数 $k\in\mathbb{Z}$。

6. 共轭对称性

傅里叶变换具有共轭对称的性质，可表示为

$$F(u,v)=F^*(-u,-v) \tag{4-140}$$

因此，傅里叶谱是关于原点对称的，即

$$|F(u,v)|=|F^*(-u,-v)|=|F(-u,-v)| \tag{4-141}$$

7. 可分离性

二维离散傅里叶变换的基函数具有可分离性，二维离散傅里叶变换可以用两次分离的一维离散傅里叶变换形式表示如下：

$$\begin{aligned}F(u,v)&=\sum_{x=0}^{M-1}\sum_{y=0}^{N-1}f(x,y)\mathrm{e}^{-\mathrm{j}2\pi(ux/M+vy/N)}\\&=\sum_{y=0}^{N-1}\left[\sum_{x=0}^{M-1}f(x,y)\mathrm{e}^{-\mathrm{j}2\pi ux/M}\right]\mathrm{e}^{-\mathrm{j}2\pi vy/N}\\&=\sum_{y=0}^{N-1}F(u,y)\mathrm{e}^{-\mathrm{j}2\pi vy/N}\end{aligned} \tag{4-142}$$

式中

$$F(u,y)=\sum_{x=0}^{M-1} f(x,y)\mathrm{e}^{-\mathrm{j}2\pi ux/M} \tag{4-143}$$

对于每一个 y 值，式(4-143)是完整的一维离散傅里叶变换。换句话说，$F(u,y)$表示固定 y 值，对 $f(x,y)$的一列计算一维离散傅里叶变换。从式(4-142)中可看到，为了完成二维离散傅里叶变换，再固定 u 值，对 $F(u,y)$的一行计算一维离散傅里叶变换。如图 4-44 所示，二维离散傅里叶变换可以按顺序分离为一维列变换和一维行变换，首先遍历 $f(x,y)$的每一列 $y=0,1,\cdots,N-1$，计算所有列的一维离散傅里叶变换，完成频率变量 u 的变换；然后沿 $F(u,y)$的每一行 $u=0,1,\cdots,M-1$，计算所有行的一维离散傅里叶变换，完成频率变量 v 的变换。可分离性对二维离散傅里叶逆变换同样适用，先沿 $F(u,v)$的每一列计算一维离散傅里叶逆变换，再沿 $F(x,v)$的每一行计算一维离散傅里叶逆变换。

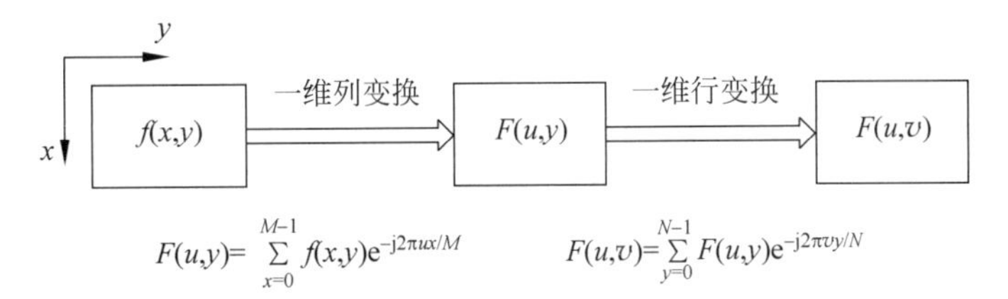

图 4-44　二维离散傅里叶变换可分离性示意图

4.4.5.4　二维离散傅里叶变换性质总结

表 4-1 总结了本章讨论的二维离散傅里叶变换的概念和性质。其中，$f(x,y)$和 $F(u,v)$互为傅里叶变换对，记作 $f(x,y)\overset{\mathscr{F}}{\Leftrightarrow}F(u,v)$，双箭头表示傅里叶变换对。

表 4-1　二维离散傅里叶变换性质总结

性　　质	表　达　式
二维离散傅里叶变换	$F(u,v)=\sum_{x=0}^{M-1}\sum_{y=0}^{N-1} f(x,y)\mathrm{e}^{-\mathrm{j}2\pi(ux/M+vy/N)}$
二维离散傅里叶逆变换	$f(x,x)=\frac{1}{MN}\sum_{u=0}^{M-1}\sum_{v=0}^{N-1} F(u,v)\mathrm{e}^{\mathrm{j}2\pi(ux/M+vy/N)}$
极坐标表示	$F(u,v)=\lvert F(u,v)\rvert \mathrm{e}^{\mathrm{j}\angle F(u,v)}$
傅里叶谱	$\lvert F(u,v)\rvert=[R^2(u,v)+I^2(u,v)]^{1/2}$， $R(u,v)=\mathrm{Re}[F(u,v)]$；$I(u,v)=\mathrm{Im}[F(u,v)]$
相角	$\angle F(u,v)=\arctan\frac{I(u,v)}{R(u,v)}$，$R(u,v)=\mathrm{Re}[F(u,v)]$；$I(u,v)=\mathrm{Im}[F(u,v)]$
频移性*①	$f(x,y)\mathrm{e}^{\mathrm{j}2\pi(u_0x/M+v_0y/N)}\overset{\mathscr{F}}{\Leftrightarrow}F(u-u_0,v-v_0)$
空移性*	$f(x-x_0,y-y_0)\overset{\mathscr{F}}{\Leftrightarrow}F(u,v)\mathrm{e}^{-\mathrm{j}2\pi(ux_0/M+vy_0/N)}$
共轭	$F(u,v)=F^*(-u,-v)$

① ＊表示该性质在零延拓基础上成立。

续表

性质	表达式
对称性	$\|F(u,v)\|=\|F(-u,-v)\|$
线性性	$\mathscr{F}[k_1 f_1(x,y)+k_2 f_2(x,y)]=k_1\mathscr{F}[f_1(x,y)]+k_2\mathscr{F}[f_2(x,y)]$
尺度变换性	$f(ax,by)\overset{\mathscr{F}}{\Leftrightarrow}\frac{1}{\|ab\|}F\left(\frac{u}{a},\frac{v}{b}\right)$
旋转性	$f(r,\phi+\phi_0)\overset{\mathscr{F}}{\Leftrightarrow}F(\rho,\varphi+\phi_0)$
周期性	$F(u,v)=F(u+kM,v)=F(u,v+kN)=F(u+kM,v+kN),k\in\mathbb{Z}$ $f(x,y)=f(x+kM,y)=f(x,y+kN)=f(x+kM,y+kN),k\in\mathbb{Z}$
可分离性	$F(u,y)=\sum_{x=0}^{M-1}f(x,y)\mathrm{e}^{-\mathrm{j}2\pi ux/M}$,沿图像的每一列计算一维离散傅里叶变换 $F(u,v)=\sum_{y=0}^{N-1}F(u,y)\mathrm{e}^{-\mathrm{j}2\pi vy/N}$,沿图像的每一行计算一维离散傅里叶变换
卷积定理*	$f(x,y)*h(x,y)\overset{\mathscr{F}}{\Leftrightarrow}F(u,v)H(u,v)$ $f(x,y)h(x,y)\overset{\mathscr{F}}{\Leftrightarrow}F(u,v)*H(u,v)$
相关定理*	$f(x,y)\circ h(x,y)\overset{\mathscr{F}}{\Leftrightarrow}F(u,v)H^*(u,v)$ $f(x,y)h^*(x,y)\overset{\mathscr{F}}{\Leftrightarrow}F(u,v)\circ H(u,v)$

4.5 快速傅里叶变换

快速傅里叶变换(fast Fourier transform,FFT)是计算离散傅里叶变换的快速算法,正是快速傅里叶变换的出现,才使得离散傅里叶变换的广泛应用成为可能。目前离散傅里叶变换在线性滤波、相关分析和频谱分析等数字信号和图像处理中起着关键的作用。本节介绍一种广泛使用的基 2 FFT 算法。

4.5.1 基 2 FFT 算法

离散傅里叶变换的计算效率至关重要,观察式(4-88)中一维离散傅里叶变换,对于每一个 k 值,直接计算 $F(k)$涉及 N 次复数乘法和 $N-1$ 次复数加法($4N$ 次实数乘法和 $4N-2$ 次实数加法),因此,计算 N 点离散傅里叶变换需要进行 N^2 次复数乘法和 N^2-N 次复数加法。因此,直接计算离散傅里叶变换不是一种有效的方法。

快速傅里叶变换利用相位因子 W_N 的共轭对称性和周期性,这两个性质用公式表示为

$$\textbf{共轭对称性:}\ W_N^{k+N/2}=-W_N^k$$

$$\textbf{周期性:}\ W_N^{k+N}=W_N^k$$

基 2 FFT 算法适用于计算长度 $N=2^l,l\in\mathbb{Z}^+$ 的离散傅里叶变换,2 称为 FFT 算法的基数。基 2 FFT 算法包括按时间抽取和按频率抽取的两种 FFT 算法。本节仅讨论按时间抽取的基 2 FFT 算法。按时间抽取的基 2 FFT 算法是目前使用最为广泛的 FFT 算法。当离散序

列的长度不是 2 的幂次时，只需要在数据后补零，使得 $N=2^l, l\in\mathbb{Z}^+$。零延拓并不会增加序列频谱的额外信息。

将长度为 N 的序列分解成两个长度分别为 $N/2$ 的子序列 $f_{\text{even}}(n)$ 和 $f_{\text{odd}}(n)$，分别对应 $f(n)$ 中的偶数序号和奇数序号，即

$$f_{\text{even}}(n)=f(2n) \tag{4-144}$$

$$f_{\text{odd}}(n)=f(2n+1) \tag{4-145}$$

式中，$n=0,1,\cdots,N/2-1$。偶序列 $f_{\text{even}}(n)$ 和奇序列 $f_{\text{odd}}(n)$ 是以 2 为因子从 $f(n)$ 中抽取的，因此，这种 FFT 算法称为按时间抽取算法。

N 点离散傅里叶变换用两个抽取序列的离散傅里叶变换可表示为

$$\begin{aligned}F(k)&=\sum_{n=0}^{N-1}f(n)W_N^{kn}\\&=\sum_{n=0}^{N/2-1}f(2n)W_N^{k(2n)}+\sum_{n=0}^{N/2-1}f(2n+1)W_N^{k(2n+1)},\quad k=0,1,\cdots,N-1\end{aligned} \tag{4-146}$$

由于 $W_N^2=W_{N/2}$，将式(4-146)中的 $F(k)$ 简化表示为

$$\begin{aligned}F(k)&=\sum_{n=0}^{N/2-1}f(2n)W_{N/2}^{kn}+W_N^k\sum_{n=0}^{N/2-1}f(2n+1)W_{N/2}^{kn}\\&=F_{\text{even}}(k)+F_{\text{odd}}(k)W_N^k\end{aligned} \tag{4-147}$$

式中，$F_{\text{even}}(k)$ 和 $F_{\text{odd}}(k)$ 分别为偶序列 $f_{\text{even}}(n)$ 和奇序列 $f_{\text{odd}}(n)$ 的傅里叶变换，即

$$F_{\text{even}}(k)=\sum_{n=0}^{N/2-1}f(2n)W_{N/2}^{kn},\quad k=0,1,\cdots,\frac{N}{2}-1 \tag{4-148}$$

$$F_{\text{odd}}(k)=\sum_{n=0}^{N/2-1}f(2n+1)W_{N/2}^{kn},\quad k=0,1,\cdots,\frac{N}{2}-1 \tag{4-149}$$

由于 $F_{\text{even}}(k)$ 和 $F_{\text{odd}}(k)$ 是周期性的，周期为 $N/2$，满足 $F_{\text{even}}(k+N/2)=F_{\text{even}}(k)$ 和 $F_{\text{odd}}(k+N/2)=F_{\text{odd}}(k), k\in\mathbb{Z}$；此外，$W_N^{k+N/2}=-W_N^k$，因此，

$$\begin{aligned}F(k+N/2)&=F_{\text{even}}\left(k+\frac{N}{2}\right)+F_{\text{odd}}\left(k+\frac{N}{2}\right)W_N^{k+N/2}\\&=F_{\text{even}}(k)-F_{\text{odd}}(k)W_N^k\end{aligned} \tag{4-150}$$

从式(4-147)和式(4-150)可以看出，N 点离散傅里叶变换可以分解成两部分来计算。首先根据式(4-148)和式(4-149)计算两个 $N/2$ 点离散傅里叶变换，将计算的 $F_{\text{even}}(k)$ 和 $F_{\text{odd}}(k)$ 代入式(4-147)和式(4-150)，进而计算 $F(k), k=0,1,\cdots,N-1$。结合两个 $N/2$ 点离散傅里叶变换，N 点离散傅里叶变换 $F(k)$ 的计算式为

$$F(k)=F_{\text{even}}(k)+F_{\text{odd}}(k)W_N^k,\quad k=0,1,\cdots,\frac{N}{2}-1 \tag{4-151}$$

$$F\left(k+\frac{N}{2}\right)=F_{\text{even}}(k)-F_{\text{odd}}(k)W_N^k,\quad k=0,1,\cdots,\frac{N}{2}-1 \tag{4-152}$$

使用一次按时间抽取算法后，分别对 $f_{\text{even}}(n)$ 和 $f_{\text{odd}}(n)$ 重复上述过程，将 $f_{\text{even}}(n)$ 和 $f_{\text{odd}}(n)$ 分别分解成两个长度为 $N/4$ 的序列。于是，$f_{\text{even}}(n)$ 又可分解为 $N/4$ 点偶序列 $\varphi_{\text{even}}(n)$ 和奇序列 $\varphi_{\text{odd}}(n)$，即

$$\varphi_{\text{even}}(n) = f_{\text{even}}(2n) \tag{4-153}$$

$$\varphi_{\text{odd}}(n) = f_{\text{even}}(2n+1) \tag{4-154}$$

同样地，$f_{\text{odd}}(n)$又可分解为 $N/4$ 点偶序列 $\psi_{\text{even}}(n)$和奇序列 $\psi_{\text{odd}}(n)$，即

$$\psi_{\text{even}}(n) = f_{\text{odd}}(2n) \tag{4-155}$$

$$\psi_{\text{odd}}(n) = f_{\text{odd}}(2n+1) \tag{4-156}$$

计算四个 $N/4$ 点离散傅里叶变换，分别表示为 $\varphi_{\text{even}}(n) \overset{\mathscr{F}}{\Leftrightarrow} \Phi_{\text{even}}(k)$、$\varphi_{\text{odd}}(n) \overset{\mathscr{F}}{\Leftrightarrow} \Phi_{\text{odd}}(k)$和 $\psi_{\text{even}}(n) \overset{\mathscr{F}}{\Leftrightarrow} \Psi_{\text{even}}(k)$、$\psi_{\text{odd}}(n) \overset{\mathscr{F}}{\Leftrightarrow} \Psi_{\text{odd}}(k)$。分别结合两个 $N/4$ 点离散傅里叶变换，$\Phi_{\text{even}}(k)$和 $\Phi_{\text{odd}}(k)$的结合可以推出 $N/2$ 点离散傅里叶变换 $F_{\text{even}}(k)$，$k=0,1,\cdots,\dfrac{N}{2}-1$，

$$F_{\text{even}}(k) = \Phi_{\text{even}}(k) + \Phi_{\text{odd}}(k)W_N^k, \quad k=0,1,\cdots,\frac{N}{4}-1 \tag{4-157}$$

$$F_{\text{even}}\left(k+\frac{N}{4}\right) = \Phi_{\text{even}}(k) - \Phi_{\text{odd}}(k)W_N^k, \quad k=0,1,\cdots,\frac{N}{4}-1 \tag{4-158}$$

$\Psi_{\text{even}}(k)$和 $\Psi_{\text{odd}}(k)$的结合可以推出 $N/2$ 点离散傅里叶变换 $F_{\text{odd}}(k)$，$k=0,1,\cdots,\dfrac{N}{2}-1$，

$$F_{\text{odd}}(k) = \Psi_{\text{even}}(k) + \Psi_{\text{odd}}(k)W_N^k, \quad k=0,1,\cdots,\frac{N}{4}-1 \tag{4-159}$$

$$F_{\text{odd}}\left(k+\frac{N}{4}\right) = \Psi_{\text{even}}(k) - \Psi_{\text{odd}}(k)W_N^k, \quad k=0,1,\cdots,\frac{N}{4}-1 \tag{4-160}$$

不断重复对序列的抽取，直至将序列分解为 1 点序列。对于长度为 $N=2^l, l\in\mathbb{Z}^+$ 的序列，这种抽取执行 $l=\log_2 N, l\in\mathbb{Z}^+$ 次。图 4-45 给出了按时间抽取 FFT 算法计算 8 点序列离散傅里叶变换的三个阶段：①计算四个 2 点离散傅里叶变换；②计算两个 4 点离散傅里叶变换；③计算一个 8 点离散傅里叶变换。

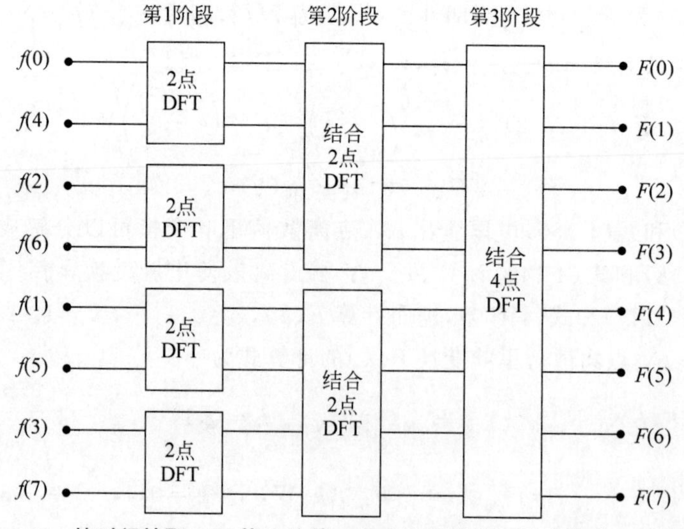

图 4-45　按时间抽取 FFT 算法计算 8 点序列离散傅里叶变换的三个阶段

图 4-46 给出了按时间抽取 FFT 算法计算 8 点序列离散傅里叶变换的计算过程。注意观察每一阶段执行的基本运算，对于一对复数(a,b)，将 W_N^r 与 b 相乘，然后将 a 与该乘积

分别相加和相减，生成一对新的复数(A,B)。图 4-47 显示了这种基本运算，该基本运算的形状类似一只蝴蝶，因此称为蝶形运算。每一次蝶形运算包括一次复数乘法和两次复数加法。对于 $N=2^l, l\in\mathbb{Z}^+$，每一个阶段有 $N/2$ 次蝶形运算，共有 $l=\log_2 N$ 个阶段。因此，总共需要$\frac{N}{2}\log_2 N$ 次复数乘法和 $N\log_2 N$ 次复数加法。当一对复数(a,b)完成一次蝶形运算生成一对新的复数(A,B)后，无需再保存(a,b)，将(A,B)放在(a,b)的存储位置，所以该计算是在原位进行。

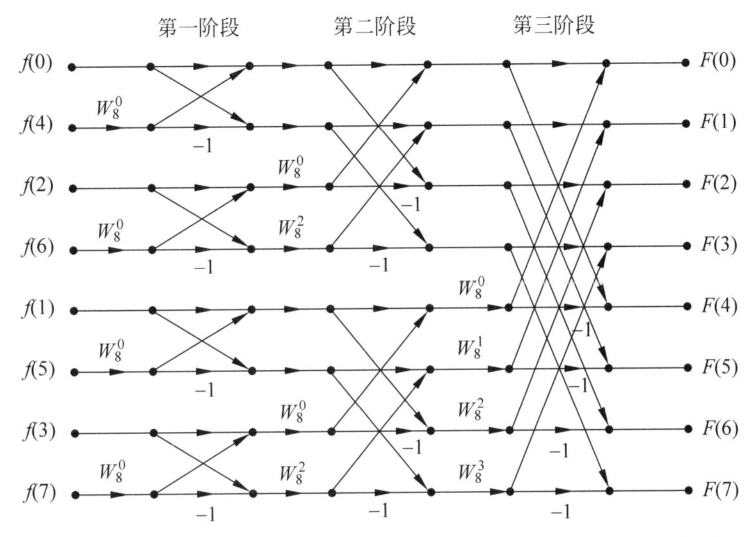

图 4-46 按时间抽取 FFT 算法计算 8 点序列离散傅里叶变换的计算过程

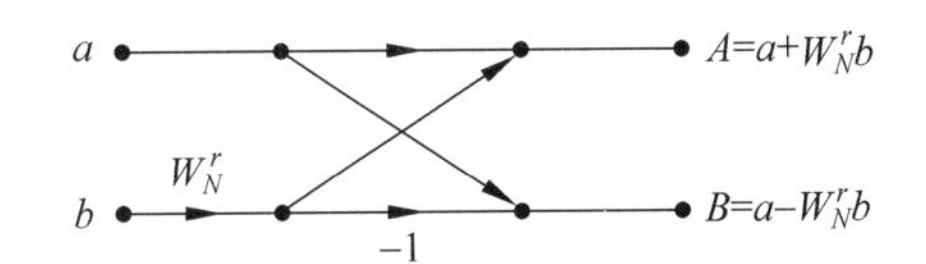

图 4-47 按时间抽取算法中的基本蝶形运算

输入序列$\{f(x), x=0,1,\cdots,N-1\}$抽取 $l-1$ 次的顺序变化由其二进制码的位倒序可得。将输入序列的序号表示为二进制码，位倒序后再转换成十进制。对于 8 点序列，图 4-48 显示了每一次抽取码位循环移位的重新排列，第 1 次抽取的顺序为 $f(0)$、$f(2)$、$f(4)$、$f(6)$、$f(1)$、$f(3)$、$f(5)$、$f(7)$，第 2 次抽取的顺序为 $f(0)$、$f(4)$、$f(2)$、$f(6)$、$f(1)$、$f(5)$、$f(3)$、$f(7)$。若将输入序列按位倒序存储并使用蝶形运算在原位计算快速傅里叶变换，则离散傅里叶变换$\{F(u)\}_{u=0,1,\cdots,N-1}$ 的顺序是自然顺序。

$n_2n_1n_0$ (D) ⟹	$n_1n_0n_2$ (D) ⟹	$n_0n_1n_2$ (D)
0 0 0 (0)	0 0 0 (0)	0 0 0 (0)
0 0 1 (1)	0 1 0 (2)	1 0 0 (4)
0 1 0 (2)	1 0 0 (4)	0 1 0 (2)
0 1 1 (3)	1 1 0 (6)	1 1 0 (6)
1 0 0 (4)	0 0 1 (1)	0 0 1 (1)
1 0 1 (5)	0 1 1 (3)	1 0 1 (5)
1 1 0 (6)	1 0 1 (5)	0 1 1 (3)
1 1 1 (7)	1 1 1 (7)	1 1 1 (7)

图 4-48 每一次抽取码位循环移位的重新排列

上述内容讨论了一维离散傅里叶变换的快速算法。二维傅里叶变换具有可分离性，可以使用两次一维傅里叶变换来实现二维傅里叶变换。因此，对于图像的二维快速傅里叶变换，首先沿输入图像 $f(x,y)$的列方向计算每一列的一维快速离散傅里叶变换，再沿中间结果 $F(u,y)$ 的行方向计算每一行的一维快速离散傅里叶变换。行和列的次序颠倒后该结论同样成立。正是快速傅里叶变换的发展才使得离散傅里叶变换成为数字图像处理中的基础工具。

4.5.2 利用正变换的算法计算傅里叶逆变换

上一节讨论了一种离散傅里叶变换的快速算法，本节介绍一种利用傅里叶变换的算法直接计算傅里叶逆变换的方法。对式(4-74)一维离散傅里叶逆变换的公式两端取复共轭，可得

$$Nf^*(n)=\sum_{k=0}^{N-1}F^*(k)\mathrm{e}^{-\mathrm{j}2\pi kn/N},\quad n=0,1,\cdots,N-1 \tag{4-161}$$

与式(4-73)比较，显然式(4-161)正是傅里叶变换的形式，因此，将 $F^*(k)$ 输入正变换的快速算法中，计算出 $Nf^*(n)$，再除以 N 并取复共轭，就是所要求的傅里叶逆变换 $f(n)$。

一维离散傅里叶逆变换的计算方法可以直接推广到二维的情形。对于二维离散傅里叶逆变换，可得

$$MNf^*(x,y)=\sum_{u=0}^{M-1}\sum_{v=0}^{N-1}F^*(u,v)\mathrm{e}^{-\mathrm{j}2\pi(ux/M+vy/N)} \tag{4-162}$$

与式(4-81)比较，式(4-163)是二维傅里叶变换的形式。对于一幅图像，$f(x,y)$ 是实函数，则式(4-163)左端取复共轭就没有必要了，忽略因机器字长的舍入误差引起的非零虚部，只需截取实部即可。在利用离散傅里叶变换的频域滤波中，对离散傅里叶逆变换的结果都是进行这样的处理。

4.6 小结

离散傅里叶变换描述了离散信号的时域、空域与频域表示的关系，是线性系统分析中有力的数学工具。本章从周期信号的傅里叶级数以及频率分解开始讨论非周期信号的傅里叶变换，从信号与频谱均连续的连续傅里叶变换过渡到信号离散、频谱连续的离散时间傅里叶变换，再过渡到信号与频谱均离散的离散傅里叶变换。离散傅里叶变换是离散信号频率分析的基础，本章讨论了图像采样的频谱呈现周期性延拓的解释、离散傅里叶变换的频谱分布和幅频特性、离散傅里叶变换在线性滤波中的应用以及离散傅里叶变换相关的定理与性质。最后介绍了离散傅里叶变换的快速算法。二维离散傅里叶变换及其频率成分与图像内容的关系、线性滤波的卷积定理是本章的重点内容，是第 5 章频域图像增强的前提与铺垫。

第5章

频域图像增强

图像增强可分为空域图像增强和频域图像增强。第 3 章论述了空域中的图像增强技术，本章将讨论频域中的图像增强技术，以及频域滤波与空域滤波的对应关系，这有利于进一步理解频域的深刻含义。由第 4 章频域变换可知，离散傅里叶变换将图像从空域转换到频域，图像中的灰度均匀或变化缓慢区域对应频谱中的低频成分，而图像中的灰度突变或变化快速区域对应频谱中的高频成分。频域图像增强正是利用图像在频域中特有的频率特征进行滤波处理。频域滤波的关键是选择合适的滤波器，减弱或增强特定的频率成分。根据滤波特性，常用的频域增强方法又可分为低通滤波、高通滤波、带通、带阻、陷波滤波以及同态滤波。通过本章的学习，还可以从频域直观地理解空域图像增强的原理和方法。

5.1 滤波基础

频域是由傅里叶变换和频率变量(u,v)定义的空间，**频域滤波**的原理是允许特定频率成分通过，即保留某些频率成分，而限制或减弱其他频率成分通过，即消除另一些频率成分。正如第 3 章中所讨论的，图像中的灰度平坦区域对应频谱中的低频成分，而图像中的边缘、纹理等细节和噪声则对应频谱中的高频成分。在频域中滤波的意义很直观，**低通滤波**是指允许频域中频谱的低频成分通过，并限制高频成分通过，它的作用是滤除噪声和不必要的细节和纹理(类似于空域图像平滑)；而**高通滤波**是指允许频域中频谱的高频成分通过，并限制低频成分通过，它的作用是突出边缘和细节(类似于空域图像锐化)。

根据 4.4.5.1 节的卷积定理，频域滤波表示为频域滤波器的传递函数与输入图像频谱乘积的形式：

$$G(u,v)=H(u,v)F(u,v) \tag{5-1}$$

式中，$H(u,v)$为滤波器的传递函数，$F(u,v)$为输入图像 $f(x,y)$的离散傅里叶变换。$H(u,v)$和 $F(u,v)$的乘积是逐元素相乘，即 $H(u,v)$的第一个元素乘以 $F(u,v)$的第一个元素，$H(u,v)$的第二个元素乘以 $F(u,v)$的第二个元素，以此类推。

频域滤波的核心是根据需求设计滤波器的传递函数 $H(u,v)$，其作用是允许某些频率成分通过，而限制另一些频率成分通过，也可简称 $H(u,v)$为**滤波函数**，对图像进行频域滤波实现所需的增强效果。本章介绍的典型滤波器的传递函数均为实函数,具有这种特性的滤波器称为**零相位滤波器**。顾名思义,这样的滤波器不会改变输出图像频谱的相位。$F(u,v)$的元素为复数,对于零相位滤波器,$H(u,v)$的每一个元素乘以$F(u,v)$中对应元素的实部和虚部,对$F(u,v)$实部和虚部的影响完全相同。从式(4-86)中相角的计算式可以看到,实部和虚部的乘数可以抵消。

最后,对频域滤波结果$G(u,v)$进行傅里叶逆变换,转换回空域中,可表示为

$$g(x,y)=\mathscr{F}^{-1}(G(u,v)) \tag{5-2}$$

式中,$g(x,y)$为最终的滤波图像,$\mathscr{F}^{-1}(\cdot)$表示傅里叶逆变换。当输入图像和滤波函数都为实数时,傅里叶逆变换的虚部应为零。在实际的计算过程中,由于机器字长的舍入误差会引入非零值(几乎为零)的虚部,因此,对傅里叶逆变换的结果截取其实部,即$\mathrm{Re}[g(x,y)]$。

频域滤波的基本步骤如图5-1所示的方框图,包括图像的离散傅里叶变换、频域滤波以及离散傅里叶逆变换三个基本步骤。频域滤波的三个基本步骤具体描述如下:

(1) 计算$f(x,y)(-1)^{x+y}$的二维离散傅里叶变换$F(u,v)$。输入图像$f(x,y)$乘以$(-1)^{x+y}$使图像的低频成分移到频谱的中央部分。

(2) 设计频域滤波函数$H(u,v)$,与输入图像的频谱$F(u,v)$相乘,频域滤波结果为$G(u,v)=H(u,v)F(u,v)$。

(3) 计算$G(u,v)$的二维离散傅里叶逆变换$g(x,y)$,截取它的实部$\mathrm{Re}[g(x,y)]$,并乘以$(-1)^{x+y}$以抵消步骤(1)的移位。

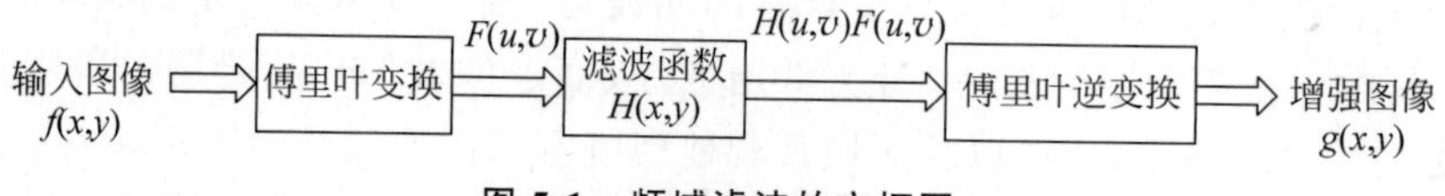

图5-1 频域滤波的方框图

在频域中研究图像增强主要有三点作用:①在频域中滤波的意义更直观,一些直接在空域中表述困难的增强任务,利用频率成分与图像内容之间的对应关系,在频域中设计滤波器;②通过分析空域模板的频率响应函数,解释空域滤波的某些特性,从频域直观理解空域图像增强的原理和方法;③通过对频域中设计的滤波器计算傅里叶逆变换,根据其对应于空域中冲激响应函数的形式指导空域模板,在空域滤波中使用小尺寸模板的卷积达到等效的图像增强作用。

频域滤波函数$H(u,v)$的傅里叶逆变换对应于空域中的冲激响应函数$h(x,y)$,由于频域滤波函数$H(u,v)$是以中心移位频谱而设计的,从频域滤波函数$H(u,v)$到空域冲激响应函数$h(x,y)$的具体计算过程为:①$H(u,v)$乘以$(-1)^{u+v}$,将$H(u,v)$的中心移到坐标原点;②计算二维离散傅里叶逆变换;③傅里叶逆变换的结果乘以$(-1)^{x+y}$,将$h(x,y)$的中心从坐标原点移到图像显示的中心。

5.2 低通滤波器

低通滤波的目的是允许图像的低频成分通过,限制高频成分通过。由第4章可知,由于图像中的灰度平坦区域对应频谱中的低频成分,而图像的灰度突变对应频谱中的高频成分,因此限制或减弱频谱中的高频成分可以起到图像平滑的作用,频域中的低通滤波器和空域

中的平滑模板具有等效的作用。

5.2.1 理想低通滤波器

最简单的低通滤波器完全截断频谱中的高频成分，这种滤波器称为**理想低通滤波器**(ideal low-pass filter，ILPF)，其传递函数定义为

$$H_{\text{ilp}}(u,v)=\begin{cases}1, & D(u,v)\leqslant D_0\\0, & D(u,v)>D_0\end{cases} \tag{5-3}$$

式中，$D(u,v)$为点(u,v)到频谱中心的距离，半径D_0称为截止频率。式(5-3)表明，理想低通滤波器完全阻止以D_0为半径的圆周外的所有频率成分，而完全通过圆周内的任何频率成分。

根据前面章节的讨论，在滤波前对输入图像的频谱作中心移位变换。尺寸为$M\times N$二维离散傅里叶变换的频谱中心位于$(M/2,N/2)$。在这种情况下，从点(u,v)到频谱中心$(M/2,N/2)$的距离$D(u,v)$可写为

$$D(u,v)=[(u-M/2)^2+(v-N/2)^2]^{1/2} \tag{5-4}$$

图5-2(a)为理想低通滤波器的三维网格图，图5-2(b)则是以图像方式来显示。图5-2(c)为过图像中心的径向剖面图，径向剖面绕纵轴旋转一周，就形成了如图5-2(a)所示的三维表示。理想低通滤波器的锐截止频率不能用电子器件实现。由于理想低通滤波器的原理非常简单，通过对理想低通滤波器的分析阐述，来深刻理解滤波器的滤波原理。

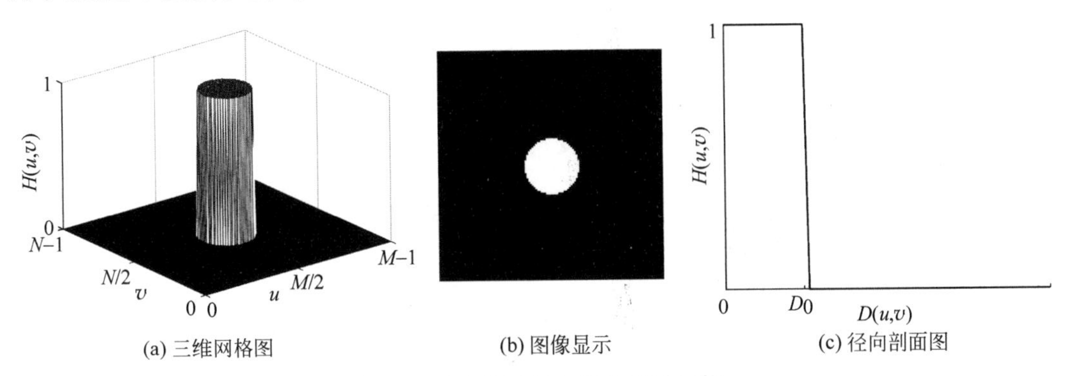

(a) 三维网格图　(b) 图像显示　(c) 径向剖面图

图5-2 理想低通滤波器的传递函数

理想低通滤波器会产生振铃效应。**振铃效应**表现为在图像灰度剧烈变化的邻域产生灰度振荡，是导致图像失真的一个主要因素。现通过分析理想低通滤波函数$H_{\text{ilp}}(u,v)$对应空域中冲激响应函数$h_{\text{ilp}}(x,y)$的特性来解释理想低通滤波器在空域中的振铃效应。由于$H_{\text{ilp}}(u,v)$是圆域函数，是圆对称函数，可以写成

$$H_{\text{ilp}}(u,v)=\text{circ}(\rho;D_0)=\begin{cases}1, & |\rho|\leqslant D_0\\0, & |\rho|>D_0\end{cases},\quad \rho=\sqrt{u^2+v^2} \tag{5-5}$$

圆域函数的傅里叶逆变换可表示为

$$h_{\text{ilp}}(x,y)=h_{\text{ilp}}(r)=D_0J_1(2\pi D_0r)/r,\quad r=\sqrt{x^2+y^2} \tag{5-6}$$

式中，$J_1(x)$为一阶第一类贝塞尔(Bessel)函数。根据傅里叶变换的性质可知，圆对称函数的傅里叶变换和逆变换均具有圆对称性。图5-3(a)给出了$h_{\text{ilp}}(r)$关于r的曲线，将其绕纵

轴旋转一周，形成图 5-3(b)所示的圆域函数 $H_{ilp}(u,v)$的傅里叶逆变换 $h_{ilp}(x,y)$。根据卷积定理，在频域中图像的频谱与频域函数的乘积等效于空域中图像与冲激响应函数的卷积。将输入图像与图 5-3(b)所示的冲激响应函数作卷积，显然图像会产生振铃效应。

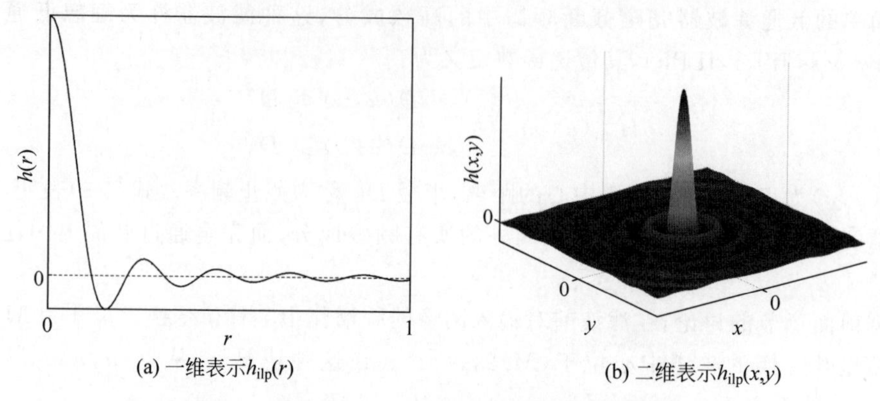

图 5-3 半径 D_0 为 10 的圆域函数的傅里叶逆变换

图 5-4(a)和图 5-4(b)分别为截止频率为 15 和 5 的理想低通滤波器的传递函数及其冲激响应函数，左图为频域滤波函数 $H_{ilp}(u,v)$的三维网格图和图像显示，中间为其冲激响应函数 $h_{ilp}(x,y)$的三维网格图和图像显示，右图为对应的径向剖面图，主瓣决定了模糊，旁瓣决定了理想滤波器振铃效应的特性。随着滤波器半径的减小，滤除了更多的高频成分，使图像更加模糊，同时振铃效应也越明显。由右图的比较可以看出，理想低通滤波器传递函数的截止频率越小，尽管振铃的间隔变大，然而，在空域中旁瓣值相对主瓣值越大，即表现的振铃特性越强。需要说明的是，图中的理想低通滤波器是离散采样的圆域函数，圆对称函数离散化后不具备各向同性，因此，它的傅里叶逆变换不再具备圆对称的特性。

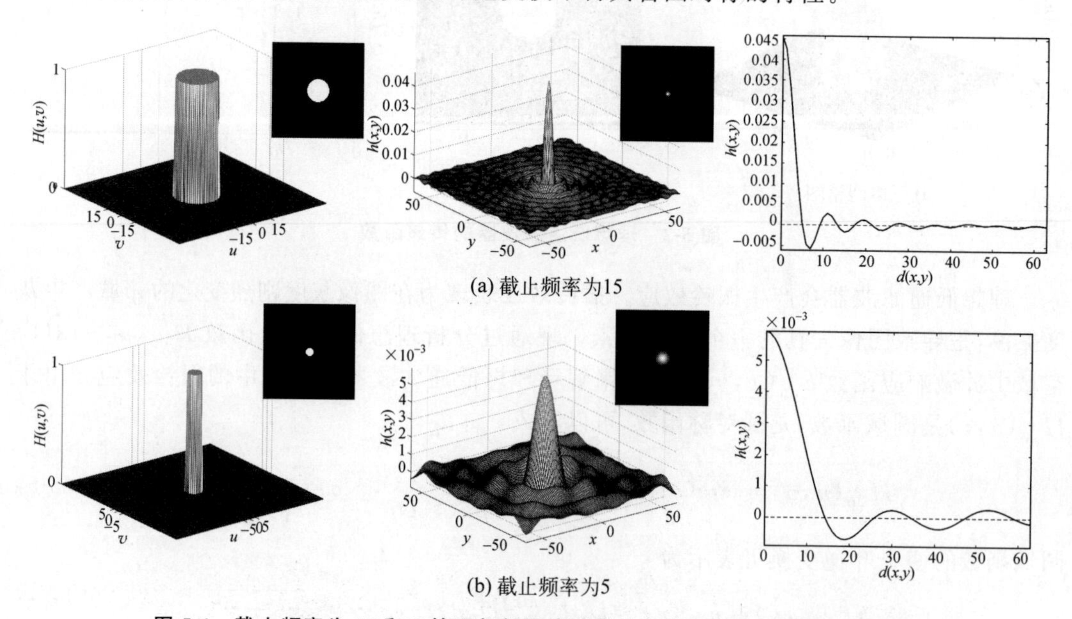

图 5-4 截止频率为 15 和 5 的理想低通滤波器的传递函数及其冲激响应函数

例 5-1　理想低通滤波器图像滤波

图 5-5(a)为一幅尺寸为 256×256 的图像,这幅图像的傅里叶谱如图 5-5(b)所示。在傅里叶谱上叠加了半径 D_0 分别为 5、15、30、50、80 和 120 的圆环。傅里叶变换的能量随着频率的增大而迅速衰减。以图像频谱中心为原点,在对应的圆环内包含的能量占整个能量的百分比分别为 95.78%、98.22%、99.13%、99.54%、99.80%和 99.97%。可见,在频域中能量集中于频率很小的圆域,半径 D_0 为 5 的小圆域包含整个能量的约 96%。高频成分虽然能量少,但是包含细节信息,当截止频率减小时,能量损失不大,亮度基本不变,图像变得模糊。

图 5-6 给出了图 5-5(b)所示的不同半径作为截止频率进行理想低通滤波的滤波结果。图 5-6(a)显示了截止频率为 5 的滤波结果,这种情况下仅保留了频谱中半径为 5 的圆域内的低频成分,模糊了图像中的所有细节。随着半径的增大,保留的低频成分越多,滤除的高频成分越少,使模糊的程度减弱。同时,注意理想低通滤波器有振铃效应,随着半径的增大,振铃效应逐渐减弱。如图 5-6(e)所示,当截止频率为 80 时,振铃效应也是较为明显的。如图 5-6(f)所示,当截止频率为 120 时,由于滤除的高频成分仅包含很少的图像细节内容,滤波图像与原图像的视觉效果几乎一致。从这个例子和振铃特性的解释可以看出,理想低通滤波器并不实用。

(a) 灰度图像

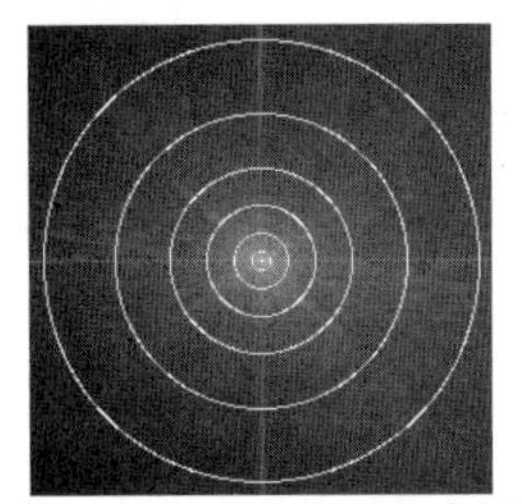

(b) 傅里叶谱上叠加圆环的半径分别为5、15、30、50、80和120

图 5-5　灰度图像及其傅里叶谱

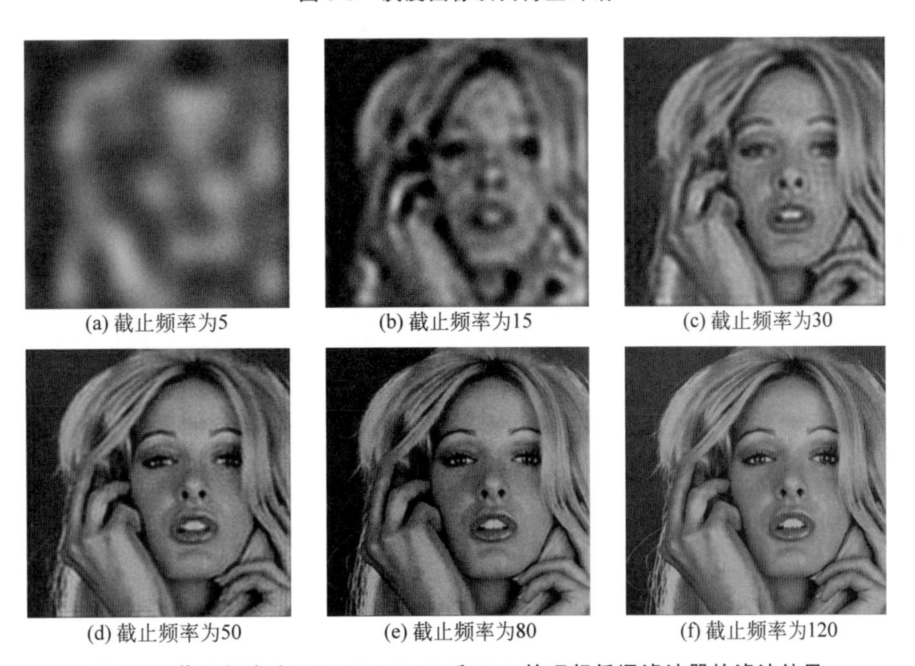

(a) 截止频率为5　(b) 截止频率为15　(c) 截止频率为30

(d) 截止频率为50　(e) 截止频率为80　(f) 截止频率为120

图 5-6　截止频率为 5、15、30、50、80 和 120 的理想低通滤波器的滤波结果

5.2.2 巴特沃斯低通滤波器

巴特沃斯低通滤波器(Butterworth low-pass filter,BLPF)是一种物理可实现的低通滤波器[①],n 阶巴特沃斯低通滤波器的传递函数定义为

$$H_{\mathrm{blp}}(u,v)=\frac{1}{1+[D(u,v)/D_0]^{2n}} \tag{5-7}$$

式中,$D(u,v)$是由式(5-4)给出的点(u,v)到频谱中心$(M/2,N/2)$的距离,D_0 为截止频率。图 5-7 显示了二阶巴特沃斯低通滤波器的三维网格图、图像显示以及径向剖面图。巴特沃斯低通滤波器的特点是在通带(passband)与阻带(stopband)之间并非锐截止而是逐渐下降为零。通常截止频率定义为使 $H(u,v)$值下降到其最大值的某一比例。在式(5-7)中,当 $D(u,v)=D_0$ 时,$H_{\mathrm{blp}}(u,v)=0.5$,即从最大值 1 下降到它的 50%。

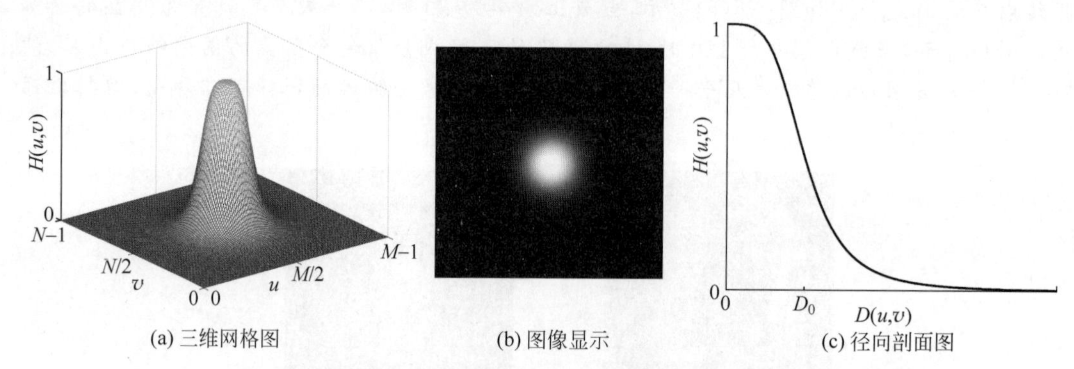

(a) 三维网格图 (b) 图像显示 (c) 径向剖面图

图 5-7 二阶巴特沃斯低通滤波器的传递函数

图 5-8 给出了阶数为 1、2、5、8、10 和 20 的巴特沃斯低通滤波器的径向剖面图。巴特沃斯低通滤波器从通带到阻带之间的过渡比较平滑,因此,其滤波图像的振铃效应不明显。滤波器的阶数越高,从通带到阻带振幅衰减速度越快。若阶数 n 充分大,则当 $D(u,v)\to D_0^+$ 时,$H_{\mathrm{blp}}(u,v)\to 0$;当 $D(u,v)\to D_0^-$ 时,$H_{\mathrm{blp}}(u,v)\to 1$。在这种情况下,巴特沃斯低通滤波器逼近于理想低通滤波器。如图 5-8 所示,20 阶巴特沃斯低通滤波器从通带到阻带的过渡趋于锐截止。

通过分析巴特沃斯低通滤波器的传递函数在空域中的冲激响应函数,来分析其振铃特性。图 5-9(a)~(d)分别显示了阶数为 1、2、5 和 20,截止频率为 15 的巴特沃斯低通滤波器的传递函数及其冲激响应函数,左图为频域滤波函数的三维网格图和图像显示,右图为其冲激响应函数的三维网格图和图像显示。从右图中可以看出,一阶巴特沃斯低通滤波器没有振铃效应,二阶巴特沃斯低通滤波器的冲激响应函数从原点向外下降到零值以下很小就返回零值,几乎不会导致振铃效应。但是,随着阶数的增加,振铃效应越来越明显。在实际使用中,需折中考虑平滑效果和振铃效应来确定巴特沃斯低通滤波器的阶数。二阶巴特沃斯低通滤波器在图像平滑与可接受的振铃效应之间作出了较好的折中。

---

① 巴特沃斯滤波器最先由英国工程师斯蒂芬·巴特沃斯(Stephen Butterworth)于 1930 年发表在英国《无线电工程》期刊的一篇论文中提出。

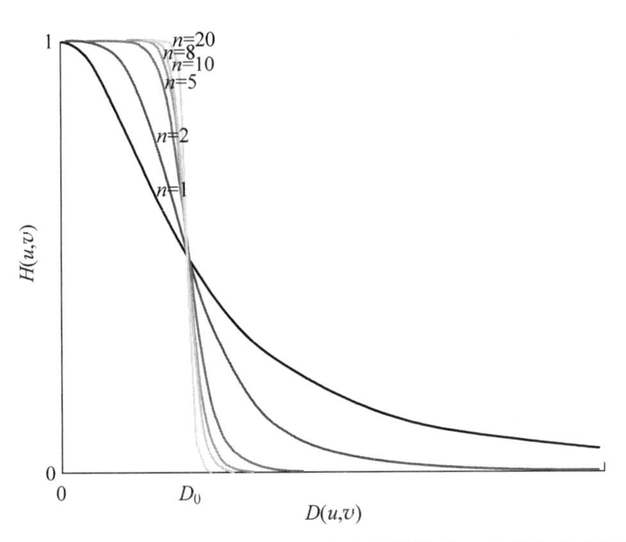

图 5-8　不同阶数的巴特沃斯低通滤波器的传递函数的径向剖面图

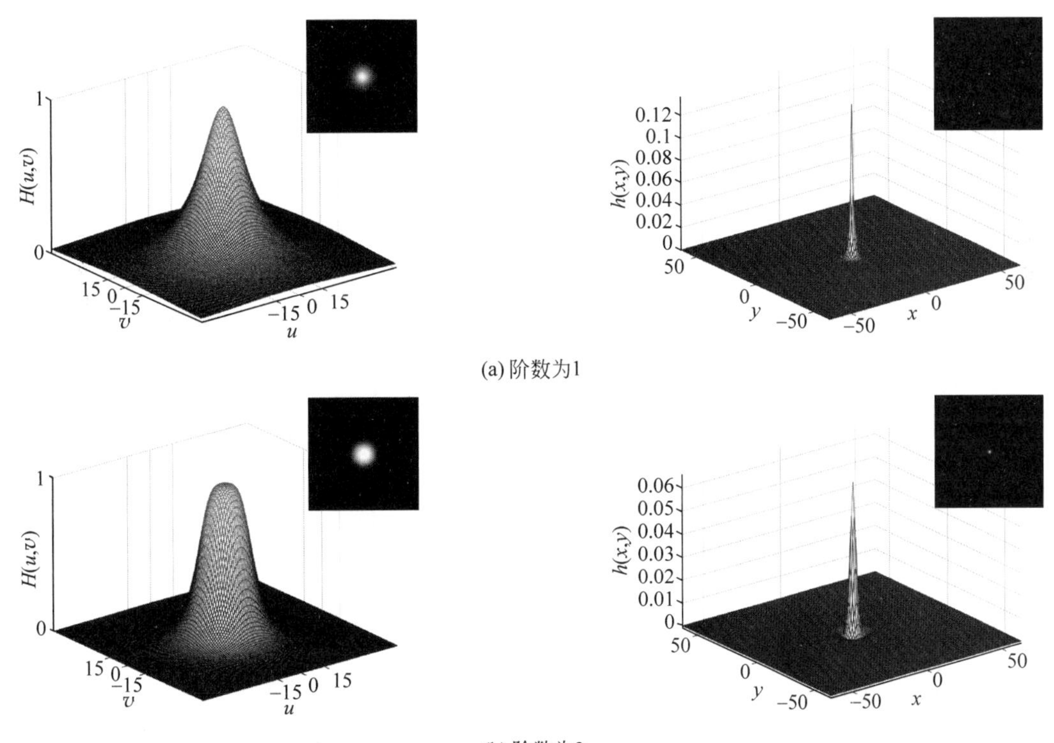

(a) 阶数为1

(b) 阶数为2

图 5-9　阶数为 1、2、5 和 20、截止频率为 15 的巴特沃斯低通滤波器的传递函数及冲激响应函数

（注意，振铃效应随着阶数的增大趋于明显）

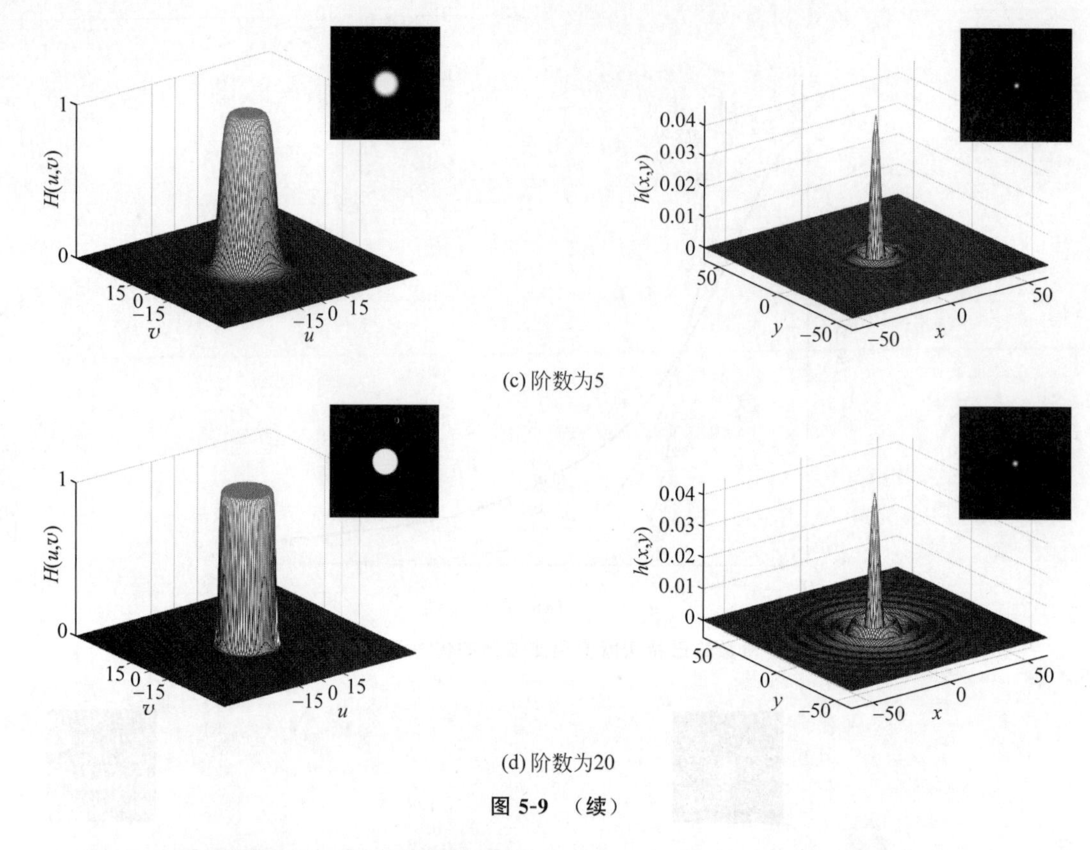

(c) 阶数为5

(d) 阶数为20

图 5-9 （续）

例 5-2 巴特沃斯低通滤波器图像滤波

对于图 5-5(a)所示的灰度图像，图 5-10 为二阶巴特沃斯低通滤波器的滤波图像。图 5-10(a)～图 5-10(f)的截止频率分别为 5、15、30、50、80 和 120，如图 5-5(b)所示。与图 5-6

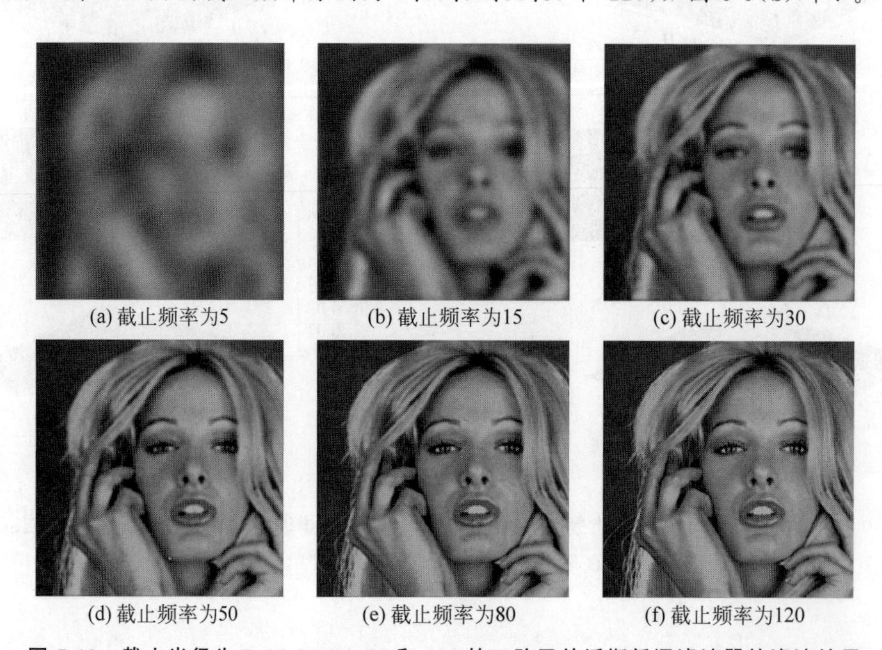

(a) 截止频率为5 (b) 截止频率为15 (c) 截止频率为30

(d) 截止频率为50 (e) 截止频率为80 (f) 截止频率为120

图 5-10 截止半径为 5、15、30、50、80 和 120 的二阶巴特沃斯低通滤波器的滤波结果

中理想低通滤波器的滤波图像相比，二阶巴特沃斯低通滤波器的滤波图像更加平滑，且几乎不存在可见的振铃效应。随着截止频率的增加，被滤除的高频成分减少，模糊的程度减弱。当截止频率为 120 时，被滤除的高频成分仅包含很少的细节内容，滤波图像与原图像的视觉效果几乎一致。

5.2.3　指数低通滤波器

指数低通滤波器（exponential low-pass filter，ELPF）也是一种物理可实现的低通滤波器，n 阶指数低通滤波器的传递函数定义为

$$H_{\text{elp}}(u,v)=\mathrm{e}^{-(D(u,v)/D_0)^n} \tag{5-8}$$

式中，$D(u,v)$ 是由式(5-4)给出的点 (u,v) 到频谱中心 $(M/2,N/2)$ 的距离，D_0 为截止频率。图 5-11 显示了二阶指数低通滤波器的三维网格图、图像显示以及径向剖面图。如同巴特沃斯低通滤波器，在通带和阻带之间不是锐截止。式(5-8)中，当 $D(u,v)=D_0$ 时，$H_{\text{elp}}(u,v)=0.368$，即从最大值 1 降到它的 36.8%。

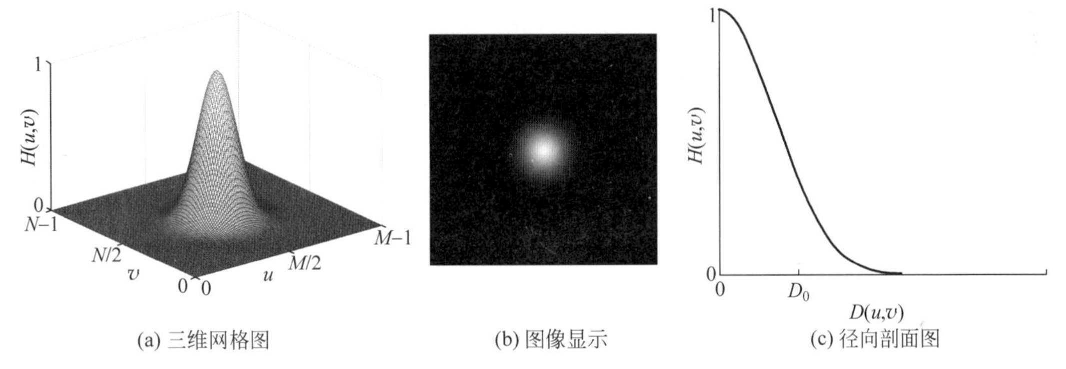

(a) 三维网格图　(b) 图像显示　(c) 径向剖面图

图 5-11　二阶指数低通滤波器的传递函数

图 5-12 给出了阶数为 1、2、5、8、10 和 20 的指数低通滤波器的传递函数的径向剖面图。与巴特沃斯低通滤波器类似，由于从通带到阻带之间的平滑过渡，因此，指数低通滤波器的振铃效应也不明显。滤波器的阶数越高，从通带到阻带振幅衰减速度越快。若阶数 n 充分大，则当 $D(u,v)\rightarrow D_0^+$ 时，$H_{\text{elp}}(u,v)\rightarrow 0$；当 $D(u,v)\rightarrow D_0^-$ 时，$H_{\text{elp}}(u,v)\rightarrow 1$。在这种情况下，指数低通滤波器逼近于理想低通滤波器。如图 5-12 所示，20 阶指数低通滤波器从通带到阻带的过渡趋于锐截止。通过比较图 5-8 和图 5-12 所示的滤波器传递函数的径向剖面图可以看到，与巴特沃斯低通滤波器相比，指数低通滤波器的传递函数随频率下降得更快，允许通过的低频成分更少，尾部更快地衰减至零，对高频成分的抑制更强。因此，指数低通滤波器滤除的高频成分更多，图像更加平滑。

通过分析指数低通滤波器的传递函数在空域中的冲激响应函数，来分析其振铃特性。图 5-13(a)～(d)分别显示了阶数为 1、2、5 和 20 的指数低通滤波器的传递函数及其冲激响应函数，左图为频域滤波函数的三维网格图和图像显示，右图为其冲激响应函数的三维网格图和图像显示。从右图中可以看出，一阶指数低通滤波器没有振铃效应。二阶指数低通滤波器具有高斯函数形式，也称为**高斯低通滤波器**。通常情况下，高斯低通滤波器在实际中有更广泛的应用。由于高斯函数的傅里叶逆变换也是高斯函数，因此，二阶指数低通滤波器也

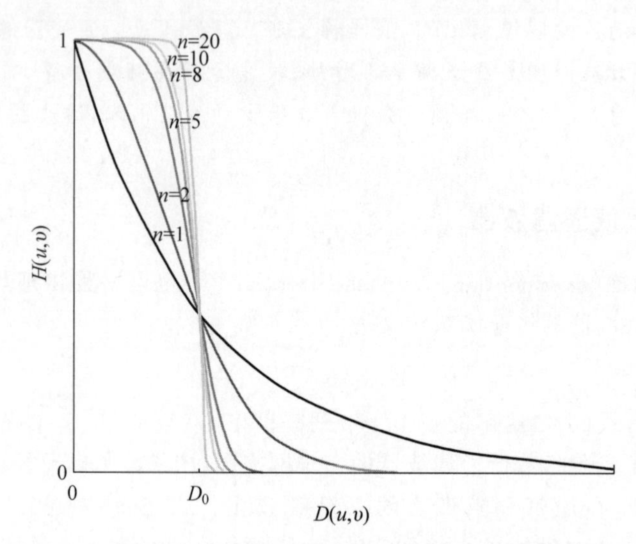

图 5-12 不同阶数的指数低通滤波器的传递函数的径向剖面图

没有振铃效应。当 n 为 5 时，有较弱的振铃效应。随着阶数的增加，指数低通滤波器逼近理想低通滤波器，振铃效应逐渐明显。

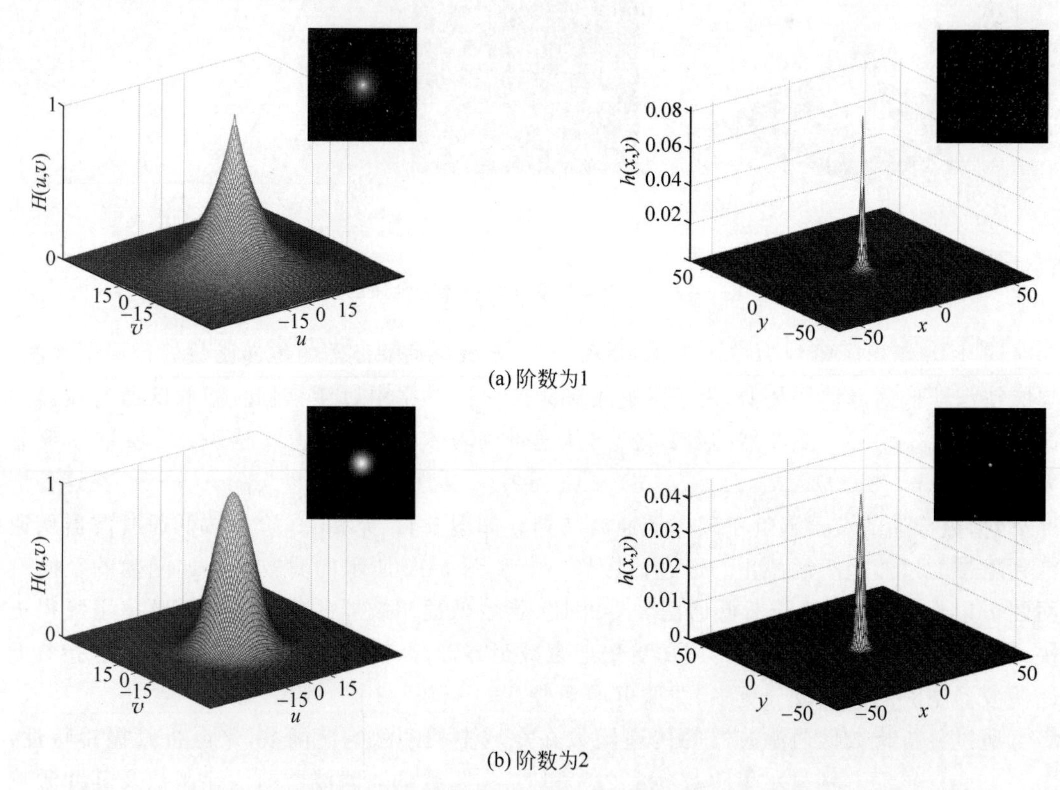

图 5-13 阶数为 1、2、5 和 20、截止频率为 15 的指数低通滤波器的传递函数及冲激响应函数

（注意，振铃效应随着阶数的增大趋于明显）

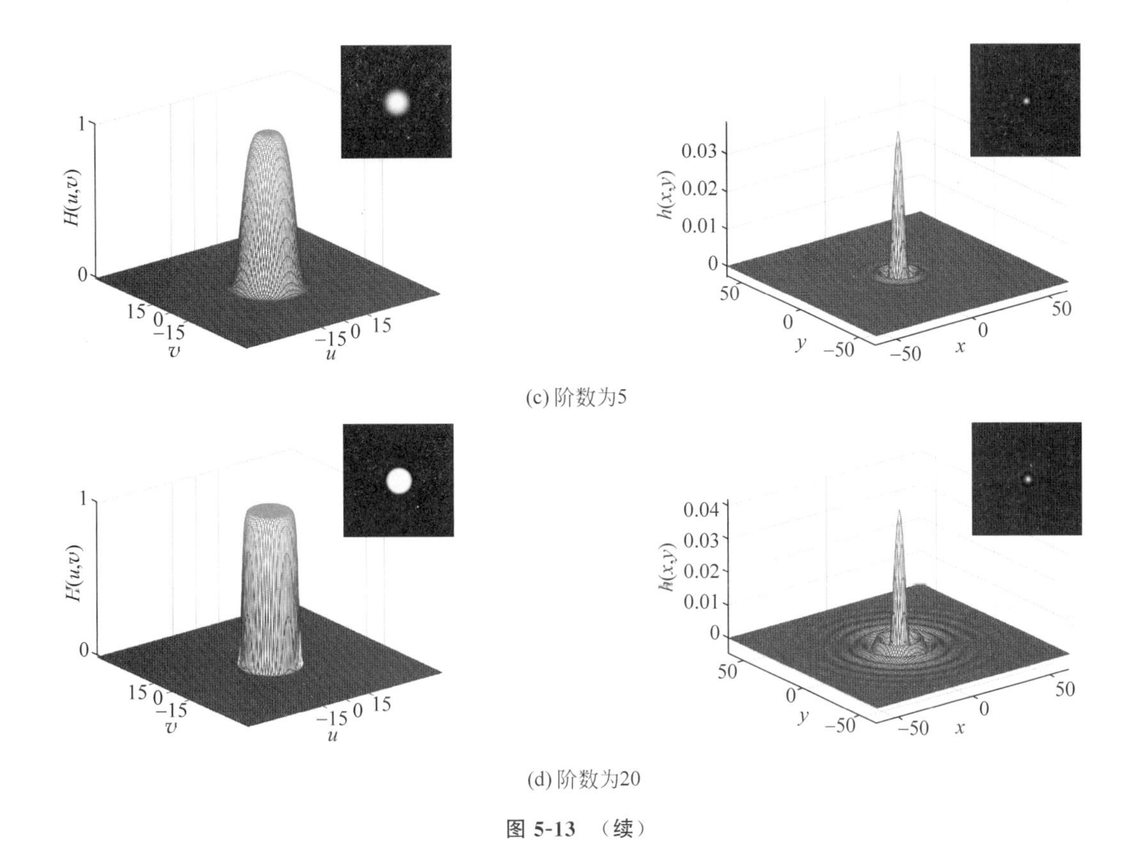

(c) 阶数为5

(d) 阶数为20

图 5-13 （续）

例 5-3 指数低通滤波器图像滤波

对于图 5-5(a)所示的灰度图像，图 5-14 为高斯低通滤波器的滤波图像。图 5-14(a)～图 5-14(f)的截止频率分别为 5、15、30、50、80 和 120，如图 5-5(b)所示。高斯低通滤波器的

(a) 截止频率为5 (b) 截止频率为15 (c) 截止频率为30

(d) 截止频率为50 (e) 截止频率为80 (f) 截止频率为120

图 5-14 截止频率为 5、15、30、50、80 和 120 的二阶指数低通滤波器的滤波结果

冲激响应函数仍是高斯函数，由于高斯函数无振荡的旁瓣现象，因而，滤波图像中没有振铃效应。从图 5-14(a)到图 5-14(f)，随着截止频率的增加，被滤除的高频成分减少，模糊的程度减弱。同样地，当截止频率为 120 时，被滤除的高频成分仅包含很少的细节内容，滤波图像与原图像的视觉效果几乎一致。在相同截止频率的情况下，高斯低通滤波器的滤波图像相比二阶巴特沃斯低通滤波器的结果更加平滑。

5.3 高通滤波器

高通滤波器的目的是允许图像的高频成分通过，而限制低频成分通过。由于灰度平坦区域对应图像的低频成分，而灰度突变对应图像的高频成分，限制或减弱频谱中的低频成分可以起到锐化图像的作用，所以空域图像锐化在频域中用高通滤波器实现。正如 5.2 节讨论的低通滤波器，本节仅讨论零相位高通滤波器。

本节中的高通滤波器的传递函数与 5.2 节讨论的低通滤波器的传递函数有如下关系：

$$H_{\mathrm{hp}}(u,v)=1-H_{\mathrm{lp}}(u,v) \tag{5-9}$$

式中，$H_{\mathrm{hp}}(u,v)$表示高通滤波器的传递函数，$H_{\mathrm{lp}}(u,v)$表示与之对应的低通滤波器的传递函数。对应 5.2 节中的低通滤波器，本节讨论三种高通滤波器：理想高通滤波器、巴特沃斯高通滤波器和指数高通滤波器，并在频域和空域分别说明这些滤波器的特性。

5.3.1 理想高通滤波器

理想高通滤波器(ideal high-pass filter，IHPF)完全截断频谱中的低频成分，其传递函数定义为

$$H_{\mathrm{ihp}}(u,v)=\begin{cases}1, & D(u,v)\geqslant D_0\\ 0, & D(u,v)<D_0\end{cases} \tag{5-10}$$

式中，$D(u,v)$是由式(5-4)给出的点(u,v)到频谱中心$(M/2,N/2)$的距离，半径 D_0 为截止频率。式(5-10)表明，理想高通滤波器完全阻止以 D_0 为半径的圆周内的所有频率成分，而无衰减地通过圆周外的任何频率成分。理想高通滤波器无法用电子器件实现，只能用计算机来模拟。通过讨论最简单的高通滤波器，有助于更好地理解高通滤波器的特性和滤波原理。图 5-15 显示了理想高通滤波器的三维网格图、图像显示以及径向剖面图。

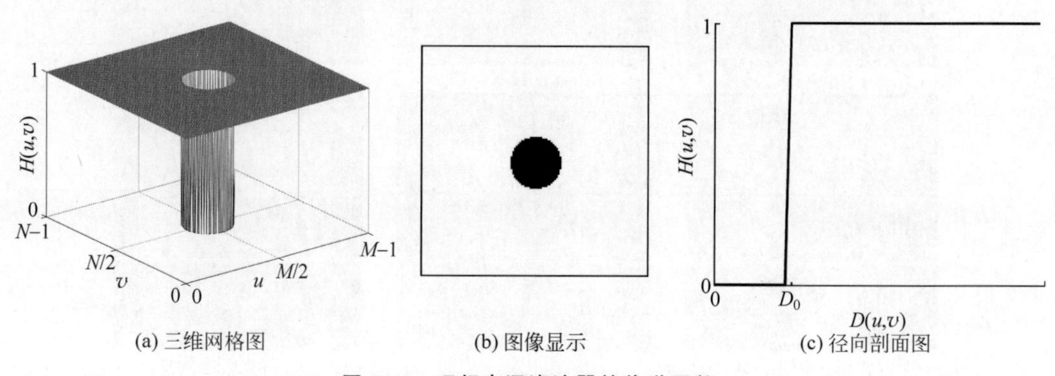

(a) 三维网格图　　(b) 图像显示　　(c) 径向剖面图

图 5-15　理想高通滤波器的传递函数

与理想低通滤波器相同，通过分析理想高通滤波器的传递函数在空域中对应的冲激响应函数，来分析其振铃特性。理想高通滤波器也会产生明显的振铃效应，因此，理想高通滤波器是不实用的。图 5-16(a)为截止频率为 15 的理想高通滤波器的传递函数及其冲激响应函数，图 5-16(b)为截止频率为 30 的理想高通滤波器的传递函数及其冲激响应函数，左图为频域滤波函数的三维网格图和图像显示，右图为其冲激响应函数的三维网格图和图像显示。从冲激响应函数的比较可以看到，随着理想高通滤波器截止频率的增大，允许通过的高频成分减少，振铃效应更明显。值得注意的是，高通滤波器的空域冲激响应函数中心有一个脉冲信号，这是因为

$$H_{\mathrm{hp}}(u,v)=1-H_{\mathrm{lp}}(u,v)\overset{\mathscr{F}}{\Leftrightarrow}h_{\mathrm{hp}}(x,y)=\delta(x,y)-h_{\mathrm{lp}}(x,y) \tag{5-11}$$

式中，$\delta(x,y)$为单位脉冲函数，$\overset{\mathscr{F}}{\Leftrightarrow}$表示互为傅里叶变换对。

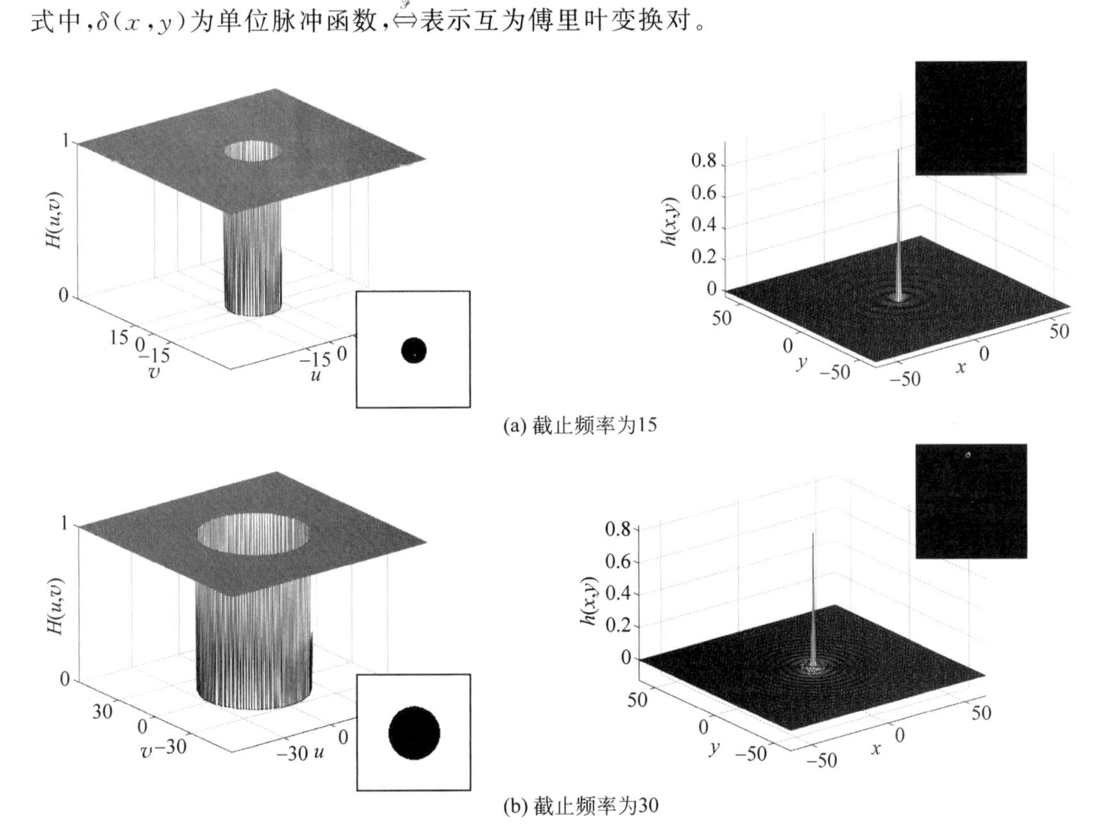

图 5-16 截止频率为 15 和 30 的理想高通滤波器的传递函数及其冲激响应函数

例 5-4 理想高通滤波器图像滤波

图 5-17(a)为一幅尺寸为 512×512 的图像，这幅图像的傅里叶谱如图 5-17(b)所示，在傅里叶谱上叠加了半径分别为 5、15、30 和 60 的圆环。图 5-18 给出了图 5-17(b)所示的不同半径作为截止频率的理想高通滤波器的滤波结果。图 5-18(a)显示了截止频率为 5 的滤波结果，这种情况下仅滤除了频谱中半径为 5 的圆环内的低频成分，保留图像中几乎所有的细节，包括一部分较平坦区域。随着截止频率的增大，被滤除的低频成分越多，边缘细节逐渐突出。注意到理想高通滤波器有振铃效应，图 5-18(b)和图 5-18(c)中表现的振铃效应使图像中边缘产生了重影。随着截止频率的增大，振铃效应应趋于增强。但是，与此同时，随

着截止频率的增大，允许通过的高频成分也越少，边缘逐渐细化，此时振铃效应反而不明显，如图 5-18(d)所示。

(a) 灰度图像　　(b) 傅里叶谱

图 5-17　傅里叶谱上叠加圆环的半径分别为 5、15、30 和 60

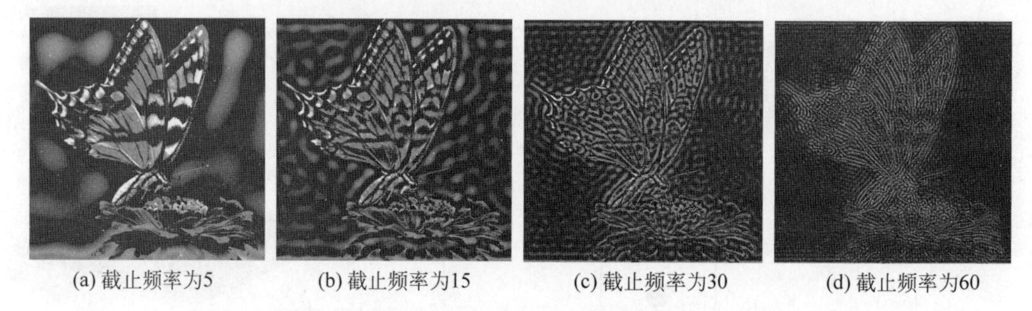

(a) 截止频率为5　　(b) 截止频率为15　　(c) 截止频率为30　　(d) 截止频率为60

图 5-18　截止频率为 5、15、30 和 60 的理想高通滤波器的滤波结果

5.3.2　巴特沃斯高通滤波器

巴特沃斯高通滤波器(Butterworth high-pass filter，BHPF)是一种物理可实现的高通滤波器，n 阶巴特沃斯高通滤波器的传递函数定义为

$$H_{\text{bhp}}(u,v)=\frac{1}{1+[D_0/D(u,v)]^{2n}} \tag{5-12}$$

式中，$D(u,v)$是由式(5-4)给出的点(u,v)到频谱中心$(M/2,N/2)$的距离，D_0 为截止频率。式(5-12)满足式(5-7)和式(5-9)的关系。图 5-19 显示了二阶巴特沃斯高通通滤波器的三维网格图、图像显示以及径向剖面图。与巴特沃斯低通滤波器相同，巴特沃斯高通滤波器在阻带与通带之间不是锐截止。

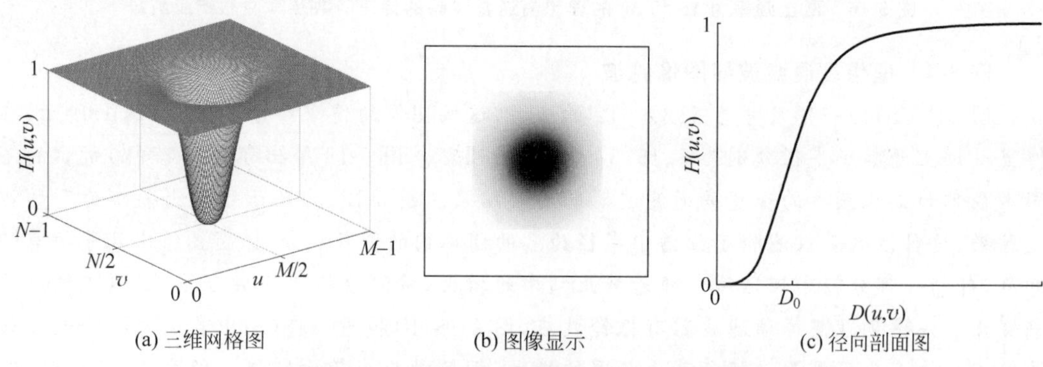

(a) 三维网格图　　(b) 图像显示　　(c) 径向剖面图

图 5-19　二阶巴特沃斯高通滤波器的传递函数

图 5-20 给出了阶数为 1、2、5、8、10 和 20 的巴特沃斯高通滤波器的传递函数的径向剖面图。如同巴特沃斯低通滤波器，巴特沃斯高通滤波器在阻带与通带之间的过渡比较平滑，因此，其滤波图像的振铃效应不明显。当阶数 n 逐渐增大时，从阻带到通带振幅上升速度加快。若阶数 n 充分大，则当 $D(u,v)\to D_0^+$ 时，$H_{\text{bhp}}(u,v)\to 1$；当 $D(u,v)\to D_0^-$ 时，$H_{\text{bhp}}(u,v)\to 0$。在这种情况下，巴特沃斯高通滤波器逼近于理想高通滤波器。注意，如图 5-20 所示，20 阶巴特沃斯高通滤波器从阻带到通带的过渡趋于锐截止。

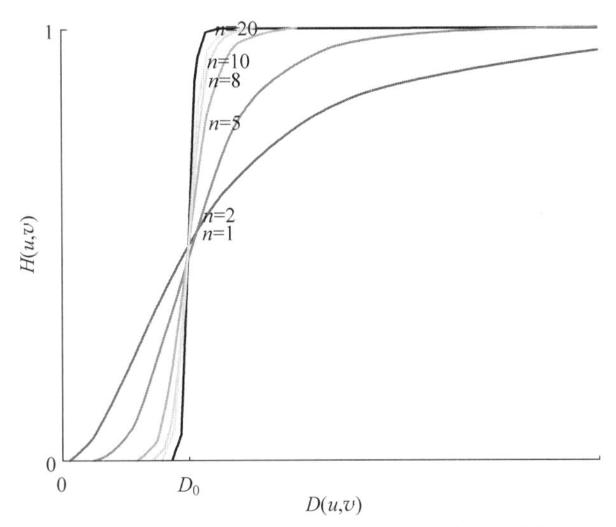

图 5-20 不同阶数的巴特沃斯高通滤波器的传递函数的径向剖面图

通过分析巴特沃斯高通滤波器的传递函数在空域中对应的冲激响应函数，来分析其振铃特性。对于高通滤波器，若其冲激响应函数从原点向外下降到负值，再上升趋近 0，并不再上升到正值，则无振铃效应。图 5-21(a)～(d)分别显示了阶数为 1、2、5 和 20、截止频率为 15 的巴特沃斯高通滤波器的传递函数及其冲激响应函数，左图为频域滤波函数的三维网格图和图像显示，右图为其冲激响应函数的三维网格图和图像显示。从右图中可以看出，一阶、二阶巴特沃斯高通滤波器没有振铃效应，5 阶巴特沃斯高通滤波器的空域冲激响应函数下降返回至零值以上，但正值很小，几乎不会导致振铃效应。随着阶数的增加，振铃效应趋于明显。对于巴特沃斯高通滤波器，20 阶的振铃效应也不太明显。

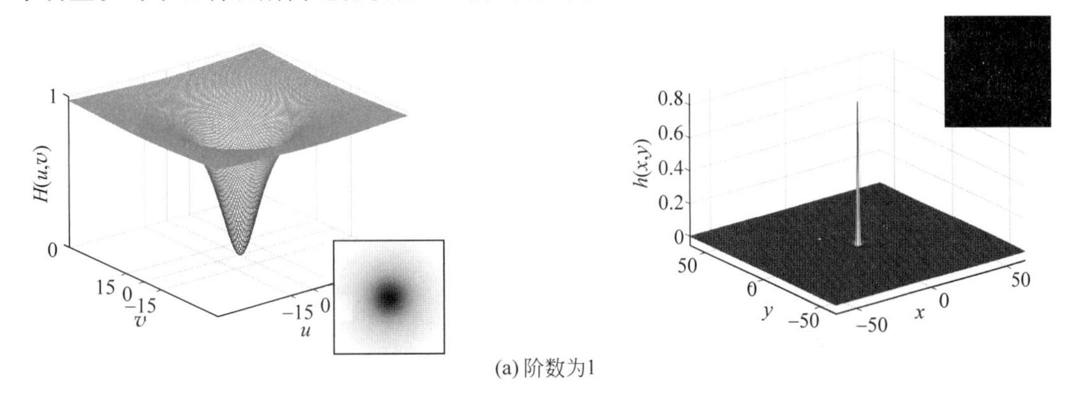

(a) 阶数为1

图 5-21 阶数为 1、2、5 和 20、截止频率为 15 的巴特沃斯高通滤波器的传递函数及冲激响应函数

（注意，振铃效应随着阶数的增大趋于明显）

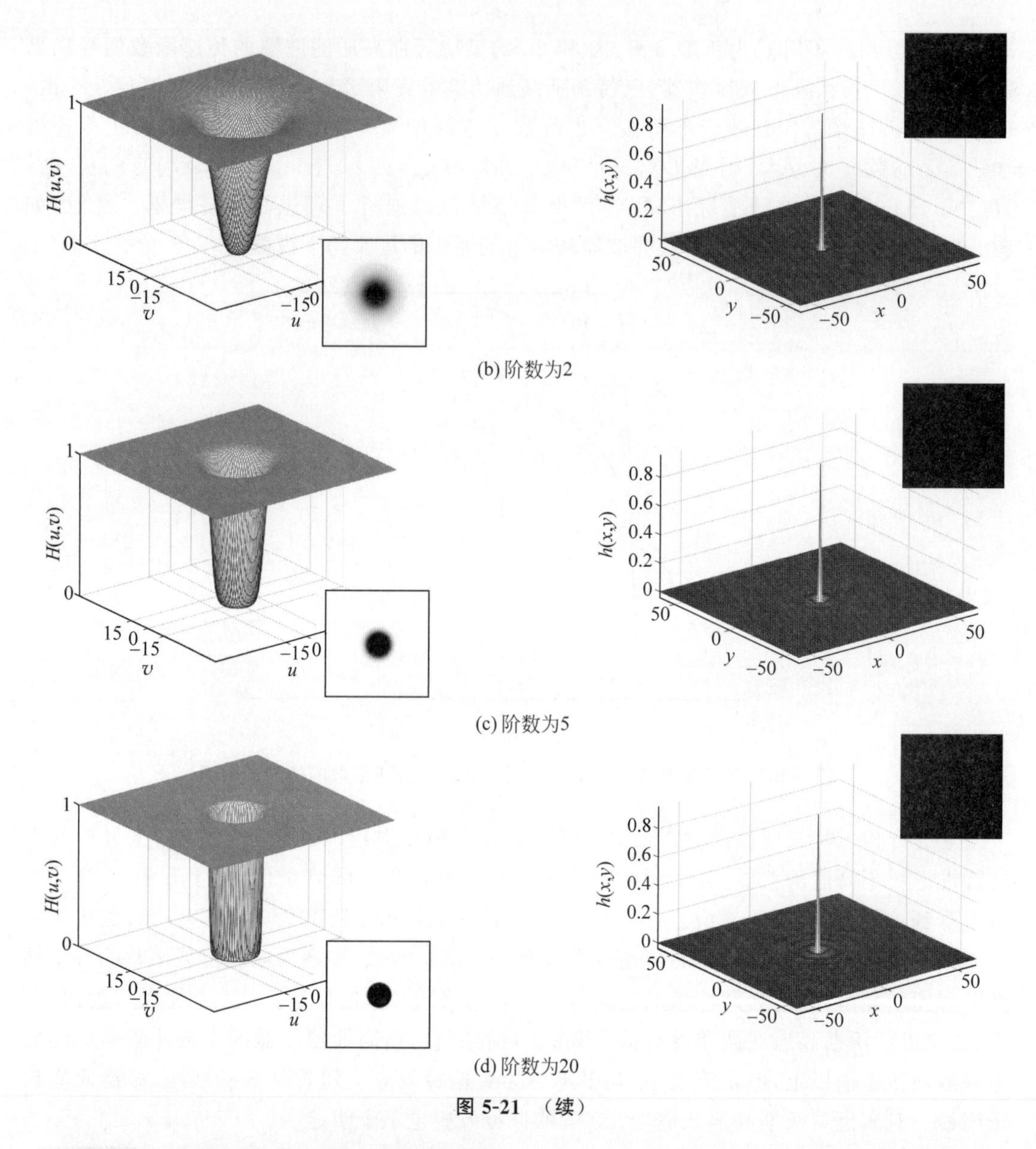

(b) 阶数为2

(c) 阶数为5

(d) 阶数为20

图 5-21 （续）

例 5-5 巴特沃斯高通滤波器图像滤波

对于图 5-17(a)所示的灰度图像，图 5-22 为二阶巴特沃斯高通滤波器的滤波图像。从

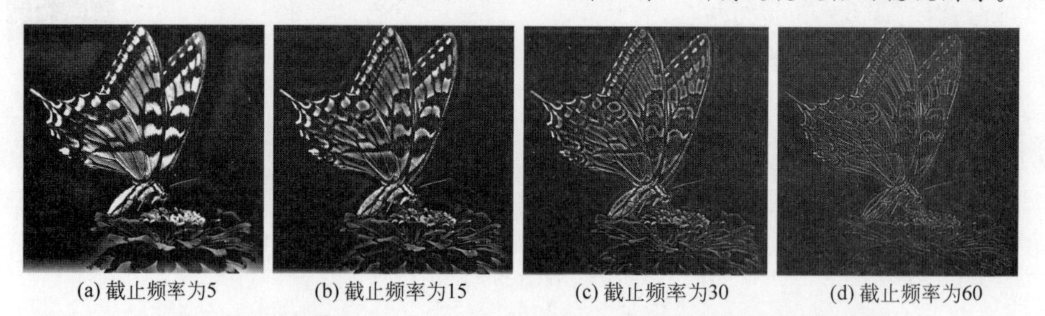

(a) 截止频率为5 (b) 截止频率为15 (c) 截止频率为30 (d) 截止频率为60

图 5-22 截止频率为 5、15、30 和 60 的巴特沃斯高通滤波器的滤波结果

图 5-22(a)到图 5-22(d)，截止频率分别为 5、15、30 和 60，如图 5-17(b)所示。二阶巴特沃斯高通滤波器的传递函数在阻带与通带之间平滑的过渡，不会使滤波图像产生振铃效应。从图中可以看到，随着截止频率的增加，被滤除的低频成分越来越多，边缘更加清晰细化。

5.3.3　指数高通滤波器

指数高通滤波器(exponential high-pass filter，EHPF)也是一种物理可实现的高通滤波器，n 阶指数高通滤波器的传递函数定义为

$$H_{\text{ehp}}(u,v)=1-\mathrm{e}^{-(D(u,v)/D_0)^n} \tag{5-13}$$

式中，$D(u,v)$是由式(5-4)给出的点(u,v)到频谱中心$(M/2,N/2)$的距离，D_0 为截止频率。式(5-13)满足式(5-9)和式(5-8)的关系。图 5-23 显示了二阶指数高通滤波器的三维网格图、图像显示以及径向剖面图。与指数低通滤波器相同，指数高通滤波器在阻带与通带之间不是锐截止。

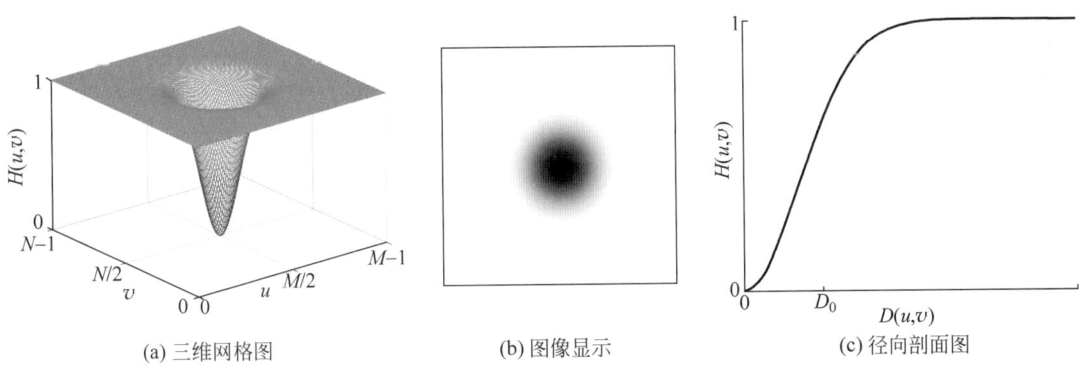

图 5-23　二阶指数高通滤波器的传递函数

图 5-24 给出了阶数为 1、2、5、8、10 和 20 的指数高通滤波器的传递函数的径向剖面图。与巴特沃斯高通滤波器类似，指数高通滤波器在阻带与通带之间有比较平滑的过渡，所以其

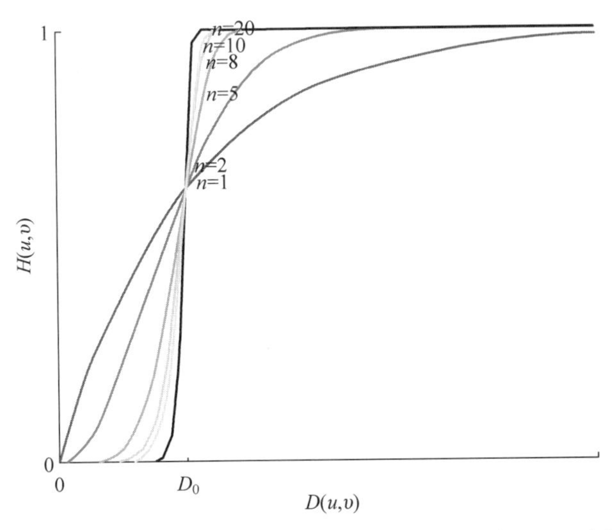

图 5-24　不同阶数的指数高通滤波器的传递函数的剖面示意图

振铃效应不明显，一阶、二阶指数高通滤波器则没有振铃效应。二阶指数高通滤波器也称为**高斯高通滤波器**。当阶数 n 值逐渐增大时，从阻带到通带振幅上升速度加快。若阶数 n 充分大，则当 $D(u,v)\to D_0^+$ 时，$H_{\text{ehp}}(u,v)\to 1$；当 $D(u,v)\to D_0^-$ 时，$H_{\text{ehp}}(u,v)\to 0$。在这种情况下，指数高通滤波器逼近于理想高通滤波器。如图 5-24 所示，20 阶指数高通滤波器从阻带到通带的过渡趋于锐截止。通过比较图 5-20 和图 5-24 所示的滤波器传递函数的径向剖面图可以看到，与巴特沃斯高通滤波器相比，指数高通滤波器的传递函数随频率上升更快，抑制低频成分更弱，尾部很快逼近饱和值，允许通过的高频成分更多。因此，相同截止频率的巴特沃斯高通滤波器与指数高通滤波器相比，指数高通滤波器允许更多的低频成分通过，表现在滤波图像中就是保留了更多的背景基调。

通过分析指数高通滤波器的传递函数在空域中对应的冲激响应函数，来分析其振铃特性。图 5-25(a)～(d)分别给出了阶数为 1、2、5、8、10 和 20、截止频率为 15 的指数高通滤波器的传递函数及其冲激响应函数，左图为频域滤波函数的三维网格图和图像显示，右图为其冲激响应函数的三维网格图和图像显示。从右图中可以看出，一阶、二阶指数高通滤波器没有振铃效应，5 阶指数高通滤波器的空域冲激响应函数下降返回至零值以上的正值很小，几乎不会导致振铃效应。而随着阶数的增加，振铃效应趋于明显。20 阶指数高通滤波器的振铃效应也不太明显。

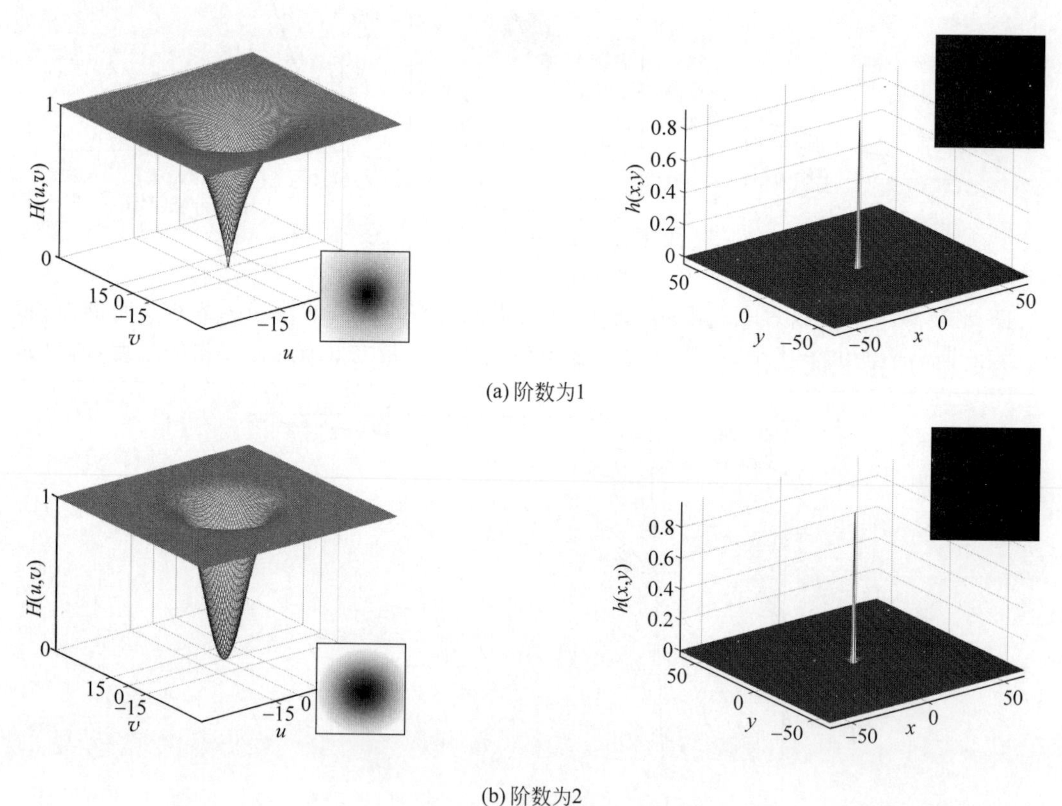

图 5-25　阶数为 1、2、5 和 20、截止频率为 15 的指数高通滤波器的传递函数及冲激响应函数

（注意，振铃效应随着阶数的增大趋于明显）

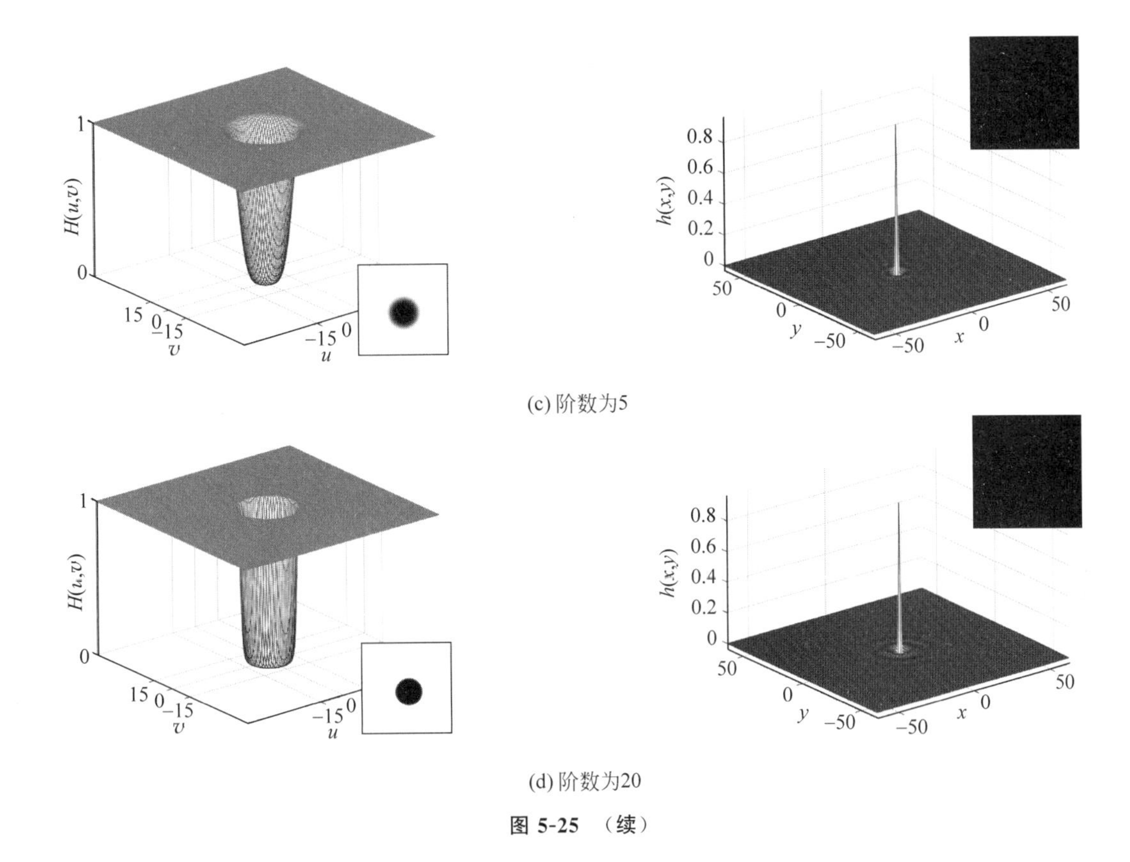

(c) 阶数为5

(d) 阶数为20

图 5-25 （续）

例 5-6 指数高通滤波器图像滤波

对于图 5-17(a)所示的灰度图像,图 5-26 为高斯高通滤波器的滤波图像。从图 5-26(a)到图 5-26(f),截止频率分别为 5、15、30 和 60,如图 5-17(b)所示。如同二阶巴特沃斯高通滤波器的情形,高斯高通滤波器的传递函数在阻带与通带之间平滑地过渡,滤波图像不会出现振铃效应。随着截止频率的增加,被滤除的低频成分越来越多,边缘更加清晰细化。相同截止频率的二阶巴特沃斯高通滤波器和高斯高通滤波器相比,指数高通滤波器的滤波图像中保留了更多的背景基调。

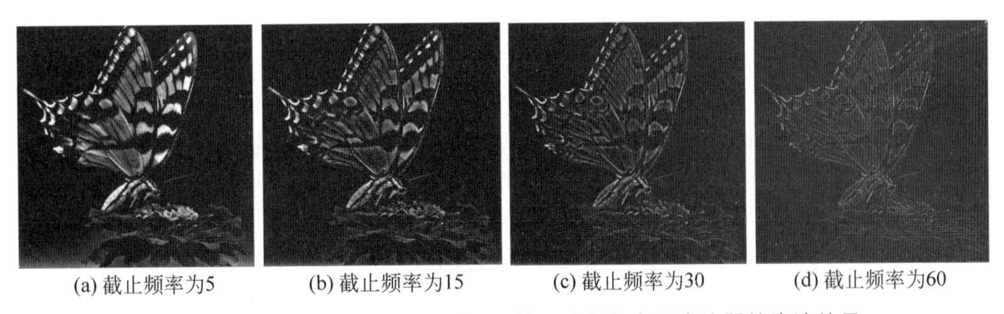

(a) 截止频率为5 (b) 截止频率为15 (c) 截止频率为30 (d) 截止频率为60

图 5-26 截止频率为 5、15、30 和 60 的二阶指数高通滤波器的滤波结果

5.4 拉普拉斯频域滤波器

空域拉普拉斯算子是二阶差分算子，3.6.3.2 节利用二阶差分近似二阶偏导数推导出了空域拉普拉斯算子对应的 4 邻域拉普拉斯模板，本节推导空域拉普拉斯算子的频域滤波器，并阐明两者之间的关系。

回顾空域拉普拉斯算子的定义为

$$\nabla^2 f(x,y)=\frac{\partial^2 f(x,y)}{\partial x^2}+\frac{\partial^2 f(x,y)}{\partial y^2} \tag{5-14}$$

傅里叶变换的一对微分性质如下：

$$\frac{\partial^n f(x,y)}{\partial x^n}\overset{\mathscr{F}}{\Leftrightarrow}(\mathrm{j}2\pi u)^n F(u,v) \tag{5-15}$$

$$(-\mathrm{j}2\pi x)^n f(x,y)\overset{\mathscr{F}}{\Leftrightarrow}\frac{\partial^n F(u,v)}{\partial u^n} \tag{5-16}$$

利用傅里叶变换的微分性质，可以推导出空域拉普拉斯算子的频域滤波器的传递函数。对式(5-14)两端作傅里叶变换，可得频域拉普拉斯滤波结果：

$$\begin{aligned}\mathscr{F}(\nabla^2 f(x,y))&=\mathscr{F}\left(\frac{\partial^2 f(x,y)}{\partial x^2}+\frac{\partial^2 f(x,y)}{\partial y^2}\right)\\&=-4\pi^2(u^2+v^2)F(u,v)\end{aligned} \tag{5-17}$$

其中，$\mathscr{F}(\cdot)$表示傅里叶变换。不考虑式(5-17)中的常数项，空域拉普拉斯算子对应的频域滤波器的传递函数为

$$H(u,v)=-A(u^2+v^2) \tag{5-18}$$

式中，A 表示滤波器的通带增益。5.2 节和 5.3 节中低通和高通滤波器的传递函数值均在区间[0,1]内，不会改变图像的灰度级范围，而 u^2+v^2 比图像像素的灰度值高数个量级，增益 A 的作用是调整滤波器的幅度范围。

正如本章所有频域滤波的实现，前提都是在频域滤波之前对频谱 $F(u,v)$进行中心移位变换。对于尺寸为 $M\times N$ 的输入图像 $f(x,y)$，中心移位变换将频率中心从原点(0,0)平移到$(M/2,N/2)$。如前所述，滤波函数的中心也平移到$(M/2,N/2)$，于是，频域拉普拉斯滤波器的传递函数改写为

$$H(u,v)=-A[(u-M/2)^2+(v-N/2)^2]=-A\cdot D^2(u,v) \tag{5-19}$$

式中，$D(u,v)$是由式(5-4)给出的点(u,v)到频谱中心$(M/2,N/2)$的距离。

图 5-27 给出了式(5-14)定义的空域拉普拉斯算子对应的频域滤波器，图 5-27(a)、(b)和(c)分别为频域拉普拉斯函数的三维网格图、径向剖面图和图像方式显示，纵轴表示频域滤波器的幅度。观察频域拉普拉斯滤波器的幅频特性，这是高通滤波器的形式，允许频谱的高频成分通过，而限制频谱的低频成分通过。通过计算频域拉普拉斯滤波函数的傅里叶逆变换，其空域冲激响应函数的三维网格图和径向剖面图如图 5-27(d)和图 5-27(e)所示。图 5-27(f)为使用最近邻插值放大 6 倍的中心区域，正如所估计的，图 5-27(f)的基本形状与图 3-62(a)所示的空域拉普拉斯模板①都是中心为负值，且 4 邻域为正值。因此，从频域滤

---

① 5.7.1 节分析了 4 邻域拉普拉斯模板的频率响应函数，通过比较可见，空域模板的频率响应函数与从式(5-14)定义的空域拉普拉斯算子直接推导的频域滤波器具有一致的形状。

波器推导出的空域模板与3.6.3.2节中的一致,频域滤波器与空域模板互为傅里叶变换对。

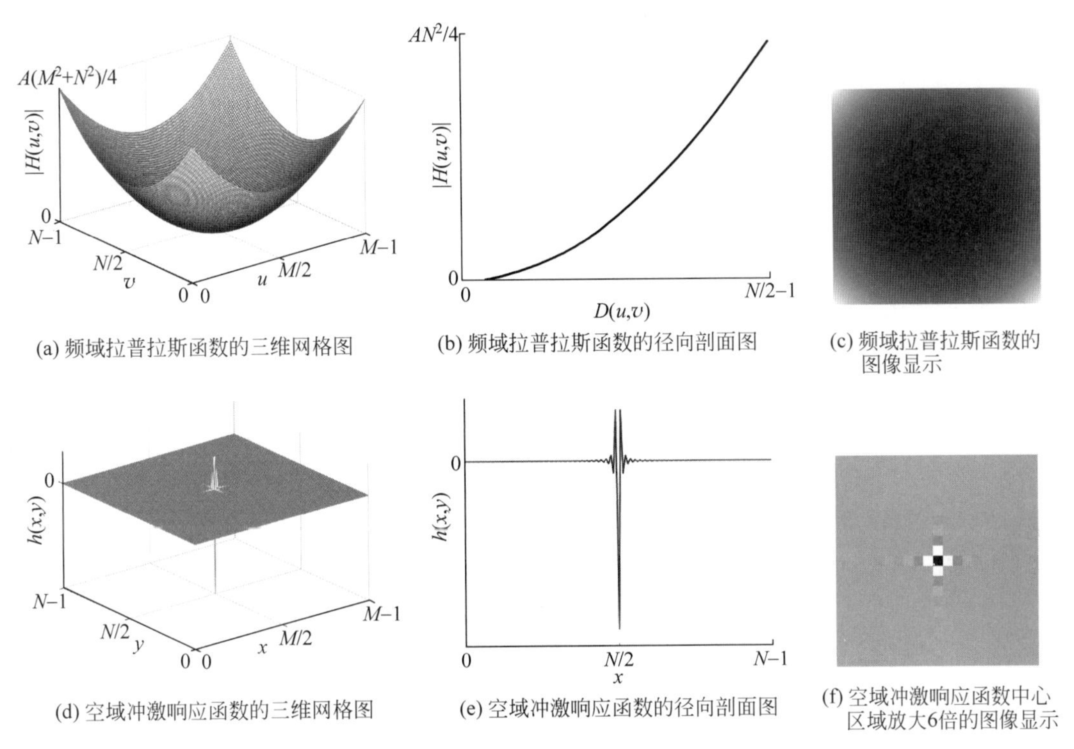

图 5-27 频域拉普拉斯滤波函数及其空域冲激响应函数

将式(5-19)的频域拉普拉斯滤波函数与输入图像的频谱相乘 $H(u,v)F(u,v)$,计算其傅里叶逆变换,在频域中实现拉普拉斯滤波,即

$$\nabla^2 f(x,y)=\mathscr{F}^{-1}[H(u,v)F(u,v)]=\mathscr{F}^{-1}[-A\cdot D^2(u,v)F(u,v)] \tag{5-20}$$

其中,$\mathscr{F}^{-1}(\cdot)$表示傅里叶逆变换。根据卷积定理,使用频域拉普拉斯滤波器等效于空域拉普拉斯算子的卷积滤波。

5.5 高频增强滤波器

5.3节和5.4节中高通滤波器滤除了频谱的零频率成分,因而滤波图像的平均灰度为零,整幅图像接近黑色。如同3.6.3节所讨论的,将高通滤波的结果加上原图像,就可以实现边缘增强。**高频增强**(high frequency emphasis,HFE)**滤波**是将高通滤波器前乘以一个常数,给高频成分一定的增益,并加上一个偏移,来增加一定比例的原始图像,可表示为如下传递函数:

$$H_{\text{hfe}}(u,v)=bH_{\text{hp}}(u,v)+a \tag{5-21}$$

式中,$H_{\text{hp}}(u,v)$表示高通滤波器,$a\geqslant 0$ 且 $b>a$。当 $b>1$ 时,则提升了高频成分。高频增强滤波的过程可以表示为

$$\begin{aligned}G(u,v)&=[bH_{\text{hp}}(u,v)+a]F(u,v)\\&=bH_{\text{hp}}(u,v)F(u,v)+aF(u,v)\end{aligned} \tag{5-22}$$

其中,$H_{\text{hp}}(u,v)F(u,v)$表示高频成分,$F(u,v)$为原图像的频谱。式(5-22)表明,给高频成

分比例系数为 b 的增益，在加上比例系数为 a 的原图像，用来增强高频成分，同时保留部分低频成分。当 $a=0$ 且 $b=1$ 时，式(5-21)退化为高通滤波器。

例 5-7 高频增强图像滤波

图 5-28(a)显示了一幅窄灰度级的 X 射线胸透图像，图像尺寸为 602×418，使用二阶巴特沃斯高通滤波器对图 5-28(a)所示的灰度图像进行高频增强滤波，截止频率 $D_0=15$。图 5-28(b)为高通滤波器的滤波结果，由于滤除了大部分低频成分，仅保留了图像的边缘和细节，而图像的能量集中在低频成分，因而高频成分看起来很暗。图 5-28(c)为原图像直接加到高通滤波图像上的结果，这是 3.6.3 节所讨论的内容，这样能够保持原图像的能量，并增加图像的细节，实现图像锐化。图 5-28(d)对高频成分进行了增强，高频成分的系数 b 提升为 2，因此与图 5-28(c)相比，边缘和细节更加锐化。图 5-28(e)仅加上一半比例的原图像，与高频成分的反差提升，有助于观察高频成分。由于图像仍然很暗，其灰度值分布在很窄的灰度级范围内，对于这种情况，直方图均衡化是一种有效的图像后处理方法，图 5-28(f)是对图 5-28(e)进行直方图均衡化的图像增强结果。由图中可见，高频增强滤波与直方图均衡化结合的方法尽管也放大了噪声，然而更好地增强了图像中的边缘和细节。

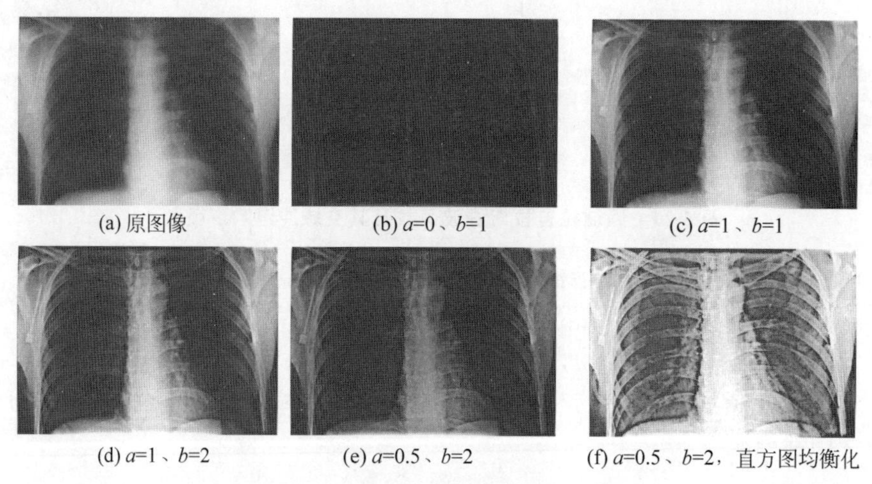

(a) 原图像　(b) a=0、b=1　(c) a=1、b=1

(d) a=1、b=2　(e) a=0.5、b=2　(f) a=0.5、b=2，直方图均衡化

图 5-28 高频增强滤波器的滤波示例

5.6 带通、带阻与陷波滤波器

本节讨论更专用的带通、带阻和陷波滤波器。带通滤波器允许一定频带的信号通过，用于抑制低于或高于该频带的信号、噪声干扰。与带通滤波器相反，带阻滤波器用于抑制一定频带内的信号，允许该频带以外的所有信号通过。陷波滤波器是一种限制窄带频率范围通过的特殊带阻滤波器，通常用于单一频率成分的滤除。

5.6.1 带通滤波器

带通滤波器(band-pass filter，BPF)允许某一带宽范围的频率成分通过，而限制带宽范围以外的频率成分通过。理想带通滤波器具有完全平坦的通带，在通带内没有增益或者衰减，完全阻止通带之外的所有频率成分，通带与阻带之间的过渡在瞬时频率完成。理想带通

滤波器的传递函数定义为

$$H_{\mathrm{ibp}}(u,v)=\begin{cases}0, & D(u,v)<D_0-W/2\\ 1, & D_0-W/2\leqslant D(u,v)\leqslant D_0+W/2\\ 0, & D(u,v)>D_0+W/2\end{cases} \tag{5-23}$$

式中,W 为带宽,半径 D_0 为频带中心,$D_0-W/2$ 和 $D_0+W/2$ 分别为下限截止频率和上限截止频率,$D(u,v)$是由式(5-4)给出的点(u,v)到频谱中心$(M/2,N/2)$的距离。

实际上,理想带通滤波器并不存在。物理可实现的滤波器并不能够完全阻止期望频带以外的所有频率成分,在通带与阻带之间有一个衰减范围并非完全阻止。n 阶巴特沃斯带通滤波器的传递函数定义为

$$H_{\mathrm{bbp}}(u,v)=\frac{1}{1+\left[\dfrac{D(u,v)W}{D^2(u,v)-D_0^2}\right]^{2n}} \tag{5-24}$$

高斯带通滤波器的传递函数定义为

$$H_{\mathrm{gbp}}(u,v)=\mathrm{e}^{-\left[\frac{D^2(u,v)-D_0^2}{D(u,v)W}\right]^2} \tag{5-25}$$

式(5-24)和式(5-25)中,变量的定义与理想带通滤波器中的一致。

图 5-29(a)~(c)分别显示了带宽为 10、频带中心为 15 的理想带通滤波器、二阶巴特沃斯带通滤波器、高斯带通滤波器的三维网格图、图像显示以及径向剖面图。从图中可以看到,巴特沃斯带通滤波器和高斯带通滤波器在阻带与通带、通带与阻带之间有比较平滑的过渡。

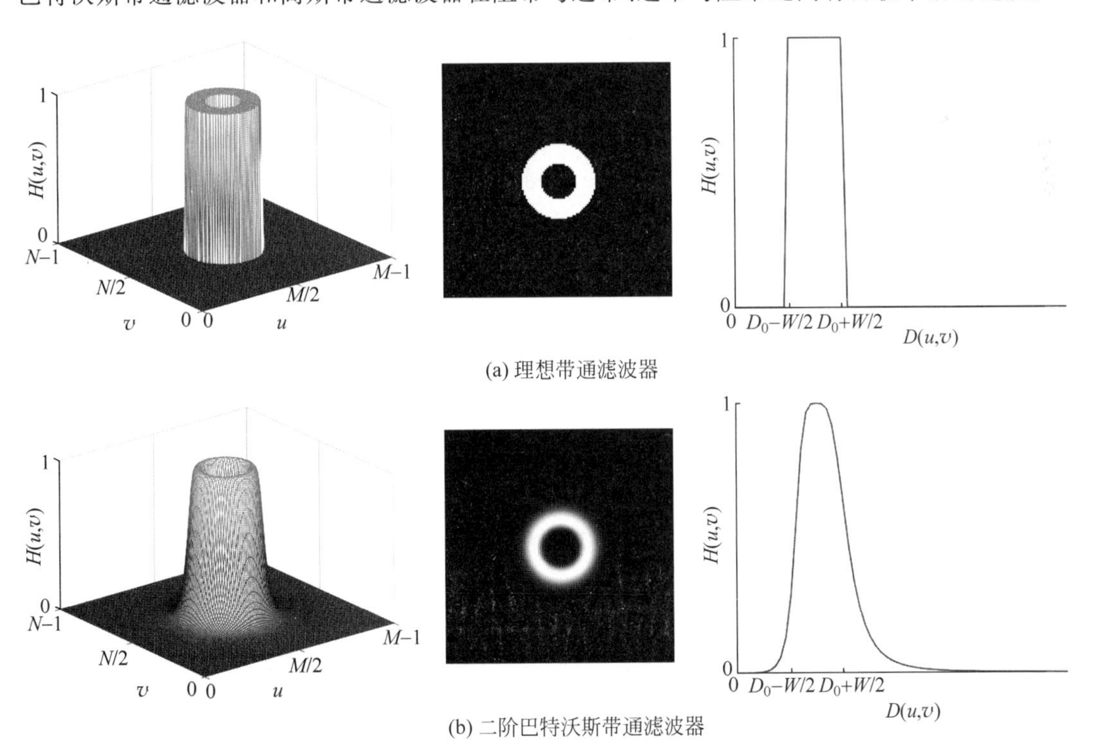

图 5-29　带宽为 10、频带中心为 15 的带通滤波器的三维网格图、图像显示及径向剖面图

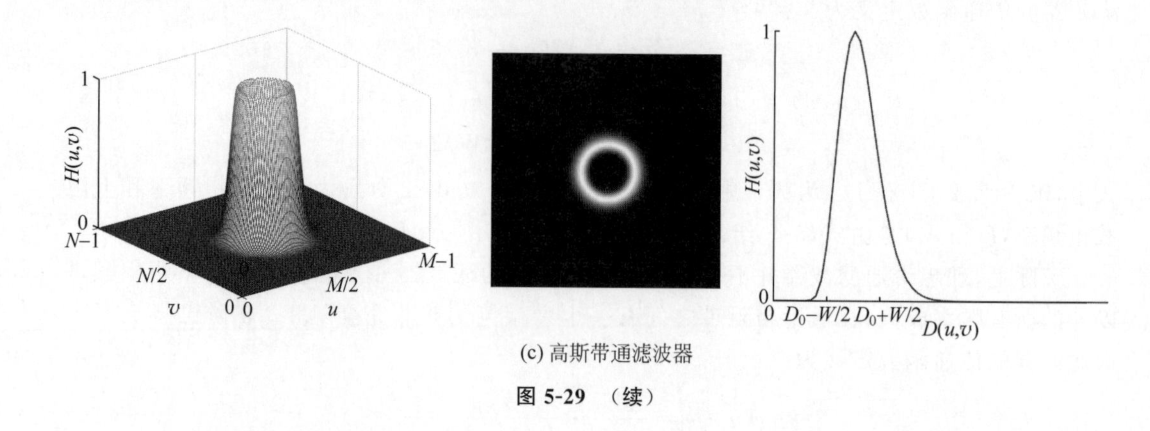

(c) 高斯带通滤波器

图 5-29 (续)

5.6.2 带阻滤波器

带阻滤波器(band-reject filter,BRF)与带通滤波器执行相反的操作,限制某一带宽范围的频率成分通过,而允许带宽范围以外的频率成分通过。带阻滤波器的传递函数 $H_{\mathrm{br}}(u,v)$根据相应的带通滤波器的传递函数 $H_{\mathrm{bp}}(u,v)$定义为

$$H_{\mathrm{br}}(u,v)=1-H_{\mathrm{bp}}(u,v) \tag{5-26}$$

理想带阻滤波器的传递函数定义为

$$H_{\mathrm{ibr}}(u,v)=\begin{cases}1, & D(u,v)<D_0-W/2\\ 0, & D_0-W/2\leqslant D(u,v)\leqslant D_0+W/2\\ 1, & D(u,v)>D_0+W/2\end{cases} \tag{5-27}$$

式中,W 为带宽,半径 D_0 为频带中心,$D_0-W/2$ 和 $D_0+W/2$ 分别为下限截止频率和上限截止频率,$D(u,v)$是由式(5-4)给出的点(u,v)到频谱中心$(M/2,N/2)$的距离。

同样地,物理可实现的带阻滤波器不能完全阻止期望频带之内的所有频率成分,在通带与阻带之间有一个衰减范围。n 阶巴特沃斯带阻滤波器的传递函数定义为

$$H_{\mathrm{bbr}}(u,v)=\frac{1}{1+\left[\dfrac{D(u,v)W}{D^2(u,v)-D_0^2}\right]^{2n}} \tag{5-28}$$

高斯带阻滤波器的传递函数定义为

$$H_{\mathrm{gbr}}(u,v)=1-\mathrm{e}^{-\left[\frac{D^2(u,v)-D_0^2}{D(u,v)W}\right]^2} \tag{5-29}$$

式(5-28)和式(5-29)中,变量的定义与理想带阻滤波器中的一致。

图 5-30(a)~(c)分别显示了带宽为 10、频带中心为 15 的理想带阻滤波器、二阶巴特沃斯带阻滤波器、高斯带阻滤波器的三维网格图、图像显示以及径向剖面图。从图中可以看到,巴特沃斯带阻滤波器和高斯带阻滤波器在通带与阻带、阻带与通带之间有比较平滑的过渡。

例 5-8 带阻滤波器消除周期噪声

带阻滤波器的应用之一是,在已知频域中噪声频率情况下消除周期噪声。一个纯频率正弦波的傅里叶变换是位于正弦波共轭频率处的一对共轭脉冲,这两个脉冲是关于频谱中心对称的。指定不同频率的 6 个正弦波,对应 6 对关于频谱中心对称的脉冲,图 5-31(a)给

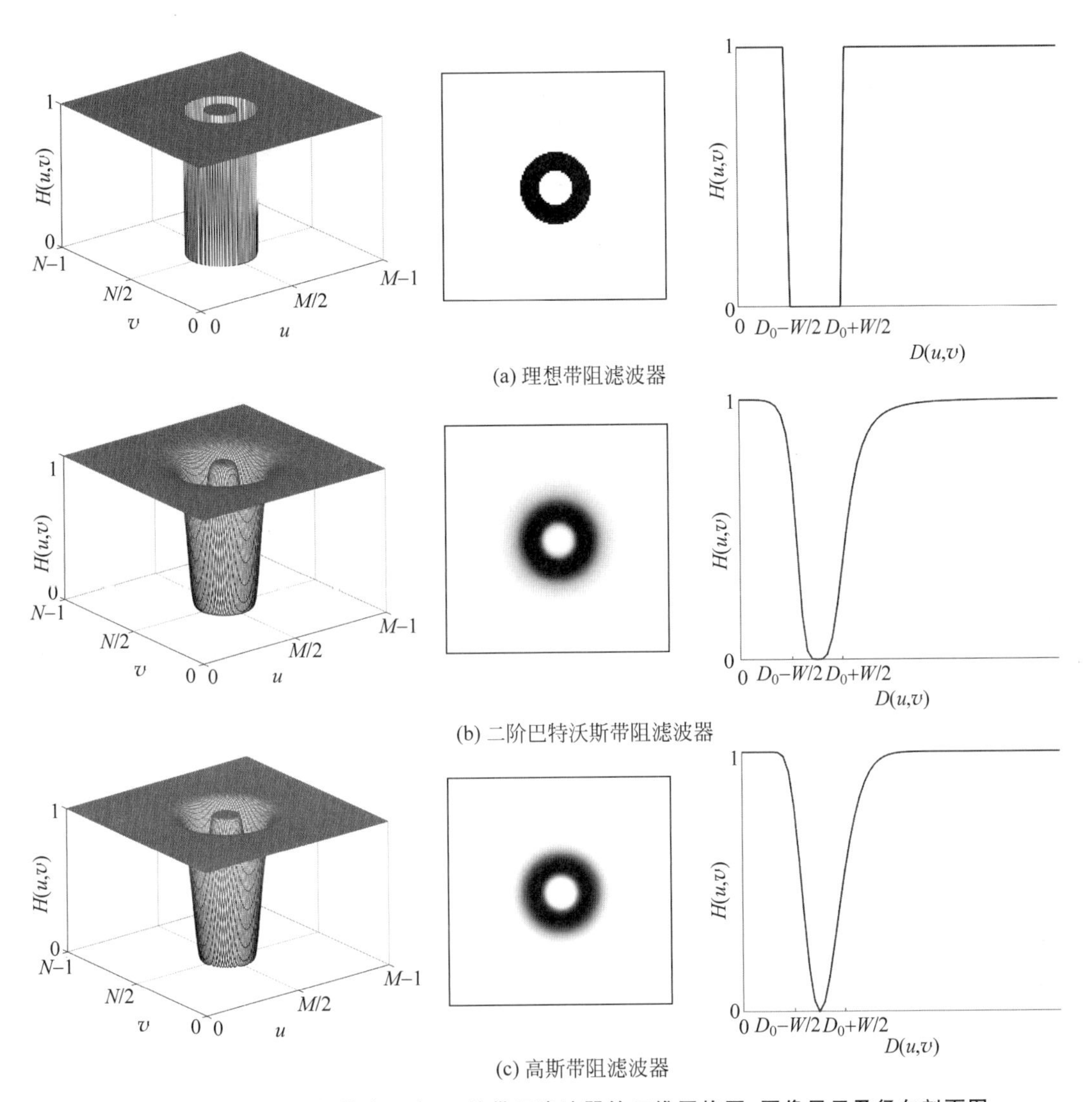

(a) 理想带阻滤波器

(b) 二阶巴特沃斯带阻滤波器

(c) 高斯带阻滤波器

图 5-30 带宽为 10、频带中心为 15 的带阻滤波器的三维网格图、图像显示及径向剖面图

出了这 6 个不同频率正弦波的频域表示，频谱的尺寸为 256×256，其中 6 个脉冲关于频谱中心的位置分别为(0,64)、(32,56)、(56,32)、(64,0)、(−32,56)和(−56,32)，另外 6 对共轭脉冲的位置与它们关于频谱中心对称。傅里叶谱中存在的对称脉冲对是由正弦周期噪声造成的，图 5-31(b)为这 6 对共轭脉冲对应的空域正弦噪声模式，空域中正弦噪声呈现一种周期模式，故称为周期噪声。对图 5-31(c)所示的灰度图像加上这 6 个不同频率的正弦周期噪声，图 5-31(d)和图 5-31(e)分别为加性正弦周期噪声干扰的图像及其傅里叶谱，若空域中正弦波的振幅足够强，则在图像频谱中可以看到图像中每一个正弦波对应的共轭脉冲对，每一对共轭脉冲对应一个正弦波。

在这个特殊例子中，正弦噪声的频率对应的共轭脉冲对以近似于圆的形状出现，且位于关于频谱中心的半径为 64 的近似圆上，因此，选择频带中心 $D_0=64$、带宽 $W=10$ 的二阶巴特沃斯带阻滤波器的传递函数。将图 5-31(f)所示的二阶巴特沃斯带阻滤波器与图 5-31(e)所示的傅里叶谱相乘，图 5-31(g)中傅里叶谱上的圆环是二阶巴特沃斯带阻滤波器，由图中可见，该圆环完全包围了噪声脉冲。图 5-31(h)为最终的滤波图像，从图中可以看到，带阻滤波器有效地消除了周期噪声的干扰。在带阻滤波器中通常要求接近锐截止的窄带滤波器以使得尽可能小地损失细节，因此，滤波图像在强边缘处会表现出振铃效应。

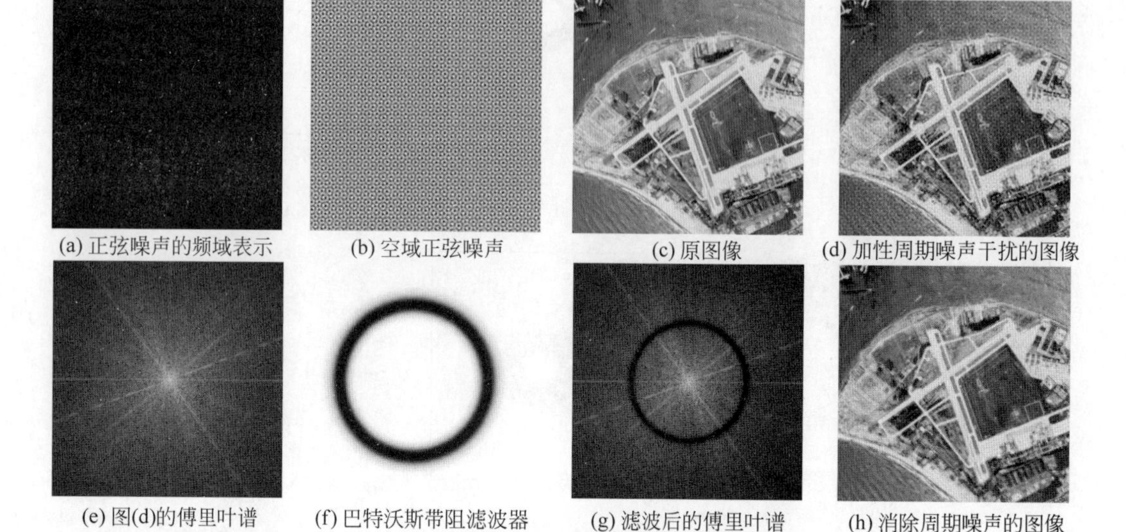

(a) 正弦噪声的频域表示　(b) 空域正弦噪声　(c) 原图像　(d) 加性周期噪声干扰的图像

(e) 图(d)的傅里叶谱　(f) 巴特沃斯带阻滤波器　(g) 滤波后的傅里叶谱　(h) 消除周期噪声的图像

图 5-31　巴特沃斯带阻滤波器消除周期噪声的示例

5.6.3　陷波滤波器

陷波滤波器(notch filter，NF)是一种窄阻带的带阻滤波器。陷波滤波器限制某一中心频率邻域内的频率成分通过，而允许其他频率成分通过。陷波的含义是指仅对某些特定的频率及其邻域进行抑制，其他频率成分不会发生衰减。中心频率在(u_0, v_0)和对称位置$(-u_0, -v_0)$的理想陷波滤波器的传递函数定义为

$$H_{\text{inr}}(u,v)=\begin{cases}0, & D_+(u,v)\leqslant D_0; D_-(u,v)\leqslant D_0\\ 1, & \text{其他}\end{cases} \tag{5-30}$$

式中，半径D_0为截止频率，$D_+(u,v)$和$D_-(u,v)$分别是点(u,v)到中心频率$(u_0+M/2, v_0+N/2)$和$(-u_0+M/2, -v_0+N/2)$的距离，表达式为

$$D_+(u,v)=[(u-u_0-M/2)^2+(v-v_0-N/2)^2]^{1/2} \tag{5-31}$$

$$D_-(u,v)=[(u+u_0-M/2)^2+(v+v_0-N/2)^2]^{1/2} \tag{5-32}$$

式(5-30)表明，理想陷波滤波器完全阻止以(u_0, v_0)和$(-u_0, -v_0)$为圆心，以D_0为半径的圆周内的所有频率成分，而完全通过其他频率成分。如前所述，频域滤波之前，需对频谱$F(u,v)$的原点进行中心移位变换。中心移位变换将中心频率从频率坐标(u_0, v_0)和$(-u_0, -v_0)$平移到$(u_0+M/2, v_0+N/2)$和$(-u_0+M/2, -v_0+N/2)$。同样地，理想陷波滤波器是物理不可实现的。

n阶巴特沃斯陷波滤波器的传递函数定义为

$$H_{\text{bnr}}(u,v)=\frac{1}{1+\left[\dfrac{D_0^2}{D_+(u,v)D_-(u,v)}\right]^n} \tag{5-33}$$

高斯陷波滤波器的传递函数定义为

$$H_{\mathrm{gnr}}(u,v)=1-\mathrm{e}^{-D_{+}(u,v)D_{-}(u,v)/D_0^2} \tag{5-34}$$

式(5-33)和式(5-34)中，变量的定义与理想陷波滤波器中的一致。陷波滤波器可以通过对高通滤波器的中心进行位移得到，不同的是频率具有对称性，因而存在两个对称的中心频率。当$(u_0,v_0)=(0,0)$时，陷波滤波器将转换为高通滤波器。

图 5-32(a)～(c)分别显示了截止频率为20、中心频率在(25,25)和对称位置(−25,−25)的理想陷波滤波器、二阶巴特沃斯陷波滤波器、高斯陷波滤波器的三维网格图及其图像显示。从图中可以看到，巴特沃斯陷波滤波器和高斯陷波滤波器在阻带与通带之间的过渡比较平滑。

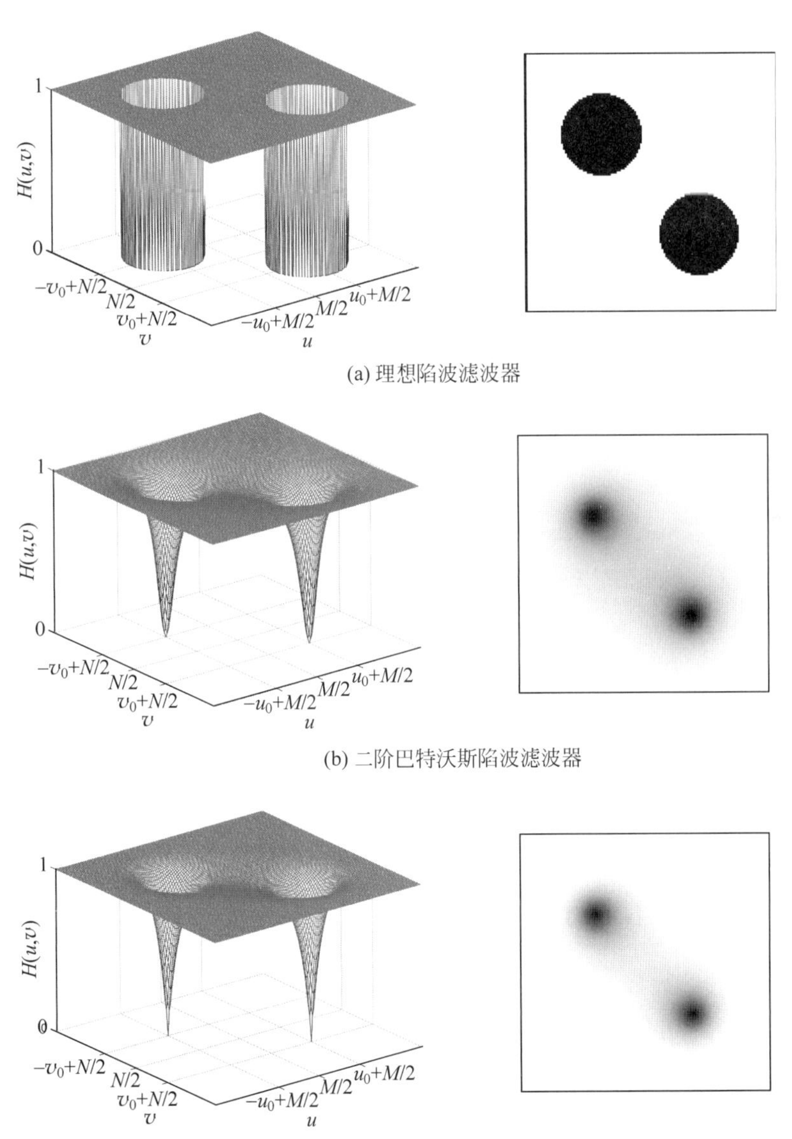

图 5-32　截止频率为 20、中心频率在(25,25)和对称位置(−25,−25)的陷波滤波器三维网格图及其图像显示

例 5-9　陷波滤波器去除周期噪声

周期噪声表现为图像中周期性重复出现的噪声，在空域去除周期噪声基本是不可能的，周期性噪声在频域中表现为特定频率的高能量，通过频域滤波能够去除周期噪声。由降质图像的频谱可知，周期噪声趋于产生频率峰值，通过检测这些峰值来估计典型的周期噪声参数，进而通过频域滤波能够显著地降低周期噪声。在5.6.2节中已经讨论了相关问题，在该节中给出了带阻滤波器用于去除周期噪声的例子。带阻滤波器虽然能够去除周期噪声，但是也会造成噪声以外频率成分的衰减。

陷波滤波器也能够应用于去除周期噪声，同样需要已知周期噪声的尖峰频率。陷波滤波器直接对噪声的频率处进行抑制，而不会造成其他频率成分的衰减，特别当周期噪声的尖峰频率个数较少或者较分散时，陷波滤波器对频率的抑制具有很强的针对性，在去除噪声的同时，能够更好地保持图像内容。图5-33(a)显示了一幅受不同频率的周期性噪声干扰的图像，图像尺寸为168×246。通过傅里叶变换将图像从空域变换到频域中，如图5-33(b)所示，周期噪声在傅里叶谱中产生峰值，可以通过视觉分析检测出任意相邻两个象限中峰值的位置，峰值处的频率用(u_l,v_l)表示，傅里叶域中的频率具有共轭对称性，对称位置的频率为$(-u_l,-v_l)$，$l=1,2,\cdots,L$，傅里叶谱中峰值的总数为$2L$。采用巴特沃斯陷波滤波器抑制傅里叶域中的噪声峰值。中心频率在(u_l,v_l)和对称位置$(-u_l,-v_l)$的n阶巴特沃斯陷波滤波器的传递函数可表示为

$$H_{\text{bnr}}(u,v)=\prod_{l=1}^{L}\frac{1}{1+\left[\dfrac{D_0^2}{D_{l,+}(u,v)D_{l,-}(u,v)}\right]^n} \tag{5-35}$$

式中，半径D_0为截止频率，$D_{l,+}(u,v)$和$D_{l,-}(u,v)$分别为点(u,v)到中心频率$(u_l+M/2,v_l+N/2)$和$(-u_l+M/2,-v_l+N/2)$的距离，表达式为

$$D_{l,+}(u,v)=[(u-u_l-M/2)^2+(v-v_l-N/2)^2]^{1/2} \tag{5-36}$$

$$D_{l,-}(u,v)=[(u+u_l-M/2)^2+(v+v_l-N/2)^2]^{1/2} \tag{5-37}$$

如前所述，频域滤波之前，需对频谱$F(u,v)$的原点进行中心移位变换。中心移位变换将中心频率从频率坐标(u_l,v_l)和$(-u_l,-v_l)$平移到$(u_l+M/2,v_l+N/2)$和$(-u_l+M/2,-v_l+N/2)$。图5-33(c)为所用的陷波滤波器的图像显示，$D_0=25$，$L=4$。图5-33(d)为经过滤波的傅里叶谱，由图中可见，相应频率处的峰值能量明显衰减了。最后，再从频域变换

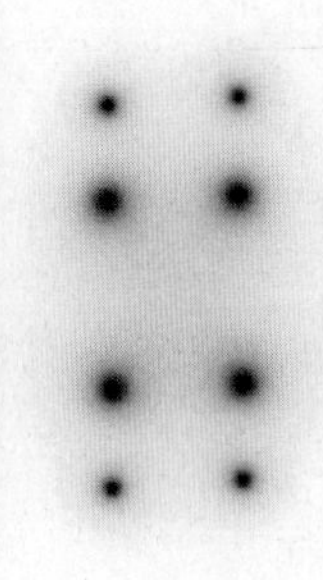
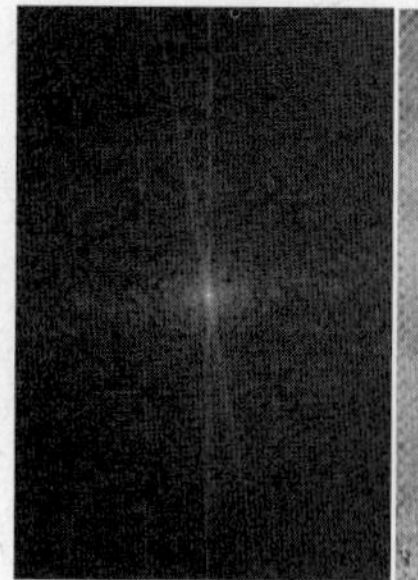

(a) 周期噪声干扰的图像　(b) 图(a)的傅里叶谱　(c) 陷波滤波器　(d) 滤波后的傅里叶谱　(e) 去噪图像

图5-33　陷波滤波器的周期噪声滤波示例

回空域,如图 5-33(e)所示,通过选取合适的半径,陷波滤波器有效抑制中心频率及其邻域内的频率成分,而保留其他频率成分。因此,在有效降低对应频率的周期噪声的同时,能够保持图像的内容。

5.7 空域滤波与频域滤波的对应关系

卷积定理表明,空域中两个函数的卷积等效于这两个函数在频域中傅里叶变换的乘积。根据卷积定理,空域模板和频域滤波函数互为傅里叶变换对。因此,频域增强和空域增强有着密切的对应关系。一方面,可以通过分析频域特性(主要是幅度特性)来分析空域模板的作用;另一方面,可以借助频域滤波器的设计来指导空域模板。

5.7.1 空域到频域

空域模板与其频率响应函数(即空域模板的傅里叶变换)互为傅里叶变换对。因此,空域模板的作用可以通过分析其频域特性而知。对空域模板作傅里叶变换,通过分析空域模板的幅频特性来解释第 3 章介绍的空域平滑模板和锐化模板的作用。

图像平滑处理的作用是模糊细节和降低噪声。图 5-34(a)给出了均值平滑模板及其频率响应函数的三维网格图,图 5-34(b)给出了高斯平滑模板及其频率响应函数的三维网格图,由图中可见,平滑模板的幅频特性表现为低通滤波器,即允许低频成分通过,而限制高频成分通过。从频率的角度分析,细节和噪声对应于频域中的高频成分,因此,低通滤波器可

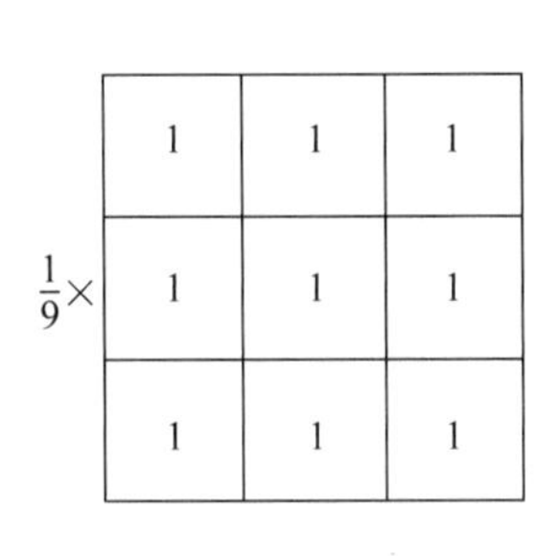
$\frac{1}{9}\times$

1	1	1
1	1	1
1	1	1

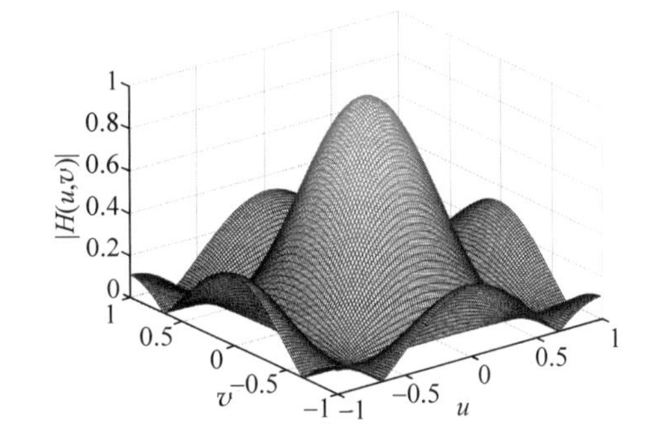

(a) 均值平滑模板

$\frac{1}{16}\times$

1	2	1
2	4	2
1	2	1

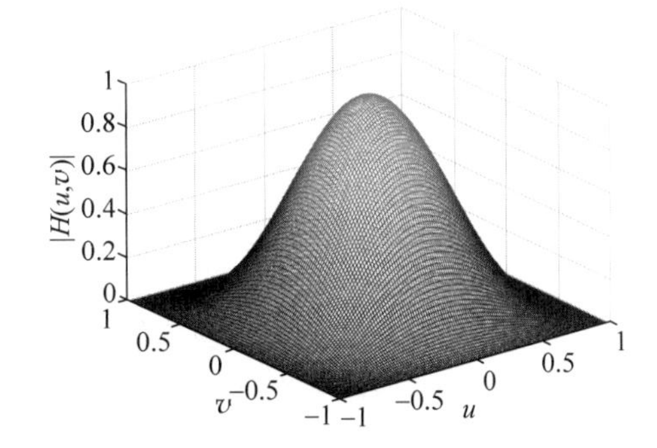

(b) 高斯平滑模板

图 5-34　空域平滑模板及其频率响应函数

以达到平滑和降噪的目的。比较这两种平滑模板频率响应函数可发现，由于均值平滑模板对应的频域滤波函数具有旁瓣泄漏的性质，因而导致振铃效应，而高斯平滑模板对应的频域滤波函数无旁瓣现象，且通带与阻带之间过渡比较平滑，因而不会产生振铃效应。

图像锐化处理的作用是增强图像中的边缘和细节。图 5-35 给出了两种拉普拉斯锐化模板以及相应的频率响应函数的三维网格图，从频率特性可知，这两种拉普拉斯模板的作用是允许高频成分通过，而限制低频成分通过，因此，在频域中对应高通滤波器。从频率的角度分析，图像中的平坦区域具有较小的灰度变化，对应于频域中的低频成分，边缘和细节对应频域中的高频成分，因此，高通滤波器可以达到边缘锐化和细节突出的目的。通过对这两种拉普拉斯频域响应函数的比较，8 邻域拉普拉斯模板相比 4 邻域拉普拉斯模板允许更多的高频成分通过，因而，边缘和细节的响应更强。在频率响应函数的图示中，u 和 v 表示归一化频率，其值范围为$[-1,1]$，其中 1 对应采样频率的一半，即 πrad；$|H(u,v)|$表示傅里叶变换系数的模值。

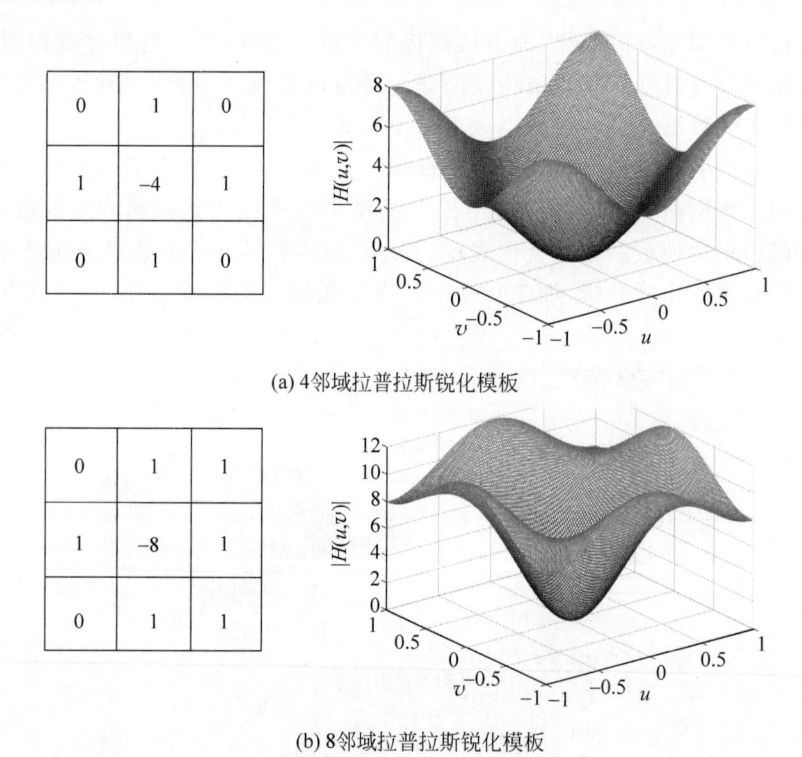

(a) 4邻域拉普拉斯锐化模板

(b) 8邻域拉普拉斯锐化模板

图 5-35 空域锐化模板及其频率响应函数

5.7.2 频域到空域

频域滤波器的传递函数与其空域冲激响应函数互为傅里叶变换对。借助频域滤波器的设计，通过对频域滤波器的传递函数计算傅里叶逆变换来确定空域模板。高斯函数的傅里叶逆变换也是高斯函数，实函数有利于通过图形来分析自身特性。对高斯函数表示的低通滤波器和高通滤波器进行傅里叶逆变换，通过分析频域滤波函数与其空域冲激响应函数的关系有助于理解空域和频域之间的滤波特性。

在频域中高斯低通滤波器的传递函数可表示为

$$H_{\text{glp}}(u,v)=A\mathrm{e}^{-\frac{u^2+v^2}{2\sigma^2}} \tag{5-38}$$

式中，σ 为高斯函数的标准差；A 表示滤波器的通带增益，在 5.2 节讨论的低通滤波器中，通带增益 $A=1$。频域滤波函数 $H_{\text{glp}}(u,v)$对应的空域冲激响应函数为

$$h_{\text{glp}}(x,y)=2\pi A\sigma^2\mathrm{e}^{-2\pi^2\sigma^2(x^2+y^2)} \tag{5-39}$$

式(5-38)和式(5-39)构成傅里叶变换对，频域滤波函数 $H_{\text{glp}}(u,v)$和空域冲激响应函数 $h_{\text{glp}}(x,y)$都是实高斯函数。图 5-36(a)给出了频域滤波函数 $H_{\text{glp}}(u,v)$的三维网格图和径向剖面图，图 5-36(b)给出了其空域冲激响应函数 $h_{\text{glp}}(x,y)$的三维网格图和径向剖面图，根据 $h_{\text{glp}}(x,y)$的一般形状作为指导来确定小尺寸空域模板的系数。由空域函数均为正值可得出结论，空域滤波使用全部系数为正值的模板实际上是实现低通滤波，见 3.6.2 节讨论的空域平滑滤波。

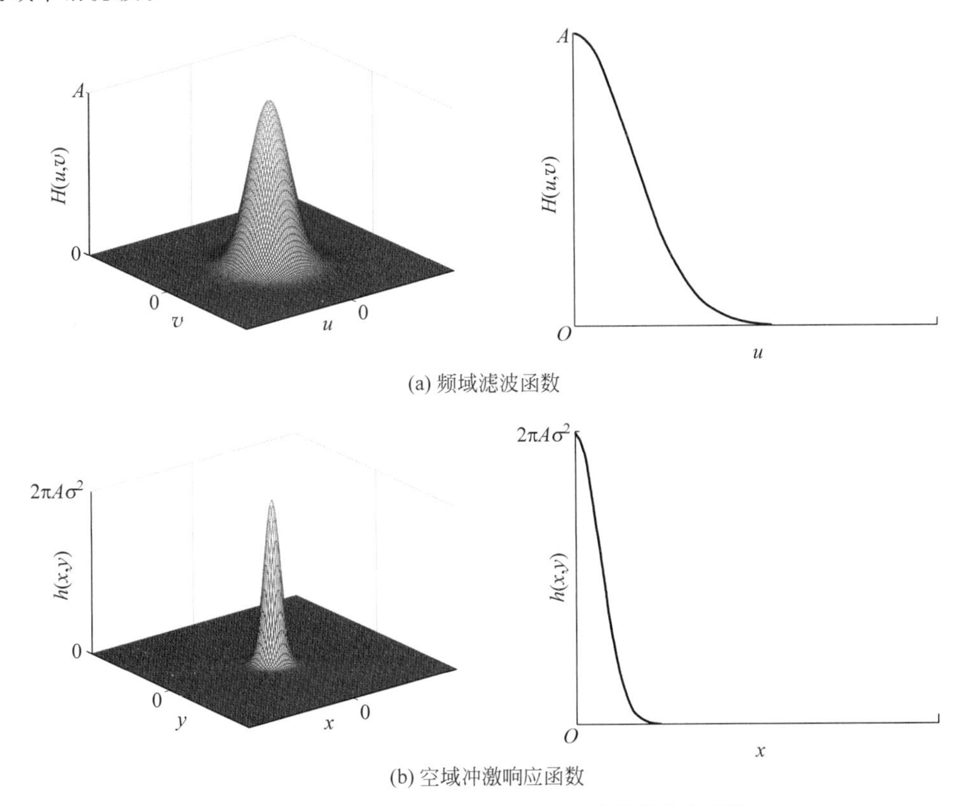

图 5-36　高斯低通滤波器的传递函数及其空域冲激响应函数($\sigma=10$)

为了便于观察，如图 5-37 所示，以一维函数形式来说明参数 σ 对频域滤波函数及其空域冲激响应函数的影响，图 5-37(a)和图 5-37(b)分别为参数 σ 取不同值时高斯低通滤波器的传递函数及其空域冲激响应函数。可见，当 σ 减小时，频域滤波函数 $H_{\text{glp}}(u,v)$收窄，允许通过的低频成分越少，限制通过的高频成分越多；对应地，空域冲激响应函数 $h_{\text{glp}}(x,y)$展宽，模板尺寸越大，平滑能力越强。频域和空域的处理具有等效的滤波作用。

为了便于分析高通滤波器的特性，由高斯函数构造一个高通滤波器，其表达式如下：

$$H_{\text{hp}}(u,v)=A\mathrm{e}^{-\frac{u^2+v^2}{2\sigma_1^2}}-B\mathrm{e}^{-\frac{u^2+v^2}{2\sigma_2^2}} \tag{5-40}$$

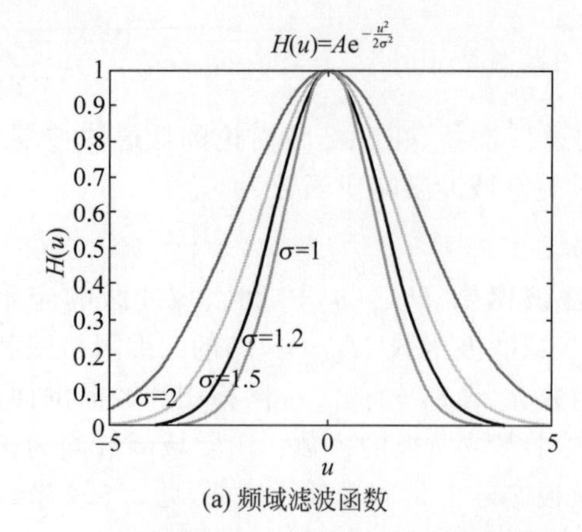

(a) 频域滤波函数

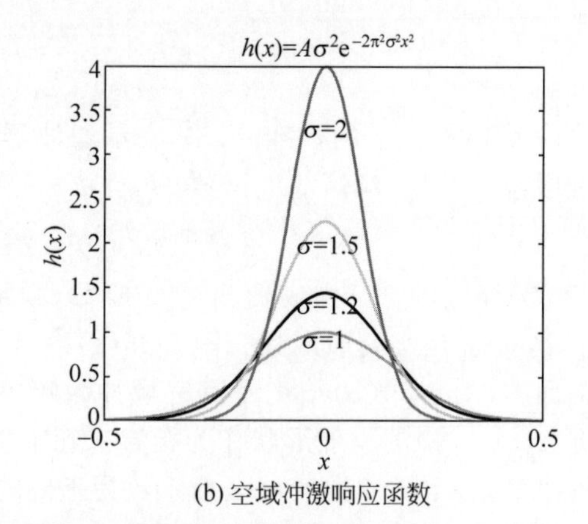

(b) 空域冲激响应函数

图 5-37 一维形式的高斯低通滤波器的传递函数及其空域冲激响应函数

式中,$A \geqslant B$,且 $\sigma_1 > \sigma_2$。当 $A=B$ 时,滤除频谱的零频率成分,即滤波图像中直流成分为零。当 $\sigma_1 \to \infty$ 时,式(5-40)中等式右端的第一项趋近于常数 A,此时的定义与式(5-9)的定义是一致的。频域滤波函数 $H_{\mathrm{hp}}(u,v)$ 对应的空域冲激响应函数为

$$h_{\mathrm{hp}}(x,y)=2\pi\left[A\sigma_1^2 e^{-2\pi^2\sigma_1^2(x^2+y^2)}-B\sigma_2^2 e^{-2\pi^2\sigma_2^2(x^2+y^2)}\right] \tag{5-41}$$

式(5-40)和式(5-41)构成傅里叶变换对,频域滤波函数 $H_{\mathrm{hp}}(u,v)$ 和空域冲激响应函数 $h_{\mathrm{hp}}(x,y)$ 都是实函数。图 5-38(a)给出了频域滤波函数 $H_{\mathrm{hp}}(u,v)$ 的三维网格图和径向剖面图,图 5-38(b)给出了其空域冲激响应函数的三维网格图和径向剖面图。从图中可以看

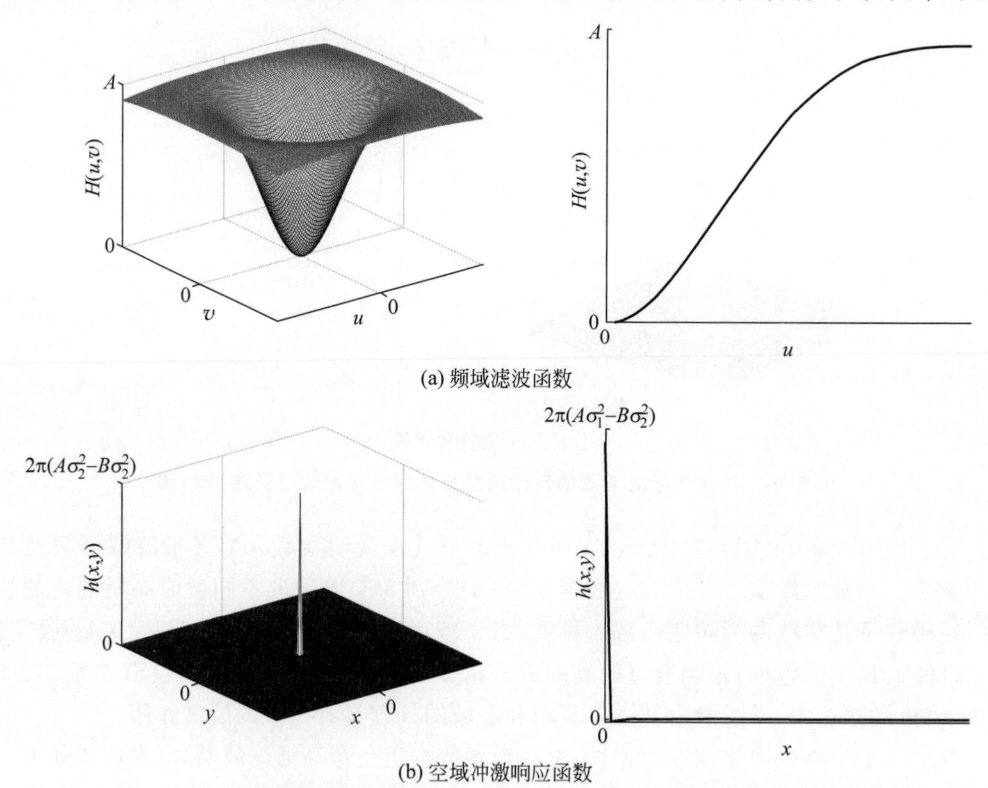

(a) 频域滤波函数

(b) 空域冲激响应函数

图 5-38 高通滤波器的传递函数及其空域冲激响应函数($\sigma_1=200,\sigma_2=20$)

到，空域函数的取值有正值也有负值，模板系数一旦取负值后不会再变为正值。3.6.3 节中使用的锐化模板系数与图 5-38(b)的形状近似一致。

为了便于观察，如图 5-39 所示，以一维函数形式来说明参数 σ_2 对频域滤波函数及其空域冲激响应函数的影响，固定 $\sigma_1=10$，调整 σ_2，在图 5-39(a)和图 5-39(b)中，σ_2 取值分别为 1 和 2。可见，当 σ_2 增大时，频域滤波函数 $H_{\mathrm{hp}}(u,v)$展宽，阻止通过的低频成分越多，允许通过的高频成分越少；对应地，空域冲激响应函数 $h_{\mathrm{hp}}(x,y)$向负值的波动越强。频域和空域的处理具有等效的滤波作用。

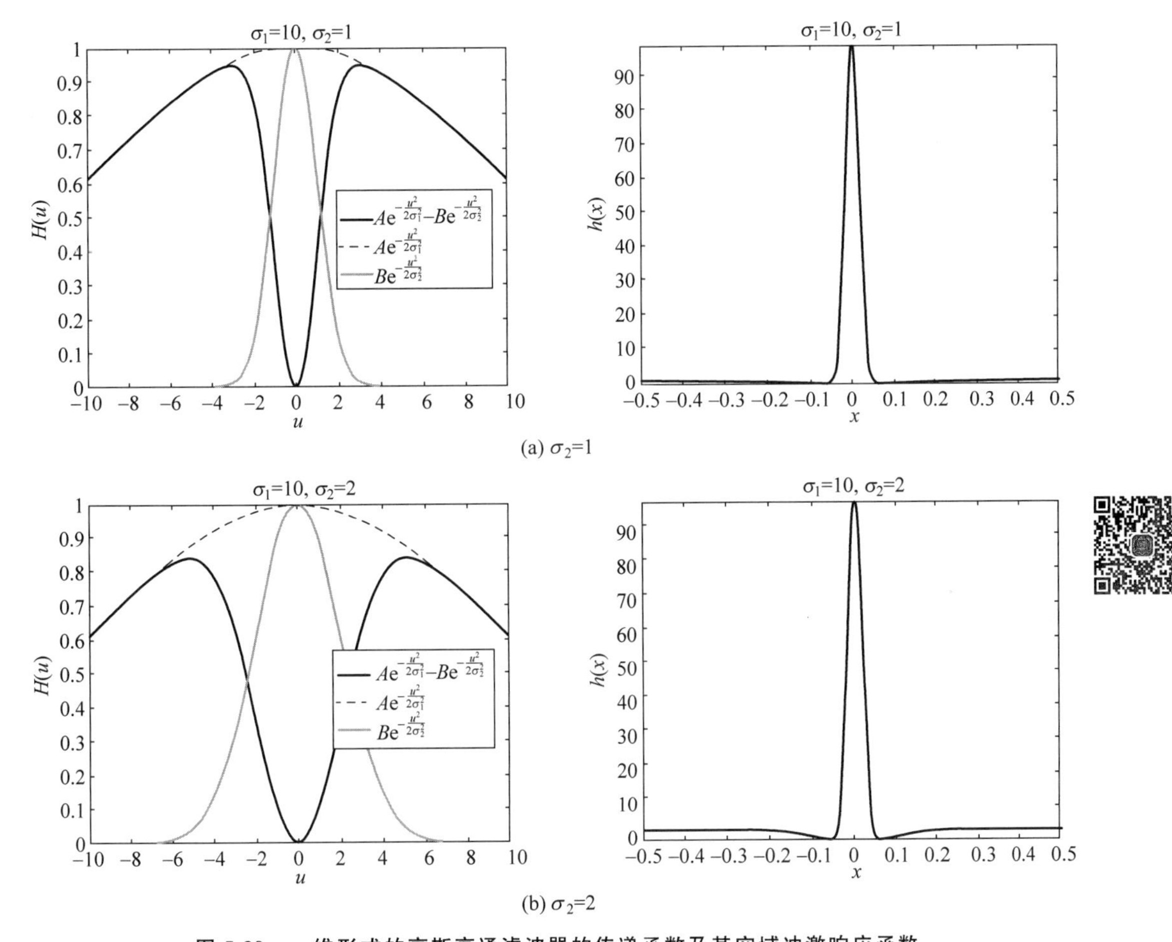

图 5-39 一维形式的高斯高通滤波器的传递函数及其空域冲激响应函数

在频域图像增强中，通常利用频率成分和图像内容之间的对应关系，凭借主观判断指定频域滤波器。一些直接在空域中表述困难的增强任务，在频域中非常直观。频域滤波需要对图像进行傅里叶变换和傅里叶逆变换，而在线性空域滤波中，通常使用小尺寸的空域模板，直接与图像作卷积。显然，空域滤波具有计算量小的优势。可以通过频域滤波器设计而近似选择空域滤波，根据频域滤波器对应的空域冲激响应函数的形式，确定小尺寸的空域模板。另外，可以利用加窗方法、频域取样、频域变换等方法设计二维数字滤波器，对数字图像进行滤波。

5.8 同态滤波

自然场景的动态范围①可达到 $10^8:1$，人眼同时观察的动态范围可达到 $10^4:1$，而一般成像设备的动态范围仅能达到 $10^2:1$。图 5-40 显示了自然场景的照度范围，最高的照度可达 $10^4\mathrm{cd/m^2}$，最低的照度可至 $10^{-4}\mathrm{cd/m^2}$。当成像场景具有很高的动态范围时，在传感器的成像过程中，有限的动态范围造成采集图像的局部区域曝光不足或过度、暗区域或亮区域细节损失。图 5-43(a)直观地说明了高动态范围场景的成像问题，天空区域的光强高，而阴影区域的光强低，所成像场景的照度范围横跨约 10^3 及以上数量级，当焦点聚焦在天空区域则造成阴影区域曝光不足，反之亦然。对于这种低对比度图像，采用简单的线性灰度级拉伸是无效的。**同态滤波**(homomorphic filtering)的作用是同时实现动态范围压缩和图像对比度增强。已有的研究表明，人眼对全局对比度并不敏感，而对局部对比度更为敏感，因此，同态滤波具备可行性。

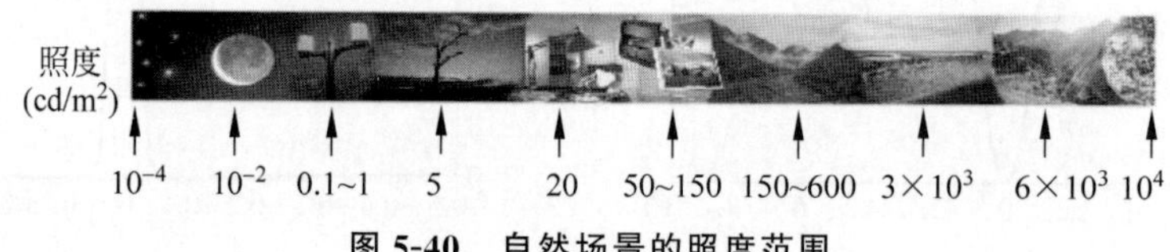

图 5-40 自然场景的照度范围

依据照度-反射图像生成模型，一幅图像 $f(x,y)$ 可表示为照度(illumination)分量 $i(x,y)$ 和反射(reflectance)分量 $r(x,y)$ 乘积的形式，可表示为

$$f(x,y)=i(x,y)r(x,y) \tag{5-42}$$

其中，照度分量 $i(x,y)$ 取决于照射源的光照特性，其范围为 $0<i(x,y)<\infty$；反射分量 $r(x,y)$ 取决于成像物体表面固有的反射特性，其值限制在 0(全吸收)和 1(全反射)之间，即 $0<r(x,y)<1$。一幅图像的亮度值正比于照射源的照度，因而，$0<f(x,y)<\infty$。

同态滤波的过程是通过将图像分解为照度分量和反射分量两部分，从图像中去除照度分量的影响，从而获得反射分量。同态滤波的过程见图 5-41 所示的方框图，包括图像正向变换(对数变换和离散傅里叶变换)、频域滤波和图像反向变换(离散傅里叶逆变换和指数变换)三个步骤。

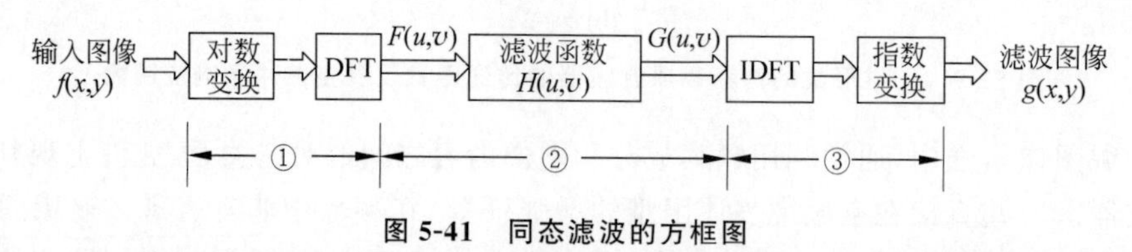

图 5-41 同态滤波的方框图

首先，对输入图像 $f(x,y)$ 进行对数变换，将照度分量和反射分量的相乘运算转换为对数域中的相加运算，可表示为

$$\ln f(x,y)=\ln[i(x,y)r(x,y)]=\ln i(x,y)+\ln r(x,y) \tag{5-43}$$

① 动态范围定义为最大照度与最小照度的比值。

对式(5-43)两端作傅里叶变换,并简化表示为

$$F(u,v)=I(u,v)+R(u,v) \tag{5-44}$$

式中,$F(u,v)=\mathscr{F}(\ln f(x,y))$,$I(u,v)=\mathscr{F}(\ln i(x,y))$,$R(u,v)=\mathscr{F}(\ln r(x,y))$,其中,$\mathscr{F}(\cdot)$表示傅里叶变换。

然后,设计滤波器的传递函数 $H(u,v)$。照度分量取决于外界光源照射在物体上的能量强度,一般变化缓慢,因而在频域中表现为低频成分;而反射分量取决于物体表面的反射率,不同材质的反射率差异较大,反射分量反映了图像的细节内容,因而在频域中表现为高频成分。在对数域中,使频谱的低频成分衰减,而使高频成分增益,从而减弱照度分量并增强反射分量,将这种频率特性的滤波器称为**同态滤波器**。同态滤波器的传递函数 $H(u,v)$ 以不同的方式作用于频谱中的高频成分和低频成分。

同态滤波本质上是一种高通滤波,根据图像具有的不同频谱特性,可选择最适合的高通滤波器来达到最优效果。高斯同态滤波器的传递函数是建立在高斯高通滤波器基本形式的基础上,其表达式如下:

$$H_{\mathrm{gh}}(u,v)=(\gamma_{\mathrm{H}}-\gamma_{\mathrm{L}})\left[1-\mathrm{e}^{-c(D(u,v)/D_0)^2}\right]+\gamma_{\mathrm{L}} \tag{5-45}$$

式中,$\gamma_{\mathrm{L}}<1$,且 $\gamma_{\mathrm{H}}>1$;常数 c 用于控制传递函数在 γ_{L} 与 γ_{H} 之间过渡的坡度,常数 c 越小,振幅上升速度越平缓;$D(u,v)$是由式(5-4)给出的点(u,v)到频谱中心$(M/2,N/2)$的距离,D_0 为截止频率。图 5-42 显示了高斯同态滤波器的传递函数的三维网格图和径向剖面图,任何一种高通滤波器都可引伸出对应的同态滤波器。

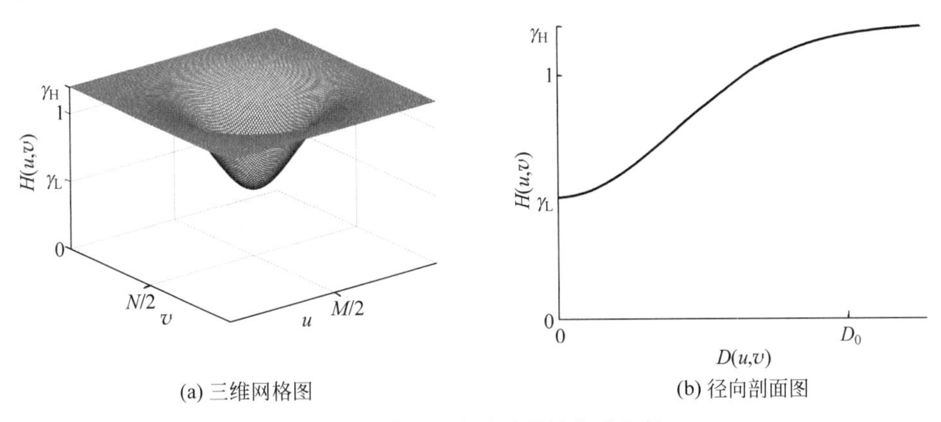

图 5-42 高斯同态滤波器的传递函数

于是,将同态滤波器的传递函数 $H(u,v)$与对数域中图像频谱 $F(u,v)$的乘积近似等于对数域中反射分量的频谱 $R(u,v)$:

$$G(u,v)=H(u,v)F(u,v)\approx R(u,v) \tag{5-46}$$

最后,对频域滤波结果进行傅里叶逆变换,转换回空域中,再进行指数变换,抵消对数变换的作用,可表示为

$$g(x,y)=\mathrm{e}^{\mathscr{F}^{-1}(G(u,v))}\approx r(x,y) \tag{5-47}$$

式中,$g(x,y)$为最终的滤波图像,$\mathscr{F}^{-1}(\cdot)$表示傅里叶逆变换。

例 5-10 同态滤波在图像增强中的应用

灰度图像的反差范围是由从黑到白等间隔灰阶来描述的,高反差图像在黑和白之间仅

有很少的或没有中间灰色调。图 5-43(a)为一幅逆光拍摄的图像,场景照度的动态范围过大,造成了图像的高反差。因为整体曝光受到天空区域的影响,阴影区域曝光严重不足,所以难以辨认建筑物的细节。同态滤波能够同时压缩动态范围和提高局部对比度。考虑照度分量在空间上变化缓慢,其频谱特性集中在低频成分;而反射分量描述的景物本身具有较多的细节特征,其频谱特性集中在高频成分。同态滤波在频域中减弱照度分量对应的低频成分,压缩照度分量的灰度范围,同时增强反射分量对应的高频成分,拉伸反射分量的灰度范围。图 5-43(b)为同态滤波的增强结果,式(5-45)中高斯同态滤波器的参数设置:γ_L 和 γ_H 分别取值为 0.5 和 1.2,c 为 3,$D_0=\max(M/2,N/2)$,M 和 N 为图像频谱的两个维度。从图中可以看到,同态滤波明显增强了图像中暗区域的细节(注意建筑物自身影子遮挡的部分),并且又不损失亮区域的图像细节(注意高亮的天空区域)。最后需要说明的是,同态滤波在高通滤波之前使用对数变换压缩图像的动态范围,已有的研究表明,在滤波之前使用非线性变换的问题是易于产生 Halo 效应[①]。

(a) 灰度图像 (b) 滤波图像

图 5-43 同态滤波增强示例

5.9 小结

在第 4 章频域变换的基础上,本章介绍频域中的图像增强方法,与第 3 章介绍的空域图像增强结合起来是图像增强技术的完整内容。频域图像增强基于图像的傅里叶变换,它的关键是选择合适的频域滤波器,减弱或增强特定的频率成分。本章中低通滤波器和高通滤波器是频域图像增强中最基本的内容,通过这两部分的学习了解频域滤波的基本原理与方法。此外,介绍了几种专用的滤波器,包括带通、带阻和陷波滤波器。频域滤波和空域滤波的对应关系是本章的难点内容,卷积定理是这部分内容的前提和基础,通过这部分的学习了解频域增强和空域增强密切的对应关系。最后,介绍了一种特殊的同态滤波方法,其本质仍是基本的高通滤波器。图像增强技术广泛应用于实际场合,但图像增强没有通用的理论,针对特定的用途,应采取特定的处理方法,以取得特定的增强效果。应该特别指出的是,增强后图像的质量主要由人的视觉来评定,对其质量的评价方法和准则也需要具体问题具体分析。

① Halo 效应是指在图像边缘处,由于边缘两侧的灰度存在强对比,而在处理后围绕着边缘产生的光晕现象。

第6章

图 像 复 原

图像复原是指根据对图像降质成因的知识建立降质模型，从客观的角度对降质图像进行处理，旨在尽可能地恢复原图像。图像复原与图像增强有着密切的联系和区别，它们的目的都是在某种意义上改善图像的质量，但二者的处理方法和评价标准不同。图像增强一般利用人类视觉系统的特性，使图像具有好的视觉效果，在图像增强过程中，并不分析图像降质的原因，也不要求接近原图像；而图像复原则是图像降质的逆过程，利用图像降质过程中的全部或部分先验知识建立图像降质模型，通过求解图像降质过程的逆过程来恢复原图像，使估计图像尽可能地逼近原图像。对图像复原可以从不同的角度进行分类，按照图像复原所用的最优化准则，可将图像复原方法分为最小均方误差估计、最大后验估计和最小二乘估计方法；按照图像所处理的域，可将图像复原方法分为频域方法和空域方法；按照图像复原是否附加约束条件限制，可将图像复原方法分为无约束复原方法和约束复原方法。无约束复原方法将复原问题表示为无约束最优化问题，最常用的无约束复原方法是在最小化均方误差准则下实现图像的恢复。

6.1 图像降质模型

由成像系统获取图像的过程为正问题，那么相应的逆问题是由观测的降质图像以及成像系统特性对原图像进行估计。图像复原的理论基础是图像降质模型，根据对降质系统和噪声的部分信息或假设，对图像降质过程进行建模，求解降质模型的逆过程，获取原图像的最优估计。

6.1.1 图像降质/复原过程

在图像获取、传输和处理的过程中，由于成像系统、记录设备、传输介质和后期处理的原因，造成图像质量下降，这种现象称为**图像降质**。引起图像降质的因素很多，大致可以归纳为系统带宽限制产生的频率混叠、大气湍流效应产生的高斯模糊、镜头聚焦不准产生的光学散焦模糊、成像设备与场景之间的相对运动产生的运动模糊、光电转换器件的非线性、随机噪声干扰等。目前图像复原已经应用于诸多领域，如天文学、医学成像领域等。

对于线性空间移不变系统，在空域中图像降质过程通常建模为如下的卷积形式：

$$g(x,y)=h(x,y)*f(x,y)+\eta(x,y) \tag{6-1}$$

式中，$g(x,y)$表示观测图像，即模糊、有噪的降质图像；$h(x,y)$表示**点扩散函数**（point spread function，PSF）或模糊核，造成采集的图像发生模糊；$f(x,y)$表示原图像，可以认为是在理想图像获取条件下所成的图像，它实际上并不存在；$\eta(x,y)$表示加性噪声项。

式(6-1)描述了图像降质过程，原图像受到模糊和噪声的作用，形成观测图像。6.1.2 节将证明线性空间移不变系统的响应输出 $g(x,y)$可以建模为系统输入 $f(x,y)$与点扩散函数 $h(x,y)$的卷积形式。

如图 6-1 所示，图像降质过程通过降质函数 $h(x,y)$和加性噪声 $\eta(x,y)$来建模，图中，$f(x,y)$为原图像，$h(x,y)$为降质函数，$g(x,y)$为降质图像，$\eta(x,y)$为加性噪声，$\hat{f}(x,y)$为恢复图像。若将图像降质过程看作是正问题，则图像复原是逆问题，它的任务是给定降质图像 $g(x,y)$，以及降质函数 $h(x,y)$和加性噪声 $\eta(x,y)$的所有或部分信息，根据建立的图像降质模型，对原图像 $f(x,y)$进行估计，使恢复图像 $\hat{f}(x,y)$尽可能地逼近原图像 $f(x,y)$。

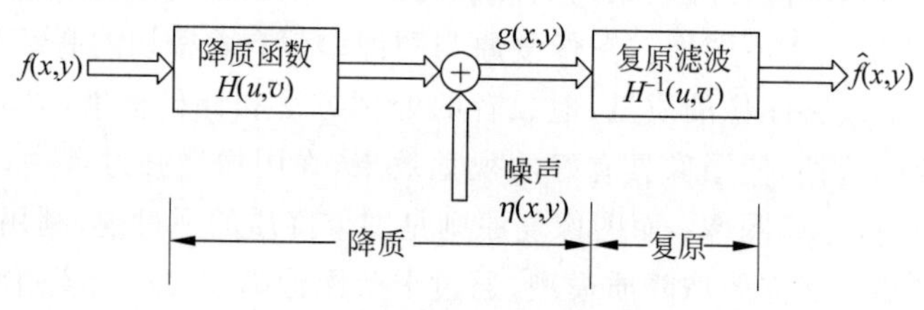

图 6-1 图像降质与复原模型

图像复原的关键在于降质模型的建立，要求降质模型准确反映图像降质的成因。但是，给定降质模型，从降质图像 $g(x,y)$恢复原图像 $f(x,y)$的逆问题并不是直接的。即使降质模型是精确的，仅依赖于降质模型求解逆问题仍是困难的。图像复原要求原图像 $f(x,y)$的先验知识，降质函数的精确知识、统计知识或其他先验知识，以及噪声 $\eta(x,y)$的统计知识。有关降质函数 $h(x,y)$和加性噪声 $\eta(x,y)$的信息越多，恢复图像 $\hat{f}(x,y)$就会越接近原图像 $f(x,y)$。

由于降质图像是原图像与成像系统点扩散函数的卷积，因此图像复原也称为**图像解卷积**(image deconvolution)。图像复原根据降质函数是否可用分为两类：若点扩散函数 $h(x,y)$或点扩散函数的估计 $\hat{h}(x,y)$是已知的，则从降质图像 $g(x,y)$恢复原图像 $f(x,y)$称为图像复原或解卷积；若点扩散函数 $h(x,y)$是未知的，则称为盲图像复原或盲解卷积。

当一幅图像中噪声是唯一的降质因素时，$f(x,y)$因噪声 $\eta(x,y)$干扰而产生降质图像 $g(x,y)$，在空域中降质模型可以表示为

$$g(x,y)=f(x,y)+\eta(x,y) \tag{6-2}$$

其中，$g(x,y)$为有噪图像，$f(x,y)$为原图像，$\eta(x,y)$为加性噪声。为了在有噪声的情况下恢复图像，包括由传感器或周围环境引起的噪声，有必要了解噪声的统计特性，以及噪声与图像之间的相关性质。通常假设加性噪声独立于空间坐标，并且加性噪声与图像本身不相关。

当图像中的降质因素仅为噪声时，根据噪声的特性去除图像中的噪声，称为图像去噪。从图像复原的角度，图像去噪也就是从噪声或野点中恢复或重建原(无噪)图像。在缺乏噪

声统计特性先验知识的情况下去除图像中的噪声称为盲图像去噪。在视觉上通常异常像素看起来与其相邻的像素明显不同，这种现象是许多噪声模型和图像降噪的基础。

6.1.2　线性移不变降质模型

线性移不变系统的理论和性质提供了多种有力的系统分析方法，便于对问题进行深入透彻的分析与处理，为采样、滤波等研究奠定了坚实的数学基础。任意输入信号都可以分解并表示为单位冲激的加权和。由于系统的线性移不变性，系统对任意输入信号的响应可以表示为单位冲激响应的形式。卷积是将系统的单位冲激响应、任意的输入信号与输出信号关联起来的一般表达形式。因此，当给定系统冲激响应时，可以计算线性移不变系统对任意输入信号的输出。

6.1.2.1　线性移不变系统

在信号处理与分析中，当输入信号激励系统$\mathcal{H}$时，系统产生输出响应。输出信号 $g(x,y)$ 与输入信号 $f(x,y)$ 的关系式可以表示为

$$g(x,y)=\mathcal{H}[f(x,y)] \tag{6-3}$$

式(6-3)表明系统$\mathcal{H}$对输入信号 $f(x,y)$ 进行处理或运算而产生输出信号 $g(x,y)$。

若系统$\mathcal{H}$既是线性的，又是移不变的，则该系统称为**线性移不变系统**。任意输入信号 $f(x,y)$ 可以分解成基本信号$\{f_k(x,y)\}$的线性组合，使得

$$f(x,y)=\sum_k a_k f_k(x,y) \tag{6-4}$$

式中，$\{a_k\}$为信号分解的一组权系数，假设系统对基本信号 $f_k(x,y)$ 的响应为 $g_k(x,y)=\mathcal{H}\{f_k(x,y)\}$。线性系统满足叠加定理，叠加定理表明系统对若干输入信号线性组合的响应等于这若干输入信号分别激励系统产生响应的线性组合。于是，线性系统的总响应可表示为

$$\begin{aligned} g(x,y)&=\mathcal{H}[f(x,y)]=\mathcal{H}\left[\sum_k a_k f_k(x,y)\right] \\ &\overset{①}{=}\sum_k \mathcal{H}[a_k f_k(x,y)]\overset{②}{=}\sum_k a_k\,\mathcal{H}[f_k(x,y)]=\sum_k a_k g_k(x,y) \end{aligned} \tag{6-5}$$

线性性包括齐次性和叠加性，①应用了叠加性，叠加性表明，系统对信号之和的作用等效于系统对信号分别作用之和；②应用了齐次性，齐次性表明，系统对常数与任意信号相乘的作用等效于常数与系统对该信号作用的乘积。

对于激励信号 $f(x,y)$ 在空间上平移 x_0、y_0 单位，若系统是移不变系统，则 $f(x-x_0,y-y_0)$ 激励系统$\mathcal{H}$的输出是 $g(x-x_0,y-y_0)$，即

$$\mathcal{H}[f(x-x_0,y-y_0)]=g(x-x_0,y-y_0) \tag{6-6}$$

式中，x_0、y_0 分别为 x、y 方向上的空间位移量。输入信号在空间上平移了 x_0、y_0 单位时，输出信号也仅在空间上平移了 x_0、y_0 单位。平移不变性表明，某一位置的系统响应输出仅与输入值有关，而与位置的坐标无关。

6.1.2.2　线性移不变降质模型：卷积

对于二维离散信号来说，单位冲激函数[①]的形式为

① 在离散系统中，单位冲激函数通常称为单位脉冲函数、单位采样函数、狄拉克 δ 函数。

$$\delta(x,y)=\begin{cases}1, & x=0;y=0\\0, & \text{其他}\end{cases} \tag{6-7}$$

δ 函数的定义表明，δ 函数只有在坐标(0,0)处函数值为1，在坐标(0,0)以外各处函数值均为0。在光学中，冲激为一个光点，因此，$\delta(x,y)$也表示在点(0,0)且亮度值为1的点光源。

任意数字图像 $f(x,y)$可以看成自身强度的点光源组成的二维阵列，如图6-2(a)所示，可表示为点光源的加权和的形式①：

$$f(x,y)=\sum_{\alpha=-\infty}^{+\infty}\sum_{\beta=-\infty}^{+\infty}f(\alpha,\beta)\delta(x-\alpha,y-\beta) \tag{6-8}$$

式中，$\delta(x-\alpha,y-\beta)$在坐标(α,β)处函数值为1，在其他各处函数值均为0。函数 $f(x,y)$和单位冲激的某个移位 $\delta(x-\alpha,y-\beta)$的乘积，实际上是 $f(x,y)$在单位冲激函数 $\delta(x,y)$的非零值所在位移(α,β)处的取值 $f(\alpha,\beta)$。

系统冲激响应是指系统对激励为单位冲激函数的响应输出。在离散系统中，系统$\mathcal{H}$作用于单位冲激函数 $\delta(x,y)$的输出响应称为冲激响应函数②，一般用 $h(x,y)$表示为

$$h(x,y)=\mathcal{H}[\delta(x,y)] \tag{6-9}$$

当输入信号为 $\delta(x,y)$时，离散系统的冲激响应包含了系统的所有信息。由于在光学中常用点光源表示空间上的单位冲激信号 $\delta(x,y)$，系统的冲激响应 $h(x,y)$也称为点扩散函数。这一名称源于所有物理光学系统在一定程度上会模糊(扩散)光点，模糊程度由光学部件的质量决定。

对于单位冲激函数 $\delta(x,y)$在 x、y 方向上的任意位移量 x_0、y_0，$\delta(x-x_0;y-y_0)$的输出响应用冲激响应函数 $h(x,y;x_0,y_0)$表示为

$$h(x,y;x_0,y_0)=\mathcal{H}[\delta(x-x_0,y-y_0)] \tag{6-10}$$

若对于所有可能的 x_0、y_0 值，输出 $h(x,y;x_0,y_0)=h(x-x_0,y-y_0)$，则系统具有平移不变性；反之，若存在任意反例 x_0 或 y_0 值，输出 $h(x,y;x_0,y_0)\neq h(x-x_0,y-y_0)$，则系统是移变算子。

将任意的输入信号 $f(x,y)$分解成单位冲激的加权和后，就可以计算任何线性移不变系统对任意输入信号的响应 $g(x,y)=\mathcal{H}[f(x,y)]$。将式(6-8)代入式(6-3)，若降质系统$\mathcal{H}$是线性的，则系统对加权采样信号的响应是相应加权输出的和，则有

$$\begin{aligned}g(x,y)=\mathcal{H}[f(x,y)]&=\mathcal{H}\Big[\sum_{\alpha=-\infty}^{+\infty}\sum_{\beta=-\infty}^{+\infty}f(\alpha,\beta)\delta(x-\alpha,y-\beta)\Big]\\&=\sum_{\alpha=-\infty}^{+\infty}\sum_{\beta=-\infty}^{+\infty}\mathcal{H}[f(\alpha,\beta)\delta(x-\alpha,y-\beta)]\\&=\sum_{\alpha=-\infty}^{+\infty}\sum_{\beta=-\infty}^{+\infty}f(\alpha,\beta)\,\mathcal{H}[\delta(x-\alpha,y-\beta)]\\&=\sum_{\alpha=-\infty}^{+\infty}\sum_{\beta=-\infty}^{+\infty}f(\alpha,\beta)h(x,y;\alpha,\beta)\end{aligned} \tag{6-11}$$

第三个和第四个等号分别应用了线性算子的叠加性和齐次性。当系统$\mathcal{H}$为空间移不变系统

① 信号采样与 δ 函数的抽样性质详见4.3.3节。

② 离散系统函数通常称为单位脉冲响应、单位采样响应。

时，即系统的冲激响应 $h(x,y)$ 与位置无关，即

$$h(x,y;\alpha,\beta)=\mathcal{H}[\delta(x-\alpha,y-\beta)]=h(x-\alpha,y-\beta) \tag{6-12}$$

于是，线性空间移不变降质模型可表示为

$$g(x,y)=\sum_{\alpha=-\infty}^{+\infty}\sum_{\beta=-\infty}^{+\infty}f(\alpha,\beta)h(x-\alpha,y-\beta)\equiv h(x,y)*f(x,y) \tag{6-13}$$

式中，$*$ 表示卷积运算。

式(6-13)中卷积公式的物理意义可理解为冲激响应函数所有移位 $h(x-\alpha,y-\beta)$ 的加权和，权系数是信号在对应位置 (α,β) 处的强度。直观上来看，某个函数与单位冲激的卷积，相当于在单位冲激的位置处复制该函数。图 6-2(b)中对应在位置(3,6)、(8,2)、(9,9)处显示了三个移位、加权的高斯模糊核函数[①]。

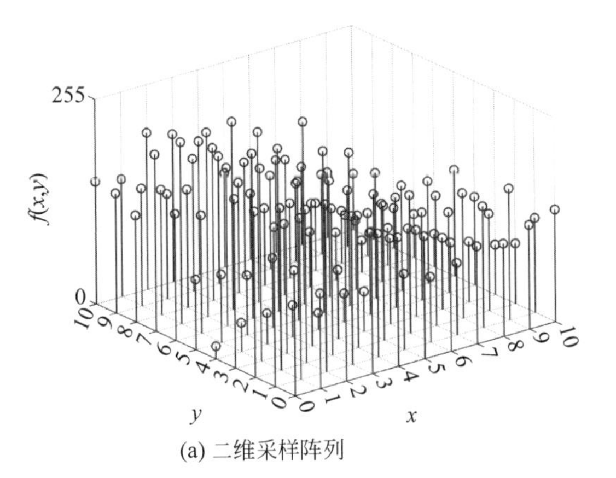

(a) 二维采样阵列

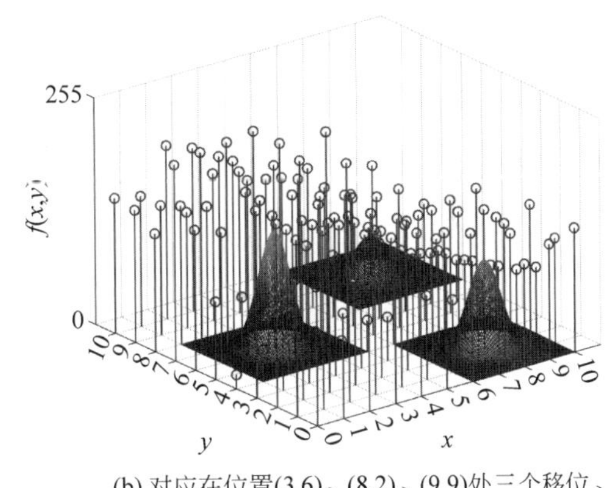

(b) 对应在位置(3,6)、(8,2)、(9,9)处三个移位、加权的高斯模糊核函数

图 6-2　线性移不变系统对任意输入响应的解释

式(6-13)表明，线性空间移不变系统 $\mathcal{H}$ 的输出响应 $g(x,y)$ 可表示为输入图像 $f(x,y)$ 与系统冲激响应 $h(x,y)$ 的卷积，线性移不变系统的特性完全可以由单位冲激函数的响应进行描述。式(6-1)中的图像降质模型建立在线性空间移不变系统的基础上，给定降质图像 $g(x,y)$ 和系统冲激响应 $h(x,y)$，通过求解式(6-1)估计原图像 $f(x,y)$ 的逆过程称为**解卷积**。

实际应用中涉及的系统大多为非线性、空间移变的系统模型，这样的系统模型复杂、难以分析。由于线性系统较容易处理，因此对于非线性系统，也通常简化采用线性形式描述。通过这样的近似可以将线性系统中的理论直接用于解决非线性系统的复原问题，同时又不失实用性和准确性。因此，在图像复原处理中，通常利用线性空间移不变系统模型近似非线性、空间移变的系统模型。

6.1.3　降质模型的频域表示

对于线性空间移不变降质系统，且加性噪声的情况，如式(6-1)所示，降质模型可表示为空域卷积形式。根据卷积定理和傅里叶变换的性质，图像 $f(x,y)$ 与点扩散函数 $h(x,y)$ 的空域卷积等效于它们傅里叶变换的频域乘积。如第 4 章傅里叶变换所论述的，首先对 $f(x,y)$

---

① 高斯模糊核函数的数学表达式参见式(6-21)。

和 $h(x,y)$ 补零延拓来避免混叠失真。

对式(6-1)两端进行傅里叶变换，则降质模型的频域表示形式为

$$G(u,v)=H(u,v)F(u,v)+N(u,v) \tag{6-14}$$

式中，$H(u,v)$ 称为系统传递函数，它是系统冲激响应函数 $h(x,y)$ 的傅里叶变换；$G(u,v)$、$F(u,v)$ 和 $N(u,v)$ 分别为降质图像 $g(x,y)$、原图像 $f(x,y)$ 和加性噪声 $\eta(x,y)$ 的傅里叶变换。当 $h(x,y)$ 称为点扩散函数时，$H(u,v)$ 也称为光学传递函数(optical transfer function，OTF)。

频域图像复原是已知 $G(u,v)$、$H(u,v)$ 以及 $N(u,v)$ 的统计特征，估计 $F(u,v)$，进而计算 $\hat{F}(u,v)$ 的傅里叶逆变换 $\hat{f}(x,y)$ 的过程。通常情况下，降质过程是不可逆的。理论上，从式(6-14)降质模型的频域表示可以看出，当噪声项 $N(u,v)=0$ 时，若点扩散函数 $h(x,y)$ 的频谱 $H(u,v)$ 中没有零值，则与点扩散函数的卷积是可逆的。注意，这仅对于周期问题是有效的。从实际的角度来讲，这没有实用性，特别当降质模型中存在噪声的情况。为了说明这个问题，将卷积看成滤波操作，在这种情况下，点扩散函数 $h(x,y)$ 的傅里叶系数即为滤波器系数。当一些滤波器系数 $H(u,v)$ 很小时，相应的频域 $G(u,v)$ 将会很小，很有可能淹没在噪声中，信息的丢失导致信号的复原是不可能的。

6.1.4 降质模型的矩阵向量表示

前面已经讨论了线性空间移不变降质模型的空域卷积形式和频域形式，为了后续章节描述问题的需要，本节讨论降质模型的矩阵向量表示。

6.1.4.1 一维离散降质模型的矩阵向量表示

通过对序列零延拓使 $f(x)$、$h(x)$ 和 $\eta(x)$ 均为 N 点序列，在零延拓的基础上，一维离散降质模型可以用离散卷积形式表示为

$$g(x)=f(x)*h(x)+\eta(x)=\sum_{n=0}^{N-1}f(n)h(x-n)+\eta(x) \tag{6-15}$$

式中，$x=0,1,\cdots,N-1$。用 $\boldsymbol{g}$、$\boldsymbol{f}$ 和 $\boldsymbol{\eta}$ 表示 $g(x)$、$f(x)$ 和 $\eta(x)$ 的列向量形式，即

$$\boldsymbol{g}=\begin{bmatrix} g(0) \\ g(1) \\ \vdots \\ g(N-1) \end{bmatrix},\quad \boldsymbol{f}=\begin{bmatrix} f(0) \\ f(1) \\ \vdots \\ f(N-1) \end{bmatrix},\quad \boldsymbol{\eta}=\begin{bmatrix} \eta(0) \\ \eta(1) \\ \vdots \\ \eta(N-1) \end{bmatrix}$$

将式(6-15)的卷积形式用矩阵向量形式表示为

$$\boldsymbol{g}=\boldsymbol{H}\boldsymbol{f}+\boldsymbol{\eta} \tag{6-16}$$

式中，$\boldsymbol{g}$、$\boldsymbol{f}$ 和 $\boldsymbol{\eta}$ 均为 N 维向量，降质矩阵 $\boldsymbol{H}$ 是一个维数为 $N\times N$ 的循环矩阵：

$$\boldsymbol{H}=\begin{bmatrix} h(0) & h(N-1) & h(N-2) & \cdots & h(1) \\ h(1) & h(0) & h(N-1) & \cdots & h(2) \\ h(2) & h(1) & h(0) & \cdots & h(3) \\ \vdots & \vdots & \vdots & & \vdots \\ h(N-1) & h(N-2) & h(N-3) & \cdots & h(0) \end{bmatrix}$$

循环矩阵 $\boldsymbol{H}$ 中第一列元素为 $h(x)$ 的列向量形式，即 $\boldsymbol{h}=[h(0),h(1),\cdots,h(N-1)]^{\mathrm{T}}$，第二

列是由第一列循环下移一位所得，第三列则是由第二列再循环下移一位所得，以此类推。循环矩阵 $\boldsymbol{H}$ 由其第一列所确定，因此仅需存储第一列。

6.1.4.2　二维离散降质模型的矩阵向量表示

与一维情形类似，将 $f(x,y)$、$h(x,y)$和 $\eta(x,y)$补零延拓为 $M\times N$ 的函数，在零延拓的基础上，二维离散降质模型可用离散卷积形式表示为

$$
\begin{aligned}
g(x,y) &= h(x,y) * f(x,y) + \eta(x,y) \\
&= \sum_{m=0}^{M-1}\sum_{n=0}^{N-1} f(m,n)h(x-m,y-n) + \eta(x,y)
\end{aligned} \tag{6-17}
$$

式中，$x=0,1,\cdots,M-1$；$y=0,1,\cdots,N-1$。将尺寸为 $M\times N$ 的 $g(x,y)$、$f(x,y)$和 $\eta(x,y)$中所有元素按列排列表示为 MN 维列向量 $\boldsymbol{g}$、$\boldsymbol{f}$ 和 $\boldsymbol{\eta}$ [①]，即

$$
\boldsymbol{f}=\begin{bmatrix} f(0,0)\\ f(0,1)\\ \vdots\\ f(0,N-1)\\ f(1,0)\\ f(1,1)\\ \vdots\\ f(1,N-1)\\ \vdots\\ f(M-1,0)\\ f(M-1,1)\\ \vdots\\ f(M-1,N-1)\end{bmatrix},\quad
\boldsymbol{g}=\begin{bmatrix} g(0,0)\\ g(0,1)\\ \vdots\\ g(0,N-1)\\ g(1,0)\\ g(1,1)\\ \vdots\\ g(1,N-1)\\ \vdots\\ g(M-1,0)\\ g(M-1,1)\\ \vdots\\ g(M-1,N-1)\end{bmatrix},\quad
\boldsymbol{\eta}=\begin{bmatrix} \eta(0,0)\\ \eta(0,1)\\ \vdots\\ \eta(0,N-1)\\ \eta(1,0)\\ \eta(1,1)\\ \vdots\\ \eta(1,N-1)\\ \vdots\\ \eta(M-1,0)\\ \eta(M-1,1)\\ \vdots\\ \eta(M-1,N-1)\end{bmatrix}
$$

将式(6-17)用矩阵向量形式表示为

$$
\boldsymbol{g}=\boldsymbol{H}\boldsymbol{f}+\boldsymbol{\eta} \tag{6-18}
$$

在二维离散系统中，线性移不变系统的降质矩阵 $\boldsymbol{H}$ 是块循环矩阵。降质矩阵 $\boldsymbol{H}$ 是 $MN\times MN$ 维的方阵，且矩阵 $\boldsymbol{H}$ 可表示为 $N\times N$ 维的分块矩阵，即

$$
\boldsymbol{H}=\begin{bmatrix}
\boldsymbol{H}_0 & \boldsymbol{H}_{N-1} & \boldsymbol{H}_{N-2} & \cdots & \boldsymbol{H}_1\\
\boldsymbol{H}_1 & \boldsymbol{H}_0 & \boldsymbol{H}_{N-1} & \cdots & \boldsymbol{H}_2\\
\boldsymbol{H}_2 & \boldsymbol{H}_1 & \boldsymbol{H}_0 & \cdots & \boldsymbol{H}_3\\
\vdots & \vdots & \vdots & & \vdots\\
\boldsymbol{H}_{N-1} & \boldsymbol{H}_{N-2} & \boldsymbol{H}_{N-3} & \cdots & \boldsymbol{H}_0
\end{bmatrix} \tag{6-19}
$$

其中，$\boldsymbol{H}_j$ 是由 $\boldsymbol{h}(x,y)_{M\times N}$ 的第 j 列构成的 $M\times M$ 维的子矩阵，即

① 为了矩阵和向量进行乘积运算，图像处理中常用的处理方式是将矩阵表示的图像按列堆砌为列向量，本章中涉及的变量 $\boldsymbol{g}$、$\boldsymbol{f}$ 和 $\boldsymbol{\eta}$ 均为列向量。

$$\boldsymbol{H}_j = \begin{bmatrix} h(0,j) & h(M-1,j) & h(M-2,j) & \cdots & h(1,j) \\ h(1,j) & h(0,j) & h(M-1,j) & \cdots & h(2,j) \\ h(2,j) & h(1,j) & h(0,j) & \cdots & h(3,j) \\ \vdots & \vdots & \vdots & & \vdots \\ h(M-1,j) & h(M-2,j) & h(M-3,j) & \cdots & h(0,j) \end{bmatrix} \tag{6-20}$$

每一个子矩阵 $\boldsymbol{H}_j, j=0,1,\cdots,N-1$ 是尺寸为 $M\times M$ 的循环矩阵，其中，$\boldsymbol{H}_j$ 的第一列是 $\boldsymbol{h}(x,y)_{M\times N}$ 的第 j 列的元素，而 $\boldsymbol{H}$ 是 $N\times N$ 维具有循环结构的分块矩阵，因此，$\boldsymbol{H}$ 称为循环块块循环矩阵(block circulant matrix with circulant blocks,BCCB)。$\boldsymbol{H}$ 中的第一列实际上是 $h(x,y)$ 中所有元素按列首尾排列而形成的 MN 维向量。同样，块循环矩阵 $\boldsymbol{H}$ 由其第一列所确定，因此仅需存储第一列。

从上述线性空间移不变降质模型可以看出，在给定降质图像 $g(x,y)$、降质系统的点扩散函数 $h(x,y)$ 和噪声分布 $\eta(x,y)$ 的情况下，就可以对原图像 $f(x,y)$ 进行估计。尽管线性空间移不变模型形式上简单，然而通常情况下降质矩阵 $\boldsymbol{H}$ 奇异或接近奇异，逆矩阵 $\boldsymbol{H}^{-1}$ 不存在或数值很大。此外，这是一个大规模稀疏线性方程组的求解问题。若图像的行数和列数 $M=N=256$，则相应的降质矩阵 $\boldsymbol{H}$ 的维数为 $MN\times MN=65536\times 65536$。由于降质矩阵 $\boldsymbol{H}$ 的维数很高，直接求解逆矩阵的计算量庞大。为了解决这样的问题，可以转换到频域中计算。

6.1.5 典型点扩散函数类型

清晰图像具有锐利的阶跃边缘，从空域角度来看，模糊效应主要表现为边缘平滑；从频域角度来看，模糊表现为高频成分的损失。在线性模型中，点扩散函数是对图像中的模糊进行建模，用空域卷积来表示图像模糊过程。在光学成像的过程中，图像的模糊效应主要由三个因素引起：①大气湍流效应、光学镜头或成像传感器截止频率产生的高斯模糊；②光学镜头对焦不准产生的散焦模糊；③快门时间内成像设备与场景之间的相对运动产生的运动模糊。本节将描述这三种常见模糊的点扩散函数形式。

1. 高斯模糊

高斯模糊是许多光学成像系统最常见的降质函数，标准差为 σ 的高斯模糊的点扩散函数定义为

$$h(x,y)=\frac{1}{2\pi\sigma^2}\mathrm{e}^{-\frac{x^2+y^2}{2\sigma^2}} \tag{6-21}$$

图 6-3 显示了高斯模糊的点扩散函数及其频率响应函数，也就是频域滤波的传递函数 $H(u,v)$，其中，模板尺寸为 13×13，标准差 σ 为 2。图 6-3(a)为点扩散函数的图像显示，图 6-3(b)为相应频率响应函数的等高线图。高斯函数的傅里叶变换仍是高斯函数，σ 越大，点扩散函数展宽，模板尺寸越大，平滑能力越强，频域响应函数收窄。对于图 6-4(a)所示的清晰图像，图像尺寸为 512×512，图 6-4(b)为相应的高斯模糊图像，模板尺寸为 13×13，标准差 σ 为 2，图 6-4(c)为图 6-4(b)的傅里叶谱，高斯模糊图像的傅里叶谱呈现出高斯形式。

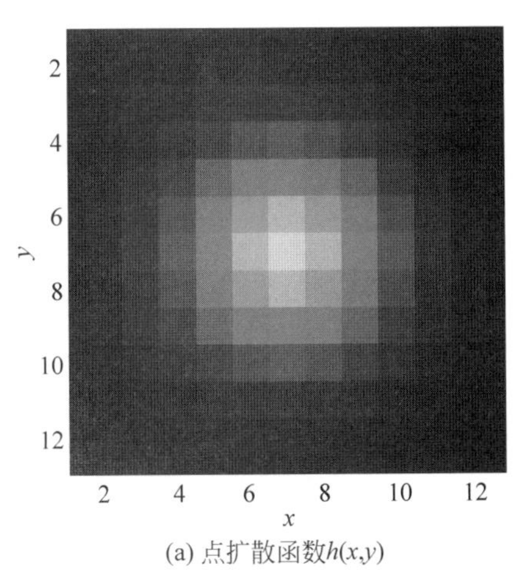

(a) 点扩散函数$h(x,y)$

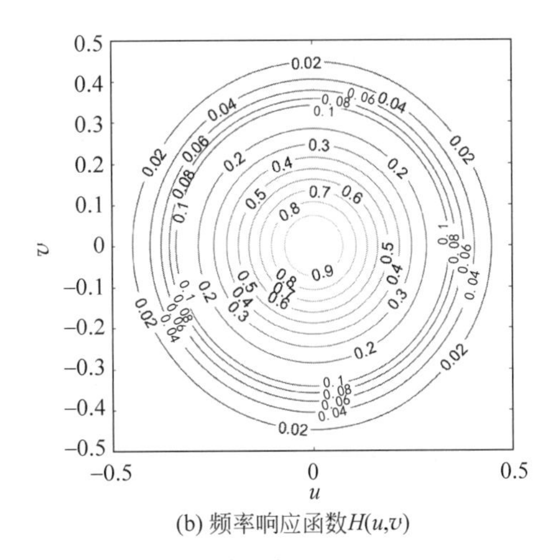

(b) 频率响应函数$H(u,v)$

图 6-3 高斯模糊的点扩散函数及其频率响应函数

(a) 清晰图像

(b) 高斯模糊图像

(c) 图(b)的傅里叶谱

图 6-4 高斯模糊图像及其傅里叶谱

2．散焦模糊

光学仪器的聚焦不准造成的散焦模糊是一种常见的模糊类型，半径为 r 的散焦模糊的点扩散函数定义为

$$h(x,y)=\begin{cases}\dfrac{1}{\pi r^2}, & \sqrt{x^2+y^2}\leqslant r\\ 0, & \sqrt{x^2+y^2}>r\end{cases} \tag{6-22}$$

光学系统散焦的点扩散函数是均匀分布的圆形光斑。图 6-5 显示了散焦模糊的点扩散函数及其频率响应函数，其中，模糊半径 $r=9$。图 6-5(a)为点扩散函数的图像显示，图 6-5(b)为相应频率响应函数的等高线图。散焦模糊的频域零值是关于原点的等间距的同心圆，圆的半径与模糊半径 r 有关。

图 6-6(a)为图 6-4(a)的散焦模糊图像，模糊半径 $r=9$。图 6-6(b)为图 6-6(a)所示图像的傅里叶谱，散焦模糊图像的傅里叶谱呈现等间距的同心圆，且模糊半径越大，模糊程度越大，同心圆越密集。散焦模糊图像的傅里叶谱具有规律的周期性，对其傅里叶谱再作一次傅里叶变换，可以用于估计周期变化的频率。如图 6-6(c)所示，从图中可以看到一个亮环，这个亮环的半径即周期变化同心圆的频率，因此，这个半径反映了图像的模糊程度，模糊半径 r 与亮环的半径成正比，模糊程度越大，频率越高，亮环的半径越大。实验表明，亮环的半径与模糊半径有大约 2 倍的关系：

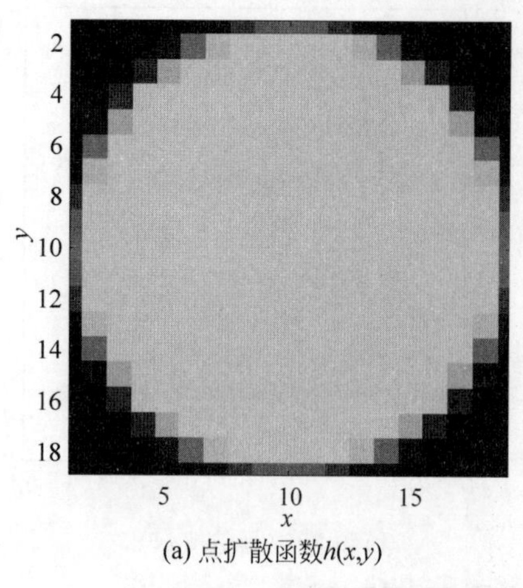

(a) 点扩散函数$h(x,y)$

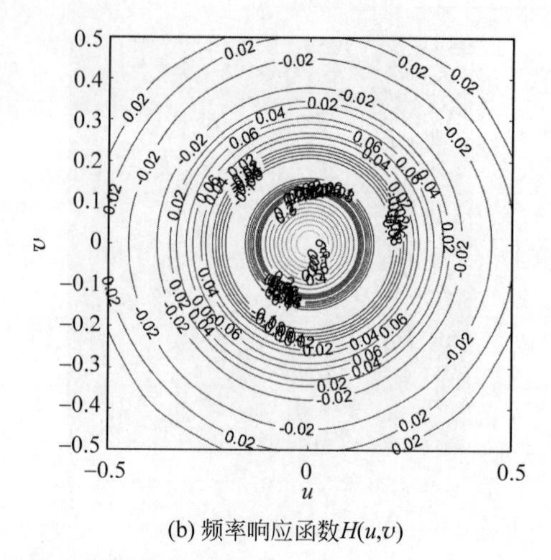

(b) 频率响应函数$H(u,v)$

图 6-5　散焦模糊的点扩散函数及其频率响应函数

$$r \approx R/2 \tag{6-23}$$

式中，r 和 R 分别为模糊半径和亮环的半径。

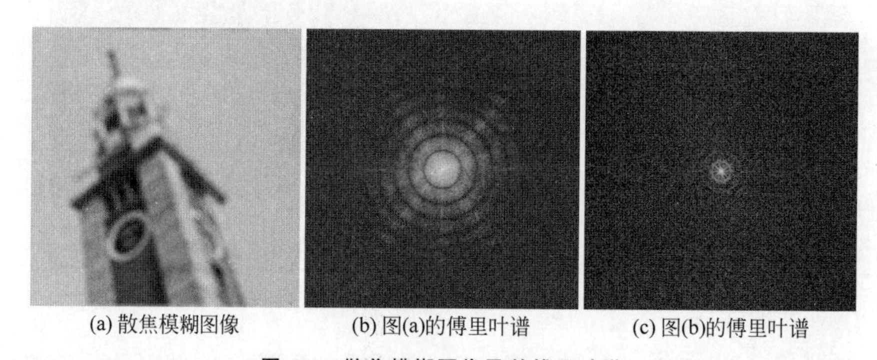
(a) 散焦模糊图像　(b) 图(a)的傅里叶谱　(c) 图(b)的傅里叶谱

图 6-6　散焦模糊图像及其傅里叶谱

3. 运动模糊

当成像仪器或物体在移动中曝光，会导致运动模糊，运动方向角度为 θ、运动距离为 d 个像素的运动模糊点扩散函数定义为

$$h(x,y)=\begin{cases}1/d, & y=x\tan\theta, 0\leqslant x\leqslant d\cos\theta \\ 0, & y\neq x\tan\theta, -\infty<x<\infty\end{cases} \tag{6-24}$$

当 $\theta=0°$时，运动为水平方向(θ 为关于水平轴的夹角)：

$$h(x,y)=\begin{cases}1/d, & y=0, 0\leqslant x\leqslant d \\ 0, & y\neq 0, -\infty<x<\infty\end{cases} \tag{6-25}$$

物体与成像系统相对运动的点扩散函数是均匀分布的角度为 θ 的带状光斑。图 6-7 显示了运动模糊的点扩散函数及其频率响应函数，其中，运动方向角度 θ 为 110°，运动距离 d 为 15 像素。图 6-7(a)为点扩散函数的图像显示，图 6-7(b)为相应频率响应函数的等高线图。运动模糊的频域零值是垂直于运动方向的等间距的条纹，间距为 $1/d$。

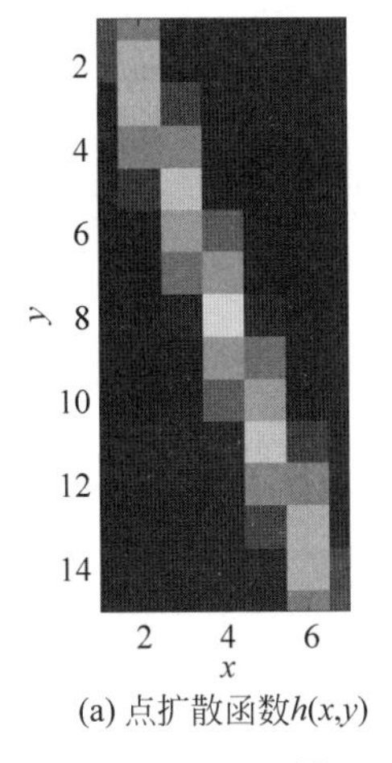

(a) 点扩散函数$h(x,y)$

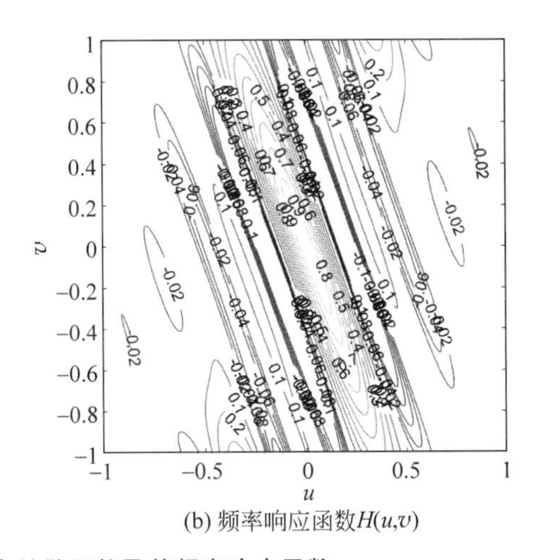

(b) 频率响应函数$H(u,v)$

图 6-7　运动模糊的点扩散函数及其频率响应函数

图 6-8(a)为图 6-4(a)的运动模糊图像，运动方向角度 θ 为 110°，运动距离 d 为 15 像素。图 6-8(b)为图 6-8(a)所示图像的傅里叶谱，运动模糊图像的傅里叶谱呈现等间距的条纹，具体来说，任意角度的运动模糊图像的傅里叶谱沿着垂直于运动方向有一组等间距的条纹，水平方向的运动模糊图像的傅里叶谱具有等间距的竖直条纹，且运动距离越大，模糊程度越大，条纹间距越小。同样，对具有周期性的傅里叶谱再作一次傅里叶变换，如图 6-8(c)所示，从图中可以看到，在运动方向上有一条明显的、垂直于条纹方向的亮线，该亮线与水平轴的角度就是运动方向角度 θ。

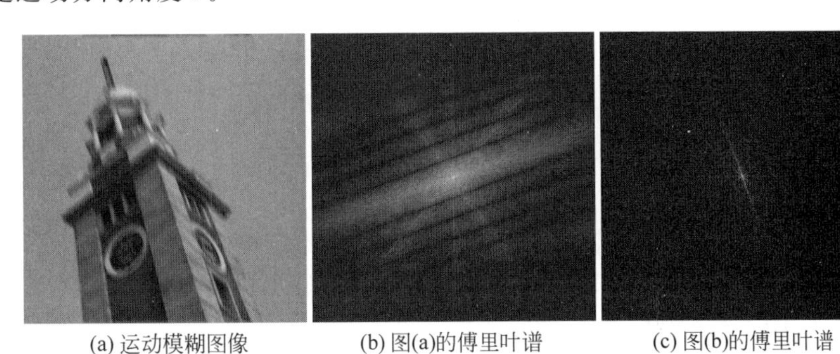

(a) 运动模糊图像　(b) 图(a)的傅里叶谱　(c) 图(b)的傅里叶谱

图 6-8　运动模糊图像及其傅里叶谱

对条纹图像中垂直于运动方向的灰度值进行累加，显然，灰度值累加的结果具有等间距极小值的特征，其间距是条纹的间距 l。由式(6-24)的傅里叶分析可知，频谱零值的间距为 $1/d$。对于离散的数字图像，运动距离 d 与条纹间距 l 的关系为

$$1/d = l/L \tag{6-26}$$

其中，二维离散傅里叶变换的频谱尺寸为 $L \times L$。对图 6-8(b)所示图像中垂直于运动方向的灰度值进行累加，如图 6-9 所示，中心两侧两个极小点的间距是中间亮条纹的宽度 $2l$。图中，横轴表示运动方向，纵轴表示垂直于运动方向的灰度值累加。

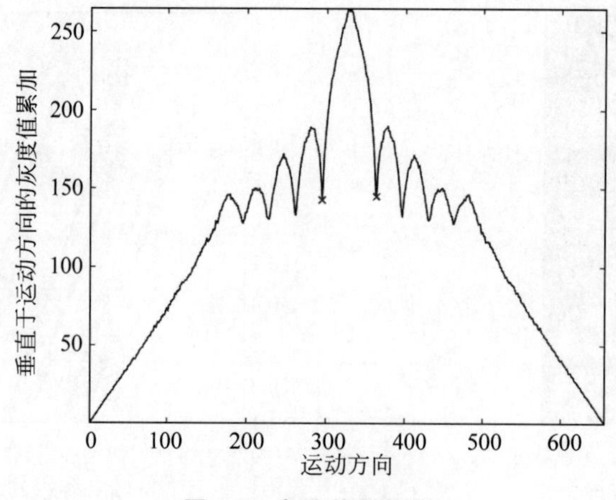

图 6-9 灰度值累加图

6.1.6 典型噪声类型

图像在获取、传输或处理过程中,会不可避免地引入各种噪声。图像噪声是指图像的像素值与真实场景存在误差,根据不同的角度有多种噪声分类的方法。从硬件的角度,更多关注噪声产生的原因,将图像噪声划分为内部噪声和外部噪声,外部噪声是指成像系统外部干扰引起的噪声(信道噪声等),而内部噪声是指由成像系统内部引起的噪声(电子电路噪声、传感器噪声等)。从通信的角度,通常分为加性噪声和乘性噪声,加性噪声是指噪声独立于信号,而乘性噪声是指噪声是关于信号的函数。从图像处理的角度来说,则关注图像噪声的统计特性,通过建立数学模型,有助于运用数学手段处理相应的噪声。本节从随机噪声(非结构噪声)和结构噪声的类型介绍典型的图像噪声,其中随机噪声根据噪声的统计特性进行分类。

6.1.6.1 随机噪声

随机图像噪声表现为图像中随机出现的野点,通常是一种空间不相关的离散孤立像素的变化现象。一般使用随机变量表示随机图像噪声,可以用概率密度函数或分布律来描述噪声分布。图像中的噪声根据其概率特征可以分为高斯噪声(Gaussian noise)、泊松噪声(Poisson noise)、瑞利噪声(Rayleigh noise)、指数噪声(exponential noise)、爱尔朗噪声(Erlang noise)、均匀噪声(uniform noise)和脉冲噪声(impulsive noise)等形式。泊松噪声是由图像数据生成的,将观测像素看作随机变量 $G=G(g)$,它是离散型随机变量,使用随机变量的分布律(图像中像素取各个可能值的概率)来描述。其他类型噪声使用随机变量 $H=H(\eta)$来表示噪声,连续型随机变量用概率密度函数来描述随机噪声,离散型随机变量用分布律来描述随机噪声。

1. 高斯噪声

高斯分布的连续型随机变量 H 具有概率密度函数:

$$p(\eta)=\frac{1}{\sqrt{2\pi}\sigma}\mathrm{e}^{-\frac{(\eta-\mu)^2}{2\sigma^2}} \tag{6-27}$$

高斯分布也称为正态分布,正态分布的概率密度函数中的两个参数 μ 和 $\sigma>0$ 分别就是该分布的数学期望(均值)和标准差。因而正态分布完全可由数学期望和方差所确定,均值 μ 反映了对称轴的位置,方差 σ^2 反映了与均值的偏离程度。图 6-10(a)给出了高斯函数的曲线,高斯随机变量的取值 η 落在区间$(\mu-\sigma,\mu+\sigma)$内的概率约为 68.27%。

在感光器件接收和输出过程中,由于电子电路中的电荷转移、信号放大、模/数转换等环节产生的读出噪声或传感器温度过高产生的热噪声为加性的高斯分布噪声。根据中心极限定理,独立同分布的随机变量无论服从什么分布,当样本数充分大时,其算术平均近似地服从正态分布。因此,正态分布在概率论中占有重要的地位,在实际应用中通常假设噪声为高斯噪声。

2. 泊松噪声

泊松分布是随机变量的离散概率分布,由法国数学家西莫恩·德尼·泊松(Siméon Denis Poisson)在 1838 年发表。泊松分布是描述单位时间内随机事件发生次数的概率分布,其分布律为

$$P\{G=g\}=\frac{\lambda^g \mathrm{e}^{-\lambda}}{g!},\quad g=0,1,2,\cdots \tag{6-28}$$

式中,$\lambda>0$ 为速率参数,表示单位时间内随机事件发生的次数。λ 的取值越大,表明随机事件发生的更多或更快。泊松分布的数学期望 $E(H)$与方差$\mathrm{Var}(H)$相同:

$$E(H)=\mathrm{Var}(H)=\lambda \tag{6-29}$$

泊松分布只含一个参数 λ,只要知道它的数学期望或方差就能完全确定它的分布。随着单位时间内随机事件发生次数的增加,泊松分布会逐渐近似于均值和方差都等于 λ 的正态分布。因此,只要单位时间内,随机时间的平均发生次数 λ 足够大,就可以将泊松分布看作均值和方差都等于 λ 的正态分布。图 6-10(b)给出了不同 λ 参数的泊松分布的分布律,由图中可见,对于较大的 λ 取值,泊松分布能够很好地用高斯分布逼近。

光电散粒噪声是成像系统的感光器件对光信号进行光电转换时产生的与成像场景有关的噪声。由于光是由离散的光子构成(光的粒子性),光电散粒噪声来源于光子流的随机特性,入射光子数是随机的,因此接收光信号形成电荷也是一个随机过程。由于入射光子数服从泊松分布,光电散粒噪声服从与光子计数过程的数字特征有关的泊松分布。光电散粒噪声与捕获的光子数有关,因而与入射光的光强相关,强度越高,噪声越大。这种噪声主要出现在低照度环境光的成像中,较慢的快门速度或较高的感光度(ISO)容易引入泊松分布的传感器噪声。

3. 瑞利噪声

瑞利分布的连续型随机变量 H 具有概率密度函数:

$$p(\eta)=\begin{cases}\dfrac{\eta}{\sigma^2}\mathrm{e}^{-\frac{\eta^2}{2\sigma^2}}, & \eta>0\\ 0, & \text{其他}\end{cases} \tag{6-30}$$

式中,$\sigma>0$ 为尺度参数,反映了峰值的位置以及分布的离散程度。当二维随机向量的两个分量相互独立且服从均值为 0、方差为 σ^2 的正态分布时,这个向量的模服从参数为 σ 的瑞利分布。瑞利分布的数学期望 $E(H)$和方差 $\mathrm{Var}(H)$分别为

$$E(H)=\sigma\sqrt{\frac{\pi}{2}} \tag{6-31}$$

$$\mathrm{Var}(H)=\left(2-\frac{\pi}{2}\right)\sigma^{2} \tag{6-32}$$

图 6-10(c)给出了瑞利分布概率密度函数的曲线。

瑞利噪声可用于描述距离成像的噪声现象。在超声成像过程中,由于声波在微结构组织的散射所引起的相干干涉,形成了特有的图像散斑(speckle)信号,其幅度常具有瑞利分布特征。

4. 指数噪声

指数分布的连续型随机变量 H 具有概率密度函数:

$$p(\eta)=\begin{cases}\lambda \mathrm{e}^{-\lambda\eta}, & \eta>0\\ 0, & \text{其他}\end{cases} \tag{6-33}$$

式中,$\lambda>0$ 为速率参数,表示单位时间内随机事件发生的次数。指数分布的数学期望 $E(H)$和方差 $\mathrm{Var}(H)$分别为

$$E(H)=\frac{1}{\lambda} \tag{6-34}$$

$$\mathrm{Var}(H)=\frac{1}{\lambda^{2}} \tag{6-35}$$

指数分布的数学期望和标准差均为 $1/\lambda$,$1/\lambda$ 表示随机事件发生一次的平均等待时间。图 6-10(d)给出了指数分布概率密度函数的曲线。

指数分布可用于描述激光成像噪声。在概率论和统计学中,指数分布是泊松过程中连续独立随机事件发生的时间间隔的概率分布。

5. 爱尔朗噪声

爱尔朗分布的连续型随机变量 H 具有概率密度函数:

$$p(\eta)=\begin{cases}\dfrac{\lambda^{k}\eta^{k-1}\mathrm{e}^{-\lambda\eta}}{(k-1)!}, & \eta>0\\ 0, & \text{其他}\end{cases} \tag{6-36}$$

式中,$k\in\mathbb{Z}^{+}$ 为形状参数,$\lambda>0$ 为速率参数。爱尔朗分布可视为 k 个独立同参数指数分布随机变量之和。等效地,它是速率参数为 λ 的泊松过程第 k 个独立随机事件到达之前的时间分布。指数分布是当 $k=1$ 时爱尔朗分布的特殊情况。伽马分布是形状参数取值离散(整数)时爱尔朗分布的特殊情况。爱尔朗分布的数学期望 $E(H)$和方差 $\mathrm{Var}(H)$分别为

$$E(H)=\frac{k}{\lambda} \tag{6-37}$$

$$\mathrm{Var}(H)=\frac{k}{\lambda^{2}} \tag{6-38}$$

图 6-10(e)给出了不同参数的爱尔朗分布概率密度函数的曲线。

爱尔朗分布也可用于描述激光成像噪声。在概率论和统计学中,爱尔朗分布也可用于表示独立随机事件发生的时间间隔。

6. 均匀噪声

连续型均匀分布的随机变量 H 具有概率密度函数:

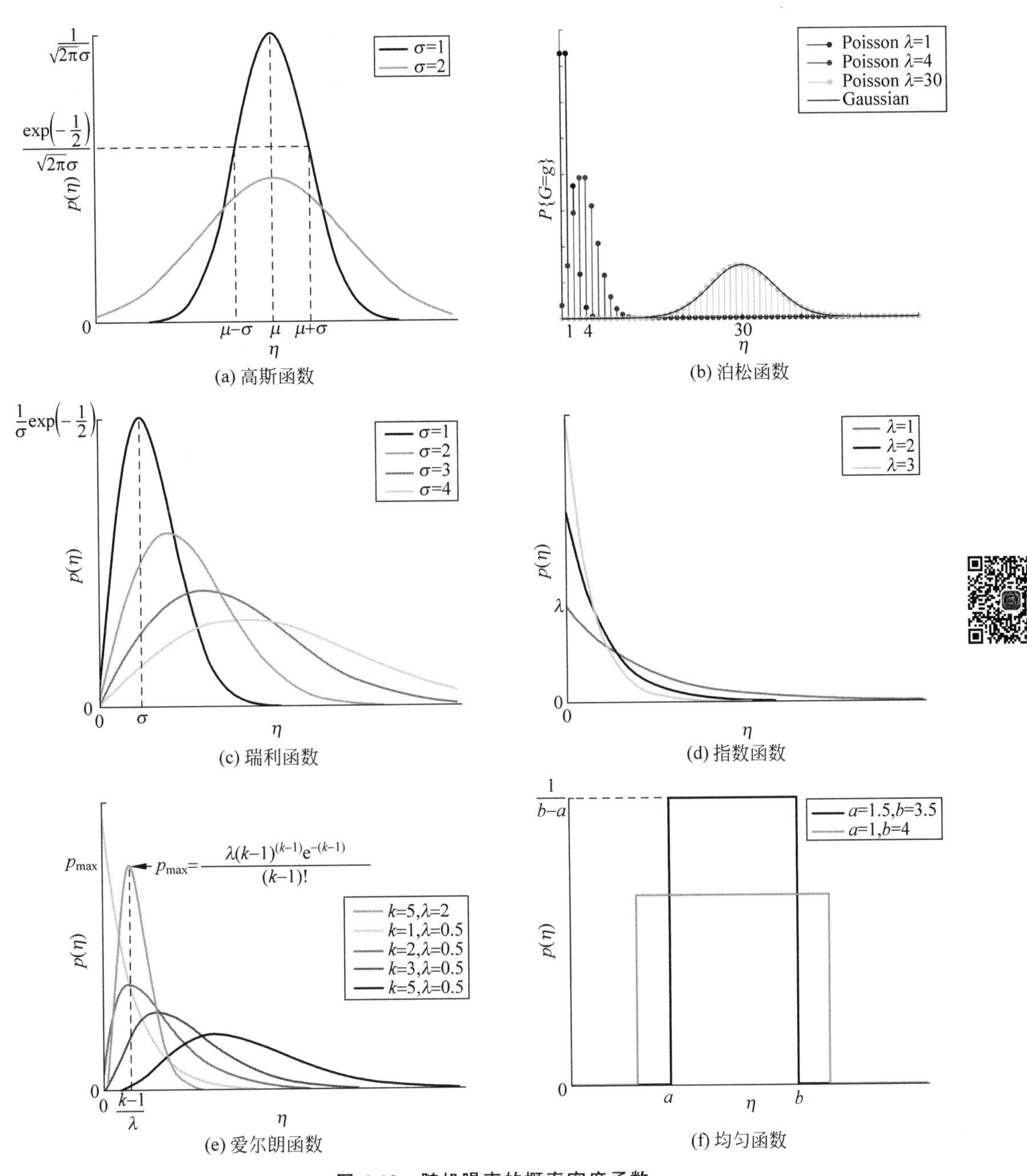

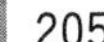

图 6-10 随机噪声的概率密度函数

$$p(\eta)=\begin{cases}\dfrac{1}{b-a}, & a<\eta<b \\ 0, & \text{其他}\end{cases} \tag{6-39}$$

均匀分布随机变量的取值 η 落在区间 (a,b) 内的概率只与区间长度有关，而与区间的位置无关。均匀分布的数学期望 $E(H)$ 和方差 $\mathrm{Var}(H)$ 分别为

$$E(H)=\frac{a+b}{2} \tag{6-40}$$

$$\mathrm{Var}(H)=\frac{(b-a)^2}{12} \tag{6-41}$$

图 6-10(f)给出了均匀分布概率密度函数的曲线。

量化会产生量化误差，由于其随机性，有时将其建模为加性随机信号，称为量化噪声。通常情况下，信号远大于最低有效位。在这种情况下，量化误差与信号没有显著相关性，具有近似均匀的分布。在实际问题中，当无法区分随机变量在区间(a,b)内取不同值的可能性时，近似假定随机变量服从(a,b)上的均匀分布。

7. 脉冲噪声

图像采集和传输过程引入的脉冲噪声会随机改变图像中的一部分像素值，不受脉冲噪声干扰的像素保持原来的亮度值。脉冲噪声一般有两种类型，包括固定值脉冲噪声(椒盐噪声)和随机值脉冲噪声。固定值脉冲噪声在灰度图像中为最小灰度值或最大灰度值，而随机值脉冲噪声为图像灰度级范围内的任意值。脉冲噪声与图像像素间不存在相关性，一般具有较大的幅值差异。

脉冲噪声是一种稀疏噪声，图像中的像素随机受脉冲噪声的干扰，脉冲噪声是离散型随机变量，固定值脉冲噪声的取值η只可能为$\pm\delta$和0，其分布律可表示为

$$P\{H=+\delta\}=P_{\max} \tag{6-42}$$

$$P\{H=-\delta\}=P_{\min} \tag{6-43}$$

$$P\{H=0\}=1-P_{\min}-P_{\max} \tag{6-44}$$

式中，$+\delta$和$-\delta$分别表示正脉冲和负脉冲。在图像采集或传输过程中，正脉冲和负脉冲发生的概率分别为$P_{\max}$或$P_{\min}$。若$P_{\max}$或$P_{\min}$为零，则脉冲噪声称为单极脉冲噪声。若$P_{\max}$和$P_{\min}$均不为零，则脉冲噪声称为双极脉冲噪声。

脉冲噪声是一种饱和噪声，它直接改变图像中的像素值，具有非线性，不是加性噪声。设$f(x,y)$表示原图像，$g(x,y)$表示脉冲噪声干扰产生的降质图像，降质模型可以表示为

$$g(x,y)=\begin{cases}g_{\max}, & \eta(x,y)=+\delta\\ g_{\min}, & \eta(x,y)=-\delta\\ f(x,y), & \eta(x,y)=0\end{cases} \tag{6-45}$$

式中，$g_{\max}$表示图像中的最大灰度值，$g_{\min}$表示图像中的最小灰度值。式(6-45)表明图像中概率$P_{\max}$的像素受正脉冲干扰改变为最大值$g_{\max}$，概率$P_{\min}$的像素受负脉冲干扰改变为最小值$g_{\min}$，其他概率$1-P_{\min}-P_{\max}$的像素保持不变。当$P_{\min}$和$P_{\max}$近似相等时，在图像中表现为随机分布的黑色或者白色的像素。因此，在图像处理中这种噪声常称为椒盐噪声，黑点(胡椒点)为椒噪声，白点(盐粒点)为盐噪声。对于一幅8位灰度级图像，$g_{\min}=0$为椒噪声，$g_{\max}=255$为盐噪声。

脉冲噪声的成因可能是传感器的坏点、大幅度电磁干扰、模/数转换器、继电器状态改变或码元传输错误等，这些因素都会引起脉冲噪声对图像的干扰。例如，在信道传输过程中，信号以二进制码元传输，在电压发生瞬态变化的情况下产生脉冲，信号的最高位受到干扰而改变，信号幅度很可能超出传感器的动态范围；在传感器数字化的过程中，系统的强干扰可能产生正脉冲或负脉冲叠加在图像信号上，由于脉冲信号的强度大，从而使传感器饱和，迫使受负脉冲叠加的像素值为数字化允许的最小值，受正脉冲叠加的像素值为数字化允许的最大值。

6.1.6.2　结构噪声

结构噪声(structured noise)具有一定的几何模式,属于空间相关的噪声,包括周期平稳(periodic,stationary)噪声、周期非平稳(periodic,nonstationary)噪声、非周期(aperiodic)噪声,以及传感器条带(detector striping)噪声等。

周期平稳噪声具有固定的振幅、频率和相位,通常由图像获取过程中电子元器件之间的干扰引起,如图 6-11(a)所示;而周期非平稳噪声的振幅、频率、相位参数在整幅图像中会有所不同,由电子元器件之间的间歇干扰造成,如图 6-11(b)所示。周期噪声可以使用窄带带阻滤波器或陷波滤波器去除。其他空间相关模式的噪声均可称为非周期噪声。

块效应是指在相邻块之间引入的非连续性,视觉上看似马赛克的效果。块效应主要是由于对图像分块处理而引起的块状失真。在图像压缩编码中,分块离散余弦变换(discrete cosine transform,DCT)编码和分块运动补偿是造成块效应的两个主要原因。JPEG 编码过程中将图像划分为不重叠的 8×8 图像块,对每一个图像块独立进行离散余弦变换,通过对 DCT 系数矩阵进行量化去除表现细节的高频成分,从而达到图像数据压缩的目的。DCT 系数矩阵的量化过程是引起图像发生块效应的主要根源。图 6-11(c)显示了 JPEG 图像压缩过程中产生的块效应模式的噪声。视频是由一定数量的单帧图像组成的序列,相邻帧之间具有高度相似性。视频编码通过使用运动补偿来消除这种帧间的时间冗余,从而提高压缩比。在分块运动补偿中,将每一帧划分为图像块,对当前帧的每一个图像块进行运动估计,运动向量是预测编码模型的必要参数,与图像块一起编码加入位数据流中。由于运动向量之间并不是独立的,例如,同一个运动物体的两个相邻块具有相似的运动向量,通常使用差分编码来降低码率。运动向量的有损压缩编码是解码图像中出现块效应的主要根源,当压缩比过高时,会导致严重的块效应。

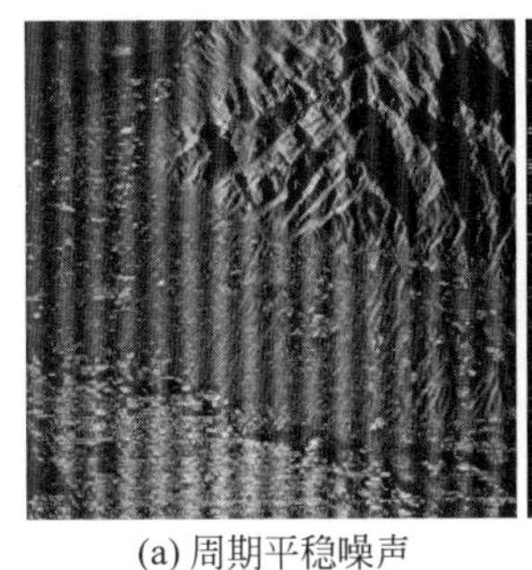

(a) 周期平稳噪声

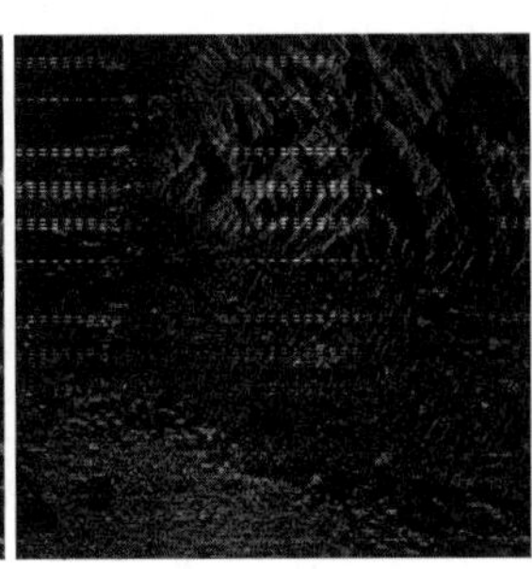

(b) 周期非平稳噪声

(c) JPEG压缩的块效应

图 6-11　周期与非周期噪声图像

条带噪声是一种固定模式噪声,常出现于推帚式成像平台中,一般来源于传感器的异常或者传感器校准参数的漂移。在航天遥感领域中通常使用线阵推帚式成像传感器。推帚扫描图像获取方式是由成像线阵的一维运动形成的,如图 6-12(a)所示。在与行进方向垂直的方向上,航天遥感 CCD 照相机通过光学系统一次获取一条线的图像数据,然后在行进方向上,通过 CCD 线阵对目标平面进行扫描成像,通过两个方向的扫描获取地物目标的二维图像。法国的 SPOT 卫星上搭载的 HRV 是世界上第一个应用 CCD 线阵推帚式成像原理的遥感传感器。在推帚过程中,当任何单个传感器比其邻近的传感器产生更亮或更暗的响应时,在扫描过程中产生条带模式,如图 6-12(b)所示。

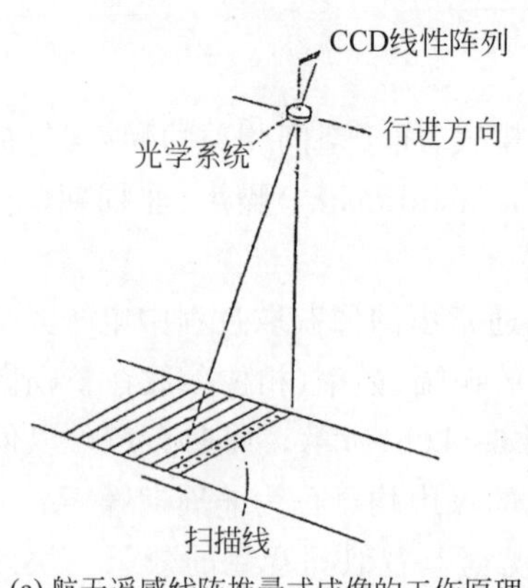

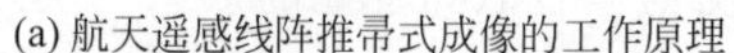
(a) 航天遥感线阵推帚式成像的工作原理

(b) 传感器条带噪声图像

图 6-12 传感器条带噪声

6.2 图像去噪

在数字图像中，噪声主要来源于图像的获取和传输过程。在图像的获取过程中，成像系统的感光器件接收光信号并输出的过程中可能产生异常像素，成像系统噪声源自成像传感器制造工艺、环境条件以及拍摄参数设置等多种因素。在图像的传输过程中，噪声主要为传输信道的干扰噪声。从视觉上看，噪声表现为图像中出现孤立的野点。图像去噪的任务是抑制噪声对图像的干扰，同时保持图像的真实性。

6.2.1 噪声参数的估计

噪声服从随机分布，随机变量用概率密度函数或分布律来描述，因此对噪声描述需要估计其分布的参数，如高斯噪声均值和方差、椒盐噪声概率等统计特征的信息，并非确定性的噪声图像。

一般可以从传感器的技术说明中得知噪声概率分布的参数，但对于特殊的成像设备需要估计这些参数。比较图 6-10 中的概率分布与图 6-13 中的直方图可以看到，有噪图像的灰度分布非常接近于对应类型噪声的概率分布。当成像系统可以利用时，一种简单的系统噪声特性估计方法是在平坦环境中采集图像，直接测量噪声。例如，简单地对光照均匀的纯色灰色板成像，通过测量观测图像中亮度相对恒定区域的协方差，估计图像噪声的协方差函数或矩阵。

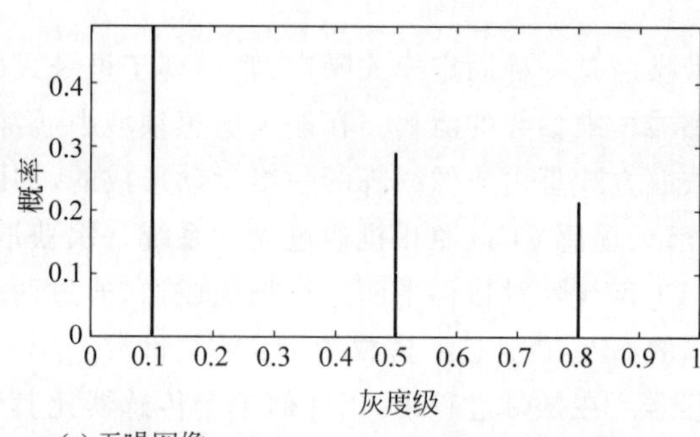

(a) 无噪图像

图 6-13 无噪、高斯、泊松、瑞利、指数、爱尔朗、均匀和椒盐噪声的图像及其直方图

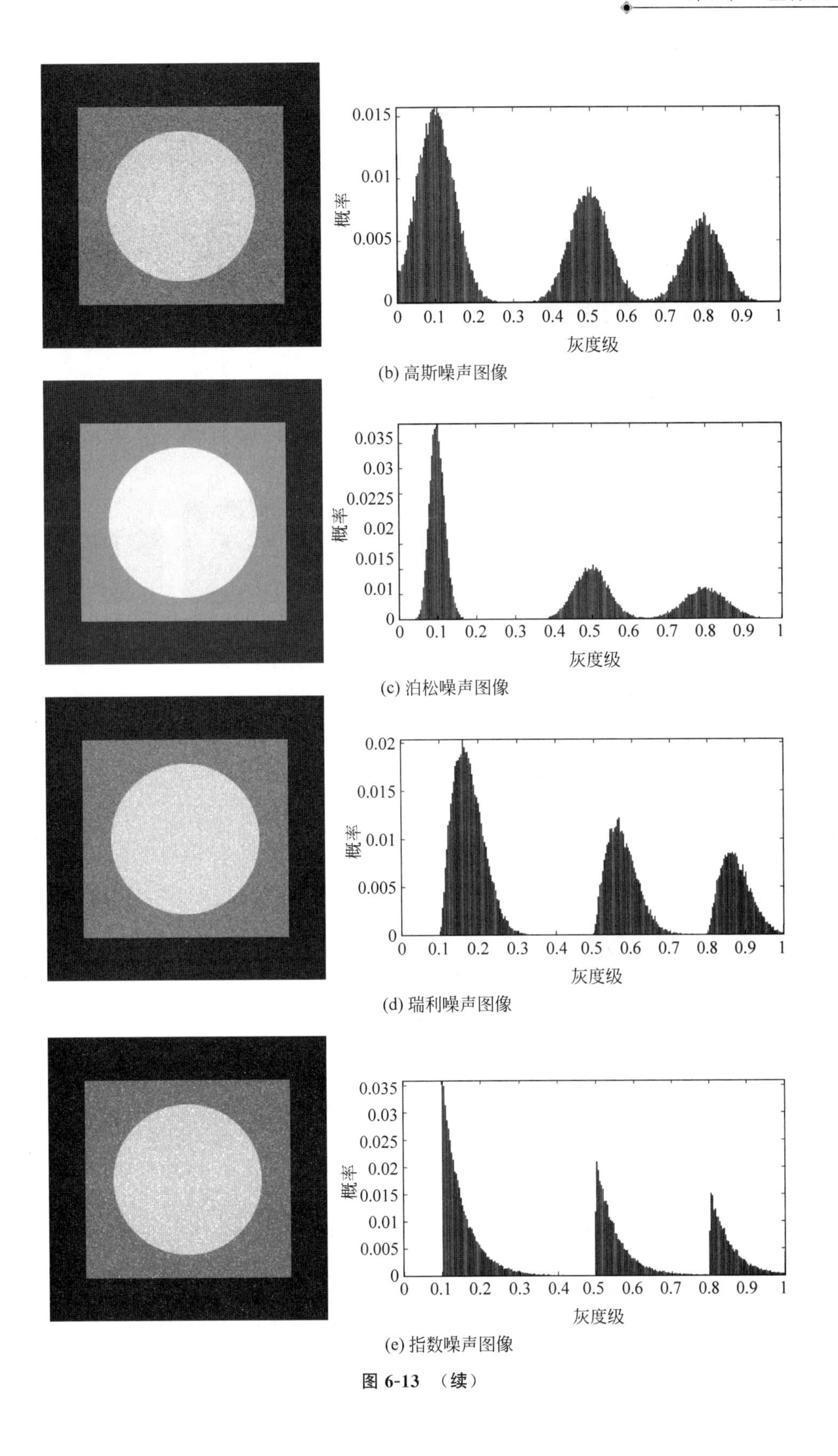

(b) 高斯噪声图像

(c) 泊松噪声图像

(d) 瑞利噪声图像

(e) 指数噪声图像

图 6-13 （续）

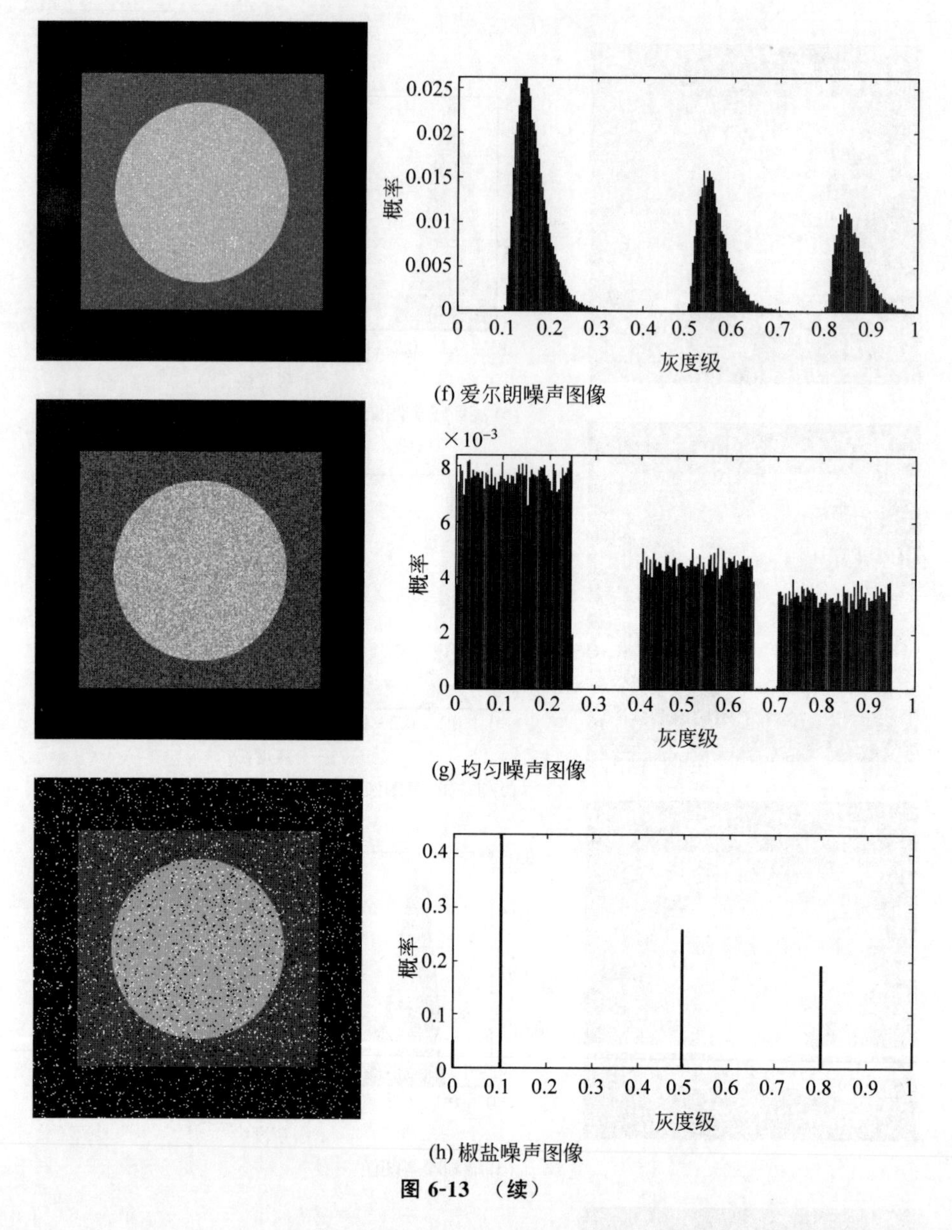

(f) 爱尔朗噪声图像

(g) 均匀噪声图像

(h) 椒盐噪声图像

图 6-13 （续）

根据直方图的形状确定最匹配的概率分布。若直方图形状接近高斯函数，则通过均值和方差两个参数可以完全确定高斯分布的概率密度函数。对于瑞利分布和均匀分布噪声，也可以通过均值和方差来求出概率密度函数的参数。不同于其他类型噪声的参数估计方法，椒盐噪声的参数是黑像素和白像素出现的实际概率。为了估计椒盐噪声的参数，黑像素和白像素必须是可见的，也就是要求对图像中相对恒定的中间灰度区域计算其灰度直方图，对应于黑像素和白像素的尖峰高度是脉冲噪声概率模型中 $P_{\min}$ 和 $P_{\max}$ 的估计值。

例 6-1　有噪图像及其直方图

图 6-13(a)左侧是由简单、平坦区域所组成的图像，灰度值分别为 0.1、0.5 和 0.8，灰度级从黑到白发生三次跃变，有利于分析图像中噪声的特性，右侧为其概率直方图。图 6-13(b)～(h)分别为高斯噪声、泊松噪声、瑞利噪声、指数噪声、爱尔朗噪声、均匀噪声和椒盐噪声图像，左侧为有噪图像，右侧为对应的概率直方图。图 6-13(b)、(d)～(g)是对图 6-13(a)的图像分别加

上均值μ为0、标准差σ为0.05的高斯噪声，σ为6×10^{-2}的瑞利噪声，λ为20的指数噪声，k为3、λ为50的爱尔朗噪声，以及a为-0.1、b为0.15的均匀噪声(加性噪声)。图6-13(c)所示的泊松分布噪声是从图6-13(a)的图像数据中生成的，而不是向数据中添加噪声。泊松分布的数学期望与方差相等，都等于参数λ，因此，若图像的像素值越大，则噪声级越大。例如，像素值为200，则噪声的方差也为200，由于用归一化的数值来表示像素，因此，将像素值乘以255(以8位灰度级表示)作为均值和方差生成泊松分布，对应的输出像素将再除以255，归一化到区间[0,1]。图6-13(h)是对图6-13(a)所示图像中加入概率为0.1的椒盐噪声，椒噪声和盐噪声的概率分别为0.05，也就是说分别随机抽取5%的像素，将像素值赋值为0和1。

6.2.2 自适应维纳去噪滤波

当一幅图像中的降质因素仅为加性噪声，符合式(6-2)中的降质模型时，从降质图像中减去噪声是一个直接的方法。然而，噪声服从随机分布，仅能获取噪声的参数。通常利用噪声的数字特征建立图像去噪模型，几个重要的数字特征包括数学期望、方差、相关系数和矩。自适应维纳去噪滤波器是建立在原图像$f(x,y)$、降质图像$g(x,y)$和噪声$\eta(x,y)$都是零均值广义平稳随机过程的基础上，在最小均方误差准则下推导的像素级空域去噪滤波器。

自适应维纳去噪滤波器作用于由$m\times n$矩形窗口定义的邻域$\mathcal{S}_{xy}$内，通过邻域内像素的样本均值和样本方差[①]估计降质图像的局部统计特征，可以写成

$$\hat{f}(x,y)=g(x,y)-\frac{\sigma_\eta^2}{\sigma_g^2}[g(x,y)-\mu_g] \tag{6-46}$$

其中，$\hat{f}(x,y)$为降噪图像；$g(x,y)$为有噪观测图像；σ_η^2为噪声$\eta(x,y)$的统计方差；μ_g为邻域$\mathcal{S}_{xy}$内像素的局部样本均值；σ_g^2为邻域$\mathcal{S}_{xy}$内像素的局部样本方差；$\mathcal{S}_{xy}$是以像素(x,y)为中心的邻域。

6.3.2节将推导维纳-霍夫的频域方程，在式(6-2)加性噪声降质模型的基础上，假设噪声的功率谱密度为常数(白噪声)，降质图像局部区域的功率谱密度为常数。由于零均值广义平稳随机过程的平均功率等于方差，因此可由式(6-91)推导出频域维纳去噪滤波器$W(u,v)=\dfrac{\sigma_g^2-\sigma_\eta^2}{\sigma_g^2}$，该滤波器在局部区域为常数。并假设局部区域的均值为常数，即可推导式(6-46)基于局部统计特征的自适应维纳去噪滤波器。

对式(6-46)的自适应降噪滤波器的图像降噪说明描述如下：

(1) 当噪声为零时，$g(x,y)=f(x,y)$。在这种情况下，σ_η^2为零，直接返回$g(x,y)$的值，即$\hat{f}(x,y)=g(x,y)$。

(2) 局部方差与边缘是高度相关的，当邻域$\mathcal{S}_{xy}$内存在边缘时，局部方差σ_g^2较大，因而，比值σ_η^2/σ_g^2较小，通过返回$g(x,y)$的近似值来保持边缘。

(3) 当邻域$\mathcal{S}_{xy}$内像素的局部方差σ_g^2与噪声方差σ_η^2相等时，返回邻域$\mathcal{S}_{xy}$内像素的灰度均值μ_g。在局部区域与整幅图像具有相同噪声特性的情况下，通过简单计算平均值来降低局部噪声。

---

① 样本均值和样本方差是随机变量的简单统计量，样本均值是邻域内像素平均灰度的量度，而样本方差是邻域内像素平均对比度的量度。

自适应维纳去噪滤波过程中唯一需要已知或估计的统计特征是噪声方差 σ_η^2，其他参数能够通过邻域$\mathcal{S}_{xy}$内的像素来计算。若噪声方差未知，则使用所有局部方差估计的平均值。式(6-46)中的假设条件是 $\sigma_\eta^2 \leqslant \sigma_g^2$。由于模型中的噪声是加性和随机的，且原图像 $f(x,y)$ 和噪声 $\eta(x,y)$互相关，因此原图像 $f(x,y)$的方差 $\sigma_f^2=\sigma_g^2-\sigma_\eta^2 \geqslant 0$，这样的假设是合理的。但是，很难确切地知道有关 σ_η^2 的知识，在实际中很可能不符合这个假设条件。为此，当条件 $\sigma_\eta^2 > \sigma_g^2$ 成立时，将比值 σ_η^2/σ_g^2 重置为 1。尽管这样滤波器为非线性的，但它可以避免当局部均值 μ_g 充分小时，由于缺乏图像噪声方差的知识而产生无意义的结果，即负灰度值。

例 6-2 自适应降噪滤波

图 6-14(a)为一幅受均值为 0、方差为 0.001 的加性高斯噪声干扰的电路板图像。这是一幅具有较低噪声级的图像。图 6-14(b)显示了模板尺寸为 3×3 的均值滤波结果，在平滑噪声的同时模糊了图像。图 6-14(c)显示了窗口为 7×7 的自适应滤波结果，与均值滤波结果相比，从总体噪声的减小情况来看，自适应滤波的效果与均值滤波类似，但自适应滤波图像的边缘更加清晰，例如，图中的圆形插孔和黑色的连接片，这说明自适应滤波在细节保持方面优于均值滤波，这是自适应滤波的优势。但是，由于卷积计算不再适用，自适应滤波性能提高的代价是增大了处理的时间开销。

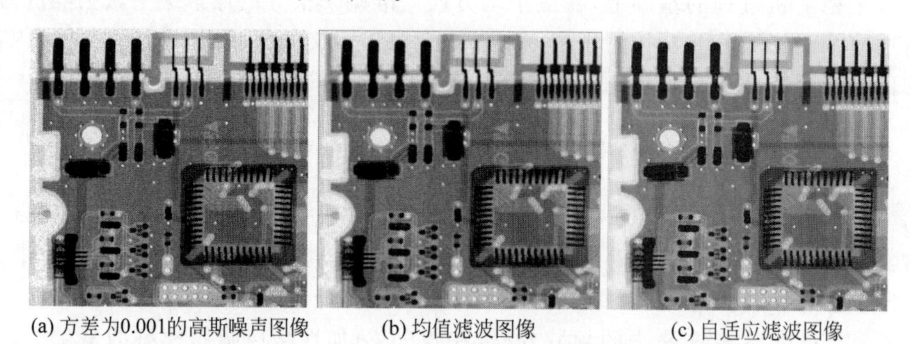

(a) 方差为0.001的高斯噪声图像　(b) 均值滤波图像　(c) 自适应滤波图像

图 6-14 方差为 0.001 的高斯噪声图像的自适应滤波结果

方差估计的准确性决定了复原图像的质量，当估计方差 $\hat{\sigma}_\eta^2$ 与真实方差 σ_η^2 之间存在偏差时，对滤波结果产生影响。若方差的估计值较低，则因为校正量比准确值小而返回与原图像非常接近的图像；若方差的估计值较高，则造成方差的比值 $\hat{\sigma}_\eta^2/\sigma_g^2$ 总是重置为 1，这样，$\hat{f}(x,y)=\mu_g$，复原图像窗口内的像素均被邻域均值所取代，而导致图像趋于模糊。图 6-15(a)为

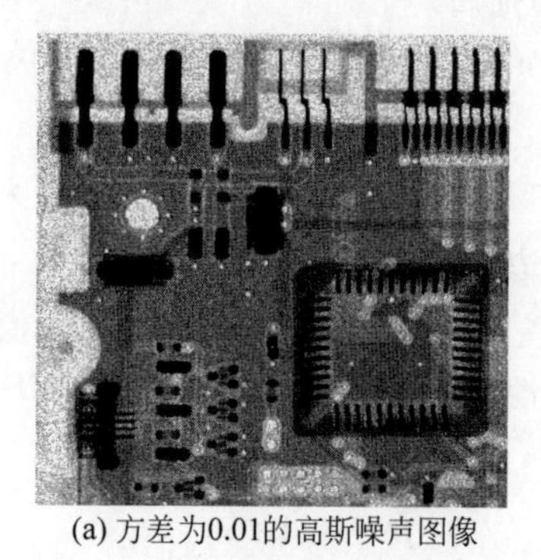

(a) 方差为0.01的高斯噪声图像

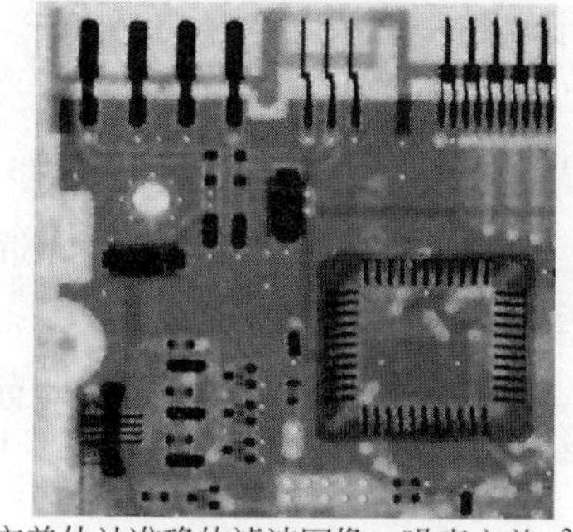

(b) 方差估计准确的滤波图像，噪声方差σ_η^2=0.01

图 6-15 方差为 0.01 的高斯噪声图像的自适应滤波结果

(c) 方差估计较低的滤波图像，噪声方差估计值$\hat{\sigma}_{\eta}^2$=0.005

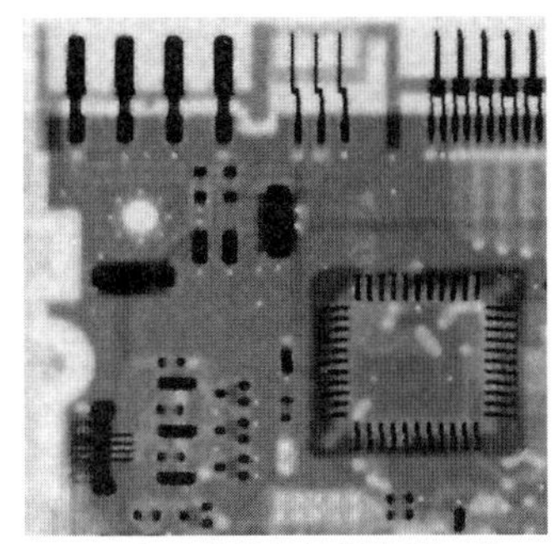

(d) 方差估计较低的滤波图像，噪声方差估计值$\hat{\sigma}_{\eta}^2$=0.02

图 6-15 （续）

一幅受均值为 0、方差为 0.01 的加性高斯噪声干扰的电路板图像，这是一幅具有较高水平级噪声的图像。图 6-15(b)为噪声方差的估计准确时的自适应滤波结果，噪声方差 $\sigma_{\eta}^2=0.01$，其中，窗口的尺寸为 7×7。图 6-15(c)为方差估计较低的自适应滤波图像，噪声方差估计值为 $\hat{\sigma}_{\eta}^2=0.005$，方差估计值越低，复原图像越接近原图像。图 6-15(d)为方差估计较高的自适应滤波图像，噪声方差估计值为 $\hat{\sigma}_{\eta}^2=0.02$，方差估计值越高，复原图像越模糊。

6.2.3 图像去噪的正则化方法

第 3 章中基于滤波的图像去噪方法属于图像增强的内容，而在图像复原领域中，图像去噪方法通过求解图像降质的逆过程，从噪声或野点中恢复原(无噪)图像。一般情况下，将图像去噪问题转换为最优化问题进行求解。一个数学上定解问题的解存在、唯一并且稳定，则称该问题是适定的。若不满足适定性概念中的判据，则称该问题是欠定的。为了解决欠定问题或防止过拟合而引入额外信息的过程，称为**正则化**。

对于式(6-2)的加性噪声模型，数学上逆问题的求解通常使用最小二乘模型，寻找最接近 $\boldsymbol{g}$ 的 $\boldsymbol{f}$，使误差平方和最小：

$$\min_{\boldsymbol{f}} \|\boldsymbol{g}-\boldsymbol{f}\|_2^2 \tag{6-47}$$

式中，$\boldsymbol{g}\in\mathbb{R}^n$ 为有噪图像，$\boldsymbol{f}\in\mathbb{R}^n$ 为清晰图像。式(6-47)的最优解显然是 $\boldsymbol{f}=\boldsymbol{g}$，即造成估计结果对有噪图像的过度拟合。最小二乘法是欠定问题，解决欠定问题的有效途径是引入关于图像的先验信息，作为正则约束项加入图像复原的最优化问题中，称为图像先验模型，表示为 $\Psi(\boldsymbol{f})$。因此，图像去噪一般可以表示为如下的正则化最小二乘问题：

$$\min_{\boldsymbol{f}} \|\boldsymbol{g}-\boldsymbol{f}\|_2^2+\lambda\Psi(\boldsymbol{f}) \tag{6-48}$$

式中，λ 为正则化参数。式(6-48)中目标函数由数据保真项和图像先验模型两项构成，前一项为数据保真项，后一项为图像先验模型。在这种情况下，试图寻找最接近给定数据的图像，同时满足一定的约束条件使线性逆问题表现为良态。

图像的先验模型对于图像逆问题至关重要。近年来图像去噪的正则化方法给出多种形式的图像先验模型，大多数方法根据自然图像具有的局部灰度连续性和非局部结构相似性①建立图像先验的正则化模型。当直接求解降质过程的逆过程，噪声放大是普遍问题。

① 6.2.4 节中的低秩正则化利用图像的非局部结构相似性。

广泛使用的约束项是解 $\hat{f}$ 的平滑性约束。函数的导数是函数变化率的量度，通常通过导数约束 $\boldsymbol{f}$ 的平滑性，抑制高频振荡，求得平滑解。在离散问题中使用有限差分近似导数，以一维情形说明，设 $\boldsymbol{f}$ 为 n 维向量，线性罚函数为相邻采样差值的绝对和，可表示为

$$\Psi(\boldsymbol{f})=\sum_{i=1}^{n-1}|f_{i+1}-f_i| \tag{6-49}$$

二次罚函数为相邻像素差值的平方和，可表示为

$$\Psi(\boldsymbol{f})=\sum_{i=1}^{n-1}(f_{i+1}-f_i)^2 \tag{6-50}$$

式(6-49)和式(6-50)分别可以写为一阶差分矩阵 $\boldsymbol{L}_1$ 与向量 $\boldsymbol{f}$ 乘积的形式 $\Psi(\boldsymbol{f})=\|\boldsymbol{L}_1\boldsymbol{f}\|_1$ 和 $\Psi(\boldsymbol{f})=\|\boldsymbol{L}_1\boldsymbol{f}\|_2^2$，一阶有限差分矩阵可写为

$$\boldsymbol{L}_1=\begin{bmatrix}-1 & 1 & 0 & \cdots & 0 & 0\\ 0 & -1 & 1 & \cdots & 0 & 0\\ 0 & 0 & -1 & \cdots & 0 & 0\\ \vdots & \vdots & \vdots & & \vdots & \vdots\\ 0 & 0 & 0 & \cdots & -1 & 1\end{bmatrix}\in\mathbb{R}^{(n-1)\times n}$$

式中，$\boldsymbol{L}_1$ 是双对角矩阵。二阶差分 $\Delta^2\boldsymbol{f}=f_{i+1}-2f_i+f_{i-1}$ 的矩阵 $\boldsymbol{L}_2$ 可写为

$$\boldsymbol{L}_2=\begin{bmatrix}1 & -2 & 1 & 0 & \cdots & 0 & 0 & 0 & 0\\ 0 & 1 & -2 & 1 & \cdots & 0 & 0 & 0 & 0\\ 0 & 0 & 1 & -2 & \cdots & 0 & 0 & 0 & 0\\ \vdots & \vdots & \vdots & \vdots & & \vdots & \vdots & \vdots & \vdots\\ 0 & 0 & 0 & 0 & \cdots & -2 & 1 & 0 & 0\\ 0 & 0 & 0 & 0 & \cdots & 1 & -2 & 1 & 0\\ 0 & 0 & 0 & 0 & \cdots & 0 & 1 & -2 & 1\end{bmatrix}\in\mathbb{R}^{(n-2)\times n}$$

式中，$\boldsymbol{L}_2$ 是三对角矩阵。在许多应用中，一阶和二阶差分用于表示信号变化或平滑性的量度。正则化函数 $\Psi(\boldsymbol{f})$ 写成一般形式为

$$\Psi(\boldsymbol{f})=\|\boldsymbol{L}_d\boldsymbol{f}\|_p^p \tag{6-51}$$

其中，$\boldsymbol{L}_d$ 表示 d 阶有限差分矩阵，$\boldsymbol{L}_0=\boldsymbol{I}$ 为单位矩阵；$p\geqslant 1$ 为 ℓ_p 范数的阶，通常选择 $p=1$ 和 $p=2$，即 ℓ_1 范数和 ℓ_2 范数，不同的范数选择会导致解 $\hat{f}$ 在不同意义上的平滑性。$\boldsymbol{L}_d$ 的行数 L 依赖于导数的阶和边界条件。当不考虑边界像素的邻域问题时，$\boldsymbol{L}_d$ 是维数为 $(n-d)\times n$ 的矩阵。当考虑边界像素的邻域问题时，若选择周期边界条件，则 $L=n$；若选择非周期边界条件，则 $L>n$。

最常用的 Tikhonov 正则化方法对信号或其差值进行二次惩罚，可表示为如下的最优化问题：

$$\min_{\boldsymbol{f}}\|\boldsymbol{f}-\boldsymbol{g}\|^2+\lambda\|\boldsymbol{L}_d\boldsymbol{f}\|^2$$

这是一个正则化最小二乘问题，正则化参数 λ 越大，该问题的解越平滑。根据一阶最优性条件求出最优解的解析表达式为

$$\boldsymbol{f}_{\mathrm{RLS}}(\lambda)=(\boldsymbol{I}+\lambda\boldsymbol{L}^{\mathrm{T}}\boldsymbol{L})^{-1}\boldsymbol{g}$$

以图 6-16 的一维信号为例，对图 6-16(a)所示的信号加上均值为 0、标准差为 0.1 的高斯噪

声，有噪信号如图 6-16(b)所示。根据图 6-16(c)所示的 L 曲线[①]选取正则化参数 λ，通过数据保真度($\boldsymbol{g}$ 与 $\boldsymbol{f}$ 的接近程度)和平滑度之间的平衡来选择正则化参数 λ。图 6-16(d)为 $\lambda=13$ 时 Tikhonov 正则化的去噪结果，通过对连续两个采样差值的平方约束能够产生较好的重建结果。

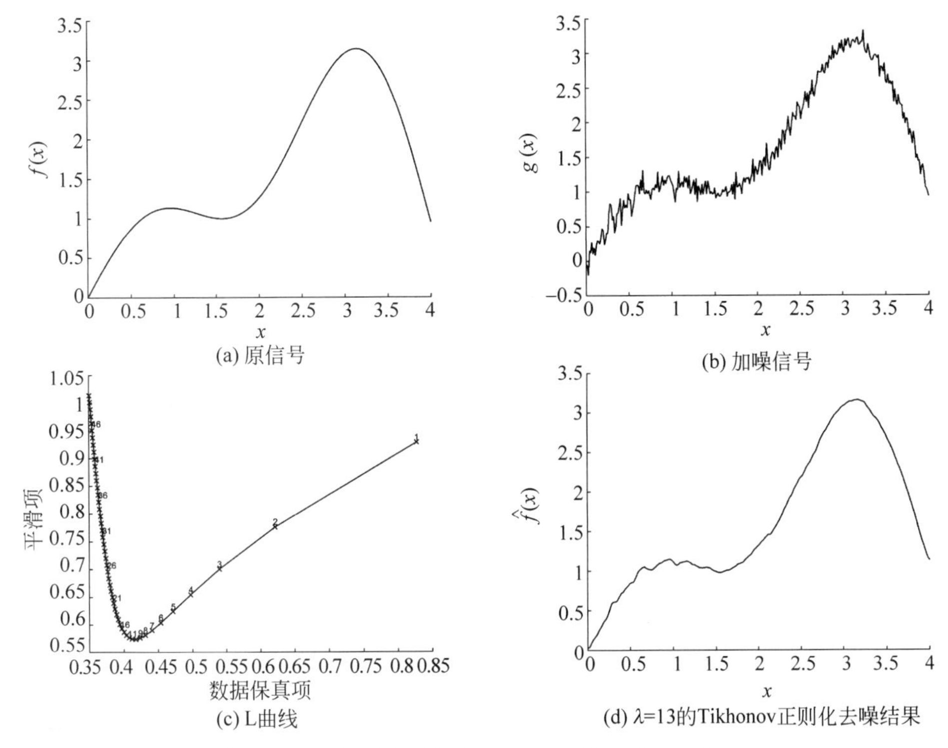

图 6-16　有噪平滑曲线的 Tikhonov 正则化去噪示例

图 6-17 给出了一个有噪阶跃信号的去噪例子，对图 6-17(a)所示的信号加上均值为 0、标准差为 0.05 的高斯噪声，有噪信号如图 6-17(b)所示。如图 6-16(d)所示，当信号平滑并且噪声快速变化时，二次罚函数去除大部分的噪声，有效进行信号重建。但是，二次罚函数显然会衰减或消除信号的快速变化内容。图 6-17(c)为 $\lambda=40$ 的 Tikhonov 正则化复原结果，二次罚函数对信号阶跃变化的平方进行惩罚，因此在三个断点处产生了过度的平滑，无论正则化参数 λ 取何值，二次罚函数对这样的跃变不会产生好的结果。图 6-16(d)为 $\lambda=1$ 的全变分正则化复原结果，可见线性罚函数可以降低噪声，同时仍保留原信号中如断点的快速变化。

在图像处理中，通常对图像梯度进行平滑性约束。数字图像的一阶差分算子存在 x 和 y 两个方向，$\boldsymbol{f}$ 在第 i 个像素处的梯度是一个向量 $\nabla \boldsymbol{f}_i=[\Delta_x f_i, \Delta_y f_i]^{\mathrm{T}}$，其中 $\Delta_x f_i$ 和 $\Delta_y f_i$ 分别表示 $\boldsymbol{f}$ 的第 i 个像素在 x(垂直)方向和 y(水平)方向上的一阶差分。数字图像在 x 方向和 y 方向上的一阶差分算子共同构成梯度幅度算子 ∇[②]。梯度幅度的两种计算公式

---

① L 曲线的概念参见 6.5.3.4 节。

② 梯度是一个向量，而梯度的幅度是一个数，是指梯度向量的长度，通常用范数来度量。在不至于混淆的情况下，通常也可以将梯度的幅度简写为梯度。第 9 章将讨论 ℓ_2 范数和 ℓ_1 范数两种计算梯度幅度的公式。

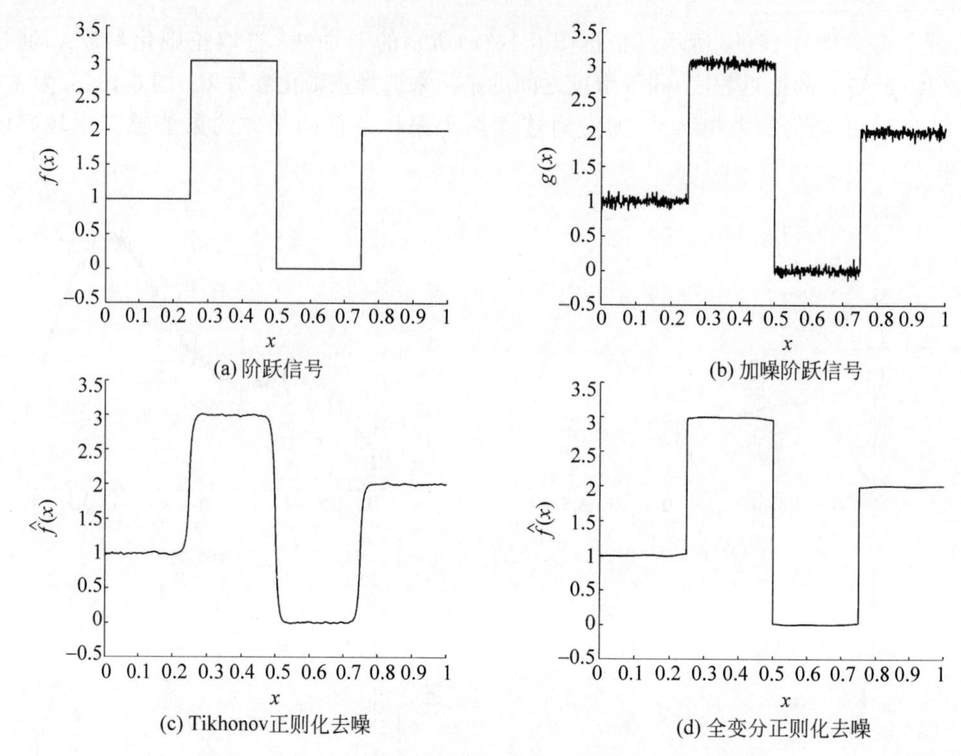

(a) 阶跃信号

(b) 加噪阶跃信号

(c) Tikhonov正则化去噪

(d) 全变分正则化去噪

图 6-17 有噪阶跃信号的 Tikhonov 和全变分正则化去噪

分别定义为

$$\nabla_{\text{iso}} f_i = \| \nabla \boldsymbol{f}_i \|_2 = [(\Delta_x f_i)^2 + (\Delta_y f_i)^2]^{\frac{1}{2}} \tag{6-52}$$

$$\nabla_{\text{ani}} f_i = \| \nabla \boldsymbol{f}_i \|_1 = | \Delta_x f_i | + | \Delta_y f_i | \tag{6-53}$$

式(6-52)中梯度的幅度具有各向同性；而式(6-53)是各向异性梯度算子，近似计算梯度的幅度，避免了平方和开方运算。

Tikhonov 正则化对图像梯度$\nabla \boldsymbol{f}$ 进行ℓ_2 范数约束，也称为高斯先验，可表示为

$$\Psi(\boldsymbol{f}) = \| \nabla \boldsymbol{f} \|_2^2 = \left(\sum_i (\nabla f_i)^2 \right)^{\frac{1}{2}} \tag{6-54}$$

其中，∇f_i 表示 $\boldsymbol{f}$ 的第 i 个像素的梯度幅度，$\| \cdot \|_2$ 表示 ℓ_2 范数。由于 Tikhonov 正则化使用 ℓ_2 范数平方项，因此梯度幅度的定义使用式(6-52)中各向同性的计算公式。Tikhonov 正则项对不同大小的梯度都进行平方惩罚(图 6-18 中标记符号“×”的线)，因此会过度惩罚野点，导致估计偏离真值。

Chan 和 Wong 使用全变分(total variation，TV)正则化约束项，也称为拉普拉斯先验，全变分正则化对图像梯度$\nabla \boldsymbol{f}$ 进行ℓ_1 范数约束，即

$$\Psi(\boldsymbol{f}) = \| \nabla \boldsymbol{f} \|_1 = \sum_i | \nabla f_i | \tag{6-55}$$

其中，$\| \cdot \| 1$ 表示 ℓ_1 范数。全变分正则项中梯度的幅度可以使用各向同性和各向异性两种计算公式。与高斯先验相比，拉普拉斯先验对梯度进行线性惩罚，降低较大误差对约束项的影响(图 6-18 中标记符号“ * ”的线)。

为了使图像的结构不过于平滑，Levin 等提出了超拉普拉斯(hyper-Laplacian)先验，可

写为

$$\Psi(\boldsymbol{f}) = \| \nabla \boldsymbol{f} \|_p^p = \left(\sum_i (\nabla f_i)^p \right)^{\frac{1}{p}} \tag{6-56}$$

其中,$0<p<1$ 对应稀疏分布的范数。超拉普拉斯先验能够进一步减弱对较大梯度的惩罚,并增大对较小梯度的惩罚。ℓ_p,$0<p<1$ 范数为广义的范数,并不严格符合范数的数学定义(三角不等式不成立),也称为伪范数(pseudo norm)或拟范数(quasi norm)。图 6-18 中标记符号"+"的线是 $p=2/3$ 的情况。

Huber 罚函数是连接线性函数和二次函数的凸函数,使用 Huber 罚函数对图像梯度约束建立先验模型,可表示为

$$\Psi(\boldsymbol{f}) = \begin{cases} \dfrac{1}{2\mu} \| \nabla \boldsymbol{f} \|^2, & \| \nabla \boldsymbol{f} \| \leqslant \mu \\ \| \nabla \boldsymbol{f} \| - \dfrac{\mu}{2}, & \| \nabla \boldsymbol{f} \| > \mu \end{cases} \tag{6-57}$$

式中,μ 为二次函数和线性函数连接处的梯度。Huber 函数对于不大于 μ 的梯度是二次惩罚,而对于大于 μ 的值是线性惩罚,μ 越大,图像越平滑。图 6-18 中 Huber 函数(标记符号"○"的线)是 $\mu=0.5$ 的情况。

Shan 等提出的图像先验也是线性函数和二次函数两个分段连续函数连接的凸函数,可表示为

$$\Psi(\boldsymbol{f}) = \begin{cases} a \| \nabla \boldsymbol{f} \|, & \| \nabla \boldsymbol{f} \| \leqslant \xi \\ b \| \nabla \boldsymbol{f} \|^2 + c, & \| \nabla \boldsymbol{f} \| > \xi \end{cases} \tag{6-58}$$

其中,ξ 为线性函数和二次函数连接处的梯度,a、b 和 c 为常数。常数 c 的作用是使连接函数连续。与 Huber 函数正相反,Shan 连接函数对于不大于 μ 的梯度是线性惩罚,而对于大于 μ 的值是二次惩罚。图 6-18 中 Shan 连接函数(标记符号"◇"的线)是 $a=1.2$、$b=0.3$ 的情况。更多正则化方法的内容参见 6.5 节的正则化复原,当不考虑模糊核时,正则化复原退化为图像去噪问题。

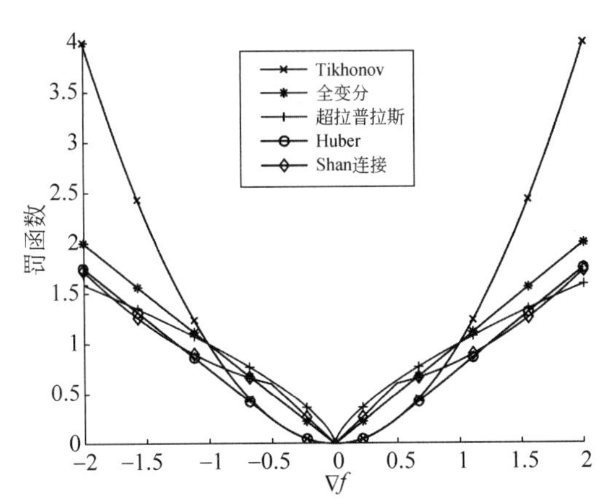

图 6-18 不同先验对图像梯度使用不同的罚函数

6.2.4 图像去噪的低秩正则化方法

本节介绍图像去噪的低秩正则化方法利用低秩矩阵分解重建低秩结构的图像数据，图像中普遍存在的自相似结构能够为图像复原提供必要的附加信息。

6.2.4.1 图像低秩性

矩阵秩是矩阵行列之间相关性的度量，其物理意义是矩阵中最大不相关行或列的个数。若矩阵的各行或列是线性无关的，则矩阵是行满秩或列满秩的。对矩阵进行奇异值分解(singular value decomposition，SVD)，非零奇异值个数即为矩阵的秩。低秩性表现为矩阵中非零奇异值的个数远小于矩阵的行数或列数。矩阵秩最小化利用数据矩阵的低秩性进行矩阵的重建，能够从大量相似的数据中找到低维子空间。

若将图像看成矩阵，秩可以理解为图像所包含信息的丰富程度，低秩性说明矩阵包含大量的冗余信息。图 6-19 给出了整幅图像具有低秩结构的若干图像示例。当一幅图像大部分成分是相似的，行或列可以用其他行或者列线性表示，则线性无关向量数量越少，矩阵的秩越小。当它远小于矩阵行或列时，图像具有低秩性。若图像中引入噪声，则随机分布的误差破坏了原有数据的低秩性，利用这种冗余信息可以对具有低秩结构的图像内容进行恢复，从而将空间不相关的噪声去除。

 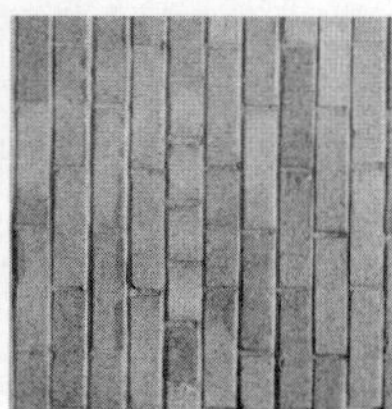 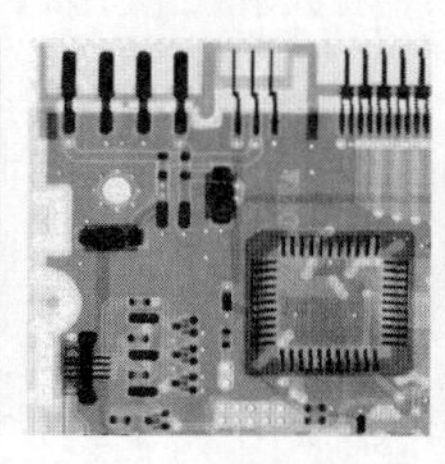  

图 6-19 低秩图像示例

当图像整体上不具有显著低秩性时，利用图像本身具有的自相似性构造低秩矩阵。图像自相似性是指在同一场景中存在着相同尺度以及不同尺度的相似结构，具体表现为图像中所具有的相同尺度以及不同尺度的相似图像块，即从图像中提取一个图像块，可在原尺度图像及其他尺度的图像中找到相似的图像块。由于这些相似图像块分布在图像中的不同区域，这种相似性常称为非局部相似性。如图 6-20 所示，左边两幅图像中绿色方框表示图像

图 6-20 图像自相似性(图片源自 Michal Irani 的文献)

块在相同尺度上的相似结构，红色方框表示图像块在不同尺度上的相似结构，图像中广泛存在着多尺度自相似结构，如相似的地物、建筑物、街道以及自然景观等，成像的透视投影也是图像的不同尺度自相似性普遍存在的主要原因；右边是一幅具有自然纹理的图像，分形结构普遍存在于自然界中，表示在不同尺度上图像局部结构与整体结构是相似的。Glasner等通过大量图像的实验证明了相似图像块普遍存在于同一场景的相同尺度以及不同尺度图像中，由于小尺寸的图像块只含有少量信息，通常只包含一个边缘、角点等，因此，即使人类视觉不易察觉小尺寸的相似图像块，这些图像块也普遍存在于自然图像的多尺度图像中。

将一组相似图像块合并为矩阵，由于相似的图像块具有相似的图像结构，由这些相似块合并组成的矩阵近似低秩矩阵，其中，矩阵的列为图像块的列向量表示。噪声由于其随机性，会使图像矩阵的秩增大。如图6-21所示，对于观测图像中的图像块(红色方框)，搜索欧氏距离最小的$m-1$个图像块(绿色方框)作为相似图像块，并对其进行列向量表示，构成相似图像块组矩阵$\boldsymbol{X}_i=[\boldsymbol{V}_{i,1},\boldsymbol{V}_{i,2},\cdots,\boldsymbol{V}_{i,m}]\in\mathbb{R}^{n\times m}$，$\boldsymbol{V}_{i,j}$表示第$i$个图像块的第$j-1$个相似图像块，其中，$j=2,\cdots,m$。显然，这些相似图像块合并的组矩阵理论上应是低秩矩阵，矩阵秩最小化能够用于从噪声中恢复低秩矩阵结构。

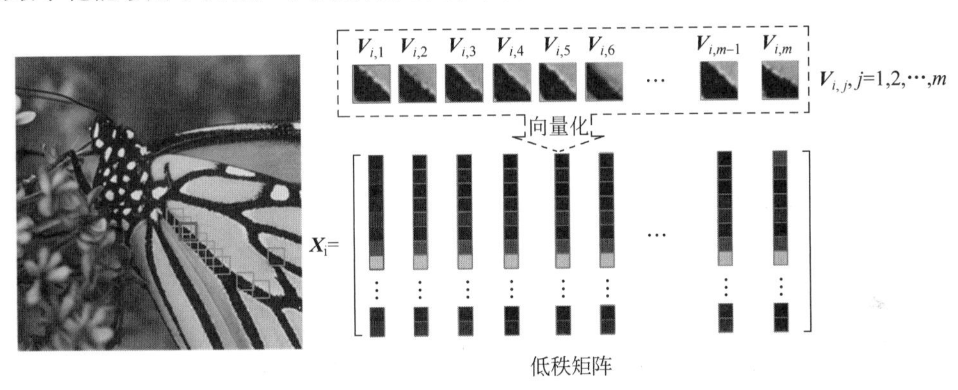

图6-21　相似图像块组形成的低秩矩阵

对于图6-22(a)所示的清晰图像中某个8×8图像块，在该图像中搜索其63个相似图像块，构成相似图像块组矩阵。在图6-22(a)中加入高斯分布的随机噪声，如图6-22(b)所示。图6-22(c)比较了清晰图像和有噪图像中相应组矩阵的奇异值分布情况，可以看出，与有噪图像相比，清晰图像的奇异值迅速下降接近于零。由此可见，相似图像块组矩阵具有低秩性，低秩是一种图像去噪的有效图像先验，低秩先验对相似图像块组进行整体建模，考虑了不同图像块之间的相关性，而非仅直接依据图像块的相似性。

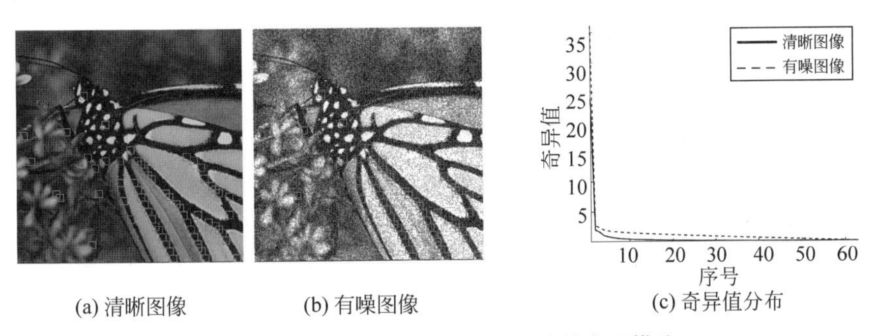

(a) 清晰图像　　(b) 有噪图像　　(c) 奇异值分布

图6-22　相似图像块组矩阵低秩性的直观描述

6.2.4.2 低秩矩阵恢复

2009 年，Candès 利用低秩矩阵恢复(low rank matrix recovery，LRMR)解决矩阵填充(matrix completion)问题，引起了近年来低秩模型在信号处理、机器学习、计算机视觉等领域的广泛研究，从理论、算法到应用各方面都取得了快速的发展。目前低秩矩阵恢复广泛应用于视频背景建模、人物面部图像阴影与遮挡物的去除、图像校正等图像处理领域中。在图像去噪中，低秩矩阵恢复能够用于从噪声中恢复或重建具有低秩性的图像结构。

若矩阵 $\boldsymbol{X}\in\mathbb{R}^{m\times n}$ 的秩远小于矩阵的行数或列数，即 $\operatorname{rank}(\boldsymbol{X})\ll\min(m,n)$，则称该矩阵为低秩矩阵。低秩矩阵恢复模型旨在从观测数据矩阵 $\boldsymbol{X}\in\mathbb{R}^{m\times n}$ 中估计低秩结构矩阵 $\boldsymbol{L}\in\mathbb{R}^{m\times n}$。主成分分析(principal component analysis，PCA)最早用于低秩矩阵恢复问题，对于观测数据矩阵 $\boldsymbol{X}\in\mathbb{R}^{m\times n}$、低秩矩阵 $\boldsymbol{L}\in\mathbb{R}^{m\times n}$ 和误差矩阵 $\boldsymbol{E}\in\mathbb{R}^{m\times n}$，如图 6-23 所示，当噪声模型为 $\boldsymbol{X}=\boldsymbol{L}+\boldsymbol{E}$ 时，其求解可表示为如下约束最优化问题：

$$\min_{\boldsymbol{L},\boldsymbol{E}}\|\boldsymbol{E}\|_{\mathrm{F}}^{2}\quad \text{s. t. } \operatorname{rank}(\boldsymbol{L})\leqslant r,\quad \boldsymbol{X}=\boldsymbol{L}+\boldsymbol{E} \tag{6-59}$$

其中，$\operatorname{rank}(\cdot)$为矩阵的秩函数，定义为矩阵中非零奇异值的个数；常数 r 约束低秩矩阵 $\boldsymbol{L}$ 的秩；$\|\cdot\|_{\mathrm{F}}$ 表示矩阵的 Frobenius 范数，$\|\boldsymbol{E}\|_{\mathrm{F}}^{2}=\sum_{i,j}E_{i,j}^{2}$。主成分分析的前提是假设误差矩阵 $\boldsymbol{E}$ 的元素服从独立同分布的高斯分布，通过最小化高斯分布的误差寻找矩阵 $\boldsymbol{X}$ 最优的秩 r 估计矩阵 $\boldsymbol{L}$。秩函数最小化问题可以简单通过矩阵 $\boldsymbol{X}$ 的截断奇异值分解(truncated singular value decomposition，TSVD)求解。截断奇异值是指保留大于某一阈值的奇异值，而将其余更小的奇异值置零。截断造成阈值处的不连续性，重建图像容易发生振荡。

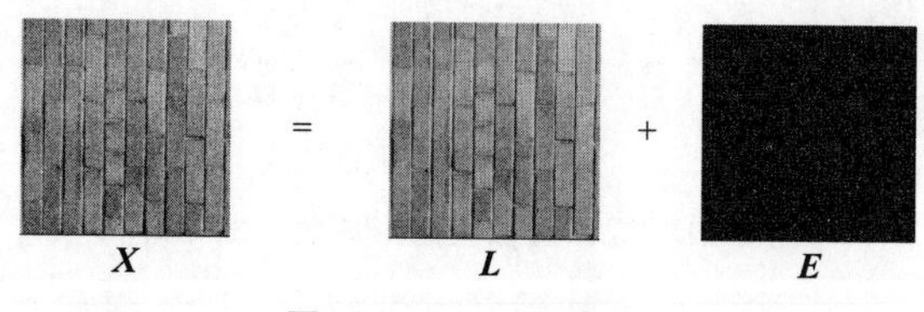

图 6-23 PCA 示意图

矩阵的秩函数 $\operatorname{rank}(\cdot)$最小化等价于矩阵奇异值的 ℓ_0 范数最小化问题，ℓ_0 范数是不连续且非凸的函数，无法直接求解。核函数是秩函数最紧的凸函数，通常用于近似秩函数。对矩阵 $\boldsymbol{X}$ 的凸松弛分析可从 $\boldsymbol{X}$ 的奇异值分解(singular value decomposition，SVD)出发，任意矩阵 $\boldsymbol{X}$ 的奇异值分解为 $\boldsymbol{X}=\boldsymbol{U\Sigma V}^{\mathrm{T}}$，其中，$\boldsymbol{U}\in\mathbb{R}^{m\times m}$ 和 $\boldsymbol{V}\in\mathbb{R}^{n\times n}$ 为标准正交矩阵，即满足 $\boldsymbol{U}^{\mathrm{T}}\boldsymbol{U}=\boldsymbol{I}_m,\boldsymbol{V}^{\mathrm{T}}\boldsymbol{V}=\boldsymbol{I}_n,\boldsymbol{\Sigma}=\operatorname{diag}(\sigma_1,\sigma_2,\cdots,\sigma_p)\in\mathbb{R}^{m\times n}$ 为非负实数对角矩阵，$\boldsymbol{\Sigma}$ 对角线上的元素 σ_i 称为$\boldsymbol{\Sigma}$ 的奇异值，$i=1,2,\cdots,p$，$p=\min(m,n)$，具有非负性，并按照递减顺序排列，即

$$\sigma_1\geqslant\sigma_2\geqslant\cdots\geqslant\sigma_r>\sigma_{r+1}=\cdots=\sigma_p=0$$

其中，r 称为矩阵 $\boldsymbol{X}$ 的秩。

秩是一种对矩阵奇异值的稀疏度量，将奇异值排列为列向量，即$\boldsymbol{\sigma}=[\sigma_1,\sigma_2,\cdots,\sigma_p]^{\mathrm{T}}$。矩阵低秩性等同于矩阵奇异值向量的稀疏性，$\ell_0$ 范数和 ℓ_1 范数是构成秩函数与核范数的基础。矩阵 $\boldsymbol{X}$ 的秩函数等同于其奇异值向量的 ℓ_0 范数，则有 $\operatorname{rank}(\boldsymbol{X})=\|\boldsymbol{\sigma}\|_0$。$\ell_1$ 范数

是 ℓ_0 范数最紧的凸函数，$\|\boldsymbol{\sigma}\|_0$ 的凸近似为 $\|\boldsymbol{\sigma}\|_1=\sum_{i=1}^{p}\sigma_i$，矩阵 $\boldsymbol{X}$ 的核范数定义为其奇异值之和，即 $\|\boldsymbol{X}\|_*=\sum_{i=1}^{p}\sigma_i$，则矩阵的核范数等同于其奇异值向量的 ℓ_1 范数，即 $\|\boldsymbol{X}\|_*=\|\boldsymbol{\sigma}\|_1$。因此，使用核范数 $\|\boldsymbol{X}\|_*$ 对秩函数 $\mathrm{rank}(\boldsymbol{X})$ 进行凸松弛。

通过引入拉格朗日乘子，式(6-59)的约束最小化问题可以松弛为如下的核函数最小化问题：

$$\hat{\boldsymbol{L}}=\arg\min_{\boldsymbol{L}}\frac{1}{2}\|\boldsymbol{L}-\boldsymbol{X}\|_F^2+\lambda\|\boldsymbol{L}\|_* \tag{6-60}$$

其中，λ 为正则化参数；$\boldsymbol{X}$ 为观测矩阵；$\boldsymbol{L}$ 为低秩矩阵，$\|\boldsymbol{L}\|_*$ 表示 $\boldsymbol{L}$ 的核范数，定义为矩阵奇异值之和。式(6-60)的目标函数是严格凸的，因此它具有唯一的全局最小解。

矩阵的核范数最小化(nuclear norm minimization，NNM)等价于矩阵奇异值的 ℓ_1 范数最小化问题。ℓ_1 范数最小化问题可表示为

$$\hat{\boldsymbol{S}}=\arg\min_{\boldsymbol{S}}\frac{1}{2}\|\boldsymbol{S}-\boldsymbol{X}\|_F^2+\lambda\|\boldsymbol{S}\|_S \tag{6-61}$$

其中，$\boldsymbol{S}$ 为稀疏矩阵，$\|\boldsymbol{S}\|_S$ 表示矩阵 $\boldsymbol{S}$ 的和范数(sum norm)，$\|\boldsymbol{S}\|_S=\sum_{i,j}|S_{i,j}|$。

最优化问题中的自变量可以是向量或者矩阵，若目标函数在向量或者矩阵的所有元素上是可分离的，则可以通过将其拆解为关于分量的独立问题进行求解。式(6-61)中自变量 $\boldsymbol{S}\in\mathbb{R}^{m\times n}$ 为矩阵，将其分解为关于分量 $s_{i,j}$ 的子问题：

$$\min_{s}f(s)=\lambda|s|+\frac{1}{2}(s-x)^2 \tag{6-62}$$

其中，s 和 x 分别为矩阵 $\boldsymbol{S}$ 和 $\boldsymbol{X}$ 中的元素，为了方便描述，这里省略了下标 i,j。式(6-62)的最优解是软阈值(soft thresholding)算子 $S_\lambda(x)$，有闭合解：

$$s=S_\lambda(x)=\mathrm{sgn}(x)\max(|x|-\lambda,0) \tag{6-63}$$

图 6-24 给出软阈值算子的函数曲线，横轴表示 x，纵轴表示 $S_\lambda(x)$。

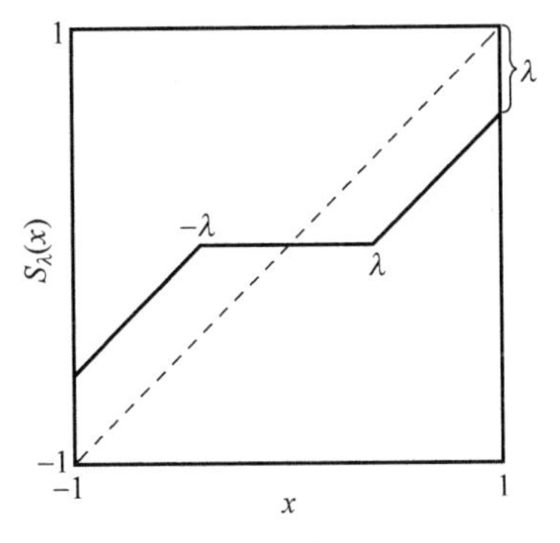

图 6-24　软阈值算子

将软阈值算子 $S_\lambda(x)$ 逐元素应用在矩阵上，式(6-61)ℓ_1 范数最小化问题的闭合解为

$$\hat{\boldsymbol{S}}=S_\lambda(\boldsymbol{X})=\mathrm{sgn}(\boldsymbol{X})\max(|\boldsymbol{X}|-\lambda,0) \tag{6-64}$$

式(6-64)表明，若 $\boldsymbol{X}$ 中元素的绝对值小于阈值 λ，则归于零；若元素大于阈值，则使其接近

零。也就是说，通过阈值收缩操作，使矩阵更加稀疏。

奇异值阈值（singular value thresholding，SVT）算子通过对矩阵的奇异值使用软阈值算子求解核范数最小化问题。对矩阵 $\boldsymbol{X}$ 进行奇异值分解 $\boldsymbol{X}=\boldsymbol{U\Sigma V}^{\mathrm{T}}$，奇异值对角矩阵为 $\boldsymbol{\Sigma}=\mathrm{diag}(\sigma_1,\sigma_2,\cdots,\sigma_p)$，$\sigma_i$ 为$\boldsymbol{\Sigma}$ 的第 i 个奇异值，$i=1,2,\cdots,p$。对奇异值进行软阈值算子操作，可表示为

$$S_\lambda(\sigma_i)=\max(\sigma_i-\lambda,0) \tag{6-65}$$

由于$\boldsymbol{\Sigma}$ 是对角矩阵，软阈值算子 $S_\lambda(\boldsymbol{\Sigma})$也可表示为

$$S_\lambda(\boldsymbol{\Sigma})=\max(\boldsymbol{\Sigma}-\lambda,0) \tag{6-66}$$

式中，阈值 λ 实际上仅作用于对角元素。奇异值阈值算子的闭合解为 $\hat{\boldsymbol{L}}=\boldsymbol{U}S_\lambda(\boldsymbol{\Sigma})\boldsymbol{V}^{\mathrm{T}}$。

式(6-59)假设低秩矩阵中的噪声符合高斯分布，因此，主成分分析对观测数据中的野点或大幅度稀疏噪声极其敏感，即使只有少量的大幅度噪声，也会极大地影响 Frobenius 范数的数据保真度，并导致低秩估计存在偏差。Wright 等提出了鲁棒主成分分析（robust principal component analysis，RPCA），将观测数据矩阵分解为低秩矩阵和稀疏矩阵之和，如图 6-25 所示，$\boldsymbol{X}\in\mathbb{R}^{m\times n}$ 为观测数据矩阵、$\boldsymbol{S}\in\mathbb{R}^{m\times n}$ 为稀疏矩阵、$\boldsymbol{L}\in\mathbb{R}^{m\times n}$ 为低秩矩阵。鲁棒主成分分析是从稀疏的误差中恢复低秩结构数据，其求解可表示为如下的最优化问题：

$$\min_{\boldsymbol{L},\boldsymbol{S}}\mathrm{rank}(\boldsymbol{L})+\lambda\|\boldsymbol{S}\|_0\quad \mathrm{s.t.}\ \boldsymbol{X}=\boldsymbol{L}+\boldsymbol{S} \tag{6-67}$$

其中，$\|\boldsymbol{S}\|_0$ 表示 $\boldsymbol{S}$ 的 ℓ_0 范数，这里借用向量的 ℓ_0 范数[①]描述矩阵的稀疏性，定义为矩阵中非零元素的个数，约束误差数据的稀疏程度；λ 为正则化参数，控制低秩约束和稀疏约束在目标函数中的比重。

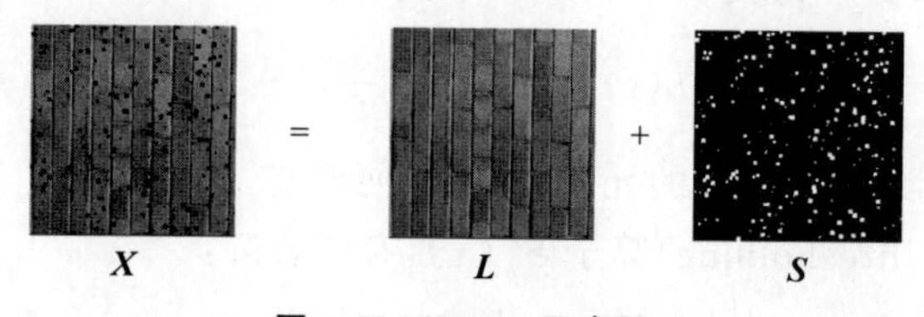

图 6-25 RPCA 示意图

由于秩函数 rank(·)和 ℓ_0 范数均是非连续且非凸函数，无法直接求解，ℓ_1 范数作为 ℓ_0 范数最紧的凸函数用于近似 ℓ_0 范数，核函数作为秩函数最紧的凸函数用于近似秩函数，可以将式(6-68)松弛为如下的凸优化问题：

$$\min_{\boldsymbol{L},\boldsymbol{S}}\|\boldsymbol{L}\|_*+\lambda\|\boldsymbol{S}\|_1\quad \mathrm{s.t.}\ \boldsymbol{X}=\boldsymbol{L}+\boldsymbol{S} \tag{6-68}$$

式(6-68)的 RPCA 凸近似模型也称为主成分追踪，记为 PCP 模型。研究表明，当 RPCA 模型中的参数 λ、观测矩阵 $\boldsymbol{X}$、低秩矩阵 $\boldsymbol{L}$ 和稀疏矩阵 $\boldsymbol{S}$ 同时满足以下三个条件时：①$\lambda=C_0/\sqrt{t_{(1)}}$，$t_{(1)}=\min(m,n)$，$C_0$ 为正常数；②低秩矩阵的秩 $\mathrm{rank}(\boldsymbol{L})\leqslant O(t_{(2)}/\log(t_{(1)}))$，$t_{(2)}=\max(m,n)$；③稀疏矩阵满足 $\|\boldsymbol{S}\|_0\leqslant O(mn)$，PCP 模型将以高于 $1-O(t_{(1)}^{-10})$ 的概率准确地恢复 $\boldsymbol{L}$ 和 $\boldsymbol{S}$，并且解唯一。这里的 m 和 n 表示矩阵的维度。

增广拉格朗日方法是一类用于解决约束优化问题的算法。与罚函数方法的相似之处在于，通过在目标函数中增加惩罚项，将约束优化问题转换为非约束问题。非精确增广拉格朗日乘子法，也称为交替方向乘子法（alternating direction method of multipliers，ADMM）是

① ℓ_0 范数定义为向量的非零元素个数，并不符合范数的数学定义。

增广拉格朗日方法的一种变形，类似于求解线性方程的 Gauss-Seidel 方法，使用部分更新。本节使用交替方向乘子法求解式(6-68)的凸优化问题。

将式(6-68)写为增广拉格朗日形式：

$$\min_{\boldsymbol{L},\boldsymbol{S}} L_{\mu}(\boldsymbol{L},\boldsymbol{S},\boldsymbol{Z}) = \|\boldsymbol{L}\|_{*} + \lambda\|\boldsymbol{S}\|_{1} + \langle \boldsymbol{Z},\boldsymbol{X}-\boldsymbol{L}-\boldsymbol{S}\rangle + \frac{\mu}{2}\|\boldsymbol{X}-\boldsymbol{L}-\boldsymbol{S}\|_{\mathrm{F}}^{2} \tag{6-69}$$

其中，λ 为正则化参数，$\langle\cdot,\cdot\rangle$ 表示内积运算，$\boldsymbol{Z}$ 为拉格朗日乘子，μ 为惩罚系数。式(6-69)中第三项为拉格朗日乘子项，第四项为惩罚项。初始化 $\boldsymbol{S}_0=0$、$\boldsymbol{Z}_0=0$，以及 $\mu_0>0$。根据交替方向乘子法，式(6-69)的求解可表示为如下的交替迭代步骤：

$$\begin{cases} \hat{\boldsymbol{L}}_k = \arg\min\limits_{\boldsymbol{L}} L_{\mu}(\boldsymbol{L},\boldsymbol{S}_{k-1},\boldsymbol{Z}_{k-1}) = \Lambda_{1/\mu_{k-1}}(\boldsymbol{X}-\boldsymbol{S}_{k-1}+\boldsymbol{Z}_{k-1}/\mu_{k-1}) \\ \hat{\boldsymbol{S}}_k = \arg\min\limits_{\boldsymbol{S}} L_{\mu}(\boldsymbol{L}_k,\boldsymbol{S},\boldsymbol{Z}_{k-1}) = S_{\lambda/\mu_{k-1}}(\boldsymbol{X}-\boldsymbol{L}_k+\boldsymbol{Z}_{k-1}/\mu_{k-1}) \\ \hat{\boldsymbol{Z}}_k = \boldsymbol{Z}_{k-1}+\mu_{k-1}(\boldsymbol{X}-\boldsymbol{L}_k-\boldsymbol{S}_k) \\ \hat{\mu}_k = \rho\mu_{k-1} \end{cases} \tag{6-70}$$

其中，k 为迭代次数，ρ 为步长。RPCA 模型包含两个子问题，即稀疏性约束的 ℓ_1 范数最小化子问题与低秩性约束的核范数最小化子问题。第一步求解低秩性约束的核范数最小化子问题，对低秩矩阵 $\boldsymbol{L}$ 进行更新。第二步求解稀疏性约束的 ℓ_1 范数最小化子问题，对稀疏矩阵 $\boldsymbol{S}$ 进行更新。第三步是对误差总和的更新，通过将累积误差反馈到其输入端，约束误差信号趋近于零。第四步是对惩罚系数的更新，通常 $\rho<1$，递减序列 $\{\mu_k\}$ 的效果比固定值更好。

以下给出这两个最小化子问题的具体求解过程。

1. 低秩矩阵 $\boldsymbol{L}$ 估计

固定 $\boldsymbol{S}_{k-1}$、$\boldsymbol{Z}_{k-1}$ 和 μ_{k-1}，更新 $\boldsymbol{L}_k$，式(6-69)可简化为

$$\begin{aligned} \hat{\boldsymbol{L}}_k &= \arg\min_{\boldsymbol{L}}\left(\|\boldsymbol{L}\|_{*} + \langle \boldsymbol{Z}_{k-1},\boldsymbol{X}-\boldsymbol{L}-\boldsymbol{S}_{k-1}\rangle + \frac{\mu_{k-1}}{2}\|\boldsymbol{X}-\boldsymbol{L}-\boldsymbol{S}_{k-1}\|_{\mathrm{F}}^{2}\right) \\ &= \arg\min_{\boldsymbol{L}}\left(\|\boldsymbol{L}\|_{*} + \frac{\mu_{k-1}}{2}\left\|\boldsymbol{X}-\boldsymbol{S}_{k-1}-\boldsymbol{L}+\frac{\boldsymbol{Z}_{k-1}}{\mu_{k-1}}\right\|_{\mathrm{F}}^{2}\right) \end{aligned} \tag{6-71}$$

令 $\boldsymbol{T}_{k-1}=\boldsymbol{X}-\boldsymbol{S}_{k-1}+\boldsymbol{Z}_{k-1}/\mu_{k-1}$，式(6-71)可写为

$$\hat{\boldsymbol{L}}_k = \arg\min_{\boldsymbol{L}}\left(\frac{1}{\mu_{k-1}}\|\boldsymbol{L}\|_{*} + \frac{1}{2}\|\boldsymbol{L}-\boldsymbol{T}_{k-1}\|_{\mathrm{F}}^{2}\right) \tag{6-72}$$

使用奇异值阈值算子求解核范数最小化问题，对 $\boldsymbol{T}_{k-1}$ 进行奇异值分解 $\boldsymbol{T}_{k-1}=\boldsymbol{U}\boldsymbol{\Sigma}_{k-1}\boldsymbol{V}^{\mathrm{T}}$，奇异值对角矩阵为$\boldsymbol{\Sigma}_{k-}$，对奇异值进行软阈值算子操作，可表示为

$$S_{1/\mu_{k-1}}(\boldsymbol{\Sigma}_{k-1})\max\left(\boldsymbol{\Sigma}_{k-1}-\frac{1}{\mu_{k-1}},0\right) \tag{6-73}$$

其中，$S_{1/\mu_{k-1}}(\boldsymbol{\Sigma}_{k-1})$表示对奇异值进行收缩操作，类似于截断奇异值分解，将小于 $1/\mu_{k-1}$ 的奇异值归零。低秩矩阵的估计 $\hat{\boldsymbol{L}}_k$ 可以表示为如下奇异值阈值操作 $\Lambda_{1/\mu_{k-1}}(\boldsymbol{T}_{k-1})$：

$$\hat{\boldsymbol{L}}_k = \Lambda_{1/\mu_{k-1}}(\boldsymbol{T}_{k-1}) = \boldsymbol{U}S_{1/\mu_{k-1}}(\boldsymbol{\Sigma}_{k-1})\boldsymbol{V}^{\mathrm{T}} \tag{6-74}$$

通过稀疏的奇异值重建低秩矩阵。

2. 稀疏矩阵 S 估计

固定 $\boldsymbol{L}_k$、$\boldsymbol{Z}_{k-1}$ 和 μ_{k-1}，更新 $\boldsymbol{S}_k$，式(6-69)可简化为

$$\begin{aligned}\hat{\boldsymbol{S}}_k &= \arg\min_{\boldsymbol{S}}\left(\lambda\|\boldsymbol{S}\|_1 + \langle\boldsymbol{Z}_{k-1}, \boldsymbol{X}-\boldsymbol{L}_k-\boldsymbol{S}\rangle + \frac{\mu_{k-1}}{2}\|\boldsymbol{X}-\boldsymbol{L}_k-\boldsymbol{S}\|_{\mathrm{F}}^2\right)\\ &= \arg\min_{\boldsymbol{S}}\left(\lambda\|\boldsymbol{S}\|_1 + \frac{\mu_{k-1}}{2}\left\|\boldsymbol{X}-\boldsymbol{S}+\frac{\boldsymbol{Z}_{k-1}}{\mu_{k-1}}-\boldsymbol{L}_k\right\|_{\mathrm{F}}^2\right)\end{aligned} \tag{6-75}$$

令 $\boldsymbol{F}_{k-1}=\boldsymbol{X}-\boldsymbol{L}_k+\boldsymbol{Z}_{k-1}/\mu_{k-1}$，式(6-75)可写为

$$\hat{\boldsymbol{S}}_k = \arg\min_{\boldsymbol{S}}\left(\frac{\lambda}{\mu_{k-1}}\|\boldsymbol{S}\|_1 + \frac{1}{2}\|\boldsymbol{S}-\boldsymbol{F}_{k-1}\|_{\mathrm{F}}^2\right) \tag{6-76}$$

使用软阈值算子求解 ℓ_1 范数最小化问题，软阈值算子 $S_{\lambda/\mu_{k-1}}(\cdot)$ 有如下闭合解：

$$\hat{\boldsymbol{S}}_k = S_{\lambda/\mu_{k-1}}(\boldsymbol{F}_{k-1}) = \max\left(|\boldsymbol{F}_{k-1}| - \frac{\lambda}{\mu_{k-1}}, 0\right)\operatorname{sgn}(\boldsymbol{F}_{k-1}) \tag{6-77}$$

式中，$\operatorname{sgn}(\cdot)$为符号函数。软阈值算子 $S_{\lambda/\mu_{k-1}}(\boldsymbol{X})$以 λ/μ_{k-1} 为阈值对 $\boldsymbol{F}_{k-1}$ 的元素进行收缩。

通常情况下，整幅图像不具备显著的低秩性，然而图像自身具有自相似性，利用图像块的非局部相似性，基于低秩矩阵恢复的图像去噪方法主要包括以下三个步骤：①将观测图像划分为图像块，图像块之间完全或部分重叠，对于图像中的每一个图像块，在观测图像中搜索相似图像块，将相似图像块合并成组矩阵；②对相似图像块组矩阵进行低秩矩阵估计，从噪声中恢复潜在低秩的图像矩阵，低秩矩阵的第一列元素即为相应的去噪图像块；③将去噪图像块按照其在观测图像中的位置放回，并对图像块之间的重叠区域进行平均，重建出完整的去噪图像。

例 6-3　基于低秩矩阵恢复的图像去噪

由于图像像素间存在局部和非局部相似性，图像矩阵具有低秩性，而孤立、随机、离散分布的噪声具有稀疏性，利用图像矩阵的低秩性和噪声矩阵的稀疏性，低秩矩阵和稀疏矩阵分解的 RPCA 模型是一种从稀疏噪声中恢复或重建低秩矩阵结构的有效模型。图 6-26(a)为一幅概率为 0.1 的椒盐噪声和均值为 0、方差为 0.01 的高斯噪声混合的有噪图像，对整幅图像进行低秩矩阵和稀疏矩阵的分解，低秩矩阵即为重建的去噪图像，如图 6-26(b)所示。当一幅图像从整体上表现为低秩结构时，对整幅图像进行低秩矩阵估计能够取得预期的去噪结果。然而，当背景中出现的目标干扰图像的整体低秩性时，对图像进行低秩与稀疏分解，目标也会部分分解到误差矩阵中。因此，典型的方法是利用图像的非局部相似性，对于图像中的每一个图像块搜索相似图像块，对这些相似图像块合并的组矩阵进行低秩矩阵估计。图 6-26(c)为使用图像块的低秩矩阵估计的结果。

(a) 椒盐和高斯混合噪声图像

(b) 低秩矩阵估计

(c) 块低秩矩阵估计

图 6-26　基于低秩矩阵恢复的图像去噪结果

6.3 频域复原

频域图像复原的过程是根据原图像和降质模型的全部或部分先验知识,按照某种最优性准则,推导图像复原频域滤波器,在频域中进行图像复原处理。维纳滤波是最常用的频域复原方法,它是在线性最小均方误差估计原理上推导的频域复原滤波器。

6.3.1 逆滤波

逆滤波法是频域中最简单、最基础的图像复原方法。式(6-14)给出了图像降质过程的频域模型。若不考虑加性噪声项 $\eta(x,y)$,则式(6-14)可以写为

$$G(u,v)=H(u,v)F(u,v) \tag{6-78}$$

在已知 $G(u,v)$和 $H(u,v)$的情况下,用 $H(u,v)$去除 $G(u,v)$就是直接逆滤波过程,可表示为

$$\hat{F}(u,v)=\frac{G(u,v)}{H(u,v)} \tag{6-79}$$

这是逆滤波法复原的基本原理。计算 $\hat{F}(u,v)$的傅里叶逆变换,即可得恢复图像 $\hat{f}(x,y)$,即

$$\hat{f}(x,y)=\mathscr{F}^{-1}(\hat{F}(u,v))=\mathscr{F}^{-1}\left(\frac{G(u,v)}{H(u,v)}\right) \tag{6-80}$$

式中,$\mathscr{F}^{-1}(\cdot)$表示傅里叶逆变换。

理论上,若已知降质图像的傅里叶变换 $G(u,v)$和降质系统的传递函数 $H(u,v)$,则可计算原图像的傅里叶变换 $F(u,v)$,进而由傅里叶逆变换就可以估计原图像 $f(x,y)$。然而,由式(6-79)可知,若降质系统函数 $H(u,v)$为零值或者很小的值,则即使没有噪声,也无法准确地恢复 $F(u,v)$。此外,考虑加性噪声项的情况下,将式(6-79)代入式(6-14),逆滤波写成如下的形式:

$$\hat{F}(u,v)=F^{*}(u,v)+\frac{N(u,v)}{H(u,v)} \tag{6-81}$$

加性噪声项 $\eta(x,y)$是随机函数,它的傅里叶变换是未知的;并且,若 $H(u,v)$的值远小于 $N(u,v)$的值,则比值 $N(u,v)/H(u,v)$将会很大,放大了噪声项,这样更无法准确地估计 $\hat{F}(u,v)$。

实际中,频率原点 $H(0,0)$的值总是频谱 $H(u,v)$中的最大值,$H(u,v)$随 u、v 与原点距离的增大而迅速衰减,而噪声项 $N(u,v)$一般变化缓慢。在这种情况下,只能在频率原点的邻近范围内进行恢复。因此,一种解决方案是限制滤波的频率,将频率范围限制为接近原点进行分析,从而降低了零值的概率。在逆滤波模型中,对式(6-79)中的比值 $\hat{F}(u,v)$进行截断,使用理想低通滤波器截断可表示为

$$\tilde{F}(u,v)=H_{\mathrm{ilp}}(u,v)\hat{F}(u,v)=\begin{cases}\hat{F}(u,v), & D(u,v)\leqslant D_0\\ 0, & \text{其他}\end{cases} \tag{6-82}$$

式中,$H_{\mathrm{ilp}}(u,v)$为理想低通滤波器,半径 D_0 为截止频率,$D(u,v)$表示点(u,v)到频谱中心的距离。这种方法的不足是恢复结果中出现明显的振铃效应。

使用 n 阶巴特沃斯低通滤波器的截断可表示为

$$\widetilde{F}(u,v)=H_{\text{blp}}(u,v)\hat{F}(u,v)=\frac{1}{1+[D(u,v)/D_0]^{2n}}\hat{F}(u,v) \tag{6-83}$$

式中，$H_{\text{blp}}(u,v)$ 为 n 阶巴特沃斯低通滤波器，D_0 为截止频率。在截止频率处的平滑过渡可以抑制振铃效应。图 6-27(a)为一幅全逆滤波的傅里叶谱 $\hat{F}(u,v)$，图 6-27(b)和图 6-27(c)分别为截止频率为 50 的理想低通滤波器和巴特沃斯低通滤波器对 $\hat{F}(u,v)$ 进行截断后的傅里叶谱。显然，这样处理的问题是由于截断了高频成分，图像趋于模糊。

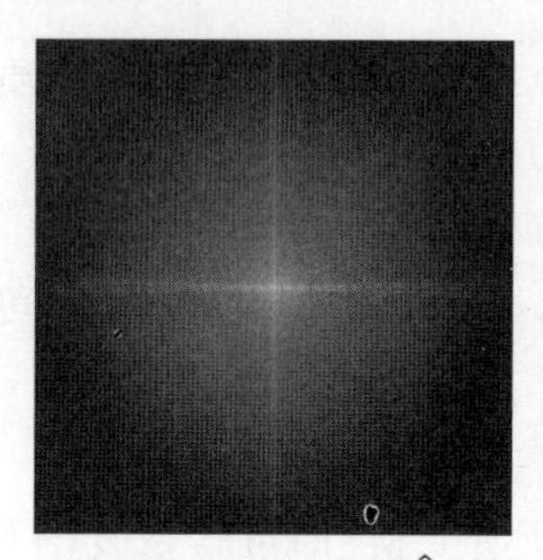
(a) 全逆滤波的傅里叶谱 $\hat{F}(u,v)$

(b) 理想低通滤波器截断

(c) 巴特沃斯低通滤波器截断

图 6-27 傅里叶谱截断示意图

例 6-4 逆滤波图像复原

利用逆滤波对模糊图像进行复原，比较全逆滤波[式(6-79)]、理想低通滤波器截断逆滤波[式(6-82)]和巴特沃斯低通滤波器截断逆滤波[式(6-83)]这三种方式的结果。图 6-28(a)为

(a) 清晰图像

(b) 高斯模糊图像

(c) 全逆滤波

(d) 截止频率为50的理想逆滤波

(e) 截止频率为150的理想逆滤波

(f) 截止频率为330的理想逆滤波

图 6-28 高斯模糊图像的逆滤波复原结果比较

(g) 截止频率为50的巴特沃斯逆滤波　(h) 截止频率为150的巴特沃斯逆滤波　(i) 截止频率为330的巴特沃斯逆滤波

图 6-28　（续）

一幅尺寸为 512×512 的清晰图像，对该图像进行模板尺寸为 7×7、标准差为 1 的高斯模糊，即将图像与高斯型点扩散函数作卷积，如图 6-28(b)所示，生成一幅高斯模糊图像。在这样的参数下，$H(u,v)$的最小值为 1.9946×10^{-4}。图 6-28(c)为全逆滤波的恢复图像，尽管高斯型函数没有零值，然而，当降质函数的值很小时，全逆滤波仍是失效的。实验表明，$H(u,v)$的最小值达到 10^{-2} 数量级时，噪声明显干扰了复原结果。

图 6-28(d)～(f)分别为截止频率为 50、150、330 的理想低通滤波器截断比值 $G(u,v)/H(u,v)$的逆滤波结果，图 6-28(g)～(i)分别为截止频率为 50、150、330 的巴特沃斯低通滤波器截断比值 $G(u,v)/H(u,v)$的逆滤波结果，所用的巴特沃斯低通滤波器的阶数为 2。由图中可见，当截止频率为 50 时，恢复的图像较为模糊，这是由于截断了较多的频谱信息。随着截止频率的增大，保留的频谱信息越多。截止频率在大约 150 时，视觉效果最好。当截止频率大于 150 时，恢复图像的质量开始变差，这是由于系统传递函数 $H(u,v)$的幅度变小而导致频谱 $\hat{F}(u,v)$的幅度变大，经过傅里叶逆变换而放大噪声。当截止频率为 330 时，透过雪花似的噪声，尽管图像的内容是可见的，然而噪声明显影响了图像的质量。进一步增大截止频率，恢复图像越来越接近图 6-28(c)所示的全逆滤波结果。通过比较理想低通滤波器和巴特沃斯低通滤波器截断的逆滤波结果，可以发现，理想低通滤波器截断导致明显的振铃效应，这是由理想低通滤波器的特性决定的；而巴特沃斯低通滤波器截断在截止频率处有平滑的过渡，不会产生振铃效应。

6.3.2　维纳滤波

逆滤波不涉及处理加性噪声的问题，维纳滤波复原综合考虑降质函数和噪声统计特征。维纳滤波通过在统计平均意义上使原图像 $f(x,y)$与复原图像 $\hat{f}(x,y)$之间的均方误差最小来求解复原图像 $\hat{f}(x,y)$，最小均方误差准则函数定义为

$$\min_{\hat{f}}\sigma_e^2(\hat{f})=E\left[(f(x,y)-\hat{f}(x,y))^2\right] \tag{6-84}$$

式中，$E(\cdot)$表示数学期望。在最小均方误差准则的基础上，寻找 $f(x,y)$的一个估计 $\hat{f}(x,y)$，使得式(6-84)所示的均方误差最小，$\hat{f}(x,y)$称为给定 $g(x,y)$时 $f(x,y)$的最小均方误差估计。

假设原图像 $f(x,y)$、降质图像 $g(x,y)$ 和噪声 $\eta(x,y)$ 都是零均值广义平稳随机过程，并且复原图像 $\hat{f}(x,y)$ 是降质图像 $g(x,y)$ 的线性函数，复原系统具有线性空间移不变性。维纳滤波是线性最小均方误差滤波，求取的 $\hat{f}(x,y)$ 称为线性最小均方误差估计。

设 $w(x,y)$ 为复原系统的冲激响应函数，由线性空间移不变系统理论可知

$$\hat{f}(x,y)=w(x,y)*g(x,y)=\sum_{\alpha=-\infty}^{+\infty}\sum_{\beta=-\infty}^{+\infty}w(x-\alpha,y-\beta)g(\alpha,\beta) \tag{6-85}$$

将式(6-85)代入式(6-84)，有

$$\begin{aligned}\min_{w}\sigma_e^2(w)&=E[(f(x,y)-w(x,y)*g(x,y))^2]\\&=E\left[\left(f(x,y)-\sum_{\alpha=-\infty}^{+\infty}\sum_{\beta=-\infty}^{+\infty}w(x-\alpha,y-\beta)g(\alpha,\beta)\right)^2\right]\end{aligned} \tag{6-86}$$

求解式(6-86)的最小化问题，估计使 σ_e^2 最小的冲激响应函数 $w(x,y)$。根据极值点的必要条件，满足$\partial\sigma_e^2/\partial w_{s,t}=0$ 使均方误差最小化，可得

$$E\left[\left(f(x,y)-\sum_{\alpha=-\infty}^{+\infty}\sum_{\beta=-\infty}^{+\infty}w(x-\alpha,y-\beta)g(\alpha,\beta)\right)g(s,t)\right]=0 \tag{6-87}$$

式(6-87)表明，最小均方误差下最优线性滤波器 $w(x,y)$ 满足正交性原理，即线性最小均方误差估计的误差与观测值是正交的。将式(6-87)用方程组写成

$$E[f(x,y)g(s,t)]=\sum_{\alpha=-\infty}^{+\infty}\sum_{\beta=-\infty}^{+\infty}w(x-\alpha,y-\beta)E[g(\alpha,\beta)g(s,t)] \tag{6-88}$$

由相关函数的定义可知，式(6-88)可写成

$$R_{fg}(x-s,y-t)=\sum_{\alpha=-\infty}^{+\infty}\sum_{\beta=-\infty}^{+\infty}w(x-\alpha,y-\beta)R_g(\alpha-s,\beta-t) \tag{6-89}$$

通过变量替换 $x-s=k$、$y-t=l$、$\alpha-s=m$、$\beta-t=n$，有

$$R_{fg}(k,l)=\sum_{m=-\infty}^{+\infty}\sum_{n=-\infty}^{+\infty}w(k-m,l-n)R_g(m,n) \tag{6-90}$$

式中，$R_{fg}(x,y)$ 表示原图像 $f(x,y)$ 和降质图像 $g(x,y)$ 的互相关函数，$R_g(x,y)$ 表示降质图像 $g(x,y)$ 的自相关函数。式(6-90)是维纳-霍夫方程，它定义了最优滤波器系数服从的条件。

现在对该方程在频域中求解最优线性滤波器。式(6-90)右端是卷积形式，在频域中有

$$S_{fg}(u,v)=W(u,v)S_g(u,v) \tag{6-91}$$

假设降质系统是线性空间移不变系统，$g(x,y)=\sum_{\alpha=-\infty}^{+\infty}\sum_{\beta=-\infty}^{+\infty}h(x-\alpha,y-\beta)f(\alpha,\beta)+\eta(x,y)$，并且假设原图像 $f(x,y)$ 与噪声 $\eta(x,y)$ 互不相关，即对于所有延迟，两者的互相关均为零[①]，推导 $S_{fg}(u,v)$ 和 $S_g(u,v)$。

在降质系统中，原图像 $f(x,y)$ 和降质图像 $g(x,y)$ 的互相关函数 $R_{fg}(k,l)$ 为

---

① 在进行平稳信号的处理之前，通常需要先估计信号的均值，然后对每个信号值减去该均值。这一处理称为平稳信号的零均值化。由于零均值化是信号处理的必然预处理，零均值信号的相关函数和协方差函数是等价的，因此在很多文献中将两者混用。

$$
\begin{aligned}
R_{fg}(k,l) &= E[f(x+k,y+l)g(x,y)] \\
&= \sum_{\alpha=-\infty}^{+\infty}\sum_{\beta=-\infty}^{+\infty} h(x-\alpha,y-\beta)E[f(x+k,y+l)f(\alpha,\beta)] \\
&= \sum_{\alpha=-\infty}^{+\infty}\sum_{\beta=-\infty}^{+\infty} h(x-\alpha,y-\beta)R_f(x+k-\alpha,y+l-\beta) \\
&\xlongequal{m=x+k-\alpha,n=y+l-\beta} \sum_{m=-\infty}^{+\infty}\sum_{n=-\infty}^{+\infty} h(m-k,n-l)R_f(m,n)
\end{aligned}
\tag{6-92}
$$

对式(6-92)两端作傅里叶变换,有

$$S_{fg}(u,v)=H^*(u,v)S_f(u,v) \tag{6-93}$$

降质图像 $g(x,y)$ 的自相关函数 $R_g(k,l)$ 为

$$
\begin{aligned}
R_g(k,l) &= E[g(x+k,y+l)g(x,y)] \\
&= \sum_{\alpha=-\infty}^{+\infty}\sum_{\beta=-\infty}^{+\infty} h(x+k-\alpha,y+l-\beta)\sum_{\xi=-\infty}^{+\infty}\sum_{\zeta=-\infty}^{+\infty} h(x-\xi,y-\zeta)E[f(\alpha,\beta)f(\xi,\zeta)] \\
&= \sum_{\alpha=-\infty}^{+\infty}\sum_{\beta=-\infty}^{+\infty} h(x+k-\alpha,y+l-\beta)\sum_{\xi=-\infty}^{+\infty}\sum_{\zeta=-\infty}^{+\infty} h(x-\xi,y-\zeta)R_f(\alpha-\xi,\beta-\zeta) \\
&\xlongequal{m=\alpha-\xi,n=\beta-\zeta} \sum_{\alpha=-\infty}^{+\infty}\sum_{\beta=-\infty}^{+\infty} h(k-\alpha+x,l-\beta+y) \\
&\qquad \left[\sum_{m=-\infty}^{+\infty}\sum_{n=-\infty}^{+\infty} h(m-\alpha+x,n-\beta+y)R_f(m,n)\right] \\
&\xlongequal{w=\alpha-x,z=\beta-y} \sum_{w=-\infty}^{+\infty}\sum_{z=-\infty}^{+\infty} h(k-w,l-z)\left[\sum_{m=-\infty}^{+\infty}\sum_{n=-\infty}^{+\infty} h(m-w,n-z)R_f(m,n)\right]
\end{aligned}
\tag{6-94}
$$

对式(6-94)两端作傅里叶变换,有

$$S_g(u,v)=|H(u,v)|^2S_f(u,v)+S_\eta(u,v) \tag{6-95}$$

式中,$S_{fg}(u,v)=\mathscr{F}(R_{fg}(x,y))$,$S_f(u,v)=\mathscr{F}(R_f(x,y))$,$S_g(u,v)=\mathscr{F}(R_g(x,y))$,$S_\eta(u,v)=\mathscr{F}(R_\eta(x,y))$,$\mathscr{F}(\cdot)$表示傅里叶变换;$H(u,v)$为降质函数;$H^*(u,v)$表示 $H(u,v)$的复共轭;$|H(u,v)|^2=H^*(u,v)H(u,v)$。

结合式(6-91)、式(6-93)和式(6-95),可得维纳滤波器的传递函数:

$$W(u,v)=\frac{S_{fg}(u,v)}{S_g(u,v)}=\frac{H^*(u,v)S_f(u,v)}{S_f(u,v)|H(u,v)|^2+S_\eta(u,v)} \tag{6-96}$$

维纳-辛钦(Wiener-Khinchin)定理表明,广义平稳随机信号的功率谱密度函数与自相关函数互为傅里叶变换。对于广义平稳随机过程,$S_f(u,v)$和 $S_\eta(u,v)$分别表示原图像 $f(x,y)$和噪声 $\eta(x,y)$的功率谱密度函数。维纳滤波要求图像和噪声都是广义平稳随机过程,并且它的功率谱密度函数是已知的。对于随机信号而言,无法用确定的函数表示,也就不能用频谱来表示,在这种情况下,通常用功率谱密度函数来描述它的频域特性。由于维纳滤波建立在最小均方误差之上,因此这在统计平均意义上是最优线性滤波器。

维纳滤波的推导过程建立在随机过程总体均值(期望)的基础上,对于平方可积或平方可和的能量信号,可以在样本均值的意义上简化推导过程。将 $f(x,y)$、$w(x,y)$和 $g(x,y)$按列表示为列向量 $\boldsymbol{f}$、$\boldsymbol{w}$ 和 $\boldsymbol{g}$,式(6-86)的估计误差可表示为如下的平方 ℓ_2 范数形式:

$$\min_{w} \sigma_e^2(\boldsymbol{w}) = \| \boldsymbol{f} - \boldsymbol{w} * \boldsymbol{g} \|_2^2 \tag{6-97}$$

式中，$*$ 表示二维卷积运算[①]。根据无约束凸优化问题的最优性条件，求 σ_e^2 对 $\boldsymbol{w}$ 的偏导数，并使其为零，有

$$\frac{\partial \sigma_e^2}{\partial \boldsymbol{w}} = -2\hat{\boldsymbol{g}} * (\boldsymbol{f} - \boldsymbol{w} * \boldsymbol{g}) = 0 \tag{6-98}$$

式中，ˆ表反转操作。由降质系统是线性空间移不变系统可知，$\boldsymbol{g} = \boldsymbol{h} * \boldsymbol{f} + \boldsymbol{\eta}$，并假设图像 $\boldsymbol{f}$ 和噪声 $\boldsymbol{\eta}$ 互不相关，由式(6-98)推导可得

$$\widehat{(\boldsymbol{h} * \boldsymbol{f})} * \boldsymbol{f} = [\widehat{(\boldsymbol{h} * \boldsymbol{f})} * (\boldsymbol{h} * \boldsymbol{f}) + \hat{\boldsymbol{\eta}} * \boldsymbol{\eta}] * \boldsymbol{w} \tag{6-99}$$

式中，$\boldsymbol{h}$ 和 $\boldsymbol{\eta}$ 分别为降质函数 $h(x,y)$ 和噪声 $\eta(x,y)$ 的列向量表示。对式(6-99)两端作傅里叶变换，根据卷积定理和相关定理可得

$$H^*(u,v)\,|F(u,v)|^2 = (|H(u,v)|^2\,|F(u,v)|^2 + |N(u,v)|^2)W(u,v) \tag{6-100}$$

式中，$H(u,v)$、$F(u,v)$、$N(u,v)$ 和 $W(u,v)$ 分别为降质函数 $h(x,y)$、原图像 $f(x,y)$、噪声 $\eta(x,y)$ 和复原函数 $w(x,y)$ 的傅里叶变换；$|H(u,v)|^2 = H^*(u,v)H(u,v)$，$|F(u,v)|^2 = F^*(u,v)F(u,v)$，$|N(u,v)|^2 = N^*(u,v)N(u,v)$，$H^*(u,v)$、$F^*(u,v)$ 和 $N^*(u,v)$ 分别表示 $H(u,v)$、$F(u,v)$、$N(u,v)$ 的复共轭。由式(6-100)可得维纳滤波的传递函数为

$$W(u,v) = \frac{H^*(u,v)\,|F(u,v)|^2}{|H(u,v)|^2\,|F(u,v)|^2 + |N(u,v)|^2} \tag{6-101}$$

对于能量信号，$S_f(u,v) = |F(u,v)|^2$ 表示原图像 $f(x,y)$ 的能量谱密度函数，$S_\eta(u,v) = |N(u,v)|^2$ 表示噪声 $\eta(x,y)$ 的能量谱密度函数。式(6-101)是从确定信号的角度推导的，与式(6-96)在本质上是一致的，可进一步写为

$$W(u,v) = \frac{H^*(u,v)}{|H(u,v)|^2 + \dfrac{S_\eta(u,v)}{S_f(u,v)}} \tag{6-102}$$

在频域中，维纳滤波复原可表示为

$$\hat{F}(u,v) = W(u,v)G(u,v) = \frac{H^*(u,v)}{|H(u,v)|^2 + \dfrac{S_\eta(u,v)}{S_f(u,v)}} G(u,v) \tag{6-103}$$

式中，$\hat{F}(u,v)$ 为复原图像 $\hat{f}(x,y)$ 的傅里叶变换，$G(u,v)$ 为降质图像 $g(x,y)$ 的傅里叶变换。空域中的复原图像是频域估计 $\hat{F}(u,v)$ 的傅里叶逆变换。

对于有噪声的情况，维纳滤波利用噪声与信号的功率比对恢复过程进行修正，当采样图像频谱中某频率成分处的相对噪声较大时，即在信噪功率比较小的频率处，维纳滤波器的系数 $|W(u,v)|$ 较小，这意味着该频率成分对图像复原的贡献较小，也就是说，维纳滤波根据相对噪声的大小为采样图像频谱 $G(u,v)$ 中的不同频率成分赋予不同的权重，噪声较大的频率成分则具有较小的权重，而噪声较小的频率成分包含更多有用的信息，因而具有较大的权重。因此，维纳滤波在去模糊的同时能够较好地抑制噪声。若 $S_f(u,v) \to 0$，则有 $W(u,v) \to 0$，因而 $\hat{F}(u,v) \to 0$，这显然也是合理的。当 $H(u,v)$ 为零或很小时，$W(u,v)$ 的分母不

① 二维卷积运算作用于矩阵表示的图像和卷积核上，卷积结果再按列表示为列向量。

为零，维纳滤波不会出现数值计算问题。若没有噪声项，则噪声功率谱密度为零，维纳滤波退化为逆滤波。

维纳滤波使恢复图像与原图像的均方误差最小化，对加性高斯白噪声有较好的滤除能力。当噪声项为白噪声时，白噪声的功率谱密度为常数，这在极大程度上简化了处理过程。假设原图像的功率谱密度也为常数，式(6-102)可简化为

$$W(u,v)=\frac{H^*(u,v)}{|H(u,v)|^2+\Gamma} \tag{6-104}$$

式中，Γ 为噪声与信号的功率比。若平稳随机过程的统计特征未知时，也可以用式(6-104)近似计算维纳滤波的传递函数，此时，Γ 近似为一个适当的常数。

例 6-5　维纳滤波图像复原

在已知或已估计点扩散函数和噪声级的情况下，维纳滤波是一种有力的图像复原方法。使用 MATLAB 图像处理工具箱的维纳滤波 deconvwnr 函数对如图 6-28(b)所示的高斯模糊图像进行复原，由于图 6-28(b)中没有噪声，将式(6-104)中噪声与信号的功率比 Γ 设置为一个很小的常数，$\Gamma=10^{-5}$。图 6-29(a)为维纳滤波的复原结果，由图中可见，在完全已知点扩散函数且无噪声的情况下，维纳滤波能够很好地恢复原图像。

进一步，对模糊图像加入均值为 0、方差为 0.001 的加性高斯噪声，生成一幅高斯模糊有噪图像，如图 6-29(b)所示。分别利用逆滤波和维纳滤波对高斯模糊有噪图像进行复原，比较这两种频域滤波的结果。当式(6-104)中的噪声与信号的功率比 $\Gamma=0$ 时，维纳滤波退化为逆滤波。图 6-29(c)为有噪声情况下的逆滤波复原结果。由图中可见，逆滤波对输入图像的噪声极其敏感，逆滤波复原放大了噪声，完全淹没了原始的图像内容。将噪声与信号的方差比作为 Γ 的估计值，图 6-29(d)为有噪声情况下的维纳滤波复原结果，尽管维纳滤波在一定程度上放大了噪声，然而复原出了图像的内容。显然，维纳滤波复原是可用的。

(a) 图6-28(b)的维纳滤波复原

(b) 高斯模糊有噪图像

(c) 图(b)的逆滤波复原

(d) 图(b)的维纳滤波复原

图 6-29　高斯模糊图像的维纳滤波复原结果

6.4　ML/MAP 复原

极大似然(maximum likelihood，ML)估计和最大后验(maximum a posteriori，MAP)估计是两种常用的给定观测数据估计模型参数的方法。似然是在已知某些观测结果的条件下，对观测结果所属于的概率分布的参数进行估计，而 MAP 估计根据贝叶斯理论结合先验概率分布和似然函数来估计模型参数。本节介绍 ML 估计和 MAP 估计的图像复原方法。

6.4.1　ML/MAP 复原模型

极大似然估计利用已知的观测数据，估计这些观测数据最大概率出现情况下的模型参

数。在图像复原中，原图像 $\boldsymbol{f}$ 就是待求解的模型参数。最大后验估计与极大似然估计方法相似，不同之处在于最大后验估计包含待估计量的先验分布信息，因此，最大后验估计可以看作正则化的极大似然估计。

设观测图像表示为 $\boldsymbol{g}=\{g_1,g_2,\cdots,g_N\}$，$N$ 为观测图像的像素数，在已知原图像 $\boldsymbol{f}$ 的条件下，观测图像第 i 个像素 g_i 出现的可能性用概率表示为 $P(g_i|\boldsymbol{f})$。假设观测图像中的像素独立同分布，观测图像中全部像素 $\boldsymbol{g}=\{g_1,g_2,\cdots,g_N\}$ 出现的概率 $P(\boldsymbol{g}|\boldsymbol{f})$ 可表示为独立同分布的条件概率的乘积，即

$$L(\boldsymbol{f})=P(\boldsymbol{g}\mid\boldsymbol{f})=P(g_1,g_2,\cdots,g_N\mid\boldsymbol{f})=\prod_{i=1}^{N}P(g_i\mid\boldsymbol{f}) \tag{6-105}$$

$L(\boldsymbol{f})$ 称为似然函数，也是一种条件概率函数。极大似然估计的目的是寻找最符合观测数据概率分布的参数。引入图像复原任务中，原图像 $\boldsymbol{f}$ 即待估计的参数，极大似然估计的意义在于已知观测图像 $\boldsymbol{g}$ 的 N 个像素 $\{g_1,g_2,\cdots,g_N\}$，利用最大化似然函数来估计原图像 $\boldsymbol{f}$ 的可能性。

通常对似然函数 $L(\boldsymbol{f})$ 进行对数变换，极大似然估计图像复原通过求解如下对数似然函数最大化问题来估计原图像 $\boldsymbol{f}$：

$$\hat{\boldsymbol{f}}=\arg\max_{\boldsymbol{f}}\log L(\boldsymbol{f})=\arg\max_{\boldsymbol{f}}\log P(\boldsymbol{g}\mid\boldsymbol{f})=\arg\max\sum_{i=1}^{N}\log P(g_i\mid\boldsymbol{f}) \tag{6-106}$$

考虑如下三点原因对似然函数进行对数变换：①对数函数是严格单调递增函数，对数似然函数不会改变似然函数极大值的位置；②极值求解需要计算似然函数的导数，对数变换将条件概率的乘积转换为加法运算，便于导数的计算；③当似然函数的乘积接近于零时，可能由于超出计算机的存储位数限制下溢为零，对数变换将似然函数的取值范围从[0,1]扩展到(−∞,0]，也便于导数的计算。

通过贝叶斯理论结合似然函数 $P(\boldsymbol{g}|\boldsymbol{f})$ 和先验概率分布 $P(\boldsymbol{f})$，根据给定观测图像估计原图像 $\boldsymbol{f}$ 的贝叶斯公式可表示为

$$P(\boldsymbol{f}\mid\boldsymbol{g})=\frac{P(\boldsymbol{g}\mid\boldsymbol{f})P(\boldsymbol{f})}{P(\boldsymbol{g})}\propto P(\boldsymbol{g}\mid\boldsymbol{f})P(\boldsymbol{f}) \tag{6-107}$$

式中，$P(\boldsymbol{f}|\boldsymbol{g})$ 为 $\boldsymbol{f}$ 的后验概率分布，$P(\boldsymbol{g}|\boldsymbol{f})$ 为观测图像的似然函数，$P(\boldsymbol{f})$ 为 $\boldsymbol{f}$ 的先验概率分布。

最大后验估计图像复原通过求解如下后验概率最大化问题来估计原图像 $\boldsymbol{f}$：

$$\hat{\boldsymbol{f}}=\arg\max_{\boldsymbol{f}}P(\boldsymbol{f}\mid\boldsymbol{g})=\arg\max_{\boldsymbol{f}}[P(\boldsymbol{g}\mid\boldsymbol{f})P(\boldsymbol{f})] \tag{6-108}$$

先验概率分布 $P(\boldsymbol{f})$ 建立关于原图像 $\boldsymbol{f}$ 的概率分布模型，条件概率分布 $P(\boldsymbol{g}|\boldsymbol{f})$ 通常建立为噪声 $\boldsymbol{\eta}$ 的概率模型。利用对数运算，式(6-108)可写为

$$\begin{aligned}\hat{\boldsymbol{f}}&=\arg\max_{\boldsymbol{f}}\log P(\boldsymbol{f}\mid\boldsymbol{g})=\arg\max_{\boldsymbol{f}}\log(P(\boldsymbol{g}\mid\boldsymbol{f})P(\boldsymbol{f}))\\&=\arg\max_{\boldsymbol{f}}[\log P(\boldsymbol{g}\mid\boldsymbol{f})+\log P(\boldsymbol{f})]\end{aligned} \tag{6-109}$$

最大后验估计能够利用图像的先验知识，为图像复原提供必要的附加信息。

一般假设噪声服从独立同分布、零均值的高斯分布，条件概率分布 $P(\boldsymbol{g}|\boldsymbol{f})$ 可表示为

$$P(\boldsymbol{g}\mid\boldsymbol{f})=\mathcal{N}(\boldsymbol{\eta};0,\sigma)=\prod_{i=1}^{N}\mathcal{N}(\eta_i;0,\sigma) \tag{6-110}$$

其中，$\boldsymbol{\eta}=\boldsymbol{g}-\boldsymbol{H}\boldsymbol{f}$，$\eta_i$ 为噪声 $\boldsymbol{\eta}$ 在第 i 个像素位置处的取值，$\mathcal{N}(\eta_i;0,\sigma)$ 表示 η_i 服从均值为

0、标准差为 σ 的高斯分布。将式(6-110)代入式(6-109),则有

$$\begin{aligned}\log P(\boldsymbol{f} \mid \boldsymbol{g}) &= \log(P(\boldsymbol{g} \mid \boldsymbol{f})P(\boldsymbol{f})) \\ &= \sum_{i=1}^{N} \log\left(\frac{1}{\sqrt{2\pi}\sigma} \mathrm{e}^{-\frac{[\boldsymbol{g}-\boldsymbol{Hf}]_i^2}{2\sigma^2}}\right) + \log P(\boldsymbol{f}) \\ &= -\frac{1}{2\sigma^2} \| \boldsymbol{g} - \boldsymbol{Hf} \|_2^2 + \log P(\boldsymbol{f}) - \sum_{i=1}^{N} \log(\sqrt{2\pi}\sigma)\end{aligned} \tag{6-111}$$

式中,$[\cdot]_i$ 表示向量的第 i 个像素。因此,高斯分布噪声假设下的最大后验估计等同为如下的正则化最小二乘问题:

$$\min_{\boldsymbol{f}} \frac{1}{2} \| \boldsymbol{g} - \boldsymbol{Hf} \|_2^2 + \lambda \Psi(\boldsymbol{f}) \tag{6-112}$$

式中,$\Psi(\boldsymbol{f})$表示原图像 $\boldsymbol{f}$ 的正则化约束;λ 为正则化参数,且满足 $\lambda\Psi(\boldsymbol{f}) = -\sigma^2 \log P(\boldsymbol{f})$。式(6-112)表明,在最大后验估计复原方法中使用高斯函数建模条件概率分布,等同于 6.5 节中采用平方 ℓ_2 范数约束数据误差的正则化复原。

最大后验估计方法提供了直观的方法设计复杂但可解释的误差项和正则项,并非所有的最大后验估计方法都可以简化为正则化方法。例如,下一节中介绍的 Richardson-Lucy 方法假设噪声服从泊松分布。对于误差项而言,仅在假设噪声服从高斯分布时,可以简化为平方 ℓ_2 范数约束项。也并非所有的正则化方法都对应着最大后验估计方法。对于正则项而言,有些正则项不能写为先验概率分布的对数,还有些正则化项依赖于数据,也不能写为先验概率分布。

6.4.2 Richardson-Lucy (RL) 方法

信号相关的散粒噪声服从泊松分布,它是由光线到达传感器并进行光电转换的光子数波动决定的。在许多成像问题中,如低光照、显微镜成像中,泊松分布的散粒噪声制约着图像的生成。散粒噪声是光固有的粒子特性,任何硬件技术都不能降低这种噪声。由于光强与光子数相关,且光子数服从泊松分布,图像生成可以用泊松过程建模为

$$\boldsymbol{g} \sim \mathcal{P}(\boldsymbol{Hf}) \tag{6-113}$$

其中,$\boldsymbol{g}$ 表示观测图像,$\mathcal{P}$表示泊松过程;$\boldsymbol{H}$ 表示降质矩阵,$\boldsymbol{f}$ 表示原图像。根据泊松分布,观测像素 i 处的条件概率分布可用泊松分布表示为

$$P(g_i \mid \boldsymbol{f}) = \mathcal{P}(g_i ; [\boldsymbol{Hf}]_i) \frac{[\boldsymbol{Hf}]_i^{g_i} \mathrm{e}^{-[\boldsymbol{Hf}]_i}}{g_i !} \tag{6-114}$$

似然函数表示为所有观测像素的联合概率,即

$$L(\boldsymbol{f}) = P(\boldsymbol{g} \mid \boldsymbol{f}) = \prod_{i=1}^{N} P(g_i \mid \boldsymbol{f}) = \prod_{i=1}^{N} \mathrm{e}^{g_i \log[\boldsymbol{Hf}]_i} \mathrm{e}^{-[\boldsymbol{Hf}]_i} \frac{1}{g_i !} \tag{6-115}$$

式中,N 为观测图像的像素数。为了便于对数变换,式(6-115)使用了符号技巧 $u^v = \mathrm{e}^{v\log(u)}$,对数似然函数可表示为

$$\begin{aligned}\log L(\boldsymbol{f}) &= \log P(\boldsymbol{g} \mid \boldsymbol{f}) \\ &= \sum_{i=1}^{N} g_i \log[\boldsymbol{Hf}]_i - \sum_{i=1}^{N} [\boldsymbol{Hf}]_i - \sum_{i=1}^{N} \log(g_i !) \\ &= \boldsymbol{g}^{\mathrm{T}} \log(\boldsymbol{Hf}) - \boldsymbol{1}^{\mathrm{T}}(\boldsymbol{Hf}) - \sum_{i=1}^{N} \log(g_i !)\end{aligned} \tag{6-116}$$

求取 $\log L(\boldsymbol{f})$对 $\boldsymbol{f}$ 的偏导数，根据链式法则，$\log L(\boldsymbol{f})$梯度的表达式为

$$\begin{aligned}\nabla \log L(\boldsymbol{f}) &= \frac{\partial \log L(\boldsymbol{f})}{\partial \boldsymbol{f}} = \frac{\partial \boldsymbol{g}^{\mathrm{T}} \log(\boldsymbol{Hf})}{\partial \boldsymbol{f}} - \frac{\partial \boldsymbol{1}^{\mathrm{T}}(\boldsymbol{Hf})}{\partial \boldsymbol{f}} \\ &= \frac{\partial \log(\boldsymbol{Hf})}{\partial \boldsymbol{f}} \boldsymbol{g} - \boldsymbol{H}^{\mathrm{T}} \boldsymbol{1} = \frac{\partial (\boldsymbol{Hf})}{\partial \boldsymbol{f}} \frac{\partial \log(\boldsymbol{Hf})}{\partial \boldsymbol{Hf}} \boldsymbol{g} - \boldsymbol{H}^{\mathrm{T}} \boldsymbol{1} \\ &= \boldsymbol{H}^{\mathrm{T}} \left(\frac{\boldsymbol{g}}{\boldsymbol{Hf}} \right) - \boldsymbol{H}^{\mathrm{T}} \boldsymbol{1}\end{aligned} \tag{6-117}$$

Richardson-Lucy 方法是噪声服从泊松分布的观测中估计图像的典型方法。在图像的最优估计处，梯度为零，即$\nabla \log L(\boldsymbol{f}) = 0$，式(6-117)可写为

$$\frac{\boldsymbol{H}^{\mathrm{T}} \left(\dfrac{\boldsymbol{g}}{\boldsymbol{Hf}} \right)}{\boldsymbol{H}^{\mathrm{T}} \boldsymbol{1}} = \boldsymbol{1} \tag{6-118}$$

给定待复原图像的初始估计，在对图像进行迭代更新的过程中，若在第 k 次迭代时收敛，则进一步迭代后图像估计不变，即 $\boldsymbol{f}_{k+1}/\boldsymbol{f}_k = \boldsymbol{1}$。迭代过程可以表示为如下的乘性更新：

$$\boldsymbol{f}_{k+1} = \frac{\boldsymbol{H}^{\mathrm{T}} \left(\dfrac{\boldsymbol{g}}{\boldsymbol{Hf}} \right)}{\boldsymbol{H}^{\mathrm{T}} \boldsymbol{1}} \odot \boldsymbol{f}_k \tag{6-119}$$

式中，$\odot$表示向量逐元素相乘，分数定义为逐元素运算。由于图像模糊的点扩散函数系数之和为 1，则 $\boldsymbol{H}^{\mathrm{T}} \boldsymbol{1} = \boldsymbol{1}$，于是，式(6-119)可简化为

$$\boldsymbol{f}_{k+1} = \boldsymbol{H}^{\mathrm{T}} \left(\frac{\boldsymbol{g}}{\boldsymbol{Hf}} \right) \odot \boldsymbol{f}_k \tag{6-120}$$

这是基本的 Richardson-Lucy 迭代过程。对于任何正值的初始估计，即 $\boldsymbol{f}^{(0)} > 0$，后续迭代也将保持正值。Richardson-Lucy 迭代方法使用纯乘法更新规则，直观且易实现，但有时收敛速度慢，且不容易在信号恢复中加入额外的先验信息。

例 6-6 Richardson-Lucy 迭代图像复原

对于如图 6-29(b)所示的高斯模糊有噪图像，使用 MATLAB 图像处理工具箱的 Richardson-Lucy 迭代方法 deconvlucy 函数进行图像复原。迭代次数是 Richardson-Lucy 复原的唯一参数，决定了图像复原质量。图 6-30(a)～(c)分别为 2、5 和 8 次迭代的结果，由图中可见，Richardson-Lucy 迭代方法能够解决噪声存在情况下的图像复原问题，且随着迭代次数增大，图像越来越清晰，同时噪声增大。因此，Richardson-Lucy 迭代方法通过提前终止迭代过程，折中考虑清晰度与噪声，避免噪声放大。

(a) 迭代次数为2　　(b) 迭代次数为5　　(c) 迭代次数为8

图 6-30 高斯模糊有噪图像的 Richardson-Lucy 复原结果

6.5　正则化复原

由于图像逆问题的病态性，引入关于图像的先验知识，建立图像先验模型，将其作为约束条件加入图像复原的最优化问题中，这个过程称为正则化。正则化约束为解决病态问题提供额外的附加信息，限定可行解的空间。本节讨论两种常用的正则化约束复原方法——Tikhonov 正则化和全变分正则化方法，Tikhonov 正则化产生平滑的复原结果，而全变分正则化产生分段平滑的复原结果。

6.5.1　逆问题病态性分析

为了更好地理解逆问题及其特性，本节将通过分析降质矩阵 $\boldsymbol{H}$ 的奇异值，解释病态问题的本质。回顾图像降质过程的矩阵向量形式为

$$\boldsymbol{g} = \boldsymbol{H}\boldsymbol{f} + \boldsymbol{\eta} \tag{6-121}$$

式中，$\boldsymbol{g} \in \mathbb{R}^{MN}$ 为降质图像的列向量表示；$\boldsymbol{H} \in \mathbb{R}^{MN \times MN}$ 为降质矩阵，在线性空间移不变条件下，$\boldsymbol{H}$ 为块循环矩阵；$\boldsymbol{f} \in \mathbb{R}^{MN}$ 为原图像的列向量表示。图像复原实际上是求解线性逆问题，即给定式(6-121)，求解 $\boldsymbol{f}$。

在缺乏有关噪声项 $\boldsymbol{\eta}$ 先验知识的情况下，通常寻找 $\boldsymbol{f}$ 的估计 $\hat{\boldsymbol{f}}$，使得降质矩阵 $\boldsymbol{H}$ 作用于估计值 $\hat{\boldsymbol{f}}$ 的输出 $\boldsymbol{H}\hat{\boldsymbol{f}}$ 与输入 $\boldsymbol{g}$ 的误差平方和最小，也就是使 $\boldsymbol{\eta}$ 的平方 ℓ_2 范数 $\|\boldsymbol{\eta}\|_2^2 = \|\boldsymbol{g} - \boldsymbol{H}\boldsymbol{f}\|_2^2$ 最小。由于无任何约束条件，可以将复原问题表示为如下的无约束最小二乘问题：

$$\min_{\boldsymbol{f}} E(\boldsymbol{f}) = \|\boldsymbol{g} - \boldsymbol{H}\boldsymbol{f}\|_2^2 \tag{6-122}$$

根据无约束凸优化问题的最优性条件，求取 $E(\boldsymbol{f})$ 对 $\boldsymbol{f}$ 的偏导数，并使其等于零，则有

$$\frac{\partial E(\boldsymbol{f})}{\partial \boldsymbol{f}} = -2\boldsymbol{H}^{\mathrm{T}}(\boldsymbol{g} - \boldsymbol{H}\boldsymbol{f}) = 0 \tag{6-123}$$

通过求解式(6-123)，$\boldsymbol{f}$ 的估计 $\hat{\boldsymbol{f}}$ 为

$$\hat{\boldsymbol{f}} = (\boldsymbol{H}^{\mathrm{T}}\boldsymbol{H})^{-1}\boldsymbol{H}^{\mathrm{T}}\boldsymbol{g} = \boldsymbol{H}^{+}\boldsymbol{g} \tag{6-124}$$

式中，$\boldsymbol{H}^{+} = (\boldsymbol{H}^{\mathrm{T}}\boldsymbol{H})^{-1}\boldsymbol{H}^{\mathrm{T}}$ 称为 Moore-Penrose 伪逆。假设降质矩阵 $\boldsymbol{H}$ 是非奇异的，即逆矩阵 $\boldsymbol{H}^{-1}$ 存在，由于 $(\boldsymbol{H}^{\mathrm{T}})^{-1}\boldsymbol{H}^{\mathrm{T}} = \boldsymbol{I}$，理论上通过矩阵求逆可得 $\boldsymbol{f}$ 的估计 $\hat{\boldsymbol{f}}$：

$$\hat{\boldsymbol{f}} = \boldsymbol{H}^{-1}\boldsymbol{g} \tag{6-125}$$

式(6-125)是无约束最优化问题的线性代数解①。将式(6-121)代入式(6-125)，$\boldsymbol{H}^{-1}\boldsymbol{H} = \boldsymbol{I}$，可得

$$\hat{\boldsymbol{f}} = \boldsymbol{H}^{-1}(\boldsymbol{H}\boldsymbol{f}^* + \boldsymbol{\eta}) = \boldsymbol{f}^* + \boldsymbol{H}^{-1}\boldsymbol{\eta} \tag{6-126}$$

由式(6-126)可知，这样恢复的图像 $\hat{\boldsymbol{f}}$ 由两部分组成：真实解 $\boldsymbol{f}^*$ 和包括噪声的项 $\boldsymbol{H}^{-1}\boldsymbol{\eta}$。显然，这不是一个稳定的解。尽管假设前向模型是精确的，然而噪声是未知的随机过程，若

---

① 式(6-125)等价于式(6-79)的逆滤波，因此逆滤波实际上是最小二乘估计，本节从矩阵奇异值的角度分析逆滤波的问题。

式(6-121)所示的线性逆问题是病态的,则矩阵 $\boldsymbol{H}$ 具有较大的条件数①,即 $\boldsymbol{H}$ 接近奇异。这样逆矩阵 $\boldsymbol{H}^{-1}$ 将有较大的元素,利用逆矩阵 $\boldsymbol{H}^{-1}$ 的直接解卷积将会在很大程度上放大噪声,造成 $\boldsymbol{H}^{-1}\boldsymbol{\eta}$ 项淹没包含解 $\boldsymbol{f}$ 的项,这样的解是无用的。

若降质矩阵 $\boldsymbol{H}$ 是不可逆的,则存在以下三种情况:①$\boldsymbol{H}\in\mathbb{R}^{n\times n}$,且不可逆,在这种情况下,式(6-121)是奇异问题,没有唯一解,通过消除线性相关行,$m<n$ 等同于下一种情况;②$\boldsymbol{H}\in\mathbb{R}^{m\times n}$,且 $m<n$,在这种情况下,式(6-121)是欠定方程,有无穷多个解存在;③$\boldsymbol{H}\in\mathbb{R}^{m\times n}$,且 $n>m$,在这种情况下,式(6-121)是超定方程,有最小二乘解。

利用奇异值分解(singular value decomposition,SVD)推导这个线性逆问题解的表达式。对于任意 $\boldsymbol{A}\in\mathbb{R}^{m\times n}$,奇异值分解定义为

$$\boldsymbol{A}=\boldsymbol{U\Sigma V}^{\mathrm{T}}=\sum_{i=1}^{p}\boldsymbol{u}_i\sigma_i\boldsymbol{v}_i^{\mathrm{T}} \tag{6-127}$$

其中,$\boldsymbol{U}\in\mathbb{R}^{m\times m}$ 和 $\boldsymbol{V}\in\mathbb{R}^{n\times n}$ 为标准正交矩阵,$\boldsymbol{\Sigma}=\mathrm{diag}(\sigma_1,\sigma_2,\cdots,\sigma_p)\in\mathbb{R}^{m\times n}$ 为奇异值对角矩阵,σ_i 为矩阵 $\boldsymbol{A}$ 的第 i 个奇异值,$i=1,2,\cdots,p$,$p=\min(m,n)$,具有非负性,并按照递减顺序排列,即

$$\sigma_1\geqslant\sigma_2\geqslant\cdots\geqslant\sigma_r>\sigma_{r+1}=\cdots=\sigma_p=0$$

其中,r 称为矩阵 $\boldsymbol{A}$ 的秩。若任意 $\sigma_i>0,i=1,2,\cdots,p$,则矩阵 $\boldsymbol{A}$ 称为满秩($m=n$)、列满秩($m>n$)或者行满秩($m<n$)。

若矩阵 $\boldsymbol{A}$ 是可逆的,即 $r=n$ 且 $m=n$,它的逆矩阵为

$$\boldsymbol{A}^{-1}=\sum_{i=1}^{r}\boldsymbol{v}_i\sigma_i^{-1}\boldsymbol{u}_i^{\mathrm{T}} \tag{6-128}$$

若矩阵 $\boldsymbol{A}$ 不可逆,即秩 $r<p$,则式(6-128)是矩阵 $\boldsymbol{A}$ 的伪逆 $\boldsymbol{A}^{+}$②。

条件数定义为矩阵的范数乘以其逆矩阵的范数:

$$\mathrm{cond}(\boldsymbol{A})=\|\boldsymbol{A}\|\cdot\|\boldsymbol{A}^{-1}\|=\sigma_{\max}(\boldsymbol{A})/\sigma_{\min}(\boldsymbol{A}) \tag{6-129}$$

式中,$\sigma_{\max}(\boldsymbol{A})$ 和 $\sigma_{\min}(\boldsymbol{A})$ 分别为矩阵 $\boldsymbol{A}$ 的最大奇异值和最小奇异值。这表明当矩阵 $\boldsymbol{A}$ 有很小的奇异值时,矩阵 $\boldsymbol{A}$ 有很大的条件数。从线性代数的分析可知,矩阵的条件数总是大于 1。正交矩阵的条件数等于 1,病态矩阵的条件数较大,而奇异矩阵的条件数则为无穷大。

根据式(6-128),式(6-125)可以写为

$$\hat{\boldsymbol{f}}=\boldsymbol{H}^{-1}\boldsymbol{g}=\sum_{i=1}^{r}\frac{\boldsymbol{u}_i^{\mathrm{T}}\boldsymbol{g}}{\sigma_i}\boldsymbol{v}_i \tag{6-130}$$

若式(6-121)是奇异或欠定方程,则式(6-130)为最小范数解,即解的 ℓ_2 范数 $\|\hat{\boldsymbol{f}}\|_2$ 最小;若式(6-121)是超定方程,则式(6-130)为最小二乘解,即最小化残差的 ℓ_2 范数 $\|\boldsymbol{g}-\boldsymbol{Hf}\|_2$ 的解。从式(6-130)可以看出,奇异值的衰减对于逆问题解的重要性。

根据式(6-130)和式(6-126),则有

---

① 条件数表示矩阵计算对于误差的敏感性。若矩阵 $\boldsymbol{H}$ 的条件数较大,则 $\boldsymbol{g}$ 很小的扰动就能引起解 $\boldsymbol{f}$ 很大的偏差,数值稳定性差;若矩阵 $\boldsymbol{H}$ 的条件数较小,则 $\boldsymbol{g}$ 有微小的改变,解 $\boldsymbol{f}$ 的改变也很微小,数值稳定性好。若逆问题不存在唯一解,则这个问题是奇异的。

② 不考虑奇异值为零值的奇异值重建等价于逆滤波中使用低通滤波器截断降质系统函数 $\boldsymbol{H}(u,v)$ 为零值对应的频谱成分。

$$\hat{f}=f^{*}+H^{-1}g=f^{*}+\sum_{i=1}^{r}\frac{u_i^{\mathrm{T}}\eta}{\sigma_i}v_i \tag{6-131}$$

从式(6-131)可以看出，奇异值衰减越快，若$|u_i^{\mathrm{T}}\eta|\gg\sigma_i$，则噪声的放大程度越严重。

通常情况下，矩阵 H 有两个重要的特征：①奇异值迅速衰减到零，且随着矩阵尺寸的增大，数值小的奇异值数量增多；②随着 i 的增大，即 σ_i 的减小，u_i 和 v_i 的分量有更频繁的符号变化，这说明数值小的奇异值对应高频成分，也就是说，在逆问题中，高频成分会有更大的幅度放大。在大多数离散病态问题中都可以观察到这样的特征，但是，证明这点是困难的，甚至不可能的。图 6-31 直观地说明了数值小的奇异值与高频成分之间的关系，图 6-31(a)为多普勒频移正弦信号，最高频率出现在信号的起始阶段，随着时间的增加，出现频散现象，频率逐渐降低，波长逐渐增大。使用高斯模糊核对该信号进行卷积，根据式(6-130)，使用前 50% 的非零奇异值对多普勒信号进行复原，从图中可见，完美恢复低频成分，而无法恢复高频成分。

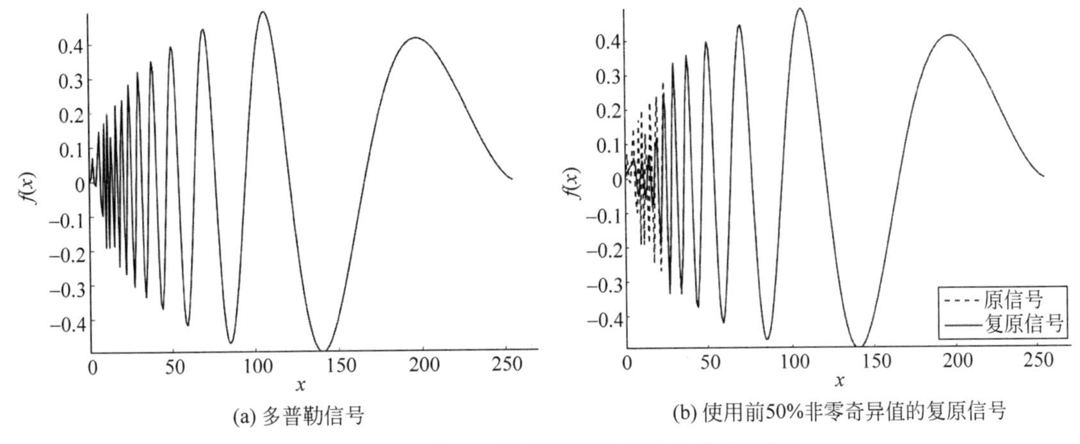

图 6-31　使用前 50% 的非零奇异值恢复多普勒信号

矩阵 H 的奇异值衰减越快，逆问题更加奇异，图 6-32 直观地说明了奇异值衰减越快，条件数越大。图 6-32 分别显示了图 6-3、图 6-5 和图 6-7 所示的高斯模糊、散焦模糊和运动模糊降质矩阵的奇异值分布，这三种模糊降质矩阵的条件数分别为 3.1422×10^{6}、220.8731 和 78.8193。相比较而言，高斯模糊的降质矩阵由于其奇异值更快地衰减到零，条件数最大。条件数越大，意味着逆问题更加病态。

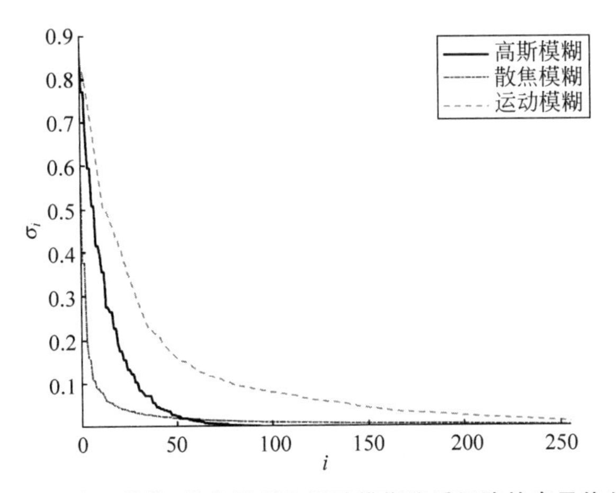

图 6-32　高斯模糊、散焦模糊和运动模糊降质矩阵的奇异值分布

式(6-130)表明,若奇异值 σ_i 比 $|\boldsymbol{u}_i^{\mathrm{T}}\boldsymbol{g}|$ 更快地衰减到零,则在 $\boldsymbol{v}_i$ 前有较大的系数,如前所述,$\boldsymbol{v}_i$ 有多次符号振荡。因此,解 $\hat{f}$ 中的高频成分有较大的幅度。图 6-33 给出了一个无噪时信号复原的例子,对信号进行高斯模糊,图中符号"×"为 $|\boldsymbol{u}_i^{\mathrm{T}}\boldsymbol{g}|$,符号"·"为奇异值 σ_i。由图 6-33(a)可见,后面的 $|\boldsymbol{u}_i^{\mathrm{T}}\boldsymbol{g}|$ 都不大于奇异值,这说明这个问题是可逆的,能够完美复原原数据,如图 6-33(b)所示,复原信号与原信号完全重合。图 6-34 给出了均值为 0、标准差为 0.5 的高斯噪声情况下同样的逆问题,由图 6-34(a)可见,多数 $|\boldsymbol{u}_i^{\mathrm{T}}\boldsymbol{g}|$ 大于奇异值,图 6-34(b)为信号复原的结果,复原信号发生剧烈的振荡。图中,实线表示复原信号,点画线表示原信号,虚线表示降质信号。

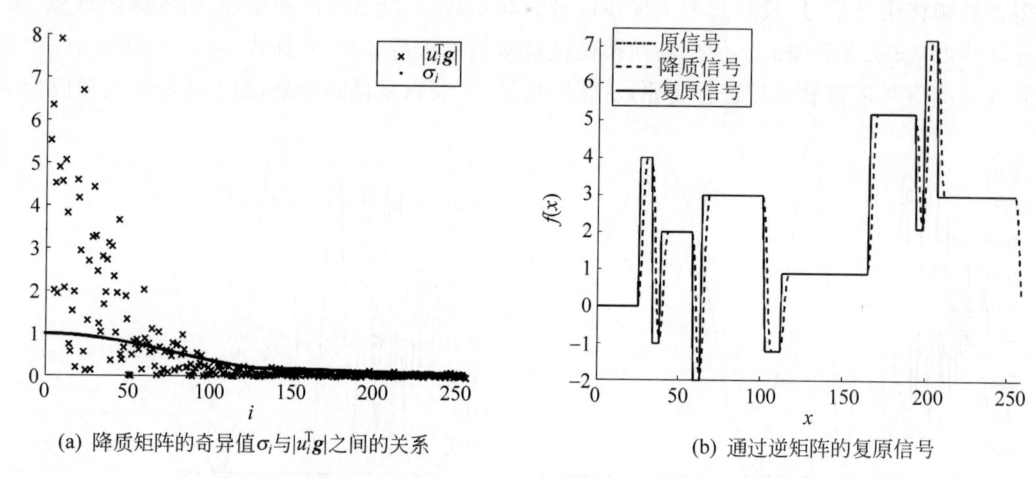

(a) 降质矩阵的奇异值 σ_i 与 $|u_i^{\mathrm{T}}g|$ 之间的关系　(b) 通过逆矩阵的复原信号

图 6-33　无噪时高斯模糊降质矩阵的奇异值 σ_i 与 $|\boldsymbol{u}_i^{\mathrm{T}}\boldsymbol{g}|$ 之间的关系

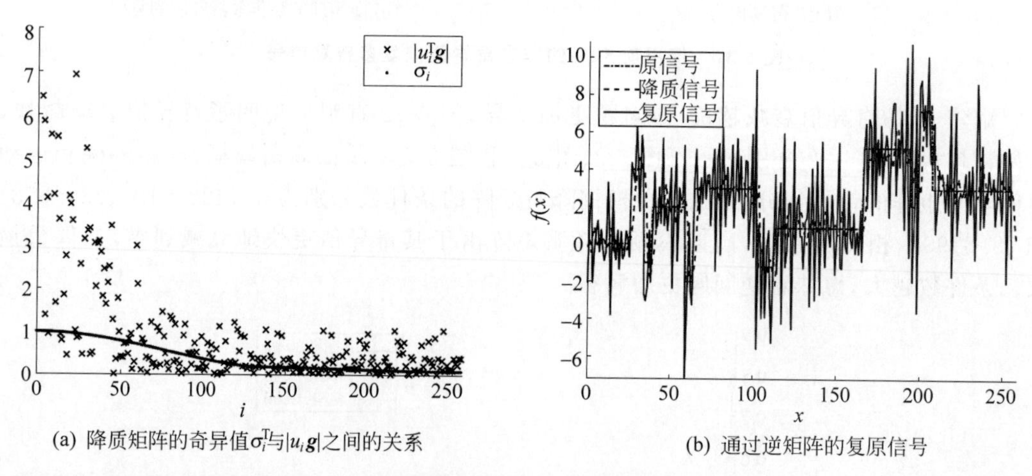

(a) 降质矩阵的奇异值 σ_i^{T} 与 $|u_i g|$ 之间的关系　(b) 通过逆矩阵的复原信号

图 6-34　在均值为 0、标准差为 0.5 的高斯噪声情况下高斯模糊矩阵的奇异值 σ_i 与 $|\boldsymbol{u}_i^{\mathrm{T}}\boldsymbol{g}|$ 之间的关系

$|\boldsymbol{u}_i^{\mathrm{T}}\boldsymbol{g}|<\sigma_i$ 或者 $|\boldsymbol{u}_i^{\mathrm{T}}\boldsymbol{g}|/\sigma_i<1$ 的条件称为离散 Picard 条件。若不满足离散 Picard 条件,则称逆问题是数值病态的。图 6-35 显示了三种不同信号的离散 Picard 图,图 6-35(a)所示的情况仅存在舍入误差,图 6-35(b)所示的情况在右端项中加入了白噪声,图 6-35(c)所示的情况为一个无平方可积解的积分方程。由图中可见,图 6-35(a)基本上满足离散 Picard 条件,大部分的 $|\boldsymbol{u}_i^{\mathrm{T}}\boldsymbol{g}|$ 都小于 σ_i,而图 6-35(b)中大部分的 $|\boldsymbol{u}_i^{\mathrm{T}}\boldsymbol{g}|$ 都不满足离散 Picard 条件,

图 6-35(c)完全不满足离散 Picard 条件。当问题不满足离散 Picard 条件时，需要构造一个良态问题，也就是限制解满足一定的约束条件或约束项，即为正则化方法。

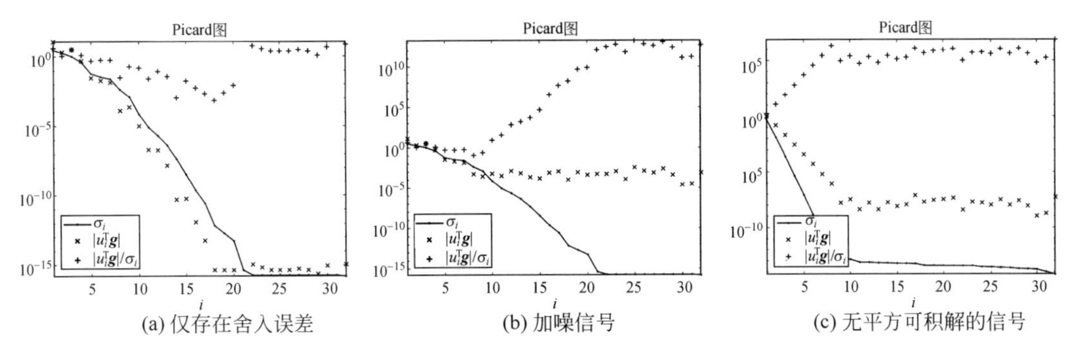

(a) 仅存在舍入误差　(b) 加噪信号　(c) 无平方可积解的信号

图 6-35 不同信号的离散 Picard 图

6.5.2 正则化复原的基本模型

图像复原通常是欠定逆问题，待求解的未知变量数目大于已知方程的数目，该问题是奇异的，没有唯一解。为了估计唯一且有意义的解，需要附加正则化约束来限定病态逆问题的解空间。

通常情况下，将图像复原问题转换为最优化问题来求解清晰图像的估计。数据保真项是在恢复 $\boldsymbol{f}$ 的过程中，保证点扩散函数 $\boldsymbol{h}$ 对恢复图像 $\hat{\boldsymbol{f}}$ 的模糊接近 $\boldsymbol{g}$，即在范数 $\|\boldsymbol{g}-\boldsymbol{Hf}\|_2$ 的度量下恢复原数据。通常使用 ℓ_2 范数的平方项，也可以选择其他范数。由于问题的病态性，图像先验模型 $\Psi(\boldsymbol{f})$ 将一些图像的约束条件加入复原过程中，在 6.2.3 节图像去噪的正则化方法中介绍了常用的图像梯度先验，与图像去噪相同，图像先验是对图像的统计特性进行数学建模，与图像去噪不同的是，图像复原需要考虑模糊核的作用。

当解的正则项信息可用时，正则化问题可表示为如下的约束最小二乘问题：

$$\min_{\boldsymbol{f}}\|\boldsymbol{g}-\boldsymbol{Hf}\|_2^2\quad \text{s.t.}\ \Psi(\boldsymbol{f})\leqslant\delta_R \tag{6-132}$$

当数据中噪声的估计可用时，可表示为如下的约束最优化问题：

$$\min_{\boldsymbol{f}}\Psi(\boldsymbol{f})\quad \text{s.t.}\ \|\boldsymbol{g}-\boldsymbol{Hf}\|_2^2\leqslant\delta_\eta \tag{6-133}$$

通过引入拉格朗日乘子，可以将式(6-132)和式(6-133)的约束最小化问题松弛为如下的正则化最小二乘问题：

$$\min_{\boldsymbol{f}}\|\boldsymbol{g}-\boldsymbol{Hf}\|_2^2+\lambda\Psi(\boldsymbol{f}) \tag{6-134}$$

式中，λ 为拉格朗日乘子，δ_R 和 δ_η 是与 λ 有关的量。式(6-132)～式(6-134)都需要选择合适的正则化参数 δ_R、δ_η 和 λ。式(6-134)为正则化复原的基本模型，目标函数由两项构成，即数据保真项和图像先验模型，与式(6-112)是一致的。

6.5.3 Tikhonov 正则化

Tikhonov 正则化方法引入 $\boldsymbol{Lf}$ 的平方 ℓ_2 范数项作为正则化约束条件，最典型的正则化约束形式是对图像梯度 $\nabla\boldsymbol{f}$ 强加平方 ℓ_2 范数的约束项，其中 ∇ 表示梯度算子，Tikhonov 正则化产生平滑的复原结果。

6.5.3.1 正则化模型

当正则项的范数为 ℓ_2 范数时，正则化问题称为 Tikhonov 正则化。Tikhonov 正则化图像复原可表示为如下最优化问题：

$$\min_{f} E(\boldsymbol{f}) = \| \boldsymbol{g} - \boldsymbol{H}\boldsymbol{f} \|_2^2 + \lambda \| \boldsymbol{L}\boldsymbol{f} \|_2^2 \tag{6-135}$$

式中，常数 λ 为拉格朗日乘子，其作用是控制恢复误差和平滑性约束在目标函数中所占的比重。Tikhonov 正则化的目标函数由两项组成，前一项为数据保真项，后一项为 Tikhonov 正则项。式(6-135)证明是凸函数，因此，存在唯一最小解。

选择合适的有限差分算子 $\boldsymbol{L}$ 对原图像 $\boldsymbol{f}$ 强加一定程度的平滑性约束，有限差分算子可以用于度量图像的平滑性，常用的有一阶差分算子和二阶差分算子。一阶差分算子包括 x 和 y 两个方向，即 $\boldsymbol{L}=[\boldsymbol{L}_x,\boldsymbol{L}_y]^{\mathrm{T}}$，$\boldsymbol{L}_x$ 和 $\boldsymbol{L}_y$ 分别为 x 方向和 y 方向的一阶差分矩阵。当使用一阶差分算子时，实际上就是梯度算子，式(6-135)可以写为

$$\min_{f} E(\boldsymbol{f}) = \| \boldsymbol{g} - \boldsymbol{H}\boldsymbol{f} \|_2^2 + \lambda \| \nabla \boldsymbol{f} \|_2^2 \tag{6-136}$$

式(6-136)中 $\| \nabla \boldsymbol{f} \|_2^2$ 也可写为 x 方向和 y 方向上一阶差分算子与图像卷积的平方 ℓ_2 范数之和：

$$\| \nabla \boldsymbol{f} \|_2^2 = \| \boldsymbol{l}_x * \boldsymbol{f} \|_2^2 + \| \boldsymbol{l}_y * \boldsymbol{f} \|_2^2 \tag{6-137}$$

式中，$\boldsymbol{l}_x$ 和 $\boldsymbol{l}_y$ 分别表示 x 方向和 y 方向上的一阶差分算子。直接一阶差分算子计算 x 方向和 y 方向上相邻像素的差值，即

$$\boldsymbol{l}_x = [1, -1]^{\mathrm{T}}, \quad \boldsymbol{l}_y = [1, -1] \tag{6-138}$$

$\boldsymbol{L}_x$ 和 $\boldsymbol{L}_y$ 为一阶差分算子 $\boldsymbol{l}_x$ 和 $\boldsymbol{l}_y$ 的卷积矩阵表示形式。根据 6.1.4 节所讨论的内容，可由卷积模板写成卷积矩阵的形式，MATLAB 图像处理工具箱中的 convmtx2 函数可实现卷积模板到卷积矩阵的转换。

二阶拉普拉斯差分算子具有突出细节的作用，且是线性算子，没有方向性，只有单个模板。$\nabla^2 f(x,y)$ 可用如下 4 邻域拉普拉斯模板的卷积来近似：

$$\boldsymbol{l} = \begin{bmatrix} 0 & 1 & 0 \\ 1 & -4 & 1 \\ 0 & 1 & 0 \end{bmatrix} \tag{6-139}$$

或者，使用 8 邻域拉普拉斯模板来近似：

$$\boldsymbol{l} = \begin{bmatrix} 1 & 1 & 1 \\ 1 & -8 & 1 \\ 1 & 1 & 1 \end{bmatrix} \tag{6-140}$$

对于二阶差分算子，$\boldsymbol{L}$ 为卷积模板 $\boldsymbol{l}$ 的卷积矩阵形式。与 4 邻域拉普拉斯算子相比，8 邻域拉普拉斯算子应用于平滑性约束的正则项表现出更强的平滑性。

由于 ℓ_2 范数的使用，Tikhonov 正则化产生光滑的边缘和振荡。Tikhonov 正则化不能恢复阶跃变化的边缘，在阶跃边缘处出现 Gibbs 现象[①]。当模糊信号没有加性噪声时，选择一个足够小的 λ，Tikhonov 正则化能够取得很好的去模糊效果。

---

① 在不连续点处，$\hat{f}(x,y)$ 逼近 $f(x,y)$ 的振荡现象。

6.5.3.2 矩阵求逆的直接解

最小化式(6-135)是凸优化问题,可以直接求出精确解。将式(6-135)中的目标函数写为如下形式:

$$E(\boldsymbol{f})=(\boldsymbol{g}-\boldsymbol{H}\boldsymbol{f})^{\mathrm{T}}(\boldsymbol{g}-\boldsymbol{H}\boldsymbol{f})+\lambda(\boldsymbol{L}\boldsymbol{f})^{\mathrm{T}}(\boldsymbol{L}\boldsymbol{f}) \tag{6-141}$$

根据无约束凸优化问题的最优性条件,求取 $E(\boldsymbol{f})$ 对 $\boldsymbol{f}$ 的偏导数,并使其为零,则有

$$\nabla E(\boldsymbol{f})=\frac{\partial L(\boldsymbol{f})}{\partial \boldsymbol{f}}=-2\boldsymbol{H}^{\mathrm{T}}(\boldsymbol{g}-\boldsymbol{H}\boldsymbol{f})+2\lambda\boldsymbol{L}^{\mathrm{T}}\boldsymbol{L}\boldsymbol{f}=0 \tag{6-142}$$

通过解式(6-142),最优解 $\hat{\boldsymbol{f}}$ 为

$$\hat{\boldsymbol{f}}=(\boldsymbol{H}^{\mathrm{T}}\boldsymbol{H}+\lambda\boldsymbol{L}^{\mathrm{T}}\boldsymbol{L})^{-1}\boldsymbol{H}^{\mathrm{T}}\boldsymbol{g}=\boldsymbol{H}_{\lambda}^{\#}\boldsymbol{g} \tag{6-143}$$

式中,$\boldsymbol{H}_{\lambda}^{\#}$ 称为 Tikhonov 正则逆。式(6-143)是正则化最小二乘复原的线性代数解。式(6-143)中,如何选择 $\boldsymbol{L}$ 是关键,若 $\boldsymbol{R}_f^{-1}\boldsymbol{R}_\eta$[①] 代替 $\lambda\boldsymbol{L}^{\mathrm{T}}\boldsymbol{L}$,则是维纳滤波[②];若选择 $\boldsymbol{L}$ 为 d 阶差分算子 $\boldsymbol{L}_d$,则抑制由于病态性引起数值变化剧烈的问题。

利用奇异值分解和广义奇异值分解(generalized singular value decomposition,GSVD)的解来分析正则化参数 λ 对最优化问题式(6-136)的影响。广义奇异值分解是奇异值分解的推广,定义在两个矩阵 $\boldsymbol{H}\in\mathbb{R}^{m\times p}$ 和 $\boldsymbol{L}\in\mathbb{R}^{n\times p}$ 上,$\boldsymbol{H}$ 和 $\boldsymbol{L}$ 必须具有相同的列数,但可以具有不同的行数。矩阵对$(\boldsymbol{H},\boldsymbol{L})$的广义奇异值分解定义在 $\boldsymbol{H}$ 和 $\boldsymbol{L}$ 两个矩阵奇异值分解上,可表示为

$$\boldsymbol{H}=\boldsymbol{U}\boldsymbol{Z}\boldsymbol{X}^{\mathrm{T}},\quad \boldsymbol{L}=\boldsymbol{V}\boldsymbol{M}\boldsymbol{X}^{\mathrm{T}} \tag{6-144}$$

其中,$\boldsymbol{U}\in\mathbb{R}^{m\times m}$ 和 $\boldsymbol{V}\in\mathbb{R}^{n\times n}$ 为标准正交矩阵,即 $\boldsymbol{U}^{\mathrm{T}}\boldsymbol{U}=\boldsymbol{I}_m$,$\boldsymbol{V}^{\mathrm{T}}\boldsymbol{V}=\boldsymbol{I}_n$;当且仅当矩阵 $\boldsymbol{H}$ 和 $\boldsymbol{L}$ 具有满秩时,矩阵 $\boldsymbol{X}\in\mathbb{R}^{p\times q}$ 是非奇异的;矩阵 $\boldsymbol{Z}\in\mathbb{R}^{m\times p}$ 和 $\boldsymbol{M}\in\mathbb{R}^{n\times p}$ 为非负对角矩阵,$\boldsymbol{Z}$ 的非零元素在从 $\max(0,q-m)$列起的主对角线上,若 $m\geqslant q$,则 $\boldsymbol{Z}$ 的非零元素在 $\boldsymbol{Z}$ 的主对角线上,$\boldsymbol{M}$ 的非零元素始终在其主对角线上,这里,$q=\min(m+n,p)$。对角矩阵 $\boldsymbol{Z}$ 和 $\boldsymbol{M}$ 满足归一化的关系,可写为

$$\boldsymbol{Z}^{\mathrm{T}}\boldsymbol{Z}+\boldsymbol{M}^{\mathrm{T}}\boldsymbol{M}=\boldsymbol{I} \tag{6-145}$$

$\boldsymbol{Z}^{\mathrm{T}}\boldsymbol{Z}$ 和 $\boldsymbol{M}^{\mathrm{T}}\boldsymbol{M}$ 的对角元素分别为 $\zeta_1^2,\zeta_2^2,\cdots,\zeta_q^2$ 和 $\mu_1^2,\mu_2^2,\cdots,\mu_q^2$,根据式(6-145),$\zeta_i$ 和 μ_i 之间的关系为

$$\zeta_i^2+\mu_i^2=1,\quad i=1,2,\cdots,q \tag{6-146}$$

对角元素 ζ_i^2 和 μ_i^2 是非负且有序的,ζ_i 为升序排列,而 μ_i 为降序排列,即

$$0\leqslant\zeta_1\leqslant\cdots\leqslant\zeta_q\leqslant1,\quad 1\geqslant\mu_1\geqslant\cdots\geqslant\mu_q>0$$

当 $m\geqslant p$ 且 $n\geqslant p$ 时,ζ_i 和 μ_i 分别为矩阵 $\boldsymbol{Z}$ 和 $\boldsymbol{M}$ 的对角元素。广义奇异值 γ_i 定义为

$$\gamma_i=\frac{\zeta_i}{\mu_i},\quad i=1,2,\cdots,q \tag{6-147}$$

γ_i 为递增顺序。

在奇异值和广义奇异值的基础上,式(6-143)的精确解可表示为如下关于参数 λ 的表达式:

---

① $\boldsymbol{R}_f$ 为图像自相关矩阵,即 $\boldsymbol{R}_f=E(\boldsymbol{f}\boldsymbol{f}^{\mathrm{T}})$;$\boldsymbol{R}_\eta$ 为噪声自相关矩阵,即 $\boldsymbol{R}_\eta=E(\boldsymbol{\eta}\boldsymbol{\eta}^{\mathrm{T}})$。

② 维纳滤波的详细内容请参考 6.3.2 节。

$$\hat{\boldsymbol{f}}=\begin{cases}\sum_{i=1}^{p}\nu_i\dfrac{\boldsymbol{u}_i^{\mathrm{T}}\boldsymbol{g}}{\sigma_i}\boldsymbol{v}_i, & q=p\\ \sum_{i=1}^{q}\nu_i\dfrac{\boldsymbol{u}_i^{\mathrm{T}}\boldsymbol{g}}{\zeta_i}\boldsymbol{x}_i+\sum_{i=q+1}^{p}(\boldsymbol{u}_i^{\mathrm{T}}\boldsymbol{g})\boldsymbol{x}_i, & q<p\end{cases} \tag{6-148}$$

其中，滤波因子 ν_i 为

$$\nu_i=\begin{cases}\dfrac{\sigma_i^2}{\sigma_i^2+\lambda^2}, & \boldsymbol{L}=\boldsymbol{I}_n\\ \dfrac{\gamma_i^2}{\gamma_i^2+\lambda^2}, & \boldsymbol{L}\neq\boldsymbol{I}_n\end{cases} \tag{6-149}$$

式中，σ_i 和 γ_i 分别为矩阵 $\boldsymbol{H}$ 的奇异值和矩阵对 $(\boldsymbol{H},\boldsymbol{L})$ 的广义奇异值，奇异值 σ_i 以递减的顺序排列，广义奇异值 γ_i 以递增的顺序排列。对于奇异值分解和广义奇异值分解，特征向量 $\boldsymbol{u}_i$ 和 $\boldsymbol{v}_i$ 分别以各自相应的顺序排列。在前面提到的精确解并不是准确的，因为它忽略了 $\boldsymbol{g}$ 中存在噪声这个事实。

图 6-36 说明，当 $\boldsymbol{L}$ 为单位矩阵时，无约束($\lambda=0$)和约束($\lambda>0$)条件下 $|\nu_i\boldsymbol{u}_i^{\mathrm{T}}\boldsymbol{g}|$ 与奇异值 σ_i 之间的关系以及 Tikhonov 正则化的复原信号。当 $\lambda=0$ 时，实际上就退化为图 6-34 所示的情况，在这种情况下，$\nu_i=0$，$\forall i$，多数的 $|\boldsymbol{u}_i^{\mathrm{T}}\boldsymbol{g}|$ 大于奇异值，复原信号完全不可用。增大 λ 使更多的 $|\nu_i\boldsymbol{u}_i^{\mathrm{T}}\boldsymbol{g}|$ 小于奇异值，图 6-36 中正则化参数的取值为 $\lambda=0.5$，大部分的 $|\nu_i\boldsymbol{u}_i^{\mathrm{T}}\boldsymbol{g}|$ 小于奇异值，由右图可见，基本上恢复了原信号，但是，复原信号仍然存在振荡。左图中，符号"×"表示无约束条件下的 $|\boldsymbol{u}_i^{\mathrm{T}}\boldsymbol{g}|$，符号"+"表示约束条件下的 $|\nu_i\boldsymbol{u}_i^{\mathrm{T}}\boldsymbol{g}|$($\lambda>0$)，圆点表示奇异值 σ_i；右图中，实线表示复原信号，点画线表示原信号，虚线表示降质信号。

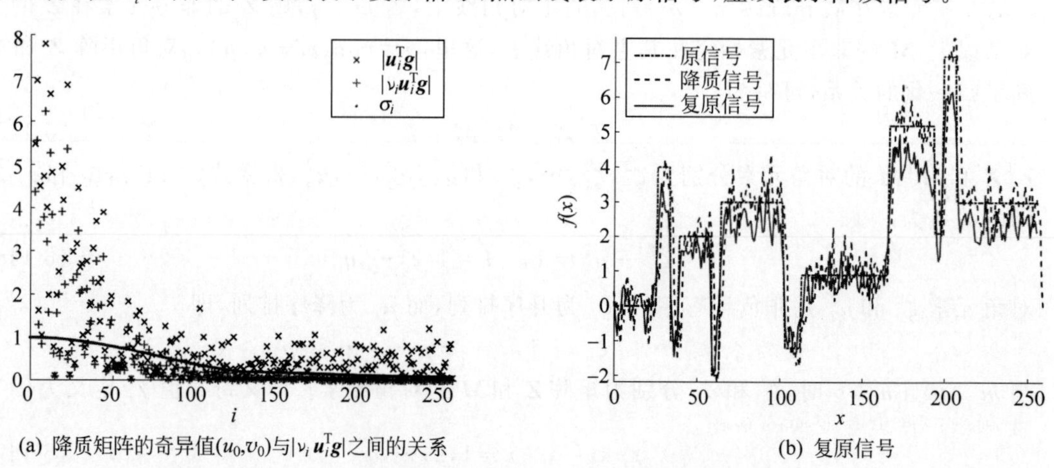

(a) 降质矩阵的奇异值(u_0,v_0)与$|\nu_i\boldsymbol{u}_i^{\mathrm{T}}\boldsymbol{g}|$之间的关系　　(b) 复原信号

图 6-36　在均值为 0、标准差为 0.5 的高斯噪声情况下高斯模糊降质矩阵的奇异值 σ_i 与 $|\nu_i\boldsymbol{u}_i^{\mathrm{T}}\boldsymbol{g}|$ 之间的关系($\lambda=0.5$)

图 6-37 给出了当 $\boldsymbol{L}$ 为一阶有限差分矩阵 $\boldsymbol{L}_1$ 时，广义奇异值分解的 Tikhonov 正则化方法的信号复原结果。如图 6-37(a)所示，广义奇异值以递增的顺序排列。图 6-37(b)为无噪声情况下，$\lambda=1$ 的复原信号。从图中可见，Tikhonov 正则化不允许边缘的陡峭变化，复原信号为光滑的曲线。图 6-37(c)和图 6-37(d)分别为均值为 0、标准差为 0.5 的高斯噪声情

况下，$\lambda=1$ 和 $\lambda=3$ 的复原信号。通过比较可以发现，正则化参数 λ 越大，复原信号有更加平滑的边缘和振荡。图中，实线表示复原信号，点画线表示原信号，虚线表示降质信号。

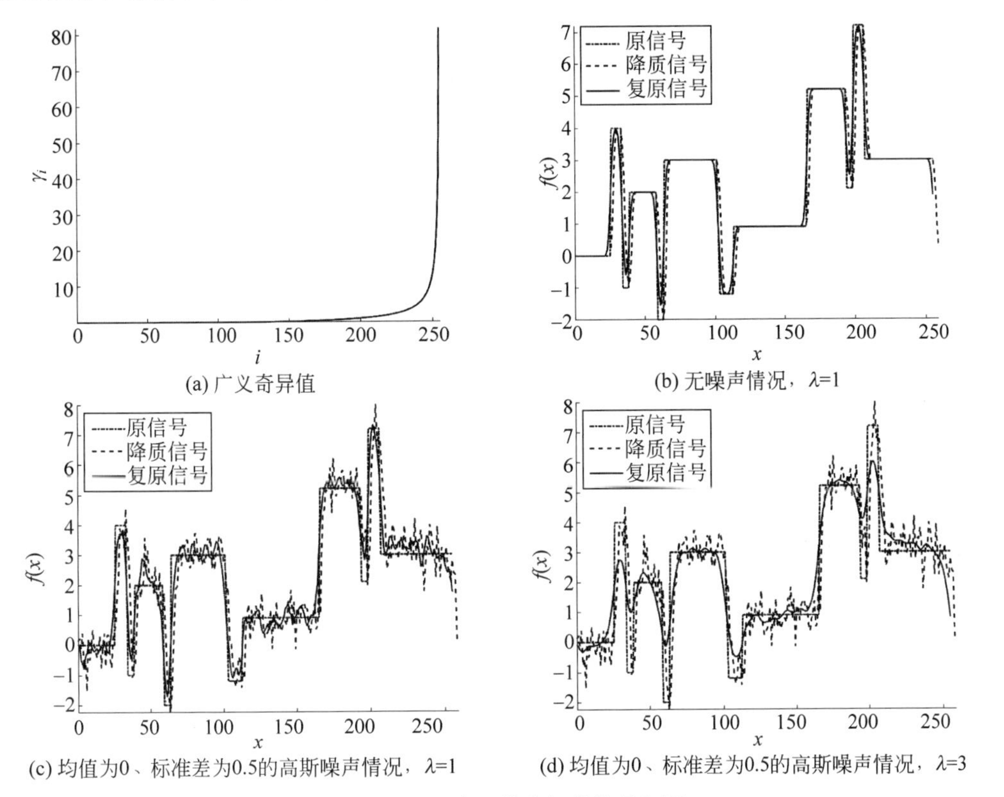

(a) 广义奇异值　(b) 无噪声情况，λ=1

(c) 均值为0、标准差为0.5的高斯噪声情况，λ=1　(d) 均值为0、标准差为0.5的高斯噪声情况，λ=3

图 6-37　广义奇异值分解的信号复原

6.5.3.3　频域解

如前所述，由于降质矩阵 $\boldsymbol{H}$ 的维数很高，直接求解逆矩阵的计算量庞大。本节将在频域求解式(6-135)所示的凸优化问题，并将其写为频域滤波的形式。式(6-142)可以写为

$$(\boldsymbol{H}^{\mathrm{T}}\boldsymbol{H}+\lambda\boldsymbol{L}^{\mathrm{T}}\boldsymbol{L})\boldsymbol{f}=\boldsymbol{H}^{\mathrm{T}}\boldsymbol{g} \tag{6-150}$$

可以将式(6-150)的矩阵向量形式写为如下卷积形式：

$$h\widehat{(x,y)}*h(x,y)*f(x,y)+\lambda l\widehat{(x,y)}*l(x,y)*f(x,y)=h\widehat{(x,y)}*g(x,y) \tag{6-151}$$

式中，^ 表示反转操作，* 表示二维卷积运算。根据卷积定理可知，空域中图像的卷积等效于频域中傅里叶变换的乘积，将式(6-151)转换到频域中求解：

$$H^*(u,v)H(u,v)F(u,v)+\lambda L^*(u,v)L(u,v)F(u,v)=H^*(u,v)G(u,v) \tag{6-152}$$

由式(6-152)可解出 $F(u,v)$，并写为频域滤波的形式为

$$\begin{aligned}\hat{F}(u,v)&=\frac{H^*(u,v)G(u,v)}{H^*(u,v)H(u,v)+\lambda L^*(u,v)L(u,v)}\\&=\frac{H^*(u,v)}{|H(u,v)|^2+\lambda|L(u,v)|^2}G(u,v)\end{aligned} \tag{6-153}$$

式中，$H(u,v)$为降质函数；$H^*(u,v)$表示 $H(u,v)$的复共轭；$|H(u,v)|^2=H^*(u,v)H(u,v)$；$G(u,v)$表示降质图像 $g(x,y)$的傅里叶变换；$\hat{F}(u,v)$表示恢复图像 $\hat{f}(x,y)$的傅里叶变换；$L(u,v)$表示差分模板 $l(x,y)$的傅里叶变换，即高通滤波器的传递函数。Tikhonov 正则化复原将平滑性约束的正则项加入复原过程中，因此，这是一种正则化滤波方法。使用频域方法求解 Tikhonov 正则化问题，避免降质矩阵的求逆计算。根据降质函数和噪声的统计特征，通过交互方式调整参数 λ 来达到最优估计。当 $\lambda=0$ 时，式(6-153)退化为逆滤波。

当 $\boldsymbol{L}=\boldsymbol{I}$ 时，式(6-153)退化为

$$\hat{F}(u,v)=\frac{H^*(u,v)}{|H(u,v)|^2+\lambda}G(u,v) \tag{6-154}$$

式(6-153)中若 $\mathcal{S}_\eta(u,v)/\mathcal{S}_f(u,v)$ 代替 $\lambda|L(u,v)|^2$，则是式(6-103)的维纳滤波。式(6-154)中若 λ 等于噪声与信号的功率比，则是式(6-104)简化的维纳滤波，可以将式(6-104)看成对图像本身 $\boldsymbol{f}$ 强加平方 ℓ_2 范数约束的 Tikhonov 正则化。

由于傅里叶变换固有的周期特性，在傅里叶域执行解卷积算法必须避免图像边界可能产生的振铃效应。MATLAB 函数 edgetaper 可以对图像边缘进行模糊处理，抑制振铃效应。

6.5.3.4 参数选择

通过调整参数 λ 在恢复图像的平滑度(更少的噪声)与去模糊的程度(更清晰的图像)之间进行折中。在式(6-135)中，若减小 λ 值，则加强对数据保真项的比重，目的是增强图像的边缘、纹理等细节，但是，也不可避免地放大噪声；若增大 λ 值，则加强对平滑项的比重，目的是抑制噪声的放大，但是，复原图像趋于模糊。不同的参数 λ 在信号的平滑程度($\|\nabla \boldsymbol{f}\|_2$ 较小)与数据误差($\|\boldsymbol{g}-\boldsymbol{Hf}\|_2$ 较小)之间进行平衡，而最优参数应该在两者之间达到折中。

绘制 L 曲线是一种简单的参数选择方法，遍历参数空间中所有的 λ 值，求取每一个参数 λ 对应的解 $\boldsymbol{f}$，并计算相应的数据保真项 $\|\boldsymbol{g}-\boldsymbol{Hf}\|_2$ 和平滑项 $\|\nabla \boldsymbol{f}\|_2$，然后在 $\|\boldsymbol{g}-\boldsymbol{Hf}\|_2$-$\|\nabla \boldsymbol{f}\|_2$ 平面上的对应坐标处绘制为一点，连接这个平面上所有 λ 值对应的点就构成了 L 曲线，图 6-38 为一个 Tikhonov 正则化复原的 L 曲线示例。过多的平滑滤波导致很大的误差 $\|\boldsymbol{g}-\boldsymbol{Hf}\|_2$，而过少的平滑滤波导致很大的 $\|\nabla \boldsymbol{f}\|_2$，L 曲线的目标是寻求这两个正则项都尽可能小时，也就是在 L 曲线的拐点处对应的参数 λ。

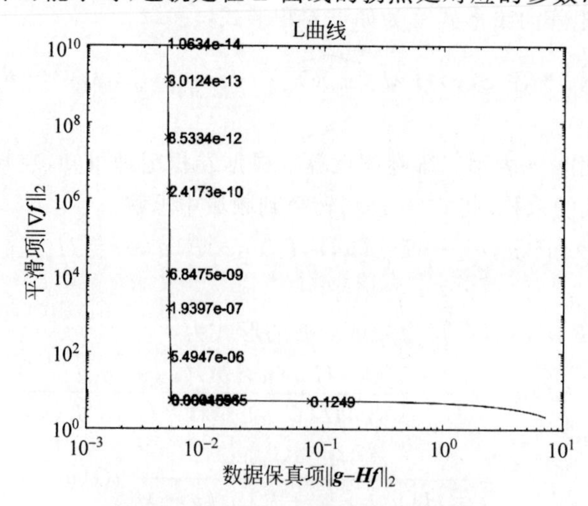

图 6-38 Tikhonov 正则化的 L 曲线图

参数选择的统计方法从观察参数的统计特性出发估计参数 λ，一般认为数据保真项是服从 χ^2 分布的随机变量，利用随机变量的自由度估计正则化参数。参数 λ 的估计是一个热门的研究领域，更多的参数选择方法请参见相关的文献。

例 6-7　Tikhonov 正则化图像复原

对图 6-29(b)所示的高斯模糊有噪图像，分别将式(6-138)一阶差分算子和式(6-139)二阶差分拉普拉斯算子用于 Tikhonov 正则化复原中平滑性约束的正则项。为了说明拉格朗日乘子对复原图像的影响，参数 λ 取值为 10^{-4}、2.78×10^{-4}、7.74×10^{-4}、2.15×10^{-3}、5.99×10^{-3}、0.0167、0.0464、0.129、0.359、1，分别画出了一阶差分算子和二阶差分算子约束 Tikhonov 正则化的 L 曲线，如图 6-39(a)和图 6-39(c)所示。观察 L 曲线，当 λ 取值越小时，数据保真项的值越小，而平滑项的值越大，此时，图像越来越清晰，然而放大了噪声；当 λ 取值越大时，数据保真项的值越大，而平滑项的值越小，此时，复原图像过于模糊，也同时平滑了噪声。为了达到最好的视觉效果，在数据误差与图像平滑之间达到折中，因此，选择曲线拐点位置的 λ 取值。

对于一阶差分和二阶差分正则项约束的图像复原，选取 $\lambda=0.0167$ 的复原结果，分别如图 6-39(b)和图 6-39(d)所示。由于正则化复原增加了图像平滑性作为约束项，因而，与图 6-29(d)所示的维纳滤波复原结果相比，正则化复原有更强的降噪能力。由于二阶差分的边缘响应更强，对正则项的平滑约束能力更强，因此，二阶差分正则化复原图像中的噪声

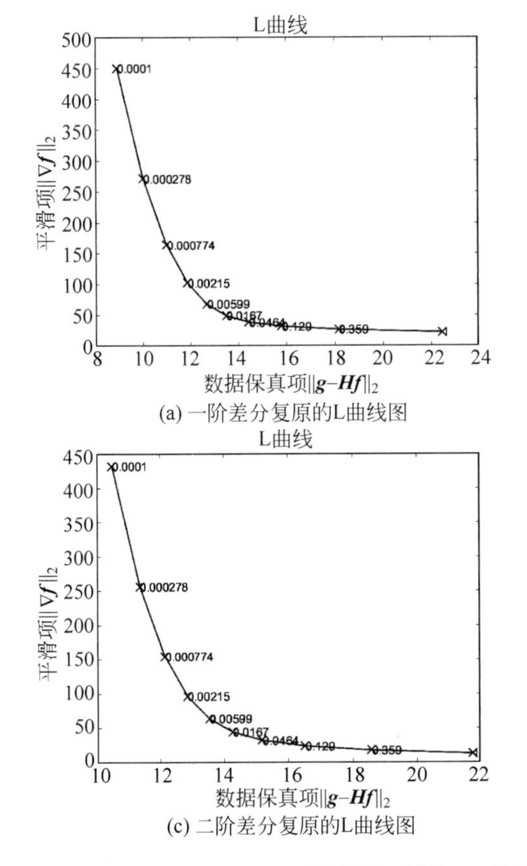

(a) 一阶差分复原的L曲线图

(c) 二阶差分复原的L曲线图

(b) λ=0.0167的一阶差分复原图像

(d) λ=0.0167的二阶差分复原图像

图 6-39　Tikhonov 正则化复原图像

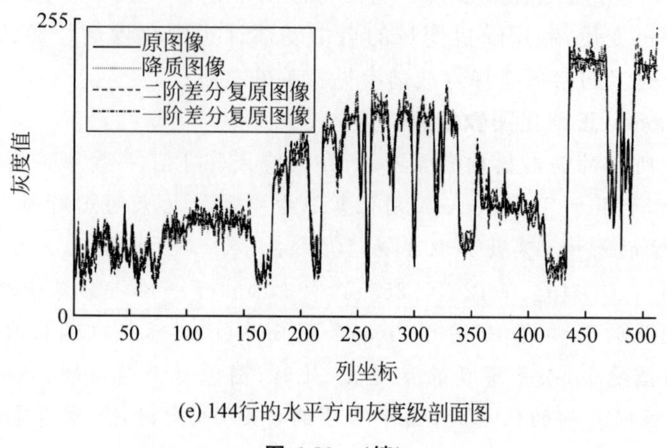

(e) 144行的水平方向灰度级剖面图

图 6-39 (续)

更小。选取其中一行像素的灰度值从细节上观察图像复原效果，图 6-39(e)为 144 行的水平方向灰度级剖面图，图中实线表示原图像，点线表示降质图像，虚线表示一阶差分 Tikhonov 正则项的复原结果，点画线表示二阶差分 Tikhonov 正则项的复原结果。由图中可见，在大尺度结构处复原图像与原图像基本拟合，而小尺度结构的对比度有一定程度的丢失。

6.5.4 全变分正则化

全变分正则化是另一种常用的正则化复原图像先验，它要求图像梯度$\nabla \boldsymbol{f}$ 的 ℓ_1 范数 $\|\nabla \boldsymbol{f}\|_1$ 最小化，具有较好的边缘保持特性。

6.5.4.1 正则化模型

全变分正则化图像复原采用 ℓ_1 范数约束图像梯度，可表示为最小化如下目标函数：

$$E(\boldsymbol{f})=\frac{1}{2}\|\boldsymbol{g}-\boldsymbol{H}\boldsymbol{f}\|_2^2+\lambda\|\nabla \boldsymbol{f}\|_1 \tag{6-155}$$

式中，$\|\nabla \boldsymbol{f}\|_1=\sum_i|\nabla f_i|$，$\nabla f_i$ 为$\boldsymbol{f}$ 在第i 个像素处梯度的幅度。全变分正则化的目标函数同样由两项组成，前一项为数据保真项，后一项为全变分正则项。

在特定条件下，全变分正则化的信号复原具有如下特性：①由于全变分正则项采用 ℓ_1 范数，允许复原信号中边缘的跃变，能够保持原信号的边缘，特别适用于分段光滑信号的复原；②降低原信号的对比度，即减小灰度的变化量；③对比度的降低直接与正则化参数 λ 成正比，间接与常数区域的尺度成正比。若 $\boldsymbol{L}$ 是一阶偏导数的一阶有限差分近似时，则全变分正则化的主要问题是它仅能够恢复分段连续的函数，而平滑曲线(区域)由阶梯函数逼近。高阶偏导数的全变分正则项能够恢复分段平滑的曲线。

6.5.4.2 变量分离法求解

变量分离是一种松弛约束的分解技术。对于目标函数，变量分离法通过将目标函数分解为多个变量，从而产生多个独立的子问题。变量分离法是解决稀疏约束图像复原的有效方案，本节使用半二次分离法(half quadratic splitting，HQS)求解式(6-155)所示的全变分正则化目标函数最小化问题。半二次分离法通过引入辅助变量，将卷积中的变量与包含该变量的其他项分离，转换为拉格朗日乘子法，对原变量和辅助变量进行交替求解，其中卷积项能够快速、可靠地使用傅里叶变换进行求解。

通过使用一组辅助变量 $\boldsymbol{w}=[\boldsymbol{w}_x,\boldsymbol{w}_y]^{\mathrm{T}}$ 表示 $\nabla \boldsymbol{f}=[\boldsymbol{\partial}_x * f,\boldsymbol{\partial}_y * f]^{\mathrm{T}}$，这里 $\boldsymbol{\partial}_x$ 和 $\boldsymbol{\partial}_y$ 分别表示 x 方向和 y 方向上的一阶差分卷积模板，并增加额外的约束条件 $\boldsymbol{w}\approx\nabla \boldsymbol{f}$，式(6-155)相应地更新为

$$E(\boldsymbol{f},\boldsymbol{w})=\frac{1}{2}\|\boldsymbol{g}-\boldsymbol{H}\boldsymbol{f}\|_2^2+\lambda\|\boldsymbol{w}\|_1+\frac{\beta}{2}\|\boldsymbol{w}-\nabla \boldsymbol{f}\|_2^2 \tag{6-156}$$

式中，β 为权重，式中第三项为惩罚项，当 $\beta\to\infty$ 时，满足所期望的约束条件 $\boldsymbol{w}=\nabla \boldsymbol{f}$。在这种情况下，最小化 $E(\boldsymbol{f},\boldsymbol{w})$ 收敛于最小化 $E(\boldsymbol{f})$。

给定这种变量替换，现在可以在更新 $\boldsymbol{w}$ 和 $\boldsymbol{f}$ 之间进行交替迭代。这种过程是有效的，能够收敛到最优解，因为在每次迭代中，能够以解析形式达到 $\boldsymbol{w}$ 的全局最优解，而快速傅里叶变换能够用于更新 $\boldsymbol{f}$。下面给出式(6-156)最小化问题交替求解的迭代过程，其中，k 为迭代次数。

1. *更新* $\boldsymbol{w}$

对 $\boldsymbol{w}$ 进行更新，即固定 $\boldsymbol{f}_{k-1}$，更新 $\boldsymbol{w}_k$，最小化式(6-156)简化为

$$\hat{\boldsymbol{w}}_k=\arg\min_{\boldsymbol{w}}\lambda\|\boldsymbol{w}\|_1+\frac{\beta}{2}\|\boldsymbol{w}-\nabla \boldsymbol{f}_{k-1}\|_2^2 \tag{6-157}$$

为了便于求解，将上式拆解为关于分量 $\boldsymbol{w}_i=[\boldsymbol{w}_x^i,\boldsymbol{w}_y^i]^{\mathrm{T}}$ 的子问题：

$$E(\boldsymbol{w}_i)=\lambda\|\boldsymbol{w}_i\|+\frac{\beta}{2}\|\boldsymbol{w}_i-\nabla \boldsymbol{f}_i\|_2^2 \tag{6-158}$$

式中 $\nabla \boldsymbol{f}_i$ 表示 $\boldsymbol{f}$ 在第 i 个像素处的梯度 $\nabla \boldsymbol{f}_i=[\Delta_x f_i,\Delta_y f_i]^{\mathrm{T}}$。为了方便描述，这里省略了迭代次数的下标。通常使用软阈值算子（收缩阈值算子）求解 ℓ_1 范数最小化问题，式(6-158)有唯一的最小值，对于各向同性的情况 $\|\boldsymbol{w}_i\|_2$ 由如下的二维收缩公式给出：

$$\boldsymbol{w}_i=\max\left(\|\nabla \boldsymbol{f}_i\|-\frac{\lambda}{\beta},0\right)\frac{\nabla \boldsymbol{f}_i}{\|\nabla \boldsymbol{f}_i\|},\quad \forall i \tag{6-159}$$

其中，规定 $0\cdot(0/0)=0$。对于各向异性的情况 $\|\boldsymbol{w}_i\|_1$，$\boldsymbol{w}_i$ 可以简化为一维收缩公式：

$$\boldsymbol{w}_i=\max\left(\|\nabla \boldsymbol{f}_i\|-\frac{\lambda}{\beta},0\right)\mathrm{sgn}(\nabla \boldsymbol{f}_i),\quad \forall i \tag{6-160}$$

式中，$\mathrm{sgn}(\cdot)$ 为符号函数。式(6-159)和式(6-160)都是逐元素操作。

2. *更新* $\boldsymbol{f}$

对 $\boldsymbol{f}$ 进行更新，即固定 $\boldsymbol{w}_k$，更新 $\boldsymbol{f}_k$，最小化式(6-156)简化为

$$\hat{\boldsymbol{f}}_k=\arg\min_{\boldsymbol{f}}\|\boldsymbol{g}-\boldsymbol{H}\boldsymbol{f}\|_2^2+\beta\|\boldsymbol{w}_k-\nabla \boldsymbol{f}\|_2^2 \tag{6-161}$$

由于主要的计算是卷积，根据帕塞瓦尔(Parseval)定理，在空域中图像的能量等于在频域中图像傅里叶变换的能量，即傅里叶变换前后图像总能量保持不变，将式(6-161)转换到频域，可表示为

$$\begin{aligned}\hat{\boldsymbol{f}}_k=\mathscr{F}^{-1}(&\arg\min_{\mathscr{F}(f)}\|\mathscr{F}(\boldsymbol{g})-\mathscr{F}(\boldsymbol{h})\cdot\mathscr{F}(\boldsymbol{f})\|_2^2+\\&\beta(\|\mathscr{F}(\boldsymbol{w}_x)-\mathscr{F}(\boldsymbol{\partial}_x)\cdot\mathscr{F}(\boldsymbol{f})\|_2^2+\|\mathscr{F}(\boldsymbol{w}_y)-\mathscr{F}(\boldsymbol{\partial}_y)\cdot\mathscr{F}(\boldsymbol{f})\|_2^2))\end{aligned} \tag{6-162}$$

其中，$\mathscr{F}(\cdot)$ 和 $\mathscr{F}^{-1}(\cdot)$ 分别表示傅里叶变换和傅里叶逆变换，$\mathscr{F}(\boldsymbol{\partial}_x)$ 和 $\mathscr{F}(\boldsymbol{\partial}_y)$ 表示频域中

的滤波器。从空域模板转换到频域滤波器可以通过 MATLAB 图像处理工具箱中的 psf2otf 函数实现。

由于目标函数是$\mathscr{F}(\boldsymbol{f})$的二次项之和，它是凸函数，有闭合解，根据无约束凸优化问题的最优性条件，求取目标函数对$\mathscr{F}(\boldsymbol{f})$的偏导数，并使其为零，即

$$\mathscr{F}^*(\boldsymbol{h})[\mathscr{F}(\boldsymbol{g})-\mathscr{F}(\boldsymbol{h})\cdot\mathscr{F}(\boldsymbol{f})]+\beta\{\mathscr{F}^*(\boldsymbol{\partial}_x)[\mathscr{F}(\boldsymbol{w}_x)-\mathscr{F}(\boldsymbol{\partial}_x)\cdot\mathscr{F}(\boldsymbol{f})]+\mathscr{F}^*(\boldsymbol{\partial}_y)[\mathscr{F}(\boldsymbol{w}_y)-\mathscr{F}(\boldsymbol{\partial}_y)\cdot\mathscr{F}(\boldsymbol{f})]\}=0 \tag{6-163}$$

于是最优解$\boldsymbol{f}_k$可以表示为

$$\begin{aligned}\hat{\boldsymbol{f}}_k&=\mathscr{F}^{-1}\left(\frac{\mathscr{F}^*(\boldsymbol{h})\cdot\mathscr{F}(\boldsymbol{g})+\beta(\mathscr{F}^*(\boldsymbol{\partial}_x)\cdot\mathscr{F}(\boldsymbol{w}_x)+\mathscr{F}^*(\boldsymbol{\partial}_y)\cdot\mathscr{F}(\boldsymbol{w}_y))}{\mathscr{F}^*(\boldsymbol{h})\cdot\mathscr{F}(\boldsymbol{h})+\beta(\mathscr{F}^*(\boldsymbol{\partial}_x)\cdot\mathscr{F}(\boldsymbol{\partial}_x)+\mathscr{F}^*(\boldsymbol{\partial}_y)\cdot\mathscr{F}(\boldsymbol{\partial}_y))}\right)\\&=\mathscr{F}^{-1}\left(\frac{\mathscr{F}^*(\boldsymbol{h})\cdot\mathscr{F}(\boldsymbol{g})+\beta(\mathscr{F}^*(\boldsymbol{\partial}_x)\cdot\mathscr{F}(\boldsymbol{w}_x)+\mathscr{F}^*(\boldsymbol{\partial}_y)\cdot\mathscr{F}(\boldsymbol{w}_y))}{|\mathscr{F}(\boldsymbol{h})|^2+\beta(|\mathscr{F}(\boldsymbol{\partial}_x)|^2+|\mathscr{F}(\boldsymbol{\partial}_y)|^2)}\right)\end{aligned} \tag{6-164}$$

其中，$\mathscr{F}^*(\cdot)$表示傅里叶变换的复共轭；$|\mathscr{F}(\boldsymbol{h})|^2=\mathscr{F}^*(\boldsymbol{h})\cdot\mathscr{F}(\boldsymbol{h})$；$|\mathscr{F}(\boldsymbol{\partial}_x)|^2=\mathscr{F}^*(\boldsymbol{\partial}_x)\cdot\mathscr{F}(\boldsymbol{\partial}_x)$，$|\mathscr{F}(\boldsymbol{\partial}_y)|^2=\mathscr{F}^*(\boldsymbol{\partial}_y)\cdot\mathscr{F}(\boldsymbol{\partial}_y)$。

上述两个步骤分别更新$\boldsymbol{w}$和$\boldsymbol{f}$直至收敛，$\boldsymbol{f}$的初始估计$\boldsymbol{f}_0=\boldsymbol{g}$。注意式(6-156)中的$\beta$控制$\boldsymbol{w}$接近$\nabla\boldsymbol{f}$约束项的比重。若$\beta$初始设置过大，收敛速度很慢；若$\beta$在收敛前过小，式(6-156)的最优解与式(6-155)的最优解不等价。通常在迭代的过程中自适应地调整β，在前期阶段，β设置偏小来增大收敛步长；而在迭代过程中，β值逐渐增大，使$\boldsymbol{w}$逐渐逼近$\nabla\boldsymbol{f}$，β在收敛时应该足够大。

例 6-8　全变分正则化图像复原

对于如图 6-29(b)所示的高斯模糊有噪图像，根据式(6-152)和式(6-153)的两种梯度定义，利用全变分正则化方法对降质图像进行复原，参数λ取值为10^{-4}、2.78×10^{-4}、7.74×10^{-4}、2.15×10^{-3}、5.99×10^{-3}、0.0167、0.0464、0.129、0.359、1。根据图 6-40(a)和图 6-40(c)所示的 L 曲线中拐点的位置，参数λ选取为 0.0167，图 6-40(b)为各向同性全变分约束项下的图像复原结果，图 6-40(d)为各向异性全变分约束项下的图像复原结果。

同样选取其中一行像素的灰度值从细节上观察图像复原效果，图 6-40(e)为 144 行的水平方向灰度级剖面图，图中实线表示原图像，点线表示降质图像，虚线表示各向同性全变分

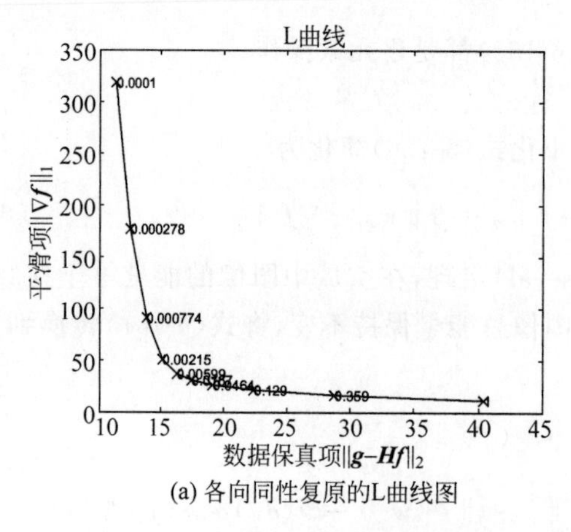

(a) 各向同性复原的L曲线图

(b) λ=0.0167的各向同性复原图像

图 6-40　全变分正则化复原图像

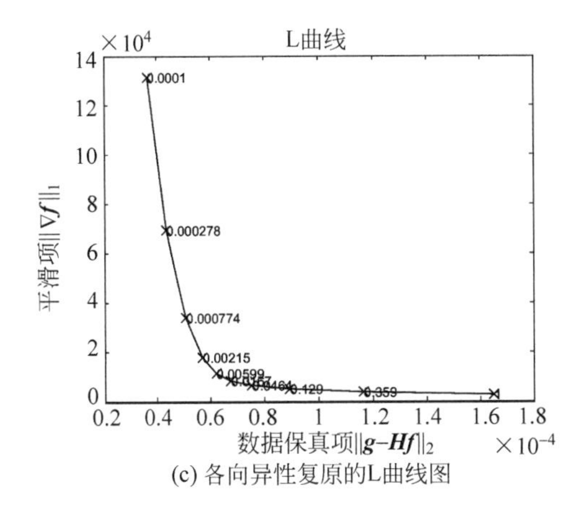

(c) 各向异性复原的L曲线图

(d) λ=0.0167的各向异性复原图像

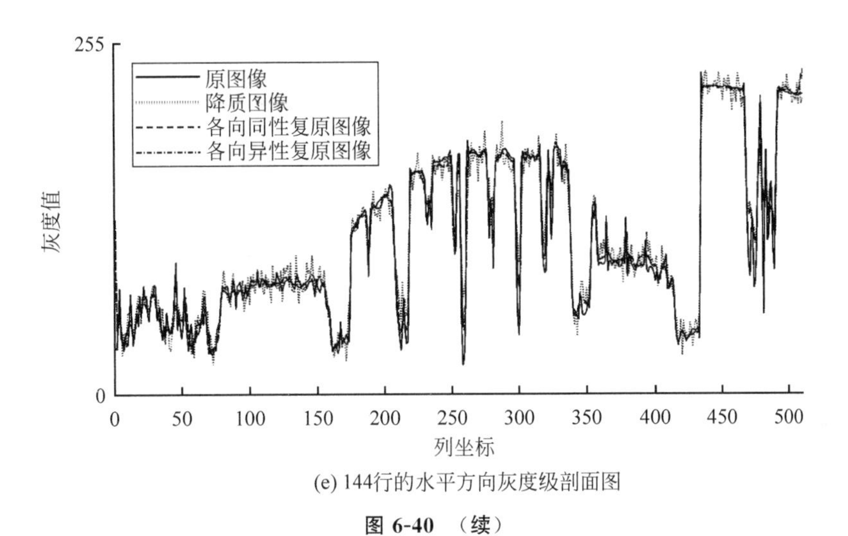

(e) 144行的水平方向灰度级剖面图

图 6-40　(续)

正则项的复原结果，点画线表示各向异性全变分正则项的复原结果。由图中可见，与Tikhonov正则化复原相比，二次惩罚项对灰度的快速变化产生过平滑，全变分正则化复原能够更好地保持原图像的阶跃边缘，没有明显的振荡现象；但是，如同Tikhonov正则化复原，全变分正则化图像复原中小尺度结构的对比度也会明显降低，造成小尺度特征丢失。

6.5.5　盲复原

前面讨论的图像复原方法都要求已知模糊降质函数，然而在实际应用场合，通常不能预先知道降质函数，必须根据模糊图像估计降质函数，并同时对模糊图像进行复原，这类图像复原问题称为盲图像复原。简言之，盲图像复原是在降质过程的所有信息或部分信息未知的情况下，仅利用降质图像的特性来估计原图像和降质函数的过程。由于模糊过程建模为卷积的形式，因此盲复原问题也称为**盲解卷积问题**。

如前所述，降质图像$g(x,y)$的解卷积是病态逆问题，即输入数据$g(x,y)$或者$g(x,y)$和$h(x,y)$的微小扰动，引起输出数据$f(x,y)$和$h(x,y)$或者$f(x,y)$的很大偏差或完全不同的输出。这意味着噪声会发生不可控制的放大，在这种情况下逆问题的实际解是无用的。对于盲复原问题,考虑式(6-1)中 $f(x,y)$ 和 $h(x,y)$ 都是未知量,许多不同的解对 (f,h) 都产生相同的模糊图像 $g(x,y)$,需要提供额外的信息来约束可行解的空间。因此,合理的正则化约束项是必要的,例如,关于图像和模糊核平滑度的附加信息。

盲复原问题在很大程度上依赖于图像先验模型的可行性,以及降质函数的先验知识。除了要求了解关于图像的某种特性、降质系统函数外,还要求知道噪声的统计特性或噪声与图像的某些相关信息。当估计点扩散函数时,通常假设噪声服从一定的概率分布,常用的有高斯分布、拉普拉斯分布、泊松分布等。有效的图像复原方法还需要抑制不正确的模糊核估计引入的噪声和振铃效应。

盲复原问题可以转换为 $\boldsymbol{f}$ 和 $\boldsymbol{h}$ 约束下最小化数据保真项 $\Phi(\boldsymbol{g}-\boldsymbol{H}\boldsymbol{f})$ 的问题,为了求解约束最小化问题,引入拉格朗日乘子,可表示为如下的正则化最小化问题:

$$\min_{\boldsymbol{f},\boldsymbol{h}} E(\boldsymbol{f},\boldsymbol{h}) = \Phi(\boldsymbol{g}-\boldsymbol{H}\boldsymbol{f}) + \lambda_f \Psi(\boldsymbol{f}) + \lambda_h \Upsilon(\boldsymbol{h}) \tag{6-165}$$

式中,$\Phi(\cdot)$、$\Psi(\cdot)$ 和 $\Upsilon(\cdot)$ 分别为约束噪声、原图像和点扩散函数的函数;λ_f 和 λ_h 为拉格朗日乘子,也称为正则化参数。第一项为数据保真项,在恢复 $\boldsymbol{f}$ 和 $\boldsymbol{h}$ 的过程中,保证点扩散函数 $\boldsymbol{h}$ 的估计 $\hat{\boldsymbol{h}}$ 对恢复图像 $\hat{\boldsymbol{f}}$ 的模糊接近 $\boldsymbol{g}$,通常在平方范数项 $\|\boldsymbol{g}-\boldsymbol{H}\boldsymbol{f}\|_2^2$ 或 $\|\nabla\boldsymbol{g}-\boldsymbol{H}\nabla\boldsymbol{f}\|_2^2$ 的度量下恢复原图像。第二项为图像先验约束,第三项为点扩散函数先验约束,正则化参数 λ_f 和 λ_h 的作用是控制目标函数中数据误差和先验约束的比重。

盲复原正则化方法将图像和点扩散函数的约束条件加入到复原过程中,将图像盲复原问题转换为寻找满足特定约束条件解的最优化问题。

如前所述,为了寻求没有高频振荡的平滑解,通常的做法是对 $\boldsymbol{f}$ 和 $\boldsymbol{h}$ 的平滑约束,约束 $\boldsymbol{f}$ 和 $\boldsymbol{h}$ 的偏导数的 ℓ_p 范数,即 $\|\boldsymbol{L}_d\boldsymbol{f}\|_p^p$ 和 $\|\boldsymbol{L}_d\boldsymbol{h}\|_q^q$,其中,在离散问题中 $\boldsymbol{L}_d$ 表示 d 阶偏导数的有限差分近似,$\boldsymbol{f}$ 和 $\boldsymbol{h}$ 不同范数的选择会导致 $\boldsymbol{f}$ 或 $\boldsymbol{h}$ 不同意义的平滑性,为了计算的简便性,p 和 q 通常选择 ℓ_1 范数或 ℓ_2 范数。

Tikhonov 正则化盲复原对 $\boldsymbol{f}$ 的梯度与 $\boldsymbol{h}$ 的范数采用 ℓ_2 范数平方约束,可表示为如下的最小化问题:

$$\min_{\boldsymbol{f},\boldsymbol{h}} E(f,h) = \|\boldsymbol{g}-\boldsymbol{H}\boldsymbol{f}\|_2^2 + \lambda_f \|\nabla\boldsymbol{f}\|_2^2 + \lambda_h \|\boldsymbol{h}\|_2^2 \tag{6-166}$$

在这种情况下,$\boldsymbol{f}$ 和 $\boldsymbol{h}$ 的约束项使用平方 ℓ_2 范数。当固定 $\boldsymbol{h}$ 时,式(6-166)是关于 $\boldsymbol{f}$ 的凸函数,能够保证唯一解,同样,当固定 $\boldsymbol{f}$ 时,式(6-166)是关于 $\boldsymbol{h}$ 的凸函数。但是,这不说明 $E(\boldsymbol{f},\boldsymbol{h})$ 是关于 $\boldsymbol{f}$ 和 $\boldsymbol{h}$ 的凸函数。

You 和 Kaveh 提出了交替最小化(alternating minimization)算法求解式(6-166)的最优化问题。有两种方式实现交替最小化算法,一种方式是先最小化关于 $\boldsymbol{h}$ 的函数,再最小化关于 $\boldsymbol{f}$ 的函数,给定初始估计 $\boldsymbol{f}_0$,交替求解如下两式:

$$\hat{\boldsymbol{h}}_k = \arg\min_{\boldsymbol{h}} E(\boldsymbol{f}_{k-1},\boldsymbol{h}) \tag{6-167}$$

$$\hat{\boldsymbol{f}}_k = \arg\min_{\boldsymbol{f}} E(\boldsymbol{f},\boldsymbol{h}_k) \tag{6-168}$$

另一种方式是先最小化关于 $\boldsymbol{f}$ 的函数,再最小化关于 $\boldsymbol{h}$ 的函数,给定初始估计 $\boldsymbol{h}_0$,交替求解如下两式:

$$\hat{\boldsymbol{f}}_{k-1} = \arg\min_{\boldsymbol{f}} E(\boldsymbol{f},\boldsymbol{h}_{k-1}) \tag{6-169}$$

$$\hat{\boldsymbol{h}}_k = \arg\min_{\boldsymbol{h}} E(\boldsymbol{f}_{k-1}, \boldsymbol{h}) \tag{6-170}$$

式中，$k=1,2,\cdots$。

对于每一个初始估计，交替最小化算法具有全局收敛性。换句话说，对于给定的初始估计，存在唯一解。但是，最优化问题的解依赖于初始估计。初始值的选取非常重要，尤其是点扩散函数的初始估计，在接近精确解的范围内开始搜索最小值更容易找到全局极小值点。初始化设置 $\boldsymbol{f}_0=\boldsymbol{g}$，下面给出式(6-166)所示最小化问题的第一种方式交替求解的频域解法。

(1) 更新 $\boldsymbol{h}$。

对 $\boldsymbol{h}$ 进行更新，固定 $\boldsymbol{f}_{k-1}$，更新 $\boldsymbol{h}_k$，此时目标函数简化为

$$\hat{\boldsymbol{h}}_k = \arg\min_{\boldsymbol{h}} \| \boldsymbol{g} - \boldsymbol{F}_{k-1}\boldsymbol{h} \|_2^2 + \lambda_h \| \boldsymbol{h} \|_2^2 \tag{6-171}$$

式中，$\boldsymbol{F}_{k-1}$ 为 $\boldsymbol{f}_{k-1}$ 对应的块循环矩阵。式(6-171)定义在空域中，根据帕塞瓦尔定理，在空域中图像的能量等于在频域中图像傅里叶变换的能量。正则化最优化问题的空域中最小化等效于频域中最小化，即

$$\hat{\boldsymbol{h}}_k = \arg\min_{\mathscr{F}(\boldsymbol{h})} \| \mathscr{F}(\boldsymbol{g}) - \mathscr{F}(\boldsymbol{h}) \cdot \mathscr{F}(\boldsymbol{f}_{k-1}) \|_2^2 + \lambda_h \| \mathscr{F}(\boldsymbol{h}) \|_2^2 \tag{6-172}$$

求取目标函数对 $\mathscr{F}(h)$ 的偏导数，并使其为零，可得闭合解为

$$\hat{\boldsymbol{h}}_k = \mathscr{F}^{-1}\left(\frac{\mathscr{F}^*(\boldsymbol{f}_{k-1}) \cdot \mathscr{F}(\boldsymbol{g})}{\mathscr{F}^*(\boldsymbol{f}_{k-1}) \cdot \mathscr{F}(\boldsymbol{f}_{k-1}) + \lambda_h}\right) = \mathscr{F}^{-1}\left(\frac{\mathscr{F}^*(\boldsymbol{f}_{k-1}) \cdot \mathscr{F}(\boldsymbol{g})}{|\mathscr{F}(\boldsymbol{f}_{k-1})|^2 + \lambda_h}\right) \tag{6-173}$$

其中，$\mathscr{F}(\cdot)$ 和 $\mathscr{F}^{-1}(\cdot)$ 分别表示离散傅里叶变换和离散傅里叶逆变换，$\mathscr{F}^*(\cdot)$ 表示离散傅里叶变换的复共轭。

(2) 更新 $\boldsymbol{f}$。

对 $\boldsymbol{f}$ 进行更新，固定 $\boldsymbol{h}_k$，更新 $\boldsymbol{f}_k$，此时目标函数简化为

$$\begin{aligned}\hat{\boldsymbol{f}}_k &= \arg\min_{\boldsymbol{f}} (\| \boldsymbol{g} - \boldsymbol{H}_k\boldsymbol{f} \|_2^2 + \lambda_f \| \nabla\boldsymbol{f} \|_2^2) \\ &= \arg\min_{\boldsymbol{f}} (\| \boldsymbol{g} - \boldsymbol{H}_k\boldsymbol{f} \|_2^2 + \lambda_f \| \boldsymbol{L}_x\boldsymbol{f} \|_2^2 + \lambda_f \| \boldsymbol{L}_y f \|_2^2)\end{aligned} \tag{6-174}$$

其中，$\boldsymbol{L}_x$ 和 $\boldsymbol{L}_y$ 分别为一阶差分算子 ∂_x 和 ∂_y 的矩阵表示形式。同样根据帕塞瓦尔定理，空域能量和频域能量相等，因而可以在频域求解式(6-174)所示的最优化问题。将式(6-174)转换到频域并求取目标函数对 $\boldsymbol{f}$ 的偏导数，并使其为零，可得闭合解为

$$\begin{aligned}\hat{\boldsymbol{f}}_k &= \mathscr{F}^{-1}\left(\frac{\mathscr{F}^*(\boldsymbol{h}_k) \cdot \mathscr{F}(\boldsymbol{g})}{\mathscr{F}^*(\boldsymbol{h}_k) \cdot \mathscr{F}(\boldsymbol{h}_k) + \lambda_f(\mathscr{F}^*(\partial_x) \cdot \mathscr{F}(\partial_x) + \mathscr{F}^*(\partial_y) \cdot \mathscr{F}(\partial_y))}\right) \\ &= \mathscr{F}^{-1}\left(\frac{\mathscr{F}^*(\boldsymbol{h}_k) \cdot \mathscr{F}(\boldsymbol{g})}{|\mathscr{F}(\boldsymbol{h}_k)|^2 + \lambda_f(|\mathscr{F}(\partial_x)|^2 + |\mathscr{F}(\partial_y)|^2)}\right)\end{aligned} \tag{6-175}$$

(3) $k=k+1$，重复步骤(2)、(3)，直到收敛。

通过上述两个步骤交替迭代估计点扩散函数和原图像求解式(6-166)的最小化问题，易于产生平凡解或陷入局部极小值。平凡解是指 δ 型点扩散函数和模糊图像作为原图像的估计。通过控制数据保真项、正则项重要性的参数 λ_f 和 λ_h 设置可以避免平凡解。在盲复原过程的开始，初始输入的点扩散函数并不准确，设置较大权重参数 λ_f，促使产生一幅具有主要强边缘，而几乎没有振铃效应的初始图像估计，这将有助于引导后续点扩散函数的估计，

避免产生 δ 型点扩散函数。在迭代过程中，λ_f 和 λ_h 逐步减小来降低图像和点扩散函数估计正则项的影响，允许恢复更多的细节。为了加速收敛速度，以及避免陷入局部极小值，现有的盲复原方法大多利用多尺度金字塔框架由粗到细地估计点扩散函数，首先在多尺度金字塔结构中的低分辨率图像上估计点扩散函数，将图像估计结果经过插值传递到下一层作为下一层清晰图像的初始估计，逐级细化估计结果。第一层金字塔上使用模糊图像作为清晰图像的初始估计。

6.6 小结

图像复原通常将图像降质过程建模为线性空间移不变过程，以及与图像不相关的加性噪声。图像复原包括图像去模糊和图像去噪两方面的内容。不同于图像增强方法从主观上改善图像质量，图像复原方法在图像降质模型以及图像先验知识的基础上，在某种最优准则下求解图像降质的逆过程来恢复原图像。在图像去噪方面，本章主要介绍了图像去噪方法的正则化方法和低秩矩阵恢复方法，低秩矩阵恢复方法本质上也是一种正则化方法，利用图像具有低秩特性的先验知识。在图像去模糊方面，本章主要介绍了频域复原方法（如维纳滤波）、ML/MAP 复原（如 Richardson-Lucy 方法）、正则化约束的复原方法（如 Tikhonov 正则化和全变分正则化），以及 Tikhonov 正则化盲图像复原方法。由于图像复原问题通常转换为关于清晰图像的最优化问题求解，最优化原理与方法是本章学习的先修课程。

第7章

彩色图像处理

与灰度图像相比,彩色图像主要有两个优势:①颜色是一个强有力的描述子,能够传达更丰富的信息、更深刻的视觉印象。②一般情况下,人眼仅能分辨几十种不同深浅的灰度级,但可以辨别几千种颜色。在图像处理中,常借助颜色来表达或处理图像,以增强人眼的视觉效果,彩色图像比灰度图像有更广泛的应用。本章前半部分讨论基本的颜色空间,彩色图像的表示方式和存储结构与灰度图像相比更加复杂。本章后半部分对彩色图像及其处理方法展开讨论。彩色图像处理包括两个主要内容:伪彩色映射和真彩色图像处理。伪彩色映射是对一种特定的单一灰度或灰度范围赋予一种颜色。真彩色图像是由彩色照相机、彩色扫描仪等真彩色采集设备获取的。前面章节中的图像增强和图像复原方法,以及后面章节中的图像分割方法均为灰度图像设计,由于彩色图像具有颜色信息,通常它的处理过程远比灰度图像复杂,在大多数情况下,不能将灰度图像的处理技术简单地直接应用于处理彩色图像。

7.1 颜色基础

人眼对颜色的感觉不仅由光的物理特性决定,还取决于人眼内部视网膜和大脑视觉神经中枢的生理功能。

7.1.1 颜色的形成

光是一种电磁波,不同波长的光具有不同的颜色特性。具有单一波长的光称为**单色光**①,波长的单位是nm(纳米)。人类视觉可感知的光称为**可见光**,可见光的波长范围大约是从380nm的紫光到750nm的红光,各种波长的单色光按照波长从短到长排列形成可见光光谱,可见光光谱只占整个电磁波谱中极少的一部分。图7-1给出了可见光光谱以及组成可见光光谱的各种单色光的波长和频率,按波长递减的顺序依次为红色、橙色、黄色、绿色、蓝色、紫色,这也是彩虹的光谱。肉眼无法感知到可见光光谱之外的电磁波谱,其他波长

① 科学上讲,单色光是指频谱中具有窄波段的光。

范围的电磁波只能靠光电探测仪器才能"看见"。日常所见的大多数彩色光源的光谱都不是单色的,而是由不同波长和不同强度的多种单色光混合而成的。白光也是一种混合光,日光灯的白光是由几个相当窄的光谱线构成的,而太阳光则是由连续的光谱构成的。三棱镜可以将混合光分解为所组成的各种单色光。

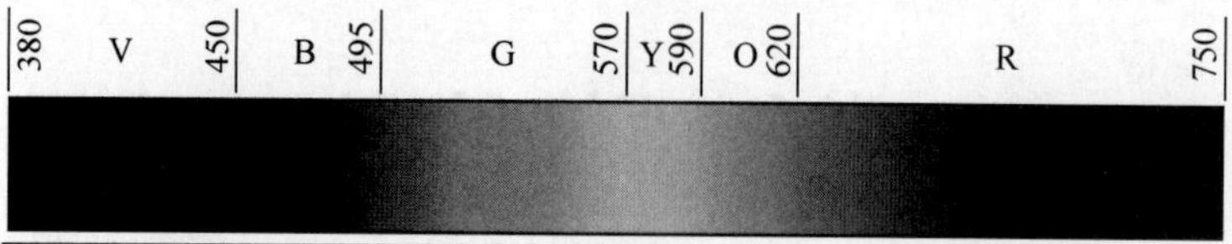

颜色	波长/nm	频率/THz
红(R)	620~750	484~400
橙(O)	590~620	508~484
黄(Y)	570~590	526~508
绿(G)	495~570	606~526
蓝(B)	450~495	667~606
紫(V)	380~450	790~667

图 7-1 可见光光谱

颜色是人眼对不同波长的光所作出的视觉响应。亚里士多德最早讨论了光与颜色之间的关系,艾萨克·牛顿真正阐明了两者之间的关系。由于人眼内部视网膜上有三种不同的视锥细胞,分别对红色光、绿色光、蓝色光作出响应,通过这三种视锥细胞接收不同的光刺激,人类视觉能够感受各种颜色的光。因此,红色、绿色和蓝色称为光的三原色。这如同三原色接收器的体系,以不同的比例将红、绿、蓝三原色混合可以形成任何新的颜色,这是色度学的三原色原理。托马斯·杨(Thomas Young)于 1801 年第一次提出了三原色的理论,赫尔曼·冯·亥姆霍兹(Hermann von Helmholtz)完善了三原色的理论。20 世纪 60 年代确定了三原色理论的正确性。三原色光是相互独立的,也就是说,任何一种原色光无法用其他两种原色光混合而成。以数学的向量空间来解释色彩系统,三原色可以视为一组基向量,张成三维的颜色空间,因此,可以由这三种原色光来表达颜色空间中的任意一种颜色。

人眼感知颜色需要具备三个条件:光的存在、光线入射到人眼以及大脑视觉神经中枢的解释,如图 7-2 所示。第一,光是颜色形成的物理基础,若没有光,则一切均呈现黑色。第二,发光体,也可称为光源,自身发射出的光线直接进入眼睛;非发光体本身没有颜色,而是光源发射的光线经过非发光体的反射或者透射进入人眼,不透明体表面反射的光线和透明体透射的光线呈现出非发光体的颜色。是否曾有过这样的经历:在洁净的夜晚,由于探照灯发出的定向光线径直射向天空而并未入射到人眼,因而看不见探照灯光柱,而只有当大气中悬浮着大量的微小水滴、气溶胶和沙尘等粒子时,由于大气粒子的散射作用而使部分光线入射到人眼,才能看到探照灯的光柱。第三,光信号经大脑视觉神经中枢的解释后,才能形成对颜色的感知。颜色是人眼通过大脑视觉神经中枢的解释所产生对光的视觉效应。

7.1.2 混色法

混色法是将不同的颜色混合起来,形成新颜色的方法。根据颜色混合后的亮度变化,可将混色法分为两种:加法混色和减法混色。所谓原色,又称为一次色或基色,是用以调配其他颜色的基本色。红色、绿色、蓝色称为**光的三原色**或加法三原色,将它们按照不同的比例

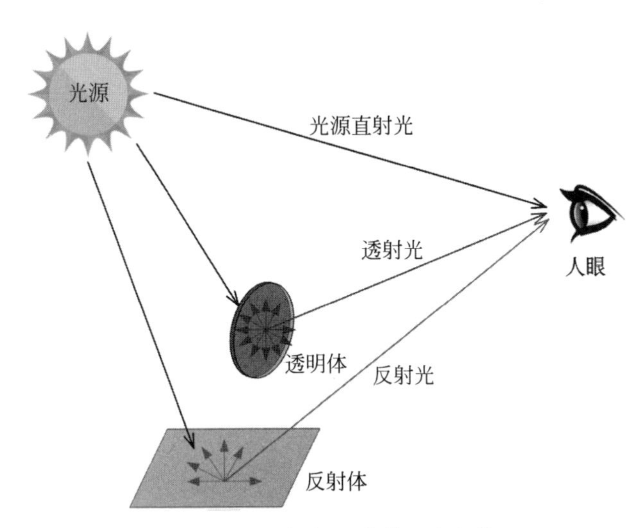

图 7-2　颜色形成的三个条件

叠加，可以合成各种不同颜色的光，这就是加法混色法。青色、品红、黄色称为**颜料三原色**或**减法三原色**，减法混色以吸收不同比例的三原色而形成不同的颜色。在颜料三原色中，红色、绿色、蓝色称为减法二次色或颜料二次色。

1. 加法混色

加法混色法是将不同量值的加法三原色——红色、绿色、蓝色叠加形成各种颜色的方法。在加法混色中颜色越混合越亮，如图 7-3 所示，将等量的红、绿、蓝三原色光投射到黑色的屏幕上，红色光和绿色光叠加形成黄色、红色光和蓝色光叠加形成品红、绿色光和蓝色光叠加形成青色，等量的三原色光叠加形成白光。电视画面就是应用加法混色这一原理制作出来的，更多的详细说明参见 7.2.2.1 节的 RGB 颜色空间。图 7-4 所示为补色环，通过圆心的一条直线相连的两种色调互为补色，红色与青色、绿色与品红、蓝色与黄色形成三对互补色。例如，图中标记①的黄绿色与标记②的蓝紫色互为补色。若人眼长时间注视某种颜色，则将视线转移时会看到这种颜色的补色，这是补色余像现象。

2. 减法混色

减法混色法是将不同量值的减法三原色——青色、品红、黄色混合形成不同颜色的方法。在减法混色中，颜色越混合越暗。如图 7-5 所示，将等量的青色、品红和黄色颜料混合在白色介质上，品红和黄色颜料混合形成红色、黄色和青色颜料混合形成绿色、品红和青色颜料混合形成蓝色，等量的颜料三原色混合形成黑色。颜料三原色的混色广泛应用在绘画和印刷领域中。

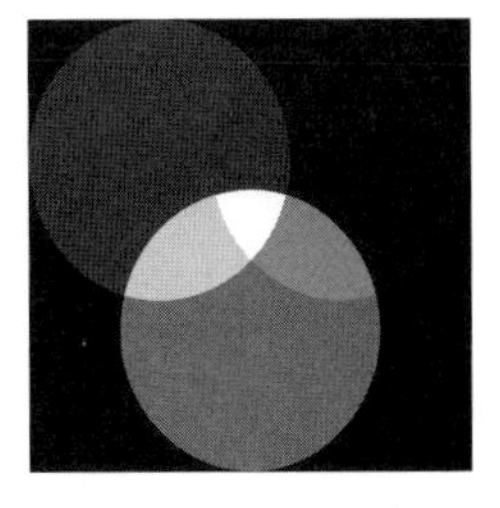

图 7-3　加法混色

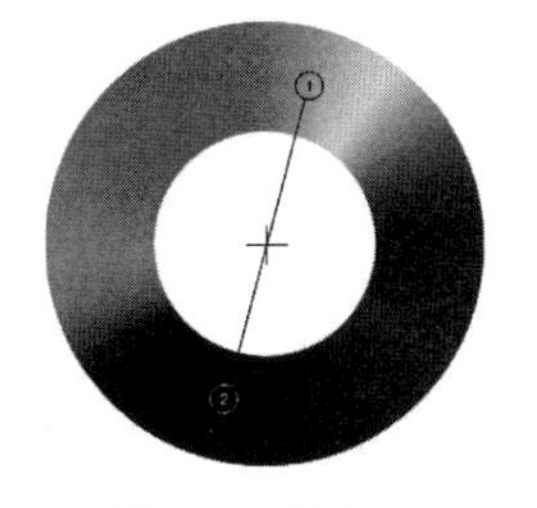

图 7-4　补色环

图 7-5　减法混色

透明滤镜或颜料吸收光线形成各种颜色实际上是减法混色。透明滤镜只能透过自身的颜色。白光通过重叠的黄色滤镜和青色滤镜将呈现什么颜色？如图 7-6(a)所示，由于黄色光是由红色光和绿色光组成的，因此白光通过黄色滤镜将透过红色光和绿色光，通过青色滤镜将透过绿色光和蓝色光。二者重叠后黄色滤镜吸收了白光中的蓝色光，青色滤镜吸收了红色光，只有绿色光能够同时透过二者，因此，白光通过重叠的黄色滤镜和青色滤镜的透射光为绿色光。同理可知，白光通过重叠的黄色滤镜和品红滤镜的透射光呈现红色[见图 7-6(b)]，通过重叠的青色滤镜和品红滤镜的透射光呈现蓝色[见图 7-6(c)]。白光通过重叠的红色滤镜和蓝色滤镜又将呈现什么颜色？当红色滤镜和蓝色滤镜重叠后，蓝色滤镜吸收了白光中的红色光和绿色光，而红色滤镜吸收了蓝色光和绿色光，因此，没有透射光，将呈现黑色。同理可知，白光通过光的三原色中任意两种颜色的重叠滤镜都将呈现黑色。

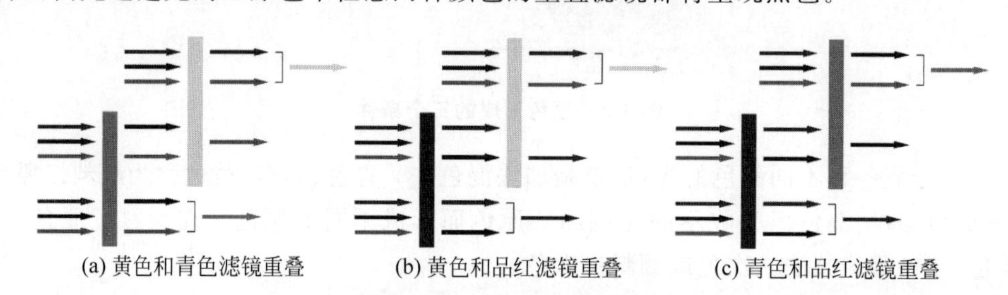

(a) 黄色和青色滤镜重叠　(b) 黄色和品红滤镜重叠　(c) 青色和品红滤镜重叠

图 7-6　透射光减色成像原理

将彩色颜料印刷在白纸上的成色原理与重叠彩色滤镜类似。彩色打印机、印刷机的墨水、油墨都是半透明的，光线穿透颜料再被白纸反射，每一种颜料只能透过并反射自身的颜色。如图 7-7(a)所示，当白光入射到青色颜料上时，青色颜料吸收红色光而反射绿色光和蓝色光，当白光入射到黄色颜料上时，黄色颜料吸收蓝色光而反射绿色光和红色光，因此，白光入射到黄色和青色混合颜料上仅能反射绿色光，因而，黄色和青色颜料混合形成绿色。当红色颜料和蓝色颜料混合后，蓝色颜料吸收了白光中的红色光和绿色光，红色颜料吸收了绿色光和蓝色光，因此，没有反射光，将呈现黑色[见图 7-7(b)]。同理可知，白光入射到光的三原色中任意两种颜色的混合颜料上都将呈现黑色。在青色、品红、黄色的颜料三原色中，任意两种颜料混合均会形成一种光的原色，因此，光的三原色——红色、绿色、蓝色也称为颜料二次色。彩色打印机和印刷机都是以减法混色法为基础的硬件设备。

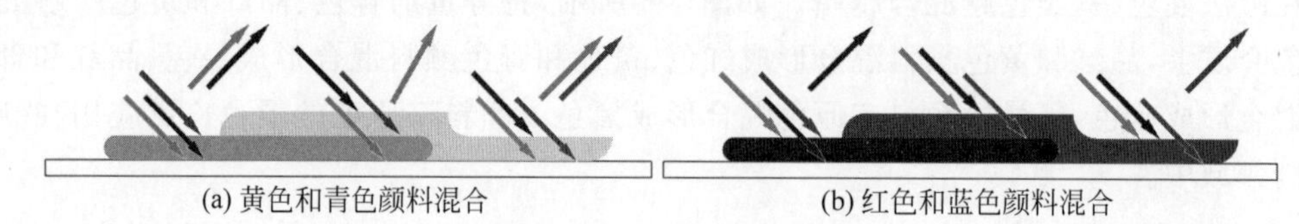

(a) 黄色和青色颜料混合　(b) 红色和蓝色颜料混合

图 7-7　反射光减色成像原理

7.2　颜色空间

颜色空间是表示颜色的空间坐标系，建立颜色空间实际上是建立一个坐标系，坐标系中的每一个点表示一种颜色，也称为**颜色模型**。可以用数学的向量空间来解释，一组基向量张成三维的颜色空间,颜色空间中的任意一种颜色可用一组基向量来描述。为了正确使用各种颜色,需要建立合适的颜色空间。各种彩色成像、显示和打印设备都具有各自的颜色空间,称为**设备依赖的颜色空间**。设备依赖的颜色空间依赖于设备的颜色特性,是与设备相关的颜色空间。CIE 颜色系统是建立在人类视觉基础上的颜色系统,颜色的表示方法独立于设备,称为**设备无关的颜色空间**。不同颜色空间之间可以按一定的公式相互转换,以适合不同的应用。

7.2.1 CIE 设备无关的颜色空间

混色系统认为各种颜色的光都是通过红、绿、蓝三原色光混合形成的,而不发光颜料的颜色则是由它所反射或透射的三原色光的量值确定的。因此,可以通过测定颜色中三原色的量值确定色彩的特性。混色系统最常用的几种表色法都是由国际照明委员会(International Commission on Illumination,CIE①)制定的。1931 年,CIE 研究人类颜色感知,发布了 CIE XYZ 颜色空间标准,这个标准广泛沿用至今。CIE XYZ 颜色空间标准定义了一个三维空间,在这个三维空间中,三刺激值定义了一种颜色。自从最初的 CIE 1931 颜色空间标准发布以来,在近几十年的发展过程中,CIE 制定了更多的颜色空间标准,提供了可供选择的多种颜色表示方法,以适应多种特定的目的。例如,1976 年 CIE 创立了与颜色视觉表现一致的均匀颜色空间 $L^*a^*b^*$。

sRGB 颜色空间是惠普与微软一起开发的应用于显示器、打印机以及因特网的一种标准 RGB 颜色空间。业界定义 sRGB 颜色空间来描述标准计算机显示器上的颜色特性。sRGB 颜色空间也是一种设备无关的颜色坐标系,可以使颜色在不同设备的使用传输中对应于同一颜色坐标系,而不受这些设备各自具有的不同颜色坐标的影响。表 7-1 列出了常用的设备无关的颜色空间标准。

表 7-1 常用的设备无关的颜色空间标准

颜色空间	标 准
XYZ	CIE 1931 颜色空间标准,三刺激值 X、Y、Z 略对应于标准三原色红色、绿色、蓝色的数值
xyY	CIE 颜色空间标准,x 和 y 表示归一化色度,Y 表示亮度,与 XYZ 颜色空间中的 Y 相同
uvL	CIE 颜色空间标准,均匀视觉感知的色度平面 Ouv,L 表示亮度,与 XYZ 颜色空间中的 Y 相同
u′v′L	CIE 颜色空间标准,对 u 和 v 重新标度,以提高视觉上的均匀性
$L^*a^*b^*$	CIE 颜色空间标准,亮度差异具有视觉感知均匀性。L^* 是 L 的非线性变换,并归一化至白色参考点
L^*ch	CIE 颜色空间标准,c 表示色度,h 表示色调,它们是 $L^*a^*b^*$ 中 a^* 和 b^* 的极坐标变换值
aRGB	绝大多数数字图像采集设备厂商采纳的标准

7.2.1.1 CIE 1931 颜色空间

CIE 1931 颜色空间标准定义了 CIE RGB 颜色空间和 CIE XYZ 颜色空间。CIE RGB 颜色空间是标准原色光的 RGB 颜色空间,而 CIE XYZ 颜色空间没有使用物理原色。人眼

① CIE 是法语 Commission Internationale de l'Eclairage 的简称。

视网膜上分布的三种视锥细胞分别对不同波段的光作出响应，所以原则上三个参数能唯一表示颜色。对于任何一种颜色，当三原色以一定的比例混合形成的混合色与该颜色相匹配时，将三原色的量值称为该颜色的**三刺激值**。

1. CIE 1931 色度图

CIE 1931 颜色空间通常用 X、Y 和 Z 来表示颜色的三原色，注意，X、Y 和 Z 并不对应标准三原色的红色、绿色和蓝色。对三刺激值 X、Y 和 Z 进行归一化：

$$x=\frac{X}{X+Y+Z} \tag{7-1}$$

$$y=\frac{Y}{X+Y+Z} \tag{7-2}$$

$$z=\frac{Z}{X+Y+Z} \tag{7-3}$$

式中，x、y 和 z 称为色度坐标，并且 $x+y+z=1$。由于 3 个色度坐标之间满足 $x+y+z=1$ 的关系，其中的两个色度坐标就可以表示颜色的色度，色度空间实质上是二维的，规定参数 x 和 y 表示颜色的色度，并规定参数 Y 表示颜色的亮度（明度），推导出的颜色空间用 x、y 和 Y 来表示，称为 **CIE xyY 颜色空间**。

由于色度空间可以用两个参数 x 和 y 来描述，根据可见光光谱中各波长的光对应的三刺激值绘制 y 与 x 之间的关系，这是众所周知的**色度图**(chromaticity diagram)。色度仅依赖于色调（波长）和饱和度，独立于亮度。颜色可以用相互独立的亮度和色度两个部分来表示。在色度图 x-y 中失去了亮度信息，为了从色度空间中重建三维颜色空间 XYZ，需要指定额外的亮度参数 Y，从色度 x 和 y 到三刺激值 X、Y 和 Z 的计算式为

$$z=1-x-y \tag{7-4}$$

$$X=\frac{x}{y}Y \tag{7-5}$$

$$Z=\frac{z}{y}Y \tag{7-6}$$

可见，三刺激值依赖于亮度参数 Y。

如图 7-8(a)所示，CIE 1931 XYZ 色度图表示的色域呈马蹄型，这是描述颜色范围最常用的图表。**色域**指色彩系统能够生成的颜色总和。色度图中马蹄型色域的弧形轮廓是光谱轨迹，对应于可见光光谱中的所有单色光。图中最右下侧是波长为 780nm 的红光，最左下侧是波长 380nm 的蓝紫光。马蹄型色域下方的直线轮廓称为紫线，表示不同强度的红色光与蓝紫色光可以混合而成的颜色，这些颜色尽管在色域的轮廓上，然而在可见光光谱中没有相匹配的单色光。在色度图 x-y 中，白色位于坐标$\left(\frac{1}{3},\frac{1}{3}\right)$处，用白色的空心圆标识，称为白色参考点。马蹄型色域轮廓上的颜色是人眼可见的最高饱和度的颜色，色域内部趋于白色的颜色具有最低饱和度。CIE 1931 XYZ 色度图是所有颜色管理系统[①]的基础，它包含了人眼可见的所有色度，称为人类视觉的色域，其中大多数颜色都不能在彩色成像、显示或打印

① 颜色管理的基本原理是各种设备依赖的颜色空间向设备无关的颜色空间转换。换句话说，用 CIE 颜色空间作为设备颜色转换的标准和依据来表示所有设备的颜色，并描述一切颜色。

设备上展现出来。图 7-8(b)为 CIE 1964 XYZ 标准色度图,与 CIE 1931 XYZ 标准不同的是,CIE 1964 XYZ 标准观察视角是 10°,具体的描述见后面的内容。

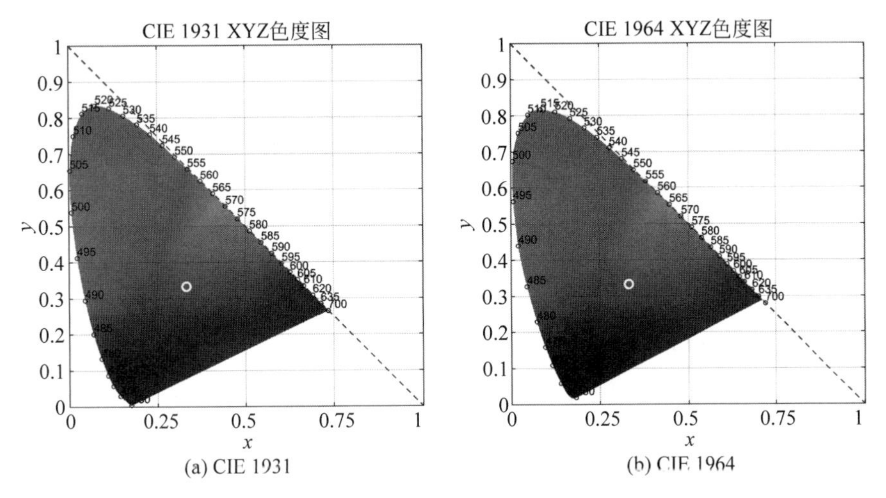

图 7-8 CIE XYZ 色度图

色度图 x-y 能够表示各种颜色的色彩特征,以及颜色之间的关系。色度图中的任意一点表示一种颜色,白色参考点与该点延长线交于光谱轨迹上的波长决定了这种颜色的色调,该点到白色参考点的距离决定了这种颜色的饱和度。在图 7-9 中,点 E 表示白色参考点,对于点 M 所表示的颜色,过点 E 向点 M 引直线与弧形光谱轨迹相交于点 P,交点 P 处的波长为该颜色的波长,决定了该颜色的色调,线段 EP 上的颜色具有相同的色调;点 M 在点 P 与点 E 连线上的位置表明该颜色的饱和度,点 M 距离点 E 越接近,该颜色的饱和度越低。过点 E 向点 M 所引直线的反向延长线与弧形轮廓相交于点 Q,交点 Q 处的波长为该颜色补色的波长。点 P 与点 Q 所表示的颜色为互补色。注意,对于点 N 所表示的颜色,色度图中过点 E 向点 N 引直线与光谱轨迹相交于紫线上,因而,该颜色的波长并不存在,在这种情况下,可以用该颜色补色的波长来描述。

由于色度图的形状是凸形的,在色度图中两种不同的颜色以任意比例混合所形成的任何颜色都位于这两个点之间的连线上,在混合颜色中这两种颜色的量值与该点到连线两端的距离成反比。例如,红色和绿色以任意比例混合形成的任何颜色的色度坐标均在点 R 和点 G 之间的连线上。在色度图中三种不同的颜色以任意比例混合所形成的颜色分布在以这三个点为顶点构成的三角形上或三角形内。如图 7-10 所示,以显示器为例,显示器的颜色是由红、绿、蓝三原色光按照一定亮度比例混色形成的,阴极射线器(cathode ray tube,CRT)、液晶显示器(liquid crystal display, LCD)、等离子显示器(plasma display panel,PDP)、数字光处理(digital

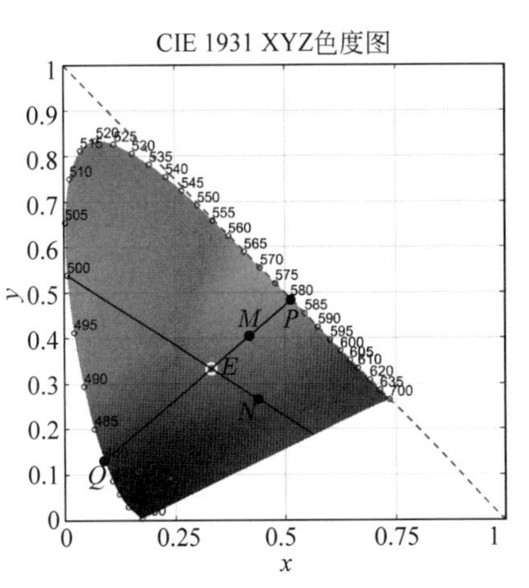

图 7-9 色度图中波长决定颜色的色调

light processing,DLP)[①]等彩色显示器,都是基于三原色加法混色成像。显示器所能制造出的 RGB 三原色光的色调和饱和度决定了显示器的彩色显示质量。

由于 CIE 1931 的标准色度图能够有效地描述色彩特征及色彩形成的过程,还可以形象地展示各种硬件系统的色域,因此,广泛地应用于描述硬件的色彩特性。由 RGB 三原色的色度坐标为顶点所构成三角形的面积在色度图上的覆盖范围,称为三原色表示的色域。通常使用相对于彩色电视标准 NTSC 色域范围的百分比来描述显示器的色域范围。如图 7-10 所示,sRGB 颜色空间的色域范围在色度图上的三角形面积仅约为 NTSC 面积的 70.3%,sRGB 色域较小;Adobe RGB 颜色空间是由 Adobe Systems 于 1998 年开发的 RGB 颜色空间,扩大了 sRGB 颜色空间在青绿色区域的色域范围。sRGB 标准是因特网上推荐使用的颜色空间,用于编辑、保存网页上的图像;而 Adobe RGB 颜色空间的设计目的是实现 CMYK 彩色打印机的大部分颜色,用于专业图像印刷。

CIE 1931 标准色度图是视觉非均匀的系统。具体来说,在色度图中两点之间的距离与这两种颜色之间的视觉感知差异程度不一致。宽容量是指人眼感觉不出颜色变化的最大范围。MacAdam 用椭圆区域表示颜色的宽容量,如图 7-11 所示,实验表明,在 CIE 1931 标准色度图中,25 种颜色的宽容量椭圆以及长轴的方向均不相同,尤其是绿色的宽容量比蓝色的大 30 余倍。为此,CIE 设计了统一的视觉颜色差异度量模型,特别地,CIE 1976 $L^*u^*v^*$ 和 CIE 1976 $L^*a^*b^*$ 颜色空间是两种典型的均匀视觉感知的颜色空间。

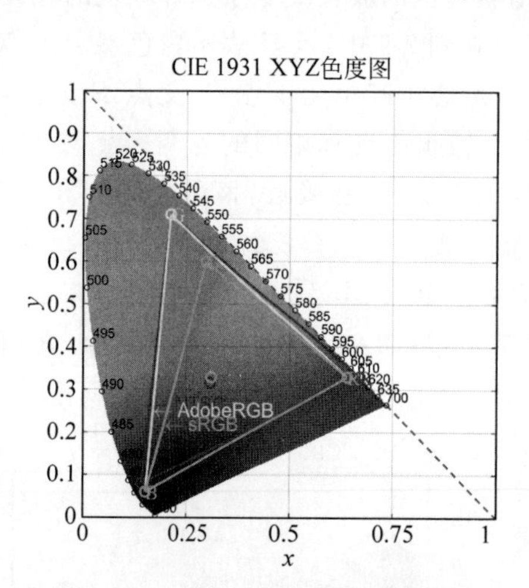

图 7-10 NTSC、sRGB 和 Adobe RGB 色域范围比较

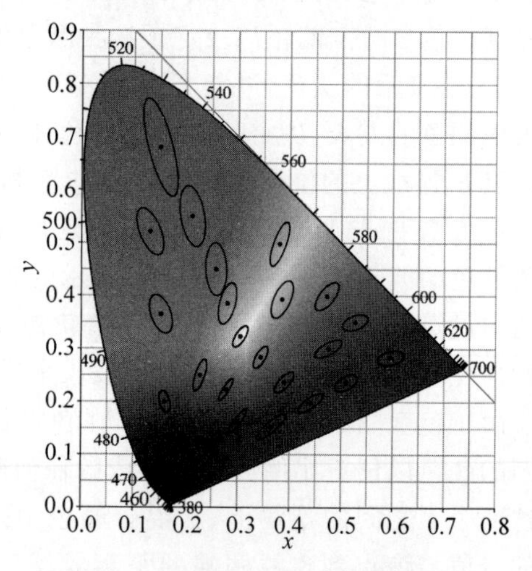

图 7-11 MacAdam 宽容量椭圆

(图片源自维基百科)

2. CIE 1931 RGB 颜色空间

20 世纪 20 年代后期,William David Wright (Wright 1928)和 John Guild (Guild 1931)独立进行了一系列人类视觉实验。在 CIE 标准比色实验中,在屏幕的一侧投射测试颜色,并在另一侧投射 R、G、B 三原色光的混合光,如图 7-12 所示,观察者通过调节三原色光的强度直至混合光的颜色与测试颜色相匹配。由于视锥细胞分布在视网膜上,三刺激值取决于观察者的视野,因此,CIE 定义了标准观察视角。考虑人眼视网膜中央凹的张角是 2°,实验

① 一种应用在投影仪和背投电视中的显像技术。

使用了 2°视角的圆形分割屏幕。

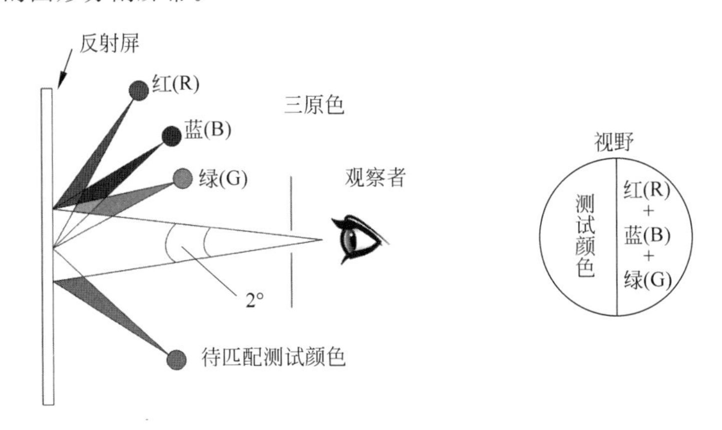

图 7-12　三原色匹配的简化视觉比色原理图

在 CIE 标准比色系统中，规定将波长为 700nm(R)的红色光、546.1nm(G)的绿色光和 435.8nm(B)的蓝色光作为**标准三原色**。546.1nm 和 435.8nm 波长的原色光是由汞蒸气发射出的单色光谱线，选择这两种波长原色光的原因是容易重复实验。700nm 波长原色光是由钨灯发射出的单色光谱线，在该波长处人眼的颜色感知对波长变化相当不敏感，原色光波长的小误差对比色实验几乎没有影响。红、绿、蓝三原色的线性组合生成新的颜色 $C=R\mathrm{R}+G\mathrm{G}+B\mathrm{B}$，通过改变三原色的量值可以使混合颜色与测试颜色相匹配，与测试颜色相匹配的三原色的量值 R、G、B 就是该颜色的三刺激值。当某些颜色不能直接用三原色光的混合进行配色时，将一种原色光转移到测试颜色上，用其余两种原色光混合与之配色。例如，可见光谱中波长为 380nm 的紫色光(violet)不能用三原色的混合光与之配色；但是，若在紫色光中添加绿色光，则可以用红色光和蓝色光的混合光进行配色。通过实验可得，violet +10G= 30R+117B。对于这种情况，转移到测试颜色的原色光的强度记录为负值，即 violet = 30R−10G+117B。这种引入负颜色的方式可以覆盖人类颜色感知的完整范围。当测试颜色是单色光时，将所需要的三种原色光的强度绘制为关于波长的函数，这三个函数称为**颜色匹配函数**。

Wright 和 Guild 的实验使用了各种不同的三原色光强度及不同的观察者，建立了标准 CIE RGB 颜色匹配函数 $\bar{r}(\lambda)$、$\bar{g}(\lambda)$和 $\bar{b}(\lambda)$，各种波长的单色光可以表示为三原色光的线性组合，即 $C=\bar{r}(\lambda)\mathrm{R}+\bar{g}(\lambda)\mathrm{G}+\bar{b}(\lambda)\mathrm{B}$。图 7-13(a)给出了 2°标准观察视角的 CIE RGB 颜色匹配函数，横轴的波长范围为 380～780nm，间隔为 5nm。例如，与波长 $\lambda=500$nm 的单色光相匹配的三刺激值中对应红色光为负值。注意，在 435.8nm(B)处 $\bar{r}(\lambda)$和 $\bar{g}(\lambda)$为零，在 546.1nm(G)处 $\bar{r}(\lambda)$和 $\bar{b}(\lambda)$为零，在 700nm(R)处 $\bar{g}(\lambda)$和 $\bar{b}(\lambda)$为零，这是因为在这些情况下测试颜色是三原色之一。红色匹配函数在波段 440～545nm 明显为负值，绿色匹配函数在波段 380～435nm 略为负值，蓝色匹配函数在波段 550～655nm 略为负值，在更长的波段内为零。实际上，对于任何给定的波长，三者之一必为负值。CIE 确定了原色和颜色匹配函数，波长轴两端的长波和短波截断在某种程度上是随意选择的，人眼实际上能感觉到的光的波长最高可达 810nm，但是敏感度低于绿色光的数千倍。Stiles 和 Burch 修改了 RGB 颜色匹配函数，分别以 2°(1955)和 10°(1959)视角定义。图 7-13(b)给出了 Stiles 和 Burch

(1959)10°标准观察视角的 RGB 颜色匹配函数，波长范围为 380～830nm，间隔为 5nm。

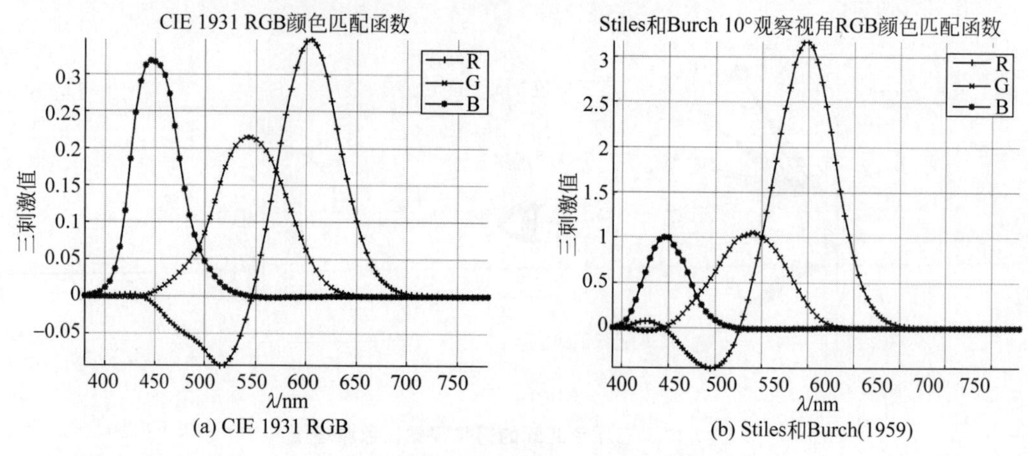

(a) CIE 1931 RGB　　(b) Stiles和Burch(1959)

图 7-13　颜色匹配函数，波长间隔为 5nm

由于人类视觉的颜色感知接近线性，任何颜色可以用构成它的三刺激值 R、G、B 表示。在 CIE RGB 空间中，色度坐标定义为

$$r=\frac{R}{R+G+B} \tag{7-7}$$

$$g=\frac{G}{R+G+B} \tag{7-8}$$

$$b=\frac{B}{R+G+B} \tag{7-9}$$

式中，$r+g+b=1$。r、g、b 分别表示三刺激值 R、G、B 在总量值中所占的比例。注意，若仅亮度增加 k 倍，则色度坐标仍不变，因此色度坐标表达了具有相同色调和饱和度颜色的共同特征。

通常，当仅关注颜色的色彩特征而不关注亮度的变化时，广泛使用色度坐标。图 7-14 为 CIE RGB 色度图 r-g。光谱轨迹在 435.8nm 处经过蓝色点 $B(0,0)$，在 546.1nm 处经过绿色点 $G(0,1)$，在 700nm 处经过红色点 $R(1,0)$。由于在灰度级轴上三刺激值相等，即 $R=G=B$，白色参考点在 $E\left(\frac{1}{3},\frac{1}{3}\right)$ 处。图中，蓝色、绿色、红色和白色参考点用相应颜色的空心圆标识。

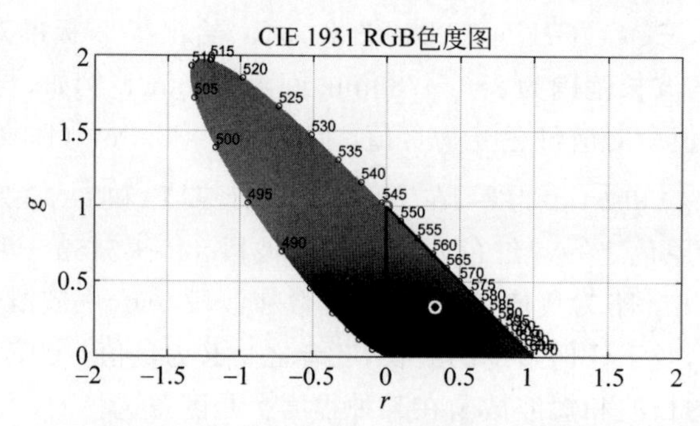

图 7-14　CIE RGB 色度图 r-g，蓝色、绿色、红色和白点用相应颜色的空心圆标识

3. CIE 1931 XYZ 颜色空间

Wright 和 Guild 的视觉比色实验奠定了 CIE XYZ 颜色空间标准的基础。为了避免 CIE RGB 中出现负值,引入新的坐标系 CIE XYZ。在 CIE XYZ 颜色空间中,三刺激值并不是人眼视网膜上的 S、M 和 L 视锥细胞对短波、中波和长波可见光的响应,而是一组称为 X、Y 和 Z 的三刺激值,大致对应红色、绿色和蓝色。注意,X、Y、Z 不是物理上观察的红、绿、蓝三原色,然而,可以认为是由红、绿、蓝三原色推导出的参数。从 CIE XYZ 色度图 x-y(图 7-8)和 CIE RGB 色度图 r-g(图 7-14)的比较可以看到,CIE XYZ 色度图 x-y 的坐标 x 和 y 均为非负值,因此,整个色域都在第一象限中。从 CIE RGB 颜色空间到 CIE XYZ 颜色空间是线性变换,在 CIE XYZ 颜色空间中,三个坐标轴实际上是由三个非正交基向量定义。CIE XYZ 是 CIE 1931 标准色度学系统,是其他颜色空间定义的基础。

在 CIE XYZ 颜色空间中,颜色匹配函数 $\bar{x}(\lambda)$、$\bar{y}(\lambda)$ 和 $\bar{z}(\lambda)$ 具有非负值。图 7-15(a)给出了 CIE 1931 XYZ 颜色匹配函数,波长范围 360~830nm,间隔为 1nm。对于波长为 λ 的单色光 C 可以用 X、Y、Z 三原色线性组合表示为 $C=\bar{x}(\lambda)X+\bar{y}(\lambda)Y+\bar{z}(\lambda)Z$,颜色匹配函数 $\bar{x}(\lambda)$、$\bar{y}(\lambda)$ 和 $\bar{z}(\lambda)$ 可以理解为权系数,通常简写为 $C=XX+YY+ZZ$。明视觉光度函数 $V(\lambda)$ 描述了亮度感知与波长之间的关系。在 CIE RGB 颜色空间中,明视觉光度函数 $V(\lambda)$ 实际上是 RGB 颜色匹配函数的线性组合。而在 CIE XYZ 颜色空间中,CIE 标准观察的明视觉光度函数 $V(\lambda)$ 就是单一的 Y 颜色匹配函数 $\bar{y}(\lambda)$。为了更好地表示人类视觉,Judd(1951)和 Vos(1978)修改了 XYZ 颜色匹配函数。由于颜色敏感的视锥细胞位于 2°的中央凹内,最初制定的 CIE 1931 标准采纳的是人眼通过 2°视角观察的色度响应。CIE 1964 标准观察颜色匹配函数是以 10°视角定义的,图 7-15(b)给出了 CIE 1964 XYZ 颜色匹配函数,波长范围 360~830nm,间隔为 5nm。

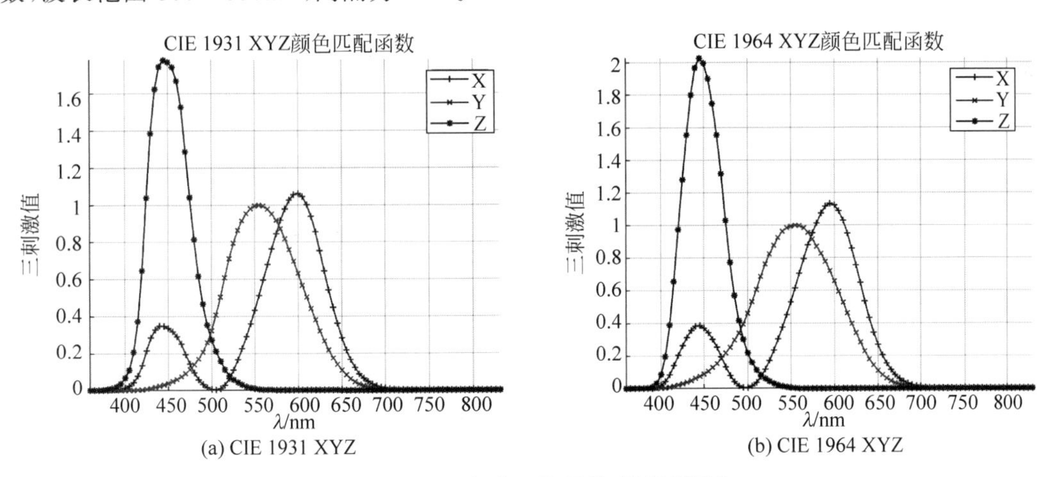

(a) CIE 1931 XYZ　　(b) CIE 1964 XYZ

图 7-15　CIE XYZ 颜色匹配函数,波长间隔为 5nm

对于 CIE 1931 标准比色系统的色度坐标和颜色匹配函数,标准三原色红色(R)、绿色(G)、蓝色(B)在色度图 x-y 中的相应坐标分别为 $R(0.7347,0.2653)$、$G(0.2738,0.7174)$、$B(0.1666,0.0089)$,二次色青色(C)、品红(M)、黄色(Y)在色度图 x-y 中的相应坐标分别为 $C(0.2185,0.3528)$、$M(0.3695,0.1005)$、$Y(0.4446,0.5498)$,在图 7-16 中,用相应颜色的空心圆标识。在色度图中,将 R、G、B 三点连接起来构成一个三角形,而 C、M、Y 三点分别在构成它的两种原色的连线上。由解析几何可知，三角形内或三角形上的点是三个顶点的线性组合，权系数是区间[0,1]内的数值且权系数之和等于1。正是由于这个原因，这个三角形描述了标准三原色的色域。给定任何三个真实光源都不能覆盖人类视觉的色域，从几何上讲，在色域中三个点不可能构成包括整个色域的三角形。简言之，人类视觉的色域不是三角形。而在三角形之外点的权系数为负值，这就是CIE RGB颜色匹配函数中有负值的原因。由图中可知，弧形光谱轨迹上的所有点都在三角形之外或三角形上。

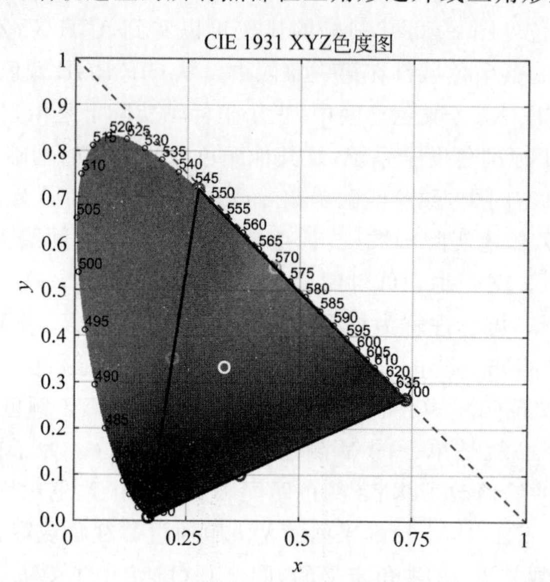

图 7-16 CIE XYZ 色度图中标准三原色构成的色域

CIE RGB颜色空间和CIE XYZ颜色空间之间可以通过线性方程相互转换，从CIE RGB颜色空间到CIE XYZ颜色空间的线性变换为

$$\begin{bmatrix} X \\ Y \\ Z \end{bmatrix} = \begin{bmatrix} 0.4899 & 0.31 & 0.2001 \\ 0.1769 & 0.8124 & 0.0106 \\ 0 & 0.01 & 0.9903 \end{bmatrix} \begin{bmatrix} R \\ G \\ B \end{bmatrix} \tag{7-10}$$

反之，从CIE XYZ颜色空间到CIE RGB颜色空间的线性变换为

$$\begin{bmatrix} R \\ G \\ B \end{bmatrix} = \begin{bmatrix} 2.365 & -0.8967 & -0.4681 \\ -0.5151 & 1.4264 & 0.0887 \\ 0.0052 & -0.0144 & 1.0089 \end{bmatrix} \begin{bmatrix} X \\ Y \\ Z \end{bmatrix} \tag{7-11}$$

从另一个视角来看，三原色X、Y、Z是标准三原色R、G、B的线性组合。

图7-17显示了CIE 1931 XYZ颜色匹配函数的三维视图，为了直观地显示，光谱轨迹上的每一个点以及与原点相连的直线用相应波长代表的颜色绘制，弧形轮廓称为单色度轨迹，红色和蓝色光谱的对应点接近原点。这是因为长波和短波的能量受限，这些颜色很暗，几乎不可见。注意，可见光光谱中真正的紫色光谱投影在马蹄型轮廓内部，二维表示的色度图中紫线上的颜色并不存在。

7.2.1.2 CIE 1976 $L^*u^*v^*$ 颜色空间

CIE 1976 $L^*u^*v^*$ 颜色空间是CIE于1976年通过的均匀视觉感知的颜色空间，它是

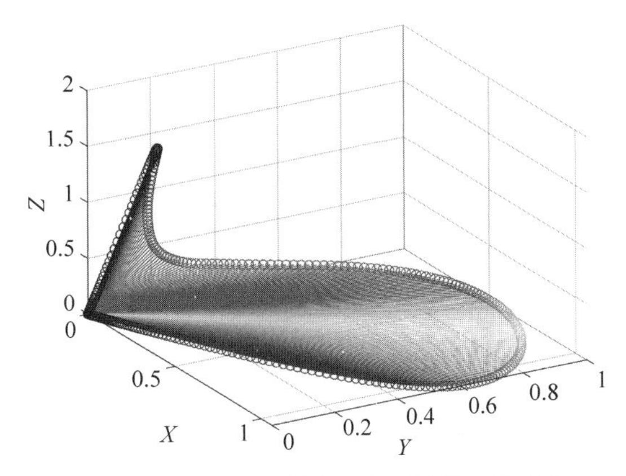

图 7-17 CIE XYZ 颜色匹配函数的三维视图

CIE 1931 XYZ 颜色空间的简单变换，简称为 CIE LUV 颜色空间。在 $L^*u^*v^*$ 颜色空间中，L^* 表示亮度分量，u^* 和 v^* 表示色度分量。对于一般图像，u^* 分量和 v^* 分量的范围为[-100,100]，除镜面反射的高亮区域之外，L^* 分量的范围为[0,100]。图 7-18 给出了 CIE 1976 $L^*u^*v^*$ 色度图，色度图是具有固定亮度的三维模型横截面，它是三维颜色空间的二维描述。由图中可见，CIE LUV 在 CIE 1931 色度图的基础上进行了压缩绿区和拉伸蓝区的变换。在图 7-16 所示的 CIE XYZ 色度图中，RGB 标准三原色彩色系统的色域是三角形，经过从 CIE XYZ 到 CIE LUV 的非线性变换，CIE XYZ 色度图中标准三原色构成的三角形色域的边长将不再保持直线，由颜色立方体 6 个顶点 R(红色)、G(绿色)、B(蓝色)和 Y(黄色)、C(青色)、M(品红)构成了扭曲六边形，各个顶点用相应颜色的空心圆标识，灰度级轴是在$(u^*, v^*)=(0,0)$处，用白色的空心圆标识。

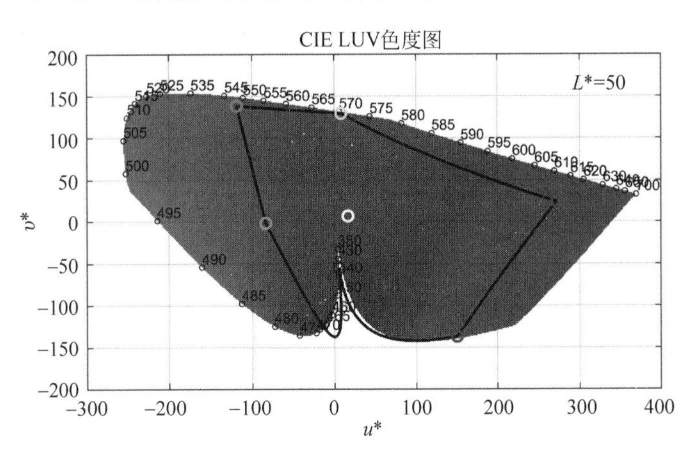

图 7-18 CIE LUV 色度图，$L^*=50$

CIE XYZ 颜色空间与 CIE LUV 颜色空间之间是非线性关系，从 CIE XYZ 颜色空间到 CIE LUV 颜色空间的非线性变换为

$$u' = \frac{4X}{X+15Y+3Z} = \frac{4x}{-2x+12y+3} \tag{7-12}$$

$$v' = \frac{9X}{X+15Y+3Z} = \frac{9x}{-2x+12y+3} \tag{7-13}$$

$$L^* = \begin{cases} (29/3)^3 Y/Y_n, & Y/Y_n \leqslant (6/29)^3 \\ 116(Y/Y_n)^{1/3} - 16, & Y/Y_n > (6/29)^3 \end{cases} \tag{7-14}$$

$$u^* = 13L^*(u' - u'_n) \tag{7-15}$$

$$v^* = 13L^*(v' - v'_n) \tag{7-16}$$

反之,从 CIE LUV 颜色空间到 CIE XYZ 颜色空间的非线性变换为

$$u' = \frac{u^*}{13L^*} + u'_n \tag{7-17}$$

$$v' = \frac{v^*}{13L^*} + v'_n \tag{7-18}$$

$$L^* = \begin{cases} Y_n \cdot L^* \cdot (3/29)^3, & L^* \leqslant 8 \\ Y_n \cdot \left(\dfrac{L^* + 16}{116}\right)^3, & L^* > 8 \end{cases} \tag{7-19}$$

$$X = Y \cdot \frac{9u'}{4v'} \tag{7-20}$$

$$Z = Y \cdot \frac{12 - 3u' - 20v'}{4v'} \tag{7-21}$$

式中,(u'_n, v'_n)为白色参考点的色度坐标,Y_n 为白色参考点的亮度,下标 n 表示 normalized。对于 2°标准观察和标准照明体 C,$u'_n = 0.2009$,$v'_n = 0.461$。

7.2.1.3 CIE 1976 L* a* b* 颜色空间

CIE 1976 L* a* b* 也定义了一种颜色差异感知均匀的颜色空间。CIE 1976 L* a* b* 是 CIE 制定的最完整的颜色空间,描述了人类视觉可感知的所有颜色,简称为 CIE LAB 颜色空间。CIE 1976 L* a* b* 颜色空间是一个颜色对立空间,由 3 个互相垂直的坐标轴 L^*、a^* 和 b^* 组成。L^* 表示亮度分量,亮度分量的范围为[0,100],$L^*=0$ 表示黑色,$L^*=100$ 表示漫反射白色。a^* 和 b^* 表示颜色对立的两个色度分量,a^* 分量和 b^* 分量的范围为[−100,100]。a^* 位于红色/品红与绿色之间,绿红轴的负方向表示绿色,而正方向表示红色/品红;b^* 位于黄色与蓝色之间,蓝黄轴的负方向表示蓝色,而正方向表示黄色。CIE LAB 颜色空间的坐标轴是 L^*、a^* 和 b^*,这是为了区分 Hunter 1948 Lab 颜色空间的坐标轴 L、a 和 b。

图 7-19 给出了 CIE 1976 L* a* b* 色度图,在图 7-16 所示的 CIE XYZ 色度图中,RGB 标准三原色构成三角形色域,经过从 CIE XYZ 到 CIE LAB 的非线性变换,CIE XYZ 色度图中三角形色域的边长将不再保持直线,由颜色立方体 6 个顶点 R(红色)、G(绿色)、B(蓝色)和 Y(黄色)、C(青色)、M(品红)构成了扭曲六边形,各个顶点用相应颜色的空心圆标识,灰度级轴是在$(a^*, b^*)=(0,0)$处,用白色的空心圆标识。由于 CIE LAB 颜色空间的目的是使均匀的坐标变化对应于均匀的颜色差异感知,CIE LAB 是一种用于颜色编辑的有力颜色空间。

CIE XYZ 颜色空间与 CIE LAB 颜色空间之间是非线性关系,从 CIE XYZ 颜色空间到 CIE LAB 颜色空间的非线性变换为

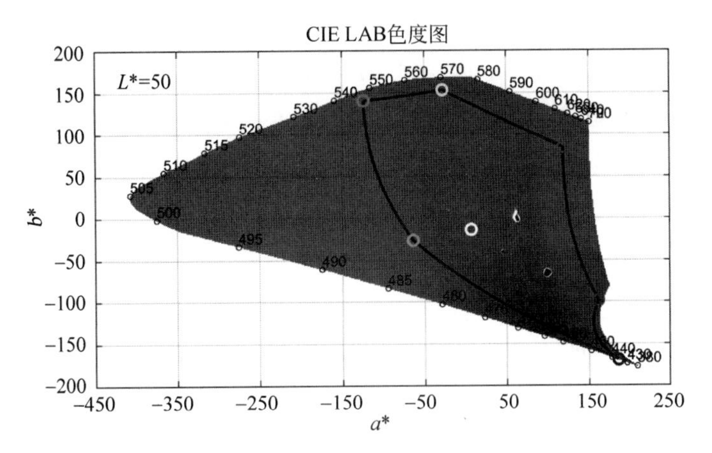

图 7-19 CIE LAB 色度图，$L^*=50$

$$X_1=\frac{X}{X_n} \tag{7-22}$$

$$Y_1=\frac{Y}{Y_n} \tag{7-23}$$

$$Z_1=\frac{Z}{Z_n} \tag{7-24}$$

$$X_1=\begin{cases}X_1^{1/3}, & X_1>0.008856\\ 7.787X_1+16/116, & \text{其他}\end{cases} \tag{7-25}$$

$$Y_1=\begin{cases}Y_1^{1/3}, & Y_1>0.008856\\ 7.787Y_1+16/116, & \text{其他}\end{cases} \tag{7-26}$$

$$Z_1=\begin{cases}Z_1^{1/3}, & Z_1>0.008856\\ 7.787Z_1+16/116, & \text{其他}\end{cases} \tag{7-27}$$

$$L^*=116Y_1-16 \tag{7-28}$$

$$a^*=500(X_1-Y_1) \tag{7-29}$$

$$b^*=200(Y_1-Z_1) \tag{7-30}$$

反之，从 CIE LAB 颜色空间到 CIE XYZ 颜色空间的非线性变换为

$$Y_1=(L^*+16)/116 \tag{7-31}$$

$$X_1=a^*/500+Y_1 \tag{7-32}$$

$$Z_1=-b^*/200+Y_1 \tag{7-33}$$

$$X_1=\begin{cases}X_1^3, & X_1>0.206893\\ (X_1-16/116)/7.787, & \text{其他}\end{cases} \tag{7-34}$$

$$Y_1=\begin{cases}Y_1^3, & Y_1>0.206893\\ (Y_1-16/116)/7.787, & \text{其他}\end{cases} \tag{7-35}$$

$$Z_1=\begin{cases}Z_1^3, & Z_1>0.206893\\(Z_1-16/116)/7.787, & 其他\end{cases} \tag{7-36}$$

$$X=X_nX_1 \tag{7-37}$$

$$Y=Y_nY_1 \tag{7-38}$$

$$Z=Z_nZ_1 \tag{7-39}$$

式中，X_n、Y_n 和 Z_n 是白色参考点的 CIE XYZ 三刺激值。这里给出上式中所需要的一些重要数字：$\sqrt[3]{0.00856}=0.206893$，$16/116=0.137931$，$116\times0.008856^{1/3}-16=8$。

L^*、a^* 和 b^* 的非线性关系模拟了人类视觉的非线性响应。在三维颜色空间中，两个点之间的距离表示两种颜色之间的色差。L* a* b* 颜色空间的设计思路接近人类视觉，是视觉感知均匀性的颜色空间。换句话说，L* a* b* 颜色空间中的均匀变化对应于感知颜色中的均匀变化，所以在 L* a* b* 颜色空间中任何两种颜色之间的相对视觉感知差异可以用三维坐标系中这两种颜色对应的空间点之间的欧氏距离表示。前一小节介绍的 CIE 1976 L* u* v* 颜色空间是一种相似的均匀颜色感知空间。L* a* b* 颜色空间与 L* u* v* 颜色空间有相同的 L^* 分量，但是有不同的色度表示，并且，L* a* b* 颜色空间的均匀性优于 L* u* v* 颜色空间。

例 7-1 CIE 1976 L* a* b* 颜色空间中感兴趣颜色的分割

将如图 7-20(a)所示的彩色图像 Peppers 从 RGB 颜色空间转换到 L* a* b* 颜色空间，图 7-20(b)～(d)分别显示了该彩色图像的 L^* 分量、a^* 分量和 b^* 分量。由于 a^* 表示绿红分量，其负方向表示绿色，正方向表示红色，在 a^* 分量图像中，偏向红色的亮度较高，而偏向绿色的亮度较低；而 b^* 表示蓝黄分量，其负方向表示蓝色，正方向表示黄色，在 b^* 分量图像中，偏向黄色的亮度较高，而偏向蓝紫色的亮度较低。

给定 CIE 1976 L* a* b* 颜色空间中任意两种颜色，它们在三维坐标系中的空间坐标表

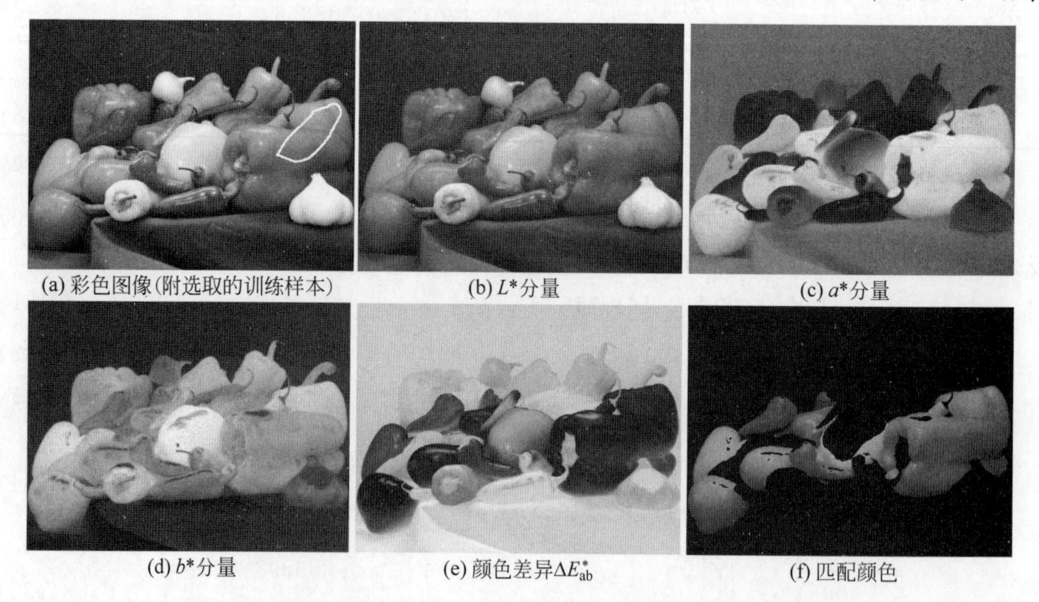

(a) 彩色图像(附选取的训练样本)　(b) L^*分量　(c) a^*分量

(d) b^*分量　(e) 颜色差异ΔE_{ab}^*　(f) 匹配颜色

图 7-20 CIE 1976 L* a* b* 颜色空间中感兴趣颜色区域分割示例

示为(L_1^*, a_1^*, b_1^*)和(L_2^*, a_2^*, b_2^*)，这两种颜色之间的颜色差异ΔE_{ab}^*定义为这两个点之间的欧氏距离：

$$\Delta E_{ab}^* = \sqrt{(L_1^* - L_2^*)^2 + (a_1^* - a_2^*)^2 + (b_1^* - b_2^*)^2} \tag{7-40}$$

在$L^*a^*b^*$颜色空间中利用颜色差异ΔE_{ab}^*对感兴趣颜色进行分割。

在彩色图像中选取感兴趣的颜色区域(图7-20(a)中白色实线包围的区域)，计算所选区域中各个颜色分量的平均值$\bar{L}^*$、$\bar{a}^*$和$\bar{b}^*$。然后根据式(7-40)计算图像中全部像素的L^*、a^*和b^*值与平均值$\bar{L}^*$、$\bar{a}^*$和$\bar{b}^*$之间的颜色差异ΔE_{ab}^*。图7-20(e)是以图像方式显示的颜色差异ΔE_{ab}^*，图像中区域的灰度越暗，表明该区域的颜色越接近感兴趣区域颜色分量的平均值$\bar{L}^*$、$\bar{a}^*$和$\bar{b}^*$。设置全局阈值T对颜色差异ΔE_{ab}^*进行阈值化，将$\Delta E_{ab}^* \leqslant T$的颜色称为匹配颜色，如图7-20(f)所示，其中，阈值T设置为40。从下一节可知，在色度盘中，红色区域有间断点，参见图7-32(d)，因而，在色度分量中无法用空间距离来度量红色差异。然而，在视觉均匀性的CIE LAB颜色空间中，可以找到任何与感知差异一致的区域。

7.2.2 设备依赖的颜色空间

目前常用的设备依赖的颜色空间可分为两类：面向硬件设备和面向视觉感知。面向硬件设备的颜色空间主要有RGB、CMY/CMYK颜色空间，前者主要用于彩色显示器、彩色照相机、摄像机和彩色扫描仪等，后者主要用于彩色打印机、印刷机、复印机等。面向人类视觉系统的颜色空间主要有HSI、HSV、YUV、YCbCr、YIQ颜色空间等。

7.2.2.1 RGB颜色空间

RGB颜色空间建立在笛卡儿坐标系上，3个相互垂直的坐标轴分别表示红色(R)、绿色(G)、蓝色(B)，原点表示黑色(K)，离原点最远的顶点表示白色(W)，如图7-21所示。将立方体归一化为单位立方体，这样所有的R、G、B值都在区间[0,1]内。在这个颜色空间中，3个坐标轴实际上是由3个标准正交基向量定义，从黑色$K(0,0,0)$到白色$W(1,1,1)$的灰度值分布在从原点到离原点最远顶点之间的连线上，其他的6个顶点分别是红色$R(1,0,0)$、黄色$Y(1,1,0)$、绿色$G(0,1,0)$、青色$C(0,1,1)$、蓝色$B(0,0,1)$和品红$M(1,0,1)$，而立方体内其余各点对应的颜色用从原点到该点的向量表示。

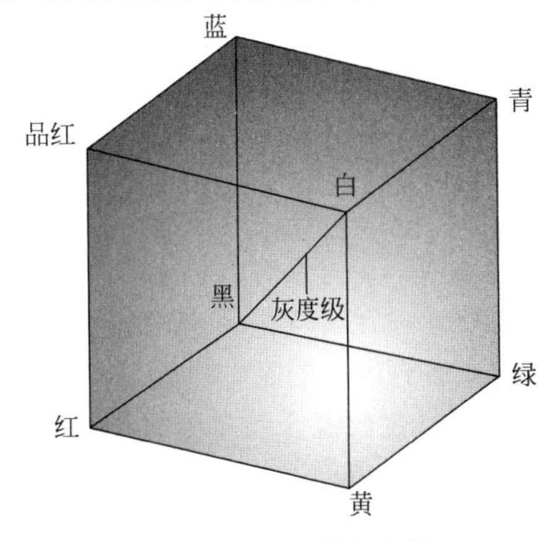

图7-21 RGB颜色空间

红色、绿色和蓝色是光的三原色，RGB颜色空间依从加法混色原理，RGB颜色空间中的任何颜色都可以表示为三原色的线性组合，RGB描述的是三原色的量值。三原色的比例决定混合颜色的色调，当三原色的量值相等时，混合颜色是灰色调，分布在从黑色到白色之间的灰度级轴上。

彩色显示器和扫描仪都使用RGB颜色空间。CRT显示器用电子束轰击荧光粉呈色[图7-22(a)]。CRT显示器R、G、B电子枪发射电子，由R、G、B数值控制电压决定电子通过的数量，分别激发荧光屏上的R、G、B三种颜色的荧光粉发出不同强度的

光线，人类视觉可以将一定模式排列的三种荧光粉发出的光线结合成一种组合色。LCD技术用滤光片通过对屏幕背后的光源滤波呈色[图7-22(b)]。LCD显示器根据R、G、B数值来控制电压改变液晶分子的扭转状态，从而控制背光通过液晶的光量调节R、G、B三种颜色的亮度，颜色取决于滤光片。扫描仪则是原稿反射或透射的光线通过滤光片在CCD上呈色[图7-22(c)]。扫描仪通过接收原稿的光信号并转换为电信号，光强决定了亮度，每一个CCD单元扫描的颜色取决于滤光片。彩色成像和存储中也都使用RGB颜色空间来表示彩色图像。

图7-22 三种设备呈色原理

彩色显示器、彩色照相机、摄像机和彩色扫描仪使用的RGB颜色空间与CIE 1931 RGB真实三原色表色系统是不同的。不同型号的显示器显示同一幅图像会产生不同的色彩显示；不同的照相机、摄像机采集同一景物，也会产生不同色彩的图像数据；不同的扫描仪扫描同一幅图像获取的色彩图像数据也有所不同，因此，RGB颜色空间称为设备依赖的颜色空间，而CIE标准是设备无关的颜色空间。

7.2.2.2 CMY/CMYK颜色空间

青色、品红和黄色是光的二次色，是颜料的三原色。CMY颜色空间依从减法混色原理，以吸收不同比例的三原色光而形成不同的颜色。RGB颜色空间到CMY颜色空间的转换是一个简单的求补色操作：

$$\begin{bmatrix} C \\ M \\ Y \end{bmatrix} = \begin{bmatrix} 1 \\ 1 \\ 1 \end{bmatrix} - \begin{bmatrix} R \\ G \\ B \end{bmatrix} \tag{7-41}$$

式中，R、G、B数值和C、M、Y数值都归一化到区间[0,1]内。青色和红色、品红和绿色、黄色和蓝色分别为互补色。

白光可以认为是由等量的红色光、绿色光和蓝色光组成的。在白光的照射下，青色颜料吸收红色光而反射青色光，黄色颜料吸收蓝色光而反射黄色光，品红颜料吸收绿色光而反射品红光。当两种或两种以上的颜料混合或重叠时，白光减去各种颜料的吸收光后，剩余的反射光混合而成的颜色是混合颜料呈现的颜色。例如，黄色与青色的混合颜料同时吸收蓝色光和红色光而反射绿色光，因此，黄色和青色的混合颜料将呈现绿色。彩色印刷是将彩色颜料印刷在白色介质上来呈现图像，因此，颜料三原色C、M、Y作为数据输入。CMY颜色空间主要用于硬拷贝输出，因此，从CMY颜色空间到RGB颜色空间的反向操作没有实际意义。

理论上,等量的颜料三原色 C、M、Y 混合形成黑色。但是,在实际的印刷领域中,由于颜料或者纸张的问题,很难形成纯净的黑色,并且通过彩色颜料混色生成黑色的成本也较大,为此,在颜料三原色的基础上增加黑色(K)颜料,由青色(C)、品红(M)、黄色(Y)、黑色(K)四种颜料混合配色,称为 **CMYK 颜色空间**。CMYK 颜色空间广泛应用于印刷工业,在印刷过程中,分色的过程是将计算机中使用的 RGB 颜色空间转换成印刷使用的 CMYK 颜色空间,然后采用青色(C)、品红(M)、黄色(Y)和黑色(K)四色印刷。CMYK 描述的是青色、品红、黄色和黑色四种油墨的量值。

7.2.2.3　HSI 和 HSV 颜色空间

RGB 和 CMY/CMYK 颜色空间都是面向设备的,无法按照人类视觉感知来描述颜色,人类视觉不能根据三原色的量值自动合成描述它的颜色。而 HSI 和 HSV/HSB 颜色空间是面向人类视觉的,从人类视觉系统出发,用色调 H(Hue)、饱和度 S(Saturation)、亮度 I(Intensity)/V(Value)/B(Brightness)来描述色彩。色调是描述纯色的属性(如红色、黄色);饱和度指色彩的纯度,是描述纯色加入白色的程度,加入的白色成分越大,饱和度越低。通常将色调和饱和度统称为**色度**,表示颜色的类别与纯度。亮度是颜色明亮程度的量度,单色图像仅用亮度(灰度)来描述。HSV/HSB/HSI 颜色空间对应于画家配色的方法,画家用改变色浓和色深的方法从同一色调的纯色获得不同的颜色,在一种纯色中加入白色以改变色浓,加入黑色以改变色深。

图 7-23 直观地说明了 RGB 颜色空间与 HSV/HSB/HSI 颜色空间之间的关系。如图 7-23 左图所示,将图 7-21 所示的颜色立方体旋转角度,使灰度级轴(主对角线)垂直于水平面,黑色顶点向下竖立,灰度级是沿着两个顶点的连线,这条线与水平面垂直。HSV/HSB/HSI 颜色空间用灰度级轴及与灰度级轴垂直相交的平面颜色轨迹表示。当垂直于灰度级轴的平面沿灰度级轴向上或向下移动时,平面与立方体相交的横截面呈三角形或六边形。颜色立

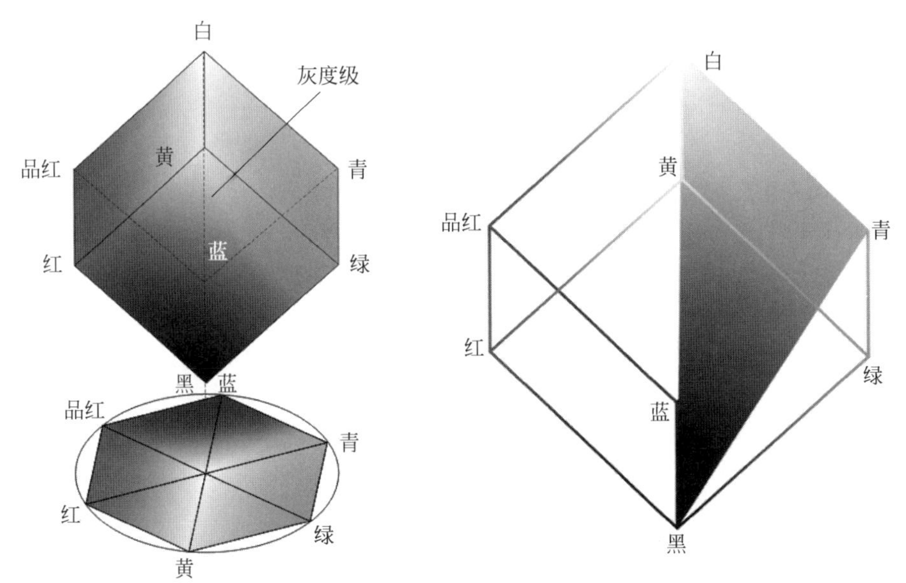

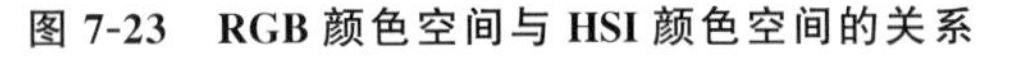
图 7-23　RGB 颜色空间与 HSI 颜色空间的关系

方体中的每一个点表示一种颜色，对于图 7-23 中的任意点，过该点作与灰度级轴垂直的平面，在灰度级轴上的交点即为该颜色的亮度，该点到灰度级轴的距离即为该颜色的饱和度，随着到灰度级轴距离的增大，饱和度增加，灰度级轴上点的饱和度为 0，这些颜色都是灰色的。若将任意一种颜色与黑色、白色顶点构成三角形，以右图中青色为例，则三角形内的所有颜色都具有青色色调，这是因为它们是青色与黑色和白色的线性组合。绕灰度级轴旋转切平面产生不同的色调，色调由旋转的角度定义。

将图 7-23 所示的 RGB 颜色立方体沿灰度级轴自顶向下进行投影，形成如图 7-24(a)所示的正六边形，称为**色度盘**。沿主对角线的灰度级全部投影到中心白色点。从色度盘上可以看到，正六边形边长上的颜色是纯色，原色之间的间隔为 120°，原色与二次色之间的间隔为 60°，每一种纯色与它的补色相差 180°。将正六边形色度盘的边从红色顶点处展开，就是图 7-24(b)所示的颜色条。从上述过程可以得出结论：HSV/HSB/HSI 颜色空间的色调、饱和度和亮度可以从 RGB 颜色空间推导而出，也就是说，可以将 RGB 颜色空间中的任意点转换为 HSV/HSB/HSI 颜色空间中的相应点。

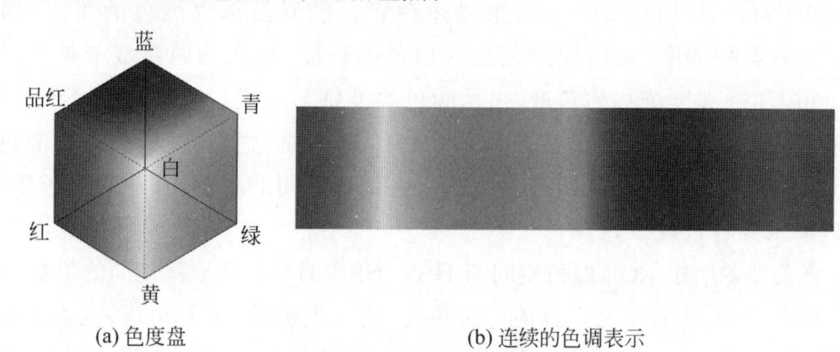

(a) 色度盘　　(b) 连续的色调表示

图 7-24　HSI 颜色空间中的色度

图 7-25 直观地说明了色调和饱和度在色度盘上的物理意义，色度盘上的任意色度可表示为以原点为起点、该点为终点的向量，向量的长度表示饱和度，向量与红色轴的夹角表示色调。将图 7-24(a)所示的色度盘旋转角度，使红色对应极坐标系中 0°的位置，色调 H 是关于红色轴沿逆时针方向的旋转角度，可见，黄色的角度为 60°，绿色为 120°，青色为 180°，蓝色为 240°，品红为 320°。饱和度 S 是距离原点的长度，饱和度的取值为[0,1]，正六边形边长上颜色的饱和度均为 1。图 7-25 也说明了各种色度盘的表示法，由于颜色立方体沿灰度级轴投影为正六边形，图 7-25(a)是一种最直观的色度盘表示法，色度盘也可以用三角形甚至圆形的形式表示，如图 7-25(b)和图 7-25(c)所示。任何一种表示形式都可以通过几何变换而转换成其他两种表示形式。注意，在色度盘上，红色区域有间断点，偏向黄色的红色系取值为[0,60°]，而偏向品红的红色系取值为[300°,360°][①]。

与 RGB 颜色空间相比，HSV/HSB/HSI 颜色空间的优势在于它符合人类视觉特性。在 HSV/HSB/HSI 颜色空间中，亮度和色度是分离的，亮度与图像的色彩信息无关，且色调与饱和度相对独立，这与人眼感受颜色密切相关。这些特点使 HSV/HSB/HSI 颜色空间非常适合于人类视觉系统处理与分析彩色图像。

① 例 7-14 中说明了 HSV/HSB/HSI 颜色空间中色度盘上红色区域的间断点对彩色图像分割的影响。

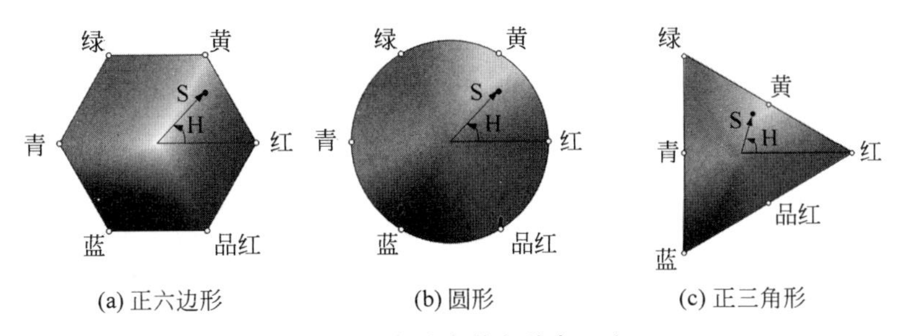

图 7-25 色度盘的各种表示法

1. HSV/HSB 颜色空间

在 HSV/HSB 颜色空间中[①]，H 和 S 表示色调和饱和度，V/B 表示亮度。如图 7-26(a)所示，HSV 颜色空间一般用六棱锥来表示。HSV 颜色空间中的 V 轴对应于 RGB 颜色空间中的主对角线。六棱锥的顶点表示黑色，即 $(R,G,B)=(0,0,0)$，这时，$V=0$，H 分量和 S 分量无意义；顶面中心表示白色，即 $(R,G,B)=(1,1,1)$，这时 $S=0$、$V=1$，H 分量无意义。从顶点到顶面中心连线上的点表示灰色调，即 $R=G=B$，且灰度逐渐明亮，这时，$S=0$，H 分量无意义。

图 7-26(b)为六棱锥的顶面，也是 HSV 颜色空间的色度盘。六棱锥的顶面对应 $V=1$，顶面上点的集合是由 RGB 颜色空间中 $R=1$、$G=1$ 和 $B=1$ 这三个平面上的所有点构成，顶面正六边形边长上的纯色对应 $S=1$、$V=1$。

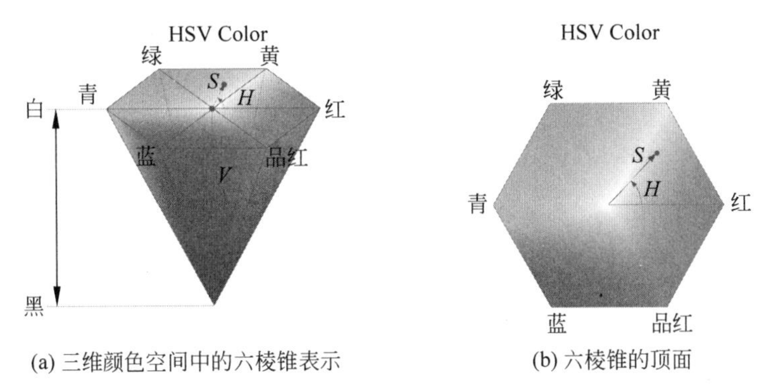

图 7-26 HSV 颜色空间

HSV 颜色空间和 RGB 颜色空间是同一物理量的不同表示法，它们之间可以相互转换。从 RGB 颜色空间到 HSV 颜色空间是非线性变换，H 分量由下式给出：

$$H=\begin{cases}\theta, & B\leqslant G\\ 2\pi-\theta, & B>G\end{cases} \tag{7-42}$$

式中，

$$\theta=\arccos\frac{[(R-G)+(R-B)]/2}{[(R-G)^2+(R-B)(G-B)]^{1/2}} \tag{7-43}$$

S 分量的计算式为

① HSB 和 HSV 是含义一致的不同名称和缩写。

$$S = 1 - \frac{\min(R, G, B)}{\max(R, G, B)} \tag{7-44}$$

V 分量的计算式为

$$V = \max(R, G, B) \tag{7-45}$$

将 R、G、B 数值都归一化到区间[0,1]内，由于色调用关于色度盘的红色轴的夹角 θ 来度量，除以 2π 将 H 分量归一化到区间[0,1]内。当 R、G、B 数值在区间[0,1]内时，计算出的 S 分量和 V 分量也在区间[0,1]内。

例 7-2　彩色图像 H、S、V 分量的视觉意义

面向视觉感知的颜色空间贴近人类视觉特性，观察彩色图像的 H 分量、S 分量、V 分量的视觉意义。首先，通过改变色调 H 来观察 H 分量对彩色图像的影响。观察图 7-26(b)所示的色度盘，彩色图像的色调分量是一个角度值，对色调分量加上或减去一个常数，相当于图像像素的颜色沿着色度盘逆时针或顺时针方向旋转一定的角度。图 7-27(a)所示图像中裙子的颜色为金黄色；对原彩色图像 H 分量加上 1/2，也就是说将各个像素的色调逆时针旋转 180°，图 7-27(b)中裙子的颜色变为海洋蓝色；对原彩色图像 H 分量减去 1/3，也就是说将各个像素的色调顺时针旋转 120°，图 7-27(c)中裙子的颜色变为藕荷色。

(a) 原彩色图像　(b) 色调逆时针旋转180°　(c) 色调顺时针旋转120°

图 7-27　色调 H 对彩色图像的影响

其次，通过改变饱和度 S 来观察 S 分量对彩色图像的影响。增加或减小饱和度会增强或减弱图像颜色的鲜明程度，饱和度越高，表明整幅图像掺白较少，颜色越纯。通过对彩色图像各个像素的饱和度加上或减去一个常数来实现增加和减小饱和度。图 7-28(a)为一幅实际拍摄的彩色图像；图 7-28(b)对原彩色图像的 S 分量增大 1/2，增大饱和度的效果是使图像的颜色更加鲜艳、更纯；图 7-28(c)对原彩色图像的 S 分量减小 1/2，减小饱和度的效果是给图像掺白，图像的颜色变得暗淡，若减小到色度盘的圆心，则没有颜色信息，只有灰度信息。

(a) 原彩色图像　(b) 饱和度增大1/2　(c) 饱和度减小1/2

图 7-28　饱和度 S 对彩色图像的影响

最后,通过改变亮度 V 来观察 V 分量对彩色图像的影响。HSV 颜色空间将彩色像素的色度和亮度分离,亮度分量与色度分量之间不相关。增大或减小亮度只会增强或减弱图像的整体亮度,而不会改变图像的色度,即色调和饱和度。图 7-29(a)为一幅实际拍摄的彩色图像;图 7-29(b)对原彩色图像的 V 分量增大 1/2,增大亮度的效果是使图像整体上更加明亮;图 7-29(c)对原彩色图像的 V 分量减小 1/2,减小亮度的效果是使图像整体上更加灰暗,而图像颜色的色度信息没有变化。

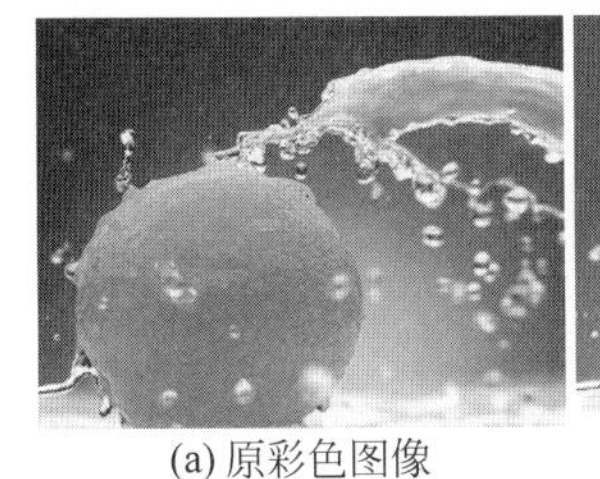

(a) 原彩色图像

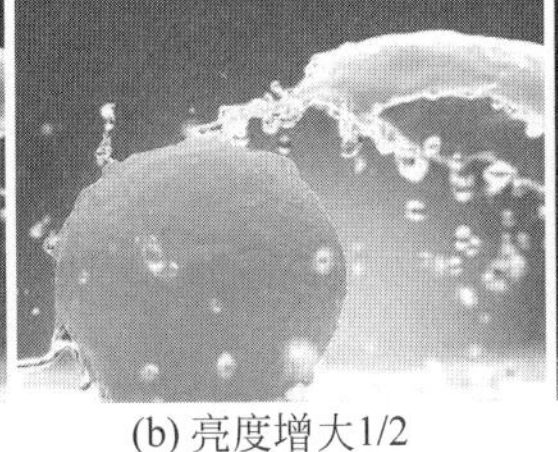

(b) 亮度增大1/2

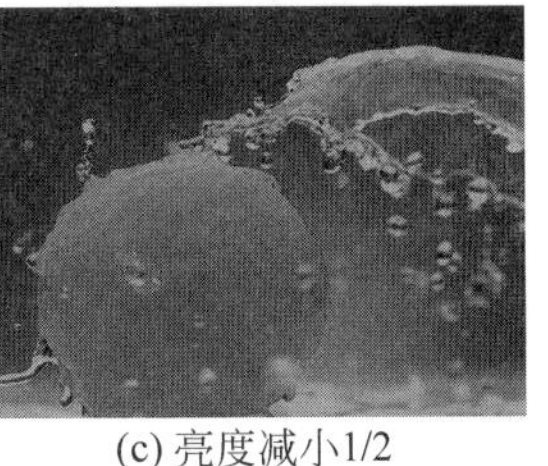

(c) 亮度减小1/2

图 7-29 亮度 V 对彩色图像的影响

例 7-3 色调极坐标直方图

色调极坐标直方图(hue polar histogram)用于度量图像的偏色和色调多样性。色调用色度盘上关于红色轴的夹角来度量,色调以角度表示的范围为[0°,360°)。色调极坐标直方图是在单位圆中表示图像中所有色调出现的概率。在极坐标表示下的周期均值(circular mean)表示图像中的平均色调。图 7-30 给出了图 7-20(a)所示彩色图像的色调极坐标直方图。为了直观地显示,色调用它代表的颜色绘制,黑实线为周期均值。需要指出的是,从色度盘上可以得出,当饱和度为 0 时,色调无意义,因此,色调极坐标直方图仅对饱和度大于 0.01 的像素色调进行统计。集中参数定义为在极坐标表示下周期均值对应的半径。若色调在圆中均匀分布,则周期均值不存在,半径为 0。集中参数越大,图像色调分布越集中;反之,图像色调分布越分散。因而,集中参数较大,表明图像偏色、色调单一。由图中可见,图 7-20(a)所示彩色图像的集中参数较小,说明图像色彩较丰富,且分布较均匀。

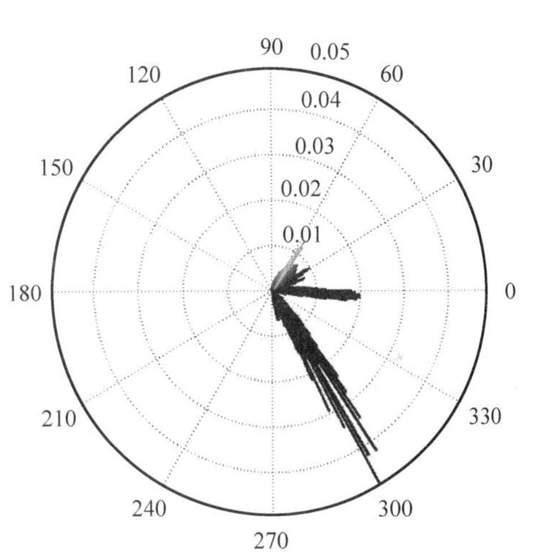

图 7-30 图 7-20(a)所示彩色图像的色调极坐标直方图,色调用它代表的颜色绘制

2. HSI 颜色空间

在 HSI 颜色空间中,H 表示色调,S 表示饱和度,I 表示亮度。如图 7-31(a)所示,HSI 颜色空间是双六棱锥形状,图 7-31(b)为双六棱锥相交的顶面,实际上是 HSI 颜色空间的色度盘,这与 HSV 颜色空间的色度盘完全相同。对于三维颜色空间中的任意点,该颜色的色调是绕灰度级轴逆时针方向旋转、与红色轴的夹角,其饱和度是它到垂直灰度级轴的距离,双六棱锥表面点的饱和度为 1。

从 RGB 颜色空间到 HSI 颜色空间也是非线性变换,给定一幅 RGB 图像,其 H 分量可

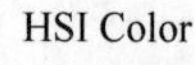

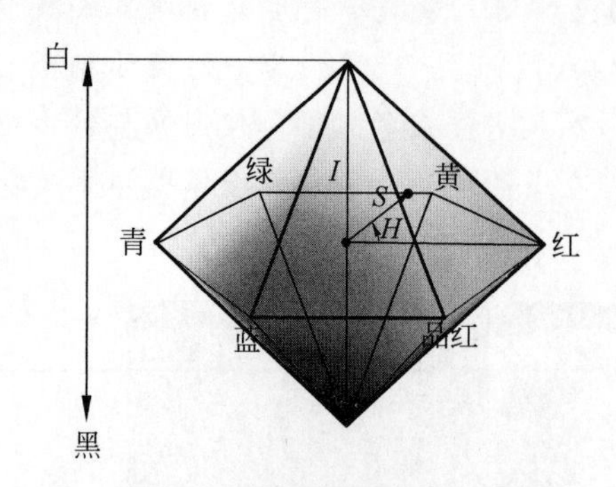

(a) 三维颜色空间中的双六棱锥表示

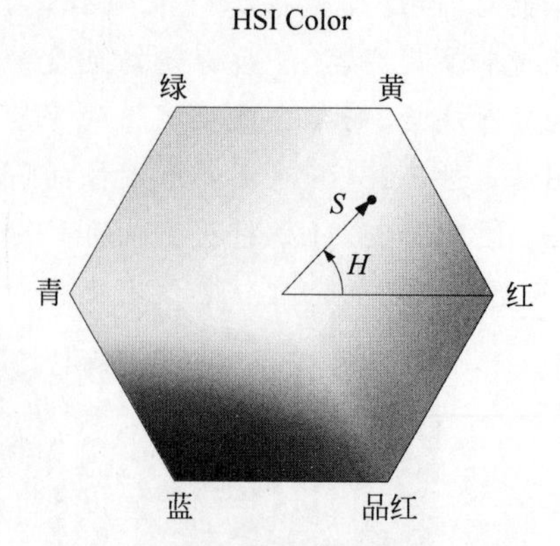

(b) 双六棱锥的相交顶面

图 7-31 HSI 颜色空间

由下式给出：

$$H=\begin{cases}\theta, & B\leqslant G\\ 2\pi-\theta, & B>G\end{cases} \tag{7-46}$$

式中，

$$\theta=\arccos\frac{[(R-G)+(R-B)]/2}{[(R-G)^2+(R-B)(G-B)]^{1/2}} \tag{7-47}$$

S 分量的计算式为

$$S=1-\frac{\min(R,G,B)}{(R+G+B)/3} \tag{7-48}$$

I 分量的计算式为

$$I=\frac{1}{3}(R+G+B) \tag{7-49}$$

将 R、G、B 数值都归一化到区间$[0,1]$内，由于色调用色度盘上关于红色轴的夹角 θ 来度量，除以 2π 将 H 分量归一化到区间$[0,1]$内。当 R、G、B 数值在区间$[0,1]$内时，计算出的 S 分量和 I 分量也在区间$[0,1]$内。注意，当 $S=0$ 时，对应无色，H 分量无意义，这时定义 $H=0$；当 $I=0$ 或 $I=1$ 时，H 分量和 S 分量也无意义。

例 7-4　彩色图像的 *R*、*G*、*B* 分量和 *H*、*S*、*V*/*I* 分量

对于图 7-20(a)所示的彩色图像，图 7-32(a)～(c)分别为它的 R 分量、G 分量、B 分量，如红色的辣椒，其 R 分量偏亮。将该彩色图像从 RGB 颜色空间分别转换到 HSI 颜色空间和 HSV 颜色空间，图 7-32(d)～(f)分别为 HSI 颜色表示的 H 分量、S 分量、I 分量，图 7-32(g)～(i)分别为 HSV 颜色表示的 H 分量、S 分量、V 分量。对各个颜色分量进行归一化处理，最亮值为 1，而最暗值为 0。

H 分量表示色调，色调是以红色为 0°逆时针方向的旋转角，角度越大，H 分量越大。HSV 颜色空间和 HSI 颜色空间中色调的计算公式一样，因此，H 分量完全相同。需要注意的是，从图 7-26(b)所示的色度盘可以看出，色调分量 H 在红色区域有间断点。例如，对于色调分量 H 中左下角的红色番茄，尽管视觉上看都是红色，然而，由色度盘可知，沿 0°逆时针方向，偏向黄色一侧的 H 分量较小，表现为暗像素；沿 0°顺时针方向，偏向品红一侧的 H

分量较大，表现为亮像素。S 分量表示饱和度，饱和度越大，颜色越鲜艳。比较 HSI 颜色空间和 HSV 颜色空间中饱和度的计算公式可知，式(7-48)中的分母是计算 R、G、B 三个分量的平均值，而式(7-44)中的分母是计算 R、G、B 三个分量的最大值，因而图 7-32(e)所示的 S 分量小于图 7-32(h)所示的 S 分量。I 分量和 V 分量表示亮度，等同于将彩色图像转换成灰度图像。式(7-49)中亮度分量 I 是计算 R、G、B 三个分量的平均值，而式(7-45)中亮度分量 V 是计算 R、G、B 三个分量的最大值，因而图 7-32(f)所示的 I 分量小于图 7-32(i)所示的 V 分量。

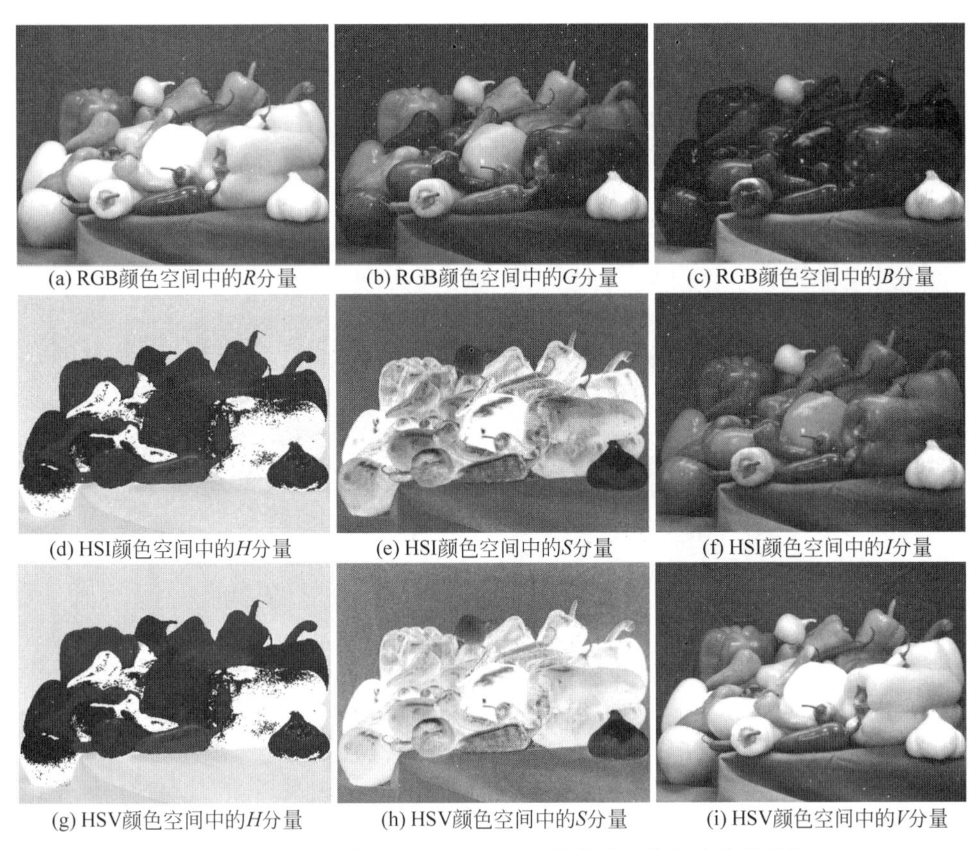
(a) RGB颜色空间中的R分量 (b) RGB颜色空间中的G分量 (c) RGB颜色空间中的B分量
(d) HSI颜色空间中的H分量 (e) HSI颜色空间中的S分量 (f) HSI颜色空间中的I分量
(g) HSV颜色空间中的H分量 (h) HSV颜色空间中的S分量 (i) HSV颜色空间中的V分量

图 7-32 彩色图像 RGB、HSI 和 HSV 颜色表示的各个分量图像

7.2.2.4 YUV 和 YIQ 颜色空间

YUV 和 YIQ 颜色空间是彩色电视系统所采纳的颜色编码方法，它们的共同之处在于由亮度(luminance/luma)和两个色度(chrominance/chroma)分量构成，Y 分量表示图像的亮度(luminance)或明度(brightness)信息，其他两个分量表示图像的色度信息，包括色调和饱和度。

1. YUV 颜色空间

YUV 颜色空间是欧洲的 PAL(phase alternating line)制式彩色电视系统所采纳的颜色编码方法。在 YUV 颜色空间中，Y 分量表示亮度信号，U 分量和 V 分量表示两个色差信号 $B-Y$(B 分量与亮度的差值)和 $R-Y$(R 分量与亮度的差值)。由于 YUV 颜色空间中亮度信号 Y 和两个色差信号 U、V 是分离的，发送端能够对亮度信号和色度信号分开编码，并在同一信道中发送出去。在亮度信号的基础上增加色度信号，对于彩色视频传输信号，黑白电视接收器仅接收亮度信号 Y，YUV 颜色空间的采纳解决了彩色电视系统与黑白电视系统的兼容问题。

YUV 颜色空间是一种贴近视觉感知的彩色图像和视频编码方法。人眼对亮度有较强的空间敏感度，亮度对人眼分辨图像细节产生较大的影响，而人眼对色度有较弱的空间敏感度。因此，若可用带宽受到限制，则使色度通道占用较窄的带宽。然而，RGB 彩色视频信号要求同时传输三个独立的视频信号，三个分量需要分配等量的带宽，才能保证人眼对图像细节的空间敏感度。

术语 YUV、YCbCr、YPbPr 的使用范围有时会混淆和重叠。YUV 用于早期模拟彩色电视系统中的信号编码，而 YCbCr 用于数字彩色信号编码，适合于图像和视频的压缩和传输，如 JPEG 和 MPEG。图 7-33(a)和图 7-33(b)分别显示了 U-V 颜色平面和 Cb-Cr 颜色平面，这两种颜色平面中颜色分布一致，每一个象限由一种色调主导。当应用于模拟视频信号时，YCbCr 通常称为 YPbPr。换句话说，YPbPr 是 YCbCr 颜色空间的模拟版本，它们在数值上等价，但 YPbPr 是为模拟系统而设计的，而 YCbCr 的设计对象是数字视频。

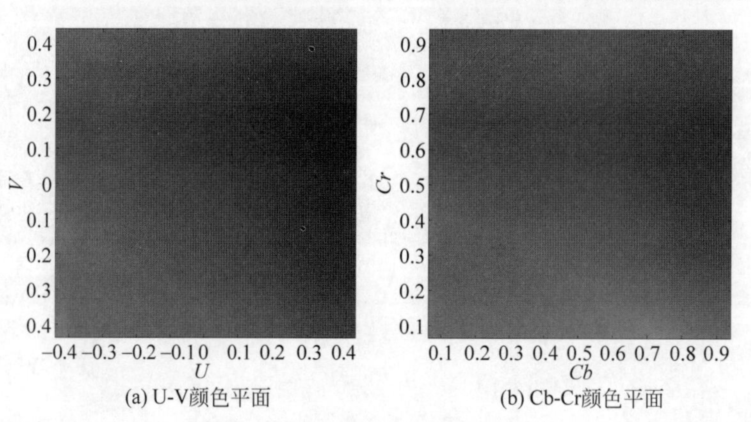

(a) U-V颜色平面 (b) Cb-Cr颜色平面

图 7-33 U-V 颜色平面，$Y=0.5$

RGB 颜色空间与 YUV 颜色空间之间是一种线性关系，可以通过线性变换相互转换，从 RGB 颜色空间到 YUV 颜色空间转换公式为

$$\begin{bmatrix} Y \\ U \\ V \end{bmatrix} = \begin{bmatrix} 0.299 & 0.587 & 0.114 \\ -0.147 & -0.289 & 0.436 \\ 0.615 & -0.515 & -0.1 \end{bmatrix} \begin{bmatrix} R \\ G \\ B \end{bmatrix} \tag{7-50}$$

反之，从 YUV 颜色空间到 RGB 颜色空间的转换公式为

$$\begin{bmatrix} R \\ G \\ B \end{bmatrix} = \begin{bmatrix} 1 & 0 & 1.140 \\ 1 & -0.395 & -0.581 \\ 1 & 2.032 & 0 \end{bmatrix} \begin{bmatrix} Y \\ U \\ V \end{bmatrix} \tag{7-51}$$

对于灰色，红、绿、蓝数值相等，这时，U 和 V 为 0。对于黑色 $K(0,0,0)$，$(Y,U,V)=(0,0,0)$；对于白色 $W(1,1,1)$，$(Y,U,V)=(1,0,0)$。

RGB 颜色空间与 YCbCr 颜色空间之间也是一种线性关系，可以通过线性变换相互转换，从 RGB 颜色空间到 YCbCr 颜色空间转换公式为

$$\begin{bmatrix} Y \\ Cb \\ Cr \end{bmatrix} = \begin{bmatrix} 0.257 & 0.504 & 0.098 \\ -0.148 & -0.291 & 0.439 \\ 0.439 & -0.368 & -0.071 \end{bmatrix} \begin{bmatrix} R \\ G \\ B \end{bmatrix} + \begin{bmatrix} 16 \\ 128 \\ 128 \end{bmatrix} \tag{7-52}$$

反之，从 YCbCr 颜色空间到 RGB 颜色空间的转换公式为

$$\begin{bmatrix} R \\ G \\ B \end{bmatrix} = \begin{bmatrix} 1.164 & 0 & 1.596 \\ 1.164 & -0.392 & -0.813 \\ 1.164 & 2.017 & 0 \end{bmatrix} \begin{bmatrix} Y-16 \\ Cb-128 \\ Cr-128 \end{bmatrix} \tag{7-53}$$

YUV 和 YCbCr 颜色空间是具有不同尺度因子的不同格式。U 和 V 是双极信号，可以为正值或负值，灰度中值为零，而 YCbCr 通常使用 8 位无符号变量表示像素，Cb 和 Cr 的灰度中值为 128。YCbCr 颜色空间中的 Y 通道仅作了尺度与偏移，Cb 和 U 均与(B-Y)线性相关，Cr 和 V 均与(R-Y)线性相关。传统的模拟电视和摄录像机等设备使用 YUV 颜色空间，高清晰度电视和数字摄像机等数字设备使用 YCbCr 颜色空间。

2. YIQ 颜色空间

YIQ 颜色空间是北美、中美洲和日本的 NTSC(national television system committee)制式彩色电视系统所采纳的颜色编码方法。在 YIQ 颜色空间中，Y 分量表示亮度信号，它是黑白电视接收器唯一接收的分量；I 分量和 Q 分量表示色度信号，这两个分量包含颜色信息。如图 7-34 所示，I 分量表示从青色到橙色的颜色变化，而 Q 分量表示从黄绿色到紫色的颜色变化。将彩色图像从 RGB 颜色空间转换到 YIQ 颜色空间，使彩色图像中的亮度分量与色度分量分离，以便于独立进行处理。

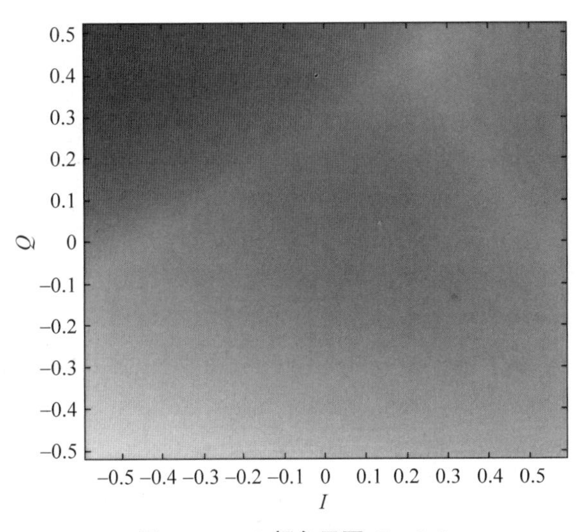

图 7-34　I-Q 颜色平面，$Y=0.5$

YIQ 颜色空间的目的同样是参考人眼颜色响应特性。YIQ 颜色空间与 YUV 颜色空间的主要区别在于，人眼对橙色-蓝色(I)范围内的变化比对紫色-绿色(Q)范围内的变化更敏感，因此，Q 分量比 I 分量需要更少的带宽。然而，在 YUV 颜色空间中，U 分量和 V 分量都包含橙色-蓝色范围内的颜色信息，需要给这两个分量分配与 I 分量等量的带宽，来保证相似的颜色保真度。

YIQ 颜色空间经常用于彩色图像的颜色空间转换。例如，直接对 RGB 图像中的每一个颜色通道进行直方图均衡化会产生没有意义的新颜色；然而，仅对 YIQ 颜色表示的 Y 分

量进行直方图均衡化，只改变图像的亮度分布，就不会发生明显的颜色失真。

RGB 颜色空间与 YIQ 颜色空间之间是一种线性关系，可以通过线性变换相互转换，从 RGB 颜色空间到 YIQ 颜色空间转换公式为

$$\begin{bmatrix} Y \\ I \\ Q \end{bmatrix} = \begin{bmatrix} 0.299 & 0.587 & 0.114 \\ 0.596 & -0.274 & -0.322 \\ 0.211 & -0.523 & 0.312 \end{bmatrix} \begin{bmatrix} R \\ G \\ B \end{bmatrix} \tag{7-54}$$

反之，从 YIQ 颜色空间到 RGB 颜色空间的转换公式为

$$\begin{bmatrix} R \\ G \\ B \end{bmatrix} = \begin{bmatrix} 1 & 0.956 & 0.621 \\ 1 & -0.272 & -0.647 \\ 1 & -1.106 & 1.703 \end{bmatrix} \begin{bmatrix} Y \\ I \\ Q \end{bmatrix} \tag{7-55}$$

式中，R、G、B 的取值范围归一化到区间[0,1]内。RGB 颜色空间到 YIQ 颜色空间变换矩阵中的第一行与 YUV 颜色空间中是一致的，换句话说，从 RGB 颜色空间转换到 YIQ 颜色空间与 RGB 颜色空间转换到 YUV 颜色空间计算出的 Y 分量是完全相同的。

例 7-5　彩色图像的 *Y*、*Cb*、*Cr* 分量和 *Y*、*I*、*Q* 分量

将图 7-32(a)所示的彩色图像分别从 RGB 颜色空间转换到 YCbCr 颜色空间和 YIQ 颜色空间，图 7-35(a)～(c)分别表示该彩色图像的 Y 分量、Cb 分量和 Cr 分量。Cb 分量表示 $B-Y$ 色差信号，Cr 分量表示 $R-Y$ 色差信号，因此，Cb 分量与 B 分量、Cr 分量与 R 分量的亮度分布一致。图 7-35(d)～(f)分别为该彩色图像的 Y 分量、I 分量和 Q 分量。I 分量和 Q 分量为两个色度分量，I 分量描述从青色到橙色的颜色区间，而 Q 分量则描述从黄绿色到紫色的颜色区间。为此，在 I 分量图像中，趋向橙色的像素渐亮，趋向青色的像素渐暗；而在 Q 分量图像中，趋向紫色的像素渐亮，趋向黄绿色的像素渐暗。

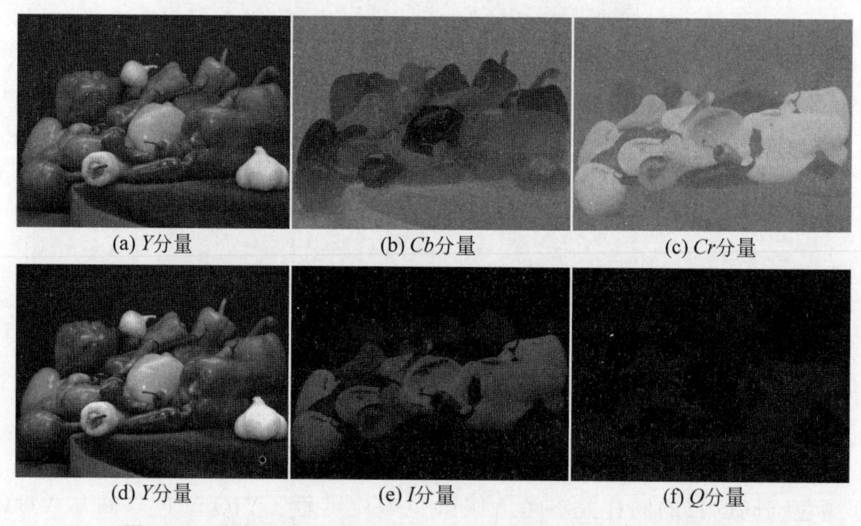

(a) Y分量　(b) Cb分量　(c) Cr分量

(d) Y分量　(e) I分量　(f) Q分量

图 7-35　彩色图像 YCbCr 和 YIQ 颜色表示中的各个分量图像

7.3　伪彩色映射

伪彩色映射根据特定的颜色查找表(color look-up table，CLUT)将灰度图像转换为彩色图像进行显示，从而将人眼难以区分的灰度差异转换为容易区分的色彩差异。伪彩色图

像中像素的颜色不是由像素值直接决定的，而是将像素值作为颜色查找表的表项入口地址，也称为索引号，在颜色查找表中查找出该像素对应的 R、G、B 数值。颜色查找表根据应用需要自定义颜色映射关系，由于灰度图像本身并没有颜色，颜色查找表中的颜色分量产生的色彩并不是场景本身真正的颜色，无法反映真实的色彩信息，因而称为**伪彩色图像**。灰度级分层和伪彩色变换是两种常用的伪彩色映射方法。

7.3.1 灰度级分层

将一幅灰度图像描述为二维函数 $f(x,y)$，(x,y)表示像素的坐标，$f(x,y)$表示像素的灰度值。**灰度级分层法**直观理解为平行于坐标平面的数个平面切割三维曲面，与灰度轴相交于不同的灰度值，然后，将相邻两个平面之间的灰度值映射为同一颜色。平面的概念对于灰度分层的几何解释很有用。如图 7-36(a)所示，函数为 $f(x,y)=l_i$ 和 $f(x,y)=l_j$ 的平面将三维灰度曲面切割成 3 部分，并映射为不同的颜色，就形成了一幅三色的伪彩色图像。图 7-36(b)是从映射函数的角度来解释灰度分层法，映射函数呈阶梯形状，对灰度级位于 $f(x,y)=l_i$ 之下、$f(x,y)=l_i$ 与 $f(x,y)=l_j$ 之间、$f(x,y)=l_j$ 之上的像素分别赋予不同的颜色。

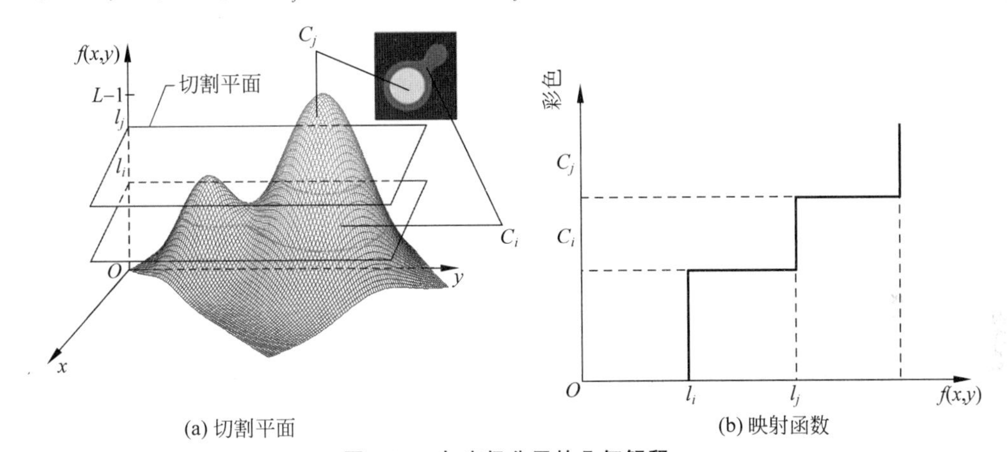

(a) 切割平面　　(b) 映射函数

图 7-36　灰度级分层的几何解释

设灰度图像 $f(x,y)$具有 L 个灰度级，r_k 表示第 k 个灰度级，$k=0,1,\cdots,L-1$，$f(x,y)=l_n$，$n=0,1,\cdots,N$ 表示垂直于灰度轴的 $N+1$ 个平面，$N+1$ 个平面将灰度级分为 N 个间隔，表示为$\mathcal{V}_n$，$n=0,1,\cdots,N-1$。根据如下的赋值进行灰度级到伪彩色的映射：

$$f(x,y)=C_n,\quad f(x,y)\in\mathcal{V}_n \tag{7-56}$$

式中，C_n 表示 $f(x,y)=l_n$ 与 $f(x,y)=l_{n+1}$ 之间的所有灰度级 $\mathcal{V}_n$ 所赋予的颜色，$n=0,1,\cdots,N-1$，其中，l_0 表示黑色 $f(x,y)=r_0$，l_N 表示白色 $f(x,y)=r_{L-1}$。

7.3.2 伪彩色变换

伪彩色变换在 R、G、B 颜色通道，分别对灰度图像执行独立的灰度级变换，将三个变换结果合成一幅伪彩色图像。图 7-37 直观地说明了伪彩色变换的过程。这种方法根据应用需要对伪彩色图像的 R、G、B 三个颜色通道分别定义灰度级变换函数，对输入像素的全部灰度级根据三个颜色通道灰度级变换函数计算输出值，建立颜色查找表。

由于人眼分辨灰度级的能力较弱，但是相同条件下区分不同彩色的能力却很强，因此，

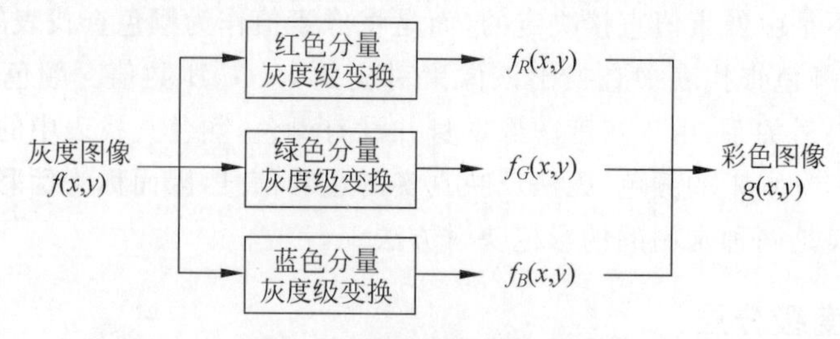

图 7-37 伪彩色变换示意图

通过使用伪彩色来显示医学影像，可以提高对图像细节的分辨能力，有利于医师对疾病的诊断和判别。伪彩色的本质是建立颜色映射关系。医学影像显示设备上一般具有多个伪彩色选项，不同的选项对应不同的颜色查找表，将灰度级映射为不同的色彩系。通用的灰度图像显示设备是 8 位的，也就是 256 个灰度级，需要建立 256 维的颜色查找表，如图 7-38(a)所示，灰度级为 0～255，MATLAB 提供几种常用的颜色查找表，如图 7-38(b)～(n)所示，从下到上分别对应灰度图像 0～255 的灰度级。为了不同的观察或识别目的，也可以根据需要自定义彩色变换函数，建立颜色查找表，将灰度图像映射成伪彩色图像。

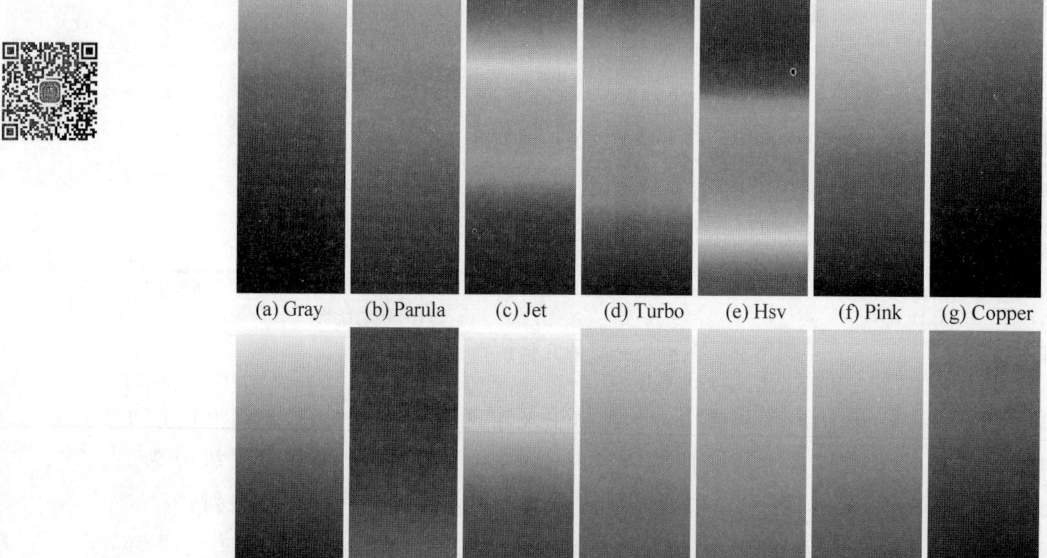

图 7-38 MATLAB 中常用的颜色查找表(Colormap)

例 7-6 Jet 颜色查找表的伪彩色映射

Jet 颜色查找表的范围从蓝到红色，中间经过青、黄和橙色，对应灰度图像的灰度级 0～255，如图 7-38(c)所示，其中，灰度级为 0 映射为蓝色，灰度级为 255 映射为红色。R、G、B

三个颜色通道的灰度级变换函数如图 7-39 所示，在三个颜色通道中分别进行灰度级变换，再将三个颜色通道合并。从这三个函数曲线可以看出，在灰度级的左端，B 分量占主导；在灰度级的中端，G 分量占主导；在灰度级的右端，R 分量占主导。因此，其合成后的颜色表现如图 7-38(c)所示。

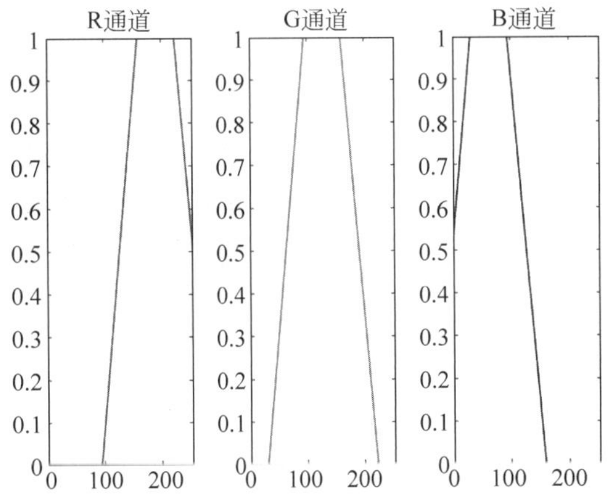

图 7-39 Jet 伪彩色变换函数

灰度到彩色的映射常用于医学图像处理中，由于人体不同组织结构成像的灰度值相似，因此医学图像的 DICOM 文件格式采用更高的 16 位或 12 位精度。图 7-40(a)为一幅脑部 MRI 图像，左上角偏白的区域为脑瘤。图 7-40(b)为 Jet 颜色查找表映射的伪彩色图像，经过伪彩色映射，脑瘤显示为青色区域。可以看出，人眼分辨灰度级的能力有限，而伪彩色映射有利于对人体不同组织结构的观察。

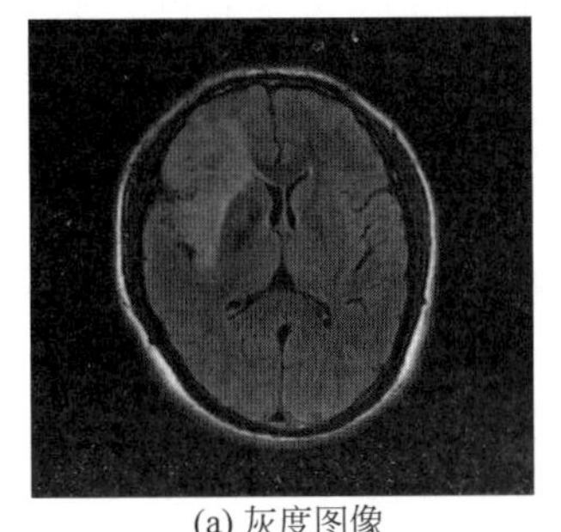

(a) 灰度图像

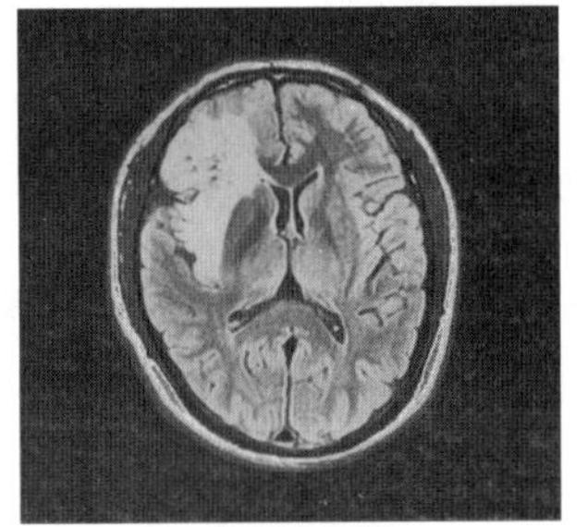

(b) 伪彩色图像

图 7-40 Jet 颜色查找表的伪彩色映射示例

例 7-7 Pink 颜色查找表的伪彩色映射

Pink 颜色查找表的粉红色范围从暗到亮，从深褐色(sepia)到柔和色调的粉红色，如图 7-38(f)所示。R、G、B 三个颜色通道的灰度级变换函数如图 7-41 所示，在三个颜色通道中分别进行灰度级变换，再将三个颜色通道合并。图 7-42(a)为一幅月球表面的灰度图像，月球表面的灰度值相近，人眼不容易分辨相近灰度的结构细节。按照图 7-41 中的伪彩色变换函数，将灰度图像映射成伪彩色图像，如图 7-42(b)所示。由于人眼具有更强辨别颜色的能力，通过伪彩色映射更容易分辨出月球表面的结构细节。但这样的彩色并不是月球本身的颜色，因此称为伪彩色。

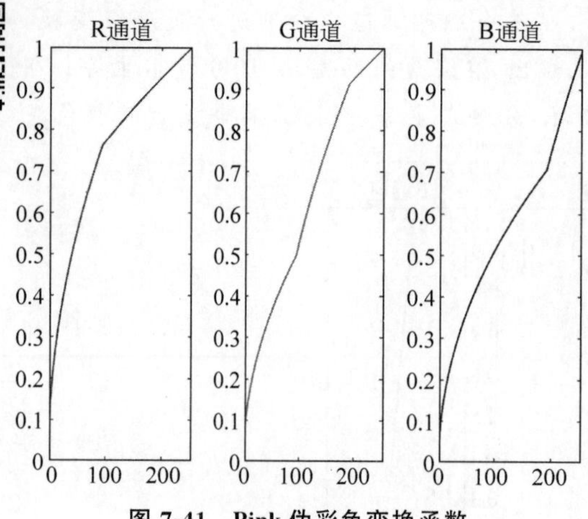

图 7-41 Pink 伪彩色变换函数

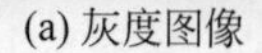

(a) 灰度图像

(b) 伪彩色图像

图 7-42 Pink 颜色查找表的伪彩色映射示例

7.4 真彩色处理

在许多应用中，信号是由多个分量构成的，每一个分量包含信号不同特性的信息，称为向量信号。相应地，仅有一个分量的信号称为标量信号。典型的向量信号，例如多光谱/高光谱遥感图像、彩色电视系统中的标准彩色图像，各个分量包含不同光谱波段的信息。真彩色图像就是向量信号，本节将讨论真彩色图像处理方法。当图像处理操作是线性算子时，则可以将灰度图像处理方法应用于分量图像，再合并成为彩色图像；当图像处理操作是非线性算子时，彩色图像的像素实际上表示为一个向量，则需要专为彩色图像设计可直接用于颜色向量处理的图像处理方法。目前，对真彩色图像的处理技术仍不完善，有很大的发展空间。

7.4.1 真彩色处理基础

由于真彩色图像至少有三个分量，彩色像素实际是一个向量。例如，对于 RGB 系统，彩色像素可以表示为一个三维向量。设 $\boldsymbol{f}(x,y)$表示 RGB 颜色空间中坐标(x,y)处的像素：

$$\boldsymbol{f}(x,y)=\begin{bmatrix} f_R(x,y) \\ f_G(x,y) \\ f_B(x,y) \end{bmatrix} \tag{7-57}$$

式中，彩色图像 R、G、B 颜色通道中的三个分量 $f_R(x,y)$、$f_G(x,y)$和 $f_B(x,y)$构成彩色向量 $\boldsymbol{f}(x,y)$。

24 位彩色显示系统能够处理和显示 2^{24} 种颜色，真彩色图像没有颜色查找表，直接存储 R、G、B 数据。真彩色图像用 $M\times N\times 3$ 的三维数组存储，其中，每一个颜色通道的尺寸为 $M\times N$，如图 7-43 所示。

真彩色图像的处理一般有三种方法。第一种方法将 RGB 彩色图像的各个分量图像作为灰度图像单独处理，然后再将单独处理的分量图像合并成为彩色图像。第二种方法将 RGB 颜色空间转换为亮度分量与色度分量分离的颜色空间，仅处理亮度分量，保持色度分量不变，再将处理结果转换回 RGB 颜色空间。上述两种方法都是将灰度图像处理方法直接应用于分量图像进行处理。第三种方法直接在向量空间对彩色像素进行处理，考虑了不同

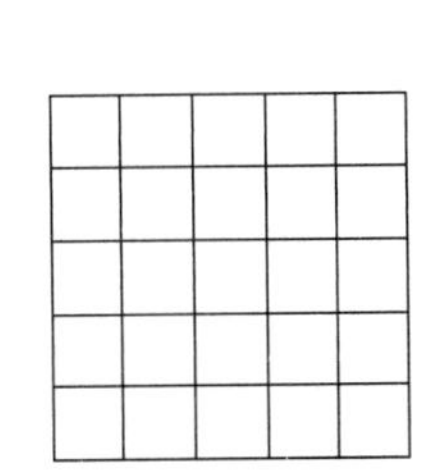

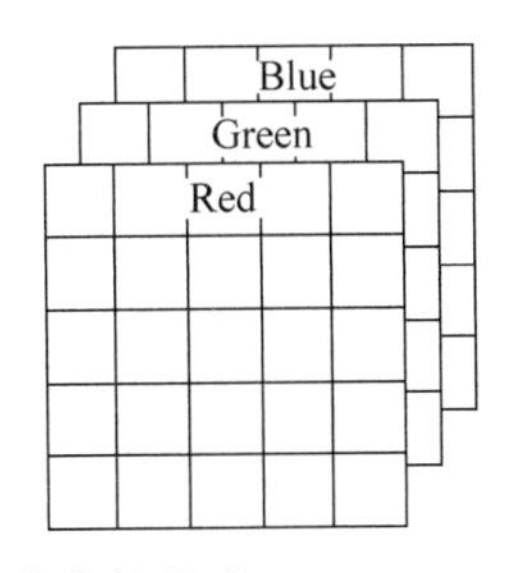

图 7-43　真彩色图像存储格式

颜色通道之间的相关性。

彩色图像的像素是一个维数至少为 3 的向量，若采用灰度图像处理方法分别处理彩色图像的每一个分量，则只有满足以下两个条件：①对标量和向量必须都适用；②对向量每一个分量的操作必须独立于其他分量的操作，这样每一个分量的独立处理和基于向量的处理才是等同的。例如，在灰度图像中，邻域平均操作是将邻域内所有像素灰度值相加，再除以邻域内的像素总和；在彩色图像中，邻域平均操作是将所有的向量相加再除以邻域内向量的总数，等价于每一个分量除以像素总数。因此，灰度图像的邻域平均操作对于彩色图像同样适用。但是，单独的颜色分量的处理结果并不总等同于在颜色向量空间的直接处理结果。在这种情况下，需要采用基于向量空间的彩色图像处理方法。例如，灰度图像的非线性滤波不能完全套用于彩色图像的非线性滤波。对向量处理的难度远高于对标量处理的难度，需要考虑不同颜色通道之间的相关性，否则将导致颜色失真。

7.4.2　彩色插值

由于传感器成本、面积和物理结构的限制，一般的数字成像设备都采用单个 CCD/CMOS 图像传感器，回顾 2.2.2.2 节中讨论的单 CCD 数字照相机成像原理，彩色滤波阵列是在图像传感器前排列的马赛克模式的彩色滤光片。传感器阵列前的每一个滤光片只允许对应颜色的单色光透过，而滤除其他颜色的光，因此每一个传感单元只采集 R、G、B 颜色分量之一，将这种每一个像素仅包含一种原色的图像称为马赛克图像。**彩色插值**（color interpolation）是利用图像插值的方法，对每一个像素恢复出其他两个颜色分量，将马赛克图像转换为每一个像素都包含红、绿、蓝三个分量的全彩色图像，也称为**彩色去马赛克**（color demosaicing）处理。

目前常用的三种彩色滤波阵列模式分别是 Bayer 模式、条纹（stripe）模式和马赛克（mosaic）模式。Bayer 模式滤波阵列是以它的发明者 Bryce E. Bayer 命名，它是目前商业上应用最为广泛的彩色滤波阵列。如图 7-44(a)所示，Bayer 模式交替排列一组红色(R)和绿色(G)滤光片以及一组绿色(G)和蓝色(B)滤光片，由于绿色在可见光光谱中占据最重要的位置且具有最宽的频带，人眼对绿色比蓝色和红色更为敏感，为了能够分辨更多的图像细节，绿色(G)滤光片是红色(R)滤光片和蓝色(B)滤光片数量的 2 倍。换句话说，绿色像素数占总像素数的 1/2，而红色和蓝色像素数各占总像素数的 1/4。Bayer 模式彩色滤波阵列的原始输出称为 Bayer 模式图像，也就是常说的 Raw 格式图像，图 7-44(b)所示为 Bayer 模式图像的存储格式。彩色插值算法可以嵌入数字照相机内部，生成 JPEG、TIFF 格式图像，或者对传感器直接获取的 Raw 格式数据进行处理。当对 Bayer 模式图像进行彩色插值时，需要指定 R、G、B 滤光片的排列次序，如图 7-44(c)所示，共有 4 种排列次序的 Bayer 模式滤波阵列，分别为 BGGR、GBRG、RGGB、GRBG。

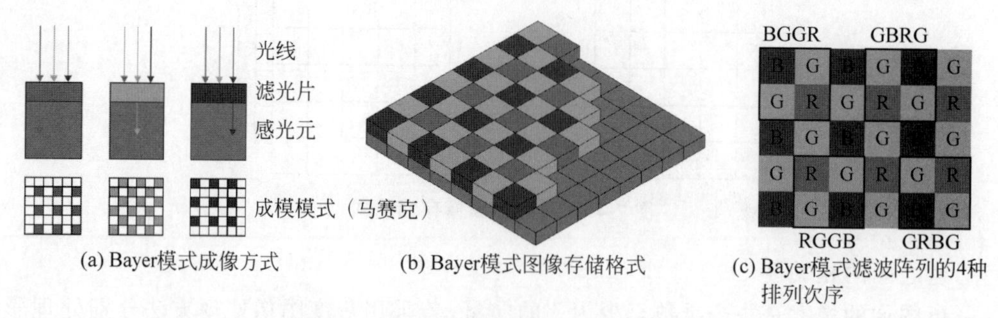

(a) Bayer模式成像方式　(b) Bayer模式图像存储格式　(c) Bayer模式滤波阵列的4种排列次序

图 7-44　Bayer 模式成像及图像存储格式

彩色插值方法主要分为两类：单通道独立插值方法和多通道相关插值方法。单通道独立插值方法仅根据每一个像素已知的邻域颜色分量估计出该像素其他两个未知的颜色分量。例如最近邻插值、双线性插值、三次样条插值、Lanczos 重采样等，其中，最常用的是双线性插值，它具有计算简单、容易实现的优点。这类方法在图像平滑区域可以取得好的效果，然而，在图像具有高频特征的边缘和细节区域容易产生明显的虚假颜色和边缘失真。多通道相关插值方法利用多通道的相关性进行插值，空间相关性认为图像局部区域内像素有相似的颜色，频谱相关性考虑不同颜色通道之间像素值的相关性。这类方法能够保持边缘和细节特征，但通常具有较高的复杂性，无法应用于数字照相机信号转换系统。

Bayer 于 1976 年提出了 Bayer 模式，为了恢复全彩色图像，所采用的就是简单、快速的双线性彩色插值方法。将 Bayer 模式图像分解为 R、G、B 三个颜色通道，双线性彩色插值方法分别在各个颜色通道中利用邻域内已知的颜色分量平均值来估计未知值，下面给出具体的计算过程。

(1) 在 R 颜色通道中，未知 R 分量的像素包括两种情况。对于第一种情况，未知 R 分量的像素仅包含 G 分量，也不包含 B 分量，在这种情况下，该像素水平方向上两个相邻像素的 R 分量是已知的，计算该像素相邻两个像素 R 分量的平均值作为该像素 R 分量的估计值。如图 7-45(a)所示，已知相邻两个像素的 R 分量分别为 R_{sw} 和 R_{se}，该像素 R 分量 R_m 的计算式为

$$R_m = \frac{1}{2}(R_{sw} + R_{se}) \tag{7-58}$$

对于第二种情况，未知 R 分量像素包含其他两个颜色分量，在这种情况下，该像素 4 个 D 邻域像素的 R 分量是已知的，计算该像素 D 邻域内 4 个像素 R 分量的平均值作为该像素 R 分量的估计值。如图 7-45(a)所示，已知 D 邻域内 4 个像素的 R 分量分别为 R_{nw}、R_{ne}、R_{sw} 和 R_{se}，该像素 R 分量 R_c 的计算式为

$$R_c = \frac{1}{4}(R_{nw} + R_{ne} + R_{sw} + R_{se}) \tag{7-59}$$

(2) B 分量的采样模式与 R 分量相同，对于第一种情况，如图 7-45(c)所示，已知相邻两个像素的 B 分量分别为 B_{nw} 和 B_{ne}，该像素 B 分量 B_m 的计算式为

$$B_m = \frac{1}{2}(B_{nw} + B_{ne}) \tag{7-60}$$

对于第二种情况，如图 7-45(c)所示，已知 D 邻域内 4 个像素的 B 分量分别为 B_{nw}、B_{ne}、B_{sw} 和 B_{se}，该像素 B 分量 B_c 的计算式为

$$B_c = \frac{1}{4}(B_{nw} + B_{ne} + B_{sw} + B_{se}) \tag{7-61}$$

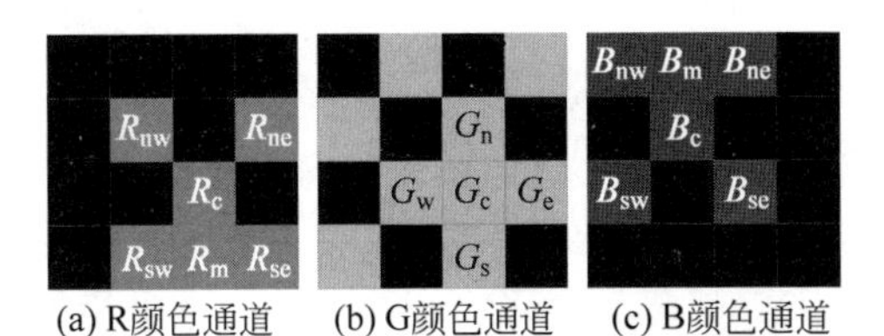

(a) R颜色通道　(b) G颜色通道　(c) B颜色通道

图 7-45　4×4 采样 Bayer 模式彩色滤波阵列

(3) 在 G 颜色通道中，对于未知 G 分量的像素，该像素 4 个 4 邻域像素的 G 分量是已知的，计算该像素 4 邻域内的 4 个像素 G 分量的平均值作为该像素 G 分量的估计值。如图 7-45(b)所示，已知 4 邻域内 4 个像素的 G 分量分别为 G_w、G_n、G_e 和 G_s，该像素 G 分量 G_c 的计算式为

$$G_c = \frac{1}{4}(G_w + G_n + G_e + G_s) \tag{7-62}$$

双线性彩色插值方法中各个颜色分量是独立插值的，并且始终在 3×3 邻域内计算相邻像素的平均值，没有考虑图像的边缘和纹理细节以及空间相关性和频谱相关性。

彩色摩尔纹是一种在数字照相机或者扫描仪等设备上，感光器件出现的高频干扰的条纹。摩尔纹是不规则的高频彩色条纹，没有明显的形状规律。数字照相机中的 CCD/CMOS 成像传感器是离散像素的光电成像器件，在数字照相机拍摄密布纹理的过程中，当成像传感器上彩色滤波阵列的空间频率与场景中规则性图案的空间频率接近时，会发生干涉现象，形成水波状彩色条纹，称为彩色摩尔纹效应。当镜头的截止频率小于彩色滤波阵列的空间频率时，使图像中纹理的空间频率低于感光器件的空间频率，就能消除彩色摩尔纹效应。为此，光学反混叠方法通常是在图像传感器和镜头的光路之间加入低通滤波器，滤除图像中的高频成分，以损失图像分辨率为代价来消除彩色插值过程中引入的彩色摩尔纹效应。若数字照相机的采样率足够高，远超过镜头分辨率，也不会出现彩色摩尔纹效应。

例 7-8　Bayer 模式彩色图像插值

图 7-46(a)为一幅 512×512 分辨率的 Bayer 模式图像，模拟 Bayer 模式彩色滤波阵列的输出，每一个像素仅包含 R 分量、G 分量或 B 分量之一，如图 7-46(b)所示。图 7-46(c)为图 7-46(b)的局部放大区域，从图中可以清楚地看出 Bayer 模式的滤光片排列次序。图 7-46(d)为双线性彩色插值图像，从图中可以看到，双线性插值方法通常在平坦区域能够准确地恢复颜色，但是损失了图像细节，导致边缘模糊。利用 MATLAB 图像处理工具箱中的梯度校正双线性彩色插值 demosaic 函数对图 7-46(a)所示 Bayer 模式图像进行彩色插值，如图 7-46(e)所示，与双线性插值方法相比，梯度校正双线性插值算法较好地保持了边缘和细节。从图中可以看出，彩色摩尔纹经常出现在周期性高频边缘处，如栅栏、窗栏、墙壁等。模拟光学反混叠方法对彩色图像进行预滤波后，再以 Bayer 模式进行颜色下采样，使用梯度校正双线性插值算法的结果如图 7-46(f)所示。通过这两幅图像的比较可以看出，预滤波有效地抑制了混叠效应，但是图像呈现可见的模糊。

(a) Bayer模式图像 (b) RGB颜色通道分解 (c) 图(b)的局部放大图像

(d) 双线性插值图像 (e) 梯度校正双线性插值图像 (f) 预滤波后梯度校正双线性插值图像

图 7-46 Bayer 模式彩色插值示例

7.4.3 彩色图像增强

第 3 章讨论了灰度图像增强的邻域处理方法，灰度图像的邻域处理比较简单，由于处理的像素是标量，邻域内像素可以直接使用算术运算。彩色图像的平滑和锐化处理是以邻域内彩色像素的处理为基础的。彩色图像邻域处理的像素是向量，颜色通道之间具有相关性，因而相对比较复杂。

7.4.3.1 彩色图像平滑

由第 3 章可知，灰度图像平滑主要分为线性平滑和非线性平滑，灰度图像的线性平滑方法可以直接应用于彩色图像，而非线性平滑无法直接应用于彩色图像，需要设计直接作用于向量的彩色图像平滑方法。

1. 线性平滑滤波

设像素(x,y)处的颜色向量为$\boldsymbol{f}(x,y)$，灰度图像的线性平滑运算可以直接推广到彩色图像的平滑处理，这是因为

$$\bar{\boldsymbol{f}}(x,y)=\frac{1}{K}\sum_{(x,y)\in\mathcal{S}_{xy}}\boldsymbol{f}(x,y)=\frac{1}{K}\begin{bmatrix}\sum_{(x,y)\in\mathcal{S}_{xy}} f_R(x,y)\\ \sum_{(x,y)\in\mathcal{S}_{xy}} f_G(x,y)\\ \sum_{(x,y)\in\mathcal{S}_{xy}} f_B(x,y)\end{bmatrix}\tag{7-63}$$

式中，$\mathcal{S}_{xy}$表示以像素(x,y)为中心的邻域像素集合，K 为集合中的像素数，$\bar{\boldsymbol{f}}(x,y)$为彩色图像平滑结果。

由式(7-63)可知，对 RGB 彩色图像进行平滑操作，就是对彩色图像的 3 个颜色分量单独进行平滑操作，再将各个分量平滑结果合并成为一幅彩色图像。仅对于线性平滑滤波，如

均值滤波、高斯滤波等，对彩色图像向量的处理等效于对彩色图像的各个分量单独进行处理。而对于非线性平滑滤波，如中值滤波，这种方法就不适用了。

例 7-9 彩色图像的线性平滑

图 7-47(a)为一幅尺寸为 410×410 的彩色图像，对图 7-47(a)中加入均值为 0、方差为 0.02 的高斯噪声，如图 7-47(b)所示。使用标准差为 0.5 的 3×3 高斯模板对有噪图像的 R、G、B 分量单独进行高斯平滑滤波，然后将各个分量合并成为彩色图像，如图 7-47(c)所示。对于线性平滑滤波，对向量的处理等效于对分量单独处理，因此，在灰度图像中能够抑制高斯噪声的线性平滑滤波同样适用于彩色图像，可以有效地降低彩色图像的高斯噪声。

(a) 彩色图像

(b) 高斯噪声图像

(c) 分量高斯平滑滤波图像

图 7-47 有噪彩色图像的高斯平滑滤波示例

2. 向量中值滤波

设一维信号有 d 个分量$\{f_0(x), f_1(x), \cdots, f_{d-1}(x)\}$，$d \geqslant 1$，这些分量形成一个向量信号 $\boldsymbol{f}(x)$：

$$\boldsymbol{f}(x) = \begin{bmatrix} f_0(x) \\ \vdots \\ f_{d-1}(x) \end{bmatrix} \tag{7-64}$$

对向量 $\boldsymbol{f}(x)$的处理可以简单地对每一个分量 $f_i(x)$直接使用为标量信号设计的滤波器$\mathcal{T}$，因此，滤波器的输出 $\boldsymbol{g}(x)$可表示为

$$\boldsymbol{g}(x) = \begin{bmatrix} \mathcal{T}[f_0(x)] \\ \vdots \\ \mathcal{T}[f_{d-1}(x)] \end{bmatrix} \tag{7-65}$$

但是，这种处理方法的不足在于，在实际应用中，信号分量通常是相关的，若单独处理每一个分量，则忽略了不同分量之间的相关性。对向量信号分开处理会引起标量信号处理不会出现的问题。

向量中值滤波的滤波器$\mathcal{T}$直接作用于向量信号 $\boldsymbol{f}(x)$，滤波器的输出 $\boldsymbol{g}(x)$可表示为

$$\boldsymbol{g}(x) = \mathcal{T}[\boldsymbol{f}(x)] \tag{7-66}$$

这种处理方法可以克服分量滤波所造成的一些问题。中值滤波的一个基本性质是滤波器不会引入输入信号中没有的采样值，对于向量中值滤波也应该如此。因此，要求向量中值滤波的输出应该是输入向量之一。注意，若向量中值运算定义为对向量的各个分量单独使用标量中值运算，则向量中值滤波的输出通常不是输入向量之一。

当中值运算扩展到向量信号时，需要对向量中值运算施加一些要求：①向量中值运算应具有类似于标量中值运算的性质，也就是说，具有零冲激响应[①]以及边缘保持能力的同时

① 中值滤波的冲激响应为零，这个性质表明中值滤波可以很好地抑制冲激信号。

具有好的数据平滑能力；②当向量的维数是1时向量中值滤波退化为标量中值滤波。利用范数定义向量中值滤波，n 个向量 $\{\boldsymbol{f}_0,\boldsymbol{f}_1,\cdots,\boldsymbol{f}_{n-1}\}$，$n\geqslant 1$ 的向量中值(vector median, VM)，记为 $\boldsymbol{f}_{\mathrm{vm}}$，它满足如下两个条件：

$$\boldsymbol{f}_{\mathrm{vm}}\in\{\boldsymbol{f}_i\},\quad i=0,\cdots,n-1 \tag{7-67}$$

$$\sum_{j=0}^{n-1}\|\boldsymbol{f}_{\mathrm{vm}}-\boldsymbol{f}_j\|\leqslant\sum_{j=0}^{n-1}\|\boldsymbol{f}_i-\boldsymbol{f}_j\|,\quad i=0,1,\cdots,n-1 \tag{7-68}$$

其中，$\|\cdot\|$ 表示范数，通常选择 ℓ_1 范数或 ℓ_2 范数。

对向量中值滤波进行扩展，n 个向量 $\{\boldsymbol{f}_0,\boldsymbol{f}_1,\cdots,\boldsymbol{f}_{n-1}\}$，$n\geqslant 1$ 的广义向量中值(generalized vector median, GVM)，记为 $\boldsymbol{f}_{\mathrm{gvm}}$，它满足如下两个条件：

$$\boldsymbol{f}_{\mathrm{gvm}}\in\{\boldsymbol{f}_i\},\quad i=0,1,\cdots,n-1 \tag{7-69}$$

$$\sum_{j=0}^{n-1}d(\boldsymbol{f}_{\mathrm{gvm}},\boldsymbol{f}_j)\leqslant\sum_{j=0}^{n-1}d(\boldsymbol{f}_i,\boldsymbol{f}_j),\quad i=0,1,\cdots,n-1 \tag{7-70}$$

其中，$d(\boldsymbol{f}_i,\boldsymbol{f}_j)$ 表示向量 $\boldsymbol{f}_i$ 和向量 $\boldsymbol{f}_j$ 之间的距离。

上述定义的向量中值运算用滤波实现的过程为，将固定长度的窗口在向量信号上滑动，在任一时刻，滤波器的输出是在滤波器窗口中采样值的向量中值。在向量中值滤波中，通常选取窗口长度 n 为奇数。

例 7-10　向量中值滤波的解释

图 7-48 显示了具有红色和绿色两个光谱分量的彩色信号，在时刻 t_0 之前(包括时刻 t_0)，当红色分量为零值，而绿色分量有非零值时，彩色信号为绿色，从时刻 t_0 之后变为红色。在时刻 t_0 之前的两个时间单位处，红色分量有一个脉冲噪声，造成在这个脉冲时间彩色信号颜色变为黄色，若分别对这两个分量进行长度为 5 的中值滤波，则将滤除红色分量中的脉冲噪声，但是，导致绿色分量边缘相对红色分量边缘右移了一个单位。绿色到红色的过渡中产生一个黄色的脉冲，这是中值滤波中的边缘振荡(edge jitter)。绿色分量是一个阶跃信号，因此，它没有受到滤波的影响[①]。由于滤波输出的彩色信号在时刻 t_0 是黄色，之后才也变为红色，因此，对彩色信号的分量单独地进行中值滤波不能滤除假的颜色脉冲，而只是移动它的位置。

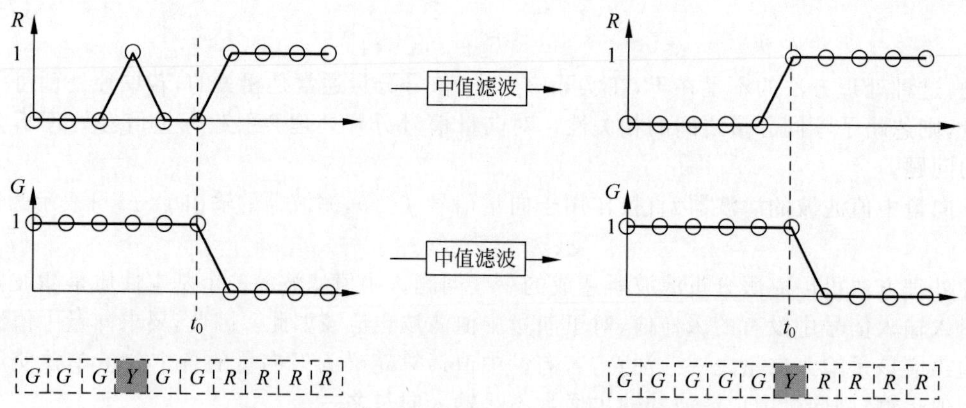

图 7-48　边缘附近脉冲信号的单独分量中值滤波

① 中值滤波的输出总是窗口中输入信号之一，所以，滤波后的信号可能与原信号一致。如果滤波后的信号与原信号一致，则称该信号为这个滤波器的根信号。好的边缘响应要求滤波器存在根信号。对于中值滤波，阶跃信号是一个根信号，阶跃信号通过中值滤波保持不变。

使用长度为5的向量中值滤波对图7-48所示的彩色信号进行滤波。从图7-49可以看到，向量中值滤波不仅滤波了红色分量中的脉冲信号，而且没有发生边缘振荡失真。向量中值滤波能够在信号边缘附近起到很好的去除脉冲噪声的作用。

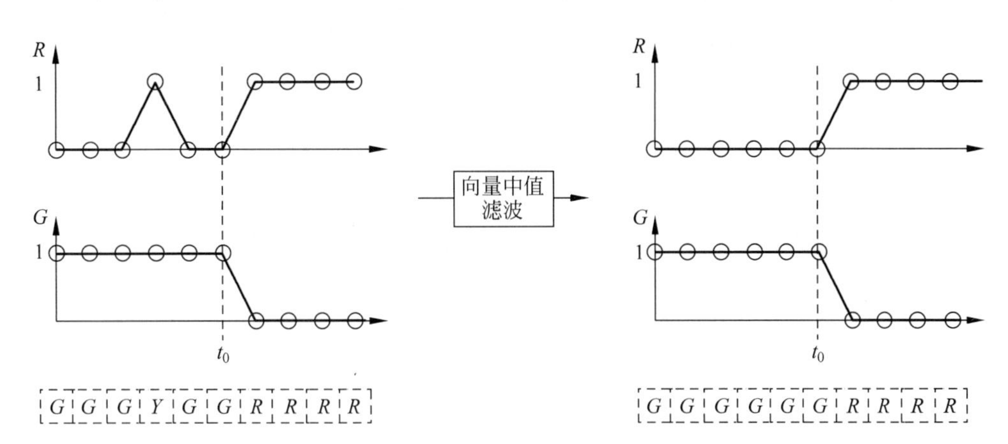

图7-49　边缘附近脉冲信号的向量中值滤波

在一维信号的向量中值滤波的基础上，彩色图像向量中值滤波的具体步骤描述如下：

(1) 将模板在图像中遍历，将模板中心与各个像素位置(x,y)重合，模板下对应的像素按列排序表示为向量序列$\{\boldsymbol{f}_i\}_{i=0,1,\cdots,n-1}$，$n$为模板对应的像素总数。

(2) 对于向量序列$\{\boldsymbol{f}_i\}_{i=0,1,\cdots,n-1}$中的每一个向量$\boldsymbol{f}_i$，计算该向量$\boldsymbol{f}_i$与其他所有向量$\boldsymbol{f}_j$之间的距离，并计算距离之和：

$$S_i=\sum_{j=0}^{n-1}\|\boldsymbol{f}_i-\boldsymbol{f}_j\|,\quad i=0,1,\cdots,n-1 \tag{7-71}$$

(3) 将$\{S_i\}_{i=0,1,\cdots,n-1}$中最小值对应的向量赋值于模板中心对应的像素，作为向量中值滤波的输出$\boldsymbol{g}(x,y)$：

$$\boldsymbol{g}(x,y)=\arg\min_{\boldsymbol{f}_i}\{S_i\},\quad i=0,1,\cdots,n-1$$

当上述定义中的最小值不是唯一时，可以简单地选取满足最小值中的任意一个作为向量中值。在向量中值滤波中，滤波窗口中的向量有某种空间次序，在多个候选输出时，通常依据它们在滤波窗口中的位置作出决定。若中间位置的$\boldsymbol{f}_{(n\pm1)/2}$是输出的候选值之一，则它通常应该比其他向量更有可能是所要求的向量中值。一般来说，即使向量中值不是唯一的，在向量中值滤波的实现中，也应该能够根据输入信号唯一确定滤波输出。

例7-11　彩色图像的向量中值滤波

通过比较分量中值滤波与向量中值滤波图像来说明这两种方法的区别。图7-47(a)所示的彩色图像色彩丰富，便于观察颜色的失真现象。对该彩色图像加入概率为0.05的椒盐噪声，如图7-50(a)所示。分量中值滤波方法是对R、G、B三个颜色分量单独进行中值滤波，然后合并成为彩色图像。图7-50(b)为分量中值滤波再合并为彩色图像的结果。向量中值滤波方法直接在RGB向量空间中计算向量中值，图7-50(c)为向量中值滤波的结果。在分量中值滤波和向量中值滤波中，模板的尺寸均为3×3。通过比较这两幅图像可以发现，分量单独处理的方法容易在边缘处引入奇异颜色，尤其注意观察鹦鹉的尾部。图中，下图是局部细节图。

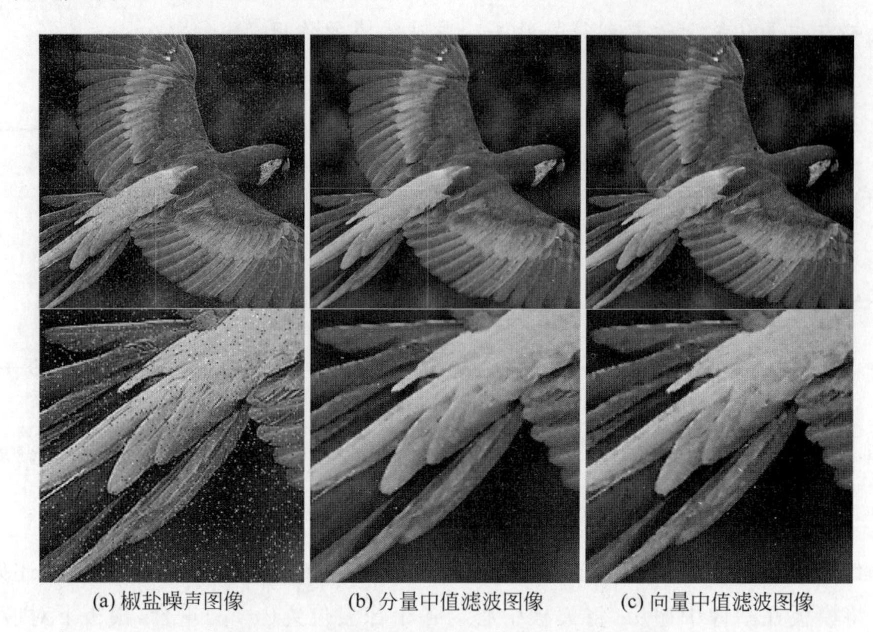

(a) 椒盐噪声图像　(b) 分量中值滤波图像　(c) 向量中值滤波图像

图 7-50　有噪彩色图像的向量中值滤波示例

7.4.3.2　彩色图像锐化

二阶拉普拉斯算子是线性算子，它可以直接作用于彩色图像。彩色像素的拉普拉斯变换的结果是一个向量，其分量等于输入向量的各个分量单独进行拉普拉斯变换的结果。对于 RGB 彩色图像，彩色像素 $\boldsymbol{f}(x,y)=[f_R(x,y),f_G(x,y),f_B(x,y)]^{\mathrm{T}}$ 的拉普拉斯变换表示为

$$\nabla^2[\boldsymbol{f}(x,y)]=\begin{bmatrix}\nabla^2 f_R(x,y)\\ \nabla^2 f_G(x,y)\\ \nabla^2 f_B(x,y)\end{bmatrix} \tag{7-72}$$

式中，$\nabla^2[\cdot]$表示二阶拉普拉斯算子。这表明可以通过单独计算各个分量图像的拉普拉斯变换来计算彩色图像的拉普拉斯变换。将拉普拉斯图像$\nabla^2[\boldsymbol{f}(x,y)]$叠加在原彩色图像$\boldsymbol{f}(x,y)$上实现彩色图像的边缘增强，即$\boldsymbol{g}(x,y)=\boldsymbol{f}(x,y)-\nabla^2[\boldsymbol{f}(x,y)]$，其中$\boldsymbol{g}(x,y)$为拉普拉斯锐化图像。

对三个颜色分量同时进行拉普拉斯变换有时会使结果过度锐化且边缘发生颜色失真。因此，可以仅对亮度分量进行锐化处理。例如，将彩色图像由 RGB 颜色空间转换到 HSV 颜色空间，在 HSV 颜色空间中进行彩色图像的锐化处理，在 HSV 颜色空间中，仅对亮度分量 V 进行拉普拉斯变换，而保持色调分量 H 和饱和度分量 S 不变，再将处理结果转换回 RGB 颜色空间。

例 7-12　彩色图像的拉普拉斯锐化处理

对于图 7-20(a)所示的彩色图像，图 7-51 比较两种拉普拉斯锐化处理的结果。第一种

方法将 RGB 颜色空间转换为 HSV 颜色空间,仅对 V 分量进行拉普拉斯锐化处理,H 分量和 S 分量保持不变,然后转换回 RGB 颜色空间,如图 7-51(a)所示。第二种是对 RGB 彩色图像的三个颜色分量单独地进行拉普拉斯锐化处理再合并成为彩色图像,图 7-51(b)为拉普拉斯变换的结果,图 7-51(c)为拉普拉斯锐化图像。注意观察图 7-51(c)中的边缘,后者容易导致过锐化。

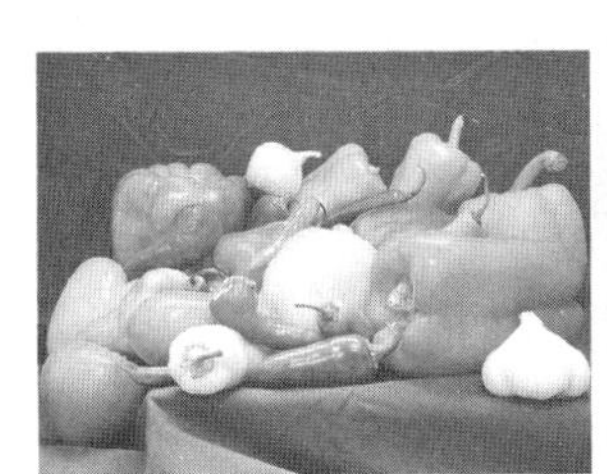

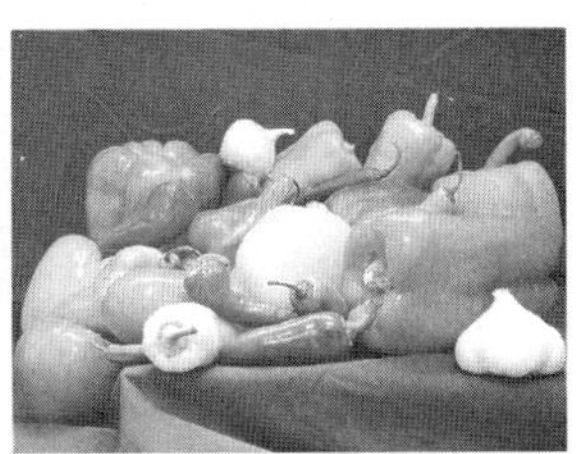

(a) 仅V分量拉普拉斯锐化的结果 (b) 彩色图像拉普拉斯变换结果 (c) 彩色图像拉普拉斯锐化结果

图 7-51 彩色图像拉普拉斯锐化处理示例

7.4.4 彩色图像分割

图像分割是根据需要将图像划分为有意义的若干区域,或者提取感兴趣目标的图像处理技术。第 9 章将系统讨论灰度图像分割方法。本节将简单讨论在颜色空间中分割相似颜色区域的彩色图像分割。

7.4.4.1 RGB 颜色空间的彩色图像分割

在 RGB 颜色空间中,彩色像素表示为 RGB 颜色向量 $\boldsymbol{f}(x,y)=[R(x,y),G(x,y),B(x,y)]^{\mathrm{T}}$。一种简单的彩色图像分割方法是选取某一感兴趣区域,计算颜色的平均值 $\bar{\boldsymbol{f}}=[\bar{R},\bar{G},\bar{B}]^{\mathrm{T}}$,判断图像中各个像素的颜色 $\boldsymbol{f}(x,y)$与均值 $\bar{\boldsymbol{f}}$ 的相似程度。若该像素的颜色与均值相近,则该像素属于感兴趣区域,否则,不属于感兴趣区域。这实际上是一个模式分类问题,将彩色图像中的像素分为两类:感兴趣区域和非感兴趣区域像素,从而产生一幅二值分割图像。

欧氏距离是最常用的判断相似程度的准则。设 $\boldsymbol{f}(x,y)$表示 RGB 颜色空间中的任意点,$\boldsymbol{f}(x,y)$与 $\bar{\boldsymbol{f}}$ 之间的欧氏距离定义为

$$\begin{aligned}d_{\mathrm{E}}(\boldsymbol{f},\bar{\boldsymbol{f}}) &= \|\boldsymbol{f}(x,y)-\bar{\boldsymbol{f}}\|_2 \\ &=[(R(x,y)-\bar{R})^2+(G(x,y)-\bar{G})^2+(B(x,y)-\bar{B})^2]^{\frac{1}{2}}\end{aligned} \tag{7-73}$$

式中,$\|\cdot\|_2$ 表示 ℓ_2 范数。给定阈值 T,欧氏距离 $d_{\mathrm{E}}(\boldsymbol{f},\bar{\boldsymbol{f}})\leqslant T$ 表示的点集是以 $\bar{\boldsymbol{f}}$ 为圆心,以 T 为半径的圆球体[图 7-52(a)],彩色像素落在圆球体内部,则分类为感兴趣区域像素,否则分类为非感兴趣区域像素。

另一种常用的距离度量是马氏(Mahalanobis)距离,$\boldsymbol{f}(x,y)$与 $\bar{\boldsymbol{f}}$ 之间的马氏距离定义为

$$d_{\mathrm{M}}(\boldsymbol{f},\bar{\boldsymbol{f}})=\|\boldsymbol{f}(x,y)-\bar{\boldsymbol{f}}\|_{\boldsymbol{\Sigma}} \\ =\left[(\boldsymbol{f}(x,y)-\bar{\boldsymbol{f}})^{\mathrm{T}}\boldsymbol{\Sigma}^{-1}(\boldsymbol{f}(x,y)-\bar{\boldsymbol{f}})\right]^{\frac{1}{2}} \tag{7-74}$$

式中，$\boldsymbol{\Sigma}$ 为训练样本颜色的协方差矩阵。马氏距离是一种基于样本分布的距离。协方差矩阵$\boldsymbol{\Sigma}$ 可对角化生成对角矩阵$\boldsymbol{\Lambda}=\mathrm{diag}(\lambda_1,\lambda_2,\lambda_3)$，其中，$\lambda_1$，$\lambda_2$ 和 λ_3 分别为 $R(x,y)$、$G(x,y)$和 $B(x,y)$的方差。当$\boldsymbol{\Sigma}$ 为单位矩阵时，马氏距离退化为欧氏距离。若协方差矩阵为对角矩阵$\boldsymbol{\Lambda}$ 时，则也可称为标准欧氏距离(standardized Euclidean distance)：

$$d_{\mathrm{M}}(\boldsymbol{f},\bar{\boldsymbol{f}})=\left[\frac{(R(x,y)-\bar{R})^2}{\lambda_1}+\frac{(G(x,y)-\bar{G})^2}{\lambda_2}+\frac{(B(x,y)-\bar{B})^2}{\lambda_3}\right]^{\frac{1}{2}}$$

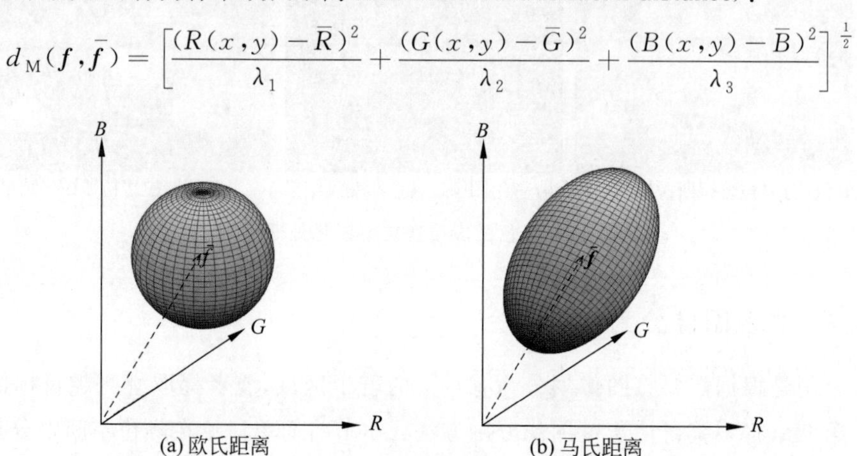

图 7-52 RGB 向量空间中数据聚类的两种距离度量

给定阈值 T，马氏距离 $d_{\mathrm{M}}(\boldsymbol{f},\bar{\boldsymbol{f}})\leqslant T$ 表示的点集是以均值向量 $\bar{\boldsymbol{f}}$ 为中心，以 $T\sqrt{\lambda_1}$、$T\sqrt{\lambda_2}$ 和 $T\sqrt{\lambda_3}$ 分别为三个轴长的椭球体[图 7-52(b)]，主轴在最大数据分布方向上。如同欧氏距离的分类原则，像素落在椭球体内部，则分类为感兴趣区域像素，否则分类为非感兴趣区域像素。

例 7-13 RGB 颜色空间中的彩色图像分割

在 RGB 颜色空间中利用马氏距离判断颜色相似程度，对图 7-53(a)所示图像中的覆盆子区域进行分割。选取感兴趣颜色区域的训练样本，如图 7-53(a)中白色实线包围的区域所示。计算训练样本的均值向量 $\bar{\boldsymbol{f}}$ 和协方差矩阵$\boldsymbol{\Sigma}$，协方差矩阵$\boldsymbol{\Sigma}$ 的三个特征值分别用 λ_1、λ_2 和 λ_3 表示，以均值向量 $\bar{\boldsymbol{f}}$ 为中心，以 $T\sqrt{\lambda_1}$、$T\sqrt{\lambda_2}$ 和 $T\sqrt{\lambda_3}$ 为三个轴长构成数据拟合椭球体，如图 7-35(b)所示，落在椭球体内部或椭球体上的彩色像素满足 $d_{\mathrm{M}}(\boldsymbol{f},\bar{\boldsymbol{f}})\leqslant T$，构成分割区域，图 7-53(c)显示了分割的结果，其中阈值 T 取值为 10。

7.4.4.2 亮度-色度颜色空间的彩色图像分割

在彩色图像分割中，由于亮度分量不包含色彩信息，且对光照变化敏感，因而在色度空间中描述色彩更方便。在 7.2 节中描述了多种颜色空间，一些颜色空间将图像的亮度和色度进行分离，亮度是颜色明亮程度的度量，色度表示颜色的类别和纯度，亮度和色度相互独立，例如，以 HSI 为代表的面向视觉感知的颜色空间或者以 CIE LAB 为代表的视觉感知均匀的颜色空间。这样的颜色空间适合于对具有显著色彩特征的目标进行分割，有利于在独立的色度分量上执行阈值处理。

(a) RGB彩色图像（附选取的训练样本）

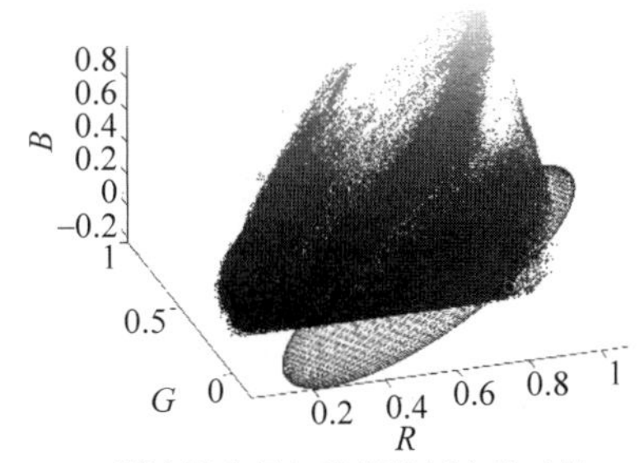

(b) 训练样本颜色数据的拟合椭球体以及感兴趣区域颜色分布

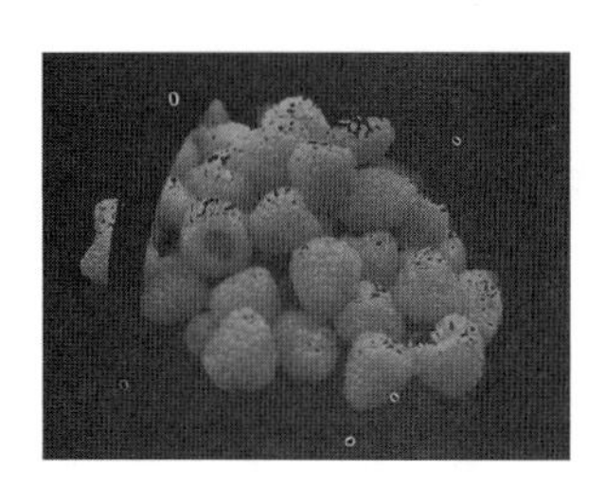

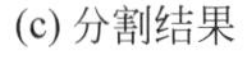

(c) 分割结果

图 7-53　RGB 颜色空间中使用马氏距离的彩色图像分割示例

例 7-14　HSI 颜色空间中的彩色图像分割

HSI 颜色空间反映人类视觉感知颜色的方式，H 分量和 S 分量分别表示图像的色调和饱和度（统称为色度），I 分量表示图像的亮度，H、S、I 三个分量是相互独立的。将图 7-54(a)所示的彩色图像由 RGB 颜色空间转换到 HSI 颜色空间，图 7-54(b)～(d)分别为它的色调、饱和度和亮度分量。在 HSI 颜色空间中分割感兴趣目标区域。从三幅分量图像可以看出，一方面，感兴趣区域的色彩特征很显著，包括色调和饱和度分量；另一方面，由于太阳光的不均匀照射，感兴趣区域的亮度变化较大。因而，仅用色度分量而不用亮度分量来分割感兴趣区域。

(a) RGB彩色图像（附选取的训练样本）　(b) 色调分量　(c) 饱和度分量　(d) 亮度分量

(e) 训练样本和测试样本分布图　(f) 二值分割图像　(g) 映射在原图像上的结果

图 7-54　HSI 颜色空间中使用马氏距离的彩色图像分割示例

如同例 7-13 RGB 颜色空间中的分割方法，选取一部分花瓣区域作为训练样本，如图 7-54(a)中白色实线包围的区域所示，计算训练样本的均值向量 $\bar{f}$ 和协方差矩阵 $\boldsymbol{\Sigma}$。由于只考虑色调和饱和度两个分量，因此均值是二维向量，协方差是二维矩阵。如图 7-54(e)所示，红色点为选取的训练样本，在二维空间中，马氏距离 $d_{\mathrm{M}}(\boldsymbol{f},\bar{\boldsymbol{f}})=T$ 表示的点的轨迹是以均值向量 $\bar{\boldsymbol{f}}$ 为中心，以 $T\sqrt{\lambda_1}$ 为长轴、$T\sqrt{\lambda_2}$ 为短轴的椭圆，蓝色点为图像中的所有颜色，椭圆内部或椭圆上的蓝色点满足 $d_{\mathrm{M}}(\boldsymbol{f},\bar{\boldsymbol{f}})\leqslant T$，为待分割的感兴趣区域像素，这里的阈值 T 取值为 30，图中横轴表示色调，纵轴表示饱和度。图 7-54(f)为二值的分割图像，白色表示分割区域。移除像素数小于 50 的连通分量，并将分割区域映射在原图像上，直观地表现出分割的效果，图 7-54(g)为分割出的感兴趣区域。

由于色调分量中红色分布的不连续性，红色目标在 HSI 颜色空间中分割会失效。对于例 7-13 中图 7-53(a)所示的覆盆子分割，图 7-55(a)为其色调分量。在图 7-55(b)中，红色点为选取的训练样本(与例 7-13 相同)，正是因为色调分量中红色在 0°处有间断点，红色的色调分量有接近 1 和 0 两种截然相反的值，图中椭圆无法拟合两个部分的图像数据，这里马氏距离的阈值 T 取值为 1.8。椭圆内部或椭圆上的蓝色点集构成待分割的区域，图 7-55(c)为分割出的感兴趣区域，可以看出红色目标的分割不完整。

(a) 图7-53(a)的色调分量

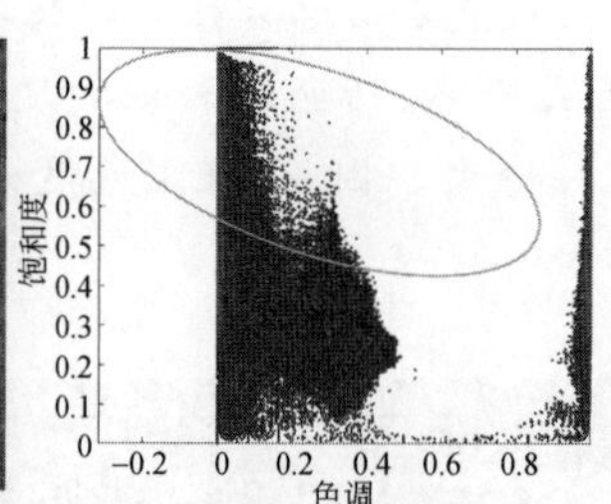

(b) 训练样本和测试样本分布图

(c) 分割结果

图 7-55 红色色调有间断点

例 7-15 CIE LAB 颜色空间中的彩色图像分割

除了由色调、饱和度和亮度构成的颜色空间，也可以在其他颜色空间中利用色度分量分割感兴趣区域。由于 CIE LAB 颜色空间具有很好的视觉感知均匀性，它是一种较为常用的 CIE 设备无关颜色空间。对于图 7-56(a)所示的彩色图像，图 7-56(b)、图 7-56(c)和图 7-56(d)分别为它的 L^* 分量、a^* 分量和 b^* 分量。利用 CIE LAB 颜色空间中的两个色度分量 a^* 和 b^* 进行颜色差异的度量，而不考虑亮度分量 L^*。

选取一部分花瓣颜色作为训练样本，如图 7-56(a)中白色实线包围的区域所示，计算训练样本 a^* 分量和 b^* 分量的平均值 $\bar{a}^*$ 和 $\bar{b}^*$。计算图像中各个像素的 a^* 分量和 b^* 分量与训练样本均值 $\bar{a}^*$ 和 $\bar{b}^*$ 的欧氏距离：

$$d_{\mathrm{E}}(a^*,b^*;\bar{a}^*,\bar{b}^*)=\sqrt{(a^*-\bar{a}^*)^2+(b^*-\bar{b}^*)^2}$$

图 7-56(e)是以图像方式显示的欧氏距离 $d_{\mathrm{E}}(a^*,b^*;\bar{a}^*,\bar{b}^*)$，与均值的距离越近，灰度越暗。图 7-56(f)给出了欧氏距离 $d_{\mathrm{E}}(a^*,b^*;\bar{a}^*,\bar{b}^*)$ 的直方图，横轴表示欧氏距离，纵轴表示对应的像素数，虚线为训练样本与均值 $\bar{a}^*$ 和 $\bar{b}^*$ 之间的欧氏距离直方图，实线为整幅图像中全部像素与均值 $\bar{a}^*$ 和 $\bar{b}^*$ 之间的欧氏距离直方图。阈值 T 设置为 30，欧氏距

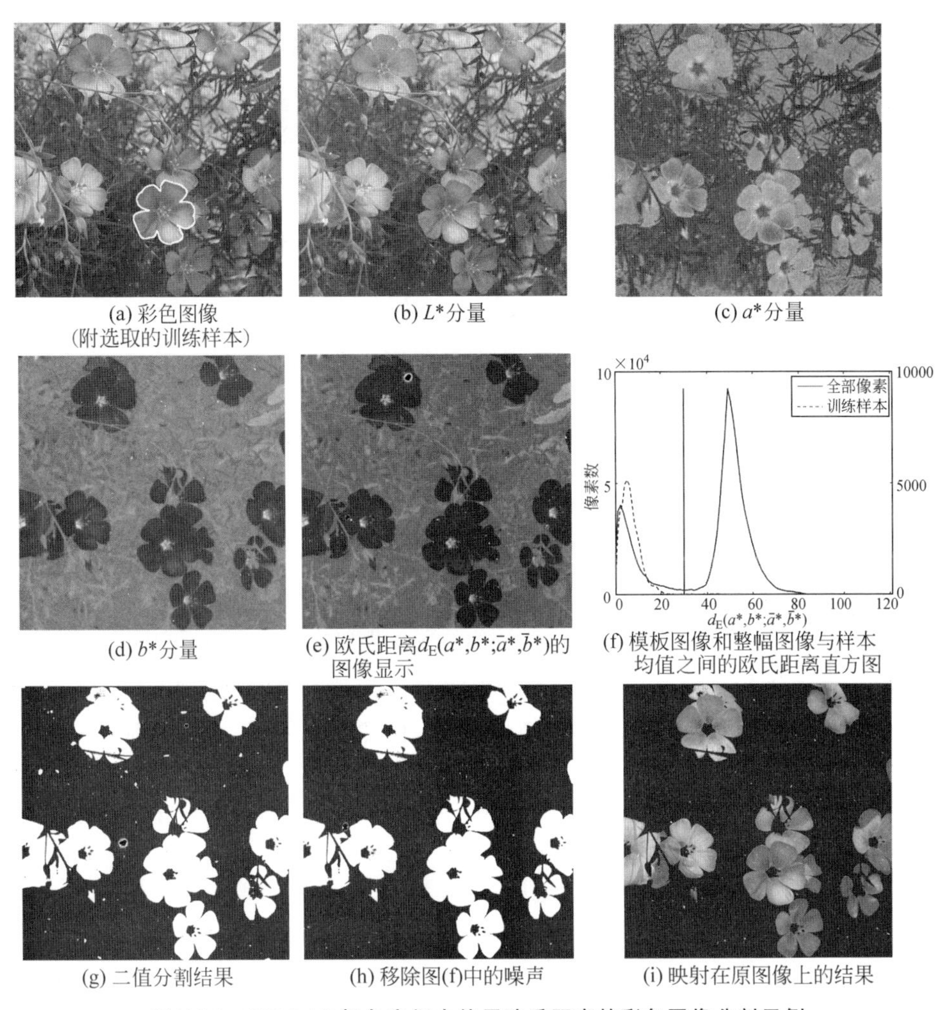

(a) 彩色图像（附选取的训练样本） (b) L^*分量 (c) a^*分量

(d) b^*分量 (e) 欧氏距离$d_E(a^*,b^*;\bar{a}^*,\bar{b}^*)$的图像显示 (f) 模板图像和整幅图像与样本均值之间的欧氏距离直方图

(g) 二值分割结果 (h) 移除图(f)中的噪声 (i) 映射在原图像上的结果

图 7-56 CIE LAB 颜色空间中使用欧氏距离的彩色图像分割示例

离 $d_E(a^*,b^*;\bar{a}^*,\bar{b}^*)\leqslant T$ 表示的像素集构成感兴趣区域，图 7-56(g)为二值分割结果。移除图 7-56(g)中像素数小于 500 的连通分量，如图 7-56(h)所示，最后将其映射在原图像上，如图 7-56(i)所示。

7.4.5 彩色边缘检测

第 9 章的梯度定义适用于灰度图像中的边缘检测，但不能扩展到多维的颜色空间。对于彩色图像的边缘检测，无论是对彩色图像的各个分量单独使用灰度图像的梯度边缘检测再将各个分量合并成为彩色图像，还是将彩色图像转换为灰度图像再进行基于梯度的边缘检测，这两种方法的检测结果均不正确。本节讨论 RGB 颜色空间中的向量梯度定义，并介绍一种由 Di Zenzo 提出的基于向量梯度的彩色图像边缘检测方法。

对于 RGB 颜色空间中的向量 $\boldsymbol{f}(x,y)=[R(x,y),G(x,y),B(x,y)]^{\mathrm{T}}$，设 $\boldsymbol{r}$、$\boldsymbol{g}$、$\boldsymbol{b}$ 分别表示 RGB 颜色空间中沿 R、G、B 分量的标准正交基向量，定义

$$\boldsymbol{u}=\frac{\partial R}{\partial x}\boldsymbol{r}+\frac{\partial G}{\partial x}\boldsymbol{g}+\frac{\partial B}{\partial x}\boldsymbol{b} \tag{7-75}$$

$$\boldsymbol{v}=\frac{\partial R}{\partial y}\boldsymbol{r}+\frac{\partial G}{\partial y}\boldsymbol{g}+\frac{\partial B}{\partial y}\boldsymbol{b} \tag{7-76}$$

梯度 g_{xx}、g_{yy} 和 g_{xy} 定义为$\boldsymbol{u}$ 和$\boldsymbol{v}$ 的内积，即

$$g_{xx}=\langle \boldsymbol{u},\boldsymbol{u}\rangle=\left(\frac{\partial R}{\partial x}\right)^2+\left(\frac{\partial G}{\partial x}\right)^2+\left(\frac{\partial B}{\partial x}\right)^2 \tag{7-77}$$

$$g_{yy}=\langle \boldsymbol{v},\boldsymbol{v}\rangle=\left(\frac{\partial R}{\partial y}\right)^2+\left(\frac{\partial G}{\partial y}\right)^2+\left(\frac{\partial B}{\partial y}\right)^2 \tag{7-78}$$

$$g_{xy}=\langle \boldsymbol{u},\boldsymbol{v}\rangle=\frac{\partial R}{\partial x}\frac{\partial R}{\partial y}+\frac{\partial G}{\partial x}\frac{\partial R}{\partial y}+\frac{\partial B}{\partial x}\frac{\partial R}{\partial y} \tag{7-79}$$

在像素(x,y)处向量 $\boldsymbol{f}(x,y)$最大变化率方向的角度为

$$\theta(x,y)=\frac{1}{2}\arctan\frac{2g_{xy}}{g_{xx}-g_{yy}} \tag{7-80}$$

在像素(x,y)处该方向上梯度的幅度为

$$F_\theta(x,y)=\left\{\frac{1}{2}\left[(g_{xx}+g_{yy})+(g_{xx}-g_{yy})\cos(2\theta)+2g_{xy}\sin(2\theta)\right]\right\}^{\frac{1}{2}} \tag{7-81}$$

注意，arctan(·)有两个相差 $\pi/2$ 的值，意味着每一个像素(x,y)与两个正交方向有关。沿着其中一个方向的 $F_\theta(x,y)$最大，而沿着另一个方向的 $F_\theta(x,y)$最小。将式(7-80)中的 θ 代入式(7-81)计算垂直方向梯度，来检测水平边缘；再将 $\theta+\pi/2$ 代入式(7-81)，计算水平方向梯度，来检测垂直边缘。最终的梯度图像由两个方向梯度的最大值给出。

例 7-16　基于向量梯度的彩色边缘检测

向量梯度的定义要求计算偏导数，在数字图像中，通常使用差分代替偏导数，第 9 章将介绍的一阶差分算子均可适用，采用 Sobel 算子近似计算偏导数。在 RGB 颜色空间中，两种颜色差异用颜色立方体中这两个点之间的距离来度量。如图 7-57 所示，红色与黑色之间的距离为 d，青色与黑色之间的距离为$\sqrt{2}d$，青色与红色之间的距离为$\sqrt{3}d$，其中颜色立方体的边长为 d。

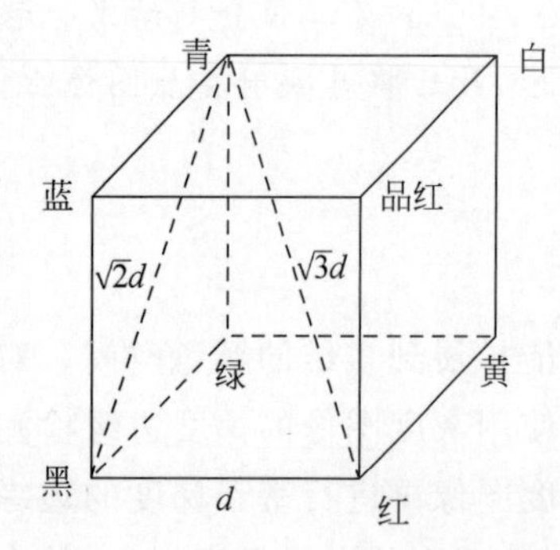

图 7-57　向量梯度边缘检测中两种颜色之间的差异度量

图 7-58(a)～(c)为三幅简单的二值图像，将这三幅图像分别作为 R、G、B 颜色分量，构成 RGB 彩色图像，如图 7-58(d)所示。图 7-58(e)给出了分开计算 RGB 分量图像的梯度并相加而合并的分量梯度图像，图 7-58(f)给出了 RGB 向量空间中直接计算的向量梯度图像。在图 7-58(e)中，青色和黑色区域之间的垂直边缘是由 G 分量和 B 分量的梯度叠加而成，而红色与黑色区域之间右半部分水平边缘仅由 R 分量的梯度产生，因而，分量梯度相加中垂直边缘的强度是右半部水平边缘强度的 2 倍。图 7-58(e)中三条边缘的实际强度分别为 0.9611、0.6408 和 0.3204，它们之间的比例为 3∶2∶1。然而根据图 7-57 中标明的距离，三条边缘的强度关系应该为$\sqrt{3}$∶$\sqrt{2}$∶1，图 7-58(f)中的三条边缘的实际强度分别为 1、0.8165 和 0.5774，它们之间的比例符合$\sqrt{3}$∶$\sqrt{2}$∶1。当存在边缘精度问题时，若使用阈值处理，则

这两种方法的边缘检测结果可能会有很大差别。

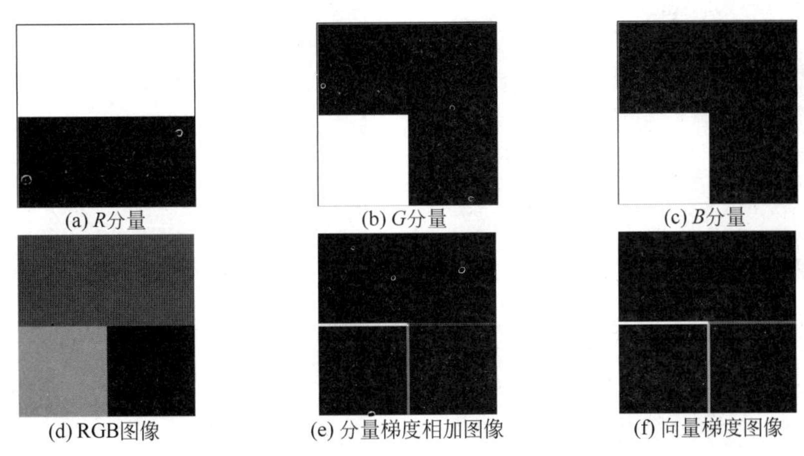

(a) R分量　(b) G分量　(c) B分量

(d) RGB图像　(e) 分量梯度相加图像　(f) 向量梯度图像

图 7-58　合成彩色图像的向量梯度图像与分量梯度相加图像中的边缘强度差异

对于图 7-20(a)所示的真实彩色图像，使用向量梯度方法进行彩色边缘检测。图 7-59(a)和图 7-59(b)分别为垂直方向和水平方向梯度检测生成的水平边缘和垂直边缘，图 7-60(c)左图为最终的向量梯度图像。梯度幅值的强弱体现了不同颜色之间的距离，也表明不同颜色之间的突变程度。

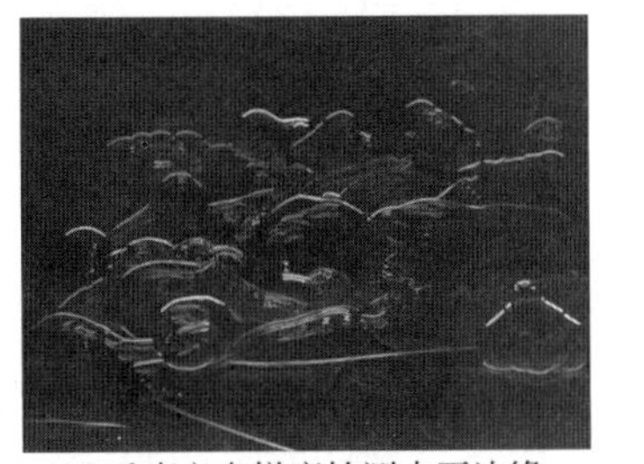

(a) 垂直方向梯度检测水平边缘

(b) 水平方向梯度检测垂直边缘

图 7-59　基于向量梯度的彩色边缘检测

图 7-60 比较了三种方法计算的梯度图像以及对应的二值图像：①将彩色图像转换为灰度图像，再使用梯度边缘检测方法计算梯度[图 7-60(a)]；②对彩色图像的各个分量分开使用灰度图像的梯度边缘检测方法，再将各个分量相加合并成梯度图像[图 7-60(b)]；③在向量空间直接计算向量梯度图像[图 7-60(c)]。图中左列为梯度图像，右列为阈值化生成的二值图像，其中，阈值为 0.1。颜色表达丰富的信息，当彩色空间转换到灰度空间时，颜色信息丢失了。在彩色空间中不同颜色转换到灰度空间中可能具有相同的灰度值，例如，根据式(7-45)$R(1,0,0)$、$G(0,1,0)$和 $B(0,0,1)$的亮度值均为 1。观察图 7-60(a)中红色大辣椒的边缘检测不完整，这是因为红色与橘黄色、红色与绿色、红色与黑色之间虽然颜色差异明显，但亮度差异很小。比较图 7-60(b)和图 7-60(c)的梯度图像，分量梯度相加的方法尽管能够检测出各种颜色之间的差异且计算比较简单，然而边缘的强弱比例存在问题。在边缘定位精度要求高的阈值化处理时，这两种方法的边缘检测结果可能会有较大的差别。

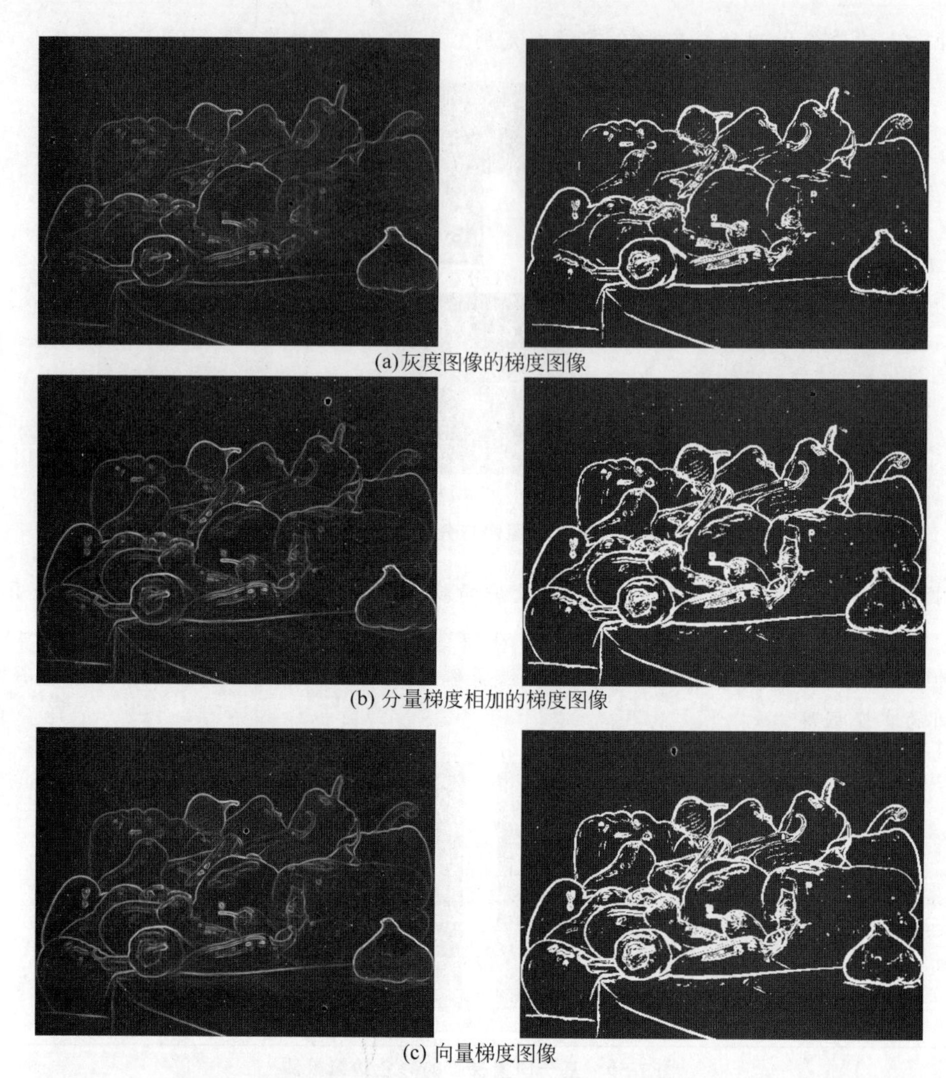

(a) 灰度图像的梯度图像

(b) 分量梯度相加的梯度图像

(c) 向量梯度图像

图 7-60 彩色图像的向量梯度图像与灰度图像的梯度图像、分量梯度相加的梯度图像比较

7.4.6 白平衡

光照的变化导致成像传感器采集的图像颜色偏向光源的颜色。成像系统不能对不同的光照条件作出相应的光谱响应,因而使采集的图像发生偏色,也就是说,整幅图像的颜色范围发生偏移。**白平衡**(white balance)的目的是将场景中白色物体在成像中的响应值校正为像素的白色。从数学角度来讲,白平衡是一个欠定问题。所有的方法均建立在表面反射或光照颜色统计特性的假设条件之上。白平衡方法大致可分为两类:基于低阶特征的方法和基于学习的方法。基于低阶特征的方法由于直接利用图像的低阶特征,因而处理过程简单、快速,适合于实时性处理,但由于这类方法基于各种假设约束,因而对于不符合假设约束的图像校正会失效;基于学习的方法在特定数据集的训练阶段,学习表面反射或光照颜色分布的相关先验知识,利用学习过程中获取的先验知识来估计光照的颜色,这类方法对特定的光照条件能够作出较准确的预测,但通常复杂度较高且无法涵盖所有可能的光照情况。本节讨论灰度像素假设的定义，并介绍简单常用的基于低阶特征的白平衡方法。基于低阶特征的白平衡方法直接用于单幅图像的颜色校正，通常包括两个步骤：①利用灰度像素假设来估计光照的颜色；②依据已估计的光照颜色，利用对角模型对整幅图像进行光照校正。

7.4.6.1　灰度像素假设

对于朗伯漫反射表面，一幅彩色图像 $\boldsymbol{f}(\boldsymbol{x})=[f_R(\boldsymbol{x}),f_G(\boldsymbol{x}),f_B(\boldsymbol{x})]^{\mathrm{T}}$ 的生成可以表示为三个分量的乘积，即

$$\boldsymbol{f}(\boldsymbol{x})=\int_{\omega}e(\lambda)r(\boldsymbol{x},\lambda)\boldsymbol{\rho}(\lambda)\mathrm{d}\lambda \tag{7-82}$$

式中，在可见光波段 ω 内，光照光谱能量分布函数 $e(\lambda)$、空间坐标 $\boldsymbol{x}$ 处的表面光谱反射函数 $r(\boldsymbol{x},\lambda)$、传感器光谱敏感度函数$\boldsymbol{\rho}(\lambda)$均是关于波长 λ 的函数。假设场景中为单色光照，光照的颜色 $\boldsymbol{e}=[e_R,e_G,e_B]^{\mathrm{T}}$ 取决于可见光波段 ω 内的光谱能量分布函数 $e(\lambda)$和传感器光谱敏感度函数$\boldsymbol{\rho}(\lambda)$，可表示为

$$\boldsymbol{e}=\int_{\omega}e(\lambda)\boldsymbol{\rho}(\lambda)\mathrm{d}\lambda \tag{7-83}$$

基于低阶特征的白平衡方法是通过特定的假设来估计光照的颜色。GW(gray-world)算法和 WP(white-point)算法是两种最简单的基于灰度像素假设的算法。GW 算法是基于灰度假设的算法，即假设平均场景反射分量是无色差(achromatic)或灰色的，可表示为

$$\frac{\int r(\boldsymbol{x},\lambda)\mathrm{d}\boldsymbol{x}}{\int \mathrm{d}\boldsymbol{x}}=k \tag{7-84}$$

式中，k 为 0(全吸收)与 1(全反射)之间的常量。在这种假设条件下，彩色图像 $\boldsymbol{f}(\boldsymbol{x})$的平均颜色与光照的颜色具有相同的色度，即

$$\frac{\int \boldsymbol{f}(\boldsymbol{x})\mathrm{d}\boldsymbol{x}}{\int \mathrm{d}\boldsymbol{x}}=\frac{\int_{\omega}\left(\int r(\boldsymbol{x},\lambda)\mathrm{d}\boldsymbol{x}\right)e(\lambda)\boldsymbol{\rho}(\lambda)\mathrm{d}\lambda}{\int \mathrm{d}\boldsymbol{x}}=k\boldsymbol{e} \tag{7-85}$$

WP 算法，也称为 Max-RGB 算法，假设最大场景反射分量是无色差或灰色的，可表示为

$$\max_{\boldsymbol{x}}\boldsymbol{f}(\boldsymbol{x})=k\boldsymbol{e} \tag{7-86}$$

其中，在每一个颜色通道中独立地执行最大值操作。

灰色调算法(shades-of-gray)假设场景反射分量的 ℓ_p 范数是无色差或灰色的，可表示为

$$\boldsymbol{L}(p)=\left(\frac{\int \boldsymbol{f}^{p}(\boldsymbol{x})\mathrm{d}\boldsymbol{x}}{\int \mathrm{d}\boldsymbol{x}}\right)^{\frac{1}{p}}=k\boldsymbol{e} \tag{7-87}$$

式中，$\boldsymbol{L}(p)=[L_R(p),L_G(p),L_B(p)]^{\mathrm{T}}$ 表示 R、G、B 颜色分量的 ℓ_p 范数，参数 $p\geqslant 1$ 为 ℓ_p 范数的阶。灰色调算法将 GW 算法和 WP 算法统一到 ℓ_p 范数的框架下，GW 算法和 WP 算法是 ℓ_p 范数的两个特例。当 $p=1$ 时，$\boldsymbol{L}(1)$为灰度假设(ℓ_1 范数)；当 $p=\infty$时，$\boldsymbol{L}(\infty)$计算 R、G、B 颜色分量的最大值(ℓ_{∞}范数)。

7.4.6.2 对角模型

在光照估计之后，利用光照颜色的估计值对整幅图像的偏色进行校正。冯·克里斯假设认为白平衡是利用三个不同的增益系数，独立地调整三个视锥信号的过程。因此，光照校正可用对角变换表示为

$$\begin{bmatrix} g_R(\boldsymbol{x}) \\ g_G(\boldsymbol{x}) \\ g_B(\boldsymbol{x}) \end{bmatrix} = \begin{bmatrix} s_R & 0 & 0 \\ 0 & s_G & 0 \\ 0 & 0 & s_B \end{bmatrix} \begin{bmatrix} f_R(\boldsymbol{x}) \\ f_G(\boldsymbol{x}) \\ f_B(\boldsymbol{x}) \end{bmatrix} \tag{7-88}$$

式中，$f_R(\boldsymbol{x})$、$f_G(\boldsymbol{x})$、$f_B(\boldsymbol{x})$和$g_R(\boldsymbol{x})$、$g_G(\boldsymbol{x})$、$g_B(\boldsymbol{x})$分别表示变换前后的R、G、B颜色分量。增益系数s_R、s_G、s_B将未知光照下的图像颜色线性映射到正则光照（通常是白光）下的相应颜色。

由于人眼对绿色更为敏感，保持G分量不变（即$s_G=1$），仅校正R分量和B分量的像素值。R分量和B分量的增益系数s_R和s_B的计算式为

$$s_R = \frac{e_G}{e_R} = \frac{L_G(p)}{L_R(p)} \tag{7-89}$$

$$s_B = \frac{e_G}{e_B} = \frac{L_G(p)}{L_B(p)} \tag{7-90}$$

灰色调算法的假设条件是光照校正后R分量和B分量的ℓ_p范数与G分量的ℓ_p范数相等。根据特定的场景，适当地调整参数p可达到最优的白平衡效果。

GW算法是$p=1$的情况，$L_R(1)$、$L_G(1)$、$L_B(1)$分别是R、G、B颜色分量的平均值，GW算法的假设条件是光照校正后R分量和B分量的平均值与G分量的平均值相等；而WP算法是$p=\infty$的情况，$L_R(\infty)$、$L_G(\infty)$、$L_B(\infty)$分别是R、G、B颜色分量的最大值，WP算法的假设条件是光照校正后R分量和B分量的最大值与G分量的最大值相等。根据式(7-88)中的对角变换，R分量、G分量、B分量的光照校正过程实际上是斜率为s_R、s_G、s_B的线性灰度级变换，由于G分量对应的斜率$s_G=1$，因而，G分量保持原状。

例7-17　彩色图像白平衡

西蒙·弗雷泽大学（Simon Fraser University，SFU）计算机视觉实验室的Barnard和Martin等建立了用于评价白平衡算法性能的数据集，采集了51个不同场景，每一个场景7～11种不同光照下共529幅图像。根据场景中不同类型的物理材质表面，SFU数据集将图像分为四种类型：漫反射表面、镜面反射表面、金属光泽表面和荧光表面。本例选用SFU数据集中的图像作为白平衡的示例。

SFU数据集给出了所有图像光照颜色的真实值。为了评价光照颜色的估计值逼近真实值的程度，角误差（angular error）ε_{ang}定义为

$$\varepsilon_{\text{ang}} = \arccos \frac{\langle \boldsymbol{e}_l, \boldsymbol{e}_e \rangle}{\|\boldsymbol{e}_l\|_2 \|\boldsymbol{e}_e\|_2} \tag{7-91}$$

式中，$\boldsymbol{e}_l$表示光照颜色的真实值，$\boldsymbol{e}_e$表示光照颜色的估计值，$\langle \boldsymbol{e}_l, \boldsymbol{e}_e \rangle$表示真实值$\boldsymbol{e}_l$和估计值$\boldsymbol{e}_e$的点积，$\|\cdot\|_2$表示$\ell_2$范数。

图7-61～图7-63给出了基于图像低阶特征的GW算法、WP算法和灰色调算法对不同颜色的光照造成的图像偏色进行白平衡校正的结果，图(a)为不同颜色光照下采集的图像，

图(b)为颜色校正后的白平衡图像。GW 算法的假设条件是 R、G、B 颜色分量的平均值相等。图 7-61(a)和图 7-61(b)分别为 solux-3500＋3202 光照下采集的 munsell2 图像及其 GW 算法的白平衡图像，角误差为 0.0213。WP 算法的假设条件是 R、G、B 颜色分量的最大值相等。图 7-62(a)和图 7-62(b)分别为 solux-3500 光照下采集的 plastic-1 图像，及其 WP 算法的白平衡图像，角误差为 0.2040。灰色调算法的假设条件是 R、G、B 颜色分量的 ℓ_p 范数相等。图 7-63(a)和图 7-63(b)分别为 solux-4100 光照下采集的 cruncheroos 图像及其灰色调算法的白平衡图像，参数 $p=6$，角误差为 3.2379。

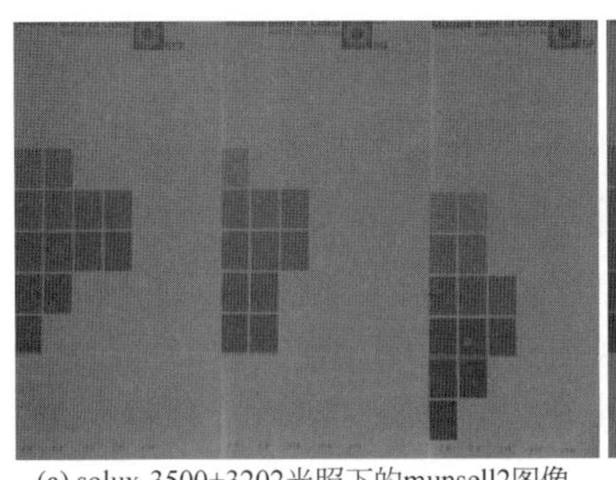

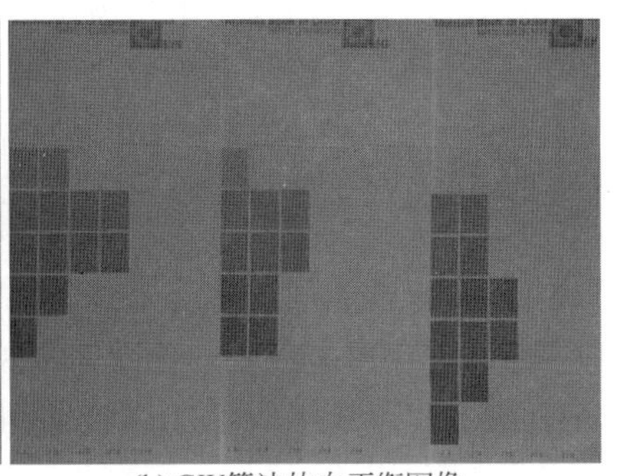

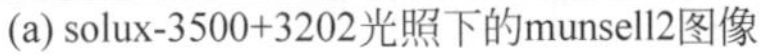

(a) solux-3500+3202光照下的munsell2图像　　(b) GW算法的白平衡图像

图 7-61　GW 算法的白平衡示例

(a) solux-3500光照下的plastic-1图像　　(b) WP算法的白平衡图像

图 7-62　WP 算法的白平衡示例

(a) solux-4100光照下的cruncheroos图像　　(b) 灰色调算法的白平衡图像

图 7-63　灰色调算法($p=6$)的白平衡示例

最后，讨论数字照相机中常用的白平衡功能。在数字照相机对物体成像的过程中，物体的颜色会因环境光的颜色发生改变。例如，在钨丝灯的环境下拍摄，颜色偏向黄色；而在荧光灯的照射下则偏向绿色。大多数的商用数字照相机提供白平衡校正功能。由于白平衡与环境光密切相关,因而,启动白平衡功能时闪光灯的使用就要受到限制,否则环境光的变化会使得白平衡失效或干扰正常的白平衡。

一般来说,数字照相机都有自动白平衡、钨光白平衡、荧光白平衡和手动调节等模式选择,适应不同的拍摄场景。钨光白平衡适合在白炽灯照明的环境中进行白平衡校正。荧光白平衡适合在荧光灯照明的环境中进行白平衡调节,荧光的类型包括冷白和暖白,因而数字照相机可能有多种荧光白平衡校正。通常数字照相机的默认设置是自动白平衡,数字照相机自适应地确定场景中的白平衡基准点,以此实现白平衡校正。手动调节是指用户手动指出白平衡的基准点,即在画面中标出作为白色参考点的白色物体,通常使用标准白色纸。当难以选择白平衡设置时,可以手动确定白色参考点来进行白平衡校正。

7.5 小结

在图像处理中,常借助颜色来表达或处理图像,以增强人眼的视觉效果,彩色图像比灰度图像具有更广泛的应用。由于彩色图像的像素是多维向量,需要在向量空间对彩色像素进行处理,因而在大多数情况下,灰度图像的处理方法不能直接应用于处理彩色图像。本章前半部分的主要内容是各种颜色空间的表示方式,后半部分的主要内容是伪彩色映射和真彩色图像处理方法。随着彩色成像传感器和彩色图像处理硬件成本的下降,真彩色图像处理技术的应用日益广泛。然而目前真彩色图像处理技术还不完善,仍有广阔的发展空间。

第8章

数学形态学图像处理

形态学(morphology)来源于生物学中的 morphing 一词,其意思是改变形状,作为生物学的一个分支,它主要研究动植物的形态和结构。数学形态学是以形状为基础进行图像分析的数学工具,因此使用了同一术语。数学形态学图像处理的主要内容是从图像中提取图像结构分量,例如,边界、骨架和凸包,这在区域形状和尺寸的表示和描述方面很有用。数学形态学主要以集合论为数学语言,具有完备的数学理论基础,并以膨胀和腐蚀这两个基本运算为基础推导和组合出许多实用的数学形态学处理算法。

8.1 背景

数学形态学(mathematical morphology)诞生于 1964 年。当时,法国巴黎矿业学院的马瑟荣(G. Matheron)从事多孔介质的透气性与其纹理之间关系的研究工作,赛拉(J. Serra)在马瑟荣的指导下进行铁矿石的定量岩石学分析,以预测其开采价值的研究工作。赛拉摒弃了传统的分析方法,设计了一个数字图像分析设备,并将它称为"纹理分析器"。期间,赛拉和马瑟荣的工作从理论和实践两个方面初步奠定了数学形态学的基础,形成了击中/击不中运算、开闭运算等理论基础,以及纹理分析器的原型。1966 年,马瑟荣和赛拉命名了数学形态学。1968 年 4 月,他们成立了法国枫丹白露数学形态学研究中心,巴黎矿业学院为该中心提供了研究基地。

赛拉分别于 1982 年和 1988 年出版了《图像分析与数学形态学》的第一卷和第二卷。20 世纪 80 年代后,数学形态学迅速发展并广为人知。1984 年,法国枫丹白露成立了 MorphoSystem 指纹识别公司。1986 年,法国枫丹白露成立了 Noesis 图像处理公司。此外,全世界成立了十几家数学形态学研究中心,进一步奠定了数学形态学的理论基础。20 世纪 90 年代后,数学形态学广泛应用于图像增强、图像分割、边缘检测和纹理分析等方向,成为计算机数字图像处理的一个主要研究领域。

数学形态学是一种基于形状的图像处理理论和方法,数学形态学图像处理的基本思想是,选择具有一定尺寸和形状的结构元素度量并提取图像中相关形状结构的图像分量,以达到图像分析和识别的目的。数学形态学可以用于二值图像和灰度图像的处理和分析。二值图像形态学的语言是集合论，在二值图像形态学中，所讨论的是由二维整数空间$\mathbb{Z}^2$中的元素构成的集合，集合中的元素是像素在图像中的坐标(x,y)，用集合表示图像中的不同目标。在灰度图像形态学中，所讨论的是三维整数空间$\mathbb{Z}^3$中的函数，将像素的灰度值表示为像素在图像中坐标(x,y)的函数。

膨胀和腐蚀是数学形态学图像处理的两个基本运算，其他数学形态学运算或算法均以这两种基本运算为基础。二值图像形态学的基本运算包括膨胀、腐蚀、开运算、闭运算和击中/击不中运算。在基本运算的基础上提出了多种二值图像形态学的实用算法，例如，去噪、边界提取、孔洞填充、连通分量提取、骨架、凸包、细化、粗化和剪枝。灰度图像形态学的基本运算包括灰度膨胀、灰度腐蚀、灰度开运算和灰度闭运算。在基本运算的基础上，灰度图像形态学的主要算法有顶帽变换、底帽变换和灰度形态学重构。数学形态学算法适合于并行操作，且硬件上容易实现。

8.2 基础

本节及后续的三节讨论二值图像形态学。二值图像形态学的操作对象是二维整数空间$\mathbb{Z}^2$中的元素。本节说明二值图像形态学中的几个重要概念。

8.2.1 集合运算

当讨论二值图像形态学时，将二值图像看成其中所有1像素构成的集合，从集合的角度进行研究。用集合$\mathcal{A}$表示二值图像，元素p表示1像素在二值图像中的坐标(x,y)。元素p属于集合$\mathcal{A}$是指元素p是集合$\mathcal{A}$中的元素，记作$p\in\mathcal{A}$；元素p不属于集合$\mathcal{A}$是指元素p不是集合$\mathcal{A}$中的元素，记作$p\notin\mathcal{A}$。

1. 并集、交集、差集和补集

集合$\mathcal{A}$和集合$\mathcal{B}$中的所有元素构成的集合称为$\mathcal{A}$和$\mathcal{B}$的并集，记作$\mathcal{A}\cup\mathcal{B}$，定义为

$$\mathcal{A}\cup\mathcal{B}=\{p \mid p\in\mathcal{A} \mid p\in\mathcal{B}\} \tag{8-1}$$

如图8-1(a)所示，集合$\mathcal{A}$和集合$\mathcal{B}$的并集$\mathcal{A}\cup\mathcal{B}$包含的元素属于$\mathcal{A}$或者属于$\mathcal{B}$。

集合$\mathcal{A}$和集合$\mathcal{B}$中的共同元素构成的集合称为$\mathcal{A}$和$\mathcal{B}$的交集，记作$\mathcal{A}\cap\mathcal{B}$，定义为

$$\mathcal{A}\cap\mathcal{B}=\{p \mid p\in\mathcal{A} \ \& \ p\in\mathcal{B}\} \tag{8-2}$$

如图8-1(b)所示，集合$\mathcal{A}$和集合$\mathcal{B}$的交集$\mathcal{A}\cap\mathcal{B}$包含的元素同时属于$\mathcal{A}$和$\mathcal{B}$。

不在集合$\mathcal{A}$中的元素构成$\mathcal{A}$的补集，记作$\mathcal{A}^c$，定义为

$$\mathcal{A}^c=\{p \mid p\notin\mathcal{A}\} \tag{8-3}$$

如图8-1(c)所示，集合$\mathcal{A}$的补集$\mathcal{A}^c$是不属于集合$\mathcal{A}$的元素集合。

在集合$\mathcal{A}$中同时又不在集合$\mathcal{B}$中的元素构成的集合称为$\mathcal{A}$与$\mathcal{B}$的差集，记作$\mathcal{A}-\mathcal{B}$，定义为

$$\mathcal{A}-\mathcal{B}=\mathcal{A}\cap\mathcal{B}^c=\{p \mid p\in\mathcal{A} \ \& \ p\notin\mathcal{B}\} \tag{8-4}$$

如图8-1(d)所示，集合$\mathcal{A}$与集合$\mathcal{B}$的差集$\mathcal{A}-\mathcal{B}$是属于集合$\mathcal{A}$但不属于集合$\mathcal{B}$的元素集合。

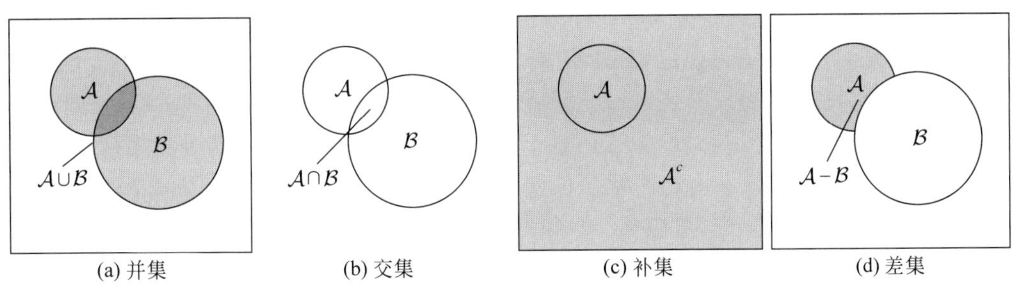

(a) 并集　(b) 交集　(c) 补集　(d) 差集

图 8-1　并集、交集、补集和差集示意图

2. 反射、平移

集合$\mathcal{A}$的反射构成的集合，记作$\hat{\mathcal{A}}$，定义为

$$\hat{\mathcal{A}}=\{p \mid p=-q, q \in \mathcal{A}\} \tag{8-5}$$

如图 8-2(a)所示，集合$\mathcal{A}$的反射集合$\hat{\mathcal{A}}$包含的元素为集合$\mathcal{A}$中的每一个坐标关于原点的镜像坐标。

集合$\mathcal{A}$的平移 z 构成的集合，记作$(\mathcal{A})_z$，定义为

$$(\mathcal{A})_z=\{p \mid p=q+z, q \in \mathcal{A}\} \tag{8-6}$$

如图 8-2(b)所示，集合$\mathcal{A}$的平移集合$(\mathcal{A})_z$ 包含的元素为集合$\mathcal{A}$中的每一个坐标与位移 $z=(x_0,y_0)$相加而形成的新坐标。

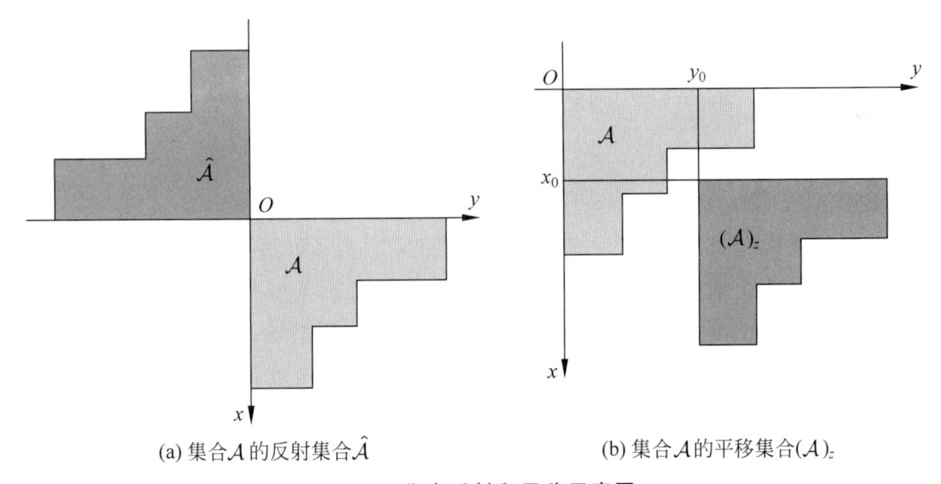

(a) 集合$\mathcal{A}$的反射集合$\hat{\mathcal{A}}$　(b) 集合$\mathcal{A}$的平移集合$(\mathcal{A})_z$

图 8-2　集合反射和平移示意图

8.2.2　二值图像的逻辑运算

二值图像形态学将二值图像看成目标像素的集合，集合运算变成了二值图像中目标坐标间的操作，集合中的元素属于二维整数空间$\mathbb{Z}^2$。集合运算中的并集、交集和补集可以直接应用于二值图像，等同于二值图像所用的与、或、非的逻辑运算。"逻辑"一词来自逻辑理论，在逻辑理论中，1 表示真，0 表示假。集合运算与逻辑运算具有一一对应的关系，集合并集运算对应逻辑或运算，集合交集运算对应逻辑与运算，集合补集运算对应逻辑非运算。

图 8-3 直观地说明了二值图像的逻辑运算与集合运算之间的关系。为了与集合运算相

对应，二值图像也用集合的符号$\mathcal{A}$和$\mathcal{B}$来表示。在本书中约定，目标用 1 像素表示，背景用 0 像素表示，于是，目标区域为白色，背景区域为黑色。图 8-3(a)和图 8-3(b)给出了两幅二值图像，对应集合$\mathcal{A}$和集合$\mathcal{B}$。图 8-3(c)～(f)所示的二值图像逻辑运算与图 8-1(a)～(d)所示的集合运算一一对应。图 8-3(c)为这两幅二值图像的逻辑或运算图像，对应集合$\mathcal{A}$和集合$\mathcal{B}$的并集$\mathcal{A}\cup\mathcal{B}$，它的目标像素由这两幅二值图像中的所有目标像素组成。图 8-3(d)为这两幅二值图像的逻辑与运算图像，对应集合$\mathcal{A}$和集合$\mathcal{B}$的交集$\mathcal{A}\cap\mathcal{B}$，它的目标像素是这两幅二值图像中目标像素的重合部分。图 8-3(e)为图 8-3(a)的逻辑非运算图像，对应集合$\mathcal{A}$的补集$\mathcal{A}^c$。图 8-3(f)对应集合$\mathcal{A}$与集合$\mathcal{B}$的差集$\mathcal{A}-\mathcal{B}$，它的目标像素由二值图像$\mathcal{A}$中的目标像素，但是除去二值图像$\mathcal{B}$中的目标像素组成。

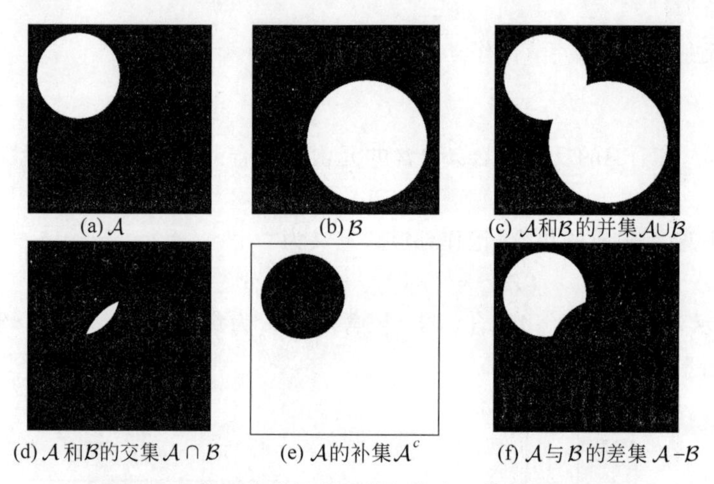

(a) $\mathcal{A}$　(b) $\mathcal{B}$　(c) $\mathcal{A}$和$\mathcal{B}$的并集$\mathcal{A}\cup\mathcal{B}$

(d) $\mathcal{A}$和$\mathcal{B}$的交集$\mathcal{A}\cap\mathcal{B}$　(e) $\mathcal{A}$的补集$\mathcal{A}^c$　(f) $\mathcal{A}$与$\mathcal{B}$的差集$\mathcal{A}-\mathcal{B}$

图 8-3　二值图像的逻辑运算与集合运算之间的关系

8.2.3　结构元素

无论在二值图像形态学处理中，还是在灰度图像形态学处理中，结构元素都是数学形态学中的一个重要概念。数学形态学运算使用结构元素对二值图像或灰度图像进行操作，结构元素的尺寸远小于待处理图像的尺寸。结构元素有一个原点，结构元素中的原点指定待处理像素的位置。使用结构元素对图像的形态学处理与空域滤波具有相似的过程，如同空域滤波中滤波模板在图像中遍历，在形态学基本运算中也将结构元素在图像中遍历，结构元素的原点与各个像素位置重合，输出图像中对应原点的值。

在二值图像形态学中，结构元素是由 0 值和 1 值组成的矩阵，结构元素中的 1 值定义了结构元素的邻域，输出图像中对应原点的值建立在输入图像中待处理像素及其邻域像素比较的基础上。根据数学形态学处理和分析的目的，选择具有一定尺寸和形状的结构元素。本书约定，结构元素中 1 值表示为白色，0 值表示为黑色。如图 8-4 所示，对于尺寸为 11×11 的三种常用形状的结构元素，图 8-4(a)中 11×11 方形结构元素包含 121 个邻域，图 8-4(b)中 11×11 菱形结构元素包含 61 个邻域，图 8-4(c)中 11×11 圆形结构元素包含 109 个邻域。通常情况下，将结构元素的中心指定为原点，图中，符号“＋”标记原点的位置。

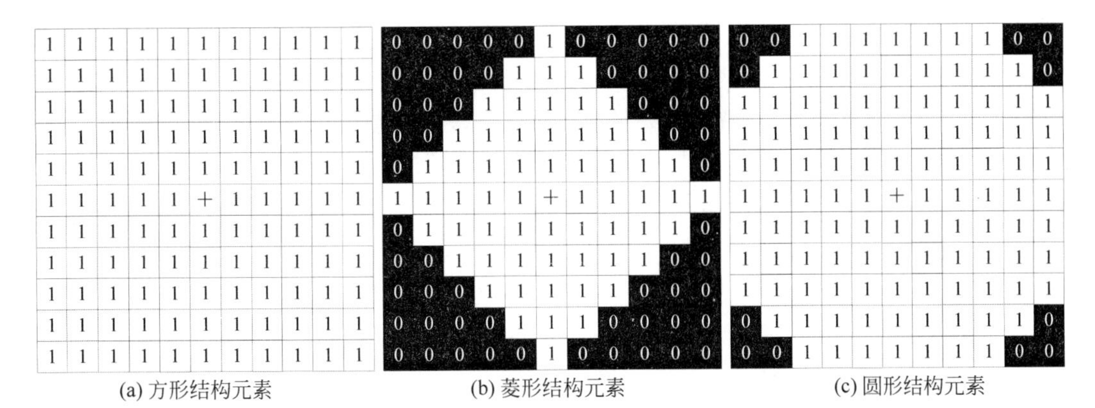

图 8-4　尺寸为 11×11 的三种常用形状的结构元素

8.3　二值图像形态学基本运算

二值图像形态学的基本运算是定义在集合上的运算，当涉及两个集合时，并不将它们同等对待。一般而言，设$\mathcal{A}$表示二值图像，$\mathcal{B}$表示结构元素。在二值图像形态学运算的过程中，将二值图像和结构元素均看成集合。二值图像形态学运算是使用结构元素$\mathcal{B}$对二值图像$\mathcal{A}$进行操作，通常情况下，二值图像形态学运算是对二值图像中 1 像素区域进行的。

8.3.1　膨胀与腐蚀

膨胀和腐蚀是数学形态学图像处理的两个基本运算，是数学形态学图像处理的基础。在二值图像形态学中，**膨胀**是在图像中目标边界周围增添像素，而**腐蚀**是移除图像中目标边界的像素。增添和移除的像素数取决于结构元素的尺寸和形状。二值图像形态学中的另外三种基本运算——开运算、闭运算和击中/击不中运算都是以膨胀和腐蚀的不同组合形式定义的，本节后面介绍的二值图像形态学实用算法也均建立在膨胀和腐蚀这两种基本运算的基础上。注意，原点可以属于结构元素，也可以不属于结构元素①，这两种情况下的运算结果有所不同。

8.3.1.1　膨胀

结构元素$\mathcal{B}$对集合$\mathcal{A}$的膨胀，记作$\mathcal{A}\oplus\mathcal{B}$，定义为

$$\mathcal{A}\oplus \mathcal{B}=\{z \mid (\hat{\mathcal{B}})_z \cap \mathcal{A}\neq \varnothing\} \tag{8-7}$$

式中，$\varnothing$表示空集。结构元素$\mathcal{B}$对集合$\mathcal{A}$膨胀的过程为，将结构元素$\mathcal{B}$关于原点的反射$\hat{\mathcal{B}}$平移z，生成的平移集合$(\hat{\mathcal{B}})_z$与集合$\mathcal{A}$的交集不为空集。换句话说，结构元素$\mathcal{B}$对集合$\mathcal{A}$膨胀生成的集合是对$\mathcal{B}$的反射进行平移的集合与集合$\mathcal{A}$相交至少有一个非零元素时，$\mathcal{B}$的原点位置的集合。

膨胀运算具有扩张目标区域的作用。图 8-5 给出了一个原点属于结构元素的膨胀运算的过程，图中白色方块为 1 像素，黑色方块为 0 像素。图 8-5(a)中将二值图像$\mathcal{A}$看成由所有

---

① 在击中击不中运算中，将用到原点不属于结构元素的膨胀和腐蚀运算。

1像素构成的集合，图 8-5(b)为结构元素$\mathcal{B}$，符号"＋"标记原点的位置，原点属于结构元素，图 8-5(c)为结构元素$\mathcal{B}$的反射$\hat{\mathcal{B}}$，图 8-5(d)为结构元素$\mathcal{B}$对二值图像$\mathcal{A}$的膨胀结果$\mathcal{A}\oplus\mathcal{B}$，标记1的白色像素表示集合$\mathcal{A}$中的元素，标记2的白色像素表示膨胀扩张的部分，整个白色区域表示膨胀运算的结果。对于原点属于结构元素的膨胀运算，$\mathcal{A}\subseteq\mathcal{A}\oplus\mathcal{B}$总成立。

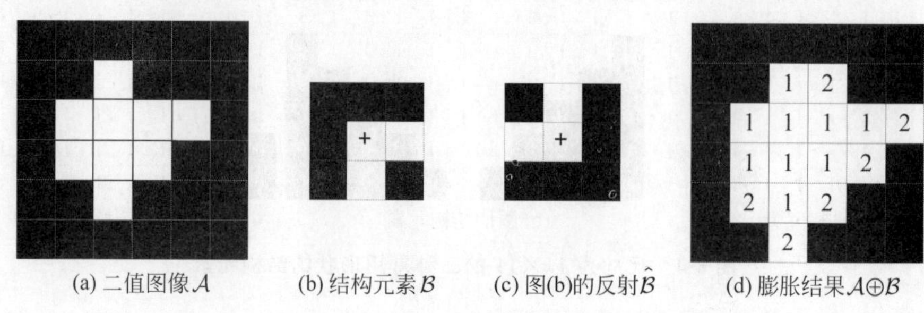

(a) 二值图像$\mathcal{A}$　(b) 结构元素$\mathcal{B}$　(c) 图(b)的反射$\hat{\mathcal{B}}$　(d) 膨胀结果$\mathcal{A}\oplus\mathcal{B}$

图 8-5　原点属于结构元素的膨胀运算

对于原点不在结构元素中的情况，结构元素$\mathcal{B}$的原点位置是不属于$\mathcal{B}$中的元素，对结构元素$\mathcal{B}$进行反射、平移的集合与集合$\mathcal{A}$的交集不为空集时，$\mathcal{B}$的原点位置构成膨胀集合$\mathcal{A}\oplus\mathcal{B}$。如图 8-6 所示，图 8-6(a)中将二值图像$\mathcal{A}$看成由所有1像素构成的集合；图 8-6(b)为结构元素$\mathcal{B}$，符号"＋"标记原点的位置，原点不属于结构元素；图 8-6(c)为结构元素$\mathcal{B}$的反射$\hat{\mathcal{B}}$；图 8-6(d)为结构元素$\mathcal{B}$对二值图像$\mathcal{A}$的膨胀结果$\mathcal{A}\oplus\mathcal{B}$，标记1的白色像素表示集合$\mathcal{A}$中的元素，标记2的白色像素表示膨胀扩张的部分，整个白色区域表示膨胀运算的结果。注意，标记"○"的元素属于集合$\mathcal{A}$，但是不属于膨胀集合$\mathcal{A}\oplus\mathcal{B}$。可见，对于原点不属于结构元素的情况，$\mathcal{A}\subseteq\mathcal{A}\oplus\mathcal{B}$不一定成立。

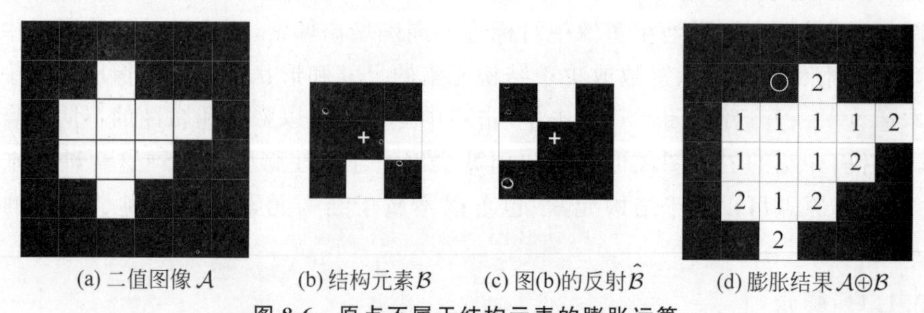

(a) 二值图像$\mathcal{A}$　(b) 结构元素$\mathcal{B}$　(c) 图(b)的反射$\hat{\mathcal{B}}$　(d) 膨胀结果$\mathcal{A}\oplus\mathcal{B}$

图 8-6　原点不属于结构元素的膨胀运算

例 8-1　二值图像的膨胀运算

图 8-7 给出了一个二值图像膨胀的图例。MATLAB 图像处理工具箱中的 imdilate 函数提供二值图像形态学膨胀操作。通过选择合适的结构元素，膨胀运算能够填补目标区域

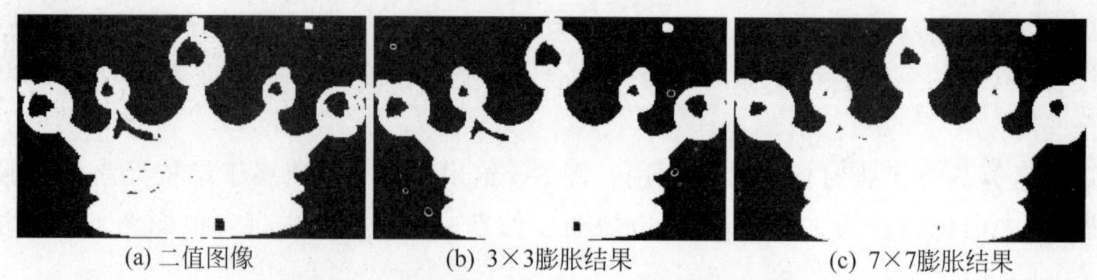

(a) 二值图像　(b) 3×3膨胀结果　(c) 7×7膨胀结果

图 8-7　不同尺寸圆形结构元素的膨胀示例

中的小孔，连接目标区域中的断裂部分。对于图 8-7(a)所示的二值图像，图 8-7(b)和图 8-7(c)分别为 3×3 圆形结构元素和 7×7 圆形结构元素的膨胀运算结果，结构元素的原点位于圆心。从图中可以看到，膨胀运算扩张了白色的目标区域，填补了目标区域中尺寸小于结构元素的孔洞和缺口。

8.3.1.2 腐蚀

结构元素$\mathcal{B}$对集合$\mathcal{A}$的腐蚀，记作$\mathcal{A}\ominus\mathcal{B}$，定义为

$$\mathcal{A}\ominus\mathcal{B}=\{z \mid (\mathcal{B})_z \subseteq \mathcal{A}\} \tag{8-8}$$

结构元素$\mathcal{B}$对集合$\mathcal{A}$腐蚀的过程为，结构元素$\mathcal{B}$平移 z 的集合$(\mathcal{B})_z$ 仍包含在集合$\mathcal{A}$中。换句话说，结构元素$\mathcal{B}$对集合$\mathcal{A}$腐蚀生成的集合是，对$\mathcal{B}$进行平移的集合完全包含在集合$\mathcal{A}$中时，$\mathcal{B}$的原点位置的集合。

腐蚀运算具有收缩目标区域的作用。图 8-8 给出了一个原点属于结构元素的腐蚀运算的过程，图中白色方块为 1 像素，黑色方块为 0 像素。图 8-8(a)中将二值图像$\mathcal{A}$看成由所有 1 像素构成的集合，图 8-8(b)为结构元素$\mathcal{B}$，符号"＋"标记原点的位置，原点属于结构元素。图 8-8(c)为结构元素$\mathcal{B}$对二值图像$\mathcal{A}$的腐蚀结果$\mathcal{A}\ominus\mathcal{B}$，标记 1 的白色像素和标记 0 的黑色像素共同构成集合$\mathcal{A}$，标记 0 的黑色像素表示腐蚀去除的部分，仅白色区域表示腐蚀运算的结果。对于原点属于结构元素的腐蚀运算，$\mathcal{A}\ominus\mathcal{B}\subseteq\mathcal{A}$总成立。

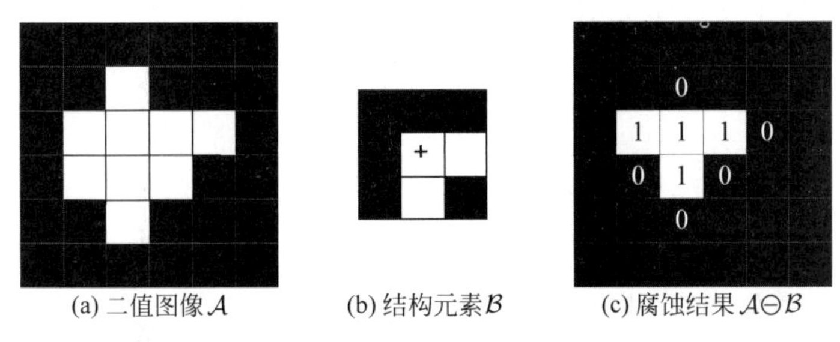

(a) 二值图像$\mathcal{A}$　(b) 结构元素$\mathcal{B}$　(c) 腐蚀结果$\mathcal{A}\ominus\mathcal{B}$

图 8-8 原点属于结构元素的腐蚀运算

对于原点不在结构元素中的情况，结构元素$\mathcal{B}$的原点位置是不属于$\mathcal{B}$中的元素，对结构元素$\mathcal{B}$进行平移的集合仍包含在集合$\mathcal{A}$中，$\mathcal{B}$的原点位置构成腐蚀集合$\mathcal{A}\ominus\mathcal{B}$。如图 8-9 所示，图 8-9(a)中将二值图像$\mathcal{A}$看成由所有 1 像素构成的集合；图 8-9(b)为结构元素$\mathcal{B}$，符号"＋"标记原点的位置，原点不属于结构元素；图 8-9(c)为结构元素$\mathcal{B}$对二值图像$\mathcal{A}$的腐蚀结果$\mathcal{A}\ominus\mathcal{B}$，标记 1 的白色像素和标记 0 的黑色像素共同构成集合$\mathcal{A}$，标记 0 的黑色像素表示腐蚀去除的部分，仅白色区域表示腐蚀运算的结果。注意，标记"○"的元素不属于集合$\mathcal{A}$，但是属于腐蚀集合$\mathcal{A}\ominus\mathcal{B}$。可见，对于原点不属于结构元素的情况，$\mathcal{A}\ominus\mathcal{B}\subseteq\mathcal{A}$不一定成立。

例 8-2 二值图像的腐蚀运算

图 8-10 给出了一个二值图像腐蚀的图例。MATLAB 图像处理工具箱中的 imerode 函数提供二值图像形态学腐蚀操作。通过选择合适的结构元素，腐蚀运算能够消除孤立的小目标，平滑目标区域的毛刺和突出部分。对于图 8-7(a)所示的二值图像，图 8-10(a)和图 8-10(b)分别为 3×3 圆形结构元素和 7×7 圆形结构元素的腐蚀运算结果，结构元素的原点位于圆心。从图中可以看到，腐蚀运算收缩了白色的目标区域，消除了尺寸小于结构元素的目标和毛刺。

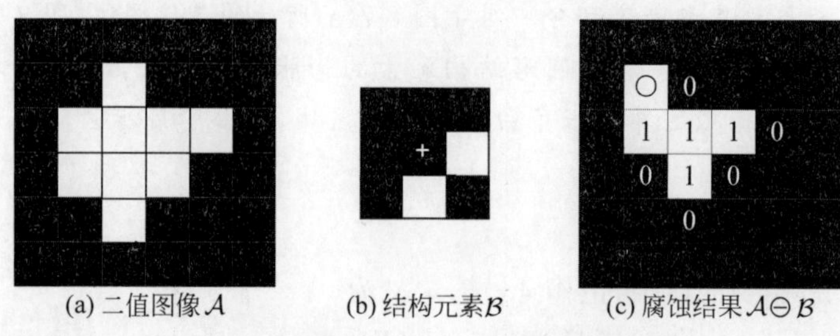

(a) 二值图像$\mathcal{A}$　　(b) 结构元素$\mathcal{B}$　　(c) 腐蚀结果$\mathcal{A}\ominus\mathcal{B}$

图 8-9　原点不属于结构元素的腐蚀运算

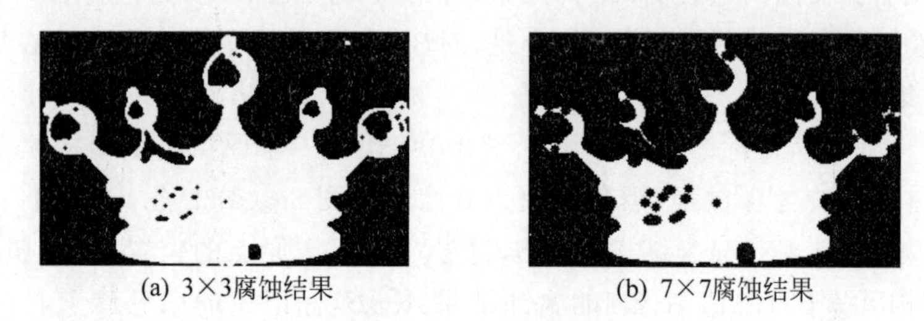

(a) 3×3腐蚀结果　　(b) 7×7腐蚀结果

图 8-10　不同尺寸圆形结构元素的腐蚀示例

8.3.1.3　膨胀与腐蚀的对偶性

膨胀运算与腐蚀运算是一对互为对偶的操作，其对偶性可表示为如下的等式：

$$(\mathcal{A}\oplus\mathcal{B})^c=(\mathcal{A}^c\ominus\hat{\mathcal{B}}) \tag{8-9}$$

$$(\mathcal{A}\ominus\mathcal{B})^c=(\mathcal{A}^c\oplus\hat{\mathcal{B}}) \tag{8-10}$$

式(8-9)和式(8-10)表明对图像中目标区域的膨胀(腐蚀)运算相当于对图像中背景区域的腐蚀(膨胀)运算。具体地说，结构元素$\mathcal{B}$对集合$\mathcal{A}$膨胀的补集等价于其反射$\hat{\mathcal{B}}$对补集$\mathcal{A}^c$的腐蚀，而结构元素$\mathcal{B}$对集合$\mathcal{A}$腐蚀的补集也等价于其反射$\hat{\mathcal{B}}$对补集$\mathcal{A}^c$的膨胀。

根据结构元素$\mathcal{B}$对集合$\mathcal{A}$的膨胀运算$\mathcal{A}\oplus\mathcal{B}$的定义，推导式(8-9)的过程如下：

$$\begin{aligned}(\mathcal{A}\oplus\mathcal{B})^c&=\{z\mid(\hat{\mathcal{B}})_z\cap\mathcal{A}\neq\varnothing\}^c=\{z\mid(\hat{\mathcal{B}})_z\cap\mathcal{A}^c=\varnothing\}\\&=\{z\mid(\hat{\mathcal{B}})_z\subseteq\mathcal{A}\}=\mathcal{A}^c\ominus\hat{\mathcal{B}}\end{aligned}$$

根据结构元素$\mathcal{B}$对集合$\mathcal{A}$的腐蚀运算$\mathcal{A}\ominus\mathcal{B}$的定义，推导式(8-10)的过程如下：

$$\begin{aligned}(\mathcal{A}\ominus\mathcal{B})^c&=\{z\mid(\mathcal{B})_z\subseteq\mathcal{A}\}^c=\{z\mid(\mathcal{B})_z\cap\mathcal{A}^c=\varnothing\}^c\\&=\{z\mid(\mathcal{B})_z\cap\mathcal{A}^c\neq\varnothing\}=\mathcal{A}^c\oplus\hat{\mathcal{B}}\end{aligned}$$

膨胀运算与腐蚀运算的对偶性表明，二值图像形态学的基本运算本质上只有一个，整个二值图像形态学体系建立在一个基本运算的基础上。

图 8-11 直观说明了膨胀运算与腐蚀运算的对偶性。图 8-11(a)和图 8-11(b)分别为集合$\mathcal{A}$及其补集$\mathcal{A}^c$，图 8-11(c)和图 8-11(d)分别为结构元素$\mathcal{B}$及其反射$\hat{\mathcal{B}}$，符号“+”标记原点的位置，原点属于结构元素。图 8-11(e)和图 8-11(f)分别为结构元素$\mathcal{B}$对集合$\mathcal{A}$的腐蚀集合$\mathcal{A}\ominus\mathcal{B}$和其反射$\hat{\mathcal{B}}$对补集$\mathcal{A}^c$的膨胀集合$\mathcal{A}^c\oplus\hat{\mathcal{B}}$，而图 8-11(g)和图 8-11(h)分别为结构元素$\mathcal{B}$对集合$\mathcal{A}$的膨胀集合$\mathcal{A}\oplus\mathcal{B}$和其反射$\hat{\mathcal{B}}$对补集$\mathcal{A}^c$的腐蚀集合$\mathcal{A}^c\ominus\hat{\mathcal{B}}$。显而易见，$\mathcal{A}\ominus\mathcal{B}$与

$\mathcal{A}^c\oplus\hat{\mathcal{B}}$、$\mathcal{A}\oplus\mathcal{B}$与$A^c\ominus\hat{\mathcal{B}}$互为补集。对于膨胀运算，标记 1 的白色区域表示原集合，标记 2 的白色区域为膨胀扩张的部分，标记 1 和标记 2 的白色区域共同构成膨胀集合；对于腐蚀运算，标记 0 的黑色区域和标记 1 的白色区域共同表示原集合，标记 0 的黑色区域为腐蚀去除的部分，标记 1 的白色区域为腐蚀集合。

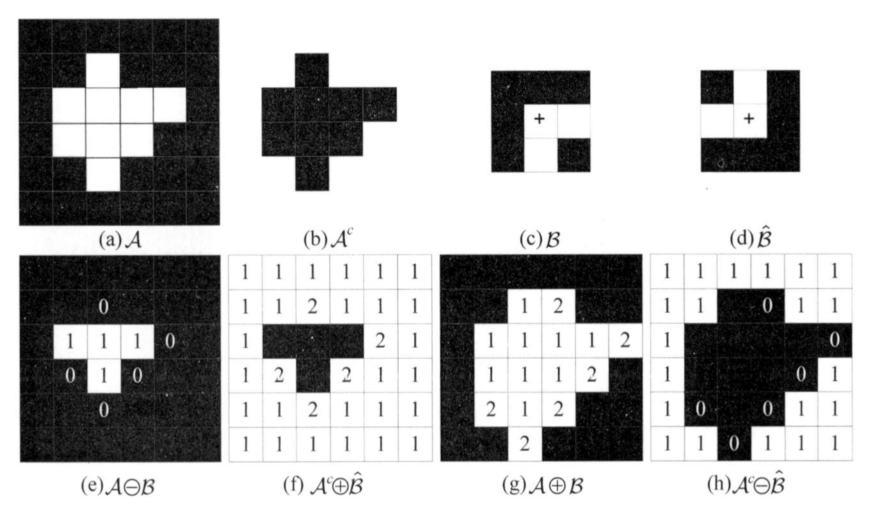

图 8-11　膨胀运算与腐蚀运算的对偶性示意图

8.3.2　开运算与闭运算

开运算和闭运算是以膨胀和腐蚀运算的组合形式定义的。开运算能够消除小尺寸的目标和细小的毛刺、断开细长的桥接部分而使目标区域分离。闭运算能够填补目标区域内部小尺寸的孔洞和细窄的缺口、桥接狭窄的断裂部分而使目标区域连通。开运算和闭运算的结合能够同时达到开运算和闭运算处理的目的。

8.3.2.1　开运算

开运算为先腐蚀后膨胀的运算，结构元素$\mathcal{B}$对集合$\mathcal{A}$的开运算，记作$\mathcal{A}\circ\mathcal{B}$，定义为

$$\mathcal{A}\circ\mathcal{B}=(\mathcal{A}\ominus\mathcal{B})\oplus\mathcal{B} \tag{8-11}$$

图 8-12 直观给出了圆形结构元素的开运算过程，腐蚀收缩了目标，下一步的膨胀扩张了目标，平滑了目标区域的外角点，并基本上保证了目标区域的面积。

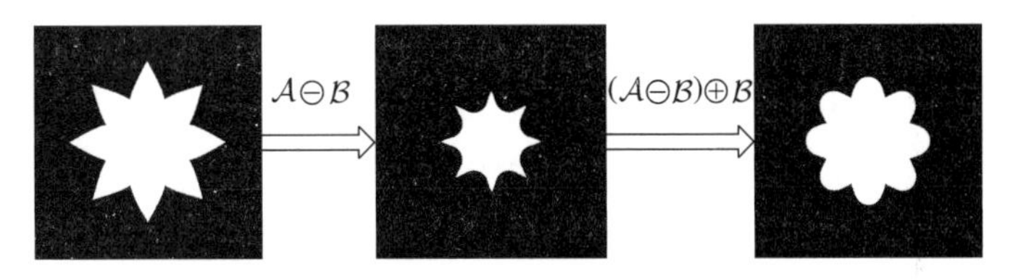

图 8-12　开运算过程示意图

图 8-13 给出了开运算的简单几何解释。图 8-13(a)中目标区域$\mathcal{A}$是由两个三角形区域部分重叠组成，结构元素$\mathcal{B}$呈圆盘形状。图 8-13(b)中$\mathcal{A}\circ\mathcal{B}$的边界是由$\mathcal{B}$在$\mathcal{A}$的边界内部滑动时，$\mathcal{B}$的边界所达到的最远的点所组成。图 8-13(c)中的实线包围区域为开运算结果，开运算消除了细窄的连接和小角点。根据这个几何解释，利用集合论的实现方法描述结构元

素$\mathcal{B}$对集合$\mathcal{A}$的开运算$\mathcal{A}\circ\mathcal{B}$为$\mathcal{B}$在$\mathcal{A}$内部全部平移的并集，可表示为

$$\mathcal{A}\circ\mathcal{B}=\bigcup\{(\mathcal{B})_z \mid (\mathcal{B})_z\subseteq\mathcal{A}\} \tag{8-12}$$

式中，$\bigcup\{\cdot\}$表示括号中全部集合的并集运算。综上所述，开运算的作用包括消除小尺寸的目标和细小的突出部分，断开细长的桥接部分而使目标区域分离，以及在不明显改变目标区域面积的条件下平滑较大的目标边界外部(平滑凸角点)。

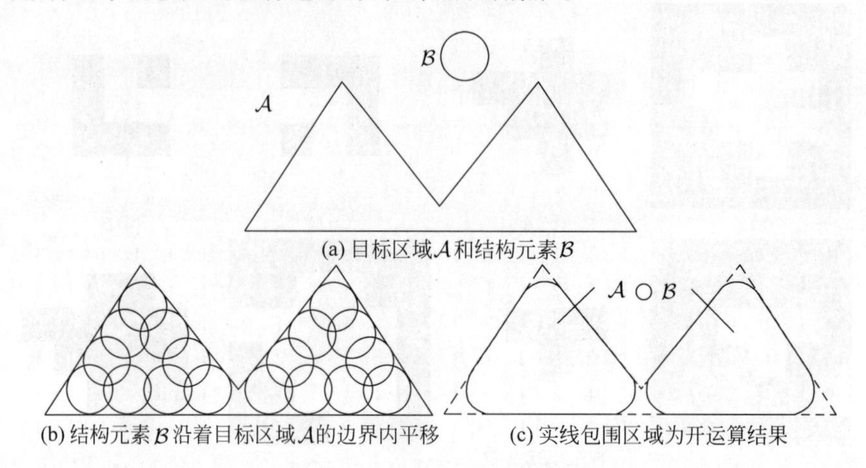

(a) 目标区域$\mathcal{A}$和结构元素$\mathcal{B}$

(b) 结构元素$\mathcal{B}$沿着目标区域$\mathcal{A}$的边界内平移

(c) 实线包围区域为开运算结果

图 8-13　开运算的简单几何解释

开运算满足如下三个性质：

$$\mathcal{A}\circ\mathcal{B}\subseteq\mathcal{A} \tag{8-13}$$

$$若\mathcal{C}\subset\mathcal{D},则\mathcal{C}\circ\mathcal{B}\subset\mathcal{D}\circ\mathcal{B} \tag{8-14}$$

$$(\mathcal{A}\circ\mathcal{B})\circ\mathcal{B}=\mathcal{A}\circ\mathcal{B} \tag{8-15}$$

由于开运算消除了狭长和细小的桥接和角点，因此第一个性质成立。第二个性质表明开运算不会改变集合的子集关系，其中$\mathcal{C}$和$\mathcal{D}$表示集合。第三个性质说明连续使用结构元素$\mathcal{B}$对集合$\mathcal{A}$进行开运算不会再改变结构元素$\mathcal{B}$对集合$\mathcal{A}$执行一次开运算的结果。

例 8-3　二值图像的开运算

图 8-14 给出了一个二值图像开运算的图例，图像尺寸为 271×599。MATLAB 图像处理工具箱中的 imopen 函数提供二值图像形态学开运算操作。在图 8-14(a)所示的二值图像中，白色区域表示目标，黑色区域表示背景。图 8-14(b)和图 8-14(d)分别为半径为 9 和 15 的圆形结构元素对图 8-14(a)所示二值图像的开运算结果，结构元素的原点位于圆心。图 8-14(c)和图 8-14(e)分别为图 8-14(a)与图 8-14(b)、图 8-14(d)的差值图像，从图中可以看到，开运算平滑了目标区域的凸角点，而凹角点不受影响。如图 8-14(e)所示，当所用的结构元素增大时，由于原图像中的中间桥接部分的宽度小于圆盘的直径，也就是说这部分的集合不能完全包含结构元素，因而，在腐蚀运算的过程中，桥接部分消失了，后续的膨胀运算不能再恢复经过腐蚀运算已删除的部分；同理，左下方小的突出部分和右边小的方形目标也因其尺寸小于结构元素被完全腐蚀。

8.3.2.2　闭运算

闭运算为先膨胀后腐蚀的运算，结构元素$\mathcal{B}$对集合$\mathcal{A}$的闭运算，记作$\mathcal{A}\cdot\mathcal{B}$，定义为

$$\mathcal{A}\cdot\mathcal{B}=(\mathcal{A}\oplus\mathcal{B})\ominus\mathcal{B} \tag{8-16}$$

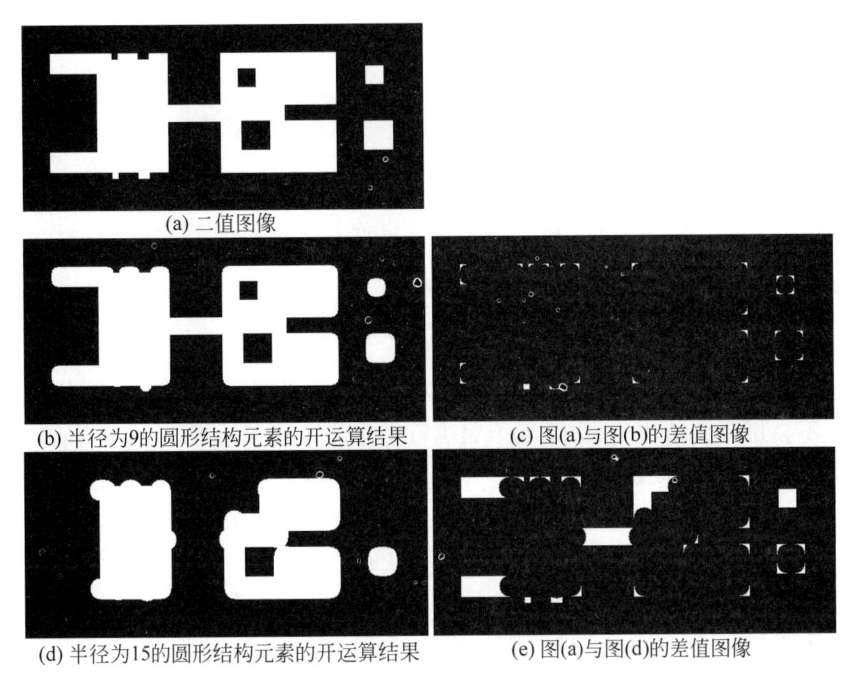

图 8-14 不同尺寸圆形结构元素的开运算示例

图 8-15 直观给出了圆形结构元素的闭运算过程，膨胀扩张了目标，下一步的腐蚀收缩了目标，平滑了目标区域的内角点，并基本上保证了目标区域的面积。

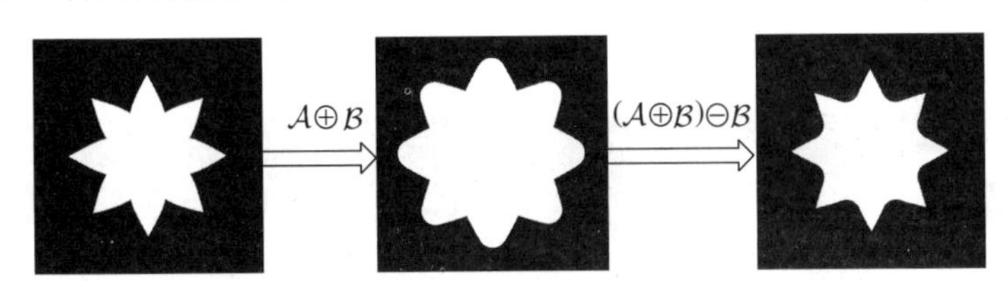

图 8-15 闭运算过程示意图

图 8-16 给出了闭运算的简单几何解释。对于图 8-13(a)所示的目标区域$\mathcal{A}$和结构元素$\mathcal{B}$，如图 8-16(a)所示，$\mathcal{A}\cdot\mathcal{B}$的边界是由$\mathcal{B}$在$\mathcal{A}$的边界外部滑动时，与$\mathcal{A}$恰不重叠时$\mathcal{B}$的边界所围成的点组成。图 8-16(b)中的实线包围区域为闭运算结果，闭运算填充了狭窄的缺口。从几何意义上讲，利用集合论的实现方法描述结构元素$\mathcal{B}$对集合$\mathcal{A}$的闭运算$\mathcal{A}\cdot\mathcal{B}$为，元素 p 属于集合$\mathcal{A}\cdot\mathcal{B}$，当且仅当元素 p 属于的结构元素$\mathcal{B}$的任意平移集合$(\mathcal{B})_z$ 都满足$(\mathcal{B})_z\cap\mathcal{A}\neq\varnothing$。综上所述，闭运算的作用包括填补目标区域内部较小的孔洞和细窄的缺口，桥接狭窄的断裂部分而使目标区域连通，以及在不明显改变目标区域面积的条件下平滑较大的目标边界内部(平滑凹角点)。

闭运算满足如下三个性质：

$$\mathcal{A}\subseteq\mathcal{A}\cdot\mathcal{B} \tag{8-17}$$

$$\text{若}\mathcal{C}\subset\mathcal{D}\text{，则}\mathcal{C}\cdot\mathcal{B}\subset\mathcal{D}\cdot\mathcal{B} \tag{8-18}$$

$$(\mathcal{A}\cdot\mathcal{B})\cdot\mathcal{B}=\mathcal{A}\cdot\mathcal{B} \tag{8-19}$$

由于闭运算填补了狭长的缝隙和缺口，因此第一个性质成立。第二个性质表明闭运算不会

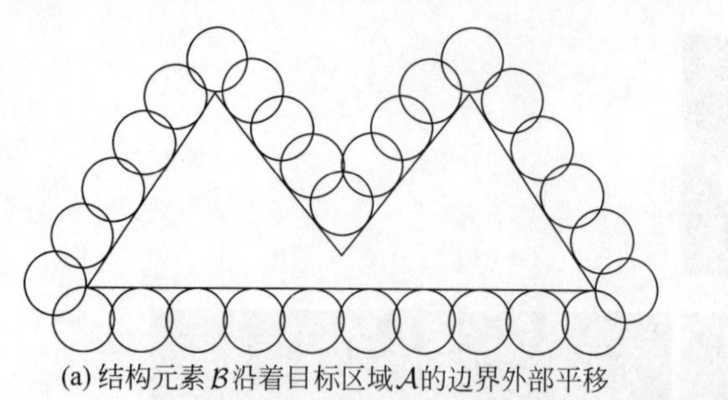

(a) 结构元素$\mathcal{B}$沿着目标区域$\mathcal{A}$的边界外部平移

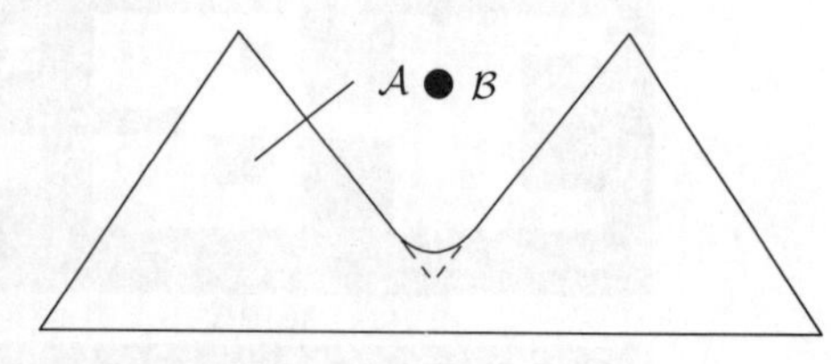

(b) 实线包围区域表示闭运算结果

图 8-16 闭运算的简单几何解释

改变集合的子集关系，其中$\mathcal{C}$和$\mathcal{D}$表示集合。第三个性质说明连续使用结构元素$\mathcal{B}$对集合$\mathcal{A}$进行闭运算不会再改变结构元素$\mathcal{B}$对集合$\mathcal{A}$执行一次闭运算的结果。

例 8-4 二值图像的闭运算

图 8-17 给出了一个二值图像闭运算的图例。MATLAB 图像处理工具箱中的 imclose 函数提供二值图像形态学闭运算操作。对于图 8-14(a)所示的二值图像，图 8-17(a)和图 8-17(c)分别为半径为 9 的圆形结构元素和半径为 15 的圆形结构元素的闭运算结果，结构元素的原点位于圆心。图 8-17(b)和图 8-17(d)分别为图 8-17(a)、图 8-17(c)与图 8-14(a)的差值图像，从图中可以看到，与开运算相反，闭运算平滑了目标区域的凹角点，而凸角点不受影响。如图 8-17(d)所示，当所用的结构元素增大时，由于原图像中右边凹槽部分的宽度小于圆盘的直径，因此，膨胀运算的过程填充了凹槽部分，后续的腐蚀运算不能再恢复经过膨胀运算已填充消失的部分；同理，左上方小的凹陷和右边小的方形孔洞也因其尺寸小于结构元素而被完全填补。

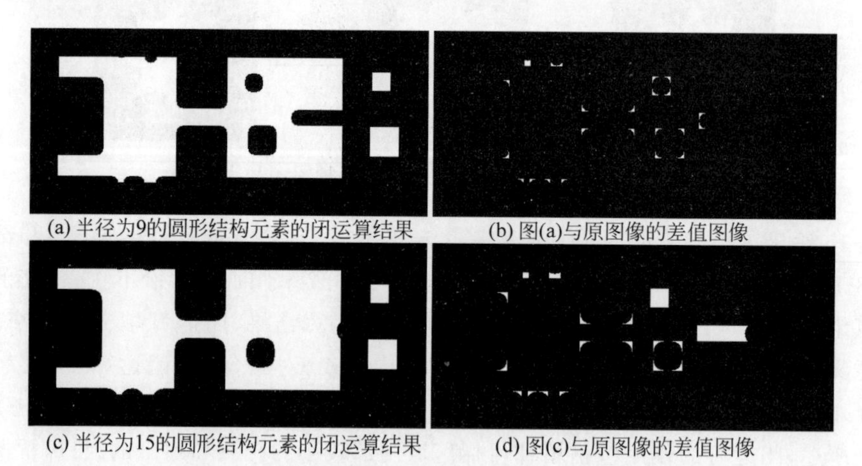

(a) 半径为9的圆形结构元素的闭运算结果　(b) 图(a)与原图像的差值图像

(c) 半径为15的圆形结构元素的闭运算结果　(d) 图(c)与原图像的差值图像

图 8-17 不同尺寸圆形结构元素的闭运算示例

8.3.2.3 开运算与闭运算的对偶性

开运算与闭运算也具有对偶性，它们的对偶性可表示为如下的等式：

$$(\mathcal{A} \circ \mathcal{B})^c = (\mathcal{A}^c \bullet \hat{\mathcal{B}}) \tag{8-20}$$

$$(\mathcal{A} \bullet \mathcal{B})^c = (\mathcal{A}^c \circ \hat{\mathcal{B}}) \tag{8-21}$$

式(8-20)和式(8-21)表明对图像中目标区域的开(闭)运算相当于对图像中背景区域的闭

(开)运算。具体地说,结构元素$\mathcal{B}$对集合$\mathcal{A}$开运算的补集等价于其反射$\hat{\mathcal{B}}$对补集$\mathcal{A}^c$的闭运算,而结构元素$\mathcal{B}$对集合$\mathcal{A}$闭运算的补集也等价于其反射$\hat{\mathcal{B}}$对补集$\mathcal{A}^c$的开运算。根据膨胀与腐蚀对偶性的表达式可以推导出开运算与闭运算对偶性的表达式。

开运算和闭运算的结合同时具有开运算和闭运算的作用,能够消除小目标和毛刺、填补小孔洞和缺口,并在不明显改变目标区域面积的条件下平滑较大的目标边界。如图 8-18 所示,字母 A 标记目标边界上的突起,字母 B 标记背景中的孤立小目标,字母 C 标记目标区域内部的孔洞,字母 D 标记目标边界上的缺口。图 8-18(a)说明了开运算和闭运算独立处理的过程,如前所述,开运算过程消除了尺寸小于结构元素的孤立目标和突起,闭运算过程填补了目标区域内部尺寸小于结构元素的孔洞和缺口。图 8-18(b)说明了开运算和闭运算结合处理的过程,开运算消除了尺寸小于结构元素的孤立目标和突起,闭运算进一步消除了尺寸小于结构元素的孔洞和缺口。开运算和闭运算的结合经常用于二值图像的后处理阶段,整个过程消除了二值图像中的孤立目标,并填补了目标区域内部的孔洞。但是,这样的形态学后处理带来的问题是会破坏目标原本的轮廓和形状,特别是对于小尺寸目标,这种影响尤其明显。

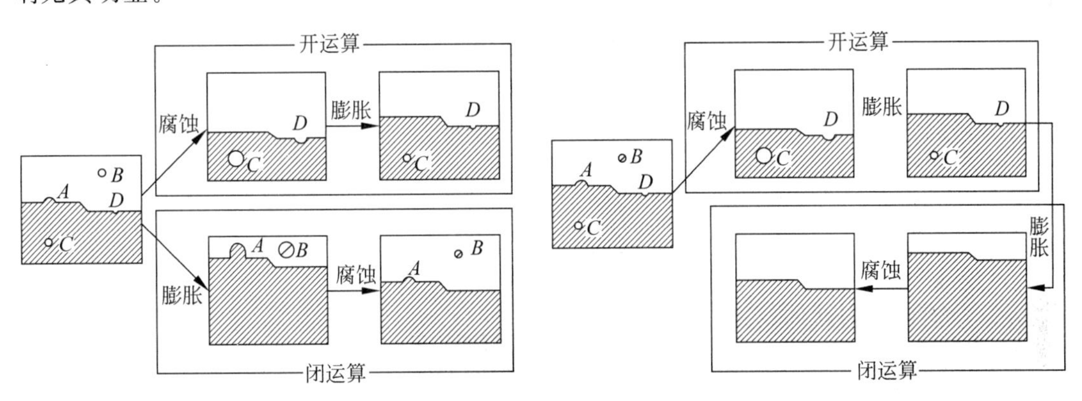

(a) 开运算和闭运算独立处理过程　　(b) 开运算和闭运算结合处理过程

图 8-18　开运算和闭运算的独立处理和结合处理示意图

例 8-5　二值图像的开运算和闭运算结合处理

图 8-19 给出了一个开运算和闭运算结合运用的示例。图 8-19(a)显示了一幅尺寸为 520×700 的线路板二值图像,线路板中存在斑点、凸起、断线、缺口、气泡及短路等缺陷。选择相对于这些缺陷而言较大的结构元素,通过开运算和闭运算的结合处理完全去除这些缺陷。图 8-19(b)为 30×30 方形结构元素对原图像的开运算结果,从图中可以看到,开运算消除了斑点和凸起,并切断了短路。图 8-19(c)为 30×30 方形结构元素对原图像的闭运算结果,从图中可以看到,闭运算填补了缺口和气泡,并桥接了断线。将开运算和闭运算结合运用,首先执行开运算然后执行闭运算,就产生了一幅干净的二值图像,如图 8-19(d)所示。通过处理结果与原图像之间进行异或运算①可检测变化部分,从而检查出线路板中细小的缺陷。这种方法常用于以模板检查为代表的各种工业检查系统中。

① 异或是一种逻辑运算,当两个操作数不相同时,异或结果为真(1),当两个操作数相同时,异或结果为假(0)。

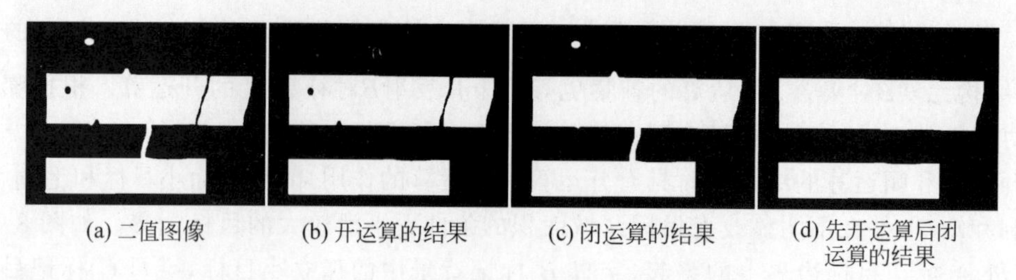

(a) 二值图像　(b) 开运算的结果　(c) 闭运算的结果　(d) 先开运算后闭运算的结果

图 8-19　开运算和闭运算的结合处理示例

8.3.3　击中/击不中运算

击中/击不中运算(hit-or-miss)定义在交集为空集的两个结构元素的膨胀和腐蚀运算的基础上。设$\mathcal{B}=(\mathcal{B}_1,\mathcal{B}_2)$表示结构元素对，且$\mathcal{B}_1\cap\mathcal{B}_2=\varnothing$，结构元素对$\mathcal{B}$对集合$\mathcal{A}$的击中/击不中运算，记作$\mathcal{A}\circledast\mathcal{B}$，定义为

$$\mathcal{A}\circledast\mathcal{B}=(\mathcal{A}\ominus\mathcal{B}_1)\cap(\mathcal{A}^c\ominus\mathcal{B}_2) \tag{8-22}$$

击中/击不中运算的过程为，当且仅当$\mathcal{B}_1$平移某一z值包含在集合$\mathcal{A}$的内部($\mathcal{B}_1$击中$\mathcal{A}$)，且$\mathcal{B}_2$平移同一z值包含在集合$\mathcal{A}$的外部($\mathcal{B}_2$击不中$\mathcal{A}$)，这两个条件同时成立时，$\mathcal{B}$的原点位置的集合。由于击中/击不中运算中两个结构元素$\mathcal{B}_1$和$\mathcal{B}_2$的交集为空集，换句话说，这两个结构元素的邻域是不重合的，因此，两个结构元素$\mathcal{B}_1$和$\mathcal{B}_2$可以合并成单一结构元素$\mathcal{B}$来表示。

图 8-20 描述了一个击中/击不中运算的过程，直观说明了击中/击不中运算的几何意义。图 8-20(a)和图 8-20(b)分别表示集合$\mathcal{A}$及其补集$\mathcal{A}^c$，图 8-20(c)和图 8-20(d)所示的两个结构元素组成击中/击不中运算的结构元素对$\mathcal{B}_1$和$\mathcal{B}_2$，这两个结构元素可以表示为

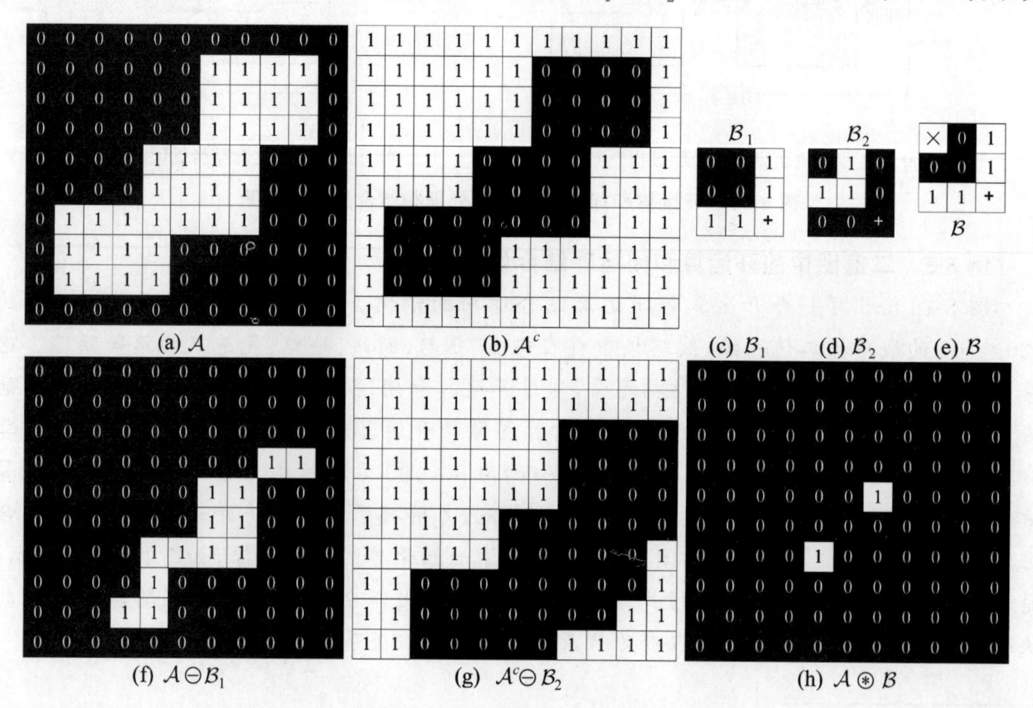

(a) $\mathcal{A}$　(b) $\mathcal{A}^c$　(c) $\mathcal{B}_1$　(d) $\mathcal{B}_2$　(e) $\mathcal{B}$

(f) $\mathcal{A}\ominus\mathcal{B}_1$　(g) $\mathcal{A}^c\ominus\mathcal{B}_2$　(h) $\mathcal{A}\circledast\mathcal{B}$

图 8-20　击中/击不中运算示意图

图 8-20(e)所示的单一结构元素$\mathcal{B}$,用矩阵形式表示为

$$\mathcal{B}=\begin{bmatrix}\times & 0 & 1\\ 0 & 0 & 1\\ 1 & 1 & 1\end{bmatrix}$$

在结构元素$\mathcal{B}$中,1 表示结构元素$\mathcal{B}_1$的邻域(击中),0 表示结构元素$\mathcal{B}_2$的邻域(击不中),×表示无须确定。

对于结构元素$\mathcal{B}_1$,原点属于结构元素。图 8-20(f)为结构元素$\mathcal{B}_1$对集合$\mathcal{A}$的腐蚀结果$\mathcal{A}\ominus\mathcal{B}_1$,回顾$\mathcal{B}_1$对$\mathcal{A}$的腐蚀是$\mathcal{B}_1$完全包含在集合$\mathcal{A}$中的原点位置的集合。对于结构元素$\mathcal{B}_2$,原点不属于结构元素。图 8-20(g)为结构元素$\mathcal{B}_2$对集合$\mathcal{A}$的补集$\mathcal{A}^c$的腐蚀结果$\mathcal{A}^c\ominus\mathcal{B}_2$,回顾$\mathcal{B}_2$对$\mathcal{A}^c$的腐蚀是$\mathcal{B}_2$完全包含在补集$\mathcal{A}^c$中的原点位置的集合。从几何意义上讲,$\mathcal{A}\ominus\mathcal{B}_1$可以看成$\mathcal{B}_1$在$\mathcal{A}$中找到匹配(击中),$\mathcal{A}^c\ominus\mathcal{B}_2$可以看成$\mathcal{B}_2$在$\mathcal{A}^c$中找到匹配(击不中)。如图 8-20(h)所示,结构元素$\mathcal{B}$对集合$\mathcal{A}$的击中/击不中运算结果是$\mathcal{B}_1$对$\mathcal{A}$腐蚀结果[图 8-20(f)]和$\mathcal{B}_2$对$\mathcal{A}^c$腐蚀结果[图 8-20(g)]的交集。通过观察集合$\mathcal{A}$可以发现,$\mathcal{A}\circledast\mathcal{B}$实际上可以看成$\mathcal{B}$在$\mathcal{A}$中完全匹配的原点位置集合。可见,击中/击不中运算相当于一种条件比较严格的模板匹配。因此,击中/击不中运算的结构元素$\mathcal{B}$也称为击中/击不中模板,两个结构元素$\mathcal{B}_1$和$\mathcal{B}_2$分别称为击中模板和击不中模板。

例 8-6　二值图像的击中/击不中运算

图 8-21(a)中包含多个不同尺寸的正方形目标。利用击中/击不中运算定位图像中所有正方形目标的左上角像素。图 8-21(b)给出了所用的击中/击不中模板,右边和下方是目标像素(击中),而左下、左、左上、上和右上方不是目标像素(击不中),不考虑右下方的无关像素。图 8-21(c)为击中/击不中运算的结果,图中的单像素白色点标明了正方形目标左上角的位置。击中/击不中运算对研究二值图像中的前景目标与背景之间的关系非常有效。

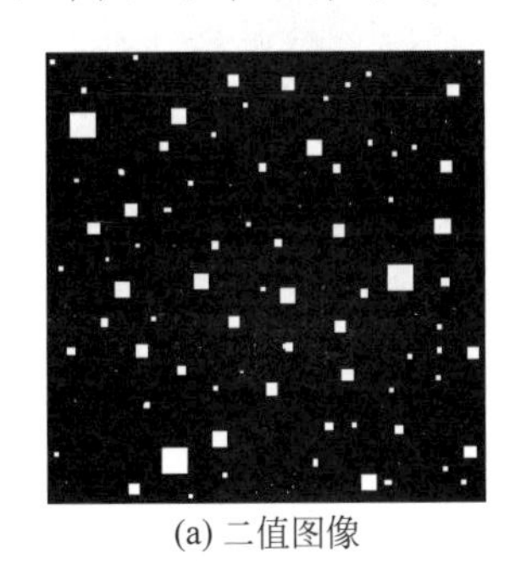

(a) 二值图像

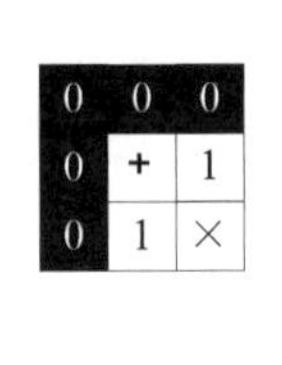

(b) 击中/击不中模板

(c) 击中/击不中运算的结果

图 8-21　击中/击不中运算示例

8.4　二值图像形态学实用算法

8.3 节介绍了二值图像形态学的基本运算,包括膨胀、腐蚀、开运算、闭运算和击中/击不中运算。二值图像形态学的主要应用是提取对形状表示和描述有用的图像分量。本节将讨论以基本运算的组合形式定义的一系列二值图像形态学的实用算法,包括去噪、边界提取、孔洞填充、连通分量提取、骨架、凸包、细化、粗化、剪枝等。

8.4.1 去噪

二值化图像处理后通常会存在噪声，例如，在图像分割的过程中，当背景误检为前景时，形成孤立的前景噪声，当前景误检为背景时，目标区域中产生小孔洞。如前所述，开运算和闭运算的结合处理是一种简单的图像去噪方法。设$\mathcal{A}$表示二值图像，$\mathcal{B}$表示结构元素，若首先进行开运算，然后进行闭运算，则去噪过程可表示为

$$\widetilde{\mathcal{A}}=(\mathcal{A}\circ\mathcal{B})\bullet\mathcal{B} \tag{8-23}$$

式中，$\widetilde{\mathcal{A}}$为去除噪声后的图像。根据目标的形状和噪声的尺寸，选择合适形状和尺寸的结构元素。

正如8.3.2节所描述的，开运算和闭运算结合的形态学后处理会影响目标原本的边界和形状，特别当目标本身尺寸较小时，这种去噪处理很容易破坏边界的细节。因此，对于复杂边界的目标，一般不建议使用这种形态学方法对二值图像进行后处理。

例 8-7 二值图像形态学的图像去噪

图8-22(a)显示了一幅尺寸为240×320的二值图像，对行人目标进行分割后，由于误检和漏检，背景中存在孤立的前景噪声，目标区域内部存在孔洞，因此需要对分割结果进行后处理。根据目标的形状，选择尺寸为7×7的圆形结构元素。图8-22(b)为先开运算后闭运算的去噪结果，由于目标区域存在断裂，开运算中的先腐蚀操作会使目标区域由于腐蚀而缺失，这部分不能通过膨胀而恢复。图8-22(c)为先闭运算后开运算的去噪结果，闭运算中的先膨胀操作能够填补断裂，保持目标区域的完整。从图8-22(c)中可以看到，通过这样的形态学去噪过程，去除了孤立的前景噪声并填补了目标区域内部的小孔，从而生成了一幅干净的二值图像。

(a) 二值图像　(b) 先开运算后闭运算的结果　(c) 先闭运算后开运算的结果

图 8-22 形态学图像去噪示例

8.4.2 边界提取

结构元素$\mathcal{B}$对集合$\mathcal{A}$腐蚀的作用是收缩目标区域，集合$\mathcal{A}$与腐蚀集合$\mathcal{A}\ominus\mathcal{B}$的差集也就是腐蚀运算移除的目标边界元素，构成$\mathcal{A}$的边界集合，边界提取的过程可表示为

$$\beta(\mathcal{A})=\mathcal{A}-(\mathcal{A}\ominus\mathcal{B}) \tag{8-24}$$

式中，$\beta(\mathcal{A})$表示集合$\mathcal{A}$的边界集合。根据所需要的边界连通性和宽度，选择合适尺寸和形状的结构元素，使用3×3菱形结构元素可以提取单像素宽的8连通边界，使用3×3方形结构元素可以提取单像素宽的4连通边界，使用5×5结构元素可以提取2～3个像素宽的边界。

图8-23和图8-24分别描述了3×3菱形结构元素和方形结构元素的边界提取过程。在

图 8-23(a)所示的二值图像$\mathcal{A}$中，白色表示目标像素，黑色表示背景像素，图 8-23(b)为所用的 3×3 菱形结构元素$\mathcal{B}$，图 8-23(c)为$\mathcal{B}$对$\mathcal{A}$的腐蚀结果$\mathcal{A}\ominus\mathcal{B}$。将图 8-23(a)所示的二值图像$\mathcal{A}$与图 8-23(c)所示的腐蚀结果$\mathcal{A}\ominus\mathcal{B}$相减，图 8-23(d)为所提取的单像素宽的 8 连通边界$\beta(\mathcal{A})$。同理使用图 8-24(a)所示的 3×3 方形结构元素对图 8-23(a)所示的二值图像$\mathcal{A}$进行腐蚀操作[图 8-24(b)]，图 8-24(c)为所提取的单像素宽的 4 连通边界$\beta(\mathcal{A})$。注意，当结构元素$\mathcal{B}$的原点位于或邻近图像外边界时，结构元素的一部分落在图像之外，对于这种情况常用的处理方法是假设图像边界外部均为背景像素，也就是 0 像素。

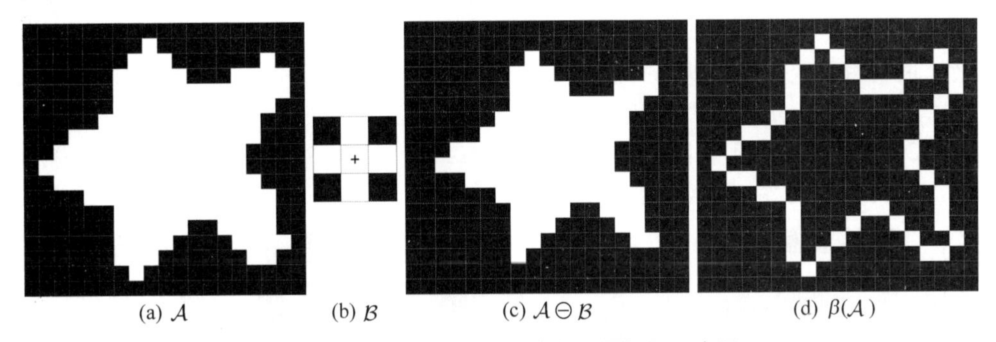

(a) $\mathcal{A}$　(b) $\mathcal{B}$　(c) $\mathcal{A}\ominus\mathcal{B}$　(d) $\beta(\mathcal{A})$

图 8-23　3×3 菱形结构元素的边界提取示意图

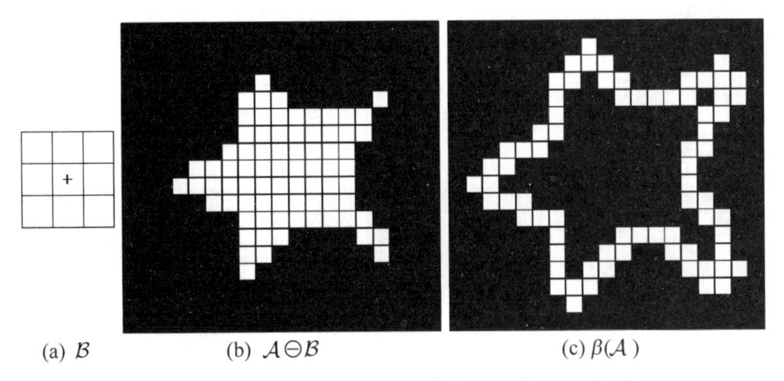

(a) $\mathcal{B}$　(b) $\mathcal{A}\ominus\mathcal{B}$　(c) $\beta(\mathcal{A})$

图 8-24　3×3 方形结构元素的边界提取示意图

例 8-8　二值图像形态学的边界提取

图 8-25(a)为一幅单一目标的二值图像，白色区域表示目标，黑色区域表示背景。使用图 8-23(b)所示的 3×3 菱形结构元素对目标区域提取单像素宽的 8 连通边界，如图 8-25(b)所示。与边界跟踪算法相比，形态学边界提取算法简单易实现，并且可以并行处理。

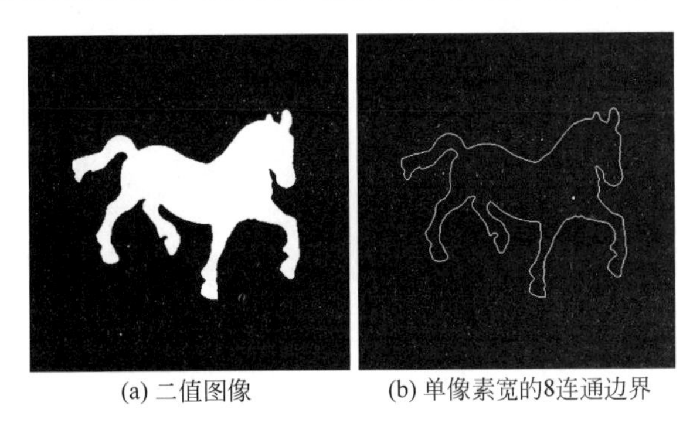

(a) 二值图像　(b) 单像素宽的8连通边界

图 8-25　形态学边界提取示例

8.4.3 孔洞填充

孔洞是指由连通的边界包围的背景区域。孔洞填充的形态学算法是以集合的膨胀、补集和交集的组合形式定义的。设$\mathcal{A}$表示边界集合，$\mathcal{B}$表示结构元素，给定边界内的任意一点p①，初始集合$\mathcal{X}_0$中点p所在位置的值为1，其他位置的值为0，孔洞填充的过程可表示为

$$\mathcal{X}_k=(\mathcal{X}_{k-1}\oplus\mathcal{B})\cap\mathcal{A}^c,\quad \mathcal{X}_0=\{p\},\quad k=1,2,\cdots \tag{8-25}$$

当$\mathcal{X}_k=\mathcal{X}_{k-1}$时，在第$k$步迭代终止，此时，$\mathcal{X}_k$为孔洞填充的最终结果，$\mathcal{X}_k$与其边界$\mathcal{A}$的并集构成目标区域。若对膨胀不加以限制，则膨胀过程将填充整幅图像。因此，在每一次迭代中，与$\mathcal{A}^c$的交集将膨胀集合限制在区域内部，将这种在一定约束条件下的膨胀过程称为条件膨胀。根据边界的连通性选择合适的结构元素$\mathcal{B}$，对于8连通边界，使用菱形结构元素进行条件膨胀；对于4连通边界，使用方形结构元素进行条件膨胀。

图8-26描述了一个孔洞填充的过程，如图8-26(a)所示，8连通边界$\mathcal{A}$的区域内部是4连通的，白色表示目标像素，黑色表示背景像素。图8-26(b)为所用的3×3菱形结构元素。

图 8-26 形态学孔洞填充过程示意图

① 孔洞填充也称为种子填充，像素p称为种子。

图 8-26(c)为边界$\mathcal{A}$的补集$\mathcal{A}^c$。在区域内部中指定初始像素 p，如图 8-26(d)所示，根据式(8-25)的孔洞填充过程进行条件膨胀，直至完全填充区域内部。图 8-26(e)～(m)中白色像素上的数字标记了逐次迭代孔洞填充的像素，图 8-26(e)中的标记 1 表示第 1 次迭代孔洞填充的像素，图 8-26(f)中的标记 2 表示第 2 次迭代孔洞填充的像素，以此类推，当 $k=9$ 时，达到收敛，图 8-26(m)为完全填充的结果。

例 8-9　孔洞填充

由于镜面反射、光照不均匀、亮度变化等原因，在图像分割之后目标区域内部会产生孔洞。在进一步的图像分析之前，有必要填充这些孔洞。图 8-27 给出了一个图像孔洞填充的示例，图 8-27(a)为一幅血细胞的图像，对这幅图像选取合适的全局阈值并直接阈值化的二值图像如图 8-27(b)所示，血细胞内部因反光而产生高亮，因此二值图像中的目标区域内部产生孔洞。式(8-25)给定初始点填充其所在的孔洞，依据此原理能够自动填充图像中的所有孔洞。该二值图像中目标$\mathcal{A}$为 0 像素，孔洞为 1 像素，将式(8-25)中的初始集合设置为

$$\mathcal{X}_0=\begin{cases}\mathcal{A}, & \text{像素在图像边界上}\\ 0, & \text{其他}\end{cases}$$

从图像边界向内进行条件膨胀过程$\mathcal{X}_k=(\mathcal{X}_{k-1}\oplus\mathcal{B})\cap\mathcal{A}$，与$\mathcal{A}$的交集限制膨胀过程不会扩张至目标(背景膨胀)，在这样的约束条件下膨胀直至收敛，其中，结构元素$\mathcal{B}$为 3×3 方形结构元素。图 8-27(c)为对目标区域内部的孔洞进行填充的结果。注意，与图像边界连接的目标孔洞不能填充。孔洞填充处理不会破坏目标原本的边界和形状，经常用于二值图像的后处理阶段，以便进行后续的目标形状、面积等分析工作。MATLAB 图像处理工具箱中提供的种子填充算法 imfill 函数'holes'参数实现自动孔洞填充。

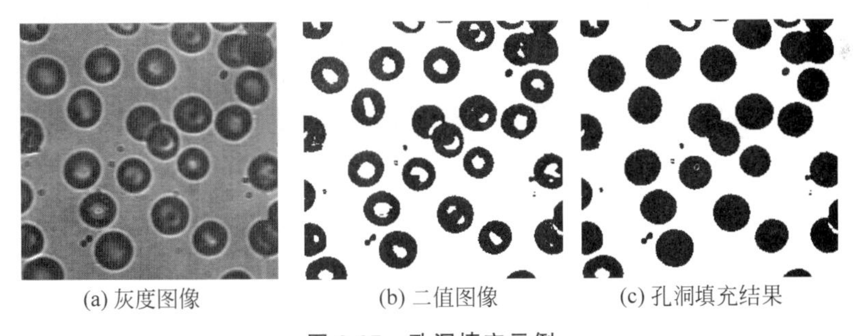

(a) 灰度图像　(b) 二值图像　(c) 孔洞填充结果

图 8-27　孔洞填充示例

8.4.4　连通分量提取

在 2.4.2 节中给出了连通分量的概念，连通分量提取的形态学算法是以集合的膨胀和交集的组合形式定义的。设$\mathcal{Y}$表示集合$\mathcal{A}$中的连通分量，$\mathcal{B}$表示结构元素，给定连通分量$\mathcal{Y}$中的一个点 p，初始集合$\mathcal{X}_0$中点 p 所在位置的值为 1，其他位置的值为 0。连通分量提取的过程可表示为

$$\mathcal{X}_k=(\mathcal{X}_{k-1}\oplus\mathcal{B})\cap\mathcal{A},\quad \mathcal{X}_0=\{p\},\quad k=1,2,\cdots \tag{8-26}$$

当$\mathcal{X}_k=\mathcal{X}_{k-1}$时，在第 k 步迭代终止，此时，$\mathcal{Y}=\mathcal{X}_k$为连通分量提取的最终结果。式(8-26)在形式上与式(8-25)相似，不同之处仅在于集合$\mathcal{A}$代替了其补集$\mathcal{A}^c$，这是因为式(8-26)中连通分量提取过程搜索的是 1 像素，即目标像素，而式(8-25)中孔洞填充过程搜索的是 0 像素，

即背景像素。同理，在每一次迭代中，条件膨胀通过与集合$\mathcal{A}$的交集将膨胀集合限制在连通分量内部。根据连通分量的连通性选择合适的结构元素$\mathcal{B}$，对于 8 连通的连通分量提取，使用方形结构元素进行条件膨胀，对于 4 连通的连通分量提取，使用菱形结构元素进行条件膨胀。

图 8-28 描述了一个连通分量提取的过程，如图 8-28(a)所示，目标区域仅包含一个连通分量，且该连通分量具有 8 连通性，白色表示目标像素，黑色表示背景像素。图 8-28(b)为所用的 3×3 方形结构元素，在连通分量中指定初始像素 p，如图 8-28(c)所示，根据式(8-26)中连通分量提取过程进行条件膨胀，直至完全提取出整个连通分量。图 8-28(d)～(h)中白色像素上的数字标记了逐次迭代提取的连通分量中的像素，当 $k=5$ 时，达到收敛。图 8-28(h)为最终提取出的连通分量$\mathcal{Y}$。

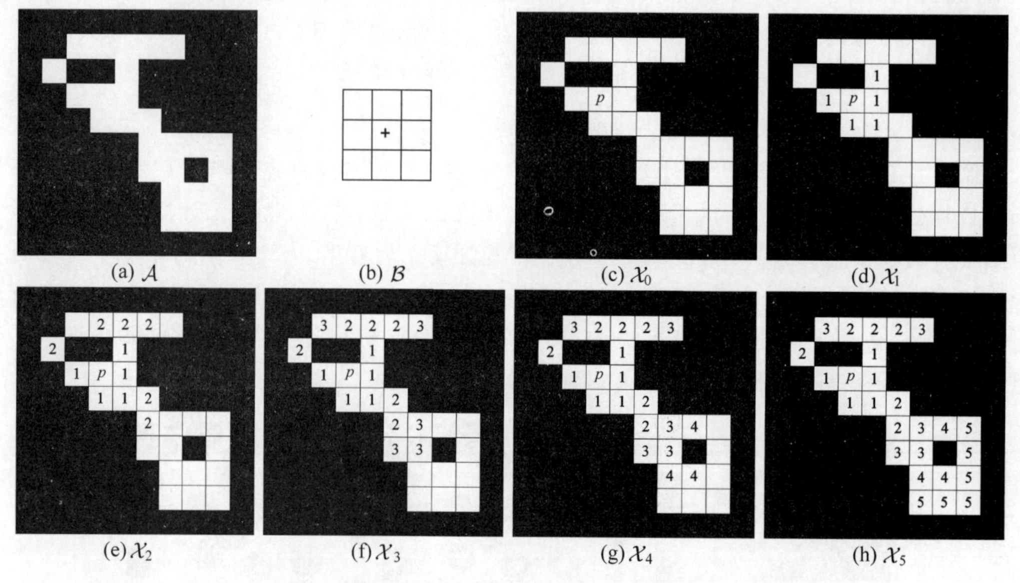

(a) $\mathcal{A}$　(b) $\mathcal{B}$　(c) $\mathcal{X}_0$　(d) $\mathcal{X}_1$

(e) $\mathcal{X}_2$　(f) $\mathcal{X}_3$　(g) $\mathcal{X}_4$　(h) $\mathcal{X}_5$

图 8-28　形态学连通分量提取过程示意图

例 8-10　连通分量提取

形态学图像处理中的腐蚀和膨胀运算分别能够去除孤立的噪声和填补目标区域内的孔洞，但是，形态学处理也会影响目标原本的边界和形状，特别是目标本身尺度较小时，这种去噪处理很容易破坏它的边界细节。利用连通分量提取去除不必要的连通分量，来达到后处理去噪的目的。图 8-29(a)为图像分割的前景集合$\mathcal{F}$，对其进行腐蚀运算，图 8-29(b)为腐蚀集合$\mathcal{E}$，设置式(8-26)中初始集合$\mathcal{X}_0=\mathcal{E}$。根据实际应用条件确定腐蚀运算中结构元素的具体尺寸，保留待分割目标的连通分量。根据式(8-26)的过程提取出腐蚀后保留的连通分量，如图 8-29(c)所示，结构元素$\mathcal{B}$为 3×3 方形结构元素。对腐蚀集合$\mathcal{E}$的条件膨胀将膨胀集合限制在集合$\mathcal{F}$内，因此可以保持待分割目标的形状。可以看出，这种后处理方法既保持了目标的完整性，尤其是保持了目标的边界细节，又避免了噪声对前景的影响。

8.4.5　骨架

骨架是指在不改变目标拓扑结构的条件下，利用单像素宽的细线表示目标。目标的骨架

(a) 初始分割集合　(b) 膨胀集合　(c) 最终目标集合

图 8-29　连通分量提取示例

与目标本身具有相同数量的连通分量和孔洞，简言之，骨架保持了目标的欧拉数[①]。目前已有多种不同的骨架定义以及骨架提取算法，例如，直接骨架、形态学骨架、Voronoi 图骨架等。

形态学骨架是利用二值图像形态学的方法提取目标的骨架。设$\mathcal{A}$表示目标集合，$\mathcal{B}$表示结构元素，一种简单的形态学骨架(morphological skeleton)计算由下式给出：

$$\mathcal{S}(\mathcal{A})=\bigcup_{k=0}^{K}\mathcal{S}_k(\mathcal{A}) \tag{8-27}$$

上式表明，集合$\mathcal{A}$的骨架$\mathcal{S}(\mathcal{A})$是由骨架子集$\mathcal{S}_k(\mathcal{A})$的并集构成。骨架子集$\mathcal{S}_k(\mathcal{A})$定义在腐蚀和开运算组合形式的基础上，其计算公式为

$$\mathcal{S}_k(\mathcal{A})=(\mathcal{A}\ominus k\mathcal{B})-[(\mathcal{A}\ominus k\mathcal{B})\circ\mathcal{B}],\quad k=0,1,\cdots,K \tag{8-28}$$

式中，$\mathcal{A}\ominus k\mathcal{B}$表示结构元素$\mathcal{B}$对集合$\mathcal{A}$的连续 k 次腐蚀，可表示为

$$\mathcal{A}\ominus k\mathcal{B}=(\mathcal{A}\ominus(k-1)\mathcal{B})\ominus\mathcal{B}=(((\mathcal{A}\ominus\mathcal{B})\ominus\mathcal{B})\ominus\cdots)\ominus\mathcal{B} \tag{8-29}$$

K 为骨架子集的个数，其数学表达式为

$$K=\max_k\{\mathcal{A}\ominus k\mathcal{B}\neq\varnothing\} \tag{8-30}$$

该数学式说明，K 表示结构元素$\mathcal{B}$将集合$\mathcal{A}$腐蚀成为空集之前的最大迭代次数，换句话说，超过 K 次迭代，结构元素$\mathcal{B}$将集合$\mathcal{A}$腐蚀为空集。

骨架提取的过程是可逆的，集合$\mathcal{A}$可以用骨架子集$\mathcal{S}_k(\mathcal{A})$进行重构，其计算式为

$$\mathcal{A}=\bigcup_{k=0}^{K}(\mathcal{S}_k(\mathcal{A})\oplus k\mathcal{B}) \tag{8-31}$$

式中，$\mathcal{S}_k(\mathcal{A})\oplus k\mathcal{B}$表示结构元素$\mathcal{B}$对骨架子集$\mathcal{S}_k(\mathcal{A})$的连续 k 次膨胀，可表示为

$$\mathcal{S}_k(\mathcal{A})\oplus k\mathcal{B}=(\mathcal{S}_k(\mathcal{A})\oplus(k-1)\mathcal{B})\oplus\mathcal{B}=(((\mathcal{S}_k(\mathcal{A})\oplus\mathcal{B})\oplus\mathcal{B})\cdots)\oplus\mathcal{B} \tag{8-32}$$

式(8-30)中的 K 决定了式(8-32)中膨胀运算的个数。

图 8-30 描述了一个骨架提取的过程，在图 8-30(a)所示的二值图像$\mathcal{A}$中，白色表示目标像素，黑色表示背景像素，图 8-30(b)为所用的 3×3 方形结构元素$\mathcal{B}$。根据式(8-27)和式(8-28)逐次迭代计算骨架子集，图 8-30(c)为 $k=0$ 时计算出的骨架子集$\mathcal{S}_0(\mathcal{A})$，此时 $0\mathcal{B}=\{O\}$，O 表示原点。图 8-30(d)～(f)依次为 $k=1,2,3$ 时计算出的骨架子集$\mathcal{S}_k(\mathcal{A})$与前面迭代结果的并集 $\bigcup_{j=0}^{k}\mathcal{S}_j(\mathcal{A})$。图 8-30(f)为最终二值图像$\mathcal{A}$的骨架$\mathcal{S}(\mathcal{A})$，最大迭代次数 $K=3$。需要指出的是，这种算法提取的骨架没有达到最大限度的细化，而且更重要的是由于在骨架提取的

① 欧拉数的概念请参见 12.5.2 节。

计算式中没有任何条件保证最终结果的连通性，因此，这种算法提取的骨架也不具备连通性。

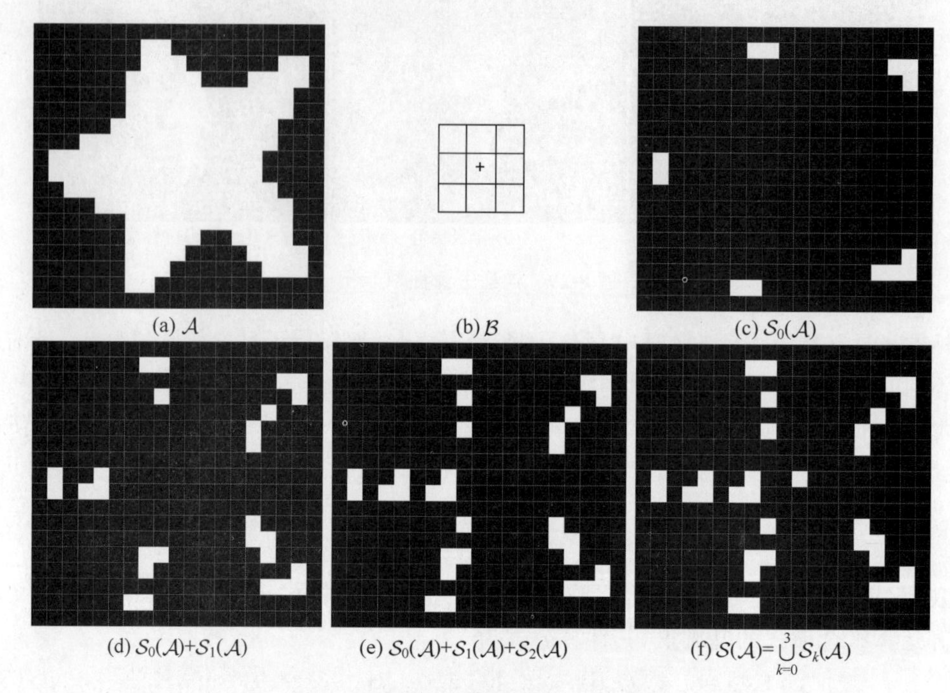

(a) $\mathcal{A}$　(b) $\mathcal{B}$　(c) $\mathcal{S}_0(\mathcal{A})$

(d) $\mathcal{S}_0(\mathcal{A})+\mathcal{S}_1(\mathcal{A})$　(e) $\mathcal{S}_0(\mathcal{A})+\mathcal{S}_1(\mathcal{A})+\mathcal{S}_2(\mathcal{A})$　(f) $\mathcal{S}(\mathcal{A})=\bigcup_{k=0}^{3}\mathcal{S}_k(\mathcal{A})$

图 8-30　形态学骨架提取过程示意图

例 8-11　二值图像形态学的骨架提取

对于图 8-31(a)所示的两幅二值图像，字符目标和枫叶目标具有显著不同的区域特征，前者表现为细长的形状，边界复杂；而后者表现为粗短的形状，边界简单。利用 MATLAB

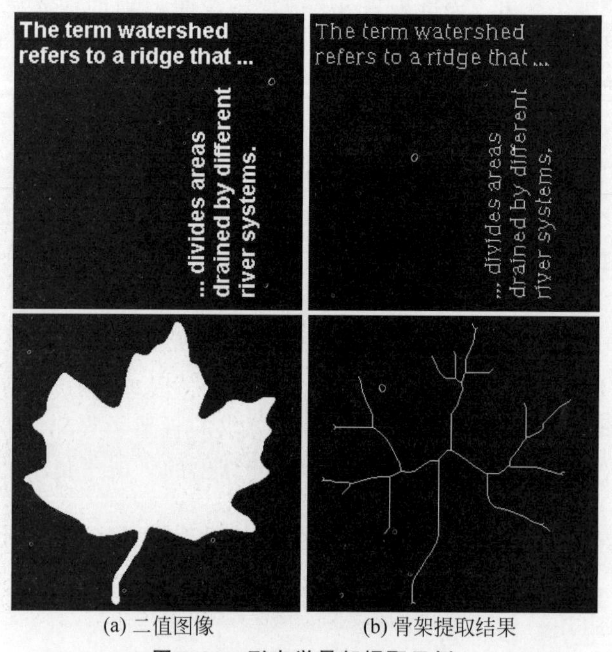

(a) 二值图像　(b) 骨架提取结果

图 8-31　形态学骨架提取示例

图像处理工具箱中的形态学运算 bwmorph 函数(skel 操作)提取二值图像中目标的骨架。图 8-31(b)对应这两种目标的形态学骨架图像,由图中可以看到,骨架反映了区域的结构形状,字符目标的骨架反映了字符的拓扑结构,枫叶目标的骨架反映了枫叶的叶脉结构,同时可以观察细长目标和粗短目标的骨架差异。需要补充说明的是,形态学骨架提取算法经常会产生毛刺或分支,后面的形态学剪枝算法用于删除骨架算法产生的这些端点。

8.4.6 凸包

若连通集合$\mathcal{H}$中任意两点的直线段都在$\mathcal{H}$的内部,则$\mathcal{H}$称为凸集合,集合$\mathcal{A}$的凸包$\mathcal{H}$是指包含$\mathcal{A}$的最小凸集合。本节介绍一种计算集合凸包的形态学算法,集合$\mathcal{A}$的凸包$\mathcal{C}(\mathcal{A})$定义在击中/击不中运算的基础上,计算过程可表示为

$$\mathcal{X}_k^i=(\mathcal{X}_{k-1}^i \circledast \mathcal{B}^i)\cup \mathcal{X}_{k-1}^i;\quad i=1,2,3,4;k=1,2,\cdots \tag{8-33}$$

式中,$\mathcal{B}^i$,$i=1,2,3,4$ 表示四个方向的结构元素,$\mathcal{B}^i$为$\mathcal{B}^{i-1}$旋转角度的形式,初始集合$\mathcal{X}_0^i=\mathcal{A}$,当$\mathcal{X}_k^i=\mathcal{X}_{k-1}^i$时,第 i 个方向上,在第 k 步迭代终止,$\mathcal{X}_c^i$表示收敛集合。四个方向上收敛集合$\mathcal{X}_c^i$的并集构成集合$\mathcal{A}$的凸包$\mathcal{C}(\mathcal{A})$,可表示为

$$\mathcal{C}(\mathcal{A})=\bigcup_{i=1}^{4}\mathcal{X}_c^i \tag{8-34}$$

这种形态学凸包算法计算出的集合凸包是四边形形状。

如图 8-32 所示,凸包的结构元素组由四个结构元素组成,其中,$\mathcal{B}^i$是将$\mathcal{B}^{i-1}$顺时针旋转 90°而成,各个结构元素的原点在它的中心,符号"+"标记原点的位置,白色表示对应位置的值为 1,黑色表示对应位置的值为 0,"$\mathcal{X}$"表示对应位置无须考虑。如前所述,击中/击不中运算$\mathcal{A}\circledast\mathcal{B}$的实际意义是结构元素$\mathcal{B}$在集合$\mathcal{A}$中找到匹配的原点位置集合。具体地说,将$\mathcal{B}$在$\mathcal{A}$中遍历,当在$\mathcal{A}$中某个位置处其邻域像素值与结构元素达到一致,即,3×3 邻域的中心为 0 像素,而三个白色位置对应像素为 1 像素时,$\mathcal{B}$在$\mathcal{A}$中找到匹配。

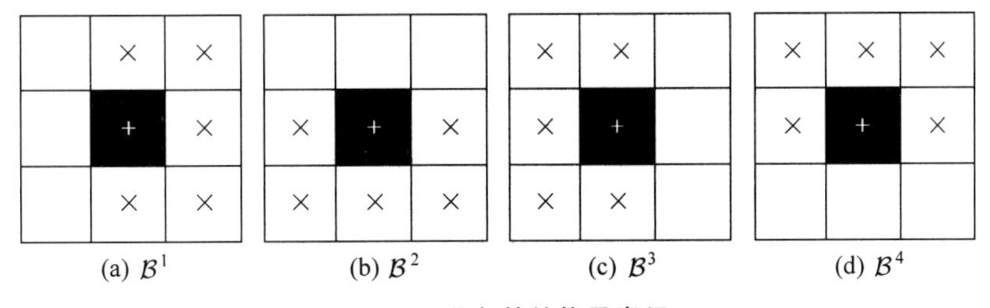

图 8-32 凸包的结构元素组

图 8-33 描述了一个凸包计算的过程。在图 8-33(a)所示的二值图像$\mathcal{A}$中,白色表示目标像素,黑色表示背景像素。根据式(8-33),使用图 8-32 所示的四个结构元素计算二值图像$\mathcal{A}$在四个方向上的凸包。向右的方向上,从$\mathcal{X}_0^1=\mathcal{A}$开始,当 $k=6$ 时收敛,图 8-33(b)为向右方向上的收敛集合$\mathcal{X}_c^1=\mathcal{X}_6^1$;同理,向下的方向上,从$\mathcal{X}_0^2=\mathcal{A}$开始,当 $k=1$ 时收敛,图 8-33(c)为向下方向上的收敛集合$\mathcal{X}_c^2=\mathcal{X}_1^2$;向左的方向上,从$\mathcal{X}_0^3=\mathcal{A}$开始,当 $k=5$ 时收敛,图 8-33(d)为向左方向上的收敛集合$\mathcal{X}_c^3=\mathcal{X}_5^3$;向上的方向上,从$\mathcal{X}_0^4=\mathcal{A}$开始,当 $k=3$ 时收敛,图 8-33(e)为向上方向上的收敛集合$\mathcal{X}_c^4=\mathcal{X}_3^4$。根据式(8-34)计算四个方向上收敛集合的并集,如图 8-33(f)所示。注意,凸包的计算可能超出初始集合在水平和垂直方向上的

尺寸。此外，凸包也可能超出确保凸性所需的最小尺寸，一种简单的解决方法是由水平和垂直方向的尺寸限制凸包的生长。

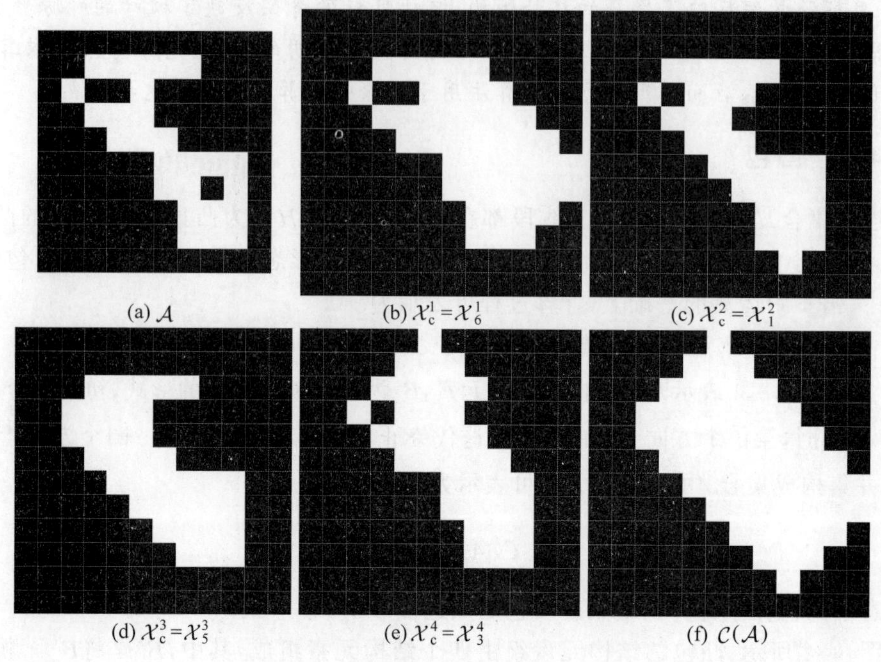

(a) $\mathcal{A}$　(b) $\mathcal{X}_c^1=\mathcal{X}_6^1$　(c) $\mathcal{X}_c^2=\mathcal{X}_1^2$

(d) $\mathcal{X}_c^3=\mathcal{X}_5^3$　(e) $\mathcal{X}_c^4=\mathcal{X}_3^4$　(f) $\mathcal{C}(\mathcal{A})$

图 8-33　形态学凸包计算过程示意图

8.4.7　细化

细化是在保持目标连通性和边界几何特征的条件下，利用线状结构来表示图像中的连通分量。细化的过程是不断删除目标区域的边界像素，将目标区域细化成为单像素宽的线状结构来表示。结构元素$\mathcal{B}$对集合$\mathcal{A}$的细化，记作$\mathcal{A}\otimes\mathcal{B}$，定义在击中/击不中运算的基础上，其计算式为

$$\mathcal{A}\otimes \mathcal{B}=\mathcal{A}-(\mathcal{A}\circledast B)=\mathcal{A}\cap(\mathcal{A}\circledast B)^c \tag{8-35}$$

式中，$\mathcal{A}\otimes\mathcal{B}$称为一次独立的细化操作。定义一组结构元素$\boldsymbol{\mathcal{B}}=\{\mathcal{B}^1,\mathcal{B}^2,\cdots,\mathcal{B}^n\}$，结构元素组$\boldsymbol{\mathcal{B}}$连续作用于集合$\mathcal{A}$，可表示为

$$\mathcal{A}\otimes \boldsymbol{\mathcal{B}}=(((\mathcal{A}\otimes \mathcal{B}^1)\otimes \mathcal{B}^2)\cdots)\otimes \mathcal{B}^n,\quad \boldsymbol{\mathcal{B}}=\{\mathcal{B}^1,\mathcal{B}^2,\cdots,\mathcal{B}^n\} \tag{8-36}$$

式中，$\mathcal{B}^i$为$\mathcal{B}^{i-1}$旋转角度的形式。整个过程依次使用结构元素$\mathcal{B}^1,\mathcal{B}^2,\cdots,\mathcal{B}^n$执行式(8-35)中的细化操作，下一次是在上一次的结果上继续执行细化操作。根据式(8-36)完成一组结构元素称为一次迭代。反复进行迭代，直至不再发生变化为止，此时，目标区域删减为单像素宽的细线。

如图 8-34 所示，细化的结构元素组由八个结构元素组成，其中，$\mathcal{B}^i$是将$\mathcal{B}^{i-1}$顺时针旋转 45°而成，各个结构元素的原点在它的中心，白色表示对应位置的值为 1，黑色表示对应位置的值为 0，“×”表示对应位置无须考虑。这种细化算法在实际应用中经常使用。

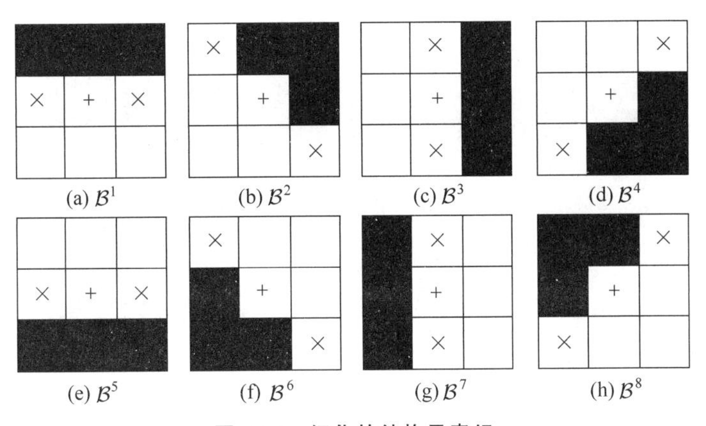

图 8-34　细化的结构元素组

图 8-35 描述了一个目标区域细化的过程。在图 8-35(a)所示的二值图像$\mathcal{A}$中，白色表示目标像素，黑色表示背景像素。根据式(8-35)和式(8-36)，使用图 8-34 所示的八个结构元素对二值图像$\mathcal{A}$进行细化操作。图 8-35(b)～(g)显示了逐次迭代的细化结果$\mathcal{A}\otimes\boldsymbol{\mathcal{B}}$，$\mathcal{A}\otimes 2\boldsymbol{\mathcal{B}}$，…，$\mathcal{A}\otimes 6\boldsymbol{\mathcal{B}}$，6 次迭代达到收敛，这里，$\mathcal{A}\otimes k\boldsymbol{\mathcal{B}}$表示结构元素组$\boldsymbol{\mathcal{B}}$对集合$\mathcal{A}$的 k 次迭代细化。最后，消除 8 连通多通路的歧义性，图 8-35(h)为最终单像素宽的细化结果。

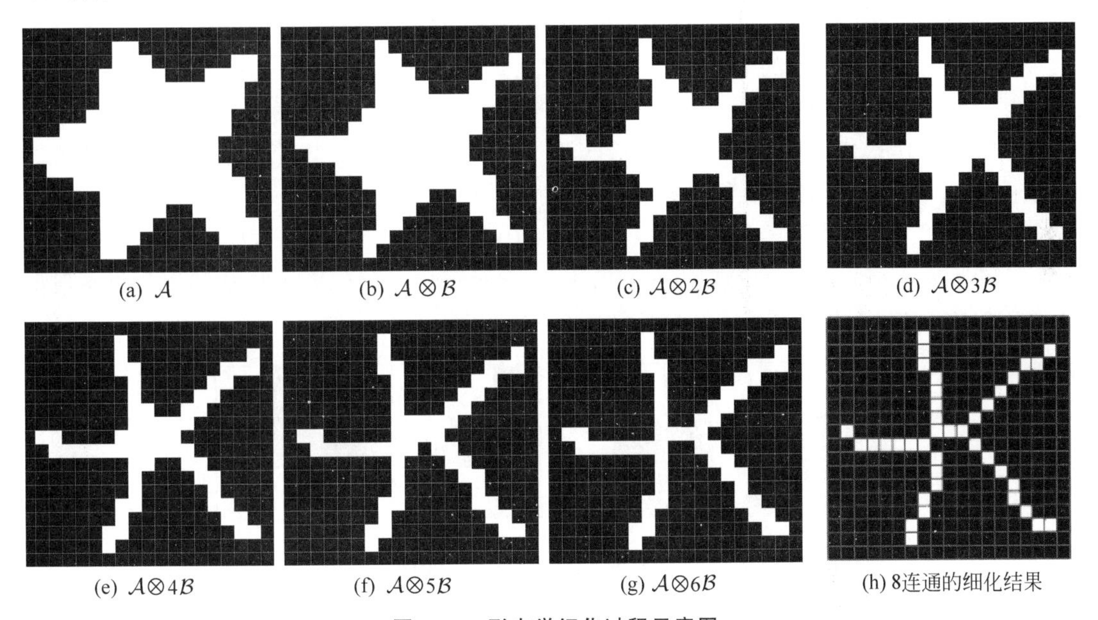

图 8-35　形态学细化过程示意图

例 8-12　二值图像形态学细化

对于图 8-31(a)所示的字符目标和枫叶目标的二值图像，利用 MATLAB 图像处理工具箱中的形态学运算 bwmorph 函数(thin 操作)对二值图像目标进行细化。图 8-36 对应这两种目标的细化结果，将具有一定面积的目标区域用一组细线来表示。细化与骨架的作用类似。在字符识别前，通过对字符作细化处理，去除冗余信息并保持字符的拓扑结构。在图像识别或数据压缩时，经常要用到目标区域的细化结构。

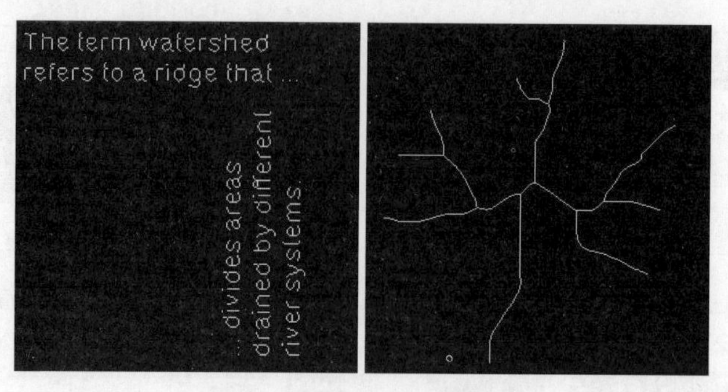

图 8-36 形态学细化示例

8.4.8 粗化

粗化与细化在形态学上是对偶的过程。结构元素$\mathcal{B}$对集合$\mathcal{A}$的粗化，记作$\mathcal{A}\odot\mathcal{B}$，也定义在击中/击不中运算的基础上，其计算式为

$$\mathcal{A}\odot\mathcal{B}=\mathcal{A}\cup(\mathcal{A}\circledast\mathcal{B}) \tag{8-37}$$

式中，$\mathcal{A}\odot\mathcal{B}$称为一次独立的粗化操作。如同细化处理，定义一组结构元素$\boldsymbol{\mathcal{B}}=\{\mathcal{B}^1,\mathcal{B}^2,\cdots,\mathcal{B}^n\}$，结构元素组$\boldsymbol{\mathcal{B}}$连续作用于集合$\mathcal{A}$，可表示为

$$\mathcal{A}\odot\boldsymbol{\mathcal{B}}=(((\mathcal{A}\odot\mathcal{B}^1)\odot\mathcal{B}^2)\cdots)\odot\mathcal{B}^n,\quad \boldsymbol{\mathcal{B}}=\{\mathcal{B}^1,\mathcal{B}^2,\cdots,\mathcal{B}^n\} \tag{8-38}$$

式中，$\mathcal{B}^i$为$\mathcal{B}^{i-1}$旋转角度的形式。整个过程依次使用结构元素$\mathcal{B}^1,\mathcal{B}^2,\cdots,\mathcal{B}^n$执行式(8-37)中的粗化操作，下一次是在上一次的结果上继续执行粗化操作。根据式(8-38)完成一组结构元素称为一次迭代。反复进行迭代，直至不再发生变化为止。粗化和细化具有相同形式的结构元素，只是将所有的1值和0值互换。

如图8-37所示，粗化的结构元素组也由八个结构元素组成，其中，$\mathcal{B}^i$是将$\mathcal{B}^{i-1}$顺时针旋转45°而成，各个结构元素的原点在它的中心，白色表示对应位置的值为1，黑色表示对应位置的值为0，"×"表示对应位置无须考虑。

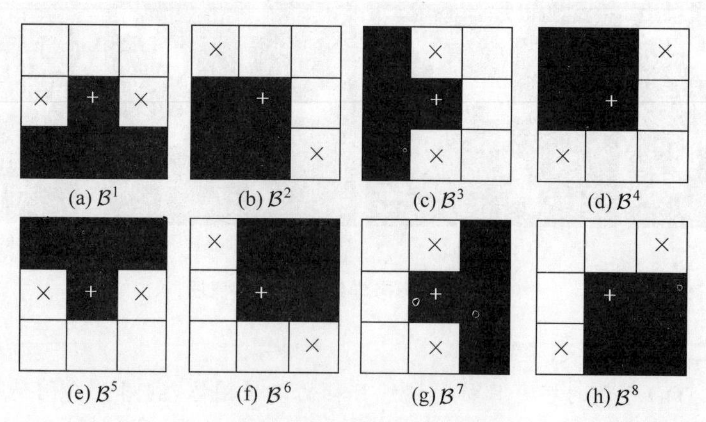

图 8-37 粗化的结构元素组

图8-38描述了一个线状目标粗化的过程。在图8-38(a)所示的二值图像$\mathcal{A}$中，白色表示目标像素，黑色表示背景像素。根据式(8-37)和式(8-38)，使用图8-37所示的八个结构元素对二值图像$\mathcal{A}$进行粗化操作。图8-38(b)～(e)显示了逐次迭代的粗化结果$\mathcal{A}\odot\boldsymbol{\mathcal{B}}$，

$\mathcal{A}\odot 2\boldsymbol{\mathcal{B}},\cdots,\mathcal{A}\odot 4\boldsymbol{\mathcal{B}}$,4 次迭代达到收敛,这里,$\mathcal{A}\odot k\boldsymbol{\mathcal{B}}$表示结构元素组$\boldsymbol{\mathcal{B}}$对集合$\mathcal{A}$的 k 次迭代粗化。使用这种形态学粗化算法可能产生不连通点,通常利用简单的后处理消除不连通点,图 8-38(f)为最终的粗化结果。在实际应用中,通常不直接使用粗化结构元素组对集合$\mathcal{A}$进行粗化处理,而是对集合$\mathcal{A}$的补集$\mathcal{A}^c$进行细化处理,然后求细化结果的补集,进而获得粗化结果。

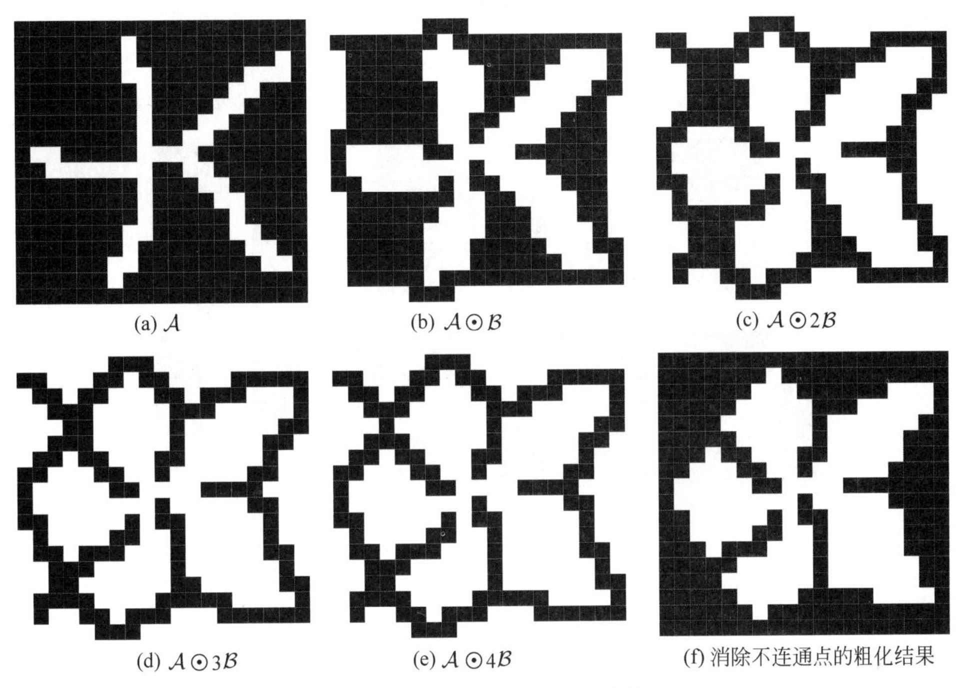

图 8-38 形态学粗化过程示意图

8.4.9 剪枝

剪枝实际上是对骨架和细化的补充,其作用是删除骨架和细化产生的毛刺或分支。字符识别中常用的方法是分析字符的骨架,由于字符笔画的不均匀性,在腐蚀的过程中经常造成骨架存在毛刺或分支。本节中的形态学剪枝以击中/击不中运算为基础,剪枝的过程中不断删除分支的端点。设$\boldsymbol{\mathcal{B}}$表示端点检测的结构元素序列,使用结构元素序列$\boldsymbol{\mathcal{B}}$对集合$\mathcal{A}$进行 k 次迭代细化$\mathcal{A}\otimes k\boldsymbol{\mathcal{B}}$,可表示为

$$\mathcal{X}_k^1=\mathcal{A}\otimes k\boldsymbol{\mathcal{B}} \tag{8-39}$$

式中,$\mathcal{X}_k^1$表示细化集合。结构元素序列$\boldsymbol{\mathcal{B}}=\{\mathcal{B}^1,\mathcal{B}^2,\cdots,\mathcal{B}^n\}$由两组不同结构的结构元素组成,每组结构元素中,$\mathcal{B}^i$是$\mathcal{B}^{i-1}$旋转角度的形式。结构元素序列$\boldsymbol{\mathcal{B}}$对集合$\mathcal{A}$执行细化过程的次数 k 由分支的像素长度决定。

使用结构元素序列$\boldsymbol{\mathcal{B}}$检测细化集合$\mathcal{X}_k^1$中的所有端点,端点集合$\mathcal{X}^2$的计算式为

$$\mathcal{X}^2=\bigcup_{i=1}^{n}(\mathcal{X}_k^1\circledast\mathcal{B}^i) \tag{8-40}$$

式中,$\mathcal{B}^i,i=1,2,\cdots,n$ 属于结构元素序列$\boldsymbol{\mathcal{B}}=\{\mathcal{B}^1,\mathcal{B}^2,\cdots,\mathcal{B}^n\}$。将骨架集合$\mathcal{A}$作为定界符,对端点集合进行条件膨胀,条件膨胀将膨胀集合限制在骨架集合$\mathcal{A}$中,端点膨胀集合$\mathcal{X}^3$可

表示为

$$\mathcal{X}^3=(\mathcal{X}^2 \oplus \mathcal{S}) \cap \mathcal{A} \tag{8-41}$$

式中，$\mathcal{S}$为 3×3 方形结构元素。当分支的终点连接或接近骨架时，式(8-39)的细化操作可能删除集合$\mathcal{A}$中的有效端点。式(8-40)和式(8-41)的作用是恢复端点邻域的像素，而不会再恢复细化过程中已删除的分支。

如图 8-39 所示，端点检测的结构元素序列由两组结构元素组成，每组各四个，共八个结构元素，每组结构元素中，$\mathcal{B}^i$ 是将$\mathcal{B}^{i-1}$ 顺时针旋转 90°而成，各个结构元素的原点在它的中心，白色表示对应位置的值为 1，黑色表示对应位置的值为 0，"×"表示对应位置无须考虑。

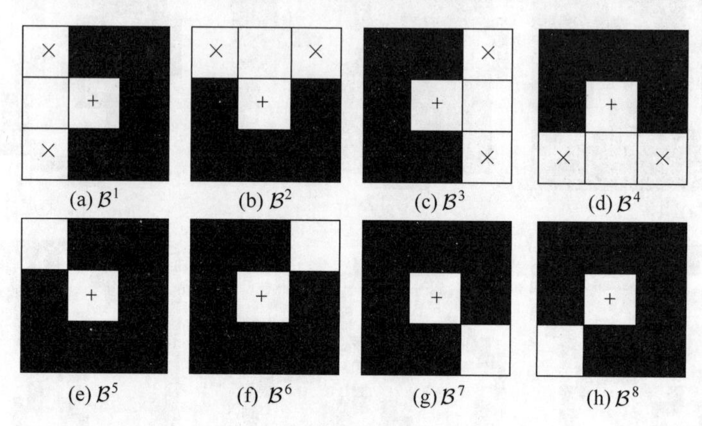

图 8-39　剪枝的结构元素序列

细化集合$\mathcal{X}_k^1$ 和端点膨胀集合$\mathcal{X}^3$ 的并集构成集合$\mathcal{A}$的剪枝集合$\mathcal{X}^4$，可表示为

$$\mathcal{X}^4=\mathcal{X}_k^1 \cup \mathcal{X}^3 \tag{8-42}$$

剪枝集合删除了分支，并保留了目标线状结构的有效端点。

图 8-40 描述了一个目标骨架剪枝的过程，在图 8-40(a)所示的二值图像$\mathcal{A}$中，白色表示目标像素，黑色表示背景像素。图 8-40(b)和图 8-40(c)分别为结构元素序列$\boldsymbol{\mathcal{B}}$对二值图像$\mathcal{A}$执行 1 次迭代和 2 次迭代的细化结果，经过 2 次细化过程删除了像素长度为 2 个或小于 2 个的分支。图 8-40(d)为图 8-40(c)所示细化结果的端点像素集合。对于这种分支在端点处的情况，使用 3×3 方形结构元素对端点集合执行 1 次条件膨胀运算，如图 8-40(e)所示，恢复端点邻域的像素，但没有恢复已删除的分支像素。最后，通过图 8-40(c)和图 8-40(e)所示的并集将字符的线状结构像素和端点邻域像素合并，图 8-40(f)为最终的剪枝处理结果。

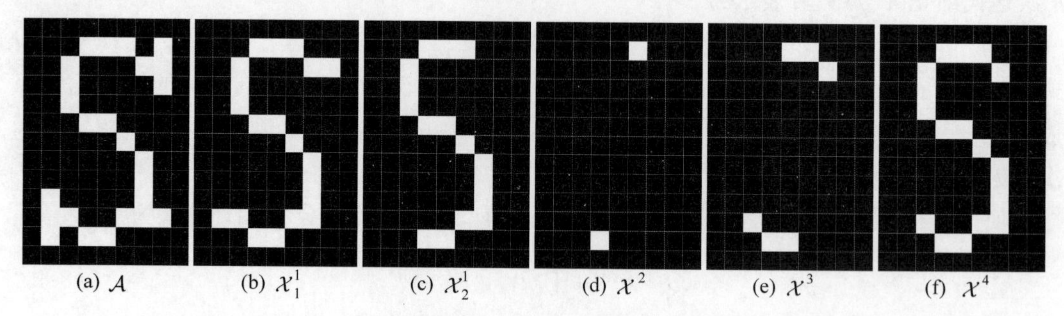

图 8-40　形态学剪枝过程示意图

例 8-13　二值图像形态学剪枝

由图 8-31(b)中字符目标和枫叶目标的骨架图像可见，目标的骨架末梢存在毛刺或分支。利用 MATLAB 图像处理工具箱中的形态学剪枝 bwmorph 函数(spur 选项)对骨架图像进行剪枝处理。图 8-41 为这两幅骨架图像对应的剪枝处理的结果，经过形态学剪枝删除了这些毛刺和分支。补充说明一点，图 8-40 中的"s"来源于图 8-41 左图所示字符目标中的"Used"。

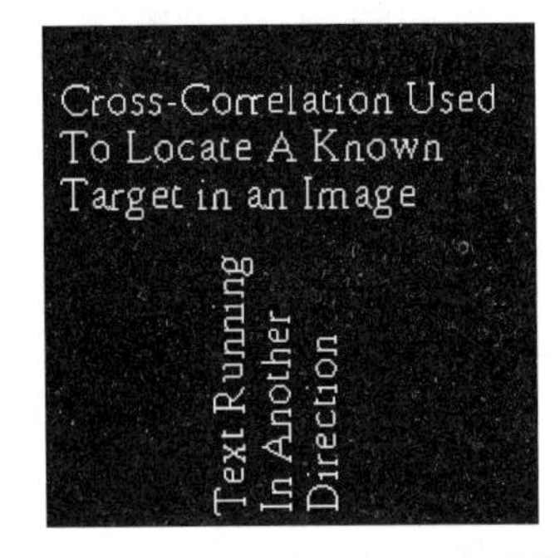

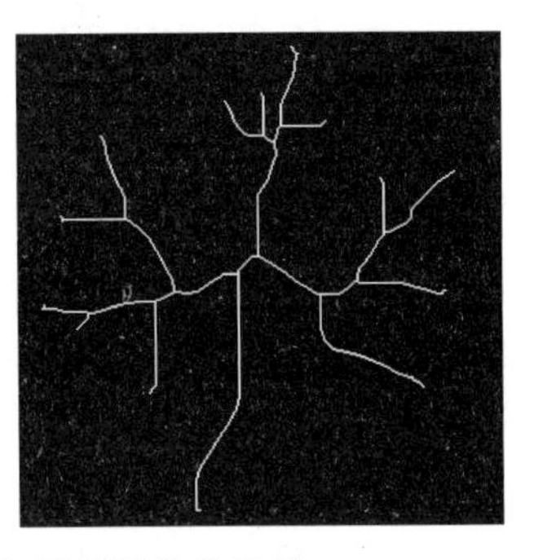

图 8-41　形态学骨架图像的剪枝示例

8.5　二值图像形态学运算及其性质总结

图 8-42 给出了二值图像形态学处理中结构元素的基本类型。表 8-1 总结了二值图像形态学运算及其描述，表中第三列中的罗马数字是指所需使用的图 8-42 中的结构元素。

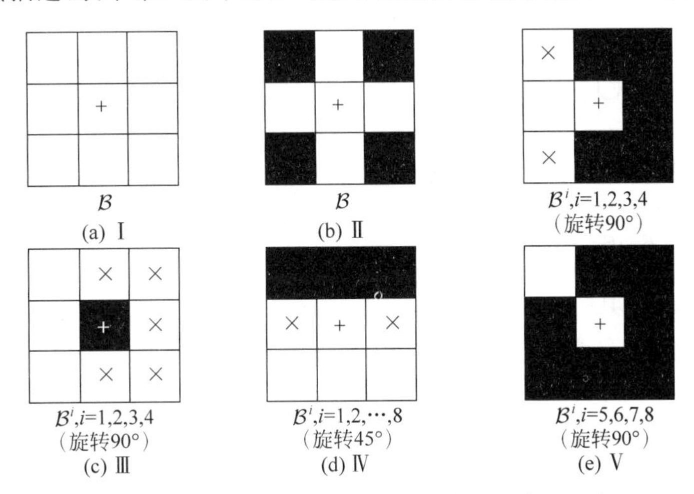

图 8-42　二值图像形态学中五种基本类型的结构元素，结构元素的原点位于中心，"×"表示不考虑的元素

表 8-1　二值图像形态学运算及其描述总结

操作类型	等　式	描　述
平移	$(\mathcal{A})_z=\{p \mid p=q+z, q\in\mathcal{A}\}$	集合$\mathcal{A}$的原点平移到点 z
反射	$\hat{\mathcal{A}}=\{p \mid p=-q, q\in\mathcal{A}\}$	集合$\mathcal{A}$中元素关于原点的反射
膨胀	$\mathcal{A}\oplus\mathcal{B}=\{z \mid (\hat{\mathcal{B}})_z\cap\mathcal{A}\neq\varnothing\}$	扩张集合$\mathcal{A}$中的目标(Ⅰ,Ⅱ)
腐蚀	$\mathcal{A}\ominus\mathcal{B}=\{z \mid (\mathcal{B})_z\subseteq\mathcal{A}\}$	收缩集合$\mathcal{A}$中的目标(Ⅰ,Ⅱ)

续表

操作类型	等式	描述
开运算	$\mathcal{A}\circ\mathcal{B}=(\mathcal{A}\ominus\mathcal{B})\oplus\mathcal{B}$	消除较小的目标和突出部分，断开狭窄的连接而使目标分离，平滑较大目标的边界（Ⅰ，Ⅱ）
闭运算	$\mathcal{A}\cdot\mathcal{B}=(\mathcal{A}\oplus\mathcal{B})\ominus\mathcal{B}$	填补较小的孔洞和缺口，连接狭窄的间断而使目标连通，平滑较大目标的边界（Ⅰ，Ⅱ）
击中/击不中运算	$\mathcal{A}\circledast\mathcal{B}=(\mathcal{A}\ominus\mathcal{B}_1)\cap(\mathcal{A}^c\ominus\mathcal{B}_2)$	集合$\mathcal{A}$中元素的位置同时满足$\mathcal{B}_1$在$\mathcal{A}$中的匹配以及$\mathcal{B}_2$在补集$\mathcal{A}^c$中的匹配
边界提取	$\beta(\mathcal{A})=\mathcal{A}-(\mathcal{A}\ominus\mathcal{B})$	集合$\mathcal{A}$中边界元素的集合（Ⅰ，Ⅱ）
区域填充	$\mathcal{X}_k=(\mathcal{X}_{k-1}\oplus\mathcal{B})\cap\mathcal{A}^c;\mathcal{X}_0=\{p\}$ $k=1,2,\cdots$	边界集合$\mathcal{A}$内部的区域填充，p表示初始点，$\mathcal{X}_0$表示初始集合，当$\mathcal{X}_k=\mathcal{X}_{k-1}$时收敛（Ⅰ，Ⅱ）
连通分量	$\mathcal{X}_k=(\mathcal{X}_{k-1}\oplus\mathcal{B})\cap\mathcal{A};\mathcal{X}_0=\{p\}$ $k=1,2,\cdots$	集合$\mathcal{A}$中的连通分量提取，p表示初始点，$\mathcal{X}_0$表示初始集合，当$\mathcal{X}_k=\mathcal{X}_{k-1}$时收敛（Ⅰ，Ⅱ）
骨架	$\mathcal{S}_k(\mathcal{A})=(\mathcal{A}\ominus k\mathcal{B})-[(\mathcal{A}\ominus k\mathcal{B})\circ\mathcal{B}]$ $\mathcal{S}(\mathcal{A})=\bigcup_{k=0}^{K}\mathcal{S}_k(\mathcal{A})$	集合$\mathcal{A}$的骨架$\mathcal{S}(\mathcal{A})$，由骨架子集$\mathcal{S}_k(\mathcal{A})$的并集构成。$K$为迭代次数。$\mathcal{A}\ominus k\mathcal{B}$表示$\mathcal{B}$对$\mathcal{A}$的连续$k$次腐蚀（Ⅰ）
凸包	$\mathcal{X}_k^i=(\mathcal{X}_{k-1}^i\circledast\mathcal{B}^i)\cup\mathcal{X}_{k-1}^i;\mathcal{X}_0^i=\mathcal{A}$ $i=1,2,3,4;k=1,2,\cdots$ $\mathcal{C}(\mathcal{A})=\bigcup_{i=1}^{4}\mathcal{X}_c^i$	集合$\mathcal{A}$的凸包$\mathcal{C}(\mathcal{A})$，$\mathcal{X}_0^i$表示初始集合，当$\mathcal{X}_k^i=\mathcal{X}_{k-1}^i$时收敛，$\mathcal{X}_c^i$表示收敛集合（Ⅲ）
细化	$\mathcal{A}\otimes\mathcal{B}=\mathcal{A}-(\mathcal{A}\circledast\mathcal{B})=\mathcal{A}\cap(\mathcal{A}\circledast\mathcal{B})^c$ $\mathcal{A}\otimes\boldsymbol{\mathcal{B}}=(((\mathcal{A}\otimes\mathcal{B}^1)\otimes\mathcal{B}^2)\cdots)\otimes\mathcal{B}^n$ $\boldsymbol{\mathcal{B}}=\{\mathcal{B}^1,\mathcal{B}^2,\cdots,\mathcal{B}^n\}$	集合$\mathcal{A}$的细化，$\mathcal{A}\otimes\mathcal{B}$为细化的基本定义。$\mathcal{A}\otimes\boldsymbol{\mathcal{B}}$表示细化过程的一次迭代（Ⅳ）
粗化	$\mathcal{A}\odot\mathcal{B}=\mathcal{A}\cup(\mathcal{A}\circledast\mathcal{B})$ $\mathcal{A}\odot\boldsymbol{\mathcal{B}}=(((\boldsymbol{\mathcal{A}}\odot\mathcal{B}^1)\odot\mathcal{B}^2)\cdots)\odot\mathcal{B}^n$ $\boldsymbol{\mathcal{B}}=\{\mathcal{B}^1,\mathcal{B}^2,\cdots,\mathcal{B}^n\}$	集合$\mathcal{A}$的粗化，$\mathcal{A}\odot\mathcal{B}$为粗化的基本定义。$\mathcal{A}\odot\boldsymbol{\mathcal{B}}$表示粗化过程的一次迭代（Ⅳ，互换0值和1值）
剪枝	$\mathcal{X}_k^1=\mathcal{A}\otimes k\boldsymbol{\mathcal{B}}$ $\mathcal{X}^2=\bigcup_{i=1}^{n}(\mathcal{X}_k^1\circledast\mathcal{B}^i)$ $\mathcal{X}^3=(\mathcal{X}^2\oplus\mathcal{S})\cap\mathcal{A}$ $\mathcal{X}^4=\mathcal{X}_k^1\cup\mathcal{X}^3$	集合$\mathcal{A}$的剪枝。$\mathcal{X}_k^1$表示细化集合，$\mathcal{X}^2$表示端点集合，$\mathcal{X}^3$表示端点膨胀集合，$\mathcal{X}^4$表示剪枝集合。$\mathcal{A}\otimes k\boldsymbol{\mathcal{B}}$表示结构元素序列$\boldsymbol{\mathcal{B}}$对集合$\mathcal{A}$的$k$次迭代细化，$\mathcal{H}$为3×3方形结构元素（Ⅴ）

8.6　灰度图像形态学算法

本节探讨灰度图像形态学的基本运算，包括灰度膨胀和灰度腐蚀、灰度开运算和灰度闭运算，以及建立在基本运算基础上的几种灰度形态学算法，包括顶帽变换和底帽变换、灰度形态学重构。二值图像形态学的操作对象是集合，而灰度图像形态学的操作对象是函数。本节中，$f(x,y)$表示灰度图像，$b(x,y)$表示结构元素，其中，(x,y)表示像素在图像中的坐标。在灰度图像形态学中，将灰度图像 $f(x,y)$和结构元素 $b(x,y)$看成空间坐标(x,y)的二维函数，而不是二值图像形态学中的集合。通常情况下，$b(x,y)$的尺寸远小于 $f(x,y)$的尺寸。

8.6.1　灰度膨胀与腐蚀

灰度膨胀和灰度腐蚀是灰度图像形态学中的两个基本运算，其他灰度图像形态学操作都建立在这两种基本运算的基础上，在灰度图像形态学中，平坦结构元素(flat structure)中的1值指定了结构元素的邻域。换句话说，平坦结构元素对灰度图像的形态学运算作用于灰度图像中结构元素邻域的对应像素，其中，灰度膨胀是计算结构元素邻域对应像素的最人灰度值，而灰度腐蚀是计算结构元素邻域对应像素的最小灰度值。

8.6.1.1　灰度膨胀

在灰度图像形态学中，结构元素 $b(x,y)$对二维函数 $f(x,y)$的**灰度膨胀**，记作 $f\oplus b$，定义为

$$(f\oplus b)(x,y)=\max\{f(x-s,y-t)+b(s,t)\},\quad (s,t)\in\mathcal{D}_{xy} \tag{8-43}$$

式中，$\mathcal{D}_{xy}$为原点在(x,y)的 $b(x,y)$的定义域。与二值图像膨胀定义的相似之处在于，灰度膨胀中也将结构元素 $b(x,y)$关于原点反射(等同于卷积中的反转)。式(8-43)的形式与二维空域卷积运算定义[式(3-48)]中对模板的反转和移位操作是相似的，所不同的是加法运算代替了卷积中的乘积运算，最大值运算代替了卷积中的求和运算。与卷积的机理相似，从概念上讲，无论是以 $b(x,y)$滑过函数 $f(x,y)$还是以 $f(x,y)$滑过 $b(x,y)$，是没有区别的。卷积运算具有交换律，对 $b(x,y)$和 $f(x,y)$中任何一个进行反转和移位操作具有相同的结果。由于通常 $b(x,y)$的尺寸远小于 $f(x,y)$的尺寸，式(8-43)中给出的索引项表示形式更加简单。

为了直观地理解灰度膨胀运算的概念，将式(8-43)简化为一维函数表达式，可表示为

$$(f\oplus b)(x)=\max\{f(x-s)+b(s)\},\quad s\in\mathcal{D}_x \tag{8-44}$$

式中，$\mathcal{D}_x$为原点在 x 处$b(x)$的定义域。若以 $b(x)$滑过 $f(x)$，则直观上更容易理解灰度膨胀的实际原理。图 8-43 通过一维函数直观地说明了灰度膨胀的几何意义，图 8-43(a)给出了一维函数 $f(x)$，图 8-43(b)给出了宽度为 W、高度为 A 的矩形函数结构元素 $b(x)$，以 $b(x)$滑过函数 $f(x)$，结构元素原点位置处的膨胀值是 $b(x)$的定义域内 $f(x)$与 $b(x)$之和的最大值。图 8-43(c)解释了结构元素 $b(x)$对一维函数 $f(x)$的灰度膨胀运算。回顾卷积运算，$b(-s)$是 $b(s)$关于原点的反转，当 x 为正值时，则函数 $b(x-s)$向右平移；当 x 为负值时，则 $b(x-s)$向左平移。将 $b(x-s)$与对应的 $f(s)$相加，将求和结果的最大值作为结构元素所在原点位置的输出值。

式(8-43)表明，灰度膨胀运算以结构元素的定义域内求取 $f+b$ 的最大值为基础。对灰度图像进行膨胀运算的结果为：①若结构元素均为正值，则输出图像比输入图像明亮；

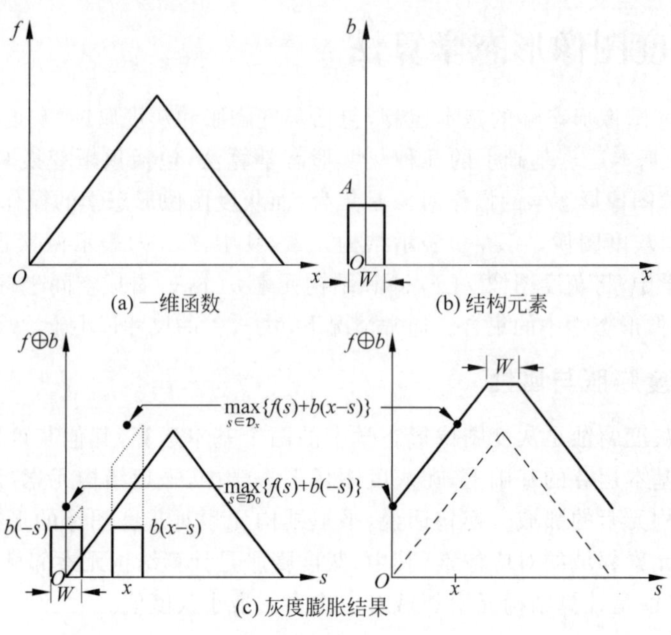

图 8-43 灰度膨胀的一维图释

②当灰暗细节的尺寸小于结构元素时,灰度膨胀会消除灰暗细节部分,其程度取决于所用结构元素的取值与形状。

实际应用中,灰度膨胀通常使用平坦结构元素[①],平坦结构元素为二值矩阵。平坦结构元素的灰度膨胀实际上是二值矩阵中1值元素在灰度图像中对应像素的最大值运算,也就是将式(8-43)中$b(x,y)$的函数值指定为0,平坦灰度膨胀计算式可简化为

$$(f \oplus b)(x,y)=\max\{f(x-s,y-t)\}, \quad (s,t)\in \mathcal{D}_{xy} \tag{8-45}$$

平坦结构元素的灰度膨胀等效于最大值滤波,邻域像素由$b(x,y)$中的1值元素决定。图8-44说明了平坦结构元素灰度膨胀的实际原理,图8-44(a)给出了一个7×7的灰度图像区域,图8-44(b)为3×3方形结构元素,结构元素滑过图像区域,如图8-44(c)所示,结构元素原点位置处的膨胀值是灰度图像中结构元素邻域对应像素的最大灰度值,这个过程等同于3.6.2节中的最大值滤波,图8-44(d)为平坦结构元素的灰度膨胀结果。

通过灰度图像的灰度级剖面图直观说明平坦结构元素灰度膨胀的意义。图8-45(a)为灰度图像f的水平方向灰度级剖面曲线,使用圆形结构元素b对灰度图像f进行灰度膨胀运算,图8-45(b)为灰度膨胀结果的水平方向灰度级剖面图。图中,横轴表示像素在水平方向上的坐标,纵轴表示像素的灰度值。平坦结构元素的灰度膨胀运算结果是邻域内像素的最亮点,由图中可见,波峰膨胀,而波谷收缩,保留邻域内的最大灰度值,但整体灰度增大。

例 8-14 灰度图像的膨胀

图8-46给出了一个平坦结构元素灰度膨胀的图例。对于平坦结构元素,灰度膨胀形等效于最大值滤波。图8-46(a)为一幅尺寸为486×486的灰度图像,使用半径为10的圆形结构元素,图8-46(b)为灰度膨胀的结果,由于灰度膨胀的作用是收缩图像中的灰暗部分,而

---

① 在后面的内容中,若无特殊说明,灰度膨胀均使用平坦结构元素。

210	15	110	125	108	170	44
21	102	4	87	140	137	8
34	134	251	243	240	178	143
44	106	43	235	107	170	225
100	167	27	13	251	45	171
212	160	95	188	77	33	49
205	74	51	69	179	255	94

(a) 图像区域

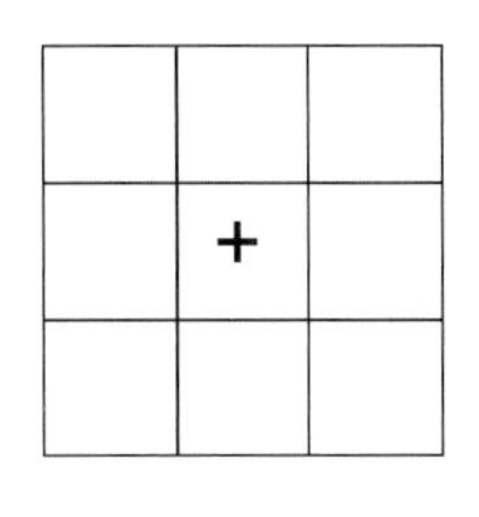

(b) 结构元素

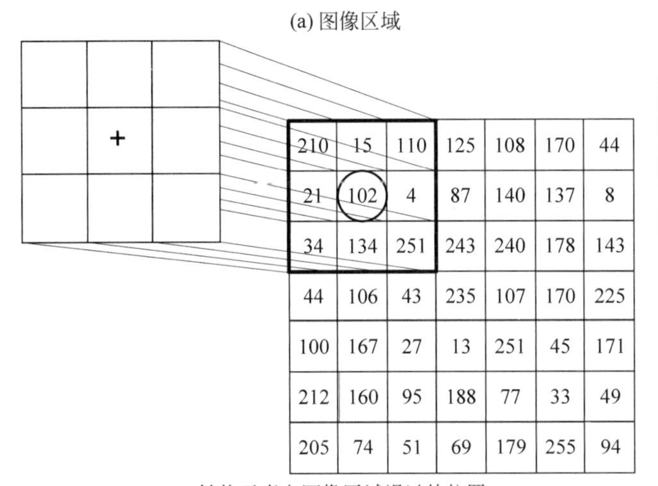

210	15	110	125	108	170	44
21	102	4	87	140	137	8
34	134	251	243	240	178	143
44	106	43	235	107	170	225
100	167	27	13	251	45	171
212	160	95	188	77	33	49
205	74	51	69	179	255	94

(c) 结构元素在图像区域滑过的位置

210	210	125	140	170	170	170
210	251	251	251	243	240	178
134	251	251	251	243	240	225
167	251	251	251	251	251	225
212	212	235	251	251	251	225
212	212	188	251	255	255	255
212	212	188	188	255	255	255

(d) 灰度膨胀结果

图 8-44 平坦结构元素灰度膨胀的二维图释

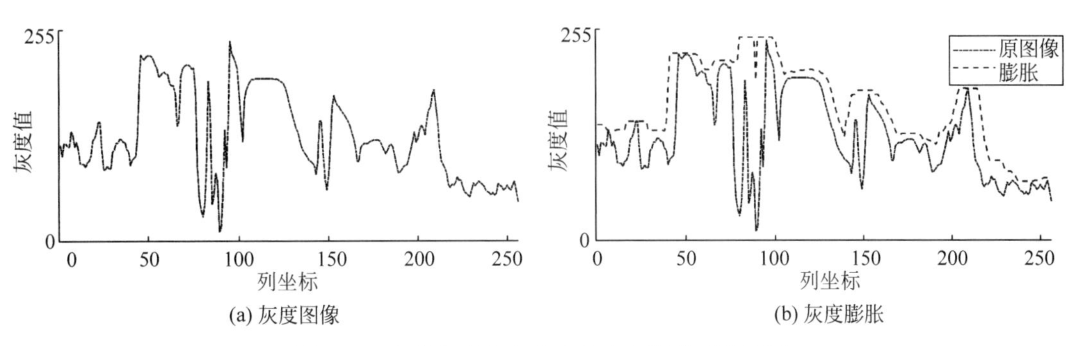

(a) 灰度图像　　(b) 灰度膨胀

图 8-45 灰度图像膨胀的水平方向灰度级剖面图

扩张明亮部分，因此通过灰度膨胀运算可以去除水果上的黑斑。

8.6.1.2 灰度腐蚀

在灰度图像形态学中，结构元素 $b(x,y)$ 对二维函数 $f(x,y)$ 的**灰度腐蚀**，记作 $f\ominus b$，定义为

$$(f\ominus b)(x,y)=\min\{f(x+s,y+t)-b(s,t)\},\quad (s,t)\in \mathcal{D}_{xy} \tag{8-46}$$

式中，$\mathcal{D}_{xy}$ 为原点在 (x,y) 的 $b(x,y)$ 的定义域。式(8-46)在形式上与二维空域相关运算定

(a) 灰度图像

(b) 灰度膨胀结果

图 8-46 平坦结构元素的灰度膨胀示例

义[式(3-49)]中对模板的移位操作是相似的，所不同的是减法运算代替了相关中的乘积运算，最小值运算代替了相关中的求和运算。同理，无论是以 $b(x,y)$ 滑过函数 $f(x,y)$ 还是以 $f(x,y)$ 滑过 $b(x,y)$，是没有区别的。式(8-46)中也可以写成 $b(x,y)$ 移位，而 $f(x,y)$ 不移位。但是，这样将导致式中的索引项表示变得复杂。

同样，通过简单的一维函数直观说明灰度腐蚀的概念。对于单变量函数，灰度腐蚀的表达式简化为

$$(f \ominus b)(x)=\min\{f(x+s)-b(s)\}, \quad s \in \mathcal{D}_x \tag{8-47}$$

式中，$\mathcal{D}_x$ 为原点在 x 处 $b(x)$ 的定义域。若以 $b(x)$ 滑过 $f(x)$，则直观上更容易理解灰度腐蚀的实际原理。图 8-47 通过一维函数直观地说明了灰度腐蚀的几何意义，使用图 8-44(b)所示的结构元素对图 8-44(a)所示的一维函数进行灰度腐蚀，以 $b(x)$ 滑过函数 $f(x)$，结构元素原点位置处的腐蚀值是 $b(x)$ 的定义域内 $f(x)$ 与 $b(x)$ 之差的最小值。图 8-47 解释了结构元素 $b(x)$ 对一维函数 $f(x)$ 的灰度腐蚀运算。回顾式(3-43)相关的讨论，相关函数是两个信号时差的函数，当 x 为正值时，固定 $b(s)$，$f(x+s)$ 向左平移，等同于固定 $f(s)$，$b(s-x)$ 向右平移；当 x 为负值时，固定 $b(s)$，$f(x+s)$ 向右平移，等同于固定 $f(s)$，$b(s-x)$ 向左平移。将 $b(s-x)$ 对应的 $f(s)$ 与 $b(s-x)$ 相减，将求差结果的最小值作为结构元素所在原点位置的输出值。

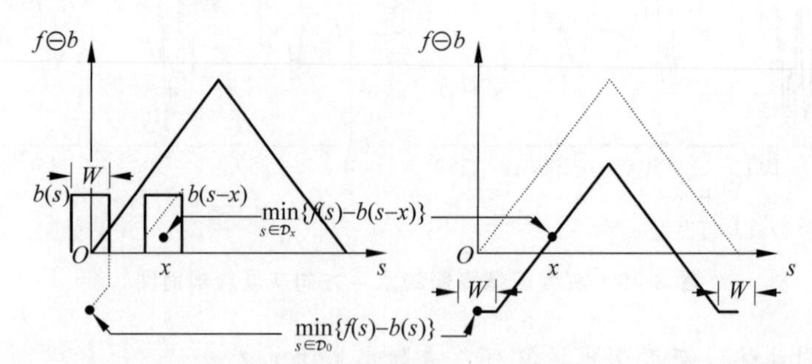

图 8-47 灰度腐蚀的一维图释

式(8-47)表明，灰度腐蚀运算以结构元素的定义域内求取 $f-b$ 的最小值为基础。对灰度图像进行腐蚀运算的结果为：①若结构元素均为正值，则输出图像比输入图像灰暗；②当明亮细节的尺寸小于结构元素时，则灰度腐蚀会消除明亮细节部分，其程度取决于所用结构元素的取值与形状。

灰度腐蚀通常也使用平坦结构元素①，平坦结构元素的灰度腐蚀运算实际上是二值矩阵中 1 值元素在灰度图像中对应像素的最小值运算，也就是将式(8-46)中 $b(x,y)$ 的函数值指定为 0，平坦灰度腐蚀计算式可简化为

$$(f \ominus b)(x,y)=\min\{f(x+s,y+t)\},\quad (s,t)\in \mathcal{D}_{xy} \tag{8-48}$$

平坦结构元素的灰度腐蚀等效于最小值滤波，邻域像素由 $b(x,y)$ 中的 1 值元素决定。图 8-48 说明了平坦结构元素灰度腐蚀的实际原理，使用图 8-44(b)所示的 3×3 方形结构元素对图 8-44(a)所示的 7×7 灰度区域进行灰度腐蚀，结构元素滑过图像区域，如图 8-48(a)所示，结构元素原点位置处的腐蚀值是灰度图像中结构元素邻域对应像素的最小灰度值。这个过程等同于 3.6.2 节中的最小值滤波，图 8-48(b)为平坦结构元素的灰度腐蚀结果。

	+	

210	15	110	125	108	170	44
21	102	4	87	140	137	8
34	134	251	243	240	178	143
44	106	43	235	107	170	225
100	167	27	13	251	45	171
212	160	95	188	77	33	49
205	74	51	69	179	255	94

(a) 结构元素在图像区域滑过的位置

15	4	4	4	87	8	8
15	4	4	4	87	8	8
21	4	4	4	87	8	8
34	27	13	13	13	45	45
44	27	13	13	13	33	33
74	27	13	13	13	33	33
74	51	51	51	33	33	33

(b) 灰度腐蚀结果

图 8-48 平坦结构元素灰度腐蚀的二维图释

通过灰度图像的灰度级剖面图直观说明平坦结构元素灰度腐蚀的意义。图 8-45(a)为灰度图像 f 的水平方向灰度级剖面曲线，与图 8-45 中的灰度图像和结构元素相同，使用圆形结构元素 b 对灰度图像 f 进行灰度腐蚀运算，图 8-49 为灰度腐蚀膨胀结果的水平方向灰度级剖面图，横轴表示像素在水平方向上的坐标，纵轴表示像素的灰度值。平坦结构元素的灰度腐蚀运算结果是邻域内像素的最暗点，由图中可见，波谷膨胀，而波峰收缩，保留邻域内的最小灰度值，但整体灰度减小。

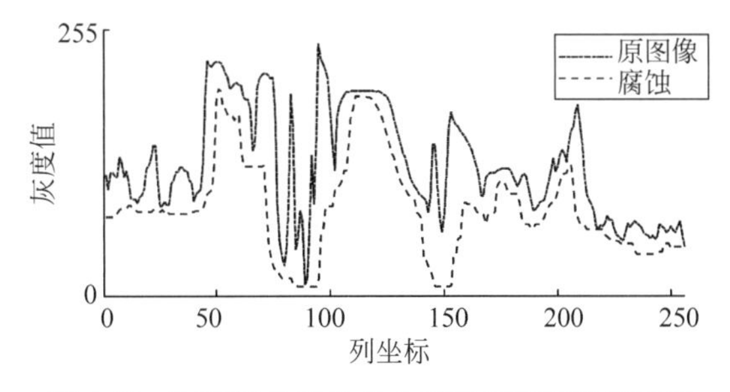

图 8-49 灰度图像腐蚀的水平方向灰度级剖面图

① 在后面的内容中，若无特殊说明，灰度腐蚀均使用平坦结构元素。

例 8-15　灰度图像的腐蚀

图 8-50 给出了一个平坦结构元素灰度腐蚀的图例。对于平坦结构元素，灰度腐蚀等效于最小值滤波。图 8-50(a)为一幅尺寸为 512×512 的灰度图像，使用半径为 7 的圆形结构元素，图 8-50(b)为灰度腐蚀的结果，由于灰度腐蚀的作用是收缩图像中的明亮部分，而扩张灰暗部分，因此通过灰度腐蚀运算可以去除雨花石拍摄时产生的高光。

(a) 灰度图像

(b) 灰度腐蚀结果

图 8-50　平坦结构元素的灰度腐蚀示例

例 8-16　形态学梯度

灰度膨胀和灰度腐蚀可以结合使用，形态学梯度定义为灰度膨胀与灰度腐蚀图像的差值，可表示为

$$g=(f\oplus b)-(f\ominus b) \tag{8-49}$$

式中，g 表示形态学梯度图像，f 表示输入图像，b 表示结构元素。边缘处于图像中不同灰度级的相邻区域之间，图像梯度是检测图像局部灰度级变化的量度。灰度膨胀扩张图像的亮区域，灰度腐蚀收缩图像的亮区域，这两者之间的差值突出了图像中的边缘。只要结构元素的尺寸适当，由于减法运算的抵消，均匀区域就不会受到影响。

图 8-51(a)为一幅尺寸为 1746×1746 的灰度图像，图 8-51(b)和图 8-51(c)分别为 5×5 方形结构元素对图 8-51(a)所示图像的灰度膨胀和灰度腐蚀结果。将图 8-51(b)所示的灰度膨胀图像减去图 8-51(c)所示的灰度腐蚀图像，从而产生一幅形态学梯度图像，如图 8-51(d)所示。从图中可以看到，如同基于差分的梯度图像[①]，图像边缘清晰地表现出来。

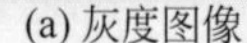

(a) 灰度图像

(b) 灰度膨胀结果

图 8-51　形态学梯度示例

① 第 9 章将讨论基于一阶差分的梯度算子。

(c) 灰度腐蚀结果

(d) 形态学梯度图像

图 8-51 （续）

8.6.2　灰度开运算与闭运算

灰度图像的开运算和闭运算与二值图像的对应运算具有相同的形式。在灰度图像形态学中，结构元素 b 对灰度图像 f 的**灰度开运算**，记作 $f \circ b$，定义为

$$f \circ b = (f \ominus b) \oplus b \tag{8-50}$$

如同二值图像中的情况，灰度开运算首先使用结构元素 b 对灰度图像 f 进行灰度腐蚀运算，再使用该结构元素 b 对灰度腐蚀结果进行灰度膨胀运算。在灰度图像形态学中，结构元素 b 对灰度图像 f 的**灰度闭运算**，记作 $f \bullet b$，定义为

$$f \bullet b = (f \oplus b) \ominus b \tag{8-51}$$

如同二值图像中的情况，灰度闭运算首先使用结构元素 b 对灰度图像 f 进行灰度膨胀运算，再使用该结构元素 b 对灰度膨胀结果进行灰度腐蚀运算。

灰度开运算和闭运算具有简单的几何解释。灰度图像可以视为二维函数 $f(x,y)$，在三维空间中平面维表示空间坐标 (x,y)，空间维表示灰度值 $f(x,y)$。在这个三维坐标系中，图像呈现为不连续曲面，坐标 (x,y) 在曲面上的点表示函数值 $f(x,y)$。当使用圆形结构元素 b 对二维函数 f 进行灰度开运算和闭运算时，将该结构元素视为滑动的圆盘。圆形结构元素 b 对二维函数 f 开运算的几何解释为，推动圆盘沿着曲面的下方滑动，使圆盘在曲面的整个下方移动。当圆盘滑过 f 的整个下方时，圆盘达到的曲面最高点构成了灰度开运算 $f \circ b$ 的曲面。同理，圆形结构元素 b 对二维函数 f 闭运算的几何解释为，推动圆盘沿着曲面的上方滑动，使圆盘在曲面的整个上方移动。当圆盘滑过 f 的整个上方时，圆盘达到的曲面最低点构成了灰度闭运算 $f \bullet b$ 的曲面。

为了简化说明，如图 8-52(a)所示，将灰度图像的水平方向灰度级剖面曲线表示为一维函数。当使用直径 d 的圆形结构元素 b 对二维函数 f 进行灰度开运算时，圆盘沿着灰度级剖面曲线的下方滑动，图 8-52(b)显示了在曲线下方不同位置上滑动的圆盘。如图 8-52(c)所示，灰度开运算削掉了所有比圆盘直径小的波峰。灰度开运算的作用是在基本保持图像整体灰度的条件下，消除图像中尺寸小于结构元素的明亮细节部分，而保持较大的明亮区域，且灰暗细节部分不会受到影响。当使用直径 d 的圆形结构元素 b 对二维函数 f 进行灰度闭运算时，圆盘沿着灰度级剖面曲线的上方滑动，图 8-52(d)显示了在曲线上方不同位置上滑动的圆盘。如图 8-52(e)所示，灰度闭运算削掉了所有比圆盘直径小的波谷。灰度闭运算的作用是在基本保持图像整体灰度的条件下，消除图像中尺寸小于结构元素的灰暗细节

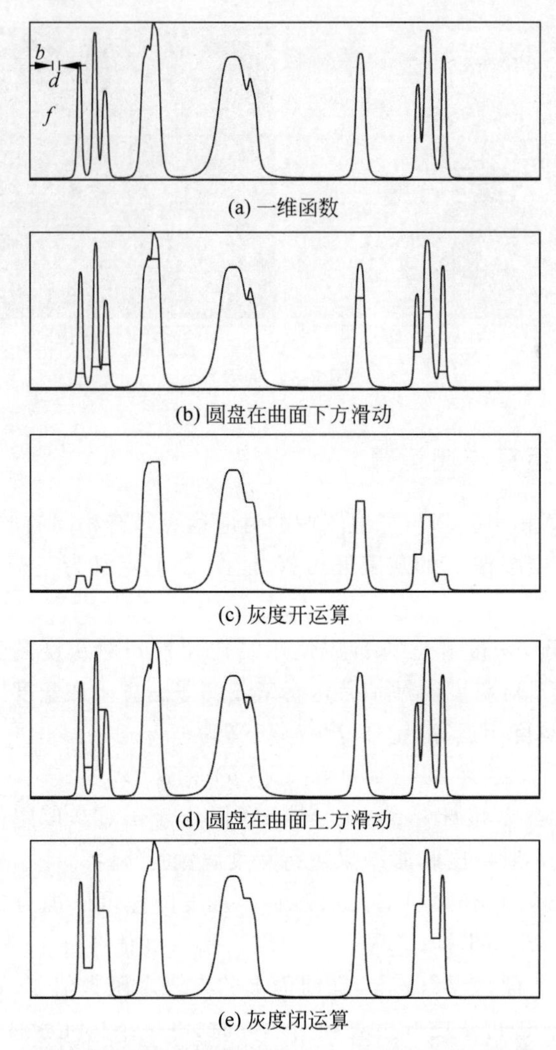

图 8-52 灰度开运算和灰度闭运算的一维几何解释

部分，而保持较大的灰暗区域，且明亮细节部分不会受到影响。

图 8-53 通过灰度图像的灰度级剖面图直观说明灰度开运算和灰度闭运算的意义。与图 8-45 中的灰度图像和结构元素相同，图 8-53(a)为灰度开运算结果(先灰度腐蚀后灰度膨胀)的水平方向灰度级剖面图，图中，点画线表示原图像，虚线表示灰度腐蚀的结果，实线表示灰度开运算的结果。在灰度开运算中，灰度腐蚀运算根据结构元素的尺寸和形状消除图像中的明亮细节，并使图像整体变暗，灰度膨胀运算重新增加图像的整体亮度，但是不会再恢复已消除的明亮细节。图 8-53(b)为灰度闭运算结果(先灰度膨胀后灰度腐蚀)的水平方向灰度级剖面图，图中，点画线表示原图像，虚线表示灰度膨胀的结果，实线表示灰度闭运算的结果。在灰度闭运算中，灰度膨胀根据结构元素的尺寸和形状消除图像中的灰暗细节，并使图像整体变亮，灰度腐蚀重新降低图像的整体亮度，但是不会再恢复已消除的灰暗细节。

显而易见，灰度图像的开运算和闭运算满足如下性质：

$$(f \circ b)(x,y) \leqslant f(x,y) \tag{8-52}$$

$$(f \bullet b)(x,y) \geqslant f(x,y) \tag{8-53}$$

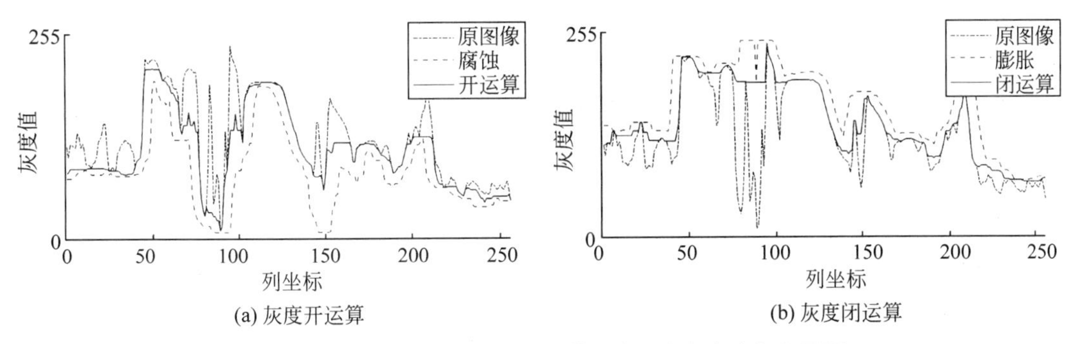

(a) 灰度开运算　　(b) 灰度闭运算

图 8-53　灰度图像开运算和闭运算的水平方向灰度级剖面图

这两个不等式与二值图像开运算和闭运算的对应性质相似。

例 8-17　灰度图像的开运算和闭运算

使用相同形状和尺寸的平坦结构元素对图 8-50(a)和图 8-46(a)所示的两幅灰度图像分别进行灰度开运算和闭运算。图 8-54(a)为图 8-50(a)的灰度开运算结果，由图中可见，灰度开运算消除了小尺度特征的明亮细节，如雨花石上的高光区域，而较大明亮区域的效果没有明显变化。图 8-54(b)为图 8-46(a)的灰度闭运算结果，由图中可见，灰度闭运算消除了小尺度特征的灰暗细节，如水果上的黑斑，而较大灰暗区域几乎没有受到影响。灰度开运算和闭运算能够起到图像平滑的作用，但是它们的问题是会破坏目标的形状和边界。更有效的形态学方法见 8.6.4 节的灰度形态学重构。

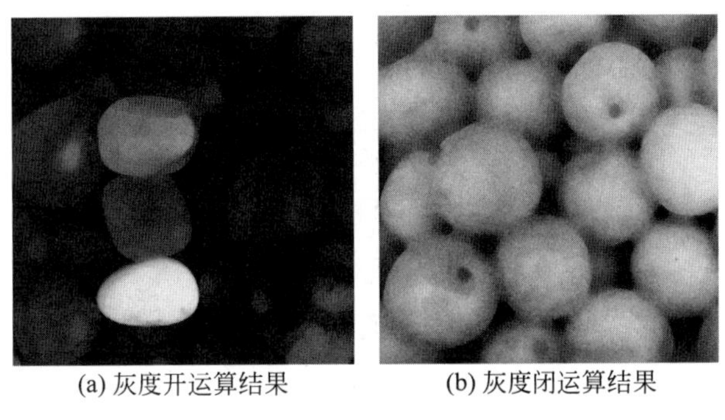

(a) 灰度开运算结果　　(b) 灰度闭运算结果

图 8-54　灰度开运算和闭运算示例

8.6.3　顶帽与底帽变换

形态学顶帽(top-hat)变换和底帽(bottom-hat)变换定义在灰度开运算和闭运算的基础上。结构元素 b 对灰度图像 f 的**顶帽变换**定义为 f 与其灰度开运算 $f \circ b$ 的差值，可表示为

$$h_{\text{top}} = f - (f \circ b) \tag{8-54}$$

结构元素 b 对灰度图像 f 的**底帽变换**定义为 f 的灰度闭运算 $f \bullet b$ 与 f 本身的差值，可表示为

$$h_{\text{bot}} = (f \bullet b) - f \tag{8-55}$$

灰度开运算和闭运算能够通过使用与目标尺寸不相匹配的结构元素消除图像中的明亮和灰暗目标。顶帽变换和底帽变换则通过图像减法的作用仅保留灰度开运算和闭运算中消除的明亮和灰暗目标。因此，顶帽变换和底帽变换能够应用于图像中的目标提取。顶帽变

换适用于暗背景亮目标的情况下亮目标的提取，而底帽变换适用于亮背景暗目标的情况下暗目标的提取。

与图 8-45 所用的灰度图像和结构元素相同，使用圆形结构元素 b 对灰度图像 f 进行灰度开运算和闭运算以及顶帽变换和底帽变换。图 8-55 通过一维水平方向灰度级剖面图直观解释顶帽变换和底帽变换的意义。图 8-55(a)中实线表示灰度开运算的结果，从曲线上直观的表述是削掉了峰尖。从原图像中减去其灰度开运算的结果，由图 8-55(b)中可见，顶帽变换仅保留了灰度开运算削掉的峰尖。图 8-55(c)中实线表示灰度闭运算的结果，从曲线上直观的表述是削掉了谷底。从原图像的灰度闭运算中减去原图像本身的结果，由图 8-55(d)中可见，底帽变换仅保留了灰度闭运算削掉的谷底，并将其翻转到横轴的上方。

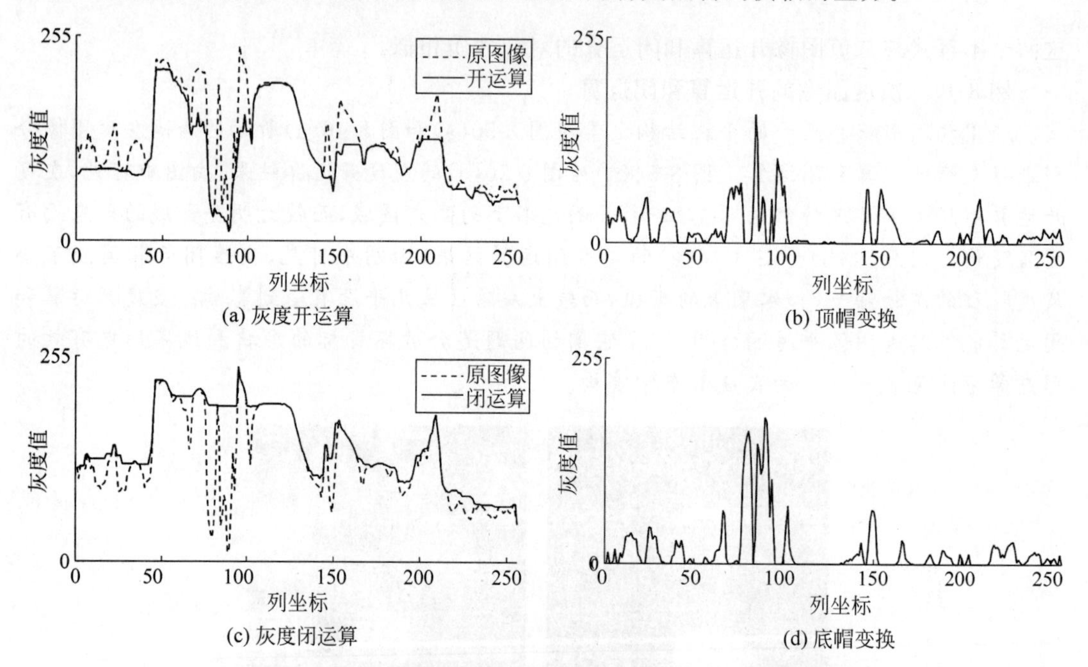

图 8-55 灰度图像顶帽变换和底帽变换的水平方向灰度级剖面图

例 8-18 顶帽变换在非均匀光照校正中的应用

顶帽变换的一个重要应用是消除非均匀光照的影响。图 8-56(a)为一幅尺寸为 256×256 的米粒目标的灰度图像，由于非均匀光照的影响，下半部分比上半部分暗。对于这种暗背景亮目标的情况，可以通过顶帽变换提取图像中的目标。使用半径为 12 的圆形结构元素对图 8-56(a)所示图像进行灰度开运算，该结构元素的尺寸足够大以致不会匹配图像中的任何目标。如图 8-56(b)所示，灰度开运算的结果消除了所有的米粒目标，而基本上保留了光照变化的背景。图 8-56(c)为顶帽变换的结果，通过将原图像减去灰度开运算结果，消除了光照变化的影响，使背景变得均匀。使用简单的 Otsu 阈值法[①]对图 8-56(c)进行二值化处理，如图 8-56(d)所示，产生一幅完整且干净的二值图像。

① 详见 9.3.2 节全局阈值法。

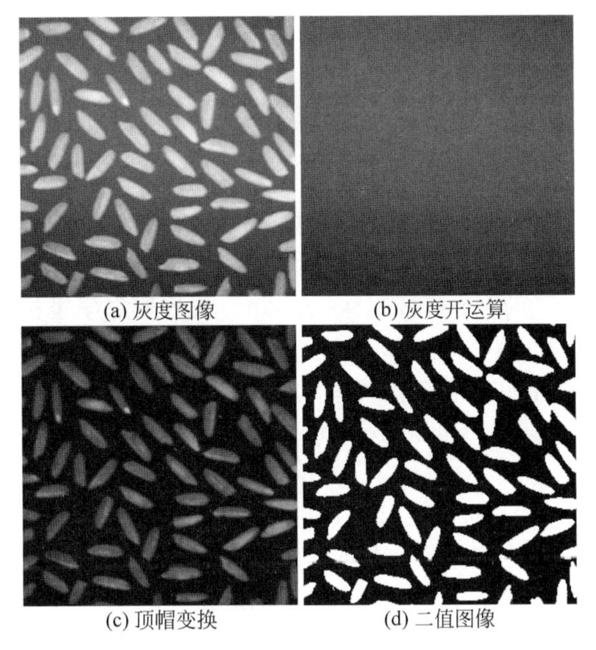

(a) 灰度图像　(b) 灰度开运算

(c) 顶帽变换　(d) 二值图像

图 8-56　顶帽变换示例

例 8-19　顶帽变换和底帽变换的结合在图像增强中的应用

顶帽变换和底帽变换的结合能够应用于灰度图像的对比度增强。使用半径为 20 的圆形结构元素对图 8-46(a)所示的灰度图像分别进行顶帽变换和底帽变换，图 8-57(a)为顶帽变换的结果，保留了图像中的明亮细节，图 8-57(b)为底帽变换的结果，保留了图像中的灰暗细节。将原图像加上顶帽变换再减去底帽变换，如图 8-57(c)所示，这样的处理增强了图

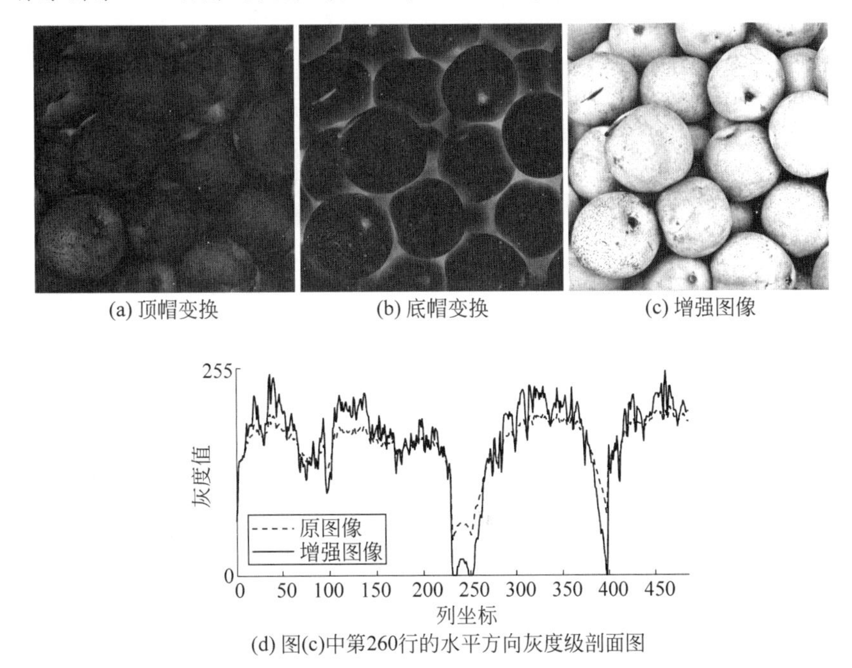

(a) 顶帽变换　(b) 底帽变换　(c) 增强图像

(d) 图(c)中第260行的水平方向灰度级剖面图

图 8-57　顶帽变换和底帽变换的结合应用于灰度图像增强示例

像的对比度。图 8-57(d)为图 8-57(c)中第 260 行的水平方向灰度级剖面曲线,图中,实线表示增强图像,虚线表示原图像。从图中可以看出,通过加上顶帽变换再减去底帽变换结果,使图像灰度的峰更高、谷更深了,视觉上表现为对比度增强。

8.6.4 灰度形态学重构

灰度形态学重构是一种重要的形态学变换。前面介绍的灰度图像形态学操作都是利用一幅图像和一个结构元素,而灰度形态学重构利用两幅图像来约束图像变换,其中一幅称为标记图像(marker),另一幅称为模板图像(mask)。**灰度形态学重构**是在模板图像的约束下,对标记图像进行处理。

设 f 和 g 分别表示标记图像和模板图像,f 和 g 的尺寸相同,且对于灰度值,$f \leqslant g$。f 关于 g 的 1 次测地膨胀(geodesic dilation)定义为

$$D_g^{(1)}(f)=\min\{f \oplus kb, g\} \tag{8-56}$$

式中,$f \oplus kb$ 表示结构元素 b 对标记图像 f 的连续 k 次灰度膨胀。1 次测地膨胀的过程为,首先执行结构元素 b 对标记图像 f 的灰度膨胀,然后关于每一个像素(x,y)计算灰度膨胀结果与模板图像 g 的最小值。f 关于 g 的 n 次测地膨胀定义为

$$D_g^{(n)}(f)=D_g^{(1)}(D_g^{(n-1)}(f)), \quad D_g^{(0)}(f)=f \tag{8-57}$$

上式实际上表明 $D_g^{(n)}(f)$是式(8-56)的 n 次迭代,初始值 $D_g^{(0)}(f)$为标记图像 f。

标记图像 f 关于模板图像 g 的**膨胀式形态学重构** $R_g^D(f)$定义为,f 关于 g 的测地膨胀经过式(8-57)的迭代过程直至膨胀不再发生变化为止,可表示为

$$R_g^D(f)=D_g^{(n)}(f) \tag{8-58}$$

式中,n 满足 $D_g^{(n)}(f)=D_g^{(n-1)}(f)$。

图 8-58 通过一维函数直观解释了膨胀式形态学重构的几何意义,标记图像的像素值不能大于模板图像中对应坐标的像素值。膨胀式形态学重构对标记图像进行反复膨胀,直至标记图像的边界拟合了模板图像的边界。图 8-58(a)中上方的曲线表示模板图像,通过从模板图像中减去某一常数形成标记图像;下方的曲线表示标记图像,标记图像的每一次膨胀都受到模板图像的约束,直至像素值不再发生变化为止,标记图像关于模板图像的测地膨胀终止迭代。图 8-58(b)显示了标记图像关于模板图像的膨胀式形态学重构的结果。

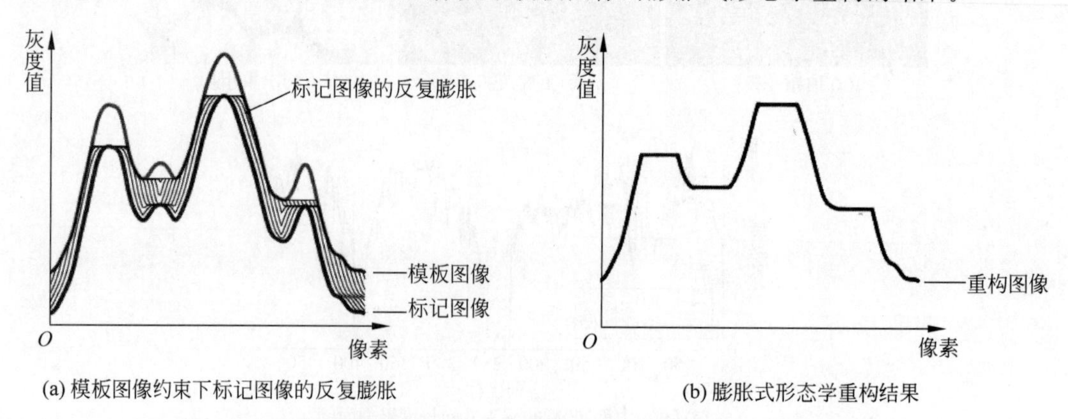

(a) 模板图像约束下标记图像的反复膨胀

(b) 膨胀式形态学重构结果

图 8-58 膨胀式形态学重构的一维图释(图片源自 MATLAB 帮助文档)

开重构运算(opening by reconstruction)和**闭重构运算**(closing by reconstruction)是两种常用的灰度形态学重构技术,不同于灰度开运算和灰度闭运算,这两种运算都定义在膨胀式形态学重构的基础上。在开重构运算中,首先对灰度图像进行腐蚀运算,但是,不同于灰度开运算中腐蚀运算后进行膨胀运算,而是利用腐蚀图像作为标记图像,而原图像作为模板图像,执行膨胀式形态学重构。灰度图像 f 的 k 次开重构运算记作 $R_{\text{open}}^{(n)}(f)$,定义为 f 的 k 次灰度腐蚀的膨胀式形态学重构,可表示为

$$R_{\text{open}}^{(n)}(f)=R_f^D(f\ominus kb) \tag{8-59}$$

式中,$f\ominus kb$ 表示结构元素 b 对灰度图像 f 的连续 k 次灰度腐蚀,$R_f^D(\cdot)$表示关于模板图像 f 的膨胀式形态学重构操作。开重构运算的作用是保持灰度腐蚀后保留的图像内容的整体形状。同理,闭重构运算与灰度闭运算的不同之处在于,闭重构运算中在灰度膨胀运算后并不执行灰度腐蚀运算,而是将膨胀图像的灰度反转作为标记图像,原图像的灰度反转作为模板图像,执行膨胀式形态学重构,最后对结果图像的灰度求反。灰度图像 f 的 k 次闭重构运算记作 $R_{\text{close}}^{(n)}(f)$,可表示为

$$R_{\text{close}}^{(n)}(f)=[R_{f^c}^D((f\oplus kb)^c)]^c \tag{8-60}$$

式中,$f\oplus kb$ 表示结构元素 b 对灰度图像 f 的连续 k 次灰度膨胀,$(\cdot)^c$ 表示灰度反转操作,$R_{f^c}^D(\cdot)$表示关于模板图像 f^c 的膨胀式形态学重构操作。闭重构运算的作用是保持灰度膨胀后保留的图像内容的整体形状。

与图 8-45 所用的灰度图像和结构元素相同,使用圆形结构元素 b 对灰度图像 f 进行开重构运算和闭重构运算。同样,为了简化说明,图 8-59 通过一维水平方向灰度级剖面图直观解释开重构运算和闭重构运算的意义。图 8-59(a)和图 8-59(b)中的实线分别表示开重构和闭重构运算的结果,点画线表示原图像,虚线表示腐蚀或膨胀结果,作为开重构和闭重构运算的标记图像。通过比较图 8-59(a)中开重构运算曲线与图 8-53(a)中灰度开运算曲线、图 8-59(b)中闭重构运算曲线与图 8-53(b)中灰度闭运算曲线可以发现,开重构运算和闭重构运算削掉峰尖和谷底后的其余部分与原图像的灰度级曲线很好地吻合,这表明开重构运算和闭重构运算在消除尺寸小于结构元素的细节部分的同时,能够很好地保持目标的整体形状。

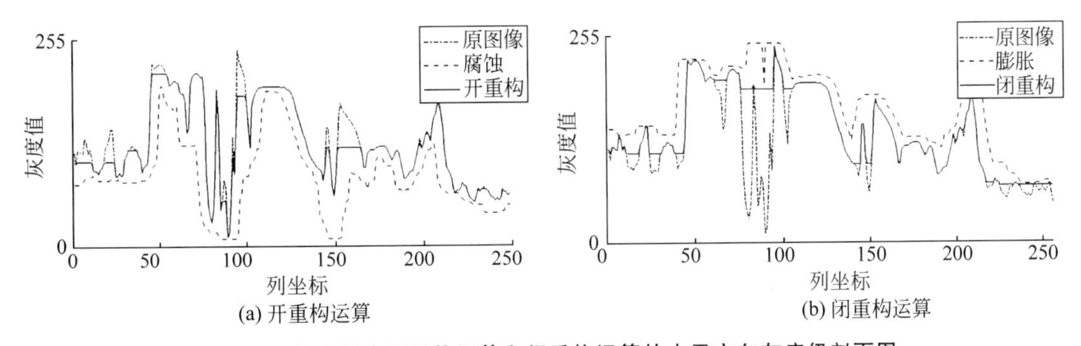

(a) 开重构运算 (b) 闭重构运算

图 8-59 灰度图像开重构运算和闭重构运算的水平方向灰度级剖面图

顶帽重构变换和底帽重构变换也是有用的灰度图像形态学技术,与顶帽变换和底帽变换类似,**顶帽重构变换**定义为灰度图像 f 与其开重构运算 $R_{\text{open}}^{(n)}(f)$的差值,可表示为

$$h_{\text{top}}^R=f-R_{\text{open}}^{(n)}(f) \tag{8-61}$$

底帽重构变换定义为灰度图像的闭重构运算 $R_{\text{close}}^{(n)}(f)$ 与灰度图像 f 本身的差值，可表示为

$$h_{\text{bot}}^{R}=R_{\text{close}}^{(n)}(f)-f \tag{8-62}$$

与顶帽变换和底帽变换相比，顶帽重构变换和底帽重构变换能够更好地提取图像中的亮目标和暗目标。

与图 8-45 所用的灰度图像和结构元素相同，使用圆形结构元素 b 对灰度图像 f 进行开重构运算和闭重构运算以及顶帽重构变换和底帽重构变换。图 8-60 通过一维水平方向灰度级剖面图直观说明了顶帽重构变换和底帽重构变换的意义。图 8-60(a)中实线表示开重构运算的结果，虚线表示原图像，图 8-60(b)为顶帽重构变换的结果。通过比较图 8-60(b)中顶帽重构变换曲线与图 8-55(b)中顶帽变换曲线可以发现，顶帽重构变换更准确地分离了曲线的峰尖。若图像中峰尖部分表示目标，而其他部分表示背景，则由于开重构运算保持了背景的整体形状，因此，与顶帽变换相比，顶帽重构变换能够更完整地提取出暗背景中的亮目标。类似地，图 8-60(c)中实线表示闭重构运算的结果，虚线表示原图像，图 8-60(d)为底帽重构变换的结果。通过比较图 8-60(d)中底帽重构变换曲线与图 8-55(d)中底帽变换曲线可以发现，底帽重构变换更准确地分离了曲线的谷底。同理，若图像中谷底部分表示目标，而其他部分表示背景，则由于闭重构运算保持了背景的整体形状，因此，与底帽变换相比，底帽重构变换能够更完整地提取出亮背景中的暗目标。

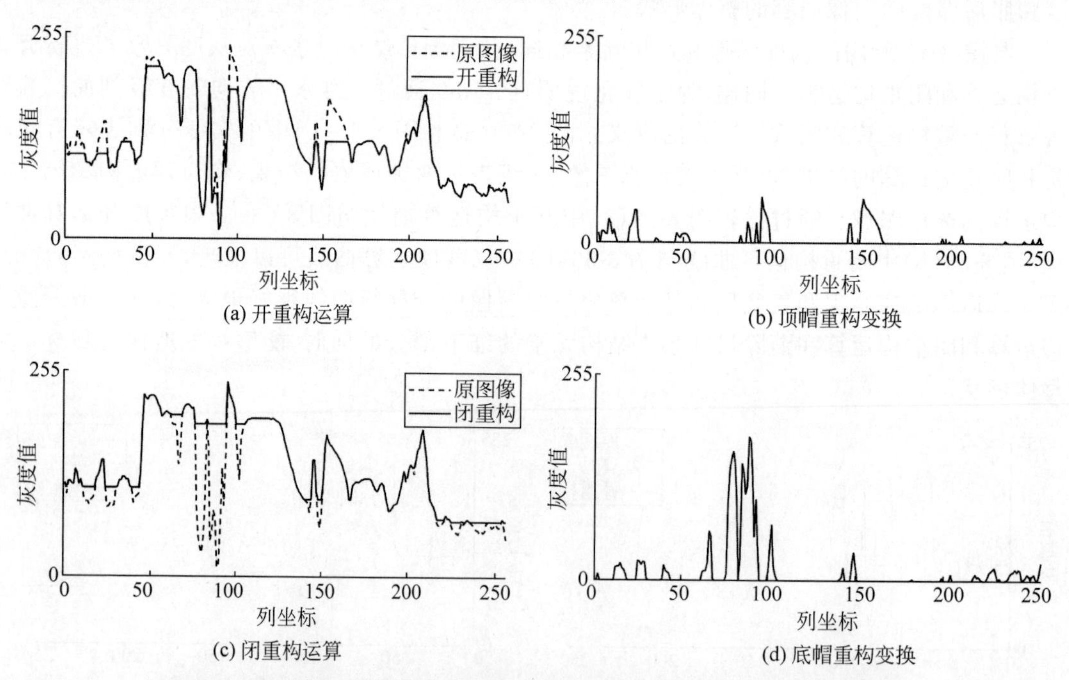

图 8-60 灰度图像顶帽重构变换与底帽重构变换的水平方向灰度级剖面图

例 8-20 灰度图像的开重构运算和闭重构运算

使用相同形状和尺寸的平坦结构元素对图 8-50(a)和图 8-46(a)所示的两幅灰度图像分别进行灰度开重构和闭重构运算。图 8-61(a)为图 8-50(a)的灰度开重构运算结果，图 8-61(b)为图 8-46(a)的灰度闭重构运算结果。通过比较图 8-54 和图 8-61 中灰度图像的开运算和

开重构运算,以及闭运算和闭重构运算的结果,可以看出简单的开运算和闭运算会破坏目标原来的形状,然而,开重构运算和闭重构运算不仅消除了图像中过亮和过暗的细节部分,对图像起着平滑的作用,而且保持了目标原来的形状。

(a) 开重构运算

(b) 闭重构运算

图 8-61 灰度图像开重构运算与闭重构运算

例 8-21 顶帽重构变换在目标分割与检测中的应用

顶帽重构变换能够抑制非规则背景对目标分割与检测的影响。如图 8-62(a)所示,对于背景较暗而目标较亮的情况,首先利用开重构运算进行背景建模,如图 8-62(b)所示,使用半径为 25 的圆形结构元素对原图像进行开重构运算,这样的尺寸足以消除羊群目标。从原图像中减去背景图像,图 8-62(c)为顶帽重构变换的结果,由图中可见,消除了复杂背景以及目标阴影的影响,使羊群出现在比较干净的背景中。如图 8-62(d)所示,利用 Otsu 阈值法对图 8-62(c)所示目标图像进行阈值化处理产生一幅完整且干净的二值图像。通过顶帽重构变换从原图像的复杂背景中有效地分割出了羊群目标,进而可以开展后续的羊群统计等图像分析工作。

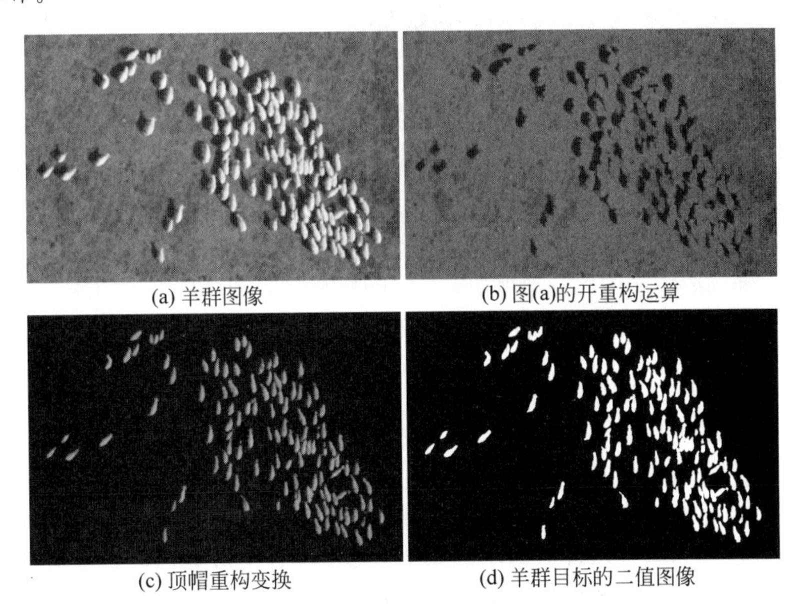
(a) 羊群图像　(b) 图(a)的开重构运算

(c) 顶帽重构变换　(d) 羊群目标的二值图像

图 8-62 顶帽重构变换在目标分割与检测中的应用

例 8-22 顶帽重构变换在车牌定位中的实际应用

车牌的定位实际上是文字和字符的定位问题。顶帽重构变换能够抑制非规则背景,使文字和字符出现在比较干净的背景中，以便于后续文字和字符的分割处理。图 8-63(a)为一幅尺寸为 466×655 的车牌图像，对于图 8-63(a)中车牌暗底亮字的情况，使用半径为 25 的圆形结构元素对图 8-63(a)所示图像进行开重构运算，这样的尺寸足以消除车牌上的文字和字符，从而获取一幅背景图像，如图 8-63(b)所示。将原图像减去背景图像，图 8-63(c)为顶帽重构变换的结果，由图中可见，已经基本上消除了复杂背景的影响。如图 8-63(d)所示，利用 Otsu 阈值法对图 8-63(c)所示图像进行二值化，由于图 8-63(c)中车牌上方存在若干条横杠，二值化图像处理过程中有较明显的水平线干扰，显然，二值图像中的较多噪声会影响文字和字符的定位。

为了进一步消除水平线的干扰，使用长度为 21 的垂直线结构元素对图 8-63(c)所示图像进行开重构运算，如图 8-63(e)所示，处理结果中消除了大部分的水平线，但同时也消除了车牌中的有效水平笔画，因此有必要在后续的步骤中恢复这些有效笔画。从图中可以看到，这些被删除的有效笔画非常接近与其邻近的笔画。因此，再使用长度为 21 的水平线结构元素对图 8-63(e)所示图像进行膨胀运算，对保留的笔画进行水平膨胀，膨胀后的笔画将覆盖已删除笔画的区域，如图 8-63(f)所示。最后一步就是恢复已删除的笔画。逐像素求取图 8-63(c)和图 8-63(f)之间的最小值作为标记图像，将图 8-63(c)所示图像作为模板图像，进行膨胀式形态学重构，如图 8-63(g)所示。然后利用 Otsu 阈值法进行二值化处理产生一幅完整且干净的二值图像，如图 8-63(h)所示。从图中可以看出，顶帽重构变换从原图像的复杂背景中有效地提取了车牌中的文字和字符，进而实现车牌的定位。

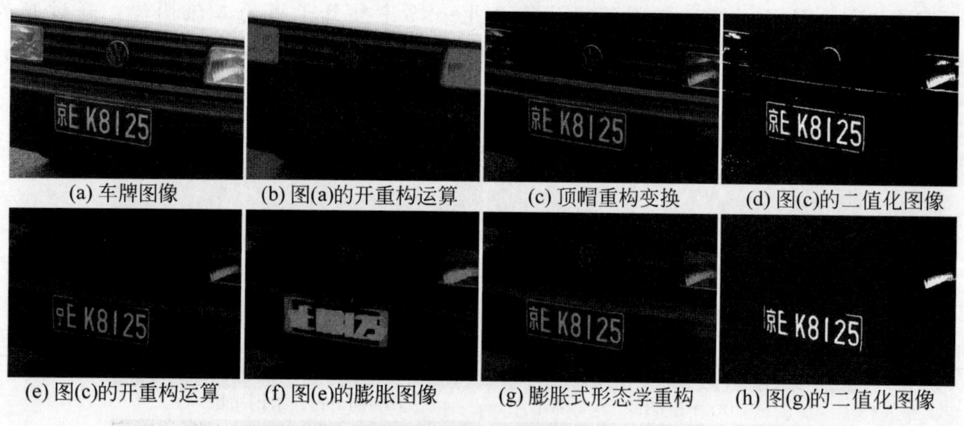

(a) 车牌图像　(b) 图(a)的开重构运算　(c) 顶帽重构变换　(d) 图(c)的二值化图像

(e) 图(c)的开重构运算　(f) 图(e)的膨胀图像　(g) 膨胀式形态学重构　(h) 图(g)的二值化图像

图 8-63　顶帽重构变换在车牌定位中的应用

8.7　小结

数学形态学是以形状为基础进行图像处理与分析的数学工具，它以膨胀和腐蚀这两个基本运算为基础推导和组合出许多实用的数学形态学图像处理算法。数学形态学图像处理包括二值图像形态学和灰度图像形态学两方面的内容，其中，二值图像形态学主要应用于图像后处理以及图像分析等，而灰度图像形态学主要应用于图像的预处理。在二值图像形态学图像处理方面，本章重点介绍了二值图像形态学的基本运算，包括膨胀、腐蚀、开运算、闭运算和击中/击不中运算，讨论了以基本运算的组合形式定义的二值图像形态学的一系列实用算法，包括去噪、边界提取、孔洞填充、连通分量提取、骨架、凸包、细化、粗化、剪枝等。在灰度图像形态学图像处理方面，本章探讨了灰度图像形态学的基本运算，包括灰度膨胀和灰度腐蚀、灰度开运算和灰度闭运算，以及建立在基本运算基础上的几种灰度形态学算法，包括顶帽变换和底帽变换、灰度形态学重构等。

第9章

图像分割

图像分割是指利用图像的某些特征，如灰度、颜色、纹理等，将图像划分为多个组成区域或从图像中提取感兴趣的目标区域。从严格意义上讲，图像分割属于图像分析的内容。图像分割是图像分析的关键步骤之一，它是图像表示与描述的必要前提和基础。自动分割是图像处理中最困难的任务之一，目前还没有一种适用于各种图像的通用分割方法。本章重点讨论三种基本的图像分割方法，即基于边界的分割、基于阈值的分割和基于区域的分割，最后讨论一种特殊的图像分割方法——分水岭分割。

9.1 图像分割基础

图像分割是将图像划分为若干有意义的区域或部分，或者从图像中提取感兴趣目标的图像处理技术。在图像处理的应用中，经常会对图像中具有特定性质的某个或某些区域感兴趣，通常称为目标区域。目标区域的分割是目标检测与跟踪、目标分类与识别、目标行为分析与理解等中、高级阶段理解和分析的基础。图像分割是一种重要的图像处理技术，在理论研究和实际应用中都引起了广泛重视。

图像分割的依据是图像中各个组成区域具有不同的特征，这些特征可以是灰度、颜色、纹理等，这些特征在同一区域内表现出一致性或相似性，而在不同区域之间表现出显著区别。而灰度图像分割的依据一般是像素灰度值的两个特性：灰度相似性和灰度不连续性。同一区域内部的像素一般具有灰度相似性，而在不同区域之间的边界上一般具有灰度不连续性。因此，根据像素灰度值的不同特性，图像分割方法可分为利用区域间灰度不连续性和利用区域内灰度相似性的图像分割方法，基于边界的图像分割方法属于前者，后者包括基于阈值的图像分割和基于区域的图像分割方法。

到目前为止，已经提出了很多种图像分割算法。近年来随着深度卷积神经网络的快速发展，基于深度卷积神经网络的语义分割方法也取得了显著的进展。本章仅讨论基本的图像分割方法，更加复杂的方法均建立在这些基本方法之上。图像分割技术没有统一的标准方法，各种图像分割方法也只是适合于某些特定类别的图像分割。

图像抠图(image matting)是当前流行的一项新的图像处理技术，它与图像分割既有联系,又有区别。图像抠图是一种将图像分解为前景和背景图层,并生成前景和背景组合系数(α 通道)的技术,它允许替换背景或单独处理图层;而图像分割是对一幅图像中的前景目标和背景进行二分类,最终生成一幅二值图像。

1984 年,Porter 和 Duff 将 α 通道的概念引入数字图像中,并提出图像中每一个像素的灰度值 $r(x,y)$ 可以表示为前景和背景灰度值线性组合的形式,则有

$$r(x,y)=\alpha f(x,y)+(1-\alpha)b(x,y) \tag{9-1}$$

式中,$f(x,y)$ 表示像素 (x,y) 的前景灰度值,$b(x,y)$ 表示像素 (x,y) 的背景灰度值,α 通道表示前景与背景叠加的透明度。

式(9-1)表明,图像中每一个像素的灰度值都是由前景灰度值、背景灰度值和 α 通道共同决定。抠图问题的实质是根据前景与背景过渡的不确定区域周围的前景和背景信息,利用一定的算法估计 α 通道。

如图 9-1 所示,在图 9-1(a)中发丝与背景融合,引入 α 通道的目的是使前景与背景过渡区域的边缘柔化或反混叠(anti-aliasing),如图 9-1(b)所示。而仅采用背景与前景分类的图像分割方法无法提取完整的目标区域。将背景灰度值 $b(x,y)$ 置为 1(背景区域为白色),图 9-1(c)显示了提取出的目标区域;将前景灰度值 $f(x,y)$ 置为 0(前景区域为黑色),图 9-1(d)显示了去除前景目标的背景区域。由于抠图技术引入了透明度的概念,因此半透明目标的图像都可由前景灰度值、背景灰度值与 α 通道的线性关系来表示,利用各个像素的 α 通道可以进行前景和背景的分离,从而解决目标分割的问题。也可以说,图像抠图技术是新一代的图像分割技术。

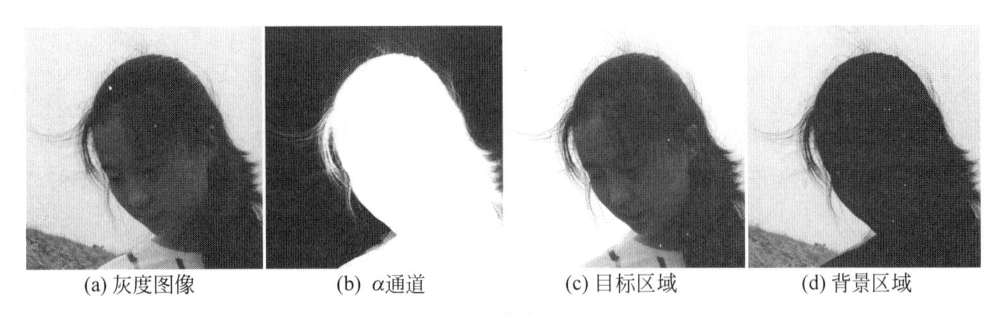

(a) 灰度图像　(b) α通道　(c) 目标区域　(d) 背景区域

图 9-1　图像抠图示例

9.2 基于边界的分割

边界存在于目标与背景、不同目标之间,是图像分割所依据的重要特征。**基于边界的图像分割方法**通过区域的边界将图像划分为不同的目标区域和背景区域。区域的边界形成闭合的通路,这是全局上的概念,因而边界的提取并非易事。**基于边缘检测的图像分割方法**首先确定图像中的边缘像素,然后利用边缘连接方法将这些边缘像素连接在一起构成边界。本节讨论一阶差分和二阶差分的边缘检测方法,以及两种基本的局部和全局边缘连接方法。

9.2.1 边缘检测

数字图像中的边缘是由邻域内灰度值明显变化的像素构成,边缘检测主要是图像灰度

变化的度量、检测和定位，是数字图像处理中的基本问题。常用一阶差分和二阶差分来检测边缘。边缘反映了图像重要的结构、形状和语义信息，并在很大程度上减少了图像表示的数据量。

9.2.1.1 基础概念

边缘是灰度变化剧烈的位置，即两个具有相对不同灰度值区域的分界线。图 9-2(a)为理想的阶跃边缘及其水平方向灰度级剖面图，从暗到亮变化过程中点 A 处为边缘。但在实际情况中，由于成像传感器和光学镜头固有的截止频率通常导致边缘模糊，实际图像的边缘并不是理想的阶跃边缘。图 9-2(b)为实际的斜坡边缘及其水平方向灰度级剖面图，从暗到亮变化过程的三点 B、A、C 中，点 A 处为边缘。实际图像的边缘具有一定坡度的斜剖面，边缘的宽度取决于从起始灰度值到终止灰度值的斜面长度，而斜面长度与边缘模糊的程度成比例。模糊边缘的斜坡部分较长，倾斜角较小，边缘较宽；而清晰边缘的斜坡部分较短，倾斜角较大，边缘较窄。

在阶跃边缘和斜坡边缘水平方向灰度级剖面图下方是对应的一阶差分和二阶差分。沿着灰度级剖面曲线，在灰度值递增的区间，一阶差分为正；在灰度值不变的区间，一阶差分为零。这表明一阶差分可检测边缘的存在和幅度。沿着灰度级剖面曲线的一阶差分，在上升沿处，二阶差分为一个正的脉冲；在下降沿处，二阶差分为一个负的脉冲，在这两个脉冲之间称为零交叉或过零点；在一阶差分为常数的区域，二阶差分为零。若边缘从亮到暗变化，则差分的符号相反。

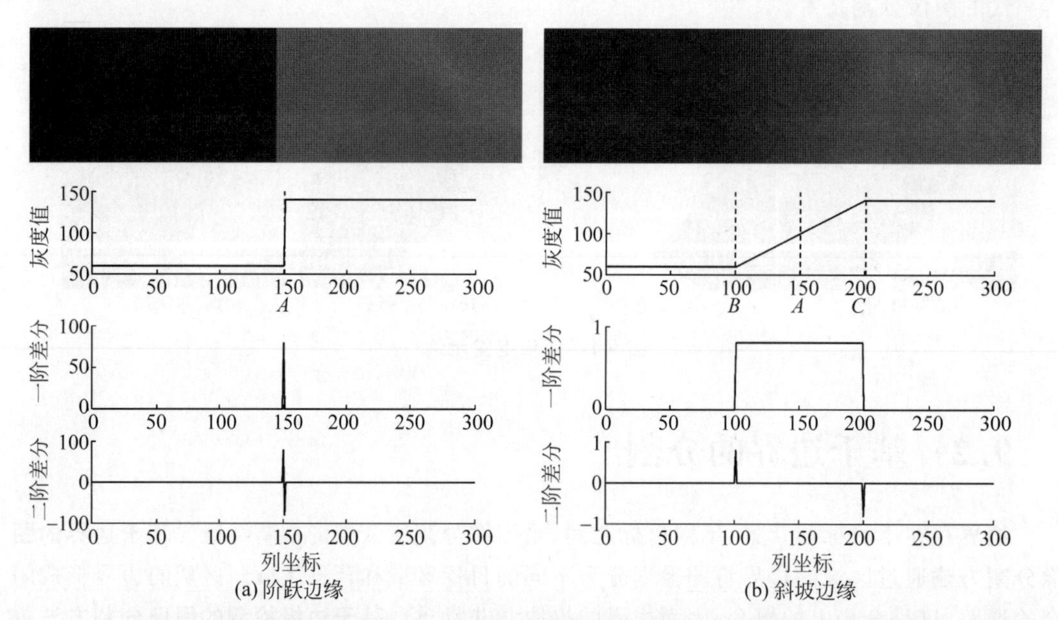

图 9-2 阶跃边缘和斜坡边缘水平方向灰度级剖面曲线及其一阶差分和二阶差分

边缘是灰度值不连续的产物，灰度值不连续检测[①]是最普遍的边缘检测方法，可以利用差分来检测这种不连续性，有很多种边缘检测算法，大致可以分为两类：基于一阶差分的方

① 不连续检测也称为间断检测。

法和基于二阶差分的方法。本节将介绍一阶差分和二阶差分的边缘检测方法。一阶差分算子通过寻找图像一阶差分中的最大值来检测边缘,将边缘定位在一阶差分最大的方向。在边缘检测中,梯度算子是常用的一阶差分算子,用于检测图像中边缘的存在和强度。二阶差分算子通过寻找图像二阶差分过零点来定位边缘。拉普拉斯算子是常用的二阶差分算子,二阶差分在边缘亮的一边符号为负,在边缘暗的一边符号为正。在边缘处,二阶差分穿过零点,这是二阶差分零交叉的性质,通过拉普拉斯过零点定位边缘。

对于如图 9-2 所示的无噪边缘,差分算子可以很容易确定边缘的位置。但是,差分对噪声很敏感,因此,对于有噪边缘,利用差分检测图像边缘将放大噪声的影响。对图 9-2(b)所示的边缘分别叠加了均值为 0、标准差为 0.1 和均值为 0、标准差为 1 的高斯噪声,如图 9-3(a)和图 9-4(a)所示,噪声对于边缘灰度变化的整体趋势几乎是可忽略的,较大噪声的边缘呈现出轻微的波动,然而,一阶差分和二阶差分表现出对噪声的敏感性,尤其二阶差分对噪声更为敏感。从图中可以看到,对于叠加标准差为 0.1 的高斯噪声的斜坡边缘,尽管一阶差分对灰度不变区域的噪声程度进行放大,然而,仍能大致确定边缘的位置。对于二阶差分,无噪边缘的二阶差分可见明显的正负脉冲,而在有噪图像的二阶差分中检测正负脉冲是极其困难的,噪声完全破坏了二阶差分的性质。对于叠加标准差为 1 的高斯噪声的斜坡边缘,边缘完全淹没在一阶差分和二阶差分的噪声中。因此,在利用差分进行边缘检测时,应慎重考虑噪声的影响。通常在边缘检测之前对有噪图像进行去噪或降噪处理。对图 9-3(a)和图 9-4(a)的有噪边缘图像分别使用标准差为 5 和 12 的高斯函数进行平滑处理,如图 9-3(b)和图 9-4(b)所示,可见高斯平滑滤波抑制了噪声对差分的影响,使其能够检测出边缘或定位边缘的位置,但同时也会模糊图像的边缘以及细节信息。图 9-3 和图 9-4 中,从上到下分别为边缘图像、水平方向灰度级剖面曲线及其一阶差分和二阶差分。

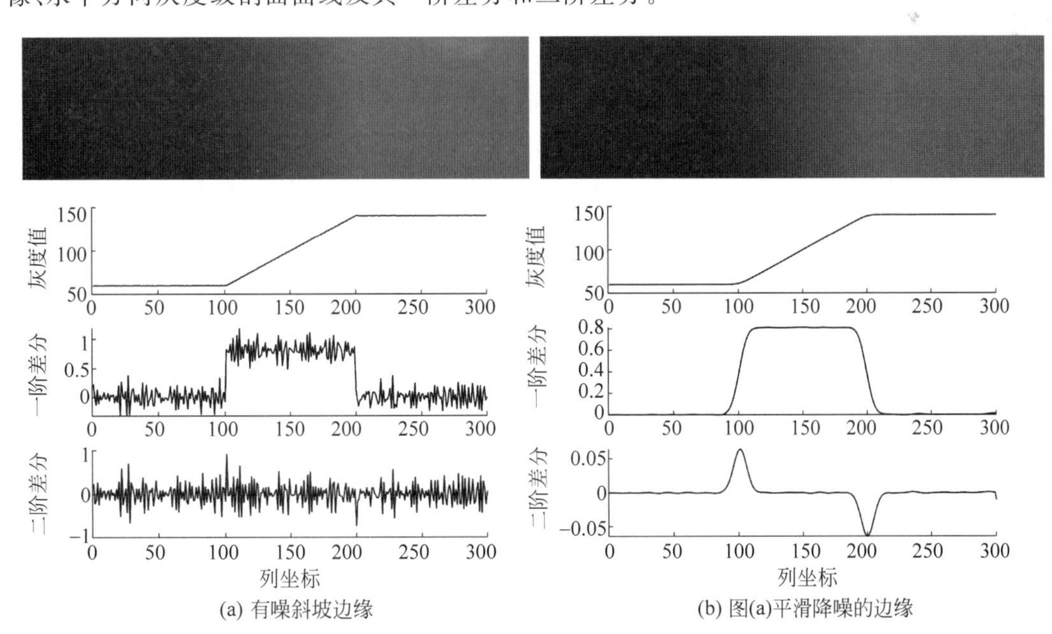

(a) 有噪斜坡边缘　　(b) 图(a)平滑降噪的边缘

图 9-3　叠加标准差为 0.1 的高斯噪声的斜坡边缘及其标准差为 5 的高斯平滑降噪结果

利用一阶和二阶差分模板检测图像边缘实际上是一种局部处理方法。当使用一阶差分进行边缘检测时,若某一像素邻域内灰度值的一阶差分大于预设阈值,则该像素为边缘像

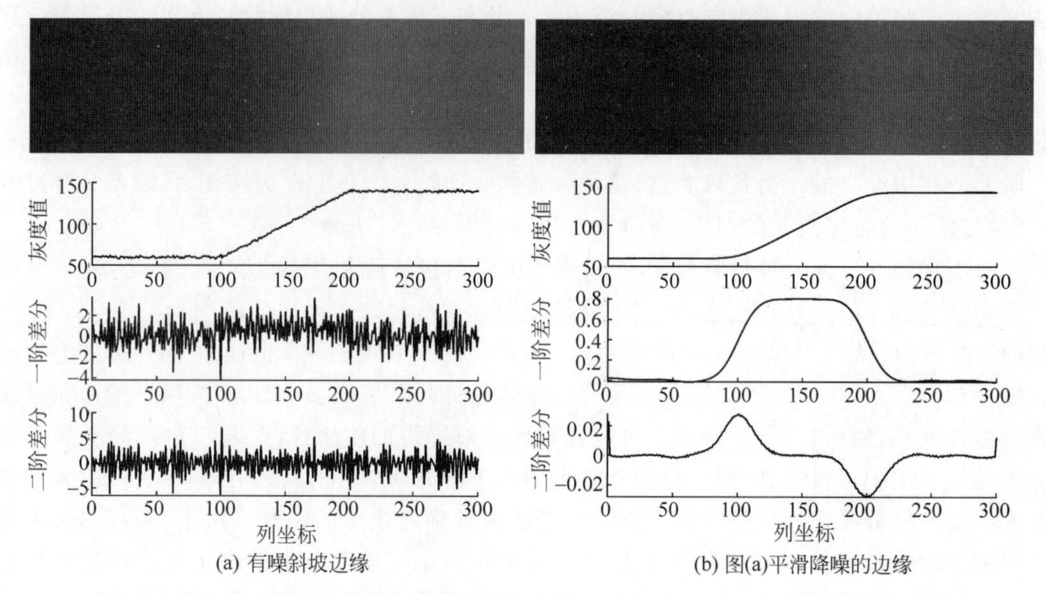

图 9-4 叠加标准差为 1 的高斯噪声的斜坡边缘及其标准差为 12 的高斯平滑降噪结果

素。利用二阶差分模板检测图像边缘实际上是寻找二阶差分的过零点。边缘检测算子检测邻域内灰度变化的像素，由于噪声、阴影、光照不均匀引起边缘发生间断，以及其他引入灰度值不连续性的影响，提取的边缘像素并不连续，不能完整地描述边界的特征，不能形成图像分割所需要的闭合且连通的边界。**边缘连接**是指对边缘检测的像素进行连接，构成完整且连通的边界，是边缘检测的后处理过程。利用边缘连接算法对具有局部特性的边缘进行连接是图像分割的关键问题之一。边缘连接可分为局部连接处理和全局连接处理。局部边缘连接依据事先定义的连接准则，对邻近的边缘像素进行连接，填补边缘的间断，这类方法在图像受噪声影响较大时效果较差。本节讨论的局部连接处理根据局部区域（如 3×3 邻域）中的边缘特性填补边缘像素的间断。全局边缘连接考虑图像中边缘像素的全局信息，通常对整幅图像中的边缘像素进行聚类或拟合处理，对噪声的鲁棒性较高。本节讨论的 Hough 变换是一种边缘检测后常用的全局边缘连接方法，适用于具有解析表达式的直线或曲线。

9.2.1.2 一阶差分算子

如前所述，一阶差分可以用于检测灰度变化，本节讨论两类一阶差分算子——梯度算子和方向算子。

1. 梯度算子

梯度算子定义在二维一阶偏导数的基础上，梯度的计算需要在各个像素位置计算两个方向的一阶偏导数。在数字图像处理中，由于像素是离散的，常用差分近似偏导数。将一维离散函数 $f(x)$ 的一阶差分定义扩展到二维离散函数 $f(x,y)$，沿 x（垂直）方向和 y（水平）方向上一阶差分 $\Delta_x f(x,y)$ 和 $\Delta_y f(x,y)$ 的定义为

$$\Delta_x f(x,y) = f(x+1,y) - f(x,y) \tag{9-2}$$

$$\Delta_y f(x,y) = f(x,y+1) - f(x,y) \tag{9-3}$$

对于一幅数字图像 $f(x,y)$，在像素 (x,y) 处的梯度 $\nabla \boldsymbol{f}(x,y)$ 定义为向量

$$\nabla \boldsymbol{f}(x,y)=[\Delta_x f(x,y),\Delta_y f(x,y)]^{\mathrm{T}} \tag{9-4}$$

式中，$\Delta_x f(x,y)$和$\Delta_y f(x,y)$分别表示x(垂直)和y(水平)方向上的一阶差分。

图像的边缘有幅度和方向两个属性，沿着边缘方向像素灰度值变化平缓或不发生变化，而垂直于边缘方向像素灰度值变化剧烈。灰度值的变化率和方向是梯度算子检测灰度值变化的两个属性，分别以梯度的幅度和方向来表示。梯度的幅度$\nabla f(x,y)$由梯度$\nabla \boldsymbol{f}(x,y)$的$\ell_2$范数定义为

$$\nabla f(x,y)=\mathrm{mag}(\nabla \boldsymbol{f}(x,y))=\|\nabla \boldsymbol{f}(x,y)\|_2=[(\Delta_x f)^2(x,y)+(\Delta_y f)^2(x,y)]^{\frac{1}{2}} \tag{9-5}$$

式中，mag(·)表示幅度函数。式(9-5)中的梯度算子具备各向同性，即具备旋转不变性。为了避免平方和开方运算，梯度幅度$\nabla f(x,y)$经常用ℓ_1范数近似为

$$\nabla f(x,y)\approx\|\nabla \boldsymbol{f}(x,y)\|_1=|\Delta_x f(x,y)|+|\Delta_y f(x,y)| \tag{9-6}$$

绝对和计算简单并保持了灰度的相对变化。式(9-6)是各向异性的梯度算子。

梯度的方向指向像素值$f(x,y)$在(x,y)处增长最快的方向，它关于x轴的角度为

$$\alpha(x,y)=\arctan\frac{\Delta_y f(x,y)}{\Delta_x f(x,y)},\quad \alpha(x,y)\in\left(-\frac{\pi}{2},\frac{\pi}{2}\right) \tag{9-7}$$

式中，$\alpha(x,y)$为像素(x,y)处的梯度关于x轴的方向角，该点的梯度方向垂直于该点的边缘方向。如图9-5所示，在3×3的小邻域内，检测的边缘可近似表示为直线，梯度方向和边缘方向相互垂直，梯度向量与x轴的夹角为α。

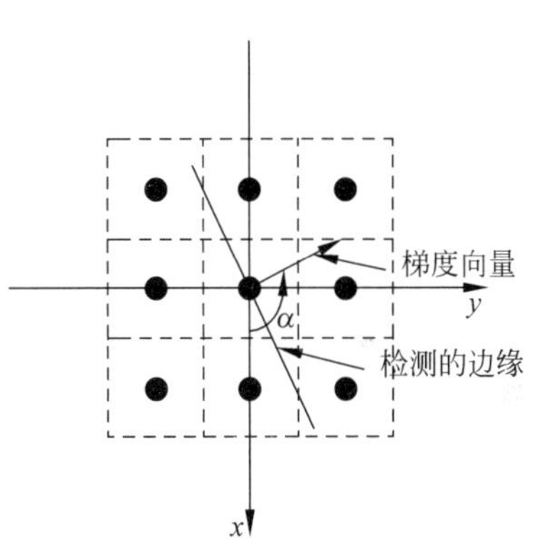

图9-5 边缘检测示意图

在图像处理中，线性滤波处理利用滤波模板与图像的空域卷积来实现。差分模板中的系数之和为0，表明灰度恒定的区域，模板响应为0。给定图像中一个3×3邻域内像素值的表示方式如图9-6所示，图中z_i表示像素值，z_5为中心像素的灰度值。根据式(9-2)和式(9-3)，在中心像素处x(垂直)方向上直接一阶差分的计算式为

$$\Delta_x f=z_8-z_5 \tag{9-8}$$

y(水平)方向上直接一阶差分的计算式为

$$\Delta_y f=z_6-z_5 \tag{9-9}$$

图9-7分别为计算x(垂直)方向和y(水平)方向的直接一阶差分模板。

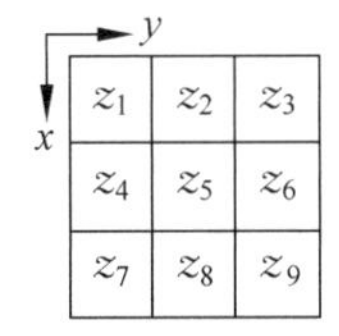

图9-6 3×3邻域的像素表示方式(以z_5为中心像素的灰度值)

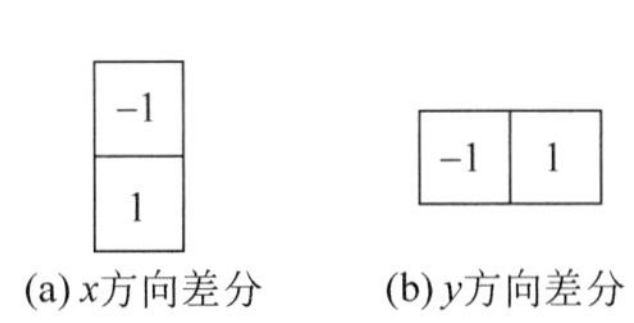

图9-7 直接一阶差分算子

由于差分对噪声敏感，为了平滑和抑制噪声的影响，在图像处理中通常使用 Roberts、Prewitt 和 Sobel 一阶差分算子。Roberts 交叉算子是最简单的梯度算子，在中心像素处 x（垂直）方向上一阶差分的计算式为

$$\Delta_x f = z_9 - z_5 \tag{9-10}$$

y（水平）方向上一阶差分的计算式为

$$\Delta_y f = z_8 - z_6 \tag{9-11}$$

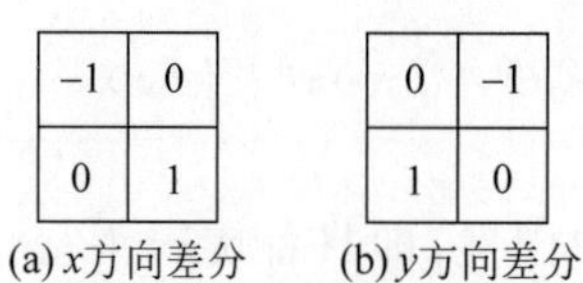

图 9-8　Roberts 算子

图 9-8 分别为计算 x（垂直）方向和 y（水平）方向一阶差分的 Roberts 模板。Roberts 交叉算子没有固定中心点，因此，不能使用 2×2 模板的卷积来实现。

在实际应用中 Prewitt 算子和 Sobel 算子是最常用的梯度算子。Prewitt 梯度算子在中心像素处关于 x（垂直）方向一阶差分的计算式为

$$\Delta_x f = (z_7 + z_8 + z_9) - (z_1 + z_2 + z_3) \tag{9-12}$$

关于 y（水平）方向一阶差分的计算式为

$$\Delta_y f = (z_3 + z_6 + z_9) - (z_1 + z_4 + z_7) \tag{9-13}$$

图 9-9(a)和图 9-9(b)分别为计算 x（垂直）方向和 y（水平）方向一阶差分的 Prewitt 模板。Prewitt 算子增大了模板的尺寸，由 2×2 增大到 3×3 来计算差分，具有一定平滑和噪声抑制的能力，噪声敏感是计算差分的一个重要问题。

Sobel 梯度算子在中心像素处关于 x（垂直）方向一阶差分的计算式为

$$\Delta_x f = (z_7 + 2z_8 + z_9) - (z_1 + 2z_2 + z_3) \tag{9-14}$$

关于 y（水平）方向一阶差分的计算式为

$$\Delta_y f = (z_3 + 2z_6 + z_9) - (z_1 + 2z_4 + z_7) \tag{9-15}$$

图 9-10(a)和图 9-10(b)分别为计算 x（垂直）方向和 y（水平）方向一阶差分的 Sobel 模板。中间位置的权系数为 2，赋予中间像素更大的权重，其作用是在平滑处理中突出中心像素。

Prewitt 算子和 Sobel 算子均可以使用 3×3 模板的卷积来实现。当使用两个方向模板的响应幅度组成边缘强度时，梯度算子采取两个方向模板响应幅度的平方和开方或者绝对和运算，综合了两个方向边缘的模板响应幅度。

上述的差分模板用于计算 x（垂直）方向和 y（水平）方向的梯度分量 $\Delta_x f(x,y)$ 和 $\Delta_y f(x,y)$。通过调整 Prewitt 和 Sobel 模板的方向，使得它们能够在对角方向上有最大的响应。图 9-9(c)和图 9-9(d)分别为对角方向和反对角方向一阶差分的 Prewitt 模板，图 9-10(c)和图 9-10(d)分别为对角方向和反对角方向一阶差分的 Sobel 模板。若使用 4 个方向一阶差分模板，则选取其中最大的模板响应幅度作为边缘强度，这样对边缘的方向更为敏感，这本质上属于方向算子。

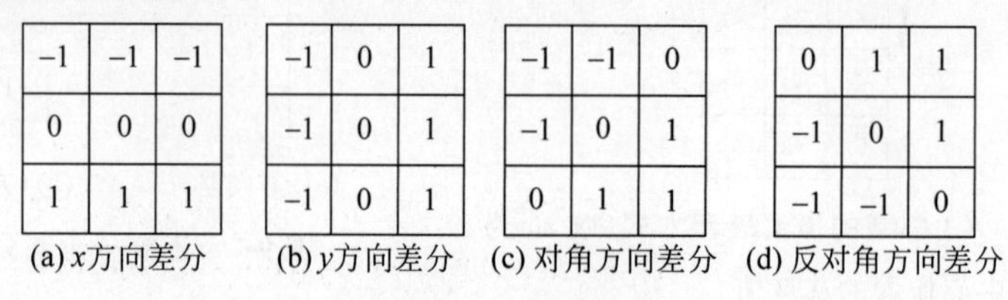

图 9-9　Prewitt 算子

−1	−2	−1
0	0	0
1	2	1

(a) x方向差分

−1	0	1
−2	0	2
−1	0	1

(b) y方向差分

−2	−1	0
−1	0	1
0	1	2

(c) 对角方向差分

0	1	2
−1	0	1
−2	−1	0

(d) 反对角方向差分

图 9-10 Sobel 算子

例 9-1 Sobel 算子的一阶差分与梯度图像

利用 Sobel 算子对图像进行边缘检测，水平方向一阶差分模板对垂直方向边缘有最大响应，而垂直方向一阶差分模板对水平方向边缘有最大响应。图 9-11(a)中显著的水平和垂直方向结构有利于观察水平和垂直方向的边缘检测结果。图 9-11(b)为水平方向 Sobel 模板的一阶差分图像，检测垂直方向的边缘，而图 9-11(c)为垂直方向 Sobel 模板的一阶差分图像，检测水平方向的边缘。由于一阶差分既有正值又有负值，为了在 8 位灰度级系统中显示，对一阶差分的结果重标度，将其线性映射为 0～255 的范围。绝大部分的一阶差分为 0，在一阶差分图像中表现为灰色区域。根据式(9-6)计算图像的梯度，同样对梯度重标度，将其用 8 位灰度级的图像显示，如图 9-11(d)所示。梯度图像中各个像素的灰度值反映了各个像素的邻域内灰度值变化的强弱。从梯度图像中可以看到，强边缘的响应值大，而弱边缘的响应值小。由于在灰度恒定或变化平缓的区域，一阶差分的结果为 0 或很小，边缘图像总体亮度变暗。当梯度大于阈值时，则视为边缘像素，忽略所有强度不大于阈值的边缘。如图 9-11(e)所示，图中阈值选取为 0.0713(边缘梯度图像归一化至范围[0,1])。MATLAB 图像处理工具包中的 edge 函数默认 Sobel 边缘检测是细化后的结果，如图 9-11(f)所示。

(a) 灰度图像　(b) 垂直方向边缘　(c) 水平方向边缘

(d) 边缘梯度图像　(e) 边缘二值图像　(f) 边缘二值图像的细化结果

图 9-11 Sobel 模板的边缘检测示例

例 9-2　Sobel 模板的四方向边缘检测

图 9-11(a)中存在各个方向的线条，有助于观察四个方向的边缘检测结果。使用 Sobel 模板分别检测图 9-11(a)所示图像四个方向的边缘，图 9-12(a)～(d)分别为垂直方向、水平方向、反对角方向和对角方向的边缘，对模板响应取绝对值并重标度至范围[0,255]进行显示。注意观察礼堂顶部的一排小菱形和正门上方的大三角形，如图 9-12(c)所示，对角方向模板对反对角方向边缘有强的响应；如图 9-12(d)所示，反对角方向模板对对角方向边缘有强的响应。

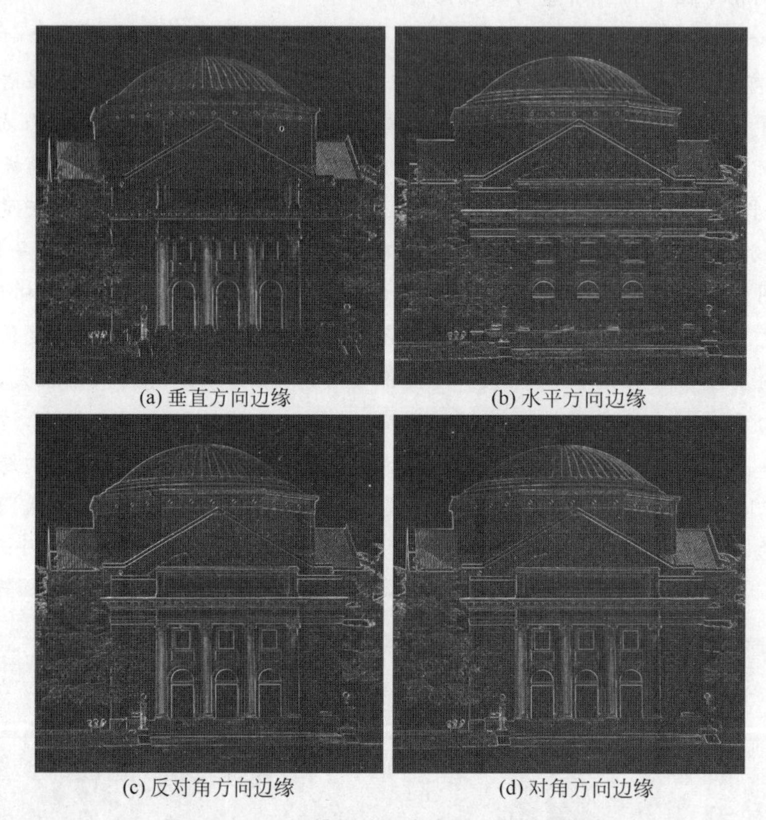

(a) 垂直方向边缘　(b) 水平方向边缘　(c) 反对角方向边缘　(d) 对角方向边缘

图 9-12　Sobel 模板的四个方向边缘检测示例

2. 方向算子

方向算子使用一组方向差分模板与图像进行模板卷积，在图像中的同一像素位置计算多个方向上的一阶差分，每一个模板对某个特定方向的边缘有最大响应。与梯度算子不同的是，对于图像中的每一个像素，方向算子选取全部模板中的最大响应幅度作为该像素的边缘强度，而将最大响应幅度的方向作为该像素的边缘方向。方向算子能够检测多个方向的边缘，也增加了计算量。

1971 年，R. Kirsch 提出了一种边缘检测的方向算子，Kirsch 算子使用 8 个不同方向的一阶差分模板来计算梯度的幅度和方向。如图 9-13(a)～(h)所示，Kirsch 算子由 8 个方向差分模板组成，记为 K_i，$i=0,1,\cdots,7$，Kirsch 算子从 8 个方向提取图像的边缘信息，方向之间的夹角为 45°，模板系数沿逆时针依次循环移位。

5	5	5
−3	0	−3
−3	−3	−3

(a) K_0

5	5	−3
5	0	−3
−3	−3	−3

(b) K_1

5	−3	−3
5	0	−3
5	−3	−3

(c) K_2

−3	−3	−3
5	0	−3
5	5	−3

(d) K_3

−3	−3	−3
−3	0	−3
5	5	5

(e) K_4

−3	−3	−3
−3	0	5
−3	5	5

(f) K_5

−3	−3	5
−3	0	5
−3	−3	5

(g) K_6

−3	5	5
−3	0	5
−3	−3	−3

(h) K_7

图 9-13　Kirsch 边缘检测模板

例 9-3　Kirsch 算子的边缘检测

利用 Kirsch 算子对图 9-14(a)所示的灰度图像进行边缘检测，图 9-14(b)～(i)分别显示了 Kirsch 算子 8 个方向差分模板的边缘检测图像，每一个模板对相应方向的边缘有最大响应。对于图像中的各个像素，查找这 8 个方向差分模板中的最大响应幅度作为该像素的边缘强度，如图 9-14(j)所示，Kirsch 模板从 8 个方向检测图像的边缘，能够获得更完整、更清晰的图像边缘。需要补充的是，Sobel 和 Prewitt 算子也可扩展成 8 个方向的差分模板，同样可以检测 8 个不同方向的边缘。

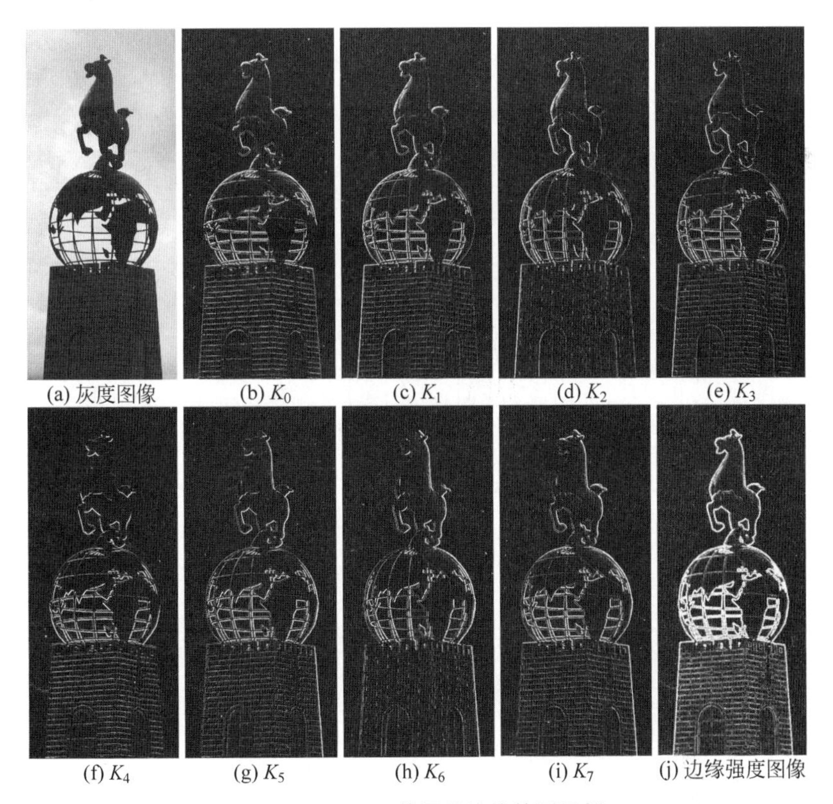

(a) 灰度图像　(b) K_0　(c) K_1　(d) K_2　(e) K_3

(f) K_4　(g) K_5　(h) K_6　(i) K_7　(j) 边缘强度图像

图 9-14　Kirsch 算子的边缘检测示例

例 9-4　车道线检测

方向差分模板的边缘检测具有较大的灵活性，根据不同的图像和不同的处理目的，可以设计任意角度任意方向的差分模板。为了检测图像中的车道线，使用一种 $3\times n$ 的带状边缘检测模板，也称为褶皱模板。该模板不仅充分考虑了车道线的形状特点，而且，由于模板一侧的加权系数为$+1$，另一侧的加权系数为-1，避免了乘法运算，提高了运算效率。图 9-15 显示了长度 $n=9$ 的褶皱模板，边缘方向的检测精度为 11.25°。从图 9-15(a)到图 9-15(i)，差分方向分别为 135°、123.75°、112.5°、101.25°、90°、78.75°、67.5°、56.25°和 45°。模板卷积运算简单快速，能够满足车速对检测算法实时性的要求。显然，模板越长，可检测的边缘方向精度越高，抗噪能力越强，但时间开销也越大。

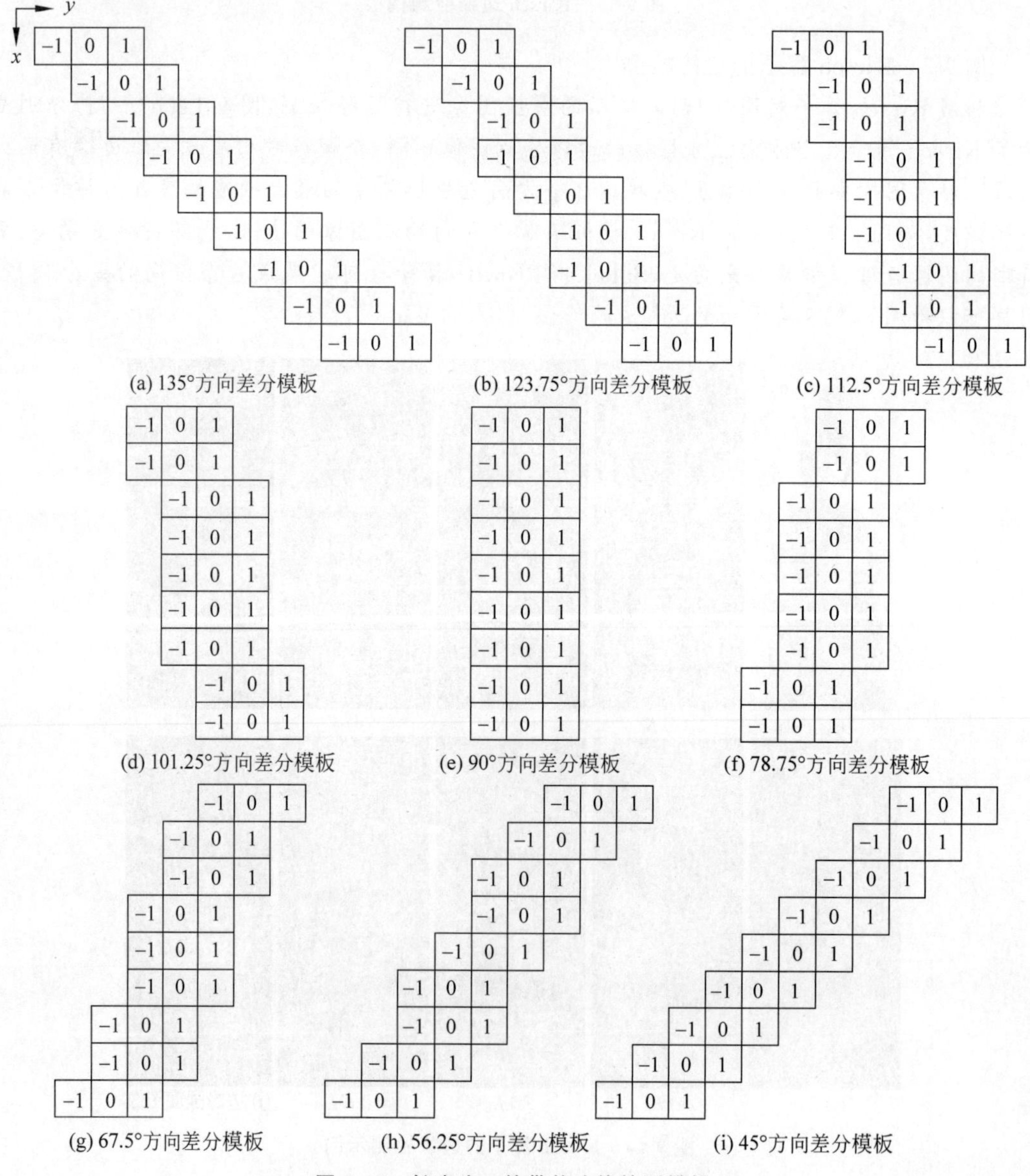

(a) 135°方向差分模板　(b) 123.75°方向差分模板　(c) 112.5°方向差分模板

(d) 101.25°方向差分模板　(e) 90°方向差分模板　(f) 78.75°方向差分模板

(g) 67.5°方向差分模板　(h) 56.25°方向差分模板　(i) 45°方向差分模板

图 9-15　长度为 9 的带状边缘检测模板

图 9-16(a)为一幅尺寸为 480×640 的车道线图像，利用如图 9-15 所示的长度为 9 的带状方向差分模板进行边缘检测，其中，将全部 9 个方向中的最大模板响应作为对应像素的边缘强度，如图 9-16(b)所示。由于图 9-15 所示的褶皱模板对带状边缘具有更强的响应，对图 9-16(b)所示的图像进行二值化，阈值选取为 0.99，阈值处理的结果如图 9-16(c)所示。对二值图像进行后处理，根据连通分量的像素数，将像素数小于 1000 的连通分量视为噪声并去除。图 9-16(d)给出了最终的车道线检测结果。

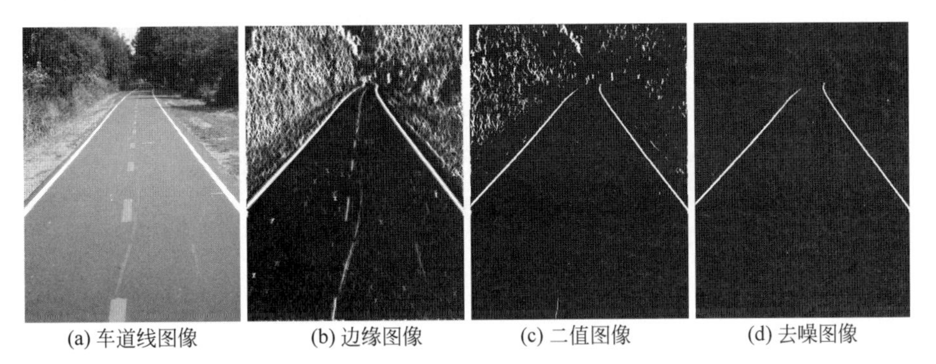

(a) 车道线图像　(b) 边缘图像　(c) 二值图像　(d) 去噪图像

图 9-16　带状方向差分边缘检测模板的车道线检测示例

9.2.1.3　Canny 算子

在梯度算子的基础上，Canny 算子通过查找梯度的局部极大值检测图像的边缘，通过弱边缘的检测连接图像的边缘。边缘检测算子的评价准则包括：①检测——尽可能多地标识出图像中的实际边缘，边缘的误检率(将边缘识别为非边缘)低；②定位——标识出的边缘与图像中的实际边缘尽可能接近，准确定位边缘；③最小响应——对同一边缘产生尽可能少的响应次数，最好仅标识一次，且避免噪声产生虚假边缘(将非边缘识别为边缘)。Canny 边缘检测算法由于其满足边缘检测的三个准则以及实现过程的简单性，成为一种广泛使用的边缘检测算法。

Canny 边缘检测算法的具体过程可以描述为下述三个步骤[①]：①通过高斯函数的一阶导数计算图像的梯度；②通过非极大值抑制(non-maximum suppression)沿梯度方向查找边缘梯度的单个局部极大值点；③使用双阈值来检测强边缘和弱边缘，若弱边缘与强边缘连通，则将弱边缘包含到输出中。

1. 基于梯度的边缘检测

由于差分对噪声敏感，有必要对图像 $f(x,y)$进行高斯平滑滤波来抑制噪声，然后利用一阶差分计算高斯平滑图像的梯度。与高斯函数作卷积进行图像平滑，可表示为

$$g(x,y)=G_\sigma(x,y)*f(x,y) \tag{9-16}$$

其中，二维高斯函数的表达式为

---

① John F. Canny 提出了 Canny 算子，Canny 使用了变分法推导出在满足上述约束条件下的最优函数，可表示为四个指数项之和的形式，可以通过高斯函数的一阶导数来近似。目前 Canny 边缘检测算法具有多个实现版本，最主要的区别在于梯度计算的方法，OpenCV 版本使用 Sobel 算子计算梯度，而 MATLAB 版本使用高斯函数的一阶导数计算梯度，其中 MATLAB 版本的效果更好。本节采用 MATLAB 图像处理工具包的 edge 函数总结 Canny 边缘检测过程。

$$G_\sigma(x,y)=\frac{1}{2\pi\sigma^2}\mathrm{e}^{-\frac{x^2+y^2}{2\sigma^2}} \tag{9-17}$$

式中，σ 为标准差，决定了图像的平滑程度。

卷积具有如下的微分性质：

$$\frac{\mathrm{d}}{\mathrm{d}x}[G_\sigma(x)*f(x)]=\frac{\mathrm{d}}{\mathrm{d}x}G_\sigma(x)*f(x) \tag{9-18}$$

式中，$G_\sigma(\cdot)$表示标准差为 σ 的高斯函数。式(9-18)表明，先用高斯函数与图像作卷积，再计算一阶导数的结果，等于直接计算高斯函数的一阶导数，再与图像作卷积。二维函数的一阶偏导数包括 x 和 y 两个方向，对图像 $f(x,y)$进行滤波可用卷积形式表示为

$$\Delta_x g(x,y)=\frac{\partial}{\partial x}[G_\sigma(x,y)*f(x,y)]=\frac{\partial}{\partial x}G_\sigma(x,y)*f(x,y) \tag{9-19}$$

$$\Delta_y g(x,y)=\frac{\partial}{\partial y}[G_\sigma(x,y)*f(x,y)]=\frac{\partial}{\partial y}G_\sigma(x,y)*f(x,y) \tag{9-20}$$

式中，$\Delta_x g(x,y)$和 $\Delta_y g(x,y)$分别表示像素(x,y)处 x 方向和 y 方向上高斯函数一阶导数的滤波结果。

不考虑 $G_\sigma(x,y)$的归一化常数$\frac{1}{2\pi\sigma^2}$，式(9-17)高斯函数关于 x 方向的一阶偏导数为

$$\frac{\partial}{\partial x}G_\sigma(x,y)=\frac{\partial}{\partial x}\mathrm{e}^{-\frac{x^2+y^2}{2\sigma^2}}=-\frac{x}{\sigma^2}\mathrm{e}^{-\frac{x^2+y^2}{2\sigma^2}} \tag{9-21}$$

关于 y 方向的一阶偏导数为

$$\frac{\partial}{\partial y}G_\sigma(x,y)=\frac{\partial}{\partial y}\mathrm{e}^{-\frac{x^2+y^2}{2\sigma^2}}=-\frac{y}{\sigma^2}\mathrm{e}^{-\frac{x^2+y^2}{2\sigma^2}} \tag{9-22}$$

图 9-17(a)～(c)分别给出了高斯函数 $G_\sigma(x,y)$及其关于 x 方向和 y 方向一阶偏导数的三维网格图和图像显示。很明显，图 9-17(b)和图 9-17(c)所示卷积核的作用是计算 x 方向和 y 方向像素值的差分。

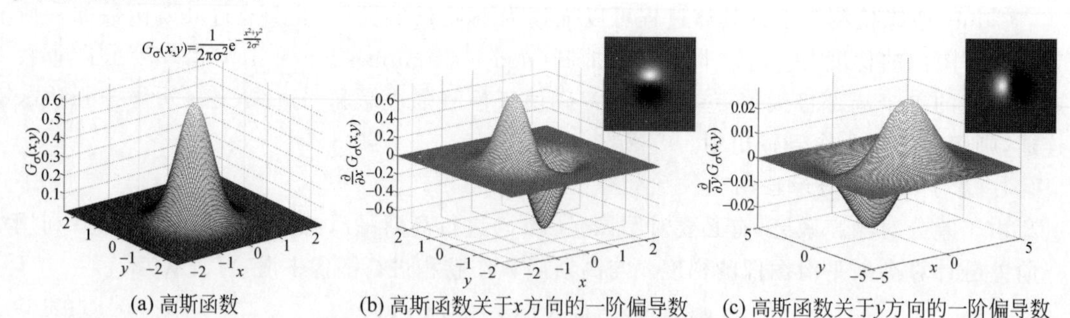

(a) 高斯函数　(b) 高斯函数关于x方向的一阶偏导数　(c) 高斯函数关于y方向的一阶偏导数

图 9-17　高斯函数的一阶偏导数($\sigma=0.5$)

在 x 方向和 y 方向上高斯函数一阶偏导数对图像滤波的基础上，梯度幅度和方向的数学表达式分别为

$$\nabla g(x,y)=[(\Delta_x g)^2(x,y)+(\Delta_y g)^2(x,y)]^{\frac{1}{2}} \tag{9-23}$$

$$\alpha(x,y)=\arctan\frac{\Delta_y g(x,y)}{\Delta_x g(x,y)} \tag{9-24}$$

式中，$\nabla g(x,y)$和$\alpha(x,y)$为像素(x,y)处梯度的幅度和方向。以图 9-14(a)所示的图像为例来说明 Canny 边缘检测的过程，图 9-19(a)为图 9-14(a)所示图像的梯度幅度，从梯度图像中可见，强边缘具有较大的幅度，而弱边缘具有较小的幅度。

2. 梯度的非极大值抑制

非极大值抑制是一种边缘细化方法，查找梯度方向上具有最大幅度的像素，追踪梯度中脊的顶部，并将不在脊顶部的像素置为 0。遍历梯度图像$\nabla g(x,y)$中的每一个像素，检查该像素的梯度幅度是否是邻域内沿梯度方向$\alpha(x,y)$的局部极大值，在边缘宽度上保留单个局部梯度极大值点，形成单像素宽度的边缘。如图 9-18 所示，将像素 p 与其 3×3 邻域内沿梯度方向的两个像素 q 和 r 进行比较，通过线性插值估计沿梯度方向的像素 q 和 r 的梯度幅度值，若该像素的梯度幅度不大于其邻域内沿梯度方向的两个相邻像素的梯度，则将其置为 0。根据对称性，分别在四个方向区间查找沿梯度方向的局部极大值。图 9-19(b)是对图 9-19(a)所示梯度图像非极大值抑制的结果，保留了单像素宽度的梯度值。

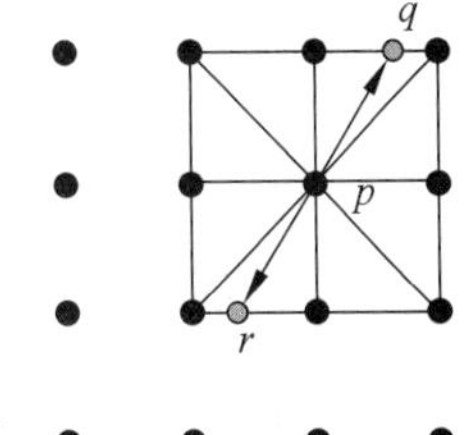

图 9-18 非极大值抑制示意图

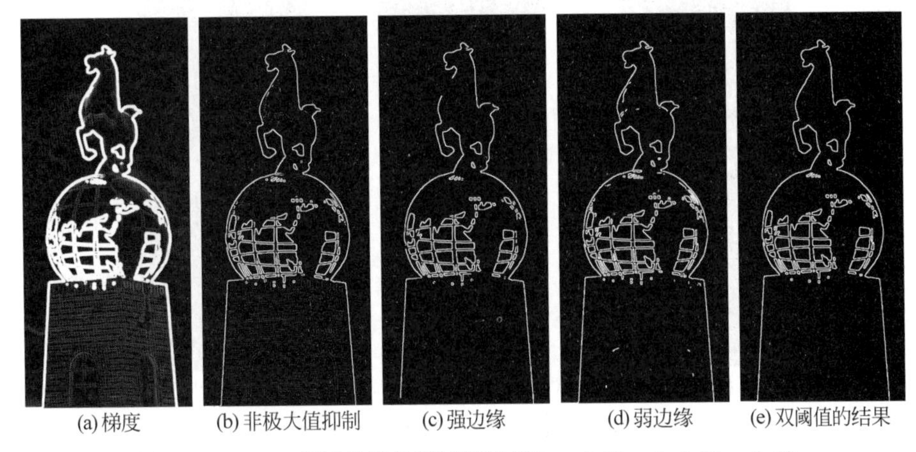

图 9-19 Canny 算子边缘检测过程图例($\sigma=2$、$T_1=0.1$,$T_2=0.5$)

3. 双阈值法的边缘检测和连接

双阈值法设置两个不同的阈值 T_1 和 T_2，其中，$T_1 < T_2$。梯度大于高阈值 T_2 的像素称为强边缘，梯度在低阈值 T_1 和高阈值 T_2 之间的像素称为弱边缘。分别使用这两个阈值对图像二值化，高阈值 T_2 的二值图像中几乎没有虚假边缘，但边缘间断、不完整[图 9-19(c)]；而低阈值 T_1 的二值图像虽然边缘完整，但是由于噪声、阴影和纹理等影响，包含较多的虚假边缘[图 9-19(d)]。双阈值法是在高阈值二值图像中将强边缘连接成轮廓，当到达间断点时，在低阈值二值图像的 8 邻域内寻找可以连接到强边缘的弱边缘像素，直至将强边缘连接起来为止。图 9-19(e)为双阈值法的边缘连接结果。通过使用双阈值，Canny 算法相对其他算法不易受噪声干扰，更可能检测到真正的弱边缘。

例 9-5 Canny 算子的边缘检测

图 9-20 给出了 Canny 算子的边缘检测示例。利用 MATLAB 图像处理工具包中 edge 函数的 Canny 算子检测图像中的边缘，并观察 Canny 算子中不同参数的取值对边缘检测结

果的影响。对于图 9-14(a)所示的灰度图像,图 9-20(a)～图 9-20(c)分别为 Canny 算子取不同参数的边缘检测结果,参数包括标准差 σ,以及双阈值 T_1 和 T_2。标准差 σ 取值越大,检测的边缘越平滑,抑制细节的能力越强。图 9-20(a)所用的高斯函数标准差 $\sigma=2$,而图 9-20(b)和图 9-20(c)所用的高斯函数标准差 $\sigma=4$。只有边缘形成闭合且连通的轮廓,才能实现目标的分割。注意图 9-20(a)中由于噪声或阴影的影响,地球的接近 9:00 点方向发生了间断;而在图 9-20(b)和图 9-20(c)中,当使用较大标准差的高斯函数平滑图像之后,产生了闭合且连通的轮廓。标准差越大,对噪声的敏感性越低。但是,边缘位置的误差会增加。高阈值 T_2 决定强边缘,而低阈值 T_1 决定弱边缘。Canny 算子提取与强边缘相连接的弱边缘,也就是说弱边缘的作用在于对强边缘进行连接,因此,该算子对低阈值 T_1 的取值并不敏感,而检测强边缘的高阈值 T_2 决定了图像中的主体边缘。图 9-20(a)和图 9-20(b)所用的两个阈值为 $T_1=0.01$、$T_2=0.05$,高阈值较小,因而检测出更多纹理、细节的边缘,如墙体砖块的边缘;而图 9-20(c)所用的两个阈值为 $T_1=0.01$、$T_2=0.5$,高阈值较大,因而检测出目标整体轮廓的边缘。

(a) $\sigma=2, T_1=0.01, T_2=0.05$

(b) $\sigma=4, T_1=0.01, T_2=0.05$

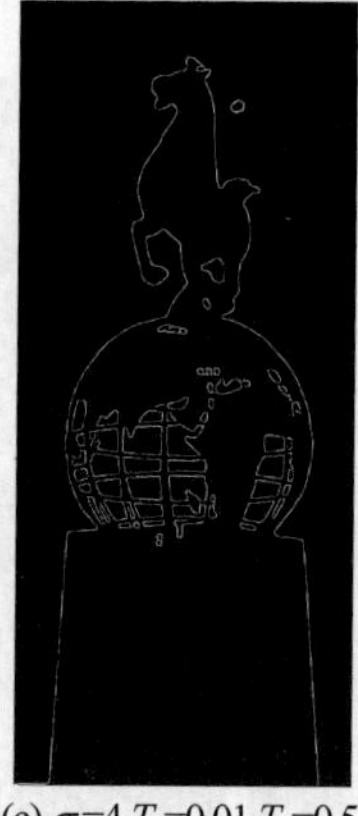

(c) $\sigma=4, T_1=0.01, T_2=0.5$

图 9-20　Canny 算子的边缘检测示例

9.2.1.4　二阶差分算子

二阶差分算子的响应会产生双边缘,且不能检测边缘的方向。二阶差分算子在图像分割中主要有两点作用:①二阶差分在边缘处产生零交叉,二阶差分的过零点可以确定边缘的位置;②二阶差分的符号可以确定边缘像素在边缘暗的一边还是亮的一边。本节讨论两种二阶差分算子——LoG 算子和 DoG 算子。二阶差分算子的模板系数之和也为 0,其频域响应函数在直流成分处为零,因此,二阶差分图像的平均灰度值为零。

1. LoG(Laplacian of Gaussian)算子

如 3.6.3.2 节所述,拉普拉斯算子是二阶差分算子,也是线性算子。不同于梯度算子和方向算子需要计算不同方向的差分,拉普拉斯算子是无方向的,因而它只有一个模板。3.6.3.2 节关注拉普拉斯算子在边缘增强中的应用,而本节描述拉普拉斯算子如何用于边缘检测。

对于一幅无噪图像,拉普拉斯算子可以定位图像中的边缘。但是,拉普拉斯算子对噪声极其敏感。因此,拉普拉斯算子一般不以原始形式用于边缘检测,一种常用的拉普拉斯的变形形式为**高斯拉普拉斯算子**(Laplacian of Gaussian,LoG)。LoG 算子的边缘检测方法也称为 Marr 边缘检测。

为了抑制拉普拉斯算子对噪声的敏感性，在使用拉普拉斯算子进行边缘检测之前，通过与高斯函数 $G_\sigma(x,y)$ 作卷积对图像进行平滑预处理。根据卷积的微分性质，可知

$$\nabla^2[G_\sigma(x,y) * f(x,y)] = \nabla^2 G_\sigma(x,y) * f(x,y) \tag{9-25}$$

这表明，先用高斯函数与图像作卷积，再计算拉普拉斯变换的结果，等于计算高斯函数的拉普拉斯变换，将拉普拉斯算子和高斯函数组合成为单一的高斯拉普拉斯算子 $\nabla^2 G_\sigma(x,y)$，再用 $\nabla^2 G_\sigma(x,y)$ 直接与图像作卷积。

根据式(9-21)，进一步计算高斯函数关于 x 方向的二阶偏导数为

$$\frac{\partial^2}{\partial x^2} G_\sigma(x,y) = \frac{x^2 - \sigma^2}{\sigma^4} \mathrm{e}^{-\frac{x^2+y^2}{2\sigma^2}} \tag{9-26}$$

同理，根据式(9-22)，进一步计算高斯函数关于 y 方向的二阶偏导数为

$$\frac{\partial^2}{\partial y^2} G_\sigma(x,y) = \frac{y^2 - \sigma^2}{o^4} \mathrm{e}^{-\frac{x^2+y^2}{2\sigma^2}} \tag{9-27}$$

在二阶偏导数的基础上，LoG 算子 $\nabla^2 G_\sigma(x,y)$ 定义为

$$\nabla^2 G_\sigma(x,y) = \frac{\partial^2}{\partial x^2} G_\sigma(x,y) + \frac{\partial^2}{\partial y^2} G_\sigma(x,y) = \frac{x^2 + y^2 - 2\sigma^2}{\sigma^4} \mathrm{e}^{-\frac{x^2+y^2}{2\sigma^2}} \tag{9-28}$$

图 9-21 显示了 LoG 函数的形状，其中 σ 取值为 0.5。对于图 9-17(a)～(c)所示的高斯函数 $G_\sigma(x,y)$ 及其关于 x 方向和 y 方向的一阶偏导数，图 9-21(a)和图 9-21(b)分别为高斯函数关于 x 方向和 y 方向二阶偏导数的三维网格图和图像显示，图 9-21(c)为 LoG 函数 $\nabla^2 G_\sigma(x,y)$ 的三维网格图，图 9-21(d)中实线为 LoG 函数 $\nabla^2 G_\sigma(x,y)$ 的径向剖面曲线，虚线为高斯函数 $G_\sigma(x,y)$ 的径向剖面曲线。

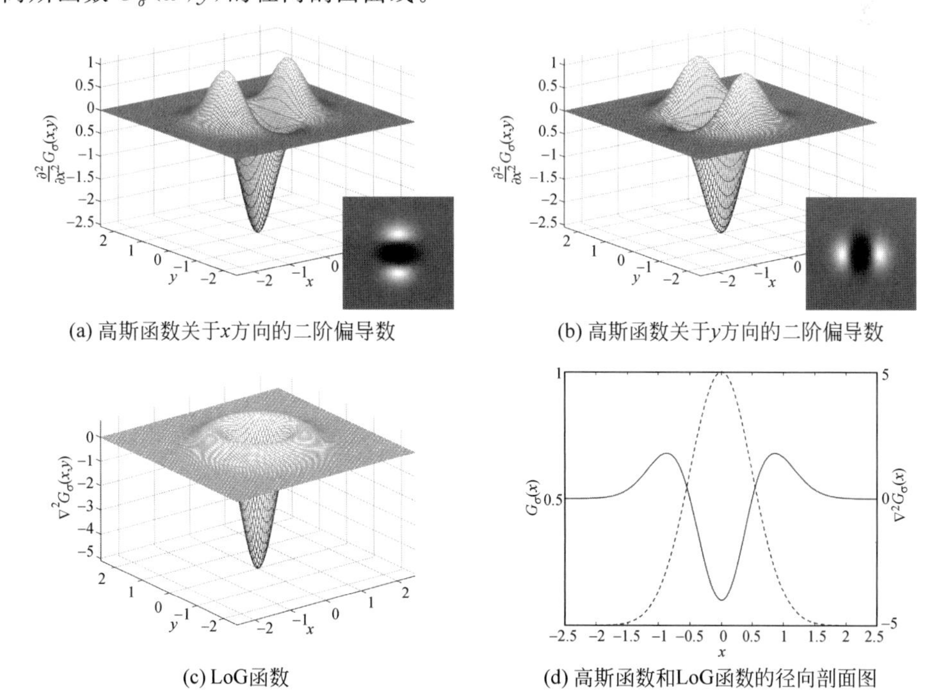

(a) 高斯函数关于x方向的二阶偏导数 (b) 高斯函数关于y方向的二阶偏导数

(c) LoG函数 (d) 高斯函数和LoG函数的径向剖面图

图 9-21 LoG 函数(σ=0.5)

对函数取负号使中心像素为正，这两种形式仅符号相反，它们有等效的作用。图 9-22(a)～(c)分别显示了 LoG 算子的三维网格图、径向剖面图以及对 $\nabla^2 G_\sigma(x, y)$ 近似的 5×5 模板。图 9-22(a)和图 9-22(b)的形状是负值的谷中有一个正向峰，参数 σ 控制中心峰的宽度，因而控制平滑的程度。对连续函数形式的 LoG 算子进行离散近似可获取任意尺寸的模板。图 9-22(c)所示的这种离散化不是唯一的，连续函数的形状决定了中心系数为正，周围系数为负，与中心像素距离较远的系数较小，包围在最外部的系数为 0。由于函数的形状，高斯拉普拉斯算子称为墨西哥草帽函数。LoG 算子的模板系数之和为 0，这样在灰度恒定的区域内模板的响应为 0。图 9-22(d)为 LoG 算子的频域响应函数，在直流成分处频域响应为 0。利用 LoG 算子定位图像的边缘可分为三个步骤：①使用 LoG 模板与图像作卷积；②检测差分图像中的过零点；③保留较强的过零点，即过零点两边的最大正值与最小负值之差较大。

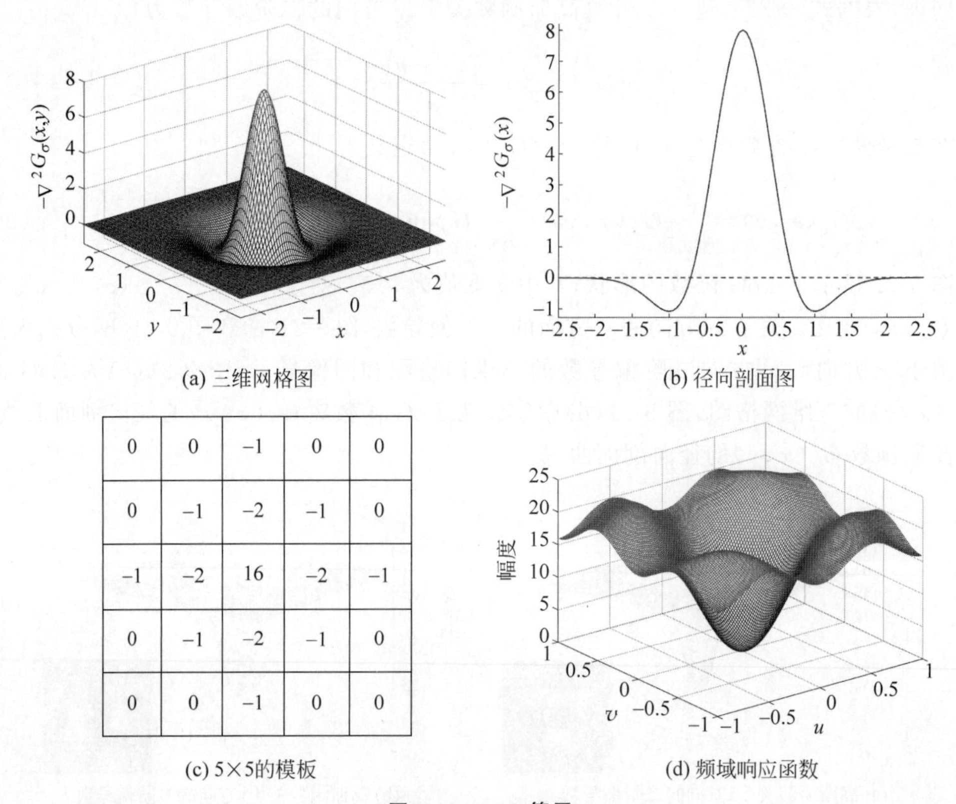

(a) 三维网格图　　(b) 径向剖面图

0	0	−1	0	0
0	−1	−2	−1	0
−1	−2	16	−2	−1
0	−1	−2	−1	0
0	0	−1	0	0

(c) 5×5的模板　　(d) 频域响应函数

图 9-22　LoG 算子

拉普拉斯算子是二阶差分算子，由于二阶差分算子对噪声具有敏感性，因此高斯函数的作用是对图像进行平滑处理，从而达到降噪的目的。高斯函数中标准差 σ 的选取起着关键性的作用，对边缘检测结果有很大的影响。σ 取值越大，平滑能力越强，对噪声的抑制能力越强，避免了虚假边缘的检出，但同时也模糊了图像的边缘。

二阶差分算子定位图像边缘是检测双边缘之间的过零点，直接寻找差分图像中零点的方法会失效，需要检测二阶差分算子真正的过零点。一种简单的检测方法是在 2×2 窗口内检测过零点，若正负值同时出现在 2×2 窗口内，则指定窗口内的任一像素，如左上角像素确定为边缘；若窗口内都是正值或负值，则确定为非边缘像素。二阶差分过零点检测有两点主要的不足：①平滑目标的形状，导致丢失明显的角点；②产生过多的闭合环形边缘，称为**意大利细面条盘子(plate of spaghetti)效应**。

例 9-6　LoG 算子的边缘检测

图 9-23 给出了一个 LoG 算子的边缘检测示例。使用 LoG 模板与图像作卷积，其中，σ 取值为 3，模板的尺寸为 19×19。图 9-23(a)为 LoG 模板与图 9-14(a)所示的灰度图像卷积的结果，由于 LoG 算子在边缘的两侧产生正值和负值的双边缘，为了在 8 位灰度级系统中显示，将差分值重标度到范围[0,255]。因此，绝大部分差分为 0 的区域在图像中显示为大面积的灰色。从图 9-23(a)中可以看到，在雕塑的边缘两侧表现出深和浅的双边缘，而 LoG 算子定位图像边缘是检测双边缘之间的过零点。

为了便于观察正负边缘之间的过零点，使用零阈值将差分图像阈值化，将正值显示为白色，非正值显示为黑色，如图 9-23(b)所示。图 9-23(c)为过零点检测结果，由于二阶差分对灰度变化的敏感性，在相对平坦的区域内检测出大量弱边缘对应的过零点。当包含输入图像中的所有过零点时，输出图像具有闭合轮廓。LoG 算子产生许多闭合环形边缘，这种意大利细面条盘子效应是这种方法最严重的问题。为了抑制可能由于噪声而引入的较弱的过零点，设置过零点的一个正常数阈值 T，将较大的过零跳跃认为是边缘，而较小的过零跳跃则不是边缘，这种情况只能检测出分段不连续的边缘。利用 MATLAB 图像处理工具包中 edge 函数的 LoG 算子自动选取阈值 T，图 9-23(d)为 $T=1.68\times10^{-3}$ 的过零点检测结果(图像归一化至区间[0,1])，由图中可见，LoG 算子通过过零点检测的边缘比梯度算子检测的边缘细。实现 LoG 算子也可以先对图像进行平滑处理，再使用拉普拉斯算子，与直接计算式(9-28)中合并的单一复合模板相比，这样级联的两个模板具有较小的尺寸。复合模板需要匹配如图 9-22(a)所示的复杂形状，因此，复合模板的尺寸通常较大。

(a) 二阶差分的图像显示

(b) 正值为白色、非正值为黑色显示

(c) 阈值为0的过零点检测结果

(d) 阈值为正常数的过零点检测结果

图 9-23　LoG 算子的边缘检测示例

2. DoG(Difference of Gaussian)算子

高斯差分(Difference of Gaussian，DoG)算子是两个高斯函数之差的形式，也是一种常用的二阶差分算子。将一幅图像 $f(x,y)$分别与标准差为 σ_1 的高斯函数 $G_{\sigma_1}(x,y)$和标准差为 σ_2 的高斯函数 $G_{\sigma_2}(x,y)$作卷积，可表示为

$$g_1(x,y)=G_{\sigma_1}(x,y)*f(x,y) \tag{9-29}$$

$$g_2(x,y)=G_{\sigma_2}(x,y)*f(x,y) \tag{9-30}$$

式中，σ_1 和 σ_2 分别为高斯函数 $G_{\sigma_1}(x,y)$ 和 $G_{\sigma_2}(x,y)$ 的标准差；$g_1(x,y)$ 和 $g_2(x,y)$ 为相应的高斯平滑图像。计算这两幅高斯平滑图像 $g_1(x,y)$ 与 $g_2(x,y)$ 的差值 $g(x,y)$，可表示为

$$g(x,y)=g_1(x,y)-g_2(x,y)=[G_{\sigma_1}(x,y)-G_{\sigma_2}(x,y)]*f(x,y) \tag{9-31}$$

高斯差分算子 $\nabla^2 G_\sigma(x,y)$ 定义为式(9-31)中两个高斯函数的差分，可表示为

$$\begin{aligned}\nabla^2 G_\sigma(x,y)&=G_{\sigma_1}(x,y)-G_{\sigma_2}(x,y)\\&=\frac{1}{2\pi}\left[\frac{1}{\sigma_1^2}\mathrm{e}^{-\frac{x^2+y^2}{2\sigma_1^2}}-\frac{1}{\sigma_2^2}\mathrm{e}^{-\frac{x^2+y^2}{2\sigma_2^2}}\right]\end{aligned} \tag{9-32}$$

图 9-24 显示了 DoG 函数的形状，这与 LoG 函数的形状相近，其中，σ_1 取值为 0.8，σ_2 取值为 0.5。图中实线表示 DoG 函数 $\nabla^2 G_\sigma(x,y)$ 的径向剖面曲线，点画线表示标准差为 σ_1 的高斯函数 $G_{\sigma_1}(x,y)$ 的径向剖面曲线，虚线表示标准差为 σ_2 的高斯函数 $G_{\sigma_2}(x,y)$ 的径向剖面曲线。

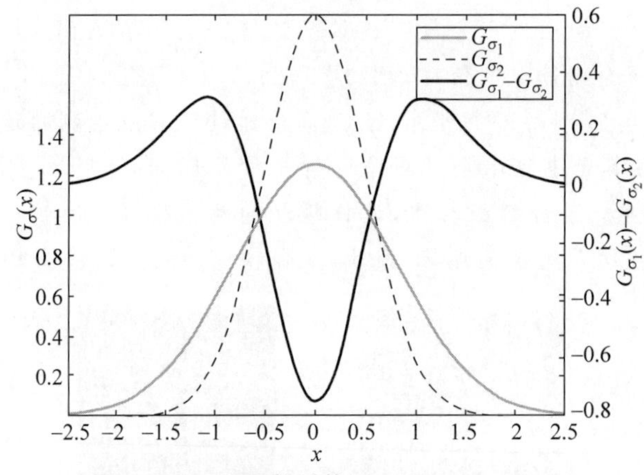

图 9-24 DoG 函数形状（$\sigma_1=0.8,\sigma_2=0.5$）

与 LoG 算子类似，对函数取负号使中心像素为正，这两种形式有等效的作用。图 9-25 为 DoG 算子的三维网格图及其径向剖面图。对连续函数形式的 DoG 算子进行离散近似即可获取卷积模板，模板系数之和为 0。利用 DoG 算子定位图像边缘的步骤与 LoG 算子相同。

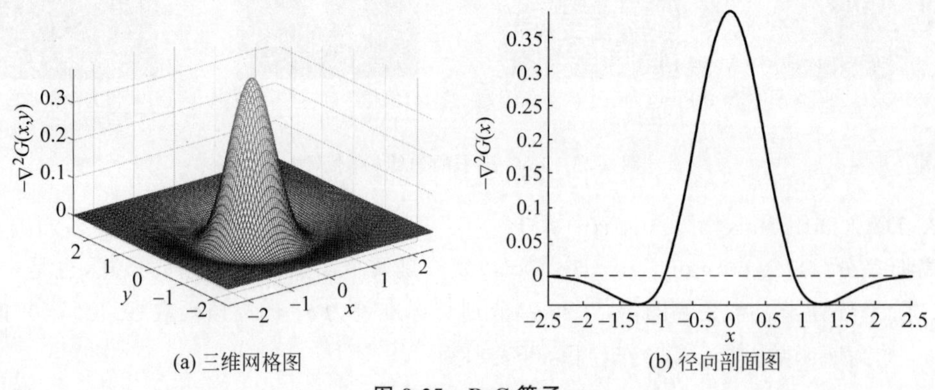

(a) 三维网格图　　(b) 径向剖面图

图 9-25 DoG 算子

9.2.1.5 边缘检测算子的比较

基于一阶差分的边缘检测算子包括 Roberts 算子、Sobel 算子和 Prewitt 算子，通过 2×2 或 3×3 的一阶差分模板与图像作卷积（Roberts 算子没有固定中心点，不能使用模板卷积来实现），然后选取合适的阈值提取边缘。拉普拉斯算子是二阶差分的边缘检测算子，因对噪声的敏感性而不可接受。LoG 算子在使用拉普拉斯算子之前对图像进行平滑处理，起到一定程度抑制噪声的作用。这些边缘检测算子是直接差分算子，其依据为一阶差分的强度和二阶差分的过零点。Canny 算子是另一类边缘检测算子，在一阶差分的基础上通过寻找局部最大梯度点来定位边缘，对同一边缘只产生一个响应。

不同的边缘检测算子有各自的优势和不足。Roberts 算子利用一阶差分检测边缘，边缘定位精度较高，但抑制噪声能力较差，适用于陡坡边缘且信噪比高的图像。Roberts 算子不具备对称结构，而在实际应用中通常使用奇数尺寸的模板。Sobel 算子等效于首先对图像进行加权平滑处理（中心像素具有更大的权重），然后再计算差分，因此，对噪声有一定的抑制能力。然而，Sobel 算子检测的边缘具有多个像素宽度，且不能形成闭合且连通的轮廓。Prewitt 算子与 Sobel 算子类似，等效于首先对图像进行均值平滑处理，然后再计算差分，对噪声也有一定的抑制能力。同样地，Prewitt 算子检测的边缘也具有多个像素宽度，且不能形成闭合且连通的轮廓。

拉普拉斯算子会产生双边缘，且由于它是二阶差分算子，因此对噪声很敏感，不适合直接用于边缘检测。LoG 算子克服了拉普拉斯算子抗噪能力弱的问题，并能够产生闭合且连通的轮廓。但是在抑制噪声的同时也模糊了边缘，从而造成小尺寸结构边缘的漏检。LoG 算子是复合算子，一般模板尺寸较大，因此，时间开销也较大。此外，当 LoG 算子中 σ 值较大时，过度的平滑会使形状丢失明显的角点；当 σ 值较小时，过多的细节产生意大利细面条盘子效应。Canny 算子采用双阈值法检测及连接边缘，可以形成闭合、连通且单像素宽度的边缘。但是，Canny 算子也会产生类似意大利细面条盘子效应的虚假边缘。

例 9-7　Roberts、Prewitt、Sobel、Canny 和 LoG 算子的边缘检测比较

利用边缘检测算子检测图 9-26(a)所示图像中"石林"两个字的边缘，而消除如石头纹理这样不重要的细节。图 9-26(b)～(f)比较了 Roberts、Prewitt、Sobel、Canny 和 LoG 算子边缘检测的性能。通过试探法调整阈值，使二值化处理后的边缘效果达到最优。通过比较发现，各个边缘检测算子各有优势。如图 9-26(b)所示，Roberts 算子检测的边缘与真实边缘更接近，但是，抑制噪声的能力差。如图 9-26(c)和图 9-26(d)所示，Prewitt 和 Sobel 算子对

(a) 灰度图像

(b) Roberts算子

(c) Prewitt算子

图 9-26　Roberts、Prewitt、Sobel、Canny 与 LoG 算子的边缘检测结果比较

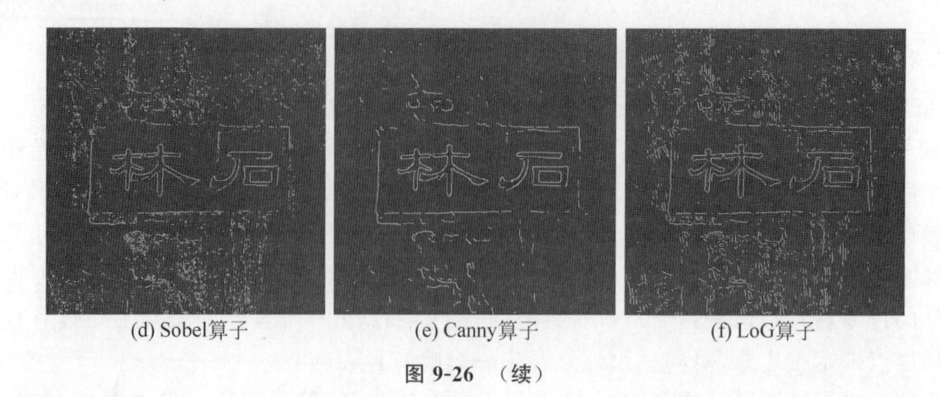

(d) Sobel算子 (e) Canny算子 (f) LoG算子

图 9-26 (续)

图像进行了平滑处理,有一定的抑制噪声的能力,但是在一定程度上模糊了图像的边缘,注意观察"石"字的轮廓。Canny 算子和 Log 算子在边缘检测之前使用高斯函数对图像进行了平滑,因此,可以滤除不重要的细节、噪声等,但是,由于对图像的平滑操作,丢失了图像的边、角点信息,检测出的边缘趋于圆滑,与真实的边缘位置不尽一致,如图 9-26(e)和图 9-26(f)所示。其中,Canny 算子中高斯函数的标准差 σ 取值为 2,LoG 算子中 σ 取值为 3。总地来说,Canny 算子的结果优于其他算子,它能将"石林"两字清晰地检测出来,还能对石头纹理等不重要的细节进行较好的抑制。

9.2.2 局部边缘连接

局部边缘连接处理是边缘检测之后在每一个边缘像素(x,y)所在的小邻域内分析像素的特性,根据指定的连接准则,将满足相同或相似特性的邻近边缘像素连接起来,填补边缘像素的间断,形成完整且连通的边界。

在这种局部分析中,通常依据边缘像素的梯度相似性,包括梯度的幅度[式(9-5)]和梯度的方向[式(9-7)]。设$\mathcal{S}_{xy}$表示图像中以像素(x,y)为中心的邻域像素集合,若边缘像素$(s,t)\in\mathcal{S}_{xy}$满足梯度幅度的相似性准则:

$$|\nabla f(s,t)-\nabla f(x,y)|\leqslant T \tag{9-33}$$

则该边缘像素在梯度幅度上与边缘像素(x,y)具有相似性。其中,T 为梯度幅度的阈值。

若边缘像素$(s,t)\in\mathcal{S}_{xy}$满足梯度方向的相似性准则:

$$|\alpha(s,t)-\alpha(x,y)|\leqslant A \tag{9-34}$$

则该边缘像素和边缘像素(x,y)具有相似的边缘方向,如前所述,像素(x,y)处的边缘方向垂直于该点处的梯度方向。其中,A 为梯度方向角度的阈值。

当同时满足梯度幅度相似性准则和梯度方向相似性准则时,将像素(x,y)与其邻域$\mathcal{S}_{xy}$内的像素(s,t)相连接。对图像中的每一个边缘像素重复该操作。当邻域的中心从像素(x,y)移到像素(s,t)时,将已连接的像素记录下来。

由于上述的过程需要检查每一个边缘像素所有的邻域像素,算法复杂度很高,计算的代价正比于边缘像素的数量以及邻域的范围。一种适合于实时应用的简化方法可以描述为下述四个步骤。

(1) 计算输入图像 $f(x,y)$的梯度幅度$\nabla f(x,y)$和方向角度 $\alpha(x,y)$。

(2) 判断梯度幅度$\nabla f(x,y)$和方向角度 $\alpha(x,y)$的条件,检测梯度方向为 θ 的边缘像素,在任意点(x,y)处由二值图像 $g_\theta(x,y)$给出:

$$g_\theta(x,y)=\begin{cases}1, & \nabla f(x,y)>T_M \text{ 且 } \alpha(x,y)\in[\theta-T_A,\theta+T_A]\\0, & \text{其他}\end{cases} \tag{9-35}$$

其中,T_M 为梯度幅度的阈值,θ 为指定的梯度方向角度,$\pm T_A$ 指定方向角度 θ 允许的范围。

(3) 若 $\theta=0°$,则直接扫描 $g_\theta(x,y)$的各行,对每一行中不超过指定长度 L 的所有间隔(0 的集合)进行填充(置为 1)。注意,间隔两端以一个或多个 1 为界。各行独立处理,相互之间没有影响。否则,转到步骤(4)。

(4) 对于其他任何梯度方向 θ 上的间隔检测,以角度 $\pi-\theta$ 逆时针旋转 $g_\theta(x,y)$,使得边缘呈水平方向,并进行步骤(3)的水平扫描过程,扫描各行后,再将结果以相同角度顺时针旋转回来。

上述步骤只是提取出在某一梯度方向 θ 上的边缘。对所有可能的梯度方向 θ,都要重复步骤(2)到步骤(4)。最终的边缘连接结果由所有方向边缘连接结果的并集给出。

例 9-8 局部边缘连接

图 9-27(a)为一幅尺寸为 272×280 的电路图像,图 9-27(b)为其梯度幅度图像,该图像中仅有水平和垂直方向的边缘。在上述方法的步骤中,θ 取值为 0°和 90°两种情况。图像旋

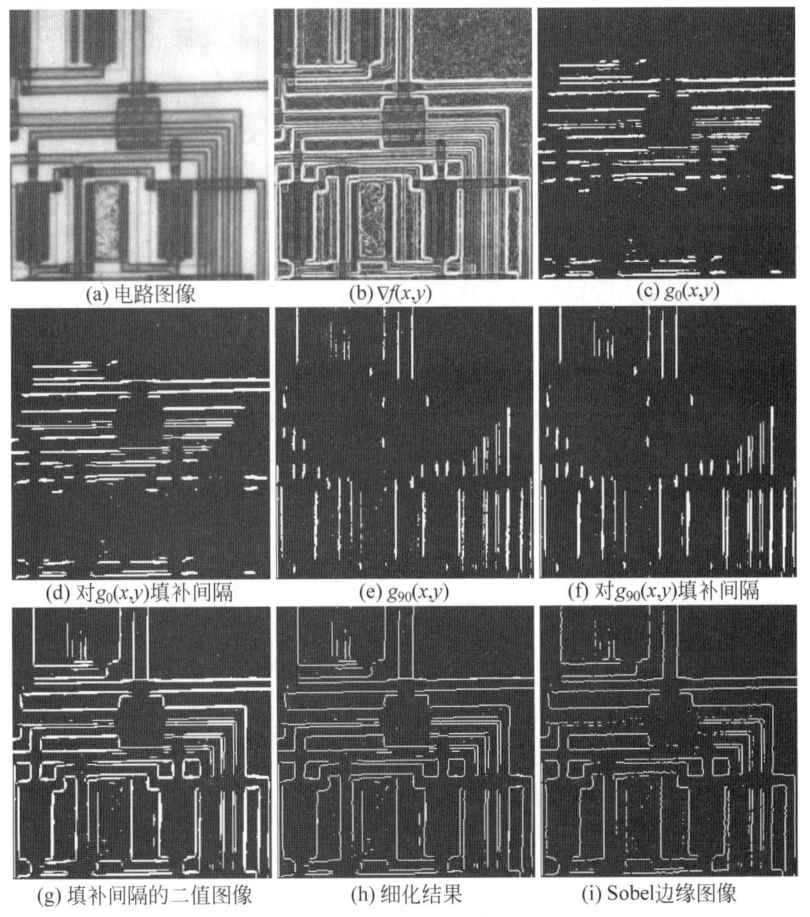

图 9-27 局部边缘连接示例

转的计算代价高(这里可以直接作矩阵转置),当仅考虑水平和垂直两个方向边缘连接时,分别直接沿水平和垂直方向填补间隔。设置 T_M 为最大梯度幅度的 45%,$T_A=45°$,$L=10$。当 $\theta=0°$ 时,图 9-27(c)为水平方向的二值边缘图像 $g_0(x,y)$,沿水平方向填补 $g_0(x,y)$ 中小于 L 个像素的间隔,如图 9-27(d)所示。当 $\theta=90°$ 时,图 9-27(e)为垂直方向的二值边缘图像 $g_{90}(x,y)$,沿垂直方向填补 $g_{90}(x,y)$ 中小于 L 个像素的间隔,如图 9-27(f)所示。然后对图 9-27(d)和图 9-27(f)这两幅边缘连接的二值图像作逻辑或运算,图 9-27(g)为最终的边缘图像,图 9-27(h)为其细化操作的结果。与图 9-27(i)所示的 Sobel 边缘图像(阈值化和细化处理)进行比较,可以看出局部边缘连接在一定程度上能够将边缘检测的像素连接形成完整、连通的区域边界。

9.2.3 Hough 变换

由于直线或曲线具有特定的参数方程,Hough 变换在参数空间中检测直线或曲线,将直线或曲线的检测问题转换为计数问题。1962 年由 Paul Hough 向美国申请专利,利用 Hough 变换检测图像中的直线和曲线。通常应用于边缘检测之后,通过拟合共线的边缘点提取直线或曲线,它是一种全局边缘连接方法。

9.2.3.1 Hough 变换直线检测基本思想

通常图像中的直线对应重要的边缘信息,例如,车辆自动驾驶技术中车道线的检测需要有效地提取图像中的直线;而航空航天照片分析中,直线对应于重要的人造目标的边缘。在计算机视觉中直线检测是一项具有重要意义的技术。Hough 变换直线检测是一种参数空间提取直线的方法,它将直线上点的坐标变换到过点的系数域,利用了共线点与直线相交之间的关系,将直线检测问题转换为计数问题。Hough 变换直线检测的主要优点是受直线中间隙和噪声的影响较小。

在 O-xy 平面上,直线的斜截式方程为

$$y=mx+b \tag{9-36}$$

式中,m 和 b 分别为直线的斜率和截距。如图 9-28 所示,对于给定的一条直线,对应一个数对(m,b),反之,给定一个数对(m,b),对应一条直线 $y=mx+b$。简单地说,O-xy 平面上的直线 $y=mx+b$ 与 O-mb 平面上的数对(m,b)是一一对应关系,这个关系称为 Hough 变换。

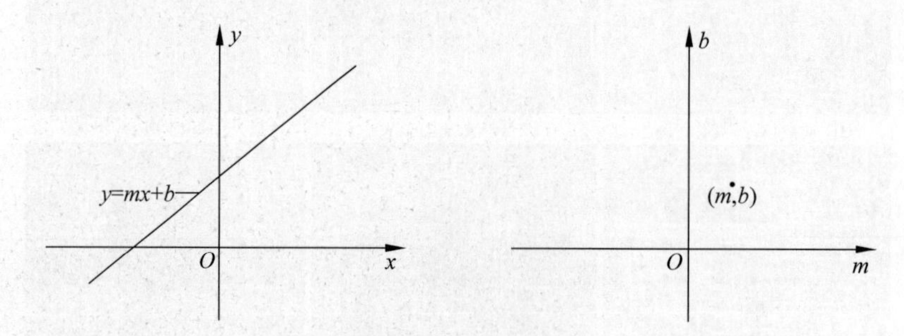

图 9-28 O-xy 平面上的直线与 O-mb 平面上的数对的对应关系

同理,如图 9-29 所示,O-xy 平面上的一点(x,y)与 O-mb 平面上的一条直线 $b=-xm+y$ 是一一对应关系。因此,如图 9-30 所示,对于 O-xy 平面上的直线 $y=mx+b$,直线上的每一个点(x,y)都对应于 O-mb 平面上的一条直线,这些直线相交于一点(m,b)。对于

分布在两条直线上的点，在参数空间中可以找到两个交点，点的坐标对应 $O\text{-}xy$ 空间中直线的两个参数，如图 9-31 所示。Hough 变换直线检测利用这个重要性质检测共线点，从而提取出直线。

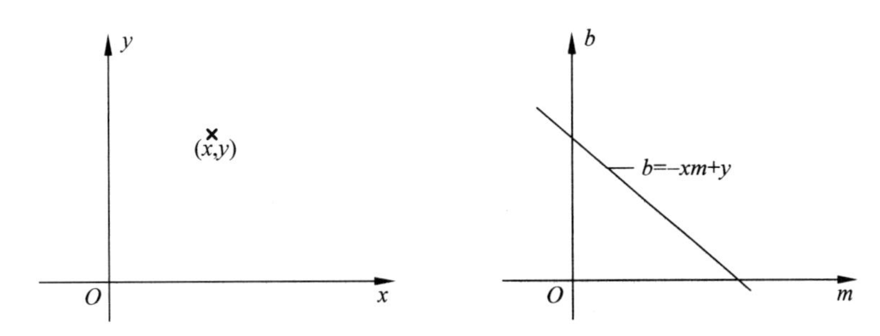

图 9-29　$O\text{-}xy$ 平面上的点与 $O\text{-}mb$ 平面上的直线的对应关系

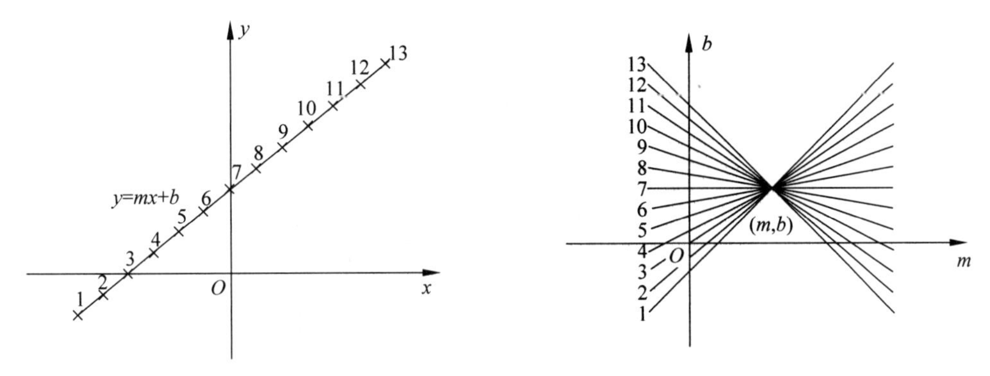

图 9-30　$O\text{-}xy$ 平面上的共线点与 $O\text{-}mb$ 平面上的直线相交于一点的对应关系

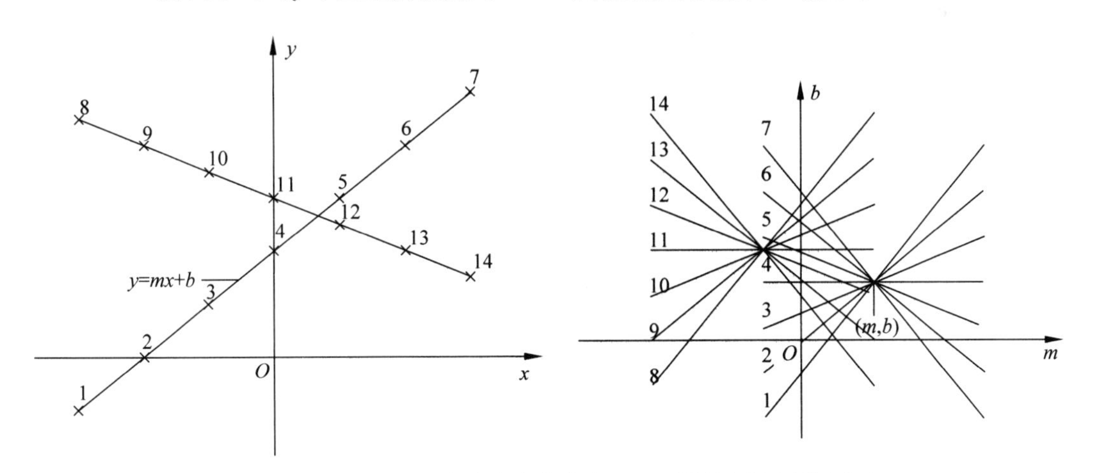

图 9-31　$O\text{-}xy$ 平面两条直线上的点在 $O\text{-}mb$ 平面上相交于两个点

9.2.3.2　极坐标系中 Hough 变换实现

由于直线的斜率可能无穷大，为了使变换域有意义，采用直线的极坐标方程表示为

$$\rho = x\cos\theta + y\sin\theta \tag{9-37}$$

式中，数对(ρ,θ)定义了从原点到直线距离的向量，如图 9-32 所示，该向量与直线垂直，ρ 表示向量长度，θ 表示向量方向。

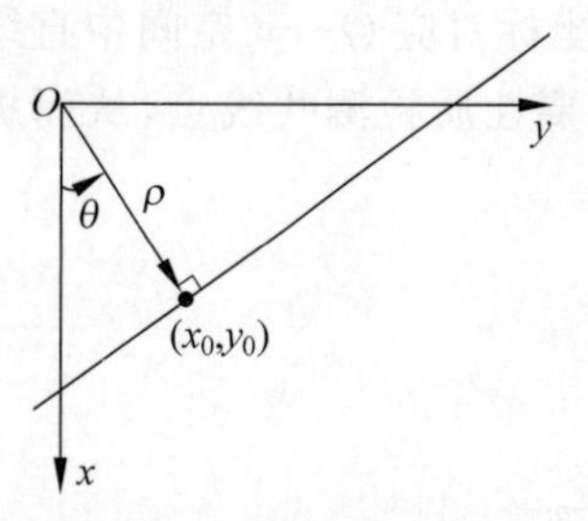

图 9-32 直线的极坐标表示

利用斜率和过直线一点很容易推导出式(9-37)中直线极坐标方程的表达式。用极坐标表示法线与直线上的交点(x_0，y_0)，即

$$\begin{cases} x_0 = \rho\cos\theta \\ y_0 = \rho\sin\theta \end{cases} \tag{9-38}$$

直线的斜率为 $\tan\left(\frac{\pi}{2}+\theta\right)$，因此，通过斜率和过直线一点($x_0$，$y_0$)将直线方程表示为

$$\frac{y-\rho\sin\theta}{x-\rho\cos\theta}=\tan\left(\frac{\pi}{2}+\theta\right) \tag{9-39}$$

由于 $\tan\left(\frac{\pi}{2}+\theta\right)=\cot(-\theta)=-\frac{\cos\theta}{\sin\theta}$，通过对式(9-39)化简整理，可得

$$x\cos\theta+y\sin\theta=\rho\sin^2\theta+\rho\cos^2\theta=\rho \tag{9-40}$$

对于式(9-37)，若看成 y 是 x 的函数，则是一条直线；若把 ρ 看成 θ 的函数，则是一条正弦曲线。于是，O-xy 平面上的直线 $\rho=x\cos\theta+y\sin\theta$ 与 O-$\rho\theta$ 平面上的数对(ρ,θ)是一一对应关系。同理，O-xy 平面上的点与 O-$\rho\theta$ 平面上的正弦曲线也是一一对应关系。如图 9-33 所示，O-xy 平面上的共线点对应于 O-$\rho\theta$ 平面上的正弦曲线相交于一点，该点即直线方程的参数(ρ,θ)。根据直线方程的参数(ρ,θ)可知直线的方程，这就是利用 Hough 变换从图像中提取直线的原理。

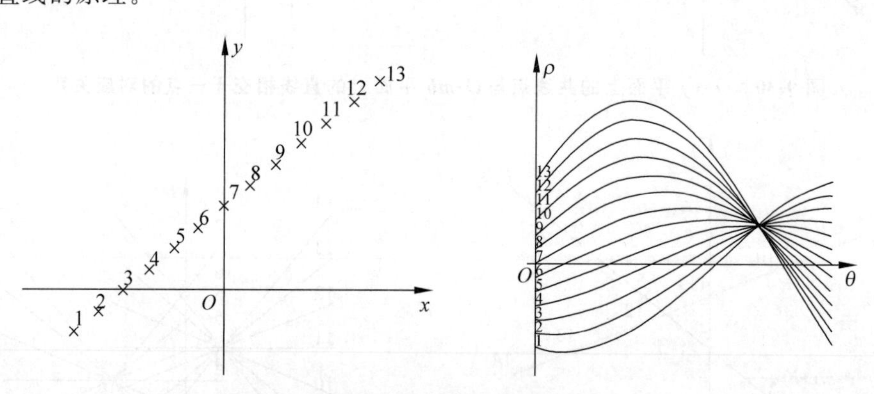

图 9-33 共线点对应的正弦曲线相交于一点

O-xy 平面上的每一个边缘点对应于 O-$\rho\theta$ 平面上的一条正弦曲线，为了寻找共线点所在的直线，对 O-$\rho\theta$ 平面进行量化，也就是对 ρ 和 θ 值进行量化，将参数空间用二维累加数组 $A(\rho,\theta)$ 表示，数组中的每一个元素表示一个计数累加器，对应一个数对(ρ,θ)，如图 9-34 所示。对于 O-xy 平面上的点(x,y)，根据式(9-37)，计算量化的 θ 值对应的 ρ 值并量化，将正弦曲线通过轨迹上的数组元素 $A(\rho,\theta)$ 加上 1，计数累加器 $A(\rho,\theta)$ 实际上是位于直线 $\rho=x\cos\theta+y\sin\theta$ 上点数的统

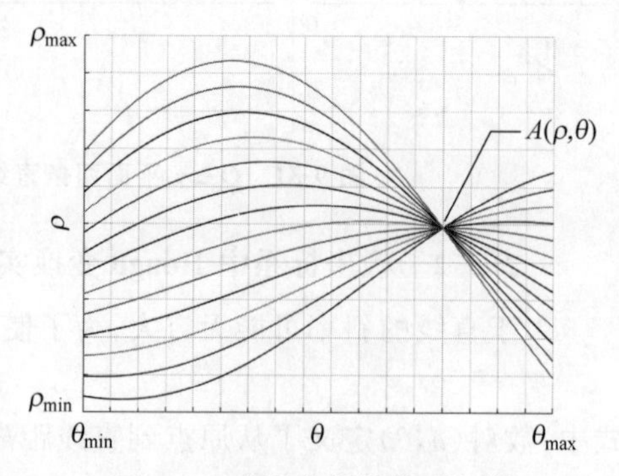

图 9-34 参数空间计数累加器

计。将所有点(x,y)变换到参数空间后，同一数对(ρ,θ)对应的O-xy平面上的各点接近于共线，利用最小二乘法对O-xy平面上的这些点进行拟合，计算出这些点所在的直线方程。O-$\rho\theta$平面的量化步长决定了这些点共线性的精确度。若图像中存在n条待检测的直线，则选择计数累加器中前n个最大值对应的数对(ρ,θ)。

极坐标系中 Hough 变换直线检测具体的实现步骤描述如下：

(1) 初始化二维累加数组$A(\rho,\theta)$为0；

(2) 对于每一个边缘像素(x,y)，对于每一个量化角度$\theta\in[\theta_{\min},\theta_{\max}]$，根据式(9-37)计算$\rho$并量化，相应的计数累加器$A(\rho,\theta)$加1；

(3) 重复步骤(2)，直至检查所有的边缘像素和所有的角度θ。

(4) 查找$A(\rho,\theta)$最大值对应的(ρ,θ)；

(5) 利用最小二乘法对(ρ,θ)的所有边缘像素(x,y)进行直线拟合，计算出这些点所在的直线方程。

实际上，由于数字图像的空间采样、图像边缘并非理想直线、或者噪声干扰等原因，参数ρ和θ的量化步长对共线点的检测有很大的影响。如图9-35所示，由于受噪声的干扰，共线点略偏离了原来的直线，因此，在参数空间中，对应的曲线不能相交于一点。若ρ和θ的量化过粗，则非共线点可能落在参数空间中的同一计数累加器，由于野点的存在，导致直线参数ρ和θ的估计不准确。反之，若ρ和θ值的量化过细，则共线点可能落在参数空间中的多个计数累加器。Hough 变换参数空间的量化以及在参数空间中寻找峰值并非一件容易的事情，Hough 变换参数空间的峰值一般都位于多个计数累加器中。

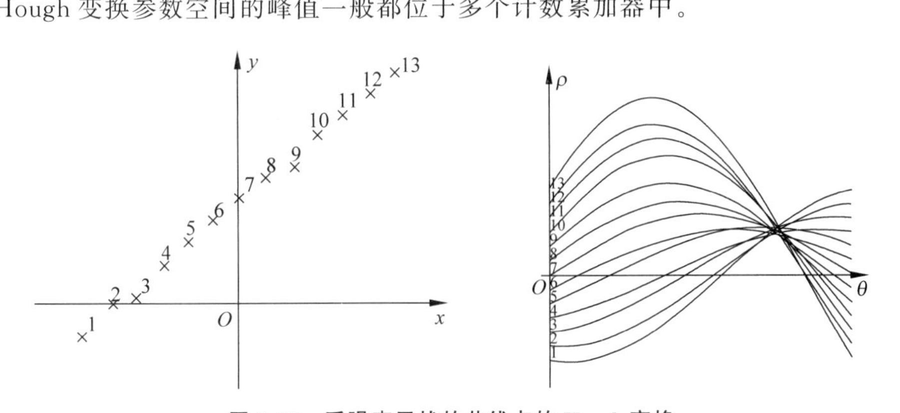

图 9-35　受噪声干扰的共线点的 Hough 变换

当一幅图像的尺寸为$M\times N$时，ρ的取值范围为$(-M,\sqrt{M^2+N^2}]$。如图9-36所示，以x轴为基准，θ的取值范围为$[0,\pi)$。当$\theta\to\pi$时，$\rho_{\min}\to -M$，达到最小值；当$\theta=\vartheta$时，$\rho_{\max}=\sqrt{M^2+N^2}$，达到最大值，其中$\vartheta=\arctan(N/M)$。

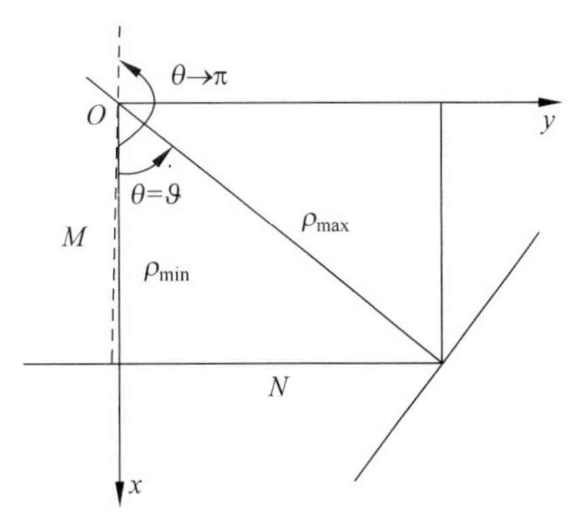

图 9-36　ρ 和 θ 取值范围示意图

例 9-9　Hough 变换直线检测

利用 Hough 变换提取图9-37(a)中的直线段，角度θ的量化间隔为1°。Hough 变换应用于边缘检测之后，将边缘像素连接形成完整、连通的边界。为了平滑房屋砖墙和瓦片屋顶的纹理而产生干净的边缘,选取 Canny 算子对图像进行边缘检测,其中,高斯平滑函数的标准差 σ 取值为 3。图 9-37(b)为 Canny 算子的边缘检测结果,由图中可见,在平滑的同时,角点信息也严重丢失。图 9-37(d)是以图像方式显示的参数空间,在 Hough 变换的参数空间中寻找前 8 个峰值,从而提取图像中的 8 条主要直线。如图 9-37(c)所示,为了便于观察,提取出的直线段用红色表示。

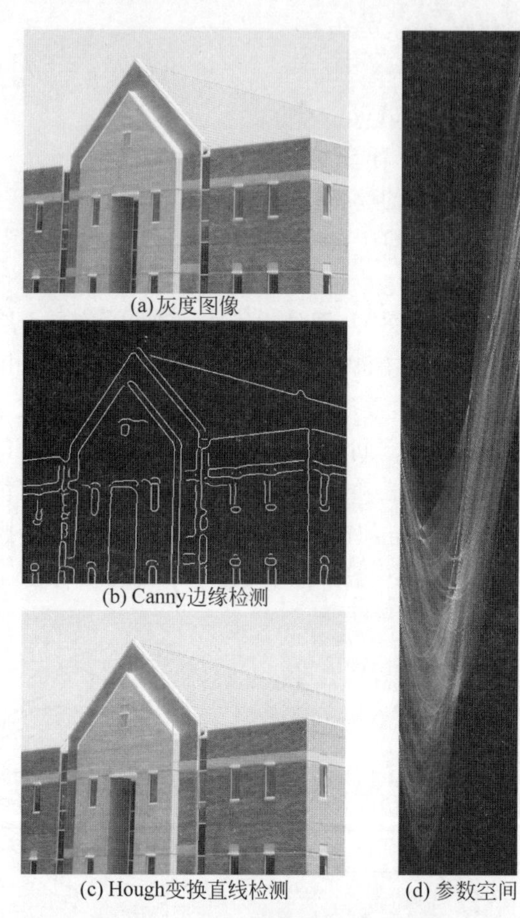

图 9-37 Hough 变换直线检测示例

9.2.3.3 Hough 变换圆检测

Hough 变换可以扩展到形式为 $f(\boldsymbol{x};\boldsymbol{c})=0$ 的任何函数,其中,$\boldsymbol{x}$ 为坐标向量,$\boldsymbol{c}$ 为参数向量。二维空间中圆的函数有三个未知参数,圆的标准方程为

$$(x-\alpha)^2+(y-\beta)^2=r^2 \tag{9-41}$$

式中,(α,β)为圆心,r 为圆的半径。O-xy 平面上的一点(x,y)与 O-$r\alpha\beta$ 平面上的一个圆锥曲面 $r=\sqrt{(\alpha-x)^2+(\beta-y)^2}$ 是一一对应关系。如图 9-38 所示,O-xy 平面的圆上两点,在 O-$r\alpha\beta$ 平面上对应两个圆锥曲面相交于曲线(折线)。至少三个点才能确定三维空间中的一点,如图 9-39 所示,对于 O-xy 平面上的圆,三个点(x,y)分别对应 O-$r\alpha\beta$ 平面上的三个圆锥曲面,这些圆锥曲面相交于一点(α,β,r),该点即为这三个点所在圆的参数。

这三个参数构成三维参数空间的计数累加器。利用极坐标表示 O-xy 平面以(α,β)为

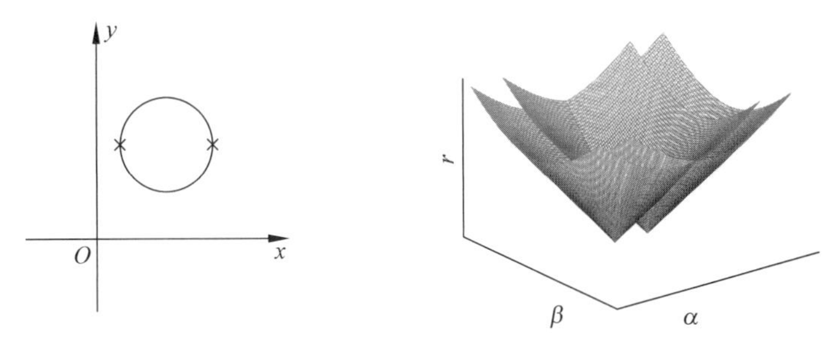

图 9-38　O-xy 平面上的点与 O-rαβ 平面上的圆锥曲面的对应关系

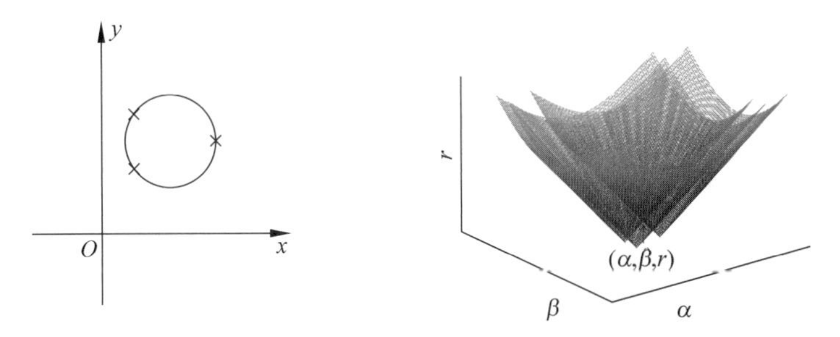

图 9-39　O-xy 平面上的点与 O-rαβ 平面上的圆锥曲面的对应关系

圆心的圆上的每一个点(x,y)：

$$\begin{cases} x=\alpha+r\cos\theta \\ y=\beta+r\sin\theta \end{cases} \tag{9-42}$$

其中$\theta\in[0,2\pi)$为极角。对于r的所有可能取值，在θ的取值空间中递增θ值，计算$\alpha=x-r\cos\theta$，$\beta=y-r\sin\theta$并量化，同时将相应的计数累加器$A(\alpha,\beta,r)$加上1。显然，Hough 变换检测的复杂度随着参数个数的增加呈几何增长。通常，利用 Hough 变换检测圆时，预先估计圆的半径，这样将参数向量降到二维，在二维参数空间中，Hough 变换圆检测的复杂度与直线检测的复杂度相同。

图 9-40 直观说明了二维参数空间中 Hough 变换圆检测的基本原理，O-xy 平面上一个圆与 O-$\alpha\beta$ 平面上一个点（圆心）是一一对应关系；同理，O-xy 平面上一个点与 O-$\alpha\beta$ 平面上以该点为圆心的圆也是一一对应关系。因此，对于 O-xy 平面上固定半径r的圆$(x-\alpha)^2+(y-\beta)^2=r^2$，圆上的每一个点都对应于 O-$\alpha\beta$ 平面上一个以点(x,y)为圆心的圆，这些圆相交于一点(α,β)。如图 9-40(a)所示，对于 O-xy 平面上共圆的 10 个点，当半径估计正确时，如图 9-40(b)所示，参数空间的圆相交于圆心处，计数累加器中的峰值对应的参数即圆心；而当半径估计过大[图 9-40(c)]或过小[图 9-40(d)]时，参数空间的圆都无法相交于一个点，也就无法找到正确的圆心位置。

例 9-10　二维参数空间的 Hough 变换圆检测

图 9-41(a)为一幅尺寸为 259×300 的灰度图像，图像中有 4 枚 10 美分和 6 枚 5 美分的圆形硬币，利用 Hough 变换圆检测方法提取图像中这两种尺寸的圆形硬币。图 9-41(b)为 Canny 算子的边缘检测结果，其中，高斯函数的标准差σ取值为 2。预先估计圆的半径，将图 9-41(b)变换到二维参数空间，参数空间的尺寸为原图像的行宽和列宽分别加上$2r$，这是因为在参数空间实际上是以图像中的每一个边缘点为圆心画圆。图 9-41(c)是当半径r取值为 25 时以图像方式显示的参数空间，参数空间中四个 10 美分尺寸的圆聚交为一点，而六

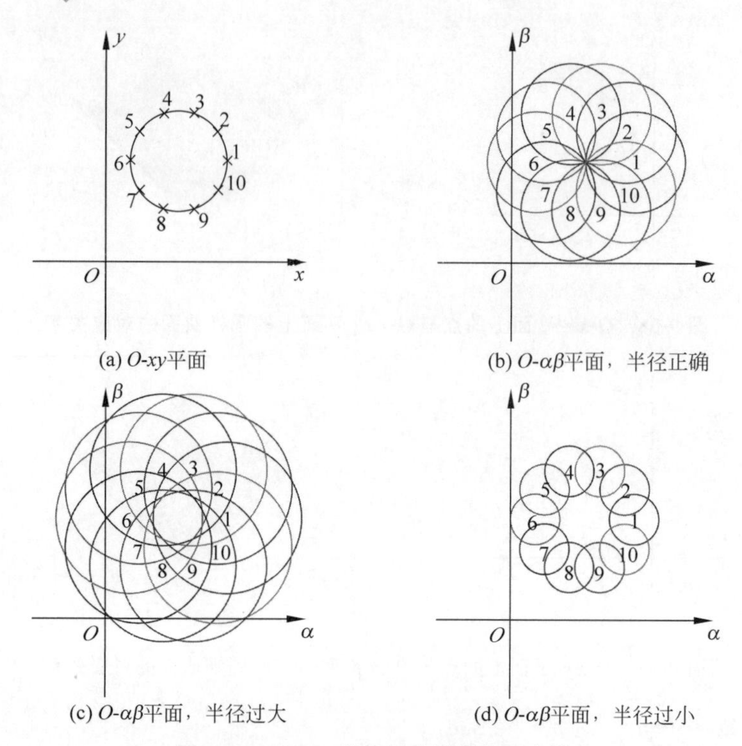

(a) O-xy平面　(b) O-αβ平面，半径正确

(c) O-αβ平面，半径过大　(d) O-αβ平面，半径过小

图 9-40　Hough 变换圆检测原理示意图

个 5 美分尺寸的圆无法相交于一点，如图 9-41(d)所示，四个 10 美分硬币的检测结果以红色的圆叠加在原图像上。图 9-41(e)是当半径 r 取值为 30 时以图像方式显示的参数空间，参数空间中六个 5 美分尺寸的圆聚交为一点，而四个 10 美分尺寸的圆无法相交于一点，如图 9-41(f)所示，六个 5 美分硬币的检测结果以红色的圆叠加在原图像上。

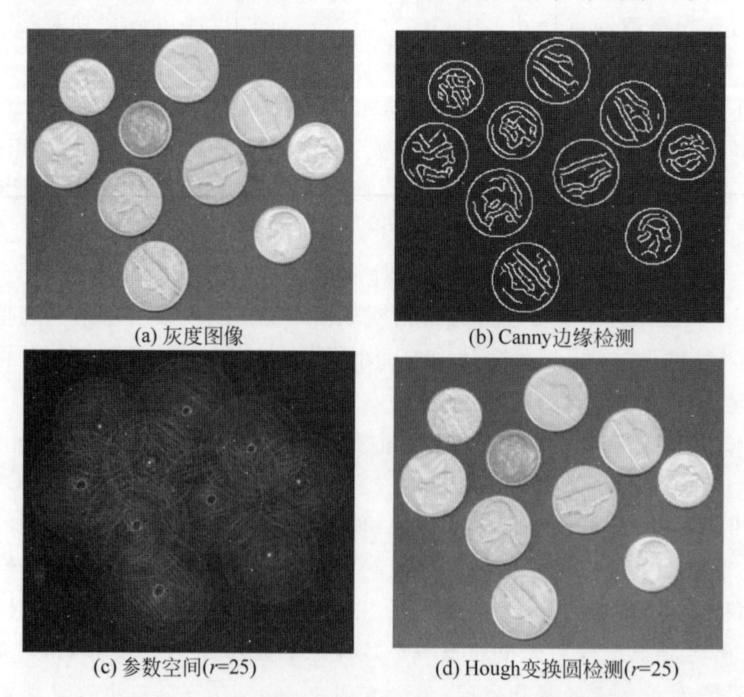

(a) 灰度图像　(b) Canny边缘检测

(c) 参数空间(r=25)　(d) Hough变换圆检测(r=25)

图 9-41　二维参数空间的 Hough 变换圆检测示例

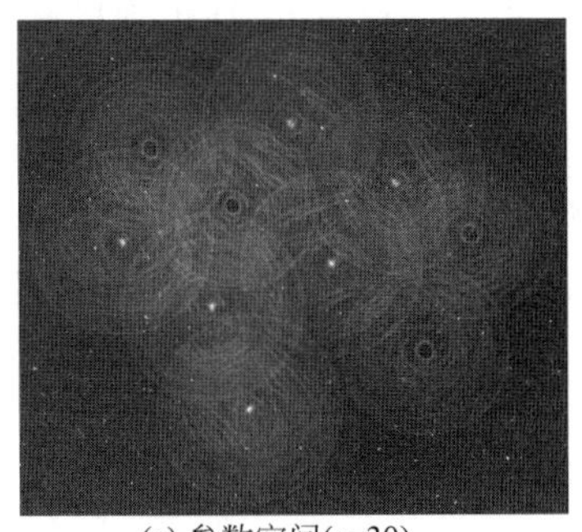

(e) 参数空间(r=30)

(f) Hough变换圆检测(r=30)

图 9-41　(续)

9.2.4　边界跟踪

边界跟踪方法沿着区域边界连接边界像素,用于二值图像中目标边界的提取。边界跟踪是从连通分量的某一个边界像素出发,根据某种搜索准则搜索下一个边界像素,按照规定的顺序对连通分量的边界进行提取。边界跟踪是一种顺序跟踪边界的串行算法。通常利用链码来表示提取的目标边界,并分析各个目标的形状特征。

边界跟踪包括三个步骤:①确定边界搜索的起始点;②确定合适的边界搜索准则,搜索准则指导如何搜索下一个边界像素;③确定边界搜索的终止条件。本节介绍一种8连通边界跟踪算法,具体描述为如下三个步骤:

步骤一:对图像进行光栅扫描,搜索未标记的边界像素 b_0。若存在未标记的边界像素,则开始一条边界的跟踪;否则,算法结束。

步骤二:在 b_0 的8邻域内,从左边相邻的0像素开始,按照逆时针方向的顺序,搜索下一个边界像素。这时,

(1) 当 b_0 的8邻域都是0像素时,b_0 就是孤立点,边界的跟踪结束。如图9-42所示,灰色表示1像素。在这种情况下,返回到步骤一,继续图像的光栅扫描,并准备进行下一条边界的跟踪。

(2) 在其他情况下,将搜索到的第一个1像素,记为 b_1,作为下一个边界像素进行跟踪。如图9-43所示,灰色表示1像素。

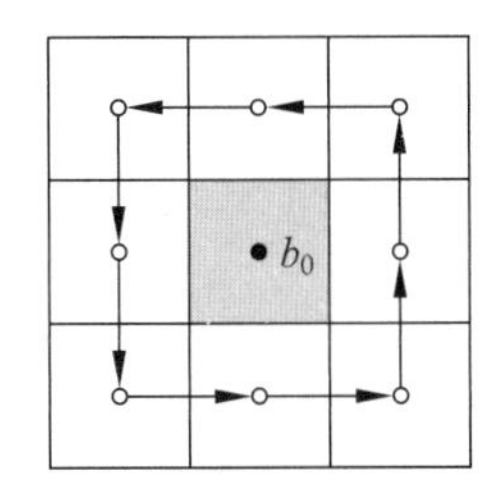

图 9-42　步骤二中情况(1)的搜索示意图

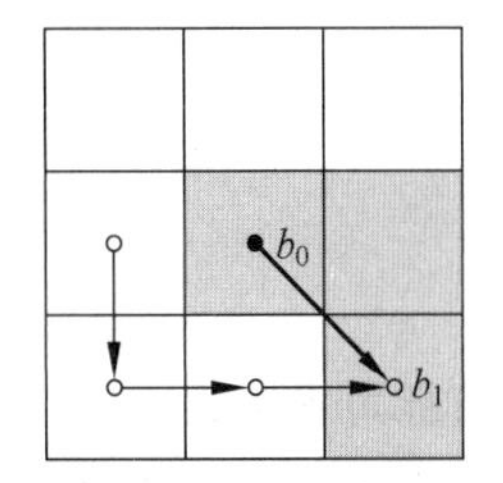

图 9-43　步骤二中情况(2)的搜索示意图

步骤三:在 b_1 的8邻域内,按照逆时针方向的顺序,从 b_0 的下一个像素开始搜索1像素,记为 b_2,利用同样的方法搜索 b_3,b_4,…。如图9-44所示,灰色表示1像素。若搜索到当前边界像素 $b_m=b_0$,且下一像素 $b_{m+1}=b_1$,则边界的跟踪结束。此时,像素序列 b_0,b_1,…,

b_{m-1} 形成一条边界。在边界跟踪的过程中，将边界上的像素 b_i 标记为已跟踪，$i=0,1,\cdots,m-1$。返回到步骤一，继续图像的光栅扫描，并准备进行下一条边界的跟踪。

利用上述的边界跟踪算法可以搜索连通分量外边界和内边界(孔的边界)。边界跟踪算法跟踪内外边界的顺序是相反的。如图 9-45 所示，对于连通分量的外边界，按照逆时针方向跟踪；对于内边界，按照顺时针方向跟踪。因此，边界总数等于连通分量的数目与孔的数目之和。

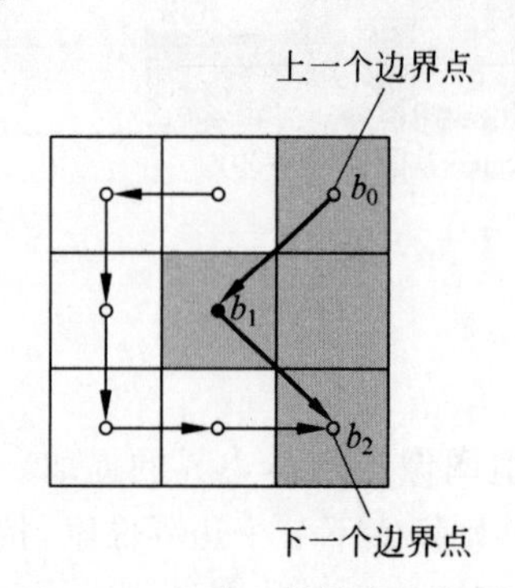

图 9-44 步骤三的搜索示意图

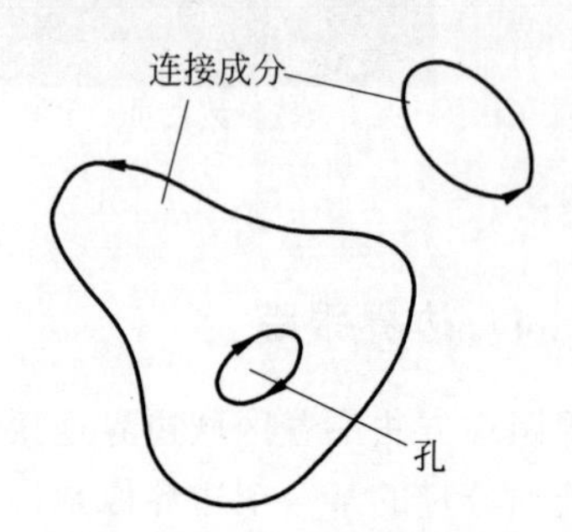

图 9-45 边界跟踪的顺序

外侧：按照逆时针方向跟踪；内侧：按照顺时针方向跟踪

图 9-46 给出了一个连通分量外边界的跟踪示例，灰色表示 1 像素，将连通分量最左边的像素作为起始点，箭头的方向指出边界跟踪的顺序。如前所述，在连通分量的外侧，按照逆时针的顺序跟踪边界像素。

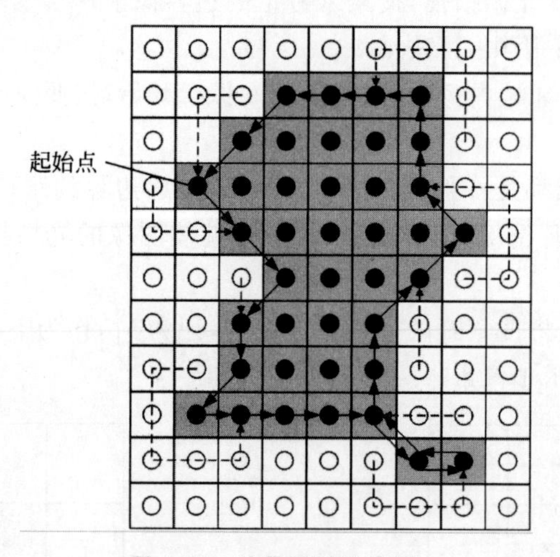

图 9-46 边界跟踪示意图

例 9-11 目标边界跟踪

图 9-47 给出了一个连通分量内外边界跟踪的示例。在图 9-47(a)所示的二值图像中，目标区域有外边界和内边界。图 9-47(b)为目标外边界的跟踪结果，外边界的数目等于连通分量的数目；图 9-47(c)～(h)为目标内边界的跟踪结果，即孔的边界，内边界的数目等于孔的数目。边界总数为连通分量的数目与孔的数目之和。

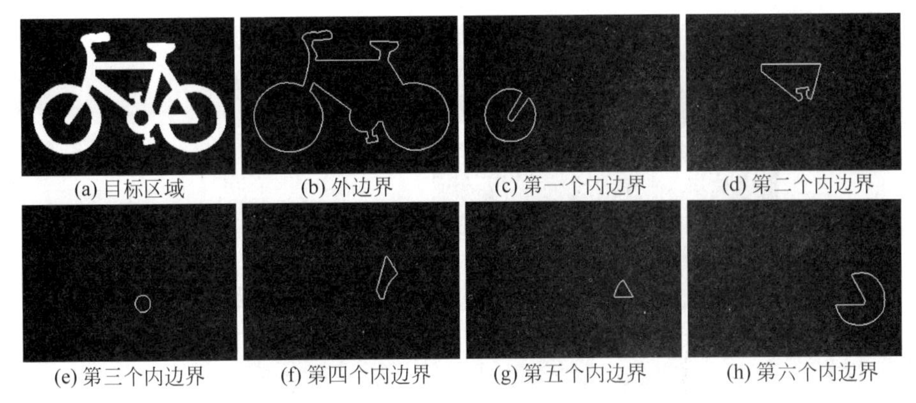

图 9-47 目标区域内外边界的跟踪结果

9.3 基于阈值的图像分割

基于阈值的图像分割的基本原理是通过设定不同的阈值，将图像中的像素分为两类或多类。它是一种简单有效的图像分割方法，具有计算简单、容易实现的优点。将像素分成两类的图像为二值图像，因此，两类像素的图像分割也称为图像的二值化处理。基于阈值的图像分割方法适用于目标与背景在灰度上有较强对比度，且目标或背景的灰度较单一的图像。在这种情况下，基于阈值的图像分割方法总能形成闭合且连通的区域边界。但是，这类方法的问题是阈值的确定主要依赖于灰度直方图，而不考虑图像中像素的空间位置关系，因此，当目标或背景复杂时，基于阈值的图像分割方法会失效。

9.3.1 直方图基础

当一幅图像由亮目标和暗背景区域（或者暗目标和亮背景区域）组成时，由于目标与背景灰度的明显差异，灰度直方图呈现双峰模式。图 9-48 所示图像的灰度直方图具有明显的双峰模式，左边的峰对应暗背景区域，而右边的峰对应亮目标区域。灰度直方图是阈值法图像分割的重要工具。显然，选择一个合适的阈值 T 可以将这两个峰分开，这种方法称为阈值法。阈值法的关键是如何选择合适的阈值，阈值的选取决定了阈值分割的效果。阈值法可以分为全局阈值法和局部阈值法两类。**全局阈值法**是指利用全局信息对整幅图像求出最优分割阈值，可以是单一阈值，也可以是多个阈值。使用单一阈值的单阈值法要求图像的灰度直方图具有双峰模式。**局部阈值法**是将整幅图像划分为若干区域，对各个区域使用全局阈值法分别求出最优分割阈值。

阈值化处理可以看成如下函数形式的操作：

$$T=\mathcal{T}[x,y,p(x,y),f(x,y)] \tag{9-43}$$

式中，$\mathcal{T}[\cdot]$表示阈值操作，$f(x,y)$为像素(x,y)的灰度值，$p(x,y)$表示像素(x,y)的局部特性。若 $f(x,y)>T$ 的像素为前景（目标），则图像阈值化操作可表示为

$$g(x,y)=\begin{cases}1, & f(x,y)>T \\ 0, & f(x,y)\leqslant T\end{cases} \tag{9-44}$$

式中，$g(x,y)$为二值图像，1 像素表示前景（目标），0 像素表示背景。若阈值 T 仅取决于

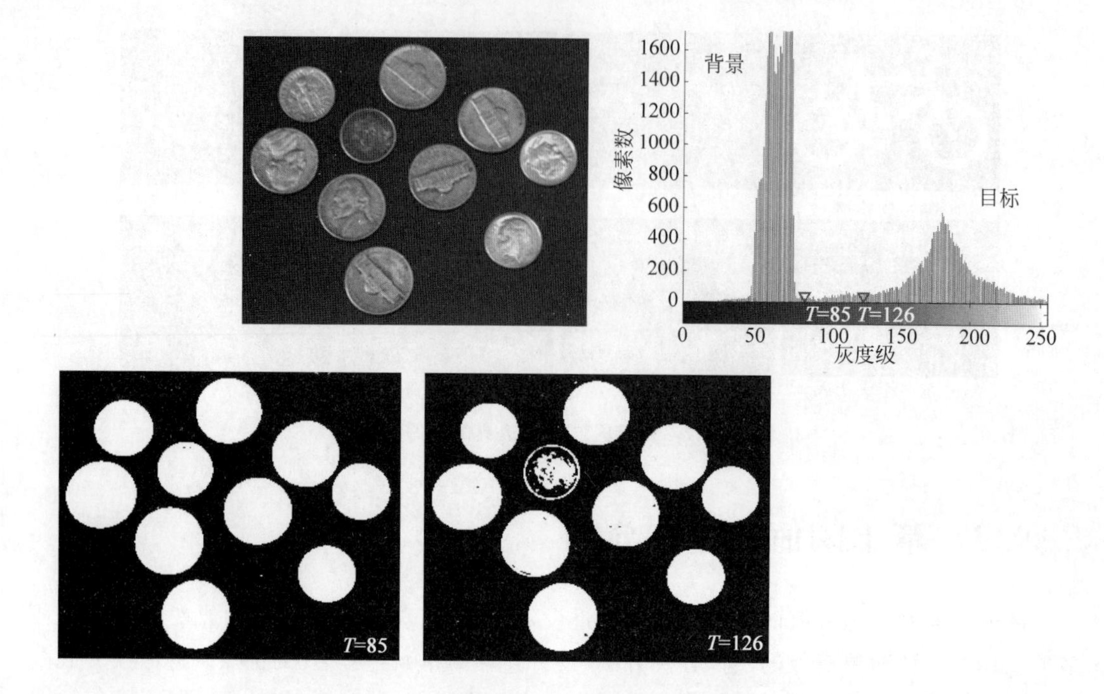

图 9-48 双峰模式直方图阈值法示意图

$f(x,y)$，即仅取决于灰度值，则该阈值称为全局阈值。若阈值 T 由 $f(x,y)$ 和 $p(x,y)$ 共同决定，即阈值 T 的确定依赖区域，则该阈值称为局部阈值。

9.3.2 全局单阈值法

全局阈值法是一种最简单的阈值处理技术，而单阈值法是其中一种最简单的全局阈值法，它使用单一的全局阈值将图像中的像素分成两类。通过对图像进行逐像素扫描将灰度值大于阈值 T 的像素标记为前景，其他像素标记为背景，这样就实现了对图像的分割。全局阈值法的成功完全取决于图像的灰度直方图能够很好地分割。只有灰度直方图呈现明显的双峰特性，单阈值法才能表现出好的分割性能。试探性设定阈值的方法虽然能达到最优的分割结果，但是耗时费力，也不能用于算法的自动实现。自动阈值法通常使用灰度直方图来分析图像中灰度值的分布情况，结合特定应用领域知识来选取合适的阈值。本节介绍的前两种方法属于试探性方法，后两种方法属于常用的自动选取阈值的方法。

9.3.2.1 交互方式

通常情况下，目标或背景灰度值的获取相比阈值的估计更容易。若目标为暗区域，背景为亮区域，目标中某样本的灰度值为 $f(x_0,y_0)$，则阈值 $T=f(x_0,y_0)+\varepsilon$，其中，ε 为容许度。通过试探性选取容许度 ε 来设定全局阈值。

交互方式阈值化处理的具体方法描述为如下三个步骤：①估计目标区域中的灰度值 $f(x_0,y_0)$；②试探性选取容许度 ε；③对图像二值化，若 $|f(x,y)-f(x_0,y_0)|<\varepsilon$，则标记为目标区域，赋值为 1 或 255(8 位灰度级表示)，否则，标记为背景区域，赋值为 0。

例 9-12 交互方式全局阈值法的图像分割

图 9-49 给出了一个交互方式全局阈值法的图像分割示例。对于图 9-48 所示的硬币图

像，其直方图呈现明显的双峰特性，可以用单阈值法进行分割。通过估计硬币的灰度值，选择固定阈值 $T=85$ 对灰度直方图进行分割，灰度值大于 T 的赋值为 1，为目标区域，否则赋值为 0，为背景区域，如图 9-49(a)所示，产生一幅二值图像。为了观察硬币的分割结果，通过二值图像与原图像的与操作，如图 9-49(b)所示，将二值图像映射到原图像上，清除了背景，保留了硬币目标。

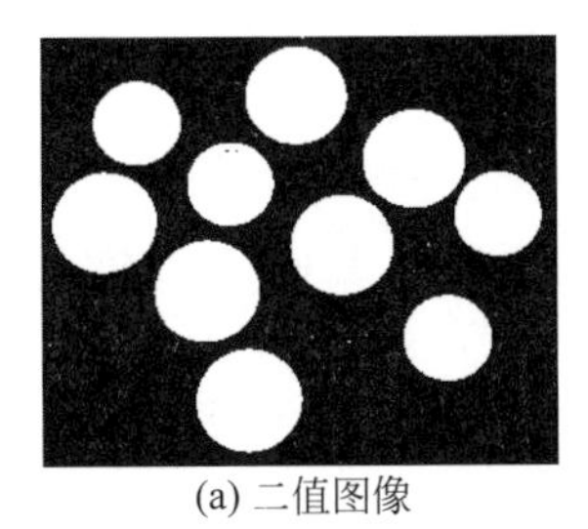
(a) 二值图像

(b) 硬币目标

图 9-49 单一阈值 $T=85$ 的全局阈值分割结果

9.3.2.2 P 参数法

P 参数法阈值化处理的基本思想是，根据目标区域在整幅图像中所占的比例来设定阈值，进行二值化处理。在已知目标区域在整幅图像中所占比例的情况下，P 参数法较为有效。如图 9-50 所示，假设目标为暗区域，而背景为亮区域，试探性给出一个阈值 T，统计目标区域的像素数，并计算目标区域的像素数与图像像素总数的比值，判断目标区域在整幅图像中所占的比例是否满足要求。若满足要求，则阈值合适；否则，则阈值偏大(右)或偏小(左)，再对阈值进行调整，直至满足要求为止。

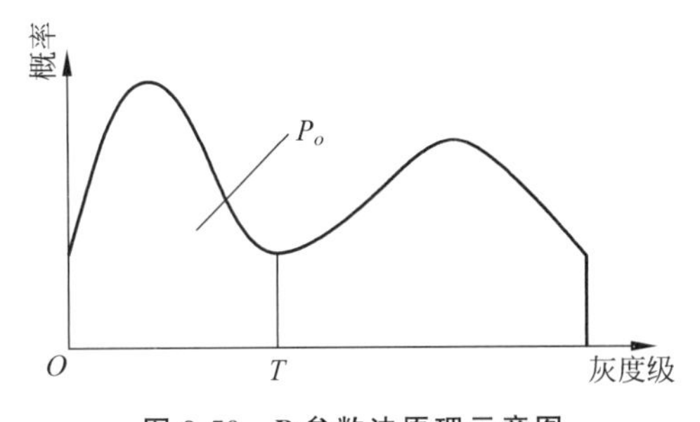

图 9-50 P 参数法原理示意图

可见，P 参数法估计阈值的关键是准确估计目标区域在整幅图像中所占的比例。P 参数法阈值估计的具体实现步骤描述如下：

(1) 估计目标区域在整幅图像中所占的比例 $\hat{P}_o$，$0<\hat{P}_o<1$。

(2) 利用灰度直方图计算关于阈值 $T\in[0,L-1]$的准则函数，定义为目标区域在整幅图像中所占的比例 $P_o(T)$与 $\hat{P}_o$ 的绝对差：

$$J_P(T)=|\hat{P}_o-P_o(T)| \tag{9-45}$$

其中，

$$P_o(T)=\frac{n_o}{n}=\sum_{k=0}^{T}\frac{n_k}{n}=\sum_{k=0}^{T}p_k \tag{9-46}$$

式中，n_o 表示当阈值为 T 时目标区域的像素数；n 表示整幅图像的像素总数；p_k 表示第 k 个灰度级的像素数 n_k 与像素总数 n 的比值，$k=0,1,\cdots,L-1$，L 为灰度级数。

通过最小化准则函数 $J_P(T)$，使目标区域的像素数与整幅图像像素总数的比值与 $\hat{P}_o$ 最接近，最优阈值 T^* 为

$$T^* = \arg\min J_P(T), \quad T \in [0, L-1] \tag{9-47}$$

(3) 试探不同的 $\hat{P}_o$ 值，重复步骤(1)和步骤(2)。

例 9-13　P 参数法的全局阈值分割

图 9-51 给出了一个 P 参数法的全局阈值分割示例。图 9-51(a)所示图像由暗背景和亮目标组成，为了直接使用 P 参数法的算法步骤，首先对图像进行灰度反转操作，如图 9-51(b)所示，反转图像由亮背景和暗目标组成。P 参数法有效地适用于已知目标区域在整幅图像中所占比例的情况。图 9-51(c)和图 9-51(d)分别给出了 P_o 的估计值为 30%和 42%的分割结果。从图中可以看出，当 P_o 的估计值偏小时，目标分割不全；而当 P_o 的估计值准确时，能够取得更好的分割结果。

(a) 灰度图像　(b) 反转图像　(c) P_o为30%的分割结果　(d) P_o为42%的分割结果

图 9-51　P 参数法的全局阈值分割示例

9.3.2.3　Otsu 阈值法

聚类阈值法采用了模式识别中的聚类思想，以保持类内最大相似性以及类间最大距离作为求取最优阈值的准则。1979 年日本学者大津展之(Otsu)提出了一种最大类间方差法，这是一种自适应确定阈值的方法，称为大津阈值法。**Otsu 阈值法**的基本思想是根据图像中像素的灰度特征，将图像中像素分成前景(目标)和背景像素两类，两类像素的类间方差最大时的阈值即为最优阈值。方差是一种灰度分布均匀性的量度，类间方差越大，构成图像的两类差别越大。当部分前景错分为背景或者部分背景错分为前景时，都会导致类间方差变小。因此，最大化类间方差的分割意味着错分概率最小。

设一幅图像的像素总数为 n，灰度级数为 L，第 k 个灰度级 r_k 的像素数为 n_k，计算图像的灰度直方图，可表示为

$$p_k = \frac{n_k}{n}, \quad k = 0, 1, \cdots, L-1 \tag{9-48}$$

式中，p_k 实际上表示灰度级的概率分布率。根据像素的灰度值利用阈值 T 将图像中的像素划分为两类，记为 $\mathcal{C}_1$ 和 $\mathcal{C}_2$，$\mathcal{C}_1$ 由灰度值在范围$[0,T]$内的像素构成，$\mathcal{C}_2$ 由灰度值在范围$[T+1,L-1]$内的像素构成。设 $P_1(T)=\sum\limits_{k=0}^{T} p_k$ 和 $P_2(T)=\sum\limits_{k=T+1}^{L-1} p_k$ 分别表示两类 $\mathcal{C}_1$ 和 $\mathcal{C}_2$ 的像素数在像素总数中所占的比例，$P_1(T)+P_2(T)=1$。两类 $\mathcal{C}_1$ 和 $\mathcal{C}_2$ 的类内方差定

义为

$$\sigma_1^2(T)=\frac{1}{P_1(T)}\sum_{k=0}^{T}[r_k-\mu_1(T)]^2p_k \tag{9-49}$$

$$\sigma_2^2(T)=\frac{1}{P_2(T)}\sum_{k=T+1}^{L-1}[r_k-\mu_2(T)]^2p_k \tag{9-50}$$

式中，$\mu_1(T)$和$\mu_2(T)$分别为两类$\mathcal{C}_1$和$\mathcal{C}_2$中像素的灰度均值，定义为

$$\mu_1(T)=\frac{1}{P_1(T)}\sum_{k=0}^{T}r_kp_k \tag{9-51}$$

$$\mu_2(T)=\frac{1}{P_2(T)}\sum_{k=T+1}^{L-1}r_kp_k \tag{9-52}$$

在两类$\mathcal{C}_1$和$\mathcal{C}_2$的类内方差的基础上，两类$\mathcal{C}_1$和$\mathcal{C}_2$的总类内方差σ_W^2定义为

$$\sigma_W^2(T)=P_1(T)\sigma_1^2(T)+P_2(T)\sigma_2^2(T) \tag{9-53}$$

两类$\mathcal{C}_1$和$\mathcal{C}_2$的类间方差σ_B^2定义为

$$\begin{aligned}\sigma_B^2(T)&=P_1(T)[\mu_1(T)-\mu]^2+P_2(T)[\mu_2(T)-\mu]^2\\&=P_1(T)P_2(T)[\mu_1(T)-\mu_2(T)]^2\end{aligned} \tag{9-54}$$

总方差的计算式为

$$\sigma^2=\sum_{k=0}^{L-1}(r_k-\mu)^2p_k \tag{9-55}$$

式中，μ为全部像素的总灰度均值，定义为

$$\mu=\sum_{k=0}^{L-1}r_kp_k=P_1(T)\mu_1(T)+P_2(T)\mu_2(T) \tag{9-56}$$

由式(9-53)～式(9-55)可知，总类内方差与类间方差之和等于总方差，即

$$\sigma_W^2+\sigma_B^2=\sigma^2 \tag{9-57}$$

引入 Fisher 判别分析[①]中类可分离性的判别准则作为评价阈值T分割性能的判别准则，可表示为

$$\lambda(T)=\frac{\sigma_B^2(T)}{\sigma_W^2(T)} \tag{9-58}$$

$$\kappa(T)=\frac{\sigma^2}{\sigma_W^2(T)} \tag{9-59}$$

$$\eta(T)=\frac{\sigma_B^2(T)}{\sigma^2} \tag{9-60}$$

式中，$\kappa(T)$和$\eta(T)$均可以表示为$\lambda(T)$的函数，$\kappa(T)=\lambda(T)+1$，$\eta(T)=\dfrac{\lambda(T)}{\lambda(T)+1}$。

最优阈值应能够很好地分离两类像素，这样，将寻找最优阈值的图像分割问题转换为搜索最优阈值T^*使判别准则达到最大值的最优化问题。由于最大化$\lambda(T)$、$\kappa(T)$和$\eta(T)$是等效的，$\sigma_W^2(T)$和$\sigma_B^2(T)$是阈值T的函数，而σ^2是与T无关的常量，且由于$\sigma_W^2(T)$是二阶

① 参见《模式分类》，[美]杜达等著，李宏东、姚天翔等译。

矩(类方差)的函数,而$\sigma_B^2(T)$是一阶矩(类均值)的函数。因此,选取$\eta(T)$作为判别准则评价阈值T的可分离性。由于σ^2是与T无关的常量,最大化$\eta(T)$等效于最大化类间方差$\sigma_B^2(T)$,求取最优阈值T^*的表达式为

$$T^* = \arg\max \sigma_B^2(T), \quad T \in [0, L-1] \tag{9-61}$$

式中,$\sigma_B^2(T)$可以写为仅关于类$\mathcal{C}_1$的函数,即$\sigma_B^2(T)=\frac{[\mu P_1(T)-\mu_1(T)]^2}{P_1(T)[1-P_1(T)]}$。

综上所述,Otsu 阈值法的实现步骤为:①统计灰度级的分布律,计算灰度直方图;②顺序选取各个灰度级$l\in[0,L-1]$作为阈值T,计算相应的$P_1(T)$和$\mu_1(T)$,并计算类间方差$\sigma_B^2(T)$;③通过比较全部阈值$T\in[0,L-1]$的类间方差$\sigma_B^2(T)$,求取最优阈值T^*。

9.3.2.4 迭代阈值法

迭代阈值法的基本思想是同一类别像素的灰度值具有一定的一致性或相似性,使用均值或(和)方差作为均匀性度量的数字指标。迭代阈值法的基本原理是首先选取阈值的初始估计值,然后按照某种策略不断更新该估计值,直至收敛。迭代阈值法的关键是初始估计值和阈值更新策略的选取。本节介绍一种均值作为均匀性度量的迭代阈值法。

设一幅图像的像素总数为n,灰度级数为L,第k个灰度级r_k的像素数为n_k。迭代阈值法的具体实现步骤如下:

(1) 选取灰度均值或灰度中值作为阈值的初始估计值T_0。

(2) 根据像素的灰度值利用阈值T_i将图像分割成两个区域,记为$\mathcal{R}_1$和$\mathcal{R}_2$。$\mathcal{R}_1$由灰度值在范围$[0,T_i]$内的像素组成,$\mathcal{R}_2$由灰度值在范围$[T_i+1,L-1]$内的像素组成,其中i为迭代次数。

(3) 分别计算区域$\mathcal{R}_1$和$\mathcal{R}_2$内像素的灰度均值μ_1和μ_2,即

$$\mu_1(T_i) = \frac{1}{n_1(T_i)}\sum_{k=0}^{T_i} r_k n_k \tag{9-62}$$

$$\mu_2(T_i) = \frac{1}{n_2(T_i)}\sum_{k=T_i+1}^{L-1} r_k n_k \tag{9-63}$$

式中,$n_1(T_i)=\sum_{k=0}^{T_i} n_k$和$n_2(T_i)=\sum_{k=T_i+1}^{L-1} n_k$分别表示区域$\mathcal{R}_1$和$\mathcal{R}_2$内的像素数。

(4) 利用$\mu_1(T_i)$和$\mu_2(T_i)$更新阈值,即

$$T_{i+1} = \frac{1}{2}[\mu_1(T_i) + \mu_2(T_i)] \tag{9-64}$$

(5) 若连续两次迭代的阈值T_{i+1}与T_i之差小于预设限ε,即

$$|T_{i+1} - T_i| < \varepsilon \tag{9-65}$$

终止迭代;否则,返回步骤(2)。

当图像中前景和背景区域的面积相近时,图像的灰度均值是一种好的初始阈值的选择。当其中之一在直方图中占主要地位时,将灰度中值作为阈值T的初始估计值是更合适的选择。迭代阈值法具有简单易行、执行速度快的优点,且所估计阈值与 Ostu 阈值法基本相近。

例 9-14 Ostu 阈值法和迭代阈值法的图像分割

对于图 9-52(a)所示的灰度图像,图 9-52(b)和图 9-52(c)分别为 Ostu 阈值法和迭代阈

值法的图像分割结果。MATLAB 中图像处理工具箱提供的灰度图像阈值函数 graythresh 函数采用的是 Otsu 阈值法。Ostu 阈值法估计的阈值为 0.5627，迭代阈值法估计的阈值为 0.5965。可以看出，两种方法计算的阈值相近。迭代阈值法比 Ostu 阈值法更加简单易行、且复杂度低。

(a) 灰度图像

(b) Otsu阈值法

(c) 迭代阈值法

图 9-52　Ostu 阈值法和迭代阈值法的图像分割示例

9.3.2.5　基于梯度的直方图阈值法

9.3.2.3 节和 9.3.2.4 节讨论的 Otsu 阈值法和迭代阈值法在直方图的基础上为图像选定全局阈值。但是，直方图只能反映整幅图像的灰度分布情况，未考虑像素的邻域特征。而**直方图变换法**利用像素的局部邻域特征将原来的直方图变换为新的直方图，这是一种依赖区域的阈值法。在新的直方图中，两峰之间的谷底更深，或者波谷转变成波峰更易于检测。**基于梯度的直方图阈值法**是一种常用的直方图变换法，它所用的局部邻域特征是像素的梯度。由于区域内部像素的灰度值具有一定的一致性和相关性，因而梯度较小，而边界部分的像素具有较大的梯度，因而梯度是常用的像素局部邻域特征。

1. 梯度加权直方图阈值法

理论上，直方图谷底的位置是理想的分割阈值，然而在实际图像中，通常由于边缘模糊或噪声的影响而使其直方图原本可分离的波峰之间的谷底不明显，或者直方图中目标与背景对应的波峰相距很近或面积差距很大，使检测两峰之间的谷底更加困难。可以利用图像中像素的局部邻域特征对图像的灰度直方图进行变换，使新的直方图呈现明显的分界。

梯度加权直方图是一种最简单的基于梯度的直方图阈值法，这种方法给梯度较小的目标和背景区域内部像素赋予较大的权重，而给梯度较大的边界像素赋予较小的权重，从而使直方图的双峰更加突起，谷底更加凹陷。设 $g(x,y)$ 表示像素 (x,y) 的梯度，在灰度直方图的计算过程中，对图像中像素的灰度值 $f(x,y)$ 进行统计时①，赋予关于梯度 $g(x,y)$ 的权重 $1/[1+g(x,y)]^2$，可表示为

$$\text{hist}[f(x,y)]=\text{hist}[f(x,y)]+\frac{1}{[1+g(x,y)]^2} \tag{9-66}$$

式中，hist[·]为灰度直方图的数组表示。

在这样的梯度加权直方图中，当像素的梯度为零时，赋予最大的权重 1；当像素具有很大的梯度时，权重接近 0。如图 9-53 所示，图中虚线为原灰度直方图曲线，实线为梯度加权直方图曲线。在原灰度直方图中，由于目标与背景之间过渡平滑，两波峰之间的谷底很不显著。在梯度加权直方图中，由于目标和背景区域内部的灰度分布较为均匀，梯度较小，对直方图贡献较大，因而突出了区域内部像素对应的波峰，而边界像素的梯度很大，因而对直方图有很小的贡献，从而增加了波谷的深度。

---

① 在不考虑梯度加权的情况下，灰度直方图统计的数组实现的赋值语句可表示为 $\text{hist}[f(x,y)]=\text{hist}[f(x,y)]+1$。

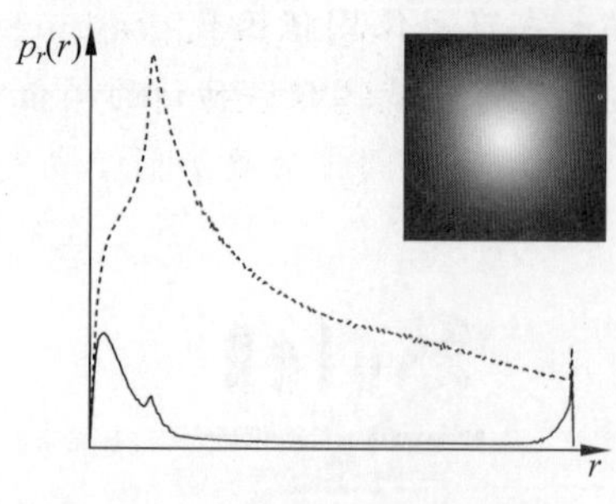

图 9-53　梯度加权直方图示意图

例 9-15　梯度加权直方图

图 9-54(a)中目标为暗区域，而背景为亮区域。图 9-54(b)为图像的原灰度直方图，横坐标表示灰度级，纵坐标表示像素数。由于图像中目标与背景区域面积差距很大，使直方图中两峰特性不明显，因此较难检测谷底的位置。图 9-54(c)为梯度加权的灰度直方图，横坐标表示灰度级，纵坐标表示加权像素数。为了清楚地显示出谷底，梯度加权灰度直方图在纵坐标方向上放大了局部区间。通过比较这两幅直方图可以看出，背景和目标区域对应的波峰之间的波谷(椭圆标记)更低了，使谷底的检测更加容易。图 9-54(d)为谷底对应灰度值作为阈值($T=96$)的二值图像。

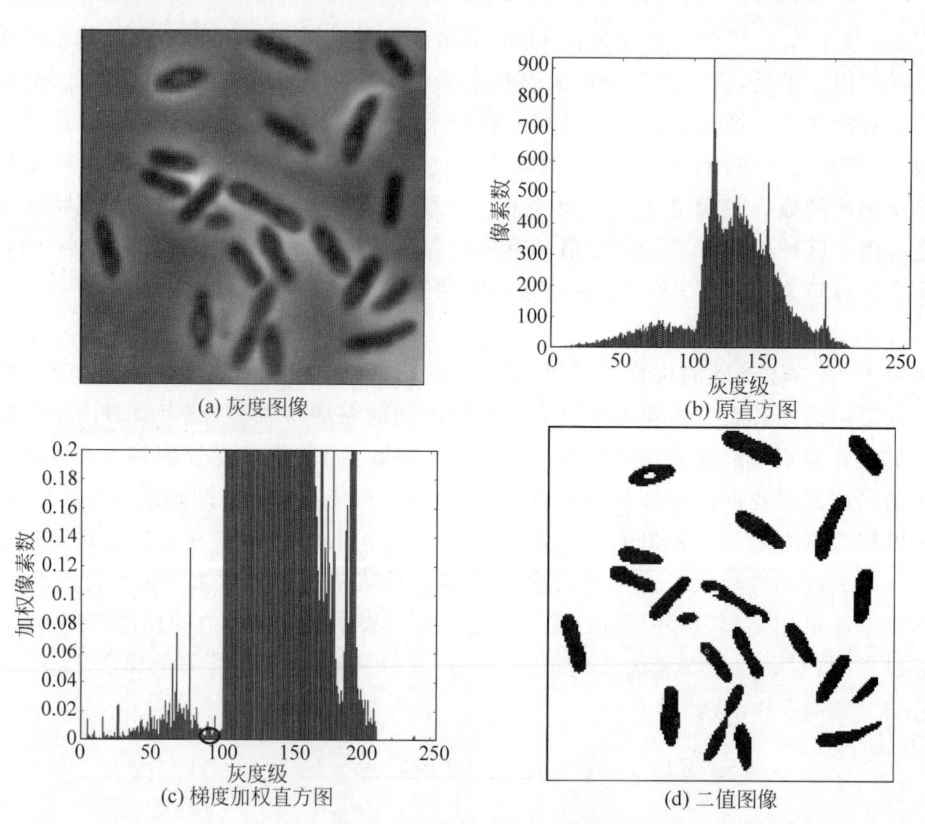

(a) 灰度图像　(b) 原直方图　(c) 梯度加权直方图　(d) 二值图像

图 9-54　梯度加权直方图示例

2. 灰度-梯度直方图阈值法

灰度-梯度直方图阈值法实际上是建立二维直方图，横轴表示灰度级，纵轴表示梯度。通常情况下，将图像的梯度压缩到灰度级范围$[0, L-1]$并量化为整数，使得二维灰度-梯度直方图表示为$L \times L$维的矩阵。设$f(x,y)$为像素(x,y)的灰度值，$g(x,y)$为像素(x,y)的梯度，二维灰度-梯度直方图的赋值表达式为

$$\text{hist}[f(x,y), g(x,y)] = \text{hist}[f(x,y), g(x,y)] + 1 \tag{9-67}$$

式中，hist[·,·]为二维直方图的二维数组表示。二维灰度-梯度直方图中将梯度加权的像

素数投影到灰度级轴上即退化为一维的梯度加权直方图。

对同时具有某一灰度值和梯度的像素数进行统计，结合像素灰度值和梯度建立二维灰度-梯度直方图。区域内部像素的灰度值具有一定的一致性和相关性，它们的梯度较小，因此，在二维灰度-梯度直方图中目标和背景区域内部的像素靠近灰度级轴。此外，目标与背景区域具有不同的的灰度值，在二维直方图中靠近灰度级轴处形成两个具有一定距离的波峰。目标与背景区域之间过渡部分的边界像素梯度较大，且灰度值介于二者之间，在二维直方图中处于目标和背景区域对应的两个波峰中间且距离灰度级轴较远，通常会形成第三个波峰。如图 9-55 所示，通过聚类的方法，可以将目标像素、背景像素和边界像素分开。

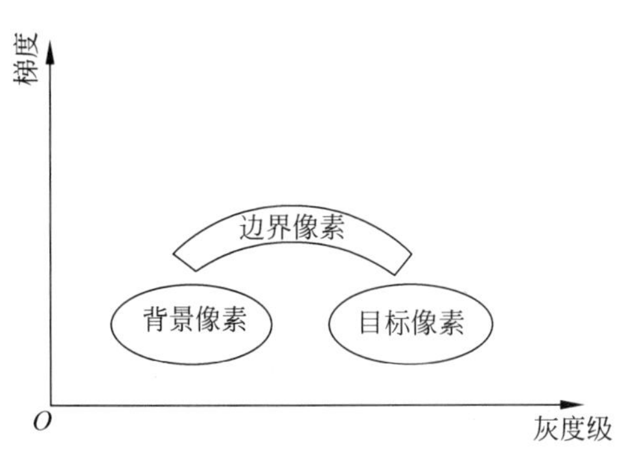

图 9-55　二维灰度-梯度直方图示意图

例 9-16　二维灰度-梯度直方图

对图 9-54(a)所示的灰度图像统计其二维灰度-梯度直方图，为了达到显示的目的，对像素数作对数变换，以压缩最大值与最小值之间的比值。图 9-56 是以 256 色伪彩色图像方式显示的二维灰度-梯度直方图，右边为图像的颜色条。目标和背景区域内的像素具有较低的梯度，应沿灰度级轴并靠近灰度级轴聚集为两个互相分开的类簇。边界像素因具有较高的梯度而远离灰度级轴，同时由于它们的灰度值介于目标与背景的灰度值之间，而处于目标与背景像素所聚的类簇中间。由于边界通常是斜坡形状的，因此边界像素的聚类与目标和背景的聚类相连，因而，形状似提篮把手。图中较大的类簇是背景区域的像素聚合而成的，而目标区域的像素数相比于背景区域很少，其聚类在图中未展现出来，它位于提篮把手的左侧。

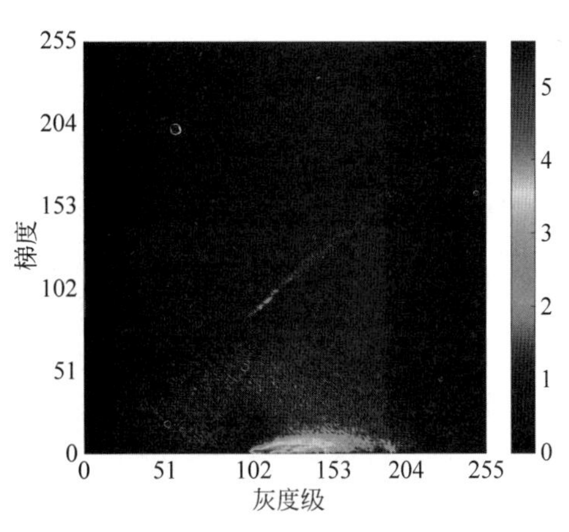

图 9-56　二维灰度-梯度直方图的伪彩色图像显示

9.3.3　全局多阈值法

单阈值法使用单一的全局阈值对目标和背景区域进行分割。单一的全局阈值有效适用于直方图具有明显双峰特性的图像。当一幅图像的灰度直方图呈现明显的双峰特性时，选取两峰之间的谷底作为阈值，可以取得好的分割结果。但是，在实际应用中，图像的灰度直方图很少表现为明显的双峰。当目标与背景区域的灰度值范围有部分重合时，仅选取单一阈值会产生较大的误差。对于难以准确定位双峰之间谷底位置的图像分割问题，**多阈值法**是在图像分割的过程中设定多个阈值来实现复杂双峰形状直方图的图像分割。

如图 9-57 所示，灰度直方图中双峰相距较近，且不均衡，基本上呈现单峰状态，假设目标和背景像素均服从高斯分布，图中分布较宽的高斯曲线表示目标像素的后验概率函数，分布较窄的高斯曲线表示背景像素的后验概率函数。在已知目标像素和背景像素概率分布的情况下，由贝叶斯准则判定的最优阈值的位置为两个分布概率相等时的灰度值，图中标记为B。由全局阈值法判定的最优阈值为两峰的谷底位置，图中标记为V。将目标像素错分为背景，会导致目标中的像素丢失；将背景像素错分为目标，会导致虚警发生。根据贝叶斯准则，全局阈值法使得更多的目标像素不能检测出。

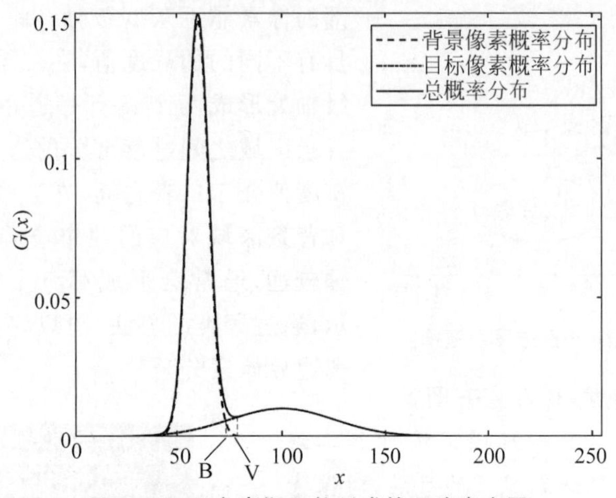

图 9-57　两个高斯函数形成的双峰直方图

双阈值(dual threshold)法图像分割的思想可追溯到Canny边缘检测，在Canny边缘检测中使用两个不同的阈值，高阈值决定强边缘，而低阈值决定弱边缘。图9-58解释了双阈值法的基本思想，双阈值法同样使用两个阈值 T_1 和 T_2 区分背景和目标区域，其中，$T_1<T_2$，灰度值小于低阈值 T_1 的像素确定为背景区域，灰度值大于高阈值 T_2 的像素确定为目标区域，对于灰度值在 $[T_1,T_2]$ 范围的像素，根据该像素邻域内已经作出判别的其他像素的情况进一步确定该像素的归属，例如，将灰度值大于低阈值 T_1、且与灰度值大于高阈值 T_2 的像素相连通的所有像素标记为目标区域。双阈值法探索目标像素的空间相似性或连续性，允许灰度值小于高阈值的像素划分为目标区域，同时与高阈值像素相连通的要求抑制了虚假背景区域的形成。通过设定双阈值避免了单阈值法中阈值过高或过低而将目标像素错分为背景像素或将背景像素错分为目标像素的情况。

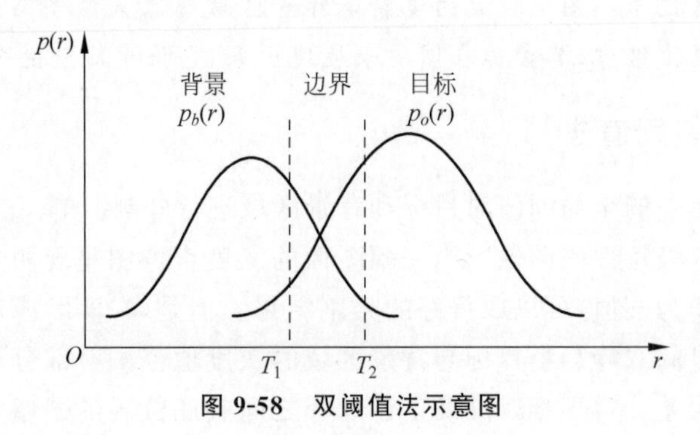

图 9-58　双阈值法示意图

9.3.4　局部阈值法

全局阈值法为整幅图像选定全局阈值，当图像中存在阴影、照度不均匀以及对比度、背景灰度变化等情况时，若使用固定的全局阈值对整幅图像进行分割，则由于不能兼顾图像各处的情况而无法保证图像分割的效果。**局部阈值法**使用一组与像素坐标相关的阈值(即阈值是坐标的函数),为图像中的每一个像素计算不同的分割阈值,也称为动态阈值法或自适应阈值法。局部阈值法充分考虑了像素的邻域灰度特征,根据图像的不同背景情况自适应地改变阈值,对一些全局阈值不能胜任的图像有好的图像分割效果。

目前已经提出了很多种局部自适应阈值法,普遍使用滑动窗口的解决策略,根据图像局部邻域的某种统计特征动态地调整阈值。滑动窗口可以不重叠、部分重叠或者完全重叠。Niblack、Sauvola 和 Wolf 算法是三种常用的局部阈值法,根据中心像素(x,y)邻域内所有像素灰度值的均值和标准差,计算中心像素的分割阈值 $T(x,y)$。若 $f(x,y)>T(x,y)$的像素为前景(目标),则局部阈值化操作可表示为

$$g(x,y)=\begin{cases}1, & f(x,y)>T(x,y)\\ 0, & f(x,y)\leqslant T(x,y)\end{cases} \tag{9-68}$$

式中,$g(x,y)$为二值图像,1 像素表示前景(目标),0 像素表示背景。局部阈值 $T(x,y)$依赖于空间坐标(x,y)。

Niblack 算法在像素(x,y)处阈值 $T(x,y)$的计算式为

$$T(x,y)=\mu(x,y)+k\sigma(x,y)-c \tag{9-69}$$

式中,$\mu(x,y)$和 $\sigma(x,y)$分别表示以像素(x,y)为中心的邻域内像素灰度值的均值和标准差;k 为修正系数,c 为偏移量,参数 k 和 c 的共同作用于调节阈值 $T(x,y)$与灰度均值 $\mu(x,y)$之间的差距。从式(9-69)可知,中心像素的阈值由其邻域内像素值的均值和标准差共同作用,若前景和背景的灰度值均匀且相差较大,将其邻域内所有像素的灰度均值作为该像素的阈值,则可以将前景从背景中分割出来;邻域内像素的平均灰度决定均值,均匀性决定标准差,根据局部邻域的平均灰度和均匀性自动调整阈值的大小。

Sauvola 算法是 Niblack 算法的修改版本,在像素(x,y)处阈值 $T(x,y)$的计算式为

$$T(x,y)=\mu(x,y)\left[1+k\left(\frac{\sigma(x,y)}{R}-1\right)\right] \tag{9-70}$$

式中,R 为所有局部邻域标准差的最大值,k 为修正系数。对于文本像素的灰度值接近 0 而背景像素的灰度值接近 255 的文本图像,Sauvola 算法的分割性能优于 Niblack 算法。

Wolf 算法解决了 Sauvola 算法中文本像素和非文本像素灰度接近时的分割问题,对图像的对比度和灰度均值进行归一化,计算阈值 $T(x,y)$为

$$T(x,y)=(1-k)\mu(x,y)+kM+k\frac{\sigma(x,y)}{R}(\mu(x,y)-M) \tag{9-71}$$

式中,M 为整幅图像的最小灰度值,R 为所有局部邻域标准差的最大值,k 为修正系数。在大多数情况下,Wolf 算法的性能优于前面的算法。当图像中的最小灰度值 M 为 0 时,式(9-71)退化为式(9-70)。但是,如果存在图像背景灰度值的急剧变化,则其性能会下降。这是因为 M 和 R 值是由整幅图像计算,即使小的噪声块也会影响 M 和 R 值,因此,最终误导二值化阈值的计算。

局部阈值法的一个主要问题是邻域窗口尺寸的选择,邻域窗口尺寸较小或较大均不能准确地描述图像的局部区域特征。当邻域窗口的尺寸较小时,很容易放大邻域内像素灰度的变化,导致将非均匀灰度分布的背景分割到目标中,从而发生伪影现象,并产生一定的噪声。当邻域窗口的尺寸较大时,若邻域内背景或前景灰度变化,则无法有效分割。

例 9-17 局部自适应阈值法的图像分割

图 9-59(a)为一幅尺寸为 469×597 的文本图像,灰度不均匀会使全局阈值法失效,如图 9-59(b)所示。为了解决灰度不均匀的问题,一种通用的解决方法是局部自适应阈值法。Niblack、Sauvola 和 Wolf 算法适用于背景不均匀图像的二值化分割,尤其是在文本识别中用于文本图像的分割。图 9-59(c)~(e)分别为 Niblack、Sauvola 和 Wolf 阈值法的分割结果,其中,邻域窗口的尺寸为 25×25,在 Niblack 算法中 k 取值为 0.2,c 取值为 0.15,Sauvola 和 Wolf 算法中 k 取值为 0.3。由图中可见,与全局阈值法相比,局部自适应阈值法解决了灰度变化的问题,从而生成一幅相对完整且干净的文本分割结果。

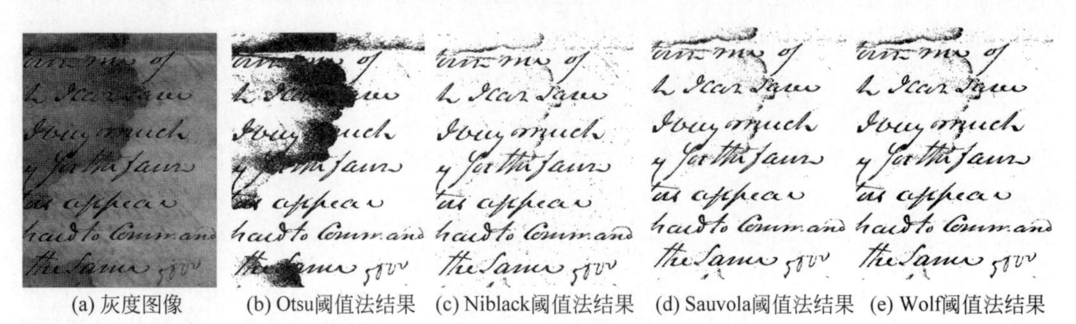

(a) 灰度图像 (b) Otsu阈值法结果 (c) Niblack阈值法结果 (d) Sauvola阈值法结果 (e) Wolf阈值法结果

图 9-59 局部自适应阈值法的图像分割示例

9.4 基于区域的图像分割

基于阈值的图像分割方法未考虑像素的空间位置关系,而图像分割的同一区域像素应该具有相似的特征。**基于区域的图像分割方法**充分考虑像素及其空间邻域像素之间的关系,主要包括区域生长法和区域分裂合并法。

9.4.1 区域生长法与区域标记

区域生长法根据预定义的某种相似性准则,将图像中满足相似性准则的相邻像素合并成为区域的过程。区域生长法又称为种子填充法。

9.4.1.1 区域生长法

区域生长法实现的关键包括:①选取合适的种子像素;②确定像素合并的相似性准则和区域连通性;③确定终止生长过程的准则。在待分割区域内确定一个或多个像素作为种子像素[图 9-60(a)],根据某种相似性准则和区域连通性,从种子像素开始向外扩张区域,合并与种子像素具有相同或相似特征的相邻像素[图 9-60(b)],不断合并和扩张区域内所有具有相同或相似特征的相邻像素,直至不再有满足条件的新像素可以合并为止[图 9-60(c)]。

区域生长法中,区域有内部定义[图 9-61(a)]和边界定义[图 9-61(b)]两种表示方式。对于内部定义的区域,区域生长法要求待分割区域具有相同或相似的特征,且区域是连通的,从种子像素开始逐像素提取满足相似性准则的邻域像素,直至扩张到整个区域。区域内像素的相似性度量通常依据灰度、颜色、纹理等特征。内部定义区域生长法在灰度图像中主要应用于目标的分割,在二值图像中主要应用于连通分量的提取。对于边界定义的区域,区

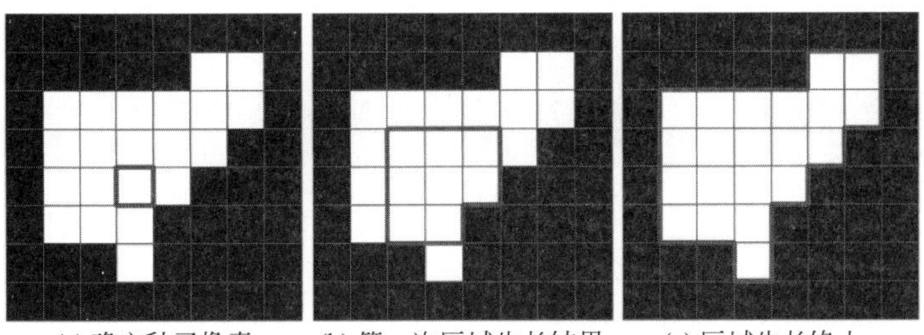

(a) 确定种子像素　(b) 第一次区域生长结果　(c) 区域生长终止

图 9-60　区域生长示意图

域生长法要求指定边界的颜色，从种子像素开始逐像素填充邻域像素，直至到达边界像素为止。边界定义区域生长法主要应用于孔洞填充。

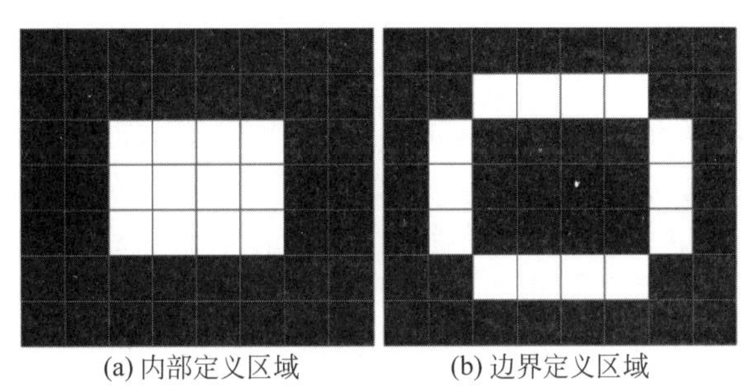

(a) 内部定义区域　(b) 边界定义区域

图 9-61　区域的两种表示方式

按照连通性，区域可分为 4 连通区域和 8 连通区域。4 连通区域是指区域内各像素在水平和垂直四个方向上是连通的，8 连通区域是指区域内各个像素在水平、垂直和对角方向都是连通的。根据区域连通性定义区域内像素的生长方向，图 9-62 显示了两种像素的生长方向，4 连通区域内像素的生长是 4 方向的，8 连通区域内像素的生长是 8 方向的。

如前所述，区域的内部和边界必须采用不同的连通性来定义，否则会出现歧义性。也就是说，8 连通区域的边界是由 4 连通定义，而 4 连通区域的边界则是由 8 连通定义。如图 9-63 所示，当边界为 4 连通时，则构成连通的闭环，边界将闭环内与闭环外分开为两个连通分量，区域内部的像素生长定义为 8 方向时，才能保证闭环内属于一个连通分量；当边界定义为 8 连通时，则边界将区域内部分开为两个连通分量，若区域内部也定义为 8 连通，则属于同一个连通分量，显然产生了歧义性，只有区域内部定义为 4 连通，才能保证区域内部属于两个连通分量。

(a) 4连通

(b) 8连通

图 9-62　4 连通区域和 8 连通区域内像素的生长方向

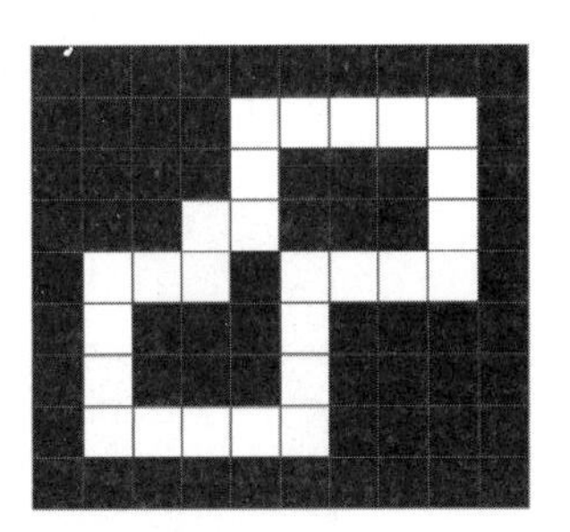

图 9-63　区域连通歧义性解释

内部定义和外部定义区域生长法的实现原理基本一致，相同之处在于均需要在区域内部指定至少一个种子像素，不同之处在于内部定义区域生长法判断相邻像素是否满足相似性准则，而外部定义区域生长法判断相邻像素是否到达边界像素。由于本章的内容是图像分割，以下将描述内部定义区域生长法的具体实现步骤。区域生长法从待分割区域内的种子像素出发，按照规定的顺序判断相邻像素是否满足相似性准则。区域生长法常用堆栈结构实现，种子像素的 4 连通区域生长法具体的实现步骤描述如下：

(1) 初始化一个堆栈，将种子像素入栈；

(2) 若堆栈非空，则栈顶像素出栈，标记该像素属于待分割区域；

(3) 按照"左→上→右→下"的顺序查看其 4 邻域内未入栈的像素，若相邻像素满足相似性准则，则属于同一区域，将该像素入栈；

(4) 重复上述过程直到堆栈为空。此时，标记了待分割区域内的所有像素。

图 9-64 显示了一个 4 连通区域的生长过程，白色表示目标区域，p 表示种子像素，黑色表示背景。第①步，如图 9-64(a)所示，种子像素 p 入栈，堆栈非空；第②步，如图 9-64(b)所示，种子像素 p 出栈，查看种子像素 p 的 4 邻域像素，左、上、右方的像素 1、2、3 按顺序依次入栈，下方的像素不是目标像素；第③步，如图 9-64(c)所示，栈顶像素 3 出栈并标记属于待分割区域，像素 3 上方的像素 4 入栈，其他的 4 邻域像素已入栈，或者不是目标像素；第④步，如图 9-64(d)所示，栈顶像素 4 出栈并标记，像素 4 上方的像素 5 入栈，同理，其他的 4 邻域像素已入栈，或者不是目标像素；第⑤步，如图 9-64(e)所示，栈顶像素 5 出栈并标记，其 4 邻域像素均已入栈，或者不是目标像素；第⑥步，如图 9-64(f)所示栈顶像素 2 出栈并标记，像素 2 左方的像素 6 入栈；第⑦和⑧步，如图 9-64(g)、(h)所示，栈顶像素 6 和 1 出栈并标记，此时，堆栈清空，灰色区域构成了 4 连通区域生长的结果。

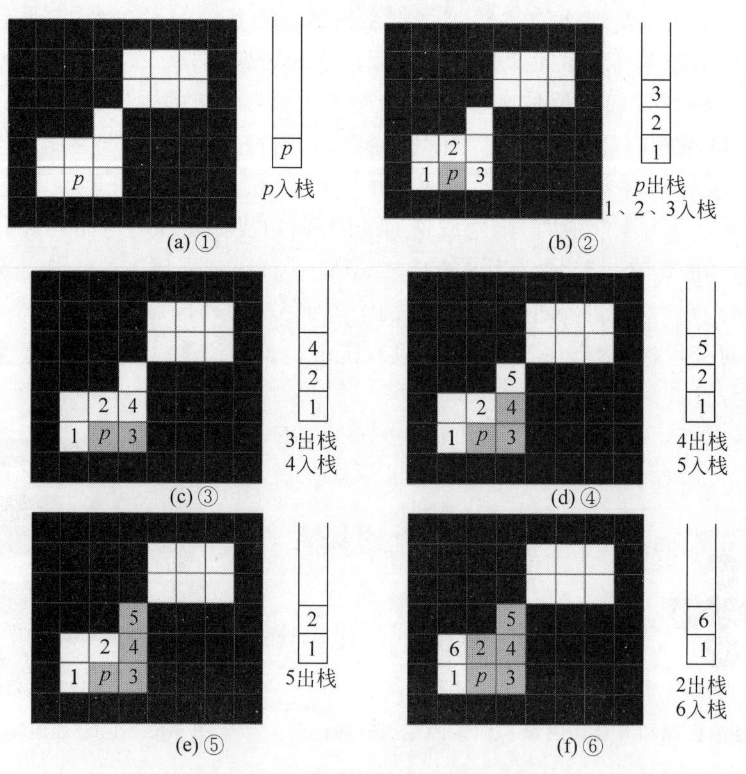

(a)①　(b)②　(c)③　(d)④　(e)⑤　(f)⑥

图 9-64　4 连通区域生长过程示意图

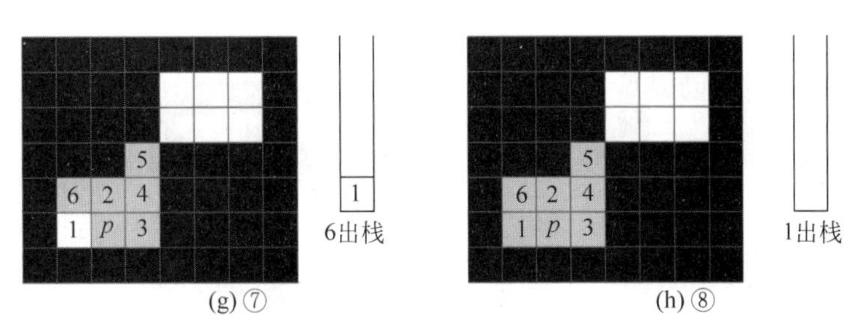

图 9-64 （续）

对于种子像素的 8 连通区域生长，按照“左→左上→上→右上→右→右下→下→左下”的顺序查看其 8 邻域内的像素。图 9-65(a)～(n)显示了 8 连通区域的生长过程，与图 9-64 所示的 4 连通区域的生长过程类似，不同之处在于对于每一个出栈的栈顶像素，查看 8 邻域内未入栈的目标像素。比较图 9-64(h)和图 9-65(n)可以看出，4 连通区域生长法的问题是不能通过狭窄的区域，因而有时不能填满区域；而 8 连通区域生长法的问题是当边界是 8 连通时会填出区域的边界。

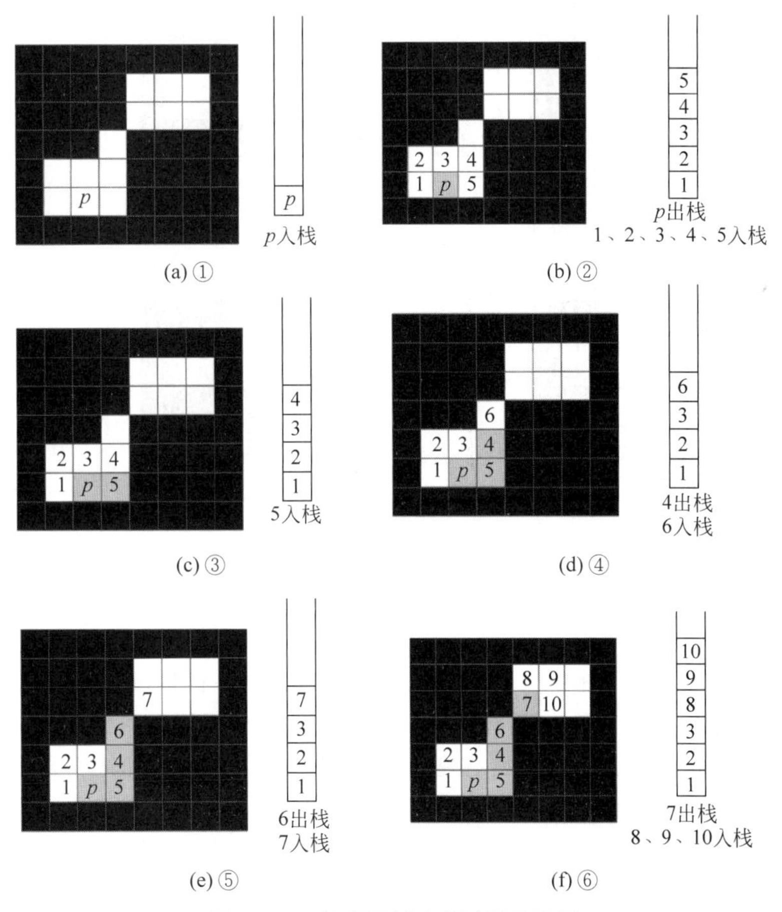

图 9-65　8 连通区域生长过程示意图

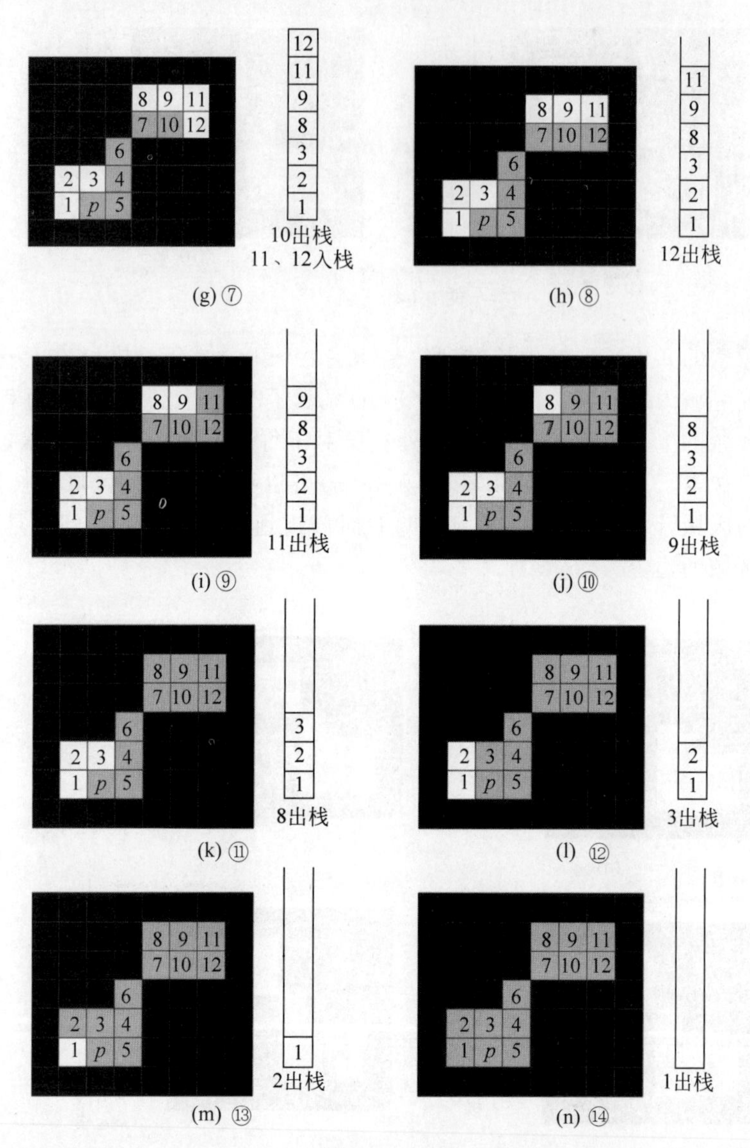

(g) ⑦ (h) ⑧ (i) ⑨ (j) ⑩ (k) ⑪ (l) ⑫ (m) ⑬ (n) ⑭

图 9-65 （续）

9.4.1.2 区域标记

区域标记是将一幅图像中的同一个连通分量标记为同一符号，因而也称为连通分量标记。根据区域可分为 4 连通和 8 连通区域，区域标记包括 4 连通和 8 连通区域标记。通常利用区域生长法提取二值图像中的所有连通分量，使用不同的符号标记不同的连通分量，输出为区域标记矩阵。图 9-66(a)包含 5 个连通分量，其中，目标为 1 像素，背景为 0 像素，4 连通区域内像素的生长方向为 4 方向。按列扫描图像中的连通分量进行区域标记，如图 9-66(b)所示，每一个连通分量中的所有像素标记为范围从 1 到连通分量总数之间唯一的整数。具体而言，标记为 1 的像素属于第一个连通分量，标记为 2 的像素属于第二个连通分量，以此类推。通常情况下，背景像素标记为 0。

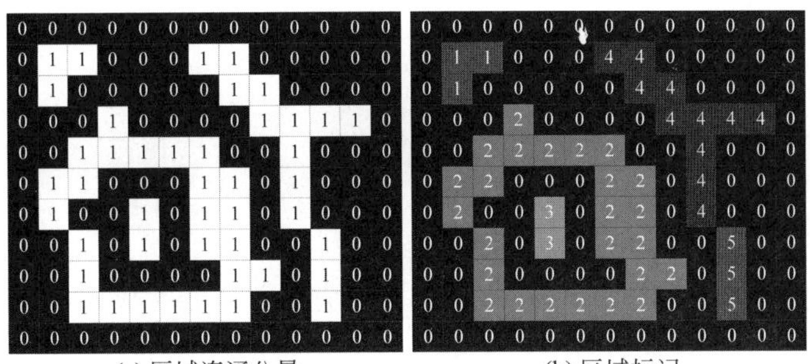

(a) 区域连通分量　　(b) 区域标记

图 9-66　区域标记示意图

例 9-18　连通分量标记

为了后续的图像分析，二值图像后处理中通常需要移除小目标(噪声)的干扰。对于多目标检测的后处理阶段，通常利用区域标记法去除噪声，具体做法是提取二值图像中的所有连通分量，并计算各个连通分量中的像素数，对于像素数小于某一阈值的连通分量，认为是噪声，不看作目标。连通分量像素数的阈值选取视具体的情况而定。MATLAB 图像处理工具箱中的 bwconncomp 函数在二值图像中提取所有的连通分量，labelmatrix 函数在连通分量的基础上生成区域标记矩阵。图 9-67(a)为一幅多目标分割的二值图像，表 9-1 列出了各个连通分量以及连通分量包含的像素数。由表中可见，图 9-67(a)中的目标区域共包含 9 个连通分量，其中 3 个连通分量具有较大的尺寸，对应图 9-67(a)中 3 个主要目标。阈值设定为 30，将像素数小于阈值的连通分量中的像素赋值为 0，保留三个行人目标。图 9-67(b)显示了最终的多目标检测结果，并对图中的多个连通分量进行区域标记，不同的整数用不同的颜色表示。

(a) 多目标分割图像

(b) 连通分量标记的后处理结果

图 9-67　多个连通分量检测与区域标记

表 9-1　各个连通分量及其像素数

连通分量	连通分量的像素数	连通分量	连通分量的像素数
1	3575	6	3
2	99	7	3
3	79	8	10
4	11	9	6
5	1		

9.4.2　区域分裂合并法

区域生长法在连通分量提取的过程中，需要指定种子像素。**区域分裂合并法**是按照某种一致性准则分裂和合并区域，不需要预先指定种子像素。区域分裂合并法包括区域分裂和区域合并两个过程。当区域不满足一致性准则时，通过区域分裂将不同目标的区域分开；当相邻区域的特征相同或相似时，通过区域合并将同一目标的相邻区域合并。

区域分裂将图像划分为四个区域，每个区域再细分为四个子区域，直至它包含具有相同或相似特征的像素。如图 9-68(a)所示，初始区域为整幅图像，用 R^0 表示，P 表示一致性逻辑谓词，对于某一区域 R_i^l，若 $P(R_i^l)=\text{False}$，则将它进一步分裂成四个子区域 R_{ij}^{l+1}，$j=1,2,3,4$，直至 $P(R_{ij}^{l+1})=\text{True}$ 或者 R_{ij}^{l+1} 为单个像素时终止分裂，其中，下标 i 表示上一层的子区域编号，下标 j 表示当前层的子区域编号。如图 9-68(b)所示，区域分裂通常使用四叉树的数据结构进行描述。图 9-69 描述了一个区域分裂合并的过程，图中白色表示目标，黑色表示背景。对于初始区域，$P(R^0)=\text{False}$，对 R^0 进行分裂，形成四个子区域，其中，区域 R_1^1、R_2^1 和 R_4^1 同时包含背景和目标区域，因此 $P(R_1^1)=\text{False}$，$P(R_2^1)=\text{False}$，$P(R_4^1)=\text{False}$，对这三个子区域进一步分裂，直至子区域的所有像素都是背景或目标区域或者子区域为单个像素。对于尺寸为 $2^n \times 2^n$ 的图像分裂 n 次可到达单个像素。

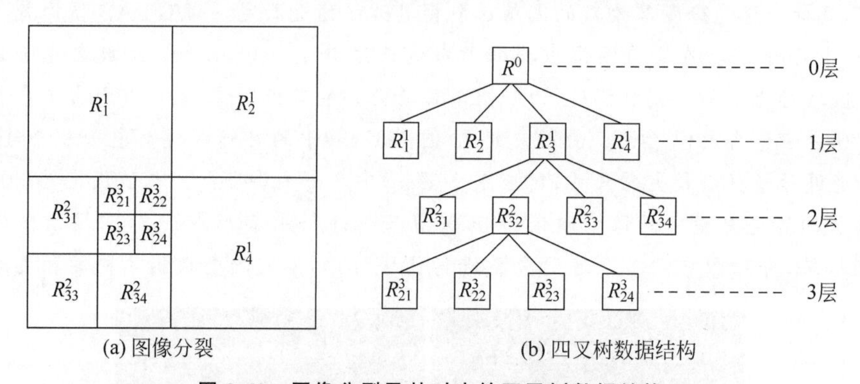

(a) 图像分裂　　(b) 四叉树数据结构

图 9-68 图像分裂及其对应的四叉树数据结构

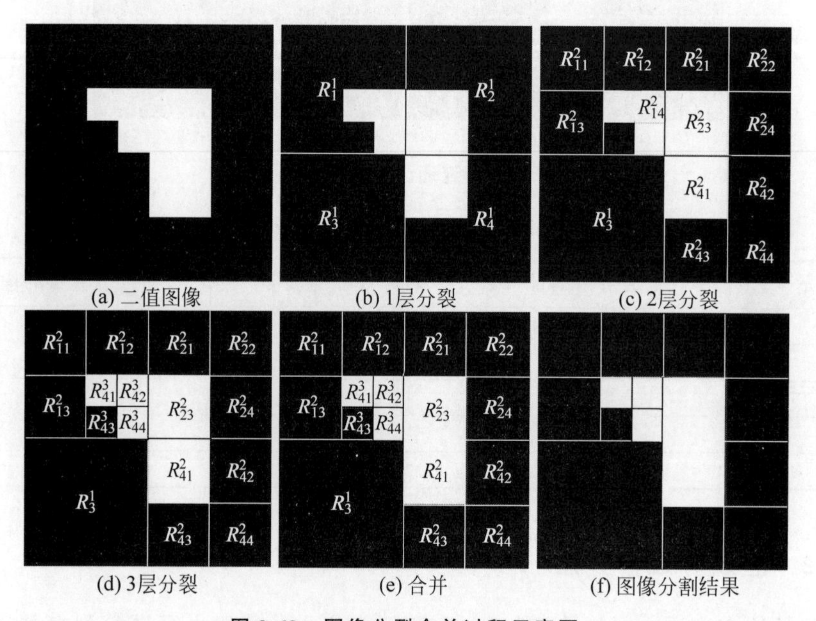

(a) 二值图像　　(b) 1层分裂　　(c) 2层分裂

(d) 3层分裂　　(e) 合并　　(f) 图像分割结果

图 9-69 图像分裂合并过程示意图

对于灰度图像的区域分裂合并法，一致性逻辑谓词可以用灰度方差定义为

$$P(R)=\begin{cases}1, & \sigma(R)<\sigma_0\\ 0, & \text{其他}\end{cases} \tag{9-72}$$

式中，$\sigma(R)$表示区域R的标准差，σ_0为预设的阈值。

基于四叉树数据结构的区域分裂合并法的具体实现步骤描述如下：

(1) 初始区域为整幅图像R^0；

(2) 对于每一个区域R，若$P(R)=\text{False}$，则将区域分裂成四个子区域；

(3) 重复步骤(2)，直至没有可以分裂的区域；

(4) 对于图像中任意两个相邻区域R_i和R_j，若$P(R_i\cup R_j)=\text{True}$，则将这两个区域合并成为一个区域；

(5) 重复步骤(4)，直至没有可以合并的相邻区域。

例 9-19　区域分裂的四叉树表示

图 9-70(a)显示了一幅尺寸为 512×512 的灰度图像。利用四叉树数据结构对这幅图像进行表示，第一步分裂为四个尺寸均为 256×256 的子区域。判断每一个子区域是否满足一致性准则，其中一致性准则简单定义为

$$\max(R)-\min(R)\leqslant T \tag{9-73}$$

式中，$\max(R)$和$\min(R)$分别表示区域R内像素的灰度最大值和最小值。若满足一致性准则，则终止进一步分裂；否则，再进一步分裂为四个等尺寸的子区域，继续根据一致性准则对各个子区域进行判定。重复这样的分裂过程，直至所有子区域均满足预定义的一致性准则。最小子区域的尺寸可能是 1×1，即单个像素。图 9-70(b)显示了区域分裂的四叉树数据结构表示，每一个黑色块表示满足一致性准则的子区域，白线表示子区域之间的分界线。注意，图像中灰度值变化越剧烈的区域，分裂的子区域的尺寸越小。计算图 9-70(b)中每一个黑色块内像素的灰度均值，图 9-70(c)为块均值图像，由于每一个子区域内像素的灰度值相同或相近，图像的总体视觉效果并没有受到太大的影响。

(a) 灰度图像

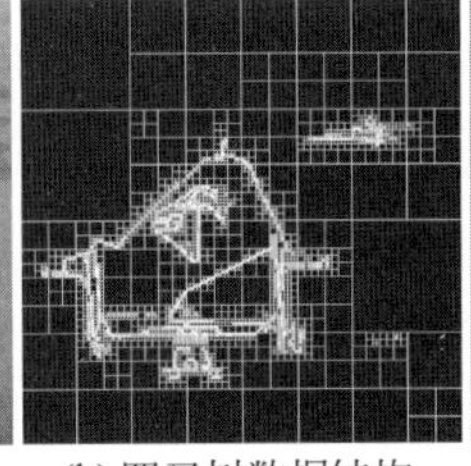
(b) 四叉树数据结构

(c) 块均值图像

图 9-70　区域分裂的四叉树数据结构表示

例 9-20　区域分裂合并法图像分割

图 9-71(a)为一幅尺寸为 600×800 的灰度图像，图像四叉树数据结构要求图像的尺寸为 2 的整数次幂。为此，对图像补零使图像的尺寸达到最接近的 2 的整数次幂。利用四叉树数据结构对零延拓的图像进行分裂，子区域的尺寸为2^k，$k\geqslant 0$，$k\in\mathbb{Z}$，直至分裂达到子区域的最小尺寸或者子区域不满足式(9-73)的阈值条件时终止分裂。子区域的最小尺寸分别设置为$k=0,1,2,3$，T取值为 0.1。根据具体情况设计合并条件，由于前景的灰度值低于

背景的灰度值，对块均值小于预设值的子区域进行合并，这里预设值为200。图9-71(b)～(e)显示了子区域的最小尺寸分别为1×1、2×2、4×4和8×8的四叉树数据结构表示以及使用区域分裂合并法的前景(目标)分割结果。从图中可以看出，随着允许的最小块尺寸的增大，分割精度逐步降低。

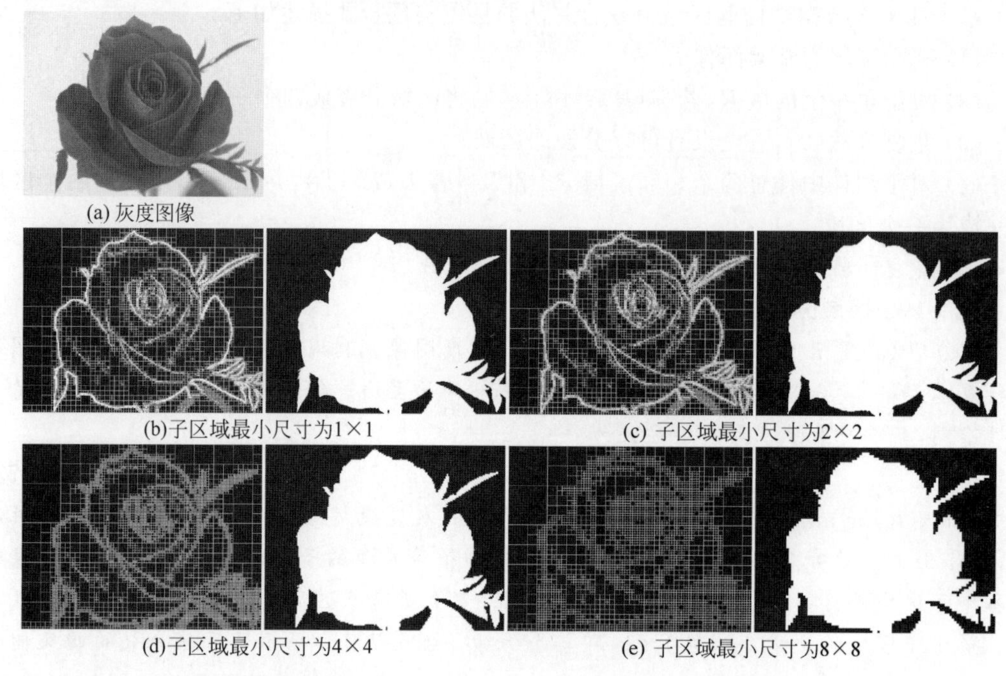

图9-71 图像的四叉树数据结构表示以及使用区域分裂合并法的前景(目标)分割结果

9.5 分水岭分割

分水岭分割是一种特殊应用的图像分割方法。当图像中的目标物体相互接触时，图像分割会更困难，分水岭分割算法通常用于处理这类问题，可以取得较好的效果。

9.5.1 基本概念

分水岭是指两个汇水盆地或流域之间的山脊，如图9-72所示，局部极小值所在的低洼区域称为汇水盆地，汇水盆地之间的山脊形成分水岭。分水岭分割建立在图像三维表示的基础上，平面维表示像素的坐标，空间维表示像素的灰度值。将图像看成是拓扑地形，图像中每一个像素的灰度值$f(x,y)$对应于地形海拔高度，如图9-73(a)所示。分水岭算法常用于解决图像中相互接触的目标的分割问题。通过模拟浸入过程来说明分水岭的概念和形成。假设在每一个局部极小点处有一个小孔，将整个地形模型缓慢浸入水中，让水从小孔中涌入，随着浸入的加深，水位线不断上升，从低到高淹没整个模型。在这个过程中，在每一个局部极小点所位于的汇水盆地中，从小孔中涌入的水慢慢上升，不断向外扩展，在不同汇水盆地的汇合处构筑水坝，阻止水的汇聚，这些水坝的边界形成**分水岭**。从水坝的顶部俯视观察，由不同汇水盆地之间的连通边界构成了**分水线**，这就是不同区域之间的分割线，如

图 9-73(b)所示。分水岭分割的主要目标是找出分水线。

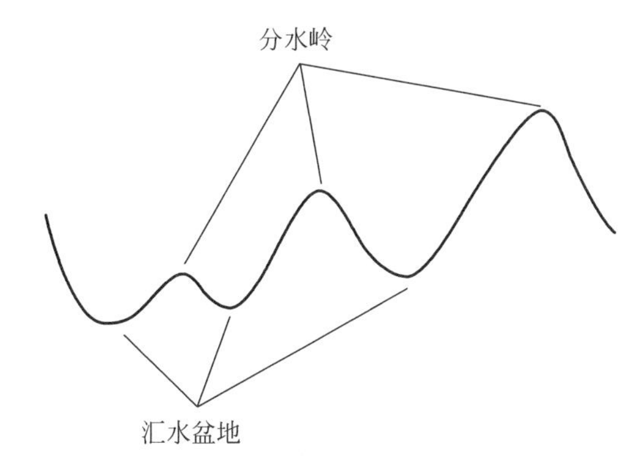

图 9-72 分水岭分割中的重要概念图释

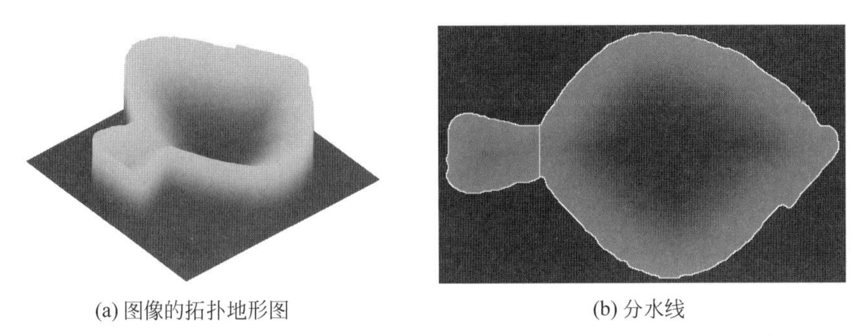

(a) 图像的拓扑地形图　　(b) 分水线

图 9-73 分水岭分割中分水线形成的图释

分水线组成一条通路,给出了区域之间的连通边界。通常对梯度图像进行分水岭分割,梯度图像中的分水线对应图像中的边缘。对于具有灰度一致性的目标区域,由于灰度变化较小,梯度也较小,对应于"盆地";而区域之间的边界具有较高的梯度,对应于"山脊"。在基于梯度的图像分割问题中,若阈值选取过高,则许多边缘会丢失,导致边缘发生断裂;若阈值选取过低,则容易产生虚假边缘,边缘变宽导致不能精确定位。分水岭算法实际上是一种基于梯度图像的自适应多阈值分割方法,有效地避免了前面所述图像分割方法中阈值不易确定的问题。

9.5.2 分水岭算法

设 $g(x,y)$表示 $f(x,y)$的梯度图像,$\{P_1,P_2,\cdots,P_M\}$表示梯度图像 $g(x,y)$中局部极小值点的集合,其中 M 为局部极小值点的个数,$g_{\min}$ 和 $g_{\max}$ 分别表示 $g(x,y)$的最小值和最大值,$T[n]$表示 $g(x,y)<n$ 的像素集合,即

$$T[n]=\{(x,y)\},\quad g(x,y)<n \tag{9-74}$$

式中,n 相当于地形模型中的水位线。随着水位线 n 从 $g_{\min}+1$ 到 $g_{\max}+1$ 不断升高,整个模型将被水淹没。在第 n 淹没阶段,$T[n]$中的像素位于平面 $g(x,y)=n$ 下方,标记为黑色,而不属于集合 $T[n]$中的像素标记为白色。在任意淹没阶段俯视观察 $O\text{-}xy$ 平面,会看到一幅二值图像,其中,黑色表示已淹没区域,白色表示未淹没区域。

设 $C_n(P_i),i=1,2,\cdots,M$ 表示在第 n 淹没阶段,与极小值点 $P_i,i=1,2,\cdots,M$ 对应的

汇水盆地中已淹没区域的像素集合，$C[n]$表示在第 n 淹没阶段所有汇水盆地中已淹没区域的像素集合，则有

$$C[n]=\bigcup_{i=1}^{M} C_n(P_i) \tag{9-75}$$

可以看出，随着 n 的增加，集合 $C_n(P_i)$和 $T[n]$中的像素数是非递减的。因此，$C[n-1]$是 $C[n]$的子集，而 $T[n-1]$是 $T[n]$的子集。

分水岭算法初始设定 $C[g_{\min}+1]=T[g_{\min}+1]$，然后逐步迭代进行更新。在第 n 淹没阶段，已经构造了 $C[n-1]$。以下是根据 $C[n-1]$求取 $C[n]$的计算过程。设 $Q[n]$表示 $T[n]$中连通分量的集合，对于每一个连通分量 $q\in Q[n]$，有如下三种情况：①$q\cap C[n-1]$为空集；②$q\cap C[n-1]$包含 $C[n-1]$中的一个连通分量；③$q\cap C[n-1]$包含 $C[n-1]$中两个或以上的连通分量。图 9-74 展示了分水岭算法各个阶段的情形，随着水位线 n 的不断升高，集合 $T[n]$中的像素数不断增加。在图 9-74(a)所示阶段的基础上，当到达如图 9-74(b)所示的阶段时，新增加了一个连通分量 q，标记为Ⅰ，这符合情况①；增长的连通分量 q，标记为Ⅱ，这符合情况②；在图 9-74(b)所示阶段的基础上，当到达如图 9-74(c)所示的阶段时，两个连通分量合并，形成单一连通分量 q，标记为Ⅲ，这符合情况③。从 $C[n-1]$构造 $C[n]$取决于符合上述的何种情况。当出现一个新的极小值时，情况①成立。当 q 位于局部极小值构成的汇水盆地中时，情况②成立。在这两种情况下，将 q 并入 $C[n-1]$构成 $C[n]$。当出现完全或部分分开两个或两个以上汇水盆地的山脊时，情况③成立。如图 9-74(d)所示，若水位线 n 进一步上升，不同汇水盆地的水汇聚在一起，水位线将趋于一致。因此，需要在 q 中建立水坝。下一节将讨论如何在连通分量 q 中建立水坝。

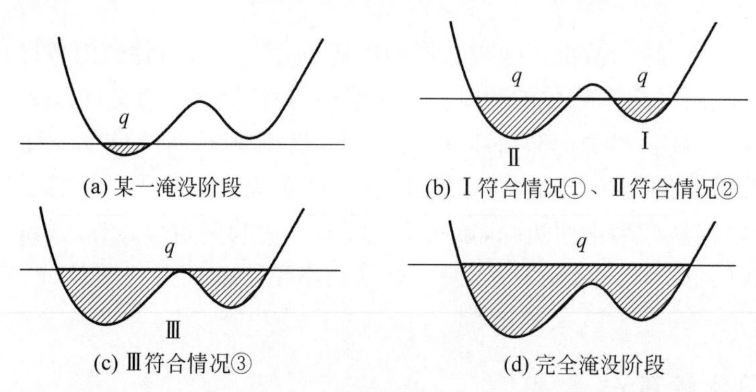

图 9-74 分水岭算法中的各个阶段

9.5.3 形态学膨胀水坝算法

本节介绍一种基于形态学膨胀的水坝算法，它是以二值图像为基础建立分水岭算法中所需的水坝。图 9-75 说明了使用形态学膨胀构造水坝的基本过程。图 9-75(a)显示了第 $n-1$ 淹没阶段两个汇水盆地中已淹没的区域。图 9-75(b)显示了第 n 淹没阶段已淹没的区域，水位上升，两个汇水盆地的水汇聚到一起，因此，需要在两个汇水盆地之间构筑水坝，阻止两个汇水盆地的水汇聚。

如图 9-75(a)所示，设 P_1 和 P_2 分别表示两个汇水盆地中的极小值点，在第 $n-1$ 淹没阶段，P_1 和 P_2 对应的汇水盆地中已淹没区域的像素集合，分别记为 $C_{n-1}(P_1)$和 $C_{n-1}(P_2)$。

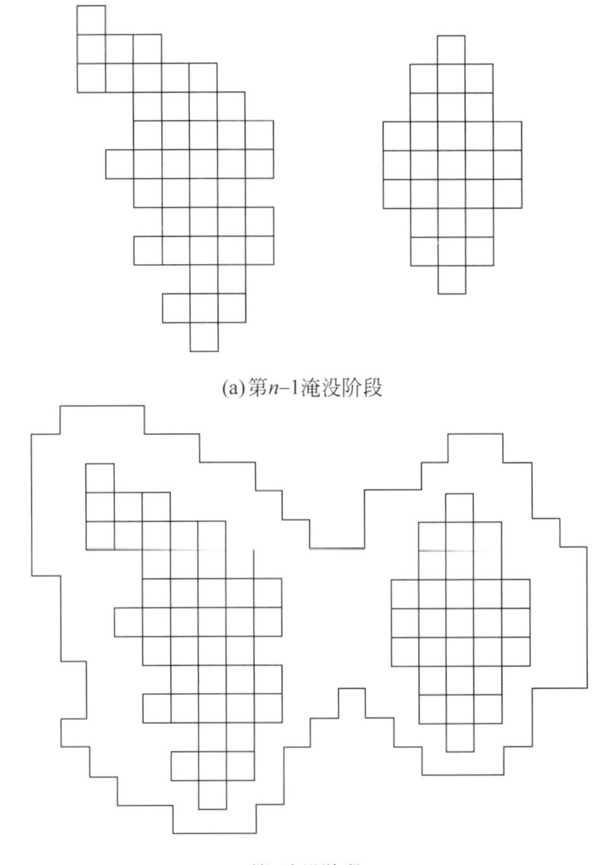

(a)第n-1淹没阶段

(b)第n淹没阶段

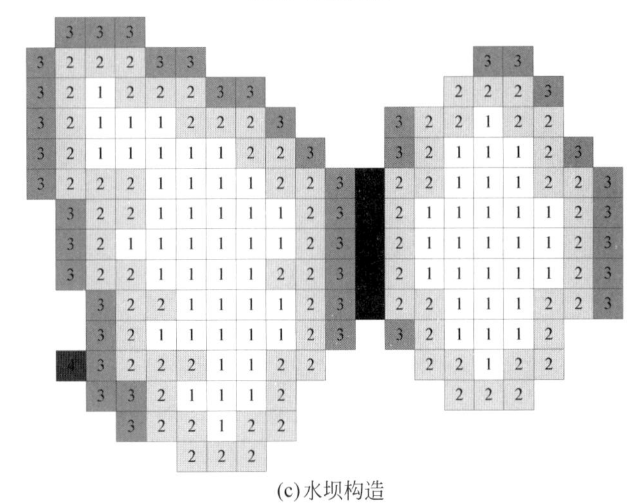

(c)水坝构造

图 9-75 水坝构造示意图

这两个连通分量 $C_{n-1}(P_1)$ 和 $C_{n-1}(P_2)$ 的并集记为 $C[n-1]$。如图 9-75(b)所示，在第 n 淹没阶段，这两个连通分量合并形成单一连通分量，记为 $C[n]$。显然，在第 n 淹没阶段，这两个汇水盆地的水汇聚了，因此，在第 n 淹没阶段需要建立水坝来阻止水的汇聚。第 n 淹没阶段的连通分量，记为 q，包含了第 $n-1$ 淹没阶段的两个连通分量。通过使用简单的与运算($q\cap C[n-1]$),可以从 q 中提取出第 $n-1$ 淹没阶段的两个连通分量 $C_{n-1}(P_1)$ 和 $C_{n-1}(P_2)$。

对图 9-75(a)中的两个连通分量使用 3×3 的方形结构元素进行膨胀。膨胀受两个条件的约束:①结构元素的原点只能是 q 中的像素,且膨胀的结果约束在 q 中;②对像素执行膨胀操作不能引起膨胀集合合并形成单一的连通分量。在图 9-75(c)中,第一步膨胀的结果用浅灰色像素表示,标记为数字 2,第一步膨胀均匀地扩张了两个连通分量的边界。在第一步膨胀过程中,每一个像素都符合这两个条件。第二步膨胀扩张的部分用深灰色像素表示,标记为数字 3,边界发生了断裂。部分标记为 2 的像素符合第①个条件却不符合第②个条件,也就是说,对这些标记为 2 的像素执行膨胀操作会引起膨胀集合合并,因此,不对它们执行膨胀操作。如图 9-75(c)所示,q 中符合上述两个条件的像素膨胀后,剩余的像素构成了单像素宽的通路,用黑色像素表示。这条通路构成了在第 n 淹没阶段的水坝。位于水坝上的像素通常设置为灰度级允许的最大值。通过这种方法构造的分水线是连通的边界,有效地将不同的区域分割开来,解决了分割线间断的问题。

9.5.4 控制标记的分水岭分割

分水岭算法对弱边缘也有较强的响应,这是闭合连通边界的保证。但是,由于受到图像中噪声、物体表面细微的灰度变化以及其他局部不规则结构的影响,都会导致过分割现象,即图像分割过细。具体地说,由于梯度图像中噪声或物体内部细密纹理的影响,在平坦区域内部可能会产生许多局部的“盆地”和“山脊”,分水岭分割会形成多个小区域,容易导致过分割,从而淹没主要边界。大量局部极小值的存在是导致过分割的原因,而很多局部极小值是无关的细节。通过平滑滤波对图像进行预处理,能够在一定程度上消除无关的细节和纹理。

一种改进的分水岭算法是在图像的预处理中对梯度图像附加内外控制标记,与前景相关联的标记称为内部标记,与背景相关联的标记称为外部标记。在梯度图像中标识前景(目标)和背景的位置,分水岭算法能够达到更好的分割结果。每一个标记实际上是图像中的一个连通分量,前景标记是由每一个目标内部的部分像素构成的连通分量,背景标记是由不属于任何目标的部分像素构成的连通分量,然后在梯度图像中的前景和背景控制标记区域强加局部极小值。

例 9-21 附加内外控制标记的分水岭分割

对于图 9-76(a)所示的待分割图像,由于目标相互接触,边缘轮廓不清晰,因而难以分割。利用分水岭算法对图像中的相互接触目标进行分割。通常将梯度图像作为初始待分割图像,但是不能对梯度图像直接利用分水岭算法进行分割。图 9-76(b)为图 9-76(a)所示图像的 Sobel 梯度图像,图 9-76(c)为直接使用分水岭算法的分割结果。在梯度图像中直接使用分水岭算法,会导致过分割。原图像的梯度中过多的细节是造成过分割的主要根源。显然,这种严重的过分割使分割结果毫无用处。

由于原图像的梯度图像[图 9-76(b)]中很多微小的空间细节的影响,首先利用数学形态学中的开重构和闭重构运算对图 9-76(a)所示图像进行预处理,去除图像中的亮细节和暗细节,而不影响目标的整体形状,如图 9-76(d)所示。图 9-76(e)为预处理图像的梯度图像,尽管去除了图像中存在的细节、纹理和噪声,然后直接对预处理图像的梯度进行分水岭分割,仍然存在过分割的现象,如图 9-76(f)所示。

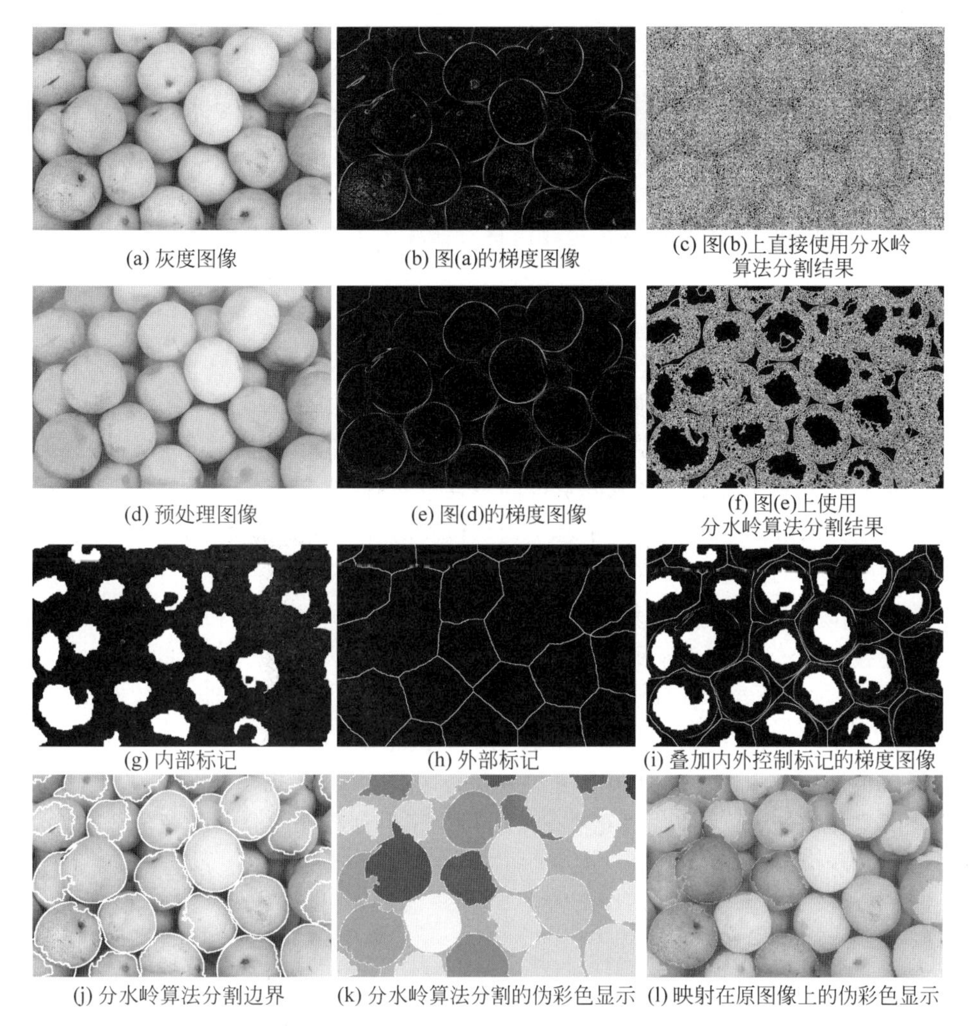

图 9-76 附加内外控制标记的分水岭算法分割示例

将图 9-76(d)所示预处理图像的梯度图像作为初始的待分割图像,利用附加内外控制标记的分水岭算法对相互接触的梨进行分割。首先,对不同特征的图像寻找合适的内部和外部控制标记。内部标记是由每一个目标内部的像素构成的连通区域,有很多标记前景目标的方法。对于梨的目标,通过在预处理图像中寻找局部极大值,用局部极大值点作为内部标记,如图 9-76(g)所示。外部标记不能接触待分割目标的边缘。在预处理图像中,由于背景为暗区域,通过阈值化处理产生一幅二值图像,目标区域为 1 像素,背景区域为 0 像素,二值图像中大致上分开了目标区域和背景区域。利用每一个像素到最近非零像素的距离,对二值图像进行距离变换,然后用分水岭算法提取距离图像的分水线作为外部标记,如图 9-76(h)所示。为了直观地说明内部和外部标记对分水岭分割的影响,如图 9-76(i)所示,将内外控制标记叠加在预处理图像的梯度图像上,各个目标内的白色区域为内部控制标记,而在背景中目标之间的细线为外部控制标记。注意,遮挡和阴影区域的目标没有标记,这意味着无法正确分割这些目标。

最后,在预处理图像的梯度图像中,对内外部控制标记区域强加局部极小值,再使用分水岭算法进行分割，图 9-76(j)为附加内外控制标记的分水岭分割边界。MATLAB 图像处理工具箱中的 watershed 函数实现分水岭算法，其分割的结果为标记矩阵，标记矩阵中不同的分割区域用不同的数字表示。为了显示的效果，使用伪彩色图像显示标记矩阵，不同的区域用不同的颜色标记，如图 9-76(k)所示。为了参考原图像来观察分割的准确性，使用颜色透明度将伪彩色标记矩阵映射在原图像上，如图 9-76(l)所示。从图中可以看到，较暗的被遮挡目标没有分割出来，这是因为这些被遮挡的目标区域没有前景标识符。

9.6 小结

图像分割是图像分析的关键步骤之一，是图像表示与描述的必要前提和基础。本章主要讨论了三类基本的图像分割方法——基于边界的分割、基于阈值的分割和基于区域的分割。基于边界的分割方法依据区域间灰度的不连续性提取不同目标、目标与背景之间的边界。在基于边界的分割方法中介绍了基于边缘检测的分割方法以及二值图像的边界跟踪方法。基于边缘检测的图像分割方法包括边缘检测和边缘连接两个阶段，本章重点介绍了各种边缘检测方法，主要包括一阶差分梯度算子、Canny 算子和二阶差分 LoG 算子，以及一种全局边缘连接方法——Hough 变换。基于阈值的分割方法和基于区域的分割方法依据区域内灰度的相似性，前者寻找阈值将目标和背景分开，后者根据相似性(一致性)准则从背景中提取目标。基于阈值的分割方法中重点是全局阈值法，其中 Otsu 阈值法是普遍使用的自动全局阈值法。基于区域的分割方法中重点是区域生长法，也广泛应用于计算机图形学中的交互式区域填充，称为种子填充法。最后讨论了一种特殊的分水岭图像分割方法，适用于相互接触目标的分割。

第10章

小波变换与多分辨率分析

小波变换(wavelet transform,WT)是一种分析非平稳信号的有力数学工具,广泛应用于语音、图像分析等众多领域。小波变换是继傅里叶变换之后的又一个重大突破,傅里叶变换是信号的全局变换,而对非平稳信号的局部分析需要时域和频域的二维联合表示,常将非平稳信号的二维分析称为时频信号分析。近年来小波变换已经取代离散余弦变换应用于静态图像压缩标准,使图像压缩和传输变得更加容易。自从20世纪80年代发展至今,小波分析已形成一门独立的应用数学学科。本章将简化数学的推导和解释过程,从多分辨率的角度来阐释小波变换,着重描述小波分析在图像处理中的基础概念,并给出小波变换与多分辨率分析在图像处理中的应用示例等。

10.1 小波分析的发展简史

20世纪50年代起,傅里叶变换一直是图像频域分析的基石。傅里叶变换是分析平稳信号的有力数学工具,然而,它是在整体上将信号分解为不同的频率分量,无法描述信号的局部频率特性,即它不能告知某种频率分量发生的时间。对于非平稳信号,由于信号的频率随时间变化而变化,单一的频域分析变得无能为力。为了研究信号在局部时间范围的频率特征,Gabor于1946年提出了**短时傅里叶变换**(short-time Fourier transform,STFT),也称为加窗傅里叶变换(windowed Fourier transform,WFT)。20世纪80年代后期,**小波变换**应运而生并迅速发展起来,它能够对瞬变、非平稳、时变信号的频率特征进行更细致的分析,弥补了短时傅里叶变换在信号分析中的不足。

小波是一种定义在有限时间且幅度平均值为零的函数,小波函数在时域和频域中都具有某种程度的平滑度和集中性。顾名思义,小波是指小的波,具有小和波动两个特点:一是"小",表现在小波具有时域局部性,称为紧支集的或近似紧支集的函数;二是"波动性",表现在直流分量为零,小波函数在时域上的波形一定是正负交替的波。如图10-1所示,小波函数具有有限的持续时间和突变的频率与振幅,波形可以是不规则的,也可以是不对称的。从直观上来看,显然用小波函数来分析瞬变信号比平滑的正弦函数更有效。

小波变换是将信号分解成一系列小波函数的叠加,这些函数都是由基本小波经过平移

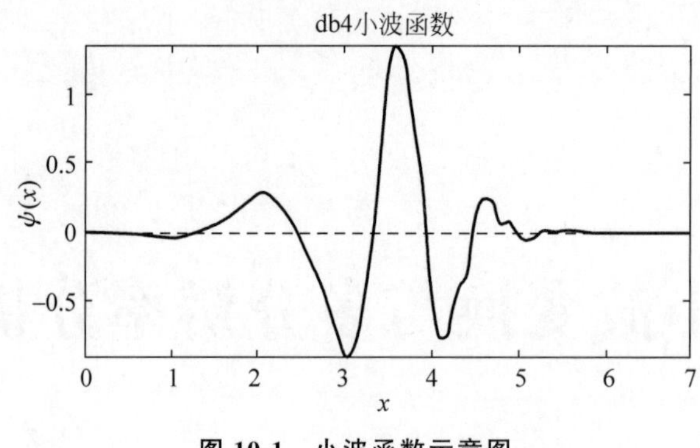

图 10-1 小波函数示意图

和尺度伸缩而生成的。小波分析是一种时间频率分析方法，具有在时间和频率(或尺度)两个域表征信号局域特性的能力。小波变换通过基本小波的平移可获取信号的时间信息，而通过尺度伸缩可获取信号的频率特征，从而获取时间与频率之间的相互关系，因此，小波变换具有很好的局部时间频率特性。

早在 1909 年，Alfred Haar 在一篇描述抽象 Hilbert 空间特征的论文中给出了由矩形函数(box function)生成的 $L^2(\mathbb{R})$函数空间的一组正交基，后来成为第一个小波——Haar 小波。1980 年，法国地球物理学家 Jean Morlet 和法国理论物理学家 Grossman 提出了小波一词。1983 年，Jan-Olov Stromberg 证明了小波函数的存在性。1984 年 Jean Morlet 在分析地震波的局部特性时，正式提出了小波变换的概念，并根据物理直观和信号分析的实际需要建立了函数重建的经验公式，但当时未能得到数学界的认可。1986 年法国数学家 Yves Meyer 创造性构造了具有一定衰减性和光滑性的规范正交小波基，在此之后小波变换才真正地发展起来。

1988 年，Ingrid Daubechies 使用离散滤波器迭代方法构造了紧支集规范正交小波基，将当时所有正交小波的构造方法统一起来，并揭示了小波变换与滤波器组之间的内在关系，使离散小波分析成为现实。1989 年，Stephane Mallat 在小波分析中提出了多分辨率分析(multi-resolution analysis，MRA)(或多尺度分析)的框架，从空间上形象地说明了小波分析的多分辨率特性，给出了构造正交小波基的一般方法，并提出了正交小波分解与重建信号的快速小波变换(fast wavelet transform，FWT)算法，称为 Mallat 算法，它的地位相当于快速傅里叶变换在经典傅里叶分析中的地位。自从 Ingrid Daubechies 和 Stephane Mallat 提出了滤波器组与小波基函数之间的关系，以及 Mallat 算法之后，小波变换和多分辨率分析越来越广泛地应用于信号处理和分析中。

1991 年，Nathalie Delprat 解释了连续小波变换的时间与频率之间的关系。1992 年，Ronald Raphael Coifman 和 Mladen Victor Wickerhauser 提出了小波包的概念，并从数学上作了严格的推导。同年，Gerald Allan Cohen 和 Ingrid Daubechies 提出了双正交小波的概念，同一信号的分析和综合小波是两组不同的函数系。1994 年，Wim Sweldens 提出了一种新的小波构造方法——提升方案(lifting scheme)，称为第二代小波变换。经典小波分析是从傅里叶分析的基础上发展起来的，第一代小波变换通过基本小波的平移和伸缩构造小波基。Mallat 算法实现的小波变换是通过与有限长度滤波器的卷积运算实现的。提升小波则通过简单的预测和更新步骤实现小波分解和重建。Ingrid Daubechies 等证明了由有限长度滤波器构成的小波变换都能用有限步的提升算法实现。Robert Calderbank、Ingrid Daubechies 和 Wim Sweldens 等又证明了可以在提升步骤的基础上直接完成从整数到整数的小波变换，使小波变换可以用于无损数据压缩。提升小波的发展推动了小波变换的进一步应用。

10.2　连续小波变换

傅里叶变换是将信号分解成一组不同频率的正弦波，因此，正弦波是傅里叶变换的正交基。同样，小波变换是通过基本小波函数在时间上的平移和尺度上的伸缩而生成小波函数组，利用一组函数来表示或逼近信号或函数。

10.2.1　小波与连续小波变换

定义（小波）　对于函数 $\psi(x)\in L^2(\mathbb{R})$①，如果

$$\int_{-\infty}^{+\infty}\psi(x)\mathrm{d}x=0 \tag{10-1}$$

则称 $\psi(x)$是小波函数。通常提及小波时，一般是指 $\psi(x)\in L^2(\mathbb{R})$并且式(10-1)成立，式(10-1)的成立是小波 $\psi(x)$的最基本要求。

定义（连续小波）　设 $\psi(x)\in L^2(\mathbb{R})$，其傅里叶变换为 $\Psi(\omega)$，并满足条件 $\Psi(0)=0$，则通过对小波函数 $\psi(x)$进行伸缩和平移来生成基函数$\{\psi_{s,\tau}(x)\}$：

$$\psi_{s,\tau}(x)=|s|^{-\frac{1}{2}}\psi\left(\frac{x-\tau}{s}\right),\quad s\in\mathbb{R}^+,\tau\in\mathbb{R} \tag{10-2}$$

式中，$\psi(x)$称为**基本小波或母小波**（mother wavelet），$s\in\mathbb{R}^+$称为尺度因子②，$\tau\in\mathbb{R}$ 称为平移因子。尺度因子 s 的作用是对基本小波作伸缩变换，波形保持不变。平移因子 τ 只影响相频特性，不影响幅频特性。$\psi_{s,\tau}(x)$是基本小波 $\psi(x)$的时间平移和尺度伸缩，这是一组与 $\psi(x)$形状相似，但具有不同支集，即具有不同频率特征的带通函数组。式(10-2)中的 s 和 τ 均为连续变量，因此称为连续小波。

从定义可知，小波函数 $\psi(x)$具有以下性质：

(1) 由 $\psi(x)\in L^1(\mathbb{R})$，可知$\int_{\mathbf{R}}|\psi(x)|\mathrm{d}x<\infty$，即 $\psi(x)$具有衰减性。特别地，$\psi(x)$是局部非零紧支集函数。

(2) 由 $\psi(x)\in L^2(\mathbb{R})$，可知$\int_{\mathbf{R}}|\psi(x)|^2\mathrm{d}x<\infty$，即 $\psi(x)$具有能量有限性。

(3) 设 $\psi(x)$是小波，$\Psi(\omega)$是它的傅里叶变换，若 $\Psi(\omega)$在 $\omega=0$ 连续，则根据傅里叶变换的定义，由 $\Psi(\omega)|_{\omega=0}=\int_{\mathbf{R}}\psi(x)\mathrm{e}^{-\mathrm{j}\omega x}\mathrm{d}x|_{\omega=0}=\int_{\mathbf{R}}\psi(x)\mathrm{d}x=0$，可知 $\psi(x)$ 的均值为 0，因而具有波动性。

---

①　$L^2(\mathbf{R})$是指平方可积函数构成的函数空间，若 $f(x)\in L^2(\mathbf{R})$，则称 $f(x)$为能量有限信号：

$$f(x)\in L^2(\mathbf{R})\Leftrightarrow\int_{\mathbf{R}}|f(x)|^2\mathrm{d}x<\infty$$

实际的信号都是能量有限的。

②　工程实际中尺度因子 $s<0$ 没有实际意义，本书采用 $s>0$ 的定义。

(4) 由 $\Psi(\omega=0)=0$，可知 $\Psi(\omega)$ 具有带通性。

小波的英文 wavelet 由 wave 和 let 组合而成，wave 指小波具有波动性，let 指小波具有衰减性和能量有限性。关于式(10-2)的连续小波定义，补充说明以下几点：

(1) 基本小波函数 $\psi(x)$ 可包括实数函数或复数函数、紧支集或非紧支集函数、正则或非正则函数等，但一般采用紧支集或近似紧支集且具有正则性的实数或复数函数作为基本小波函数，以使小波具有数学显微镜的作用。

(2) $\psi_{s,\tau}(x)$ 中系数 $|s|^{-\frac{1}{2}}$ 的作用是保证不同 s 值下小波函数在伸缩前后保持能量恒定，即

$$\begin{aligned}\|\psi_{s,\tau}(x)\|^2&=|s|^{-1}\int_{-\infty}^{+\infty}\left|\psi\left(\frac{x-\tau}{s}\right)\right|^2\mathrm{d}x\\&=\int_{-\infty}^{+\infty}|\psi(x)|^2\mathrm{d}x=\|\psi(x)\|^2\end{aligned}\tag{10-3}$$

这表明小波函数经过式(10-2)的伸缩和平移，其函数的范数等于原小波函数的范数。

(3) 尺度因子 s 的作用是将基本小波函数 $\psi(x)$ 进行伸缩，在不同尺度下，s 越大，$\psi\left(\frac{x}{s}\right)$ 越宽，小波的持续时间(也就是分析区间)展宽，幅度则与 $\sqrt{s}$ 成反比而减小；反之，s 越小，$\psi\left(\frac{x}{s}\right)$ 越窄，小波的持续时间收窄，幅度增大，但是，小波的基本形状保持不变。若 $0<s<1$，则小波函数压缩，$s^{-\frac{1}{2}}>1$ 起到增大幅度的作用；而若 $s>1$，则小波函数拉伸，$s^{-\frac{1}{2}}<1$ 起到衰减幅度的作用。

小波函数通过尺度伸缩和时间平移来生成所有的基函数。对波形的尺度伸缩是在时间轴上对信号进行压缩和拉伸，以 Marr 小波为例，图 10-2(a)给出了尺度分别为 $s=1$、$s=2$ 和 $s=4$ 的小波函数 $\psi(x)$、$\psi\left(\frac{x}{2}\right)$ 和 $\psi\left(\frac{x}{4}\right)$，小波的尺度因子与频率成反比关系，尺度 s 越小，波形收窄，频率越大；反之，尺度 s 越大，波形展宽，频率越小。时间平移是指小波函数在时间轴上的平行位移。以平移因子 $\tau=1$ 对图 10-2(a)所示的不同尺度的小波函数进行平移，图 10-2(b)分别给出了平移后的小波函数 $\psi(x-1)$、$\psi\left(\frac{x-1}{2}\right)$ 和 $\psi\left(\frac{x-1}{4}\right)$，注意观察不同尺度下小波分析区间的变化。

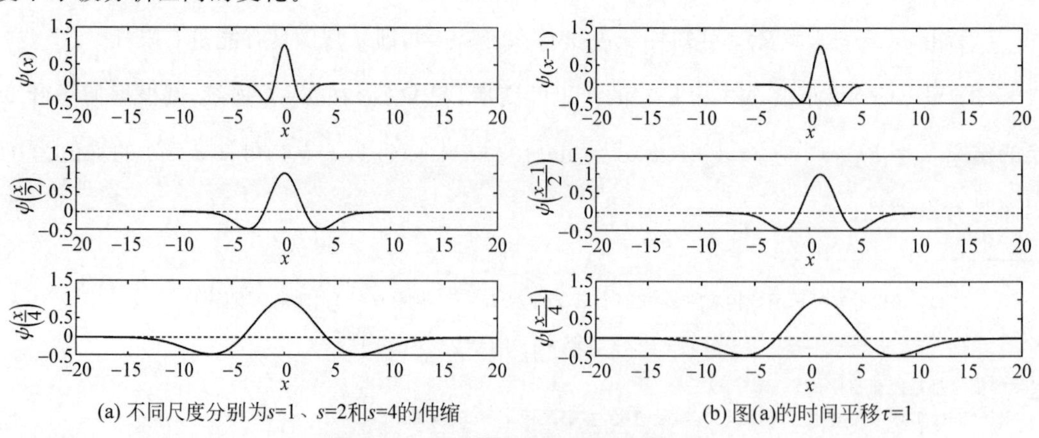

(a) 不同尺度分别为s=1、s=2和s=4的伸缩　　(b) 图(a)的时间平移τ=1

图 10-2　波形的尺度伸缩和时间平移

定义(连续小波变换)　设 $f(x)$是平方可积函数 $f(x)\in L^2(\mathbb{R})$，$\psi(x)$是基本小波，连续小波变换(continuous wavelet transform，CWT)定义为

$$W_{\psi}(s,\tau)=\langle f(x),\psi_{s,\tau}(x)\rangle=\int_{-\infty}^{+\infty}f(x)\psi_{s,\tau}^{*}(x)\mathrm{d}x \tag{10-4}$$

式中，$\psi_{s,\tau}(x)$是由式(10-2)定义的连续小波；$\psi_{s,\tau}^{*}(x)$表示 $\psi_{s,\tau}(x)$的共轭函数，当 $\psi_{s,\tau}(x)$为实函数时，$\psi_{s,\tau}(x)=\psi_{s,\tau}^{*}(x)$；$\langle f(x),\psi_{s,\tau}(x)\rangle$表示函数 $f(x)$和小波函数 $\psi_{s,\tau}(x)$的内积。连续小波变换的系数也可记作 $C_{s,\tau}$。小波变换实际上是计算信号 $f(x)$与小波函数 $\psi_{s,\tau}(x)$的相关系数，$C_{s,\tau}>0$ 为正相关，$C_{s,\tau}<0$ 为负相关，$C_{s,\tau}=0$ 为不相关。$f(x)$在 $\psi_{s,\tau}(x)$上的权重越大，则小波系数的绝对值$|C_{s,\tau}|$越大，这表明匹配度越高，$|C_{s,\tau}|$越接近0，表明越不匹配。从时域上看，类似于通过一组匹配滤波器进行信号检测。

从式(10-4)的连续小波变换的定义出发，直观地说明连续小波变换的四个基本步骤：

(1) 将小波函数 $\psi(x)$与待分析信号 $f(x)$的初始时刻对齐。

(2) 计算当前时间窗的待分析信号 $f(x)$与小波函数 $\psi(x)$的小波变换系数 $C_{s,\tau}$，该系数反映当前时间窗的信号与小波函数的相似程度。

(3) 将小波函数沿着时间轴向右平移时间 τ，生成小波函数为 $\psi(x-\tau)$，重复步骤(2)，直至完成整个时间轴上的小波变换系数的计算。

(4) 对小波函数 $\psi(x)$进行尺度 s 的伸缩，生成小波函数为 $\psi\left(\frac{x}{s}\right)$，重复步骤(1)～(3)，计算所有尺度下的小波变换系数。

图 10-3 直观说明了连续小波变换的过程，图 10-3(a)显示了步骤(1)和步骤(2)中基本小波函数的初始时刻，图 10-3(b)显示步骤(3)中基本小波函数的时间平移，图 10-3(c)显示了步骤(4)中基本小波函数的尺度伸缩(尺度为 4)。图 10-3(d)～(f)分别显示了尺度为 1、4 和 16 的小波函数在整个时间轴上的全部小波变换系数，横轴表示平移时间，纵轴表示小波系数。从图中可以看出，沿着时间轴，当信号的频率与小波函数的频率有更高的匹配度时，则有更大的小波系数。以观察电子地图为例，可形象地说明小波变换的意义。小波函数 $\psi_{s,\tau}(x)$相当于视窗，将尺度 s 比作地图中的比例尺，大尺度用于观察全局布局，小尺度用于观察局部细节，将平移 τ 比作方向控制盘，可以向任意方向平行移动地图。

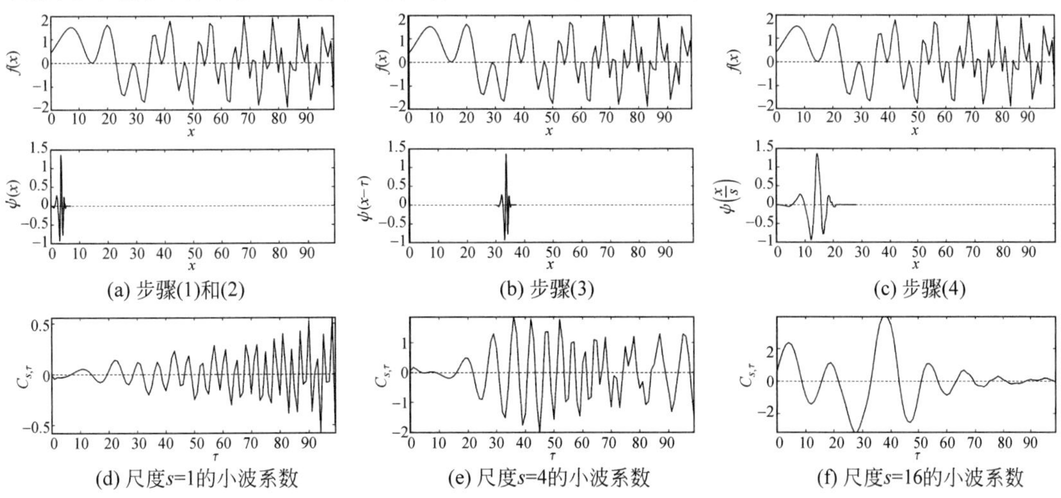

(a) 步骤(1)和(2)　(b) 步骤(3)　(c) 步骤(4)

(d) 尺度s=1的小波系数　(e) 尺度s=4的小波系数　(f) 尺度s=16的小波系数

图 10-3　连续小波变换的过程

小波变换的系数是在不同的尺度因子下由信号的不同部分产生的。这些系数表征了待分析信号在这些小波函数上的权重，可以用图形的方式直观地展示小波变换的系数。对于一维信号的连续小波变换，尺度因子、平移因子和小波系数之间的关系和含义可以用连续小波变换系数图表示。在连续小波变换系数图中，横轴表示沿时间方向上的位移，纵轴表示小波函数的尺度，每一个点处的灰度表示小波系数的数值，表明不同深浅的灰度所对应的数值，灰度越暗表明系数越小；反之，灰度越亮表明系数越大。

例 10-1 一维信号的连续小波变换系数图

选取 4 阶 Daubechies 小波(db4)作连续小波变换，图 10-4～图 10-6 分别为分段正弦信号、多普勒频移正弦信号和分形信号的曲线及其相应的连续小波变换系数(绝对值)图，右边为颜色映射条(colorbar)，表明不同颜色所代表的数值。图 10-4(a)为低频到高频的三段正弦信号相连而成的分段正弦信号，低频正弦信号的频率为 5，中频正弦信号的频率为 10，高频正弦信号的频率为 40，采样周期为 0.001，根据 MATLAB 中的尺度到频率转换函数 scal2frq[①] 可知，这三段正弦信号的频率对应的尺度分别为 142、70 和 16。图 10-4(b)为连续小波变换系数图，从图中可以清楚地看到，在 0～400 个采样点之间的低频正弦信号在尺度约 142 附近有最大的响应系数，在 400～900 个采样点之间的中频正弦信号在尺度约 70 附近有最大的响应系数，在 900～1300 个采样点之间的高频正弦信号在尺度约 16 附近有最大的响应系数。

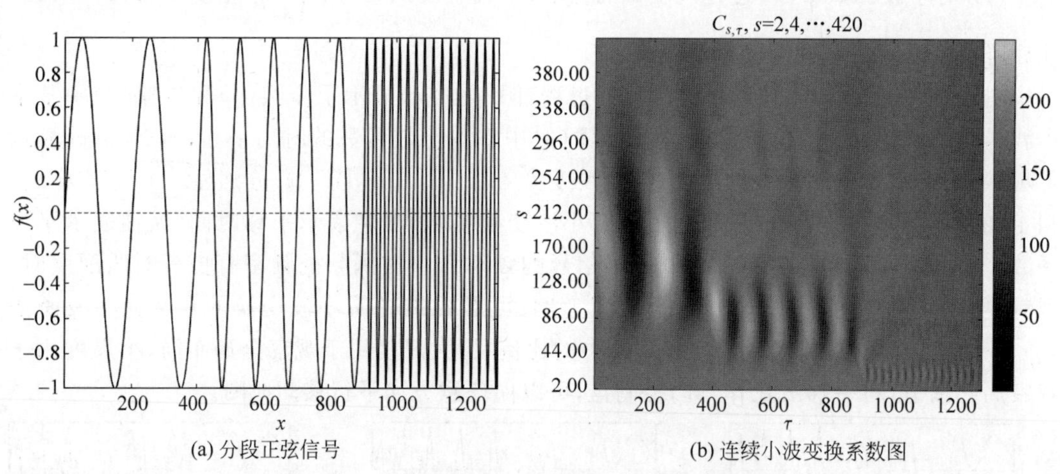

(a) 分段正弦信号　　(b) 连续小波变换系数图

图 10-4 分段正弦信号及其连续小波变换系数图

图 10-5(a)为多普勒频移正弦信号，最高频率出现在信号的起始阶段，随着时间的推移，出现频散现象，频率逐渐降低，波长逐渐增大。注意观察图 10-5(b)中的连续小波变换系数，灰度最亮与最暗交替位置所对应的尺度随着时间逐渐增大，这表明信号的频率随着时间逐渐衰减。通过尺度与频率之间的转换关系，由连续小波变换系数图就可以估计多普勒信号在各个时刻的瞬时频率。因而说小波变换是一种具有局部时频分析的有力工具。

图 10-6 说明通过小波分析可以检测出自相似或分形信号。图 10-6(a)所示的信号是合成的递归 Koch 曲线。根据小波变换的物理意义，小波变换是计算信号与小波函数之间的

① 10.2.3.2 节介绍尺度与频率之间的关系。

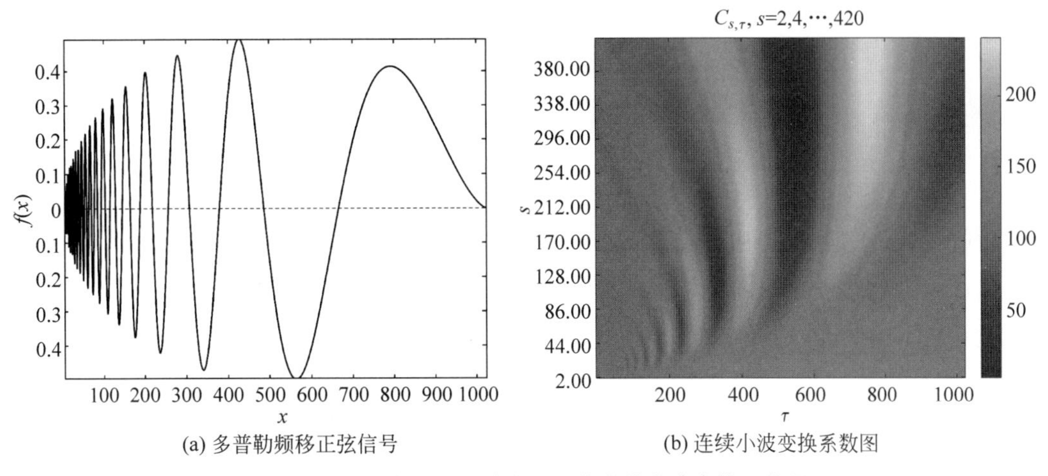

图 10-5　多普勒频移正弦信号及其连续小波变换系数图

相似系数。若相似性强，则系数大。若信号在不同尺度上与其自身相似，则在不同尺度上小波系数也相似。图 10-6(b)所示的小波系数图展示了这种自相似性产生的特征，这样的重复模式表明信号在多尺度上具有自相似性。

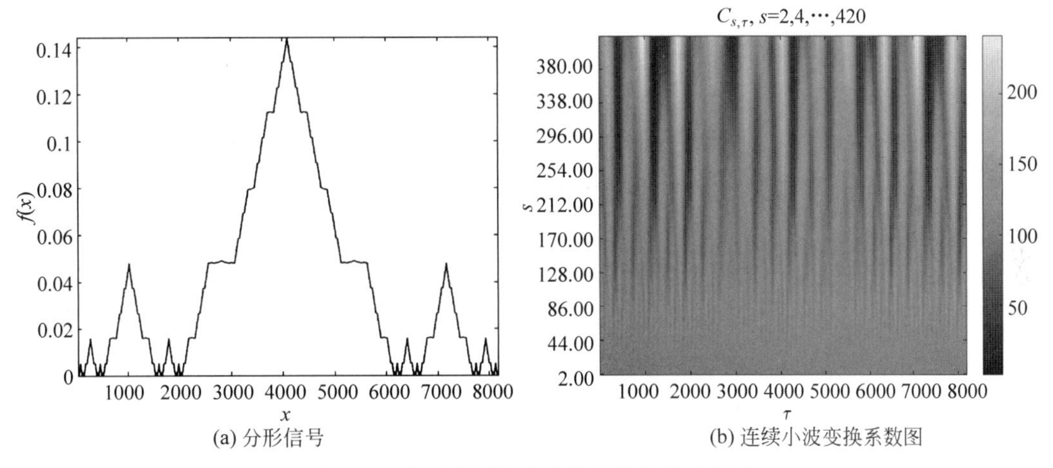

图 10-6　分形信号及其连续小波变换系数图

任何变换都必须存在逆变换才具有实际意义，但是逆变换不一定存在。对于小波变换而言，基本小波 $\psi(x)$ 需满足允许条件(admissible condition)：

$$C_{\psi}=\int_{-\infty}^{+\infty}\frac{|\Psi(\omega)|^{2}}{\omega}\mathrm{d}\omega<\infty \tag{10-5}$$

逆变换才存在。式中，$\psi(x)\overset{\mathscr{F}}{\Leftrightarrow}\Psi(\omega)$。当基本小波 $\psi(x)$ 满足允许条件 $C_{\psi}<\infty$ 时，才能由 $W_{\psi}(s,\tau)$ 重建原函数 $f(x)$：

$$f(x)=\frac{1}{C_{\psi}}\int_{0}^{+\infty}\frac{1}{s^{2}}\mathrm{d}s\int_{-\infty}^{+\infty}W_{\psi}(s,\tau)\psi_{s,\tau}(x)\mathrm{d}\tau \tag{10-6}$$

由允许条件 $C_{\psi}<\infty$ 可以推论出：基本小波 $\psi(x)$ 至少必须满足 $\Psi(0)=0$，且当 $\omega\to\infty$ 时，$\Psi(\omega)\to 0$。也就是说 $\Psi(\omega)$ 必须具有带通性，且 $\psi(x)$ 必是均值为 0 的正负交替的振荡

波形。

式(10-4)的内积可以不严格地解释成卷积，这是因为

$$\text{内积：}\langle f(x),\psi(x-\tau)\rangle=\int_{-\infty}^{+\infty}f(x)\psi^*(x-\tau)\mathrm{d}x \tag{10-7}$$

$$\text{卷积：}f(\tau)*\psi(\tau)=\int_{-\infty}^{+\infty}f(x)\psi^*(\tau-x)\mathrm{d}x \tag{10-8}$$

通过比较以上两式发现，两者的区别仅在于 $\psi^*(x-\tau)$ 改成 $\psi^*(\tau-x)=\psi^*[-(x-\tau)]$，也就是对 $\psi(x)$ 首先进行反转操作。有些学者直接利用卷积来定义连续小波变换，连续小波变换的表达式可以看成函数 $f(x)$ 与系统冲激响应 $h_\psi(x)=|s|^{-\frac{1}{2}}\psi^*\left(-\frac{x}{s}\right)$ 的卷积，写成卷积形式为

$$W_\psi(s,\tau)=f(\tau)*h_\psi(\tau)=|s|^{-\frac{1}{2}}\int_{-\infty}^{+\infty}f(x)\psi^*\left(\frac{x-\tau}{s}\right)\mathrm{d}x \tag{10-9}$$

下面来讨论小波变换在频域上的解释。设 $f(x)\overset{\mathscr{F}}{\Leftrightarrow}F(\omega)$，$\psi(x)\overset{\mathscr{F}}{\Leftrightarrow}\Psi(\omega)$，根据傅里叶变换的尺度性，$h_\psi(x)\overset{\mathscr{F}}{\Leftrightarrow}|s|^{\frac{1}{2}}\Psi^*(s\omega)$，利用卷积定理，连续小波变换的等效频域定义为

$$W_\psi(s,\tau)=\frac{\sqrt{s}}{2\pi}\int_{-\infty}^{+\infty}F(\omega)\Psi^*(s\omega)\mathrm{e}^{\mathrm{j}\omega\tau}\mathrm{d}\omega \tag{10-10}$$

从频域上看，连续小波变换相当于用不同尺度的一组带通滤波器 $\Psi(s\omega)$ 对信号进行分解滤波，将待分析信号分解为一系列频带上的信号，而连续小波逆变换则是从分解到各个频带的信号重建原信号。若 $\Psi(s\omega)$ 是幅频特性比较集中的带通函数，则小波变换便具有表征待分析信号 $f(x)$ 局部频率特征的能力，通过拉伸(压缩) s 值来收窄(展宽) $\Psi(s\omega)$ 在频域 $F(\omega)$ 上的局部分析区间。

例 10-2　一维连续小波逆变换

对于图 10-5(a)所示的多普勒频移正弦信号。设 $s_0=2$，$\Delta s=0.4875$，在 20 个离散的尺度 $s_k=s_0 2^{k\Delta s}$，$k=0,1,\cdots,19$，使用具有解析形式的 Morlet 小波计算多普勒信号的连续小波变换系数。图 10-7(a)显示了在这 20 个尺度下计算的连续小波变换系数，也就是图 10-5(b)

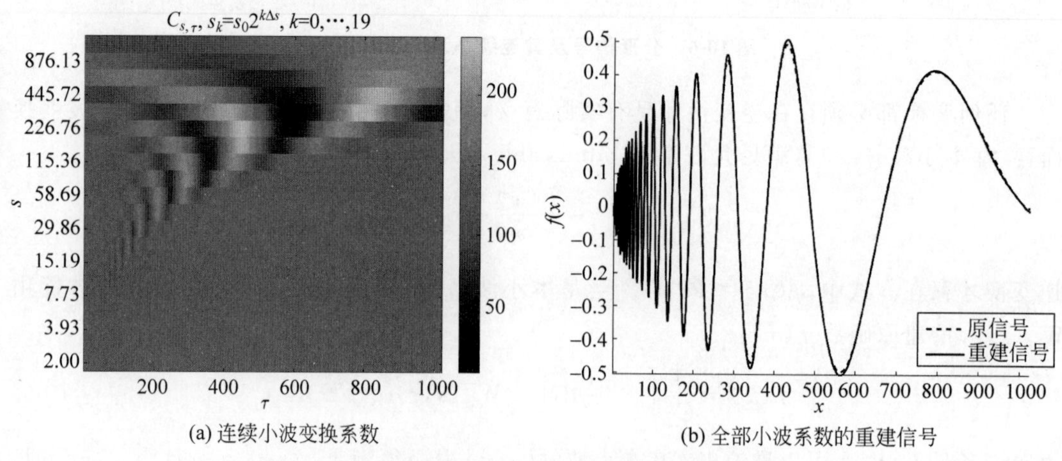

(a) 连续小波变换系数　　(b) 全部小波系数的重建信号

图 10-7　多普勒信号的连续小波变换及其系数重建

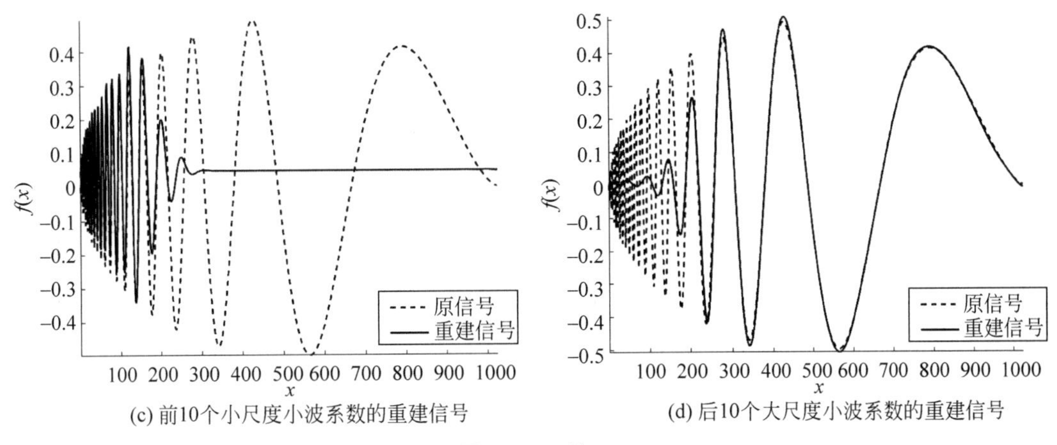

(c) 前10个小尺度小波系数的重建信号　(d) 后10个大尺度小波系数的重建信号

图 10-7　(续)

的离散版本,右边为颜色映射条,表明不同颜色所代表的数值。图 10-7(b)为由离散的小波系数重建的原信号,由图中可见,大致上能够完全重建原信号。选取连续小波变换的前 10 个小尺度系数和后 10 个大尺度系数分别作连续小波逆变换,来直观说明尺度系数与频率之间的关系。小尺度系数对应高频特征,如图 10-7(c)所示,删除大尺度系数消除了信号的低频特征,产生信号的高通近似。大尺度系数对应低频特征,如图 10-7(d)所示,删除小尺度系数消除了信号的高频特征,产生信号的低通近似。低通近似是对信号低频特征的平滑近似。在图 10-7(b)～(d)中,虚线表示原信号,实线表示小波系数的重建信号。

10.2.2　小波函数的傅里叶分析

傅里叶变换常用于分析小波函数的幅频特性。第 4 章详细论述了傅里叶变换的定义及性质。对于函数 $f(x)\in L^2(\mathbb{R})$的一维连续傅里叶变换定义为

$$F(\omega)=\int_{-\infty}^{+\infty} f(x)\mathrm{e}^{-\mathrm{j}\omega x}\,\mathrm{d}x \tag{10-11}$$

式中,$\omega=2\pi u$。该式实际上是计算信号 $f(x)$和复指数基函数 $\mathrm{e}^{\mathrm{j}\omega x}$ 的相关系数,也可以理解为是计算信号 $f(x)$在基函数 $\mathrm{e}^{\mathrm{j}\omega x}$ 上的权重。若信号 $f(x)$中存在谱分量 $\mathrm{e}^{\mathrm{j}\omega x}$,则相应的傅里叶系数 $F(\omega)$就不为零。傅里叶变换是时域到频域的变换,傅里叶系数 $F(\omega)$是关于频率 ω 的函数。由此可见,傅里叶变换只能指出信号中某个谱分量是否存在以及谱分量的能量,不能指出谱分量存在的时间。

给定 $F(\omega)$,一维连续傅里叶逆变换的定义为

$$f(x)=\frac{1}{2\pi}\int_{-\pi}^{+\pi} F(\omega)\mathrm{e}^{\mathrm{j}\omega x}\,\mathrm{d}\omega \tag{10-12}$$

傅里叶系数乘以复指数基函数 $\mathrm{e}^{\mathrm{j}\omega x}$ 并叠加,就重建出原信号。

设 $\psi(x)\overset{\mathscr{F}}{\Leftrightarrow}\Psi(\omega)$,$\psi_{s,\tau}(x)\overset{\mathscr{F}}{\Leftrightarrow}\Psi_{s,\tau}(\omega)$,根据傅里叶变换的尺度性和时移性,可知 $\Psi_{s,\tau}(\omega)$与 $\Psi(\omega)$的关系为

$$\Psi_{s,\tau}(\omega)=|\,s\,|^{\frac{1}{2}}\mathrm{e}^{-\mathrm{j}\tau\omega}\Psi(s\omega) \tag{10-13}$$

结合式(10-2)和式(10-13)可知,小波函数 $\psi_{s,\tau}(x)$的尺度因子减小(增大),时域图形变得高

窄(低平),而频谱图形变得低平(高窄)。

由于实偶函数的傅里叶变换仍是实偶函数,这里以 Marr 小波函数为例,说明小波函数的时间分辨率与频率分辨率之间的关系。Marr 小波的表达式为

$$\psi_{\text{mexh}}(x)=\mathrm{e}^{-\frac{x^2}{2}}(1-x^2) \tag{10-14}$$

它的傅里叶变换为

$$\Psi_{\text{mexh}}(\omega)=\sqrt{2\pi}\,\omega^2\mathrm{e}^{-\frac{\omega^2}{2}} \tag{10-15}$$

式(10-14)和式(10-15)中省略了归一化常数,这样的简化不会影响对小波函数基本频率特性的分析。另外,由于从式(10-13)可知,时间因子 τ 的变化不会使幅度谱 $|\Psi_{s,\tau}(\omega)|$ 发生变化,因而令 $\tau=0$。图 10-8 显示了 $s=1$、$s=\frac{1}{2}$ 和 $s=2$ 的三个尺度因子下小波函数 $\psi\left(\frac{x}{s}\right)$ 及其傅里叶变换 $|s|^{\frac{1}{2}}\Psi(s\omega)$。从图 10-8 中可以得出结论：尺度因子 s 小的小波函数频率高,带宽展宽,而时间缩短,因而在时间轴上的分析范围小,可细致观察,适合于对信号的高频成分进行分析；尺度因子 s 大的小波函数频率低,带宽收窄,而时间伸长,因而在时间轴上的分析区间大,可大致观察,适合于对信号的低频成分进行分析。

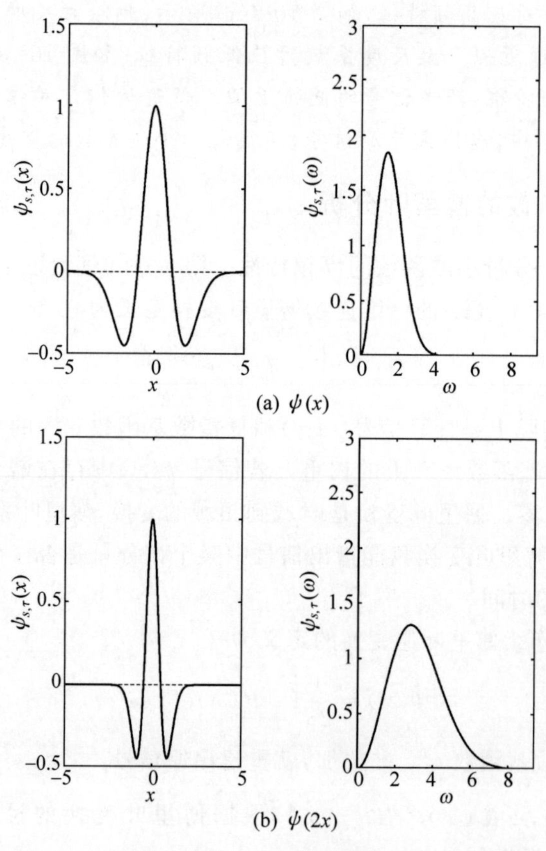

图 10-8 不同尺度因子的小波函数及其傅里叶变换

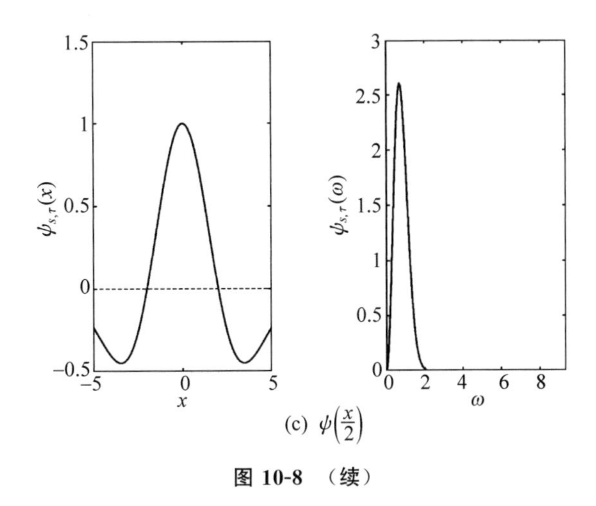

(c) $\psi\left(\frac{x}{2}\right)$

图 10-8 （续）

10.2.3 小波与连续小波变换的时频分析与性质

当采用不同尺度的小波函数时，小波变换的分析频率也不同，但是，在各个频段内分析的品质因数[①]却保持不变。本节将从小波变换的时频分析谈起，证明不同尺度的小波函数具有恒定的品质因数。实际的信号经常表现出高频成分持续时间较短，而低频成分持续时间较长的特点，这也正与小波分析的性质保持一致。

10.2.3.1 连续小波变换的时频分析

在时域中，若函数 $f(x)$在有限长度的区间$\mathcal{I}_t$内，$|f(x)|$普遍较大，$\mathcal{I}_t$之外$|f(x)|$很小，则称$\mathcal{I}_t$为 $f(x)$的有效区间。严格上来讲是不能用宽度来描述定义域为$(-\infty,+\infty)$的函数，定义函数的有效区间的概念，就可以称有效区间的长度为函数的宽度（窗宽）。在频域中，若函数 $f(x)$的傅里叶变换 $F(\omega)$的频谱幅度$|F(\omega)|$在频段$\mathcal{I}_\omega$内普遍较大，则称频段$\mathcal{I}_\omega$为 $F(\omega)$的有效区间，有效区间$\mathcal{I}_\omega$的长度称为频段的带宽。在上述假定下，将$\mathcal{I}_t\times\mathcal{I}_\omega=\{(x,\omega)\mid x\in\mathcal{I}_t,\omega\in\mathcal{I}_\omega\}$称为 $f(x)$的**时间频率（time-frequency）窗**，简称为**时频窗**。

1. $\psi_{s,\tau}(x)$的时间中心与窗宽

对于小波函数 $\psi_{s,\tau}(x)=|s|^{-1/2}\psi\left(\frac{x-\tau}{s}\right)$，$s\in\mathbb{R}^+$，$\tau\in\mathbb{R}$，下面将推导 $\psi_{s,\tau}(x)$与 $\psi(x)$的时间中心、时间宽度之间的关系。基本小波 $\psi(x)$的时间中心 x_c^ψ 定义为

$$x_c^\psi=\frac{1}{\int_{-\infty}^{+\infty}|\psi(x)|^2\mathrm{d}x}\int_{-\infty}^{+\infty}x\,|\psi(x)|^2\mathrm{d}x \tag{10-16}$$

$\psi(x)$的窗宽 Δx^ψ 定义为

$$\Delta x^\psi=\frac{1}{\left[\int_{-\infty}^{+\infty}|\psi(x)|^2\mathrm{d}x\right]^{\frac{1}{2}}}\left[\int_{-\infty}^{+\infty}(x-x_c^\psi)^2\,|\psi(x)|^2\mathrm{d}x\right]^{\frac{1}{2}} \tag{10-17}$$

---

① 品质因数定义为中心频率与频段宽度（带宽）之比。

则 $\psi(x)$ 的有效区间为 $[x_c^{\psi}-\Delta x^{\psi}, x_c^{\psi}+\Delta x^{\psi}]$①。

$\psi_{s,\tau}(x)$ 的时间中心 $x_c^{\psi_{s,\tau}}$ 定义为

$$\begin{aligned}
x_c^{\psi_{s,\tau}} &= \frac{1}{\int_{-\infty}^{+\infty} |\psi_{s,\tau}(x)|^2 \mathrm{d}x}\int_{-\infty}^{+\infty} x\,|\psi_{s,\tau}(x)|^2 \mathrm{d}x \\
&= \frac{1}{\int_{-\infty}^{+\infty} \left|\psi\left(\frac{x-\tau}{s}\right)\right|^2 \mathrm{d}x}\int_{-\infty}^{+\infty} x\left|\psi\left(\frac{x-\tau}{s}\right)\right|^2 \mathrm{d}x \\
&\overset{x'=\frac{x-\tau}{s}}{=\!=\!=} \frac{1}{s\int_{-\infty}^{+\infty} |\psi(x')|^2 \mathrm{d}x'}\left[s\int_{-\infty}^{+\infty}(sx'+\tau)\,|\psi(x')|^2 \mathrm{d}x'\right] \\
&= \frac{1}{s\int_{-\infty}^{+\infty} |\psi(x')|^2 \mathrm{d}x'}\left[s^2\int_{-\infty}^{+\infty} x'\,|\psi(x')|^2 \mathrm{d}x' + s\tau\int_{-\infty}^{+\infty} |\psi(x')|^2 \mathrm{d}x'\right] \\
&= sx_c^{\psi}+\tau
\end{aligned}$$

由此可知，$\psi_{s,\tau}(x)$ 与 $\psi(x)$ 的时间中心之间的关系为

$$x_c^{\psi_{s,\tau}} = sx_c^{\psi}+\tau \tag{10-18}$$

$\psi_{s,\tau}(x)$ 的时间宽度 $\Delta x^{\psi_{s,\tau}}$ 定义为

$$\begin{aligned}
\Delta x_c^{\psi_{s,\tau}} &= \frac{1}{\left[\int_{-\infty}^{+\infty} |\psi_{s,\tau}(x)|^2 \mathrm{d}x\right]^{\frac{1}{2}}}\left[\int_{-\infty}^{+\infty}(x-x_c^{\psi_{s,\tau}})^2\,|\psi_{s,\tau}(x)|^2 \mathrm{d}x\right]^{\frac{1}{2}} \\
&= \frac{1}{\left[\int_{-\infty}^{+\infty} \left|\psi\left(\frac{x-\tau}{s}\right)\right|^2 \mathrm{d}x\right]^{\frac{1}{2}}}\left[\int_{-\infty}^{+\infty}(x-sx_c^{\psi}-\tau)^2\left|\psi\left(\frac{x-\tau}{s}\right)\right|^2 \mathrm{d}x\right]^{\frac{1}{2}} \\
&\overset{x'=\frac{x-\tau}{s}}{=\!=\!=} \frac{1}{\left[s\int_{-\infty}^{+\infty} |\psi(x')|^2 \mathrm{d}x'\right]^{\frac{1}{2}}}\left[s\int_{-\infty}^{+\infty}(sx'+sx_c^{\psi})^2\,|\psi(x')|^2 \mathrm{d}x'\right]^{\frac{1}{2}} \\
&= |s|\,\Delta x^{\psi}
\end{aligned}$$

由此可知，$\psi_{s,\tau}(x)$ 与 $\psi(x)$ 的时间宽度之间的关系为

$$\Delta x^{\psi_{s,\tau}} = |s|\,\Delta x^{\psi} \tag{10-19}$$

则 $\psi_{s,\tau}(x)$ 的有效区间为 $[sx_c^{\psi}+\tau-|s|\Delta x^{\psi}, sx_c^{\psi}+\tau+|s|\Delta x^{\psi}]$。

2. $\psi_{s,\tau}(x)$ 的频率中心与频率宽度

设 $\psi_{s,\tau}(x)$ 和 $\psi(x)$ 的傅里叶变换分别为 $\Psi_{s,\tau}(\omega)$ 和 $\Psi(\omega)$，下面将推导 $\Psi_{s,\tau}(\omega)$ 与 $\Psi(\omega)$ 的频率中心、频率宽度之间的关系。$\Psi(\omega)$ 的频率中心 ω_c^{Ψ} 定义为

$$\omega_c^{\Psi} = \frac{1}{\int_{-\infty}^{+\infty} |\Psi(\omega)|^2 \mathrm{d}\omega}\int_{-\infty}^{+\infty} \omega\,|\Psi(\omega)|^2 \mathrm{d}\omega \tag{10-20}$$

① $x_c^{\psi} = |\psi(x)|^2 / \int_{-\infty}^{+\infty} |\psi(x)|^2 \mathrm{d}x$ 可以看成时域能量密度函数，x_c^{ψ} 和 Δx^{ψ} 表示时域能量的均值和标准差。

$\Psi(\omega)$的频率宽度 $\Delta\omega^{\Psi}$ 定义为

$$\Delta\omega^{\Psi}=\frac{1}{\left[\int_{-\infty}^{+\infty}|\Psi(\omega)|^{2}\mathrm{d}\omega\right]^{\frac{1}{2}}}\left[\int_{-\infty}^{+\infty}(\omega-\omega_{c}^{\Psi})^{2}|\Psi(\omega)|^{2}\mathrm{d}\omega\right]^{\frac{1}{2}}\tag{10-21}$$

则 $\Psi(\omega)$的有效区间为$[\omega_{c}^{\Psi}-\Delta\omega^{\Psi},\omega_{c}^{\Psi}+\Delta\omega^{\Psi}]$①。

$\Psi_{s,\tau}(\omega)$的频率中心 $\omega_{c}^{\Psi_{s,\tau}}$ 定义为

$$\begin{aligned}\omega_{c}^{\Psi_{s,\tau}}&=\frac{1}{\int_{-\infty}^{+\infty}|\Psi_{s,\tau}(\omega)|^{2}\mathrm{d}\omega}\int_{-\infty}^{+\infty}\omega|\Psi_{s,\tau}(\omega)|^{2}\mathrm{d}\omega\\&=\frac{1}{\int_{-\infty}^{+\infty}\left||s|^{\frac{1}{2}}\mathrm{e}^{-\mathrm{j}\tau\omega}\Psi(s\omega)\right|^{2}\mathrm{d}\omega}\int_{-\infty}^{+\infty}\omega\left||s|^{\frac{1}{2}}\mathrm{e}^{-\mathrm{j}\tau\omega}\Psi(s\omega)\right|^{2}\mathrm{d}\omega\\&=\frac{1}{\int_{-\infty}^{+\infty}|\Psi(s\omega)|^{2}\mathrm{d}\omega}\int_{-\infty}^{+\infty}\omega|\Psi(s\omega)|^{2}\mathrm{d}\omega\\&\xlongequal{\omega'=s\omega}\frac{1}{\frac{1}{s}\int_{-\infty}^{+\infty}|\Psi(s\omega')|^{2}\mathrm{d}\omega'}\left[\frac{1}{s^{2}}\int_{-\infty}^{+\infty}\omega'|\Psi(s\omega')|^{2}\mathrm{d}\omega'\right]\\&=\frac{1}{s}\omega_{c}^{\Psi}\end{aligned}$$

由此可知，$\Psi_{s,\tau}(\omega)$与 $\Psi(\omega)$的频率中心之间的关系为

$$\omega_{c}^{\Psi_{s,\tau}}=\frac{1}{s}\omega_{c}^{\Psi}\tag{10-22}$$

$\Psi_{s,\tau}(\omega)$的频率宽度 $\Delta\omega^{\Psi_{s,\tau}}$ 定义为

$$\begin{aligned}\Delta\omega_{c}^{\Psi_{s,\tau}}&=\frac{1}{\left[\int_{-\infty}^{+\infty}|\Psi_{s,\tau}(\omega)|^{2}\mathrm{d}\omega\right]^{\frac{1}{2}}}\left[\int_{-\infty}^{+\infty}(\omega-\omega_{c}^{\psi_{s,\tau}})^{2}|\Psi_{s,\tau}(\omega)|^{2}\mathrm{d}\omega\right]^{\frac{1}{2}}\\&=\frac{1}{\left[\int_{-\infty}^{+\infty}|\Psi_{s,\tau}(s\omega)|^{2}\mathrm{d}\omega\right]^{\frac{1}{2}}}\left[\int_{-\infty}^{+\infty}\left(\omega-\frac{1}{s}\omega_{c}^{\psi}\right)^{2}|\Psi_{s,\tau}(s\omega)|^{2}\mathrm{d}\omega\right]^{\frac{1}{2}}\\&\xlongequal{\omega'=s\omega}\frac{1}{\left[\frac{1}{s}\int_{-\infty}^{+\infty}|\Psi_{s,\tau}(s\omega')|^{2}\mathrm{d}\omega'\right]^{\frac{1}{2}}}\left[\frac{1}{s^{3}}\int_{-\infty}^{+\infty}(\omega'-\omega_{c}^{\psi})^{2}|\Psi_{s,\tau}(\omega')|^{2}\mathrm{d}\omega'\right]^{\frac{1}{2}}\\&=\frac{1}{|s|}\Delta\omega^{\Psi}\end{aligned}$$

由此可知，$\Psi_{s,\tau}(\omega)$与 $\Psi(\omega)$的频率宽度之间的关系为

$$\Delta\omega^{\Psi_{s,\tau}}=\frac{1}{|s|}\Delta\omega^{\Psi}\tag{10-23}$$

① $\omega_{c}^{\Psi}=|\Psi(\omega)|^{2}/\int_{-\infty}^{+\infty}|\Psi(\omega)|^{2}\mathrm{d}\omega$ 可以看成频域能量密度函数，ω_{c}^{Ψ} 和 $\Delta\omega^{\Psi}$ 表示频域能量的均值和标准差。

则 $\Psi_{s,\tau}(\omega)$ 的有效区间为 $\left[\frac{1}{s}\omega_c^\Psi-\frac{1}{|s|}\Delta\omega^\Psi,\frac{1}{s}\omega_c^\Psi+\frac{1}{|s|}\Delta\omega^\Psi\right]$。

3. $\psi(x)$ 和 $\psi_{s,\tau}(x)$ 的时间频率分析

结合前两部分中推导出的 $\psi(x)$ 和 $\psi_{s,\tau}(x)$ 的时域有效区间和频域有效区间，$\psi(x)$ 的时间频率窗为

$$\mathcal{I}_t^\psi\times\mathcal{I}_\omega^\psi=[x_c^\psi-\Delta x^\psi,x_c^\psi+\Delta x^\psi]\times[\omega_c^\Psi-\Delta\omega^\Psi,\omega_c^\Psi+\Delta\omega^\Psi] \tag{10-24}$$

矩形 $\mathcal{I}_t^\psi\times\mathcal{I}_\omega^\psi$ 的中心为 (x_c^ψ,ω_c^Ψ)，窗宽为 $2\Delta x^\psi$，带宽为 $2\Delta\omega^\Psi$，面积为 $4\Delta x^\psi\Delta\omega^\Psi$。

$\psi_{s,\tau}(x)$ 的时间频率窗为

$$\begin{aligned}&\mathcal{I}_t^{\psi_{s,\tau}}\times\mathcal{I}_\omega^{\psi_{s,\tau}}\\&=[sx_c^\psi+\tau-|s|\Delta x^\psi,sx_c^\psi+\tau+|s|\Delta x^\psi]\times\left[\frac{1}{s}\omega_c^\Psi-\frac{1}{|s|}\Delta\omega^\Psi,\frac{1}{s}\omega_c^\Psi+\frac{1}{|s|}\Delta\omega^\Psi\right]\end{aligned} \tag{10-25}$$

矩形 $\mathcal{I}_t^{\psi_{s,\tau}}\times\mathcal{I}_\omega^{\psi_{s,\tau}}$ 的中心为 $\left(sx_c^\psi+\tau,\frac{1}{s}\omega_c^\Psi\right)$，窗宽为 $2|s|\Delta x^\psi$，带宽为 $2\frac{1}{|s|}\Delta\omega^\Psi$，面积仍为 $4\Delta x^\psi\Delta\omega^\Psi$。此外，采用不同 s 值的小波函数，$\Psi_{s,\tau}(\omega)$ 的中心频率与带宽之比 $\omega_c^\Psi/\Delta\omega^\Psi$ 与尺度无关，因而具有恒定的品质因数。

图 10-9 显示了尺度 $s=1$、$s=\frac{1}{2}$ 和 $s=2$ 三个尺度因子下小波函数的时间频率窗。若固定时间因子 τ，则当 s 减小（增大）时，矩形 $\mathcal{I}_t^{\psi_{s,\tau}}\times\mathcal{I}_\omega^{\psi_{s,\tau}}$ 的中心 $\left(sx_c^\psi+\tau,\frac{1}{s}\omega_c^\Psi\right)$ 距时间轴渐远（近），窗宽 $2|s|\Delta x^\psi$ 减小（增大），而带宽 $2\frac{1}{|s|}\Delta\omega^\Psi$ 增大（减小），但面积保持不变。沿频率轴来看，带宽表示在不同尺度 s 下小波变换在尺度上的频率分析区间。若固定尺度因子 s，当 $\tau>0$ 时，矩形 $\mathcal{I}_t^{\psi_{s,\tau}}\times\mathcal{I}_\omega^{\psi_{s,\tau}}$ 是由矩形 $\mathcal{I}_t^{\psi_{s,0}}\times\mathcal{I}_\omega^{\psi_{s,0}}$ 向时间轴正向平移 τ 个单位而成；当 $\tau<0$ 时，矩形 $\mathcal{I}_t^{\psi_{s,\tau}}\times\mathcal{I}_\omega^{\psi_{s,\tau}}$ 是由矩形 $\mathcal{I}_t^{\psi_{s,0}}\times\mathcal{I}_\omega^{\psi_{s,0}}$ 向时间轴负向平移 $|\tau|$ 个单位而成。

小波变换是一种信号时频分析的重要工具。沿着时间轴来看，它的时频窗在低频部分展宽，时间分辨率降低，而在高频部分收窄，时间分辨率提高。沿着频率轴来看，在高频部分展宽，频率分辨率降低，而在低频部分收窄，频率分辨率提高。对于信号中很短的瞬时高频现象，小波变换能够比短时傅里叶变换更好地“移近”观察，因此，小波变换具有“**数学显微镜**”之称。

10.2.3.2 连续小波变换的性质

由于小波变换对 $f(x)$ 而言是以 $\psi(x)$ 为基函数的线性变换，不难证明连续小波变换具有下述若干性质。

1. 线性性

若 $f_1(x)$ 的小波变换为 $(W_\psi f_1)(s,\tau)$，$f_2(x)$ 的小波变换为 $(W_\psi f_2)(s,\tau)$，则有

$$a_1f_1(x)+a_2f_2(x)\overset{\mathrm{WT}}{\Leftrightarrow}a_1(W_\psi f_1)(s,\tau)+a_2(W_\psi f_2)(s,\tau) \tag{10-26}$$

其中，a_1 和 a_2 为不为零的常数。这表明两个或者多个分量信号线性组合的小波变换等于各个分量信号的小波变换的线性组合，称小波变换具有**线性叠加性**。利用式(10-4)很容易

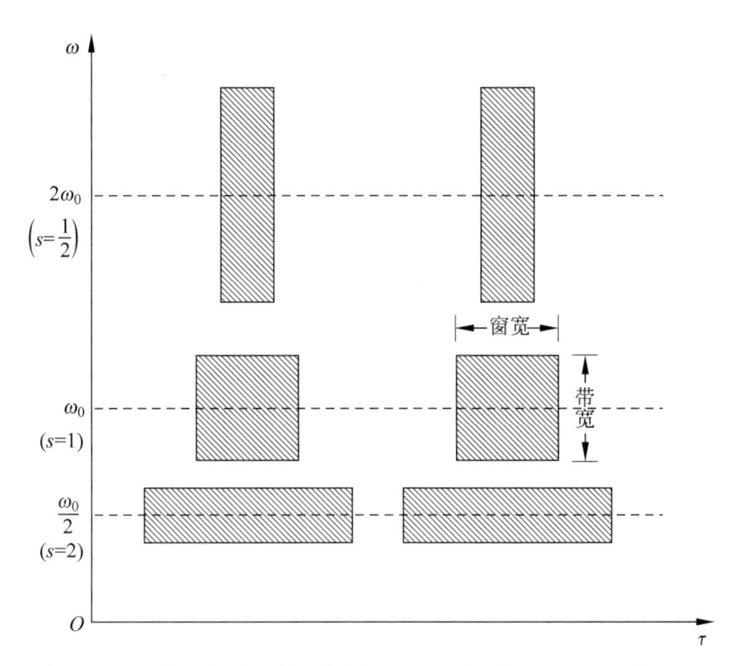

图 10-9 小波函数的窗宽、带宽与时间中心、频率中心之间的关系

证明这个性质。

2. 尺度伸缩(Scaling)

若 $f(x)$的小波变换为 $W_\psi(s,\tau)$，则有

$$f\left(\frac{x}{\lambda}\right) \overset{\text{WT}}{\Leftrightarrow} \sqrt{\lambda}\, W_\psi\left(\frac{s}{\lambda}, \frac{\tau}{\lambda}\right) \tag{10-27}$$

其中，$\lambda>0$。这表明当信号 $f(x)$作某一倍数的伸缩时其小波系数 $W_\psi(s,\tau)$在尺度 s 和时间 τ 轴上作同一倍数的伸缩，不会发生失真变形，称小波变换具有**尺度共变性**。这就是小波变换称为“数学显微镜”的重要依据。

3. 平移性(Shifting)

若 $f(x)$的小波变换为 $W_\psi(s,\tau)$，则有

$$f(x-\tau_0) \overset{\text{WT}}{\Leftrightarrow} W_\psi(s,\tau-\tau_0) \tag{10-28}$$

这表明 $f(x)$的时间平移 τ_0 对应于小波系数 $W_\psi(s,\tau)$的沿时间轴平移 τ_0，称小波变换具有**平移不变性**。

4. 尺度与频率之间的关系

小波变换的尺度所对应的频率实际上称为**伪频率**(pseudo-frequency)更为合适，伪频率 F_s(单位：Hz)与尺度 s 之间的关系为

$$F_s = \frac{F_c}{s\Delta T} \tag{10-29}$$

式中，s 为尺度，ΔT 为采样周期，F_c 为小波的中心频率(单位：Hz)。

式(10-29)的出发点是将给定的小波函数与频率为 F_c 的纯正弦周期信号相关联。小波函数的中心频率 F_c 是其频谱幅度的最大值对应的频率。图 10-10 绘出了四个小波函数及由其中心频率关联的纯周期信号，图 10-10(a)～(d)分别为 2 阶和 7 阶 Daubechies 小波、

1 阶 Coiflet 小波和 4 阶 Gaussian 小波。从图中可以看到,小波函数的振荡周期近似与其中心频率纯正弦周期信号一致。因此,中心频率是小波函数主频率的简单描述。

当基本小波 $\psi(x)$ 的中心频率是 F_c 时,若基本小波经过尺度因子 s 的拉伸为 $\psi\left(\frac{x}{s}\right)$,$s>1$,则中心频率变成 F_c/s。最后,由于采样周期为 ΔT,自然地尺度 s 与频率之间的关系表示为式(10-29)所示。MATLAB 的小波变换工具箱中 scal2frq 函数用于计算尺度 s 对应的伪频率 F_s。

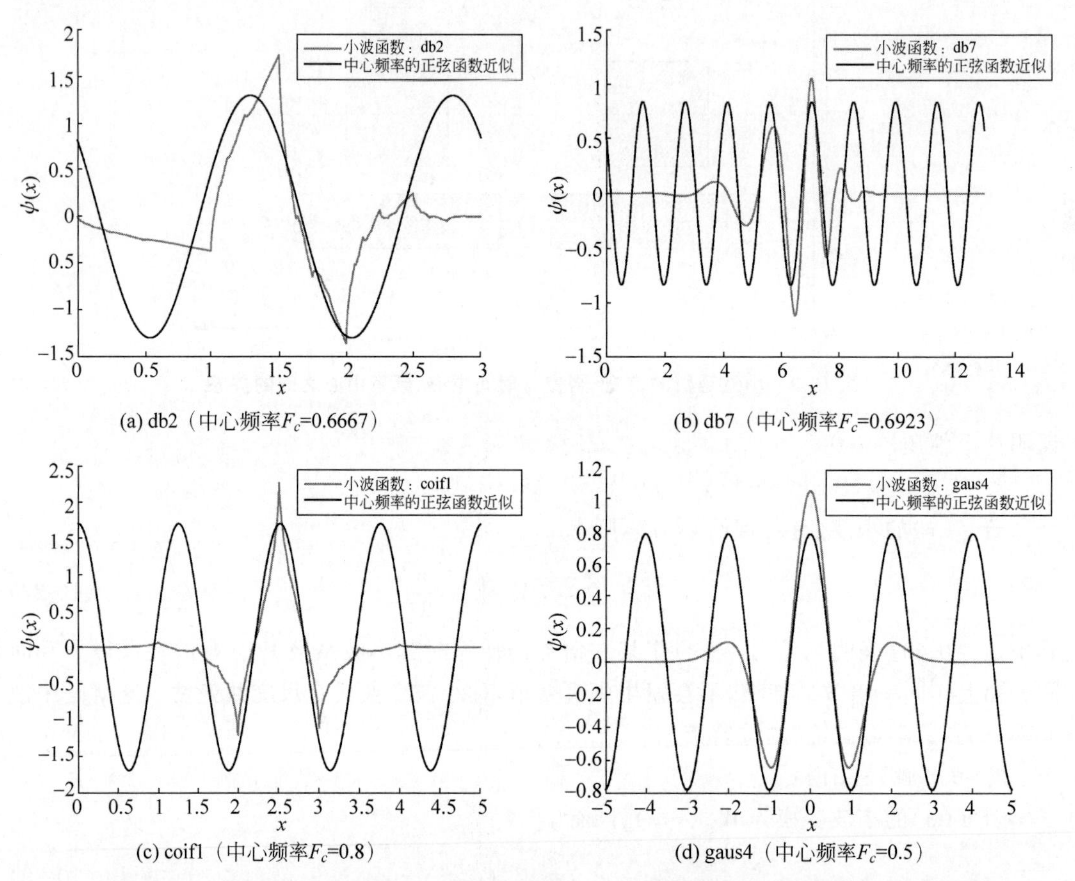

(a) db2(中心频率 F_c=0.6667)

(b) db7(中心频率 F_c=0.6923)

(c) coif1(中心频率 F_c=0.8)

(d) gaus4(中心频率 F_c=0.5)

图 10-10 小波函数及其近似的纯正弦周期信号,正弦函数频率是小波函数的中心频率

10.2.4 小波变换与傅里叶变换、短时傅里叶变换的比较

信号的频率分析经历了从傅里叶变换到短时傅里叶变换,再到小波变换的发展过程。傅里叶变换是一种全局的频率分析方法,只有频率分辨率,没有时间分辨率。短时傅里叶变换能够分析局部时间频率特性,但是,它所使用的是固定时间窗。短时傅里叶变换尽管在一定程度上克服了傅里叶分析的不足,然而,没有从根本上解决傅里叶分析的固有问题。而小波变换具有傅里叶变换和短时傅里叶变换所没有的局部时频分析和多分辨率分析的特性。下面将小波变换与傅里叶变换、短时傅里叶变换作比较。

1. 傅里叶变换(Fourier Transform)(1807—1940s)

法国数学家傅里叶指出,一个信号可以表示成一系列正弦波 $\sin(k\omega_0 x)$ 和余弦波

$\cos(k\omega_0 x)$的叠加，其中，ω_0为基波频率，$k \in \mathbb{Z}$。对于任何周期函数，都可以利用傅里叶级数展开表示为不同频率的正弦(余弦)函数加权的形式。对于任何非周期函数，都可以利用傅里叶变换表示为正弦(余弦)函数乘以加权函数的积分形式。如图10-11所示，任意一段复杂函数表示为一组不同频率、不同相位、不同振幅的简单正弦或余弦函数的叠加。

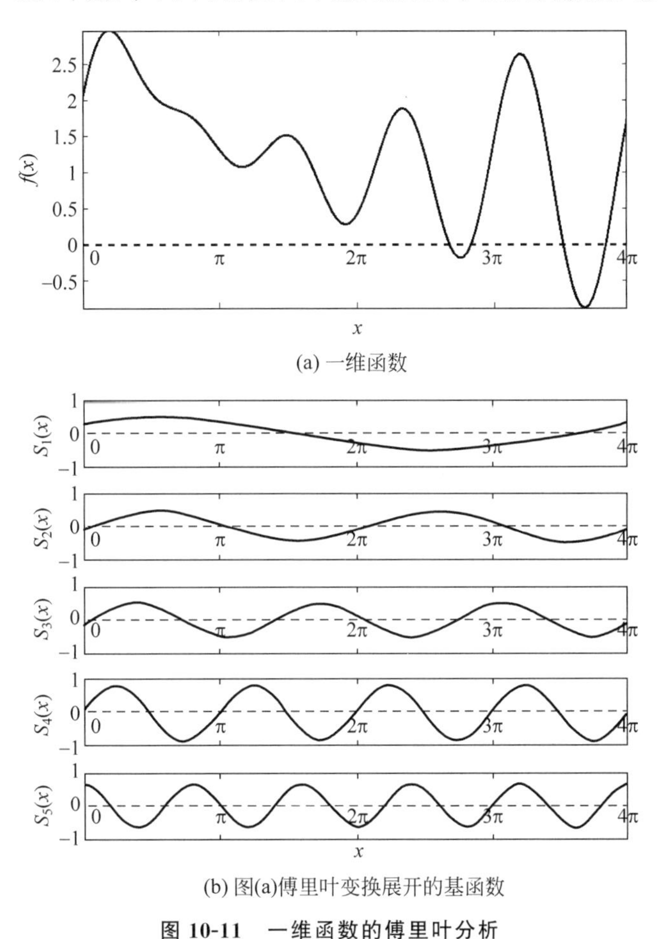

(a) 一维函数

(b) 图(a)傅里叶变换展开的基函数

图10-11　一维函数的傅里叶分析

傅里叶分析通过将信号分解成各种不同频率相互正交的正弦波和余弦波来实现频谱分析，正弦函数和余弦函数是傅里叶变换的基函数。然而，正弦函数和余弦函数具有无限的持续时间，从负无穷到正无穷，波形是平滑的，它的振幅和频率也是恒定的。因此，当用傅里叶变换表示信号时，只有频率分辨率而没有时间分辨率，这就是说，利用傅里叶分析只能获取信号的整个频谱，确定信号中包含的所有频率成分，而不能确定这些频率分量在时间轴上出现的位置。因而，傅里叶分析无法表达瞬变信号、非平稳信号或者时变信号的局部时频特性。

2. 短时傅里叶变换(STFT)(1940s—1970s)

如前所述，傅里叶变换是对信号的全局分析，不适用于非平稳信号的局部分析。而短时傅里叶变换是一种对非平稳信号进行时频表示的局部分析方法。如图10-12所示，短时傅里叶变换选择有限长度的窗函数，利用窗函数截断信号，对截断信号进行傅里叶变换，反映出信号的局部频率特性，再将窗函数滑过整个信号分析不同时间上的局部频率特性。函数

$f(x) \in L^2(\mathbb{R})$的短时傅里叶变换定义为

$$F_{\mathrm{STFT}}(\tau,\omega)=\int_x [f(x)\cdot w(x-\tau)]\mathrm{e}^{-\mathrm{j}\omega x}\,\mathrm{d}x \tag{10-30}$$

式中，$w(x)$为窗函数，$w(x-\tau)$将窗函数的中心平移到位置 τ；ω 为频率，$\mathrm{e}^{\mathrm{j}\omega x}$ 为傅里叶变换的基函数。

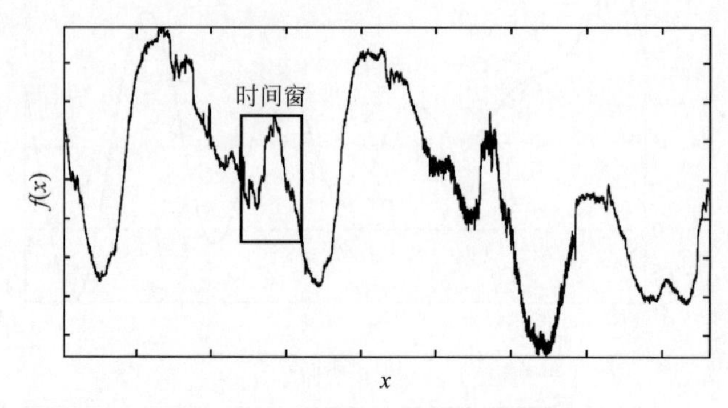

图 10-12 信号的短时傅里叶分析

短时傅里叶变换对于每一个位置 τ，计算以 τ 为中心的窗函数内信号的傅里叶变换，提供信号各个时间段的频谱信息。它是一种时频分析方法，将一维时间信号变换为二维时频信号，同时提供了时间和频率信息。窗函数展宽，频谱变窄，因此，时间分辨率减小，而频率分辨率增大；反之，窗函数收窄，频谱展宽，因此，时间分辨率增大，而频率分辨率减小。

当同时对函数的时间和频率进行分析时，会遇到 Heisenberg 测不准原理指出的问题。为了提高时间分辨率，必须收窄时间窗，这样，势必拉伸频谱带宽，从而降低频率分辨率。由 Heisenberg 测不准原理可知，不可能在时间和频率上均具有任意高的分辨率，时间和频率的最高分辨率受下式制约：

$$\Delta\omega\Delta x \geqslant \frac{1}{2} \tag{10-31}$$

式中，Δx 和 $\Delta\omega$ 分别为时间和频率的窗宽。这表明时宽和带宽是一对矛盾的量，时间分辨率和频率分辨率彼此制约。两个极端的例子是：冲激信号 $f(x)=\delta(x)$的时宽为零，具有最高的时间分辨率，而其带宽为无穷大(其频谱恒等于 1)，没有频率分辨率；单位直流信号 $f(x)=1$ 的带宽为零(其频谱为冲激函数)，具有最高的频率分辨率，但其时宽无穷大，时间分辨率为零。Gabor 变换采用高斯窗函数 $\mathrm{e}^{-\pi x^2}$，达到 Heisenberg 测不准原理的下限，也就是达到最优时频分辨率，具有相对高的频率分辨率和时间分辨率。Gabor 变换实际上是采用高斯窗函数的短时傅里叶变换，因此，Gabor 变换也是单一分辨率的信号分析方法。

上述分析表明，短时傅里叶变换的固有局限在于使用固定尺寸和形状的时间窗，也就说它对所有的频率都使用固定的窗口，这对分析时变信号是不利的。高频信号一般持续时间较短，适合使用小尺寸的时间窗，相对小的时间间隔可以给出更高的精度；而低频信号一般持续时间较长，适合使用大尺寸的时间窗，相对大的时间间隔可以给出完全的信息。因此，对于非平稳信号，当信号变化剧烈时，要求窗函数有较高的时间分辨率和较低的频率分辨率,而当波形变化平缓时,需要窗函数有较低的时间分辨率和较高的频率分辨率。短时傅里叶变换是一种单一分辨率的信号分析方法,而小波变换使用自适应的时频窗,能够在中心频率较高时,带宽自动展宽,而在中心频率较低时,带宽自动收窄。根据待分析信号的非平稳性,小波变换具有可变的时间分辨率和频率分辨率。

10.2.5 常用小波

从前面的分析可知,与傅里叶变换不同,小波变换的基函数不是唯一的,所有满足小波条件的函数均可作为小波函数,不同的实际应用中选择不同的小波函数。小波函数的名称多以构造者的名字命名。例如,Morlet 小波是 Grossman 和 Morlet 构造的,Daubechies 系列小波是由著名小波学者 Daubechies 构造的几种小波之一,Meyer 小波是 Meyer 构造的。当然,也有例外,Symlets 系列小波也是由 Daubechies 构造的,Symlets 的名字由来是对称小波,Coiflets 系列小波是应 Coifman 的请求,由 Daubechies 构造的。下面介绍几种常用的小波基。

1. Haar 小波

Haar 小波是小波分析发展中最早也是最简单的小波函数,记为 haar,它本身是一个阶跃函数,如图 10-13 所示,可以用解析形式表达如下:

$$\psi_{\text{haar}}(x)=\begin{cases}1, & 0\leqslant x<1/2\\ -1, & 1/2\leqslant x<1\\ 0, & \text{其他}\end{cases} \tag{10-32}$$

其尺度函数[①]的解析表达形式为

$$\phi_{\text{haar}}(x)=\begin{cases}1, & 0\leqslant x<1\\ 0, & \text{其他}\end{cases} \tag{10-33}$$

Haar 小波是正交的,也是双正交的,存在紧支集[②],可作离散小波变换和连续小波变换。它的紧支集长度为 1,滤波器长度为 2,具有对称性,小波函数 ψ 的消失矩[③]为 1。

2. Daubechies 小波系(db$N$)

Daubechies 系列小波的简写为 db$N$,其中,$N\in\mathbb{Z}^+$ 表示阶数。db1 小波等价于 Haar 小波,其余的 db 系列小波函数没有解析式。Daubechies 系列小波是正交的,也是双正交的,存在紧支集,可作离散小波变换和连续小波变换。它的紧支集长度为 $2N-1$,滤波器长度为 $2N$,小波函数 ψ 的消失矩为 N。当 $N\neq 1$ 时,db$N$ 小波函数不具有对称性。Daubechies 系列小波在给定紧支集长度下具有最大消失矩。图 10-14(a)~(c)为 db2、db4 和 db15 小波函数及其尺度函数。

3. Symlets 小波系(sym$N$)

Symlets 系列小波的简写为 sym$N$,其中,$N=2,3,\cdots$ 表示阶数。sym$N$ 小波在保持

---

① 尺度函数的概念见 10.4.1 节。

② 函数的支撑是指该函数定义域的闭区间。若它的支撑是有限的闭区间,则这种支撑称为紧支撑,该函数称为紧支集函数。

③ 消失矩决定函数的平滑性。

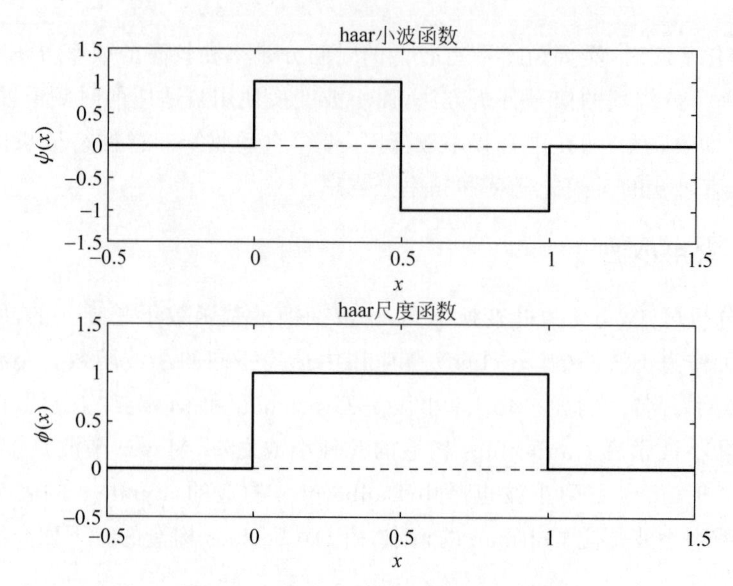

图 10-13 haar 小波函数及其尺度函数

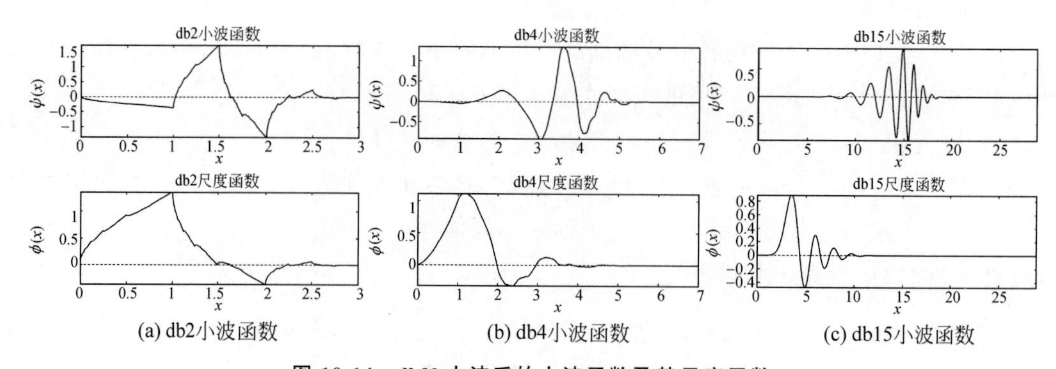

图 10-14 db$N$ 小波系的小波函数及其尺度函数

db$N$ 小波特征的基础上提高了小波的对称性。尽管它们不是完全对称,但是在给定紧支撑设计下具有最小不对称性和最大消失矩。Symlets 系列小波是正交的,也是双正交的,存在紧支集,可作离散小波变换和连续小波变换。它的紧支集长度为 $2N-1$,滤波器长度为 $2N$,最大程度上接近对称性,小波函数 ψ 的消失矩为 N。图 10-15(a)~(c)分别为 sym2、sym4 和 sym15 的小波函数及其尺度函数。

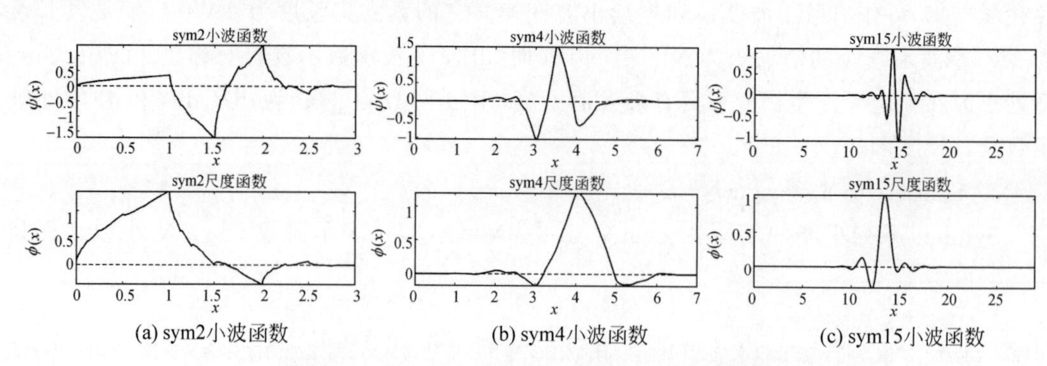

图 10-15 sym$N$ 小波系的小波函数及其尺度函数

4. Coiflets 小波系(coif$N$)

Coiflets 系列小波简写为 coif$N$,其中,$N=1,2,\cdots,5$ 表示阶数。Coiflets 系列小波函数是正交的,也是双正交的,存在紧支集,可作离散小波变换和连续小波变换。它的紧支集长度为 $6N-1$,滤波器长度为 $6N$,接近对称性,小波函数 ψ 的消失矩为 $2N$,尺度函数 ϕ 的消失矩为 $2N-1$。图 10-16(a)～(c)分别为 coif2、coif4 和 coif5 的小波函数及其尺度函数。

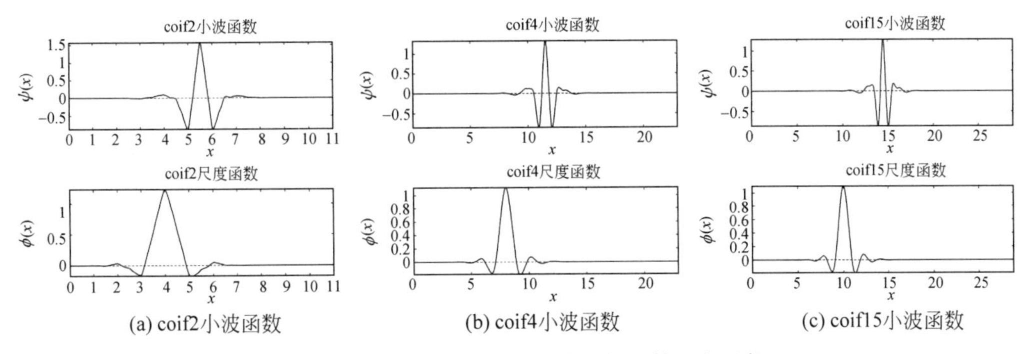

图 10-16 coif$N$ 小波系的小波函数及其尺度函数

5. 双正交样条小波系(bior$N_r.N_d$)

双正交样条(biorthogonal)系列小波的简写为 bior$N_r.N_d$,其中,N_r 和 N_d 分别表示重建和分解的阶数。双正交样条系列小波是双正交小波,不具有正交性,存在紧支集,可作离散小波变换和连续小波变换。重建小波的紧支集长度为 $2N_r+1$,分解小波的紧支集长度为 $2N_d+1$,具有对称性,小波分解函数 ψ 的消失矩为 N_r。图 10-17 给出了 bior4.4、bior5.5 和 bior6.8 分解和重建小波函数及其尺度函数。这三种小波的分解和重建函数与其有限冲激响应(finite impulse response,FIR)滤波器在数值上是近似的。

6. Gaussian 小波

Gaussian 小波简写为 gaus,是具有解析表达式的小波函数。Gaussian 小波定义为高斯概率密度函数的导数:

$$\psi_{\text{gaus}}(x,n)=C_n\frac{\mathrm{d}^n\mathrm{e}^{-x^2}}{\mathrm{d}x^n} \tag{10-34}$$

式中,C_n 满足 $\psi_{\text{gaus}}(x,n)$的 ℓ_2 范数等于 1。Gaussian 小波不存在尺度函数,不具备正交性和双正交性,也不存在紧支集。它满足连续小波的允许条件,可作连续小波变换,但不可作离散小波变换。支撑长度为∞,有效支撑域为$[-5,5]$。Gaussian 小波是对称小波,n 为偶数时,具有对称性;n 为奇数时,具有反对称性。图 10-18(a)和图 10-18(b)分别给出了 n 为偶数和 n 为奇数的 Gaussian 小波函数。

7. Marr 小波(墨西哥草帽小波)

Marr 小波简写为 mexh,是具有解析表达式的小波函数。Marr 小波定义为高斯概率密度函数的二阶导数:

$$\psi_{\text{mexh}}(x)=C\mathrm{e}^{-\frac{x^2}{2}}(1-x^2) \tag{10-35}$$

式中,$C=\frac{2}{\sqrt{3}}\pi^{-\frac{1}{4}}$为归一化因子。如图 10-19 所示,Marr 小波的截面类似墨西哥草帽,因此

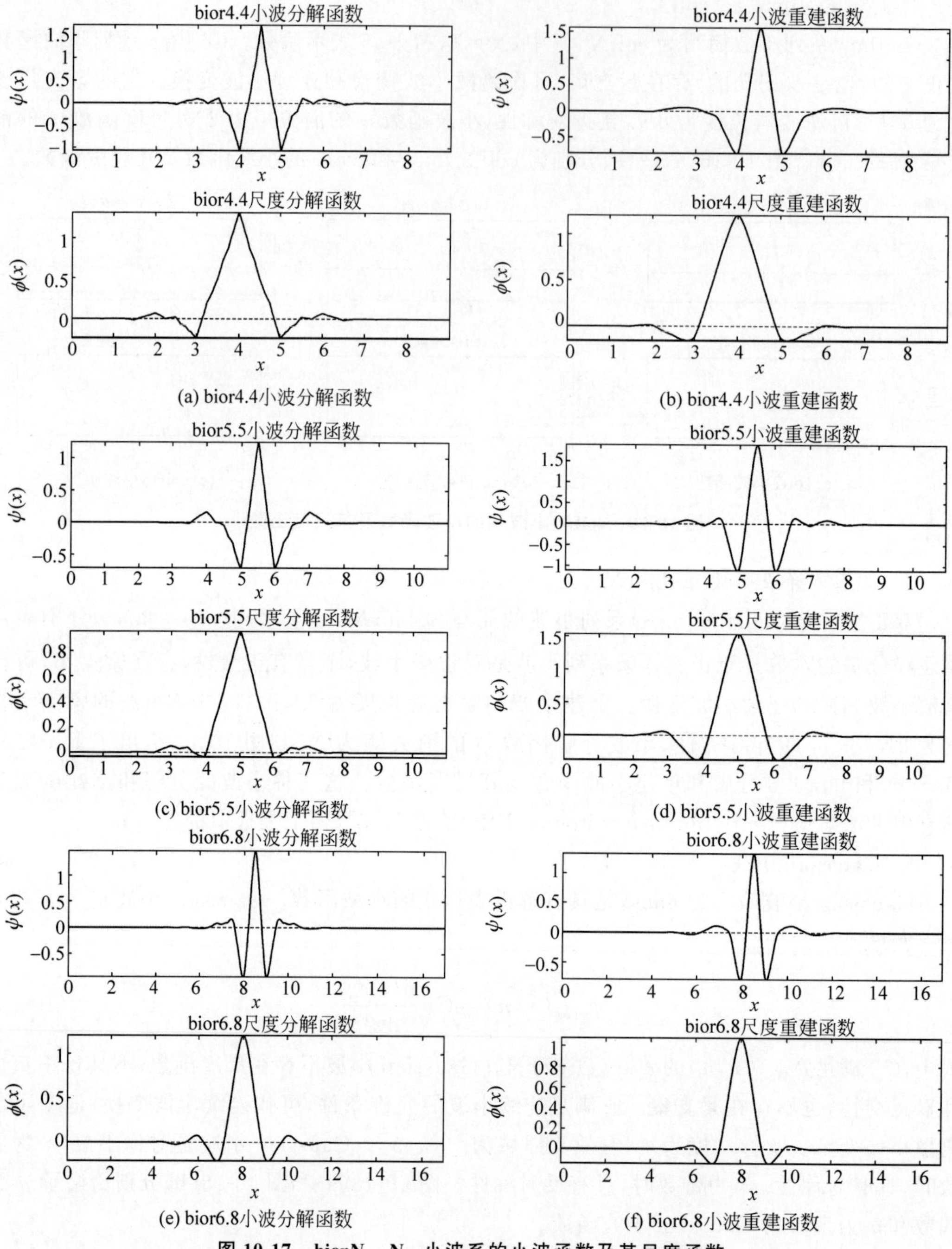

(a) bior4.4小波分解函数　(b) bior4.4小波重建函数

(c) bior5.5小波分解函数　(d) bior5.5小波重建函数

(e) bior6.8小波分解函数　(f) bior6.8小波重建函数

图 10-17　biorN_r.N_d 小波系的小波函数及其尺度函数

也称为墨西哥草帽小波(Mexican hat wavelet)。Marr 小波不存在尺度函数，也不具有正交性，不存在紧支集，也不可作离散小波变换，支撑长度为∞，有效支撑域为[−5,5]，是对称小波。Marr 小波是以高斯概率密度函数的 n 阶导数定义的 Gaussian 小波中 $n=2$ 时的特例。

8. Morlet 小波

Morlet 小波简写为 morl，是具有解析表达式的小波函数，Morlet 小波的解析表达式为

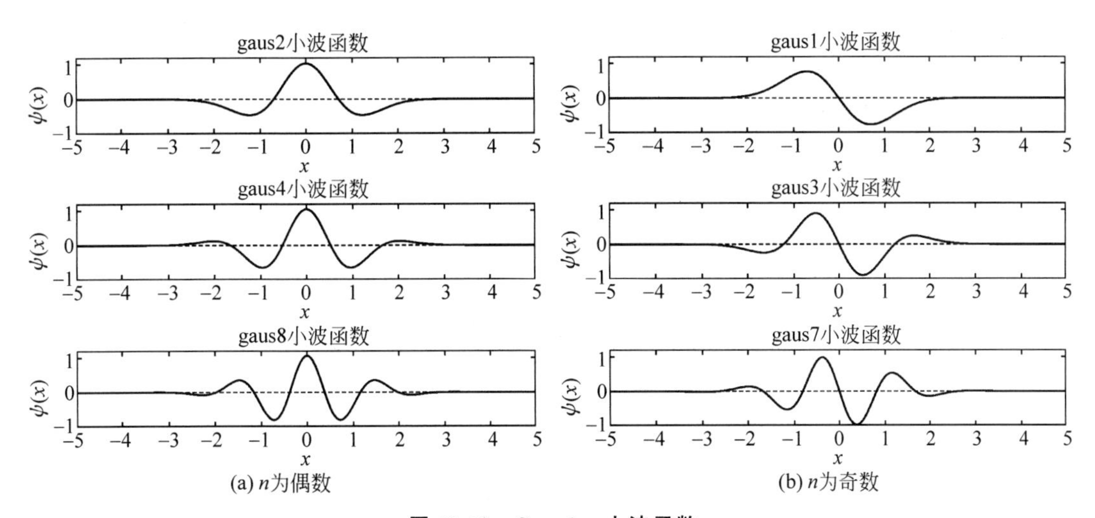

图 10-18　Gaussian 小波函数

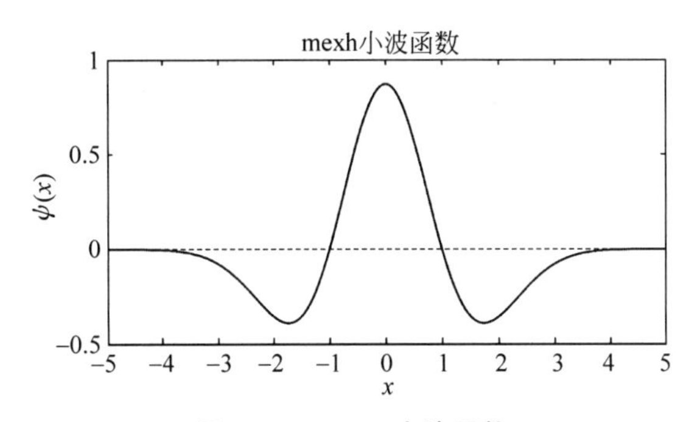

图 10-19　Marr 小波函数

$$\psi_{\mathrm{morl}}(x)=\mathrm{e}^{-\frac{x^2}{2}}\cos(5x) \tag{10-36}$$

Morlet 小波不存在尺度函数，不具备正交性和双正交性，也不存在紧支集。它满足连续小波的允许条件，可作连续小波变换，但不可作离散小波变换。支撑长度为∞，有效支撑域为[−4,4]，具有对称性。图 10-20 给出了 Morlet 小波函数。

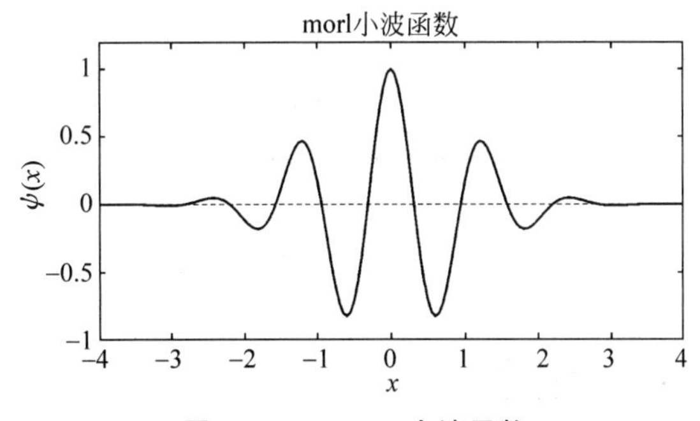

图 10-20　Morlet 小波函数

9. Meyer 小波

Meyer 小波简写为 meyr，它的小波函数 ψ 和尺度函数 ϕ 都是在频域中定义的。Meyer

小波是正交小波，也是双正交小波，不存在紧支集。可以作离散小波变换和连续小波变换，但是，没有快速小波变换。支撑长度为∞，有效支撑域为[−8,8]，具有对称性。图 10-21 为 Meyer 小波函数及其尺度函数。

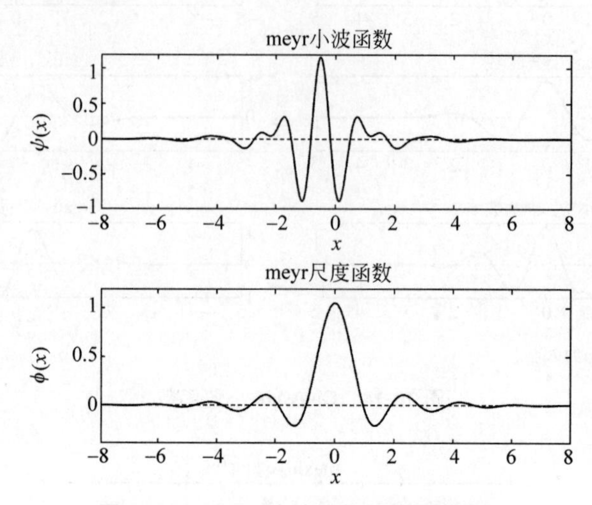

图 10-21　Meyer 小波函数及其尺度函数

10. 离散 Meyer 小波

离散 Meyer 小波简写为 dmey，是 Meyer 小波的 FIR 近似。离散 Meyer 小波具有正交性和双正交性，存在紧支集，可作快速小波变换。图 10-22 为离散 Meyer 小波函数及其尺度函数。

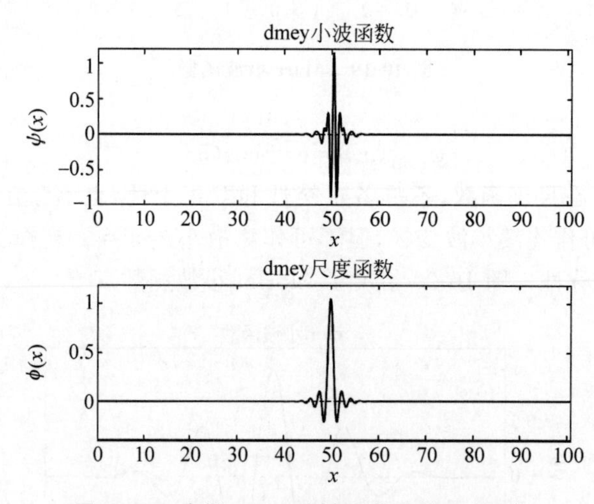

图 10-22　离散 Meyer 小波函数及其尺度函数

10.3　离散小波变换

连续小波变换的连续是指所用的尺度因子和平移因子是连续的，显然，连续小波变换的计算量很大。为了解决计算量的问题，**离散小波变换**(discrete wavelet transform，DWT)仅在离散的尺度因子和平移因子下计算小波系数。

10.3.1　二进小波变换

当尺度因子和平移因子均为连续变量时，二维小波系数 $W_{\psi}(s,\tau)$的计算量相当大，且数据有冗余。从压缩待分析的数据量和减少计算量的角度来看，有必要对尺度因子 s 和平移子 τ 进行离散化，同时，又需要保证采样后不能丢失信息量，通过离散的尺度因子和平移因子的小波变换系数能够重建原信号。

对尺度按照幂级数进行离散化，即尺度因子只取 s_0 的整数次幂 $s=s_0^j, j\in\mathbb{Z}$。位移的离散化是与尺度的离散化密切相关的，当 $j=0$ 时，τ 以某一基本间隔 τ_0 均匀采样，应适当地选取 τ_0 以保证不丢失信息。在其余各尺度下由于 $\psi(s_0^{-j}x)$的宽度是 $\psi(x)$的 s_0^j 倍(相当于频率降低了 s_0^j 倍)，因此采样间隔可以扩大 s_0^j 倍。也就是说，在尺度 j 下沿 τ 轴以 $s_0^j\tau_0$ 为间隔均匀采样仍可保证不丢失信息。这样，相应的离散小波函数可表示为

$$\psi_{s_0^j,k\tau_0}(x)=s_0^{-\frac{j}{2}}\psi[s_0^{-j}(x-k\tau_0 s_0^j)]=s_0^{-\frac{j}{2}}\psi(s_0^{-j}x-k\tau_0)\tag{10-37}$$

其中，尺度因子 $s=s_0^j$，相应的平移因子 $\tau=ks_0^j\tau_0$，$k,j\in\mathbb{Z}$，$s_0>1$，$\tau_0>0$。

二进小波是通过对基本小波的二进伸缩和整数平移来构成基函数，也就是离散小波中参数 $s_0=2$、$\tau_0=1$，尺度 s 的取值即为…，2^{-1}，2^0，2^1，…，当尺度采用对数坐标，以 $\log_2$ 为坐标单位时，尺度的离散值如图 10-23 的纵轴所示。当 $s=2^j$ 时，沿 τ 轴的相应采样间隔是 2^j，也就是说，j 增加 1，采样间隔增加一倍。由此可见，$s-\tau$ 平面的二进栅格采样如图 10-23 所示。

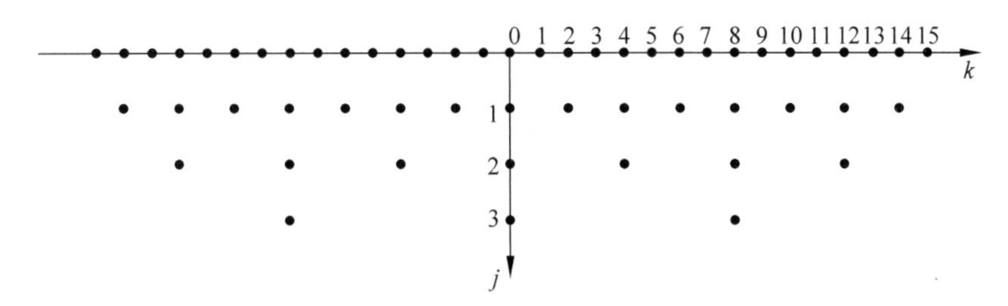

图 10-23　s-τ 平面的二进栅格采样

如前所述，尺度因子为 $s=2^j$，相应的平移因子为 $\tau=2^jk$，二进小波函数 $\psi_{j,k}(x)$可表示为

$$\psi_{j,k}(x)=2^{-\frac{j}{2}}\psi(2^{-j}x-k),\quad j\in\mathbb{Z},k\in\mathbb{Z}\tag{10-38}$$

其中，$j\in\mathbb{Z}$ 决定了尺度的伸缩，而 $k\in\mathbb{Z}$ 确定了时间的平移。**二进小波变换**(dyadic wavelet transform)可写为

$$\begin{aligned}W_{\psi}(j,k)&=\langle f(x),\psi_{j,k}(x)\rangle=\int_{-\infty}^{+\infty}f(x)\psi_{j,k}^{*}(x)\mathrm{d}x\\&=2^{-\frac{j}{2}}\int_{-\infty}^{+\infty}f(x)\psi^{*}(2^{-j}x-k)\mathrm{d}x\end{aligned}\tag{10-39}$$

注意，在连续小波变换中，尺度因子 s 和平移因子 τ 均是连续变量，在离散小波变换中，只是将尺度因子和平移因子离散化，而函数 $f(x)$和分析小波 $\psi_{j,k}(x)$中的变量 x 并没有离散化。

例 10-3　一维二进小波变换系数图

图 10-24(a)～(c)分别为图 10-4(a)中分段正弦信号、图 10-5(a)中多普勒频移正弦信号

和图 10-6(a)中分形信号的二进小波变换系数(绝对值)图，右边为颜色映射条，表明不同颜色所代表的数值。与连续小波变换系数图作比较，很明显观察到二进小波变换中的参数经过了离散化。在二进小波变换系数图中，纵坐标为尺度级 j，从下至上 j 为 $1,2,\cdots,9$，对应的二进尺度因子 s 为 $2^1,2^2\cdots,2^9$；横坐标仍表示时间，但不同于连续小波变换的时间间隔为 1，二进小波变换的时间间隔为 2^j，沿着时间轴，平移因子 τ 为 $2^1k,2^2k,\cdots,2^9k$，也就是说，每一个尺度级 j 的系数重复 2^j 次。

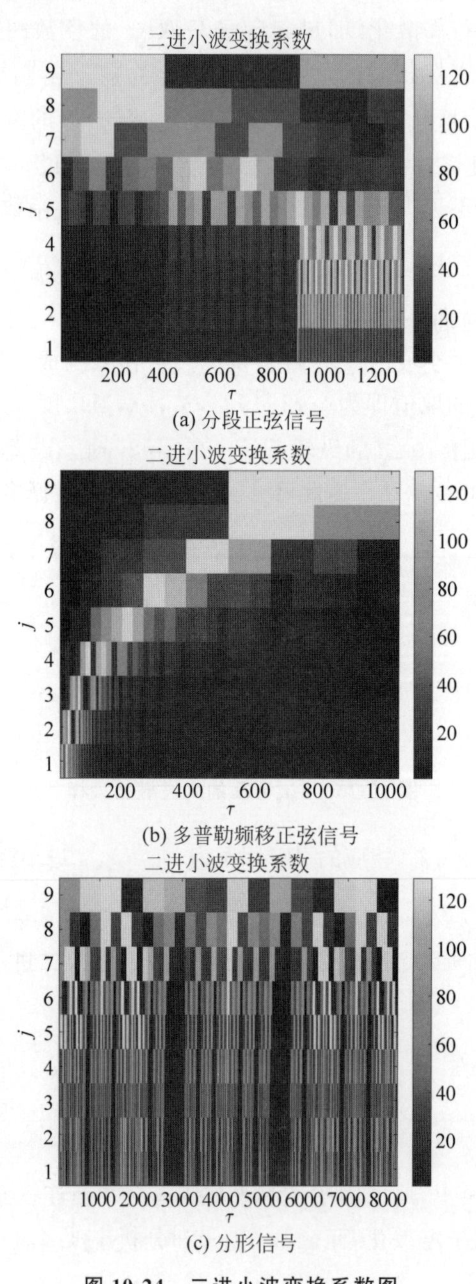

图 10-24　二进小波变换系数图

10.3.2　小波框架

在连续小波变换中，若基本小波 $\psi(x)$ 满足容许性条件 $C_\psi<\infty$，则 $f(x)\in L^2(\mathbb{R})$ 能用 $\psi(x)$ 进行连续小波变换展开，也就是小波逆变换。在离散小波变换中，能否由二进小波系数 $W_\psi(j,k)$ 完整表征 $f(x)$？能否数值稳定地完全重建 $f(x)$？为了解决这些问题，可利用小波框架来研究离散小波变换。

定义（小波框架）　当由基本小波 $\psi(x)$ 经过伸缩和平移引出的小波函数组 $\{\psi_{j,k}(x)=2^{-\frac{j}{2}}\psi(2^{-j}x-k),j\in\mathbb{Z},k\in\mathbb{Z}\}$ 具有下述性质时，则称 $\{\psi_{j,k}(x)\}_{k,j\in\mathbf{Z}}$ 构成一个框架：

$$A\|f\|^2\leqslant\sum_j\sum_k|\langle f,\psi_{j,k}\rangle|^2\leqslant B\|f\|^2 \tag{10-40}$$

式中，A 和 B 为框架的上下界。若框架界 $A=B$，则称框架为紧框架。并且对偶函数[①] $\{\tilde{\psi}_{j,k}(x)=2^{-\frac{j}{2}}\tilde{\psi}(2^{-j}x-k),j\in\mathbb{Z},k\in\mathbb{Z}\}$ 也构成一个框架，其框架的上下界是 $\{\psi_{j,k}(x)\}_{k,j\in\mathbf{Z}}$ 框架上下界的倒数：

$$\frac{1}{A}\|f\|^2\leqslant\sum_j\sum_k|\langle f,\tilde{\psi}_{j,k}\rangle|^2\leqslant\frac{1}{B}\|f\|^2 \tag{10-41}$$

对于紧框架，则有

$$\sum_j\sum_k|\langle f,\psi_{j,k}\rangle|^2=A\|f\|^2 \tag{10-42}$$

在这种条件下，可由下式完全重建原函数：

$$f(x)=\frac{1}{A}\sum_j\sum_k\langle f,\psi_{j,k}\rangle\psi_{j,k}(x)=\frac{1}{A}\sum_j\sum_k W_\psi(j,k)\psi_{j,k}(x) \tag{10-43}$$

在 $A=B=1$ 的条件下，$\{\psi_{j,k}(x)\}_{k,j\in\mathbf{Z}}$ 是一组正交基，则原函数的重建可表示为

$$f(x)=\sum_j\sum_k\langle f,\psi_{j,k}\rangle\psi_{j,k}(x)=\sum_j\sum_k W_\psi(j,k)\psi_{j,k}(x) \tag{10-44}$$

若对于所有的 $\psi_{j,k}(x)$ 还满足 $\|\psi_{j,k}(x)\|=1$，则 $\{\psi_{j,k}(x)\}_{j,k\in\mathbf{Z}}$ 是一组标准正交基。小波展开函数 $\psi_{j,k}(x)$ 通常构成标准正交基，$f(x)$ 的离散小波变换 $W_\psi(j,k)$ 就是展开系数，式(10-44)称为**离散小波逆变换**。

框架是基的过完备集，紧框架是正交基的过完备集。若 $\{\psi_{j,k}(x)\}_{k,j\in\mathbf{Z}}$ 不构成紧框架，则能指定对偶框架用于非正交基的分解与重建。若 $\{\psi_{j,k}(x)\}_{k,j\in\mathbf{Z}}$ 构成紧框架，则数学上类似于使用正交基。与基和正交基相比，框架或紧框架意味着存在一定的冗余信息。

在非紧框架的情形下，原函数可由下式重建：

$$f(x)=\sum_j\sum_k\langle f,\psi_{j,k}(x)\rangle\tilde{\psi}_{j,k}=\sum_j\sum_k W_\psi(j,k)\tilde{\psi}_{j,k}(x) \tag{10-45}$$

其中，$\{\tilde{\psi}_{j,k}(x)\}_{k,j\in\mathbf{Z}}$ 是 $\{\psi_{j,k}(x)\}_{k,j\in\mathbf{Z}}$ 的**对偶框架**。式(10-45)说明寻找对偶框架是重建的关键，对偶框架研究的数学推导相当复杂，Daubechies 对此问题作过深入的研究。一般对于 A 与 B 的值比较接近的情形，选取 $\tilde{\psi}_{j,k}(x)$ 为如下的一阶近似形式：

$$\tilde{\psi}_{j,k}(x)=\frac{2}{A+B}\psi_{j,k}(x) \tag{10-46}$$

---

① 对偶函数的概念见 10.4.2 节。

这样的重建是有误差的。重建误差既然与 A 和 B 的值关系很大，那么为了保证 $\{\psi_{j,k}(x)\}_{k,j\in \mathbf{Z}}$ 构成的框架重建误差较小，必然是构造紧框架。若展开函数集构成非紧框架，则 Parseval 定理不严格成立，即不能对变换域的能量精确剖分。A 与 B 的值越接近，越能更好地对信号能量进行近似剖分。A 与 B 的值与所选的小波函数有关，也与尺度因子和平移因子离散化的采样间隔有关。

10.3.3 时频分辨率

前面已经详细讨论了二进小波变换，本节进一步分析信号的时间与频率之间存在的关系。为了定性描述二进小波变换，根据二进小波变换中的平移因子 k 和尺度因子 j 将时间频率平面剖分为块(tile)，也称为 Heisenberg 方盒。根据 Parseval 定理，对于正交基(或紧框架)，可以在时间频率平面上对信号能量进行精确剖分。对于二进小波变换，能量剖分的长度呈对数关系。

根据离散小波变换的 Parseval 定理，信号的能量是平移因子 k 和尺度因子 j 的函数：

$$\| f \|^2 = \sum_j \sum_k |\langle f, \psi_{j,k} \rangle|^2 = \sum_j \sum_k |W_\psi(j,k)|^2 \tag{10-47}$$

小波变换允许在测不准原理的约束下在时域和频域中同时分析信号的能量。对于离散小波变换，信号的能量是离散变量的函数，块之间的界限表示剖分。

信号能量剖分的可视化表示如图 10-25 所示，将每一个基函数图示性地描述为时间频率平面剖分的一个块，每一个块实际上对应基函数的时间频率窗，集中了基函数的主要能量。时间频率剖分是理解基函数特性和分析信号的有力图形工具。基函数的正交性在图中表现为非重叠块。在众多应用中，根据信号的基函数研究信号的分解。对于平稳信号，可以利用傅里叶变换将信号分解为傅里叶基函数的线性组合；但是，对于非平稳信号，如语音、图像等信号的频率特征是时变的，由于傅里叶基函数不能定位时间，因而是不适合的。图 10-25(a)显示了傅里叶变换基函数的时间频率剖分，傅里叶变换给出了频率分辨率，但是无法给出时间分辨率。图中不同的纹理用于强调说明基函数的频率不同。

短时傅里叶变换的基函数具有固定的时间频率分辨率。根据式(10-30)，可知**离散时间短时傅里叶变换**的基函数形式为

$$w_{j,k}(x) = w(x - k\tau_0)\mathrm{e}^{-\mathrm{i}j\omega_0 x} \tag{10-48}$$

式中，$w(x)$为窗函数。若这些函数形成标准正交基，则函数 $f(x)$可以表示为基函数 $w_{j,k}(x)$的线性展开，即 $f(x) = \sum_j \sum_k \langle f, w_{j,k} \rangle w_{j,k}(x)$。离散时间短时傅里叶变换系数$\langle f, w_{j,k} \rangle$是估计信号中时间频率中心位于$(k\tau_0, j\omega_0)$时谱分量的存在性。也就是说，离散时间短时傅里叶变换的基函数给出时间频率平面的均匀剖分。图 10-25(b)和图 10-25(c)分别显示了具有窄窗函数和宽窗函数的短时傅里叶变换基函数的时间频率剖分，短时傅里叶变换基函数同时给出了时间分辨率和频率分辨率，但时频分辨率存在固有的折中问题。通过选取窗函数 $w(x)$能够控制时间分辨率和频率分辨率，但是，对于任意给定的选择，固定不变的时间分辨率或频率分辨率不总能胜任非平稳信号的分析。

小波分析给出了一类新的基函数，具有自适应的时间频率分辨率特性。离散小波变换是一种信号相关的时间频率剖分，非常适合于分析低频持续时间较长而高频持续时间较短

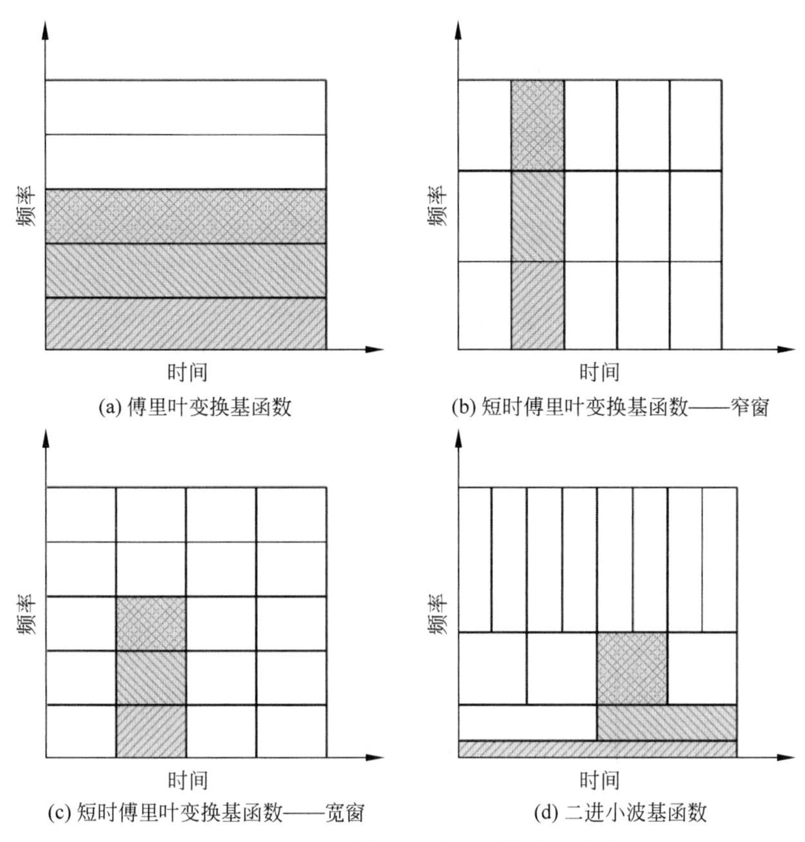

(a) 傅里叶变换基函数 (b) 短时傅里叶变换基函数——窄窗

(c) 短时傅里叶变换基函数——宽窗 (d) 二进小波基函数

图 10-25 三种变换基函数的时间频率剖分

的信号。拉伸和压缩小波函数分别对于分析信号的低频和高频部分很有效。若小波函数 $\psi_{j,k}(x)$ 形成标准正交基，则函数 $f(x)$ 可以表示为小波基 $\psi_{j,k}(x)$ 的线性展开，即 $f(x)=\sum_j\sum_k\langle f,\psi_{j,k}\rangle\psi_{j,k}(x)$。离散小波变换系数 $\langle f,\psi_{j,k}\rangle$ 是时间频率中心位于 $(2^{-j}k,2^j)$ 时信号成分的能量。在 10.4 节中将讨论，对于紧支集小波的离散小波变换系数能够用双通道单位 FIR 滤波器组来计算。图 10-25(d)显示了小波变换的时间频率剖分，阐释了离散小波变换基函数具有的时间频率分辨率特性。图中每一个水平带对应一个尺度 j。若在某个特定的尺度下，沿着横轴观察时间平移，则可得该尺度下信号成分的构成。在低频部分(对应大尺度 j)，块较宽(平移 k 较大)且较短，时间分辨率较低而频率分辨率较高；而在高频部分(对应小尺度 j)，块较窄(平移 k 较小)且较长，时间分辨率较高而频率分辨率较低。小波变换的这种时频特性符合直观理解，对于信号的平稳区域，持续时间较长，而频谱带宽较窄，要求较低的时间分辨率和较高的频率分辨率，正对应时频剖分中时域窗宽较宽而频域窗宽较窄；同理，对于信号的突变区域，持续时间较短，而频谱带宽较宽，要求较高的时间分辨率和较低的频率分辨率，正对应时频剖分中时域窗宽较窄而频域窗宽较宽。离散小波变换的时间分辨率和频率分辨率是可变的，但各块的面积均是相等的。

10.4 多分辨率分析与 Mallat 算法

小波分析是一种自动适应各种频率成分的有效信号分析工具。10.2.1 节中以地图的比例尺为例说明了小波变换的多尺度特性，小尺度用于局部分析，大尺度用于全局分析。这种对信号由粗到细的逐级分析称为**多分辨率分析**。本节引入一种计算二进小波变换的快速算法，由此引出多采样率滤波器组的概念。多分辨率分析与滤波器组的结合不仅丰富了小波变换的实用意义，而且使二进小波变换的计算更加简单易行。

10.4.1 多分辨率分析

Mallat 和 Meyer(1986)从函数的多分辨率空间分解概念出发，在小波变换与多分辨率空间分解之间建立联系。平方可积函数空间 $L^2(\mathbb{R})$的多分辨率分析定义为一系列嵌套闭子空间(closed subspace)序列：

$$V_j \subset V_{j-1}, \quad j \in \mathbb{Z} \tag{10-49}$$

且满足以下四个条件：

1. 完备性

当 $j \to -\infty$时，$V_j \to L^2(\mathbb{R})$，包含整个平方可积的实变函数空间：

$$\bigcup_{j \in \mathbf{Z}} V_j = L^2(\mathbb{R}) \tag{10-50}$$

当 $j \to +\infty$时，$V_j \to \{0\}$，唯一包含在所有 V_j 中的函数是 $f(x)=0$：

$$\bigcap_{j \in \mathbf{Z}} V_j = \{0\} \tag{10-51}$$

2. 平移不变性

函数的整数平移不改变所属于的闭子空间，若 $f(x) \in V_j$，则有

$$f(x-k) \in V_j, \quad k \in \mathbb{Z} \tag{10-52}$$

3. 尺度相似性

若 $f(x) \in V_j$，则有

$$f\left(\frac{x}{2}\right) \in V_{j+1}, \quad f(2x) \in V_{j-1} \tag{10-53}$$

4. 正交基存在性

存在平方可积函数 $\phi(x) \in V_0$，它的所有整数平移$\{\phi(x-k), k \in \mathbb{Z}\}$构成 V_0 空间的标准正交基(根据 $L^2(\mathbb{R})$内积)，即

$$V_0 = \overline{\operatorname*{span}_{k \in \mathbf{Z}}\{\phi(x-k)\}}, \quad \langle \phi(x-k), \phi(x-l) \rangle = \delta_{kl} \tag{10-54}$$

式中，符号上方的直线表示闭空间。由 Riesz 基[①]可以构造出一组正交基，因而此条件可以放宽为 Riesz 基存在性。

---

① 在数学上，$\{\varphi_j(x)\}_{j \in \mathbf{Z}}$ 是一组 Riesz 基，满足下述条件：

(1) $A\sum_{j \in \mathbf{Z}} \alpha_j^2 \leqslant \left\| \sum_{j \in \mathbf{Z}} \alpha_j \varphi_j \right\|^2 \leqslant B\sum_{j \in \mathbf{Z}} \alpha_j^2, \quad 0 < A \leqslant B < \infty$；

(2) $\{\varphi_j(x)\}_{j \in \mathbf{Z}}$ 是一组线性无关函数。

$\phi(x)$称为多分辨率分析的**尺度函数**(scaling function)；V_j，$j\in\mathbb{Z}$称为尺度j下的尺度空间，也称为近似空间，对应不同的分辨率分析，包含高分辨率函数的子空间必须同时包含所有的低分辨率函数。如图10-26所示，由大尺度的尺度函数张成的闭子空间嵌套在由小尺度函数张成的闭子空间中，也就是说，$V_\infty\subset\cdots\subset V_1\subset V_0\subset V_{-1}\subset\cdots\subset V_{-\infty}$，且所有闭子空间$\{V_j\}_{j\in\mathbf{Z}}$都是由同一尺度函数$\phi(x)$经过二进尺度伸缩后的所有整数平移张成的尺度空间。因此，多分辨率分析也称为**多尺度分析**。

$\{\phi(x-k),k\in\mathbb{Z}\}$为闭子空间$V_0$的标准正交基，根据多分辨率分析的尺度相似性，可知

$$\phi_{j,k}(x)=2^{-\frac{j}{2}}\phi(2^{-j}x-k),\quad j\in\mathbb{Z};\ k\in\mathbb{Z} \tag{10-55}$$

必为闭子空间V_j的标准正交基，即

$$V_j=\overline{\operatorname*{span}_{j\in\mathbf{Z}}\{\phi_{j,k}(x)\}} \tag{10-56}$$

若$f(x)\in V_j$，则可以用$\phi_{j,k}(x)$线性展开表示为

$$f(x)=\sum_k a(k)\phi_{j,k}(x) \tag{10-57}$$

任意函数都可以在任意精度的子空间V_j中展开。

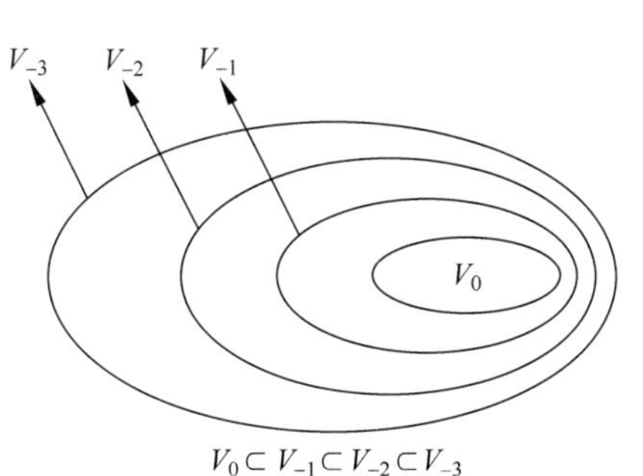

图10-26　由尺度函数张成的嵌套闭子空间

对于$j<0$的情况，由于$\phi_{j,k}(x)$的波形较窄、平移间隔较小，因而张成的子空间V_j较大，能够表示更多的细节；对于$j>0$的情况，由于$\phi_{j,k}(x)$的波形较宽、平移间隔较大，因而张成的子空间V_j较小，只能表示较粗的信息。随着尺度j的减小，子空间V_j的基函数收窄，允许具有微小变化的细节包含在子空间中。

在多分辨率分析的条件下，子空间V_j的尺度函数可以用子空间V_{j-1}的尺度函数线性展开为

$$\phi_{j,0}(x)=\sum_k h_\phi(k)\phi_{j-1,k}(x) \tag{10-58}$$

式中，$h_\phi(k)$为**尺度函数系数**，或者**尺度向量**。将式(10-55)代入式(10-58)中的$\phi_{j,0}(x)$和$\phi_{j-1,k}(x)$，任意相邻两个尺度空间$V_{j-1}\to V_j$的基函数的关系可表示为

$$\phi(2^{-j}x)=\sqrt{2}\sum_k h_\phi(k)\phi(2^{-(j-1)}x-k) \tag{10-59}$$

这个递推等式是多分辨率分析的基础，它表示任意尺度空间的基函数都可以用相邻双倍分辨率的尺度空间中的基函数线性展开。

10.4.2　小波函数与小波空间

给定满足多分辨率要求的尺度函数，定义相邻两个尺度空间V_j和V_{j-1}的差空间(类似集合差集)为小波空间W_j，并构造小波函数$\psi(x)$使其经过二进尺度伸缩后的所有整数平移张成小波空间W_j。小波基函数$\{\psi_{j,k}(x)\}$定义为

$$\psi_{j,k}(x)=2^{-\frac{j}{2}}\psi(2^{-j}x-k),\quad j\in\mathbb{Z};\ k\in\mathbb{Z} \tag{10-60}$$

对于尺度j的小波函数，它的所有整数平移$k\in\mathbb{Z}$张成尺度j的小波空间W_j，即

$$W_j=\overline{\operatorname*{span}_{k\in\mathbf{Z}}\{\psi_{j,k}(x)\}} \tag{10-61}$$

空间 W_j 中包含 $f(x)$ 正交投影到尺度空间 V_j 与 V_{j-1} 之间的细节差异，因此，小波空间也称为细节空间。若 $g(x)\in W_j$，则可以用 $\psi_{j,k}(x)$ 线性展开表示为

$$g(x)=\sum_k d(k)\psi_{j,k}(x) \tag{10-62}$$

如图 10-27 所示，尺度函数的子空间 V_{j-1} 中，尺度函数和小波函数的子空间 V_j 和 W_j 互为补空间，记为

$$V_{j-1}=V_j\oplus W_j \tag{10-63}$$

式中，符号⊕表示空间并集(类似集合并集)。在正交多分辨率分析中，要求尺度函数和小波函数满足正交性，正交基函数使展开系数的计算简单、直接，并满足 Parseval 定理允许小波域中信号能量的剖分。W_j 是 V_{j-1} 中 V_j 的正交补空间，$W_j\perp V_j$，即子空间 V_j 的所有函数与子空间 W_j 中的所有函数都是正交的：

$$\langle\phi_{j,k}(x),\psi_{j,l}(x)\rangle=0,\quad k\in\mathbb{Z},l\in\mathbb{Z} \tag{10-64}$$

图 10-27 显示了不同尺度 j 的尺度空间 V_j，以及其正交补集的小波空间 W_j。显然，对于 $j\neq j'$ 的情况，任意子空间 W_j 和 $W_{j'}$ 是相互正交的。

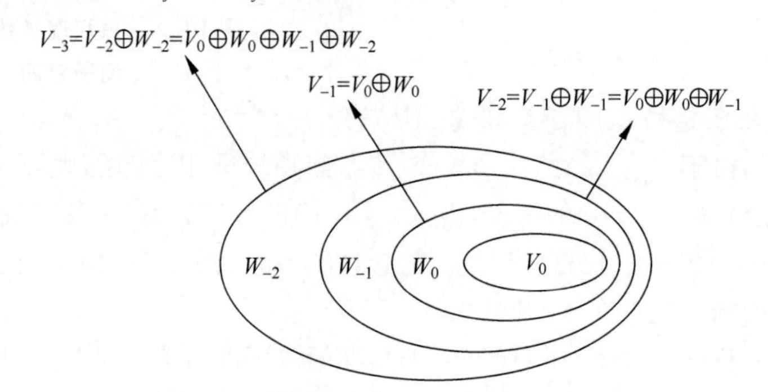

图 10-27 尺度函数与小波函数子空间关系

在多分辨率分析的定义中，式(10-49)给出了相邻尺度空间之间的关系。任意两个尺度空间之间的关系可表示为

$$V_{-N}=V_{j_0}\oplus W_{j_0}\oplus W_{j_0-1}\oplus\cdots\oplus W_{-N+2}\oplus W_{-N+1} \tag{10-65}$$

式中，j_0 为任意初始尺度。初始子空间的尺度是任意的，任意尺度 j 的尺度空间 V_j 可作为初始子空间。在图 10-28 中，以 $j=0$ 开始，嵌套子空间可写为

$$V_{-N}=V_0\oplus W_0\oplus W_{-1}\oplus\cdots\oplus W_{-N+2}\oplus W_{-N+1} \tag{10-66}$$

当 $-N\to-\infty$ 时，平方可积空间 $L^2(\mathbb{R})$ 可表示为

$$L^2(\mathbb{R})=V_{-\infty}=V_{j_0}\oplus W_{j_0}\oplus W_{j_0-1}\oplus\cdots \tag{10-67}$$

进一步，当 $j_0\to\infty$ 时，平方可积空间 $L^2(\mathbb{R})$ 可以完全由小波空间表示为

$$L^2(\mathbb{R})=\bigoplus_j W_j=\cdots\oplus W_{-1}\oplus W_0\oplus W_1\oplus\cdots \tag{10-68}$$

式(10-68)中消除了尺度空间，仅用小波空间表示。$\{W_j\}_{j\in\mathbf{Z}}$ 是平方可积空间 $L^2(\mathbb{R})$ 的一系列正交子空间。$\{\psi_{j,k}(x)\}_{k,j\in\mathbf{Z}}$ 是平方可积空间 $L^2(\mathbb{R})$ 的标准正交基或 Riesz 基，则任意函数 $f(x)\in L^2(\mathbb{R})$ 能够表示为如下的级数展开形式：

$$f(x)=\sum_j\sum_k W_\psi(j,k)\psi_{j,k}(x) \tag{10-69}$$

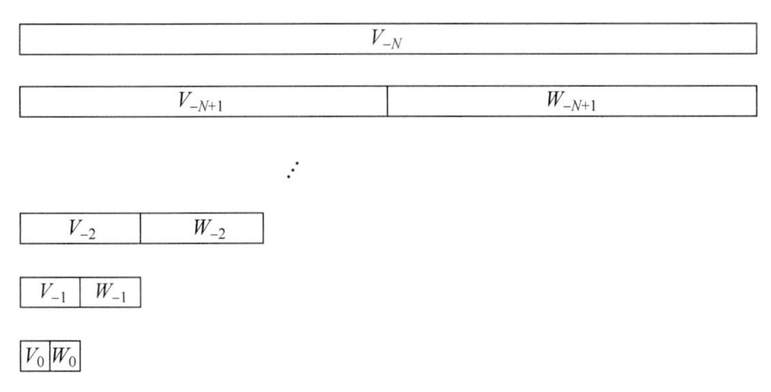

图 10-28　嵌套子空间示意图

其中，$W_{\psi}(j,k)$为二进小波变换系数。

与尺度函数张成的尺度空间的性质类似，小波函数张成的小波空间也满足平移不变性、尺度相似性和正交基存在性。具体来说，若 $g(2^{-j}x)\in W_j$，则有 $g(2^{-j}x-k)\in W_j,k\in\mathbb{Z}$；若 $g(x)\in W_0$，则有 $g(2^{-j}x)\in W_j,j\in\mathbf{Z}$；若$\{\psi(x-k),k\in\mathbb{Z}\}$为闭子空间 W_0 的标准正交基，则对于任意尺度 j，可知 $\psi_{j,k}(x)=2^{-\frac{j}{2}}\psi(2^{-j}x-k),k\in\mathbb{Z}$ 必为闭子空间 W_j 的标准正交基。

由于任意小波函数属于由双倍分辨率尺度函数张成的空间中，即 W_j 包含于 V_{j-1} 中，所以，子空间 W_j 中的小波函数可以表示为子空间 V_{j-1} 的尺度函数的线性展开，写为

$$\psi_{j,0}(x)=\sum_k h_{\psi}(k)\phi_{j-1,k}(x) \tag{10-70}$$

式中，$h_{\psi}(k)$为**小波函数系数**，或者**小波向量**。将式(10-60)代入式(10-70)中的 $\psi_{j,0}(x)$，并将式(10-55)代入式(10-70)中的 $\phi_{j-1,k}(x)$，任意相邻尺度空间与小波空间 $V_{j-1}\to W_j$ 的基函数的关系可表示为

$$\psi(2^{-j}x)=\sqrt{2}\sum_k h_{\psi}(k)\phi(2^{-(j-1)}x-k) \tag{10-71}$$

这个递推等式与式(10-59)并称为**双尺度方程**，它们是 Mallat 小波分解与重建算法推导的重要等式。

根据式(10-63)可知，对于任意函数 $f_{j-1}(x)\in V_{j-1}$，可由小波函数 $\psi(x)$和尺度函数 $\phi(x)$线性展开为

$$f_{j-1}(x)=\sum_k a_j(k)\phi_{j,k}(x)+\sum_k d_j(k)\psi_{j,k}(x) \tag{10-72}$$

式中，$a_j(k)$称为 j 级**近似系数**或者**尺度系数**，$d_j(k)$称为 j 级**细节系数**或者**小波系数**。若满足正交小波条件，则展开系数的计算如下：

$$a_j(k)=\langle f_{j-1}(x),\phi_{j,k}(x)\rangle \tag{10-73}$$

$$d_j(k)=\langle f_{j-1}(x),\psi_{j,k}(x)\rangle \tag{10-74}$$

双正交小波放弃了正交性，使得能够构造出具有紧支集的对称或反对称小波。双正交小波需要构造尺度函数 $\phi_{j,k}(x)$和小波函数 $\psi_{j,k}(x)$的对偶函数 $\tilde{\phi}_{j,k}(x)$和 $\tilde{\psi}_{j,k}(x)$，使得 $W_j\perp\tilde{V}_j$、$\tilde{W}_j\perp V_j$。其中，$\tilde{\phi}_{j,k}(x)$为对偶尺度空间 $\tilde{V}_j$ 的基函数，即 $\tilde{V}_j=\overline{\underset{k\in\mathbf{Z}}{\operatorname{span}}\{\tilde{\phi}_{j,k}(x)\}}$，

$\tilde{\psi}_{j,k}(x)$为对偶小波空间 $\widetilde{W}_j$ 的基函数，即 $\widetilde{W}_j=\overline{\operatorname{span}_{k\in\mathbf{Z}}\{\tilde{\psi}_{j,k}(x)\}}$。若满足双正交小波条件，则展开系数的计算如下：

$$a_j(k)=\langle f_{j-1}(x),\tilde{\phi}_{j,k}(x)\rangle \tag{10-75}$$

$$d_j(k)=\langle f_{j-1}(x),\tilde{\psi}_{j,k}(x)\rangle \tag{10-76}$$

式中，$\tilde{\phi}_{j,k}(x)$和$\tilde{\psi}_{j,k}(x)$分别为$\phi_{j,k}(x)$和$\psi_{j,k}(x)$的对偶函数。

例 10-4 Haar 小波的多分辨率分析

Haar 将矩形函数经过尺度伸缩和时间平移生成平方可积空间 $L^2(\mathbb{R})$的正交基函数，如图 10-29 所示，后来命名为 Haar 小波，其小波函数和尺度函数的定义分别由式(10-32)和式(10-33)给出。Haar 尺度函数系数为 $h_\phi(n)=(1/\sqrt{2},1/\sqrt{2})$，以及小波函数系数为 $h_\psi(n)=(1/\sqrt{2},-1/\sqrt{2})$。将 Haar 尺度函数系数代入式(10-59)，相邻级尺度函数之间的关系为

$$\phi(x)=\sqrt{2}\left[\frac{1}{\sqrt{2}}\phi(2x)+\frac{1}{\sqrt{2}}\phi(2x-1)\right]=\phi(2x)+\phi(2x-1) \tag{10-77}$$

将小波函数系数代入式(10-71)，相邻级小波函数与尺度函数之间的关系为

$$\psi(x)=\sqrt{2}\left[\frac{1}{\sqrt{2}}\phi(2x)-\frac{1}{\sqrt{2}}\phi(2x-1)\right]=\phi(2x)-\phi(2x-1) \tag{10-78}$$

式中，$\phi(x)$为尺度函数，$\psi(x)$为小波函数。

Haar 尺度函数 $\phi(x)$经过整数平移的分段常值函数 $\phi(x-k)$，$k\in\mathbb{Z}$ 张成子空间 V_0，子空间 V_0 为最低分辨率的空间。高一级分辨率的子空间 V_{-1} 是 $\phi(2x-k)$，$k\in\mathbb{Z}$ 张成的，子空间 V_0 中的所有函数都属于子空间 V_{-1}。尺度 j 越小，由基函数 $\phi(2^{-j}x-k)$张成的子空间通过更细的分段常值函数越能够更好地近似任意平滑函数，换句话说，子空间的分辨率越高。由 Haar 小波可见当 $j\to-\infty$时，$V_j\to L^2(\mathbb{R})$，这表明由矩形函数线性组成的函数可以逼近任意平方可积函数。

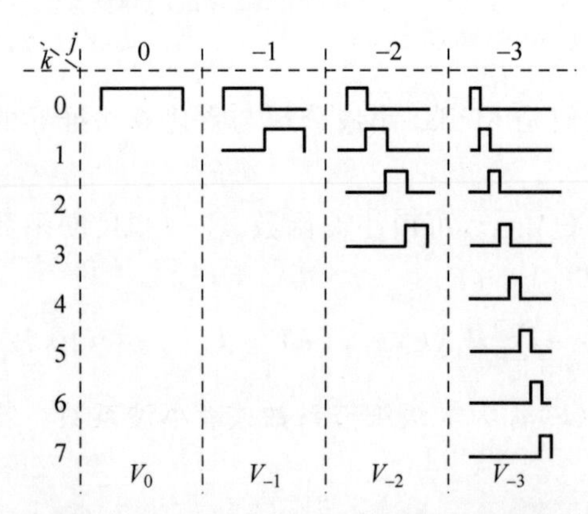

图 10-29 Haar 尺度空间 V_j 中的基函数

如图 10-29 所示的 Haar 尺度空间的基函数，第一列包含张成子空间 V_0 的单位宽度矩形函数，第二列包含张成子空间 V_{-1} 的 1/2 单位宽度矩形函数的 2 个整数平移函数，第三列包含张成子空间 V_{-2} 的 1/4 单位宽度矩形函数的 4 个整数平移函数，第四列包含张成子空间 V_{-3} 的 1/8 单位宽度矩形函数的 8 个整数平移函数。很显然，尺度的逐级减小能够实现越来越多的细节。

根据式(10-59)和式(10-71)，将高一级分辨率尺度函数张成的子空间 V_{-3} 逐级进行正交分解，直至尺度空间的函数为常值函数(子空间 V_0)，如图 10-30 所示，从而生成 V_{-3} 的完全分解。进一步，添加更高分辨率的小波函数子空间 W_{-3}，$V_{-4}=V_{-3}\oplus W_{-3}=V_0\oplus W_0\oplus W_{-1}\oplus W_{-2}\oplus W_{-3}$ 中的基函数就能表示子空间 V_{-4} 中的任意函数。

从图 10-30 中很容易看出尺度函数和小波函数的多分辨率特性，子空间 V_{-3} 中的函数

可以用尺度 $j=-3$ 下 8 个整数平移的尺度函数的线性展开来表示，也可以用尺度 $j=-2$ 下 4 个整数平移的尺度函数和 4 个整数平移的小波函数的线性展开来表示。在第二种情况下，4 个尺度函数的线性展开给出函数的低分辨率近似，而 4 个小波函数的线性展开给出高分辨率细节。这 4 个整数平移的尺度函数可以进一步分解为更粗的尺度函数和小波函数，直至尺度函数为常值函数。

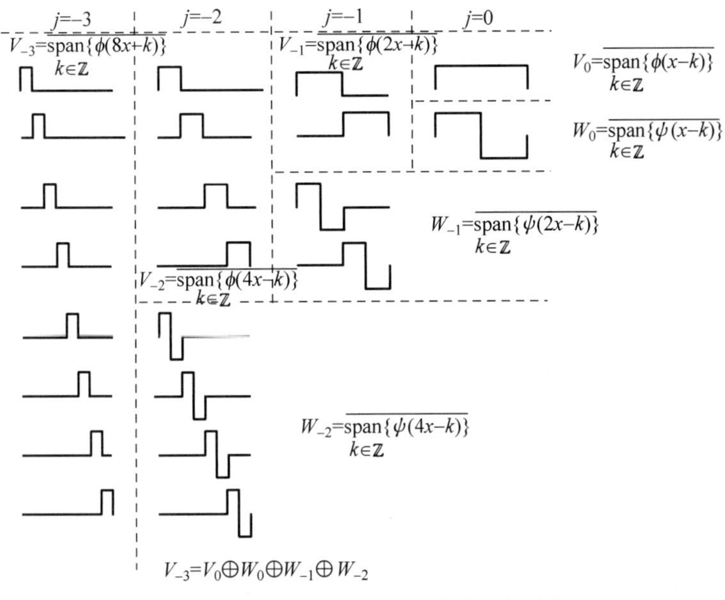

图 10-30　Haar 尺度函数和小波函数分解

图 10-31(a)给出一个复杂的包含多种分辨率成分的凹凸函数。图 10-31(b)为图 10-31(a)所示函数在 Haar 各级尺度空间 V_j 中的投影，在尺度空间 V_j 中的投影可以表示为用该尺度空间的尺度函数线性展开。在低分辨率尺度空间中的投影实际上是原函数的低分辨率近似。其中，在最低分辨率尺度空间中的投影就是该函数的平均值。从下向上逐级观察在尺度空间中的投影，随着逐级添加越来越多尺度的小波空间，近似函数越来越接近原函数。

例 10-5　正交多分辨率空间与小波展开

通过图 10-32～图 10-34 具体说明函数的正交多分辨率空间与小波展开的概念。对于图 10-31(a)所示的凹凸函数，使用 4 阶 Daubechies 小波进行七级小波分解[①]，图 10-32 显示了凹凸函数在各个尺度空间中的投影，图 10-33 显示了在各个尺度的小波空间中的投影。注意这两幅图的关注点不同，图 10-33 展示了小波细节，而图 10-32 将小波细节累积添加在尺度近似中。随着尺度的减小，尺度空间的分辨率不断增大，小波空间展示出更小尺度的细节。

对于同一尺度，小波空间和尺度空间互为正交补空间。在尺度空间和小波空间上的正交投影构成正交子空间的直和(direct sum)分解[②]。根据式(10-67)中的嵌套子空间可知，函数 $f(x)$ 可以表示为展开的近似系数 $f_{j_0}(x)$ 与各个尺度细节系数的正交投影 $g_j(x)$ 之和：

① 从 Mallat 算法开始，也称为小波分解。

② 直和是指子空间 V_j 的任一个元素都可以用唯一的形式写作子空间 V_{j+1} 的一个元素与子空间 W_{j+1} 的一个元素之和。

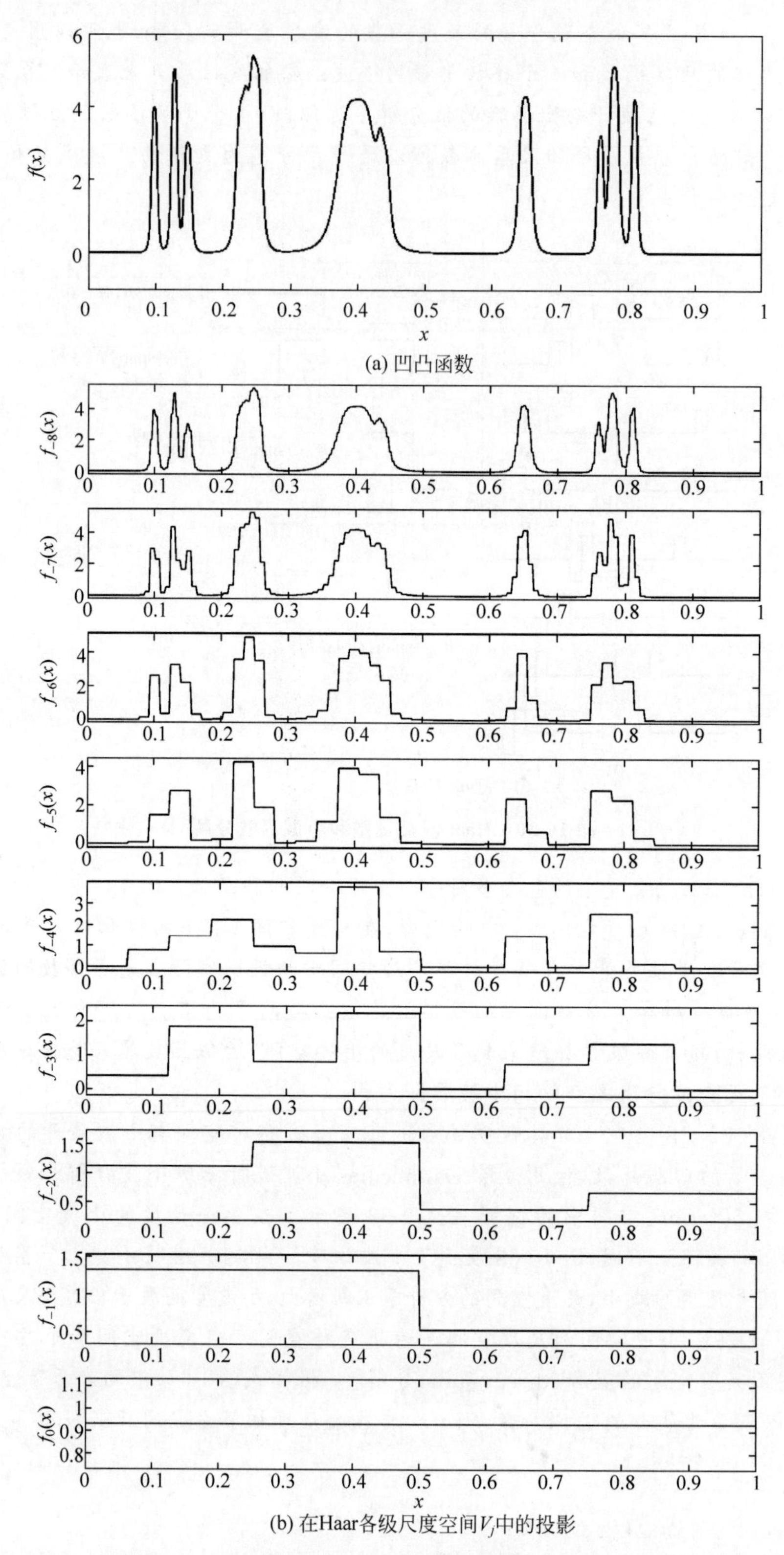

图 10-31 凹凸函数在 Haar 各级尺度空间 V_j 中的投影

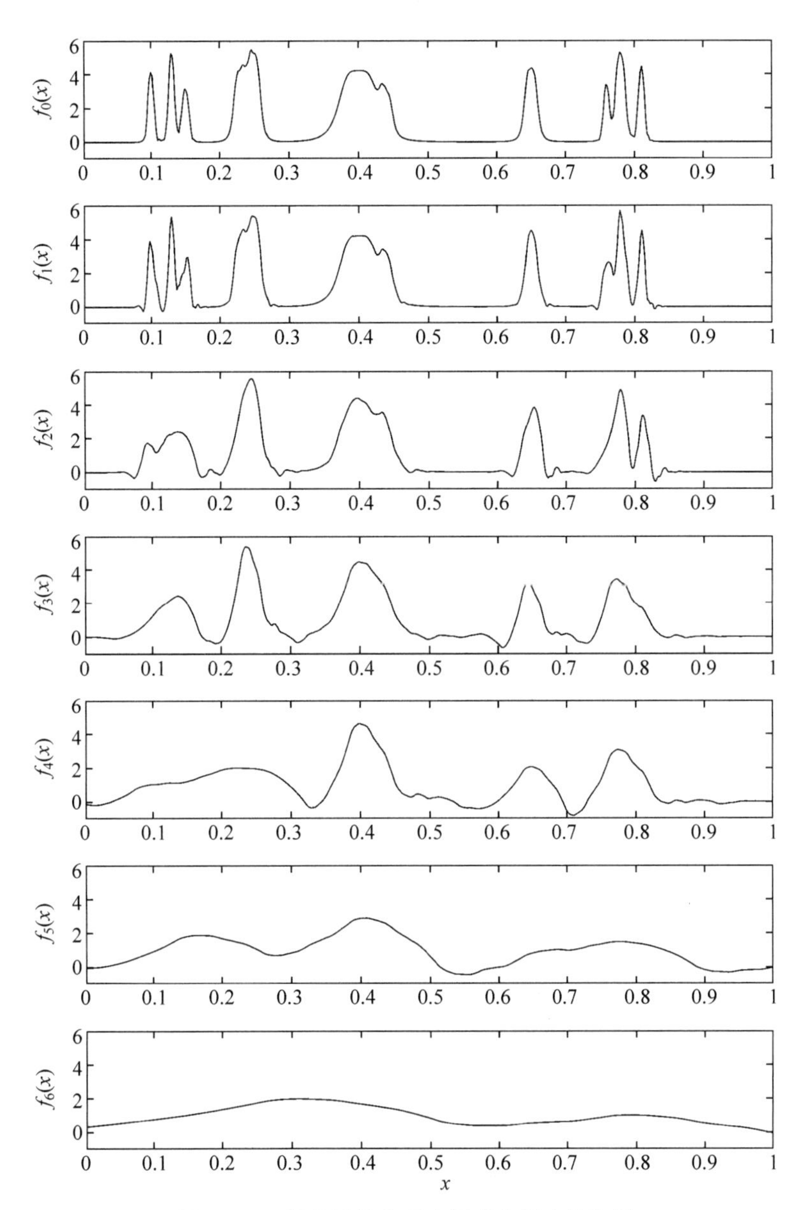

图 10-32 凹凸函数在各个尺度空间中的投影

$$f(x)=f_{j_0}(x)+\sum_{j=-\infty}^{j_0} g_j(x) \tag{10-79}$$

其中，

$$f_{j_0}(x)=\sum_k a_{j_0}(k)\phi_{j_0,k}(x) \tag{10-80}$$

$$g_j(x)=\sum_k d_j(k)\psi_{j,k}(x) \tag{10-81}$$

式(10-80)中的和式用尺度函数提供了 $f(x)$ 在尺度 j_0 的近似，V_{j_0} 是最粗的尺度空间；式(10-81)中的和式是由小波函数提供更高分辨率的细节。随着尺度的减小，小波空间的分辨率不断增大，展现出更小尺度的细节。图 10-33 是以式(10-79)中线性展开的形式给出的，图中的

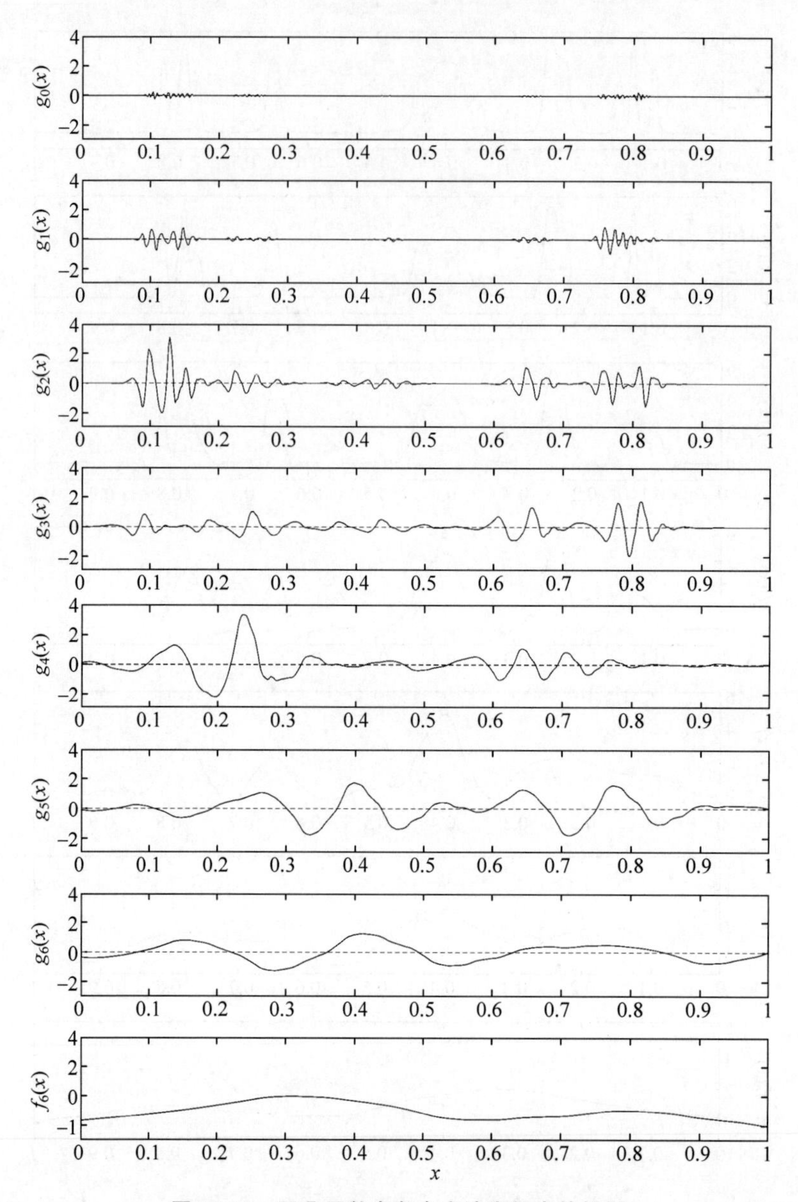

图 10-33 凹凸函数在各个小波空间中的投影

七级小波展开 $\hat{f}(x)=f_6(x)+\sum_{j=0}^{6}g_j(x)$ 与输入函数 $f(x)$ 的总误差范数为 1.4305×10^{-10}。

由式(10-63)可知，在尺度空间 V_{j-1} 中，尺度空间 V_j 和小波空间 W_j 互为正交补空间，$f_j(x)\in V_j$ 和 $g_j(x)\in W_j$ 分别为 $f_{j-1}(x)\in V_{j-1}$ 在子空间 V_j 和子空间 W_j 上的正交投影，$f_j(x)$ 和 $g_j(x)$ 的直和构成 $f_{j-1}(x)$ 的正交分解：

$$f_{j-1}(x)=f_j(x)+g_j(x) \tag{10-82}$$

也就是说，高一级分辨率(小尺度)的近似系数是来自低一级分辨率(大尺度)的尺度系数和小波系数正交投影的直和。如图 10-34 所示，$f(x)$ 与 $f_0(x)+g_0(x)$、$f_0(x)$ 与 $f_1(x)+g_1(x)$、…、$f_5(x)$ 与 $f_6(x)+g_6(x)$ 从视觉上来看是完全相同的曲线，它们之间的展开误差

范数分别为 1.4305×10^{-10}、5.7656×10^{-15}、7.9374×10^{-15}、9.4912×10^{-15}、8.9837×10^{-15}、1.0737×10^{-14} 和 9.9883×10^{-15}。

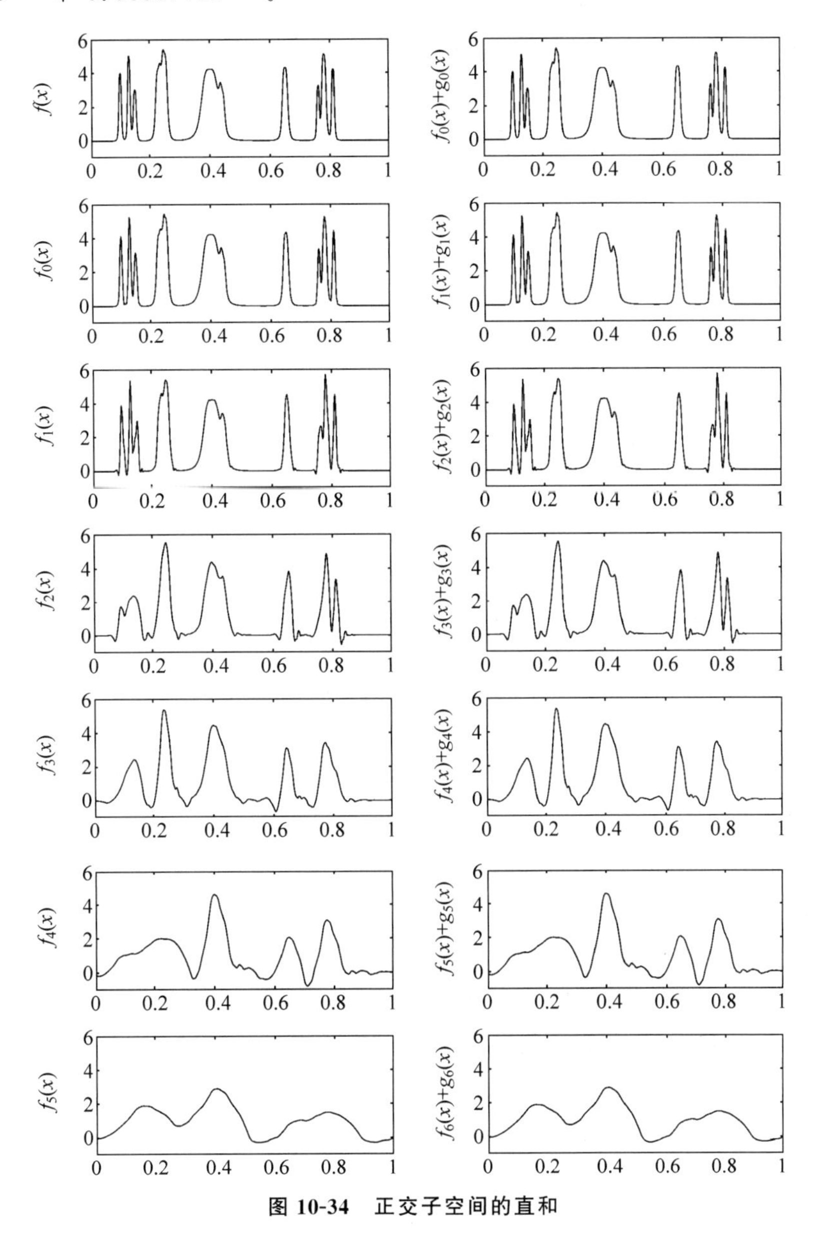

图 10-34　正交子空间的直和

10.4.3　双尺度方程与多分辨率分析

上一节中通过构造空间逐级嵌套的框架来进行多分辨率分析。多分辨率分析的核心是选择尺度空间 V_0 的一组标准正交基 $\{\phi(x-k),k\in\mathbb{Z}\}$，并由小波空间 W_0 的正交条件 $W_0\perp V_0$ 构造出小波函数的一组标准正交基 $\{\psi(x-k),k\in\mathbb{Z}\}$，这样就可以进行逐级小波分析。而生成这两组标准正交基的关键是找到或构造合适的尺度函数 $\phi(x)$ 和小波函数 $\psi(x)$。

10.4.3.1 双尺度方程

双尺度方程是多分辨率分析赋予尺度函数 $\phi(x)$和小波函数 $\psi(x)$的基本特性，它描述了相邻两个尺度空间 V_{j-1} 和 V_j 的基函数 $\phi_{j-1,k}(x)$和 $\phi_{j,k}(x)$，以及相邻的尺度空间 V_{j-1} 和小波空间 W_j 的基函数 $\phi_{j-1,k}(x)$和 $\psi_{j,k}(x)$之间的关系。

由式(10-58)可知 $\phi_{j,0}(x)=\sum_k h_\phi(k)\phi_{j-1,k}(x)$，将该式两端与 $\phi_{j-1,k}(x)$ 作内积，由 $\phi_{j-1,k}(x)$ 的标准正交性，可知

$$\begin{aligned}h_\phi(k)&=\langle\phi_{j,0}(x),\phi_{j-1,k}(x)\rangle=\int\phi_{j,0}(x)\phi^*_{j-1,k}(x)\mathrm{d}x\\&=\int[2^{-\frac{j}{2}}\phi(2^{-j}x)][2^{-\frac{j-1}{2}}\phi^*(2^{-(j-1)}x-k)]\mathrm{d}x\\&\xlongequal{x'=2^{-(j-1)}x}2^{-\frac{1}{2}}\int\phi(2^{-1}x')\phi^*(x'-k)\mathrm{d}x'\\&=\langle\phi_{1,0}(x),\phi_{0,k}(x)\rangle\end{aligned}\tag{10-83}$$

同理，由式(10-70)可知 $\psi_{j,0}(x)=\sum_k h_\psi(k)\phi_{j-1,k}(x)$，将该式两端与 $\phi_{j-1,k}(x)$作内积，由 $\phi_{j-1,k}(x)$的标准正交性，可知

$$\begin{aligned}h_\psi(k)&=\langle\psi_{j,0}(x),\phi_{j-1,k}(x)\rangle=\int\psi_{j,0}(x)\phi^*_{j-1,k}(x)\mathrm{d}x\\&=\int[2^{-\frac{j}{2}}\psi(2^{-j}x)][2^{-\frac{j-1}{2}}\phi^*(2^{-(j-1)}x-k)]\mathrm{d}x\\&\xlongequal{x'=2^{-(j-1)}x}2^{-\frac{1}{2}}\int\psi(2^{-1}x')\phi^*(x'-k)\mathrm{d}x'\\&=\langle\psi_{1,0}(x),\phi_{0,k}(x)\rangle\end{aligned}\tag{10-84}$$

由式(10-83)和式(10-84)可见，双尺度方程中的尺度函数系数 $h_\phi(k)$和小波函数系数 $h_\psi(k)$与尺度级 j 的具体值无关，对于任意相邻两级，它们的值都是相同的。因此，多分辨率分析的双尺度方程描述的是任意相邻两级分辨率空间之间的关系。

不失一般性，双尺度方程可以用任意相邻两级分辨率尺度级 j 和 $j-1$ 来表示。对于 $j=1$ 的情况，$\phi(x)$和 $\psi(x)$分别为尺度空间 V_0 和小波空间 W_0 的标准正交基，由于 $V_0\in V_{-1}$，$W_0\in V_{-1}$，$\phi(x)$和 $\psi(x)$分别用 V_{-1} 空间的基函数 $\phi_{-1,k}(x)$线性展开为

$$\phi(x)=\sum_k h_\phi(k)\phi_{-1,k}(x)=\sqrt{2}\sum_k h_\phi(k)\phi(2x-k)\tag{10-85}$$

$$\psi(x)=\sum_k h_\psi(k)\phi_{-1,k}(x)=\sqrt{2}\sum_k h_\psi(k)\phi(2x-k)\tag{10-86}$$

其中，参考子空间 V_0 的选择是任意的。

10.4.3.2 双尺度方程中系数的性质

在正交多分辨率分析中，尺度函数和小波函数的标准正交性要求：

$$\langle\phi(x),\phi(x-k)\rangle=\delta(k)\tag{10-87}$$

$$\langle\psi(x),\psi(x-k)\rangle=\delta(k)\tag{10-88}$$

以及尺度函数和小波函数之间的正交性要求：

$$\langle\phi(x),\psi(x-k)\rangle=0\tag{10-89}$$

在双尺度方程中，尺度函数系数 $h_\phi(k)$ 和小波函数系数 $h_\psi(k)$ 满足如下三点性质。

(1) 尺度函数系数之和满足 $\sum_n h_\phi(n)=\sqrt{2}$ [①]，尺度函数系数的范数满足 $\sum_n |h_\phi(n)|^2=1$；前一项的证明仅需交换求和与积分的顺序，由式(10-85)的双尺度方程可知

$$\begin{aligned}\int_{-\infty}^{+\infty}\phi(x)\mathrm{d}x&=\sqrt{2}\sum_n\left[h_\phi(n)\int_{-\infty}^{+\infty}\phi(2x-n)\mathrm{d}x\right]\\&=\frac{\sqrt{2}}{2}\sum_n h_\phi(n)\end{aligned}\tag{10-90}$$

式中，最后一步应用了 $\int_{-\infty}^{+\infty}\phi(2x-n)\mathrm{d}x=\frac{1}{2}$。又因为左端 $\int_{-\infty}^{+\infty}\phi(x)\mathrm{d}x=1$，可知

$$\sum_n h_\phi(n)=\sqrt{2}\tag{10-91}$$

后一项的证明利用了基函数的正交性，由双尺度方程可知

$$\begin{aligned}\langle\phi(x),\phi(x-k)\rangle&=\left\langle\sqrt{2}\sum_n h_\phi(n)\phi(2x-n),\sqrt{2}\sum_m h_\phi(m)\phi(2x-2k-m)\right\rangle\\&=2\sum_n\sum_m[h_\phi(n)h_\phi^*(m)\langle\phi(2x-n),\phi(2x-2k-m)\rangle]\\&=\sum_n h_\phi(n)h_\phi^*(n-2k)\end{aligned}$$

式中，最后一步应用了 $\langle\phi(2x),\phi(2x-k)\rangle=\frac{1}{2}\delta(k)$。由式(10-87)可知

$$\sum_n |h_\phi(n)|^2=\sum_n[h_\phi(n)h_\phi^*(n)]=1\tag{10-92}$$

可见，$h_\phi(n)$ 是范数为 1 的单位向量，这是尺度方程(10-59)中常数项 $\sqrt{2}$ 的必然结果。

(2) 小波函数系数之和满足 $\sum_n h_\psi(n)=0$，小波函数系数的范数满足 $\sum_n |h_\psi(n)|^2=1$。

同理，前一项的证明仅需交换求和与积分的顺序，由式(10-86)的双尺度方程可知

$$\begin{aligned}\int_{-\infty}^{+\infty}\psi(x)\mathrm{d}x&=\sqrt{2}\sum_n\left[h_\psi(n)\int_{-\infty}^{+\infty}\phi(2x-n)\mathrm{d}x\right]\\&=\frac{\sqrt{2}}{2}\sum_n h_\psi(n)\end{aligned}\tag{10-93}$$

又因为左端 $\int_{-\infty}^{+\infty}\psi(x)\mathrm{d}x=0$，可知

$$\sum_n h_\psi(n)=0\tag{10-94}$$

后一项的证明利用了基函数的正交性，由双尺度方程可知

$$\begin{aligned}\langle\psi(x),\psi(x-k)\rangle&=\left\langle\sqrt{2}\sum_n h_\psi(n)\phi(2x-n),\sqrt{2}\sum_m h_\psi(m)\phi(2x-2k-m)\right\rangle\\&=2\sum_n\sum_m[h_\psi(n)h_\psi^*(m)\langle\phi(2x-n),\phi(2x-2k-m)\rangle]\end{aligned}$$

---

① 尺度函数的容许条件是 $\int_{-\infty}^{+\infty}\phi(x)\mathrm{d}x=1$。

$$= \sum_n h_\psi(n) h_\psi^*(n-2k)$$

由式(10-88)可知

$$\sum_n |h_\psi(n)|^2 = \sum_n [h_\psi(n) h_\psi^*(n)] = 1 \tag{10-95}$$

可见,$h_\psi(n)$为范数为1的单位向量,这是尺度方程(10-71)中常数项$\sqrt{2}$的必然结果。

(3) $h_\phi(x)$和$h_\psi(x)$本身都具有偶次移位的标准正交性:

$$\sum_n h_\phi(n) h_\phi(n-2k) = \delta(k) \tag{10-96}$$

$$\sum_n h_\psi(n) h_\psi(n-2k) = \delta(k) \tag{10-97}$$

$h_\phi(x)$与$h_\psi(x)$之间具有偶次移位的正交性:

$$\sum_n h_\phi(n) h_\psi(n-2k) = 0 \tag{10-98}$$

式中,$k \in \mathbb{Z}$。

尺度函数和小波函数满足双尺度方程,将式(10-85)和式(10-86)的双尺度方程代入式(10-87)中,可得

$$\left\langle \left[\sqrt{2} \sum_n h_\phi(n) \phi(2x-n)\right], \left[\sqrt{2} \sum_l h_\phi(l) \phi(2x-2k-l)\right] \right\rangle = \delta(k) \tag{10-99}$$

对上式作变量替换$x'=2x$,并交换积分和求和的顺序,可得

$$\sum_n \sum_l h_\phi(n) h_\phi(l) \langle \phi(x'-n), \phi(x'-2k-l) \rangle = \delta(k) \tag{10-100}$$

根据式(10-87)的标准正交性,则有

$$\sum_n \sum_l h_\phi(n) h_\phi(l) \delta(n-2k-l) = \delta(k) \tag{10-101}$$

对l求和,就推导出式(10-96)。同理,可推导出式(10-97)。

为了证明式(10-98),将式(10-85)和式(10-86)的双尺度方程代入式(10-89),可得

$$\left\langle \left[\sqrt{2} \sum_n h_\phi(n) \phi(2x-n)\right], \left[\sqrt{2} \sum_l h_\psi(l) \phi(2x-2k-l)\right] \right\rangle = 0 \tag{10-102}$$

对上式作变量替换$x'=2x$,并交换积分和求和的顺序,可得

$$\sum_n \sum_l h_\phi(n) h_\psi(l) \langle \phi(x'-n), \phi(x'-2k-l) \rangle = 0 \tag{10-103}$$

根据式(10-87)的标准正交性,则有

$$\sum_n \sum_l h_\phi(n) h_\psi(l) \delta(n-2k-l) = 0 \tag{10-104}$$

对l求和,就推导出式(10-98)。

10.4.4 正交小波分解与重建

Mallat于1989年提出了一种快速小波变换算法,推导出相邻两级分辨率尺度系数与小波系数之间的递推关系,也称为**Mallat算法**,实现了二进小波变换的快速计算。这种方法实际上是一种信号的分解方法,在数字信号处理中称为双通道子带编码。

10.4.4.1 Mallat算法

快速小波变换的Mallat算法是将信号分解为尺度系数(或近似系数)和小波系数(或细

节系数)，这一过程称为**小波分解**(wavelet decomposition)或**小波分析**(wavelet analysis)。**快速小波逆变换**(inverse fast wavelet transform，IFWT)是利用信号的小波分解系数来恢复原信号，这一过程称为**小波重建**(wavelet reconstruction)或**小波合成**(wavelet synthesis)。本节推导**正交小波分解和重建**的 Mallat 算法。

对于多分辨率框架中的正交小波，子空间 V_0 中的尺度函数 $\phi(x)\in V_0$ 可用子空间 V_{-1} 的基函数线性展开为

$$\phi(x)=\sqrt{2}\sum_k h_\phi(k)\phi(2x-k) \tag{10-105}$$

类似地，子空间 W_0 中的小波函数 $\psi(x)\in W_0$ 可用子空间 V_{-1} 的基函数线性展开为

$$\psi(x)=\sqrt{2}\sum_k h_\psi(k)\phi(2x-k) \tag{10-106}$$

以上两式就是**双尺度方程**。若 $\phi(x)$和 $\psi(x)$是紧支撑的，则尺度函数系数 $h_\phi(k)$和小波函数系数 $h_\psi(k)$是有限长度的。在这种情况下，序列 $h_\phi(k)$和 $h_\psi(k)$可以看成为**有限冲激响应滤波器**。

如前所述，双尺度方程成立于任意两级分辨率之间。对于 $f_{-1}(x)\in V_{-1}$，可以用子空间 V_{-1} 的基函数线性展开为

$$f_{-1}(x)=\sum_k a_{-1}(k)\phi_{-1,k}(x)=\sqrt{2}\sum_k a_{-1}(k)\phi(2x-k) \tag{10-107}$$

式中，$a_{-1}(k)$为尺度空间 V_{-1} 的近似系数或尺度系数。由正交多分辨率分析的定义可知，V_0 和 W_0 是 V_{-1} 的子空间，且 $V_{-1}=V_0\oplus W_0$，$f_{-1}(x)\in V_{-1}$ 在尺度空间 V_0 和小波空间 W_0 中的正交投影分别为 $f_0(x)\in V_0$ 和 $g_0(x)\in W_0$，$f_{-1}(x)$可以表示为 $f_0(x)$和 $g_0(x)$的直和形式：

$$f_{-1}(x)=f_0(x)+g_0(x) \tag{10-108}$$

其中，$f_0(x)\in V_0$ 在子空间 V_0 的展开式为

$$f_0(x)=\sum_k a_0(k)\phi_{0,k}(x)=\sum_k a_0(k)\phi(x-k) \tag{10-109}$$

$g_0(x)\in W_0$ 在子空间 W_0 的展开式为

$$g_0(x)=\sum_k d_0(k)\psi_{0,k}(x)=\sum_k d_0(k)\psi(x-k) \tag{10-110}$$

式中，$a_0(k)$为尺度空间 V_0 的近似系数或尺度系数，$d_0(k)$为小波空间 W_0 的细节系数或小波系数。

1. Mallat 小波分解

Mallat 小波分解过程是将高一级子空间 V_{-1} 的尺度系数 $a_{-1}(n)$分解为低一级子空间 V_0 的尺度系数 $a_0(n)$和子空间 W_0 的小波系数 $d_0(n)$。将式(10-108)两端与 $\phi(x-n)$作内积：

$$\langle f_{-1}(x),\phi(x-n)\rangle=\langle f_0(x),\phi(x-n)\rangle+\langle g_0(x),\phi(x-n)\rangle \tag{10-111}$$

根据正交条件$\langle\phi(x-k),\phi(x-l)\rangle=\delta_{kl}$，$k\in\mathbb{Z}$，$l\in\mathbb{Z}$，等式右端第一项可化简为

$$\langle f_0(x),\phi(x-n)\rangle=a_0(n) \tag{10-112}$$

根据正交条件$\langle\phi(x-k),\psi(x-l)\rangle=0$，$k\in\mathbb{Z}$，$l\in\mathbb{Z}$，等式右端第二项可化简为

$$\langle g_0(x),\phi(x-n)\rangle=0 \tag{10-113}$$

再根据式(10-105)，$\phi(x-n)\in V_0$ 可以用子空间 V_{-1} 的基函数线性展开为

$$\phi(x-n)=\sqrt{2}\sum_k h_\phi(k)\phi(2x-2n-k) \tag{10-114}$$

将式(10-107)和式(10-114)代入式(10-111)中的等式左端，根据上述正交条件，可得

$$\begin{aligned}\langle f_{-1}(x),\phi(x-n)\rangle &= \left\langle \sqrt{2}\sum_k a_{-1}(k)\phi(2x-k),\sqrt{2}\sum_l h_\phi(l)\phi(2x-2n-l)\right\rangle \\ &= \sum_k a_{-1}(k)h_\phi^*(k-2n)\end{aligned} \tag{10-115}$$

将式(10-112)、式(10-113)和式(10-115)代入式(10-111)，可得

$$\sum_k a_{-1}(k)h_\phi^*(k-2n)=a_0(n) \tag{10-116}$$

类似地，将式(10-108)两端与$\psi(x-n)$作内积：

$$\langle f_{-1}(x),\psi(x-n)\rangle=\langle f_0(x),\psi(x-n)\rangle+\langle g_0(x),\psi(x-n)\rangle \tag{10-117}$$

根据正交条件$\langle\phi(x-k),\psi(x-l)\rangle=0,k\in\mathbb{Z},l\in\mathbb{Z}$，等式右端第一项可化简为

$$\langle f_0(x),\psi(x-n)\rangle=0 \tag{10-118}$$

根据正交条件$\langle\psi(x-k),\psi(x-l)\rangle=\delta_{kl},k\in\mathbb{Z},l\in\mathbb{Z}$，等式右端第二项可化简为

$$\langle g_0(x),\psi(x-n)\rangle=d_0(n) \tag{10-119}$$

再根据式(10-106)，$\psi(x-n)\in W_0$ 可以用子空间 V_{-1} 的基函数线性展开为

$$\psi(x-n)=\sqrt{2}\sum_k h_\psi(k)\phi(2x-2n-k) \tag{10-120}$$

将式(10-107)和式(10-120)代入式(10-117)中的等式左端，根据正交条件，可得

$$\begin{aligned}\langle f_{-1}(x),\psi(x-n)\rangle &= \left\langle \sqrt{2}\sum_k a_{-1}(k)\phi(2x-k),\sqrt{2}\sum_l h_\psi(l)\phi(2x-2n-l)\right\rangle \\ &= \sum_k a_{-1}(k)h_\psi^*(k-2n)\end{aligned} \tag{10-121}$$

将式(10-118)、式(10-119)和式(10-121)代入式(10-117)，可得

$$\sum_k a_{-1}(k)h_\psi^*(k-2n)=d_0(n) \tag{10-122}$$

设 $h_\phi(n)$和 $h_\psi(n)$是实序列，并定义 $g_\phi(n)\triangleq h_\phi(-n)$，$g_\psi(n)\triangleq h_\psi(-n)$，根据式(10-116)和式(10-122)，由子空间 V_{-1} 中细一级尺度系数 $a_{-1}(n)$到子空间 V_0 和 W_0 中粗一级尺度系数 $a_0(n)$和小波系数 $d_0(n)$的分解式为

$$a_0(n)=\sum_k h_\phi(k-2n)a_{-1}(k)=\sum_k g_\phi(2n-k)a_{-1}(k) \tag{10-123}$$

$$d_0(n)=\sum_k h_\psi(k-2n)a_{-1}(k)=\sum_k g_\psi(2n-k)a_{-1}(k) \tag{10-124}$$

由 $a_{j-1}(n)$分解为 $a_j(n)$和 $d_j(n)$的过程完全相同，$g_\phi(n)$和 $g_\psi(n)$保持不变。其中，细节系数 $d_j(n)$就是二进小波变换系数 $W_\psi(j,n)$，利用 Mallat 算法计算二进小波变换，计算量远小于 10.3.1 节的数值积分方法。

2. Mallat 小波重建

Mallat 小波重建过程是逆向推导由低一级子空间 V_0 的尺度系数 $a_0(n)$和子空间 W_0 的小波系数 $d_0(n)$重建高一级子空间 V_{-1} 的尺度系数 $a_{-1}(n)$。将式(10-109)和式(10-110)代入式(10-108)，则有

$$f_{-1}(x)=f_0(x)+g_0(x)$$

$$= \sum_k a_0(k)\phi(x-k) + \sum_k d_0(k)\psi(x-k)$$

$$= \sqrt{2}\left[\sum_l h_\phi(l)\sum_k a_0(k)\phi(2x-2k-l) + \sum_l h_\psi(l)\sum_k d_0(k)\phi(2x-2k-l)\right]$$

对上式作变量替换 $n=2k+l$，则有

$$f_{-1}(x) = \sqrt{2}\sum_n\left[\sum_k h_\phi(n-2k)a_0(k) + \sum_k h_\psi(n-2k)d_0(k)\right]\phi(2x-n) \tag{10-125}$$

又因为 $f_{-1}(x)=\sqrt{2}\sum_n a_{-1}(n)\phi(2x-n)$，所以，由子空间 V_0 和 W_0 中粗一级尺度系数 $a_0(n)$ 和小波系数 $d_0(n)$ 到子空间 V_{-1} 中细一级尺度系数 $a_{-1}(n)$ 的重建式为

$$a_{-1}(n) = \sum_k h_\phi(n-2k)a_0(k) + \sum_k h_\psi(n-2k)d_0(k) \tag{10-126}$$

由 $a_j(n)$ 和 $d_j(n)$ 重建 $a_{j-1}(n)$ 的过程完全相同，$h_\phi(n)$ 和 $h_\psi(n)$ 保持不变。式(10-126)表明，Mallat 小波重建过程可以完全恢复原信号。

10.4.4.2 频谱分解

上一节中的 Mallat 小波分解和重建过程是在任意相邻的两级尺度空间中推导的，因此可以用小波展开系数的一般形式 a_j 和 d_j 来表示。当讨论离散小波变换时，利用离散小波变换系数 $W_\phi(j,k)$ 和 $W_\psi(j,k)$ 来表示小波分解式为

$$W_\phi(j+1,n) = \sum_k h_\phi(k-2n)W_\phi(j,k) = \sum_k g_\phi(2n-k)W_\phi(j,k) \tag{10-127}$$

$$W_\psi(j+1,n) = \sum_k h_\psi(k-2n)W_\phi(j,k) = \sum_k g_\psi(2n-k)W_\phi(j,k) \tag{10-128}$$

以上两式表明了相邻尺度的离散小波变换系数之间的关系。由此可见，可以通过卷积和下采样操作来实现小波分解。首先将尺度级 j 的近似系数 $W_\phi(j,k)$ 分别与时序反转[①]的尺度向量 $h_\phi(-n)$ 和小波向量 $h_\psi(-n)$ 作卷积，然后以因子 2 对卷积结果进行下采样，计算得出低一级尺度级 $j+1$ 的尺度系数 $W_\phi(j+1,k)$ 和小波系数 $W_\psi(j+1,k)$。

这些系数可以用多采样率滤波器组的形式表现出来，图 10-35(a)以方框图的形式说明了快速小波变换的计算过程，图中，符号 2↓ 表示因子 2 的下采样(在各个通道中从每两个采样数据中抽取一个)。通过尺度向量 $h_\phi(-n)$ 和小波向量 $h_\psi(-n)$，将高一级分辨率的尺度系数分解为近似成分的尺度系数 $W_\phi(j+1,n)$ 和细节成分的小波系数 $W_\psi(j+1,n)$，$h_\phi(-n)$ 和 $h_\psi(-n)$ 构成**分析滤波器组**。分析滤波器组将高一级分辨率尺度空间的频谱带宽分解为等宽的低频子带和高频子带。如图 10-35(b)所示，尺度空间 V_j 被分解为尺度空间 V_{j+1} 和小波空间 W_{j+1}，尺度空间 V_{j+1} 的频谱为 1/2 宽度的低频子带，而小波空间 W_{j+1} 的频谱为 1/2 宽度的高频子带。因此，$h_\phi(-n)$ 可以视为低通滤波器，$h_\psi(-n)$ 可以视为高通滤波器[②]。

将快速小波变换和快速傅里叶变换的时间复杂度进行比较。对于长度为 $N=2^K, K\in\mathbb{Z}$ 的序列，由于快速小波变换中分析滤波器组执行卷积所需的浮点乘法和加法的次数与卷

---

① 若滤波器冲激响应序列的阶数为 N，时序反转是指 $g(n)=h(N-n)$。

② 10.4.5 节将分析 $h_\phi(-n)$ 和 $h_\psi(-n)$ 的频率响应特性。

积序列的长度成正比，因此，快速小波变换的数学操作次数约为 $O(N)$。也就是说，浮点乘法和加法的次数与序列长度之间的关系是线性关系。而快速傅里叶变换的时间复杂度为 $O(N\log_2 N)$。

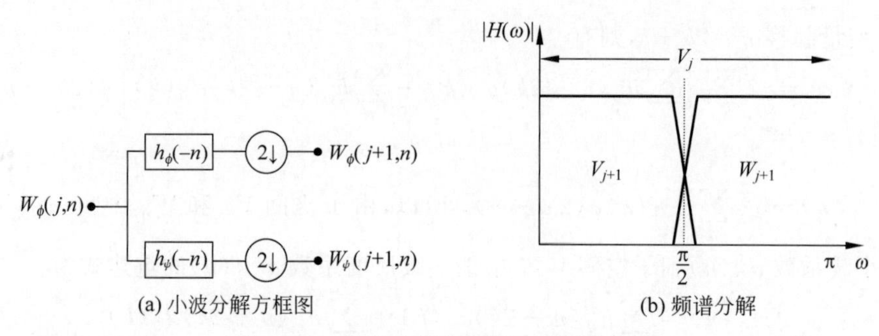

(a) 小波分解方框图　　(b) 频谱分解

图 10-35　信号分解方框图及其频谱分解

图 10-35(a)所示的分析滤波器组可多次迭代产生级联结构，逐级计算多尺度的 DWT 系数。图 10-36(a)显示了三尺度小波分解的滤波器组。最小尺度系数具有最高分辨率，也就是函数本身的采样值，即 $W_\phi(J,n)=f(n)$，其中，J 表示最小尺度（最高分辨率）。图 10-36(a)中的第一个滤波器组将尺度级 j 的尺度系数 $W_\phi(j,n)$ 通过高通滤波器和低通滤波器分解为尺度级 $j+1$ 的小波系数 $W_\psi(j+1,n)$ 和尺度系数 $W_\phi(j+1,n)$；第二个滤波器组又将第一次分解的尺度系数 $W_\phi(j+1,n)$ 再次通过高通滤波器和低通滤波器分解为尺度级 $j+2$ 的小波系数 $W_\psi(j+2,n)$ 和尺度系数 $W_\phi(j+2,n)$；每一次迭代对上一级的尺度系数执行如上所述的小波分解过程。图 10-36(b)为图 10-36(a)所示三尺度小波分解的频谱分解示意图，图中，第一个滤波器组将尺度空间 V_j 的频谱带宽分解为 1/2 等宽的尺度空间 V_{j+1} 和小波空间 W_{j+1}，以此类推；第二个滤波器组将尺度空间 V_{j+1} 的频谱带宽分解为 1/4 等宽的尺度空间 V_{j+2} 和小波空间 W_{j+2}；第三个滤波器组将尺度空间 V_{j+2} 进一步分解为 1/8 等宽的尺度空间 V_{j+3} 和小波空间 W_{j+3}。观察图 10-25(d)所示的时间频率剖分，在某个特定的时间（平移），沿着频率（尺度）轴来看，这与图 10-36(b)所示的滤波器组对每一个通道的频率响应带宽呈对数关系是一致的。图 10-36 中三尺度小波分解的滤波器组很容易扩展到任意尺度。对于一个长度为 $N=2^K, K\in\mathbb{Z}^+$ 的序列 $f(n)$，最多可以进行 K 尺度小波分解。

快速小波逆变换是从正向变换的结果来重建 $f(n)$，它使用正向变换中所采用的尺度向量和小波向量，以及尺度级 $j+1$ 的小波系数 $W_\psi(j+1,n)$ 和尺度系数 $W_\phi(j+1,n)$ 来重建尺度级 j 的近似系数 $W_\phi(j,n)$。正如小波重建中所述，当讨论离散小波变换时，利用离散小波变换系数 $W_\phi(j,k)$ 和 $W_\psi(j,k)$ 来表示小波重建式为

$$W_\phi(j,n)=\sum_k h_\phi(n-2k)W_\phi(j+1,k)+\sum_k h_\psi(n-2k)W_\psi(j+1,k) \quad (10\text{-}129)$$

由上式可见，可以通过上采样和卷积操作来实现小波重建。首先对小波系数 $W_\psi(j+1,n)$ 和尺度系数 $W_\phi(j+1,n)$ 进行因子 2 的上采样，并分别与小波向量 $h_\psi(n)$ 和尺度向量 $h_\phi(n)$ 作卷积，然后相加产生高一级分辨率的尺度系数 $W_\phi(j,n)$，$h_\psi(n)$ 和 $h_\phi(n)$ 构成**合成滤波器组**。

图 10-37 以方框图的形式说明了快速小波逆变换的计算过程。图中，符号 $2\uparrow$ 表示因子 2

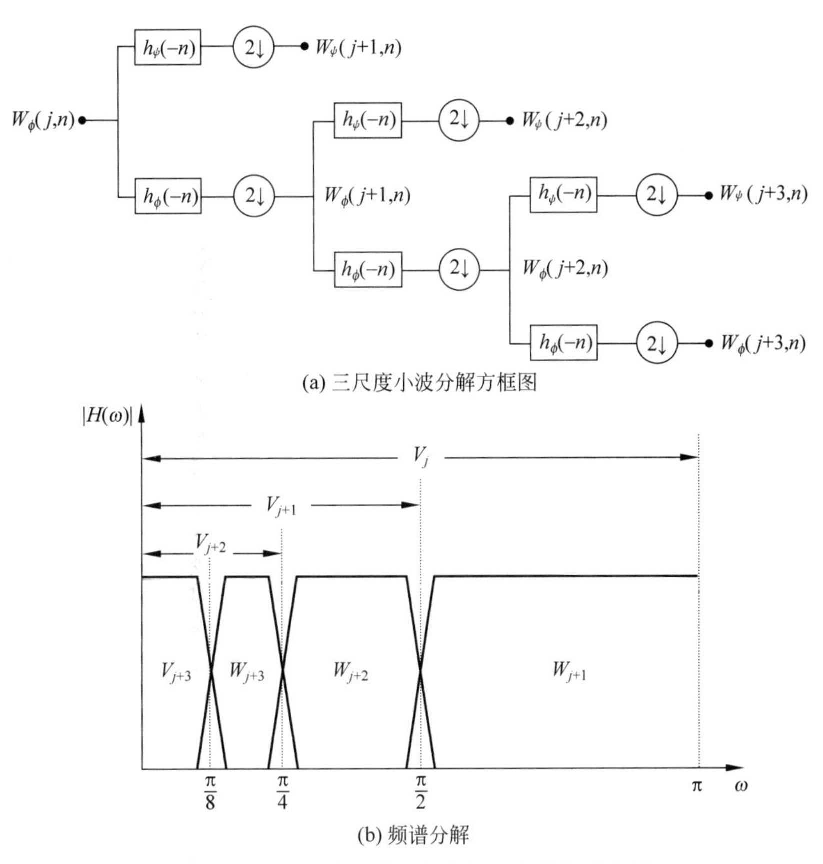

图 10-36 三尺度小波分解方框图及其频谱分解

的上采样(在每两个采样数据之间插入 0,使其长度变为原来的 2 倍)。如前所述,完全重建要求合成滤波器组和分析滤波器组之间具有时序反转的关系。相应地,如图 10-37 所示,通过合成滤波器组的级联实现多尺度小波重建。图 10-38 显示了三尺度小波重建的级联结构,这种系数的合并过程可以扩展到任意尺度,并保证了序列的完全重建。

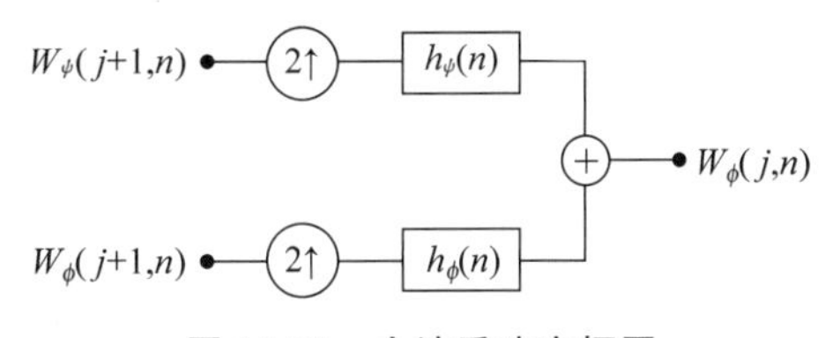

图 10-37 小波重建方框图

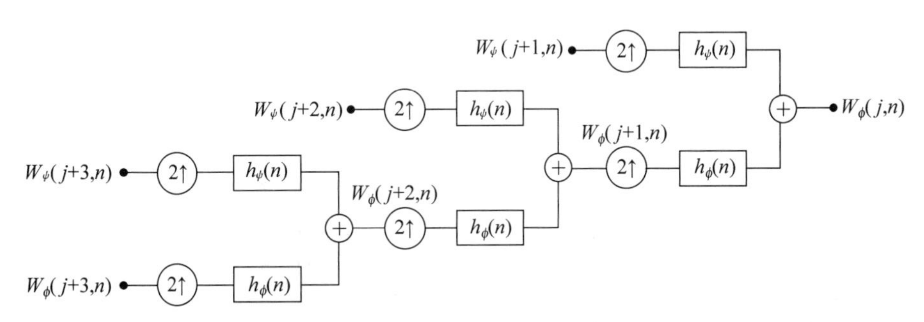

图 10-38 三尺度小波重建方框图

例 10-6　Haar 小波的 Mallat 分解与重建

使用 Haar 尺度函数和小波函数的离散滤波器计算序列 $f(n)=\{\underline{1},4,-3,2\}$ 的快速小波变换过程如图 10-39 所示。Haar 尺度函数的 FIR 滤波器为 $h_{\phi}(n)=(1/\sqrt{2},1/\sqrt{2})$，小波函数的 FIR 滤波器为 $h_{\psi}(n)=(1/\sqrt{2},-1/\sqrt{2})$。根据 Mallat 算法，分析滤波器组分别为 $h_{\psi}(-n)$ 和 $h_{\phi}(-n)$。将输入序列作为初始的近似系数，即 $f(n)=W_{\phi}(j,n)$，首先，用 $h_{\psi}(-n)$ 对 $W_{\phi}(j,n)$ 作卷积 $h_{\psi}(-n)*W_{\phi}(j,n)$ 计算细节系数，用 $h_{\phi}(-n)$ 对 $W_{\phi}(j,n)$ 作卷积 $h_{\phi}(-n)*W_{\phi}(j,n)$ 计算近似系数。然后，在下采样过程中抽取奇数下标的点，这样抽取的好处是有利于减少多尺度小波分解的次数。对近似系数 $W_{\phi}(j+1,n)$ 继续作卷积和下采样过程，直至序列中仅剩下单个近似系数和细节系数。

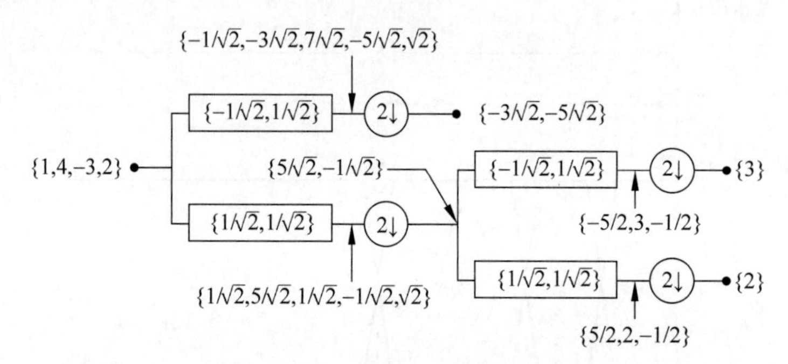

图 10-39　使用 Haar 小波分析滤波器组的快速小波变换

快速小波逆变换的数学运算是其正向变换的反向计算。使用 Haar 尺度函数和小波函数的离散滤波器计算快速小波逆变换的过程如图 10-40 所示。首先，对最终分解的单个近似系数和细节系数进行上采样，上采样过程中在奇数下标的位置插入 0，这样插零的好处是有利于减少多尺度小波重建的次数。根据 Mallat 算法，合成滤波器组分别为 $h_{\psi}(n)$ 和 $h_{\phi}(n)$。然后，用 $h_{\psi}(n)$ 对 $W_{\psi}(j+1,n)$ 作卷积 $h_{\psi}(n)*W_{\psi}(j+1,n)$，计算尺度级 $j+1$ 的细节系数在尺度级 j 的尺度空间中的投影，用 $h_{\phi}(n)$ 对 $W_{\phi}(j+1,n)$ 作卷积 $h_{\phi}(n)*W_{\phi}(j+1,n)$，计算尺度级 $j+1$ 的近似系数在尺度级 j 的尺度空间中的投影。最后，对这两部分求和从而获得尺度级 j 的近似系数 $W_{\phi}(j,n)$。对 $W_{\phi}(j,n)$ 和 $W_{\psi}(j,n)$ 继续作上采样和卷积过程，直至完全重建原序列。

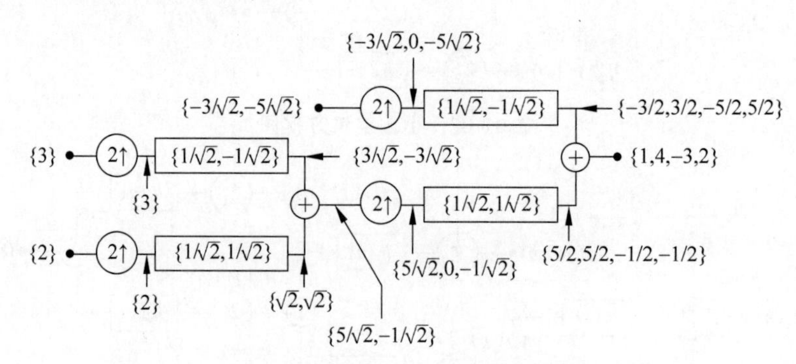

图 10-40　使用 Haar 小波合成滤波器组的快速小波逆变换

傅里叶变换的基函数是正弦函数，这保证了快速傅里叶变换的存在。而快速小波变换的存在与否取决于小波的尺度函数是否可用，以及尺度函数和相应小波函数的正交性或双正交性。可见，Maar 小波、Gaussian 小波和 Morlet 小波函数由于不存在尺度函数，因而不能用于计算快速小波变换。换句话说，这些小波无法建立上述的滤波器组。

10.4.5　正交滤波器组

上一节从多分辨率分析出发引出了快速小波变换的 Mallat 算法。通过离散小波变换实现多分辨率分析的有效途径是使用多采样率滤波器组。本节讨论双通道正交滤波器组的完全重建、滤波器的冲激响应以及尺度函数系数和小波函数系数之间的关系等问题。

插值和抽取是多采样率信号处理的两个基本环节，设 $x(n)$ 为输入序列，$y(n)$ 为输出序列，插值（上采样）的时域关系为

$$y(n)=\begin{cases}x\left(\dfrac{n}{M}\right), & \dfrac{n}{M}\in\mathbb{Z}\\ 0, & \text{其他}\end{cases}\tag{10-130}$$

已知 $x(n)\overset{Z}{\Leftrightarrow}X(z)$ 和 $y(n)\overset{Z}{\Leftrightarrow}Y(z)$ 互为 Z 变换对，输出序列与输入序列 Z 变换的关系为

$$Y(z)=X(z^M)\tag{10-131}$$

证明：由 Z 变换的定义可知，

$$Y(z)=\sum_n y(n)z^{-n}=\sum_n x\left(\frac{n}{M}\right)z^{-n}$$

$$\xlongequal{n'=\frac{n}{M}\in\mathbf{Z}}\sum_n x(n')(z^M)^{-n'}=X(z^M)$$

式(10-131)中的 z^M 反映经过因子 M 插值，序列 $y(n)$ 中采样点的间隔是序列 $x(n)$ 中间隔的 M 倍。当 $M=2$ 时，式(10-130)的时域关系可写为

$$y(2n)=x(n),\quad y(2n+1)=0\tag{10-132}$$

图 10-41 给出了 $M=2$ 时的插值示例，在下标为奇数的位置插入 0，输入序列 $x(n)$ 的长度为 10，输出序列 $y(n)$ 的长度为 19。

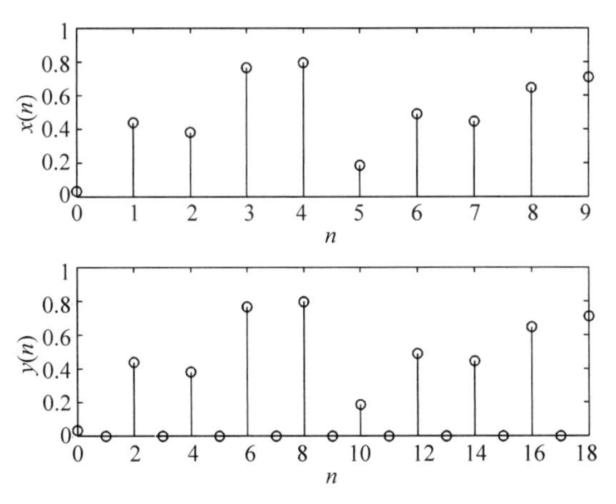

图 10-41　因子 2 的上采样

抽取（下采样）的时域关系为

$$y(n)=x(Mn)\tag{10-133}$$

已知 $x(n) \overset{\mathcal{Z}}{\Leftrightarrow} X(z)$ 和 $y(n) \overset{\mathcal{Z}}{\Leftrightarrow} Y(z)$ 互为 Z 变换对，输出序列与输入序列 Z 变换的关系为

$$Y(z)=\frac{1}{M}\sum_{k=0}^{M-1}X(W^k z^{\frac{1}{M}}),\quad W=\mathrm{e}^{-\mathrm{j}\frac{2\pi}{M}} \tag{10-134}$$

证明：引入周期为 M 的序列 $p(n)=\frac{1}{M}\sum_{k=0}^{M-1}\mathrm{e}^{\mathrm{j}2\pi kn/M}$，根据等比级数求和公式，可知

$$p(n)=\frac{1}{M}\frac{1-\mathrm{e}^{\mathrm{j}2\pi n}}{1-\mathrm{e}^{\mathrm{j}2\pi n/M}}=\begin{cases}1, & \frac{n}{M}\in\mathbb{Z}\\ 0, & 其他\end{cases} \tag{10-135}$$

定义序列 $\tilde{x}(n)$ 为输入序列 $x(n)$ 与周期 M 的序列 $p(n)$ 的乘积，可表示为

$$\tilde{x}(n)=x(n)p(n) \tag{10-136}$$

在 $n=kM, k\in\mathbb{Z}$ 处，$\tilde{x}(n)=x(n)$，除此之外为 0。因此，$y(n)$ 又可表示为

$$y(n)=\tilde{x}(Mn)=x(Mn)p(Mn) \tag{10-137}$$

对输出序列 $y(n)$ 进行 Z 变换：

$$\begin{aligned}Y(z)&=\sum_n y(n)z^{-n}=\sum_n \tilde{x}(Mn)z^{-n}\\&=\sum_{n'}\tilde{x}(n')z^{-n'/M},\quad n'\in\mathbb{Z}\end{aligned} \tag{10-138}$$

其中，最后一步是由于除了在 M 的倍数处之外 $\tilde{x}(n')=0$。将式(10-136)代入式(10-138)，可得

$$\begin{aligned}Y(z)&=\sum_n x(n)p(n)z^{-n/M}=\sum_n x(n)\left[\frac{1}{M}\sum_{k=0}^{M-1}\mathrm{e}^{\mathrm{j}2\pi kn/M}z^{-n/M}\right]\\&=\frac{1}{M}\sum_{k=0}^{M-1}\left[\sum_n x(n)(\mathrm{e}^{-\mathrm{j}2\pi k/M}z^{\frac{1}{M}})^{-n}\right]=\frac{1}{M}\sum_{k=0}^{M-1}X(\mathrm{e}^{-\mathrm{j}2\pi k/M}z^{\frac{1}{M}})\end{aligned}$$

当 $M=2$ 时，式(10-133)的时域关系可简写为

$$y(n)=x(2n) \tag{10-139}$$

此时，式(10-134)的 Z 变换关系可简写为

$$Y(z)=\frac{1}{2}[X(z^{\frac{1}{2}})+X(-z^{\frac{1}{2}})] \tag{10-140}$$

图 10-42 给出了 $M=2$ 时的抽取示例，抽取下标为奇数的采样点，输入序列 $x(n)$ 的长度为 19，输出序列 $y(n)$ 的长度为 9。

图 10-43 为双通道滤波器执行小波分解和重建过程的方框图。下面将推导输出 $Y(z)$ 与输入 $X(z)$ 之间的关系。根据 Z 变换域中卷积、插值和抽取的输出与输入之间的关系，可推导出图 10-43 中 $y_\phi(n)$ 和 $y_\psi(n)$ 的 Z 变换为

$$Y_\phi(z)=\frac{1}{2}H_\phi(z)G_\phi(z)X(z)+\frac{1}{2}H_\phi(z)G_\phi(-z)X(-z) \tag{10-141}$$

$$Y_\psi(z)=\frac{1}{2}H_\psi(z)G_\psi(z)X(z)+\frac{1}{2}H_\psi(z)G_\psi(-z)X(-z) \tag{10-142}$$

因此，输出 $Y(z)$ 与输入 $X(z)$ 之间的关系为

$$Y(z)=Y_\phi(z)+Y_\psi(z)=\frac{1}{2}[H_\phi(z)G_\phi(z)+H_\psi(z)G_\psi(z)]X(z)+$$

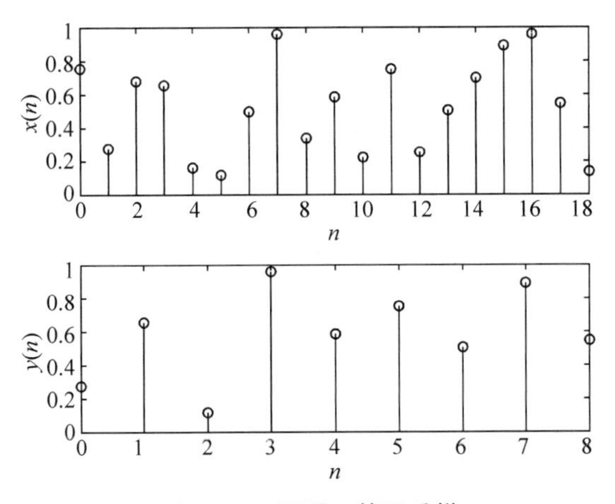

图 10-42　因子 2 的下采样

$$\frac{1}{2}[H_{\phi}(z)G_{\phi}(-z)+H_{\psi}(z)G_{\psi}(-z)]X(-z) \tag{10-143}$$

由此可见,在信号重建中,滤波器组的选取至关重要,关系到能否重建出原信号。

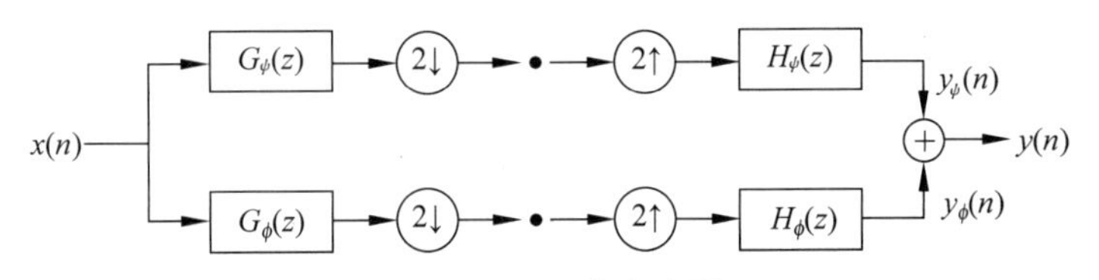

图 10-43　双通道滤波器组

根据上一节 Mallat 小波分解中的定义 $g_{\phi}(n)\triangleq h_{\phi}(-n)$,$g_{\psi}(n)\triangleq h_{\psi}(-n)$,可得分解滤波器组与重建滤波器组之间的 Z 变换域关系满足

$$g_{\phi}(n)=h_{\phi}(-n)\overset{Z}{\Leftrightarrow}G_{\phi}(z)=H_{\phi}(z^{-1}) \tag{10-144}$$

$$g_{\psi}(n)=h_{\psi}(-n)\overset{Z}{\Leftrightarrow}G_{\psi}(z)=H_{\psi}(z^{-1}) \tag{10-145}$$

式中,双箭头$\overset{Z}{\Leftrightarrow}$表示 Z 变换对。

利用小波函数张成正交补空间且小波函数整数平移的正交性条件,可以证明小波函数系数和尺度函数系数之间的关系满足

$$h_{\psi}(n)=(-1)^{n}h_{\phi}(-n+1) \tag{10-146}$$

根据 Z 变换的定义和延迟(右移)性,式(10-146)的 Z 变换关系为

$$H_{\psi}(z)=-z^{-1}H_{\phi}(-z^{-1}) \tag{10-147}$$

由于 $z=e^{j\omega}$,$h_{\psi}(n)$与 $h_{\phi}(n)$的频率响应之间的关系为

$$H_{\psi}(\omega)=-e^{-j\omega}H_{\phi}(\omega+\pi) \tag{10-148}$$

$H_{\psi}(\omega)$和 $H_{\phi}(\omega)$的频谱以 $w=\frac{\pi}{2}$ 为轴线左右对称,两者的幅频特性如图 10-44 所示,因此,称为**正交镜像滤波器**(quadrature mirror filter,QMF)组。注意,$H_{\psi}(\omega)$与

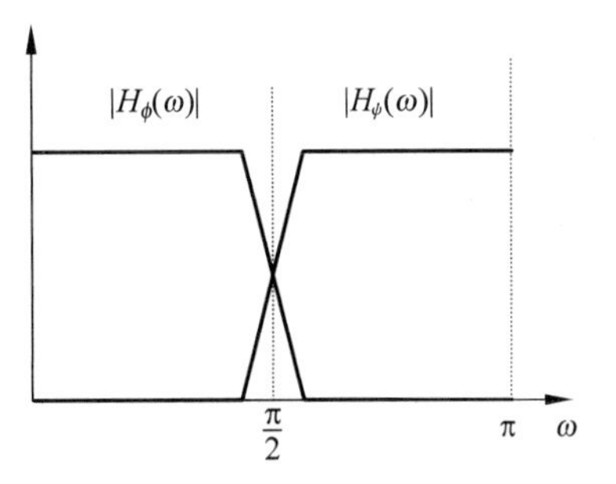

图 10-44　正交滤波器组的频谱关系

$H_\phi(\omega)$实际上是周期函数 $H_\psi(e^{j\omega})$和 $H_\phi(e^{j\omega})$的简记。$H(z)$对应于 $H(e^{j\omega})$，$H(-z)$对应于 $H(-e^{j\omega})=H(e^{j(\omega+\pi)})$，$H(z^{-1})$对应于 $H(e^{-j\omega})=H^*(e^{j\omega})$，其中 ω 为角频率。

将式(10-144)、式(10-145)和式(10-147)代入式(10-143)中后一项括号内的因子中，则有

$$H_\phi(z)G_\phi(-z)+H_\psi(z)G_\psi(-z)=0 \tag{10-149}$$

这表明消除了映像 $X(-z)$引起的混叠。

将式(10-144)和式(10-145)代入式(10-143)中前一项括号内的因子中，则有[①]

$$H_\phi(z)G_\phi(z)+H_\psi(z)G_\psi(z)=H_\phi(z)H_\phi(z^{-1})+H_\psi(z)H_\psi(z^{-1})=2 \tag{10-150}$$

结合式(10-143)、式(10-149)和式(10-150)，可知 $Y(z)=X(z)$，这就是说，$y(n)$能够完全重建 $x(n)$。

对于阶数为 N(奇数)的有限冲激响应滤波器，则有

$$h_\psi(n)=(-1)^n h_\phi(-n+N) \tag{10-151}$$

此时滤波器的长度为 $N+1$(偶数)。式(10-151)说明 $h_\psi(n)$与 $h_\phi(n)$之间的关系是将 $h_\phi(n)$时序反转后，再将奇数序号各值反号。若输出 $Y(z)$与输入 $X(z)$之间满足 $Y(z)=X(z)z^{-k}$，时域关系也就是 $y(n)=x(n-k)$，则重建波形仅发生了 k 延迟，而没有发生失真。

结合式(10-151)、式(10-144)和式(10-145)，从尺度函数的 FIR 滤波器 $h_\phi(n)$，可以定义四个阶数为 N 的 FIR 滤波器，它们是分解滤波器组 $g_\phi(n)$和 $g_\psi(n)$、重建滤波器组 $h_\phi(n)$和 $h_\psi(n)$。图 10-45 给出了上述四个滤波器的计算关系。图 10-46(a)和图 10-46(b)分别为 4 阶 Daubechies 小波和 4 阶 Symlets 小波的四个 FIR 滤波器以及相应的频率响应特性。由图中可见，$g_\phi(n)\overset{\mathscr{F}}{\Leftrightarrow}G_\phi(f)$和 $h_\phi(n)\overset{\mathscr{F}}{\Leftrightarrow}H_\phi(f)$为低通滤波器，而 $g_\psi(n)\overset{\mathscr{F}}{\Leftrightarrow}G_\psi(f)$和 $h_\psi(n)\overset{\mathscr{F}}{\Leftrightarrow}H_\phi(f)$为高通滤波器，其中 f 为归一化的频率变量。综上所述，这四个 FIR 滤波器分别为低通分解滤波器 $g_\phi(n)$、高通分解滤波器 $g_\psi(n)$、低通重建滤波器 $h_\phi(n)$和高通重建滤波器 $h_\psi(n)$。

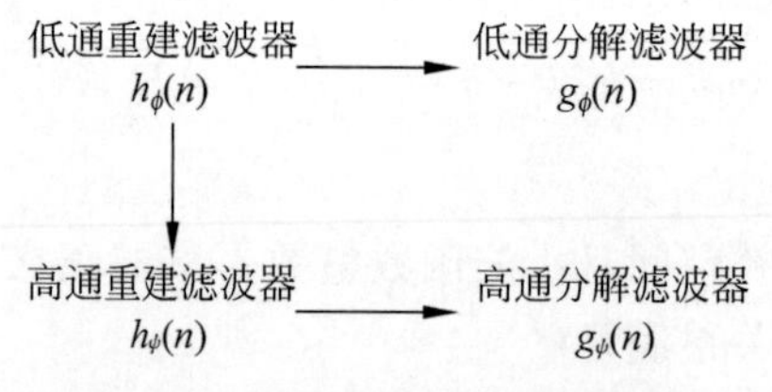

图 10-45　四个滤波器的计算关系

图 10-47 说明了使用正交滤波器组执行快速小波变换和逆变换的三尺度小波分解和重建过程以及分解和重构过程中多尺度离散系数之间的关系。小波分解包括滤波和抽取两个过程，小波分解滤波器组由低通分解滤波器 G_{lp} 和高通分解滤波器 G_{hp} 构成。低通滤波器输出的近似系数是以更低分辨率对待分析信号的平滑近似，保留了待分析信号的低频成分，因而集中了大部分能量；而高通滤波器输出的细节系数就是二进栅格上各点的离散小波变换系数，是待分析信号的高频成分。小波重建包括插值和滤波两个过程，小波重建滤波器组

① 通过尺度函数系数和小波函数系数的偶次移位正交性，可以证明$|H_\phi(\omega)|^2+|H_\psi(\omega)|^2=2$，证明过程较为复杂，因而略去。

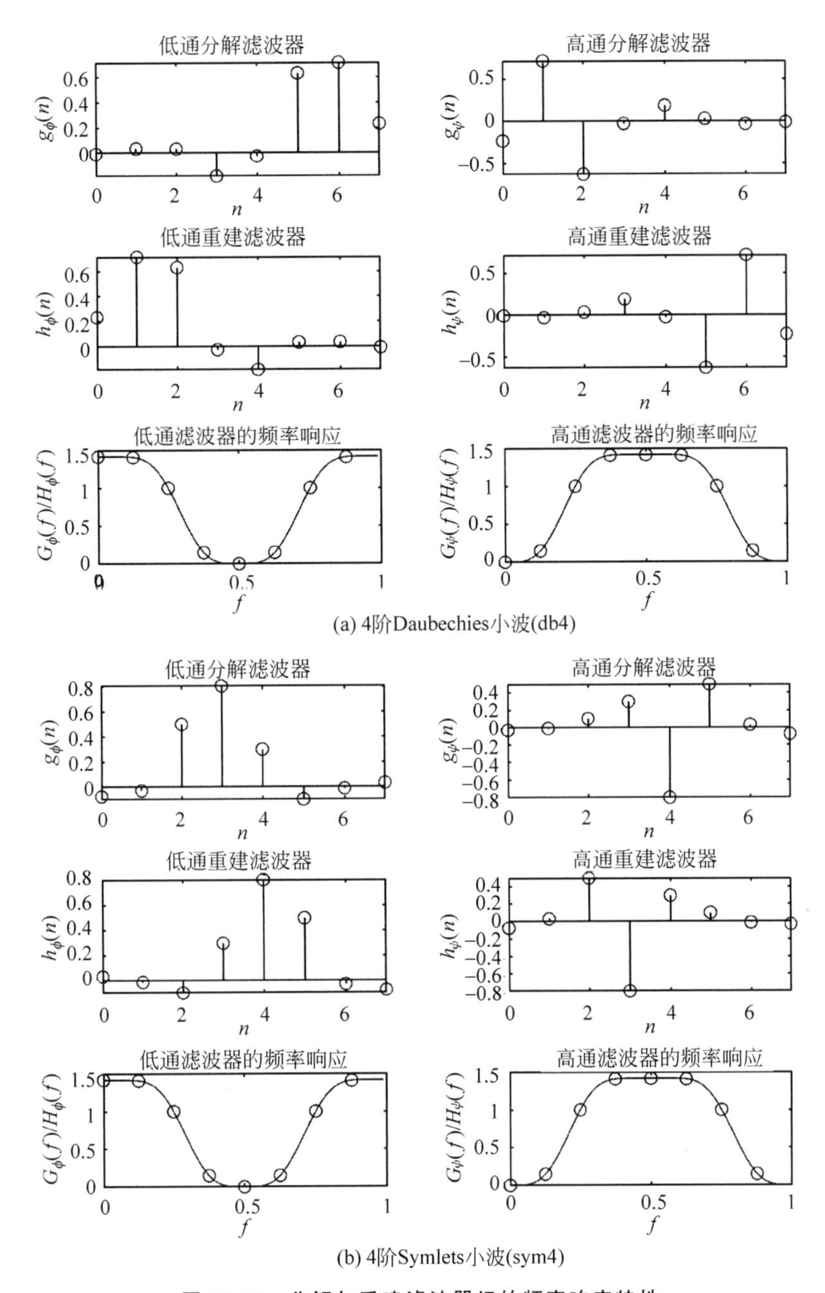

图 10-46 分解与重建滤波器组的频率响应特性

由低通重建滤波器 H_{lp} 和高通重建滤波器 H_{hp} 构成。图中，a_j 表示尺度级 j 的近似系数(尺度系数)，d_j 表示尺度级 j 的细节系数(小波系数)。

例 10-7 使用正交滤波器组的多尺度小波分解

使用 4 阶 Daubechies 小波(db4)的正交滤波器组对一维函数进行多尺度小波分解，尺度函数的 FIR 滤波器为 $h_\phi(n)=(0.2304,0.7148,0.6309,-0.0280,-0.1870,0.0308,0.0329,-0.0106)$，小波函数的 FIR 滤波器为 $h_\psi(n)=(-0.0106,-0.0329,0.0308,0.1870,-0.0280,-0.6309,0.7148,-0.2304)$，4 阶 Daubechies 小波的四个 FIR 滤波器

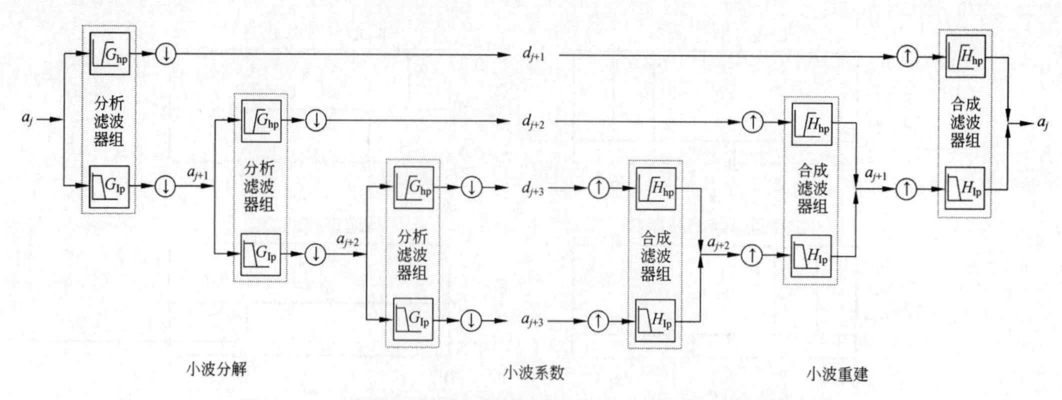

图 10-47 使用正交滤波器组的三尺度小波分解和重建过程

如图 10-46(a)所示。注意观察不同尺度的近似系数和小波系数。

图 10-48(a)为纯频率正弦波的混合波形,在时域中有两处不连续,图 10-48(b)为相应的五级小波分解的近似系数和小波系数,由于信号的间断表现为频率的高频成分,因而通过

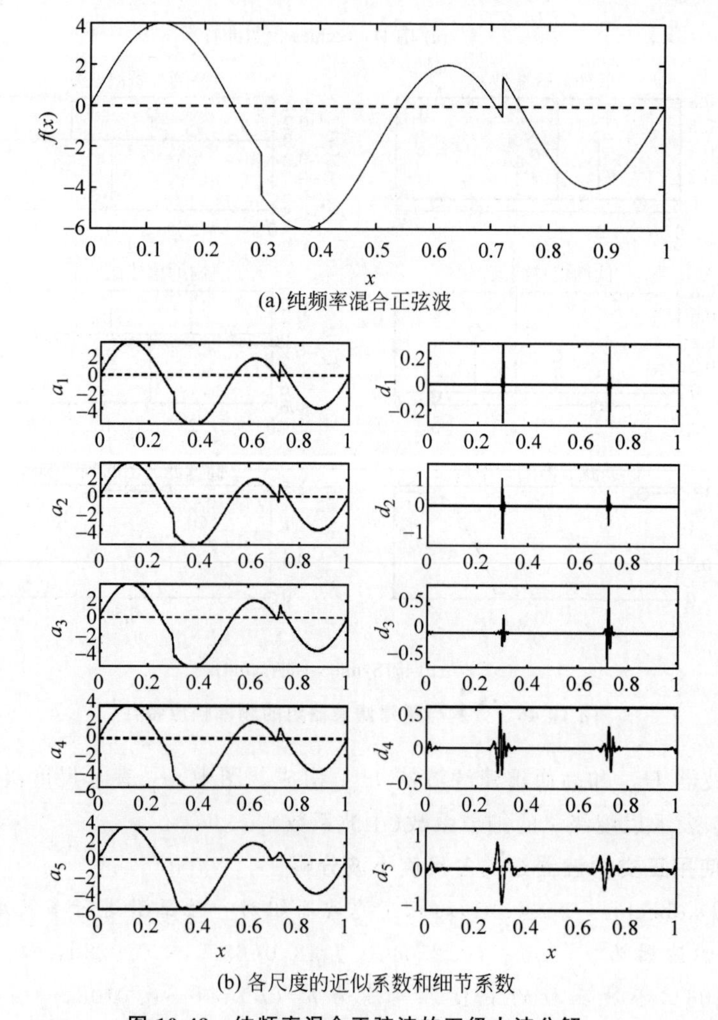

图 10-48 纯频率混合正弦波的五级小波分解

小波分解能够精确地检测待分析信号的瞬时变化。由图中可见，1 级和 2 级的小波系数更能清楚地定位时域中两处不连续的位置。通过搜索 1 级小波系数的两处最大值，精确定位出在 $x_0=0.2991$ 和 $x_1=0.7214$ 两处存在信号的间断。注意，短小波能够更有效地适用于函数间断、不连续性的分析，例如使用 1 阶 Daubechies 小波（也就是 Haar 小波）比 4 阶 Daubechies 小波能更好地检测不连续处的位置。与傅里叶变换相比，小波分析的优势是显然的。若使用傅里叶变换分析该信号，则仅能定位该信号的单一频率。

多尺度小波分解能够降低信号的噪声。图 10-49(a)为加性噪声的正弦波，图 10-49(b)为相应的五级小波分解的近似系数和小波系数。注意观察多级小波分解后的近似系数包含越来越少的噪声，与此同时，也逐步地丢失高频信息。对所有细节系数使用单一全局阈值，将小于全局阈值的系数置零，并对修改后的系数进行小波重建[①]，图 10-49(a)中的实线表示有噪正弦信号，点画线表示降噪信号。由于正弦信号的频率比噪声的频率低，因而，在降噪过程中正弦信号的频率几乎没有损失。若信号的频率与噪声的频率相近，则降噪信号因高频成分的损失而变得平坦。

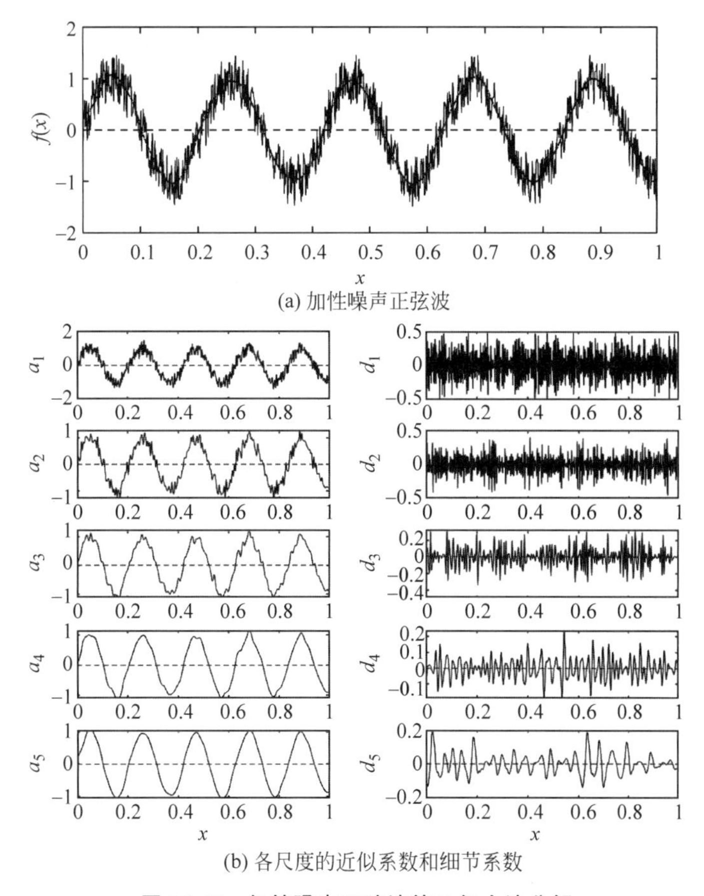

(a) 加性噪声正弦波

(b) 各尺度的近似系数和细节系数

图 10-49　加性噪声正弦波的五级小波分解

---

① 更具体的小波降噪的介绍参见 10.7.2 节的图像降噪。

10.5 二维离散小波分析

实际上图像是非平稳的二维信号，由于小波变换在时域和频域同时具有很好的局部分析特性，利用小波的多分辨率分析特性可以聚焦到图像的任意细节，既可以描述图像的平坦区域，又可以描述图像的局部突变。正是由于小波变换具有很好的局部时频分析能力，二维小波分析是进行图像分析的有力工具。

10.5.1 二维离散小波变换

张量积方法是最简单且常用的构造多维小波基的方法。这种方法可将一维多分辨率分析很容易地扩展到二维多分辨率分析。二维平方可积函数空间 $L^2(\mathbb{R}^2)$ 的多分辨率分析是 $L^2(\mathbb{R}^2)$ 的嵌套闭子空间序列，它们满足式(10-49)到式(10-54)的直接推广形式。设 $V_j^2, j\in\mathbb{Z}$ 是 $L^2(\mathbb{R}^2)$ 的子空间，二维函数 $f(x,y)\in L^2(\mathbb{R}^2)$ 在分辨率 2^{-j} 的近似等于在子空间 V_j^2，$j\in\mathbb{Z}$ 的正交投影。

设 $V_j^2=V_j\otimes V_j$，$\otimes$ 表示张量积，则 $V_j^2, j\in\mathbb{Z}$ 是 $L^2(\mathbb{R}^2)$ 的多分辨率分析的充要条件是 $V_j, j\in\mathbb{Z}$ 是 $L^2(\mathbb{R})$ 的多分辨率分析。本书只讨论可分离的二维多分辨率分析，即二维函数是可分离的两个一维函数的乘积。在二维情况下，需要一个二维尺度函数 $\phi(x,y)$ 和三个二维小波函数 $\psi^H(x,y)$、$\psi^V(x,y)$ 和 $\psi^D(x,y)$。二维尺度函数是两个一维尺度函数的乘积：

$$\phi(x,y)=\phi(x)\phi(y) \tag{10-152}$$

三个方向敏感的二维小波函数为

$$\psi^H(x,y)=\psi(x)\phi(y) \tag{10-153}$$

$$\psi^V(x,y)=\phi(x)\psi(y) \tag{10-154}$$

$$\psi^D(x,y)=\psi(x)\psi(y) \tag{10-155}$$

这三个二维小波函数沿着不同的方向计算图像的灰度变化。$\psi^H(x,y)$ 计算列方向(x 方向)的灰度变化，产生水平边缘；$\psi^V(x,y)$ 计算行方向(y 方向)的灰度变化，产生垂直边缘；$\psi^D(x,y)$ 可以理解为是对角方向灰度变化的响应。图 10-50 和图 10-51 显示了 4 阶 Daubechies 小波(db4)和 4 阶 Symlets 小波(sym4)的四个二维小波函数的三维网格图，参照 10.2.5 节中的一维小波图形，这两幅图说明了一维尺度函数和小波函数是如何组合而形成可分离的二维小波。

给定可分离的二维尺度函数和小波函数，一维函数到二维函数小波变换的扩展是直接的。与一维多分辨率分析类似，在二维情况下二维尺度函数 $\phi(x,y)$ 的尺度伸缩和时间平移 $\{\phi_{j,m,n}(x,y)\}_{j,m,n\in\mathbf{Z}}$ 构成二维尺度空间的标准正交基：

$$\phi_{j,m,n}(x,y)=2^{-\frac{j}{2}}\phi(2^{-j}x-m,2^{-j}y-n),\quad j,m,n\in\mathbb{Z} \tag{10-156}$$

二维小波函数 $\psi^s(x,y)$ 的尺度伸缩和时间平移 $\{\psi^s_{j,m,n}(x,y), s=\{H,V,D\}\}_{j,m,n\in\mathbf{Z}}$ 构成二维小波空间的标准正交基：

$$\psi^s_{j,m,n}(x,y)=2^{-\frac{j}{2}}\psi^s(2^{-j}x-m,2^{-j}y-n),\quad j,m,n\in\mathbb{Z},\quad s=\{H,V,D\} \tag{10-157}$$

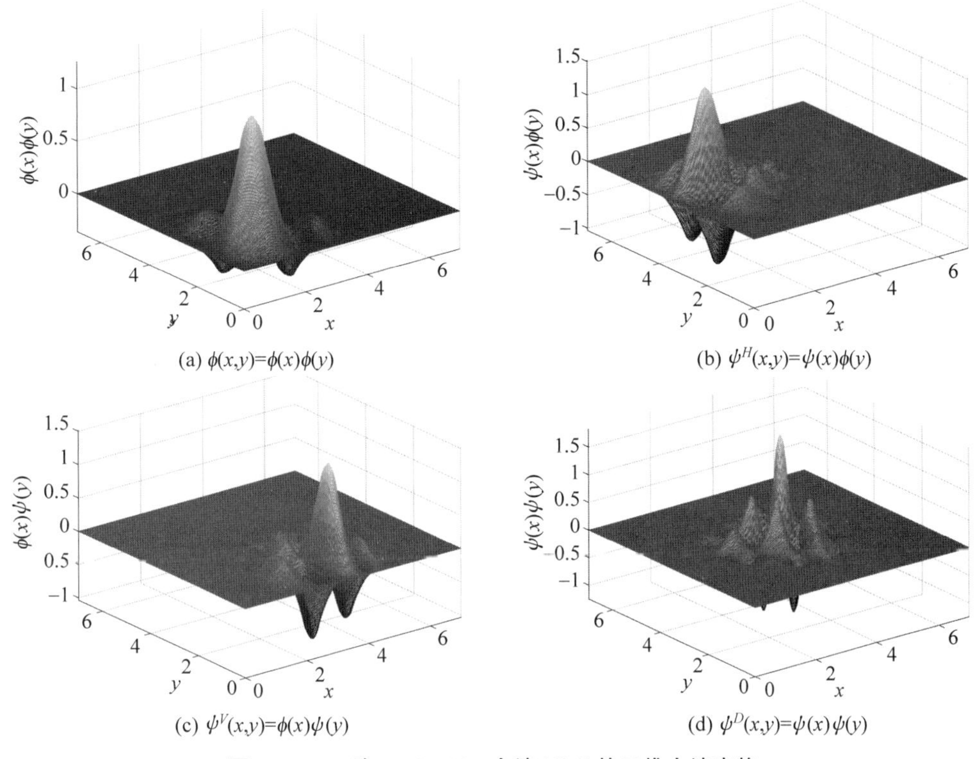

(a) $\phi(x,y)=\phi(x)\phi(y)$　(b) $\psi^H(x,y)=\psi(x)\phi(y)$

(c) $\psi^V(x,y)=\phi(x)\psi(y)$　(d) $\psi^D(x,y)=\psi(x)\psi(y)$

图 10-50　4 阶 Daubechies 小波（db4）的二维小波变换

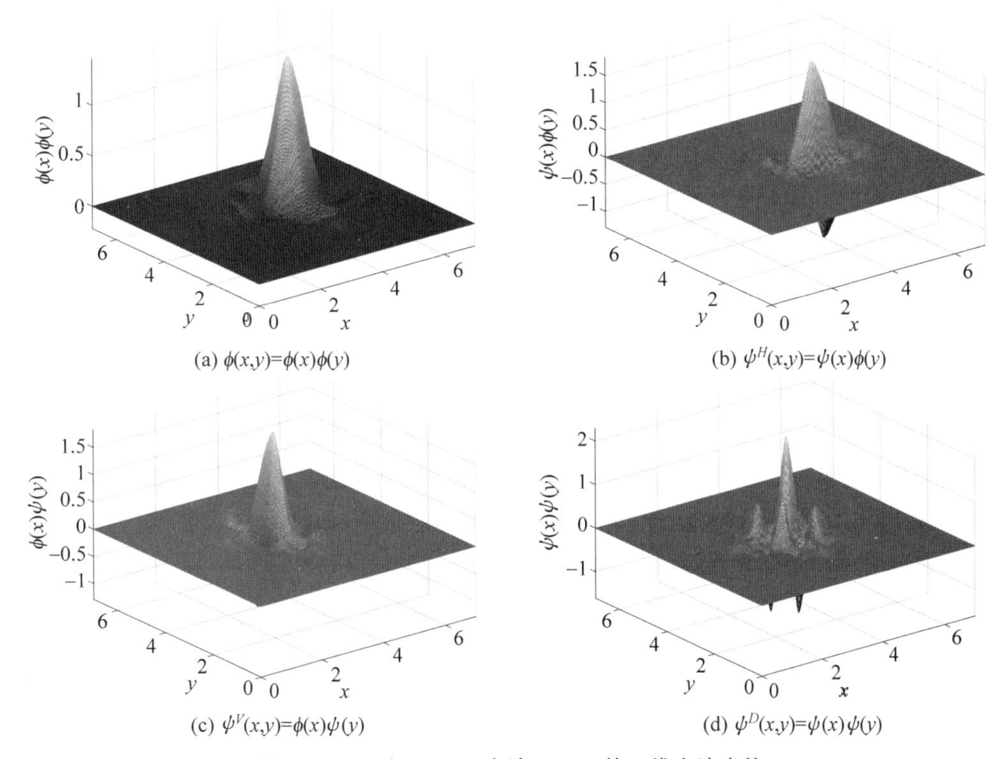

(a) $\phi(x,y)=\phi(x)\phi(y)$　(b) $\psi^H(x,y)=\psi(x)\phi(y)$

(c) $\psi^V(x,y)=\phi(x)\psi(y)$　(d) $\psi^D(x,y)=\psi(x)\psi(y)$

图 10-51　4 阶 Symlets 小波（sym4）的二维小波变换

其中，上标 s 标识式(10-153)～式(10-155)的方向敏感小波。

对于二维函数 $f(x,y)\in L^2(\mathbb{R}^2)$，相应的二进小波变换定义为

$$W_\phi(j,m,n)=\langle f(x,y),\phi_{j,m,n}(x,y)\rangle=\int_{-\infty}^{+\infty}f(x,y)\phi_{j,m,n}^*(x,y)\mathrm{d}x \quad (10\text{-}158)$$

$$W_\psi^s(j,m,n)=\langle f(x,y),\psi_{j,m,n}^s(x,y)\rangle=\int_{-\infty}^{+\infty}f(x,y)\psi_{j,m,n}^*(x,y)\mathrm{d}x \quad (10\text{-}159)$$

$(W_\phi(j_0,m,n),W_\psi^H(j,m,n)|_{j_0\leqslant j\leqslant J},W_\psi^V(j,m,n)|_{j_0\leqslant j\leqslant J},W_\psi^D(j,m,n)|_{j_0\leqslant j\leqslant J})$ 构成函数 $f(x,y)$ 的二维正交分解。$W_\phi(j_0,m,n)$ 表示函数 $f(x,y)$ 在最低分辨率下的尺度系数，$W_\psi^H(j,m,n)|_{j_0\leqslant j\leqslant J}$ 表示函数 $f(x,y)$ 在尺度级 j 下水平方向的小波系数，$W_\psi^V(j,m,n)|_{j_0\leqslant j\leqslant J}$ 表示函数 $f(x,y)$ 尺度级 j 下垂直方向的小波系数，$W_\psi^D(j,m,n)|_{j_0\leqslant j\leqslant J}$ 表示函数 $f(x,y)$ 尺度级 j 下对角方向的小波系数。

正如一维离散小波变换，二维离散小波变换可以用数字滤波器来实现。由于二维尺度函数和小波函数具有可分离性，因此可以先对 $f(x,y)$ 按行方向作一维快速小波变换，再对行变换的结果按列方向作一维快速小波变换①。图 10-52(a)以方框图的形式说明了这一过程。与图 10-35(a)所示的一维快速小波变换类似，二维快速小波变换对尺度级 j 的近似系数进行滤波和抽取，分解为尺度级 $j+1$ 的近似系数 $W_\phi(j+1,m,n)$ 和细节系数 $W_\psi^s(j+1,m,n)$，$s=\{H,V,D\}$。不同的是，在二维情况下有三组细节系数，分别为水平方向的细节系数 $W_\psi^H(j+1,m,n)$、垂直方向的细节系数 $W_\psi^V(j+1,m,n)$ 和对角方向的细节系数 $W_\psi^D(j+1,m,n)$。图 10-52(b)说明了二维小波对图像进行分解的过程。小波分解将图像按照频率成分分解成不同频率的子带，LL 子带是水平和垂直两个方向低通分解滤波的输出($W_\phi(j+1,m,n)$)，LH 子带是水平方向低通分解滤波、而垂直方向高通分解滤波的输出($W_\psi^H(j+1,m,n)$)；相反，HL 子带是水平方向高通分解滤波、而垂直方向低通分解滤波的输出($W_\psi^V(j+1,m,n)$)，HH 子带是水平和垂直两个方向高通分解滤波的输出($W_\psi^D(j+1,m,n)$)。

图 10-52(c)以方框图的形式显示了二维小波重建过程，这是上述二维小波分解的逆过程。与图 10-37 所示的一维快速小波逆变换的过程类似。对这四幅 1/4 等尺寸的子带图像分别按列方向上采样并与相应的滤波器作卷积，将上下两幅子带图像的结果相加完成列变换的过程。然后对这两幅子带图像按行方向上采样并与相应的滤波器作卷积，并相加完成行变换的过程。

对于图 10-52(a)中的二维四子带滤波器组，它将尺度级 j 的近似系数 $W_\phi(j,m,n)$ 分解为尺度级 $j+1$ 的近似系数 $W_\phi(j+1,m,n)$ 以及三个小波系数 $W_\psi^H(j+1,m,n)$、$W_\psi^V(j+1,m,n)$ 和 $W_\psi^D(j+1,m,n)$。二维四子带滤波器组将频谱划分为四个面积相等的区域，如图 10-53 所示。对于二维的情况，位于平面中心的 1/4 低频子带为尺度空间 V_{j+1}，对应于近似系数 $W_\phi(j+1,m,n)$，三个小波空间 W_{j+1}^H、W_{j+1}^V 和 W_{j+1}^D 分别对应于细节系数 $W_\psi^H(j+1,m,n)$、$W_\psi^V(j+1,m,n)$ 和 $W_\psi^D(j+1,m,n)$。

例 10-8 二维离散小波变换过程

通过图 10-54 直观说明二维快速小波变换的图像分解过程。使用 4 阶 Daubechies 小波(db4)的正交滤波器组对图 10-54(a)所示尺寸为 1792×1792 的图像进行小波分解。首先沿

---

① 也可以先对 $f(x,y)$ 按列方向作一维快速小波变换，再对列变换的结果按行方向作一维快速小波变换。

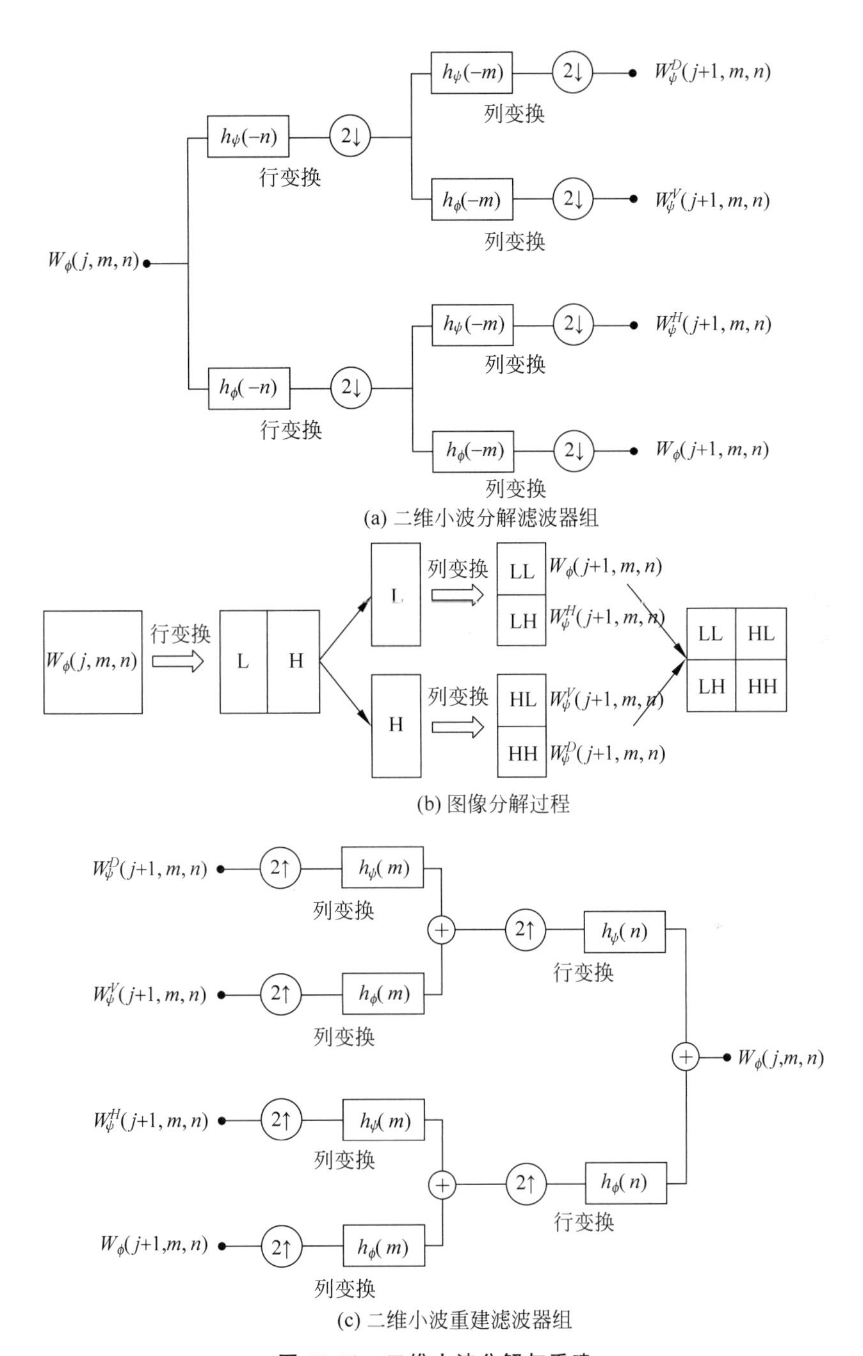

图 10-52　二维小波分解与重建

着行方向对图像作一维快速小波变换，如图 10-54(b)所示，L 和 H 两幅子带图像的水平分辨率以因子 2 下采样，而垂直分辨率不变。L 子带图像中的近似系数描述了图像水平方向上的低频成分，而 H 子带图像中的细节系数描述了图像水平方向上的高频成分（垂直边缘）。然后沿着列方向对这两幅子带图像作一维快速小波变换，如图 10-54(c)所示，产生 LL、LH、HL 和 HH 四幅子带图像。对于图 10-54(b)中 L 和 H 两幅子带图像，上方 LL 和 HL 两幅子带图像中的近似系数分别描述了它们垂直方向上的低频成分，而下方 LH 和 HH 两幅子带图像中的细节系数分别描述了它们垂直方向上的高频成分（水平边缘）。

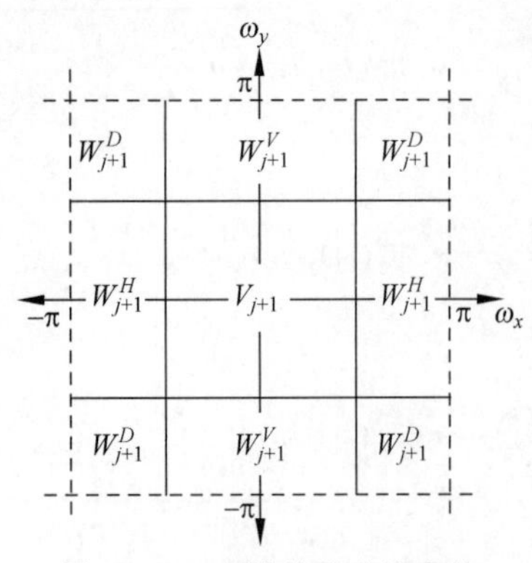

图 10-53 二维快速小波变换的频谱分解

从整体上看，左上角的子带图像为低一级分辨率的近似图像，其他三幅子带图像为不同方向上的高频细节图像。由图 10-52(b)所示的图像分解过程可知，HH 子带先通过行变换计算水平方向的灰度差分(垂直边缘)，再通过列变换计算垂直方向的灰度差分(水平边缘)，也就是说对角方向的细节系数是两个方向上的差分，这解释了对角方向的细节系数总是很小的原因。二维离散小波变换与方向差分滤波器的对角方向差分系数有着本质不同。为了清楚地观察小波变换的细节系数，图中对水平和垂直两个方向的细节系数进行了 4 倍放大，而对对角方向的细节系数进行了 8 倍放大。

(a) 灰度图像 (b) 行变换 (c) 列变换

图 10-54 二维离散小波变换

10.5.2 二维离散小波多尺度分析

通常低分辨率图像用于分析大尺度结构或图像的整体内容，而高分辨率图像用于分析小尺度结构或单个目标的细节特性，这样由粗到细的分析策略就是多分辨率分析。多分辨率机制在图像处理中非常有用。图 10-52(a)的单尺度滤波器组可以逐级迭代地产生二维多尺度小波分解。将输入图像 $f(x,y)$作为最高分辨率的近似系数，即 $W_\phi(J,m,n)=f(m,n)$。当 $f(x,y)$宽和高的最小值为 $\min(M,N)=2^K$，$K\in\mathbb{Z}^+$ 时，这个过程最多可以执行 K 次迭代，从而产生 K 尺度小波分解。

图 10-55 显示了二尺度小波分解过程，使用图 10-52(a)所示的二维四子带滤波器组，第一次迭代将尺度级 j 的近似系数 $W_\phi(j,m,n)$分解为尺度级 $j+1$ 的近似系数 $W_\phi(j+1,m,n)$和三个小波系数 $W_\psi^H(j+1,m,n)$、$W_\psi^V(j+1,m,n)$和 $W_\psi^D(j+1,m,n)$。在第二次迭代过程中，将尺度级 $j+1$ 的近似系数 $W_\phi(j+1,m,n)$作为二维四子带滤波器组的输入，它的分解输出为尺度级 $j+2$ 的近似系数 $W_\phi(j+2,m,n)$以及三个小波系数 $W_\psi^H(j+2,m,n)$、$W_\psi^V(j+2,m,n)$和 $W_\psi^D(j+2,m,n)$。迭代小波分解中的尺度系数实际上是以因子 2 逐级降低分辨率的平滑近似图像。

最后需要注意的是边界延拓的问题。由于快速小波变换以有限长度信号的卷积为基础，滤波器在卷积过程中会落在图像的外部，不可避免地发生信号的边界失真问题。因此，在小波分解前，需要对信号的边界进行延拓，主要有对称延拓、周期延拓、重复延拓、零延拓等延拓方式，滤波器的选取影响着具体的延拓方式。一般采取对称延拓的方式，对称延拓能

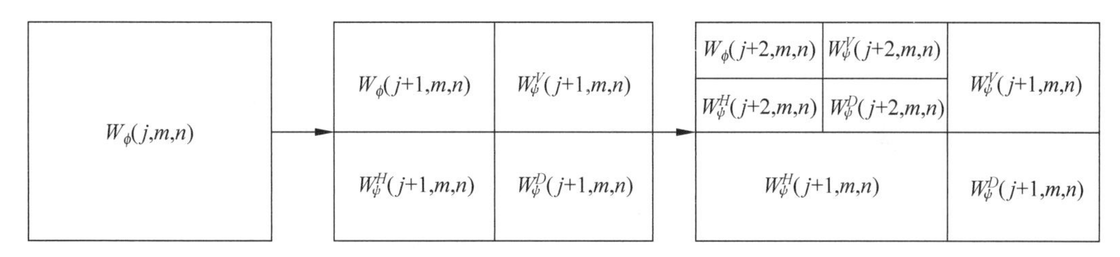

图 10-55 二尺度小波分解表示

够保证边界处信号的连续性,但是具有一阶导数不连续性。

通常,在边界上使用延拓的方法是行之有效的。注意在分解过程中每一级的延拓是必需的,因此,在每一级分解过程中都需要计算一些额外的系数。使用简单的延拓方式在每一级分解过程中只需计算较少的额外系数就可以保证完全重建。注意,小波重建过程必须使用与分解过程相同的延拓方式方能保证完全重建,在重建后需要对信号作截断处理。

例 10-9 二维离散小波多尺度分析

使用 4 阶 Daubechies 小波(db4)的正交滤波器组对图 10-54(a)所示图像进行二维多尺度小波分解,图 10-56(a)～(c)为二维三尺度快速小波变换的分解图,子带图像按照图 10-55 所示的模式排列。4 阶 Daubechies 小波尺度函数的 FIR 滤波器为 $h_\phi(n)=(0.2304, 0.7148, 0.6309, -0.0280, -0.1870, 0.0308, 0.0329, -0.0106)$,其小波函数的 FIR 滤波器为 $h_\psi(n)=(-0.0106, -0.0329, 0.0308, 0.1870, -0.0280, -0.6309, 0.7148, -0.2304)$,4 阶 Daubechies 小波的四个 FIR 滤波器如图 10-46(a)所示。

将图 10-54(a)所示图像作为图 10-52(a)所示滤波器组的输入,图 10-56(a)为单尺度小波分解系数——近似系数和水平、垂直、对角方向细节系数,将输入图像分解为四幅 1/4 等尺寸的子带图像。将图 10-56(a)左上角 1/4 尺寸的近似子带图像作为滤波器组的输入,类似的处理产生图 10-56(b)所示二尺度小波分解图,1/4 尺寸的近似子带图像分解为四幅 1/16 等尺寸的子带图像。将图 10-56(b)左上角的子带图像再次作为滤波器组的输入,图 10-56(c)显示了其三尺度小波分解系数,1/16 尺寸的近似子带图像分解为四幅 1/64 等尺寸的子带图像。每一次通过分解滤波器组输出的四幅子带图像的尺寸为上一级分解子带图像的 1/4。注意在每一级尺度下小波系数 W_ψ^H、W_ψ^V 和 W_ψ^D 的方向特征。为了清楚地观察小波变换的细节系数,图中对细节系数进行了 4 倍放大。图 10-57 为小波分解树的视图形式,这种视图能更明显地表现出小波分解的过程,其中,L_i 表示第 i 级小波分解,$i=1,2,3$。

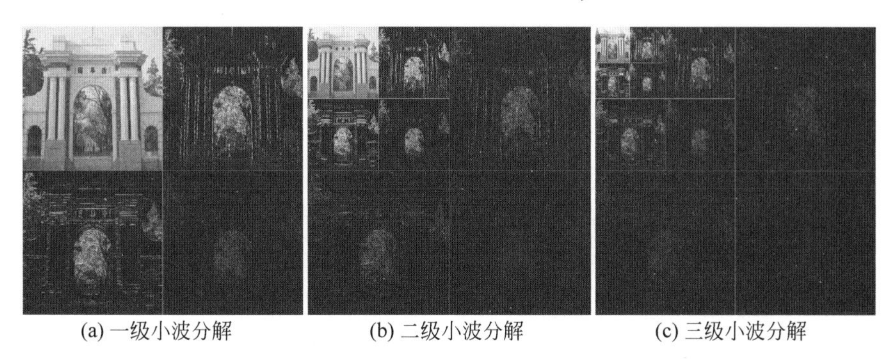

(a) 一级小波分解　(b) 二级小波分解　(c) 三级小波分解

图 10-56 二维离散小波三尺度分解

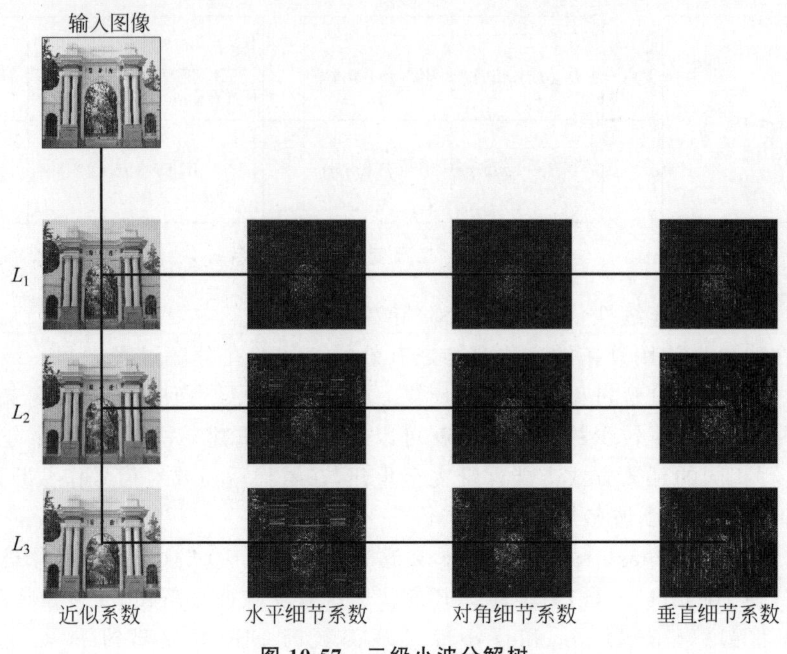

图 10-57 三级小波分解树

10.6 小波包变换

快速小波变换 Mallat 算法对信号的低频成分进行多级分解，而对高频成分不再分解。**小波包**(wavelet packet，WP)**变换**不仅对信号的低频成分进行多级分解，而且对高频成分也进行多级分解，这样不仅可产生更低分辨率的低频成分，也可产生更低分辨率的高频成分。

10.6.1 小波包变换与一维小波包分解

快速小波变换的频谱带宽呈对数关系分解。从图 10-25(d)中的时间频率平面的频率轴可以看到，沿着频率轴向上，频率的带宽呈以 2 为底的乘幂增加，低频部分有较窄的带宽，而高频部分有较宽的带宽。这称为常数品质因子滤波，能够很好地适用于某些应用。Ronald Coifman 于 1992 年在小波变换的基础上进一步提出了小波包的概念，允许在高频部分有更细、可调节的频率分辨率。小波包分解是为了更灵活地控制时间频率平面的剖分，例如在较高的频率部分有较窄的带宽。

回顾快速小波变换反复地对低频子带使用滤波和抽取。对于如图 10-36(a)所示的三尺度双通道滤波器组，使用相应的子空间来表示尺度系数和小波系数，将三尺度小波分解表示为如图 10-58(a)所示二叉树的形式，称为**小波分析树**(wavelet analysis tree)。小波分析树是一种表示多尺度小波分解的有效方法。小波分析树对应如图 10-36(b)所示的带宽之间呈以 2 为底对数关系的频谱分解，以及如图 10-25(d)所示的时间频率平面剖分。

如同对低通尺度函数分支，对高通小波函数分支同样地迭代使用 Mallat 算法，从而生成允许在高频成分进行多尺度分解的基函数。若在每一级同时分解低频和高频子带，则滤波器组结构如图 10-59(a)所示。所对应的三尺度小波包分析树是完全二叉树结构，如

图 10-58(b)所示。图 10-59(b)显示了小波包滤波器组的频率响应带宽，完全二叉树结构将产生间隔完全均匀的频率分辨率。快速小波变换的时间复杂度为 $O(N)$，而快速小波包变换的浮点运算次数为 $O(N\log_2 N)$，这个过程类似于快速傅里叶变换。空间上下标的意义见下文的描述。小波包变换在某种程度上与短时傅里叶变换类似，小波包因此得名[①]。

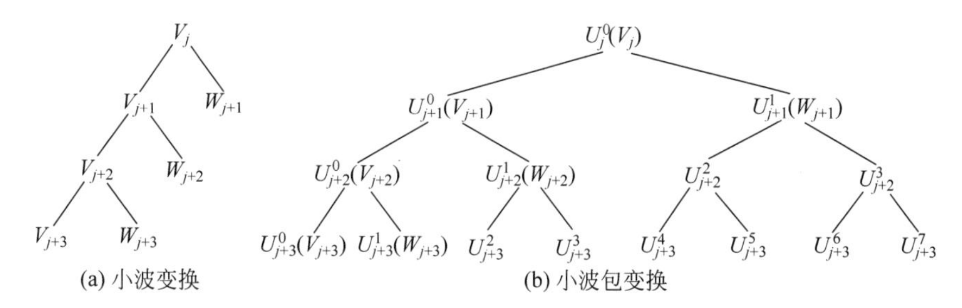

图 10-58 三尺度小波和小波包分析树

当使用正交小波时，小波包生成的过程是容易的。设 FIR 滤波器 $h_\phi(k)$ 和 $h_\psi(k)$ 的长度均为 $2N$，通过下面的递推定义函数序列 $\{w^n(x)\}_{n=0,1,\cdots}$：

$$w^{2n}(x)=\sqrt{2}\sum_k h_\phi(k)w^n(2x-k) \tag{10-160}$$

$$w^{2n+1}(x)=\sqrt{2}\sum_k h_\psi(k)w^n(2x-k) \tag{10-161}$$

式中，$w^0(x)=\phi(x)$ 是尺度函数，$w^1(x)=\psi(x)$ 是小波函数。函数序列 $\{w^n(x)\}_{n=0,1,\cdots}$ 称为由尺度函数 $\phi(x)$ 生成的**小波包**。

正如小波函数的生成，对于小波包序列 $\{w^n(x)\}_{n=0,1,\cdots}$，小波包的分析函数组可表示为

$$w_{j,k}^n(x)=2^{-\frac{j}{2}}w^n(2^{-j}x-k),\quad n\in\mathbb{Z}^+,(j,k)\in\mathbb{Z}^2 \tag{10-162}$$

式中，双下标 j,k 与小波框架中的意义一致，j 为尺度参数，k 为时间参数；上标 n 表示频率参数，大致上可理解为振荡的阶数[②]。

函数集合 $w_j^n(x)=\{w_{j,k}^n(x),k\in\mathbb{Z}\}$ 称为 (j,n) 小波包。对于正整数 $j\in\mathbb{Z}^+$ 和 $n\in\mathbb{Z}^+$，小波包可以表示为树的结构。在小波包树结构中，尺度参数 j 定义深度，频率参数 n 定义位置，对于每一个尺度参数 j，频率参数 n 的取值为 $0,1,\cdots,2^j-1$。

由 $w_{j,k}^n(x)$ 张成的子空间表示为

$$U_j^n=\overline{\operatorname*{span}_{k\in\mathbf{Z}}\{w_{j,k}^n(x)\}},\quad j\in\mathbb{Z} \tag{10-163}$$

当 $n=0,1$ 时，式(10-160)和式(10-161)分别退化为式(10-85)和式(10-86)，因而 $U_j^0=V_j$，$U_j^1=W_j$。U_j^n 中 j 表示尺度参数，n 表示频率参数，这种表示方法与树的深度-位置表示方式一致。

函数组 $\{w_{j+1}^{2n}(x),w_{j+1}^{2n+1}(x)\}$ 是 $w_j^n(x)$ 张成子空间 U_j^n 的正交基。U_j^n 可以分解为两

---

① 包的英文是 packet，加窗的英文是 windowed。

② w^n 的自然次序(natural order)与振荡次数的顺序不完全一致，因此按照频率单调递增的顺序来定义频率次序(frequency order)。

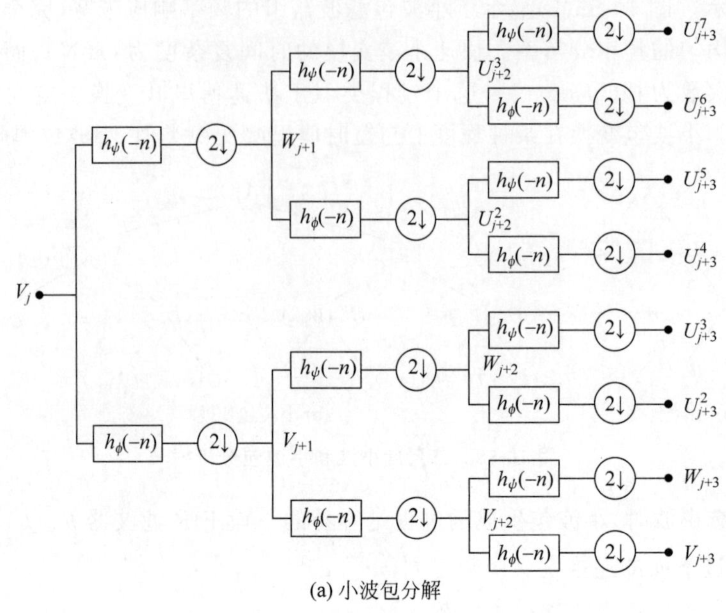

(a) 小波包分解

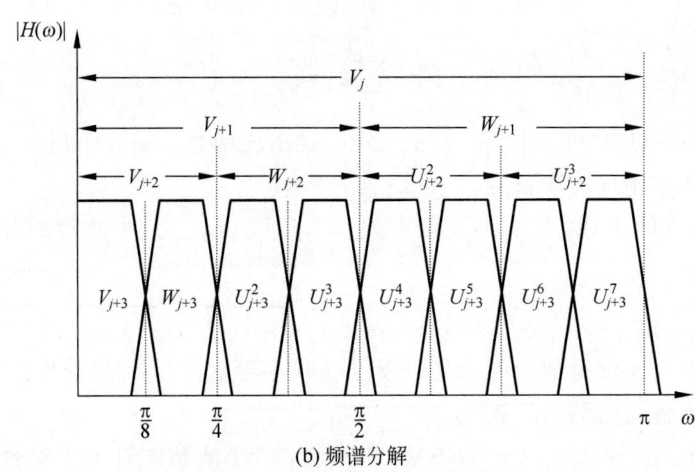

(b) 频谱分解

图 10-59　三尺度小波包分解及其频谱分解

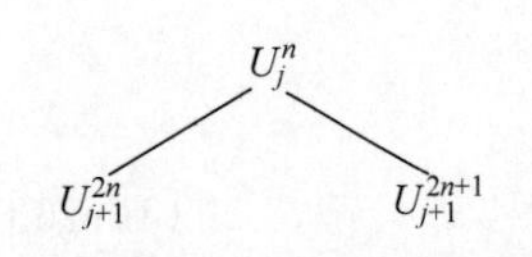

图 10-60　小波包正交分解

个子空间：$w_{j+1}^{2n}(x)$张成的子空间U_{j+1}^{2n}和$w_{j+1}^{2n+1}(x)$张成的子空间U_{j+1}^{2n+1}。这给出了小波包结构树分解的解释，树中所有节点的生长如图 10-60 所示。对于有限能量信号，小波包正交基能够给出对原信号的精确重建。

小波包正交基的每一级(尺度)下具有不同的时间频率剖分，各块的面积仍是相等的。不同于小波变换仅对低频成分作更细致的分解，小波包变换对高频成分和低频成分都作更细致的分解，因而，小波包基函数具有均匀的时间频率平面剖分。图 10-61 给出了多级小波包分解过程中小波包变换基函数的时间频率剖分。在最细的尺度阶段，本质上是时域基函数——单位脉冲函数。在小波包逐级分解的过程中，沿着频率轴看，一级小波包分解将频谱带宽分解为高频子带和低频子带，二级小波包分解将已分解的高频带宽和低频带宽进一步分解为两个部分，以此类推。从每一级的时间频率平面剖分可以看出，每一个分块的品质因子保持不变。在最粗的尺度阶段,本质上是傅里叶变换的基函数——单一的频率基函数。短时傅里叶变换的基函数也给出了时间频率平面的均匀剖分,但是,选定窗函数之后,基函数的时间频率剖分就固定不变了。

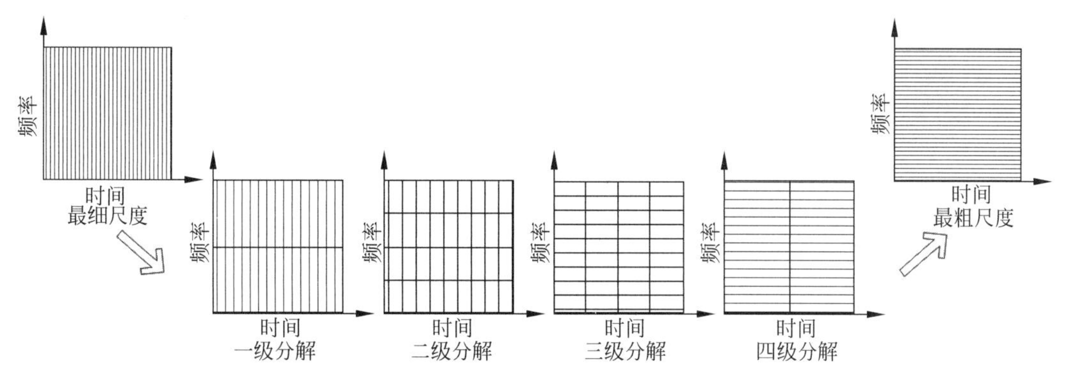

图 10-61 小波包变换基函数的时间频率剖分

例 10-10 一维信号的小波包变换系数图

对图 10-62(a)所示的 64Hz 和 128Hz 频率两个正弦波的和信号作小波包分解和短时傅里叶变换,由系数图可以很容易看出两个正弦波的响应频率。图 10-62(b)~(e)依次为三尺度到六尺度小波包分解的系数图,右边纵轴为频率次序。按照小波包基函数的频率次序

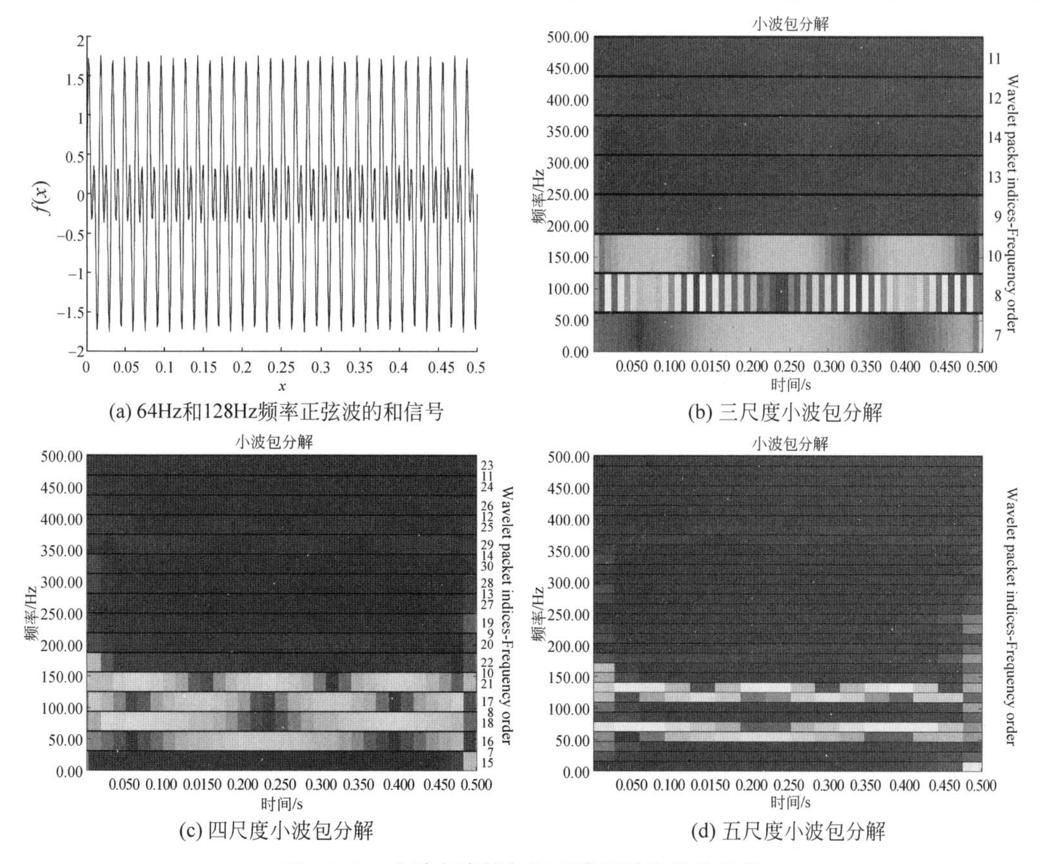

(a) 64Hz和128Hz频率正弦波的和信号

(b) 三尺度小波包分解

(c) 四尺度小波包分解

(d) 五尺度小波包分解

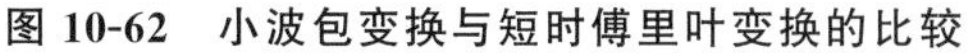

图 10-62 小波包变换与短时傅里叶变换的比较

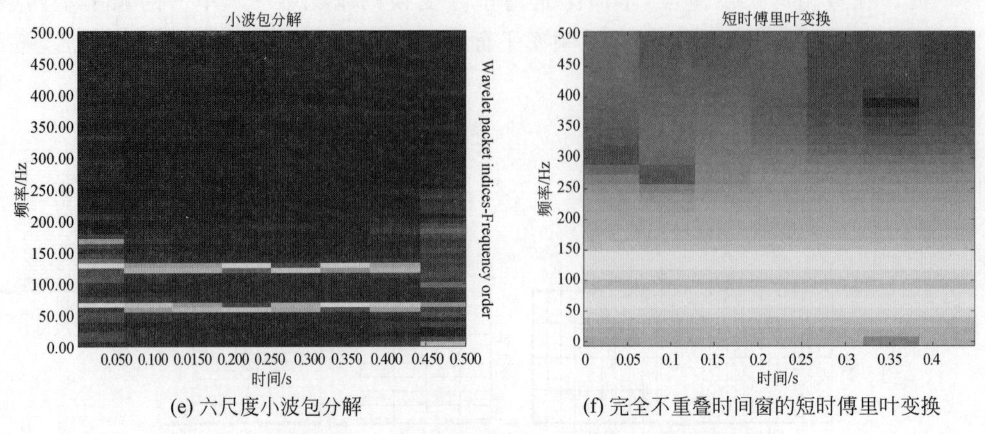

(e) 六尺度小波包分解　　(f) 完全不重叠时间窗的短时傅里叶变换

图 10-62　小波包变换与短时傅里叶变换的比较

(非自然次序),从底部的低频率到顶部的高频率来绘制小波包系数。注意观察不同尺度小波包的系数,可以看出:①小波包变换系数在不同的频率具有均匀的时间间隔;②随着分解级数的增加,频率分辨率增大,而时间分辨率减小。短时傅里叶变换也是一种非平稳信号的局部时频分析工具。图 10-62(f)为完全不重叠时间窗的短时傅里叶变换的系数图,选取长度为 64 的对称 Hanning 时间窗。由图中可见,选定时间窗的形状和尺寸后,时间频率分辨率就固定了。

L 尺度小波变换能够提供 L 种唯一的空间分解。从图 10-58(a)可以看出,三尺度小波分析树有三种可能的空间分解:$V_j=V_{j+1}\oplus W_{j+1}$、$V_j=V_{j+2}\oplus W_{j+2}\oplus W_{j+1}$ 和 $V_j=V_{j+3}\oplus W_{j+3}\oplus W_{j+2}\oplus W_{j+1}$,它们分别对应 10.4 节中的单尺度、二尺度和三尺度小波分解。那么,L 尺度小波包变换能够提供多少种唯一的空间分解?

设 $P(L)$表示 L 尺度正交小波包变换能够支持的不同分解个数,$P(L)$可用递推公式表示为

$$P(L)=P^2(L-1)+1 \tag{10-164}$$

其中,$P(1)=1$。L 尺度的小波包变换支持 $P(L)$种唯一的空间分解,显然小波包变换可能的空间分解个数随着尺度 L 的增大而显著增加。图 10-58(b)所示的三尺度小波包分析树支持 26 种不同的分解。例如,V_j 的完全分解为

$$V_j=V_{j+3}\oplus W_{j+3}\oplus U_{j+3}^2\oplus U_{j+3}^3\oplus U_{j+3}^4\oplus U_{j+3}^5\oplus U_{j+3}^6\oplus U_{j+3}^7 \tag{10-165}$$

三尺度完全小波包分解的方框图和频谱分解分别如图 10-59(a)和图 10-59(b)所示。V_j 也可以分解为 $V_j=V_{j+3}\oplus W_{j+3}\oplus W_{j+2}\oplus W_{j+2}$,这正是三尺度小波分解。如图 10-63(a)所示,根据某种最优性准则[①],在三尺度完全小波包分解中裁剪一些分支,给出了在特定准则下的一种小波包分解,V_j 分解为

$$V_j=V_{j+1}\oplus U_{j+3}^4\oplus U_{j+3}^5\oplus U_{j+2}^3 \tag{10-166}$$

图 10-63(b)为相应的分析树表示。图中,实线表示保留的分支,虚线表示裁剪的分支。图 10-63(c) 给出了所选取的最优基函数的时间频率剖分,这说明了小波包变换的频率自适应能力。图中不同的纹理用于强调说明基函数的频率不同。

---

① 10.6.3 节将详细描述小波包分解的最优性准则。

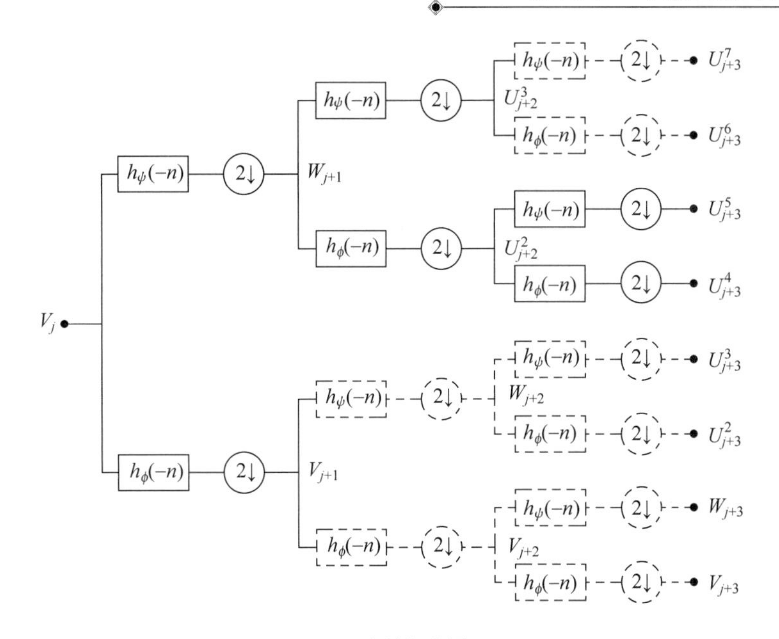

(a) 小波包分解

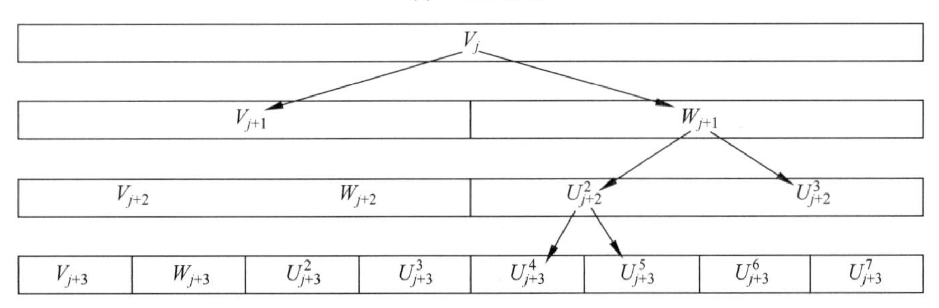

(b) 小波包分析树

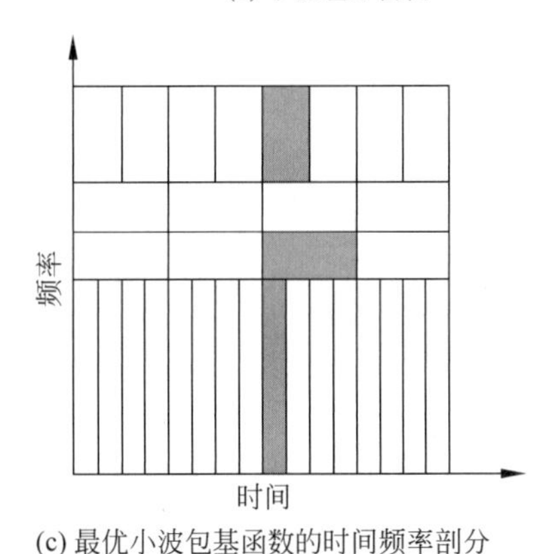

(c) 最优小波包基函数的时间频率剖分

图 10-63　某种准则下的三尺度最优小波包分解

例 10-11　Haar 小波包基函数

对于 Haar 小波，滤波器的阶数 $N=1$，Haar 尺度函数的 FIR 滤波器为 $h_\phi(n)=(1/\sqrt{2},1/\sqrt{2})$，其小波函数的 FIR 滤波器为 $h_\psi(n)=(1/\sqrt{2},-1/\sqrt{2})$。式(10-160)和式(10-161)的递推公式可以简写为

$$w^{2n}(x)=w^n(2x)+w^n(2x-1) \tag{10-167}$$

$$w^{2n+1}(x)=w^{n}(2x)-w^{n}(2x-1) \tag{10-168}$$

通过两个函数 $w^{n}(2x)$ 和 $w^{n}(2x-1)$ 相加而递推出 $w^{2n}(x)$，通过这两个函数相减而递推出 $w^{2n+1}(x)$，这两个函数的尺度为 $w^{n}(x)$ 的 1/2。

当 $n=0$ 时，$w^{0}(x)=\phi(x)$ 为 Haar 尺度函数，$w^{1}(x)=\psi(x)$ 为 Haar 小波函数，它们的支撑域为 $[0,1]$。由这两个函数可推导出所有的小波包函数，当 $n=1$ 时，

$$w^{2}(x)=w^{1}(2x)+w^{1}(2x-1)=\psi(2x)+\psi(2x-1) \tag{10-169}$$

$$w^{3}(x)=w^{1}(2x)-w^{1}(2x-1)=\psi(2x)-\psi(2x-1) \tag{10-170}$$

两个函数 $\psi(2x)$ 和 $\psi(2x-1)$ 的支撑域分别为 $\left[0,\dfrac{1}{2}\right]$ 和 $\left[\dfrac{1}{2},1\right]$。当 $n=2$ 时，

$$\begin{aligned}w^{4}(x)&=w^{2}(2x)+w^{2}(2x-1)\\&=\psi(4x)+\psi(4x-1)+\psi(4x-2)+\psi(4x-3)\end{aligned} \tag{10-171}$$

$$\begin{aligned}w^{5}(x)&=w^{2}(2x)-w^{2}(2x-1)\\&=[\psi(4x)+\psi(4x-1)]-[\psi(4x-2)+\psi(4x-3)]\end{aligned} \tag{10-172}$$

当 $n=3$ 时，

$$\begin{aligned}w^{6}(x)&=w^{3}(2x)+w^{3}(2x-1)\\&=[\psi(4x)-\psi(4x-1)]+[\psi(4x-2)-\psi(4x-3)]\end{aligned} \tag{10-173}$$

$$\begin{aligned}w^{7}(x)&=w^{3}(2x)-w^{3}(2x-1)\\&=[\psi(4x)-\psi(4x-1)]-[\psi(4x-2)-\psi(4x-3)]\end{aligned} \tag{10-174}$$

图 10-64 中尺度级为 $j=0$ 的 8 个函数为根据上述式(10-169)～式(10-174)由 Haar 尺度函数计算的小波包基函数 $\{w^{n}(x)\}_{n=0,1,\cdots,7}$。图 10-64 显示了 Haar 小波的三尺度小波包分解，与图 10-30 所示的 Haar 三尺度小波分解作比较，直观说明了小波包分解与小波分解的

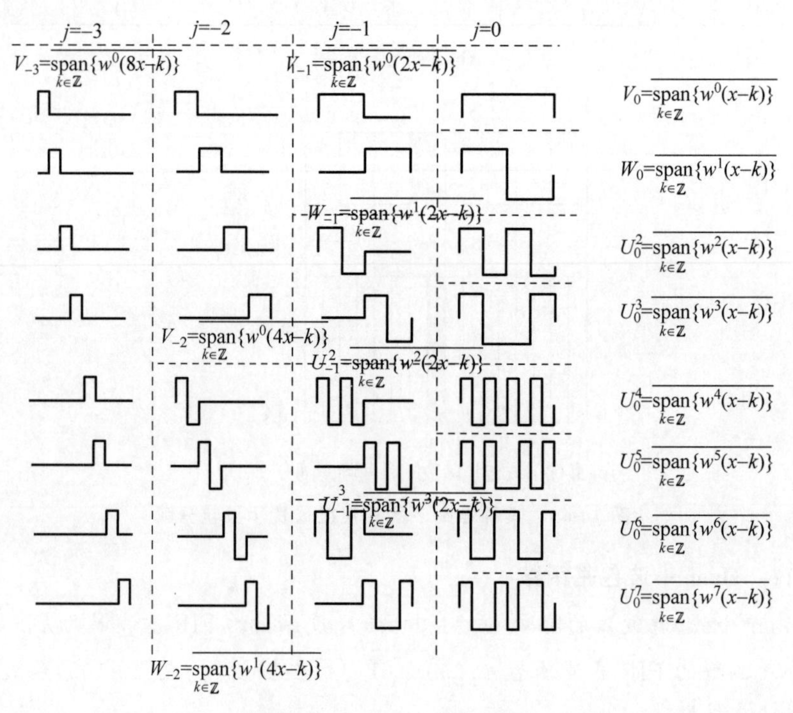

图 10-64　Haar 小波包分解

本质区别。图 10-58(a)中的小波分析树对应图 10-30 中的小波分解,图 10-58(b)中的小波包分析树对应图 10-64 中的小波包分解,完全二叉树中的叶子对应由正交基$\{w^n(x)\}_{n=0,1,\cdots,7}$张成的初始空间。

例 10-12 4 阶 Daubechies 小波(db4)小波包函数

图 10-46(a)显示了 4 阶 Daubechies 小波(db4)尺度函数的 FIR 滤波器 $h_\phi(n)=(0.2304,0.7148,0.6309,-0.0280,-0.1870,0.0308,0.0329,-0.0106)$和小波函数的 FIR 滤波器 $h_\psi(n)=(-0.0106,-0.0329,0.0308,0.1870,-0.0280,-0.6309,0.7148,-0.2304)$。根据式(10-160)和式(10-161)的递推关系,由 4 阶 Daubechies 小波尺度函数和小波函数生成 8 个小波包基函数$\{w^n(x)\}_{n=0,1,\cdots,7}$,如图 10-65 所示。由图中可见,这 8 个小波包基函数的频率大致上是关于 n 的递增函数。但是,频率次序与自然次序不完全一致。

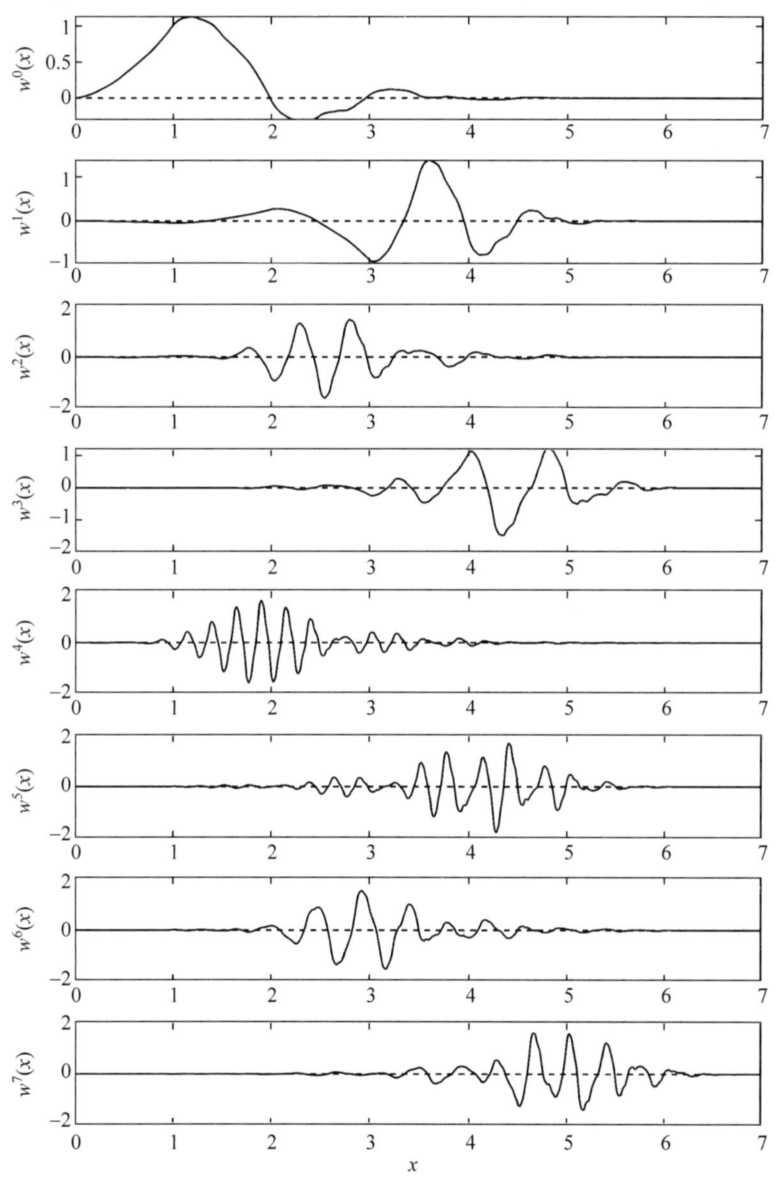

图 10-65 4 阶 Daubechies 小波(db4)小波包基函数

10.6.2 二维小波包分解

正如多尺度小波分解，上一节中一维小波包分解的框架可以扩展到二维图像的分析。二维小波包分解则是用四叉树表示。图 10-66(a)显示了单尺度四子带小波包分解的分析树，这与多尺度四子带小波分解中第一级分解的分析树是一致的。如同一维小波包的情况，这里仍用 U_j^n 表示不同尺度的尺度空间和小波空间，j 表示尺度参数，n 表示频率参数。对于二维完全小波包分析树，若根节点的层数为 0，第 l 层的节点数则为 4^l。图 10-66(b)显示了二维二尺度完全小波包分析树，当 $n=0,1,2,3$ 时，$U_j^0=V_j$，$U_j^1=W_j^H$，$U_j^2=W_j^V$ 和 $U_j^3=W_j^D$，其中，$j\in\mathbb{Z}^+$。

设 $P(L)$表示 L 尺度正交小波包变换能够支持的不同分解个数，$P(L)$可用递推公式表示为

$$P(L)=P^4(L-1)+1 \tag{10-175}$$

其中，$P(1)=1$。L 尺度的二维小波包变换支持 $P(L)$种唯一的空间分解，显然二维小波包变换可能的空间分解个数随着尺度 L 的增大更加迅速地增长。图 10-66(b)所示的二维二尺度完全小波包分析树提供 17 种可能的分解。因此，如何选取最优分析树成为一个关键问题。

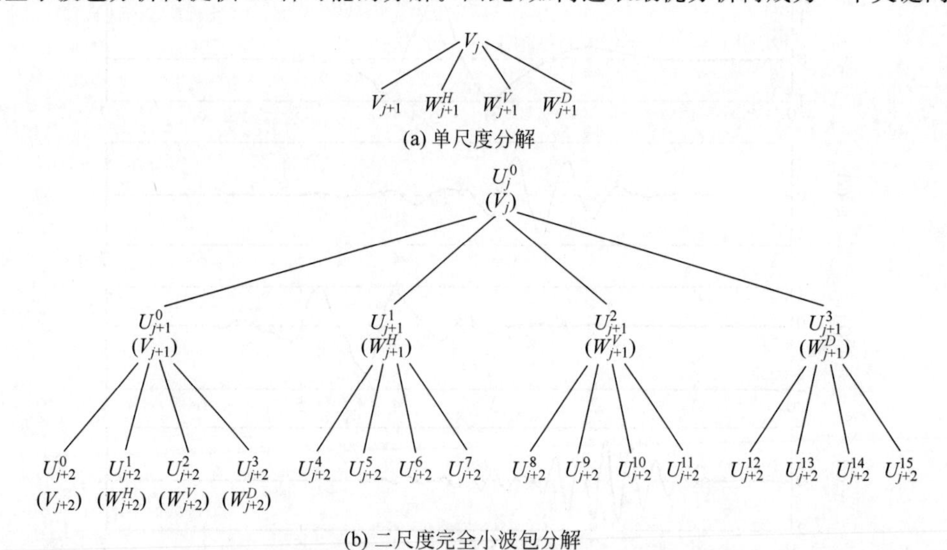

图 10-66　二维完全小波包分析树

例 10-13　二维完全小波包分解

对于图 10-54(a)所示的灰度图像，使用 5 阶双正交样条小波(bior 5.5)进行小波包分解。二维单尺度小波包分解与小波分解是相同的，如图 10-67(a)所示。图 10-67(b)和图 10-67(c)分别为二尺度和三尺度完全小波包分解，二维二尺度小波包变换有 17 种可能的分解，三尺度小波包变换有 83 522 种可能的分解，完全小波包分解是其中的一种。图 10-66(b)给出了二尺度完全小波包分析树，有 $4^2=16$ 个叶子，每一个叶子节点对应于图 10-67(b)所示的二尺度完全小波包分解的子带图像。三尺度完全小波包分析树有 $4^3=64$ 个叶子，叶子节点对应于图 10-67(c)所示的三尺度完全小波包分解的子带图像。完全小波包分解具有较低的效率，且对于特定应用未必是最优的，因而，需要一种有效的算法来寻找适用于特定应用准则的最优分解。

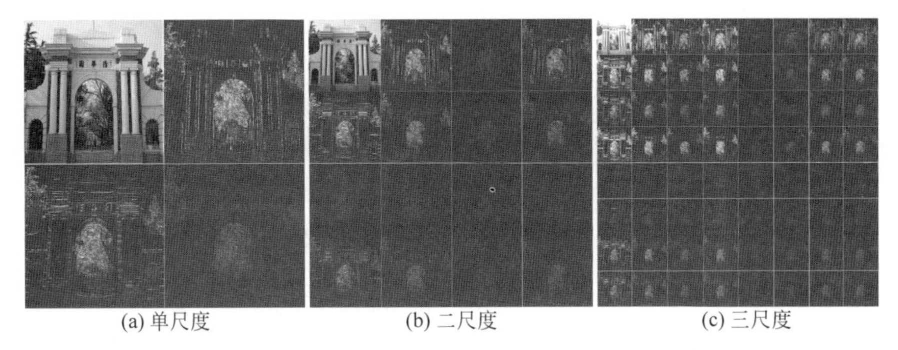

(a) 单尺度　　(b) 二尺度　　(c) 三尺度

图 10-67　二维完全小波包分解

10.6.3 最优小波包的选取

如上两节所解释的，小波包分析树存在多种分解选择。实际上，这个数字可能很大，无法明确列举每一种分解来逐一检验最优性。因此，有必要找到一种有效的准则来实现最优分解。加法类型的函数能够很好地适用于二叉树和四叉树结构的搜索。经典的熵准则是加法代价函数，四种常用的熵函数分别是非归一化香农熵、ℓ_p 范数、对数能量熵和阈值熵。设 $W(x,y)$ 表示二维函数在正交基下的系数，非归一化香农熵 $E_{\text{Shannon}}(W)$ 的定义为

$$E_{\text{Shannon}}(W)=-\sum_{x,y}W^2(x,y)\log[W^2(x,y)] \tag{10-176}$$

约定 $E_{\text{Shannon}}(0)=0\log(0)=0$。$\ell_p$ 范数 $E_{\text{norm}}(W)$ 定义为

$$E_{\text{norm}}(W)=\sum_{x,y}|W(x,y)|^p \tag{10-177}$$

其中 $p\geqslant1$ 为 ℓ_p 范数的阶。式(10-177)实际上是度量二维系数 $W(x,y)$ 的能量，对于所有 (x,y)，$W(x,y)=0$ 的情况，能量为 0，较大的 $E_{\text{norm}}(W)$ 值表明系数中具有较多的非零值。由于大多数基于变换的压缩方案是截断较小的系数赋值为 0，因此，从压缩的角度来看，最大化代价函数中的零值或接近零值的系数个数是一个选择最优分解的合理准则。

最简单的最优小波包分解是基于最小化熵准则的剪枝方法，利用给定的熵准则最小化分析树中叶子节点的代价。最小能量的叶子节点具有更多零值或接近零值的系数，从而更有利于数据的压缩。加法代价函数不仅计算上简单，而且易于树的路径优化。

从分析树的根节点开始逐层进行，对于非叶子节点 p，基于特定熵准则 $E(W)$ 的最优子树剪枝方法可描述为：

(1) 对于二维小波包分解，父节点分解产生 4 个子节点——二维近似系数和水平、垂直、对角方向的细节系数。计算父节点和 4 个子节点的熵函数，设 $E(p)$ 表示父节点的熵，$E(c)$ 表示子节点的熵[①]。

(2) 设 E_{opt} 表示最优熵值，初始状态时对每一个叶子节点 c 赋值为 $E_{\text{opt}}(c)=E(c)$。若子节点熵之和小于父节点的熵，即

$$E(p)>\sum_{c\text{ child of }p\text{ node}}E_{\text{opt}}(c),$$

则分析树中包含这些子节点，并设置 $E_{\text{opt}}(p)=\sum\limits_{c\text{ child of }p\text{ node}}E_{\text{opt}}(c)$；

① p 表示 parent，c 表示 child。

若子节点熵之和不小于父节点的熵，即

$$E(p) \leqslant \sum_{c \text{ child of } p \text{ node}} E_{\text{opt}}(c),$$

则裁剪掉这些子节点而只保留父节点，并设置 $E_{\text{opt}}(p)=E(p)$。该父节点称为最优分析树中的叶子节点。

完全小波包分析树的剪枝将生成有效的小波包基函数，允许灵活的时间频率平面剖分。上述算法的描述方式是对完全小波包树进行剪枝，另一种有效的小波包树生成方法是从根节点开始计算最优树，在算法的步骤(2)中去掉的节点不用再计算后代。

例 10-14　最优小波包分解

对于图 10-54(a)所示的灰度图像，使用 5 阶双正交样条小波（bior 5.5）进行小波包分解，并对完全小波包分解和最优小波包分解进行比较。在 MATLAB 中小波包的空间与系数标记为(j,n)，其中，j 表示尺度参数，n 表示频率参数。图 10-68 显示了三尺度完全小波

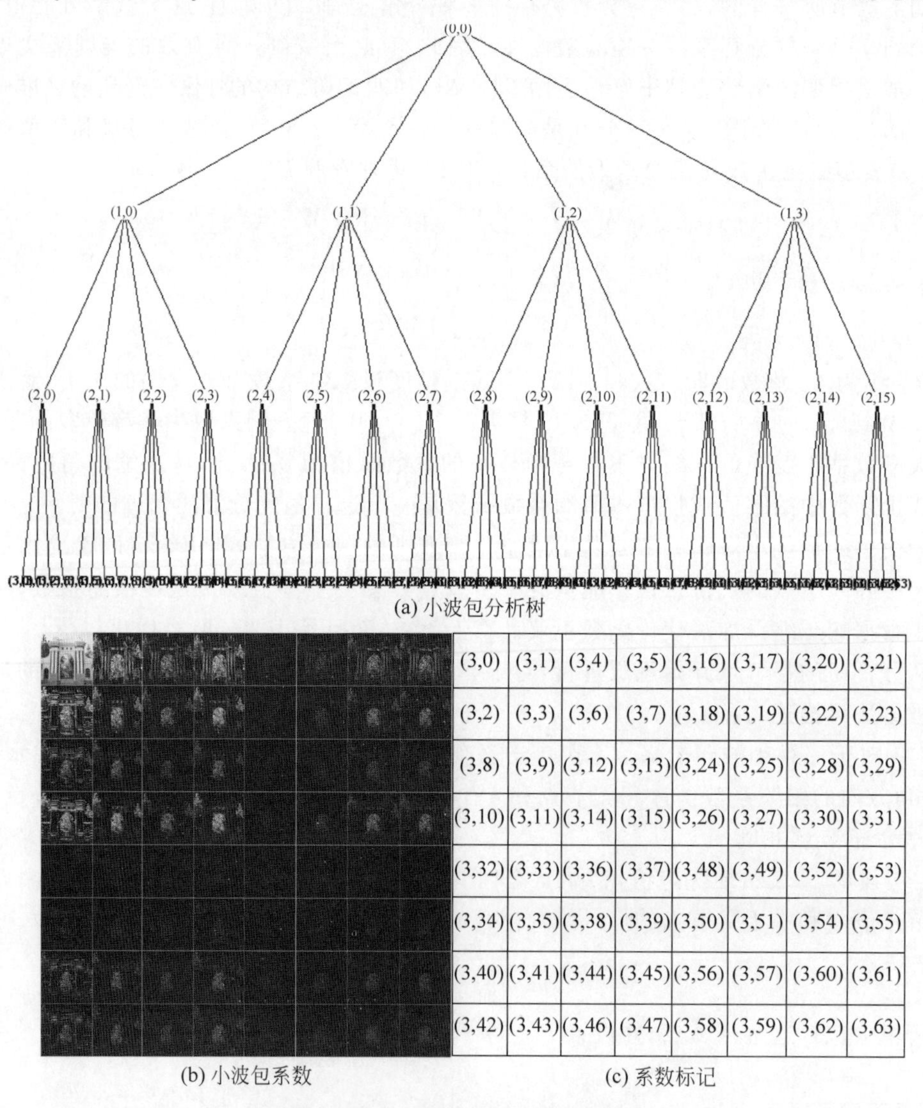

(a) 小波包分析树

(b) 小波包系数　　(c) 系数标记

图 10-68　三尺度完全小波包分解

包分解，图 10-68(a)为三尺度完全小波包分析树，图 10-68(b)为三尺度完全小波包分解的系数，图 10-68(c)说明了系数与 64 个叶子节点之间的对应关系。

选取 ℓ_1 范数 $E_{\text{norm}}(W)$ 作为最优分解准则，即计算所有系数的绝对值之和，可表示为

$$E_{\text{norm}}(W)=\sum_{x,y}|W(x,y)| \tag{10-178}$$

这是式(10-177)中当 $p=1$ 的情况。式(10-178)实际上是度量二维系数的能量，要求对这些子带图像的进一步分解总体上减少子带图像的能量。图 10-69 显示了在最小化准则 $E_{\text{norm}}(W)$ 度量下的最优小波包分解。图 10-69(a)为最优小波包分析树，通过与图 10-68(a)比较，可以看出完全小波包分解的 64 个叶子节点中的多个被去除，图 10-69(c)说明了图 10-69(b)中的系数与剩余的叶子节点之间的对应关系。注意，图 10-69(c)中未被进一步分解的子带图像相对比较平坦，并且绝大多数系数值为零，这表明这些子带图像包含极少的能量。

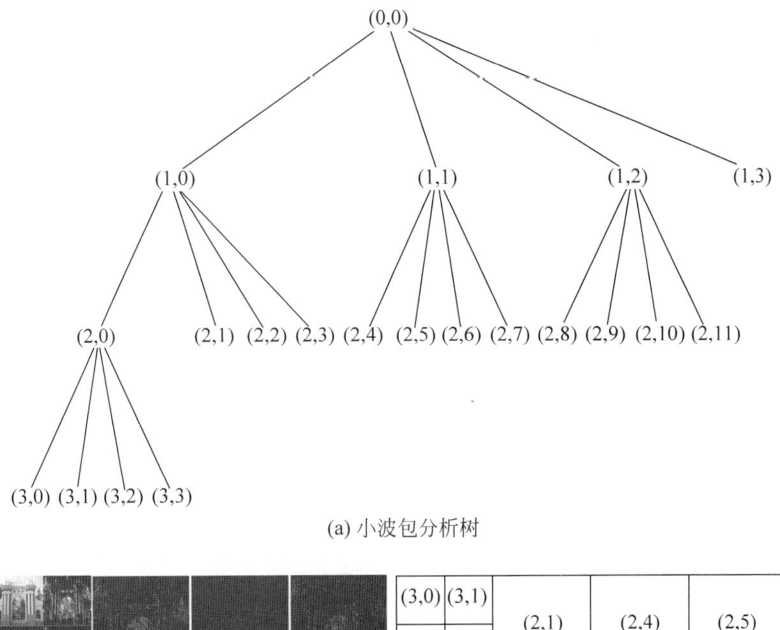

(a) 小波包分析树

(b) 小波包系数　　(c) 系数标记

图 10-69　最小化 ℓ_1 范数准则下的三尺度最优小波包分解

10.7 小波变换在图像处理中的应用

小波变换是以不同分辨率来描述图像的数学工具。多尺度小波分解广泛应用于金字塔表示、边缘检测、图像去噪、图像数据压缩和渐进传输等领域。由于快速小波变换中尺度向量和小波向量相当于低通滤波器和高通滤波器，小波变换在图像处理中的应用基本上与傅里叶变换等同，其处理过程主要由三个步骤构成：①计算二维快速小波变换；②修改变换系数；③计算二维快速小波逆变换。本节将讨论快速小波变换在边缘检测、图像降噪、图像压缩和渐进传输等四个方面的应用。

10.7.1 边缘检测

二维小波变换的水平、垂直和对角方向细节系数具有相应的方向敏感性，可以应用于图像的边缘检测。对一幅图像进行二维单尺度或多尺度小波分解，图像的水平、垂直和对角边缘分别出现在水平、垂直和对角方向细节系数中，因此，仅对这些细节系数进行二维小波逆变换能够重建相应方向的边缘图像。与傅里叶变换频域中的高通滤波分析类似，由于图像中的边缘细节对应频域中的高频成分，高通滤波器允许高频成分通过，而阻止低频成分通过，因而产生边缘图像。

使用 4 阶 Symlets 小波(sym4)对图 10-70(a)所示尺寸为 1240×1240 的图像进行四尺度小波分解，从图 10-70(b)中可以清楚地看出各尺度小波变换的水平、垂直和对角方向细节系数的方向性。如图 10-70(c)所示，简单地将近似系数置为零，然后对小波变换系数逆向进行四尺度小波重建，并取绝对值，由水平、垂直和对角三个方向敏感的小波细节系数重建出边缘图像，如图 10-70(d)所示。通过将各尺度的垂直方向细节系数置零，从而分离出水平边缘，如图 10-70(e)所示；同理，将各尺度的水平方向细节系数置零，从而分离出垂直边缘，如图 10-70(f)所示。

(a) 原图像 (b) 四尺度小波分解 (c) 近似系数置零

(d) 边缘图像 (e) 水平边缘 (f) 垂直边缘

图 10-70 多尺度小波分解应用于边缘检测

10.7.2 图像降噪

正如在频域图像增强中所描述的，噪声和边缘等细节对应高频成分，通过在频域中抑制高频成分来达到降噪的目的。然而，频域中低通滤波器在降噪的同时也损失了图像的边缘细节，造成图像边缘模糊。小波变换中的尺度特性类似于傅里叶变换中的频率，小波变换的细节系数具有高频特性。最简单的降噪方法是将细节系数直接置零，并完整地保留近似系数。与傅里叶变换不同的是，多尺度小波分解具有多分辨率特性。一般情况下，在多尺度小波分解中，噪声具有小尺度特性，而边缘具有大尺度特性。因此，多尺度小波(包)分解既可以通过消除小尺度的细节系数来平滑噪声，又可以通过保留大尺度的细节系数来保持图像的边缘。

当对细节系数进行阈值处理时，可以对所有子带的细节系数使用同一阈值，称为全局阈值；也可以对不同的子带使用不同的阈值，称为子带阈值。当选取阈值来处理细节系数时，可以通过硬阈值来实现，也可以通过软阈值来实现。以 τ 为阈值的硬阈值处理可表示为如下分段函数：

$$f(x)=\begin{cases}x, & |x|\geqslant\tau\\0, & |x|<\tau\end{cases} \tag{10-179}$$

如图 10-71(a)所示，硬阈值是将绝对值小于阈值的系数置零，而保持其他系数不变。以 τ 为阈值的软阈值处理可表示为如下函数：

$$f(x)=\max(|x|-\tau,0)\operatorname{sgn}(x) \tag{10-180}$$

式中，sgn(·)为符号函数。如图 10-71(b)所示，软阈值是将绝对值小于阈值的系数置零，而其他系数均减去阈值 τ。硬阈值处理中阈值处的不连续性导致结果产生边缘振荡，软阈值处理保证了结果的平滑性。

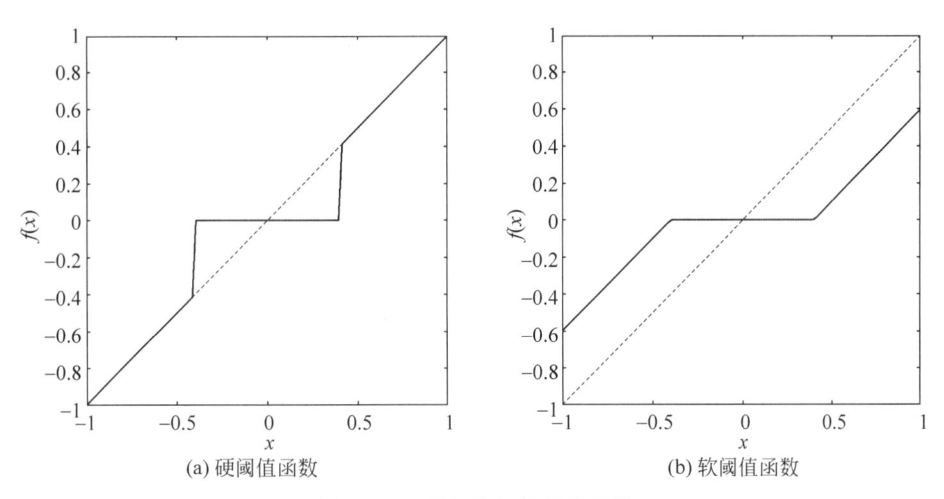

图 10-71 硬阈值与软阈值函数

图 10-72(a)为一幅叠加均值为 0、方差为 0.01 的加性高斯白噪声的图像，使用 4 阶 Symlets 小波(sym4)进行二尺度小波分解，为了便于观察置零的系数情况，对细节系数进行了 4 倍放大，图 10-72(b)给出了二尺度小波分解的系数。从图中可以看到，加性噪声集中分布在水平、垂直和对角三个方向上的细节系数上。如图 10-72(c)所示，将二尺度小波分解

的第 1 级细节系数置为 0，然后对变换系数进行小波重建，如图 10-72(d)所示。与图 10-72(a)相比，图 10-72(d)去除了大多数的噪声，但是图像的边缘稍有模糊。如图 10-72(e)所示，进一步将二尺度小波分解中第 2 级细节系数也置为 0，消除了所有的细节系数。图 10-72(f)为近似系数的小波重建图像，更大程度上平滑了图像中的噪声，然而图像的模糊现象也更加严重。如图 10-72(g)所示，使用全局阈值对所有细节系数作软阈值处理，基本上消除了噪声所对应的细节系数，图 10-72(h)为对应的小波重建图像。与前两种方法相比，这样的系数处理能够更好地平衡噪声抑制和边缘保持之间的关系。

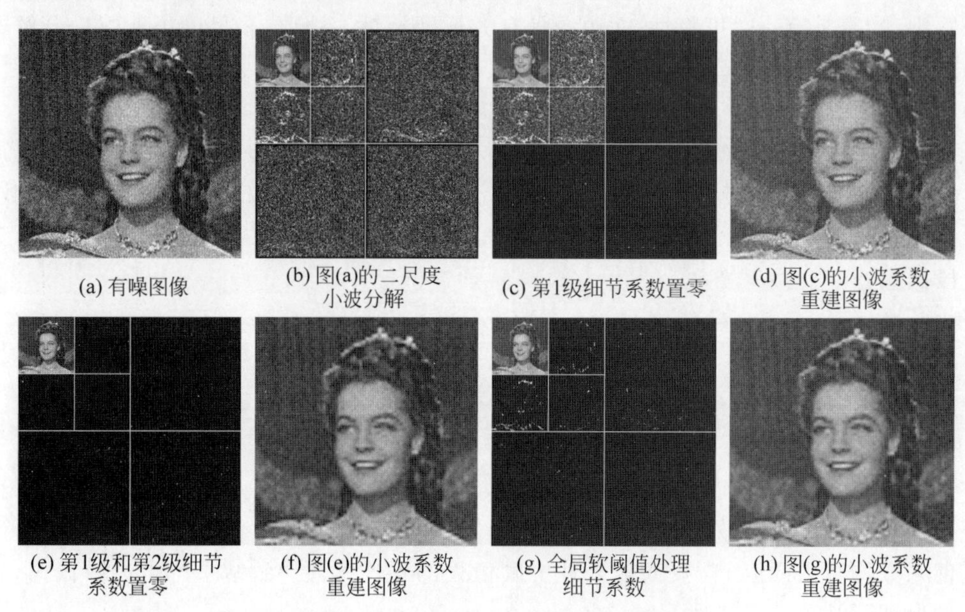

(a) 有噪图像　(b) 图(a)的二尺度小波分解　(c) 第1级细节系数置零　(d) 图(c)的小波系数重建图像

(e) 第1级和第2级细节系数置零　(f) 图(e)的小波系数重建图像　(g) 全局软阈值处理细节系数　(h) 图(g)的小波系数重建图像

图 10-72　多尺度小波分解应用于图像降噪

10.7.3　图像压缩

图像的数据量是庞大的，但是相邻像素的灰度值通常是高度相关的，利用小波变换可以去除这种相关性，使图像的能量集中于少数系数上，达到数据压缩的目的。简言之，小波变换的压缩特性是由于小波域表示的稀疏性。对图像进行小波变换，可以产生一系列不同分辨率的子带图像，而表征图像的最主要部分是低频成分，也就是近似图像，而高频成分中大部分系数的值接近零。在分辨率级越高的细节图像中，接近零的系数越多。一种简单的图像压缩方法是将多尺度小波分解的各尺度细节系数中小于一定阈值的系数置零，并完整地保留近似系数。

使用 5 阶双正交样条小波(bior5.5)对图 10-73(a)所示尺寸为 256×256 的图像进行三尺度小波分解，图 10-73(b)为三尺度小波分解的子带图像，为了便于观察置零的系数情况，对细节系数进行 4 倍放大。图 10-73(c)和图 10-73(d)均是采用硬阈值的压缩图像，从左到右分别是硬阈值系数处理的三尺度小波分解子带图像、重建图像以及重建图像与原图像之间的差值(对差值重标度，以图像方式显示)。硬阈值方法直接将小于阈值的细节系数置零，可以产生最小范数误差，但是会导致图像在边缘处出现不期望的振荡。这里使用三个参数来度量图像压缩的性能，分别是置零系数之比 perf_0、重建图像 $\hat{f}$ 与原图像 f 能量之比 $\mathrm{perf}_2=$

$\|\hat{f}\|^2/\|f\|^2$ 以及重建图像与原图像之间的均方根误差 e_{rms}。对于图 10-73(c)，这三个参数分别是 $\text{perf}_0=0.8119$、$\text{perf}_2=0.9993$ 以及 $e_{\text{rms}}=0.0023$，压缩后零系数占全部细节系数的 81.19%，保留了原图像 99.93%的能量。从差值图像来看，重建图像与原图像没有较为明显的失真。对于图 10-73(d)，这三个参数分别是 $\text{perf}_0=0.9548$，$\text{perf}_2=0.9945$ 以及 $e_{\text{rms}}=0.0083$，压缩后零系数占全部细节系数的 95.48%，保留了原图像 99.45%的能量。从重建图像的视觉效果来看，在平坦区域表现出可见的振荡，在边缘细节区域表现出可见的模糊。此外，差值图像中的边缘信息明显增加了，展现出压缩过程中丢失的边缘信息。

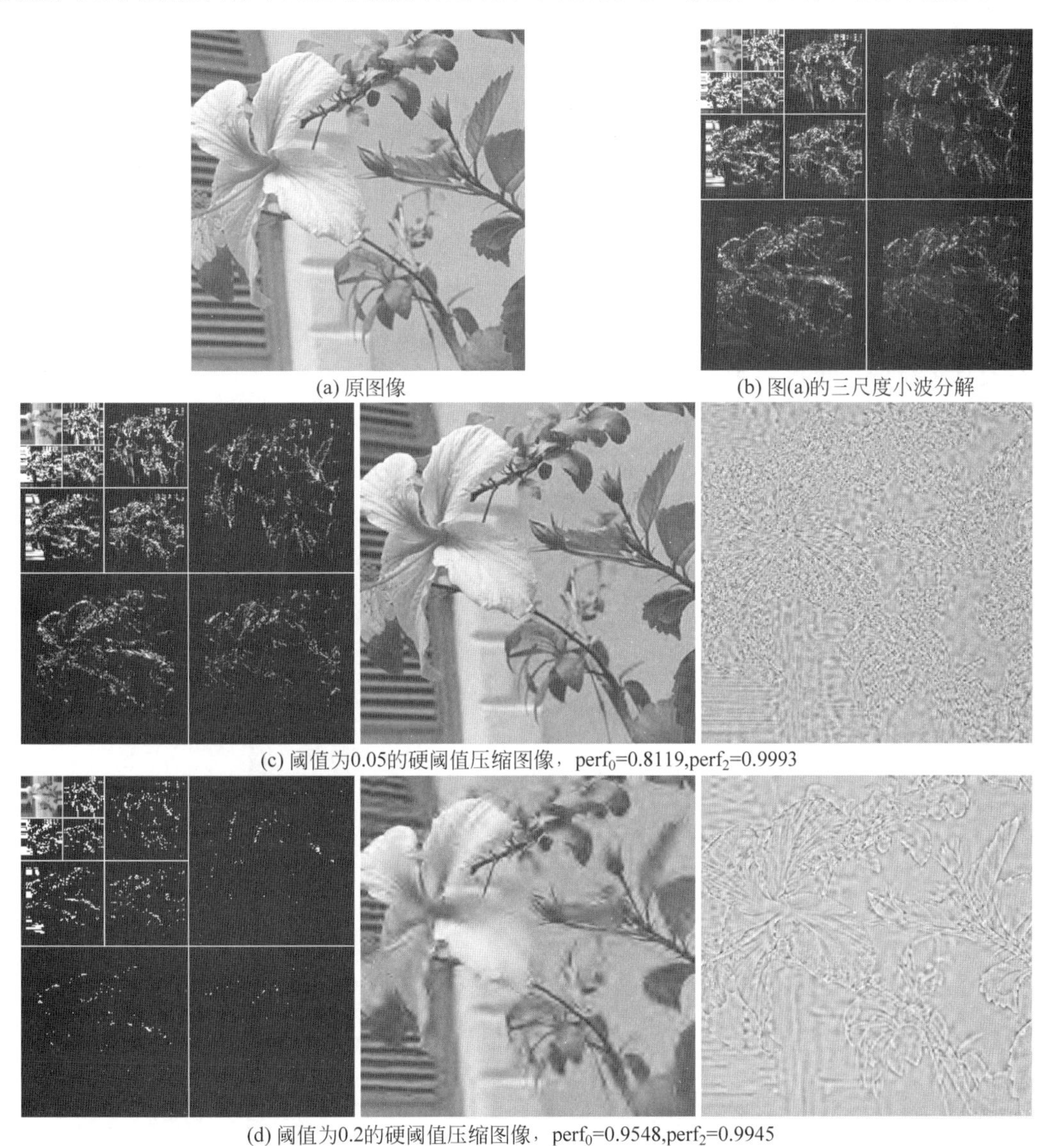
(a) 原图像

(b) 图(a)的三尺度小波分解

(c) 阈值为0.05的硬阈值压缩图像，$\text{perf}_0=0.8119$,$\text{perf}_2=0.9993$

(d) 阈值为0.2的硬阈值压缩图像，$\text{perf}_0=0.9548$,$\text{perf}_2=0.9945$

图 10-73　多尺度小波分解应用于图像压缩

10.7.4　渐进传输

网络上 JPEG 格式图像显示时是按块传输的，因此只能由上到下逐行显示，而 JPEG

2000 格式图像支持渐进传输(progressive transmission)。在图像传输与显示过程中,先传输图像的低级近似数据,然后再逐步传输细节数据来不断提高图像质量,使图像由轮廓到清晰显示。离散小波变换是 JPEG2000 码流具有分辨率可分级的基础,JPEG 2000 格式采用小波变换编码来实现空间分辨率的渐进性。对图像进行 L 尺度小波分解,可以产生 $3L+1$ 幅不同的子带图像。将这些小波变换系数按 $\boldsymbol{W}_\phi(L)$、$\boldsymbol{W}_\psi^H(L)$、$\boldsymbol{W}_\psi^V(L)$、$\boldsymbol{W}_\psi^D(L)$、$\boldsymbol{W}_\psi^H(L-1)$、$\boldsymbol{W}_\psi^V(L-1)$、$\boldsymbol{W}_\psi^D(L-1)$、…、$\boldsymbol{W}_\psi^H(1)$、$\boldsymbol{W}_\psi^V(1)$、$\boldsymbol{W}_\psi^D(1)$的顺序存储,从而输出多分辨率支持的压缩码流,其中,$\boldsymbol{W}_\phi(L)$表示第 L 级分解的近似系数,而 $\boldsymbol{W}_\psi^H(l)$、$\boldsymbol{W}_\psi^V(l)$、$\boldsymbol{W}_\psi^D(l)$表示第 l 级的水平、垂直和对角方向细节系数,$l=1,2,\cdots,L$。这种结构非常适合于图像的渐进重建。将这样的码流按顺序传输,在远程显示设备上根据依次到达的数据,逐渐建立待传输图像的更高分辨率近似图像。L 尺度小波分解可以产生 $L+1$ 幅不同分辨率的近似图像,每一个 V_j 子带图像都是 V_{j-1} 子带图像在低一级分辨率上的近似。

使用 JPEG 2000 中所采纳的 jpeg9.7 小波对一幅尺寸为 256×256 的图像进行四尺度小波分解,如图 10-74(a)所示,对细节系数进行重标度,中间灰度级表示零值系数,并且系数经过 4 倍放大。对图 10-74(a)的四尺度小波变换系数进行传输和重建,当接收到近似系数 $\boldsymbol{W}_\phi(4)$时,可以看到图像完整的低分辨率轮廓[图 10-74(b)];当进一步接收到 $\boldsymbol{W}_\psi^H(4)$、$\boldsymbol{W}_\psi^V(4)$、$\boldsymbol{W}_\psi^D(4)$时,可以重建出更高分辨率的近似系数 $\boldsymbol{W}_\phi(3)$[图 10-74(c)],以此类推。图 10-74(b)~(e)给出了分辨率不断提高的重建近似图像。随着接收码流长度的增加,图像的空间分辨率逐渐提高,直至重建出原分辨率的图像,如图 10-74(f)所示。

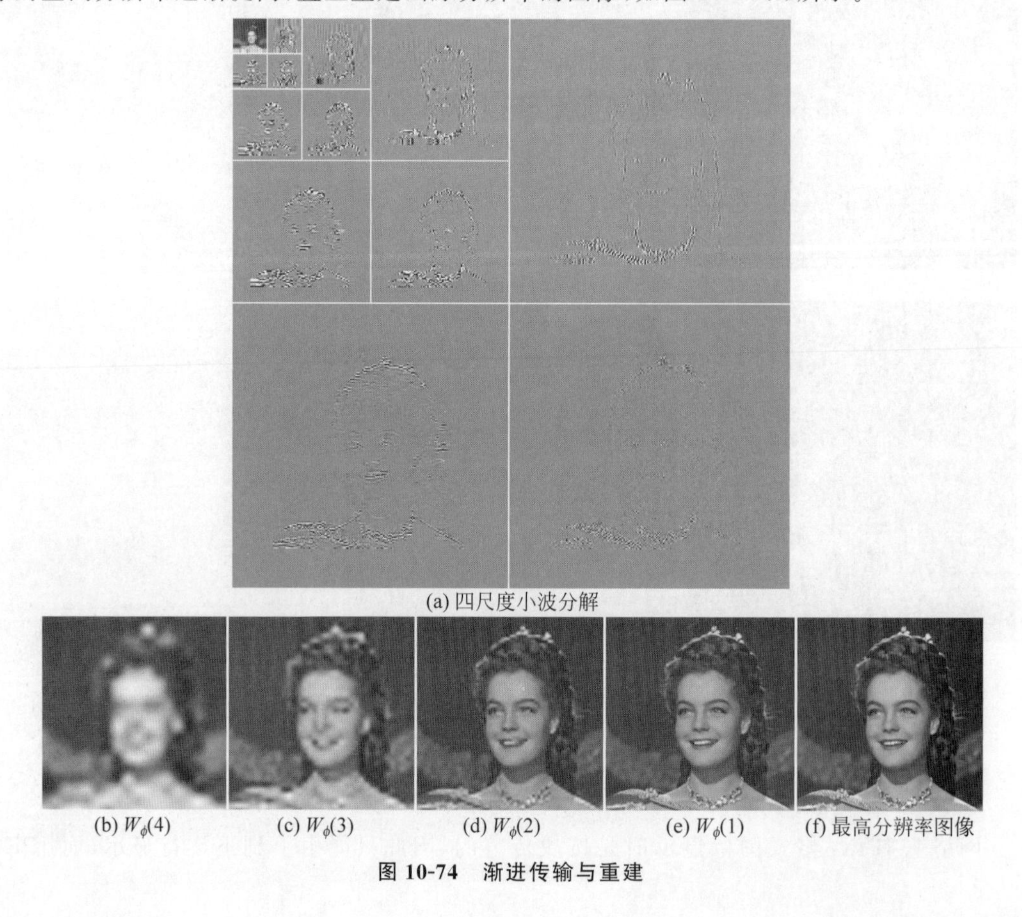

(a) 四尺度小波分解

(b) $W_\phi(4)$　(c) $W_\phi(3)$　(d) $W_\phi(2)$　(e) $W_\phi(1)$　(f) 最高分辨率图像

图 10-74　渐进传输与重建

10.8 小结

小波变换具有很好的局部时间频率特性，能够有效地对瞬变、非平稳、时变信号的频率特征进行分析。小波分析本质上是一种时间频率分析方法，具有在时间和频率两个域表征信号局域特性的能力。本章首先介绍了连续小波变换的概念以及物理意义，并扩展到二进小波变换，这是一种普遍使用的离散小波变换。与离散傅里叶变换不同的是，离散小波变换的尺度和时间参数是离散的，信号本身并非离散的。本章的重点在于小波变换的多分辨率分析与快速小波变换的Mallat算法，Mallat算法推导出小波变换可以通过双通道镜像滤波器组来实现，它的出现使小波变换能够很方便地对数字信号或图像进行变换，推动了多尺度小波分解和重建以及离散小波分析的发展。此外，介绍了小波包变换。与小波变换不同的是，小波包变换对信号的低频部分和高频部分均进行多尺度小波分解，对分析信号的频率具有更加灵活的特性。最后给出了小波变换与多分辨率分析在数字图像处理中的应用举例。本章主要从多分辨率的角度来阐释小波变换，着重描述小波分析在数字图像处理中的基础概念和应用示例，为小波变换与多分辨率分析在数字图像处理领域中的研究提供支撑。

第11章

图像压缩编码

数字图像中各个像素并非独立，它们之间具有高度相关性，通常一幅图像中相邻区域的像素具有相同或相近的灰度。图像编码通过消除数字图像中的数据冗余从而减少数字图像表示所需的数据量，达到图像压缩的目的，有利于减小图像的存储量和传输带宽。对于电视画面而言，同一行中相邻两个像素或相邻两行之间像素的相关系数可达0.9以上，而相邻两帧之间的相关性通常比帧内相关性更大。因此，图像和视频数据具有很大的压缩潜力。根据是否允许图像失真，图像压缩可分为无损数据压缩和有损数据压缩。在图像存储或传输之前对图像进行压缩编码，在图像显示和处理之前再对压缩编码图像进行解码。图像压缩编码是发展最早且比较成熟的技术，自20世纪40年代香农(Shannon)提出信息的概率论观点以及对信息的表达、传输和压缩以来，到目前静止图像和运动图像压缩编码国际标准的正式采用，图像压缩编码领域在理论研究和实际应用方面取得了重大的进展。

11.1 信息论基础

信息论是处理数据压缩和传输领域中的问题，是图像压缩编码的理论基础。信息论的研究目标是信息，认为可以将信息的产生看成一个概率事件，用随机过程描述信息论中的信源模型。

11.1.1 信息熵

信息论的创始人香农于1948年提出了信息熵的概念，这是信息论中的一个重要概念。随机变量的熵是描述随机变量不确定度的统计量。设随机变量X的概率分布为$p(x)$，X的取值空间为$\mathcal{X}$，$x\in\mathcal{X}$，随机变量X的**熵**$H(X)$定义为

$$H(X)=-\sum_{x\in\mathcal{X}}p(x)\log p(x)\tag{11-1}$$

式中，$-\log p(x)$称为自信息。有时也将上面的量记为$H(p)$，由于当$x\rightarrow 0$时，$x\log x\rightarrow 0$，约定$0\log 0=0$。

熵可以看成是自信息的期望，可表示为

$$H(X)=E[-\log p(x)]\tag{11-2}$$

式中，$E(\cdot)$表示数学期望。由熵的定义可知，熵实际上是概率分布的函数，仅与概率分布

有关，而与 X 的实际取值无关。熵是随机变量的平均不确定度的度量，在平均意义下，它是为了描述该随机变量所需信息量的度量。随机变量的不确定度越大，它的熵越大。正是因为这种不确定性，当随机变量的不确定度较高时，消除该随机变量的不确定度后，以此获取的信息量也越大。

关于熵 $H(X)$ 的单位，通常在二元概率空间中规定等概率时的熵作为单位熵，在这种情况下，对数底为 2，熵的单位为比特(bit)。例如，抛掷硬币这一均匀分布随机事件的熵是 1bit。比特适用于二元数字系统的分析与设计中。此外，对数以 e 为底，熵的单位为奈特(nat)；对数以 10 为底，熵的单位为哈特利(Hartley)。

随机变量 X 的熵函数 $H(X)$ 具有如下的基本性质：

(1) $H(X)\geqslant 0$(非负性)；

(2) $H(X)$ 是 X 的凹函数(凹性)；

(3) 当随机变量 X 服从均匀分布时，其熵达到最大值，即

$$H_{\max}(X)=\log m$$

其中，m 为 X 可能取值的个数。

由于概率具有非负性，$0\leqslant p(x)\leqslant 1$，因此，$H(X)\geqslant 0$。若随机变量某一取值 x 的概率 $p(x)=1$，则该随机变量的不确定度完全消除，其熵为 0，此时，$H_{\min}(X)=0$。

若随机变量的概率分布 $\boldsymbol{u}$ 为均匀分布，即所有取值的概率相等 $u(x_k)=\dfrac{1}{m}$，$k=1,2,\cdots,m$，则有

$$D(\boldsymbol{p}\parallel\boldsymbol{u})=\sum_{k=1}^{m}p(x_k)\log\frac{p(x_k)}{u(x_k)}=-H(X)+\log m\geqslant 0$$

式中，$D(\boldsymbol{p}\parallel\boldsymbol{u})$ 表示两个概率分布 $\boldsymbol{p}$ 和 $\boldsymbol{u}$ 之间的相对熵(relative entropy)[①]。相对熵总是非负的，而且，当且仅当 $\boldsymbol{p}=\boldsymbol{u}$ 时为零。由上式可知

$$H(X)\leqslant\log m \tag{11-3}$$

这表明对于所有的概率分布 $\boldsymbol{p}$，当等概率时熵达到最大值，最大熵为

$$H_{\max}(X)=H\left(\frac{1}{m},\frac{1}{m},\cdots,\frac{1}{m}\right)=\log m \tag{11-4}$$

例 11-1 二元概率空间的熵函数

二元概率空间是最简单的概率空间，设一个离散无记忆信源 X 的取值空间 $\mathcal{X}=\{0,1\}$，符号 0 和 1 出现的概率分别为 p 和 $1-p$。信源 X 的熵为 $H(X)=-p\log p-(1-p)\log(1-p)\triangleq H(p)$。熵函数 $H(p)$ 的图形如图 11-1 所示，这幅图直观说明熵的一些基本性质，$H(p)$ 为概率分布的凹函数，且具有非负性；当 $p=0$ 或 $p=1$ 时，$H(p)=0$；当 $p=0.5$ 时，$H(p)=1\text{bit}$。由于当 $p=0$ 或 $p=1$ 时，信源中符号的出现是确定的，从而不具有不确定度；而当 $p=0.5$ 时，随

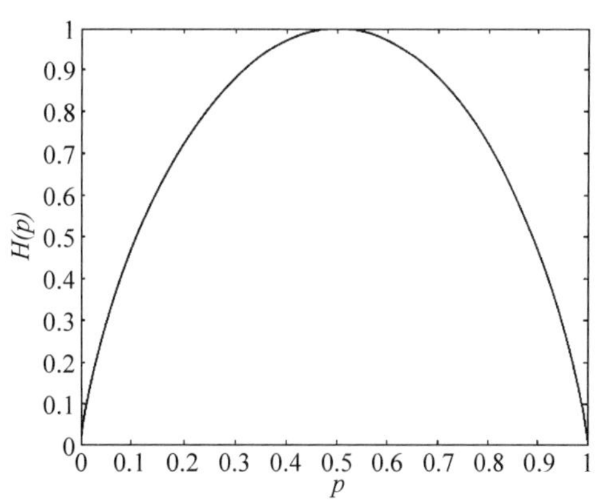

图 11-1 二元概率空间的熵函数

① 相对熵是两个随机变量概率分布之间距离的度量。

机变量的不确定度达到最大，此时对应的熵也达到最大值。

11.1.2 香农定理

关于随机变量 X 的信源编码 C 是从 X 的取值空间$\mathcal{X}$到$\mathcal{D}^*$的一个映射，其中$\mathcal{D}^*$表示 D 进制码元表$\mathcal{D}$中有限长度的符号序列所构成的集合。信源编码 C 的期望长度(expected length)$L(C)$定义为

$$L(C)=\sum_{x\in\mathcal{X}}p(x)l(x) \tag{11-5}$$

式中，$p(x)$表示随机变量 $X=x$ 的概率分布，即 $P\{X=x\}=p(x)$；$l(x)$表示 X 的码字长度。

若信源编码 C 将 X 的取值空间$\mathcal{X}$中的每一个元素$x\in\mathcal{X}$映射到不同的编码序列，即 $x\neq x'\Rightarrow C(x)\neq C(x')$，其中 $C(x)$表示 x 的码字，则称这个编码是非奇异的(nonsigular)。非奇异码可以保证表示 X 的每一个取值的明确性。但是，只有在两个码字之间添加间断码，才能确保其可译性，这样会降低编码效率。编码 C 的扩展编码是$\mathcal{X}$中有限长度的符号序列到 D 进制码元表$\mathcal{D}$中有限长码元序列的映射，定义为

$$C(x_1x_2\cdots x_n)=C(x_1)C(x_2)\cdots C(x_n)$$

其中，$C(x_1)C(x_2)\cdots C(x_n)$表示对应码字的串联。若编码 C 的扩展编码是非奇异的，则称该编码是唯一可译码。换言之，唯一可译码的任意编码序列只来源于唯一可能的信源符号序列。尽管如此，仍然可能需要通读整个编码序列，才能最终确定信源符号序列。若编码中无任何码字是其他码字的前缀，则称该编码为**前缀码**(prefix code)或即时码(instantaneous code)。由于何时结束码字都可以瞬时辨认出来，因而无须参考后面的码字就可译出即时码。前缀码可以用树图清楚地表示出来。下面考虑前缀码的最小期望长度问题。

香农第一定理(**最优前缀码定理**)：设 $l_1^*,l_2^*,\cdots,l_m^*$ 是关于信源概率分布 $\boldsymbol{p}$ 的 D 进制编码 C 的一组最优码字长度，L^* 为最优码的期望长度，即 $L^*(C)=\sum_{i=1}^{m}p_il_i^*$、$L^*(C)=H_D(X)$，则有

$$H_D(X)\leqslant L^*(C)<H_D(X)+1 \tag{11-6}$$

若 $l_i^*=-\log_D p_i$ 为整数，则此时的期望码字长度为 $L^*(C)=H_D(X)$，也就是说，最优码的期望长度达到不等式的下界 $H_D(X)$。不失一般性，可假定 D 进制码元表为$\mathcal{D}=\{0,1,\cdots,D-1\}$。

香农定理说明了信源的期望码字长度 $L(C)$ 与熵 $H_D(X)$之间的关系：由于 $l_i=-\log_D p_i$ 并非总是整数，造成实际最优码的期望长度大于或等于信源的熵，即 $L^*(C)\geqslant H_D(X)$，但是不会超出 1bit 的附加位，即 $L^*(C)<H_D(X)+1$。同时，这也说明熵可以作为有效码字长度的自然度量。最优编码使得期望码字长度 $L(C)$接近下界 $H_D(X)$，这样最优编码既不丢失信息，又占用最少的比特数。若 $L(C)$远大于 $H_D(X)$，则这种编码方法的效率过低，占用的比特数过多。若 $L(C)<H_D(X)$，则这种编码方法必然丢失信息，引起图像发生失真，这是在允许失真条件下有损压缩编码的情况。

11.2　图像压缩基本概念与模型

图像压缩是数据压缩技术在数字图像上的应用。图像信息具有直观、形象的优点，但是图像数据量非常庞大。这带来的问题是超出了存储器的容量和计算机的处理速度，更是当前通信信道的传输速率所不及的。图像压缩的目的是削减图像数据中的冗余信息，从而更加有效地传输和存储图像。

11.2.1　图像熵与编码效率

数据压缩是指减少表示给定信息量所需要的数据量。数据和信息是两个意义不同的概念。数据是信息传送的载体，对于等量的信息可以用不同的数据量表示。例如，对一个事件的描述，可以简明扼要，也可以冗长赘余。由于可以用不同的数据量表示等量的信息，包含不相关或重复信息的表示称为数据冗余。

图像通过像素传达信息，图像信源为所组成像素的集合。将像素的灰度级看作随机变量 X，X 所有可能的取值为 r_k，X 取各个可能值的概率为 $P\{X=r_k\}=p(r_k)$，$k=0,1,\cdots,L-1$，L 为灰度级数。根据信息论中熵的定义，图像熵 $H(X)$ 定义为

$$H(X)=-\sum_{k=0}^{L-1}p(r_k)\log_2 p(r_k) \tag{11-7}$$

图像熵是指平均意义上描述图像信源的信息量，具体地说，是描述像素集合所需的平均比特数。

通常采用编码效率和冗余度来度量图像压缩编码方法的性能。设 $H(X)$ 为信源 X 的熵，$L(C)$ 为信源编码 C 的期望长度，**编码效率** η 定义为

$$\eta=\frac{H(X)}{L(C)} \tag{11-8}$$

冗余度 γ 与编码效率 η 之间的关系为

$$\gamma=1-\eta=1-\frac{H(X)}{L(C)} \tag{11-9}$$

显然，编码效率越高，冗余度越低，则位流携带信息的有效性越高，传输或存储单个像素所需要的平均位数越少。

压缩率通常用于度量图像编码的数据压缩程度。设源图像的位数为 N_o，压缩数据的位数为 N_c，图像编码的**压缩率** β 定义为 N_o 与 N_c 之比，可表示为

$$\beta=\frac{N_o}{N_c} \tag{11-10}$$

压缩率为 β 表明源图像的 β 位和压缩数据的 1 位携带等量的信息。有损压缩编码允许更高的压缩率，然而，压缩率越高，图像失真越严重。JPEG 编码格式的压缩率通常在 10～40。

11.2.2　图像信息的冗余

图像数据通常存在着一定的冗余度，这些数据冗余会占用额外的存储空间和信道带宽。香农提出将数据看作是信息和冗余度的组合。由于图像中相邻像素之间或视频中相邻帧之

间较强的相关性产生冗余度，数据冗余的存在使得图像压缩成为可能。为了消除数据中的冗余度，通常需要考虑信源的统计特性，或建立信源的统计模型。数字图像的冗余包括空间冗余、时间冗余、信息熵冗余、结构冗余和心理视觉冗余（psyohovisual redundancy）等，通过数据编码方法削减一种或者多种数据冗余，从而达到数据压缩的目的。

空间冗余和时间冗余统称为**统计冗余**，是指图像中像素之间的冗余。具体来讲，图像中各个像素值之间不是统计独立的，而是存在着一定程度的相关性。**空间冗余**是静止图像中存在的一种主要的数据冗余。由于图像中同一目标上各采样点的颜色之间通常在空间上是均匀的、连续的，因此将图像数字化成为像素矩阵后，大量相邻像素的数值是相同或相近的，存在着空间连贯性。**时间冗余**是指序列图像（如电视画面、运动图像）中相邻帧之间的相关性所引起的数据冗余。序列图像一般为某一段时间内的一组连续画面，由于前后相邻帧记录相邻时刻的同一场景或相似场景的画面，因此，相邻帧通常包含大部分相同的画面内容，这种较强的时间相关性可以用于预测连续画面的变化。在压缩编码过程中，通常利用变换编码消除图像的空间冗余，利用运动补偿帧间预测编码去除视频帧间的时间冗余。

信息熵冗余是从编码技术的角度在图像编码时由于编码效率不高所引起的数据冗余，也称为编码冗余。信息熵是指一组数据所携带的平均信息量。由信息论可知，对于表示图像信息的像素，应按照其自信息分配相应的比特数。定长编码使用相同的码字长度表示不同概率的灰度值时，这样势必存在数据冗余。变长编码采用可变码字长度的编码，通过估计各个灰度级的像素出现的概率，对概率较大的灰度值分配较短的码字，对概率较小的灰度值分配较长的码字，从而使编码的期望码字长度最短。

结构冗余是指图像中存在重复出现的相同或相似的纹理结构。如布纹图案、草席图案和地板图案等，这些图像的像素值存在着明显的分布模式，可以通过某一过程生成具有已知分布模式的图像。

在记录图像数据时，通常假设人类视觉系统（human visual system，HVS）是均匀和线性的，将所有不同视觉敏感的信息同等对待。然而，人类视觉系统对图像的敏感性是非均匀和非线性的，在正常的视觉处理过程中，各种信息的相对重要程度不同，由此产生了**心理视觉冗余**。心理视觉冗余包括：①人类视觉系统对图像亮度的变化敏感，而对色度的变化相对不敏感；②人类视觉系统的辨别能力与目标周围的背景亮度成反比，在高亮度区域，人眼对亮度变化的敏感度下降；③人类视觉系统对图像中灰度发生急剧变化的边缘区域敏感，而对非边缘区域相对不敏感；④人类视觉系统对整体结构敏感，而对局部细节相对不敏感，小波变换的编码技术利用了这个特性；⑤大多数情况下灰度图像的量化采用 8bit 表示，可表达 2^8 个灰度级，彩色图像的像素采用 24bit 表示，可表示出 2^{24} 种颜色，然而人类视觉系统对图像灰度和颜色的分辨能力有一定极限，至多可以辨认出 2^6 级灰度和 2^{16} 种颜色。利用这些特征可以在相应部分降低编码精度，而使人眼从视觉感受上察觉不到图像质量的下降，从而实现图像数据的压缩。

11.2.3 图像压缩系统

图像压缩系统是由编码器和解码器两部分组成。编码器是对源数据进行压缩编码，以便于存储和传输。解码器是对压缩编码的数据进行解压缩[①]，还原为可以使用的数据。如图 11-2 所示，源图像 $f(x,y)$ 输入编码器中，编码器根据输入数据生成一组符号，经过信道进行传输到达解码端，将编码的符号送至解码器中，产生重构的输出图像 $\hat{f}(x,y)$。当图像压缩系统采用无损压缩编码时，则输出图像是输入图像的完全重构，$\hat{f}(x,y)$ 是 $f(x,y)$ 的精确表示，此时，压缩系统称为无误差的、无损的或信息保持的压缩系统；当图像压缩系统采用有损压缩编码时，则重构图像会发生某种程度的失真，$\hat{f}(x,y)$ 是 $f(x,y)$ 的近似图像，此时，压缩系统称为有损压缩系统。有损压缩编码是以人眼允许的一定误差范围之内的信息损失为前提来消除图像中的数据冗余。编码器由信源编码器和信道编码器组成。信源编码器用于减少或消除输入信号的数据冗余，信道编码器用于增强信源编码器输出符号的抗噪能力。解码器是由与编码器相对应的信道解码器和信源解码器组成。若编码器和解码器之间的传输信道是无噪声的，则可以略去信道编码器和信道解码器。

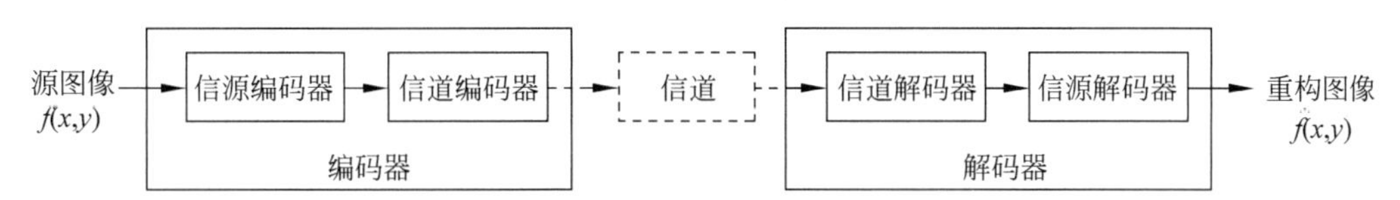

图 11-2　图像压缩系统

11.2.3.1　信源编码器和信源解码器

信源编码器的作用是减少或消除输入图像中的数据冗余。无损压缩利用数据的统计冗余进行压缩，可以完全重构源数据而不引起任何失真，但压缩率受到数据统计冗余度的理论限制。由于压缩率的限制，仅使用无损压缩方法不能有效解决图像和视频的存储和传输问题。尽管信源编码器的结构与具体应用的保真度要求有关，然而，一般情况下，信源编码器依次包括三个独立操作，如图 11-3(a)所示，通过映射器、量化器和符号编码器，依次减少或消除统计冗余、心理视觉冗余和编码冗余。而与之对应的信源解码器包括反序的两个独立操作，如图 11-3(b)所示，信源解码过程仅包含符号解码器和反向映射器两个操作。这两个操作的级联顺序与信源编码器的顺序相反。由于量化导致不可逆的信息损失，因此，信源解码器中通常不包含反向量化器。

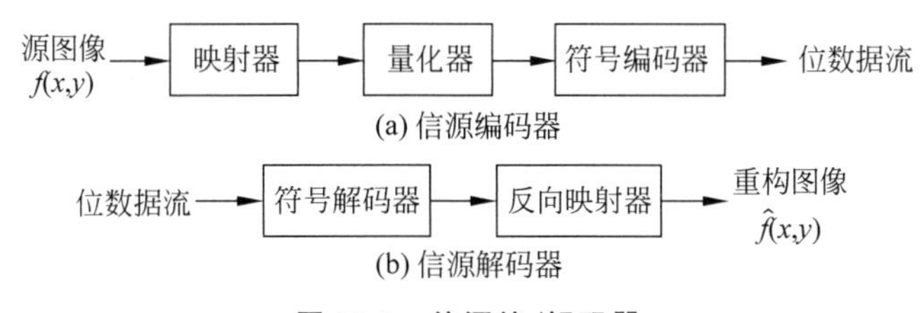

图 11-3　信源编/解码器

图 11-3(a)所示的信源编码过程包含了映射器、量化器和符号编码器三个级联的操作，但并不是图像压缩编码系统都必须包括这三个操作。无损压缩编码系统中没有量化器。在信源编码器中，映射器通过图像变换消除输入图像中各像素间的空间冗余，直接或间接减少

① 压缩和解压缩也称为编码和解码，编码和解码的表达反映了信息论对图像压缩领域的影响。

表达图像的数据量，这一操作通常是可逆的，不会造成信息的损失。映射的形式与具体的编码技术有关，行程编码是一种通过映射直接实现压缩的方法。变换编码将一幅图像映射为一组不相关的变换系数，对变换系数进一步量化间接实现压缩。在视频应用中，映射器使用前面视频帧的运动补偿去除输入视频中各帧间的时间冗余。量化器根据给定的保真度准则控制映射器输出的精度，减少心理视觉冗余。由于这一操作是不可逆的，因此量化器仅用在有损压缩编码系统中。此外，图像压缩编码系统也可以联合执行映射器和量化器操作。符号编码器生成表达量化器输出的码表，并根据码表生成码字。编码冗余是由于信源符号的概率分布不均匀造成的，通常采用可变长度的码字来适应不同概率的量化值，通过对频繁出现的量化值分配较短的码字，对不经常出现的量化值分配较长的码字来减少编码冗余，这一操作是可逆的。

图像压缩编码技术具有多种分类方法。根据编码目标不同，可分为静止图像编码和运动图像编码、二值图像编码和多值图像编码、灰度图像编码和彩色图像编码等。根据压缩过程有无信息损失，可分为有损压缩编码和无损压缩编码。最常用的是依照编码原理的分类方法，主要可分为统计编码、变换编码、预测编码和子带编码等。除此之外，还有诸多压缩编码方法，如比特平面编码、向量量化编码、分组编码、块截断编码和轮廓编码等。各种图像编码方法一般都有自适应算法，具体来讲，编码的参数不是固定不变的，而是根据图像信号的某种局部或瞬时的统计特性，能够自动地进行调整，以达到更高的压缩率。

11.2.3.2 信道编码器和信道解码器

当信道中含有噪声或容易产生误差时，信道编码器和信道解码器对整个编/解码过程非常重要。信源编码器的作用是尽可能压缩数据冗余，以减少编码的比特数，对信息有效表示，在传输时提高信息的传输效率。由于信源编码器的输出数据对传输噪声很敏感，信道编码通过将可控制的冗余加入信源编码的码字以减少信道噪声的影响，提高信息传输时的抗干扰能力，冗余度是为了保证信息传输的可靠性而存在的，因此，信道编码也称为数据传输或差错控制码。通信系统中信源编码和信道编码的级联保证信息在信道中高效而可靠地传输。信源和信道也可以联合起来进行编码，称为信源信道联合编码。但一般情况下，两者独立进行编码便于设计和实现，并有利于形成标准模块，增加系统的适应性。

最常用的信道编码是汉明码(R. W. Hamming，1950)。码元是对计算机网络传输的二进制数中每一位的通称，而由若干码元序列表示的数据单元通常称为码字。汉明码能够发现并纠正码字中的一个差错位，通过对二元分组码元进行一致性检验，以此来确定码字中差错码的位置。所谓一致性检验是对待检验分组码元中1的个数进行统计，若要求分组码元中1的个数是偶数，则称为偶检验，否则称为奇检验。码字由信息位和校验位两部分构成，其中表示源信号的码元称为信息位，为了使一致性检验条件成立而附加的码元称为校验位。设码字的长度为 N，校验位的个数为 M，M 位校验位可以表示 2^M 种差错检验情况，为了表示 N 个位的差错以及无差错的情况，M 应满足如下不等式关系：

$$2^M \geqslant N+1 \tag{11-11}$$

当码字长度为 N，校验位码元数为 M 时，共可以表达 2^K 种码字，码率 $R=K/N$，其中，$K=N-M$ 为信息位码元数。对于 $N=7$ 的特例，校验位码元数 $M=3$，信息位码元数 $K=4$，共可以表达 $2^4=16$ 种码字，码率 $R=4/7$。设4位码元$(b_0b_1b_2b_3)$表示源信号，与3位校验位组合形成的码字表示为$(h_0h_1h_2h_3h_4h_5h_6)$，其中，码字中前4位码元是信息位，$(h_0h_1h_2h_3)=(b_0b_1b_2b_3)$，后3位码元是校验位。根据偶检验确定的校验位为

$$\begin{cases} h_4=b_0\oplus b_1\oplus b_2 \\ h_5=b_1\oplus b_2\oplus b_3 \\ h_6=b_0\oplus b_1\oplus b_3 \end{cases} \tag{11-12}$$

式中，$\oplus$为模2或异或运算。

码字中信息位和校验位的区分在于，表示源信号的码元直接在信息位上，而校验位的码元则与多个信息位码元相关联。但从一致性检验的条件来讲，处于同一检验条件中的各个码元之间只是存在一种约束关系，不存在检验者和被检验者的关系，因此，对如下二元分组码元进行一致性检验：

$$\begin{cases} c_4=h_0\oplus h_1\oplus h_2\oplus h_4 \\ c_5=h_1\oplus h_2\oplus h_3\oplus h_5 \\ c_6=h_0\oplus h_1\oplus h_3\oplus h_6 \end{cases} \tag{11-13}$$

式中，$c_4c_5c_6$表示三个独立的一致性检验结果，若$c_4c_5c_6$全为零，则表示传输没有差错；否则，表示传输存在差错，根据$c_4c_5c_6$不为零的位置判断$b_0b_1b_2b_3$中出现差错的码元。图11-4所示的文氏图直观说明了汉明码的原理，如图11-4(a)所示三个圆的相交处分别表示4个信息位，假设信息位的码元如图11-4(b)所示，根据式(11-12)中的偶校验，则校验位的码元如图11-4(c)所示。对于如图11-4(d)所示发生误码的情况，可以根据式(11-13)判断差错码元的位置，由于c_4为零，c_5和c_6不为零，由此确定差错码的位置发生在c_5和c_6相交处，即信息位b_3发生了误码。

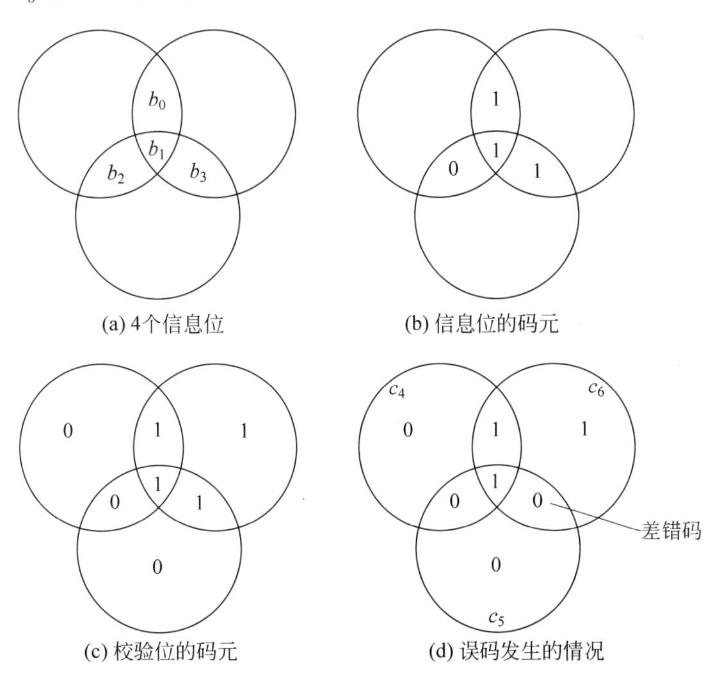

图11-4　文氏图说明汉明码的原理

上述特例的汉明码的码率仅为4/7，然而，随着码字中信息位码元长度的增加，码率提

高。若校验位码元数 $M=10$，则根据式(11-11)可校验的信息位码元数 $K=1013$，码率可达 1013/1023。已经证明，在相同纠错能力下汉明码的码率达到最高。汉明码的解码过程也很简单，按照一致性检验确定有无差错或差错发生的位置，只需在发生差错的码元处加 1 并作模 2 运算，即可获得发送的正确码字。

11.3 统计编码

统计编码是利用数据的统计冗余进行的可变码字长度编码，也称为熵编码(entropy coding)。统计编码是一种信息保持的无损压缩编码，能够完全恢复源数据而不引入任何失真，但压缩率受到数据统计冗余度的理论限制。由源符号映射到可变长度的码字称为可变码字长度编码，简称为变长编码。例如，电报中的莫尔斯(Morse)码是一种关于英文字母表的有效变长编码，使用短序列表示频繁出现的字母(例如，单个点表示 E)，而用长序列表示不经常出现的字母(例如，Q 表示为"划划点划")。在变长编码中，常用的编码方法有霍夫曼(Huffman)编码和算术编码。当源数据是连续出现的符号时，常用的方法是对连续出现的符号(行程)进行行程编码。为了降低编/解码器的复杂度，当待编码的符号集合较大时，采用准变长编码，例如香农-费诺(Shanno-Fano)编码，以编码效率为代价换取编码时间。

11.3.1 香农-费诺编码

由 Shannon 和 Fano 提出的香农-费诺编码是一种常见的变长编码方法。对于信源符号的 D 进制前缀码，设 $l_1^*, l_2^*, \cdots, l_m^*$ 是关于信源概率分布 $\boldsymbol{p}$ 的一组最优码长，最优码长为 $l_i^*=-\log_D p_i, i=1,2,\cdots,m$。由于 $-\log_D p_i$ 未必为整数，因此通过取整运算给出整数码字长度的分配：

$$l_i=\lceil -\log_D p_i \rceil \tag{11-14}$$

式中，$\lceil x \rceil$表示$\geqslant x$ 的最小整数(向上取整)。选取码长 l_i 为$\lceil -\log_D p_i \rceil$的编码称为香农码，香农码的码长 l_i 满足如下不等式：

$$-\log_D p_i \leqslant l_i < -\log_D p_i + 1 \tag{11-15}$$

香农-费诺编码的理论基础是信源符号的码长 l_i 完全由该符号出现的概率来决定，香农-费诺编码方法的具体步骤可描述如下：

(1) 统计各个信源符号出现的概率，将信源符号按其概率递减的顺序排列，即

$$p_j \geqslant p_{j+1}, \quad j=1,2,\cdots,m-1$$

(2) 根据各个信源符号的概率，计算对应的码字长度

$$l_i=\lceil -\log_D p_i \rceil$$

(3) 计算累积概率值

$$c_j=c_{j-1}+p_j, \quad j=1,2,\cdots,m-1; \quad c_0=0$$

(4) 将累积概率值 c_j 由十进制小数转换成二进制小数，$j=0,1,\cdots,m-1$。

(5) 截取二进制小数点后的前 l_i 位作为对应信源符号的二进制码字。

设离散无记忆信源 X 的符号集合为$\mathcal{X}=\{x_1, x_2, \cdots, x_5\}$，表 11-1 给出了信源符号及其概率分布，信源的熵为 $H(X)=-\sum_{i=1}^{5} p_i \log_2 p_i=1.97\,\text{bit}$。表 11-2 给出了香农-费诺编码的

过程，将信源符号按其概率递减的顺序排列（第1列），根据概率 p_i（第2列）计算码长 l_i（第3列），并计算累积概率值 c_j（第4列），将累积概率值 c_j 转换为二进制表示（第5列）。从二进制小数点后开始按码长截取位数，表中最后一列为香农-费诺编码的码字。对于表11-2中的香农-费诺编码，期望码字长度为 $L(C)=\sum_{i=1}^{5}p_il_i=2.44\text{bit}$，编码效率为 $\eta=H(X)/L(C)=81\%$。

表 11-1　信源符号及其概率分布

信源符号 x_i	概率 p_i	信源符号 x_i	概率 p_i
x_1	0.0625	x_4	0.1875
x_2	0.0625	x_5	0.2500
x_3	0.4375		

表 11-2　香农-费诺编码的过程

信源符号 x_i	概率 p_i	码长 l_i	累积概率值 c_j	c_j 的二进制表示	码字
x_3	0.4375	2	0	0.00000000	00
x_5	0.2500	2	0.4375	0.01110000	01
x_4	0.1875	3	0.6875	0.10110000	101
x_2	0.0625	4	0.875	0.11100000	1110
x_1	0.0625	4	0.9375	0.11110000	1111

二分法香农-费诺编码方法是由费诺提出的一种构造信源编码的次优方法，一般不是最优的，但是期望码字长度可以达到 $L(C)\leqslant H(X)+2$。二分法香农-费诺编码方法的具体步骤可描述如下：

(1) 统计各个信源符号出现的概率，将信源符号按其概率递减的顺序排列，即 $p_j\geqslant p_{j+1}, j=1,2,\cdots,m-1$；

(2) 将信源符号集合划分为概率总和相等或近似相等的两个子集，对概率较大的子集中的符号，将0加入编码，对于概率较小的子集中的符号，将1加入编码；

(3) 重复步骤(2)对两个子集继续划分，直至子集中只剩余单个信源符号为止；

(4) 将各个信源符号所属子集的二进制编码依次连接，组成该信源符号对应的码字。

表11-3给出了二分法香农-费诺编码的过程，将信源符号按其概率递减的顺序排列，将信源符号集合划分为概率总和近似相等的两个子集，左边子集的编码为0，右边子集的编码为1。对每一次划分的两个子集继续重复这样的划分过程，左边子集仅有单个信源符号，对右边子集继续划分，见表中的连续四次划分。将每一个信源符号所属子集的编码依次连接，表11-4列出了对表11-1中信源符号进行二分法香农-费诺编码的码字。对于表11-4中的二分法香农-费诺编码，期望码字长度为 $L(C)=\sum_{i=1}^{5}p_il_i=2\text{bit}$，编码效率为 $\eta=H(X)/L(C)=98.7\%$。

表 11-3 二分法香农-费诺编码的过程

灰度值 x_i	x_3	x_5	x_4	x_2	x_1
概率 p_i	0.4375	0.2500	0.1875	0.0625	0.0625
第 1 次编码	0	1			
第 2 次编码		0	1		
第 3 次编码			0	1	
第 4 次编码				0	1

表 11-4 二分法香农-费诺编码的码字

信源符号 x_i	概率 p_i	码长 l_i	码字
x_3	0.437	1	0
x_5	0.2500	2	1
x_4	0.1875	3	110
x_2	0.0625	4	1110
x_1	0.0625	4	1111

11.3.2 霍夫曼编码

霍夫曼编码是由霍夫曼于 1952 年提出的一种无损数据压缩的熵编码方法。霍夫曼编码使用可变长度的二进制码字对源符号进行编码，是关于给定概率分布构造的最优前缀码。已经证明，对于相同信源码元表的任意其他编码，不可能比霍夫曼编码所构造出的码字具有更短的期望码字长度。

11.3.2.1 霍夫曼编码方法

霍夫曼树是一种带权路径长度最短的二叉树[①]，也称为最优二叉树。所谓树的带权路径长度是树中所有的叶节点的权值与其到根节点路径长度的乘积之和。设根节点为 0 层，从根节点到叶节点的路径长度为叶节点的层数，树的带权路径长度 L_{wp} 的计算式为

$$L_{\mathrm{wp}}=\sum_{i=1}^{m} w_i l(x_i)=w_1 l(x_1)+w_2 l(x_2)+\cdots+w_m l(x_m) \tag{11-16}$$

式中，w_i 为叶节点 x_i 对应的权值，$l(x_i)$为对应于叶节点 x_i 的路径长度，$i=1,2,\cdots,m$。

霍夫曼编码包括构造霍夫曼树和分配码字两个步骤，在霍夫曼树中，每一个信源符号对应一个叶节点，权值为对应于信源符号发生的概率，根据构造的霍夫曼树，给各个信源符号分配二进制码字。

步骤一：构造霍夫曼树。

(1) 统计各个信源符号出现的概率，将信源符号按其概率递减的顺序排列；

(2) 将最小概率的两个符号合并成为一个节点，并将它们的概率之和作为该节点的概率，参与下一次的排序；

(3) 按概率递减的顺序重新排列新的节点，并重复步骤(2)直至合并成为一个总根节点为止。

① 每一个节点最多含有两个子树的树称为二叉树，二分法香农-费诺编码的关键也是构造二叉树。

步骤二：分配码字。

对于每一个节点的分支，将编码0加入概率较大的节点分支，将编码1加入概率较小的节点分支，从根节点到叶节点路径分支上分配的编码依次连接组成叶节点所对应信源符号的二进制码字。

设离散无记忆信源 X 的符号集合为$\mathcal{X}=\{x_1,x_2,\cdots,x_6\}$，表11-5给出了信源符号及其概率分布，信源的熵为 $H(X)=-\sum_{i=1}^{6}p_i\log_2 p_i=2.35\text{bit}$。图11-5说明了霍夫曼树的构造与码字分配过程，在构造的霍夫曼树中，点 E 为根节点，从根节点到叶节点，为每一个节点分支分配0或1。对于各个信源符号，将根节点到对应叶节点分支上的编码依次连接。表11-6列出了对各个信源符号分配的码字。对于表11-6中的霍夫曼编码，期望码字长度为 $L(C)=\sum_{i=1}^{6}p_i l_i=2.4\text{bit}$，编码效率为 $\eta=H(X)/L(C)=90\%$。

表11-5　信源符号及其概率分布

信源符号 x_i	概率 p_i	信源符号 x_i	概率 p_i
x_1	0.32	x_4	0.16
x_2	0.22	x_5	0.08
x_3	0.18	x_6	0.004

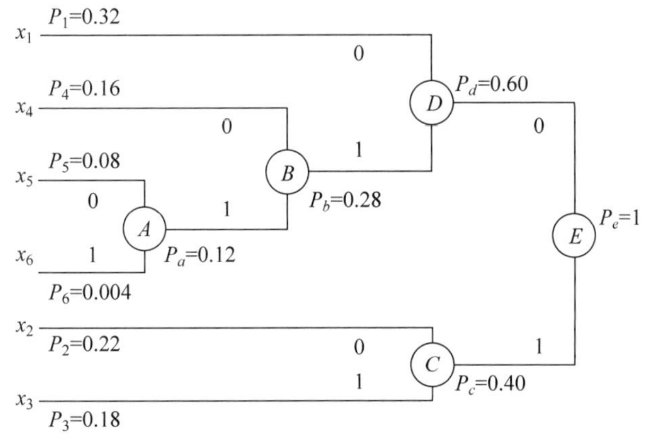

图11-5　霍夫曼树构造和码字分配过程

表11-6　霍夫曼编码的码字

信源符号 x_i	概率 p_i	码长 l_i	码字 w_i
x_1	0.32	2	00
x_2	0.22	2	10
x_3	0.18	2	11
x_4	0.16	3	000
x_5	0.08	4	0000
x_6	0.04	4	0001

11.3.2.2 有关霍夫曼编码的评论

霍夫曼编码的实现问题。霍夫曼编码可以有效地缩短编码所用的码字。根据构造过程可知，霍夫曼编码是前缀码，保证了码的唯一可译性，并且符号编码的期望码字长度最短，因此这种编码方案是最优前缀码。霍夫曼编码在实际中存在的以下若干问题：①当硬件实现时，概率值的最小存储单元为 1bit，不能精确到小数后多位，这样会引起概率匹配不准确以及编码效率的下降；②由于码字长度可变，因此霍夫曼编码与解码过程耗时；③灰度图像一般达到 256 个灰度级，当对整幅图像直接进行霍夫曼编码时，会产生很多不同的码字，且小概率分布的灰度值可能有很长的编码，这样不仅达不到数据压缩的目的，反而会使数据量和复杂度增大。常用的方法是将图像划分成图像块，对各个图像块进行独立的霍夫曼编码。例如，对于尺寸为 8×8 的图像块，最多只可能有 64 种不同的灰度，这样降低了不同灰度的个数。

霍夫曼编码与香农码。对于某个特定的符号，使用码字长度为$\lceil -\log_D p_i \rceil$的香农码，可能比最优码更差。例如，考虑某一信源 X 的取值空间由两个符号构成，其中一个符号发生的概率为 0.9999，而另一个为 0.0001。若使用香农码，则它们的码字长度分别为 1bit 和 14bit。然而，这两个符号的霍夫曼编码的最优码长都是 1bit。因而，在香农编码中，不经常发生的符号的码字长度一般比最优码的码字更长。对于单个符号来说，不论是香农码还是霍夫曼码都可能有更短的码字长度，但从平均意义上讲，霍夫曼编码具有更短的期望码字长度。另外，从期望码字长度衡量，香农码和霍夫曼码的差别不超过 1bit，两者的期望码字长度均在 $H(X)$与 $H(X)+1$ 之间。

11.3.3 算术编码

算术编码将信源符号序列用 0～1 的小数进行编码，可以用分数比特来表示单个信源符号。当信源符号序列的长度增加时，表示信源符号序列的编码区间减小，于是表示该编码区间所需的位数就会增加。算术编码可以追溯至 Elias 的研究工作，与前两节的变长编码不同的是算术编码不按符号编码，信源符号与码字之间不存在一一对应的关系。具体来讲，霍夫曼编码一次对一个符号进行编码，将单个信源符号映射成一个整数位的码字；而算术编码将信源符号的整个序列映射成一个单独的浮点数，给整个符号序列分配一个单一的码字。

在算术编码中，根据信源中各个符号的概率来细分编码区间。初始编码区间为整个半开区间[0,1)，每输入一个符号，将编码区间缩小至当前输入符号在当前编码区间中对应的间隔。根据输入信源符号的概率减小编码区间，信源符号的概率越大对应于间隔越宽，需要使用较短的码字表示；信源符号的概率越小对应于间隔越窄，需要用较长的码字表示。设离散无记忆信源 X 的符号集合为 $X=\{x_1,x_2,x_3\}$，信源符号及其概率分布如表 11-7 所示，信源的熵为 $H(X)=1.5219$bit。在算术编码的过程中，编码区间为整个半开区间[0,1)，初始时根据各个信源符号的概率将其划分成三个间隔，符号 x_1 对应于编码区间的间隔[0,0.4)，符号 x_2 对应于编码区间的间隔[0.4,0.6)，符号 x_3 对应于编码区间的间隔[0.6,1)，如表 11-7 所示。

表 11-7 信源符号及其概率分布

信源符号 x_i	概率 p_i	间隔
x_1	0.4	[0,0.4)
x_2	0.2	[0.4,0.6)
x_3	0.4	[0.6,1.0)

图 11-6 说明了输入信源序列 $x_2x_1x_1x_3x_3$ 的算术编码过程。信源序列的第一个输入符号 x_2 的间隔为[0.4,0.6)，编码区间缩窄为[0.4,0.6)。继续采用这种方式，根据下一个信源符号的间隔对编码区间[0.4,0.6)再进行细分。第一个符号 x_2 限制编码区间为[0.4,0.6)，第二个输入符号 x_1 的间隔为[0,0.4)，将编码区间[0.4,0.6)中的间隔[0,0.4)作为新的编码区间，起始位置为 $0.4+0\times(0.6-0.4)=0.4$，终止位置为 $0.4+0.4\times(0.6-0.4)=0.48$，序列 x_2x_1 的编码区间为[0.4,0.48)。以此类推，第三个输入符号 x_1 的间隔为[0,0.4)，将编码区间[0.4,0.48)中的间隔[0,0.4)作为新的编码区间，起始位置为 $0.4+0\times(0.48-0.4)=0.4$，终止位置为 $0.4+0.4\times(0.48-0.4)=0.432$，序列 $x_2x_1x_1$ 的编码区间为[0.4,0.432)。第四个输入符号 x_3 的间隔为[0.6,1)，将编码区间[0.4,0.432)中的间隔[0.6,1)作为新的编码区间，起始位置为 $0.4+0.6\times(0.432-0.4)=0.4192$，终止位置为 $0.4+1\times(0.432-0.4)=0.432$，序列 $x_2x_1x_1x_3$ 的编码区间为[0.4192,0.432)。最后一个输入符号 x_3 的间隔为[0.6,1)，将编码区间[0.4192,0.432)中的间隔[0.6,1)作为新的编码区间，起始位置为 $0.4192+0.6\times(0.432-0.4192)=0.42688$，终止位置为 $0.4192+1\times(0.432-0.4192)=0.432$，整个序列 $x_2x_1x_1x_3x_3$ 的编码区间为[0.42688,0.432)。表 11-8 给出了上述算术编码过程的具体步骤。将编码区间中最短的数作为信源的编码输出，在这个编码区间中最短的小数为 0.43，它的二进制表示为 0.0110111。由于算术编码中任意符号序列的编码都含有"0."，因此在编码时不考虑"0."，于是，对信源符号序列 $x_2x_1x_1x_3x_3$ 进行算术编码的码字为 0110111。由此可见，使用 7bit 的二进制码字可以表示这 5 个符号的信源，期望码字长度为 $L(C)=1.4$bit。

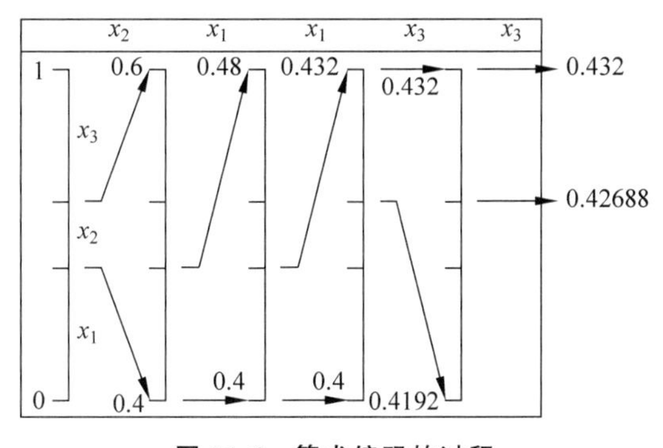

图 11-6 算术编码的过程

表 11-8 算术编码过程的步骤描述

步骤	输入符号	编 码 判 别	编码区间
1	x_2	符号 x_2 的初始间隔为[0.4,0.6)	[0.4,0.6)
2	x_1	编码区间[0.4,0.6)中符号 x_1 的间隔为[0.4,0.48)	[0.4,0.48)

续表

步骤	输入符号	编 码 判 别	编码区间
3	x_1	编码区间[0.4,0.48)中符号 x_1 的间隔为[0.4,0.432)	[0.4,0.432)
4	x_3	编码区间[0.4,0.432)中符号 x_3 的间隔为[0.4192,0.432)	[0.4192,0.432)
5	x_3	编码区间[0.4192,0.432)中符号 x_3 的间隔为[0.42688,0.432)	[0.42688,0.432)

算术解码是算术编码的逆过程，解码时根据编码符号的概率分布和编码区间，就可以逐位判别信源符号序列。表 11-9 给出了算术解码过程的具体步骤，每一个步骤按顺序解码出一位信源符号。首先，由于 0.43 在初始编码区间的间隔[0.4,0.6)中，因而译码出符号 x_2，编码区间为[0.4,0.6)；下一步，由于 0.43 在编码区间[0.4,0.6)的间隔[0,0.4)中，因而译码出符号 x_1，编码区间为[0.4,0.48)；以此类推，由于 0.43 在编码区间[0.4,0.48)的间隔[0,0.4)中，因而译码出符号 x_1，编码区间为[0.4,0.432)；由于 0.43 在编码区间[0.4,0.432)中的间隔[0.6,1)中，因而译码出符号 x_3，编码区间为[0.4192,0.432)；最后，由于 0.43 在编码区间[0.4192,0.432)中的间隔[0.6,1)中，因而译码出符号 x_3，编码区间为[0.42688,0.432)。于是，最终的译码符号序列为 $x_2x_1x_1x_3x_3$。在上面的例子中，假定编码器和解码器都知道信源的长度，因此解码器的译码过程不会无限制地运行下去。实际上在解码器中需要添加终止符，当解码器看到终止符时停止译码。

表 11-9 算术解码过程的步骤描述

步骤	译 码 判 别	译码符号	编码区间
1	0.43 在符号 x_2 的初始间隔中	x_2	[0.4,0.6)
2	0.43 在编码区间[0.4,0.6)中符号 x_1 的间隔中	x_1	[0.4,0.48)
3	0.43 在编码区间[0.4,0.48)中符号 x_1 的间隔中	x_1	[0.4,0.432)
4	0.43 在编码区间[0.4,0.432)中符号 x_3 的间隔中	x_3	[0.4192,0.432)
5	0.43 在编码区间[0.4192,0.432)中符号 x_3 的间隔中	x_3	[0.42688,0.432)

在算术编码中需要注意几个问题：①由于实际的机器精度不可能无限长，常见的是 16 位、32 位或者 64 位精度，运算中出现溢出是一个明显的问题；②算术编码器对整个信源序列只产生一个码字，这个码字是在区间[0,1)中的小数，因此解码器在接收到表示该小数的所有位之前不能进行译码；算术编码也是一种对差错敏感的编码方法，其中某一位码元出错就会导致整个信源序列的译码发生差错。

算术编码要求估计各个信源符号发生的概率。建立合理的信源概率模型是进行算术编码的关键。根据信源概率模型的建立方法，算术编码可分为静态算术编码和自适应算术编码。静态算术编码在编码前统计所有输入信源符号出现的概率，而在编码过程中，信源符号的概率是固定的。由于很难预先精确获知信源符号的概率，自适应算术编码根据输入的信源符号在编码过程中逐步建立并不断更新自适应概率模型，动态地估计信源符号的概率。

11.3.4 行程编码

行程编码是一种无损数据压缩的熵编码方法，也称为行程长度编码（run length encoding，RLE）。行程编码的基本原理是，将连续的符号序列用该序列的长度和单个符号来表示，连续的符号序列称为行程，符号序列的长度称为行程长度。例如，行程编码将符号序列 aabbbbccdddddd 表示为 2a4b2c5d。行程编码是一种针对二值图像的有效编码方法，对连续的黑色和白色像素数(行程)进行编码。由于传真文档主要是二值文档，行程编码已成为传真文档压缩编码的标准方法。

行程编码的优势是编码和解码过程简单、速度快、计算量小，它的问题是对于不重复的文档反而增大数据量。当一幅图像中包含许多常数区域时，行程编码的压缩率是巨大的，但对于其他图像行程编码的压缩率不高，最坏的情况是图像中任意两个相邻像素值都不相同，在这种情况下，行程编码不仅不能起到数据压缩的作用，反而使数据量增加一倍。由于连续色调图像中相同像素值的连续性较差，为了达到高压缩率，连续色调图像的压缩一般不单独使用行程编码，而是与其他编码方法结合使用。例如，在 JPEG 静止图像压缩编码标准中，综合使用了变换编码、预测编码、行程编码和熵编码等编码方法。

PCX 是一种采用行程编码来实现数据压缩的无损压缩图像文件格式。PCX 图像文件是最早支持彩色图像的文件格式，最高可以支持 256 种彩色。PCX 图像文件由文件头和图像压缩数据两个部分构成，256 色位图的 PCX 图像文件在文件尾部还包含相应的 256 色调色板。文件头占用 128 个字节，描述 PCX 图像文件的版本标识、图像显示设备的分辨率以及调色板等信息。图像压缩数据在文件头之后，若使用调色板，则图像数据存储的是调色板的索引值；否则，所存储的是实际像素值。由于 256 色位图的调色板中的数据连续性很差，因此，调色板数据不编码。当图像数据是实际的像素值时，按行和颜色通道进行扫描，逐行依次扫描 R、G、B 分量，具体来说，对于每一行先扫描所有 R 分量，再扫描所有 G 分量，最后扫描所有 B 分量，扫描完一行数据后，再扫描下一行数据。当使用调色板时，数据是调色板的索引值，无须分解为单独的颜色通道，逐行扫描图像。

在 256 色 PCX 图像文件的行程编码中，每一个像素占用 1 字节，以字节为单位逐行对压缩数据进行编码，每一行填充到偶数字节。PCX 文件规定编码时的最大行程长度为 63，当行程长度大于 63 时，分为多次存储。对于长度大于 1 的行程，编码时先存入其行程长度(实际行程长度 L 加上 192(0xC0)[①])，再存入该行程的像素值，行程长度和行程的像素值分别占用 1 字节。对于长度为 1 的行程，也就是单个像素，若该像素值小于或等于 0xC0，则编码时直接存入该像素值，而不存储长度信息；否则，为了避免该像素值被误认为长度信息，先存入 0xC1，再存入该像素值。例如，连续 70 个像素值为 128(0x80)的像素，由于行程长度大于 63，分为两次存储，63(0x3F)与 0xC0 相加为 0xFF，7(0x07)与 0xC0 相加为 0xC7，以十六进制表示的编码为 FF 80 C7 80，其中，0xFF 和 0xC7 为长度，0x80 为像素值。

对于 256 色 PCX 图像文件的解码，从压缩数据部分读取一个字节，若该数值大于 0xC0，则表明该字节是行程长度信息，读取其低六位(相当于减去 0xC0)即为行程长度 L，读取下一个字节即为像素值并重复 L 次存入图像数据；否则，该字节为像素值，直接将该数值存入图像数据。目前几乎所有的图像应用软件都支持 PCX 文件格式，但由于其压缩率不高，这种图像文件格式逐渐被其他更复杂的 JPEG、PNG 等图像格式所取代。

① 最常见的十六进制数值的表示方式是在数字前加“0x”。

11.4 变换编码

变换编码(transform coding)是一种在变换域中实现数据压缩的编码方法,它是将在空域描述的图像信号转换到变换域进行描述,根据图像信号在变换域中系数的特征和人类视觉特性进行编码。正交变换的作用是消除像素之间的空间相关性,尽可能地将信息集中到少量的变换系数上,通过量化过程舍弃大量数值较小的变换系数,从而降低空间冗余度。常用的正交变换有离散傅里叶变换、沃尔什-哈达玛变换(Walsh-Hadamard transform,WHT)、哈尔变换(Haar transform,HRT)、斜变换(slant transform,SLT)、离散余弦变换(discrete cosine transform,DCT)和 K-L 变换(Karhunen-Loeve transform,KLT)等。K-L 变换是在最小均方误差准则下实现图像压缩的最优变换,但是,由于其变换矩阵随图像内容而异,因而一般无快速算法。尽管 K-L 变换不能用于实时编码,然而在理论上具有重要的意义,可以用来分析变换编码方法的性能极限。除了 K-L 变换之外,其他正交变换都具有快速算法。在这些正交变换中,当以自然图像为编码目标时,离散余弦变换是与 K-L 变换性能最接近的正交变换。

11.4.1 变换编码的原理

变换编码将图像像素矩阵经过某种形式的正交变换转换成一组变换系数,然后对这些变换系数进行量化和编码。从数学的观点来看,变换编码过程实际上是将原先在空域相关的二维像素矩阵变换为在统计上独立的变换域系数矩阵,从而可以用较少的比特表示图像。对于大多数图像而言,经过某种形式的正交变换,将图像中的像素去相关后,大量变换系数都有较小的幅度,根据人类视觉特性对各个变换系数进行不同精度的量化,在保证一定图像质量的前提下,通过粗量化或完全舍弃较小的系数几乎不会发生视觉可察觉的图像失真。这样就能够用少量的变换系数来表示图像的大量信息,从而达到数据压缩的目的。由于正交变换是可逆的,变换前后的信息熵保持不变,因此,有损压缩编码中只有量化操作带来信息的损失,而正交变换本身只是将图像的能量重新分布。

块变换编码是以图像块为基本单元的变换编码技术,块变换编码的基本系统框图如图 11-7 所示,编码器依次执行四个操作:图像块分解、正变换、量化器和符号编码器。解码器反序地执行三个操作:符号解码器、逆变换和图像块合并。除了量化器之外,解码器执行与编码器相反次序的步骤。

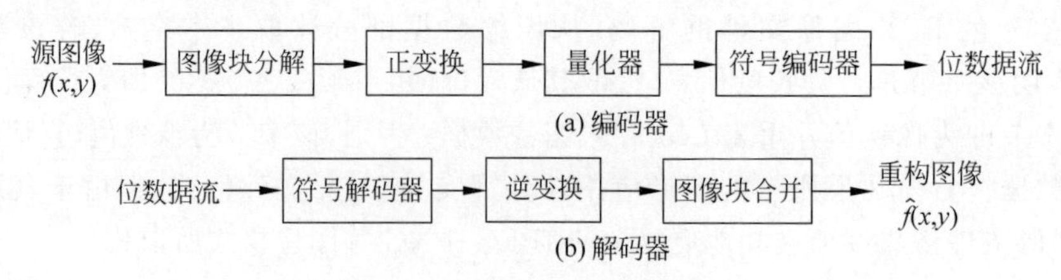

图 11-7 块变换编码系统框图

在块变换编码中,将图像划分为尺寸相同且不重叠的图像块,并对每一个图像块单独进行正向正交变换。设图像块的尺寸为 $n\times n$,正交变换将图像块的 n^2 个像素值映射为 n^2 个变换系数，在量化阶段，有选择地舍弃或粗量化较小的系数，忽略这些系数对重构图像块质量的影响。然后，对量化系数进行符号编码（通常使用变长编码），最后，送入信道传输。解码端则是编码的逆过程，这 n^2 个变换系数经过符号解码和逆向正交变换重新恢复为图像块的 n^2 个像素值（含有量化误差），再将解码的图像块合并为重构图像。当源图像的尺寸 M 和 N 不为 n 的整数倍数时，对输入图像进行零延拓。变换编码中的任何或所有步骤都可以根据局部图像内容进行适应性调整，称为自适应变换编码；若所有步骤对于任何图像块都是固定的，则称为非自适应变换编码。

11.4.2　正交变换

图像的正交变换是一维信号处理方法在二维空间的扩展。正交变换能够有效地消除像素之间的空间相关性，将图像的大部分能量集中到相对少数几个系数上，大多数变换系数只包含极少的能量。正是由于正交变换具有这种去相关、且能量集中的特性，因此，正交变换广泛应用于图像编码中。

在变换编码的特定应用中，正交变换的选择取决于可容忍的重构误差以及可用的计算资源。有损数据压缩是在变换系数的量化过程中，而不是正交变换过程中实现的。考虑尺寸为 $M\times N$ 的数字图像 $f(x,y)$，其正向离散变换 $T(u,v)$ 的一般关系式可表示为

$$T(u,v)=\sum_{x=0}^{M-1}\sum_{y=0}^{N-1}f(x,y)h(x,y,u,v) \tag{11-17}$$

式中，$u=0,1,\cdots,M-1$；$v=0,1,\cdots,N-1$。$T(u,v)$ 为变换系数，给定变换系数 $T(u,v)$，通过逆向离散变换计算 $f(x,y)$ 的一般关系式可表示为

$$f(x,y)=\sum_{u=0}^{M-1}\sum_{v=0}^{N-1}T(u,v)\kappa(x,y,u,v) \tag{11-18}$$

式中，$x=0,1,\cdots,M-1$；$y=0,1,\cdots,N-1$。变换系数 $T(u,v)$ 可以看成 $f(x,y)$ 关于 $\kappa(x,y,u,v)$ 的一系列展开系数。在式(11-17)和式(11-18)中，$h(x,y,u,v)$ 和 $\kappa(x,y,u,v)$ 分别称为正变换和逆变换的核函数，也称为基函数或基图像。

若称式(11-17)中正变换的基函数为可分离的，则满足如下等式成立：

$$h(x,y,u,v)=h_1(x,u)h_2(y,v) \tag{11-19}$$

具有可分离基函数的二维变换可以分解为相应的一维行变换和列变换计算。若式(11-19)中 $\kappa(x,y,u,v)$ 代替 $h(x,y,u,v)$ 成立，则对逆变换的基函数也有相同的结论。除了 K-L 变换之外，其他正交变换都是行列可分离的。

正变换和逆变换的基函数 $h(x,y,u,v)$ 和 $\kappa(x,y,u,v)$ 决定了变换类型和总体计算的复杂性，傅里叶正变换的基函数为

$$h(x,y,u,v)=\mathrm{e}^{-\mathrm{j}2\pi(ux/M+vy/N)} \tag{11-20}$$

以及傅里叶逆变换的基函数为

$$\kappa(x,y,u,v)=\frac{1}{MN}\mathrm{e}^{\mathrm{j}2\pi(ux/M+vy/N)} \tag{11-21}$$

将上述基函数代入式(11-17)和式(11-18)中即是在第 4 章中讨论的二维离散傅里叶变换对。

11.4.3 离散余弦变换

离散余弦变换广泛应用于信号和图像的有损数据压缩。二维离散余弦变换是一种图像压缩编码领域中最常用的正交变换，目前已经被多种静止图像压缩编码和运动图像压缩编码的国际标准所采纳。

11.4.3.1 一维离散余弦变换

离散余弦变换等同于对实偶函数进行离散傅里叶变换，与傅里叶变换有着内在的联系。由于实偶函数的傅里叶变换仍然是实偶函数，离散余弦变换是实变换，没有虚数部分。

一维离散函数 $f(x), x=0,1,\cdots,N-1$ 的离散余弦变换及其逆变换定义为

$$F(u)=c(u)\sum_{x=0}^{N-1}f(x)\cos\frac{\pi u(2x+1)}{2N},\quad u=0,1,\cdots,N-1 \tag{11-22}$$

$$f(x)=\sum_{u=0}^{N-1}c(u)F(u)\cos\frac{\pi u(2x+1)}{2N},\quad x=0,1,\cdots,N-1 \tag{11-23}$$

其中，

$$c(u)=\begin{cases}1/\sqrt{N}, & u=0\\ \sqrt{2/N}, & u=1,2,\cdots,N-1\end{cases} \tag{11-24}$$

从式(11-22)和式(11-23)中可见，离散余弦变换的正变换和逆变换的基函数相同，都是 $\cos\frac{\pi u(2x+1)}{2N}$。图 11-8 给出了当 $N=128$ 时一维离散余弦变换的前 8 个基函数，与离散傅里叶变换的基函数相比，离散余弦变换基函数的对应频率变化更加平缓。

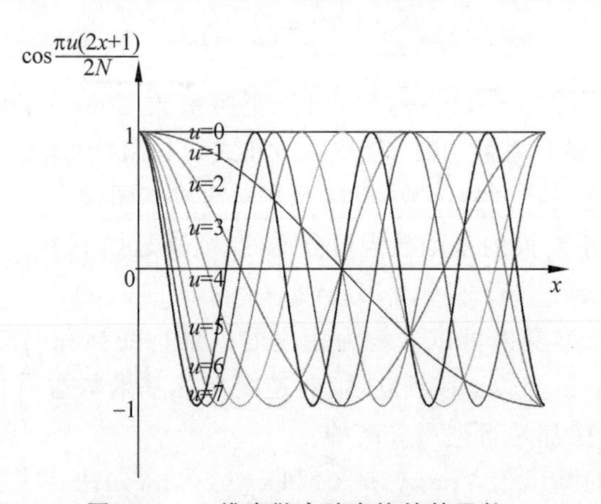

图 11-8 一维离散余弦变换的基函数

11.4.3.2 二维离散余弦变换

对于尺寸为 $M\times N$ 的数字图像 $f(x,y)$，二维离散余弦变换及其逆变换定义为

$$F(u,v)=c(u)c(v)\sum_{x=0}^{M-1}\sum_{y=0}^{N-1}f(x,y)\cos\frac{\pi u(2x+1)}{2M}\cos\frac{\pi v(2y+1)}{2N}$$

$$u=0,1,\cdots,\ M-1;\quad v=0,1,\cdots,N-1 \tag{11-25}$$

$$f(x,y)=\sum_{u=0}^{M-1}\sum_{v=0}^{N-1}c(u)c(v)F(u,v)\cos\frac{\pi u(2x+1)}{2M}\cos\frac{\pi v(2y+1)}{2N}$$

$$x=0,1,\cdots,\quad M-1;\quad y=0,1,\cdots,N-1 \tag{11-26}$$

其中，

$$c(u)=\begin{cases}1/\sqrt{M}, & u=0\\ \sqrt{2/M}, & u=1,2,\cdots,M-1\end{cases}$$

$$c(v)=\begin{cases}1/\sqrt{N}, & v=0\\ \sqrt{2/N}, & v=1,2,\cdots,N-1\end{cases} \tag{11-27}$$

如同二维离散傅里叶变换，二维离散余弦变换也是作用于整幅图像的变换，每一个$F(u,v)$包含了所有$f(x,y)$值。同时，离散余弦变换也是一种可分离的正交变换。由于整幅图像的离散余弦变换需要对全部像素进行计算，复杂度过高，因此，在实际的图像编码过程中，通常将整幅图像划分为8×8的图像块，以图像块为单元进行二维离散余弦变换，生成8×8的变换系数矩阵，再将变换系数量化后进行熵编码。图11-9给出了当$M=N=8$时二维离散余弦变换的基图像，随着频率u和v的增大，基图像的灰度变化更加剧烈，从而能够描述图像更高的频率成分。

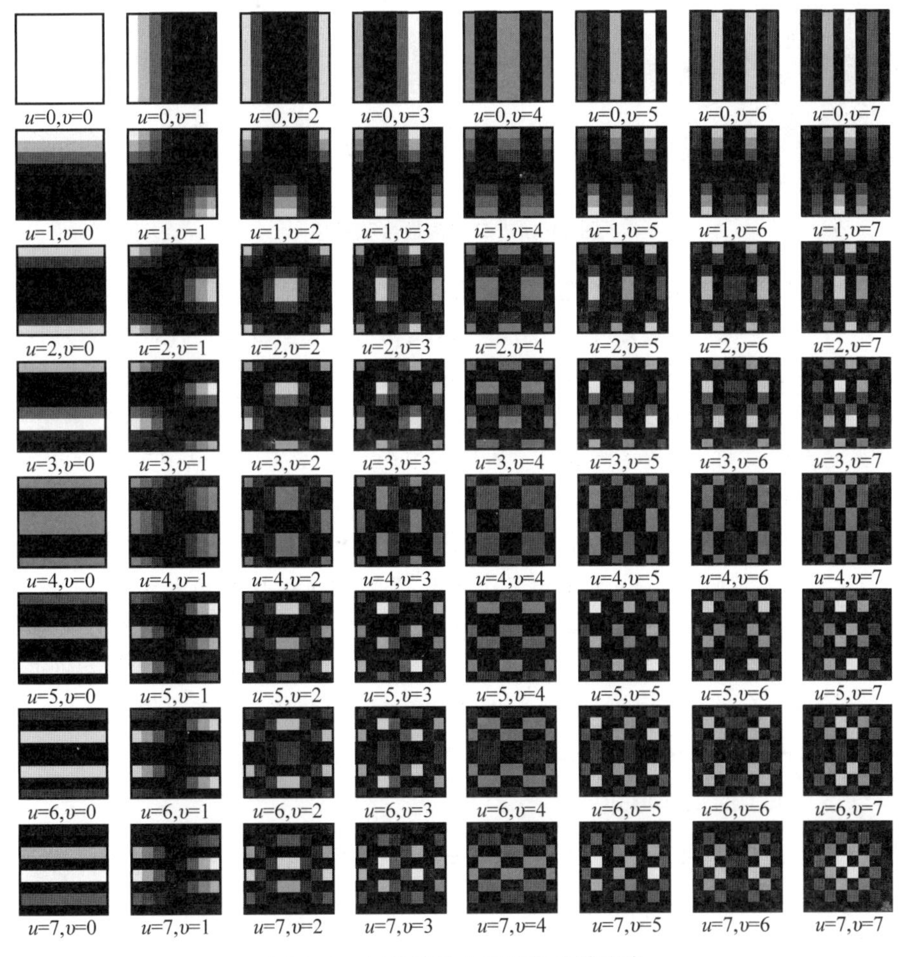

图11-9　二维离散余弦变换的基图像

离散余弦变换具有很强的能量集中特性，即大多数自然图像的能量都集中在离散余弦变换的低频成分，通常只需若干个低频 DCT 系数就可以表示图像。而且当信号具有接近马尔可夫过程的统计特性时，离散余弦变换的去相关性接近具有最优去相关性的 K-L 变换的性能。正是由于离散余弦变换的这种特性，在 JPEG 静止图像压缩编码标准和 MPEG 运动图像压缩编码标准中都使用了离散余弦变换。

例 11-2　离散余弦变换压缩

图 11-10 直观说明了二维离散余弦变换的能量集中特性和频率成分分布特点。对图 11-10(a)所示的细节丰富的图像进行离散余弦变换，图 11-10(b)是以伪彩色方式显示的离散余弦变换的系数(以 10 为底的对数 DCT 谱)，右边为颜色映射条(colorbar)，表明不同颜色所代表的数值，注意离散余弦变换系数是取以 10 为底的对数值。由图中可见，少数具有较大幅度的低频 DCT 系数集中分布在于频率平面的左上角，而大多数分布在右下部分的高频 DCT 系数却只有较小的幅度。在对数 DCT 谱左上角部分的红色方框分别标出了 1/16、1/9 和 1/4 的低频成分区域。

(a) 灰度图像

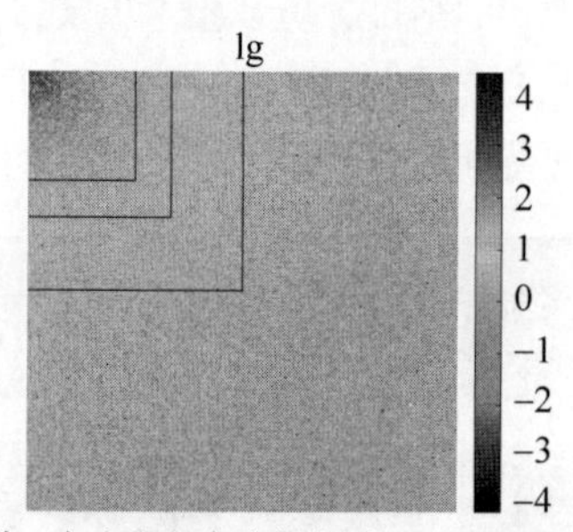

(b) 对数DCT谱，左上角红色方框标出1/16、1/9和1/4的低频成分区域

图 11-10　二维离散余弦变换

仅保留对数 DCT 谱中左上角红色方框标出的 1/16、1/9 和 1/4 区域的低频系数，其余区域的系数置为 0，经过离散余弦逆变换的重构图像以及相应的误差图像分别如图 11-11(a)～(c)所示。这三幅重构图像与源图像的实际均方误差分别为 40.0400、22.2359 和 8.8475。对于如图 11-10(a)所示的高频成分较多的图像，尽管仅保留 1/4 区域的低频系数，然而重构图像与源图像视觉上高度相似，这样就起到了图像压缩的作用。从这三幅图可以看出，锐截止会造成重构图像中产生振铃现象，保留的低频系数越少，这种振铃现象越明显。

在图 11-11(d)所示的重构图像中，将数值小于 10 的系数(颜色映射条上的对应数值为 1)置为 0。由伪彩色表示的对数 DCT 谱中可以看出，置零的系数区域约大于 1/9。图 11-11(d)中右图为对应的误差图像，与源图像的实际均方误差为 10.9051，从图中可以看出，只保留少数较大系数的重构图像与源图像有极其相似的视觉效果且没有发生可察觉的振铃现象，也就是说，舍弃大于 1/9 区域的系数对重构图像质量的视觉影响微乎其微，这是变换编码能够实现图像压缩的基本原理。

11.4.3.3　DCT 的矩阵形式

离散余弦变换是线性变换，一维序列 $\boldsymbol{f} \in \mathbf{R}^N$ 的离散余弦变换可用矩阵向量形式表示为

$$\boldsymbol{F} = \boldsymbol{C}_N \boldsymbol{f} \tag{11-28}$$

图 11-11　经过 DCT 系数压缩的重构图像及其误差图像

其中，$\boldsymbol{C}_N \in \mathbf{R}^{N\times N}$ 为离散余弦变换矩阵，可表示为

$$\boldsymbol{C}_N = \sqrt{\frac{2}{N}}\begin{bmatrix} \frac{1}{\sqrt{2}} & \frac{1}{\sqrt{2}} & \cdots & \frac{1}{\sqrt{2}} \\ \cos\frac{\pi}{2N} & \cos\frac{3\pi}{2N} & \cdots & \cos\frac{(2N-1)\pi}{2N} \\ \vdots & \vdots & & \vdots \\ \cos\frac{(N-1)\pi}{2N} & \cos\frac{3(N-1)\pi}{2N} & \cdots & \cos\frac{(2N-1)(N-1)\pi}{2N} \end{bmatrix} \tag{11-29}$$

由于 $\boldsymbol{C}_N$ 为正交矩阵，$\boldsymbol{C}_N^{-1}=\boldsymbol{C}_N^{\mathrm{T}}$，给定 DCT 系数序列 $\boldsymbol{F}\in\mathbf{R}^N$，一维离散余弦逆变换的矩阵向量形式可写为

$$\boldsymbol{f}=\boldsymbol{C}_N^{\mathrm{T}}\boldsymbol{F} \tag{11-30}$$

式中，$\boldsymbol{C}_N^{\mathrm{T}}$ 为 $\boldsymbol{C}_N$ 的转置矩阵。二维离散余弦变换具有行列可分离性，二维矩阵 $\boldsymbol{f}\in\mathbf{R}^{M\times N}$ 的离散余弦变换及其逆变换的矩阵向量形式可写为

$$\boldsymbol{F}=\boldsymbol{C}_M\boldsymbol{f}\boldsymbol{C}_N^{\mathrm{T}} \tag{11-31}$$

$$\boldsymbol{f}=\boldsymbol{C}_M^{\mathrm{T}}\boldsymbol{F}\boldsymbol{C}_N \tag{11-32}$$

式中，$\boldsymbol{C}_M$ 和 $\boldsymbol{C}_N$ 分别为 $M\times M$ 维和 $N\times N$ 维的离散余弦变换矩阵。

11.4.3.4　DCT 和 DFT 的比较

在变换编码中为何通常使用离散余弦变换而不是傅里叶变换？本节由离散余弦变换的定义和一个简单的例子来解释 DCT 应用于图像编码的原因。离散傅里叶变换的形式是复指数的线性组合，实序列 $f(x)$ 的 DFT 系数通常是复数。若 N 点序列 $f(x)$ 是实偶序列，即 $f(x)=f(N-x)$，$0\leqslant x\leqslant N-1$，则 DFT 系数也是实偶序列。根据这个性质，通过对序列进行偶延拓再计算 $2N$ 点离散傅里叶变换，可以推导出任何 N 点实序列的离散余弦变换。

设 $s(x)$ 是 N 点序列 $f(x)$ 的偶对称延拓序列，定义为

$$s(x)=\begin{cases} f(x), & x=0,1,\cdots,N-1 \\ f(2N-x-1), & x=N,N+1,\cdots,2N-1 \end{cases} \tag{11-33}$$

如图 11-12 所示，序列 $f(x)$[图 11-12(a)]关于图中的虚线对称构成 $2N$ 点偶对称序列[图 11-12(b)]，$2N$ 点序列 $s(x)$ 的离散傅里叶变换 $S(u)$ 为

$$S(u)=\sum_{x=0}^{2N-1}s(x)W_{2N}^{ux},\quad u=0,1,\cdots,2N-1 \tag{11-34}$$

式中，$W_{2N}^{k}=\mathrm{e}^{-\mathrm{j}2\pi k/2N}$。

将式(11-33)代入式(11-34)，可得

$$S(u)=\sum_{x=0}^{N-1}f(x)W_{2N}^{ux}+\sum_{x=N}^{2N-1}f(2N-x-1)W_{2N}^{ux},\quad u=0,1,\cdots,2N-1 \tag{11-35}$$

将第二个求和变量替换为 $x'=2N-x-1$，对于任意 x，$W_{2N}^{2Nx}=1$，并提取公因子 $W_{2N}^{-u/2}$，可得出

$$\begin{aligned}S(u)&=W_{2N}^{-u/2}\sum_{x=0}^{N-1}f(x)[W_{2N}^{u(x+1/2)}+W_{2N}^{-u(x+1/2)}]\\&=2W_{2N}^{-u/2}\sum_{x=0}^{N-1}f(x)\cos\frac{\pi u(2x+1)}{2N},\quad u=0,1,\cdots,2N-1\end{aligned} \tag{11-36}$$

考虑离散余弦变换前的常量不会影响 DCT 系数的基本特性，将 $f(x)$ 的离散余弦变换定义为

$$F(u)=2\sum_{x=0}^{N-1}f(x)\cos\frac{\pi u(2x+1)}{2N},\quad u=1,2,\cdots,N-1 \tag{11-37}$$

这样，可知

$$F(u)=W_{2N}^{u/2}S(u),\quad u=1,2,\cdots,N-1 \tag{11-38}$$

注意，$F(u)$ 是实数，而 $S(u)$ 是复数。根据式(11-34)计算 $2N$ 点序列 $s(x)$ 的离散傅里叶变换 $S(u)$，并根据式(11-38)将 $S(u)$ 与 $W_{2N}^{u/2}$ 相乘可得 $f(x)$ 的离散余弦变换。由式(11-38)也可知，$f(x)$ 的离散余弦变换的幅度与 $s(x)$ 的离散傅里叶变换的幅度相等，即 $|F(u)|=|W_{2N}^{u/2}S(u)|=|S(u)|$。

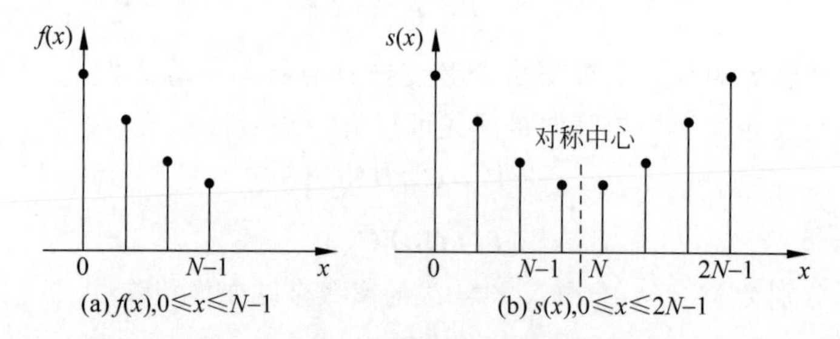

图 11-12 序列 $f(x)$，$0\leqslant x\leqslant N-1$ 及其 $2N$ 点偶延拓序列 $s(x)$，$0\leqslant x\leqslant 2N-1$

与离散傅里叶变换相比，离散余弦变换能够使分块处理造成的块效应更弱。块效应是由图像块的边界像素在拼接处构成间断造成的。如图 11-13(a)所示，离散傅里叶变换固有的 N 点周期性造成具有高频特征的边界间断。当对 DFT 系数进行截断或量化时，边界点出现不正确的值[①]，在图像中表现为明显的块效应。如图 11-13(b)所示，离散余弦变换固有

① 在数字信号处理中，Gibbs 效应是指在 $X(\omega)$ 的不连续点处，通过有限项求和 $X_N(\omega)$ 逼近函数 $X(\omega)$ 的振荡行为。也可以解释为，由于傅里叶级数在不连续点的非一致性收敛，傅里叶级数的截取将引起频率响应函数 $X(\omega)$ 的波动，靠近滤波器频带边缘的振荡行为称为 Gibbs 效应(现象)。

的 $2N$ 点周期不会产生边界间断，因此，在很大程度上减少了这种块效应。

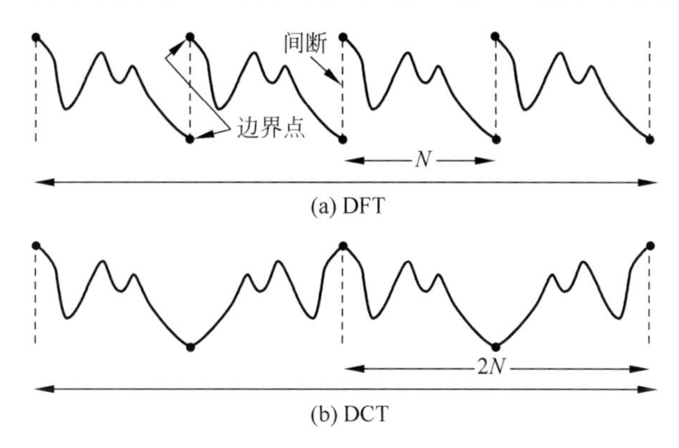

图 11-13 一维 DFT 和 DCT 的固有周期图释

例 11-3 离散余弦变换和傅里叶变换的固有周期

通过对 N 点采样的斜坡信号 $f(x), x=0,1,\cdots,N-1$ 进行离散余弦变换和傅里叶变换来说明这两种变换的固有周期。图 11-14(a)为长度 $N=32$ 的一维斜坡信号 $f(x)$，图 11-14(b)和图 11-14(d)分别画出了 32 点实序列 $f(x)$ 的 DCT 系数 $F_{\text{DCT}}(u)$和 DFT 系数的幅度$|F_{\text{DFT}}(u)|$。很明显，DCT 系数展示出比 DFT 系数更好的能量集中性能，这意味着可以用更少的 DCT 系数来表示序列 $f(x)$。保留前 $N_0<N$ 个 DCT 系数，将其后的系数置为零，利用离散余弦逆变换对序列进行重构。不同于 DCT，DFT 是复变换。实序列的 DFT 是复数，由于 DFT 具有共轭对称性，前 $N/2$ 个 DFT 系数包含全部信息(这里 N 为偶数)。为了保持复共轭对称，对 DFT 系数截断的操作方法是：首先截断系数 $F_{\text{DFT}}(N/2)$，然后是系数 $F_{\text{DFT}}(N/2-1)$和 $F_{\text{DFT}}(N/2+1)$，依此类推，只能截断奇数个 DFT 系数，然后利用离散傅里叶逆变换对序列进行重构。

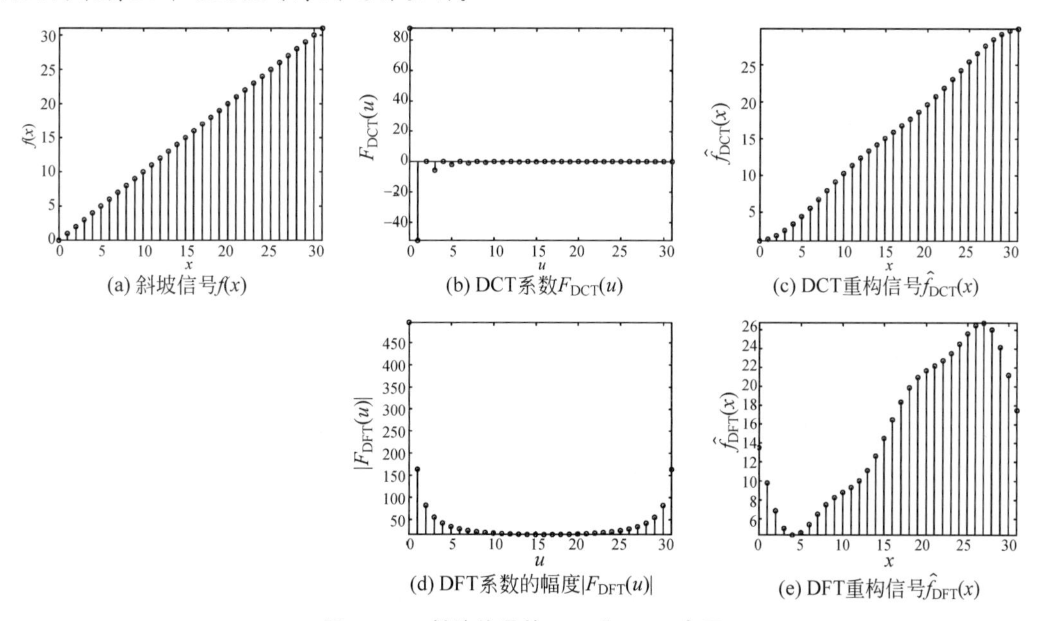

图 11-14 斜坡信号的 DFT 和 DCT 表示

图 11-14(c)和图 11-14(e)分别画出了保留 $N_0=5$ 个系数的 DCT 和 DFT 重构信号，$\hat{f}_{DCT}(x)$表示离散余弦逆变换重构的序列，$\hat{f}_{DFT}(x)$表示离散傅里叶逆变换重构的序列。从图中可以看到，与 DFT 系数相比，只需很少的 DCT 系数就可以逼近源信号。在这个例子中，DFT 由于其固有的周期特性，本质上是一个锯齿波函数，因而，必须保留较多的高频系数来近似首尾的不连续性。DCT 本质上是在 $f(x)$的偶延拓上进行操作的，这样就是一个三角波，相邻周期的边界处不存在间断点。因此，只需要较少的 DCT 系数就可以很好地逼近首尾数据具有明显不连续性的信号。通过上述的解释可以得出结论，在块变换编码中对图像块使用 DCT，而不是 DFT。

11.5 预测编码

预测编码的理论基础是现代统计学和控制论，是最常用的图像编码技术之一。由于声音和图像信号的相邻采样之间具有较强的相关性，**预测编码**是一种利用采样信号之间存在的时间和空间冗余来实现数据压缩的编码技术，有效适用于声音和图像信号的压缩。典型的预测编码系统有增量调制(delta modulation，DM)、差分脉冲编码调制(differential pulse code modulation，DPCM)和自适应差分脉冲编码调制(adaptive differential pulse code modulation，ADPCM)系统等。1952 年贝尔实验室的 Cutler 取得了差分脉冲编码调制系统的专利，奠定了真正实用的预测编码系统的基础。差分脉冲编码调制与脉冲编码调制(pulse code modulation，PCM)系统不同之处在于，脉冲编码调制系统是直接对采样信号进行量化和编码，而差分脉冲编码调制系统根据前面的采样信号对当前的采样信号进行预测，然后对实际值与预测值之间的差值进行量化和编码，所传输的是差值而不是采样值，从而减少了对输入信号进行编码的比特数，这就压缩了传输的数据量。对预测误差直接进行熵编码，即为无损预测编码；对预测误差进行量化，再进行熵编码，即为有损预测编码。

11.5.1 无损预测编码

预测编码根据采样信号之间存在较强的时间和空间相关性，利用前一个或多个采样值来估计当前采样值，对当前采样值的估计称为预测值，采样信号的实际值与预测值之间的差值称为预测误差，然后对预测误差进行编码。预测编码的主要目的是消除时间和空间上相邻采样信号之间的数据冗余。若预测模型较准确且采样信号在时间和空间上的相关性较强，则预测误差的幅度将远小于源信号。在同等精度要求的条件下，就可以使用较少的比特对预测误差进行编码，实现数据压缩。

在图像中，由于相邻像素之间具有较强的相关性，可以利用前面的像素值预测当前的像素值，较强的相关性使得预测值接近实际值。由于预测误差的熵小于像素值的熵，对预测误差进行编码所需的比特数少于直接对像素值编码的比特数，从而能够实现更高的数据压缩率。无损预测编码系统中不使用量化器，可以实现信息保持的图像数据压缩。图 11-15 给出了无损预测编/解码器的系统框图，编码器[图 11-15(a)]和解码器[图 11-15(b)]包含相同的预测器。将源图像的像素按照某种次序排列成一维序列$\{f_n\}_{n=1,2,\cdots,f_n}$ 为像素值，将它们逐次送入编码器，预测器根据前面的输入像素估计当前输入像素的预测值。

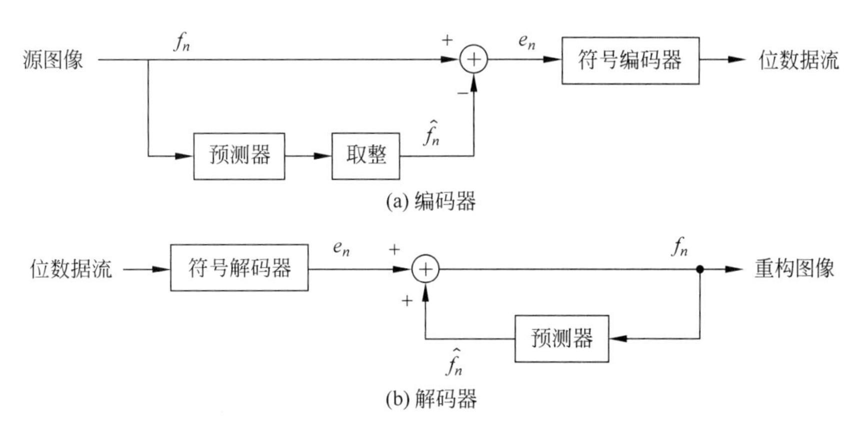

图 11-15 无损预测编/解码器系统框图

预测器的输出经过四舍五入到最接近的整数 $\hat{f}_n$，实际值 f_n 和预测值 $\hat{f}_n$ 之差为预测误差，即预测误差 e_n 为

$$e_n = f_n - \hat{f}_n \tag{11-39}$$

对预测值取整的目的是使预测误差为整数，减少编码的比特数。符号编码器通常采用变长编码方法对预测误差进行熵编码，从而生成压缩码流。符号解码器根据接收到的变长码字解码出预测误差 e_n，并通过反运算重构源像素，即

$$f_n = e_n + \hat{f}_n \tag{11-40}$$

由于是无损预测编码，解码后的图像能够完全重构源图像。

根据条件熵理论，由于相邻像素之间具有较大的相关性，从已知的 $f_{n-1},\cdots,f_{n-m}$ 来预测 f_n，可以较准确地估计出 f_n，即估计值 $\hat{f}_n = X(f_{n-1},\cdots,f_{n-m})$ 近似等于 f_n，其中，$X(\cdot)$ 为预测函数。预测编码包括线性预测编码和非线性预测编码。线性预测编码是由前面像素的线性组合构成预测值，而非线性预测编码是由前面像素的复杂非线性关系构成预测值。最常用的是线性预测编码(linear predictive coding，LPC)，根据前 m 个像素的线性组合预测当前像素，可表示为

$$\hat{f}_n = \text{round}\left[\sum_{i=1}^{m} \alpha_i f_{n-i}\right] \tag{11-41}$$

式中，m 为线性预测器的阶数；$\alpha_i, i=1,2,\cdots,m$ 为预测系数；round[·]表示四舍五入运算。式(11-41)为一维线性预测编码，下标 n 表示像素序号。数字图像是二维矩阵，在一维线性预测编码中，式(11-41)可以写为

$$\hat{f}(x,y) = \text{round}\left[\sum_{i=1}^{m} \alpha_i f(x, y-i)\right] \tag{11-42}$$

式中，(x,y)表示像素的空间坐标。式(11-42)表明一维线性预测器 $\hat{f}(x,y)$ 仅是当前行前 m 个像素的函数。在二维预测编码中，预测器是从左到右、从上到下扫描图像过程中前 m 个像素的函数。

预测编码是一种空域图像编码方法。无损预测编码的优势是算法简单，硬件容易实现；其问题是对信道噪声敏感，会产生误差扩散。在一维预测编码中，某一位码元出现差错，该

差错码将造成同一行中对应像素之后的各个像素都产生误差，在二维预测编码中，该差错码引起的误差还将扩散到后面的各行像素。此外，无损预测编码的压缩率也较低。

例 11-4　一维无损线性预测编码

使用二阶一维线性预测器对图 11-16(a)所示尺寸为 256×256 的 8bit 单色图像进行编码，其中，预测系数$\boldsymbol{\alpha}=[\alpha_1,\alpha_2]=[0.6,0.4]$，图 11-16(b)为图 11-16(a)所示灰度图像的概率直方图。图 11-16(c)为预测误差图像，为了显示的目的，对预测误差重标度至范围[0,255]，中间灰度对应于预测误差为 0。图 11-16(d)为预测误差的直方图，由图中可见，预测误差集中在零值附近相对较小的范围内，相比源图像的灰度级分布，预测误差的变化相对较小。预测误差和源图像的熵分别是 4.8711bit/像素和 7.0972bit/像素。通过预测和差分消除了大量像素之间的空间冗余，因此，预测误差的熵小于对应源图像的熵。无损预测编码的数据压缩量是与源图像映射到预测误差图像的熵减小直接相关的。实际上，通常使用零均值不相关的拉普拉斯概率密度函数对预测误差进行建模。

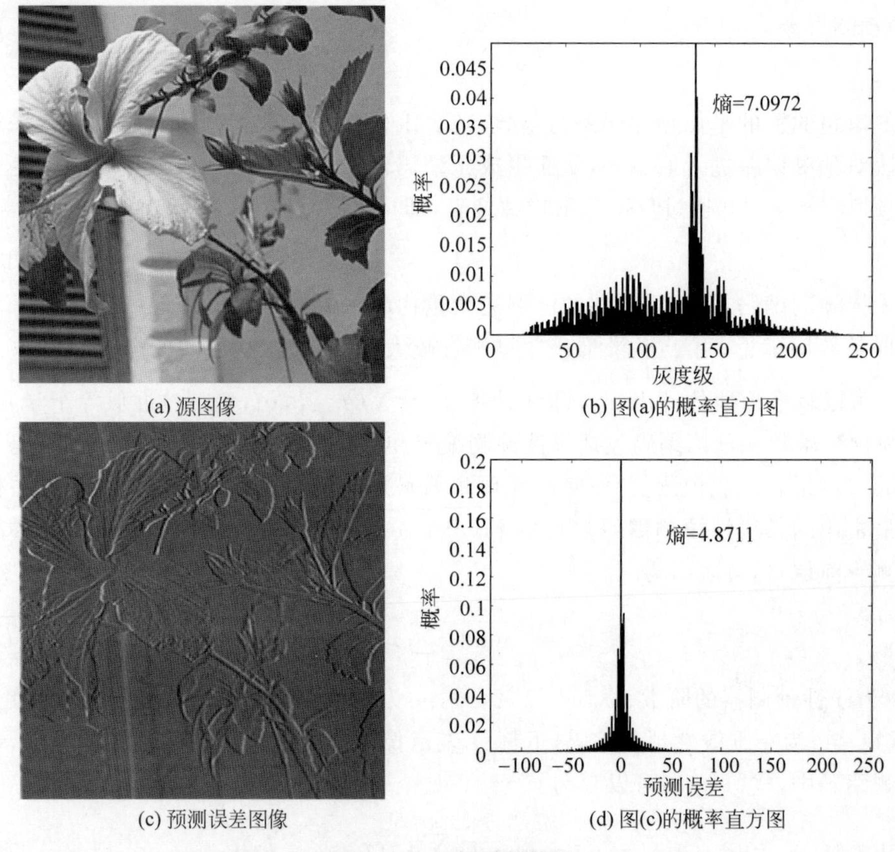

(a) 源图像　(b) 图(a)的概率直方图

(c) 预测误差图像　(d) 图(c)的概率直方图

图 11-16　无损预测编码

11.5.2　有损预测编码

有损预测编码的基础是以损失图像重构的准确度为代价来换取压缩率的提高。有损预测编码是在重构质量和压缩性能之间进行权衡，若产生的失真是可以容忍的，则压缩性能的提升是有效的。图 11-17 给出了有损预测编/解码器的系统框图。如图 11-17(a)所示，与

图 11-15(a)所示的无损预测编码器不同的是，有损预测编码器在预测误差与符号编码器之间增加了量化器，对预测误差进行量化。

由于在有损预测编码器中增加了量化器，如图 11-17(a)所示，量化器将预测误差 e_n 映射成有限范围内的输出，它确定了压缩量和产生的失真量。设 $\dot{e}_n$ 表示量化后的预测误差，有损预测编码器的预测器是在反馈环中，反馈环的输入 $\dot{f}_n$ 由预测值 $\hat{f}_n$ 与相应的预测误差量化值 $\dot{e}_n$ 相加产生，即

$$\dot{f}_n=\dot{e}_n+\hat{f}_n \tag{11-43}$$

式中，$\hat{f}_n$ 与无损预测编码中的意义相同。这个闭合反馈环结构可以防止在解码器的输出产生误差，使有损预测编码器和解码器产生的预测值相等。从图 11-17(b)可以看出，有损预测解码器输出的重构图像 $\dot{f}_n$ 也是由式(11-43)给出。

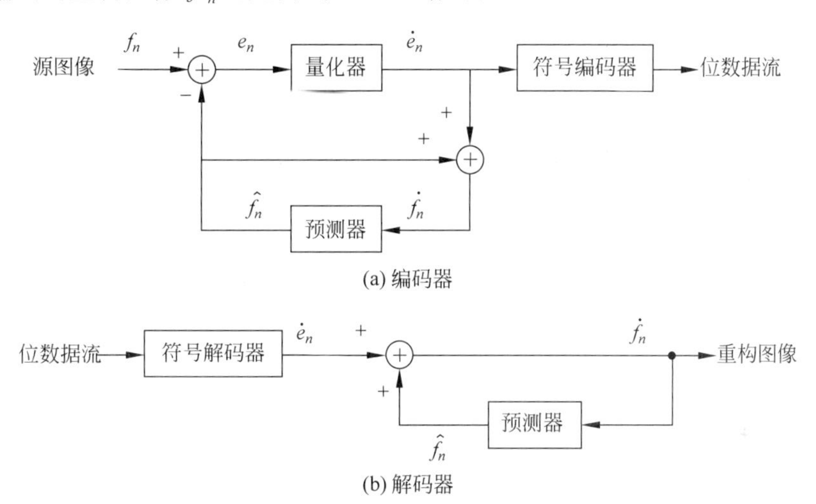

图 11-17　有损预测编/解码器系统框图

根据前 m 个像素的输出值 $\dot{f}_{n-i}, i=1,2,\cdots,m$ 来估计预测值 $\hat{f}_n$，即预测值可表示为这 m 个像素值的函数 $\hat{f}_n=X(\dot{f}_{n-1},\dot{f}_{n-2},\cdots,\dot{f}_{n-m})$，其中，$X(\cdot)$为预测函数。对于线性预测器，由 $\dot{f}_{n-1},\dot{f}_{n-2},\cdots,\dot{f}_{n-m}$ 的线性组合作为当前像素的预测值 $\hat{f}_n$，可表示为

$$\hat{f}_n=\sum_{i=1}^{m}\alpha_i\dot{f}_{n-i} \tag{11-44}$$

式中，m 为线性预测器的阶数；$\alpha_i, i=1,2,\cdots,m$ 为预测系数。

有损预测编码会引入图像失真，源图像与重构图像之差为重构误差 $\tilde{e}_n$，即

$$\tilde{e}_n=f_n-\dot{f}_n \tag{11-45}$$

式中，f_n 为当前像素的输入值，$\dot{f}_n$为当前像素的输出值。

分析有损预测编/解码器的系统框图，将有损预测编码总结为如下五个步骤：

(1) 预测器附有存储器，对前 m 个像素的输出值 $\dot{f}_{n-1},\dot{f}_{n-2},\cdots,\dot{f}_{n-m}$ 进行存储，根据式(11-44)对当前输入像素 f_n 进行预测，产生预测值 $\hat{f}_n$；

(2) 根据式(11-39)，计算当前输入像素 f_n 与预测器估计的预测值 $\hat{f}_n$ 之差，产生预测误差 e_n；

(3) 对预测误差 e_n 进行量化，符号编码器对预测误差的量化值 $\dot{e}_n$ 进行编码形成码字发送；

(4) 根据式(11-43)，解码端将 $\dot{e}_n$ 与 $\hat{f}_n$ 相加重构输出信号 $\dot{f}_n$，由于量化引入了失真，$\dot{f}_n \neq f_n$，根据式(11-45)，计算重构误差 $\tilde{e}_n$；

(5) 继续输入下一个像素 f_{n+1}，重复上述过程。

预测编码的关键在于预测器的设计，而预测器的设计主要是确定预测器的阶数 m，以及各个预测系数 $\alpha_i, i=1,2,\cdots,m$。预测器的阶数是指对当前像素进行预测的像素集合中的像素数。理论上，预测器的阶数越大，预测值越准确。但是，实验表明，当阶数大于3时其性能的改善有限。

例 11-5　增量调制

增量调制或增量脉码调制(Delta Modulation，DM/ΔM)系统只保留每一个采样信号与其预测值之差的符号，并采用一位二进制数编码的差分脉冲编码调制，这是一种简单的有损预测编码形式。增量调制编码采用一阶线性预测函数，定义为

$$\hat{f}_n = \alpha \dot{f}_{n-1} \tag{11-46}$$

以及量化器定义为

$$\dot{e}_n = \begin{cases} +\zeta, & e_n > 0 \\ -\zeta, & \text{其他} \end{cases} \tag{11-47}$$

式中，α 是通常小于1的预测系数，ζ 是正常量。DM是对实际的采样值与预测值之差的极性进行编码，将极性变成0和1这两种可能的编码之一。若实际的采样值与预测值之差的极性为"正"，则编码为1；反之，则编码为0，如图11-18(a)所示。这样，量化器的输出可以用1bit表示，因此，后续的符号编码器可以使用1bit的固定长度编码(定长编码)，产生的DM码率是1bit/像素。

设输入的采样信号 f_n 为{14,15,14,15,13,15,15,14,20,26,27,28,27,27,29,37,47,62,75,77,78,79,80,81,81,82,82}，预测系数 $\alpha=1$，正常量 $\zeta=6.5$。在编码器和解码器中设置初始条件 $\dot{f}_0 = f_0 = 14$，根据有损预测编码的五个步骤完成信号的编码和解码过程，解码器输出的重构信号 $\dot{f}_n$ 为{14,20.5,14,20.5,14,20.5,14,7.5,14,20.5,27,33.5,27,20.5,27,33.5,40,46.5,53,59.5,66,72.5,79,85.5,79,85.5,79}

图11-18(b)以采样保持形式显示了输入信号和输出的解码信号。在 $n=0$ 到 $n=7$ 这一段相对平滑的区域中，由于 ζ 太大而无法表示输入信号的最小变化，从而出现颗粒噪声。而在 $n=14$ 到 $n=19$ 这一段快速变化的区域中，由于 ζ 太小而不足以表示输入信号的最大变化，从而产生了斜率过载的失真。在大多数图像中，这两种现象会导致图像的平滑区域出现噪声或粒状失真，以及边缘变得模糊。不同于DM对预测误差极性进行量化和编码，DPCM是对预测误差的整个幅度进行量化编码，因此具有对任意波形进行编码的能力。

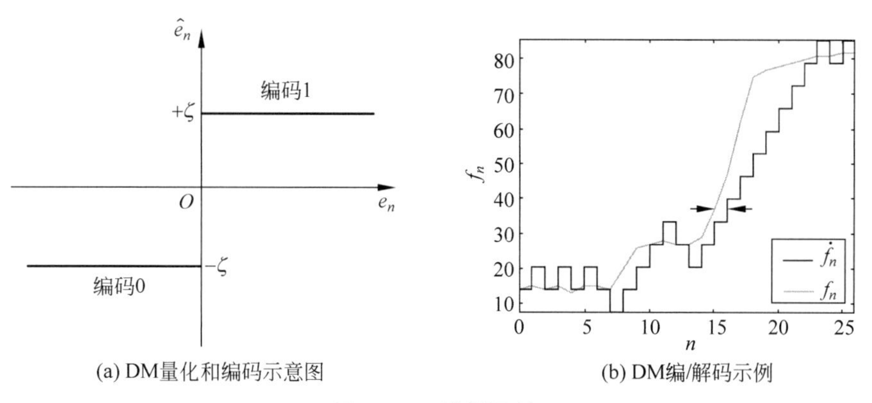

(a) DM量化和编码示意图 (b) DM编/解码示例

图 11-18 增量调制

11.5.3 最优线性预测

在预测编码中,设计最优线性预测器最重要的是选择合适的预测器阶数 m 以及 m 个预测系数 $\alpha_i, i=1,2,\cdots,m$,使得预测器达到最优的预测效果。最优线性预测器的设计主要分为预测器阶数和预测系数确定两部分。

1. 预测器阶数的确定

由图像的统计特性可知,一幅图像中像素之间的相关系数在较小的范围内可以用指数衰减型曲线近似为

$$R(\tau_1,\tau_2)=\mathrm{e}^{-(\alpha|\tau_1|+\beta|\tau_2|)} \tag{11-48}$$

式中,τ_1 和 τ_2 分别为在水平和垂直方向上像素的距离;α 和 β 为常数,是通过在不同图像上的实验而获得的经验值。由指数衰减型曲线可知,当像素的距离增大时,其相关性急剧减弱,因此,预测器的阶数无须取值过大。实验表明,对于大多数图像,阶数 m 的取值一般为 3。

2. 预测系数的确定

为了确定最优预测系数,大多数预测编码应用中采用最小化均方误差准则,即使编码器的均方预测误差最小(忽略量化误差),输入值 f_n 与预测值 $\hat{f}_n$ 之间的均方预测误差定义为

$$\sigma_e^2=E(e_n^2)=E[(f_n-\hat{f}_n)^2] \tag{11-49}$$

式中,预测误差 $e_n=f_n-\hat{f}_n$。

对于线性预测器,预测值 $\hat{f}_n$ 为前 m 个像素值的线性组合,即

$$\hat{f}_n=\sum_{i=1}^{m}\alpha_i f_{n-i} \tag{11-50}$$

因此,线性预测的均方预测误差可表示为

$$\sigma_e^2=E(e_n^2)=E\left[\left(f_n-\sum_{i=1}^{m}\alpha_i f_{n-i}\right)^2\right] \tag{11-51}$$

这样将最优预测器的预测系数选取问题转换为关于一组预测系数 $\alpha_1,\alpha_2,\cdots,\alpha_m$ 的均方预测误差最小化问题。根据极值点的必要条件满足$\partial\sigma_e^2/\partial\alpha_k=0, k=1,2,\cdots,m$ 使均方误差最小化,可得

$$E\left[\left(f_n-\sum_{i=1}^{m}\alpha_i f_{n-i}\right)f_{n-k}\right]=0,\quad k=1,2,\cdots,m \tag{11-52}$$

式(11-52)表明,在最小化均方预测误差下最优线性预测器满足正交性原理。将式(11-52)用法方程组的形式可表示为

$$\sum_{i=1}^{m}\alpha_i E(f_{n-k}f_{n-i})=E(f_n f_{n-k}),\quad k=1,2,\cdots,m \tag{11-53}$$

将式(11-53)写为矩阵向量的形式为

$$\boldsymbol{R\alpha}=\boldsymbol{r} \tag{11-54}$$

式中,$\boldsymbol{R}\in\mathbb{R}^{m\times m}$ 为自相关矩阵,$\boldsymbol{r}\in\mathbb{R}^m$ 为自相关向量,$\boldsymbol{\alpha}\in\mathbb{R}^m$ 为预测系数:

$$\boldsymbol{R}=\begin{bmatrix}E(f_{n-1}f_{n-1}) & E(f_{n-1}f_{n-2}) & \cdots & E(f_{n-1}f_{n-m})\\ E(f_{n-2}f_{n-1}) & E(f_{n-2}f_{n-2}) & \cdots & E(f_{n-2}f_{n-m})\\ \vdots & \vdots & & \vdots\\ E(f_{n-m}f_{n-1}) & E(f_{n-m}f_{n-2}) & \cdots & E(f_{n-m}f_{n-m})\end{bmatrix}$$

$$\boldsymbol{r}=\begin{bmatrix}E(f_n f_{n-1})\\ E(f_n f_{n-2})\\ \vdots\\ E(f_n f_{n-m})\end{bmatrix},\quad \boldsymbol{\alpha}=\begin{bmatrix}\alpha_1\\ \alpha_2\\ \vdots\\ \alpha_m\end{bmatrix}$$

若 $\boldsymbol{R}$ 可逆,则可以通过求解式(11-54)表示的线性方程组$\boldsymbol{\alpha}=\boldsymbol{R}^{-1}\boldsymbol{r}$,求解出 m 个最优预测系数 $\alpha_1^*,\alpha_2^*,\cdots,\alpha_m^*$,使得均方预测误差 σ_e^2 达到最小值。从式(11-54)中可见,最优预测系数只取决于输入图像中像素的自相关性。最优预测系数的均方预测误差为

$$\sigma_e^2=E(f_n^2)-\sum_{i=1}^{m}\alpha_i E(f_n f_{n-i})=R(0)-\sum_{i=1}^{m}\alpha_i R(i)=R(0)-\boldsymbol{\alpha}^{\mathrm{T}}\boldsymbol{r} \tag{11-55}$$

式中,$R(k)=E(f_n f_{n-k})$为自相关系数[①]。从式(11-55)可以看出,各个像素之间相关性越强,自相关系数 $R(k)$越大,则均方预测误差 σ_e^2 越小;反之,若各个像素之间相关性越弱,自相关系数 $R(k)$越小,则均方预测误差 σ_e^2 越大。当自相关系数 $R(k)$很大时,$\sigma_e^2\ll R(0)$,能达到很高的压缩率;当自相关系数 $R(k)=0,k\neq 0$ 时,$\sigma_e^2=R(0)$,此时达不到压缩效果。

需要说明的是,式(11-50)中预测系数之和通常小于或等于 1,这种限制是为了确保预测器的输出落到允许的灰度级范围内,并降低传输噪声对预测编码系统解码器的影响(传输噪声在重构图像中通常表现为水平条纹)。由于单个误差会传播到之后的所有输出,也就是说,解码器的输出会变得不稳定。通过进一步限制预测系数之和严格小于 1,可将噪声的影响限制在少量的输出中。

选择最优预测器的阶数和最优预测系数之后,就确定了最优线性预测器。这部分更详细的说明参见《现代信号处理》(张贤达著)。

11.5.4 自适应预测编码

差分脉冲编码调制系统的预测器采用固定的预测系数和量化器参数,然而实际上图像

① 对于平稳随机过程,自相关函数可以写成延迟 k 的函数。

和视频的局部时空特性是变化的，因此，采用固定的参数达不到很好的性能。自适应预测编码根据图像和视频的局部统计特征，自适应地调整预测器的预测系数和量化器参数，进一步改善量化性能和提高压缩率。自适应脉冲编码调制（adaptive pulse code modulation, APCM）系统采用自适应预测编码方案，能够进一步改善重构图像质量和视觉效果，同时还能进一步压缩数据。

自适应DPCM系统综合了APCM系统的自适应特性和DPCM系统的差分特性，成为一种性能更好的波形编码方法。自适应DPCM系统包含自适应量化和自适应预测两个部分。为了在一定的量化级下减小量化误差或在同等的误差条件下增大压缩率，自适应量化根据信号随时间变化不均匀的特性，自适应地改变量化阶的大小，使用较小的量化阶编码较小的差值，使用较大的量化阶编码较大的差值。自适应预测依据信源特征，自适应地选择最优预测系数。显然，在最小化均方误差准则下，最优预测系数的计算需要对每一个输入序列都重新求自相关系数矩阵的逆矩阵，这是一件耗时的工作。为了减少计算量，仍采用固定的预测系数，但是，根据常见的信源特征提供多组预测系数。通常将信源数据分段编码，在编码过程中自适应地选择一组预测系数，使实际值与预测值之间的均方预测误差总是最小。

11.5.5　帧间预测编码

视频帧同时具有空间相关性和时间相关性。运动图像压缩编码利用这两种特性去除视频帧存在的大量空间冗余和时间冗余，仅保留少量的数据进行传输，从而在很大程度上减少了传输的比特数。顾名思义，帧间预测编码利用视频帧间的相关性，也就是时间相关性，来实现图像的数据压缩。

11.5.5.1　运动补偿帧间预测

目前视频压缩编码系统中，与运动估计结合的运动补偿帧间预测是最常用且最有效的消除信号时间冗余的方法。运动图像是由时间上以帧周期为间隔的连续图像构成的时间序列图像，在一般情况下，相邻帧间只有微小的细节变化，因此，运动图像在时间上比在空间上具有更强的相关性。换句话说，图像帧间具有更强的相关性，利用图像帧所具有的时间相关性进行帧间编码，比帧内编码能够达到更高的压缩率。对于静止或运动缓慢的视频图像，由于人眼对空间分辨率的要求较高，而对时间分辨率的要求较低，可以通过减少帧传输的数量，如隔帧传输来提高视频传输的比特率。对于未传输的帧，利用接收端帧存储器中前一帧的数据作为当前帧的数据，对视觉并不会产生可察觉的影响，这种方法称为帧重复法，广泛应用于帧速一般小于15帧/s的视频电话和视频会议中。

帧间预测编码方法不直接传输当前帧的像素值，而是传输当前帧中各个像素与其前向帧（或后向帧）中对应像素之间的差值，从而消除图像在时间上的相关性。当图像中存在运动目标时，若简单地以前向帧（或后向帧）像素值作为当前帧中对应位置像素的预测值，则运动目标区域的预测误差较大。通过估计运动目标的运动方向和速度，从运动目标在当前帧中的位置计算出其在前向帧（或后向帧）中的对应位置，而背景区域（不考虑被遮挡的区域）仍对应前向帧（或后向帧）的背景区域，将这种考虑运动目标位移的前向帧（或后向帧）作为当前帧的预测值称为**运动补偿帧间预测**。运动补偿帧间预测方法比简单的帧间预测更加准确，从而可以达到更高的数据压缩率。

运动补偿帧间预测编码是视频图像压缩的关键，大致可分为三个步骤：①将图像划分为相对静止的背景区域和若干运动目标区域，各个运动目标可能具有不同的位移，每一个运动目标的所组成像素具有相同的位移，通过运动估计可得各个运动目标的运动向量；②根据运动向量计算运动补偿参考帧，作为当前帧的预测值；③对预测误差进行量化、编码和传输，同时将运动向量和图像划分方式等信息发送至接收端。图 11-19 显示了混合 DPCM/DCT 视频编/解码器的简化系统框图，该系统包括前端的运动估计和运动补偿、变换编码和熵编码，这是一个典型的运动补偿帧间预测视频编/解码器。在具有运动补偿的帧间预测编码系统中，对图像静止区域和不同运动目标区域的实时划分和运动向量估计是复杂的，在实际实现中通常采用块运动估计的简化方法，也称为块匹配法。

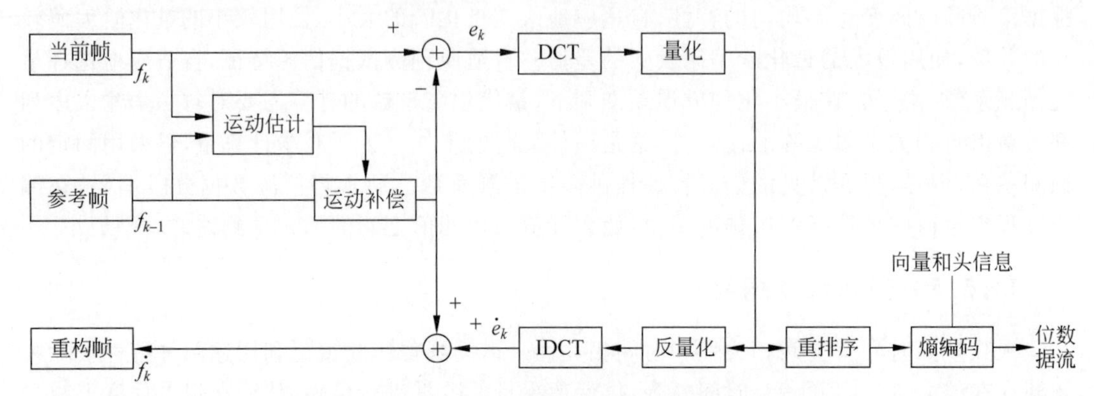

图 11-19 DPCM/DCT 视频编/解码器的简化系统框图

11.5.5.2 块匹配法

块匹配法将图像划分为图像块，并假设图像块中的各个像素具有相同的运动，且只作平移运动，这意味着将每一个图像块视为一个“运动目标”。实际上，块内各个像素的运动不一定相同，也不一定只作平移运动，仅当块较小时，上述假设近似成立。块尺寸的选择受两个矛盾的约束：①块较大时，块内各个像素作相同平移运动的假设通常不合理；②块较小时，则易受噪声影响，估计不够可靠，而且运算量增加。块尺寸影响运动估计的结果。块匹配法对同一图像块内不同位移的像素只能给出同一个位移估计值，限制了对每一个像素的估计精度。但是，从软硬件实现角度看，块匹配法相对简单，在实际运动图像压缩编码系统中有较为普遍的应用。

通常来说，由于相邻帧之间的相关性很强，图像块更可能在前向帧和后向帧中的近邻位置找到相似的区域。从一定时间间隔内目标可能的运动速度、运动范围和匹配搜索所需的计算量考虑，在匹配搜索时不是在整个帧中进行，一般仅限制在有限范围内，这个范围称为搜索窗口。设第 k 帧为当前帧，前向帧第 k-Δk 帧为参考帧。块匹配法的基本原理如图 11-20 所示，将第 k 帧划分为图像块，对于第 k 帧中的每一个图像块，设起始位置的坐标为(p,q)，在第 k-Δk 帧中的搜索窗口内搜索最优匹配块，并认为该匹配块是第 k 帧中对应图像块在第 k-Δk 帧中位移的结果。两帧中对应图像块的相对位移$(\Delta x,\Delta y)$是该图像块的运动向量。

为了搜索最优匹配块，首先确定图像块匹配的判别准则，即度量两个图像块的相似程度。常用的匹配准则有最小均方误差(mean squared error，MSE)函数、最小平均绝对值差(mean absolute difference，MAD)函数和最小绝对差分和(sum of absolute difference，

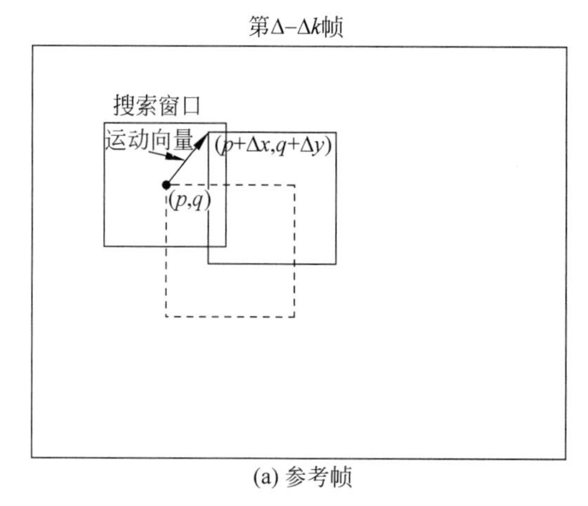

(a) 参考帧

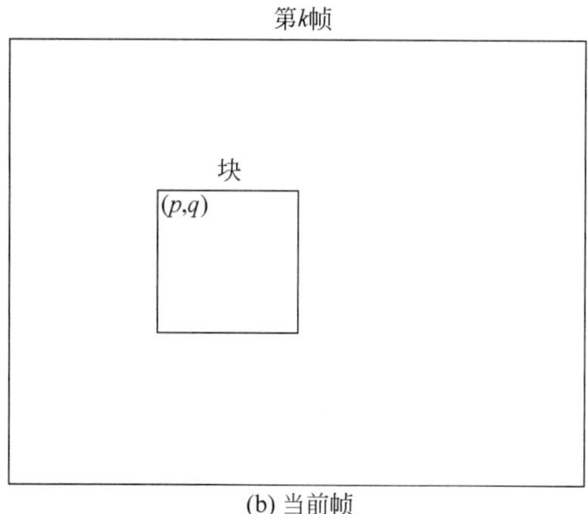

(b) 当前帧

图 11-20 块匹配法的基本原理

SAD)函数等。通过对不同匹配准则的比较表明,各种匹配准则对位移量的估计精度影响差别不大。MSE 函数需要平方运算,而 MAD 和 SAD 函数只需加法和绝对值运算,计算量较小,因此,在块运动估计中通常采用 MAD 和 SAD 准则计算块匹配误差。

设当前帧中图像块的尺寸为 $m\times n$,左上角的坐标为(p,q),运动向量为$(\Delta x,\Delta y)$,$f_k(x,y)$和 $f_{k-\Delta k}(x,y)$分别为第 k 帧和第 $k-\Delta k$ 帧中像素(x,y)处的灰度值,MSE 函数的定义为

$$\mathrm{MSE}_{(p,q)}(\Delta x,\Delta y)=\frac{1}{mn}\sum_{x=0}^{m-1}\sum_{y=0}^{n-1}[f_k(p+x,q+y)-f_{k-\Delta k}(p+x+\Delta x,q+y+\Delta y)]^2 \tag{11-56}$$

MAD 函数的定义为

$$\mathrm{MAD}_{(p,q)}(\Delta x,\Delta y)=\frac{1}{mn}\sum_{x=0}^{m-1}\sum_{y=0}^{n-1}|f_k(p+x,q+y)-f_{k-\Delta k}(p+x+\Delta x,q+y+\Delta y)| \tag{11-57}$$

求取 MSE 和 MAD 的最小值,使 MSE 和 MAD 达到最小的位移量$(\Delta\hat{x},\Delta\hat{y})$,即作为运动向量的估计值。在实际应用中,图像块通常采用方块,即 $m=n$ 的情况。

搜索最优匹配块最准确的方法是全搜索算法,即对搜索窗口内的所有位置计算块匹配误差,从中找出最小值,其对应的位移量即为所求的运动向量。若搜索窗口的尺寸为 15×15,则需计算 225 个位置处的块匹配误差。采用全搜索算法必然能够找到整个搜索窗口内最优匹配块的位置,而且实现简单,但是运算量很大,不适合实际应用,因而各种快速搜索方法迅速产生并发展起来。与全搜索相比,快速算法在搜索速率上有很大的提高,而在搜索的准确度上仅有微小的下降。根据不同的需求,各种快速算法力求达到算法复杂度、搜索速率和图像质量的最优折中。

采用固定搜索模式集的快速块匹配算法是基于误差场单调分布的假设:当搜索位置移向全局极小点的过程中,运动估计的匹配误差单调递减,误差曲面的特性直接影响块匹配算法的性能。对于图 11-21(a)所示的单峰误差曲面,随着搜索位置移向全局极小点,误差函数值单调递减。换句话说,在搜索窗口内有且仅有一个局部极小点。在这种情况下,这类算法

经过搜索少量的像素就可以到达全局极小点。但对于图 11-21(b)所示的多个局部极小点的误差曲面,这类算法不一定收敛到全局极小点,也就是说搜索很容易陷入某个局部极小点。

这类算法使用固定搜索模式集搜索运动向量,且各个块运动向量的搜索彼此独立。众所周知的搜索算法有二维对数搜索(2-D logarithmic search,2DLOG)、三步搜索(three step search,3SS)、叉形搜索(cross search,CS)、新三步搜索(new three step search,N3SS)、四步搜索(four step search,4SS)、梯度下降搜索(block-based gradient descent search,BBGDS)、菱形搜索(diamond search,DS)、六边形搜索(hexagon-based search,HEXBS)、十字形菱形搜索(cross-diamond search,CDS)、有效三步搜索(efficient three step search,E3SS)和十字形菱形六边形搜索(cross-diamond-hexagonal search,CDHS)等。其中,DS 算法被 MPEG-4VM 所采纳。这类算法具有简单性和齐整性的优点,容易实现。

但是,当搜索模式的大小与序列中实际运动的程度不匹配时,会出现过搜索和欠搜索问题,影响搜索的效率和精度。如在 DS 算法中,对于长度小于 2 个像素的运动向量,大菱形搜索模式(large diamond search pattern,LDSP)搜索步长过大,引起不必要的搜索过程(过搜索);另一方面,运动较大序列(例如,全局运动)的运动向量靠近中心分布的假设不成立,因此,当搜索这样的序列时,LDSP 的搜索步长过小(欠搜索),导致搜索路径过长。此外,若误差曲面并非单峰[图 11-21(b)],则 LDSP 搜索甚至陷入误差曲面上的局部极小点,导致匹配误差偏大。

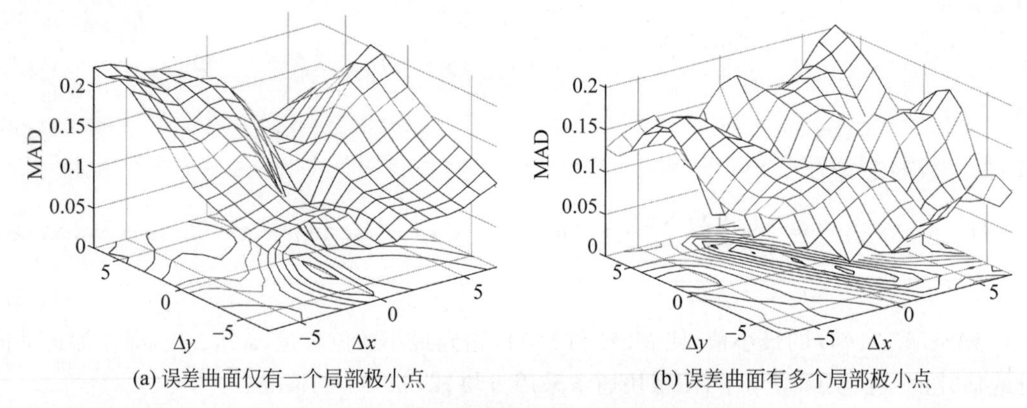

(a) 误差曲面仅有一个局部极小点　(b) 误差曲面有多个局部极小点

图 11-21　某两个图像块的 MAD 误差曲面

在已经提出的块运动估计的快速搜索算法中,其中多数都是基于误差场单调分布假设的。下面按照算法提出的先后顺序,介绍其中几种常用的快速块匹配算法。

1. 三步搜索算法

三步搜索算法是一种经典的块运动估计快速算法,因为具备简单性和有效性而广泛使用。它从搜索窗口的原点(0,0)开始,以最大搜索长度的一半为步长,计算中心点及其周围 8 个邻点的块匹配误差,找到最小块匹配误差点。下一步以该点为中心,步长减半,在缩小的方形上的 9 个点中找最小块匹配误差点,以此类推,直到搜索步长减为 1。若搜索窗口的最大步长为 7,则 3SS 以 4、2、1 为步长,经历三步完成搜索,因此称为三步搜索算法。3SS 算法比较的总点数为 25 个。图 11-22 给出了 3SS 算法搜索运动向量示例的过程。

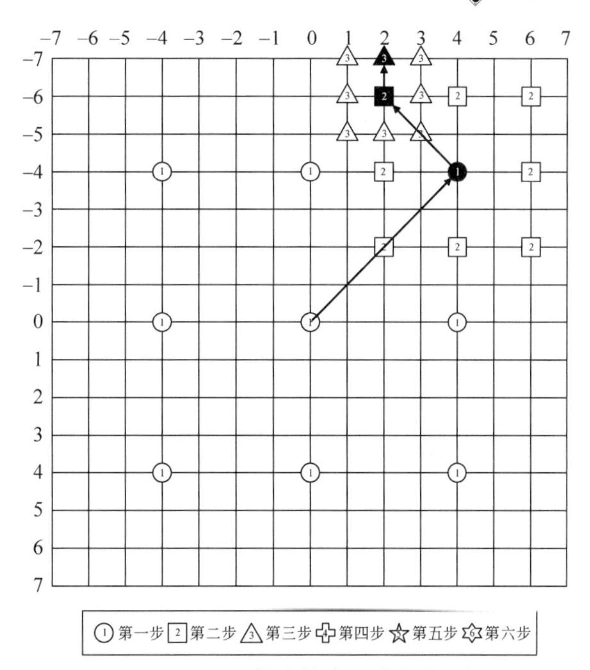

图 11-22 3SS 算法搜索运动向量示例

2. 新三步搜索算法

3SS 算法第一步选择的步长较大,对于运动较大的序列,有利于找到全局极小点;但另一方面,对于运动较小的序列,它的搜索可能陷入局部极小点。大量实验证明,运动向量的分布具有靠近中心的特性[图 11-23(a)和图 11-23(b)]。正因为这个分布特性,新三步搜索(N3SS)算法在 3SS 算法的第一步中加入了以搜索窗口原点为中心的步长为 1 的 8 个邻点参与比较。第一步中需比较 17 个点的块匹配误差,若中心是最小块匹配误差点,则算法终止;若新加入的 8 个点之一是最小块匹配误差点,则移动 3×3 的方形,使中心落在上一步的最小块匹配误差点上,根据上一步中最小块匹配误差点的位置不同,仅需再计算 3 个或 5 个点的块匹配误差,从中找到最小块匹配误差点,然后终止搜索。否则,搜索步骤与 3SS 算法相同。虽然在第一步中,N3SS 算法比较了更多的点,但是,当块的运动较小时,第一步比较的结果经常落在中间的 9 个点中,这样极大减少了后面的比较。图 11-24 给出了 N3SS 算法搜索运动向量示例的过程。

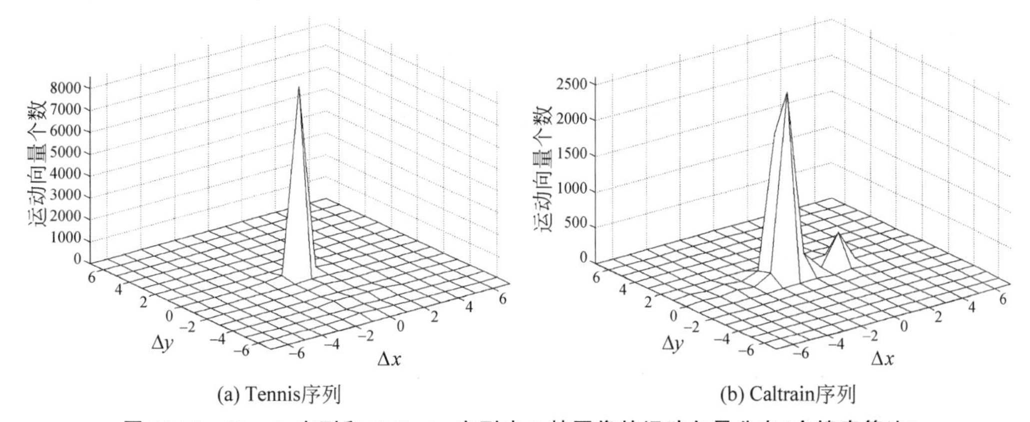

图 11-23 Tennis 序列和 Caltrain 序列中 9 帧图像的运动向量分布(全搜索算法)

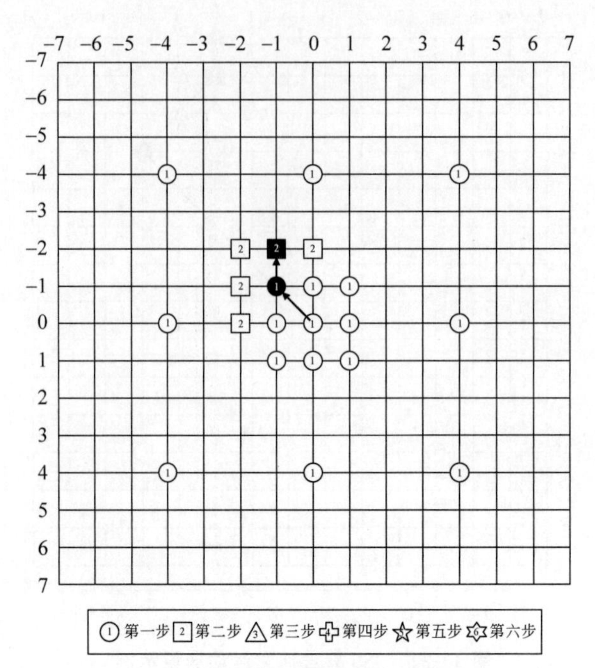

图 11-24 N3SS 搜索运动向量示例

N3SS 算法通过提前终止搜索加速静止和近似静止块的匹配。对于静止的块，N3SS 算法需比较 17 个点。对于中心 5×5 区域内的运动向量，N3SS 算法需比较 20 或 22 个点。最坏情况下，N3SS 算法需比较 33 个点。实验结果表明，N3SS 算法在性能和速率上都优于 3SS 算法。

3. 四步搜索算法

四步搜索算法也是对 3SS 算法第一步的搜索步长过大提出了改进。4SS 算法的实现比较简单，第一步采用与三步搜索相同的方形模式，但步长为 2，若最小块匹配误差点落在方形的中心上，或者搜索点到达预定的搜索窗口边界，则步长减为 1，最后比较 3×3 方形上的 9 个点，获得最优匹配点；否则，以该最小块匹配误差点作为新的中心继续搜索，步长不变，下一步搜索时只需再计算 3 个或 5 个点的块匹配误差。图 11-25 给出了 4SS 算法搜索运动向量示例的过程。4SS 算法需比较 17～27 个点，一般情况下搜索的点数少于 3SS 算法。实验结果表明，4SS 算法的性能优于 3SS 算法。

4. 梯度下降搜索算法

梯度下降搜索算法完全基于误差场单调分布的假设。BBGDS 算法的搜索过程如图 11-26 所示，搜索模式是 3×3 的方形。BBGDS 首先将 3×3 方形的中心放在搜索窗口的原点，计算 3×3 方形上 9 个点的块匹配误差。若最小块匹配误差点落在方形的中心上，则算法终止；否则，以该点作为新的中心点，继续搜索新形成的 3×3 方形上的最小块匹配误差点，直到最小块匹配误差点落在方形的中心上或者搜索点到达预定的搜索窗口边界，每一次仅需再计算 3 个或 5 个点的块匹配误差。BBGDS 算法总是沿着块匹配误差最速下降的方向搜索，期望找到全局极小点，因此称为梯度下降搜索。

5. 菱形搜索算法

菱形搜索算法有两种搜索模式，图 11-27(a)和图 11-27(b)分别为大菱形搜索模式(LDSP)和小菱形搜索模式(SDSP)。DS 算法的搜索过程如下：

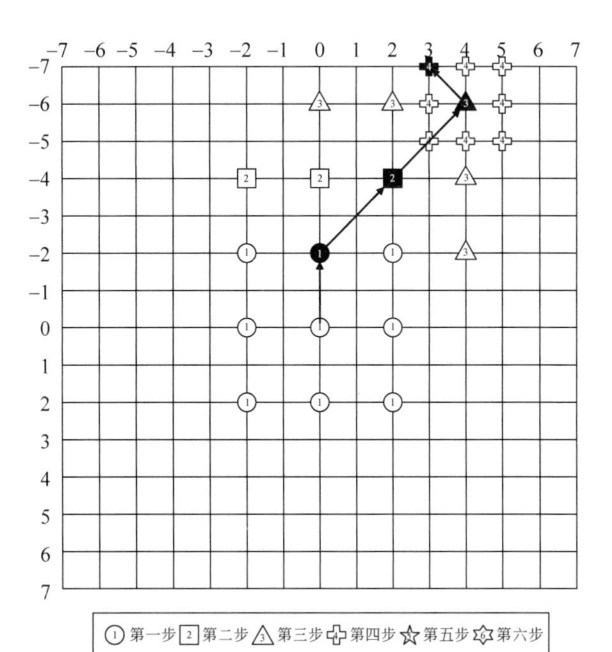

图 11-25　4SS 算法搜索运动向量示例

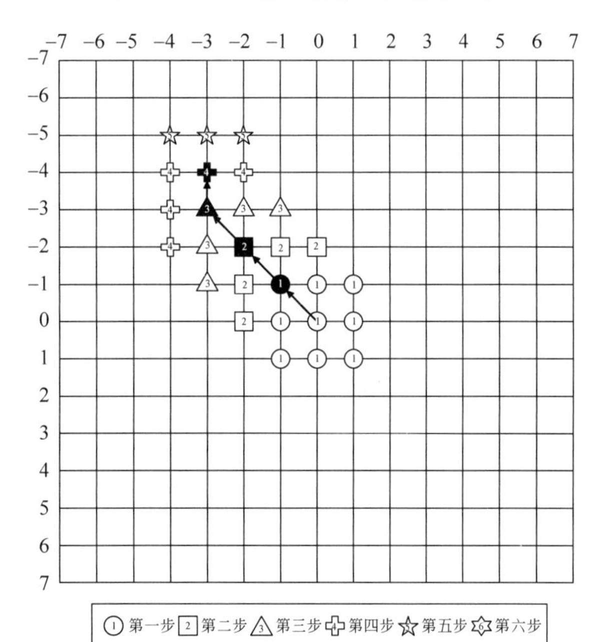

图 11-26　BBGDS 算法搜索运动向量示例

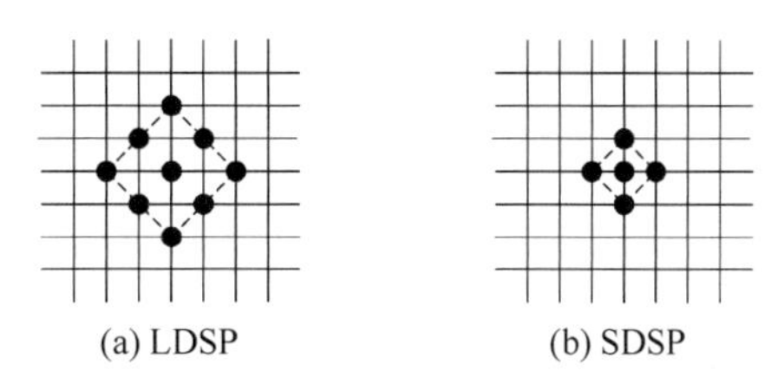

图 11-27　两种菱形搜索模式

(1) 将 LDSP 的中心放在搜索窗口的原点,比较 LDSP 上 9 个点的块匹配误差。若 LDSP 中心点的块匹配误差最小,则转向步骤(3);否则,转向步骤(2)。

(2) 以上一步中的最小块匹配误差点为中心形成新的 LDSP,每一次仅需再计算 3 个或 5 个点的块匹配误差。若 LDSP 中心的块匹配误差最小,则转向步骤(3);否则,重复执行步骤(2)。

(3) 将 LDSP 切换为 SDSP,SDSP 上 5 个点中的最小块匹配误差点指向最优匹配块。

图 11-28 给出了 DS 算法搜索运动向量示例的过程。

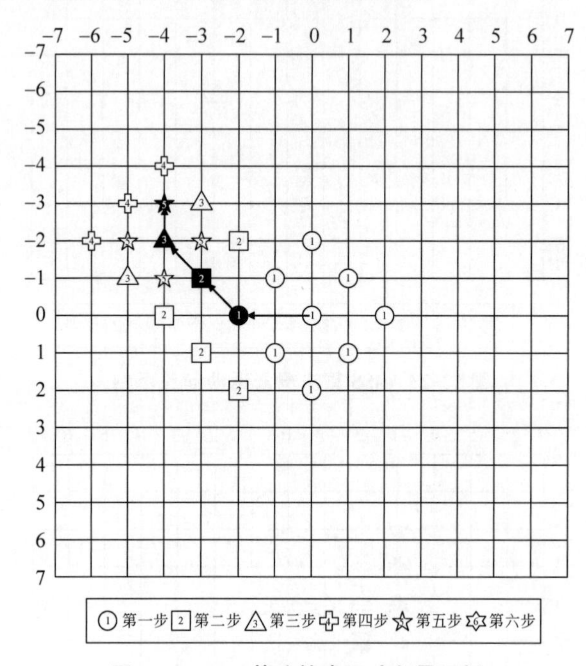

图 11-28 DS 算法搜索运动向量示例

6. *六边形搜索算法*

近期的研究工作证明了菱形搜索比前面的方形搜索更加有效。与 BBGDS 算法相比,菱形搜索在水平和垂直方向上具有相对较大的步长,经过搜索较少的位置可以找到运动较大图像块的运动向量,也降低了陷入局部极小点的可能性。但是,菱形周围的 8 个点到中心的距离相差较大,水平和垂直方向上的步长是 2 个像素,而对角方向上的步长是$\sqrt{2}$个像素。在任何方向(水平、垂直、对角)上,搜索点离全局极小点越近,块匹配误差应越小,故菱形搜索模式不适合下一步的搜索。由于菱形并不能很好地近似圆形,因此设计了六边形搜索(HEXBS)算法。

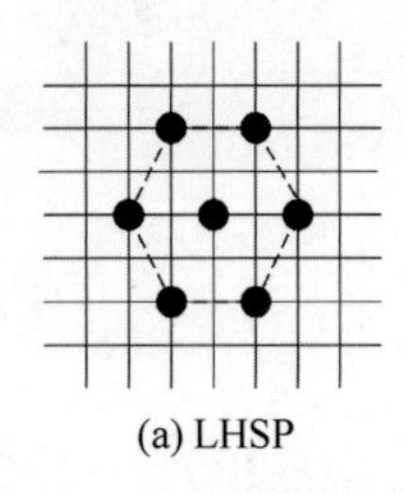

(a) LHSP

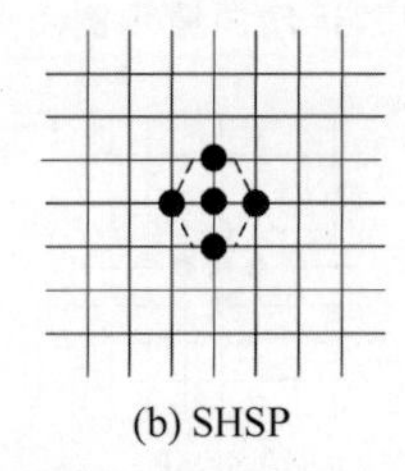

(b) SHSP

图 11-29 两种六边形搜索模式

六边形算法有两种搜索模式,即大六边形搜索模式(LHSP)和小六边形搜索模式(SHSP)分别如图 11-29(a)和图 11-29(b)所示,显然,LHSP 中心周围的 6 个顶点比菱形更近似圆形分布;此外,LHSP 比 LDSP 少 2 个点。

HEXBS 算法的搜索过程与 DS 算法相同,使用 LHSP 和 SHSP 分别代替菱形搜索中的

LDSP 和 SDSP。图 11-30 给出了 HEXBS 算法搜索运动向量示例的过程。HEXBS 算法与 DS 等其他快速搜索算法的性能相似，然而，HEXBS 算法的搜索速率显著提高。

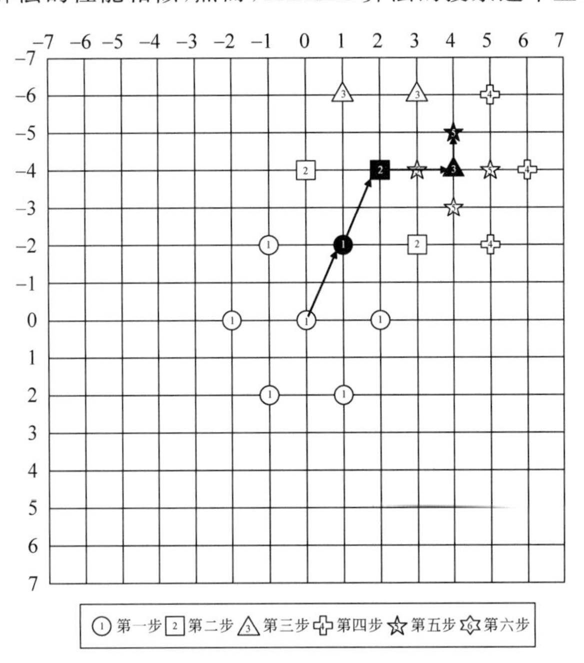

图 11-30 HEXBS 算法搜索运动向量示例

7. 十字形菱形搜索算法

DS 算法用菱形[图 11-31(b)]搜索运动向量。大量实验证明，中心 5×5 的菱形区域内的运动向量中超过 96%分布在中心十字形区域内，因此在第一步首先采用十字形搜索模式(CSP)[图 11-31(a)]，以提前终止搜索，减少运动小的图像块的搜索次数。十字形菱形搜索(CDS)算法首先将 CSP 的中心放在搜索窗口的原点，检查 CSP 上的 9 个搜索点，若十字形的中心是最小块匹配误差点，则算法终止，称为一步终止；否则，加入与 CSP 上的最小块匹配误差点距离最近的，且属于以搜索窗口原点为中心的 LDSP 上的 2 个点(即坐标为(±1,±1)的 4 个点中的 2 个点)参与比较。若上一步 CSP 上的最小块匹配误差点为(±1,0)或(0,±1)，且此步的最小块匹配误差点和上一步 CSP 上的最小块匹配误差点相同，则算法终止，称为两步终止；否则，搜索步骤与 DS 算法相同。图 11-32 给出了 CDS 算法搜索运动向量示例的过程。

对于一步终止和两步终止的运动向量的搜索，CDS 算法分别需比较 9 个和 11 个搜索点。对于没有运动或运动极微小的图像块的运动向量，例如背景区域的图像块的运动向量，通过一步搜索就可以获得；对于运动稍大的图像块的运动向量，通过两步搜索也可以获得。与 DS 算法相比，CDS 算法不仅能够保持可比的性能，有时甚至可以达到更小的误

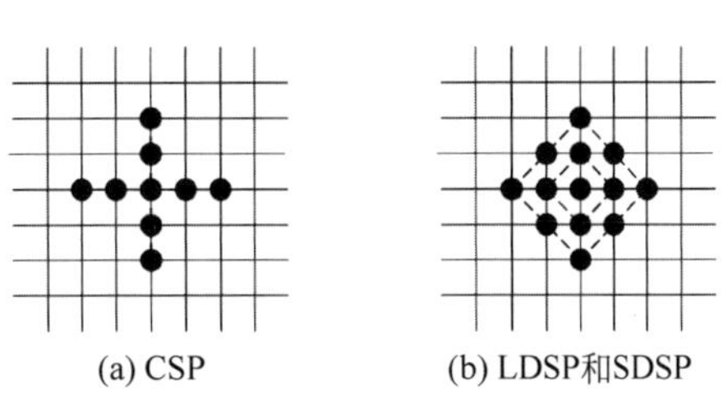

图 11-31 CDS 算法中的搜索模式

差，而且提高了搜索速率。

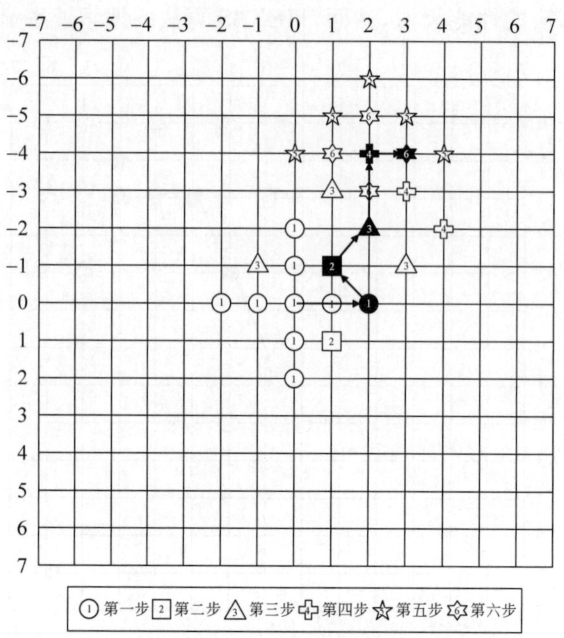

图 11-32 CDS 算法搜索运动向量示例

8. 有效三步搜索算法

由于运动向量的分布具有靠近中心的特性，有效三步搜索(E3SS)算法在 3SS 算法的第一步中加入了 SDSP[图 11-27(b)]上的 4 个点。E3SS 算法在第一步共比较 13 个搜索位置，若 SDSP 的中心是最小块匹配误差点，则算法终止；若新加入的 4 个点中的某点是最小块匹配误差点，则将 SDSP 的中心移到上一步的最小块匹配误差点，如此继续，直到小菱形的中心是最小块匹配误差点或者搜索点到达预定的搜索窗口边界；否则，搜索步骤与 3SS 算法相同。E3SS 算法和 N3SS 算法主要有两点区别：①在靠近中心的区域使用小菱形代替方形；②E3SS 算法没有限制小菱形的搜索步数，N3SS 算法仅移动方形一次。

对于静止的块，E3SS 算法需比较 13 个点。对于中心 5×5 区域内的运动向量，E3SS 算法需比较 16～21 个点。最坏情况下，E3SS 算法需比较 29 个点。实验表明，对于具有较大运动的序列，E3SS 算法在性能上优于 3SS、4SS、N3SS 和 DS 算法；对于具有较小运动的序列，E3SS 算法与 N3SS 算法和 DS 算法具有相似的性能。

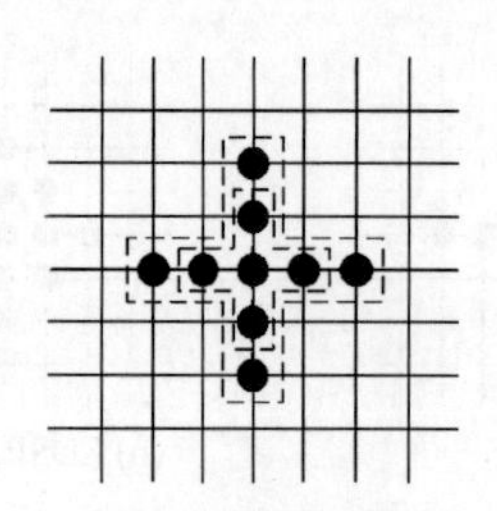

图 11-33 小十字形搜索模式(SCSP)和大十字形搜索模式(LCSP)

9. 十字形菱形六边形搜索算法

视频序列中出现较多的是平移(translation)、缩放(zooming)、移镜头(panning)、倾斜(tilting)运动。实验证明，若采用 DS 算法，则大部分图像块的运动向量分布在菱形的顶点上，在使用菱形搜索模式之前，首先采用十字形搜索模式(图 11-33)，以提前终止搜索，减少运动小的图像块的搜索次数，再用六边形搜索(图 11-34)，以减少从菱形顶点开始搜索的额外开销，因此提出了十字形菱形六边形搜索(CDHS)算法。

图 11-34(a)～(d)给出了两对大六边形搜索模式(LHSP),每一对包含水平(H)和垂直(V)两个方向。图 11-34(a)和图 11-34(b)的形式是“扁”(flat)的大六边形搜索模式(F-HSP),图 11-34(c)和图 11-34(d)的形式是“厚”(thick)的大六边形搜索模式(T-HSP)。T-HSP 以更大的步长搜索,比 F-HSP 搜索得快,但准确度降低;F-HSP 则相反。若采用 F-HSP,则称为 CDHS-F 算法;若采用 T-HSP,则称为 CDHS-T 算法。图 11-34(e)为一对小六边形搜索模式(SHSP),它们实际上是完全相同的搜索模式。下面将描述 CDHS 算法搜索运动向量过程的具体步骤。

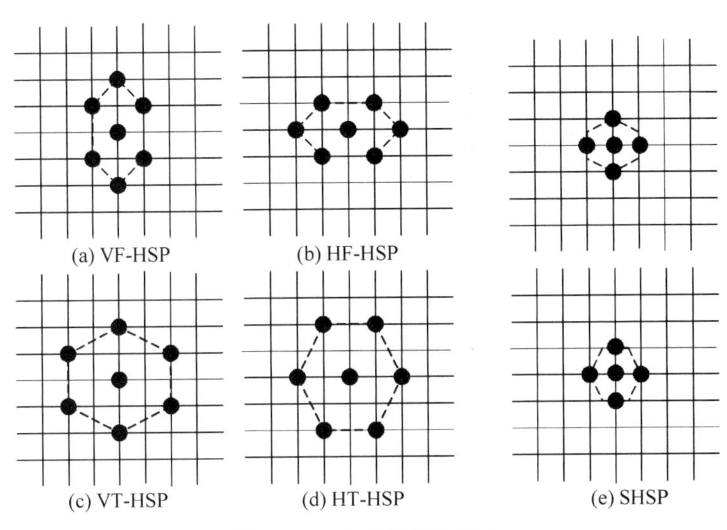

图 11-34　六边形搜索模式

步骤一(开始):将 SCSP 的中心放在搜索窗口的原点,检查 SCSP 上的 5 个搜索点,若中心点的块匹配误差最小,则算法终止,称为一步终止。

步骤二(大叉形搜索):加入 LCSP 最外面的 4 个点(±2,0)和(0,±2)参与比较,即比较中心在搜索窗口原点的 LCSP 上的 9 个搜索点。

步骤三(半菱形搜索):再加入与 LCSP 的最小块匹配误差点距离最近的,且属于以搜索窗口原点为中心的 LDSP 上的 2 个点参与比较,若上一步的最小块匹配误差点在 SCSP 的端点上,且这一步的最小块匹配误差点和上一步 SCSP 上的最小块匹配误差点相同,则算法终止,称为三步终止。

步骤四(搜索):

第(1)种情况:若上一步使用 LDSP 搜索,且菱形边上的点是最小块匹配误差点,则将 LDSP 的中心移到上一步的最小块匹配误差点;

第(2)种情况:若上一步使用 LDSP 搜索,且菱形水平(或垂直)方向的顶点是最小块匹配误差点,则将水平(或垂直)方向的 LHSP 的中心移到上一步的最小块匹配误差点;

第(3)种情况:否则,将与上一步相同的 LHSP 的中心移到上一步的最小块匹配误差点。

对于上述的任何一种情况(LDSP→LDSP、LDSP→LHSP 或 LHSP→LHSP),每一次仅出现 3 个新的搜索位置。若 LDSP 或 LHSP 的中心是最小块匹配误差点,则转向步骤五,否则重复执行步骤四。

步骤五(结束)：若上一步使用 LDSP 搜索，则切换为 SDSP；若上一步使用 LHSP 搜索，则切换为 SHSP。(SDSP 和 SHSP 的形式实际上相同)。这一步 5 个搜索点中的最小块匹配误差点指向最优匹配块。

图 11-35 给出了 CDHS-T 算法搜索运动向量示例的过程。实验证明，CDHS 算法与 DS 和 CDS 算法性能相似，然而，CDHS 算法的搜索速率高于 DS 和 CDS 算法。

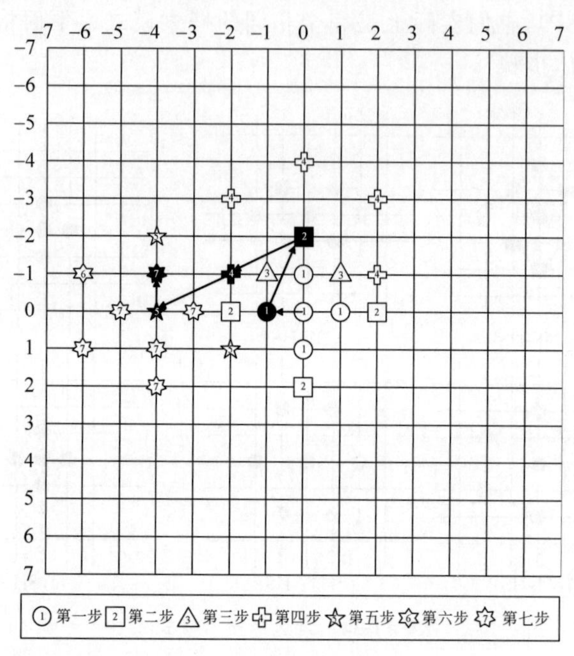

图 11-35 CDHS-T 算法搜索运动向量示例

11.6 子带编码

子带编码(sub-band coding，SBC)是一种将信号分成不同频带分量独立编码的方法。1976 年贝尔实验室的 R. E. Crochiere 等将子带编码技术应用于语音编码。由于子带编码可根据子带的重要性分别进行编码等优势，1986 年 J. W. Woods 等将子带编码引入图像编码中，此后子带编码在视频信号压缩领域中取得了重大的进展。在子带编码中，利用一组带通滤波器将图像信号分解成若干在不同频段上的子带信号，所有子带的带宽和仍为原信号的总带宽，将这些子带信号经过频率搬移转变成基带信号，在奈奎斯特速率(Nyquist rate)[①]上分别对它们重采样。各个子带信号通过各自的自适应差分脉冲编码调制进行量化和编码，并合并成总的位流传输给接收端。在接收端，将位流分成与原来的各个子带信号相对应的子带位流，各自分别解码并将频谱搬移至原来的位置，通过带通滤波器并相加，合成重构信号。图 11-36 给出了子带编码器和解码器的系统框图，图中 u_{s_i} 表示各个子带的采样率，$i=1,2,\cdots,m$。在子带编码中，若各个子带的带宽 ΔW_k 相同，则称为等带宽子带编码；否

① 奈奎斯特速率是指在理想低通信道中，符号的码元无码间干扰时符号传输的极限速率。

则,称为变带宽子带编码。

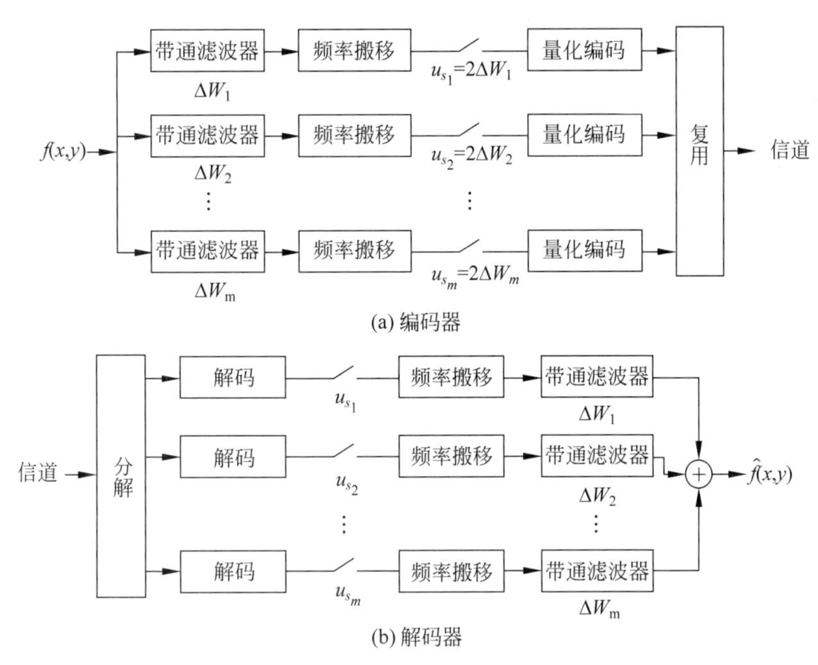

图 11-36 子带编码器和解码器系统框图

对各个子带分别编码有三个方面的优势:①各个子带内的量化失真控制在各自子带内,不会扩散到其他子带,图像经过子带编码后,能量较弱的高频频带中的信号不会被其他低频频带中量化失真所掩盖;②根据人类视觉特性控制不同频带的编码,在各个子带之间合理分配编码比特数,使之适应人眼对不同频带失真的敏感程度,从而提高图像的主观视觉质量;③子带编码由于其本身具备的频率分解特性,适合于分辨率可分级和质量可分级的图像编码,也适合嵌入式的位流结构。除了通过专门设计的正交镜像滤波器实现的经典子带编码方法之外,小波变换是目前最广泛使用的子带编码方法。早期的综合高频编码和塔形编码也属于子带编码的范畴。

11.7 图像压缩编码国际标准

20 世纪 80 年代以来,国际标准化组织(International Standard Organization,ISO)和国际电信联盟(International Telecommunication Union,ITU)陆续制定了一系列有关图像通信方面的多媒体压缩编码标准,极大地推动了图像编/解码技术的发展与应用。这些压缩编码标准可以归为两类:静止图像压缩编码标准和运动图像压缩编码标准。静止图像压缩编码标准包括适用于二值图像的 JBIG 标准(1991,ITU-T T.82,ISO/IEC11544)、适用于连续色调静止图像的 JPEG 标准(1991,ITU-T T.81,ISO/IEC10918)、JPEG-LS 标准(1998,ITU-T T.87,ISO/IEC14495)和 JPEG 2000 标准(2001,ISO/IEC15444)。运动图像压缩标准包括 ITU-T 制定的 H.26x 系列和 ISO 制定的运动图像专家组格式 MPEG-x 系列,包括适用于运动图像的 H.261 标准(1990,ITU-T H.261)、H.263 标准(1996,ITU-T H.263)、H.263+标准(1998,ITU-T H.263+)、H.263++标准(2002,ITU-T)和 H.264 标准

(2003,ITU-T H.264);适用于运动图像及伴音的 MPEG-1 标准(1993,ISO/IEC11172);适用于高质量运动图像的 MPEG-2/H.262 标准(1995,ITU-T H.262,ISO/IEC13818-2);适用于多媒体音像数据的 MPEG-4 标准(2000,ISO/IEC14496)。

11.7.1 静止图像压缩编码国际标准

1988 年,ISO 和 ITU-T 成立了联合二值图像专家组(Joint Binary Image Expert Group,JBIG),并于 1991 年 10 月制定了 JBIG 标准(ITU-T T.82,ISO/IEC11544)。1991 年 3 月正式提出的 JPEG 标准(ITU-T T.81,ISO/IEC10918)是一种适用于连续色调、多级灰度的单色和彩色静止图像的数字压缩编码标准。2001 年 11 月,JBIG 制定了新一代的静止图像压缩编码标准——JPEG 2000 标准(ISO/IEC15444)。JPEG 2000 标准将彩色静止画面采用的 JPEG 编码格式与二值图像采用的 JBIG 编码格式统一起来,成为适用于各种图像的通用编码格式。

11.7.1.1 JPEG 压缩编码

1986 年末,国际标准化组织和国际电报电话咨询委员会(International Telegraph and Telephone Consultative Committee,CCITT)成立了联合图像专家组(Joint Photographic Experts Group,JPEG),致力于静止图像数字压缩编码的标准化工作,联合制定了连续色调静止图像的数字压缩编码,简称为 JPEG 标准。JPEG 标准是第一个静止图像压缩编码的国际标准,是一种广泛使用的静止图像数字压缩标准,不仅适用于单色和彩色多灰度和连续色调的静止图像的压缩编码,也适用于视频图像的帧内压缩编码。

JPEG 标准采用混合编码框架,综合使用了变换编码、预测编码和熵编码方法,在量化过程中考虑了人眼的视觉特性,达到了较大的压缩率。JPEG 编/解码器简化系统框图如图 11-37 所示。如图 11-37(a)所示,JPEG 编码器的基本系统是基于分块 DCT 的有损压缩编码,其压缩编码大致上分为三个步骤:①利用离散余弦变换将图像从空域转换到变换域;

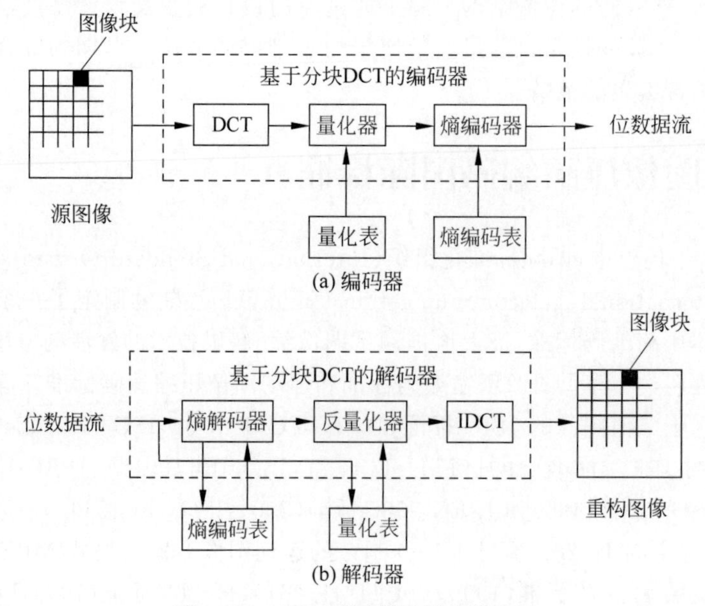

图 11-37 JPEG 编/解码器系统框图

②使用量化表对 DCT 系数进行量化；③使用预测编码和熵编码对量化系数进行编码。如图 11-37(b)所示，JPEG 解码器根据位数据流中存储的参数，对应于编码器的各个部分反向操作，从而解码出重构图像。下面将分别介绍 JPEG 压缩编码的主要编码步骤。

1．离散余弦变换

将图像划分成尺寸为 8×8 的图像块，图像块之间不重叠，对各个图像块独立进行离散余弦变换，产生 DCT 系数矩阵。系数矩阵中第一行第一列元素 $F(0,0)$ 为 8×8 图像块的平均亮度，称为直流(DC)系数，其余 63 个元素称为交流(AC)系数。这 64 个系数表示图像块的频率成分，其中低频系数集中在左上角，高频系数分布在右下部分。低频系数包含了图像的主要信息(如亮度)，相比而言，高频系数表现得不重要，因此，可以忽略不重要的高频系数。

2．量化

量化操作是在保证视觉保真度的前提下衰减高频成分。量化表规定 64 个变换系数的量化精度，量化是产生信息损失的根源，是图像失真的主要原因。各个系数的具体量化阶取决于人眼对相应频率成分的视觉敏感度。量化表中左上角的值较小，而右下部分的值较大，通过将 DCT 系数除以量化表中的对应值，起到了保持低频成分、抑制高频成分的作用。JPEG 图像格式所使用的是 YUV 颜色空间，Y 分量表示亮度信息，U、V 分量表示色差信息，对亮度分量和色度分量分别使用不同的量化表。如图 11-38 所示，图 11-38(a)为亮度量化表，图 11-38(b)为色度量化表。由于亮度分量 Y 比色度分量 U 和 V 更重要，对 Y 分量采用细量化，而对 U 和 V 分量采用粗量化。理论上，对不同的空间分辨率、数据精度等情况，应设计不同的量化表。实验表明，这种量化表的设计总体上达到最优的主观视觉质量。

16	11	10	16	24	40	51	61
12	12	14	19	26	58	60	55
14	13	16	24	40	57	69	56
14	17	22	29	51	87	80	62
18	22	37	56	68	109	103	77
24	35	55	64	81	104	113	92
49	64	78	87	103	121	120	101
72	92	95	98	112	100	103	99

(a) 亮度量化表

17	18	24	47	99	99	99	99
18	21	26	66	99	99	99	99
24	26	56	99	99	99	99	99
47	66	99	99	99	99	99	99
99	99	99	99	99	99	99	99
99	99	99	99	99	99	99	99
99	99	99	99	99	99	99	99
99	99	99	99	99	99	99	99

(b) 色度量化表

图 11-38　JPEG 压缩编码的量化表

3．Z 字形扫描(zigzag scan)

对 DCT 系数进行量化操作后，右下部分的大部分高频系数量化为零。将 DCT 的量化系数进行 Z 字形重排列，增加行程中连续 0 的个数(零值的行程长度)，以此提高后续行程编码的压缩率。对 8×8 图像块的 64 个 DCT 量化系数的 Z 字形扫描顺序标号如图 11-39 所示。

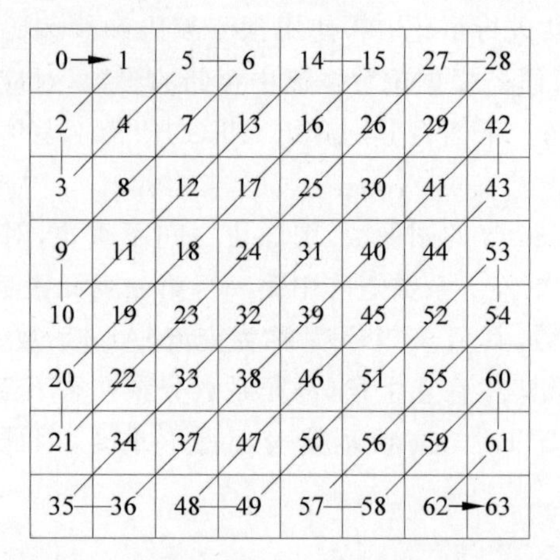

图 11-39 量化系数的 Z 字形扫描顺序标号

4. 差分脉冲编码调制

对 8×8 图像块进行离散余弦变换的 DC 系数具有两个特点：①DC 系数的数值较大；②相邻两个图像块的 DC 量化系数之间的差值很小。根据这两个特点，使用差分脉冲编码调制对 DC 系数进行单独编码。

5. 行程编码

Z 字形扫描的 AC 量化系数的特点是行程中包含很多零值系数，并且很多零值是连续的，因此使用行程编码对 Z 字形扫描的 AC 量化系数进行编码。JPEG 使用 2 字节表示 AC 量化系数行程编码的码字，第一个字节中的高 4 位表示两个非零系数之间连续 0 的个数，低 4 位表示编码下一个非零 AC 量化系数所需的比特数，第二个字节是下一个非零 AC 量化系数的实际值，如图 11-40 所示。在 63 个 AC 量化系数行程编码后，使用两个零值字节表示块结束标志 EOB。

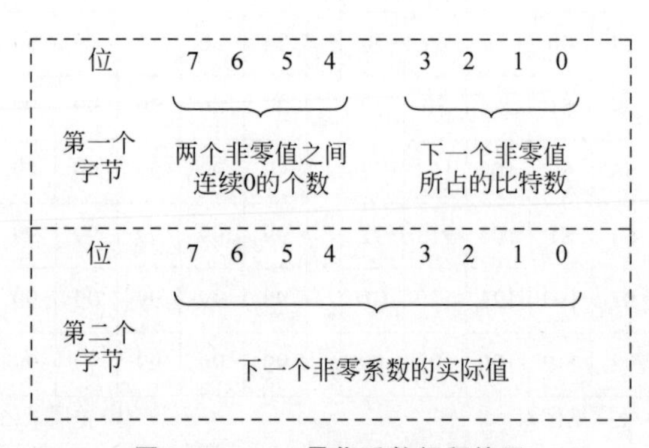

图 11-40 AC 量化系数行程编码

6. 霍夫曼编码

对差分脉冲编码调制的 DC 量化系数和行程编码的 AC 量化系数进行霍夫曼编码，从而进一步提高压缩率。为了便于传输、存储和解码器进行译码，将各种标记符和编码后的图像数据组成逐帧的数据，这样组织的数据通常称为 JPEG 位数据流。

与同等图像质量的其他常用图像文件格式（如 GIF、TIFF 和 PCX）相比，JPEG 图像模式是具有最高压缩率的静止图像压缩编码标准。正是由于 JPEG 的高压缩率，目前 JPEG

广泛应用于数字照相机、网络传输和图像存储等各个方面，也应用于以帧内编码方式传输运动图像，例如，MJPEG(Motion JPEG)广泛应用于数字电视节目的编辑和制作。

例 11-6 JPEG 压缩

对一幅 256×256 分辨率的位图格式图像进行 JPEG 压缩，源图像为 BMP 格式，大小为 66 614 字节，熵为 7.5252bit。图 11-41 显示了三种不同质量级别的 JPEG 压缩格式图像，从左到右分别为重构图像、源图像与重构图像之间的误差图像以及误差的概率直方图。随着压缩率不断提高，从图 11-41(a)到(c)编码误差逐渐增大，这三幅 JPEG 格式图像的大小分别为 8287 字节、3252 字节和 2083 字节，熵分别为 7.5224bit、7.3041bit、6.4535bit，源图像与重构图像之间的均方根误差 e_{rms} 分别为 6.0033、12.3570 和 16.3536。由于 JPEG 编码过程中将图像划分为不重叠的 8×8 图像块，随着压缩质量不断下降，图像逐渐出现了明显的块效应。如图 11-41(a)所示，低压缩比的有损压缩不会带来视觉质量上可察觉的块效应，图 11-41(b)中有轻微的块效应，图像质量可以接受，图 11-41(c)的质量很差，尚能观看，但有明显不可接受的块状失真干扰。

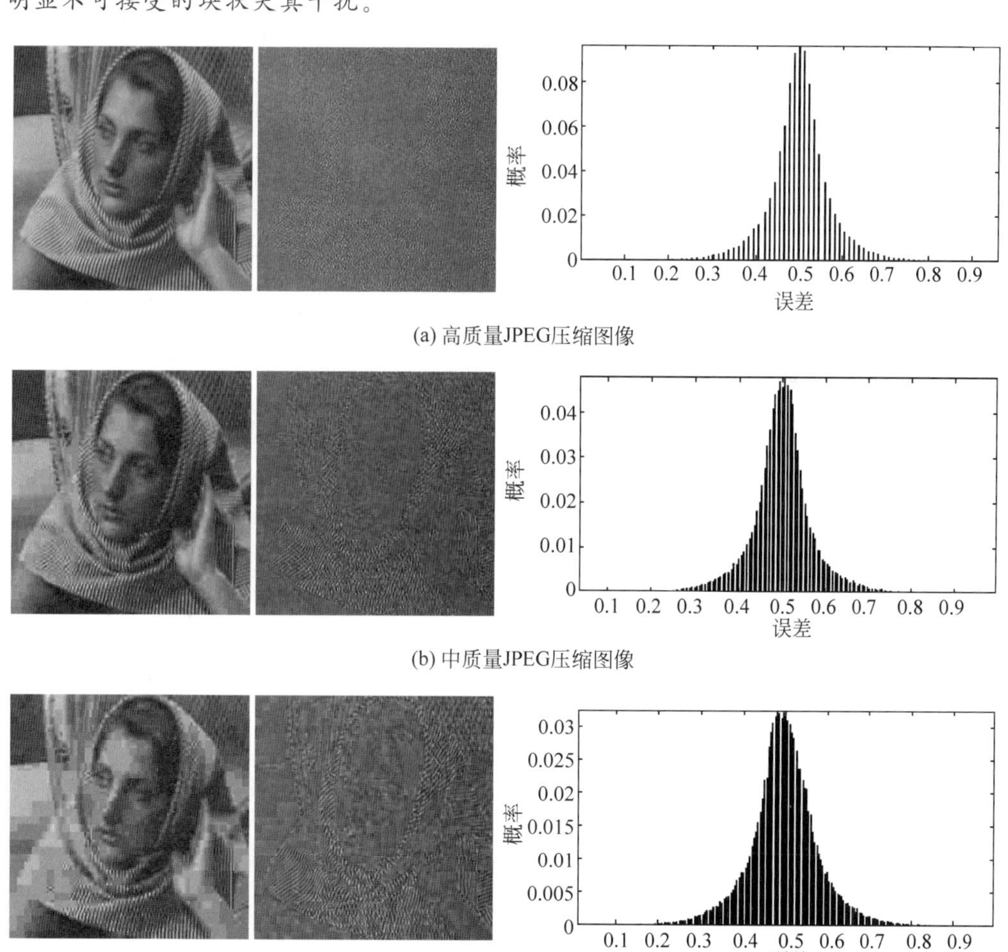

(a) 高质量JPEG压缩图像

(b) 中质量JPEG压缩图像

(c) 低质量JPEG压缩图像

图 11-41 不同质量级别的 JPEG 压缩图像

11.7.1.2 JPEG 2000压缩编码标准

JPEG 2000压缩编码标准是基于小波变换的下一代静止图像压缩编码标准。JPEG 2000与JPEG最大的区别在于，JPEG标准采用以离散余弦变换为主的块编码方式，而JPEG 2000采用以小波变换为主的多分辨率编码方式。JPEG 2000与JPEG相比具有更多的优势，且向下兼容，这些特点使得JPEG 2000格式更好地适用于网络传输、无线通信、数字图书馆等领域，并极大地拓展了JPEG 2000的应用范围。JPEG 2000的主要特点包括如下几个方面。

(1) **高压缩率**。无论在无损压缩编码下，还是有损压缩编码下，JPEG 2000编码比JPEG有更高的压缩率。在有损压缩编码下，JPEG 2000编码中所采用的小波变换避免了JPEG编码中分块DCT带来的块效应。在低码率下，JPEG压缩图像的质量严重失真。JPEG 2000通过对位流的率失真优化仍能保持图像的整体压缩性能，JPEG 2000格式图像的质量优于同等压缩率的JPEG格式图像。

(2) **同时支持无损和有损压缩**。JPEG编码不能在同一位流中同时支持无损压缩和有损压缩。由于JPEG 2000采用嵌入式可分级位流，实现有损到无损的渐进解压缩，JPEG 2000在同一位流中同时支持有损压缩和无损压缩。

(3) **渐进传输**。JPEG格式图像是按块传输的，因此只能逐行显示。JPEG 2000格式图像支持渐进传输(progressive transmission)，首先传输图像的整体轮廓，然后再逐步传输图像细节，使图像由模糊到清晰显示。离散小波变换是JPEG 2000位流具有分辨率可分级的基础，随着所接收的位流长度增加，空间分辨率逐渐提高。

(4) **感兴趣区域编码**。JPEG 2000支持感兴趣区域(region of interest，ROI)编码，即对感兴趣区域进行低压缩率甚至无损压缩编码保证高质量的重构图像，而对其他区域采用高压缩率，保证不丢失重要信息，同时又有效地压缩数据量。小波分解具有局部空间频率特性，在嵌入式编码过程中，与感兴趣区域有关的小波系数放在位流中的前面，这样优先解码感兴趣区域，即使位流被截断或编/解码过程没有完成，也能确保感兴趣区域的重构质量。

图11-42给出了JPEG 2000编/解码器的简化系统框图。如图11-42(a)所示，JPEG 2000压缩编码大致上分为六个步骤：①对源图像进行预处理，包括图像分块(tiling)和直流电平平移(DC-level shifting)；②对图像进行分量变换，将图像的颜色表示进行转换；③对各个拼接块进行小波变换，无损压缩使用5/3滤波器，有损压缩使用9/7滤波器；④对小波变换系数进行量化并划分为码块(code block)；⑤对码块中的小波变换量化系数进行嵌入式块编码(embedded block coding with optimized truncation，EBCOT)；⑥在位流中添加相应的标识符，使位流具有容错性。如图11-42(b)所示，在JPEG 2000解码时，根据位数据流中存储的参数，对应于编码器的各个部分反向操作，从而解码出重构图像。下面的内容将分别介绍JPEG 2000压缩编码的主要编码步骤。

1. 预处理

将源图像划分为不重叠的矩形区域，称为拼接块(tile)，对各个拼接块进行独立的编码操作。如图11-43所示，除图像右侧和下方之外，其他拼接块具有相同的尺寸，并以光栅方式进行编号。拼接块划分的作用是减少对内存的占用。

拼接块的尺寸会影响重构图像的质量，因此，需要选择合适的拼接块尺寸。若拼接块的尺寸较小，则所占用的内存量较少，但是，在有损压缩编码时，对于整幅图像而言，会发生拼

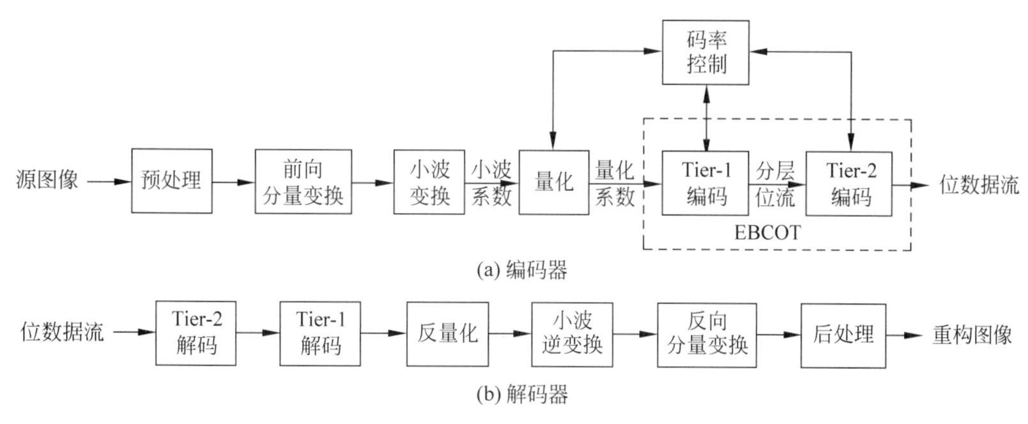

图 11-42 JPEG 2000 编/解码器系统框图

图 11-43 图像拼接块划分示意图

接失真。为了说明拼接块的尺寸对图像质量的影响,表 11-10 给出了在三种不同码率下未分块、拼接块尺寸为 128×128 和 64×64 时重构图像与源图像的峰值信噪比,其中源图像为 720×576 分辨率的 ski 彩色图像。

表 11-10 拼接块尺寸对 PNSR 的影响(dB)

码率/bps	未分块	128×128 拼接块	64×64 拼接块
0.125	24.75	23.42	20.07
0.25	26.49	25.69	23.95
0.5	28.27	27.79	26.80

2. 分量变换

对图像分量进行直流电平平移,使其灰度级范围以零值为中心,这样有利于编/解码的处理。直流电平平移的操作仅适用于图像分量为无符号整型的情况。当某一分量为 L 位灰度级表示的图像时,该分量的灰度级数为 2^L,灰度级范围是$[0,2^L-1]$,直流电平平移的操作是将所有像素的灰度值减去 2^{L-1},这样,将灰度级范围平移到$[-2^{L-1},2^{L-1}-1]$,从而使灰度级范围以零值为中心。通过这样的预处理,在设计编/解码器时可以作一些简化处理,例如上下文建模和上溢处理等。

如图 11-44 所示,分量变换实际上是颜色空间转换的过程。各个分量之间存在一定的相关性,分量变换的作用是消除各个分量之间的相关性,以减少数据的冗余度,提高后续编码的压缩率。分量变换仅适用于多分量图像,例如,彩色图像是多分量图像,由 R、G、B 三个分量构成。经过分量变换,对各个分量进行独立的编码过程。

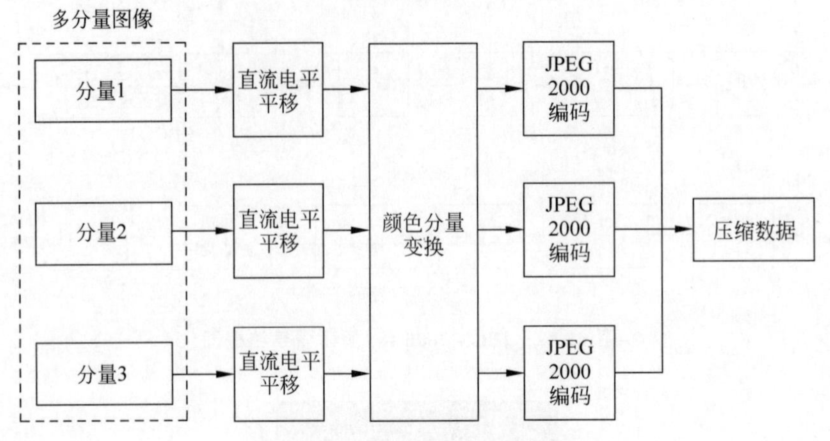

图 11-44 颜色分量变换示意图

JPEG 2000 的基本标准定义了两种变换:可逆分量变换(reversible component transform,RCT)和不可逆分量变换(irreversible component transform,ICT)。可逆分量变换既可以用于无损压缩编码,也可以用于有损压缩编码,而不可逆分量变换仅能用于有损压缩编码。可逆分量变换采用一种类似于 RGB→YUV 颜色空间转换的整数变换,满足可逆要求,一般是结合整型 5/3 小波变换构成无损压缩模式。不可逆分量变换与 JPEG 压缩编码中采用的 RGB→YCbCr 颜色空间转换相同,一般结合浮点型 9/7 小波变换共同构成有损压缩模式。若编码器中使用分量变换,则在解码器中使用相应的反向分量变换。

3. 小波变换

经过分量变换,对各个分量以拼接块为单位进行小波变换,变换编码的作用是消除图像中像素之间的空间相关性,尽可能将信息集中到少数的变换系数上。小波变换通过尺度和平移运算可表示图像不同的局部空间频率特性。

对图像进行小波变换时,可以采用卷积和提升(lifting)两种算法。JPEG 2000 采用提升小波变换计算小波系数。卷积小波变换是利用小波函数的 FIR 滤波器与图像进行卷积运算,而提升小波变换是一种在空域直接计算小波系数的有效方法。提升小波变换的优势:①简单的数乘运算取代卷积小波变换中的卷积运算,计算简单直接,易于硬件实现;②可进行原位存储的运算,减少存储器开销;③正变换和逆变换的硬件架构完全相同,具有内在并行的处理结构,提高了运算速度。

小波变换分为可逆变换和不可逆变换两种。JPEG 2000 将 bior 5.3 小波和 jpeg 9.7 小波用作缺省小波变换滤波器。通过整型 5/3 小波变换来实现可逆变换,既可用于无损压缩编码,也可用于有损压缩编码。通过浮点型 9/7 小波变换来实现不可逆变换,只可用于有损压缩编码。因此,JPEG 2000 标准同时支持有损压缩和无损压缩。小波变换本身不能实现有损压缩。

多分辨率小波分解使得压缩位流在空间分辨率上具有可分级性。当对图像进行 N 级小波分解时,产生 $3N+1$ 幅子带图像。每一幅子带图像 LL_n 都是对子带图像 LL_{n-1} 在低一级分辨率上的近似。这样 N 级小波分解可以产生 $N+1$ 幅不同分辨率的近似图像。将

小波变换系数按照 LL_n、HL_n、LH_n、HH_n、HL_{n-1}、LH_{n-1}、HH_{n-1}、…、HL_1、LH_1、HH_1 的顺序编码形成多分辨率支持的压缩位流。在实际编码实现中，小波分解的分辨率(级数)是一个重要参数，选择合适的小波分解级数，可以在满足图像压缩质量要求的情况下，尽可能提高压缩率。JPEG 2000 标准给出的默认参数值为 6。

4. 量化

对图像进行小波分解后，低频小波系数的幅度较高，而水平、垂直和对角方向上的高频小波系数具有相对较低的幅度。量化操作是将大量幅度较小的高频小波系数衰减或截断为零，从而使用更少的位数来表示非零的量化系数。由于人眼对图像空间分辨率的要求有一定极限，在不影响主观图像质量的前提下，通过适当的量化降低小波变换系数的精度，达到更高的压缩率。在编码过程中，小波变换系数的量化过程带来信息损失。

JPEG 2000 标准的 Part I 部分使用标量量化。量化器唯一的参数是量化步长。量化的关键是根据子带图像特征、重构图像质量要求等因素选择合适的量化步长。JPEG 2000 标准总体上采用均匀量化，由于不同子带的小波系数反映了图像不同频率的特征，具有不同的统计特性和视觉特性，因此，对不同子带的小波系数一般采用不同的量化步长。

另外，JPEG 2000 标准引入死区(dead zone)的概念，对于各个子带的量化器，输出为零的区域宽度都是其他区域宽度的 2 倍。量化的小波系数由符号和幅度两个部分来表示，量化值 q 的计算式为

$$q=\operatorname{sgn}(W)\left\lfloor\frac{|W|}{\Delta_b}\right\rfloor \tag{11-58}$$

式中，Δ_b 为量化步长，W 为小波系数，$\lfloor x\rfloor$ 表示 $\leqslant x$ 的最大整数(向下取整)。图 11-45 直观阐明了标量量化方法。图 11-46 给出了一个量化的示例，假设小波系数 W 为 -21.82，量化步长 Δ_b 为 10，根据式(11-58)计算小波系数 W 的量化值 $q=-\lfloor 21.82/10\rfloor=-2$。对于可逆的整型 5/3 小波变换，小波系数是整数，当用于无损压缩编码时，量化步长为 1，所有的系数都保持不变。

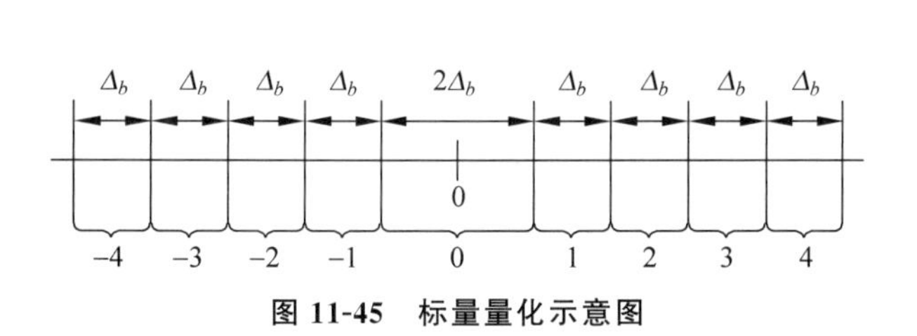

图 11-45 标量量化示意图

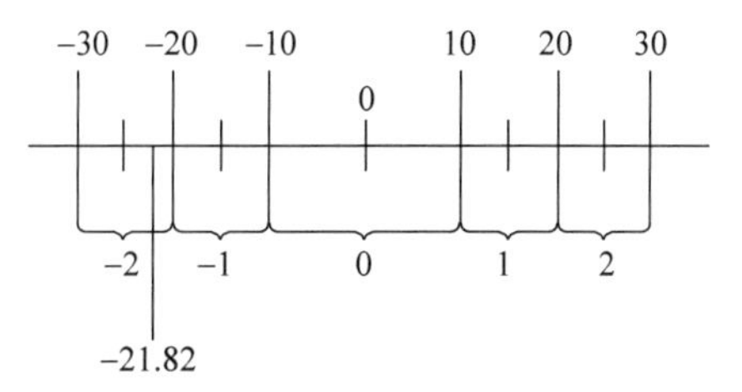

图 11-46 量化示例，$W=-21.82$，$\Delta_b=10$

5. 嵌入式块编码

1998 年，David Taubman 提出了嵌入式块编码算法，并提交到 JPEG 2000 标准研究组。JPEG 2000 标准中的熵编码采纳了 EBCOT 算法。EBCOT 算法框图如图 11-47 所示，主要包括两个部分：第一阶段“块编码”和第二阶段“率失真优化和位流组织”(bit stream organization)。第一阶段由位平面编码和基于上下文的二进制算术编码器构成，将小波分解的各个子带划分为独立的码块，对各个码块独立进行位平面编码，然后利用 MQ(multiple quantization)算术编码生成嵌入式位流；第二阶段通过率失真优化对第一阶段块编码产生的码块位流进行编码控制，并组织生成完整的位数据流。第一阶段块编码实际起到数据压

缩的作用，是 EBCOT 算法的核心部分。

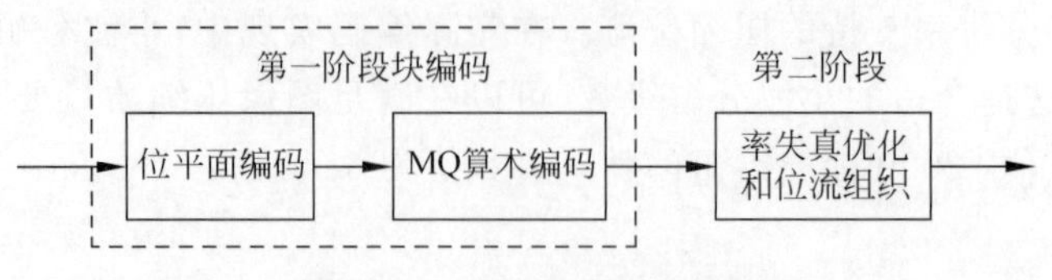

图 11-47 EBCOT 算法框图

EBCOT 算法建立在块编码的基础上，对各个码块独立编码，采用独立块编码的方法具有如下优势：①灵活的组织方式。通过一定的位流组织，使解码出的重构图像具有不同的特性，仅解码某级分辨率对应的码块就可以获取该分辨率下的图像，仅解码各个码块中某种失真度对应的部分就可以获取该失真度下的图像。②局部处理。利用图像的局部统计特性，分块独立编码允许对图像进行局部访问，并且只需读入当前处理的码块，无须对整幅图像进行缓冲，这样减小了对内存的需求，也有利于随机存取、硬件实现和多个码块的并行处理。③高压缩率。通过对各个码块的位流进行率失真优化来实现高压缩性能。④强抗误码性。一个码块发生误码不会影响其他码块，防止了误码的扩散，并且可以根据不同的重要性等级采用不同的保护策略。下面将分别介绍嵌入式块编码中位平面编码、MQ 算术编码和位流组织这三个主要步骤。

1) 位平面编码

经过小波变换和系数量化，对拼接块进行小波分解的子带由整数系数组成。在嵌入式块编码算法中，将小波分解的各个子带图像划分为尺寸相同的码块，对各个码块进行独立的嵌入式编码。如图 11-48 所示，在各个子带图像中独立划分码块，对小波系数的分块遵循如下原则：①为了保证块编码的独立性，码块不能跨越子带边界；②同一子带图像中码块的尺寸相同（边界码块除外）；③码块的尺寸为 16～4096 个像素，不能超过 4096 个像素，而且，码块的宽和高都为 2 的幂次，JPEG 2000 推荐的码块尺寸为 64×64 或 32×32。

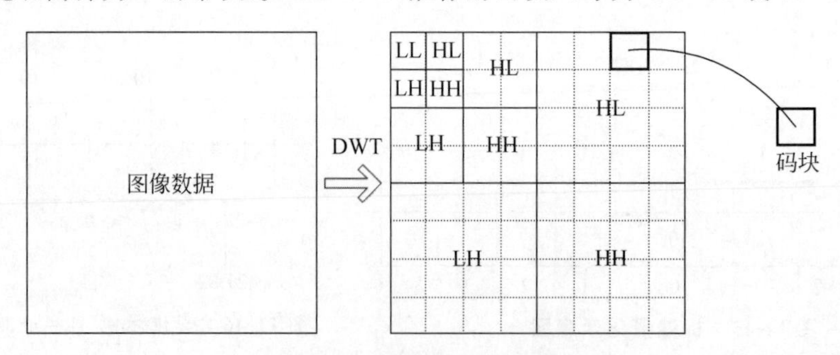

图 11-48 码块划分示意图

需要指出的是，如图 11-48 所示的分块结构与 JPEG 标准中 DCT 分块有着本质的区别。在基于分块 DCT 的变换编码中，图像本身的相邻像素被隔断，而这里是对去相关的小波系数进行分块，因此，这种分块不会破坏源图像相邻像素之间的空间相关性。在低码率下，也不会产生 JPEG 难以避免的块效应。

将每一个码块分解成位平面，对码块的非零值从最高有效位（most significant bit，MSB）到最低有效位（least significant bit，LSB）逐平面进行编码，其中，最高位为符号位，其余位为幅度位，如图 11-49 所示。

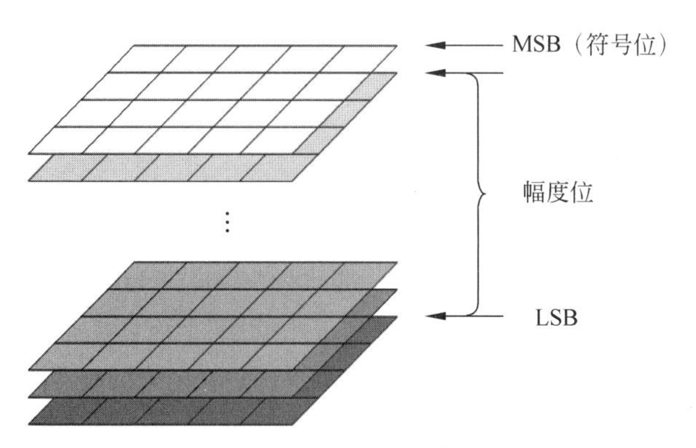

图 11-49　位平面示意图

位平面上 4 行构成一个编码带(stripe)，以条带形式扫描码块，如图 11-50 所示，扫描过程从位平面左上角的数据开始，连续扫描当前编码带中第一列 4 个数据后，转向扫描第二列 4 个数据，如此继续，直至扫描最后一列 4 个数据；然后，转向扫描下一个编码带；按照这样的顺序依次扫描整个位平面。位平面扫描顺序标号如图 11-51 所示，码块的尺寸为 32×32。

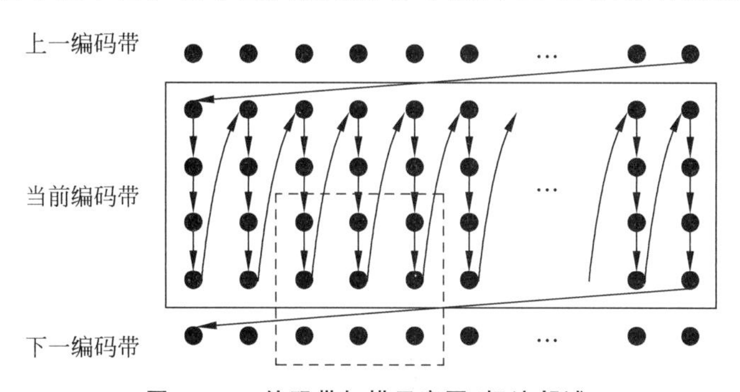

图 11-50　编码带扫描示意图(标注邻域)

0	4	8	12	16	20	24			⋮	120	124
1	5	9	13	17	21	25			⋮	121	125
2	6	10	14	18	22	⋮			118	122	126
3	7	11	15	19	23	⋮			119	123	127
128											
129											
⋮											
⋮											

图 11-51　位平面扫描顺序标号，码块的尺寸为 32×32

位平面编码过程根据位平面上系数位的统计信息生成 MQ 算术编码所需要的 19 种上下文标签(ConteXt,CX)，MQ 算术编码的概率估计模型根据上下文标签来预测符号的概率。引入上下文标签的目的是利用当前待编码位与邻域已编码位的相关性，依据已编码位的概率建立概率估计模型,以达到更有效的压缩。

2) MQ 算术编码

算术编码可分为静态算术编码和自适应算术编码两类。静态算术编码在编码过程中信源符号的概率是固定的。自适应算术编码在编码过程中根据输入信源符号动态地估计当前符号的概率,在编码过程中估计信源符号概率的过程称为建模。由于很难事先精确获知信源符号的概率,因此,概率估计模型决定编码器的压缩率。二进制算术编码中待编码的信源符号为二进制数 0 和 1 两种。JPEG 2000 标准所采用的 MQ 算术编码是一种自适应二进制算术编码方法。MQ 算术编码中符号的概率估计依赖于编码的上下文标签,故又称为基于上下文的二进制算术编码(context-adaptive binary arithmetic coding,CABAC)。MQ 算术编码是 JPEG 2000 标准中实现无损压缩的唯一方法。

MQ 算术编码器根据位平面的上下文标签和编码器内部的状态决定编码的输出,在概率估计模型中动态地将待编码的二进制数 0 和 1 分成大概率符号(more probable symbol,MPS)和小概率符号(less probable symbol,LPS)。MQ 编码器的基本框图如图 11-52 所示,位平面编码输出的待编码的二进制数及其上下文标签送至 MQ 算术编码器进行压缩编码,共有 19 种上下文标签(0~18),编码器根据待编码二进制数的上下文标签在上下文查找表中查找出该上下文对应的小概率符号 LPS 的概率索引 I 以及是否为大概率符号 MPS,然后利用该概率索引 I 在概率查找表中查找 LPS 发生的概率 Q_e,根据待编码二进制数是否为 MPS 以及 LPS 的概率 Q_e 进行编码,生成位数据流。最后,更新概率估计模型。MQ 算术解码器由位数据流和上下文标签重构信源符号。

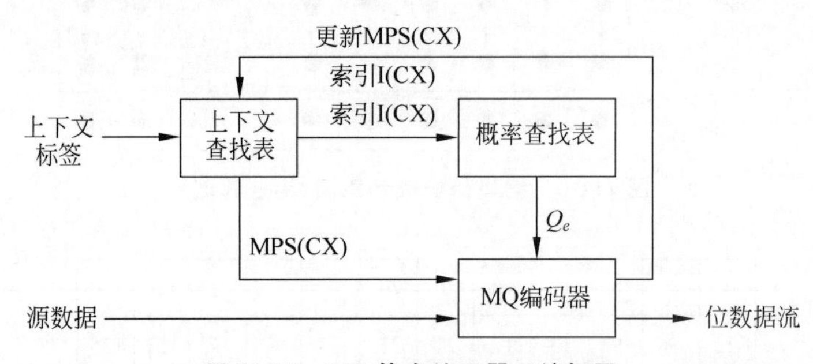

图 11-52 MQ 算术编码器系统框图

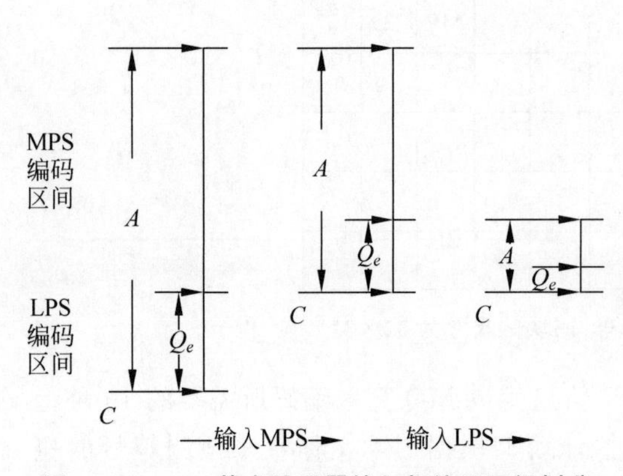

图 11-53 MQ 算术编码器输入与编码区间划分

递归编码区间划分是自适应算术编码的基础。将概率区间划分为 MPS 的编码区间和 LPS 的编码区间,其区间宽度由对应符号的概率决定。如图 11-53 所示,设 A 表示编码区间的宽度,C 表示编码区间的起始位置,这样 $[C, C+A]$ 表示编码区间。若输入符号为 MPS,则 $A \leftarrow A(1-Q_e)$,$C \leftarrow C+AQ_e$;若输入符号为 LPS,则 C 保持不变,$A \leftarrow AQ_e$。为了便于硬件实现,采用固定精度的整数运算进行操作,且使用整数代替小数。通过在编码过程中采用“重归一化处理”(renormalization),

可以将编码区间 A 保持在单位 1 附近，通过近似处理简化上述运算过程。若输入符号为 MPS，则 $A \leftarrow A - Q_e$，$C \leftarrow C + Q_e$；若输入符号为 LPS，则 C 保持不变，$A \leftarrow Q_e$。

最后，由于率失真优化的要求，需要计算每一个编码过程的位流长度，以保证在任意点进行截断时，解码器都可以正确地解码。为此，JPEG 2000 提供了多种可供选择的算术编码结束模式，其中一种是每一个码块输入完成时结束算术编码，每一个码块只产生一个完整的算术编码位流。

3）位流组织

第二阶段率失真优化和位流组织部分是将图像压缩编码产生的位数据流进行组织封装，形成文件。块编码的输出仅是各个独立码块的位流，以码块为单位的位流是按照码块的不同失真度组织的，随着位流的增加，码块的失真度减小。通过对这些位流进行有效的组织，使整幅图像的位流具有分辨率可分级性（resolution scalability）或质量可分级性（quality scalability）。

第二阶段编码过程实际上是分层打包形成位流的过程，按照率失真最优的原则分层组织，选取合适的截断点截断每一个码块的位数据流，形成不同质量的层，对每一层用不同的位流格式打包。在编码过程中，需要对每一个截断点进行率失真优化的计算，使其在任意点截断都可以满足率失真最优的质量。然后将截断点和失真度以压缩的形式同码块位流保存在一起，形成码块的嵌入式压缩位流。

JPEG 2000 标准规定了详细的语法结构来存储压缩位流和解码所需参数，以数据包为单位进行组织，形成了最终的压缩位流。为了控制数据包的大小而提出“辖区”（precinct）的概念。将子带图像划分成矩形的辖区，每一幅子带图像中辖区的尺寸相同（边界除外），辖区包含一系列的码块，辖区的宽和高都是 2 的幂次。一个数据包由一个辖区的数据构成。一系列的数据包按一定的顺序排列组成位流。图 11-54 说明了辖区和子带之间的关系以及数据包的扫描顺序，图中实线为子带分界，虚线为辖区分界，箭头标出了数据包扫描的顺序。

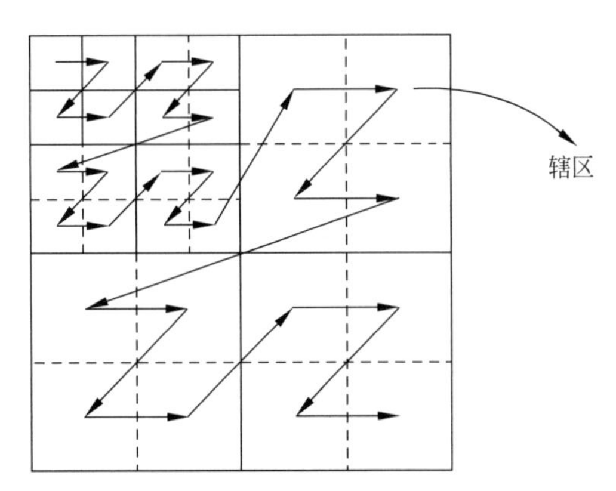

图 11-54　辖区和子带之间的关系以及数据包扫描顺序示意图

JPEG 2000 压缩编码支持空间分辨率可分级性和质量可分级性。空间分辨率可分级性通过小波变换来实现，如图 11-55 所示，多级小波分解产生不同空间分辨率的近似图像。在渐进传输中，依次传输 1/64 空间分辨率[图 11-55(a)]、1/16 空间分辨率[图 11-55(b)]、1/4 空间分辨率[图 11-55(c)]和全空间分辨率[图 11-55(d)]的小波变换系数，图像的空间分辨率逐渐提高。质量可分级性通过位平面编码来解决，如图 11-56 所示，在渐进传输中，将小波变换的量化系数按照位平面重要性的顺序组织位流，将相对重要的位放在位流的前面部分，按位依次传输小波变换子带数据的位平面，渐进重构出前 1/4 个位平面[图 11-56(a)]、前 1/2 个位平面[图 11-56(b)]、前 3/4 个位平面[图 11-56(c)]和全部位平面[图 11-56(d)]的小波变换系数，从而实现图像的质量可分级性。

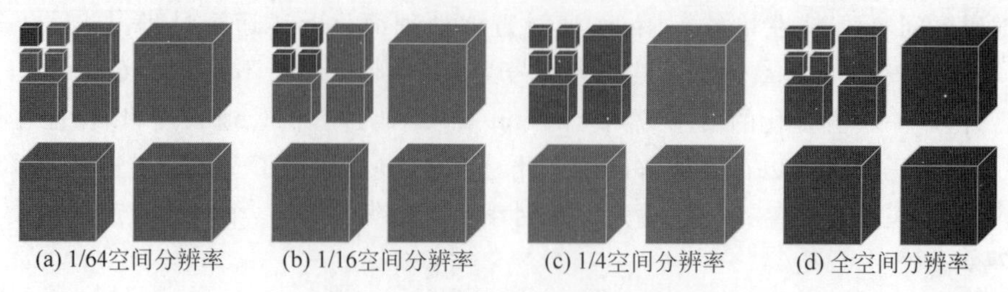

图 11-55 分辨率可分级示意图

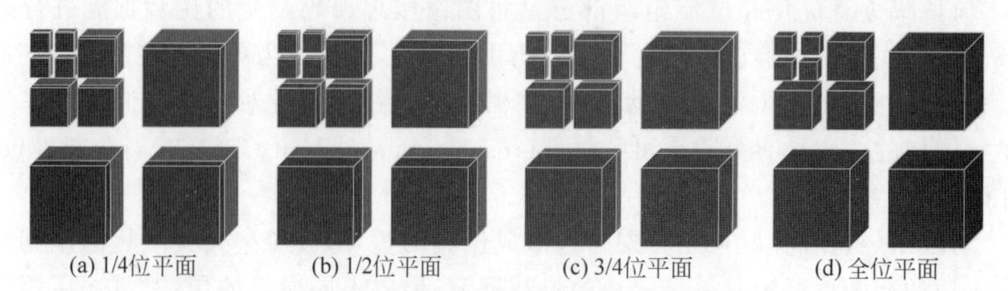

图 11-56 质量可分级示意图

例 11-7 JPEG 2000 与 JPEG 压缩编码比较

基于小波变换的 JPEG 2000 和基于 DCT 的 JPEG 的主要不同在于小波变换作用于整块区域,而 DCT 作用于 8×8 图像块。由于小波变换具有计算高效和局部时频特性,因此,不需要将图像划分为图像块。图 11-57 比较了在压缩率和重构误差近似相等的情况下,JPEG 和 JPEG 2000 的压缩性能,对于图 11-57(a)所示的源图像,图 11-57(b)和图 11-57(c)

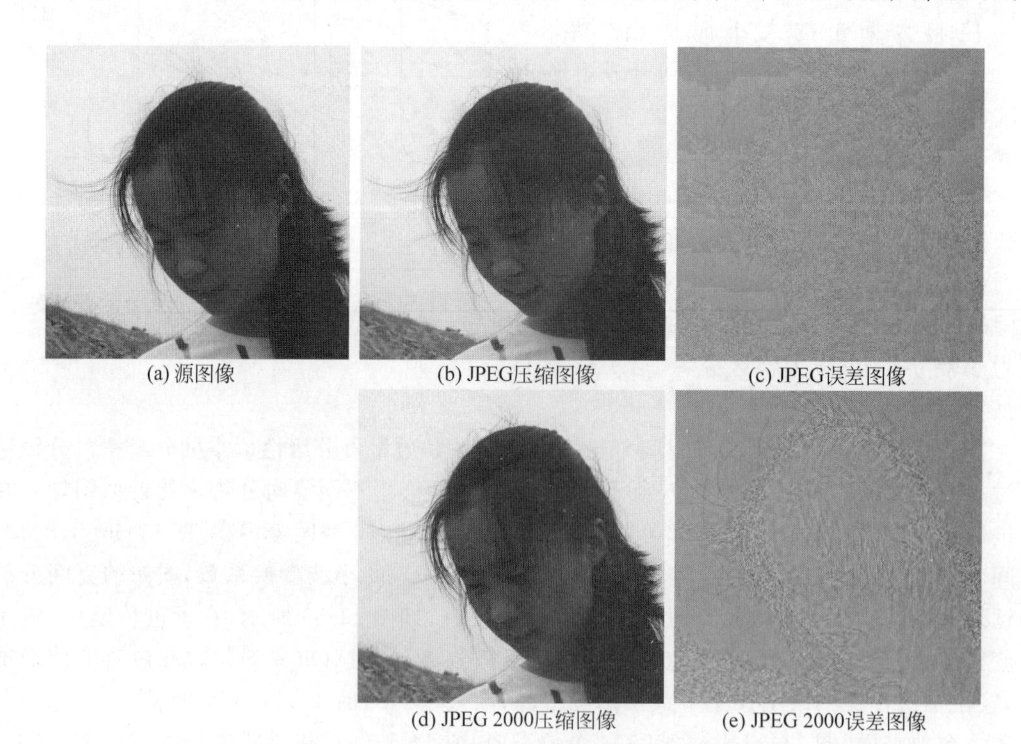

图 11-57 JPEG 和 JPEG 2000 压缩率比较

给出了 JPEG 压缩编码的重构图像以及与源图像的误差图像，压缩率为 29.4345，均方根误差为 5.5174。图 11-57(d)和图 11-57(e)则给出了 JPEG 2000 压缩编码的重构图像以及与源图像的误差图像，压缩率为 31.7596，均方根误差为 5.5167。正如图中所看到的，当压缩率超过一定限度时，JPEG 不可避免地产生明显的块效应，而在高压缩率下 JPEG 2000 在编码过程中由于一定程度高频成分的损失，造成压缩图像边缘细节失真。

11.7.2　运动图像压缩编码国际标准

近年来，一系列视频压缩编码国际标准的制定解决了信道有效传输的问题，促进了多媒体通信技术的飞速发展。视频压缩编码标准的制定工作主要是由国际标准化组织(International Standard Organization，ISO)、国际电信联盟(International Telecommunication Union，ITU)和国际电工委员会(International Electrotechnical Commission，IEC)完成的。由 ITU 组织制定的 H.26x 系列视频压缩编码标准，主要是针对实时视频通信的应用，如视频会议和可视电话；而由 ISO 和 IEC 的共同委员会中的运动图像专家组(Moving Picture Experts Group，MPEG)制定的 MPEG 系列视频压缩编码标准，主要针对视频数据的存储，如 VCD(Video CD)、DVD(Digital Video Disk)、广播电视和视频流的网络传输等应用。

1. H.261 视频压缩编码标准

1990 年 ITU-T 制定了针对可视电话和视频会议等业务的 H.261 视频压缩编码标准。设计的目的是能够在带宽为 64kbps 倍数的综合业务数字网(integrated services digital network，ISDN)上传输质量可接受的视频信号。H.261 是第一个实用的数字视频压缩编码标准，成为视频压缩编码技术发展史上一个重要的里程碑。H.261 仅对 CIF(common intermediate format)和 QCIF(quarter common intermediate format)两种图像格式的视频进行编码，通常 CIF 格式应用于视频会议，QCIF 格式应用于可视电话。两种格式均为逐行扫描，CIF 格式的亮度分辨率为 352×288 像素，帧率是 30 帧/s，QCIF 格式的亮度分辨率为 176×144 像素，帧率为 15 帧/s 或 7.5 帧/s。

H.261 采用混合编码的设计框架，主要包括运动补偿帧间预测编码、基于 DCT 的块变换编码、标量量化和熵编码，这奠定了视频压缩编码系统的基本框架。H.261 编码使用 YCbCr 颜色空间，基本操作单位称为宏块，采用 4∶2∶0 色度采样模式，每一个宏块包含 16×16 的亮度采样值(Y)和两个相应的 8×8 色度采样值(Cb 和 Cr)。H.261 仅有两种类型的编码帧：I 帧(帧内编码)和 P 帧(帧间预测编码)。对于 I 帧，整幅图像直接进入编码过程。对于 P 帧，首先使用运动补偿帧间预测编码来消除时间冗余。将宏块再划分成子块，使用基于 8×8 块 DCT 的变换编码来消除空间冗余，对 DCT 系数进行标量量化(这一步是有损压缩)，然后对量化系数使用行程编码和霍夫曼编码来消除统计冗余。

2. MPEG-1 视频压缩编码标准

MPEG-1 是 ISO/IEC 的运动图像专家组制定的第一个适用于电视图像数据和声音数据的有损压缩编码标准，也是最早制定并在市场上应用的 MPEG 技术。1992 年底，正式批准 MPEG-1 成为视频压缩编码国际标准。MPEG-1 是为 CD 光盘介质制定的视频和音频压缩格式，主要应用领域为视频和伴音的存储。MPEG-1 随后被 VCD 采用作为核心技术，使 MPEG-1 支持 VCD 格式的存储和播放，广泛应用于 VCD 等家庭视频产品中。MPEG-1 针对标准交换格式(source intermediate format，SIF)的视频进行压缩编码，PAL 制式的亮度分辨率为352×288像素，帧率为25帧/s；NTSC制式的亮度分辨率为352×240像素，帧率为30帧/s，双声道立体声伴音具有CD音质。MPEG-1采用以块为基本单元的运动补偿、离散余弦变换、量化等技术。MPEG-1只支持逐行扫描，使用固定的码率，在播放快速运动的视频时，由于数据量不足，视频画面容易出现块效应。

MPEG-1采用的新技术有双向预测和半像素精度运动补偿。MPEG-1将视频帧分为三种不同类型的编码帧：I帧(帧内编码)、P帧(帧间前向预测编码)和B帧(帧间双向预测编码)。I帧采用帧内编码，减少空间冗余；P帧和B帧采用帧间编码，减少时间冗余。I帧利用单帧图像内的空间相关性独立编码，不参考其他帧，类似JPEG编码，因而解码时也不参考其他帧，是解码的基准帧。I帧编码的压缩率相对较低。P帧采用前向预测，仅以前向I帧或P帧为参考帧进行运动补偿，通过前向预测能够提高压缩率。B帧可以采用前向预测、后向预测或双向预测，以前后两个方向的I帧或P帧为参考帧进行运动补偿。前两种方式与P帧运动补偿方式相同，不同之处仅在于所使用的是前向还是后向参考帧，而第三种则利用双向预测平均值进行运动补偿。双向预测编码部分解决了运动目标遮挡和露出的问题，即某一目标在前一帧中未出现或被遮挡，但其在后一帧中却显露出来，双向预测能够更准确地进行运动补偿，减小预测误差，因此能够极大提高压缩率。由于MPEG-1的视频编码器中B帧采用双向预测编码和解码，需要以后向帧作为参考帧，因此位流中视频帧的传输顺序和显示顺序是不同的。解码时先将重构出的视频帧存在缓存中，播放时按顺序显示。MPEG-1采用半像素精度运动补偿技术使得预测更加精确。

MPEG-1编码器首先将视频帧转换到YCbCr颜色空间，其中Y是亮度通道，Cb和Cr是两个色度通道。对各个通道划分成为宏块，宏块构成了编码的基本单元，每一个宏块再划分成子块。对于I帧，整幅图像直接进入编码过程。对于P帧和B帧，首先进行运动估计和运动补偿，对运动补偿帧间预测误差进行编码。对各个子块单独进行离散余弦变换，对变换系数进行量化并重新组织排列顺序，然后进行行程编码和霍夫曼编码。从H.261和MPEG-1以来的所有ITU-T和ISO/IEC视频压缩编码标准，均建立在以运动补偿和块变换编码为主体的设计架构的基础上。

3. MPEG-2视频压缩编码标准

MPEG-2是ISO/IEC的运动图像专家组于1994年发布的视频和音频压缩编码国际标准。在ITU标准中，MPEG-2称为H.262。MPEG-2能够在广泛的带宽范围内对不同分辨率和不同输出码率的视频信号进行编码，码率为4～100Mbps，是一个通用的标准。MPEG-2标准主要是针对标准数字电视(standard definition television，SDTV)和高清晰度电视(high definition television，HDTV)在各种应用下的压缩制定的编码标准。MPEG-2经过少量修改后，也成为DVD的核心技术。DVD中采用了MPEG-2标准，PAL制式的亮度分辨率为720×576像素，帧率为50场/s或25帧/s，NTSC制式的亮度分辨率为720×480像素，帧率为60帧/s或30帧/s。MPEG-2视频编码器的基本系统结构与MPEG-1类似，但是它提供对隔行扫描视频显示模式的支持，隔行扫描广泛应用在广播电视领域。

MPEG-2系统对MPEG-1系统向下兼容，支持低(352×288)、中(720×576)、高1440(1440×1152)和高1920(1920×1152)四种级别的分辨率。对于每一个级别，MPEG-2按照不同的压缩率分成五个档次(profile)：简单档次、主档次、空间分辨率档次、量化精度档次和高档次。MPEG-2制定了从低到高分辨率的四种级别五个档次共11种单独的技术规范。

考虑到视频信号隔行扫描特点，MPEG-2 专门设置了按帧编码和按场编码两种模式，支持逐行扫描和隔行扫描两种视频显示模式，并相应地对运动补偿和 DCT 编码方式作了扩展，从而显著提高了压缩编码的效率。在逐行扫描模式下，编码的基本单元是帧。在隔行扫描模式下，编码的基本单元可以是帧，也可以是场。MPEG-2 支持固定码率编码和动态码率编码，固定码率编码需要不断调节量化阶以输出匀速的位流，但是提高量化阶可能带来明显的块效应；动态码率编码则根据帧数据量的变化决定位流的速率。

MPEG-2 编码中将视频帧分为三种类型：I 帧、P 帧和 B 帧。I 帧仅采用帧内编码方式，不使用运动补偿，由于 I 帧不参考其他帧，所以是随机存取的切入点，同时是解码的基准帧。I 帧的压缩率相对较低。P 帧和 B 帧采用帧间编码方式，以宏块为基本编码单元，P 帧的运动补偿采用前向预测，以前向 I 帧或前向 P 帧为参考帧进行运动补偿，而 B 帧的运动补偿采用双向预测，以前向或后向 I 帧和 P 帧为参考帧进行运动补偿，对运动补偿预测误差进行编码，提高编码效率，B 帧的引入是为了进一步提高编码的压缩率。由于 B 帧采用了后向帧作为参考帧，因此 MPEG-2 位流中视频帧的传输顺序和显示顺序是不同的。

4. H.263 视频压缩编码标准

H.263 标准是由 ITU-T 和 ISO/IEC 联合制定的针对视频会议和可视电话的低码率视频压缩编码标准。与之前的 H.261、MPEG-1 和 MPEG-2/ H.262 视频压缩编码标准相比，H.263 压缩编码的性能具有显著提高。H.263 支持 sub-QCIF、QCIF、CIF、4CIF 和 16CIF 五种图像格式的压缩编码。H.261 编码器由于仅使用 I 帧和 P 帧，为了输出较低的码率，宏块编码需采用较大的量化阶，因此，低码率会产生块效应，使目标的运动看起来不连续。H.263 编码器的基本系统结构仍然采用 H.261 的混合视频编码系统结构，但 H.263 编码系统具有更高的压缩率，且支持传输码率低于 64kbps 的基本视频质量。

在 H.261 编码框架的基础上，H.263 编码采用半像素精度运动估计，同时又增加了无限制运动向量模式(unrestricted motion vectors)、高级预测模式(advanced prediction)、PB 帧编码模式(PB frames)以及基于语法的算术编码模式(syntax-based arithmetic coding)四种可选的高级编码模式。使用这些可选高级编码方案会增加编/解码器的复杂度，但也能显著地提高重构图像的质量，根据实际需求在系统性能和复杂度之间进行选择。H.263 标准的基本档次(半像素精度运动补偿的混合 DPCM/DCT 视频编/解码模型)被 MPEG-4 标准采用作为其简单档次的核心框架。

ITU-T 于 1995 年完成 H.263 标准的第一版，在所有码率下都优于 H.261 标准。为了进一步提高编码效率，增加新功能，ITU-T 对 H.263 进行了多次补充修订，1998 年制定了第二版 H.263＋，以及 2000 年制定了第三版 H.263＋＋。H.263 标准版本升级主要体现在增加或修正一些高级编码模式，即保持了对旧版本的兼容，又增加了新的功能，进一步扩大其应用范围，提高压缩率、抗误码能力和重构图像的主观质量。H.263＋在 H.263 原有四种高级模式的基础上，修正了其中的无限制运动向量模式，并增加了 12 个高级模式，即高级帧内编码模式、去块效应滤波器模式、条状结构模式、附加增强信息模式、改进的 PB 帧模式、可选参考帧模式、参考帧再取样模式、低分辨率更新模式、独立分段编码模式、选择性帧间变长编码(variable-length code，VLC)模式、改进量化模式以及时域、信噪比和空域可分级性模式。H.263＋＋则又新增了三个高级模式，即增强的参考帧选择模式、数据分割模式以及附加增强信息模式。H.263＋和 H.263＋＋并不是 ITU-T 提出的新的视频编码标准，只是作为 H.263 标准的升级版本，用于描述在原有 H.263 基础上支持部分或全部可选高级编码模式的编/解码器。

5. MPEG-4 视频压缩编码标准

1998 年 10 月 ISO/IEC 的运动图像专家组通过了 MPEG-4 视频压缩编码标准的第一版，1999 年 12 月通过了第二版。MPEG-4 的应用范围主要是交互式多媒体通信技术。MPEG-4 支持音频、视频数据的通信、存取和管理，是一个可以实现交互性和高压缩率，以及具有高灵活性和可延展性的多媒体通信标准。MPEG-4 标准支持低于 64kbps 码率的低码率编码。

MPEG-4 不仅支持低码率下的视频编码，而且注重多媒体系统的交互性和灵活性。MPEG-4 标准第一次引入视频目标(visual object，VO)的概念，这是为了支持基于内容编码而提出的重要概念。MPEG-4 采用视频目标编码，可以将视频序列的每一帧分割成一系列任意形状的图像区域，即视频目标平面(visual object plane，VOP)，可以从视频场景中选择某一部分目标进行独立编码和操作，从而实现了基于视觉内容的交互功能。MPEG-4 支持以目标为单元独立编码和解码，当目标快速运动、码率不足时，也不会出现块效应。在码率控制时，也可以利用码率分配方法，对感兴趣目标分配较多的码率，而对非感兴趣目标则分配较少的码率。

由于 MPEG-4 是一个公开的平台，各个公司和机构均可以根据 MPEG-4 标准开发不同的制式，因此市场上出现了很多基于 MPEG-4 标准的视频格式，如 WMV 9、Quick Time、DivX、Xvid 等。MPEG-4 大部分功能都留待开发者决定采用是否，各个格式不一定完全包含全部的功能。

6. H.264 视频压缩编码标准

2003 年 ITU-T 的视频编码专家组(video coding experts group，VCEG)和 ISO/IEC 的运动图像专家组共同成立的联合视频小组(joint video team，JVT)通过了 H.264 标准第一版的最终草案，也称为高级视频编码(advanced video coding，AVC)，这种编/解码技术成为 ITU-T 的 H.264 标准和 ISO/IEC 的 MPEG-4 第 10 部分。H.264 标准是 ITU-T 以 H.26x 系列为名称命名，同时 AVC 是 ISO 的 MPEG 一方的名称，因此，这个标准通常称为 H.264/AVC。

H.264/AVC 编码器的基本系统结构仍然采用基于运动补偿和块变换编码的混合编码框架，在主要功能模块内部采用了各种高级的压缩编码算法，以编码结构和计算复杂度的增加为代价，换取更高的编码效率。与以往的视频压缩编码标准相比，H.264/AVC 编/解码器能够更有效地进行编码，使其在低码率下提供更好的视频质量，在相同率失真条件下编码效率提高约 50%。H.264/AVC 编/解码器广泛地适应于不同码率以及不同视频分辨率的应用，并且应用在组播、DVD 存储、RTP/IP 包网络、ITU-T 多媒体电话系统等各种网络和系统上。由于 H.264 在性能上极大地超越了 H.263，大多数新的视频会议产品都已经支持 H.264 视频编/解码器。

H.264/AVC 增加了一系列新的关键技术，进一步提高了编码效率和图像播放质量，这些新的关键技术包括如下几个方面：

(1) 帧内预测。H.264/AVC 采用帧内预测编码，利用图像中相邻宏块在空间上的相关性对待编码的宏块进行预测，然后对预测误差进行编码。在亮度通道中，块的尺寸在 4×4

和 16×16 之间选择，H.264 提供了九种 4×4 块的预测模式，包括 DC 预测（模式 2）和八种方向预测，以及四种 16×16 宏块的预测模式，包括垂直预测、水平预测、DC 预测和平面预测。在色度通道中，对于整个 8×8 宏块有四种预测模式，包括垂直预测、水平预测、DC 预测和平面预测。除了 DC 预测外，其他各种预测模式对应不同方向上的预测。

（2）帧间预测。H.264/AVC 使用可变尺寸块的宏块结构模式进行运动估计与运动补偿，对于 16×16 宏块，H.264 采用 16×16、16×8、8×16、8×8、8×4、4×8 和 4×4 等多种不同尺寸和形状的块作为帧间预测的基本单元，对视频中的运动区域进行更精确的划分，使运动估计更加精确，产生更小的预测误差，提高运动补偿精度。H.264/AVC 中，亮度分量的运动估计提高到 1/4 像素精度，色度分量的运动估计提高到 1/8 像素精度，并详细定义了相应的更小亚像素插值的实现算法。因此，亚像素精度的帧间运动补偿精度的提高，能够提供更高精度的预测能力，减小运动补偿的预测误差，提高运动视频的时域压缩率。H.264 支持多参考帧的运动补偿，利用当前帧之前解码的多个参考帧进行运动补偿，同一宏块中的不同子块还可以利用不同的参考帧进行运动补偿。在出现复杂形状和纹理的目标、快速变化的目标、目标互相遮挡或摄像机快速的场景切换等一些特定情况下，多参考帧的使用能够体现更高的视频时域压缩率。与单参考帧运动补偿技术相比，H.264/AVC 使用的多参考帧预测具有更高的编码效率以及更强的差错鲁棒性，可以防止因某个帧出现错误而影响后面的帧。

（3）整数离散余弦变换。在帧内预测或运动补偿帧间预测之后，H.264/AVC 中对 4×4 块的预测误差进行整数离散余弦变换。不同于传统的浮点离散余弦变换，整数离散余弦变换仅使用整数加减法和移位操作来实现。由于基于浮点运算的离散余弦变换在量化时需对系数进行四舍五入，不可避免地出现舍入误差，影响了运算精度，且造成硬件设计复杂。而在 H.264/AVC 中，整数离散余弦变换的所有操作都使用整数计算，这样，在不考虑量化误差的情况下，解码端的输出可以准确地重构编码端的输入，不会损失精度。

（4）熵编码。H.264/AVC 标准采用两种高性能的熵编码方法：基于上下文的自适应变长编码（context-based adaptive variable-length code，CAVLC）和基于上下文的自适应二进制算术编码（context-adaptive binary arithmetic coding，CABAC）。在 CAVLC 中，H.264 采用若干 VLC 码表，不同的码表对应不同的概率模型。编码器能够根据上下文，即邻域块的非零系数或系数的绝对值大小，在码表中自动地选择最大可能与当前数据匹配的概率模型，从而实现上下文自适应的功能。CABAC 根据前向观测数据，选择适当的上下文模型估计数据符号的条件概率，并根据编码时数据符号的比特数出现的频率动态修改概率模型，提高编码效率。

（5）去块效应滤波。为了降低由于使用分块运动补偿编码和各个宏块独立量化造成的块效应，尤其是低码率视频存在明显的块效应，H.264 视频编码标准中引入去块效应滤波器，对块的边界进行滤波。H.264 的去块效应滤波作用于各个已解码的宏块，对其中的每一个 4×4 块的四条边界（整幅图像的边界除外）都进行滤波，使块边界趋于平滑。

由上述 H.264 的关键技术可知，H.264 压缩编码以编码的运算量为代价换取高压缩率和高画质。H.264 编码系统的压缩率是 MPEG-2 的 2 倍以上，而编码处理计算量是 MPEG-2 的 10 倍以上。H.264 解码的运算量并未显著上升，因此并不影响用户对播放的接受。近年来，许多研究人员对 H.264 编码算法进行优化，已取得了很大的进展，使得 H.

264的应用更加广泛。

11.8 小结

图像压缩编码是发展最早且比较成熟的技术,在理论研究和实际应用方面均取得了长足的发展。图像压缩编码的目的是通过消除数字图像中的数据冗余来减少数字图像表示所需的数据量,进而减少图像所占用的存储空间和网络传输的带宽。本章介绍了数字图像压缩编码的理论基础——信息论,详细描述了统计编码、变换编码和预测编码三类常用的数字图像压缩编码方法。统计编码利用数据的统计冗余进行可变码长的编码,属于无损压缩编码,其中霍夫曼编码是给定信源符号概率构造的最优前缀码。变换编码利用正交变换将图像能量集中在少量的变换系数上,通过量化舍弃很小的变换系数,消除空间冗余度,属于有损压缩编码,其中DCT广泛应用于变换编码。预测编码利用帧内空间相关性或帧间时间相关性,利用空间或时间上的邻域像素对当前像素进行预测,对实际值与预测值之间的差值进行编码,消除空间和时间冗余度,若对预测误差进行量化,则属于有损预测编码,否则属于无损预测编码。在预测编码中,本章重点介绍了帧间预测编码中运动估计与运动补偿的概念,以及块运动估计的多种快速块匹配方法。最后对常用的静止图像压缩编码国际标准和运动图像压缩编码国际标准作出了综述性介绍。随着一系列静止图像和运动图像压缩编码国际标准的正式采用,越来越多的图像和视频以数字压缩格式存储和传输,体现了广阔的市场前景。

第12章

特征提取

图像分割输出的是构成区域的边界或区域本身的像素，而机器学习无法直接认知这些像素。图像特征提取是将原始数据转换为机器学习可识别的数值特征的过程，根据这些特征进行目标的判断和识别。特征提取通常建立在图像分割的基础上，也是图像识别和图像理解的前提和基础，在图像处理领域中具有非常重要的作用。特征提取包括图像表示与描述两个方面，图像表示是指使用适合于计算机处理的方式对目标进行表示，图像描述是指对目标进行定量描述生成特征。特征提取的目的是从原始数据中找出最有效的特征，要求特征具有同类目标的不变性、不同目标的判别性、对噪声的鲁棒性，以及尺度、平移、旋转、光照、视角等变换的不变性。

12.1 概述

图像分割从图像中分割出目标区域或提取出目标边界，为了进一步图像分类和识别的目的，需要对图像分割的区域或边界进行定量描述。**特征**(feature)是指从原始数据提取的单个属性，一般是一个数。原始数据必须转换成一组特征，称为**特征向量**(feature vector)，才可以进一步分析，类似于统计中的自变量。特征向量所属的向量空间称为特征空间。**特征提取**(feature extraction)是指使用计算机提取图像中属于特征性信息的方法及过程。特征选择(feature selection)是从提取的特征中筛选最优的特征子集，保留相关特征，去除无关特征，本质上是降维的过程。特征提取和特征选择属于数字图像处理的中层操作，输入图像数据，输出图像的描述子、特征、或参数。

目标区域或边界是由一系列像素(原始数据)构成的，机器学习无法直接使用这些像素本身。最直接的方法是将这些像素表示为灰度值矩阵的形式作为机器学习的特征向量，但是，像素级的灰度特征不仅导致维度灾难的问题，而且对尺度、平移、旋转、光照等敏感，缺乏鲁棒性。因此有必要将原始数据转换为一组具有物理、几何或统计意义的结构性特征，且对特征要求具有尺度、平移、旋转、光照不变性。经典的特征提取方法一般依据不同类别目标的先验知识设计特定的角点、边缘、纹理等图像特征检测或描述算子，是大量实验的经验总结，常见的有 Haar-like 特征、方向梯度直方图(histogram of oriented gradient，HOG)特征、尺度不变特征变换(scale invariant feature transform,SIFT)特征、加速鲁棒特征(speeded up robust feature,SURF)、二进制鲁棒独立基本特征(binary robust independent elementary feature,BRIEF)、局部二值模式(local binary pattern,LBP)特征、Gabor 特征等。将特征向量输入分类器,如支持向量机(support vector machine,SVM)、迭代器(adaboost)、反向传播(back propagation,BP)神经网络等进行分类识别。目前广泛使用的卷积神经网络(CNN)通过卷积滤波器组提取特征,在样本数据集的监督训练下,自动地学习卷积核的系数,使得提取的特征适应于样本数据。深度学习通过多层 CNN 由低阶特征组合生成高阶特征,复杂的结构性特征能够更好地表达非线性问题。经典的特征提取方法的设计具有可解释性,而深度学习是一种自适应样本学习的特征提取方法。

本章讨论最基本、最简单的图像表示与描述方法,为更加复杂的特征提取方法奠定理论基础。**图像表示**是将数据转换为适合于计算机处理的形式,可分为边界表示和区域表示。边界表示关注的是图像区域的形状特征,而区域表示关注的是图像区域的灰度、颜色、纹理等特征。图像表示方式应节省存储空间、易于特征计算。在图像表示的基础上,**图像描述**是对各个目标区域的特性以及彼此之间关系的定量描述。根据图像的表示方式,图像描述也可分为边界描述和区域描述。边界描述是对图像区域的形状特征进行描述,而区域描述是对图像区域的灰度、颜色、纹理等特征进行描述。一般将表征图像特征的一系列符号称为描述子,图像描述方法应在区分不同目标的基础上对目标的平移、旋转、尺度等变换不敏感,这样的描述才具有通用性。本章中讨论的多数描述子满足一种或多种不变性。

图像表示和描述密不可分,表示的方法是描述的基础;而通过对目标的描述,各种表示方法才有实际意义。图像表示和描述的不同在于,图像表示侧重于数据结构,而图像描述侧重于区域特征以及不同区域之间的联系和区别。边界表示和描述是从区域外部特征出发,利用区域边界像素表示区域;区域表示和描述是从区域内部特征出发,利用区域本身像素表示区域。图像表示与描述通过符号或数字对图像中各个目标的特征以及目标之间的相互关系进行抽象表达,这是后续图像识别、分析和理解的必要前提。

12.2 边界表示

目标区域的边界是区域的封闭轮廓,是组成目标区域的一部分,边界内的像素属于目标区域,边界外的像素不属于目标区域。利用边界表示目标区域既可以确定目标,又可以节省存储空间。本节介绍四种常见的边界表示法——链码、多边形近似、边界标记曲线和边界分段。

12.2.1 链码

链码是一种边界的编码表示方法,它使用起始点的坐标和方向编码来表示区域边界或曲线。通过尺度、旋转和起始点归一化,使得链码对尺度、旋转和起始点具有不变性。

12.2.1.1 链码定义

美国学者 Freeman 于 1961 年提出了一种简单的边界表示方法——链码(chain code),至今仍然广泛使用。数字图像中区域边界或曲线是由许多离散的像素组成的。由于采样网格一般是固定间距的,这样相邻像素在水平或垂直方向的距离是固定的,且方向的数目是有限的,因此,**链码**定义为按照一定顺序连接的具有特定长度和方向的一组表示区域边界或曲线的线段。

链码实际上是数字序列，常用的有 4 方向链码和 8 方向链码。如图 12-1 所示，在 4 方向链码[图 12-1(a)]中，四个方向的长度都是单位像素；而在 8 方向链码[图 12-1(b)]中，水平和垂直方向的长度为单位像素，对角和反对角方向的长度为单位像素的$\sqrt{2}$倍。由此可见，两种方向链码的共同点在于固定长度和有限方向，这样可以使用一组相互连接的线段来表示目标的边界。只有边界的起始点需要用绝对坐标来表示，其他的接续点均可用方向的编码来表示。由于方向编码表示所需的位数少于坐标表示的位数，且对于除起始点外的每一个点只需要一个方向编码就可以代替坐标中的两个轴，链码表示在很大程度上减少了边界表示所需的数据量，因此，链码是一种常用的边界编码表示方法。

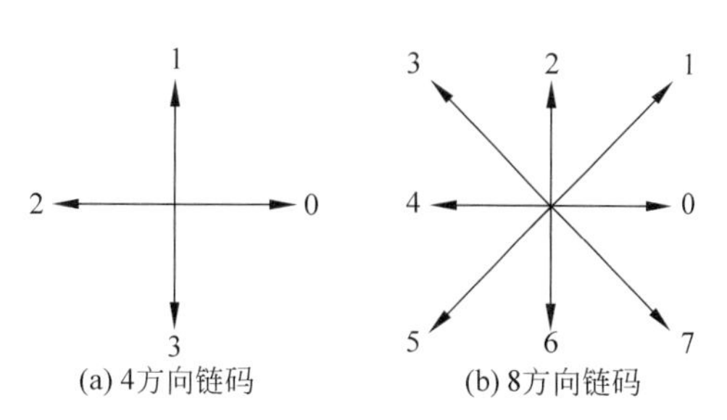

图 12-1　两种链码的方向编码

数字图像通常在水平方向和垂直方向上使用等间距的网格进行采样。链码沿着边界逆时针方向(或顺时针方向)，给边界上每一对相邻像素之间的线段一个方向编码。4 连通边界和 8 连通边界对应地有 4 方向链码和 8 方向链码两种表示方法。图 12-2 显示了连续数字的 4 方向链码和 8 方向链码所表示的目标区域边界。从起始点开始，沿着区域边界进行编码，返回至起始点结束边界的编码。链码的起始点坐标和接续点方向编码完整地涵盖了目标的位置和形状信息。如图 12-3 所示的区域边界，图中圆点表示像素，以左上角的点为起始点，沿着闭合边界的逆时针方向(箭头方向)进行编码。图 12-3(a)为 4 连通区域边界，4 方向链码表示为 3223 2323 3303 0303 0000 0112 1211 0100 1121 2222，图 12-3(b)为 8 连通区域边界，8 方向链码表示为 6546 6750 0000 1213 2434 4。

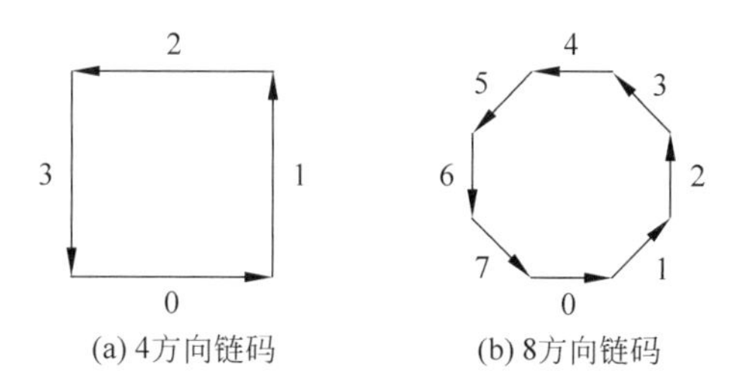

图 12-2　连续数字的 4 方向链码和 8 方向链码所表示的目标边界

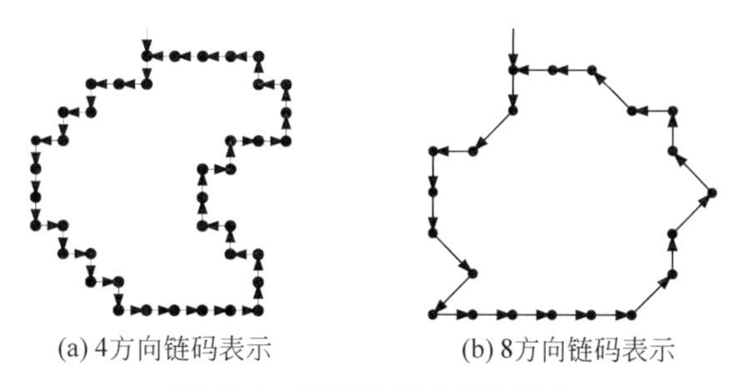

图 12-3　区域边界的链码表示

12.2.1.2　尺度归一化

由于边界上噪声和小扰动会造成不必要的链码表示，区域边界的链码可能会很长，使链码无法表示边界的真实形状。为了简化边界的表示，通常使用更大采样间距的粗网格对边界进行重采样，实现对尺度变换的不变性。遍历边界点，通过将边界上的每一个点分配给它最接近的网格节点来对边界进行下采样，在粗采样网格上对边界进行链码表示。这种方式下采样的边界可以用 4 方向或 8 方向链码表示。

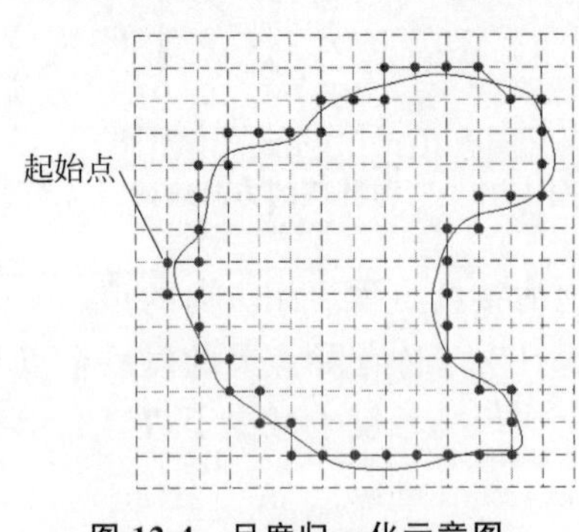

图 12-4　尺度归一化示意图

如图 12-4 所示，区域边界为不规则形状，由于噪声的干扰，边界的不光滑不仅导致链码很长，而且造成链码不能很好地表现原来的边界形状。原边界是 8 连通的，对边界进行下采样，图中圆点表示根据原边界点与网格节点的街区距离确定的下采样边界点，粗采样能够更好地接近边界的真实形状。8 方向链码表示为 6066 0606 0600 0000 0224 2422 2202 0022 2434 4464 4644 4646 664，其中，起始点是从上到下、从左到右扫描的第一个边界点。

12.2.1.3　旋转归一化

边界水平移位，链码不会发生变化。但是，边界旋转会引起链码发生变化。常用的方法是利用链码的一阶差分对链码进行旋转归一化，实现对旋转变换的不变性。具体的操作是对链码进行循环后向差分，并对相邻链码的差值进行模 4(4 方向链码)或模 8(8 方向链码)运算，重新构造一个表示边界各个线段之间方向变化的新序列，称为**差分链码**。

如图 12-5 所示，原边界的 4 方向链码表示为 3030 0121 22，其差分链码表示为 1131 0113 10。逆时针旋转 90°的 4 方向链码表示为 0101 1232 33，其差分链码表示为 1131 0113 10。由此可见，不同角度的旋转虽然产生不同的链码，但是，它们的差分链码表示一致，这表明差分链码具有旋转不变性。

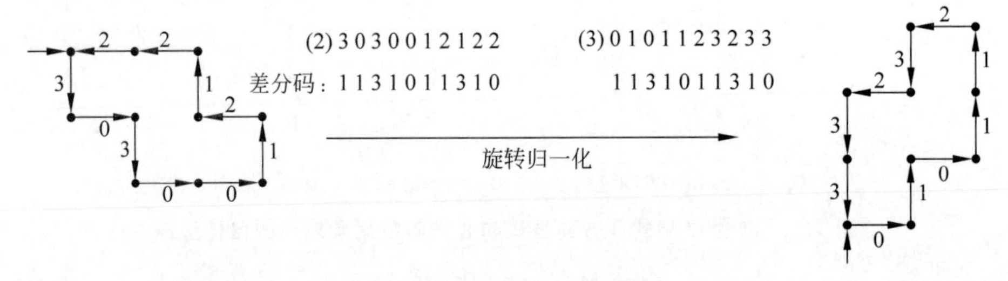

图 12-5　旋转归一化示意图

例 12-1　Freeman 链码

图 12-6(a)为一幅尺寸为 454×454 的不规则形状目标的二值图像，图 12-6(b)为原采样网格下的 4 连通边界，4 方向链码表示的阶数是 1691 阶。图 12-6(c)～(f)分别为 10×10、20×20、30×30、50×50 采样网格下的 4 连通边界，4 方向链码表示的阶数分别为 156 阶、80 阶、52 阶和 30 阶。其中，52 阶差分链码表示为 0013 0130 0310 3003 0131 0001 3130 3000 0003 1313 1301 3310 0313；30 阶差分链码表示为 0003 0301 0013 0300 0313 1300 3130 13。

12.2.1.4　起始点归一化

起始点对链码表示产生很大的影响，选择不同的起始点会导致不同的链码。通常利用

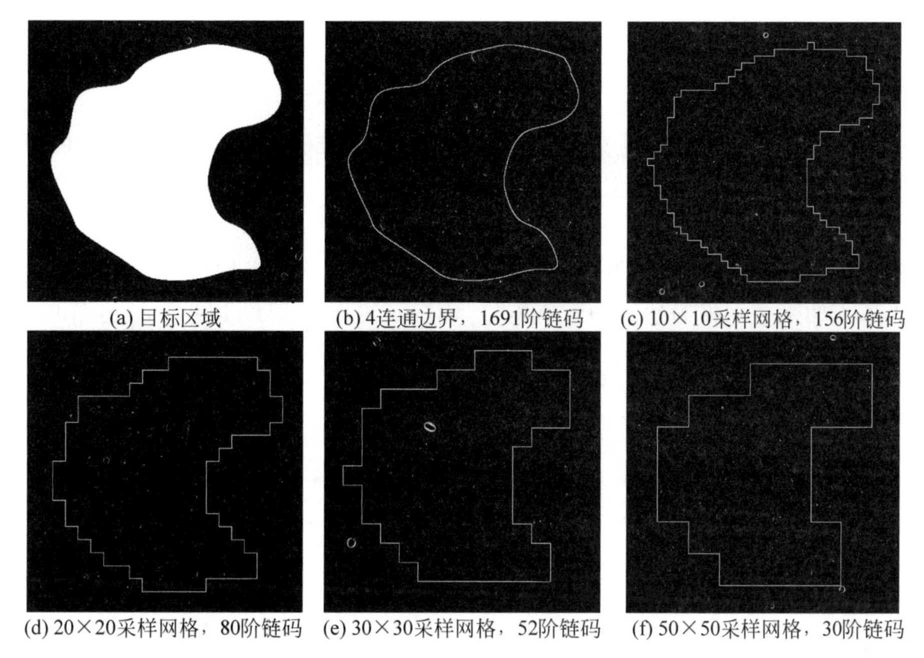

图 12-6　不同采样网格下的 4 方向链码表示

链码的循环移位对链码进行起始点归一化，实现对起始点变化的不变性。任意选取一个点作为起始点生成一个链码，可以将链码看作一系列方向编码形成的自然数，对链码按照编码方向进行循环移位，使它们所构成的自然数达到最小，称为**最小循环链码**。

图 12-7 是以 4 方向链码为例说明起始点归一化的方法。如图 12-7(a)所示，任意选取起始点 P，按照逆时针方向生成链码为 3030 0121 22，通过链码的循环移位寻找所构成的最小自然数，起始点归一化的链码表示为 0012 1223 03。从图中可以看出，起始点归一化链码的起始点变为 Q。

图 12-7　起始点归一化示意图

12.2.2　多边形近似

在图像数字化的过程中，由于噪声干扰、离散采样等因素，边界上存在许多微小的不规则扰动，这些不规则扰动会对边界的表示产生明显的影响。边界的多边形近似是一种抗干扰性强、数据存储量少的方法。多边形是由一系列线段组成的闭合曲线，利用多边形能够以任意精度逼近闭合的边界。当多边形的边数等于边界上的像素数时，这样的近似与原边界完全重合，此时每一对相邻像素定义了多边形的一条边。在实际应用中，多边形近似的目的是用尽可能少的线段来表示边界，并且能够表达原边界的基本形状。常用的多边形近似方法有最小周长多边形近似、基于合并的多边形近似和基于拆分的多边形近似。

12.2.2.1 最小周长多边形近似

最小周长多边形近似(minimum perimeter polygon,MPP)是以周长最短的多边形来近似表示边界。这种方法形象地将边界看成是介于包围网格内外界限之间有弹性的线,当它在内外界限的限制下收缩拉紧时,就形成了表示边界的最小周长多边形。根据实际应用的需要,选择适合的采样网格间距。采样网格的间距越大,边界近似多边形的边数越少,近似误差也就越大。图 12-8 直观说明了最小周长多边形近似的基本原理。如图 12-8(a)所示,目标边界落入的采样网格为边界的包围网格,用黑实线方框表示,边界介于包围网格内外界限之间,图 12-8(b)中的折线段表示边界的最小周长多边形近似。

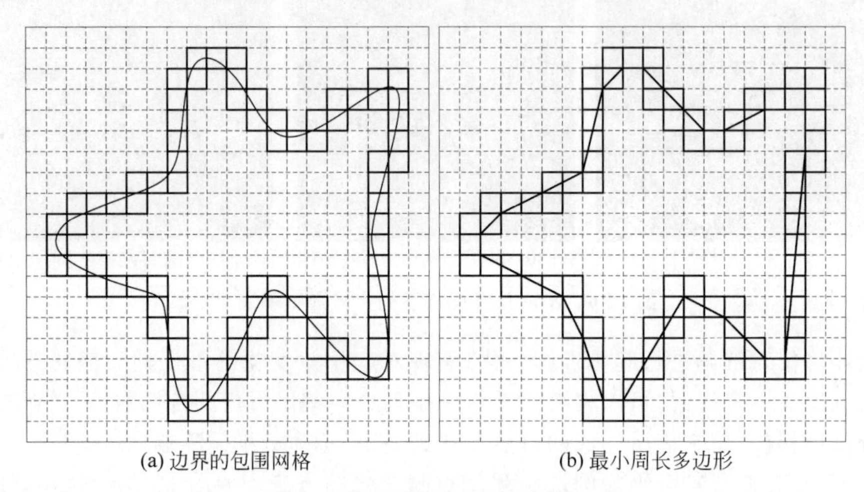

(a) 边界的包围网格　　(b) 最小周长多边形

图 12-8　最小周长多边形近似示意图

根据边界的包围网格提取其区域。利用 4 方向链码表示其区域的边界,分析链码方向的改变从而确定和标识**凸角点**$\left(\text{内角为}\frac{\pi}{2}\right)$和**凹角点**$\left(\text{内角为}\frac{3\pi}{2}\right)$。图 12-9(a)为图 12-8 所示边界包围网格的区域,在图 12-9(b)中标记了它的凸角点和凹角点,黑色圆点·标识凸角点,白色圆点"。"标识凹角点,凹角点标识位于对应凹角点的对角位置。

本节介绍一种由 Sklansky 提出的最小周长多边形生成算法,该算法适用于无自交情况下的多边形。以图 12-8(a)所示的边界为例,参考图 12-10,最小周长多边形生成算法的具体实现步骤描述如下:

(1) 提取边界的 4 连通包围网格,如图 12-10(a)所示,及其区域,如图 12-10(b)所示;

(2) 根据区域边界的 4 方向链码确定凸角点和凹角点,如图 12-10(c)所示;

(3) 以初始的凸角点为顶点构造初始多边形 P_0,如图 12-10(d)所示;

(4) 移除多边形 P_0 外的所有凹角点,保留多边形 P_0 内以及其边界上的凹角点,如图 12-10(e)所示;

(5) 将剩余的凸角点和凹角点依次连接形成新的多边形 P_1,如图 12-10(f)所示;

(6) 移除所有原为凸角点而在新多边形 P_1 上变为凹角点的角点,将剩余的凸角点和凹角点依次连接形成新的多边形 P_2,如图 12-10(g)所示;

(7) 检查新的多边形 P_2 内是否有已经移除的凹角点,重新添加在新多边形 P_2 内的凹角点,返回步骤(5)依次连接形成新的多边形,如图 12-10(h)所示。如此循环,直至新的多

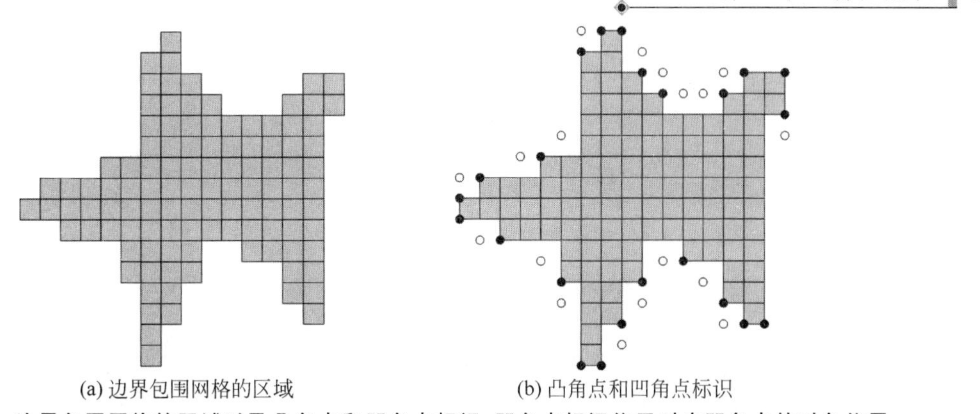

(a) 边界包围网格的区域　(b) 凸角点和凹角点标识

图 12-9　边界包围网格的区域以及凸角点和凹角点标识，凹角点标识位于对应凹角点的对角位置

边形内没有已经移除的凹角点；

(8) 移除所有角度为 π 的角点，剩余的点构成了最小周长多边形，如图 12-10(i)所示。

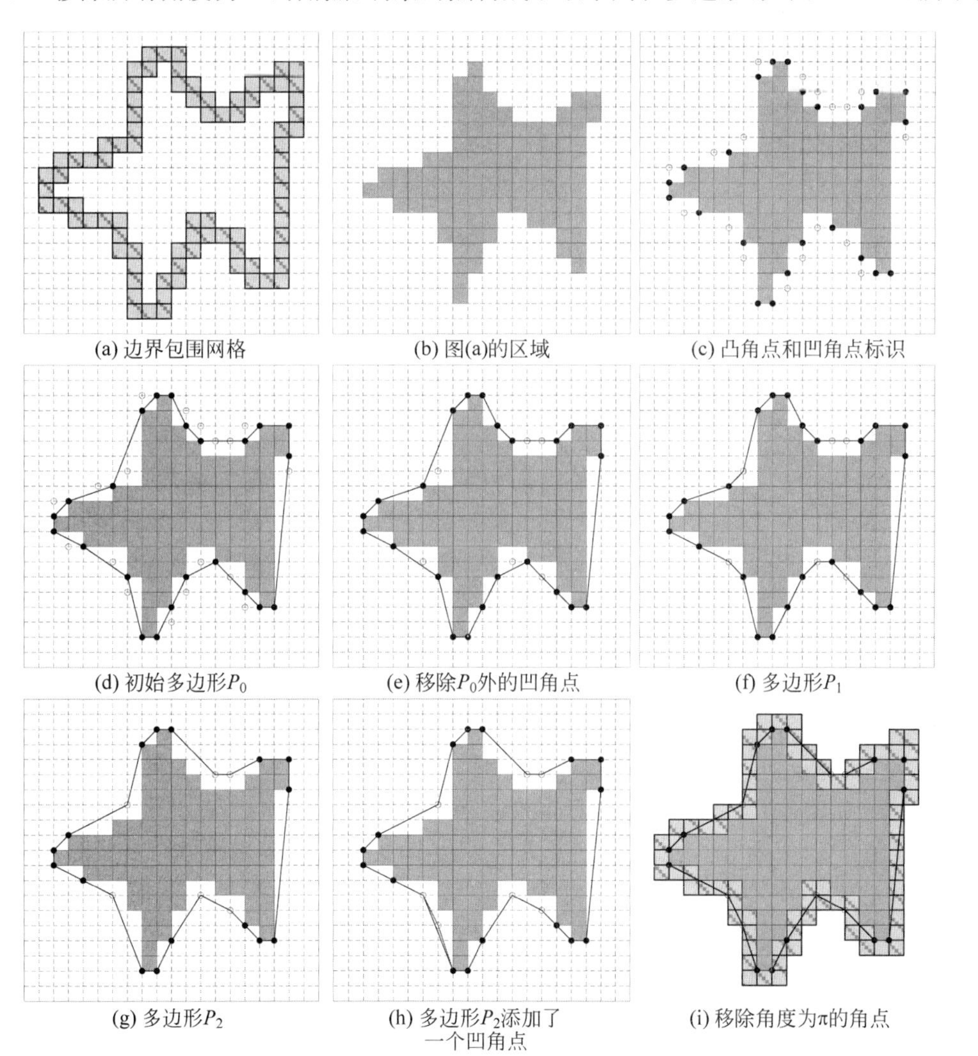

(a) 边界包围网格　(b) 图(a)的区域　(c) 凸角点和凹角点标识

(d) 初始多边形P_0　(e) 移除P_0外的凹角点　(f) 多边形P_1

(g) 多边形P_2　(h) 多边形P_2添加了一个凹角点　(i) 移除角度为π的角点

图 12-10　最小周长多边形生成算法解释图例

例 12-2 边界的最小周长多边形近似

图 12-11(a)给出了一个目标区域的 4 连通边界，二值图像的尺寸为 512×512。图 12-11(b)～(j)分别为 2×2、3×3、4×4、5×5、6×6、7×7、8×8、9×9、10×10 采样网格下边界的最小周长多边形近似。随着采样网格尺寸的增大，保持的细节逐渐减少，边界近似逐渐粗糙，只能保持大体上的形状信息，尺寸更大时会丢失形状信息。

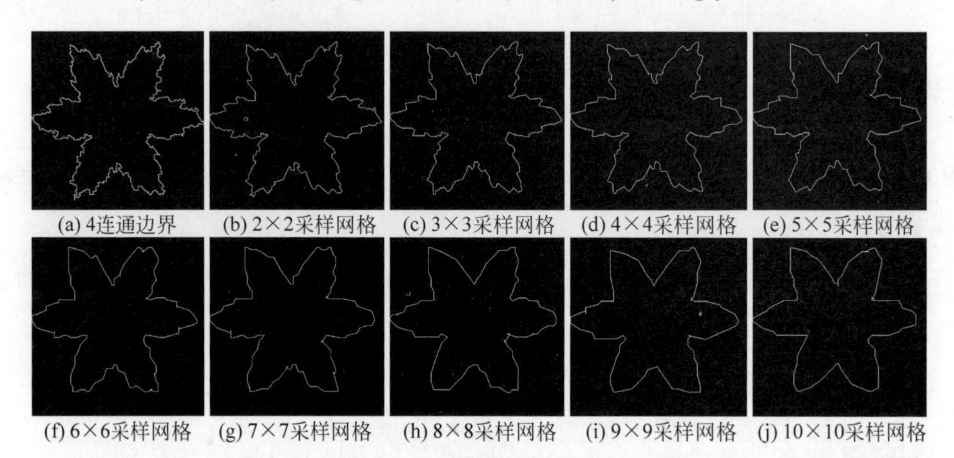

图 12-11 边界的最小周长多边形近似

12.2.2.2 基于合并的多边形近似

基于合并的多边形近似根据某种准则沿着边界依次确定多边形的顶点。基于合并的多边形近似的过程为，任意选取一个点为起始点，沿着边界合并相邻点，根据最小二乘误差准则计算合并点集的直线拟合误差，当合并点集的直线拟合误差超过预设的误差限时，将超过预设限的线段确定为多边形的一条边；然后以线段的另一个端点为起始点，继续沿着边界合并相邻点，重复这样的步骤环绕边界一周，相邻线段的交点构成多边形的顶点。

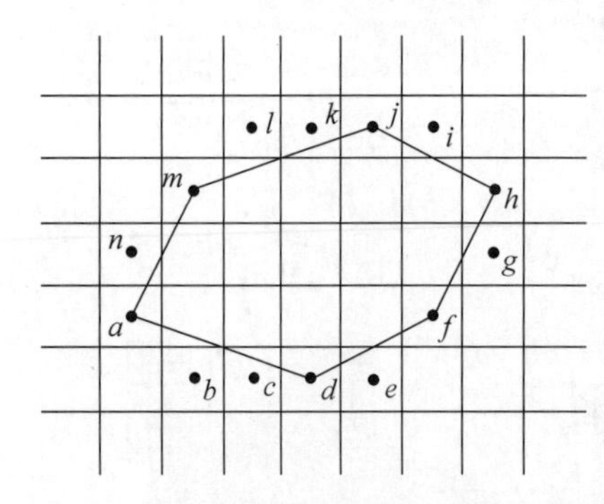

图 12-12 基于合并的多边形近似示意图

如图 12-12 所示，给定的边界由点 $a-b-c-d-e-f-g-h-i-j-k-l-m-n$ 组成，任意选取起始点 a，依次合并相邻点，若点 a、点 b、点 c 和点 d 的直线拟合误差超过预设限，则选择点 d 为紧接点 a 的多边形顶点，ad 构成多边形的一条边。再以点 d 为起始点，重复上述过程，直至返回点 a 结束。最后，边界的近似多边形顶点为 $a-d-f-h-j-m$。基于合并的多边形近似的问题是多边形的顶点并不总与原边界的角点保持一致，这是因为上一条边界的拟合误差超过预设限后，才再次开始确定新的一条边。如图 12-12 所示，从点 a 开始依次合并边界点，在点 b 处转过一个角点，但是线段 ab 的直线拟合误差为 0，因此，继续合并边界点，当到达点 d 时，直线拟合误差超过预设限，因此，再以点 d 为起始点，绕过角点 e，与点 f 连接的线段构成多边形新的一条边。显然，点 d 和点 f 并不是原边界的角点。

12.2.2.3 基于拆分的多边形近似

基于拆分的多边形近似根据某种准则不断增添多边形的顶点。基于拆分的多边形近似的过程为，首先选取边界上距离最大的两点作为多边形的顶点，并连接这两个顶点形成一条线段，该线段将边界拆分为两个部分；然后分别寻找两个部分边界上到该线段距离最大的点，当最大距离超过预设限时，增添该点为多边形的一个顶点。重复这样拆分和增添顶点的过程，直至各个部分的边界点到连接两个端点线段的最大距离小于预设限为止，依次连接多边形的顶点构成了边界的近似多边形表示。

如图 12-13 所示，给定的边界由点 $a-b-c-d-e-f-g-h-i-j-k-l-m-n$ 组成，选择边界上距离最大的两个点 a 和 h，连接这两个点形成线段 ah，将边界拆分为两个部分；分别计算两个部分边界上的点到线段 ah 的距离，并选取到该直线距离最大的两个点，在图中点 e 与点 l 是到线段 ah 距离最大的两个点，若最大距离超过预设限，则这两个点确定为多边形的顶点。进一步计算点 b、点 c 和点 d 到线段 ae，点 f 和点 g 到线段 eh，点 i、点 j 和点 k 到线段 hl，点 m 和点 n 到线段 la 的距离，若最大距离超过预设限，则具有最大距离的边界点确定为多边形的顶点，否则，保留原来的线段作为多边形的一条边。与基于合并的多边形近似相比，基于拆分的多边形近似的优势是可以较好地保持原边界的角点。

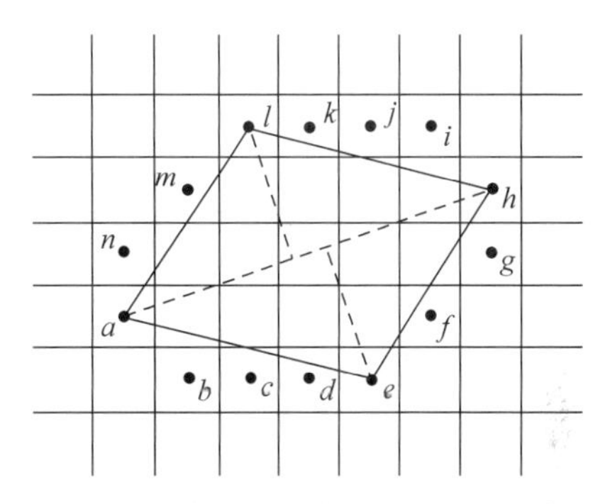

图 12-13 基于拆分的多边形近似示意图

12.2.3 边界标记曲线

边界标记曲线是边界的一维函数表示，它将二维的边界表示简化为容易描述的一维函数曲线。最简单的边界标记曲线的生成方法是将区域的边界点到区域质心的距离 ρ 作为关于角度 θ 的函数，记为 $\rho(\theta)$。图 12-14 为圆形边界的标记曲线，它是边界点到圆心的距离 ρ 关于角度 θ 的函数 $\rho(\theta)$，横轴表示角度 θ，纵轴表示到边界点到圆心的距离 ρ，也就是圆的半径 A，在区间$[0,2\pi)$内恒为常数。

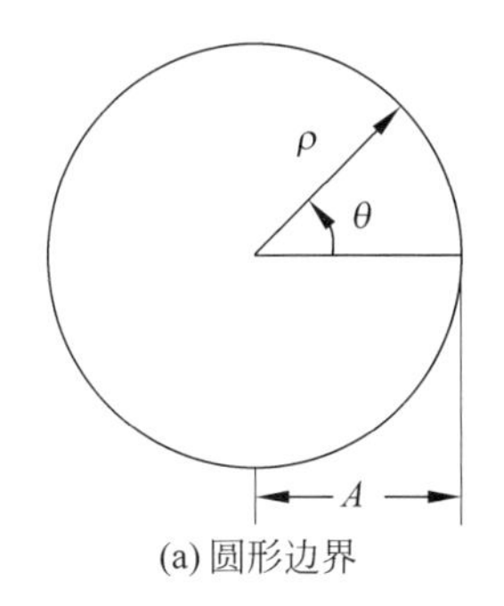

(a) 圆形边界

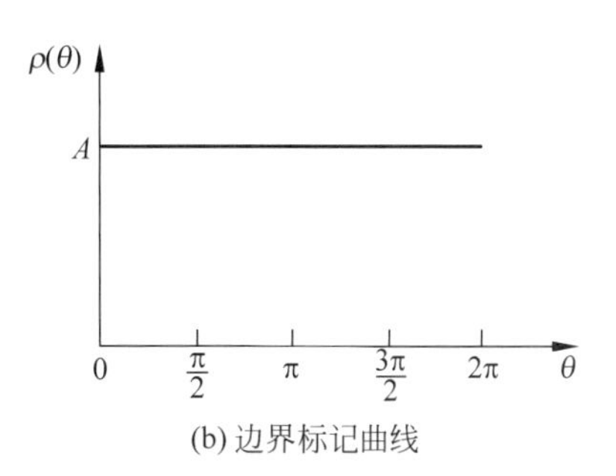

(b) 边界标记曲线

图 12-14 圆形边界的标记曲线表示

边界标记曲线具有平移不变性，但是对旋转和尺度缩放具有敏感性。边界的旋转将导致边界标记曲线的起始点不同，选择距离质心最远的点，若此点唯一且与旋转误差无关，则选择此点作为起始点，从而对边界标记曲线进行旋转归一化。边界的尺度缩放将导致标记曲线的幅值发生变化，对距离进行归一化使函数值分布在相同的值域[0,1]上，从而实现边界标记曲线的尺度归一化。利用边界标记曲线可以区分图像中的多个不同形状的目标。

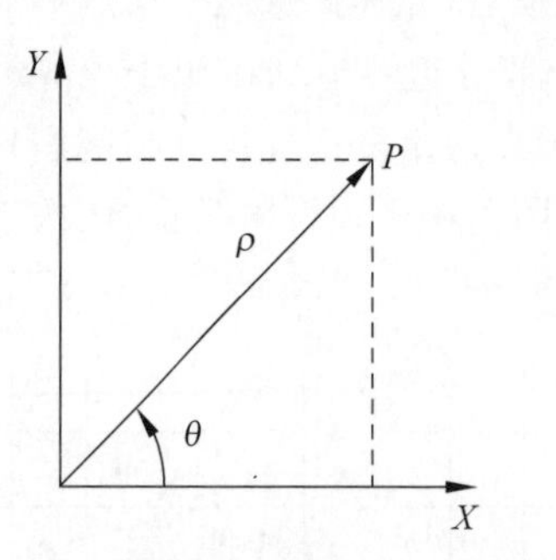

图 12-15　MATLAB 中笛卡儿坐标与极坐标转换的坐标轴约定

例 12-3　不同形状边界的标记曲线

图 12-16 给出了不同形状目标的边界标记曲线，利用一维曲线来表示二维的边界。将笛卡儿坐标系转换为极坐标系，图 12-15 显示了 MATLAB 中笛卡儿坐标与极坐标转换的坐标轴约定。在这种情况下，MATLAB 坐标(X,Y)与图像坐标(x,y)之间的关系为$X=y,Y=-x$。图 12-16(a)～(c)分别显示了矩形、正方形和三角形目标的边界以及相应的标记曲线，其中，横轴θ表示与水平方向的夹角，纵轴$\rho(\theta)$表示角度θ方向上边界到中心的距离。由此可见，不同形状目标的边界标记曲线具有明显可辨别的特征。因此，通过边界标记曲线的识别可以区分不同形状的边界，例如不同形状交通标示的识别。

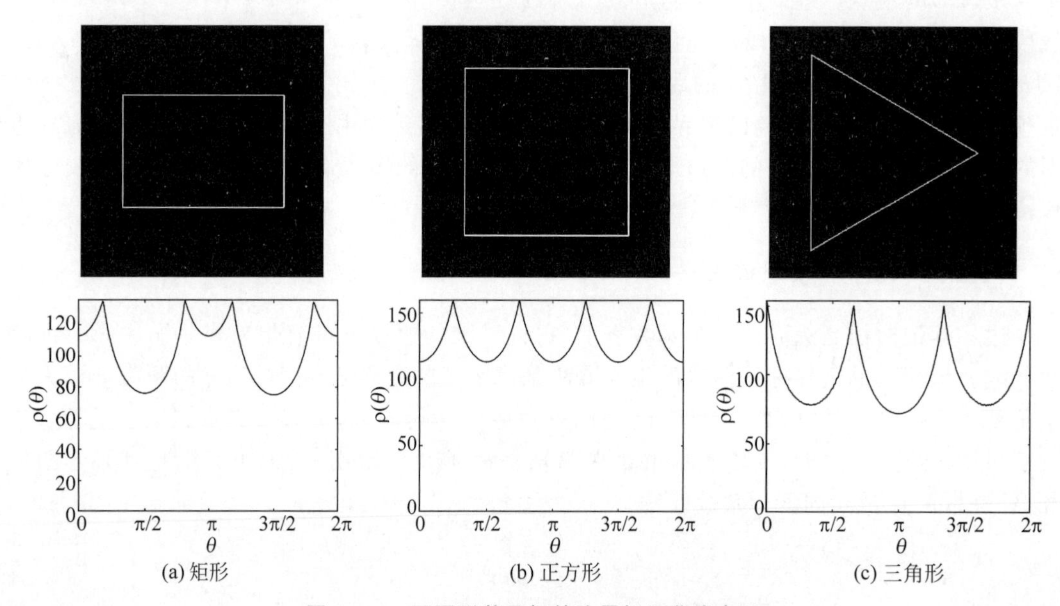

图 12-16　不同形状目标的边界标记曲线表示

12.2.4　边界分段

边界分段是将边界分割成若干段，分别对每一段进行表示。边界分段可以降低边界表示的复杂度，从而简化边界的描述。利用边界包围区域的凸包将边界分割成多个边界段。当边界具有多个凹面时，这种方法更为有效。

正如 8.4.6 节中所描述的，对于任意目标区域$\mathcal{S}$，集合$\mathcal{S}$的凸包$\mathcal{H}$是包含$\mathcal{S}$的最小凸集合。差集$\mathcal{H}$-$\mathcal{S}$称为集合$\mathcal{S}$的凸残差(convex deficiency)，记为$\mathcal{D}$。凸包和凸残差对于描述边界很有用。可以借助凸残差$\mathcal{D}$来唯一确定边界的分段点。将凸残差$\mathcal{D}$的各部分分开的点就是合适的边界分段点，跟踪区域凸包$\mathcal{H}$的边界，进入和离开凸残差$\mathcal{D}$的转变点是一个分段点，将集合$\mathcal{S}$的边界分割为边界段。对于图 12-17(a)所示的目标区域$\mathcal{S}$，图 12-17(b)显示了集合$\mathcal{S}$的凸包$\mathcal{H}$以及各个边界分段点，凸包内的白色区域为凸残差$\mathcal{D}$。

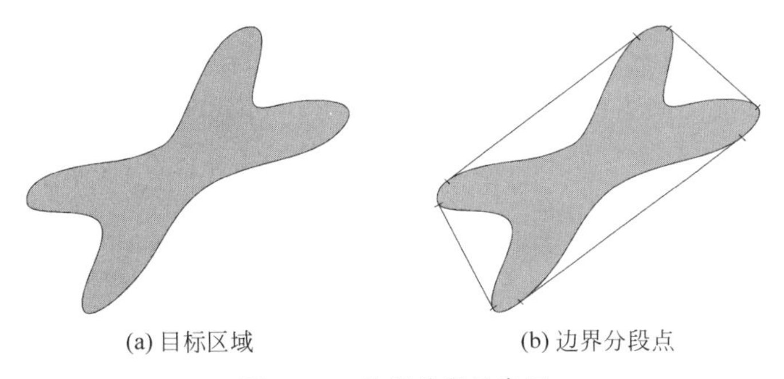

(a) 目标区域　　(b) 边界分段点

图 12-17　边界分段示意图

理论上，这种方法对区域边界具有尺度和旋转不变性。在实际情况中，由于噪声干扰、离散采样等因素的影响，会使边界具有微小的不规则形状，从而导致无意义的微小凹凸。为此，通常在边界分段之前对边界进行平滑处理或多边形近似，再对边界进行分段表示。

例 12-4　边界分段示例

图 12-18(a)所示的边界具有五个平滑的凹面，边界包围区域的凸包如图 12-18(b)所示。图 12-18(c)中的黑色区域为凸残差，沿区域边界进入和离开凸残差之间的部分为区域边界分段。图 12-18(d)显示了这五个边界段。通过连接分量标记，图 12-18(e)～(i)分别显示了这五个边界段。后面的章节将对边界段进行描述，具体内容见 12.3.3 节的边界描述统计矩。

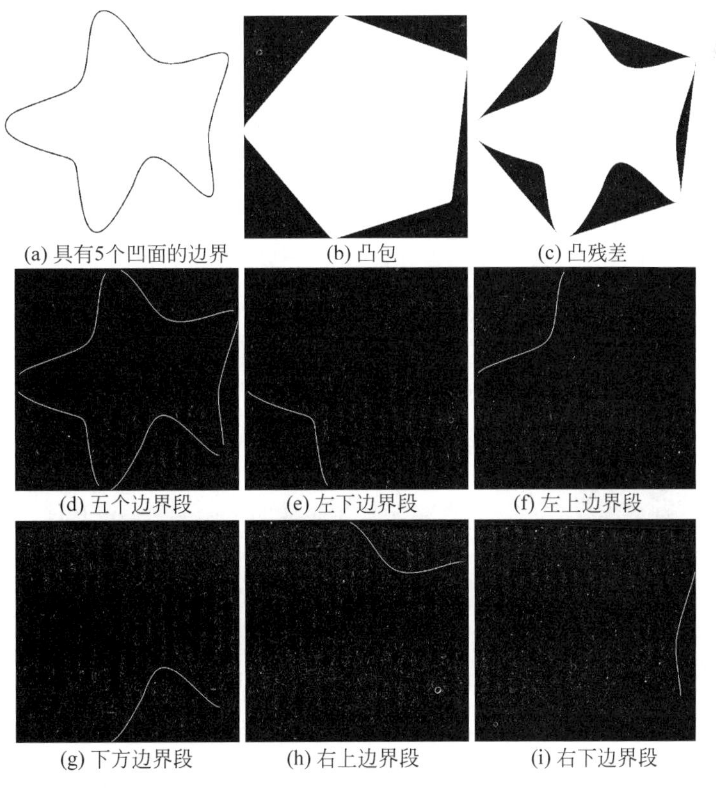

(a) 具有5个凹面的边界　　(b) 凸包　　(c) 凸残差

(d) 五个边界段　　(e) 左下边界段　　(f) 左上边界段

(g) 下方边界段　　(h) 右上边界段　　(i) 右下边界段

图 12-18　边界分段

12.3 边界描述

边界描述是目标区域的外部表达，也就是说，利用构成目标轮廓的像素集合进行描述来区分不同形状的目标区域。边界描述包括简单描述和复杂描述，简单的边界描述又包括周长、直径、曲率等，而复杂的边界描述又包括形状数、边界矩、曲线拟合、傅里叶描述等。

12.3.1 简单描述

本节介绍几种简单的边界描述算子，它们都是通过最简单的形状特征对边界进行描述。

1. 周长

区域的周长定义为包围区域内部的边界像素长度。根据区域的周长可以识别简单形状和复杂形状的目标。简单区域形状的周长较短，而复杂区域形状的周长较长。由于周长的表示方法不同，因而计算方法也不同。最简单的方法是统计边界上的像素数来大致表示边界长度。

当使用8方向链码表示边界时，由于垂直和水平方向的长度为1，对角方向的长度为$\sqrt{2}$，边界的长度定义为垂直和水平方向的编码数与对角方向编码数的$\sqrt{2}$倍之和。在8方向链码中，垂直和水平方向的编码为偶数，对角方向的编码为奇数，8方向链码表示的边界$\mathcal{B}$的周长P可写为

$$P(\mathcal{B}) = N_e + \sqrt{2}N_o \tag{12-1}$$

式中，N_e和N_o分别为8方向链码中**偶数码**和**奇数码**的个数。

2. 直径

边界的直径定义为边界上相距最远的两个像素之间的距离。边界$\mathcal{B}$的直径$\mathcal{D}$的数学定义为

$$D(\mathcal{B}) = \max_{i,j}\{d(p_i, p_j)\} \tag{12-2}$$

式中，$d(\cdot,\cdot)$表示距离的量度；p_i和p_j为边界上的点，即$p_i \in \mathcal{B}$且$p_j \in \mathcal{B}$。直径的长度和方向是有用的边界描述子。

连接边界上相距最远的两个点的直线段称为边界的长轴或主轴，短轴定义为与长轴垂直、且与边界相交的两点之间距离最长的直线段。由边界的长轴和短轴确定的矩形称为边界的基本矩形。边界的长轴与短轴长度的比值定义为边界的偏心率。图12-19给出了边界的长轴ab、短轴cd和基本矩形的示意图，长轴与短轴相互垂直，且是两个方向上的最大距离，基本矩形为包围边界的矩形。

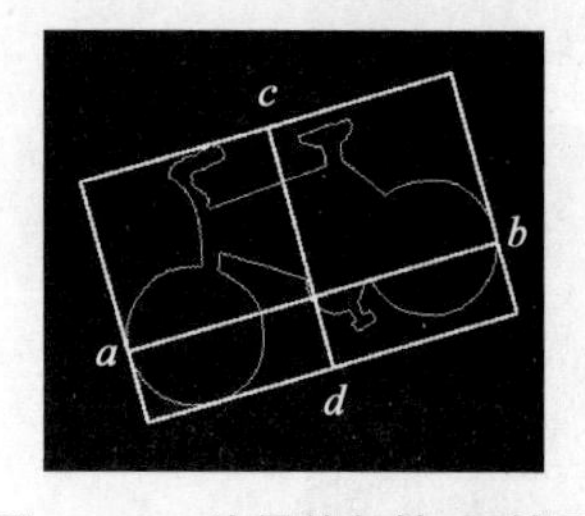

图12-19 边界的长轴、短轴及基本矩形示意图

3. 曲率

曲率定义为曲线的二阶导数，由于斜率是曲线的一阶导数，因此，曲率也就是斜率的变化率。曲率主要描述了曲线的凹凸性。若曲率大于零，则曲线的凹向指向该点法线的正方向；若曲率小于零，则曲线的凹向指向该点法线的负方向。由于在数字图像中边界是离散的像素，因此，仅根据边界上离散的像素来精确计算该点的曲率是不可能的，通常的方法是利用相邻边界线段的斜率差值来近似计算这两条边

界线段交点的曲率。

边界的曲率是一个重要的边界描述子，根据曲率可以对边界斜率的变化情况作出判断。对于给定的边界点，曲率的符号描述了在该点边界的凹凸性。当沿着逆时针方向跟踪边界时，若边界点的曲率大于零，则该点属于凹段部分；若边界点的曲率小于零，则该点属于凸段部分。当边界点的曲率很小时，斜率的变化很小，可以认为它近似属于直线段。如图 12-20 所示，边界由点 $a-b-c-d-e-f-g-h-i-j-k-l-m-n$ 组成，边界点 l 的曲率大于 0，属于凹段部分，边界点 e 的曲率小于 0，属于凸段部分；边界点 f 的曲率为零，属于直线段部分。**角点**定义为曲率的局部极值点，它在一定程度上反映了边界的复杂程度。

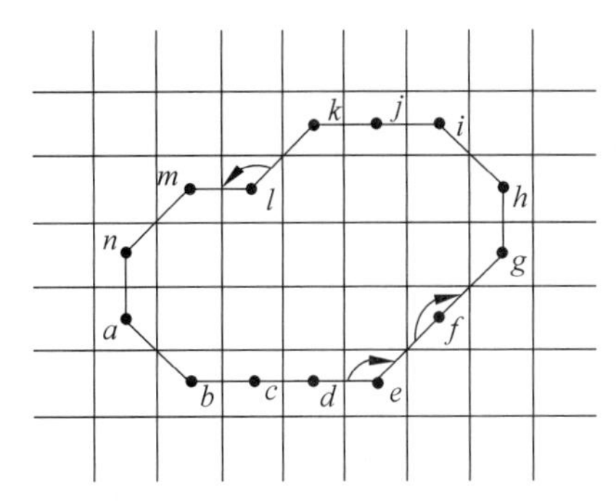

图 12-20　曲率描述边界凹凸性

12.3.2　形状数

链码是边界的方向编码，差分链码定义在链码的基础上，具有旋转不变性。但是差分链码随着起始点的不同而发生变化，为了使差分链码对起始点的变化不敏感，将差分链码序列看作一个自然数，按照编码方向对这个自然数循环移位可以达到一个数值最小的自然数，这种最小自然数的差分链码称为**最小循环差分链码**。

形状数定义为 4 方向链码的最小循环差分链码，这是一种具有平移、旋转和起始点不变性的边界描述方法。形状数序列的长度称为形状数的阶数，也就是码数。对于闭合曲线，4 方向链码的形状数阶数一定是偶数。虽然 4 方向链码的差分具有旋转不变性（以 90°为增量），但是，大多数情况下，边界的链码依赖于采样网格的方向。为了使边界形状具有唯一的形状数，通常对网格方向进行规范化，将采样网格与基本矩形的方向对齐。本节介绍一种规范化网格方向的形状数算法，其具体实现步骤描述如下：

(1) 给定形状数的阶数 n。

(2) 根据边界的长轴和短轴确定边界的基本矩形并计算其偏心率，找到与边界基本矩形的偏心率最接近的 n 阶矩形。

(3) 根据 n 阶矩形的尺寸确定采样间距，以基本矩形的中心、以及长、短轴的方向，确定采样网格，对边界进行下采样。

(4) 根据下采样的边界，任意选取起始点计算差分链码，按照编码方向循环移位寻找最小循环差分链码，即为边界的形状数。

图 12-21(a)显示了一个闭合的边界曲线及其基本矩形和长、短轴，长轴长为 166，短轴长为 47，偏心率为 3.56。当指定边界矩形的阶数（周长）为 26 时，边界矩形的尺寸可以为 2×11、3×10、4×9 等。根据基本矩形的偏心率，最接近的矩形尺寸为 3×10，其偏心率为 3.33，计算出采样间距为 16×16，并依此将矩形划分为网格，并在采样网格上对边界进行下采样，如图 12-21(b)所示。图 12-21(c)中矩形尺寸为 5×19，其偏心率为 3.8，采样间距为 8×8，在采样网格上对边界下采样，链码的阶数为 48。图 12-21(d)中矩形尺寸为 4×13，其偏心率为 3.25，采样间距为 12×12，链码的阶数为 34，图 12-21(e)给出了图 12-21(d)的 4

方向链码、循环差分链码和形状数(最小循环差分链码)。由于选择网格间距的方式,生成的形状数的阶数通常等于矩形的阶数 n,但是具有与间距相当凹面的边界有时会产生大于 n 的阶数。在这种情况下,指定阶数小于 n 的矩形,并重复该过程,直到生成 n 阶的形状数。由于要求边界是 4 连通的且闭合的,形状数的阶数从 4 开始,并且一定是偶数。

形状数提供了一种有用的形状度量方法。阶数的确定决定了唯一的形状数,形状数不随边界的旋转和尺度变换而变化。对于两个不同形状区域的边界,可以通过形状数的描述来度量它们之间形状上的相似性或差异性。

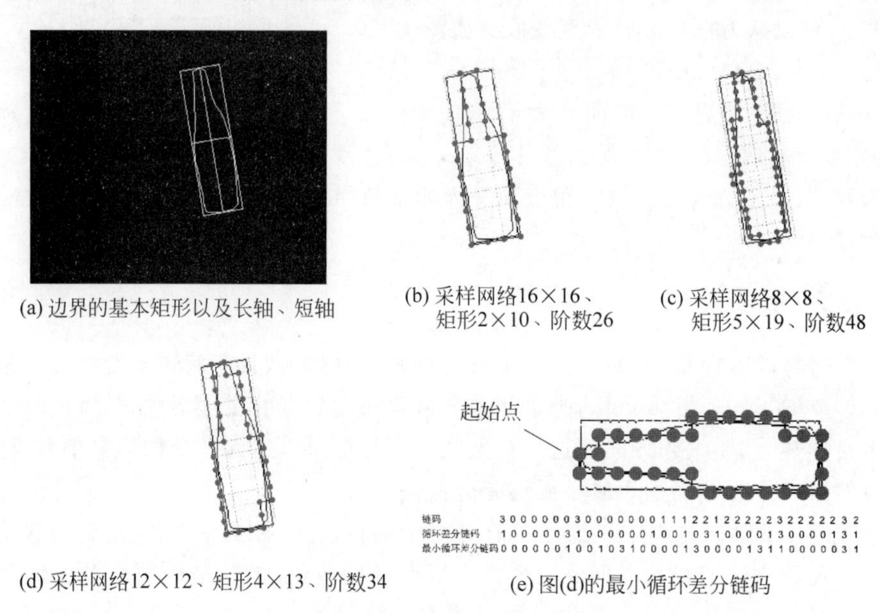

(a) 边界的基本矩形以及长轴、短轴　(b) 采样网络16×16、矩形2×10、阶数26　(c) 采样网络8×8、矩形5×19、阶数48

(d) 采样网络12×12、矩形4×13、阶数34　(e) 图(d)的最小循环差分链码

图 12-21　形状数计算过程

12.3.3　边界矩

边界矩是利用一维边界表示的统计矩对边界段进行描述,边界矩描述方法可用于边界分段、标记曲线等边界表示方法。当采用边界分段方法表示边界时,可以将任一边界段表示为一个一维函数。连接边界段的两个端点形成长轴,用变量 r 表示长轴的方向。如图 12-22(a)所示,将边界段表示为关于变量 r 的一维函数 $g(r)$,$g(r)$表示边界段上的点到 r 轴的距离。如图 12-22(b)所示,将边界段旋转,使曲线的长轴与 x 轴的方向对齐。

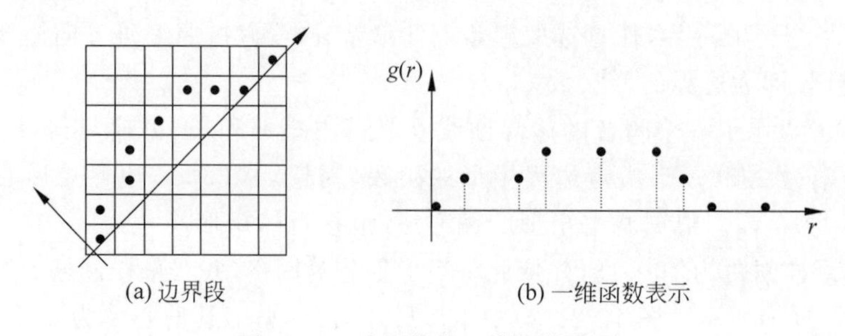

(a) 边界段　(b) 一维函数表示

图 12-22　边界段的一维函数表示

为了利用统计矩描述边界，将一维函数 $g(r)$ 曲线下的面积归一化为单位面积，于是 $g(r)$ 可看成为随机变量 R 的概率分布。也就是说，将 $g(r_i)$ 看作 $R=r_i$ 时发生的概率，即 $g(r_i)=P\{R=r_i\}$。常用的统计矩有均值、方差和高阶矩等，一维函数 $g(r)$ 的均值 μ 定义为

$$\mu=\sum_{i=0}^{n-1} r_i g(r_i) \tag{12-3}$$

一维函数 $g(r)$ 的 k 阶中心矩 η_k 定义为

$$\eta_k=\sum_{i=0}^{n-1}(r_i-\mu)^k g(r_i) \tag{12-4}$$

式中，n 为边界点数；二阶中心矩 η_2，即为方差 σ^2。k 阶中心矩 η_k 与 $g(r)$ 的形状有关，方差 σ^2 描述了曲线偏离均值的分散程度，三阶中心矩 η_3 描述了曲线关于均值的对称性。显然，矩与曲线的空间位置无关，因此，矩与曲线的旋转变换无关。利用一维函数的统计矩描述边界的优点是统计矩简单易实现，且对边界形状有物理解释。

例 12-5　边界矩分析

对图 12-18(e)～(i)所示的各个边界段进行旋转，使它们的长轴与 x 轴的方向一致，如图 12-23(a)～(e)所示。以图 12-23(c)所示的第三个边界段为例，由于舍入误差的影响，边界段的旋转会使边界曲线出现断点，使用数学形态学方法进行后处理，对图 12-23(c)所示图像进行膨胀运算，桥接线段断裂，再进行细化操作，形成单像素边界。通过后处理过程重新将这些点连接起来，如图 12-23(f)所示，将边界点表示为概率分布的形式，纵轴表示概率，这样就可以计算边界的各阶统计矩了。

12.3.4　曲线拟合

在图像分析中，为了描述目标的边界特征，可以通过一组数据点集来构造拟合曲线。从几何意义上，**曲线拟合**是根据给定的离散数据 (x_i,y_i)，$i=1,2,\cdots,n$，寻求一个函数 $y=f(x)$，使得给定数据到曲线 $y=f(x)$ 的拟合误差平方和最小。

给定一组数据 (x_i,y_i)，$i=1,2,\cdots,n$，求取函数 $y=f(x)$ 使残差的平方和达到最小，即

$$\|\boldsymbol{r}\|_2^2=\sum_{i=1}^{n}[y_i-f(x_i)]^2 \tag{12-5}$$

式中，$r_i=y_i-f(x_i)$ 为残差。这种函数近似的方法称为曲线拟合的最小二乘法。对于一般多项式拟合，拟合函数 $y=f(x)$ 的形式为 m 次多项式，可表示为

$$P_m(x)=\sum_{j=0}^{m}\alpha_j x^j=\alpha_0+\alpha_1 x+\cdots+\alpha_m x^m \tag{12-6}$$

式中，$\alpha_0,\alpha_1,\cdots,\alpha_m$ 为多项式系数。根据极值点的必要条件：

$$\frac{\partial}{\partial\alpha_k}\|\boldsymbol{r}\|_2^2=2\sum_{i=1}^{n}\left(\sum_{j=0}^{m}\alpha_j x_i^j-y_i\right)x_i^k=0,\quad k=1,2,\cdots,m \tag{12-7}$$

将式(12-7)用法方程组的形式可表示为

$$\sum_{j=0}^{m}\left(\alpha_j\sum_{i=1}^{n}x_i^j x_i^k\right)=\sum_{i=1}^{n}y_i x_i^k,\quad k=0,1,\cdots,m \tag{12-8}$$

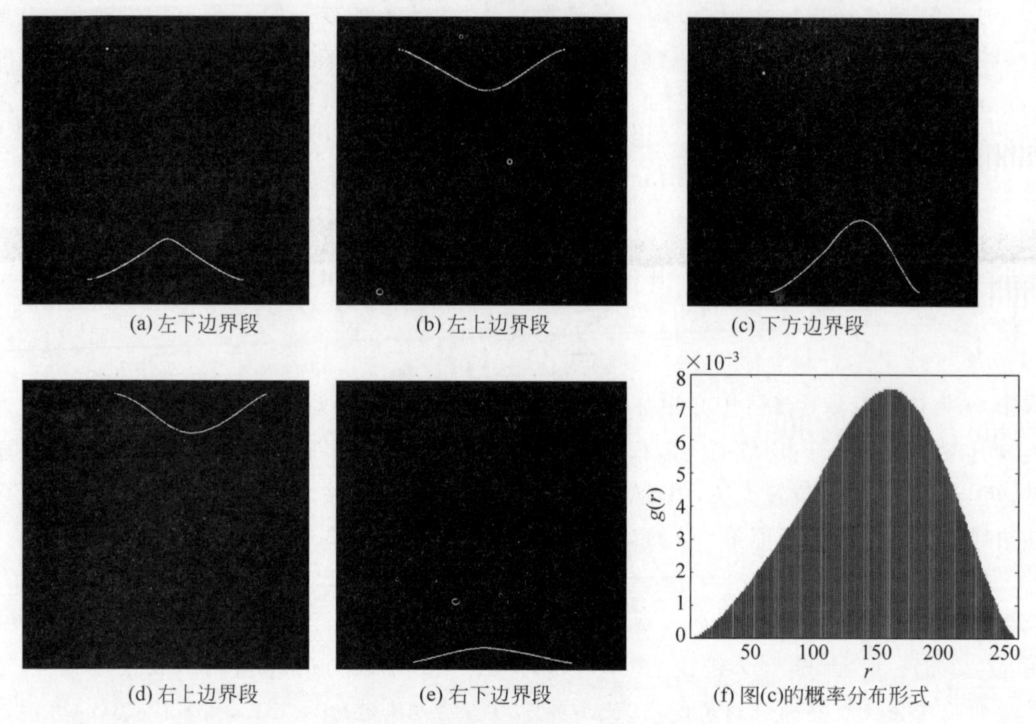

图 12-23 边界段的长轴与 x 方向对齐

将式(12-8)写为矩阵向量的形式为

$$\boldsymbol{B}^{\mathrm{T}}\boldsymbol{B}\boldsymbol{\alpha}=\boldsymbol{B}^{\mathrm{T}}\boldsymbol{y} \tag{12-9}$$

式中，

$$\boldsymbol{\alpha}=[\alpha_0,\alpha_1,\cdots,\alpha_m]^{\mathrm{T}}\in\mathbb{R}^{m+1}$$

$$\boldsymbol{B}=\begin{bmatrix}1 & x_1 & \cdots & x_1^m\\ 1 & x_2 & \cdots & x_2^m\\ \vdots & \vdots & & \vdots\\ 1 & x_n & \cdots & x_n^m\end{bmatrix}\in\mathbb{R}^{n\times(m+1)}$$

$$\boldsymbol{y}=[y_1,y_2,\cdots,y_n]^{\mathrm{T}}\in\mathbb{R}^n$$

通过求解式(12-9)中法方程组，解出系数向量$\boldsymbol{\alpha}=(\boldsymbol{B}^{\mathrm{T}}\boldsymbol{B})^{-1}\boldsymbol{B}^{\mathrm{T}}\boldsymbol{y}$，称为最小二乘解。

利用少量的拟合系数表示边界曲线，很大程度上减少了数据量。在多项式拟合中，当拟合多项式的次数 m 较高时，则法方程组是病态的，次数 m 越高，病态越严重。因此，在实际应用中，利用正交多项式求取拟合多项式，在这种情况下，法方程组的系数矩阵 $\boldsymbol{B}$ 为对角矩阵，从而避免了法方程组的病态性。更详细的内容参见"数值分析"相关教材。

例 12-6 边界段的曲线拟合

对于边界段，利用多项式拟合的系数来描述边界。图 12-24 为图 12-23(f)所示边界段的多项式拟合曲线，符号"×"表示边界点，虚线、点划线、点线和实线分别表示 2 次、3 次、4 次和 5 次多项式拟合曲线。由图中可见，随着多项式次数的增加，拟合曲线更加逼近原边界，拟合误差逐渐减小。但是，拟合多项式的次数不能过高，否则问题会趋向病态。一般最高选取7～8次多项式。利用多项式系数描述边界，能够有效地节省存储空间。从高次项到常数项的系数，2次多项式的三个系数为-7.286×10^{-3}、2.081和-43.87；3次多项式的四个系数为-3.933×10^{-5}、8.229×10^{-3}、0.4395和-6.885；4次多项式的五个系数为2.611×10^{-7}、-1.767×10^{-4}、3.154×10^{-2}、-0.9407和12.18；5次多项式的六个系数为3.367×10^{-9}、-1.953×10^{-6}、3.423×10^{-4}、2.009×10^{-2}、1.043和-6.561。从图中可以看出，5次多项式曲线已经能够很好地表示原边界。

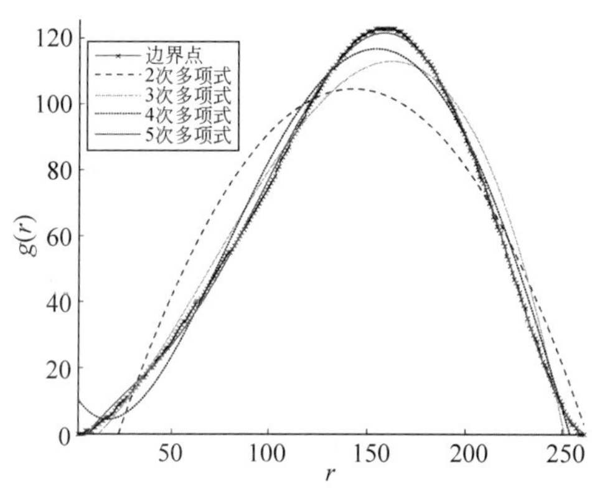

图 12-24　多项式拟合曲线

12.3.5　傅里叶描述子

傅里叶描述子通过傅里叶系数来描述闭合曲线的形状特征，这种方法仅适用于单一闭合曲线，而不能描述复合封闭曲线。傅里叶描述子的优点在于它将二维问题简化为一维问题。将直角坐标系的x轴作为复平面上的实轴，y轴作为复平面上的虚轴，则O-xy平面上的点(x,y)可以表示成复数的形式为$x+\mathrm{j}y$。对于O-xy平面上由N个点组成的边界，在边界上任意选取起始点(x_0,y_0)，按照逆时针方向边界点的序列表示为(x_0,y_0)，(x_1,y_1)，…，(x_{N-1},y_{N-1})。记$x(k)=x_k$，$y(k)=y_k$，将它们用复数形式表示，形成一个复数序列为

$$s(k)=x(k)+\mathrm{j}y(k),\quad k=0,1,\cdots,N-1 \tag{12-10}$$

图12-25显示了边界点的坐标与复数表示之间的对应关系，将边界的表示从二维的坐标表示简化为一维的复数表示。虽然对坐标序列进行了重新解释，但是边界本身的性质并未改变。

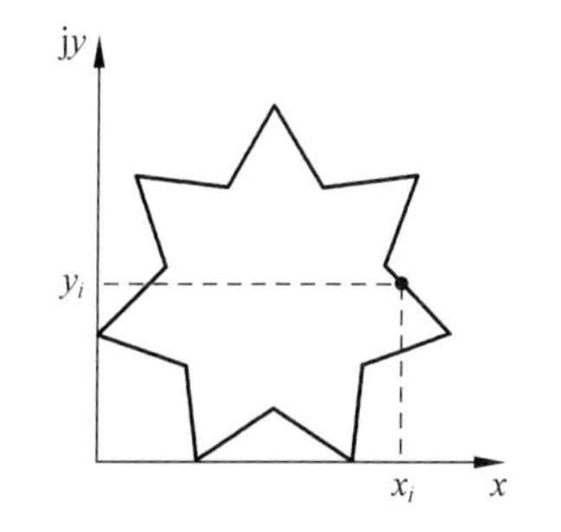

图 12-25　复平面上的边界表示

复数序列$s(k)$的离散傅里叶变换的计算式为

$$S(u)=\sum_{k=0}^{N-1}s(k)\mathrm{e}^{-\mathrm{j}2\pi uk/N},\quad u=0,1,\cdots,N-1 \tag{12-11}$$

式中，傅里叶系数$S(u)$称为边界的傅里叶描述子。对

$S(u)$进行傅里叶逆变换可以重构边界上的各点 $s(k)$，即

$$s(k)=\frac{1}{N}\sum_{u=0}^{N-1}S(u)\mathrm{e}^{\mathrm{j}2\pi uk/N},\quad k=0,1,\cdots,N-1 \tag{12-12}$$

由第 4 章傅里叶变换的知识可知，傅里叶变换的高频成分对应于边界的细节，而低频成分对应于边界的总体形状，因此，仅用少量的低阶系数就可以近似描述边界的形状，从而减少边界描述所需的数据量。

在重构边界上各点时，傅里叶逆变换中一般无须包含全部傅里叶系数。仅用前 M，$M<N$ 个傅里叶系数来重构原边界 $s(k)$，可得其近似边界 $\hat{s}(k)$：

$$\hat{s}(k)=\frac{1}{M}\sum_{u=0}^{M-1}S(u)\mathrm{e}^{\mathrm{j}2\pi uk/N},\quad k=0,1,\cdots,N-1 \tag{12-13}$$

式中，k 的取值范围不变，即近似边界点数不变；u 的取值范围缩小了，即重构边界点所用的傅里叶系数减少了。当使用越少的傅里叶系数重构边界时，会丢失越多的边界细节。傅里叶描述子具有边界信息的特征，可以用来区分明显不同的边界。

傅里叶描述子具有间接的平移、旋转和尺度（放缩）不变性。通过简单的函数变形可使傅里叶描述子对这三种几何变换不敏感。在复数域中，边界的旋转变换等效于将边界上各点 $s(k)$乘以 $\mathrm{e}^{\mathrm{j}\theta}$，可表示为 $s_r(k)=s(k)\mathrm{e}^{\mathrm{j}\theta}$，其中，$\theta$ 为旋转角度，相应的傅里叶描述子为

$$S_r(u)=\sum_{k=0}^{N-1}s_r(k)\mathrm{e}^{-\mathrm{j}2\pi uk/N}=S(u)\mathrm{e}^{\mathrm{j}\theta},\quad u=0,1,\cdots,N-1 \tag{12-14}$$

这表明边界旋转 θ 角，傅里叶系数也发生等量的相移 $\mathrm{e}^{\mathrm{j}\theta}$。

在复数域中，边界的平移变换等效于将边界上各点 $s(k)$加上一个平移量 $\Delta_{xy}=\Delta_x+\mathrm{j}\Delta_y$，可表示为 $s_t(k)=s(k)+\Delta_{xy}=[x(k)+\Delta_x]+j[y(k)+\Delta_y]$，其中，$\Delta_x$ 和 Δ_y 分别为水平和垂直平移量，相应的傅里叶描述子为

$$\begin{aligned}S_t(u)&=\sum_{k=0}^{N-1}s_t(k)\mathrm{e}^{-\mathrm{j}2\pi uk/N}=S(u)+\Delta_{xy}\sum_{k=0}^{N-1}\mathrm{e}^{-\mathrm{j}2\pi uk/N}\\&=S(u)+\Delta_{xy}\delta(u),\quad u=0,1,\cdots,N-1\end{aligned} \tag{12-15}$$

这表明边界平移 Δ_{xy}，傅里叶变换的直流成分系数发生 Δ_{xy} 的增量，其他系数保持不变。

在复数域中，边界的尺度（缩放）变换等效于将边界上各点 $s(k)$乘以一个比例因子 α，可表示为 $s_s(k)=\alpha s(k)$，其中，α 为尺度，相应的傅里叶描述子为

$$S_s(u)=\sum_{k=0}^{N-1}s_s(k)\mathrm{e}^{-\mathrm{j}2\pi uk/N}=\alpha S(u),\quad u=0,1,\cdots,N-1 \tag{12-16}$$

这表明对边界进行尺度 α 的缩放变换，傅里叶变换系数发生相同比例的缩放。

傅里叶描述子也间接对起始点的位置不敏感。当边界的起始点发生变化时，相当于对边界序列进行循环移位，可表示为 $s_p(k)=s(k-k_0)=x(k-k_0)+\mathrm{j}y(k-k_0)$，它表示边界序列的起始点从 $k=0$ 移位到 $k=k_0$。根据傅里叶变换的空移性，可知 $S_p(k)$的傅里叶描述子为

$$S_p(u)=S(u)\mathrm{e}^{-\mathrm{j}2\pi uk_0/N},\quad u=0,1,\cdots,N-1 \tag{12-17}$$

这表明边界序列循环右移 k_0 位，傅里叶系数仅发生相移 $\mathrm{e}^{-\mathrm{j}2\pi uk_0/N}$。表 12-1 总结了边界序

列 $s(k)$在旋转、平移、尺度变换以及起始点变化下的傅里叶描述子。

表 12-1 旋转、平移、尺度变换以及起始点变化的傅里叶描述子

几何变换或起始点变化	边界的表示	傅里叶描述子
旋转变换	$s_r(k)=s(k)e^{j\theta}$	$S_r(u)=S(u)e^{j\theta}$
平移变换	$s_t(k)=s(k)+\Delta_{xy}$	$S_t(u)=S(u)+\Delta_{xy}\delta(u)$
尺度变换	$s_s(k)=\alpha s(k)$	$S_s(u)=\alpha S(u)$
起始点变化	$s_p(k)=s(k-k_0)$	$S_p(u)=S(u)e^{-j2\pi uk_0/N}$

例 12-7 边界的傅里叶描述

图 12-26(a)为一幅尺寸为 312×312 的枫叶目标二值图像，枫叶目标有细茎和三个主圆裂片，这样的结构有利于说明减少傅里叶系数的数量对边界形状产生的影响。图 12-26(b)为图 12 26(a)的 8 连通边界，边界上共有 1049 个像素，因此，傅里叶描述子也有 1049 个傅里叶系数。观察傅里叶逆变换中使用不同比例的低阶傅里叶系数对边界重构的影响。图 12-26(c)～(i)分别为前 2%、3%、4%、6%、8%、12%、25%的傅里叶系数重构的边界。如图 12-26(c)所示，21 个低阶傅里叶系数(前 2%的系数)的傅里叶描述子就可以描述边界大致的整体轮廓。如图 12-26(i)所示，前 25%的傅里叶系数重构的边界逼近原边界，从视觉上看不出可察觉的差异。由图中可见，当使用较少的傅里叶系数时，由于棱角、角点等细节特征对应于高频成分，重构边界的棱角变圆了，尽管能够反映边界的大体形状，然而需要继续增加系数才能更精确地描述如角点这样的一些形状特征。综上所述可以得出结论：低阶系数能够反映大体形状，高阶系数可以精确定义形状特征，少数傅里叶系数的傅里叶描述子包含了形状信息，能够描述边界的大致形状。

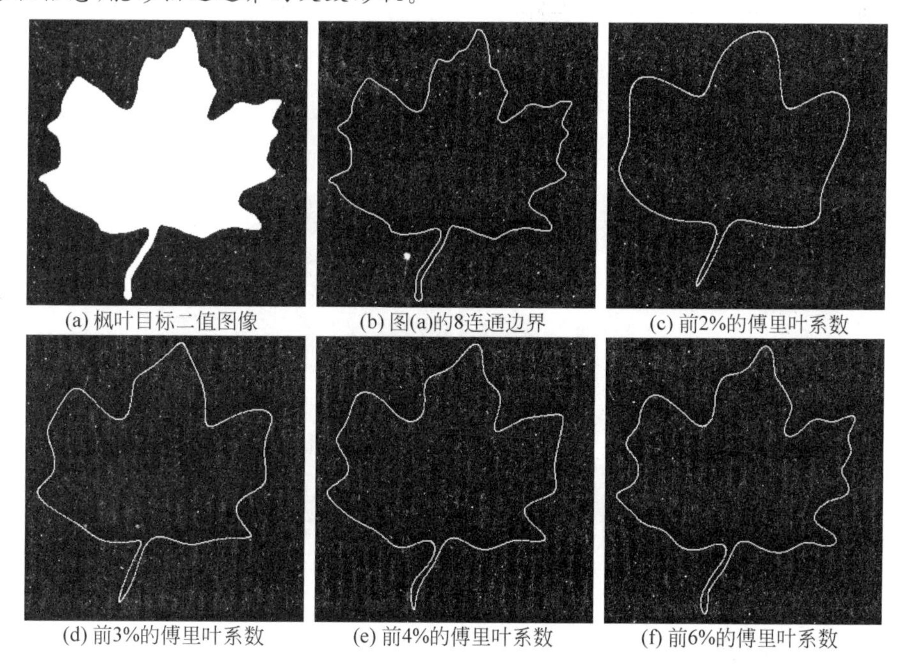

(a) 枫叶目标二值图像 (b) 图(a)的8连通边界 (c) 前2%的傅里叶系数

(d) 前3%的傅里叶系数 (e) 前4%的傅里叶系数 (f) 前6%的傅里叶系数

图 12-26 傅里叶描述子中不同比例的低阶傅里叶系数的边界重构

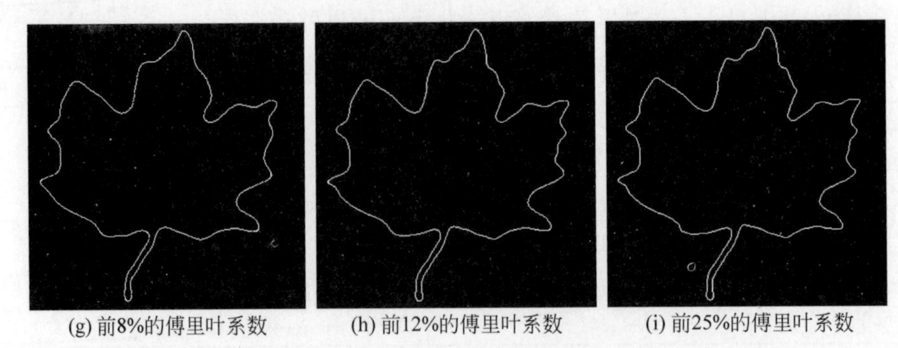

(g) 前8%的傅里叶系数　(h) 前12%的傅里叶系数　(i) 前25%的傅里叶系数

图 12-26　傅里叶描述子中不同比例的低阶傅里叶系数的边界重构

12.4　区域表示

区域表示是利用合适的数据结构或数学式对图像中的目标区域进行表示的方法。图像的区域表示方法包括标记矩阵、四叉树、中心投影曲线和骨架等。

12.4.1　区域标记

区域标记是一种区域表示方法，通过区域标记可以将目标区域与背景区域、不同目标区域之间区分开。大多数区域描述子都建立在区域标记的基础上。

12.4.1.1　矩阵表示

矩阵表示法是用标记矩阵(label matrix)表示二值图像。如图 12-27(a)所示，在单目标区域表示中，背景区域的像素标记为 0(黑色像素)，目标区域的像素标记为 1(白色像素)。如图 12-27(b)所示，在多目标区域表示中，背景区域的像素标记为 0，不同目标区域的像素标记为不同的数字，即第一个目标区域的像素标记为 1，第二个目标区域的像素标记为 2，以此类推。最大的数字即为二值图像中目标区域的总数。这是一种逐像素表示方法，需占用较大的存储空间。目标区域的面积越大，表示这个区域所需的比特数越多。

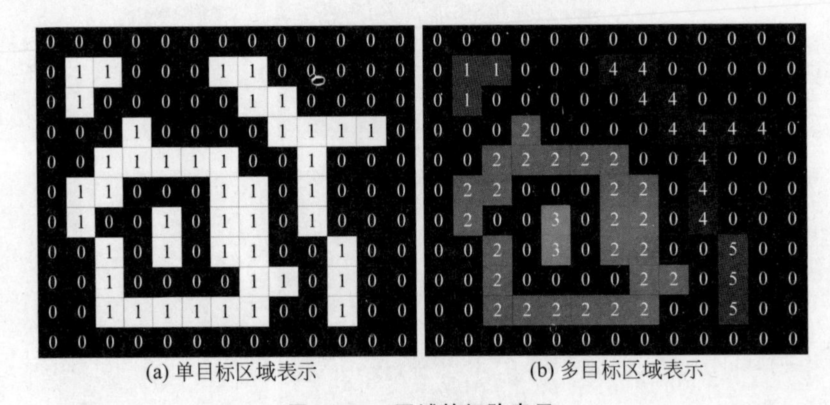

(a) 单目标区域表示　(b) 多目标区域表示

图 12-27　区域的矩阵表示

例 12-8　区域标记

图 12-28(a)给出了单目标区域标记的示例，在标记矩阵中，灰度值为 0 的像素表示背景

区域,灰度值为1的像素表示目标区域。图12-27(b)给出了多目标区域标记的示例,实际上一个目标区域就是一个连通分量,在标记矩阵中,灰度值为0的像素表示背景区域,其他不同灰度值的像素表示属于不同的连通分量,最大值为连通分量的总数。为了可视化,将多目标区域的标记矩阵用伪彩色图像显示。

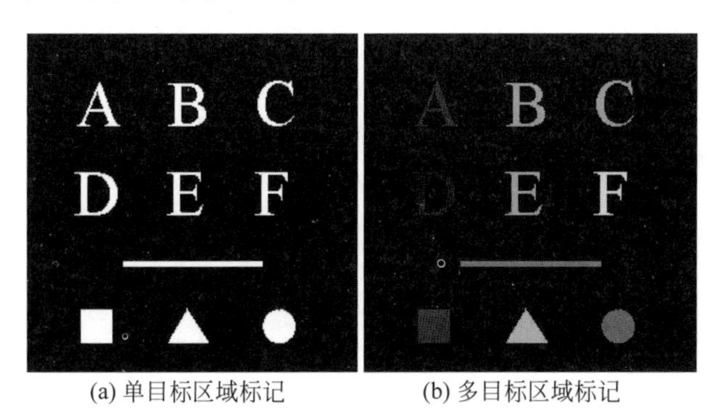

(a) 单目标区域标记　　(b) 多目标区域标记

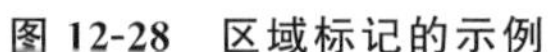

图 12-28　区域标记的示例

12.4.1.2　四叉树表示

四叉树表示是一种多级金字塔数据结构的区域表示方法。四叉树由多级构成,第0级的根节点对应整幅图像。叶节点对应单个像素或具有相同或相近特征的像素组成的区域,而非叶节点对应非一致性区域。

四叉树的生成过程可描述为:判断一幅图像的一致性,当图像中存在目标区域时,将图像均匀分成四个子区域,对于一幅尺寸为$2^n \times 2^n$的图像,每一个子区域的尺寸为$2^{n-1} \times 2^{n-1}$;对各个子区域重复进行一致性判断和分裂过程,直至所有的子区域具有一致性。图12-29给出了一个区域四叉树表示的示例,右上图中白色表示目标区域,黑色表示背景区域,左图显示了四叉树的生成过程,右下图为区域的四叉树表示。

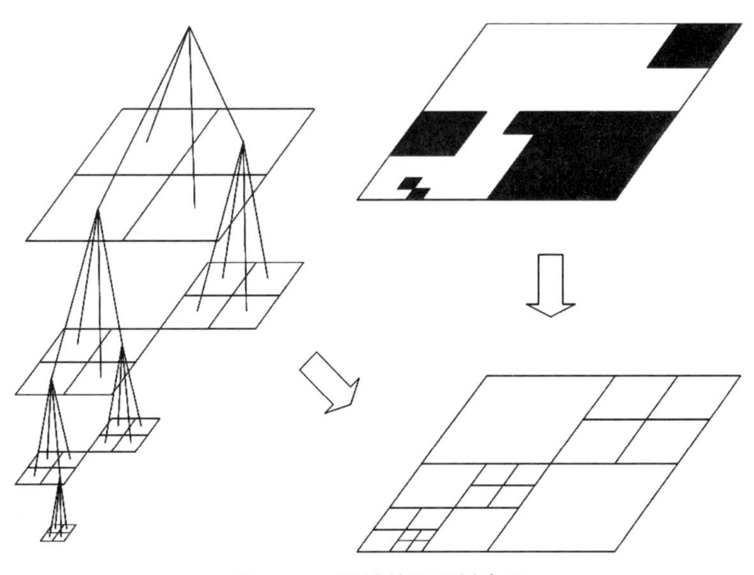

图 12-29　区域的四叉树表示

对于一幅尺寸为 $2^n \times 2^n$ 的图像，四叉树最多有 $n+1$ 级(包括第0级的根节点)，第 k 级最多有 $2^k \times 2^k$ 个节点。因此，四叉树的最大节点数为

$$N = \sum_{k=0}^{n} 4^k \approx \frac{4}{3} 4^n \tag{12-18}$$

这表明尺寸为 $2^n \times 2^n$ 的二值图像的四叉树表示需要的最大存储空间为图像本身的 $\frac{4}{3}$ 倍。通常情况下，目标区域和背景区域都不会是单个像素，而是由相同或相近的相邻像素组成的具有一定面积的区域。因此，利用四叉树表示区域能节省大量的存储空间。

12.4.2 中心投影变换

中心投影变换是计算图像中像素的灰度值在各个不同角度(方向)上的投影，将二维图像数据表示转换为一维数据表示。已知笛卡儿坐标系与极坐标系之间的关系为 $x = r\cos\theta$，$y = r\sin\theta$，中心投影变换的数学表达式为

$$\rho(\theta_k) = \sum_{r=0}^{M} f(r\cos\theta_k, r\sin\theta_k) \tag{12-19}$$

其中，$\theta_k = \alpha + k\,\frac{2\pi}{N} \in [\alpha, \alpha + 2\pi)$，$k = 0, 1, \cdots, N-1$ 为投影方向与 x 轴的夹角，α 为区域的长轴关于 x 轴的倾斜角，$\frac{2\pi}{N}$ 为角间距，M 为区域 $\mathcal{R}$ 的各个像素 (x, y) 与其质心 $(\bar{x}, \bar{y})$ 之间的最大距离，可表示为

$$M = \max\{d(\boldsymbol{x}, \bar{\boldsymbol{x}})\}, \quad \boldsymbol{x} \in \mathcal{R} \tag{12-20}$$

式中，$d(\boldsymbol{x}, \bar{\boldsymbol{x}})$ 表示像素坐标 $\boldsymbol{x} = [x, y]^{\mathrm{T}}$ 与其质心 $\bar{\boldsymbol{x}} = [\bar{x}, \bar{y}]^{\mathrm{T}}$ 之间的距离，通常使用欧氏距离，即 $d(\boldsymbol{x}, \bar{\boldsymbol{x}}) = \|\boldsymbol{x} - \bar{\boldsymbol{x}}\|_2$，$\|\cdot\|_2$ 为 ℓ_2 范数。

在灰度图像中，$f(r\cos\theta_k, r\sin\theta_k)$ 表示笛卡儿坐标系中坐标为 $(r\cos\theta_k, r\sin\theta_k)$ 处像素的灰度值，$\rho(\theta_k)$ 实际上是计算在 N 个等角间距角度 θ_k 的径向上各个像素的灰度值累积。在二值图像中，由于目标区域的像素值为1且背景区域的像素值为0，$\rho(\theta_k)$ 实际上是角度为 θ_k 的径向上目标区域的像素数。中心投影变换考虑了图像的长轴方向，因此中心投影变换具有旋转不变性。对投影向量进行归一化处理，可以实现中心投影变换相对于图像尺度的不变性。

中心投影变换能够很好地表示区域的形状，并且具有平移、尺度和旋转不变性。由于考虑了区域内各个不同方向上的像素分布情况，中心投影变换也能够反映区域的全局特征，如区域的对称性、像素分布的均匀性等。

例 12-9 中心投影曲线

图 12-30 给出了不同二值字符目标区域的中心投影曲线。将笛卡儿坐标系转换为极坐标系，计算图 12-30(a)所示的 J、I、N、G 四个字符区域的中心投影变换，如图 12-30(b)所示，图中，横轴 θ 表示投影方向关于图像 x 轴的夹角，纵轴 $\rho(\theta)$ 表示在角度 θ 方向上投影到中心的像素数，不考虑旋转不变性。由此可见，不同形状区域的中心投影曲线可以作为模式识别中的特征(中心投影曲线可以直接用于区域描述)，用于辨识一类模式与另一类模式的不同。

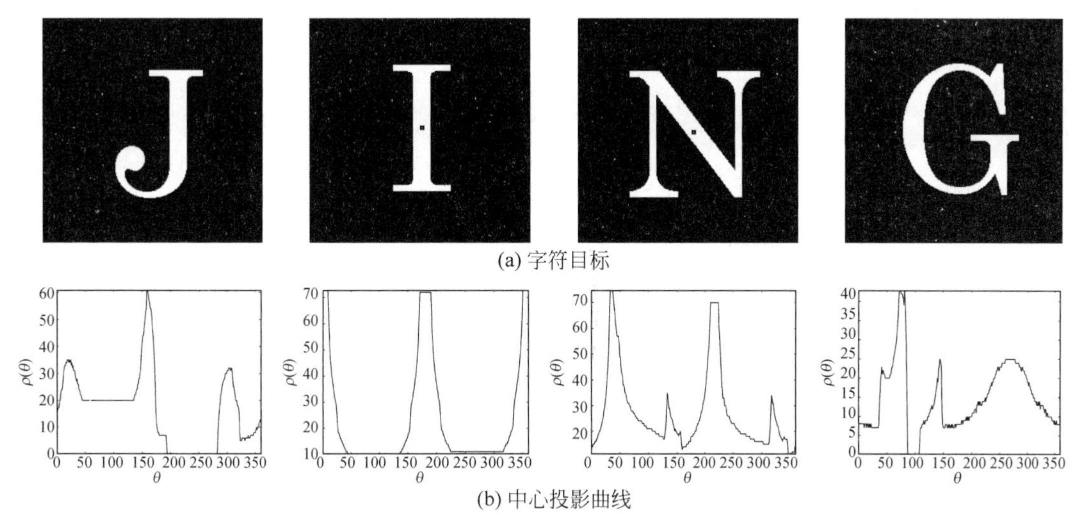

(a) 字符目标

(b) 中心投影曲线

图 12-30 不同字符目标区域的中心投影曲线

12.4.3 骨架

骨架是一种重要的图像几何特征，在图像目标的几何形状分析中具有广泛的应用。图像的骨架表示可以在保持图像连通性和拓扑性的前提下，减少图像中的冗余信息，从而简化区域的描述。

12.4.3.1 骨架的数学定义

骨架可以理解为图像的中轴，常用的方法是利用细化技术计算区域的骨架。中轴变换(medial axis transform，MAT)是一种计算区域骨架的细化技术。设区域$\mathcal{R}$的边界点集为$\mathcal{B}$，中轴变换的定义为，对于区域$\mathcal{R}$内的每一个点 p，在边界$\mathcal{B}$中搜索与它距离最近的点，若边界$\mathcal{B}$中同时具有两个或两个以上与 p 距离最近的点，则 p 是区域$\mathcal{R}$的中轴点或骨架点，将中轴点连接起来就是区域的骨架。换句话说，中轴是由区域内具有两个或两个以上与边界点最小距离相等的点构成的。由此可知，骨架是在一个点与一个点集之间最小距离的基础上定义的，点 p 与点集$\mathcal{B}$最小距离的集合 $d_s(p,\mathcal{B})$用数学式表示为

$$d_s(p,\mathcal{B}) = \inf\{d(p,z)\},z \in \mathcal{B} \tag{12-21}$$

式中，$\inf\{\cdot\}$表示集合的下确界，$d(p,z)$表示区域内的点 p 与边界上的点 z 之间的距离。由于最小距离取决于距离度量方法，中轴变换与所用的距离度量有很大关系。最常用的距离度量是欧氏距离。

图 12-31 显示了几种不同几何形状目标区域的骨架，从图中可以看出，对于如图 12-31(a)所示的细长形状的目标，它们的骨架能够提供较多的形状信息；而对于如图 12-31(b)所示的粗短形状的目标，它们的骨架能够提供的形状信息则较少。中轴变换可以形象地称为“草原火技术”，将区域看成一片草地，在它的周围同时点起火，火焰以同样的速度向区域中心前进，火焰前进的轨迹将交于中轴。

另一种基于内切圆的骨架定义方法是，以区域内的每一个像素为圆心，作半径逐渐增大的圆，当圆增大到同时与区域边界至少有两个不相邻的点相切时，则该点是中轴或骨架上的点。如图 12-32 所示，点 x_1、x_2 和 x_3 都是中轴点，以它们为圆心的最大内切圆与边界具有

两个或两个以上的切点。

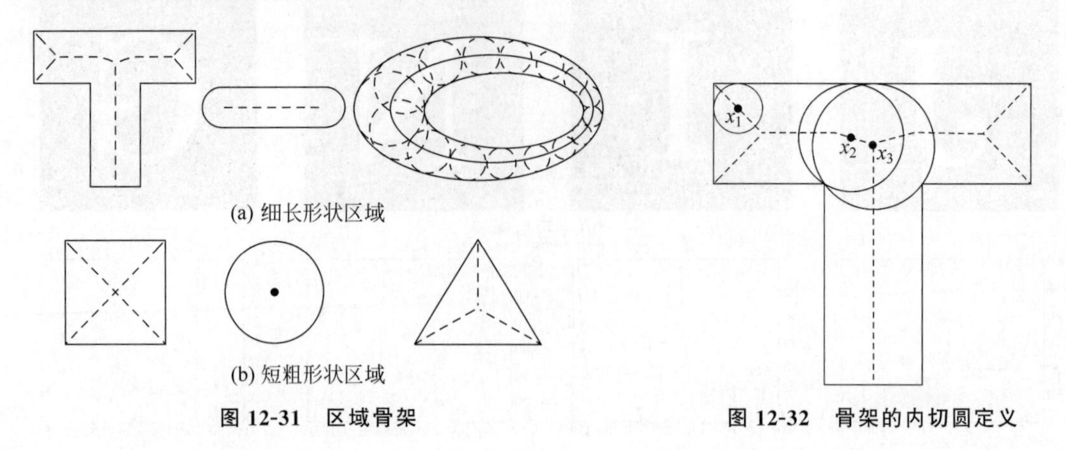

(a) 细长形状区域

(b) 短粗形状区域

图 12-31 区域骨架

图 12-32 骨架的内切圆定义

区域的骨架表示受噪声的影响较大。如图 12-33 所示，左图与右图所示的区域略有差异，右图所示的区域可认为受到了噪声的干扰。通过比较可以看出，尽管这两个区域相似，然而由于噪声的存在，两者的骨架相差较大。

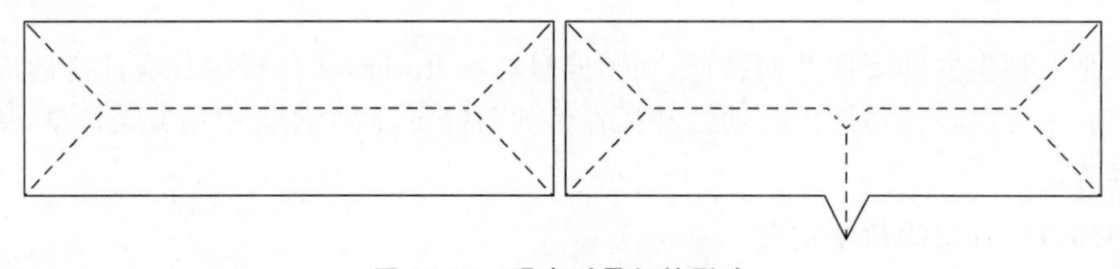

图 12-33 噪声对骨架的影响

区域的骨架表示不仅可以表示区域，而且可以由骨架来重构区域。理论上，骨架点具有与边界点距离最小的性质，因此，如图 12-34 所示，以各个骨架点为圆心，以最小距离的长度为半径，这些圆的并集可以重构出原区域，这些圆的包络构成了区域的边界。

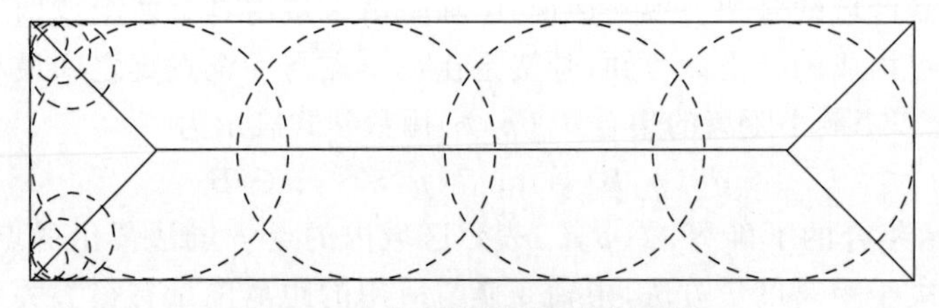

图 12-34 由区域骨架重构的区域

12.4.3.2 骨架生成算法

利用中轴变换生成区域的骨架是一个直观的概念，但是，骨架定义的直接实现需要计算区域内的每一个点到边界的距离，计算量很大。实际应用中采用逐次消去边界点的迭代细化方法计算区域的骨架，不断使给定区域的宽度变细，从而提取线宽为 1 的中轴线。

骨架生成算法需要满足三个限制条件：①不可删除线段端点；②不可破坏连通性；③不可过度侵蚀区域。具体地讲，当删除一个像素时，整幅图像的连通性不变，包括各个连通分量既不分离、不结合，孔也不消除、不生成，该像素是可删除的。如图 12-35 所示，A 和

C 为可删除像素，B、D、E 为不可删除像素，其中，删除像素 B 将造成连通分量分离，删除像素 D 将生成孔，删除像素 E 将消除孔。

本节介绍一种二值图像中区域骨架的生成算法。二值图像中，目标区域为 1 像素，背景区域为 0 像素。由于边界像素的邻域有不属于区域的像素，因此，其 8 邻域内至少有一个值为 0 的像素。如图 12-36 所示，以 p_1 为中心的 8 邻域分别为 p_2、p_3、p_4、p_5、p_6、p_7、p_8 和 p_9，它们以顺时针排列在 p_1 的 8 邻域，其中，p_2 在 p_1 的正上方，p_3 在 p_1 的右上方，p_4 在 p_1 的正右方，p_5 在 p_1 的右下方，p_6 在 p_1 的正下方，p_7 在 p_1 的左下方，p_8 在 p_1 的正左方，p_9 在 p_1 的左上方。设 $N(p_1)$表示 p_1 的 8 邻域内的非零像素数，即 $N(p_1)=p_2+\cdots+p_9$；$T(p_1)$表示以 $p_2,p_3,\cdots,p_9,p_2$ 为次序轮转时，从 0 到 1 的变化次数。

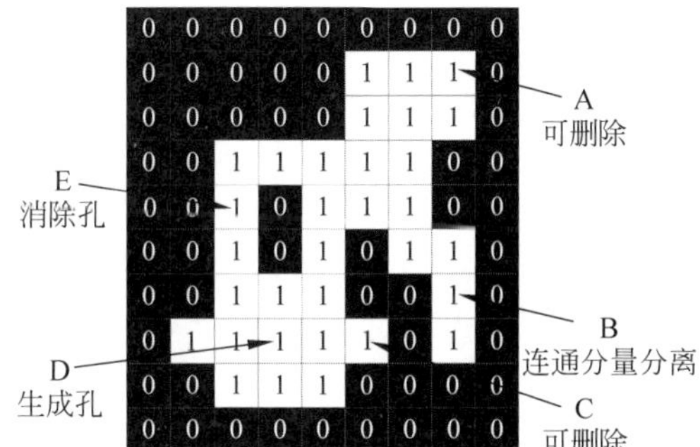

图 12-35　可删除和不可删除像素

p_9	p_2	p_3
p_8	p_1	p_4
p_7	p_6	p_5

图 12-36　以 p_1 为中心相邻像素的空间关系

对给定区域的边界像素交替执行如下两个基本步骤：

(1) 对于每一个边界像素，检验下列条件，对同时满足下列条件的边界像素做标记，检查所有的边界像素后，删除已标记的边界像素，即将已标记的像素赋值为 0；

① $2\leqslant N(p_1)\leqslant 6$；

② $T(p_1)=1$；

③ $p_2\cdot p_4\cdot p_6=0$；

④ $p_4\cdot p_6\cdot p_8=0$。

(2) 对于每一个边界像素，检验下列条件，对同时满足下列条件的边界像素做标记，检查所有的边界像素后，删除已标记的边界像素，即将已标记的像素赋值为 0。

① 与步骤(1)中条件①相同，即 $2\leqslant N(p_1)\leqslant 6$；

② 与步骤(1)中条件②相同，即 $T(p_1)=1$；

③ $p_2\cdot p_4\cdot p_8=0$；

④ $p_2\cdot p_6\cdot p_8=0$。

对给定区域的每一个边界像素执行步骤(1)的操作，若满足所有条件，则对该像素做标记。需要说明的是，遍历所有边界像素后才能删除已标记的像素。然后以同样的方式对步骤(1)的处理结果执行步骤(2)的操作。上述两步操作构成一次迭代，反复执行迭代，直至再没有可删除的像素为止，此时算法结束，剩余的像素构成了区域的骨架。

条件①表明，若边界像素 p_1 的 8 邻域内非零像素数为 0、1、7、8，则不删除该边界像素。如图 12-37(a)所示，非零像素数为 0 的情况表明 p_1 是孤立点；如图 12-37(b)所示，非零像素数为 1 的情况表明 p_1 是线段的端点；如图 12-37(c)所示，非零像素数为 7 的情况表明

p_1 过于深入区域内部，删除该像素将导致过度侵蚀区域；如图 12-37(d)所示，非零像素数为 8 的情况表明 p_1 是内部点。条件②避免了对连接邻域像素的单个像素进行删除而导致骨架线段断开，即连通分量分离。满足条件③和条件④时，$p_4=0$，或者 $p_6=0$，或者 $p_2=0$ & $p_8=0$，分别对应 p_1 为边界右端点、下端点和左上端点；同理，满足条件⑤和条件⑥时，$p_2=0$，或者 $p_8=0$，或者 $p_4=0$ & $p_6=0$，分别对应 p_1 为边界左端点、上端点和右下端点。在上述情况下，p_1 不是骨架点，应删除。当 p_1 为边界的右上端点时，$p_2=0$ & $p_4=0$，当 p_1 为边界的左下端点时，$p_6=0$ & $p_8=0$ 这两种情况都同时满足条件③和条件④，以及条件⑤和条件⑥。在图 12-37(e)～(h)所示的情况下，p_1 为连接点、分支点或交叉点，均属于不可删除像素。图 12-37(i)和图 12-37(j)中 p_1 同时满足步骤(1)中的所有条件，图 12-37(k)和图 12-37(l)中 p_1 同时满足步骤(2)中的所有条件，均属于可删除像素。

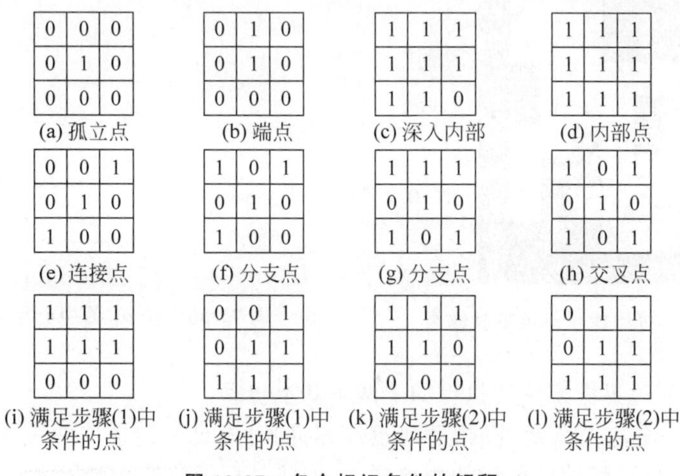

图 12-37 各个标记条件的解释

图 12-38 显示了一个目标区域的骨架生成过程。如图 12-38(a)所示，目标区域为 1 像素，背景区域为 0 像素。如图 12-38(b)所示，用“○”表示步骤(1)中标记的像素。如图 12-38(c)所示，将步骤(1)中标记的像素赋值为 0。如图 12-38(d)所示，用“□”表示步骤(2)中标记的像素。如图 12-38(e)所示，将步骤(2)中标记的像素赋值为 0。此时，再没有可标记的像素，如图 12-38(f)所示，不可删除的像素构成了目标区域的骨架。前面的 8.4.5 节中介绍了一种数学形态学的骨架提取算法。

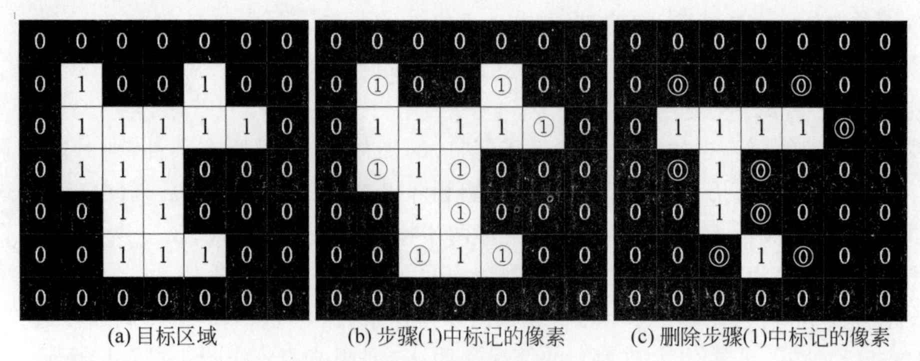

图 12-38 骨架生成过程示意图

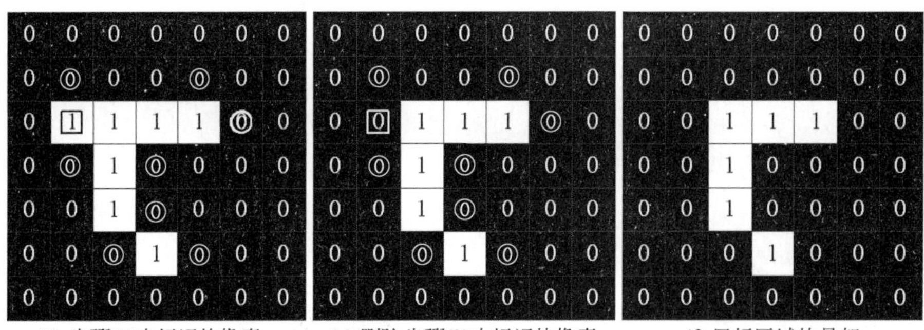

(d) 步骤(2)中标记的像素　(e) 删除步骤(2)中标记的像素　(f) 目标区域的骨架

图 12-38　（续）

例 12-10　区域骨架生成

对于图 8-30(a)所示的字符目标和枫叶目标的二值图像，图 12-39 对应骨架生成算法提取的两种目标的骨架。骨架生成算法删除区域边界的像素，保持了区域的欧拉数，既不会产生目标断裂，也不会生成孔。注意观察，形态学骨架提取算法会产生毛刺或分支[图 8-30(b)]，骨架生成算法的结果不存在这样的问题。

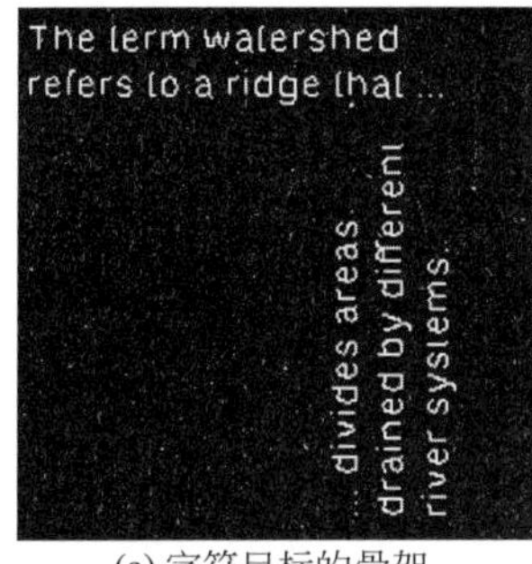

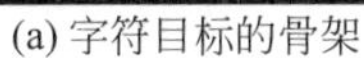
(a) 字符目标的骨架

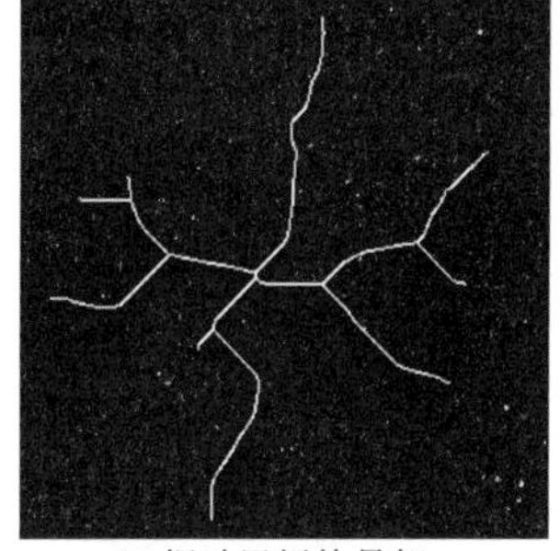
(b) 枫叶目标的骨架

图 12-39　区域骨架生成示例

12.5　区域描述

当对目标区域的形状特征感兴趣时，通常选择边界描述；当对目标区域的属性感兴趣时，通常选择区域描述。**区域描述**借助于区域的内部特征，利用组成区域的像素集合来描述目标区域。区域描述包括简单描述和复杂描述，简单描述又包括区域的面积、矩形度、复杂度、质心和灰度描述等，而复杂描述又包括拓扑描述、形状描述和纹理描述等。

12.5.1　简单区域描述

简单区域描述通过最简单的形状或灰度特征对区域进行描述。

1. 面积

面积定义为组成区域的像素数。面积是区域的基本特征，描述了区域的大小。二值图像 $f(x,y)$中，目标区域$\mathcal{R}$为 1 像素，背景区域为 0 像素。统计区域的像素数实际上是计算如下数学式：

$$A = \sum_{(x,y)\in\mathcal{R}} f(x,y) \tag{12-22}$$

式中，A 表示目标区域$\mathcal{R}$的面积。

2. 边界框

边界框定义为区域的最小外接矩形，如图 12-40 所示，边界框恰好包围边界，W 表示边界框的宽度，H 表示边界框的高度。

图 12-40 区域的边界框

矩形度定义为区域面积与边界框面积的比值，描述了目标区域在其外接矩形中所占的比例。矩形度 R 的计算式为

$$R=\frac{A_o}{A_{\text{mer}}} \tag{12-23}$$

式中，A_o 为目标区域的面积，A_{mer} 为区域边界框的面积。R 为范围[0,1]的数值。矩形区域的矩形度达到最大，R 为 1，圆形区域的矩形度为$\frac{\pi}{4}$，细长和弯曲区域的矩形度较小。

宽高比定义为区域边界框的宽度与高度的比值。宽高比 r_a 的计算式为

$$r_a=\frac{W}{H} \tag{12-24}$$

式中，W 和 H 分别为边界框的宽度和高度。通过宽高比 r_a 可以将细长的区域与圆形或方形的区域区分开。

3. 复杂度

复杂度定义为区域的周长平方与面积的比值，描述了区域边界的复杂程度。复杂度 C 的计算式为

$$C=\frac{P^2}{A} \tag{12-25}$$

式中，P 为区域的周长，A 为区域的面积。区域的复杂度是无量纲的量，因此对尺度的变化不敏感。圆形区域的复杂度最小，C 为 4π。随着边界凹凸复杂程度的增加，复杂度 C 增大。除了旋转变换引入误差外，复杂度对于方向性也不敏感。

4. 质心

在二值图像中，区域$\mathcal{R}$的质心$(\bar{x},\bar{y})$的计算式为

$$\bar{x}=\frac{1}{A}\sum_{(x,y)\in\mathcal{R}} x \tag{12-26}$$

$$\bar{y}=\frac{1}{A}\sum_{(x,y)\in\mathcal{R}} y \tag{12-27}$$

式中，A 为区域$\mathcal{R}$的面积，也就是区域$\mathcal{R}$的像素数。质心是由属于区域$\mathcal{R}$的所有像素计算出的。当区域本身的尺寸相对各个目标区域之间的距离而言较小时，可用质心坐标的点来近似描述区域。图 12-41 包含 10 个连通分量，白色圆点标记了各个连通分量质心的位置。为了观察到叠加在区域上的质心，使用中心为白色圆点的黑色方框来表示质心。

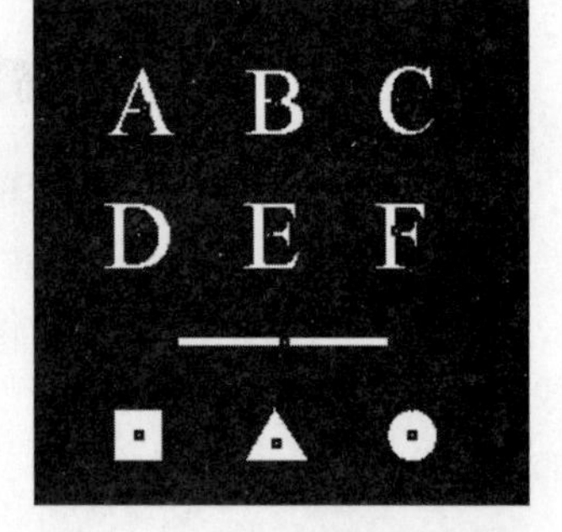

图 12-41 连通分量的质心

5. 区域灰度

在灰度图像中，区域灰度描述是指利用灰度值的统计特

征来描述目标区域,反映了目标区域的灰度、颜色等属性。通常借助灰度直方图计算灰度值的统计特征,包括灰度最大值、最小值、中值、平均值、方差和高阶矩等。

12.5.2 拓扑描述

拓扑学是研究图形性质的理论,只要图形不撕裂、不折叠,拓扑特性就不受图形变形的影响。拓扑特性对区域的全局描述很有用,这种特性不依赖于距离,不同于基于距离度量提取的任何特性。显然,拓扑描述是一种对描述图形总体特征有用的描述子。

若封闭区域中包含非感兴趣的像素,则这些像素构成的区域称为图像中的孔洞。如图12-42(a)所示,区域为1像素,在区域中有三个孔洞(0像素)。将区域中的孔洞数定义为拓扑描述子,该描述子将不受缩放、平移和旋转变换的影响,但是,当区域撕裂或折叠时,孔洞数则会发生变化。区域的连通分量数也可以描述区域的拓扑特性。如图12-42(b)所示,区域为1像素,共有三个连通分量,连通分量数为3(1像素)。

(a) 有三个孔洞的区域

(b) 由三个连通分量组成的区域

图12-42 拓扑描述子

孔洞数和连通分量数都可以作为区域拓扑特性的描述子,欧拉数 E 定义为图像中连通分量数与孔洞数之差,可表示为

$$E = C - H \tag{12-28}$$

式中,H 表示区域内的孔洞数,C 表示区域的连通分量数。显然,欧拉数 E 也是一种区域拓扑特性的描述子。图12-43列举了四个不同欧拉数的字符,这四个字符的欧拉数分别为1、2、−1和0。由此可见,欧拉数可以作为区域描述的特征用于判别这四个字符。

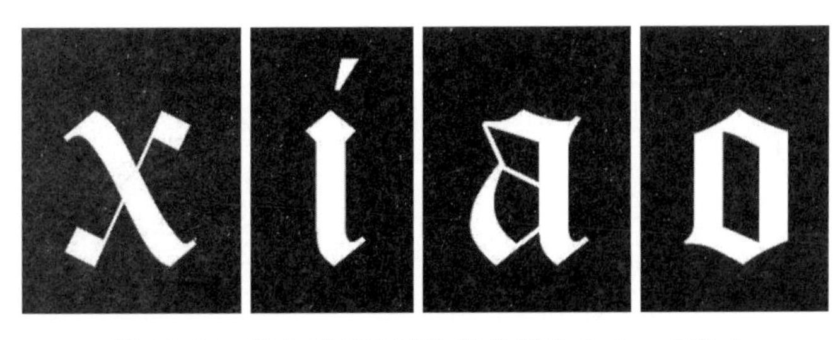

图12-43 四个字符的欧拉数分别为1、2、−1和0

12.5.3 形状描述

形状描述是对区域的形状进行描述。形状是目标分类与识别的重要特征,形状匹配是

在一定形状描述方法的基础上度量目标的相似度,形状描述是形状匹配的基础。本节介绍几种常用的基于几何特征的形状描述子。

1. 形状参数

形状参数是与复杂度类似的度量参数。形状参数 F 的计算式为

$$F=\frac{4\pi A}{P^2} \tag{12-29}$$

式中,A 表示区域的面积,P 表示区域的周长。形状参数在一定程度上描述区域的紧凑性,当区域为圆形时,形状参数 F 达到最大值,$F=1$;当区域为其他形状时,$F<1$,正方形的形状参数 $F=\frac{\pi}{4}$。形状参数没有量纲,对区域的尺度变换不敏感。除了由于离散图像的旋转带来的误差,形状参数对区域的旋转变换也不敏感。

图 12-44 给出了 10 个不同形状区域的形状参数,形状越接近圆形,其形状参数越大,不同形状的区域可能会有相同的形状参数,如字母 F 与线状长方形的形状参数相同。由于光栅采样,圆形的计算结果可能会超过完美圆的形状参数。

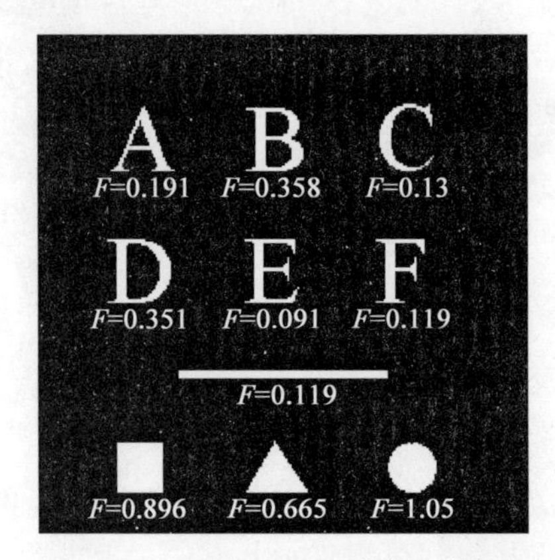

图 12-44 10 个目标区域的形状参数

2. 球状性

球状性定义为区域的内切圆半径与外接圆半径的比值。球状性 S 的计算式为

$$S=\frac{r_i}{r_c} \tag{12-30}$$

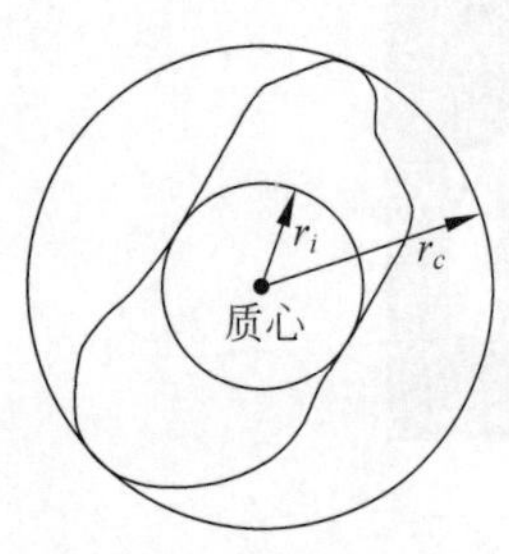

图 12-45 球状性的定义

式中,r_i 为区域的内切圆半径,r_c 为区域的外接圆半径,两个圆的圆心都在区域的质心上。当区域为圆形时,球状性 S 达到最大值 $S=1$;当区域为其他形状时,$S<1$。球状性具有区域平移、旋转和尺度不变性。图 12-45 直观说明了不规则区域的内切圆、外接圆以及球状性的概念。

3. 圆形性

圆形性是由区域$\mathcal{R}$的所有边界像素定义的特征,定义为区域的质心与其边界像素之间距离的均值与标准差之比。设(x_k, y_k),$k=0,1,\cdots,n-1$ 为区域边界上的 n 个像素,$(\bar{x},\bar{y})$为区域的质心,区域$\mathcal{R}$的边界像素与其质心之间的平均距离 μ_R 可表示为

$$\mu_R = \frac{1}{n}\sum_{k=0}^{n-1} \| \boldsymbol{x}_k - \bar{\boldsymbol{x}} \|_2 \tag{12-31}$$

区域边界像素与其质心之间距离的标准差 σ_R 可表示为

$$\sigma_R = \left[\frac{1}{n}\sum_{k=0}^{n-1}(\| \boldsymbol{x}_k - \bar{\boldsymbol{x}} \|_2 - \mu_R)^2\right]^{\frac{1}{2}} \tag{12-32}$$

其中，$\| \boldsymbol{x}_k - \bar{\boldsymbol{x}} \|_2$ 表示边界像素坐标 $\boldsymbol{x}_k = [x_k, y_k]^{\mathrm{T}}$ 与其质心 $\bar{\boldsymbol{x}} = [\bar{x}, \bar{y}]^{\mathrm{T}}$ 之间的欧氏距离。

圆形性 C 的计算式为

$$C = \frac{\mu_R}{\sigma_R} \tag{12-33}$$

当区域$\mathcal{R}$趋向圆形时，圆形性 C 单调递增并趋向无穷。圆形性也具有区域平移、旋转和尺度不变性。

4. 偏心率

将区域的偏心率定义为与区域具有相同二阶中心矩的椭圆的偏心率。椭圆的偏心率 E 定义为焦点之间的距离(焦距)$2c$ 与长轴 $2a$ 的比值，其计算式为

$$E = \frac{c}{a} = \frac{\sqrt{a^2 - b^2}}{a} = \sqrt{1-(b/a)^2}, \quad a \geqslant b \tag{12-34}$$

式中，a 为长半轴，b 为短半轴。偏心率 E 在一定程度上描述了区域的紧凑性。该值在 0 与 1 之间。偏心率为 0 的椭圆其实是圆，偏心率为 1 的椭圆是线段。

与给定区域二阶中心矩相同的椭圆可以具有任意方向，其方向用椭圆长轴与 x 轴之间的角度来表示。通过椭圆来近似二维离散数据，椭圆的长轴与数据的主轴对齐，主轴是数据的协方差矩阵第一主成分的特征向量(12.6 节)。图 12-46 显示了图像区域及其相应的椭圆长轴、短轴和方向。在这种情况下，数据是区域坐标的二维向量。

图 12-46 偏心率

另一种方法是利用边界像素或整个区域像素计算惯性主轴比来近似偏心率。在二值图像中，目标区域$\mathcal{R}$为 1 像素，背景区域为 0 像素，区域$\mathcal{R}$的 $p+q$ 阶中心矩 m_{pq} 定义为

$$m_{pq} = \sum_{(x,y)\in\mathcal{R}} (x-\bar{x})^p (y-\bar{y})^q \tag{12-35}$$

式中，$(\bar{x}, \bar{y})$为区域$\mathcal{R}$的质心。区域$\mathcal{R}$的偏心率 E 近似计算式为

$$E = \frac{(m_{20} - m_{02})^2 + 4m_{11}}{A} \tag{12-36}$$

式中，A 为区域$\mathcal{R}$的面积，m_{20}、m_{02} 和 m_{11} 为区域$\mathcal{R}$的三个二阶中心矩。

12.5.4 纹理描述

纹理描述是对图像中像素灰度空间分布模式的描述。当图像中大量出现相同或相似的基本图像元素(模式)时，纹理分析是研究这类图像的重要手段之一。

12.5.4.1 纹理特征

纹理是图像分析中常用的概念，但目前尚无一致的定义。习惯上将图像中局部不规则而整体上有规律的特征称为**纹理**。另一种常用的定义是按照一定的规则对元素或基元进行排列所形成的重复模式。纹理描述是一种重要的区域描述方法。纹理是区域属性，并且与图像分辨率或尺度密切相关。纹理图像中的重复模式称为基元，它按照一定的具体规则排列。纹理基元的空间排列可能是随机的，也可能相互依赖，这种依赖性可能是有结构的，也可能是按某种概率分布排列的。

通过观察不同的纹理图像，可知构成纹理特征的两个要素：纹理基元和纹理基元排列。纹理基元是一种或多种图像基元的组合，纹理基元有一定的形状和尺寸，例如，大理石的纹理，不同种类的大理石纹理基元的形状和尺寸均不同。纹理基元排列的疏密、周期性和方向性等不同，使图像的外观具有显著的区别。例如，在植物长势分析中，即使是同类植物，由于地形、生长条件以及环境的不同，植物散布形式也不同，植物生长的稀疏反映在图像中就是纹理的粗细特征。

纹理是重复模式，可用于描述物体的表面。若能识别图像的纹理，则模式分类将变得容易。纹理特征可以用定性的术语描述，如规则性(regularity)、粗糙度(coarseness)、均匀性(homogeneity)、光滑性(smoothness)、图像结构方向性(orientation)和空间关系(spatial relationship)。

根据纹理基元的尺寸，纹理可分为粗糙纹理和细密纹理。**粗糙纹理**的纹理基元较大，而**细密纹理**的纹理基元较小。根据基元的空间关系，纹理可分为弱纹理和强纹理。**弱纹理**的基元间具有随机的空间分布，近似规则或不规则的，而**强纹理**的基元间具有完全规则的空间分布。根据纹理的获取方式，纹理又可分为自然纹理和人工纹理。**自然纹理**是具有重复排列现象的自然景象，如布纹、草地、砖墙等重复性结构的图像。**人工纹理**是由某种符号的有序排列组成，这些符号可以是线条、点等。图 12-47 给出了几幅典型的自然和人工纹理结构的图像，显然，自然纹理通常是弱纹理[图 12-47(a)]，而人工纹理通常是强纹理[图 12-47(b)]。

纹理特征提取是指通过图像处理技术抽取出纹理特征，包括纹理基元和纹理基元排列分布模式的信息。纹理描述主要有两种方法：统计分析法和频谱分析法。纹理分析通过纹理的定量描述进行纹理分类与识别。

12.5.4.2 统计分析法

统计分析法是利用统计量来量化纹理的特征，不仅考虑相邻两个像素之间的灰度变化，而且要考虑它们之间的空间关系。通常使用多维数据描述纹理特征，如方向、灰度变化等。纹理特征描述的统计量有统计矩、自相关函数、灰度共生矩阵等。

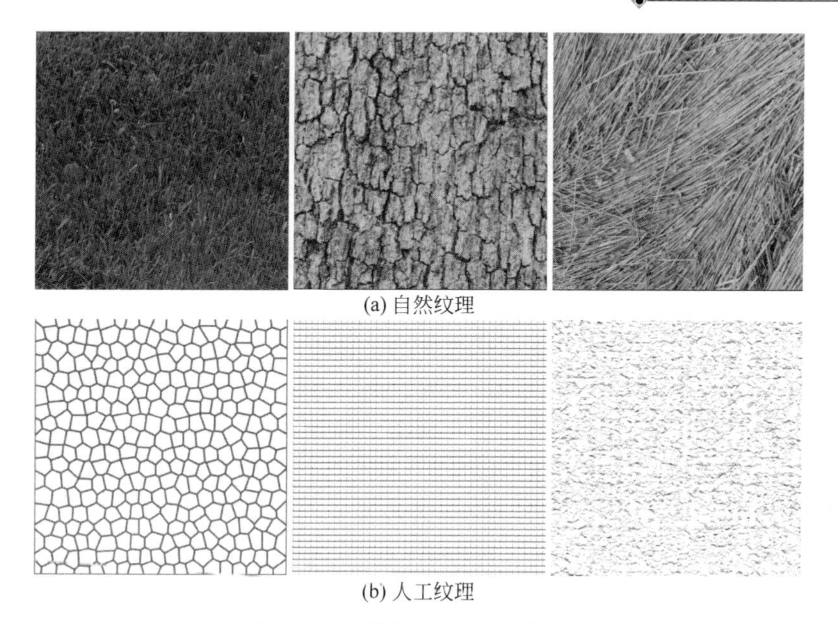

图 12-47　典型的纹理结构图像

1. 直方图矩分析法

直方图矩分析法是利用区域的灰度直方图的统计特征来描述纹理。n 阶中心矩 m_n 定义为

$$m_n = \sum_{k=0}^{L-1} (z_k - \mu)^n p(z_k) \tag{12-37}$$

式中，z_k 表示第 k 个灰度级，$p(z_k)$ 为灰度级 z_k 出现的概率，$k=0,1,\cdots,L-1$，L 为灰度级数；μ 为均值。

在区域灰度直方图的基础上，定义几种常用的统计矩描述子，包括均值 μ、方差 σ^2、平滑度 R、三阶中心矩 m_3、一致性 U 和熵 H。

(1) 均值 μ：

$$\mu = \sum_{k=0}^{L-1} z_k p(z_k) \tag{12-38}$$

(2) 方差 σ^2：

$$\sigma^2 = \sum_{k=0}^{L-1} (z_k - \mu)^2 p(z_k) \tag{12-39}$$

(3) 平滑度 R：

$$R = 1 - \frac{1}{1+\sigma^2} \tag{12-40}$$

(4) 三阶中心矩 m_3：

$$m_3 = \sum_{k=0}^{L-1} (z_k - \mu)^3 p(z_k) \tag{12-41}$$

(5) 一致性 U：

$$U = \sum_{k=0}^{L-1} [p(z_k)]^2 \tag{12-42}$$

(6) 熵 H：

$$H=-\sum_{k=0}^{L-1}p(z_k)\log_2 p(z_k) \tag{12-43}$$

均值 μ 表示平均灰度的量度，描述了区域的平均亮度。方差 σ^2 即二阶中心矩 m_2，表示灰度偏离均值平均程度的量度，描述区域灰度的平均对比度。平滑度 R 与方差 σ^2 具有等价的度量意义，R 将方差的范围归一化为$[0,1)$，也描述区域灰度的平滑度。对于灰度恒定的区域，R 为 0；对于方差充分大的区域，R 逼近 1。三阶中心矩 m_3 为偏度(skewness)，表示直方图偏斜方向和程度的量度，是刻画直方图分布非对称程度的数字特征。若直方图具有对称分布，则偏度为 0；若直方图向右偏斜，则为正偏；若直方图向左偏斜，则为负偏。一致性 U 表示区域灰度均匀性的量度，当区域内所有像素的灰度值均相等时，一致性 U 达到最大值。熵 H 描述灰度直方图的均匀性，对于均匀分布的灰度直方图，熵 H 达到最大值；对于灰度值为常数的区域，熵 H 为零。图 12-48 以最简单的二元概率空间为例给出了一致性函数 $U(p)$ 和熵函数 $H(p)$ 的图形，其中，$U(p)=p^2+(1-p)^2$，$H(p)=-p\log p-(1-p)\log(1-p)$。由图中可见，一致性 U 和熵 H 表示的意义正相反，当图像中的灰度恒定时，即当 $p=0$ 或 $p=1$ 时，一致性 U 达到最大，而此时不确定度最小，$H(p)=0$；当 $p=0.5$ 时，不确定度达到最大，熵 H 也就达到最大值 $H(p)=1$。

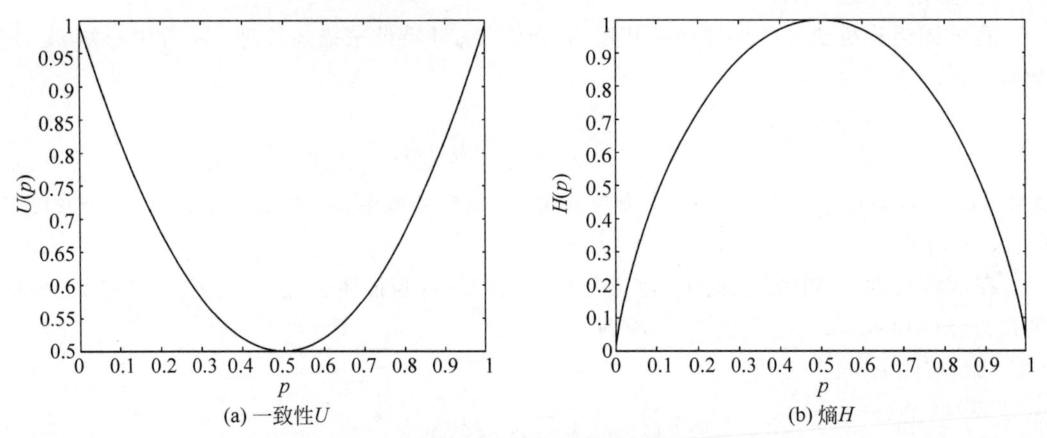

(a) 一致性U　　(b) 熵H

图 12-48　二元概率空间的一致性和熵函数比较

例 12-11　纹理图像的统计矩分析

图 12-49(a)为四幅大理石纹理图像，不同纹理图像的纹理特征存在差异，图 12-49(b)为对应的灰度直方图。纹理图像的矩分析方法是以灰度直方图为基础量化纹理特征。从直

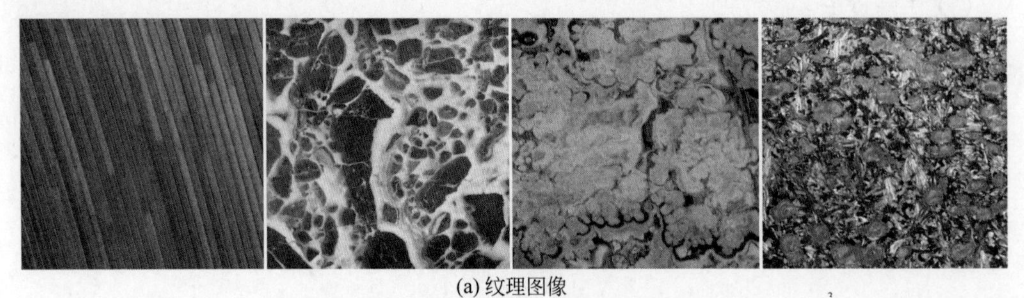
(a) 纹理图像

图 12-49　不同纹理图像及其灰度直方图

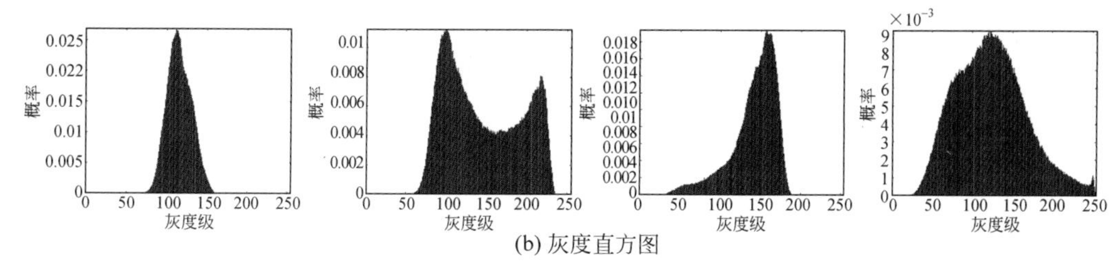

(b) 灰度直方图

图 12-49　(续)

方图直观来分析，第一幅纹理图像的灰度直方图最窄，表明灰度区域平坦，应具有最小方差、最小平滑度、最大一致性和最小熵，且直方图趋于对称，因此三阶矩趋于0；第二、三、四幅纹理图像的灰度直方图范围较宽，方差较大、对比度较高、一致性较小、而熵较大。其中，第二幅纹理图像的灰度直方图表现为双峰；第三幅和第四幅纹理图像的灰度直方图为单峰，第三幅纹理图像的灰度直方图向左偏斜(分布尾部在左侧较长)，三阶中心矩为负值，而第四幅纹理图像的灰度直方图向右偏斜(分布尾部在右侧较长)，三阶中心矩为正值。观察表12-2中的数据可以发现，这与上述纹理特征的分析完全一致。

表 12-2　图 12-49 所示四幅纹理图像的统计矩描述子

图号	均值 μ	标准差 σ	平滑度 R	三阶矩 m_3	一致性 U	熵 H
一	115.449	15.069	0.00348	0.010	0.0184	5.943
二	145.695	47.070	0.0329	0.455	0.00698	7.268
三	140.760	28.904	0.0127	−0.463	0.0124	6.647
四	124.365	43.964	0.0289	0.528	0.00644	7.455

2. 灰度差分统计法

灰度差分统计法通过计算一对像素之间灰度差分直方图来描述区域的纹理特征，又称为一阶统计法。位移为 δ 的灰度差分 $f_\delta(x,y)$ 定义为

$$f_\delta(x,y)=|f(x,y)-f(x+\Delta x,y+\Delta y)| \tag{12-44}$$

式中，$\delta=(\Delta x,\Delta y)$ 表示两个像素之间的位移向量，位移 δ 通常很小。当区域具有 L 个灰度级时，灰度差分 $f_\delta(x,y)$ 的灰度级数也为 L。统计灰度差分 $f_\delta(x,y)$ 的直方图 $p_\delta(z_k)$，$k=0,1,\cdots,L-1$。其中，z_k 表示第 k 个灰度级，$p_\delta(z_k)$ 表示 $f_\delta(x,y)=z_k$ 时发生的概率。对于粗糙纹理，相距位移为 δ 的两个像素通常有相近的灰度值，因此，灰度差分 $f_\delta(x,y)$ 具有较小的值，$p_\delta(z_k)$ 分布在零值附近；对于细密纹理，相距位移为 δ 的两个像素的灰度有较大的变化，因此，灰度差分 $f_\delta(x,y)$ 一般具有较大的值，$p_\delta(z_k)$ 的分布偏离零值。

在区域灰度差分直方图的基础上，定义了几种常用的统计矩描述子来描述纹理图像的特征，包括均值 μ、二阶矩 μ_2、一致性 U 和熵 H。

(1) 均值 μ：

$$\mu=\sum_{k=0}^{L-1} z_k p_\delta(z_k) \tag{12-45}$$

(2) 二阶矩 μ_2：

$$\mu_2=\sum_{k=0}^{L-1} z_k^2 p_\delta(z_k) \tag{12-46}$$

（3）一致性 U：

$$U=\sum_{k=0}^{L-1}\left[p_{\delta}(z_k)\right]^2 \tag{12-47}$$

（4）熵 H：

$$H=-\sum_{k=0}^{L-1}p_{\delta}(z_k)\log_2 p_{\delta}(z_k) \tag{12-48}$$

灰度差分集中分布在零值并随着远离零值衰减。均值 μ 表示平均灰度差分的量度。二阶矩 μ_2 表示灰度差分偏离零值平均程度的量度，描述灰度差分的离散程度。一致性 U 为灰度差分均匀性的量度，当区域内灰度差分比较接近时，一致性 U 较大。熵 H 与一致性 U 的意义正相反。熵 H 描述灰度差分直方图的均匀性，当灰度差分直方图 $p_{\delta}(z_k)$ 为均匀分布时，熵 H 达到最大值。对于粗糙纹理，由于 $p_{\delta}(z_k)$ 分布在零值附近，均值 μ 较小，二阶矩 μ_2 较小，一致性 U 较大，熵 H 较小；反之，对于细密纹理，由于 $p_{\delta}(z_k)$ 分布偏离零值，均值 μ 较大，二阶矩 μ_2 较大，一致性 U 较小，熵 H 较大。

例 12-12 纹理图像的灰度差分直方图的统计矩分析

图 12-50(a)为不同粗细程度的四幅纹理图像，从视觉效果上看，从上到下纹理由粗糙到细密。图 12-50(b)为对应的灰度差分直方图，其中两个像素之间的垂直位移 Δx 和水平位移 Δy 均取值为 2。对于粗糙纹理，相距较近的两个像素通常有相近的灰度值，因此，灰度差分一般具有较小的值，集中分布在零值附近。而对于细密纹理，相距较近的两个像素的灰度有较大的变化，因此，灰度差分一般具有较大的值。在灰度差分直方图中，横轴表示灰度差分的绝对值，纵轴表示概率。观察由粗糙到细密纹理图像的灰度差分直方图可以看到，粗糙纹理的灰度差分集中在零值附近，分布范围较窄，当偏离零值时，概率显著下降；而细密纹理的灰度差分具有较宽的分布范围，随着逐渐偏离零值，概率缓慢下降。

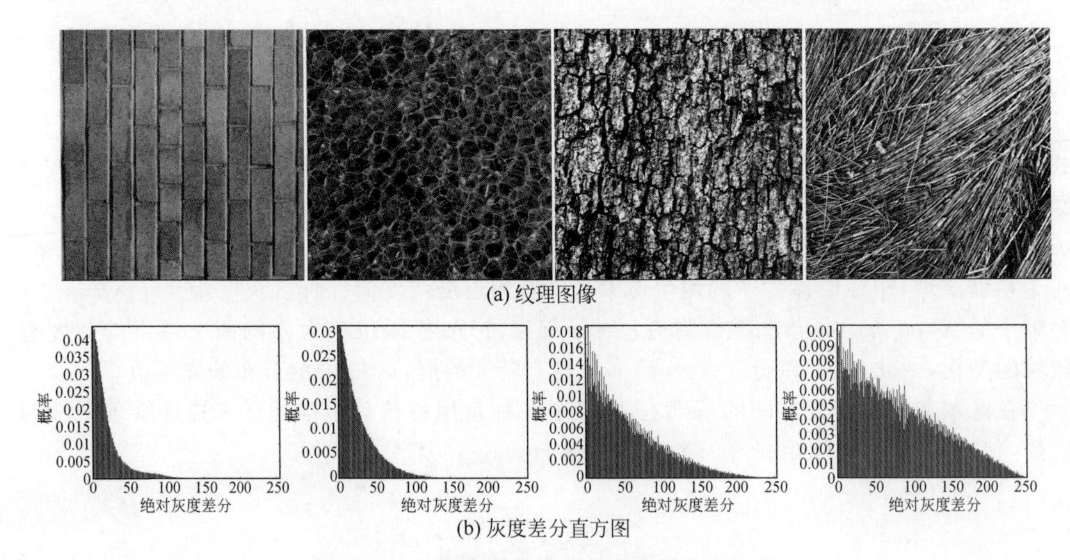

(a) 纹理图像

(b) 灰度差分直方图

图 12-50 不同纹理图像及其灰度差分直方图

3. 自相关函数法

自相关函数法是一种常用的纹理粗糙性描述方法。粗糙性与局部结构的空间重复周期有关,周期小的纹理细密;反之,周期大的纹理粗糙。例如,羊绒比羊毛纹理细密。自相关函数可以用来检测纹理的粗细程度。支撑域尺寸为 $M\times N$ 的二维函数 $f(x,y)$ 的自相关函数 $\rho(\Delta x,\Delta y)$ 定义为

$$\rho(\Delta x,\Delta y)=\frac{\sum_{x=0}^{M-1}\sum_{y=0}^{N-1}f(x,y)f(x+\Delta x,y+\Delta y)}{\sum_{x=0}^{M-1}\sum_{y=0}^{N-1}f^2(x,y)} \tag{12-49}$$

式中,$\rho(\Delta x,\Delta y)$ 的最大值 $\rho(0,0)=1$。纹理是由纹理基元在空间的重复排列组成的,因此,自相关函数能够表示纹理基元的尺寸特征。粗糙纹理的自相关函数随位移增大而缓慢下降[图 12-51(a)],细密纹理的自相关函数随位移增大而迅速下降[图 12-51(b)]。对于强纹理图像,随着位移的逐渐增大,自相关函数会呈现某种周期性变化,其周期为相邻纹理基元的距离,周期是描述纹理的重要特征,反映局部模式排列规则的稀疏或稠密程度。

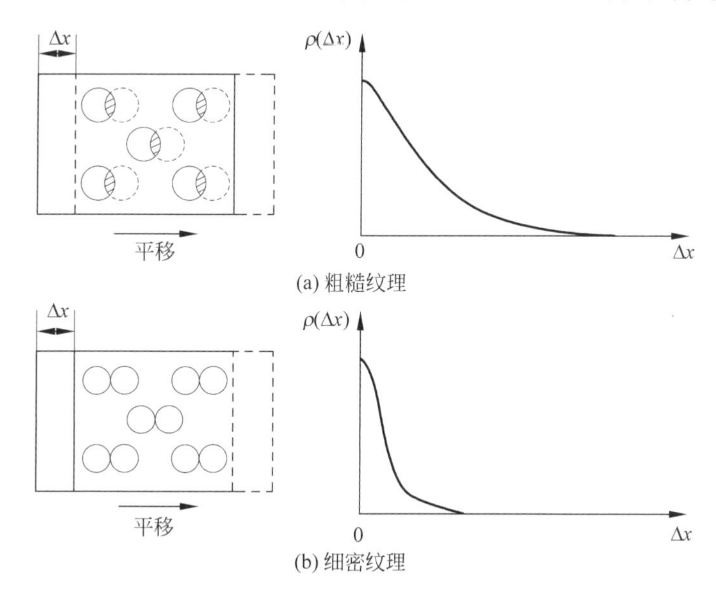

图 12-51　不同粗细纹理的自相关函数形式

例 12-13　纹理图像的自相关矩阵

图 12-52 比较了不同粗细纹理图像的自相关矩阵。图 12-50(a)所示的四幅不同粗细程度的纹理图像,从左到右纹理基元由大到小,表现出的纹理由粗糙到细密。图 12-52(a)对应

(a) 自相关矩阵的图像显示

图 12-52　不同粗细纹理图像的自相关矩阵

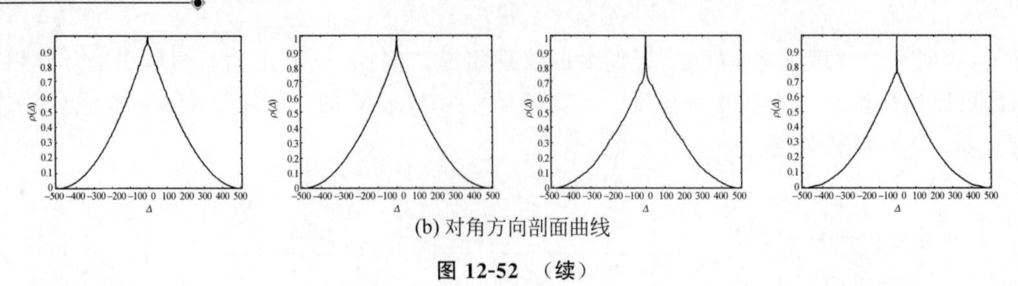

(b) 对角方向剖面曲线

图 12-52 （续）

这四幅纹理图像的自相关矩阵，不同粗细纹理图像的自相关矩阵表现的能量不同。为了更清楚地观察自相似系数随距离的衰减变化，图 12-52(b)给出了对角方向的剖面曲线。通过比较可以看出，自相关矩阵可以反映不同像素的空间相对位置信息。对于粗糙纹理，相邻像素灰度变化缓慢，当图像与其自身的位移增大时，自相关性缓慢下降，表现在自相关矩阵中则能量强；对于细密纹理，相邻像素灰度变化频繁，当图像与其自身的位移增大时，自相关性迅速下降，表现在自相关矩阵中则能量弱。另外，对于第一幅强纹理图像，自相关矩阵呈现出沿水平方向的周期性，周期为相邻纹理基元的距离。

4. 灰度共生矩阵法

由于灰度直方图不具有像素之间相对位置的信息，仅使用灰度直方图的统计矩描述纹理特征时，无法表达纹理的空间分布信息。**灰度共生矩阵**不仅描述了图像的灰度分布情况，而且描述了具有特定灰度值的像素之间的位置分布情况。灰度共生矩阵又名灰度空间相关性矩阵。灰度共生矩阵 $\boldsymbol{P}$ 的计算方法为，在图像中规定方向（如水平、垂直、对角方向等）和距离（如一个像素、两个像素等），灰度共生矩阵 $\boldsymbol{P}$ 中的元素 p_{ij} 是灰度值为 z_i 和 z_j 的两个像素沿指定方向且相距指定距离同时出现的概率。当图像的灰度级数为 L 时，灰度共生矩阵 $\boldsymbol{P}$ 的尺寸为 $L\times L$。

在纹理的统计描述中，可以借助灰度共生矩阵来描述纹理的空间信息。设$\mathcal{W}$为图像中具有指定空间关系的位置算子，矩阵 $\mathbf{A}$ 的元素 a_{ij} 为具有指定空间关系下灰度值为 z_i 和 z_j 的像素对出现的次数，$0\leqslant i,j\leqslant L-1$，矩阵 $\mathbf{A}$ 可表示为

$$A(z_j,z_j)=\#\{(x_2,y_2)=\mathcal{W}[(x_1,y_1)]\ \&\ f(x_1,y_1)=z_i\ \&\ f(x_2,y_2)=z_j\} \tag{12-50}$$

式中，# 表示数目。将矩阵 $\mathbf{A}$ 归一化，灰度共生矩阵 $\boldsymbol{P}$ 定义为

$$P(z_i,z_j)=\frac{\#\{(x_2,y_2)=\mathcal{W}[(x_1,y_1)]\ \&\ f(x_1,y_1)=z_i\ \&\ f(x_2,y_2)=z_j\}}{N} \tag{12-51}$$

式中，N 为满足上述条件的像素对的总数。通过一个例子来说明灰度共生矩阵的计算方法，设 $\boldsymbol{I}$ 为具有 4 个灰度级的图像矩阵，$z_i,z_j=0,1,2,3$，如下式所示：

$$\boldsymbol{I}=\begin{bmatrix}2 & 1 & 0 & 0 & 1\\ 0 & 1 & 2 & 1 & 0\\ 0 & 2 & 3 & 3 & 1\\ 1 & 0 & 2 & 0 & 0\\ 1 & 1 & 0 & 0 & 0\end{bmatrix} \tag{12-52}$$

位置算子$\mathcal{W}$定义为“向右下方的一个像素”，可得 4 阶的矩阵 $\mathbf{A}$ 如下：

$$
\boldsymbol{A}=[a_{ij}]_{4\times 4}=\begin{bmatrix}4 & 1 & 1 & 0\\ 0 & 2 & 1 & 1\\ 1 & 1 & 1 & 1\\ 2 & 0 & 0 & 0\end{bmatrix} \tag{12-53}
$$

$\boldsymbol{A}$ 中的元素 a_{ij} 表示灰度值为 z_i 的像素出现在灰度值为 z_j 的像素右下方的次数，例如，a_{13} 表示灰度值为 z_3 的像素出现在灰度值为 z_1 的像素右下方的次数。如图 12-53(a)所示，左边为式(12-52)中的图像数据，右边是在位置算子$\mathcal{W}$下的矩阵 $\boldsymbol{A}$，灰度值为 3 的像素出现在灰度值为 1 的像素右下方的次数为 1，可得矩阵 $\boldsymbol{A}$ 中元素 $a_{13}=1$，同理，$a_{30}=2$。图 12-53(b)和图 12-53(c)分别为在水平方向和垂直方向相距一个像素这两个位置算子下的灰度共生矩阵(像素对数)。

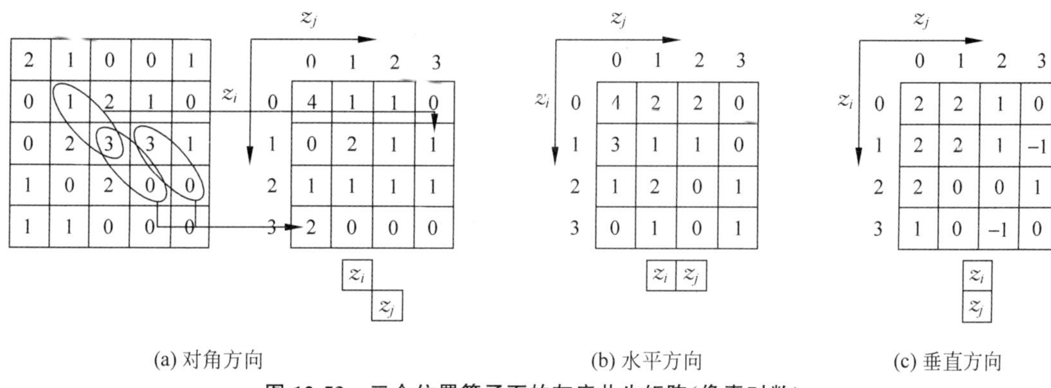

(a) 对角方向　　(b) 水平方向　　(c) 垂直方向

图 12-53　三个位置算子下的灰度共生矩阵(像素对数)

灰度共生矩阵 $\boldsymbol{P}$ 的各个元素是矩阵 $\boldsymbol{A}$ 中的对应元素除以总数 N 的比值，这样的归一化处理使灰度共生矩阵 $\boldsymbol{P}$ 的元素之和等于 1，N 为图像中满足位置算子$\mathcal{W}$的像素对总数，即矩阵 $\boldsymbol{A}$ 中所有元素之和。因此，可以将 p_{ij} 看作位置算子$\mathcal{W}$下具有灰度值(z_i, z_j)的像素对的联合概率分布。显然，灰度共生矩阵 $\boldsymbol{P}$ 依赖于位置算子$\mathcal{W}$，因此，需要选择合适的位置算子以便于更准确地描述纹理特征。

例 12-14　纹理图像的灰度共生矩阵

由于不同纹理图像具有不同的重复纹理模式，因此，灰度共生矩阵有很大的差别。图 12-54 比较了不同纹理图像的灰度共生矩阵，上一行为不同粗细程度的纹理图像，下一行对应为位置算子“向右下方的一个像素”下的灰度共生矩阵。图 12-54(a)为一幅细密纹理的图像，图 12-54(b)为一幅粗糙纹理的图像，图 12-54(c)为一幅平静湖面的非纹理图像，图中含有较大相似区域。通过比较可以看出，灰度共生矩阵可以反映不同像素的空间相对位置信息。对于细密纹理，相邻像素灰度变化频繁，灰度共生矩阵中非零元素距离主对角线向外延伸；对于粗糙纹理，相邻像素灰度变化缓慢，灰度共生矩阵中的非零元素主要集中在主对角线附近；对于具有较大相似区域的非纹理图像，灰度共生矩阵中的非零元素沿主对角线上呈狭长分布状态。

在灰度共生矩阵 $\boldsymbol{P}=(p_{ij})_{L\times L}$ 的基础上，定义了几种常用的纹理描述子，包括最大概率 $P_{\max}$、元素差异的 k 阶矩 μ_k、k 阶逆差矩 μ_k^{-1}、一致性 U 和熵 H。

(1) 最大概率 $P_{\max}$：

$$
P_{\max}=\max_{i,j\in[0,L-1]} p_{ij} \tag{12-54}
$$

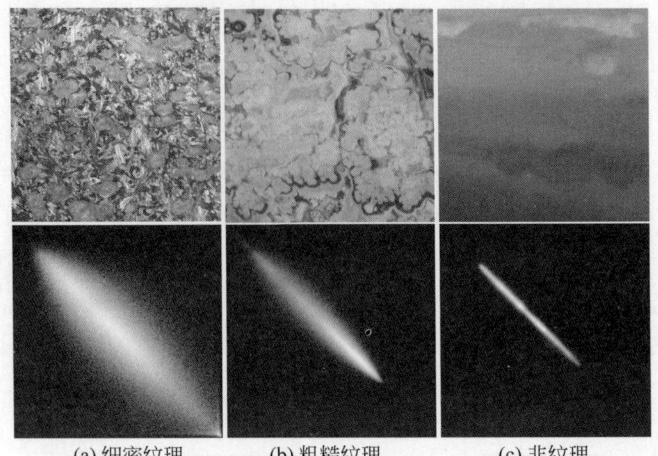

(a) 细密纹理　(b) 粗糙纹理　(c) 非纹理

图 12-54　不同纹理图像及其灰度共生矩阵

（2）k 阶差异矩 μ_k：

$$\mu_k=\sum_{i=0}^{L-1}\sum_{j=0}^{L-1}|i-j|^k p_{ij} \tag{12-55}$$

（3）k 阶逆差矩 μ_k^{-1}：

$$\mu_k^{-1}=\sum_{i=0}^{L-1}\sum_{j=0}^{L-1}\frac{p_{ij}}{1+|i-j|^k} \tag{12-56}$$

（4）一致性 U：

$$U=\sum_{i=0}^{L-1}\sum_{j=0}^{L-1}p_{ij}^2 \tag{12-57}$$

（5）熵 H：

$$H=-\sum_{i=0}^{L-1}\sum_{j=0}^{L-1}p_{ij}\log_2 p_{ij} \tag{12-58}$$

最大概率 $P_{\max}$ 表示灰度共生矩阵中的最大元素。k 阶差异矩 μ_k 表示灰度共生矩阵中任意两个元素绝对值差的 k 阶矩，当灰度共生矩阵中较大元素靠近主对角线时，k 阶差异矩 μ_k 较小，表明图像中相似区域较大或纹理基元尺寸较大。逆差矩 μ_k^{-1} 与差异矩 μ_k 的意义相反。一致性 U 表示区域灰度均匀性的量度，当灰度共生矩阵中非零元素集中在主对角线附近时，则一致性 U 较大，当区域灰度恒定时，灰度共生矩阵中非零元素分布在主对角线上，此时一致性 U 达到最大值。相反地，熵 H 表示灰度共生矩阵均匀性的量度，由于熵是不确定性的量度，当概率均匀分布（所有 p_{ij} 都相等）时，则熵 H 达到最大值。对于细密纹理，最大概率 $P_{\max}$ 较小，k 阶差异矩 μ_k 较大，k 阶逆差矩 μ_k^{-1} 较小，一致性 U 较小，熵 H 较大；反之，对于粗糙纹理，最大概率 $P_{\max}$ 较大，k 阶差异矩 μ_k 较小，k 阶逆差矩 μ_k^{-1} 较大，一致性 U 较大，熵 H 较小。

例 12-15　灰度共生矩阵的纹理特征计算

表 12-3 列出了图 12-54 所示的细密纹理、粗糙纹理和非纹理这三幅图像灰度共生矩阵的纹理描述子。按照上述描述子的解释，对于细密纹理图像，靠近主对角线的元素较小，非

零元素向距主对角线远处延伸，因此，最大概率 $P_{\max}$ 最小、二阶差异矩 μ_2 最大、一致性 U 最小，熵 H 最大；而对于非纹理图像，由于图像有较大面积的相似性区域，非零元素集中分布在主对角线及其很小的近邻内，主对角线的元素较大，因此，最大概率 $P_{\max}$ 最大、二阶差异矩 μ_2 最小、一致性 U 最大，熵 H 最小。对于粗糙纹理图像，灰度共生矩阵的纹理描述子介于二者之间。

表 12-3 图 12-54 所示三幅图像的灰度共生矩阵的纹理描述子

图号	最大概率 $P_{\max}$	二阶差异矩 μ_2	二阶逆差矩 μ_2^{-1}	一致性 U	熵 H
(a)	3.148×10^{-4}	4.976×10^{2}	0.0792	1.066×10^{-4}	13.752
(b)	2.169×10^{-3}	50.104	0.230	7.742×10^{-4}	11.215
(c)	5.992×10^{-3}	3.947	0.475	2.110×10^{-3}	9.445

12.5.4.3 频谱分析法

频谱分析法是一种基于傅里叶变换的频域纹理描述方法，是依据频谱的频率特性来描述周期或近似周期的图像纹理结构。全局纹理模式在空域中难以检测，而在频域中则易于描述。频谱对于描述纹理很有用，一方面，频谱完全适合描述区域周期或近似周期纹理的方向性，频谱中的峰值给出了纹理的主要方向信息；另一方面，在频率平面中峰值的位置提供了纹理的基本空间周期信息。

将频谱转换到极坐标系中，用函数 $S(\rho,\theta)$ 表示，其中，S 为频谱函数，数对 (ρ,θ) 为极坐标，ρ 和 θ 为极径和极角。极坐标表示频谱可以简化频谱特征的检测和解释。通过固定其中一个变量可将二维函数转换为一维函数，即通过固定方位角 θ，将极坐标函数 $S(\rho,\theta)$ 看作关于 ρ 的一维函数 $S_\theta(\rho)$，用于分析从原点出发沿径向方向 θ 上的频谱特征；通过固定半径 ρ，将极坐标函数 $S(\rho,\theta)$ 表示为关于 θ 的一维函数 $S_\rho(\theta)$，用于分析以原点为圆心沿着半径为 ρ 的圆环上的频谱特征。

将一维函数 $S_\theta(\rho)$ 和 $S_\rho(\theta)$ 分别对其下标 ρ 和 θ 求和，可表示为

$$S(\rho)=\sum_{\theta=0}^{\pi}S_\theta(\rho) \tag{12-59}$$

$$S(\theta)=\sum_{\rho=1}^{R}S_\rho(\theta) \tag{12-60}$$

式中，R 是以原点为圆心的最大圆的半径。$[S(\rho),S(\theta)]$ 构成了纹理的频谱描述子，描述区域的全局纹理模式。如图 12-55 所示，由于 $S_\theta(\rho)$ 对 θ 的求和线路是环状的，$S(\rho)$ 称为环状频谱函数；由于 $S_\rho(\theta)$ 对 ρ 的求和线路是楔状的，$S(\theta)$ 称为楔状频谱函数。

当纹理具有空间周期性，或具有确定的方向性时，在相应的频率处会出现峰值。图 12-56(a)所示的人工纹理图像具有规则的空间周期性，由于构成正方形纹理基元的水平和垂直方向的直线引起的高频成分，在图 12-56(b)所示的傅里叶谱中，沿着 0°角和 90°角有两条亮纹。因此，如图 12-56(c)所示，在楔状频谱函数 $S(\theta)$ 中的对应角度处出现峰值。为了定量描述纹理特征，通常通过计算峰值的位置、峰值处的相位、两个峰值间的距离和相位差来提取纹理的周期和方向特征。

例 12-16 纹理图像的频谱特征

图 12-57(a)给出了四幅纹理图像，其中，前两幅为自然纹理图像，后两幅为人工纹理图

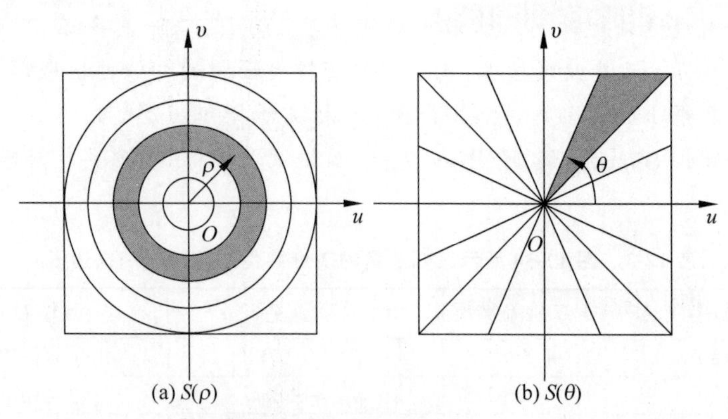

(a) $S(\rho)$　　(b) $S(\theta)$

图 12-55　频谱极坐标表示及频谱描述子$[S(\rho),S(\theta)]$示意图

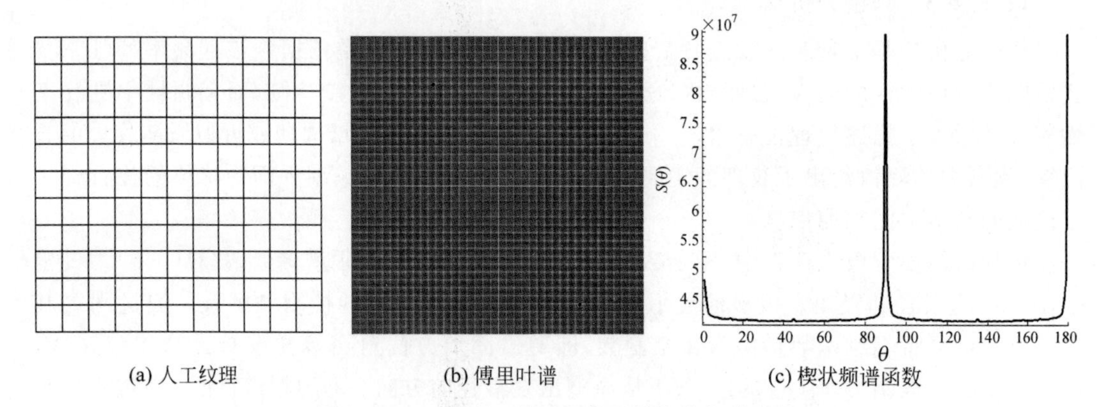

(a) 人工纹理　　(b) 傅里叶谱　　(c) 楔状频谱函数

图 12-56　一幅人工纹理图像及其楔状频谱函数

像。图 12-57(b)对应这四幅纹理图像的对数傅里叶谱。根据第 4 章傅里叶谱特征的分析可知，高频成分分布在沿着灰度值突变的方向上，在粗糙纹理的情况下，灰度值变化的频率低，能量主要集中在离原点较近的范围内；而在细密纹理的情况下，能量分散在离原点较远的范围内。图 12-57(c)和图 12-57(d)分别对应这四幅纹理图像的环状频谱函数 $S(\rho)$和楔状频谱函数 $S(\theta)$。由于前两幅纹理图像具有较弱的周期分量，因此，在 $S(\rho)$ 曲线上，除了直流成分的位置有一处峰值外，没有出现其他的峰值，从原点向外至高频成分，能量逐渐衰减。后两幅纹理图像具有较强的周期分量，在频谱中的对应频率位置处出现脉冲，$S(\rho)$曲线上出现多处峰值。在傅里叶谱中垂直于强边缘的方向上能量较高，体现在 $S(\theta)$曲线上，相应方位角 θ 处出现峰值。由图中可以观察到，在 $S(\theta)$曲线上很明显体现出弱纹理图像的能量分布具有随机性，而强纹理图像的能量分布具有规律性。例如，对于最后一幅纹理图像的傅里叶谱，频率平面的中心与脉冲连线所在的方位角 θ 处出现峰值。可见，纹理的频谱分析法对于判别周期纹理模式和非周期纹理模式非常有用。

12.5.5　Hu 不变矩

数学中矩的概念来自物理学。在物理学中，矩是表示物体形状的物理量，是物体形状识别的重要参数指标。在图像分析中可以利用矩作为描述区域形状的全局特征。不变矩是图像的统计特征，是常用的区域特征描述子。尺寸为 $M\times N$ 的数字图像 $f(x,y)$的$(p+q)$矩

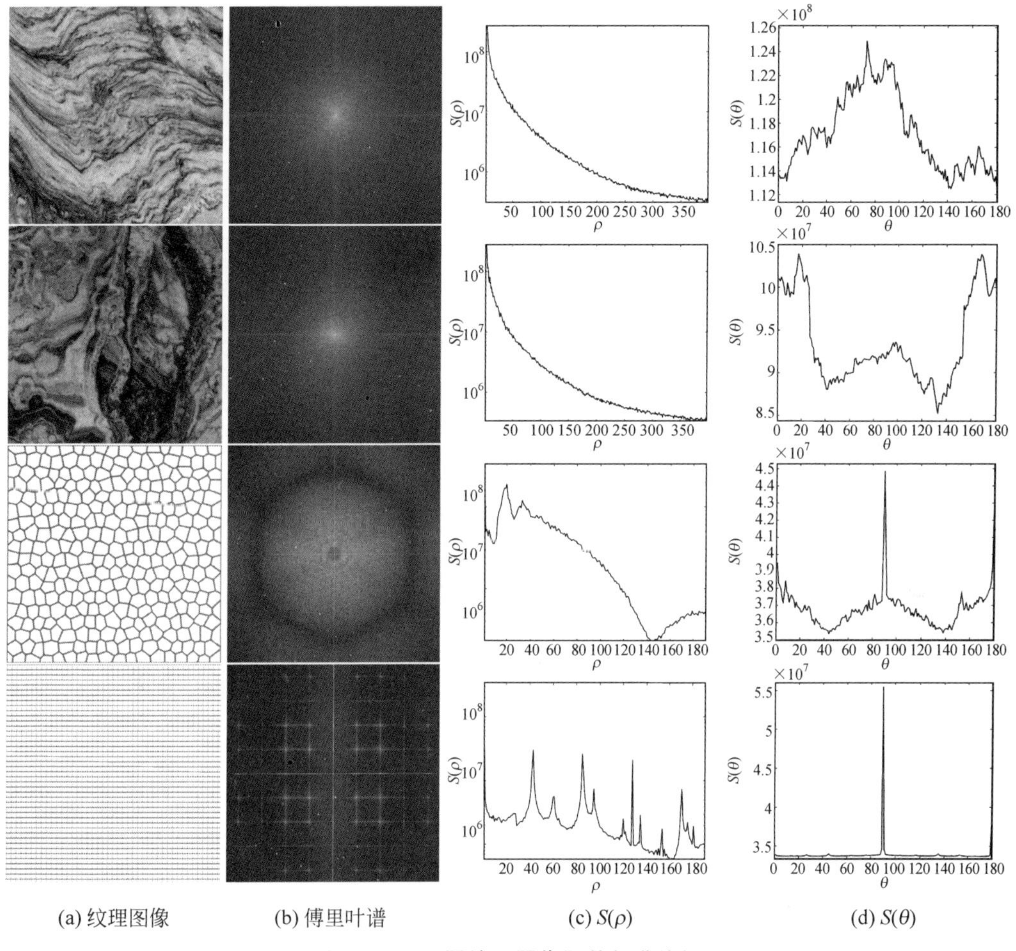

(a) 纹理图像　(b) 傅里叶谱　(c) $S(\rho)$　(d) $S(\theta)$

图 12-57　不同纹理图像及其频谱特征

(原点矩)定义为

$$\mu_{pq}=\sum_{x=0}^{M-1}\sum_{y=0}^{N-1}x^p y^q f(x,y) \tag{12-61}$$

$f(x,y)$的$(p+q)$阶中心矩定义为

$$m_{pq}=\sum_{x=0}^{M-1}\sum_{y=0}^{N-1}(x-\bar{x})^p(y-\bar{y})^q f(x,y) \tag{12-62}$$

式中，$f(x,y)$的质心$(\bar{x},\bar{y})$定义为

$$\bar{x}=\frac{\sum_{x=0}^{M-1}\sum_{y=0}^{N-1}xf(x,y)}{\sum_{x=0}^{M-1}\sum_{y=0}^{N-1}f(x,y)}=\frac{\mu_{10}}{\mu_{00}} \tag{12-63}$$

$$\bar{y}=\frac{\sum_{x=0}^{M-1}\sum_{y=0}^{N-1}yf(x,y)}{\sum_{x=0}^{M-1}\sum_{y=0}^{N-1}f(x,y)}=\frac{\mu_{01}}{\mu_{00}} \tag{12-64}$$

离散函数的各阶矩均存在。一阶原点矩为均值,表示随机变量分布的中心,任何随机变量的一阶中心矩为 0；二阶中心矩称为方差,表示随机变量分布的离散程度；三阶中心矩称为偏态,表示随机变量分布偏离对称的程度；4 阶中心矩称为峰态,描述随机变量分布的尖峰程度,正态分布峰态系数为 0。

$f(x,y)$的归一化$(p+q)$阶中心矩定义为

$$\eta_{pq}=\frac{m_{pq}}{m_{00}^{\gamma}},p,q=0,1,\cdots;\quad \gamma=\frac{p+q}{2}+1,p+q=2,3,\cdots \tag{12-65}$$

由归一化的二阶和三阶中心矩,Hu 定义了以下 7 个不变矩：

$$\phi_1=\eta_{20}+\eta_{02} \tag{12-66}$$

$$\phi_2=(\eta_{20}-\eta_{02})^2+4\eta_{11}^2 \tag{12-67}$$

$$\phi_3=(\eta_{30}-3\eta_{12})^2+3(\eta_{21}-\eta_{03})^2 \tag{12-68}$$

$$\phi_4=(\eta_{30}+\eta_{12})^2+(\eta_{21}+\eta_{03})^2 \tag{12-69}$$

$$\begin{aligned}\phi_5=&(\eta_{30}-3\eta_{12})(\eta_{30}+\eta_{12})[(\eta_{30}+\eta_{12})^2-3(\eta_{21}+\eta_{03})^2]+\\&(3\eta_{21}-\eta_{03})(\eta_{21}+\eta_{03})[3(\eta_{30}+\eta_{12})^2-(\eta_{21}+\eta_{03})^2]\end{aligned} \tag{12-70}$$

$$\begin{aligned}\phi_6=&(\eta_{20}-\eta_{02})[(\eta_{30}+\eta_{12})^2-(\eta_{21}+\eta_{03})^2]+\\&4\eta_{11}(\eta_{30}+\eta_{12})(\eta_{21}+\eta_{03})\end{aligned} \tag{12-71}$$

$$\begin{aligned}\phi_7=&(3\eta_{21}-\eta_{03})(\eta_{30}+\eta_{12})[(\eta_{30}+\eta_{12})^2-3(\eta_{21}+\eta_{03})^2]+\\&(3\eta_{21}-\eta_{30})(\eta_{21}+\eta_{03})[3(\eta_{30}+\eta_{12})^2-(\eta_{21}+\eta_{03})^2]\end{aligned} \tag{12-72}$$

Hu 的 7 个不变矩对平移、镜像、旋转和尺度变换具有不变性。

大于 4 阶的矩称为高阶矩,高阶统计量用于描述或估计进一步的形状参数。矩的阶数越高,估计越困难,在某种意义上讲,需要大量的数据才能保证估计的准确性和稳定性。此外,高阶矩对于微小的变化非常敏感,因此,基于高阶矩的不变矩基本上不能有效地用于区域形状识别。

例 12-17　Hu 的 7 个不变矩的镜像、旋转和尺度不变性

通过图 12-58 所示的四幅图像验证 Hu 的 7 个不变矩具有镜像、旋转和尺度不变性。对于图 12-58(a)所示的灰度图像,图 12-58(b)～(d)分别为其水平镜像图像、逆时针旋转 30°的图像和尺寸缩小 1/2 的图像。根据式(12-66)～式(12-72)计算这四幅图像的 7 个不变矩,并对不变矩求取 log 运算和模值。对数变换的作用是缩小数据的动态范围,模值的作用是

(a) 原图像

(b) 镜像图像

(c) 旋转图像

(d) 缩小图像

图 12-58　图像的镜像、旋转和尺度变换

避免在计算负不变矩的log时产生复数。表12-4列出了这四幅图像的7个不变矩统计量。通过比较这四幅图像的各个不变矩,可以看出它们具有很好的一致性。图像的数字化以及数值计算误差都会导致这四幅不同图像的同一不变矩存在略微的差异。根据不变矩的特性,不变矩可以用于运动目标的检测与识别。需要说明的是,零值对不变矩的计算没有贡献。

表12-4 图12-58所示四幅图像的7个不变矩的数值

不变矩(|log|)	ϕ_1	ϕ_2	ϕ_3	ϕ_4	ϕ_5	ϕ_6	ϕ_7
原图像	6.2373	16.2409	24.0786	21.7345	44.9277	29.8570	45.0558
镜像图像	6.2365	16.2371	24.0651	21.7351	44.9059	29.8554	45.0714
旋转图像	6.2373	16.2409	24.0786	21.7345	44.9277	29.8570	45.1652
缩小图像	6.2598	16.1819	24.1214	21.7973	45.1660	29.8908	45.0475

12.6 主成分描述

主成分分析(principle component analysis,PCA)[①]是一种多元统计分析方法,通过线性变换将数据变换到一个新的坐标系中,使在第一个坐标轴上数据投影的方差达到最大,在第二个坐标轴上数据投影的方差达到次大,以此类推。在统计学中,主成分分析是一种数据降维的技术,通过保留低阶主成分,忽略高阶主成分,减少数据的维数,简化数据表示,并保持数据对方差贡献最大的特性。在图像分析中,主成分分析通常用于特征选择中,实现特征向量的降维。

12.6.1 PCA的基本原理

多维随机向量的协方差矩阵利用各个分量的方差以及它们之间的协方差描述分量之间的相互关联程度。设 $\boldsymbol{X}=[X_1,X_2,\cdots,X_n]^{\mathrm{T}}\in\mathbb{R}^n$ 表示 n 维随机向量,其总体均值向量 $\boldsymbol{\mu}_x\in\mathbb{R}^n$ 定义为

$$\mu_x=E(\boldsymbol{X}) \tag{12-73}$$

总体协方差矩阵 $\boldsymbol{C}_x\in\mathbb{R}^{n\times n}$ 定义为

$$\boldsymbol{C}_x=E[(\boldsymbol{X}-\boldsymbol{\mu}_x)(\boldsymbol{X}-\boldsymbol{\mu}_x)^{\mathrm{T}}] \tag{12-74}$$

式中,$E(\cdot)$表示数学期望。$\boldsymbol{C}_x$ 为实对称矩阵,其中的元素 $C_{ij}=E[(X_i-\mu_i)(X_j-\mu_j)]$ 表示随机向量中第 i 个分量 X_i 和第 j 个分量 X_j 的协方差,若随机变量 X_i 和 X_j 不相关,则它们的协方差为0,协方差矩阵对角线上的元素 $C_{ii}=\sigma_i^2=E[(X_i-\mu_i)^2]$是随机向量 $\boldsymbol{X}$ 中第 i 个分量 X_i 的方差。

设随机向量 $\boldsymbol{X}$ 的 m 个样本表示为 $\boldsymbol{x}_i\in\mathbb{R}^n,i=1,2,\cdots,m$。已知随机总体的 m 个样本,样本均值向量$\boldsymbol{\mu}_x$ 用样本向量 $\boldsymbol{x}_i$ 的平均值定义为

$$\boldsymbol{\mu}_x=\frac{1}{m}\sum_{i=1}^{m}\boldsymbol{x}_i \tag{12-75}$$

---

① 主成分分析也称为霍特林(Hotelling)变换、离散K-L(Karhunen-Loeve)变换。

样本协方差矩阵 $\boldsymbol{C}_x$ 用乘积 $(\boldsymbol{x}_i-\boldsymbol{\mu}_x)(\boldsymbol{x}_i-\boldsymbol{\mu}_x)^{\mathrm{T}}$ 的平均值定义为

$$\boldsymbol{C}_x=\frac{1}{m}\sum_{i=1}^{m}[(\boldsymbol{x}_i-\boldsymbol{\mu}_x)(\boldsymbol{x}_i-\boldsymbol{\mu}_x)^{\mathrm{T}}]=\frac{1}{m}\sum_{i=1}^{m}\boldsymbol{x}_i\boldsymbol{x}_i^{\mathrm{T}}-\boldsymbol{\mu}_x\boldsymbol{\mu}_x^{\mathrm{T}} \tag{12-76}$$

协方差矩阵 $\boldsymbol{C}_x$ 是实半正定矩阵。实对称矩阵有实特征值，且半正定矩阵的特征值大于或等于 0。设 $(\lambda_k,\boldsymbol{e}_k),k=1,2,\cdots,n$ 表示 $\boldsymbol{C}_x$ 的特征值以及对应的特征向量，将特征值按降序排列，即

$$\lambda_k \geqslant \lambda_{k+1} \geqslant 0,\quad k=1,2,\cdots,n-1 \tag{12-77}$$

按照特征值的降序将对应的特征向量单位正交化，$\boldsymbol{H}=[\boldsymbol{e}_1,\boldsymbol{e}_2,\cdots,\boldsymbol{e}_n]\in\mathbb{R}^{n\times n}$ 是由单位正交的特征向量组成其列元素的矩阵。标准正交矩阵 $\boldsymbol{H}$ 将向量 $\boldsymbol{x}$ 映射为新的向量 $\boldsymbol{y}$，可表示为

$$\boldsymbol{y}=\boldsymbol{H}^{\mathrm{T}}(\boldsymbol{x}-\boldsymbol{\mu}_x) \tag{12-78}$$

由于变换矩阵是标准正交的，该变换称为正交变换。新的向量 $\boldsymbol{y}$ 中的各个分量互不相关，y_k 为第 k 个主成分，并且 y_k 的方差为 λ_k，主成分的方向实际上就是 $\boldsymbol{C}_x$ 特征向量的方向。

为了直观阐述主成分分析的几何解释，将图 12-59(a)所示目标区域中每一个像素的红色分量和绿色分量作为一个二维向量 $\boldsymbol{x}=[x_1,x_2]^{\mathrm{T}}$，由变量 x_1 和 x_2 建立二维坐标空间，计算目标区域的均值向量和协方差矩阵。如图 12-59(b)所示，$\boldsymbol{e}_1$ 为第一主成分的特征向量方向，第一主成分的特征向量是沿数据分布方差最大的方向，即第一个主成分 y_1 的方差 λ_1 最大；$\boldsymbol{e}_2$ 为第二主成分的特征向量方向，$\boldsymbol{e}_2$ 与 $\boldsymbol{e}_1$ 正交。图中，横轴为红色分量，纵轴为绿色分量，椭圆表示以均值向量为中心，以 $\boldsymbol{C}_x$ 特征向量为方向马氏距离度量下的等距离轨迹。利用主成分分析将 $\boldsymbol{x}$ 映射为 $\boldsymbol{y}$ 实际上是以均值向量为中心，以 $\boldsymbol{C}_x$ 特征向量的方向为坐标轴，建立了一个新的坐标系。主成分分析实际上是旋转变换，以均值向量为原点，将坐标轴旋转到沿特征向量的方向，$\boldsymbol{y}=[y_1,y_2]^{\mathrm{T}}$ 表示像素在新的坐标系中的坐标。

(a) 目标区域　　(b) 特征向量

图 12-59　二维空间中主成分分析示意图

在描述目标时，通常仅选取前 p 个最大方差的主成分。利用前 p 个最大特征值 λ_k，$k=1,2,\cdots,p$ 对应的单位特征向量组成的变换矩阵 $\widetilde{\boldsymbol{H}}=[e_1,e_2,\cdots,e_p]\in\mathbb{R}^{n\times p}$，对 $\boldsymbol{x}$ 进行线性变换，形成新的向量 $\tilde{\boldsymbol{y}}$，可表示为

$$\tilde{\boldsymbol{y}}=\widetilde{\boldsymbol{H}}^{\mathrm{T}}(\boldsymbol{x}-\boldsymbol{\mu}_x) \tag{12-79}$$

式中，$\tilde{\boldsymbol{y}}\in\mathbb{R}^p$ 为降维向量，其中，$p<n$。在大多数情况下，$p\ll n$。根据式(12-79)计算的主

成分与原分量之间的关系为：①各主成分都是原分量的线性组合；②主成分的维数小于原分量的维数；③主成分保留了原数据绝大部分信息；④各个主成分之间互不相关。

主成分分析将 n 个随机变量的总方差 $\mathrm{tr}(\boldsymbol{C}_x)$分解为 n 个不相关随机变量的方差之和。$y_k, k=1,2,\cdots,n$ 的方差 λ_k 在总方差中占的比重依次递减，第 k 主成分 y_k 的方差贡献率定义为

$$\eta_k = \frac{\lambda_k}{\mathrm{tr}(\boldsymbol{C}_x)}, \quad k=1,2,\cdots,n \tag{12-80}$$

式中，$\mathrm{tr}(\boldsymbol{C}_x)=\sum_{i=1}^{n}\sigma_i^2=\sum_{i=1}^{n}\lambda_i$。前 p 个主成分 $y_1,y_2,\cdots,y_p$ 的累积方差贡献率定义为

$$\sigma_p = \sum_{k=1}^{p}\eta_k, \quad p=1,2,\cdots,n \tag{12-81}$$

方差贡献率越大，表达信息的能力越强。

线性变换是可逆的，由于变换矩阵 $\boldsymbol{H}$ 中各列是单位正交向量，具有 $\boldsymbol{H}^{-1}=\boldsymbol{H}^{\mathrm{T}}$ 的性质，因此，由 $\boldsymbol{y}$ 重构 $\boldsymbol{x}$ 的逆变换可表示为

$$\boldsymbol{x}=\boldsymbol{H}\boldsymbol{y}+\boldsymbol{\mu}_x \tag{12-82}$$

当由降维向量 $\tilde{\boldsymbol{y}}\in\mathbb{R}^p$ 重构原向量时，仅使用 $\boldsymbol{C}_x$ 的前 p 个特征向量，由降维向量 $\tilde{\boldsymbol{y}}\in\mathbb{R}^p$ 重构 $\boldsymbol{x}$ 的逆变换可写为

$$\hat{\boldsymbol{x}}=\widetilde{\boldsymbol{H}}\tilde{\boldsymbol{y}}+\boldsymbol{\mu}_x \tag{12-83}$$

式中，$\hat{\boldsymbol{x}}\in\mathbb{R}^n$ 为重构向量，$\widetilde{H}\in\mathbb{R}^{n\times p}$ 是由前 p 个最大特征值对应的特征向量构成的变换矩阵。原向量 $\boldsymbol{x}$ 与重构向量 $\hat{\boldsymbol{x}}$ 之间的均方误差 σ_e^2 等于截断的特征值之和，可表示为

$$\sigma_e^2=\sum_{k=1}^{n}\lambda_k-\sum_{k=1}^{p}\lambda_k=\sum_{k=p+1}^{n}\lambda_k \tag{12-84}$$

这表明若 $p=n$，则重构的均方误差为0。协方差矩阵 $\boldsymbol{C}_x$ 的特征值 λ_k 单调递减，且在达到第 p 个主成分特征值下降到很小并变得平缓。因此，仅利用前 p 个主成分就能保证重构的均方误差充分小。

例 12-18 彩色图像的主成分分析

一幅彩色图像由三个分量图像组成，如图 12-60 所示，每一个像素表示为一个三维向量，用 $\boldsymbol{x}=[x_R,x_G,x_B]^{\mathrm{T}}$ 表示，将彩色图像的分量看作特征。使用主成分表示图像的优点：①主成分间是去除相关的，每一个主成分传递最大的信息；②仅取第一主成分，采用单色图像表示，实现对彩色图像的降维，并保证图像有最大的对比度。

对于图 12-61(a)所示的彩色图像，图 12-61(b)～(d)分别为 R、G、B 三个分量图像。对彩色图像进行主成分分析，图 12-61(e)～(g)所示的三个主成分图像的方差分别为 6813.8、780.1 和 103.0。可见，方差随着主成分大幅度地减小。第一主成分图像结合了 R、G、B 三个分量最好的特征。例如，在 R 分量中肤色与红色上衣、桌上红色与黄色物体以及背景中枚红色与红色布之间的灰度相近而难以辨识，但在 G、B 分量中有明显的对比度；在 B 分量中，肤色与头发的灰度接近，但在 R、G 分量中具有高对比度。因此，第一主成分图像表现出很好的对比度。需要说明的是，由主成分分析组成的灰度值没有物理意义。

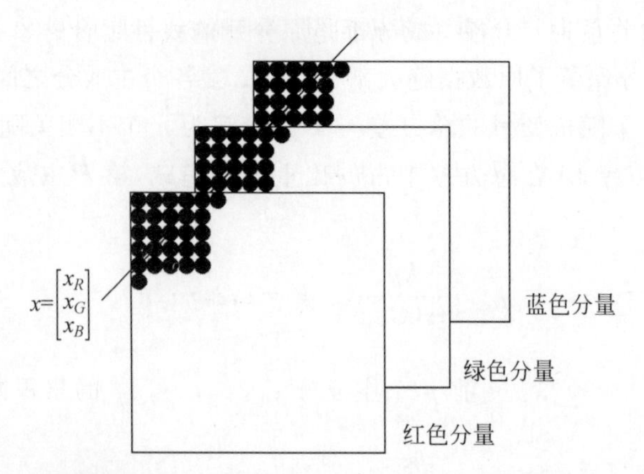

图 12-60 彩色图像由三个分量图像组成，彩色像素可以表示为一个三维向量

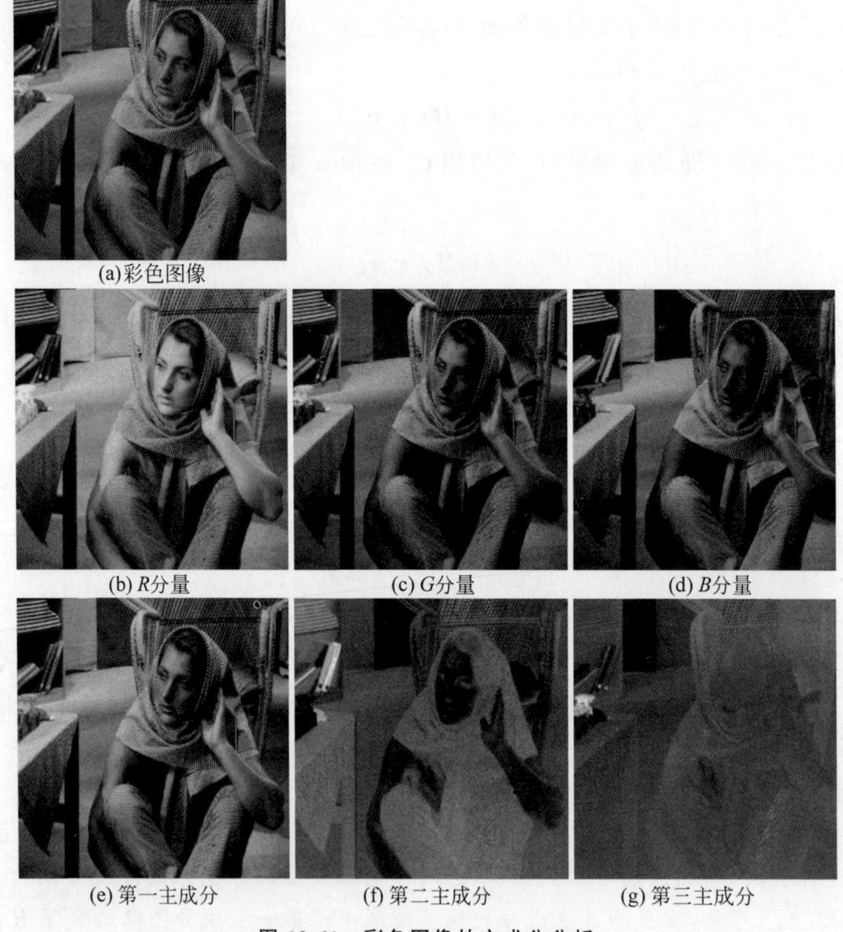

图 12-61 彩色图像的主成分分析

12.6.2 主成分分析的性质

由于主成分分析的变换矩阵 $\boldsymbol{H}$ 是由协方差矩阵 $\boldsymbol{C}_x$ 的特征向量组成，因此，主成分分析

具有如下四个性质。将原向量 $\boldsymbol{x}$ 看成随机向量，新向量 $\boldsymbol{y}$ 与原向量 $\boldsymbol{x}$ 之间的关系是线性变换，新向量 $\boldsymbol{y}$ 也可以看成随机向量。

（1）$\boldsymbol{y}$ 的均值为零向量，即

$$\boldsymbol{\mu}_y = E(\boldsymbol{y}) = E[\boldsymbol{H}^{\mathrm{T}}(\boldsymbol{x}-\boldsymbol{\mu}_x)] = \boldsymbol{H}^{\mathrm{T}}E(\boldsymbol{x}) - \boldsymbol{H}^{\mathrm{T}}\boldsymbol{\mu}_x = 0 \tag{12-85}$$

（2）$\boldsymbol{y}$ 的协方差矩阵 $\boldsymbol{C}_y$ 可由变换矩阵 $\boldsymbol{H}$ 和 $\boldsymbol{x}$ 的协方差矩阵 $\boldsymbol{C}_x$ 来表示，推导过程如下：

$$\begin{aligned}\boldsymbol{C}_y &= E[(\boldsymbol{y}-\boldsymbol{\mu}_y)(\boldsymbol{y}-\boldsymbol{\mu}_y)^{\mathrm{T}}] = E(\boldsymbol{y}\boldsymbol{y}^{T}) \\ &= E[\boldsymbol{H}^{\mathrm{T}}(\boldsymbol{x}-\boldsymbol{\mu}_x)(\boldsymbol{x}-\boldsymbol{\mu}_x)^{\mathrm{T}}\boldsymbol{H}] = \boldsymbol{H}^{\mathrm{T}}E[(x-\boldsymbol{\mu}_x)(\boldsymbol{x}-\boldsymbol{\mu}_x)^{\mathrm{T}}]\boldsymbol{H} \\ &= \boldsymbol{H}^{\mathrm{T}}\boldsymbol{C}_x\boldsymbol{H}\end{aligned} \tag{12-86}$$

（3）$\boldsymbol{C}_y$ 和 $\boldsymbol{C}_x$ 具有相同的特征值，但是不具有相同的特征向量，设 $(\lambda_x, \boldsymbol{e}_x)$ 为 $\boldsymbol{C}_x$ 的一对特征值和特征向量，$(\lambda_y, \boldsymbol{e}_y)$ 为 $\boldsymbol{C}_y$ 的一对特征值和特征向量。已知

$$\boldsymbol{C}_y\boldsymbol{e}_y = \lambda_y\boldsymbol{e}_y \tag{12-87}$$

将式(12-86)代入式(12-87)，可得

$$\boldsymbol{H}^{\mathrm{T}}\boldsymbol{C}_x\boldsymbol{H}\boldsymbol{e}_y = \lambda_y\boldsymbol{e}_y \tag{12-88}$$

将式(12-88)两端左乘变换矩阵 $\boldsymbol{H}$，由于 $\boldsymbol{H}$ 是标准正交矩阵，满足 $\boldsymbol{H}\boldsymbol{H}^{\mathrm{T}}=\boldsymbol{I}$，则有

$$\boldsymbol{C}_x(\boldsymbol{H}\boldsymbol{e}_y) = \lambda_y(\boldsymbol{H}\boldsymbol{e}_y) \tag{12-89}$$

结合式(12-87)和式(12-89)可得 $\boldsymbol{C}_y$ 与 $\boldsymbol{C}_x$ 的特征值和特征向量的关系为

$$\begin{cases}\lambda_y = \lambda_x \\ \boldsymbol{e}_y = \boldsymbol{H}^{\mathrm{T}}\boldsymbol{e}_x\end{cases} \tag{12-90}$$

（4）协方差矩阵 $\boldsymbol{C}_y$ 是一个对角矩阵，且对角线上的元素等于 $\boldsymbol{C}_x$ 的特征值，即

$$\boldsymbol{C}_y = \begin{bmatrix}\lambda_1 & & & 0 \\ & \lambda_2 & & \\ & & \ddots & \\ 0 & & & \lambda_n\end{bmatrix} \tag{12-91}$$

式中，协方差矩阵 $\boldsymbol{C}_y$ 对角线以外的元素全部为0，即变换后完全消除了元素之间的相关性，$\boldsymbol{y}$ 中各个分量互不相关。协方差矩阵对角线上的元素 λ_k 是 $\boldsymbol{y}$ 中第 k 个分量的方差，$k=1,2,\cdots,n$，且各个分量按照方差递减的顺序排列。

主成分分析是完全从图像的统计特性出发实现的正交变换，依赖于图像数据，因此，具有最优去相关性。但是，又由于变换矩阵是通过图像的统计特性计算的，变换矩阵依赖于给定图像，因此，主成分分析不存在快速算法，不容易实现。

12.7 小结

特征提取通常建立在图像分割的基础之上，将图像分割输出的目标区域或边界转换为机器可识别的特征向量，属于数字图像处理的中层操作，是图像识别和图像理解的前提和基础。图像表示是将数据转换为适用于计算机处理的形式，图像描述是对各个目标的特征以及目标之间的相互关系进行定量表达。本章介绍了图像表示与描述的基本概念和方法，包括边界和区域两个方面的内容。边界表示和描述侧重于目标区域的形状特征，而区域表示

和描述侧重于目标区域的属性。在边界表示和描述中，链码和最小周长多边形近似是边界表示的重点内容，形状数和傅里叶描述子是边界描述的重点内容。在区域表示和描述中，区域表示介绍了区域标记、中心投影变换和骨架等基本的区域表示方法，区域描述主要介绍了欧拉数、形状参数、纹理描述以及 Hu 不变矩等方法。纹理描述是一种重要的区域描述方法，其中灰度共生矩阵是纹理描述的重点内容。最后，介绍了一种常用的特征选择方法——PCA 特征降维。

参考文献

[1] Gonzalez R C,Woods R E. Digital image processing[M]. Pearson Education Inc. ,2010.

[2] Gonzalez R C,Woods R E. 数字图像处理[M]. 阮秋琦,阮宇智,译. 3 版. 北京：电子工业出版社,2011.

[3] Gonzalez R C,Woods R E,Eddins S L. 数字图像处理(MATLAB 版)[M]. 阮秋琦,译. 2 版. 北京：电子工业出版社,2014.

[4] 章毓晋. 图像工程：全 3 册[M]. 3 版. 北京：清华大学出版社,2013.

[5] Petrou M,Bosdogianni P. 数字图像处理疑难解析[M]. 赖剑煌,冯国灿,译. 北京：机械工业出版社,2005.

[6] Cover T M,Thomas J A. 信息论基础[M]. 阮吉寿,张华,译. 2 版. 北京：机械工业出版社,2005.

[7] 林福宗. 多媒体技术基础[M]. 3 版. 北京：清华大学出版社,2009.

[8] 张学工. 模式识别[M]. 3 版. 北京：清华大学出版社,2010.

[9] 郑君里,应启珩,杨为理. 信号与系统. 下册[M]. 北京：高等教育出版社,2011.

[10] 郑君里,应启珩,杨为理. 信号与系统. 上册[M]. 北京：高等教育出版社,2011.

[11] Oppenheim A V,Willsky A S,Nawab S H. 信号与系统[M]. 刘树棠,译. 2 版. 西安：西安交通大学出版社,1998.

[12] Oppenheim A V,Schafer R W,Buck J R. 离散时间信号处理[M]. 刘树棠,黄建国,译. 2 版. 西安：西安交通大学出版社,2001.

[13] Proakis J G,Manolakis D G. 数字信号处理：原理、算法与应用[M]. 张晓林,肖创柏,译. 3 版. 北京：电子工业出版社,2004.

[14] Sonka M,Hlavac V,Boyle R. 图像处理,分析与机器视觉[M]. 艾海舟,苏延超,译. 3 版. 北京：清华大学出版社,2011.

[15] 章毓晋. 图像工程(上册)——图像处理[M]. 3 版. 北京：清华大学出版社,2012.

[16] 章毓晋. 图像工程(下册)——图像理解[M]. 3 版. 北京：清华大学出版社,2012.

[17] 章毓晋. 图像工程(中册)——图像分析[M]. 3 版. 北京：清华大学出版社,2012.

[18] Astola J,Haavisto P,Neuvo Y. Vector median filters[J]. Proceedings of the IEEE,1990,78(4)：678-689.

[19] Beck A. Introduction to nonlinear optimization：theory,algorithms,and applications with MATLAB[M]. SIAM,2014.

[20] Stephen B,Neal P,Eric C,et al. Distributed optimization and statistical learning via the alternating direction method of multipliers[J]. Foundations Trends in Machine Learning,2011,1(3)：1-122.

[21] Buades A,Coll B,Morel J-M. A non-local algorithm for image denoising[C]. IEEE International Conference on Computer Vision and Pattern Recognition. IEEE,2005：60-65

[22] Candès E J,Recht B. Exact matrix completion via convex optimization[J]. Foundations of Computational Mathematics,2009,9(6)：717-772.

[23] Canny J. A computational approach to edge detection[J]. IEEE Transactions on Pattern Analysis and Machine Intelligence,1986,8(6)：679-698.

[24] Chan T F,Wong C K. Total variation blind deconvolution[J]. IEEE Transactions on Image Processing,1998,7(3)：370-375.

[25] Meyer C D. Matrix analysis and applied linear algebra[M]. Philadelphia,PA：Society for Industrial

and Applied Mathematics (SIAM),2000.

[26] Glasner D,Bagon S,Irani M. Super-resolution from a single image[C]. International Conference on Computer Vision. IEEE,2009: 349-356

[27] Duda R O,Hart P E,Stork D G. Pattern classification[M]. 2nd Edition. Wiley-Interscience,2000.

[28] Goodfellow I,Bengio Y,Courville A. Deep learning[M]. MIT Press,2016.

[29] Hansen P C. Rank-deficient and discrete ill-posed problems: numerical aspects of linear inversion [M]. Philadelphia,PA: SIAM,1998.

[30] Hansen P C. Regularization tools: a Matlab package for analysis and solution of discrete ill-posed problems[J]. Numerical Algorithms,1994,6(1): 1-35.

[31] Hansen P C. Regularization tools version 4. 0 for Matlab 7. 3[J]. Numerical Algorithms, 2007, 46(2): 189-194.

[32] Irani M. "Blind" visual inference by composition[J]. Pattern Recognition Letters,2019,124(JUN.): 39-54.

[33] Levin A,Fergus R,Durand F E D,et al. Image and depth from a conventional camera with a coded aperture[J]. ACM Transactions on Graphics,2007,26(3): 70-es.

[34] Lucy L B. An iterative technique for the rectification of observed distributions[J]. The Astronomical Journal,1974,79(6): 745-754.

[35] Otsu N. A threshold selection method from gray-level histograms[J]. IEEE Transactions on Systems,Man,and Cybernetics,1979,9(1): 62-66.

[36] Porter T,Duff T. Compositing digital images[J]. ACM SIGGRAPH Computer Graphics, 1984, 18(3): 253-259.

[37] Richardson W H. Bayesian-based iterative method of image restoration[J]. Journal of the Optical Society of America,1972,62(1): 55-59.

[38] Sauvola J, Pietik Inen M. Adaptive document image binarization[J]. Pattern Recognition, 2000, 33(2): 225-236.

[39] Shan Q, Jia J, Agarwala A. High-quality motion deblurring from a single image[J]. ACM Transactions on Graphics,2008,27(3): 15-19.

[40] Stefan W,Prof T,Lasser R. Image restoration by blind deconvolution[D]. Technische Universitat Munchen and Arizona State University,2003.

[41] Wang Z,Bovik A C,Sheikh H R,et al. Image quality assessment: from error visibility to structural similarity[J]. IEEE Transactions on Image Processing,2004,13(4): 600-612.

[42] Wolf C,Jolion J M. Extraction and recognition of artificial text in multimedia documents[J]. Pattern Analysis & Applications,2004,6(4): 309-326.

[43] Niblack W. An introduction to digital image processing[M]. Strandberg Publishing Company,1985.

[44] Zhang T, Boult T E, Johnson R. Two thresholds are better than one[C]. IEEE Conference on Computer Vision and Pattern Recognition. IEEE,2007: 1-8

[45] You Y-L,Kaveh M. A regularization approach to joint blur identification and image restoration[J]. IEEE Transactions on Image Processing,1996,5(3): 416-428.

[46] Hearn D,Baker M P. 计算机图形学[M]. 蔡士杰,宋继强,蔡敏,译. 3 版. 北京: 电子工业出版社,2010.